Física
PARA UNIVERSITÁRIOS

B344f Bauer, Wolfgang.
        Física para universitários : mecânica / Wolfgang Bauer, Gary
D. Westfall, Helio Dias ; tradução: Iuri Duquia Abreu, Manuel
Almeida Andrade Neto ; revisão técnica: Helio Dias. – Porto
Alegre : AMGH, 2012.
        xxvi, 458 p. em várias paginações : il. color. ; 28 cm.

        ISBN 978-85-8055-094-8

        1. Física. 2. Mecânica. I. Westfall, Gary D. II. Dias, Helio.
III. Título.

                                                    CDU 531

Catalogação na publicação: Fernanda B. Handke dos Santos – CRB 10/2107

WOLFGANG BAUER
Universidade Estadual
de Michigan

GARY D. WESTFALL
Universidade Estadual
de Michigan

HELIO DIAS
Universidade de
São Paulo

Física
PARA UNIVERSITÁRIOS

MECÂNICA

Tradução:

Iuri Duquia Abreu
Manuel Almeida Andrade Neto

Consultoria, supervisão e revisão técnica desta edição:

Helio Dias
Doutor em Física Nuclear Teórica pela Universidade de São Paulo
Professor do Instituto de Física da Universidade de São Paulo

AMGH Editora Ltda.
2012

Obra originalmente publicada sob o título *University Physics with Modern Physics, 1st Edition*.
ISBN 0072857366 / 9780072857368

Original English language copyright ©2010, The McGraw-Hill Companies, Inc., New York, NY 10020.
All rights reserved.

Portuguese language translation copyright © 2012, AMGH Editora Ltda.
All rights reserved.

Adapted by Helio Dias with permission of the Proprietor.

Capa: *Paola Manica*

Fotos da capa: Abstract speed motion in blue highway bunnel – © istockphoto.com/FotoMak
Jet engine turbine – © istockphoto.com/Jason Ganser
The Rosette Nebula – © istockphoto.com/Nathan Brandt

Preparação de originais: *Patrícia Costa Coelho de Souza*

Leitura final: *Luciane Alves Branco Martins*

Coordenadora editorial: *Denise Weber Nowaczyk*

Editora responsável por esta obra: *Verônica de Abreu Amaral*

Projeto e editoração: *Techbooks*

Reservados todos os direitos de publicação, em língua portuguesa, à
AMGH Editora Ltda., uma parceria entre Grupo A Educação S.A. e McGraw-Hill Education.
(A Bookman Companhia Editora Ltda. é uma empresa do Grupo A Educação S.A.)

É proibida a duplicação ou reprodução deste volume, no todo ou em parte, sob quaisquer
formas ou por quaisquer meios (eletrônico, mecânico, gravação, fotocópia, distribuição na Web
e outros), sem permissão expressa da Editora.

Unidade São Paulo
Av. Embaixador Macedo Soares, 10.735 – Pavilhão 5 – Cond. Espace Center
Vila Anastácio – 05095-035 – São Paulo – SP
Fone: (11) 3665-1100   Fax: (11) 3667-1333

SAC 0800 703-3444

IMPRESSO NO BRASIL
PRINTED IN BRAZIL

Os autores

Wolfgang Bauer nasceu na Alemanha e tornou-se doutor em física nuclear pela University of Giessen em 1987. Depois de um pós-doutorado no Instituto de Tecnologia da Califórnia, juntou-se ao corpo docente da Michigan State University, em 1988. Trabalhou com uma ampla variedade de tópicos em física computacional, desde supercondutividade de alta temperatura a explosões de supernovas, mas demonstrou especial interesse em colisões nucleares relativísticas. Talvez seja mais conhecido por seu trabalho sobre mudanças de fase de matéria nuclear em colisões de íons pesados. Recentemente, o Dr. Bauer concentrou grande parte de sua pesquisa e docência em questões referentes à energia, inclusive recursos de combustíveis fósseis, maneiras de usar energia com mais eficiência e, em especial, recursos alternativos de energia com carbono neutro. Atualmente, é diretor do Departamento de Física e Astronomia e do Instituto de Pesquisa Auxiliada por Cibernética.

Gary D. Westfall iniciou sua carreira no Centro de Estudos Nucleares da University of Texas, em Austin, onde concluiu seu doutorado em física nuclear experimental em 1975. A seguir, foi para o Laboratório Nacional de Lawrence Berkeley (LBNL) em Berkeley, Califórnia, para conduzir seu trabalho de pós-doutorado em física nuclear de alta energia, permanecendo como membro da equipe de cientistas. Enquanto esteve no LBNL, o Dr. Westfall ficou internacionalmente conhecido por seu trabalho sobre o modelo nuclear de bola de fogo e o uso de fragmentação para produzir núcleos longe da estabilidade. Em 1981, o Dr. Westfall juntou-se à equipe do Laboratório Nacional Ciclotron Supercondutor (NSCL) na Michigan State University (MSU) como professor e pesquisador, onde foi responsável pela concepção, construção e operação do MSU 4SIMB Detector. Sua pesquisa usando o 4SIMB Detector produziu informações referentes à resposta da matéria nuclear conforme é comprimida em um colapso de supernova. Em 1987, o Dr. Westfall ingressou no Departamento de Física e Astronomia da MSU como professor adjunto enquanto continuava a conduzir sua pesquisa no NSCL. Em 1994, o Dr. Westfall aderiu ao STAR Collaboration, que está realizando experimentos no Colisor Relativístico de Íons Pesados (RHIC), no Laboratório Nacional de Brookhaven em Long Island, Nova York.

Helio Dias iniciou sua carreira no Instituto de Física da Universidade de São Paulo (IFUSP), onde tornou-se Bacharel em Física (1975), Mestre em Física Nuclear Experimental (1977), Doutor em Física Nuclear Teórica (1980) e livre-docente em Física Nuclear Teórica (1988). O Dr. Dias desenvolveu sua carreira profissional em atividades de ensino, pesquisa e extensão no Instituto de Estudos Avançados do Centro Técnico Aeroespacial (1980-1983), no Instituto de Física da Universidade Federal Fluminense (1983-1985) e no IFUSP (1985 até o presente), no qual desenvolve projetos na área da física nuclear, ensino de ciências e divulgação científica. Foi secretário (1991-1992) e vice-presidente (1993-1994) da Sociedade Brasileira de Física, e membro do Comitê Assessor de Física e Astronomia do Conselho Nacional de Pesquisas (1997-2001). Atualmente o Dr. Dias é Diretor da Estação de Ciências da USP, Presidente do Instituto de Valorização da Educação e da Pesquisa no Estado de São Paulo (IVEPESP), Coordenador Geral do Laboratório Didático do Curso Semipresencial de Licenciatura em Ciências da USP, criador e coordenador do Laboratório de Tecnologia de Aprendizagem em Educação (TECAP ONLINE) do IFUSP e integrante da equipe de pesquisadores do Centro de Pesquisa, Inovação e Difusão em Energia do Instituto de Eletrotécnica e Energia da USP.

Este livro é dedicado a nossas famílias. Sem sua paciência, incentivo e apoio, não teríamos conseguido concluí-lo.

Nota dos autores

Física é uma ciência em grande expansão, repleta de desafios intelectuais e que apresenta inúmeros problemas de pesquisa sobre tópicos cobrindo das maiores galáxias às menores partículas subatômicas. Os físicos conseguiram trazer entendimento, ordem, consistência e previsibilidade a nosso universo e continuarão esse esforço em um estimulante futuro.

Porém, quando abrimos a maioria dos livros de introdução à física, constatamos que uma história distinta está sendo contada. A física é pintada como uma ciência completa, em que os principais avanços ocorreram na época de Newton, ou talvez no início do século XX. Apenas próximo ao final dos livros padrão é que a física "moderna" é abordada, e mesmo essa cobertura geralmente inclui somente descobertas feitas na década de 1960.

Nossa principal motivação ao escrever este livro foi alterar essa percepção ao entrelaçar, de forma adequada, a estimulante física contemporânea ao longo do texto. A física é uma disciplina emocionante e dinâmica – continuamente à beira de novas descobertas e aplicações que trazem mudanças à nossa vida. Para ajudar os alunos a verem isso, precisamos contar a história completa e empolgante de nossa ciência, adequadamente integrando a física contemporânea no curso baseado em cálculo do primeiro ano. Mesmo o primeiro semestre oferece muitas oportunidades de fazer isso por meio da inclusão de resultados recentes de pesquisas sobre dinâmica não linear, caos, complexidade e física de alta energia no currículo introdutório. Como estamos ativamente realizando pesquisas nessas áreas, sabemos que muitos de nossos resultados atualizados estão acessíveis em sua essência ao estudante do primeiro ano.

Autores de muitas outras áreas, como biologia e química, já incluem pesquisas contemporâneas em seus livros, reconhecendo as mudanças significativas que estão afetando as bases de suas disciplinas. Essa integração de pesquisa contemporânea dá aos alunos a impressão de que a biologia e a química são os projetos de pesquisa mais "quentes" do momento. As bases da física, por outro lado, estão sobre solo muito mais firme, mas os novos avanços são da mesma forma intrigantes e empolgantes, se não mais. Precisamos encontrar uma maneira de compartilhar os avanços em física com nossos alunos.

Acreditamos que falar sobre o amplo tópico de energia oferece um ótimo movimento de abertura para capturar o interesse dos alunos. Os conceitos de fontes de energia (fóssil, renovável, nuclear, e assim por diante), eficiência energética, fontes alternativas de energia e efeitos ambientais de escolhas de fornecimento de energia (aquecimento global) são muito mais acessíveis no nível de introdução à física. Verificamos que discussões sobre energia despertam o interesse de nossos alunos como nenhum outro tópico atual, e lidamos com diferentes aspectos de energia no decorrer do livro.

Além de estarem expostos ao estimulante mundo da física, os alunos obtêm enormes benefícios da capacidade de **solucionar problemas e pensar de forma lógica sobre uma situação**. A física baseia-se em um conjunto central de ideias que é essencial a toda a ciência. Reconhecemos isso e oferecemos um método útil de resolução de problemas (esquematizado no Capítulo 1) que é usado em todo o livro. Esse método envolve um formato de vários passos desenvolvido por nós com alunos de nossas aulas.

Com tudo isso em mente, combinado com o desejo de escrever um livro cativante, criamos o que esperamos ser uma ferramenta para motivar a imaginação dos alunos e prepará-los melhor para cursos futuros em suas áreas de estudo (é preciso admitir que esperamos converter pelo menos alguns deles em estudantes de física ao longo do caminho). As opiniões de mais de 300 pessoas, inclusive um conselho consultivo, diversos colaboradores, revisores de manuscrito e participantes de grupos de discussão, foram de grande auxílio nesta enorme empreitada, assim como testes de campo de nossas ideias com aproximadamente 4000 alunos de nossas aulas de introdução à física na Michigan State University. Agradecemos a todos vocês!

Wolfgang Bauer, Gary D. Westfall e Helio Dias

Agradecimentos

Reza Nejat, McMaster University
K. Porsezian, Pondicherry University, Puducherry
Wang Qing-hai, National University of Singapore
Kenneth J. Ragan, McGill University

Um livro como este que você tem em mãos é impossível de produzir sem um enorme trabalho por um número incrível de indivíduos dedicados. Em primeiro lugar, gostaríamos de agradecer à talentosa equipe editorial e de marketing da McGraw-Hill: Marty Lange, Kent Peterson, Thomas Timp, Ryan Blankenship, Mary Hurley, Liz Recker, Daryl Bruflodt, Lisa Nicks, Dan Wallace e, em especial, Deb Hash nos ajudaram de inúmeras formas e conseguiram reacender nosso entusiasmo após cada revisão. Seu espírito de equipe, bom humor e otimismo inabalável nos mantiveram nos trilhos e sempre tornaram divertido para nós dedicar horas que pareceram intermináveis para produzir o manuscrito.

Os editores de desenvolvimento, Richard Heinz e David Chelton, nos ajudaram a trabalhar com o número quase infinito de comentários e sugestões de melhorias feitos pelos revisores. Assim como os revisores e nosso conselho consultivo, eles merecem uma grande parte do crédito de melhorias na qualidade do manuscrito final. Nossos colegas do corpo docente do Departamento de Física e Astronomia da Michigan State University – Alexandra Gade, Alex Brown, Bernard Pope, Carl Schmidt, Chong-Yu Ruan, C. P. Yuan, Dan Stump, Ed Brown, Hendrik Schatz, Kris Starosta, Lisa Lapidus, Michael Harrison, Michael Moore, Reinhard Schwienhorst, Salemeh Ahmad, S. B. Mahanti, Scott Pratt, Stan Schriber, Tibor Nagy e Thomas Duguet – também nos ajudaram de diversas maneiras, lecionando suas aulas e seções com os materiais desenvolvidos por nós e, no processo, dando *feedback* valioso sobre o que funcionou e o que precisava ser refinado. Agradecemos a todos eles.

Decidimos envolver um grande número de professores de física de todo o país na autoria dos problemas no fim dos capítulos, como um meio de garantir a mais alta qualidade, relevância e valor didático. Agradecemos a todos que contribuíram com problemas por compartilhar parte de seu melhor trabalho conosco, em especial Richard Hallstein, que assumiu a tarefa de organizar e processar todas as contribuições.

No ponto em que entregamos o manuscrito final ao editor, um exército inteiramente novo de profissionais se encarregou de adicionar outra camada de refinamento, transformando o manuscrito em um livro. John Klapstein e a equipe da MathResources trabalharam com todos os problemas, exercícios, números e equações que escrevemos. Os pesquisadores de fotos, em especial Danny Meldung, melhoraram em muito a qualidade das imagens usadas no livro e tornaram o processo de seleção divertido para nós. Pamela Crews e a equipe da Precision Graphics usaram nossos desenhos originais, mas melhoraram sua qualidade de forma substancial e, ao mesmo tempo, permaneceram fiéis aos cálculos originais que entraram na produção dos desenhos. Nossa editora de texto, Jane Hoover, e sua equipe juntaram tudo no final, decifraram nossos rabiscos e certificaram-se de que o produto final fosse o mais legível possível. A equipe de design e produção da McGraw-Hill, composta por Jayne Klein, David Hash, Carrie Burger, Sandy Ludovissy, Judi David e Mary Jane Lampe, orientou o livro e seus materiais de apoio com habilidade até a publicação. Todos eles merecem nossa enorme gratidão.

Finalmente, não teríamos conseguido sobreviver aos últimos seis anos de esforço sem o apoio de nossas famílias, que tiveram que aguentar nosso trabalho com o livro por incontáveis noites, fins de semana e até durante muitas férias. Esperamos que toda sua paciência e incentivo sejam recompensados, e agradecemos a eles do fundo de nossos corações por permanecerem conosco durante a realização deste livro.

—*Wolfgang Bauer*
—*Gary D. Westfall*
—*Helio Dias*

Prefácio

O *Física para Universitários* destina-se ao uso nas aulas de introdução à física com base em cálculo em universidades e instituições de ensino superior. Este livro pode ser usado em uma sequência de introdução de dois ou quatro semestres. O curso destina-se a alunos de ciências biológicas e físicas, matemática e engenharia.

Habilidade de resolução de problemas: aprendendo a pensar como um cientista

Talvez uma das melhores habilidades que os alunos podem obter do curso de física é a capacidade de **solucionar problemas e pensar sobre uma situação de modo crítico**. A física baseia-se em um conjunto central de ideias essenciais que pode ser aplicado a várias situações e problemas. O *Física para Universitários de Bauer, Dias e Westfall*, reconhece isso e oferece um método de resolução de problemas testado em aula pelos autores e usado durante todo o texto. O método de resolução de problemas envolve um formato de vários passos.

> "O Guia de Solução de Problemas ajuda os alunos a melhorar suas habilidades na resolução de problemas, ensinando-os a decompor um problema em seus principais componentes. Os passos centrais para escrever equações corretas são descritos de forma agradável e são bastante úteis para os alunos."
>
> *Nina Abramzon, California Polytechnic University – Pomona*

> "Costumo receber uma reclamação desmotivadora dos alunos: 'Não sei como começar a resolver os problemas'. Acho que a abordagem sistemática de vocês, uma estratégia explicada com clareza, só tem a ajudar."
>
> *Stephane Coutu, The Pennsylvania State University*

Método de resolução de problemas

Problema resolvido

Os **Problemas resolvidos** numerados do livro são problemas com resolução completa, sendo que cada um segue com consistência o método de sete passos. Cada Problema resolvido começa com o enunciado do problema e, a seguir, oferece uma solução completa:

1. **PENSE:** Leia o problema com cuidado. Pergunte quais grandezas são conhecidas, quais podem ser úteis, mas desconhecidas, e quais são solicitadas na solução. Escreva essas grandezas e represente-as com seus símbolos normalmente usados. Faça a conversão para unidades do SI, se necessário.
2. **DESENHE:** Faça um desenho da situação física para ajudá-lo a visualizar o problema. Para muitos estilos de aprendizagem, uma representação visual ou gráfica é essencial, e geralmente é fundamental para definir as variáveis.
3. **PESQUISE:** Escreva os princípios ou leis físicas que se aplicam ao problema. Use equações que representem esses princípios para conectar as grandezas conhecidas e desconhecidas entre elas. Às vezes, as equações

---

PROBLEMA RESOLVIDO 6.6 | Potência produzida pelas Cataratas do Niágara

PROBLEMA
O volume médio das Cataratas do Niágara é de 5520 m³ de água, mais de uma gota de 49,0 m por segundo. Se toda a energia potencial dessa água pudesse ser convertida em energia elétrica, quanta potência elétrica as Cataratas do Niágara gerariam?

SOLUÇÃO

PENSE
A massa de um metro cúbico de água é 1000 kg. O trabalho realizado pela queda d'água é igual à mudança em sua energia potencial gravitacional. A potência média é o trabalho por unidade de tempo.

DESENHE
Um desenho de um eixo de coordenada vertical está sobreposto a uma foto das Cataratas do Niágara na Figura 6.22.

PESQUISE
A potência média é dada pelo trabalho por unidade de tempo:

$$\bar{P} = \frac{W}{t}.$$

O trabalho que é realizado pela água passando pelas Cataratas do Niágara é igual à mudança na energia potencial gravitacional.

$$\Delta U = W.$$

A mudança na energia potencial gravitacional de uma determinada massa m de água que cai por uma distância h é dada por

$$\Delta U = mgh.$$

SIMPLIFIQUE
Podemos combinar as três equações precedentes para obter

$$\bar{P} = \frac{W}{t} = \frac{mgh}{t} = \left(\frac{m}{t}\right)gh.$$

Continua →

CALCULE
Primeiro calculamos a massa de água se movendo sobre as cataratas por unidade de tempo a partir do volume dado de água por unidade de tempo, usando a densidade da água:

$$\frac{m}{t} = \left(5520 \frac{m^3}{s}\right)\left(\frac{1000 \text{ kg}}{m^3}\right) = 5,52 \cdot 10^6 \text{ kg/s}.$$

Então, a potência média é

$$\overline{P} = \left(5,52 \cdot 10^6 \text{ kg/s}\right)\left(9,81 \text{ m/s}^2\right)\left(49,0 \text{ m}\right) = 2653,4088 \text{ MW}.$$

ARREDONDE
Arredondamos para três algarismos significativos:

$$\overline{P} = 2,65 \text{ GW}.$$

SOLUÇÃO ALTERNATIVA
Nosso resultado é comparável à vazão de grandes usinas elétricas, na ordem de 1000 MW (1 GW). A capacidade de geração de energia combinada de todas as usinas hidroelétricas nas Cataratas do Niágara tem um pico de 4,4 GW durante a alta temporada de águas na primavera, o que está próximo à nossa resposta. Porém, alguém poderia perguntar como a água produz potência simplesmente caindo das Cataratas do Niágara. A resposta é que ela não produz. Em vez disso, uma grande parte da água do Rio Niágara é desviada a montante das cataratas e enviada pelos túneis, onde ela movimenta geradores de energia. A água que passa pelas cataratas durante o dia e na temporada de turismo no verão é apenas cerca de 50% do fluxo do Rio Niágara. Esse fluxo é reduzido ainda mais, em até 10%, e mais água é desviada para geração de energia durante a noite e no inverno.

podem precisar de derivação, combinando duas ou mais equações conhecidas para solucionar a que é desconhecida.

4. **SIMPLIFIQUE:** Simplifique o resultado de forma algébrica tanto quanto possível. Este passo é de especial utilidade se você precisar calcular mais de uma grandeza.

5. **CALCULE:** Substitua os números por unidades na equação simplificada e calcule. Normalmente, você obterá um número e uma unidade física na resposta.

6. **ARREDONDE:** Considere o número de algarismos significativos que o resultado deve conter. Um resultado obtido por multiplicação ou divisão deve ser arredondado para o mesmo número de algarismos significativos do que na grandeza de entrada com o menor número de algarismos significativos. Não arredonde em passos intermediários, pois o arredondamento cedo demais pode resultar em uma solução errada. Inclua as unidades adequadas na resposta.

7. **SOLUÇÃO ALTERNATIVA:** Analise o resultado. A resposta (número e unidades) parece realista? Examine as ordens de grandeza. Teste sua solução em casos limitantes.

Exemplos

Exemplos mais breves e resumidos (apenas enunciado do problema e solução) concentram-se em um ponto ou conceito específico. Também servem como uma ponte entre os problemas resolvidos com solução completa (com todos os sete passos) e os problemas para fazer em casa.

Guia de resolução de problemas

O **guia de resolução de problemas** oferece **problemas resolvidos adicionais**, novamente seguindo o formato de sete passos. Essa seção é encontrada imediatamente antes dos problemas no fim dos capítulos para fazer uma revisão e enfatizar os conceitos essenciais do capítulo. As **estratégias de resolução de problemas** adicionais também são apresentadas aqui.

> "Eles são uma ferramenta útil para que os alunos melhorem suas habilidades de resolução de problemas. Os autores fizeram um bom trabalho ao lidar, em cada capítulo, com os passos mais importantes na abordagem da solução dos problemas no fim dos capítulos. Os alunos que nunca estudaram física antes podem obter muitos benefícios desse guia. Gostei principalmente da conexão entre o guia e o problema resolvido. A descrição detalhada sobre como resolver esses problemas certamente ajudará os alunos a entender melhor os conceitos."
>
> *Luca Bertello, University of California – Los Angeles*

EXEMPLO 17.4 | **Aumento do nível do mar devido à expansão térmica da água**

O aumento do nível dos oceanos da Terra é motivo de preocupação atual. Os oceanos cobrem $3,6 \cdot 10^8$ km², pouco mais de 70% da área da superfície terrestre. A profundidade média dos oceanos é de 3700 m. A temperatura superficial oceânica é muito variável, entre 35 °C no verão no Golfo Pérsico e −2 °C nas regiões do Ártico e Antártica. Entretanto, mesmo que a temperatura superficial oceânica ultrapasse 20 °C, a temperatura da água rapidamente cai como função da profundidade e atinge 4 °C a uma profundidade de 1000 m (Figura 17.22). A temperatura global média de toda a água do mar é de aproximadamente 3 °C. A Tabela 17.3 lista um coeficiente de expansão de volume de zero para a água com temperatura de 4 °C. Portanto, pode-se seguramente presumir que o volume da água oceânica muda muito pouco a uma profundidade maior que 1000 m. Para os 1000 m de água oceânica a partir da superfície, vamos pressupor uma temperatura global média de 10,0 °C e calcular o efeito da expansão térmica.

Figura 17.22 Média da temperatura das águas oceânicas como função da profundidade abaixo da superfície.

PROBLEMA
Qual seria a mudança do nível do mar, unicamente como resultado da expansão térmica da água, se a temperatura da água de todos os oceanos aumentasse $\Delta T = 1,0$ °C?

SOLUÇÃO
O coeficiente de expansão de volume da água a 10,0 °C é de $\beta = 87,5 \cdot 10^{-6}$ °C^{-1} (Tabela 17.3), e a mudança de volume dos oceanos é dada pela equação $\Delta V = \beta V \Delta T$

$$\frac{\Delta V}{V} = \beta \Delta T. \qquad (i)$$

Podemos expressar a área superficial total dos oceanos como $A = (0,7)4\pi R^2$, onde R é o raio da terra e o fator 0,7 reflete o fato de que cerca de 70% da superfície da esfera é coberta por água.

GUIA DE RESOLUÇÃO DE PROBLEMAS

1. Em todos os problemas que envolvam potência, o primeiro passo é identificar com clareza o sistema e as mudanças em suas condições. Se um objeto for submetido a um deslocamento, verifique se o deslocamento é sempre medido do mesmo ponto no objeto, como a borda frontal ou o centro do objeto. Se a velocidade do objeto mudar, identifique as velocidades inicial e final em pontos específicos. Um diagrama geralmente é útil para mostrar a posição e a velocidade do objeto em dois tempos distintos de interesse.

2. Tome cuidado ao identificar a força que está realizando trabalho. Também observe se as forças realizando trabalho são constantes ou variáveis, porque elas precisam receber um tratamento diferente.

3. É possível calcular a soma do trabalho realizado por forças individuais que atuam sobre um objeto ou o trabalho realizado pela força resultante que atua sobre um objeto; o resultado deve ser o mesmo. (Você pode usar isso como uma forma de avaliar os cálculos.)

4. Lembre-se de que o sentido da força restauradora exercida por uma mola é sempre oposto ao sentido do deslocamento da mola de seu ponto de equilíbrio.

5. A fórmula para potência, $P = \vec{F} \bullet \vec{v}$, é bastante útil, mas se aplica somente a uma força constante. Ao usar a definição mais geral de potência, certifique-se de fazer a distinção entre potência média, $\overline{P} = \frac{W}{\Delta t}$, e o valor instantâneo da potência, $P = \frac{dW}{dt}$.

PROBLEMA RESOLVIDO 5.2 | **Levantamento de tijolos**

PROBLEMA
Uma carga de tijolos em um canteiro de obras tem massa de 85,0 kg. Um guindaste ergue essa carga do solo até uma altura de 50,0 m em 60,0 s a uma velocidade baixa e constante. Qual é a potência média do guindaste?

SOLUÇÃO
PENSE
Erguer os tijolos com velocidade baixa e constante significa que a energia cinética é desprezível, então o trabalho nesta situação é realizado apenas contra a gravidade. Não há aceleração, e o atrito é desprezível. A potência média é só o trabalho realizado contra a gravidade dividido pelo tempo em que leva para erguer a carga de tijolos até a altura declarada.

DESENHE
A Figura 5.20 mostra um diagrama de corpo livre da carga de tijolos. Aqui definimos um sistema de coordenadas em que o eixo y é vertical e o positivo é para cima. A tensão, T, exercida pelo cabo do guindaste é uma força no sentido para cima, mg, a carga de tijolos é uma força para baixo. Como a carga está se movendo com velocidade constante, a soma entre a tensão e o peso é zero. A carga é movida verticalmente por uma distância h, conforme mostrado na Figura 5.21.

PESQUISE
O trabalho, W, realizado pelo guindaste é dado por

$$W = mgh.$$

A potência média, $\overline{P}$, necessária para erguer a carga no tempo dado Δt é

$$\overline{P} = \frac{W}{\Delta t}.$$

SIMPLIFIQUE
A combinação das duas equações acima resulta em

$$\overline{P} = \frac{mgh}{\Delta t}.$$

CALCULE
Agora inserimos os números e obtemos

$$\overline{P} = \frac{(85,0 \text{ kg})(9,81 \text{ m/s}^2)(50,0 \text{ m})}{60,0 \text{ s}} = 694,875 \text{ W}.$$

Continua →

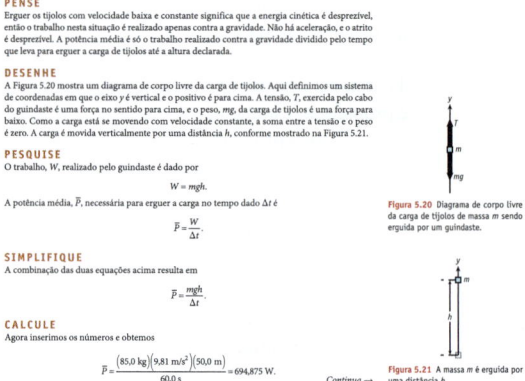

Figura 5.20 Diagrama de corpo livre da carga de tijolos de massa m sendo erguida por um guindaste.

Figura 5.21 A massa m é erguida por uma distância h.

Conjuntos de questões e problemas no fim dos capítulos

Além de guias de resolução de problemas, exemplos e estratégias, o *Física para Universitários* também oferece uma **ampla variedade de questões e problemas no fim de cada capítulo**. Geralmente, os professores dizem: "Não preciso de muitos problemas, só alguns problemas muito bons". O *Física para Universitários* tem os dois. As questões e os problemas no fim de cada capítulo foram desenvolvidos com a ideia de torná-los interessantes para o leitor. Os autores, junto com uma equipe de excelentes escritores (que, mais importante ainda, também são professores experientes de física), escreveram questões e problemas para cada capítulo, garantindo ampla variedade em termos de nível, conteúdo e estilo. Todos os capítulos incluem um conjunto de perguntas de múltipla escolha, questões, problemas (por seção) e problemas adicionais (sem "dica" de seção). Um marcador identifica problemas um pouco mais desafiadores, e dois marcadores identificam os problemas mais difíceis. O tema de resolução de problemas do texto também é transportado para o banco de teste: o mesmo grupo que escreveu as questões e problemas no fim dos capítulos também escreveu as questões do banco de teste, dando consistência em termos de estilo e escopo.

QUESTÕES DE MÚLTIPLA ESCOLHA

13.1 Água salgada tem uma densidade maior do que água doce. Um barco flutua em ambos os tipos de água. A força de empuxo sobre o barco na água salgada é ________ água doce.

a) igual na b) menor do que na c) maior do que na

13.2 Você enche um copo alto com gelo e adiciona água até o nível da borda do copo. Um pouco de gelo flutua acima da borda. Quando o gelo derrete, o que acontece ao nível de água? (Despreze a evaporação e admita que o gelo e a água permanecem a 0ºC, durante o processo de derretimento.)

a) A água transborda.
b) O nível da água cai abaixo da borda.
c) O nível da água permanece ao nível da borda.
d) Depende da diferença de densidade entre a água e o gelo.

13.3 A figura mostra quatro tanques abertos cheios até a borda com água e colocados sobre uma escala. Bolas estão flutuando nos tanques (2) e (3), mas um corpo vai até o fundo no tanque (4). Qual das seguintes relações é correta, em relação aos pesos mostrados na escala?

a) (1) < (2) < (3) < (4) c) (1) < (2) = (3) = (4)
b) (1) < (2) = (3) < (4) d) (1) = (2) = (3) < (4)

13.4 Você está num barco cheio de grandes pedras no meio de um pequeno lago. Você começa a jogar as pedras na água. O que acontece ao nível da água do pequeno lago?

a) Ele aumenta.
b) Ele diminui.
c) Não muda.
d) Ele cresce momentaneamente e depois cai quando as pedras atingem o fundo.
e) Não há informações suficientes para dizer.

13.5 Coloque em ordem, da maior à menor, as intensidades das forças F_1, F_2 e F_3 necessárias ao equilíbrio das massas mostradas na figura.

13.6 Em um tubo de água horizontal, que se estreita para um raio menor, a velocidade da água na seção com o raio menor será maior. O que acontece à pressão?

a) A pressão será a mesma na seção larga e na seção estreita do tubo.
b) A pressão será mais alta na seção estreita do tubo.
c) A pressão sera mais alta na seção larga do tubo.
d) Impossível dizer.

13.7 Em um dos filmes *Star Wars*, quatro dos heróis estão presos no compactador de lixo da Estrela da Morte. As paredes do compactador começam a se fechar e os heróis precisam pegar um objeto do próprio lixo para colocar entre as paredes e pará-las. Todos os objetos são do mesmo comprimento e têm uma seção transversal circular, mas seus diâmetros e composições são diferentes. Admita que cada objeto esteja orientado horizontalmente e não se flexione. Eles têm tempo e força para sustentar somente um objeto entre as paredes. Qual dos objetos mostrados na figura funciona melhor – isto é, suportará a maior força por unidade de compressão?

13.8 Muitos altímetros calculam a variação de altitude pela medição da variação da pressão do ar. Um altímetro que é projetado para detectar variações de altitude de 100 m perto do nível do mar seria capacitado para detectar variações de pressão de

a) aproximadamente 1 Pa.
b) aproximadamente 10 Pa.
c) aproximadamente 100 Pa.
d) aproximadamente 1 kPa.
e) aproximadamente 10 kPa.

13.9 Qual das seguintes suposições não é feita na derivação da Equação de Bernoulli?

a) Linhas de fluxo não se cruzam.
b) Há viscosidade desprezível.
c) Há atrito desprezível.
d) Não há turbulência.
e) Há gravidade desprezível.

13.10 Um beaker está cheio com água até a borda. Colocando-se cuidadosamente um pato de plástico no beaker faz um pouco de água derramar. O peso do beaker com o pato flutuando é

a) maior do que o peso antes do pato ser colocado.
b) menor do que o peso antes do pato ser colocado.
c) o mesmo peso de antes do pato ser colocado.
d) maior ou menor do que o peso antes que pato fosse colocado, dependendo do peso do pato.

13.11 Uma peça de cortiça (densidade = 0,33 g/cm³) de massa 10 g é mantida no lugar, sob a água, por uma corda, como mostrado na figura. Qual é a tensão *T* na corda?

a) 0,10 N c) 0,30 N e) 200 N
b) 0,20N d) 100 N f) 300 N

QUESTÕES

13.12 Você conhece a experiência: se um carro, no qual você está andando, é parado subitamente, objetos pesados na parte de trás movem-se para frente. Por que um balão inflado com hélio em tal situação se move para trás do carro?

13.13 Uma peça de papel é dobrada na metade e depois aberta e posta sobre uma mesa plana, de modo que a peça levante no meio, como mostrado na figura. Se você assopra ar entre o papel e a mesa, o papel se moverá para cima ou para baixo? Explique.

13.14 Em qual orientação a força, em virtude da água fluindo de uma ducha, atua sobre a cortina do box? Para dentro, em direção ao box, ou para fora? Explique.

13.15 Mostre e discuta qualquer falha na seguinte afirmação: *os elevadores hidráulicos para carros são dispositivos que operam baseados no Princípio de Pascal. Tais dispositivos podem produzir grandes forças de saída com pequenas forças de entrada. Assim, com uma pequena quantidade de trabalho realizado pela força de entrada, uma quantidade muito maior de trabalho é produzido pela força de saída e um carro pesado pode ser elevado.*

13.16 Dadas duas molas de tamanho e forma idênticos, uma feita de aço e a outra de alumínio, qual tem a maior constante de mola? Por quê? A diferença depende mais do módulo de cisalhamento ou do módulo de elasticidade volumétrica do material?

13.17 Um material tem maior densidade do que outro. Os átomos ou as moléculas individuais do primeiro material são, necessariamente, mais maciços do que aqueles do segundo material?

13.18 Balanças analíticas são calibradas para darem o valor correto da massa para corpos, tal como para um corpo de aço de densidade $\rho_s = 8.000,00\ kg/m^3$. A calibração compensa a força de empuxo que aparece, porque as medições são feitas no ar, de densidade $\rho_a = 1,205\ kg/m^3$. Que compensação deve ser feita para medir as massas de corpos de um material diferente, de densidade ρ? A força de empuxo do ar importa?

13.19 Se você abrir a torneira da pia do banheiro, você verá que o fluxo parece estreitar do ponto onde ele deixa a torneira até o ponto onde bate no fundo da pia. Por que isso ocorre?

13.20 Em muitos problemas envolvendo a aplicação da Segunda Lei de Newton para o movimento de corpos sólidos, o atrito é desprezado para facilitar a solução. A contraparte do atrito entre sólidos é a viscosidade dos líquidos. Os problemas envolvendo escoamento de fluidos tornam-se mais fáceis se a viscosidade for desprezada? Explique.

13.21 Você tem duas esferas de prata idênticas e dois fluidos, A e B, desconhecidos. Você põe uma esfera no fluido A e ela afunda; você põe a outra esfera no fluido B e ela flutua. O que você pode concluir sobre a força de empuxo do fluido A em relação a do fluido B?

13.22 Água escoa de um torneira circular aberta, de raio r_0, direcionada verticalmente para baixo, a velocidade v_0. À medida que o fluxo de água cai, ele se estreita. Ache uma expressão para o raio do escoamento em função da distância caída, $r(y)$, onde y é medido para baixo a partir da abertura. Despreze eventuais dispersões em gotas do fluxo e qualquer resistência devido ao arrasto ou à viscosidade.

PROBLEMAS

Um problema com número azul indica que uma solução formulada está disponível no Manual de Soluções do Estudante. Um • e dois •• indicam um crescente nível de dificuldade dos problemas.

Seções 13.1 e 13.2

13.23 O ar consiste de moléculas de vários tipos, com uma massa molar média de 28,95 g. Um adulto que inale 0,50 l de ar ao nível do mar faz entrar quantas moléculas?

• **13.24** Tabletes simples de sal (NaCl) consistem de íons de sódio e de cloro aranjados numa estrutura cristalina cúbica de face centrada. Isto é, um cristal de cloreto de sódio consiste de uma célula unitária cúbica com um íon de sódio em cada vértice e no centro de cada face, e um íon de cloro no centro do cubo e no ponto médio de cada aresta. A densidade do cloreto de sódio é $2,165.10^3\ kg/m^3$. Calcule o espaçamento entre íons adjacentes de sódio e de cloro no cristal.

Seção 13.3

13.25 Um lustre de 20 kg está suspenso do teto por quatro fios de aço verticais. Cada fio tem um comprimento, quando descarregado, de 1 m e diâmetro de 2 mm, cada um suportando uma carga igual. Quando o lustre é pedurado, quanto os fios esticam?

13.26 Ache o diâmetro mínimo de uma corda de nylon de 50 m de comprimento, que se esticará não mais do que 1 cm quando uma carga de 70 kg for suspensa por sua extremidade mais baixa. Admita que $Y_{nylon} = 3,51.10^8\ N/m^2$.

13.27 Uma corda de aço, comprimento 2,0 m, em um instrumento musical, tem um raio de 0,03 mm. Quando a corda está sob uma tensão de 90 N, quanto seu comprimento varia?

• **13.28** Uma viga de comprimento *L* é fixada na parede. A carga sobre a viga aumenta linearmente (como mostrado pelas setas na figura) de zero, na sua extremidade esquerda, até *W*, na sua extremidade direita. Ache a força de cisalhamento a) na extremidade direita, b) no meio e c) na extremidade esquerda.

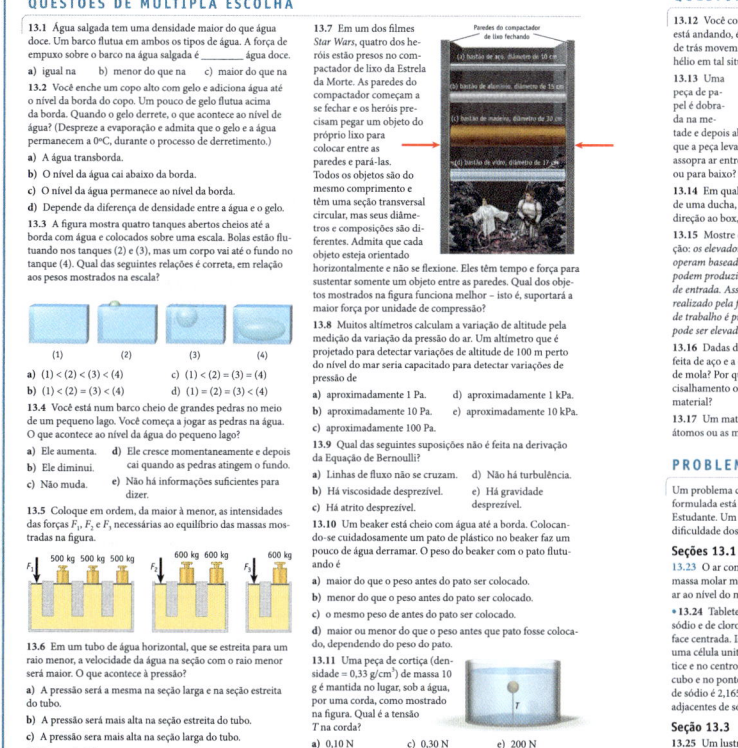

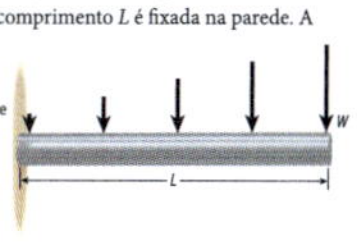

"A técnica de resolução de problemas, tomando emprestado uma expressão de meus alunos, 'não é uma porcaria'. Sou cético quando se trata da abordagem na resolução de problemas do tipo 'uma receita para todos' que todos os outros autores usam – já vi muitas que não funcionam em termos pedagógicos. Porém, na abordagem usada pelos autores, os alunos são realmente forçados a recorrer à intuição, antes de começar, para refletir sobre os princípios relevantes primeiro...

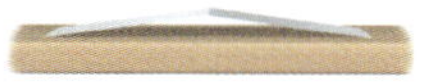

Uau! Tem problemas ótimos no final dos capítulos. Meus parabéns aos autores. Havia uma bela diversidade de problemas, e a maioria deles exigia muito mais do que simplesmente inserir números e calcular. Encontrei vários problemas que gostaria de usar com meus alunos."

Brent Corbin, University of California – Los Angeles

"O texto atinge um ótimo equilíbrio entre dar os detalhes e o rigor matemáticos e uma apresentação clara e intuitiva dos conceitos de física. O equilíbrio e a variedade de problemas, tanto como problemas resolvidos quanto na forma de problemas no fim dos capítulos, são impressionantes. Muitas características encontradas neste livro são difíceis de encontrar em outros livros texto, incluindo uso adequado de notação vetorial, avaliação explícita de integrais múltiplas, por exemplo, nos cálculos do momento inércia, e conexões intrigantes com a física moderna."

Lisa Everett, University of Wisconsin – Madison

Tópicos contemporâneos: capturando a imaginação dos alunos

O *Física para Universitários* incorpora uma ampla variedade de tópicos contemporâneos e discussões baseadas em pesquisas, com o objetivo de ajudar os alunos a apreciar a beleza da física e ver como os conceitos de física estão relacionados ao desenvolvimento de novas tecnologias nas áreas de engenharia, medicina e astronomia, entre outras. A seção "As fronteiras da física moderna", no início do texto, serve para apresentar aos alunos algumas das novas e incríveis fronteiras de pesquisa que estão sendo exploradas em várias áreas da física e os resultados obtidos nos últimos anos. Os autores retornam a esses tópicos em diversos pontos do livro para fazer uma exploração mais profunda.

Os autores do *Física para Universitários* também discutem repetidamente diferentes aspectos do amplo tópico da energia, abordando conceitos de fontes de energia (fóssil, renovável, nuclear, e assim por diante), eficiência energética e efeitos ambientais de escolhas de fornecimento de energia. As fontes alternativas de energia e recursos renováveis são discutidos na estrutura de possíveis soluções à crise energética. Essas discussões são uma ótima oportunidade de despertar o interesse dos alunos e são acessíveis no nível de introdução à física.

Os seguintes tópicos de pesquisa em física contemporânea e discussões sobre energia (em verde) são encontrados no texto:

Capítulo 1
A Seção 1.3 tem uma subseção chamada "Metrologia", que menciona a nova definição do quilograma e o relógio ótico no NIST

A Seção 1.4 menciona a pesquisa dos autores sobre colisões de íons pesados

Capítulo 4
A Seção 4.2 tem uma subseção sobre a partícula de Higgs

A Seção 4.7 tem uma subseção sobre tribologia

Capítulo 5
Seção 5.1 Energia em nossa vida diária

Seção 5.7 Potência e eficiência de combustível de carros nos Estados Unidos

Capítulo 6
A Seção 6.8 tem uma subseção chamada "Visão geral: física atômica" que discute o tunelamento de partículas

Problema resolvido 6.6 Potência produzida pelas Cataratas do Niágara

Capítulo 7
Exemplo 7.5 Física de partículas

A Seção 7.8 discute o bilhar de Sinai e o movimento caótico

Capítulo 8
O Exemplo 8.3 menciona a propulsão eletromagnética e a blindagem antirradiação no contexto do envio de astronautas a Marte

Capítulo 10
Exemplo 10.7 Morte de uma estrela

Exemplo 10.8 *Flybrid*

Capítulo 12
A Seção 12.1 tem uma subseção chamada "Sistema Solar" que menciona a pesquisa sobre corpos no Cinturão de Kuiper

Seção 12.7 Matéria escura

"Acho que essa ideia é ótima! Ela ajuda o instrutor a mostrar aos alunos que a física é um assunto vivo e empolgante (...) porque mostra que a física é um assunto que está ocorrendo, relevante para descobrir como o universo funciona, que é necessária para desenvolver novas tecnologias e como ela pode beneficiar a humanidade (...). Os [capítulos] contêm vários tópicos modernos interessantes e os explicam com muita clareza."

Joseph Kapusta, University of Minnesota

"Acho que a abordagem de incluir a física moderna ou contemporânea em todo o texto é ótima. Os alunos geralmente estudam física como uma ciência de conceitos que foram descobertos há muito tempo. Eles veem a engenharia como a ciência que nos deu os avanços em tecnologia que temos hoje. Seria ótimo mostrar aos alunos onde esses avanços começaram: na física."

Donna W. Stokes, University of Houston

Conteúdo aprimorado: flexibilidade para o alunos e para as necessidades do curso

Para os professores que estão procurando cobertura adicional de certos tópicos e suporte matemático para esses tópicos, o *Física para Universitários* também oferece flexibilidade. Este livro inclui alguns tópicos e uma quantidade de cálculo que não aparece em muitos outros textos. Porém, esses tópicos foram apresentados de tal forma que sua exclusão não afetará o curso geral. O texto como um todo é escrito em um nível adequado para o aluno médio de introdução à física. A seguir, está uma lista de conteúdo de cobertura flexível e suporte matemático adicional:

Capítulo 2
Seção 2.3 O conceito de derivada é desenvolvido usando uma abordagem conceitual e gráfica. São dados exemplos usando derivada, e os alunos recebem uma referência ao apêndice para "refrescar" a memória sobre outros tópicos. Há uma abordagem mais extensa que em alguns outros textos.

Seção 2.4 A aceleração como derivada em função do tempo é introduzida por analogia, e a discussão inclui um exemplo.

Seção 2.6 A integração como o inverso de diferenciação é introduzida para encontrar a área sob uma curva. Essa apresentação mais extensa do que em muitos textos compreende duas seções, com vários exemplos.

Seção 2.7 São incluídos exemplos usando diferenciação.

Seção 2.8 Mostra-se uma derivação por argumentos de tempo mínimo para conduzir a uma solução que é equivalente à lei de Snell.

Exercícios no fim dos capítulos referentes a essa cobertura incluem as questões 20, 22 e 23 e diversos problemas que usam cálculo.

Capítulo 3
Seção 3.1 Apresenta-se a derivada de componentes de um vetor posição tridimensional em velocidade tridimensional e, depois, em aceleração tridimensional.

Seção 3.3 Aborda a tangencialidade do vetor velocidade para a trajetória.

Seção 3.4 Encontram-se a altura máxima e o alcance de um projétil ajustando a derivada como sendo igual a zero.

Seção 3.5 Aborda o movimento relativo (equação 3.27).

O Problema 3.38, no fim do capítulo, lida com a derivada.

Capítulo 4
Seção 4.8 O Exemplo 4.10, sobre o melhor ângulo para puxar um trenó, é um problema de máximo e mínimo.

Capítulo 5
Seção 5.5 O trabalho realizado por uma força variável é abordado usando integrais definidas e a derivação da equação 5.20. A regra da cadeia também é discutida.

Seção 5.6 Discute-se o trabalho realizado pela força elástica (equação 5.24).

Seção 5.7 Aborda a potência como derivada temporal do trabalho (equação 5.26).

Uma série de problemas no fim do capítulo complementa essa cobertura, como os Problemas 5.34 a 5.37.

Capítulo 6
Seção 6.3 Encontrar o trabalho realizado por uma força inclui o uso de integrais.

Seção 6.4 Obter a força a partir do potencial inclui o uso de derivadas; também são introduzidas derivadas parciais e o gradiente (por exemplo, o potencial de Lennard-Jones).

Uma série de questões e problemas no fim do capítulo complementa essa cobertura, como as Questões 6.24 e 6.25 e os Problemas 6.34, 6.35 e 6.36.

Capítulo 8
O texto introduz integrais de volume, de forma que o volume de uma esfera e o centro de massa de uma meia esfera podem ser determinados em um exemplo resolvido.

Capítulo 9
São oferecidas derivadas explícitas dos vetores unitários radical e tangencial. O texto deriva as equações de movimento para aceleração angular constante, repetindo a derivação costumeira de equações de movimento para aceleração linear constante, apresentadas no Capítulo 2.

Capítulo 10
A integral de volume apresentada no Capítulo 8 é utilizada para encontrar o momento de inércia para diferentes objetos. O texto deriva a expressão para momento angular para determinar a relação entre momento angular de um sistema de partículas e o torque.

Capítulo 11
Seção 11.3 A condição de estabilidade é utilizada, e a segunda derivada de energia potencial é examinada para determinar o tipo de equilíbrio por meio de interpretação gráfica das funções.

Capítulo 12
Seção 12.1 Oferece cobertura única da derivação da força gravitacional de uma esfera e dentro de uma esfera.

"A característica mais marcante: o uso de matemática real, principalmente cálculo, para derivar relações cinemáticas, as relações entre grandezas no movimento circular, a direção da força gravitacional, o módulo da força de maré e a extensão máxima de um conjunto de blocos empilhados. Os Problemas resolvidos são sempre abordados primeiro de uma forma simbólica. É comum que os livros não deixem a matemática fazer o trabalho para eles."

Kieran Mullen, University of Oklahoma

Demonstrações

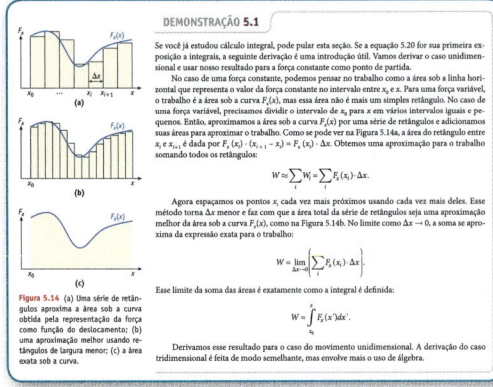

São fornecidas derivações detalhadas como exemplos para os alunos, que com o tempo precisarão desenvolver suas próprias derivações na revisão de problemas resolvidos, trabalho com os exemplos e solução de problemas no fim da cada capítulo. As derivações são identificadas no texto com cabeçalhos numerados, de forma que os instrutores possam incluir essas características detalhadas conforme necessário para se ajustar às necessidades de seus cursos.

"Novamente, a derivação resultante da equação 6.15 é fora de série. Poucos livros que eu já vi mostram aos alunos, pelo menos uma vez, todos os passos matemáticos nas derivações. Esse é um ponto forte deste livro. Além disso, na próxima seção, gosto muito da generalização da relação força e energia potencial para três dimensões. É algo que eu sempre faço na aula, embora a maioria dos livros não chegue nem perto disso."

James Stone, Boston University

Resumo de cálculo

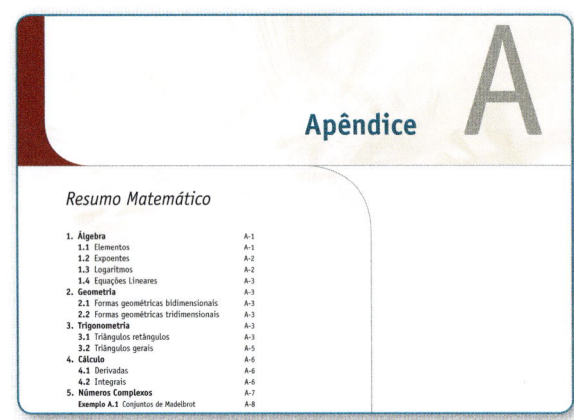

Há um resumo de cálculo nos anexos. Como essa sequência de curso é geralmente dada no primeiro ano de estudo nas universidades, presume-se o conhecimento de física e matemática do ensino médio. É preferível que os alunos tenham feito um curso de cálculo antes de começar esta sequência de curso, mas também é possível cursar cálculo paralelamente. Para facilitar isso, o texto contém um breve resumo de cálculo em um anexo, dando os principais resultados de cálculo sem as derivações rigorosas.

Criando conhecimento: o sistema de aprendizagem do texto

Esquema de abertura de capítulos

No início de cada capítulo, há um esquema apresentando as suas seções. Esse esquema também inclui os títulos dos exemplos e dos problemas resolvidos encontrados no capítulo. Com um olhar rápido, os alunos ou os professores sabem se um tópico, exemplo ou problema desejado se encontra no capítulo.

O que aprenderemos/O que já aprendemos

Cada capítulo do *Física para Universitários* é organizado como um bom seminário de pesquisa. Uma vez, alguém disse: "Diga a eles que você vai dizer a eles, depois diga a eles e depois diga a eles o que você disse a eles!" Cada capítulo começa com **O que aprenderemos** – um breve resumo dos pontos principais, sem equações. E no fim de cada capítulo, **O que já aprendemos/Guia de estudo** contém conceitos centrais, inclusive as principais equações, símbolos e termos-chave. Todos os símbolos usados nas fórmulas do capítulo também são listados.

Introduções conceituais

Explicações conceituais são dadas no texto antes de qualquer explicação matemática, fórmulas ou derivações, a fim de mostrar aos alunos por que a grandeza é necessária, por que é útil e por que deve ser definida com exatidão. A seguir, os autores passam da explicação e da definição conceitual para uma fórmula e termos exatos.

Pausas para teste

Os conjuntos de questões seguem a cobertura dos principais conceitos no texto para incentivar os alunos a desenvolver um diálogo interno. Essas questões os ajudarão a pensar de forma crítica sobre o que acabaram de ler, decidir se compreenderam o conceito e desenvolver uma lista de perguntas suplementares para serem feitas durante a aula. As respostas das pausas para teste encontram-se no fim de cada capítulo.

> "As pausas para teste são eficientes incentivos para que os alunos coloquem o que aprenderam neste capítulo dentro do contexto da compreensão conceitual mais ampla que estavam desenvolvendo nos capítulos anteriores."
>
> *Nina Abramzon, California Polytechnic University – Pomona*

6.3 Pausa para teste
Por que a bola de cor clara chega na parte de baixo da Figura 6.10 antes da outra bola?

Figura 6.10 Corrida entre duas bolas por inclinações diferentes de mesma altura.

6.3 A bola de cor clara desce para uma elevação mais baixa mais cedo em seu movimento e, portanto, converte mais de sua energia potencial em energia cinética inicialmente. Maior energia cinética significa maior velocidade. Desta forma, a bola de cor clara atinge maiores velocidades antes e consegue se mover até a parte de baixo da pista mais rapidamente, embora o comprimento de seu caminho seja maior.

Exercícios de sala de aula

Os exercícios de sala de aula são projetados para o uso com tecnologia de sistema de respostas pessoais. Eles aparecerão no texto de forma que os alunos possam começar a contemplar os conceitos. As respostas somente estarão disponíveis aos instrutores. (Perguntas e respostas são formatadas no PowerPoint para uso universal com sistemas de respostas pessoais.)

Programa visual

A familiaridade com trabalho de arte gráfica na Internet e em jogos elevou o nível de apresentações gráficas nos livros-texto, que agora devem ser mais sofisticadas para estimular tanto os alunos quanto o corpo docente. Aqui estão alguns exemplos de técnicas e ideias implantadas em *Física para Universitários*:

- As sobreposições de desenhos gráficos sobre fotografias por vezes conectam conceitos muito abstratos de física às realidades dos alunos e experiências cotidianas.
- Uma visão tridimensional dos desenhos gráficos adiciona plasticidade às apresentações. Gráficos e diagramas com precisão matemática foram criados pelos autores em *softwares*, como o Mathematica, e depois usados por artistas gráficos para garantir completa exatidão, combinada com estilo e ótimo apelo visual.

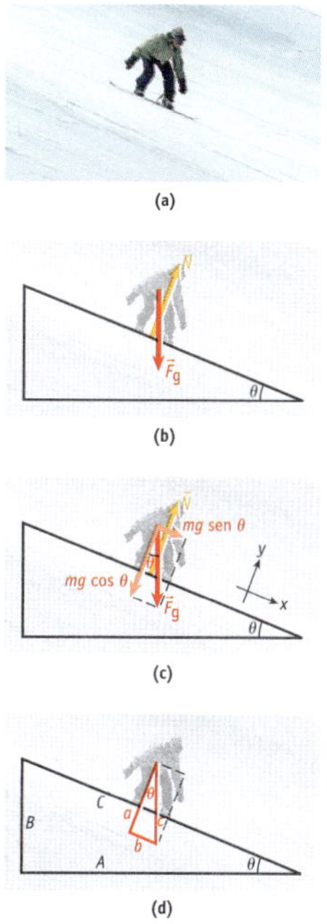

Figura 4.16 (a) O *snowboard* como exemplo de movimento em um plano inclinado. (b) Diagrama de corpo livre do praticante de *snowboard* no plano inclinado. (c) Diagrama de corpo livre do praticante de *snowboard*, com um sistema de coordenadas adicionado. (d) Triângulos semelhantes no problema do plano inclinado.

2.2 Exercícios de sala de aula

O arremesso de uma bola direto para cima serve de exemplo do movimento de queda livre. No instante em que a bola atinge sua altura máxima, qual das afirmativas abaixo é verdadeira?

a) A aceleração da bola aponta para baixo, e sua velocidade aponta para cima.

b) A aceleração da bola é zero, e sua velocidade aponta para cima.

c) A aceleração da bola aponta para cima, e sua velocidade aponta para cima.

d) A aceleração da bola aponta para baixo, e sua velocidade é zero.

e) A aceleração da bola aponta para cima, e sua velocidade é zero.

f) A aceleração da bola é zero, e sua velocidade aponta para baixo.

Material de apoio para os professores

Crie materiais de apoio onde, quando e como quiser!

Uma coleção online de ferramentas de apresentação pode ser acessada na exclusiva área do professor a partir do site da Bookman Editora, www.bookman.com.br. Com esses materiais, você pode incrementar aulas, criar testes e exames personalizados, e também sites interessantes para o curso ou materiais de apoio com imagens atraentes. Todos os materiais possuem direitos autorais, mas podem ser utilizados pelos professores em sala de aula. Alguns dos materiais disponíveis são:

Arte Arquivos digitais coloridos de todas as ilustrações do livro podem ser prontamente incorporados nas apresentações de aula, em exames ou em materiais personalizados para uso em sala de aula. Também estão em formato de apresentação em PowerPoint para facilitar a preparação da aula.

Fotos A coleção de fotos contém arquivos digitais de fotografias do texto, que podem ser reproduzidas para vários usos em sala de aula.

Esquema de aulas no PowerPoint Apresentações prontas (criadas pelos autores do texto) que combinam arte e notas de aula para todos os capítulos do livro. Os esquemas incluem informações históricas e exemplos adicionais. **(Em português)**

Manual de soluções Apresenta as respostas de todas as questões de fim de capítulo do livro, além de soluções completas e detalhadas para os problemas. Os capítulos incluem soluções detalhadas que seguem o método de resolução de problemas de sete passos do livro para todos os problemas e problemas adicionais. **(Em inglês)**

Sumários resumidos

Física para Universitários: Mecânica é o primeiro livro de Bauer, Westfall e Dias. Além deste, estão disponíveis os títulos *Relatividade, Oscilações, Ondas e Calor; Eletricidade e Magnetismo; Ótica e Física Moderna*. Para conhecer os assuntos abordados em cada em deles, apresentamos o sumário resumido abaixo.

Mecânica

Capítulo 1	Visão Geral	**Capítulo 7**	Momento e Colisões
Capítulo 2	Movimento em Linha Reta	**Capítulo 8**	Sistemas de Partículas e Corpos Extensos
Capítulo 3	Movimento em Duas e Três Dimensões	**Capítulo 9**	Movimento Circular
Capítulo 4	Força	**Capítulo 10**	Rotação
Capítulo 5	Energia Cinética, Trabalho e Potência	**Capítulo 11**	Equilíbrio Estático
Capítulo 6	Energia Potencial e Conservação de Energia	**Capítulo 12**	Gravitação

Relatividade, Oscilações, Ondas e Calor

Capítulo 1	Relatividade	**Capítulo 6**	Temperatura
Capítulo 2	Sólidos e Fluidos	**Capítulo 7**	Calor e a Primeira Lei da Termodinâmica
Capítulo 3	Oscilações	**Capítulo 8**	Gases Ideais
Capítulo 4	Ondas	**Capítulo 9**	A Segunda Lei da Termodinâmica
Capítulo 5	Som		

Eletricidade e Magnetismo

Capítulo 1 Eletrostática

Capítulo 2 Campos Elétricos e a Lei de Gauss

Capítulo 3 Potencial Elétrico

Capítulo 4 Capacitores

Capítulo 5 Corrente e Resistência

Capítulo 6 Circuitos de Corrente Contínua

Capítulo 7 Magnetismo

Capítulo 8 Campos Magnéticos Produzidos por Cargas em Movimento

Capítulo 9 Indução Eletromagnética

Capítulo 10 Correntes e Oscilações Eletromagnéticas

Capítulo 11 Ondas Eletromagnéticas

Ótica e Física Moderna

Capítulo 1 Ótica Geométrica

Capítulo 2 Lentes e Instrumentos Óticos

Capítulo 3 Ótica Ondulatória

Capítulo 4 Física Quântica

Capítulo 5 Mecânica Quântica

Capítulo 6 Física Atômica

Capítulo 7 Física das Partículas Elementares

Capítulo 8 Física Nuclear

Sumário

Mecânica

As Fronteiras da Física Moderna 1

1 Visão Geral 7

1.1 Por que estudar física? 8
1.2 Trabalhando com números 9
1.3 Sistema internacional de unidades 11
1.4 Escalas de nosso mundo 14
1.5 Estratégia geral de resolução de problemas 16
1.6 Vetores 23
O que já aprendemos | Guia de estudo para exercícios 28
Questões de múltipla escolha 30
Questões 31
Problemas 31

2 Movimento em Linha Reta 35

2.1 Introdução à cinemática 36
2.2 Vetor posição, vetor deslocamento e distância 36
2.3 Vetor velocidade, velocidade média e velocidade escalar 40
2.4 Vetor aceleração 43
2.5 Soluções por computador e fórmulas de diferenças 44
2.6 Encontrando deslocamento e velocidade a partir da aceleração 46
2.7 Movimento com aceleração constante 47
2.8 Redução de movimento em mais de uma dimensão para uma dimensão 56
O que já aprendemos | Guia de estudo para exercícios 59
Questões de múltipla escolha 64
Questões 64
Problemas 65

3 Movimento em Duas e Três Dimensões 71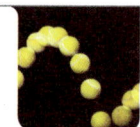

3.1 Sistema de coordenadas tridimensional 72
3.2 Velocidade e aceleração em um plano 73
3.3 Movimento ideal de projéteis 74
3.4 Altura máxima e alcance de um projétil 78
3.5 Movimento realista de projéteis 83
3.6 Movimento relativo 84
O que já aprendemos | Guia de estudo para exercícios 87
Questões de múltipla escolha 92
Questões 93
Problemas 94

4 Força 100

4.1 Tipos de forças 101
4.2 Vetor força gravitacional, peso e massa 103
4.3 Força resultante 105
4.4 Leis de Newton 106
4.5 Cordas e polias 109
4.6 Aplicação das leis de Newton 112
4.7 Força de atrito 118
4.8 Aplicações da força de atrito 123
O que já aprendemos | Guia de estudo para exercícios 126
Questões de múltipla escolha 132
Questões 132
Problemas 133

5 Energia Cinética, Trabalho e Potência 140

5.1 Energia em nossa vida diária 141
5.2 Energia cinética 143
5.3 Trabalho 145
5.4 Trabalho realizado por uma força constante 145
5.5 Trabalho realizado por uma força variável 152
5.6 Força elástica 153
5.7 Potência 157
O que já aprendemos | Guia de estudo para exercícios 159
Questões de múltipla escolha 164
Questões 165
Problemas 165

6 Energia Potencial e Conservação de Energia 168

6.1 Energia potencial 169
6.2 Forças conservativas e não conservativas 170
6.3 Trabalho e energia potencial 173
6.4 Energia potencial e força 174
6.5 Conservação de energia mecânica 177
6.6 Trabalho e energia para a força elástica 181
6.7 Forças não conservativas e o teorema do trabalho e energia cinética 186
6.8 Energia potencial e estabilidade 190
O que já aprendemos | Guia de estudo para exercícios 192
Questões de múltipla escolha 198
Questões 199
Problemas 200

7 Momento e Colisões 205

7.1 Momento linear 206
7.2 Impulso 208
7.3 Conservação de momento linear 210
7.4 Colisão elástica unidimensional 212
7.5 Colisão elástica em duas ou três dimensões 216
7.6 Colisão perfeitamente inelástica 220
7.7 Colisão parcialmente inelástica 227
7.8 Bilhar e caos 228
O que já aprendemos | Guia de estudo para exercícios 229
Questões de múltipla escolha 235
Questões 236
Problemas 237

8 Sistemas de Partículas e Corpos Extensos 246

8.1 Centro de massa e centro de gravidade 247
8.2 Momento do centro de massa 251
8.3 Movimento de foguetes 256
8.4 Calculando o centro de massa 259
O que já aprendemos | Guia de estudo para exercícios 266
Questões de múltipla escolha 272
Questões 273
Problemas 274

9 Movimento Circular 279

9.1 Coordenadas polares 280
9.2 Coordenadas angulares e deslocamento angular 281
9.3 Velocidade angular, frequência angular e período 283
9.4 Aceleração angular e centrípeta 286
9.5 Força centrípeta 289
9.6 Movimento circular e linear 293
9.7 Mais exemplos de movimento circular 296
O que já aprendemos | Guia de estudo para exercícios 300
Questões de múltipla escolha 305
Questões 306
Problemas 307

10 Rotação 312

10.1 Energia cinética de rotação 313
10.2 Cálculo do momento de inércia 314
10.3 Rolamento sem deslizamento 322
10.4 Torque 326
10.5 Segunda Lei de Newton para rotação 328
10.6 Trabalho realizado por um torque 332
10.7 Momento angular 335
10.8 Precessão 341
10.9 Momento angular quantizado 343
O que já aprendemos | Guia de estudo para exercícios 343
Questões de múltipla escolha 346
Questões 347
Problemas 348

11 Equilíbrio Estático 354

11.1 Condições de equilíbrio 355
11.2 Exemplos envolvendo equilíbrio estático 357
11.3 Estabilidade de estruturas 366
O que já aprendemos | Guia de estudo para exercícios 370
Questões de múltipla escolha 373
Questões 374
Problemas 375

12 Gravitação 381

12.1 Lei da Gravidade de Newton 382
12.2 Gravitação próximo à superfície da Terra 387
12.3 Gravitação dentro da Terra 389
12.4 Energia potencial gravitacional 391
12.5 Leis do movimento planetário de Kepler 395
12.6 Órbitas de satélites 400
12.7 Matéria escura 405
O que já aprendemos | Guia de estudo para exercícios 407
Questões de múltipla escolha 410
Questões 411
Problemas 412

Apêndice A Resumo Matemático A-1

Apêndice B Massas de Isótopos, Energias de Ligação e Meias-vidas B-1

Apêndice C Propriedades dos Elementos C-1

Respostas de Questões e Problemas Selecionados R-1

Créditos das Fotos C-1

Índice I-1

As Fronteiras da Física Moderna

Este livro tentará dar a você uma ideia de alguns dos progressos impressionantes feitos pela física recentemente. Os exemplos das áreas de pesquisa avançada estarão acessíveis com o conhecimento disponível em nível introdutório. Em muitas universidades de ponta, jovens secundaristas já estão envolvidos em pesquisas inovadoras em física. Com frequência, essa participação requer nada além das ferramentas apresentadas neste livro, alguns dias ou semanas de leituras adicionais, e a curiosidade e o desejo de aprender fatos e habilidades novas.

As próximas páginas introduzirão algumas das incríveis fronteiras da pesquisa contemporânea e descreverão alguns resultados obtidos durante os últimos anos. Essa introdução é feita em nível qualitativo, evitando toda a matemática e outros detalhes técnicos.

A física quântica

No ano de 2005 foi comemorado o 100º aniversário dos notáveis artigos de Albert Einstein sobre o movimento browniano (que provou a realidade da existência dos átomos), a teoria da relatividade e o efeito fotoelétrico. Este último artigo introduziu uma das ideias que constituem a base da mecânica quântica, a física da matéria em escalas atômicas e moleculares. A mecânica quântica é um produto do século XX que levou, por exemplo, à invenção do laser, agora rotineiramente empregado em CDs, DVDs e aparelhos de *Blu-ray*, em leitoras de códigos de barra e mesmo em cirurgias de olhos, entre muitas outras aplicações. A mecânica quântica também forneceu uma compreensão mais fundamental da química; físicos estão usando pulsos curtos de laser com durações menores que 10-13 s para compreender como se desenvolvem as ligações químicas. A revolução quântica inclui também descobertas exóticas como a da antimatéria, e não existe um fim à vista deste processo. Na última década, grupos de átomos denominados condensados de Bose-Einstein foram formados em armadilhas eletromagnéticas, e esse trabalho abriu as portas para um mundo inteiramente novo da física atômica e quântica.

Física da matéria condensada e eletrônica

As inovações físicas criaram, e continuam a alimentar, a indústria de alta tecnologia. Somente há pouco mais de 50 anos foi inventado o primeiro transistor nos laboratórios da Bell Telephone, anunciando a era eletrônica. A unidade de processamento central (CPU, do inglês *central processing unit*) de um computador pessoal ou *laptop* comum contém agora mais de 100 milhões de transístores. O incrível crescimento em capacidade de processamento e nas finalidades das aplicações dos computadores durante as duas últimas décadas foi tornado possível graças à pesquisa em física da matéria condensada. Gordon Moore, cofundador da Intel, fez a famosa observação de que a capacidade de processamento dos computadores dobra a cada 18 meses, uma tendência prevista para perdurar por pelo menos uma década ou mais.

A capacidade de armazenamento cresce ainda mais rapidamente do que a capacidade de processamento, com um tempo de duplicação de apenas 12 meses. Em 2007, o Prêmio Nobel de Física foi concedido a Albert Fert e Peter Grünberg por sua descoberta de 1988 da *magnetoresistência gigante*. Levou apenas uma década para que esta descoberta fosse aplicada em discos rígidos de computadores, possibilitando capacidades de armazenamento de centenas de gigabytes (1 gigabyte = 1 milhão de elementos de informação) e mesmo terabytes (1 terabyte = 1 trilhão de elementos de informação).

A capacidade das redes cresce ainda mais rapidamente do que as capacidades de armazenamento e de processamento, dobrando a cada nove meses. Atualmente, você pode ir a quase qualquer país da Terra e encontrar pontos de acesso sem fio, com os quais pode se conectar seu laptop ou celular com *wi-fi* à Internet. Faz menos de duas décadas que a web (*world wide web*) foi concebida por Tim Barners-Lee, então trabalhando no laboratório de física de partículas do CERN, na Suíça, que desenvolveu este novo meio para facilitar a colaboração entre os físicos de partículas em diferentes partes do mundo.

Os telefones celulares e outros aparelhos de comunicação poderosos estão à disposição de quase todo mundo. A moderna pesquisa em física possibilitou uma progressiva miniaturização dos aparelhos eletrônicos pessoais. Este processo estimulou uma convergência digital, tornando possível equipar celulares com câmeras digitais, gravadores de vídeo, email, navegadores (*browsers*) da web e receptores de GPS. A funcionalidade agregada é cada vez maior, enquanto os preços prosseguem em queda. Quarenta anos após o primeiro pouso na Lua, muitos telefone celulares de agora possuem capacidades de computação maiores que a da espaçonave Apolo usada na viagem até a Lua.

Computação quântica

Os físicos estão forçando ainda mais os limites da computação. Presentemente, muitos grupos estão pesquisando maneiras de construir um computador quântico. Teoricamente, um computador quântico formado por N processadores seria capaz de executar 2^N instruções simultaneamente, enquanto um computador convencional formado por N processadores pode executar somente N instruções de programação ao mesmo tempo. Assim, um computador quântico com 100 processadores excederia a capacidade de computação combinada de todos os supercomputadores existentes. Na realidade, muitos problemas complexos precisam ser resolvidos antes que essa visão possa se tornar realidade, mas, novamente, apenas há 50 anos parecia absolutamente impossível compactar 100 milhões de transístores em um único *chip* de computador do tamanho de um dedal.

Física da computação

A interação entre a física e os computadores funciona como uma via de duas mãos. Tradicionalmente, as pesquisas físicas eram de natureza experimental ou teórica. Os livros-texto pareciam favorecer o lado teórico, pois apresentavam muitas fórmulas da física, mas, de fato, eles analisavam as ideias conceituais contidas naquelas fórmulas. Por outro lado, muita pesquisa teve origem no lado experimental, quando os fenômenos recém observados pareciam negar a descrição teórica. Todavia, com o surgimento dos computadores, um terceiro ramo da física tornou-se possível: a física computacional. A maioria dos físicos hoje usa computadores para processarem dados e visualizá-los, para resolver grandes sistemas de equações acopladas, ou estudar sistema para os quais não se conhecem formulações analíticas.

O campo emergente do caos e da dinâmica não linear é o primeiro exemplo desse estudo. Possivelmente, o pesquisador atmosférico do MIT Edward Lorenz simulou pela primeira vez o comportamento caótico com a ajuda de um computador em 1963, quando ele resolveu três equações acopladas de um modelo simples do clima e detectou uma dependência sensível com as condições iniciais – mesmo as menores diferenças no início resultavam em desvios muito grandes com o decorrer do tempo. Agora tal comportamento é às vezes é chamado de *efeito borboleta*, devido à ideia de que uma borboleta, ao bater a asas na China, possa vir a alterar o clima nos Estados Unidos poucas semanas depois. Essa sensibilidade implica que é impossível fazer previsões do clima determinísticas de longa duração.

Complexidade e caos

Os sistemas com muitos constituintes com frequência exibem comportamentos complexos, mesmo se os constituintes individuais sigam leis muito simples de dinâmica não linear. Os físicos começaram a observar a complexidade em muitos sistemas, incluindo simples pilhas de areia, congestionamentos de trânsito, mercados de ações, evolução biológica, fractais, e moléculas e nanoestruturas que exibem auto-organização. A ciência da complexidade é outro campo descoberto somente nas duas últimas décadas e que experimenta um rápido crescimento.

Os modelos em geral são completamente diretos, e os estudantes do primeiro ano de um curso de física podem fazer contribuições valiosas. No entanto, a solução geralmente requer algumas habilidades em programação e computadores. A perícia em programação os capacitará para contribuir em muitos projetos de pesquisa avançada em física.

Nanotecnologia

Os físicos estão começando a adquirir os conhecimentos e as habilidades necessárias para manipular a matéria de um átomo de cada vez. Nas últimas duas décadas, foram inventados os microscópios de varredura, de tunelamento e de força atômica, permitindo aos pesquisadores enxergar átomos individualmente (Figura 1). Em alguns casos, os átomos individuais podem ser movidos de maneira controlada. A nanociência e a nanotecnologia são devotadas a estes três tipos de desafio, cuja solução promete grandes avanços tecnológicos, desde uma eletrônica ainda mais miniaturizada e, assim, mais poderosa, até os projetos de novas drogas, ou até mesmo manipulação do DNA a fim de curar certas doenças.

Figura 1 Átomos de ferro individuais, arranjados na forma de um estádio, sobre uma superfície de cobre. As ondulações no interior do "estádio" resultam das ondas estacionárias formadas pelas distribuições de densidade de elétrons. Este arranjo foi criado e sua imagem obtida com o emprego de um microscópio de varredura por tunelamento.

Biofísica

Da mesma forma como a física se moveu para dentro do domínio da química durante o século XX, uma rápida convergência interdisciplinar da física com a biologia molecular está ocorrendo no início do século XXI. Os pesquisadores já são capazes de usar pinças a laser para mover biomoléculas individualmente. A cristalografia de raios X vem tornando-se suficientemente sofisticada para que os pesquisadores consigam obter imagens de estruturas tridimensionais de proteínas muito complexas. Além disso, a biofísica teórica está começando a obter sucessos em prever a estrutura espacial e a funcionalidade associada a essas moléculas a partir das sequências de aminoácidos que elas contêm.

A Figura 2 mostra um modelo da estrutura espacial da proteína RNA Polimerase II, com o código de cores representando a distribuição de carga (azul para positiva, vermelho para a negativa) na superfície dessas moléculas. (O potencial elétrico o ajudará a compreender a determinação de distribuições de carga e de seus potenciais para arranjos muito mais simples. A figura também mostra um segmento da molécula do DNA (espiral amarela no centro), indicando como o RNA Polimerase II se acopla ao DNA e funciona como um cortador.

Fusão nuclear

Setenta anos atrás, os físicos nucleares Hans Bethe e seus colegas descobriram como a fusão nuclear no interior do Sol produz a luz que torna possível a vida na Terra. Hoje, os físicos nucleares estão trabalhando em como utilizar na Terra a fusão nuclear para a produção ilimitada de energia. O reator de fusão termonuclear internacional, atualmente em construção no sul da

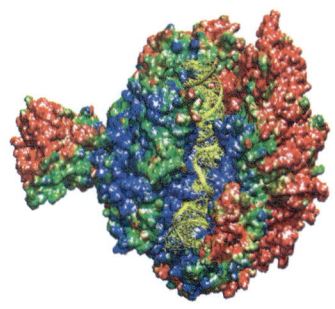

Figura 2 Modelo da proteína RNA Polimerase II.

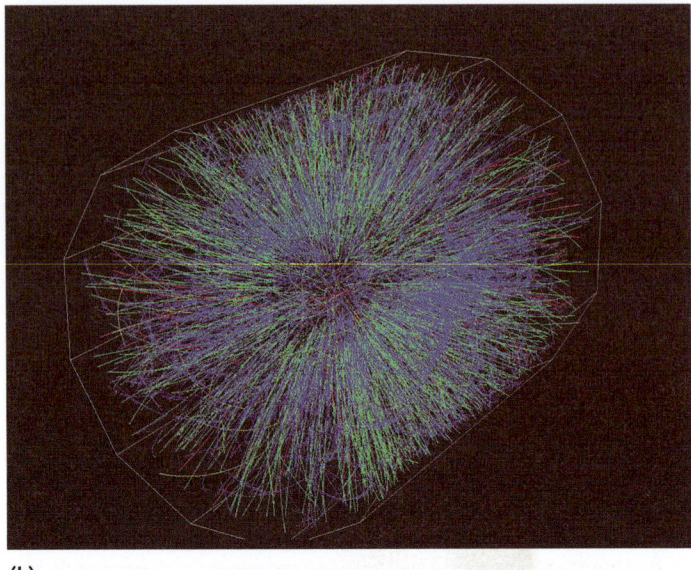

(a) (b)

Figura 3 (a) O detector STAR do RHIC durante sua construção. (b) Rastros reconstruídos eletronicamente de mais de 5.000 partículas subatômicas carregadas produzidas dentro do detector do STAR por uma colisão de alta energia entre dois núcleos de ouro.

França em uma colaboração que envolve muitos países industrializados, percorrerá um longo caminho para responder a muitas das questões importantes que precisam ser resolvidas antes que o uso da fusão seja tecnicamente factível e comercialmente viável.

Física de partículas e de alta energia

Os físicos nucleares e de partículas estão sondando cada vez mais profundamente os menores constituintes da matéria. No Laboratório Nacional de Broohheven, em Long Island, EUA, por exemplo, o Colisor Relativístico de Íons Pesados (RHIC, do inglês *Relativistic Heavy Ion Colider*) colide núcleos de ouro uns contra os outros, a fim de recriar o estado em que estava o universo uma fração de segundo após o *Big Bang*. A Figura 3a é uma foto do STAR, um detector do RHIC, e a Figura 3b mostra uma análise de computador das trajetórias deixadas no detector do STAR por mais de 5.000 partículas subatômicas produzidas em uma dessas colisões. O magnetismo e o campo magnético explicarão de que maneira essas trajetórias são analisados para se obter as propriedades das partículas que os produziram.

Figura 4 Vista aérea de Genebra, Suíça, com a localização do túnel subterrâneo do *Large Hadron Colider* em vermelho.

Um instrumento ainda maior para pesquisas científicas de física de partículas acaba de ser completado no acelerador do laboratório do CERN em Genebra, Suíça. O *Large Hadron Colider* (LHC, Grande Colisor de Íons) está localizado em um túnel subterrâneo com 27 km de circunferência, indicado na Figura 4 pelo círculo vermelho. Este novo instrumento é a mais cara instalação jamais construída, com um custo de mais de 8 bilhões de dólares, posto em funcionamento em setembro de 2008. Os físicos de partículas usarão essa instalação para tentar descobrir o que faz as partículas elementares terem massas diferentes, para

Figura 5 Alguns dos 27 radiotelescópios individuais que formam o *Very Large Array*.

sondar quais são os constituintes elementares do universo e, talvez, para procurar por dimensões extras ocultas e outros fenômenos exóticos.

Teoria de cordas

A física de partículas possui um modelo padrão para todas as partículas elementares e suas interações, porém a razão do bom funcionamento do modelo ainda não é bem compreendida. Presentemente, pensa-se que a teoria de cordas seja a mais provável candidata para um arcabouço que acabe fornecendo essa explicação. Às vezes, a teoria de cordas é chamada heuristicamente de *a teoria de tudo*. Ela prevê dimensões espaciais adicionais, o que soa à primeira vista como ficção científica, porém muitos físicos estão tentando formular maneiras de testar esta teoria experimentalmente.

Astrofísica

A física e a astronomia possuem uma superposição interdisciplinar nas áreas da investigação da história do universo recém-formado, da modelagem da evolução das estrelas e do estudo das ondas gravitacionais ou raios cósmicos das mais altas energias. Os observatórios ainda mais precisos e sofisticados, como o radiotelescópio *Very Large Array* (VLA, Arranjo Interferométrico de Grande Abertura) no Novo México, EUA (Figura 5), foram construídos para estudar esses fenômenos.

Os astrofísicos continuam a fazer descobertas espantosas que remodelam nossa compreensão do universo. Somente nos poucos últimos anos se descobriu que a maior parte da matéria do universo não está contida nas estrelas. A composição desta *matéria escura (dark matter)* ainda é desconhecida, porém seus efeitos são revelados por *lentes gravitacionais*, como a mostrada na Figura 6 pelos arcos observados no aglomerado galáctico Abell 2218, a 2 bilhões de anos-luz da Terra, na constelação do Dragão. Os arcos são imagens de galáxias ainda mais distantes, distorcidas pela presença de grandes quantidades de matéria escura.

Figura 6 O aglomerado de galáxias Abell 2218, com os arcos criados pelo efeito de lente gravitacional causado por matéria escura.

Simetria, simplicidade e elegância

A partir das menores partículas subatômicas até o universo em larga escala, as leis da física governam as estruturas e a dinâmica de núcleos atômicos a buracos negros. Os físicos fizeram uma enorme quantidade de descobertas, mas cada uma delas abre as portas para mais um excitante território desconhecido. Assim, continuamos a formular teorias para explicar cada um e todos os fenômenos físicos. O desenvolvimento dessas teorias é orientado pela necessidade de se ajustarem aos fatos experimentais, assim como pela convicção de que a simetria, a simplicidade e a elegância são princípios chave de formulação. O fato de que as leis da natureza possam ser formuladas em equações matemáticas simples ($F = ma$, $E = mc^2$ e muitas outras, menos famosas) é deslumbrante.

Esta introdução tentou dar uma ideia geral da situação atual das fronteiras da pesquisa em física moderna. Este livro-texto deve ajudá-lo a construir um alicerce para poder apreciar, compreender e, talvez, até mesmo, a participar deste vibrante empreendimento, que continua refinando e mesmo reformulando nossa compreensão do mundo que nos rodeia.

Visão Geral 1

Figura 1.1 Uma imagem da região de formação estelar W5, obtida com o Telescópio Espacial Spitzer usando luz infravermelha.

O QUE APRENDEREMOS	8
1.1 Por que estudar física?	8
1.2 Trabalhando com números	9
Notação científica	9
Algarismos significativos	10
1.3 Sistema internacional de unidades	11
Exemplo 1.1 Unidades de área	13
Metrologia: pesquisa de medidas e padrões	14
1.4 Escalas de nosso mundo	14
Escalas de comprimento	14
Escalas de massa	15
Escalas de tempo	16
1.5 Estratégia geral de resolução de problemas	16
Problema resolvido 1.1 Volume de um cilindro	17
Exemplo 1.2 Volume de um barril de petróleo	19
Problema resolvido 1.2 Visão da Torre Willis	20
Guia de solução de problemas: limites	21
Guia de solução de problemas: razões	21
Exemplo 1.3 Mudança de volume	22
Guia de solução de problemas: estimativa	22
Exemplo 1.4 Número de dentistas	23
1.6 Vetores	23
Sistema de coordenadas cartesianas	24
Representação cartesiana de vetores	25
Adição e subtração de vetores gráficos	25
Adição de vetores usando componentes	26
Multiplicação de um vetor com um escalar	27
Vetores unitários	27
Comprimento e orientação de vetores	27

O QUE JÁ APRENDEMOS | GUIA DE ESTUDO PARA EXERCÍCIOS	28
Guia de resolução de problemas	29
Problema resolvido 1.3 Caminhada	29
Questões de múltipla escolha	30
Questões	31
Problemas	31

O QUE APRENDEREMOS

- O estudo da física traz muitos benefícios.
- O uso da notação científica e o número apropriado de algarismos significativos são importantes em física.
- Ficaremos familiarizados com o sistema internacional de unidades e com as definições das unidades de base, bem como com métodos de conversão entre outros sistemas de unidade.
- Usaremos escalas disponíveis de comprimento, massa e tempo para estabelecer pontos de referência para compreender a vasta diversidade de sistemas em física.
- Apresentamos uma estratégia de resolução de problemas que será útil na análise e no entendimento de problemas durante este curso e em aplicações científicas e de engenharia.
- Trabalharemos com vetores: adição e subtração de vetores, multiplicação de vetores por escalares, vetores unitários e comprimento e sentido de vetores.

A incrível imagem da Figura 1.1 poderia estar mostrando qualquer uma das seguintes coisas: um líquido colorido se espalhando em um copo d'água, ou talvez atividade biológica em algum organismo, ou até a ideia que um artista tem de montanhas de algum planeta desconhecido. Se dissermos que a visão tem largura de 70, isso ajudaria você a decidir o que a figura mostra? Provavelmente não – você precisa saber se queremos dizer, por exemplo, 70 metros ou 70 milionésimos de polegada ou 70 mil milhas.

Na verdade, essa imagem em infravermelho feita pelo Telescópio Espacial Spitzer mostra enormes nuvens de gás e poeira através de aproximadamente 70 anos-luz. (Um ano-luz é a distância percorrida pela luz em 1 ano, cerca de 10 quatrilhões de metros.) Essas nuvens estão a uma distância de aproximadamente 6500 anos-luz da Terra e contêm estrelas recentemente formadas incrustadas nas regiões brilhantes. A tecnologia que nos permite ver imagens como essa está no primeiro plano da astronomia contemporânea, mas ela depende, de modo real, das ideias básicas de números, unidades e vetores apresentadas neste capítulo.

As ideias descritas neste capítulo não são necessariamente princípios da física, mas nos ajudam a formular e comunicar ideias e observações físicas. Usaremos os conceitos de unidades, notação científica, algarismos significativos e grandezas vetoriais durante o curso. Assim que você tiver entendido esses conceitos, podemos ir adiante e discutir as descrições físicas de movimento e suas causas.

1.1 Por que estudar física?

Talvez sua razão para estudar física possa ser rapidamente resumida como: "Porque é obrigatória na minha graduação!". Embora essa motivação certamente seja irrefutável, o estudo da ciência, e especialmente da física, oferece alguns benefícios adicionais.

Física é a ciência sobre a qual todas as outras ciências naturais e de engenharia são construídas. Todos os avanços tecnológicos modernos – da cirurgia a laser à televisão, de computadores a refrigeradores, de automóveis e aviões – têm sua origem direta na física básica. Uma boa compreensão de conceitos essenciais de física oferece uma base sólida para desenvolver um conhecimento avançado em todas as ciências. Por exemplo, as leis da conservação e os princípios de simetria da física também são válidos para todos os fenômenos científicos e para muitos aspectos da vida cotidiana.

O estudo da física ajudará você a entender as escalas de distância, massa e tempo, dos menores constituintes dentro dos núcleos de átomos até as galáxias que compõem nosso universo. Todos os sistemas naturais seguem as mesmas leis básicas da física, oferecendo um conceito unificador para entender como nos encaixamos no esquema global do universo.

A física está intimamente conectada com a matemática porque ela dá vida aos conceitos abstratos usados em trigonometria, álgebra e cálculo. O raciocínio analítico e técnicas gerais para solução de problemas que você aprende aqui permanecerão úteis para o resto de sua vida.

A ciência, principalmente a física, ajuda a remover a irracionalidade de nossas explicações do mundo ao nosso redor. O pensamento pré-científico recorria à mitologia para explicar fenômenos naturais. Por exemplo, as antigas tribos germânicas acreditavam que o deus Thor, usando seu martelo, causava o trovão. Você pode sorrir quando lê isso, sabendo que o trovão e os raios resultam de descargas elétricas na atmosfera. Porém, se você ler as notícias diárias, constatará que algumas concepções equivocadas do pensamento pré-científico persistem até hoje. Talvez você não encontre a resposta para o sentido da vida neste curso, mas, pelo menos, obterá algumas das ferramentas intelectuais que permitem extirpar teorias e concepções inconsistentes e logicamente imperfeitas que contradizem fatos que podem ser verificados de modo experimental. O progresso científico no último milênio forneceu uma explicação racional para a maior parte do que ocorre no mundo natural que nos cerca.

Por meio de teorias consistentes e experimentos bem projetados, a física nos ajudou a obter um maior entendimento de nosso ambiente e nos deu uma maior capacidade de controlá-lo. Em uma época em que as consequências da poluição do ar e da água, recursos limitados de energia e aquecimento global ameaçam a existência contínua de enormes porções de vida na Terra, a necessidade de compreender os resultados de nossas interações com o ambiente nunca foi tão grande. Muitos aspectos da ciência ambiental baseiam-se na física fundamental, e a física impulsiona boa parte da tecnologia essencial ao progresso em química e nas ciências biológicas. Você pode até ser chamado para ajudar a decidir sobre as políticas públicas nessas áreas, seja como cientista, engenheiro ou simplesmente como cidadão. Ter um entendimento objetivo das questões científicas básicas é de vital importância para tomar essas decisões. Logo, você precisa adquirir alfabetização científica, uma ferramenta crucial para todos os cidadãos em nossa sociedade orientada à tecnologia.

Não se pode ser cientificamente alfabetizado sem dominar as necessárias ferramentas elementares, assim como é impossível fazer música sem ter a capacidade de tocar um instrumento. Este é o principal objetivo deste texto: equipar você de modo adequado para fazer contribuições sensatas às importantes discussões e decisões de nosso tempo. Depois de ler e trabalhar com esse texto, você terá uma maior apreciação das leis fundamentais que governam nosso universo e das ferramentas que a humanidade desenvolveu para descobri-las, ferramentas que transcendem culturas e eras históricas.

1.2 Trabalhando com números

Cientistas estabeleceram regras lógicas para governar como comunicar informações quantitativas entre eles. Se você quer relatar o resultado de uma medição – por exemplo, a distância entre duas cidades, seu próprio peso ou a duração de uma palestra –, é preciso especificar esse resultado em múltiplos de uma unidade padrão. Assim, uma medição é a combinação de um número e uma unidade.

À primeira vista, escrever números não parece muito difícil. Porém, em física, precisamos lidar com duas complicações: como tratar números muito grandes ou muito pequenos, e como especificar a precisão.

Notação científica

Se você quer relatar um número realmente grande, fica entediante ter de escrevê-lo. Por exemplo, o corpo humano contém aproximadamente 7.000.000.000.000.000.000.000.000.000 de átomos. Se você usasse esse número com frequência, certamente gostaria de ter uma notação mais compacta para ele. A **notação científica** é exatamente isso. Ela representa um número como o produto de um número maior do que 1 e menor do que 10 (chamado de mantissa) e uma potência (ou expoente) de 10:

$$\text{número} = \text{mantissa} \cdot 10^{\text{expoente}}. \qquad (1.1)$$

Portanto, o número de átomos no corpo humano pode ser escrito de forma compacta como $7 \cdot 10^{27}$, onde 7 é a mantissa e 27 é o expoente.

Outra vantagem da notação científica é que ela facilita multiplicar e dividir números grandes. Para multiplicar dois números em notação científica, multiplicamos suas mantissas e depois adicionamos seus expoentes. Se quisermos estimar, por exemplo, quantos átomos estão contidos nos corpos de todas as pessoas da Terra, podemos fazer esse cálculo com certa facilidade. A Terra abriga aproximadamente sete bilhões ($= 7 \cdot 10^9$) de humanos. Tudo que precisamos para encontrar a resposta é multiplicar $7 \cdot 10^{27}$ por $7 \cdot 10^9$. Fazemos isso multiplicando as duas mantissas e adicionando os expoentes:

$$(7 \cdot 10^{27}) \cdot (7 \cdot 10^9) = (7 \cdot 7) \cdot 10^{27+9} = 49 \cdot 10^{36} = 4{,}9 \cdot 10^{37}. \qquad (1.2)$$

1.1 Exercícios de sala de aula

A área total da superfície terrestre é $A = 4\pi R^2 = 4\pi(6.370 \text{ km})^2 = 5,099 \cdot 10^{14} \text{ m}^2$. Pressupondo que existam 7,0 bilhões de humanos no planeta, qual é a área de superfície disponível por pessoa?

a) $7,3 \cdot 10^4 \text{ m}^2$ c) $3,6 \cdot 10^{24} \text{ m}^2$

b) $7,3 \cdot 10^{24} \text{ m}^2$ d) $3,6 \cdot 10^4 \text{ m}^2$

No último passo, seguimos a convenção comum de manter apenas um dígito na frente do ponto decimal da mantissa e ajustar o expoente de forma correspondente. (Mas fique sabendo que teremos que fazer ajustes adicionais nessa resposta – continue lendo!)

A divisão com a notação científica é igualmente objetiva: se quisermos calcular A / B, dividimos a mantissa de A pela mantissa de B e subtraímos o expoente de B do expoente de A.

Algarismos significativos

Quando especificamos o número de átomos no corpo humano médio como $7 \cdot 10^{27}$, quisemos indicar que sabemos que é pelo menos $6,5 \cdot 10^{27}$, mas menor do que $7,5 \cdot 10^{27}$. Porém, se tivéssemos escrito $7,0 \cdot 10^{27}$, poderíamos ter implicado que sabemos que o número verdadeiro está em algum lugar entre $6,95 \cdot 10^{27}$ e $7,05 \cdot 10^{27}$. Essa afirmação é mais precisa do que a anterior.

Como regra geral, o número de dígitos que você escreve na mantissa especifica a precisão com que você alega conhecê-la. Quanto mais dígitos forem especificados, mais precisão está implicada (veja a Figura 1.2). Chamamos o número de dígitos na mantissa de número de **algarismos significativos**.

Aqui estão algumas regras sobre o uso de algarismos significativos acompanhadas de um exemplo:

- O número de algarismos significativos é o número de dígitos conhecidos de forma confiável. Por exemplo, 1,62 tem três algarismos significativos; 1,6 tem dois algarismos significativos.

- Se você representar um número como inteiro, você o especifica com precisão infinita. Por exemplo, se alguém diz que tem três filhos, isso significa exatamente três, nem menos, nem mais.

- Zeros à esquerda não contam como algarismos significativos. O número 1,62 tem o mesmo número de algarismos significativos que 0,00162. Existem três algarismos significativos nos dois números.

- Começamos a contar os algarismos significativos da esquerda no primeiro algarismo diferente de zero.

- Por outro lado, os zeros à direita contam como algarismos significativos. O número 1,620 tem quatro algarismos significativos. Escrever um zero à direita implica maior precisão!

- Os números em notação científica têm tantos algarismos significativos quanto sua mantissa. Por exemplo, o número $9,11 \cdot 10^{-31}$ tem três algarismos significativos porque é isso que a mantissa tem (9,11). O tamanho do expoente não tem influência.

- Nunca é possível ter mais algarismos significativos em um resultado do que no início em nenhum dos fatores de uma multiplicação ou divisão. Por exemplo, 1,23 / 3,4461

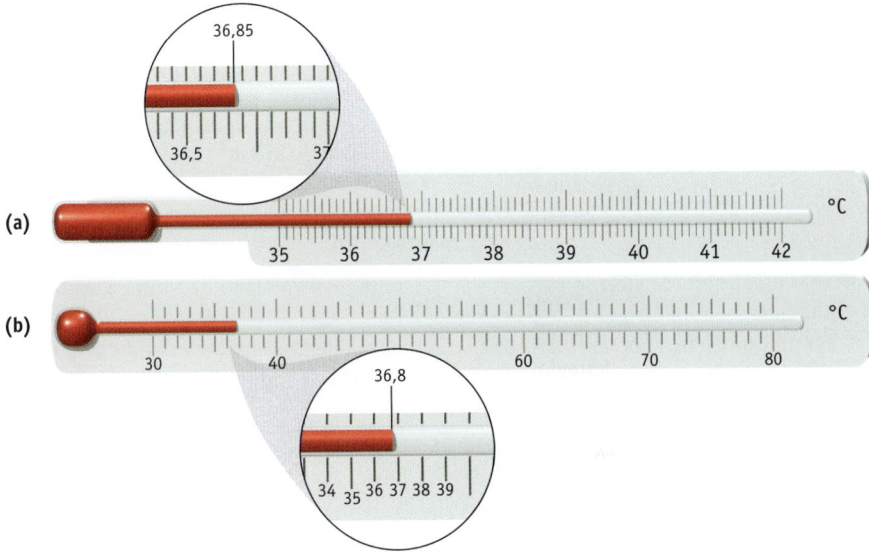

Figura 1.2 Dois termômetros medindo a mesma temperatura. (a) O termômetro está marcado em décimos de grau e pode ser lido com quatro algarismos significativos (36,85°C); (b) o termômetro está marcado em graus, então pode ser lido com apenas três algarismos significativos (36,8°C).

não é igual a 0,3569252. Sua calculadora pode dar essa resposta, mas as calculadoras não exibem automaticamente o número correto de algarismos significativos.

- Do contrário, 1,23 / 3,4461 = 0,357. É preciso arredondar a calculadora com o número adequado de algarismos significativos – neste caso, três, que é o número de algarismos significativos no numerador.
- Só é possível somar ou subtrair quando há algarismos significativos para aquele lugar em todos os números. Por exemplo, 1,23 + 3,4461 = 4,68, e não 4,6761, como você poderia pensar. Essa regra, em especial, exige um tempo para se acostumar com ela.

Para concluir essa discussão de algarismos significativos, vamos reconsiderar o número total de átomos contidos nos corpos de todas as pessoas que habitam a Terra. Começamos com duas grandezas que eram dadas com apenas um algarismo significativo. Portanto, o resultado de nossa multiplicação precisa ser adequadamente arredondado para um algarismo significativo. O número combinado de átomos em todos os corpos humanos é representado corretamente por $5 \cdot 10^{37}$.

> **1.2 Exercícios de sala de aula**
>
> Quantos algarismos significativos existem em cada um dos números abaixo?
>
> a) 2,150 d) 0,215000
>
> b) 0,000215 e) 0,215 + 0,21
>
> c) 215,00

1.3 Sistema internacional de unidades

No ensino médio, talvez você tenha estudado o sistema internacional de unidades e o comparado com o sistema britânico de unidades em uso comum nos Estados Unidos. Talvez você já tenha dirigido por uma estrada em que as distâncias são indicadas em milhas e em quilômetros ou comprado algum alimento com o preço exibido por libra e por quilo.

O sistema internacional de unidades geralmente é abreviado como SI (do francês *Système International*). Às vezes, as unidades nesse sistema são chamadas de *unidades métricas*. O **sistema de unidades SI** é o padrão usado para trabalhos científicos em todo o mundo. As unidades de base para o sistema SI são mostradas na Tabela 1.1.

As primeiras letras das primeiras quatro unidades de base oferecem outro nome geralmente usado para o sistema SI: o sistema MKS. Usaremos as primeiras três unidades (metro, quilograma e segundo) em toda a primeira parte deste livro e em toda a parte sobre mecânica. As definições atuais dessas unidades de base são as seguintes:

- 1 metro (m) é a distância que um feixe de luz no vácuo se propaga em 1/299.792.458 de um segundo. Originalmente, o metro era relacionado ao tamanho da Terra (Figura 1.3).
- 1 quilograma (kg) é definido como a massa do protótipo internacional do quilograma. Esse protótipo, mostrado na Figura 1.4 em seu complexo recipiente de armazenamento, é mantido nos arredores de Paris, França, sob condições ambientais cuidadosamente controladas.
- 1 segundo (s) é o intervalo de tempo durante o qual há 9.192.631.770 oscilações da onda eletromagnética (veja o Capítulo 31) que corresponde à transição entre dois estados específicos do átomo de césio-133. Até 1967, o padrão para o segundo era 1/86.400 de um dia solar médio. Porém, a definição atômica é mais precisa e mais confiavelmente reproduzível.

Figura 1.3 Originalmente, o metro era definido como um décimo milionésimo do comprimento do meridiano através de Paris do Polo Norte ao Equador.

Convenção de notação: é prática comum usar letras do alfabeto romano para abreviações de unidades, e letras em itálico para grandezas físicas. Seguimos essa convenção neste livro. Por exemplo, m representa a unidade metro, enquanto *m* é usado para a quantidade física massa. Assim, a expressão *m* = 17,2 kg especifica que a massa de um objeto tem 17,2 quilogramas.

Tabela 1.1	Nomes e abreviações de unidades para as unidades de base do sistema SI de unidades	
Unidade	Abreviação	Unidade de base para
metro	m	comprimento
quilograma	kg	massa
segundo	s	tempo
ampère	A	corrente
kelvin	K	temperatura
mol	mol	quantidade de uma substância
candela	cd	intensidade luminosa

Figura 1.4 Protótipo do quilograma, armazenado próximo a Paris, França.

As unidades para todas as grandezas físicas podem ser derivadas das sete unidades de base da Tabela 1.1. A unidade para área, por exemplo, é m^2. As unidades para volume e densidade de massa são m^3 e kg/m^3, respectivamente.

As unidades para velocidade e aceleração são m/s e m/s^2, respectivamente. Algumas unidades derivadas foram usadas com tanta frequência que ficou conveniente dar a elas seus próprios nomes e símbolos. Geralmente o nome vem de um físico famoso. A Tabela 1.2 lista as 20 unidades derivadas do SI com nomes especiais. Nas duas colunas mais à direita da tabela, a unidade nomeada é listada em termos de outras unidades nomeadas e, a seguir, em termos das unidades de base do SI. Também estão incluídos nessa tabela o radiano e o esferorradiano, as unidades sem dimensão do ângulo e do ângulo sólido, respectivamente.

É possível obter múltiplos reconhecidos pelo SI das unidades de base multiplicando-os por vários fatores de 10. Esses fatores têm abreviações com letras universalmente aceitas que são usadas como prefixos, conforme mostra a Tabela 1.3. O uso de prefixos padrão (fatores de 10) facilita determinar, por exemplo, quantos centímetros (cm) existem em um quilômetro (km):

$$1 \text{ km} = 10^3 \text{ m} = 10^3 \text{ m} \cdot (10^2 \text{ cm/m}) = 10^5 \text{ cm}. \tag{1.3}$$

Em comparação, observe como é entediante calcular quantas polegadas existem em uma milha:

$$1 \text{ milha} = (5.280 \text{ pés/milha}) \cdot (12 \text{ polegadas/pé}) = 63.360 \text{ polegadas}. \tag{1.4}$$

Como você pode ver, além de memorizar fatores específicos de conversão no sistema britânico, os cálculos também ficam mais complicados. Para cálculos no sistema SI, você só precisa conhecer os prefixos padrão mostrados na Tabela 1.3 e saber somar ou subtrair os inteiros nas potências de 10.

O sistema internacional de unidades foi adotado em 1799 e é hoje usado em quase todos os países do mundo, sendo que a exceção mais notável são os Estados Unidos. Naquele país, compra-se leite e gasolina em galões, não em litros. Os automóveis exibem a velocidade em milhas por hora, não em metros por segundo. Quando vamos à madeireira, compramos madeira como dois por quatro (na verdade, 1,5 polegadas por 3,5 polegadas, mas essa é outra história). Usaremos o sistema de unidades SI em todos os cálculos para evitar ter de trabalhar

Tabela 1.2 Unidades comuns derivadas do SI

Grandeza derivada ou sem dimensão	Nome	Símbolo	Equivalente	Expressões
Ângulo	radiano	rad	–	–
Ângulo sólido	esterradiano	sr	–	–
Atividade	becquerel	Bq	–	s^{-1}
Atividade catalítica	katal	kat	–	s^{-1} mol
Campo magnético	tesla	T	Wb/m^2	$kg\ s^{-2}\ A^{-1}$
Capacitância	farad	F	C/V	$m^{-2}\ kg^{-1}\ s^4\ A^2$
Carga elétrica	coulomb	C	–	s A
Condutância elétrica	siemens	S	A/V	$m^{-2}\ kg^{-1}\ s^3\ A^2$
Dose absorvida	gray	Gy	J/kg	$m^2\ s^{-2}$
Energia	joule	J	N m	$m^2\ kg\ s^{-2}$
Equivalente de dose	sievert	Sv	J/kg	$m^2\ s^{-2}$
Fluxo luminoso	lumen	lm	cd sr	cd
Fluxo magnético	weber	Wb	V s	$m^2\ kg\ s^{-2}\ A^{-1}$
Força	newton	N	–	$m\ kg\ s^{-2}$
Frequência	hertz	Hz	–	s^{-1}
Iluminância	lux	lx	lm/m^2	$m^{-2}\ cd$
Indutância	henry	H	Wb/A	$m^2\ kg\ s^{-2}\ A^{-2}$
Potência	watt	W	J/s	$m^2\ kg\ s^{-3}$
Potencial elétrico	volt	V	W/A	$m^2\ kg\ s^{-3}\ A^{-1}$
Pressão	pascal	Pa	N/m^2	$m^{-1}\ kg\ s^{-2}$
Resistência elétrica	ohm	Ω	V/A	$m^2\ kg\ s^{-3}\ A^{-2}$
Temperatura	grau Celsius	°C	–	K

Tabela 1.3 — Prefixos padrão do SI

Fator	Prefixo	Símbolo	Fator	Prefixo	Símbolo
10^{24}	yotta	Y	10^{-24}	yocto	y
10^{21}	zetta	Z	10^{-21}	zepto	z
10^{18}	exa	E	10^{-18}	atto	a
10^{15}	peta	P	10^{-15}	femto	f
10^{12}	tera	T	10^{-12}	pico	p
10^{9}	giga	G	10^{-9}	nano	n
10^{6}	mega	M	10^{-6}	micro	μ
10^{3}	quilo	k	10^{-3}	mili	m
10^{2}	hecto	h	10^{-2}	centi	c
10^{1}	deca	da	10^{-1}	deci	d

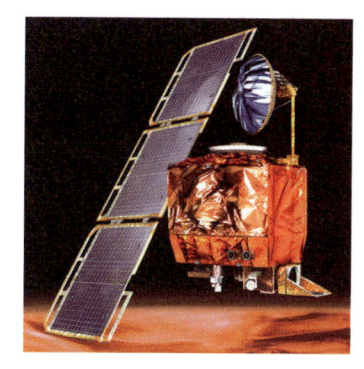

Figura 1.5 A sonda *Mars Climate Orbiter*, uma vítima da conversão equivocada de unidades.

com os fatores de conversão das unidades britânicas. No entanto, em algumas vezes daremos equivalentes em unidades britânicas entre parênteses. Esse artifício só será necessário até que os Estados Unidos também decidam adotar as unidades do SI.

O uso das unidades britânicas pode custar caro. O custo pode variar de uma pequena despesa, como a incorrida por mecânicos que precisam comprar dois conjuntos de chave-inglesa, um métrico e um britânico, até a perda extremamente onerosa da sonda *Mars Climate Orbiter* (Figura 1.5) em setembro de 1999. A queda dessa sonda foi atribuída ao fato de que uma das equipes de engenharia usava unidades britânicas, e a outra, unidades do SI.

Uma equipe confiava nos números da outra, sem perceber que as unidades não eram as mesmas.

O uso de potências de 10 não é completamente consistente nem com o próprio sistema SI. A notável exceção está nas unidades de tempo, que não são fatores de 10 vezes a unidade de base (segundo):

- 365 dias formam um ano,
- um dia tem 24 horas,
- uma hora contém 60 minutos, e
- um minuto consiste em 60 segundos.

Os pioneiros métricos tentaram estabelecer um conjunto inteiramente consistente de unidades métricas de tempo, mas essas tentativas não tiveram êxito. A natureza não exatamente métrica das unidades de tempo se estende a algumas unidades derivadas. Por exemplo, o velocímetro de um automóvel europeu não mostra as velocidades em metros por segundo, mas em quilômetros por hora.

EXEMPLO 1.1 — Unidades de área

A unidade de área usada em países que empregam o sistema SI é o hectare, definido como 10.000 m². Nos Estados Unidos, a área é dada em acres; um acre é definido como 43.560 pés².

PROBLEMA
Você acabou de comprar um lote de terra com dimensões de 2,00 km por 4,00 km. Qual é a área de sua nova aquisição em hectares e acres?

SOLUÇÃO
A área A é dada por

$$A = \text{comprimento} \cdot \text{largura} = (2{,}00 \text{ km})(4{,}00 \text{ km}) = (2{,}00 \cdot 10^3 \text{ m})(4{,}00 \cdot 10^3 \text{ m})$$

$$A = 8{,}00 \text{ km}^2 = 8{,}00 \cdot 10^6 \text{ m}^2.$$

Continua →

A área desse lote de terra em hectares é

$$A = 8{,}00 \cdot 10^6 \text{ m}^2 \frac{1 \text{ hectare}}{10.000 \text{ m}^2} = 8{,}00 \cdot 10^2 \text{ hectare} = 800, \text{hectare}.$$

Para encontrar a área da terra em acres, precisamos do comprimento e da largura em unidades britânicas:

$$\text{comprimento} = 2{,}00 \text{ km} \frac{1 \text{ mi}}{1{,}609 \text{ km}} = 1{,}24 \text{ mi} \frac{5.280 \text{ pés}}{1 \text{ mi}} = 6.563 \text{ pés}$$

$$\text{largura} = 4{,}00 \text{ km} \frac{1 \text{ mi}}{1{,}609 \text{ km}} = 2{,}49 \text{ mi} \frac{5.280 \text{ pés}}{1 \text{ mi}} = 13.130 \text{ pés}$$

A área é de

$$A = \text{comprimento} \cdot \text{largura} = (1{,}24 \text{ mi})(2{,}49 \text{ mi}) = (6.563 \text{ pés})(13.130 \text{ pés})$$

$$A = 3{,}09 \text{ mi}^2 = 8{,}61 \cdot 10^7 \text{ pés}^2.$$

Em acres, isso resulta em

$$A = 8{,}61 \cdot 10^7 \text{ pés}^2 \frac{1 \text{ acre}}{43.560 \text{ pés}^2} = 1.980 \text{ acres}.$$

Metrologia: pesquisa de medidas e padrões

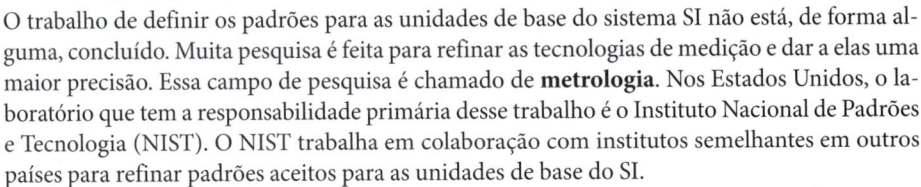

O trabalho de definir os padrões para as unidades de base do sistema SI não está, de forma alguma, concluído. Muita pesquisa é feita para refinar as tecnologias de medição e dar a elas uma maior precisão. Essa campo de pesquisa é chamado de **metrologia**. Nos Estados Unidos, o laboratório que tem a responsabilidade primária desse trabalho é o Instituto Nacional de Padrões e Tecnologia (NIST). O NIST trabalha em colaboração com institutos semelhantes em outros países para refinar padrões aceitos para as unidades de base do SI.

Um projeto de pesquisa atual é encontrar uma definição do quilograma baseada em grandezas reproduzíveis na natureza. Essa definição substituiria a definição atual do quilograma, que se baseia na massa de um objeto padrão mantido em Sèvres, nos arredores de Paris, como já vimos. O esforço mais promissor nesse sentido parece ser o Projeto Avogadro, que tenta definir o quilograma usando cristais de silicone altamente purificados.

Pesquisas para registrar o tempo de forma cada vez mais precisa são uma das principais tarefas do NIST e instituições afins. A Figura 1.6 mostra qual é atualmente o relógio mais preciso no NIST em Boulder, no estado norte-americano do Colorado – o relógio atômico com fonte de césio NIST-F1. Ele tem precisão de ±1 segundo em 60 milhões de anos! Porém, os pesquisadores do NIST estão trabalhando em um novo relógio óptico que promete ser mil vezes mais preciso do que o NIST-F1.

Maior precisão para registrar o tempo é necessária para muitas aplicações em nossa sociedade baseada em informações, em que os sinais podem se propagar por todo o mundo em menos de 0,2 segundos. O Sistema de Posicionamento Global (GPS, do inglês *Global Positioning System*) é um exemplo de tecnologia que seria impossível realizar sem a precisão de relógios atômicos e a pesquisa em física que entra em sua construção. O sistema de GPS também conta com a teoria da relatividade de Einstein.

Figura 1.6 Relógio atômico com fonte de césio no NIST.

1.4 Escalas de nosso mundo

O fato mais impressionante da física é que suas leis governam todos os objetos, do menor ao maior. As escalas dos sistemas para os quais a física mantém poder preditivo abrangem muitas ordens de magnitude (potências de 10), como veremos nesta seção.

Nomenclatura: Daqui em diante, você lerá "na ordem de" diversas vezes. Essa expressão significa "em um fator de 2 ou 3".

Escalas de comprimento

Comprimento é definido como a medição de distância entre dois pontos no espaço. A Figura 1.7 mostra escalas de comprimento para objetos e sistemas comuns que incluem mais de 40 ordens de magnitude.

Vamos começar por nós mesmos. Em média, nos Estados Unidos, uma mulher tem 1,62 m de altura, e um homem mede 1,75 m. Assim, a altura humana é na ordem de um metro. Se você reduzir a escala de comprimento para um corpo humano por um fator de um milhão, chegará a um micrômetro. Esse é o diâmetro típico de um célula do corpo ou de uma bactéria.

Se você reduzir o comprimento da régua métrica por outro fator de 10.000, estará em uma escala de 10^{-10} m, o diâmetro normal de um átomo individual. Esse é o menor tamanho que podemos determinar com o auxílio dos mais avançados microscópios.

Dentro do átomo está o núcleo, com diâmetro de aproximadamente 1/10.000 o do átomo, na ordem de 10^{-14} m. Os prótons e os nêutrons individuais que compõem o núcleo atômico têm diâmetro em torno de 10^{-15} m = 1 fm (um fentômetro).

Levando em consideração objetos maiores do que nós mesmos, podemos analisar a escala de uma cidade padrão, na ordem de quilômetros. O diâmetro da Terra é só um pouco maior do que 10.000 km (12.760 km, para ser mais exato). Conforme discutido anteriormente, a definição do metro agora é dada em termos da velocidade da luz. No entanto, o metro era originalmente definido como um décimo milionésimo do comprimento do meridiano através de Paris do Polo Norte ao Equador. Se um quarto de círculo tem comprimento do arco de 10 milhões de metros (= 10.000 km), então a circunferência do círculo inteiro seria exatamente 40.000 km. Usando a definição moderna do metro, a circunferência equatorial da Terra é de 40.075 km, e a circunferência ao longo do meridiano é de 40.008 km.

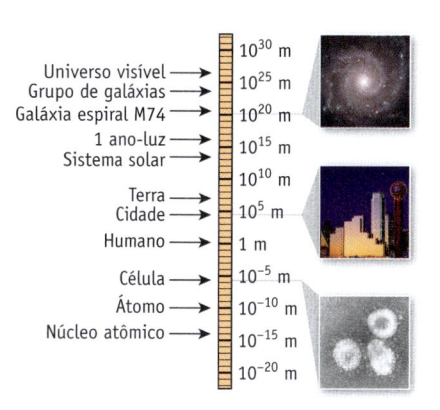

Figura 1.7 Variação de escalas de comprimento para sistemas físicos. As figuras de cima para baixo são a Galáxia Espiral M 74, a linha do horizonte de Dallas e o vírus da SARS.

A distância entre a Terra e a lua é de 384.000 km, e a distância da Terra ao sol é maior por um fator de aproximadamente 400, ou cerca de 150 milhões de quilômetros. Essa distância é chamada de *unidade astronômica* e tem o símbolo UA. Os astrônomos usaram essa unidade antes que a distância entre a Terra e o sol fosse conhecida com exatidão, mas ainda é conveniente hoje em dia. Em unidades do SI, uma unidade astronômica é

$$1 \text{ UA} = 1{,}495\,98 \cdot 10^{11} \text{ m}. \tag{1.5}$$

O diâmetro de nosso sistema solar é convencionalmente expresso como aproximadamente 10^{13} m ou 60 UA.

Já mencionamos que a luz se propaga no vácuo a uma velocidade de aproximadamente 300.000 km/s. Portanto, a distância entre a Terra e a lua é percorrida pela luz em pouco mais de um segundo, e a luz do sol leva cerca de oito minutos para atingir a Terra. Para cobrir escalas de distância fora de nosso sistema solar, os astrônomos introduziram a unidade (não SI, mas útil) do ano-luz, a distância que a luz percorre em um ano no vácuo:

$$1 \text{ ano-luz} = 9{,}46 \cdot 10^{15} \text{ m}. \tag{1.6}$$

A estrela mais próxima de nosso sol fica a apenas quatro anos-luz. A Galáxia de Andrômeda – a galáxia-irmã de nossa Via Láctea – fica a aproximadamente 2,5 milhões de anos-luz = $2 \cdot 10^{22}$ m de distância.

Finalmente, o raio do universo visível tem cerca de 14 bilhões de anos-luz = $1{,}5 \cdot 10^{26}$ m. Assim, há aproximadamente 41 ordens de magnitude entre o tamanho de um próton individual e o de todo o universo visível.

Escalas de massa

Massa é a quantidade de matéria em um objeto. Quando consideramos a variação de massas de objetos físicos, obtemos uma abrangência ainda mais espantosa de ordens de magnitude (Figura 1.8) do que para os comprimentos.

Os átomos e suas partes têm massas incrivelmente pequenas. A massa de um elétron é de apenas $9{,}11 \cdot 10^{-31}$ kg. A massa de um próton é de $1{,}67 \cdot 10^{-27}$ kg, mais ou menos um fator de 2000 maior que a massa de um elétron. Um átomo individual de chumbo tem massa de $3{,}46 \cdot 10^{-25}$ kg.

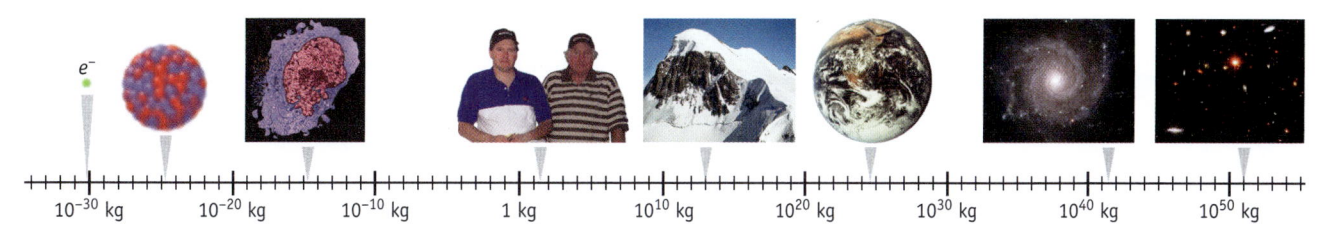

Figura 1.8 Variação de escalas de massa para sistemas físicos.

A massa de uma única célula no corpo humano é da ordem de 10^{-15} a 10^{-14} kg. Até uma mosca tem mais de 10 bilhões de vezes a massa de uma célula, com aproximadamente 10^{-4} kg.

A massa de um carro é da ordem de 10^3 kg, e a de um avião de passageiros é da ordem de 10^5 kg.

Uma montanha geralmente tem massa de 10^{12} kg a 10^{14} kg, e estima-se que a massa combinada de toda a água dos oceanos da Terra seja da ordem de 10^{19} kg a 10^{20} kg.

A massa de toda a Terra pode ser especificada com bastante precisão em $6,0 \cdot 10^{24}$ kg. O sol tem massa de $2,0 \cdot 10^{30}$ kg, o que é mais de 300.000 maior que a massa da Terra. Estima-se que nossa galáxia inteira, a Via Láctea, tenha 200 bilhões de estrelas e, portanto, uma massa em torno de $3 \cdot 10^{41}$ kg. Finalmente, o universo inteiro contém bilhões de galáxias. Dependendo das pressuposições sobre a matéria escura, um tópico de pesquisa atualmente ativo, a massa do universo como um todo é de aproximadamente 10^{51} kg. Porém, deve-se reconhecer que esse número é uma estimativa e pode estar equivocado por um fator de até 100.

É interessante notar que alguns objetos não têm massa. Por exemplo, os fótons, as "partículas" de que a luz é feita, têm massa zero.

Escalas de tempo

Tempo é a duração entre dois eventos. Escalas de tempo humano estão na faixa de um segundo (a duração típica de um batimento cardíaco) a um século (perto da expectativa de vida de uma pessoa nascida agora). Incidentalmente, a expectativa de vida humana está aumentando a uma taxa cada vez maior. Durante o Império Romano, há 2000 anos, uma pessoa poderia esperar viver apenas 25 anos. Em 1850, tabelas de atuários listavam o tempo médio de vida de um humano em 39 anos. Agora esse número é de 80 anos. Logo, levou quase 2000 anos para acrescentar 50% à expectativa de vida humana, mas nos últimos 150 anos, a expectativa de vida dobrou novamente. Isso talvez seja a evidência mais direta de que a ciência tem benefícios básicos para todos nós. A física contribui com esse progresso no desenvolvimento de equipamentos médicos de tratamento e imagem mais sofisticados, e a pesquisa fundamental de hoje estará na prática clínica de amanhã. Cirurgia a laser, terapia de radiação para o câncer, imagens de ressonância magnética e tomografia por emissão de pósitrons são apenas alguns exemplos de avanços tecnológicos que ajudaram a aumentar a expectativa de vida.

Em sua pesquisa, os autores deste livro estudaram colisões ultrarrelativísticas de íons pesados. Essas colisões ocorrem durante intervalos de tempo na ordem de 10^{-22} s, mais de um milhão de vezes menor do que os intervalos de tempo que podemos medir diretamente. Durante este curso, você aprenderá que a escala de tempo para a oscilação da luz visível é de 10^{-15} s, e a do som audível é de 10^{-3} s.

O maior intervalo de tempo que podemos medir *indiretamente* ou *inferir* é a idade do universo. Pesquisas atuais situam esse número em 13,7 bilhões de anos, mas com uma incerteza de até 0,2 bilhões de anos.

Não podemos deixar esse tópico sem mencionar um fato interessante a ser ponderado em sua próxima aula. Uma aula geralmente dura 50 minutos na maioria das universidades. Um século, por comparação, tem $100 \cdot 365 \cdot 24 \cdot 60 \approx 50.000.000$ minutos. Então, uma aula dura cerca de um milionésimo de um século, levando a uma unidade de tempo (não SI) útil, o microsséculo = duração de uma aula.

1.5 Estratégia geral de resolução de problemas

A física envolve mais do que a resolução de problemas, mas isso é uma grande parte dela. Às vezes, enquanto você está se esforçando para fazer suas tarefas de casa, pode parecer que isso é tudo que você faz. Porém, a repetição e a prática são partes importantes da aprendizagem.

Um jogador de basquete passa horas praticando os fundamentos do arremesso livre. Muitas repetições da mesma ação permitem que um jogador se torne bastante confiável em sua tarefa. Você precisa desenvolver a mesma filosofia em relação à solução de problemas de matemática e de física: é preciso praticar usando boas técnicas de resolução de problemas. Esse trabalho trará enormes dividendos, não apenas durante o restante deste curso de física, não apenas nos exames, nem mesmo apenas nas outras aulas de ciência, mas por toda a sua carreira.

O que constitui uma boa estratégia de resolução de problemas? Todo mundo depende de suas rotinas, procedimentos e atalhos. No entanto, aqui está um esquema que deve ajudá-lo a iniciar:

1. **PENSE** Leia o problema com cuidado. Pergunte a si mesmo quais grandezas são conhecidas, quais podem ser úteis, mas desconhecidas, e quais são solicitadas na solução. Escreva essas grandezas e represente-as com seus símbolos normalmente usados. Faça a conversão para unidades do SI, se necessário.
2. **DESENHE** Faça um desenho da situação física para ajudá-lo a visualizar o problema. Para muitos estilos de aprendizagem, uma representação visual ou gráfica é essencial, e geralmente é fundamental para definir as variáveis.
3. **PESQUISE** Escreva os princípios ou leis físicas que se aplicam ao problema. Use equações que representem esses princípios para conectar as grandezas conhecidas e desconhecidas entre elas. Em alguns casos, você imediatamente verá uma equação que tem somente as grandezas que você conhece, a desconhecida que você deve calcular e nada mais. É mais comum que você tenha que fazer um pouco de derivação, combinar duas ou mais equações conhecidas naquela que você precisa. Isso exige alguma experiência, mais do que qualquer dos passos listados aqui. Para o iniciante, a tarefa de derivar uma nova equação pode parecer intimidante, mas quanto mais você praticar, melhor ficará.
4. **SIMPLIFIQUE** Não insira números em sua equação ainda! Em vez disso, simplifique o resultado algebricamente tanto quanto possível. Por exemplo, se o resultado for expresso como razão, anule fatores comuns no numerador e no denominador. Este passo é de especial utilidade se você precisar calcular mais de uma grandeza.
5. **CALCULE** Insira os números com as unidades na equação e trabalhe com uma calculadora. Normalmente, você obterá um número e uma unidade física na resposta.
6. **ARREDONDE** Determine o número de algarismos significativos que deseja ter no resultado. Como regra geral, um resultado obtido por multiplicação ou divisão deve ser arredondado para o mesmo número de algarismos significativos do que na grandeza de entrada que é dada com o menor número de algarismos significativos. Não se deve arredondar em passos intermediários, pois o arredondamento cedo demais resultará em uma solução errada.
7. **SOLUÇÃO ALTERNATIVA** Volte e analise o resultado. Julgue por si mesmo se a resposta (tanto o número quanto as unidades) parece realista. Geralmente é possível evitar uma solução equivocada fazendo essa verificação final. Às vezes as unidades da resposta estão simplesmente erradas, e você sabe que deve ter cometido um erro. Em outras vezes, a ordem de magnitude resulta totalmente errada. Por exemplo se a tarefa é calcular a massa do sol (faremos isso mais adiante neste livro), e a resposta dá algo em torno de 10^6 kg (apenas algumas toneladas), você sabe que cometeu um erro em algum lugar.

Vamos usar essa estratégia na prática no exemplo a seguir:

PROBLEMA RESOLVIDO 1.1 | Volume de um cilindro

PROBLEMA
Detritos nucleares em um laboratório de física estão armazenados em um cilindro com altura de 4 13/16 polegadas e circunferência de 8 3/16 polegadas. Qual é o volume desse cilindro, medido em unidades métricas?

SOLUÇÃO
Para praticar as habilidades de resolução de problemas, seguiremos todos os passos da estratégia destacada acima.

PENSE
Pela questão, sabemos que a altura do cilindro, convertida em cm, é

$$h = 4\tfrac{13}{16} \text{ pol} = 4{,}8125 \text{ pol}$$
$$= (4{,}8125 \text{ pol}) \cdot (2{,}54 \text{ cm/pol})$$
$$= 12{,}22375 \text{ cm}.$$

Continua →

Além disso, a circunferência do cilindro é especificada como

$$c = 8\tfrac{3}{16}\text{ pol} = 8{,}1875 \text{ pol}$$
$$= (8{,}1875 \text{ pol}) \cdot (2{,}54 \text{ cm/pol})$$
$$= 20{,}79625 \text{ cm}.$$

Obviamente, as dimensões dadas foram arredondadas para o próximo $\tfrac{1}{16}$ de uma polegada. Assim, não faz sentido especificar cinco dígitos após o ponto decimal para as dimensões depois de convertidas para centímetros, como o resultado da calculadora parece sugerir. Uma maneira mais realista de especificar as grandezas dadas é $h = 12{,}2$ cm e $c = 20{,}8$ cm, onde os números têm três algarismos significativos, assim como os números dados originalmente.

DESENHE
A seguir, produzimos um desenho, algo como a Figura 1.9. Observe que as grandezas dadas são mostradas com suas representações simbólicas, não com seus valores numéricos. A circunferência é representada pelo círculo mais grosso (oval, na verdade, nesta projeção).

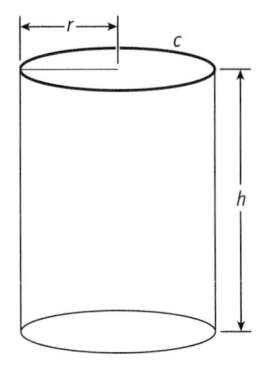

Figura 1.9 Desenho de um cilindro reto.

PESQUISE
Agora temos que encontrar o volume do cilindro em termos de sua altura e circunferência. Essa relação não é normalmente listada em coletâneas de fórmulas geométricas. Por outro lado, o volume de um cilindro é dado como o produto da área da base pela altura:

$$tV = \pi r^2 h.$$

Assim que encontrarmos uma maneira de conectar o raio e a circunferência, teremos a fórmula que precisamos. As áreas superior e inferior de um cilindro são círculos, e para um círculo sabemos que

$$c = 2\pi r.$$

SIMPLIFIQUE
Lembre-se: ainda não inserimos os números! Para simplificar nossa tarefa numérica, podemos solucionar a segunda equação para r e inserir esse resultado na primeira equação:

$$c = 2\pi r \Rightarrow r = \frac{c}{2\pi}$$
$$V = \pi r^2 h = \pi \left(\frac{c}{2\pi}\right)^2 h = \frac{c^2 h}{4\pi}.$$

CALCULE
Agora é hora de pegar a calculadora e inserir os números:

$$V = \frac{c^2 h}{4\pi}$$
$$= \frac{(20{,}8 \text{ cm})^2 \cdot (12{,}2 \text{ cm})}{4\pi}$$
$$= 420{,}026447 \text{ cm}^3.$$

ARREDONDE
O produto da calculadora novamente fez com que o resultado pareça muito mais preciso do que podemos alegar de forma realista. Precisamos arredondá-lo. Como as grandezas de entrada são dadas com apenas três algarismos significativos, nosso resultado precisa ser arredondado da mesma forma. Nossa resposta final é $V = 420 \text{ cm}^3$.

SOLUÇÃO ALTERNATIVA
O último passo é avaliar se a resposta é razoável. Primeiro, analisamos a unidade obtida no resultado. Centímetros cúbicos são uma unidade de volume, então o resultado passou no primeiro teste. Agora vamos verificar a magnitude do resultado. Talvez você reconheça que a altura e a circunferência dadas para o cilindro estão próximas às dimensões correspondentes de uma lata de refrigerante. Se você olhar uma lata de seu refrigerante favorito, haverá uma lista dos conteúdos como 12 onças líquidas e também terá a informação de que isso equivale a 355 mL. Como 1 mL = 1 cm³, nossa resposta está razoavelmente próxima do volume da lata de refrigerante. Observe que isso *não* nos diz que nosso cálculo está correto, mas mostra que não estamos longe do resultado.

Suponha que os pesquisadores tenham decidido que uma lata de refrigerante não é grande o bastante para armazenar os detritos no laboratório e a tenham substituído por um grande recipiente cilíndrico com altura de 44,6 cm e circunferência de 62,5 cm. Se quisermos calcular o volume desse cilindro substituto, não precisamos repetir todo o Problema resolvido 1.1. Em vez disso, podemos ir diretamente para a fórmula algébrica que derivamos no passo "Simplifique" e inserir nossos novos dados, resultando em um volume de 13.900 cm^3 quando usados três algarismos significativos. Esse exemplo ilustra o valor de aguardar para substituir em números até que a simplificação algébrica tenha sido concluída.

No Problema resolvido 1.1, pode-se ver que seguimos os sete passos destacados em nossa estratégia geral. É extremamente útil treinar seu cérebro a seguir um determinado procedimento para lidar com todos os tipos de problemas. Isso não é diferente de seguir a mesma rotina sempre que está praticando arremessos livres no basquete, em que a repetição frequente ajuda a construir a memória muscular essencial para um sucesso consistente, mesmo quando o jogo está apertado.

Talvez mais do qualquer outra coisa, a aula de introdução à física deveria capacitar você a desenvolver métodos para criar suas próprias soluções para uma variedade de problemas, eliminando a necessidade de aceitar respostas "autoritárias" sem uma análise crítica. O método que usamos no Problema resolvido 1.1 é bastante útil, e o praticaremos várias vezes no decorrer deste livro. Porém, para comprovar algo simples, algo que não exija o conjunto completo de passos usados para um problema resolvido, por vezes usaremos um exemplo ilustrativo.

EXEMPLO 1.2 — Volume de um barril de petróleo

PROBLEMA

O volume de um barril de petróleo é de 159 L. Precisamos projetar um recipiente cilíndrico para armazenar esse volume de petróleo. O recipiente precisa ter altura de 1,00 m para se ajustar a um contêiner de transporte. Qual é a circunferência necessária para o recipiente cilíndrico?

SOLUÇÃO

Começando com a equação que derivamos no passo "Simplifique" no Problema resolvido 1.1, podemos relacionar a circunferência, c, e a altura, h, do recipiente ao seu volume, V:

$$V = \frac{c^2 h}{4\pi}.$$

Solucionando para a circunferência, obtemos

$$c = \sqrt{\frac{4\pi V}{h}}.$$

O volume, em unidades do SI, é

$$V = 159 \text{ L} \frac{1000 \text{ mL}}{\text{L}} \frac{1 \text{ cm}^3}{1 \text{ mL}} \frac{\text{m}^3}{10^6 \text{ cm}^3} = 0,159 \text{ m}^3.$$

A circunferência necessária, portanto, é

$$c = \sqrt{\frac{4\pi V}{h}} = \sqrt{\frac{4\pi \left(0,159 \text{ m}^3\right)}{1,00 \text{ m}}} = 1,41 \text{ m}.$$

Como você já deve ter percebido no problema e exemplo anteriores, um bom comando de álgebra é essencial para ter sucesso em uma aula de introdução à física. Para engenheiros e cientistas, a maioria das universidades e faculdades também exige a disciplina de cálculo, mas em muitas escolas uma aula de introdução à física e outra de cálculo podem ser feitas simultaneamente. Este primeiro capítulo não inclui nada de cálculo, e os capítulos subsequentes revisarão os conceitos relevantes de cálculo conforme forem necessários. Porém, há um outro campo da matemática que é bastante usado na introdução à física: a trigonometria. Praticamente todos os capítulos deste livro usam triângulos retângulos de alguma forma. Portanto, é uma boa ideia revisar as fórmulas para seno, cosseno e semelhantes, bem como o indispensável teorema de Pitágoras. Vamos analisar outro problema resolvido, que utiliza conceitos de trigonometria.

PROBLEMA RESOLVIDO 1.2 | Visão da Torre Willis

PROBLEMA
Nem é preciso dizer que é possível ver mais longe de uma torre do que do nível do solo; quanto mais alta a torre, mais longe se pode enxergar. A Torre Willis, em Chicago, tem uma plataforma de observação que fica 412 m acima do solo. Até que distância se pode ver sobre o Lago Michigan desta plataforma de observação sob condições meteorológicas perfeitas? (Suponha que o nível dos olhos esteja 413 m acima do nível do lago.)

SOLUÇÃO

PENSE
Conforme destacamos anteriormente, este é o passo mais importante no processo de resolução de problemas. Um pouco de preparação neste estágio pode poupar bastante trabalho nos passos posteriores. Condições meteorológicas perfeitas são especificadas, então a neblina e o nevoeiro não são fatores de limitação. O que mais poderia determinar até que distância podemos enxergar? Se o ar estiver limpo, pode-se ver as montanhas que estão a uma distância considerável. Por que montanhas? Porque elas são bem altas. Mas a paisagem ao redor de Chicago é plana. O que, então, poderia determinar o alcance de visão? Nada, na verdade; é possível ver até o horizonte. E qual é o fator decisivo para onde fica o horizonte? É a curvatura da Terra. Vamos fazer um desenho para tornar isso um pouco mais claro.

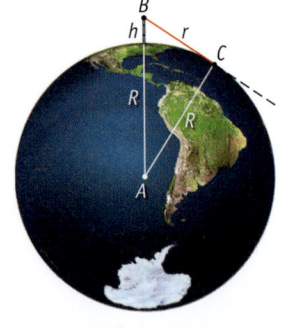

Figura 1.10 Distância do topo da Torre Willis (*B*) até o horizonte (*C*).

DESENHE
Nosso desenho não precisa ser elaborado, mas deve mostrar uma versão simples da Torre Willis na superfície da Terra. Não é importante que o desenho esteja em escala, e optamos por exagerar a altura da torre em relação ao tamanho da Terra. Veja a Figura 1.10.

Parece óbvio, neste desenho, que o ponto mais distante (ponto *C*) que se pode ver do topo da Torre Willis (ponto *B*) é onde a linha de visão toca a superfície da Terra de modo tangencial. Qualquer ponto na superfície terrestre mais distante da Torre Willis está escondido da visão (abaixo do segmento de linha pontilhada). O alcance de visão é dado pela distância *r* entre o ponto de superfície *C* e a plataforma de observação (ponto *B*) em cima da torre, com altura *h*. Também está incluída no desenho uma linha do centro da Terra (ponto *A*) até a base da Torre Willis. Ela tem comprimento *R*, que é o raio da Terra. Outra linha de mesmo comprimento, *R*, está traçada até o ponto onde a linha de visão toca a superfície terrestre de modo tangencial.

PESQUISE
Como se pode ver no desenho, uma linha traçada do centro da Terra até o ponto em que a linha de visão toca na superfície (de *A* a *C*) formará um ângulo reto com aquela linha de visão (de *B* a *C*); ou seja, os três pontos – *A*, *B* e *C* – formam os cantos de um triângulo retângulo. Essa é a informação principal, que nos permite usar a trigonometria e o teorema de Pitágoras para encontrar a solução deste problema. Ao examinar o desenho na Figura 1.10, encontramos

$$r^2 + R^2 = (R + h)^2.$$

SIMPLIFIQUE
Lembre-se, queremos descobrir a distância até o horizonte, para a qual usamos o símbolo *r* na equação anterior. Se isolarmos a variável em um lado de nossa equação, temos

$$r^2 = (R + h)^2 - R^2.$$

Agora podemos simplificar o quadrado e obter

$$r^2 = R^2 + 2hR + h^2 - R^2 = 2hR + h^2.$$

Finalmente, tiramos a raiz quadrada e obtemos nossa resposta algébrica final:

$$r = \sqrt{2hR + h^2}.$$

CALCULE
Agora estamos prontos para inserir os números. O valor aceito para o raio da Terra é $R = 6370$ km $= 6{,}37 \cdot 10^6$ m, e $h = 413$ m $= 4{,}13 \cdot 10^2$ m foi dado no problema. Isso nos leva a

$$r = \sqrt{2(4{,}13 \cdot 10^2 \text{ m})(6{,}37 \cdot 10^6 \text{ m}) + (4{,}13 \cdot 10^2 \text{ m})^2} = 7{,}25382 \cdot 10^4 \text{ m}.$$

ARREDONDE

O raio da Terra foi dado com precisão de três dígitos, assim como a elevação do nível dos olhos do observador. Então, arredondamos para três dígitos e damos nosso resultado final como

$$r = 7{,}25 \cdot 10^4 \text{m} = 72{,}5 \text{ km}.$$

SOLUÇÃO ALTERNATIVA

Sempre verifique as unidades primeiro. Como o problema pedia "qual distância", a resposta precisa ser uma distância, que tem a dimensão de comprimento e, portanto, a unidade de base metro. Nossa resposta passa pela primeira avaliação. E a magnitude de nossa resposta? Uma vez que a Torre Willis tem quase 0,5 quilômetro de altura, esperamos que o alcance de visão seja de, pelo menos, diversos quilômetros; por isso, um alcance de vários quilômetros para a resposta parece razoável. O Lago Michigan tem um pouco mais de 80 km de largura, se você olhar em direção ao leste de Chicago. Nossa resposta implica que não se pode ver a costa de Michigan do Lago Michigan se estivermos no topo da Torre Willis. A experiência mostra que isso está correto, o que nos dá mais confiança em nossa resposta.

1.3 Exercícios de sala de aula

Qual é a distância máxima da qual um marinheiro em cima de um mastro do navio 1, que está 34 m acima da superfície oceânica, pode ver outro marinheiro em cima do mastro do navio 2, 26 m acima da superfície oceânica?

a) 0,17 km   d) 21 km
b) 0,89 km   e) 39 km
c) 4,5 km

Guia de solução de problemas: limites

No Problema resolvido 1.2, encontramos uma fórmula útil, $r = \sqrt{2hR + h^2}$, para calcular a distância que se pode ver na superfície da Terra de uma elevação h, onde R é o raio da Terra. Há outro teste que podemos realizar para avaliar a validade dessa fórmula. Não a incluímos no passo "Solução Alternativa" porque ela merece ser examinada em separado. Essa técnica geral de solução de problemas está examinando os limites de uma equação.

O que significa "examinar os limites"? Em termos do Problema resolvido 1.2, significa que, em vez de apenas inserir o número determinado para h em nossa fórmula e calcular a solução, também podemos voltar e refletir sobre o que deveria acontecer com a distância r que se pode ver se h se tornar muito grande ou pequena. É evidente que o menor que h pode se tornar é zero. Neste caso, r também se aproximará de zero. Claro que isso é esperado; se o nível dos olhos está no nível do solo, não se pode enxergar muito longe. Por outro lado, podemos ponderar sobre o que acontece se h se tornar grande em comparação ao raio da Terra (veja a Figura 11.1). (Sim, é impossível construir uma torre dessa altura, mas h também poderia representar a altitude de um satélite acima do solo.)

Neste caso, esperamos que o alcance de visão seja simplesmente a altura h. Nossa fórmula também confirma essa expectativa, porque à medida que h se torna grande em comparação a R, o primeiro termo na raiz quadrada pode ser desprezado, e encontramos $\lim_{h \to \infty} \sqrt{2hR + h^2} = h$.

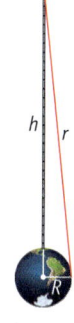

Figura 1.11 Alcance de visão no limite de um h muito grande.

O que ilustramos com esse exemplo é uma regra geral: se você derivar uma fórmula, pode avaliar sua validade substituindo valores extremos das variáveis na fórmula e verificando se esses limites estão de acordo com o senso comum. Geralmente a fórmula é extremamente simplificada em um limite. Se a sua fórmula tiver um comportamento limitante, isso não significa necessariamente que a fórmula em si esteja correta, mas você recebe uma confiança extra em sua validade.

Guia de solução de problemas: razões

Outro tipo muito comum de problemas de física pergunta o que acontece com uma grandeza que depende de um determinado parâmetro se este for alterado por um determinado fator. Esses problemas oferecem um excelente vislumbre dos conceitos físicos e precisam de bem pouco tempo para ser solucionados. Isso é verdadeiro, em geral, *se* duas condições forem satisfeitas: primeiro, você precisa saber qual fórmula usar; e segundo, precisa saber como resolver esse tipo geral de problemas. Mas estamos falando de condições extremamente relevantes. O estudo equipará sua memória com as fórmulas corretas, mas você precisa adquirir a habilidade de solucionar problemas desse tipo geral.

O truque é o seguinte: escreva a fórmula que conecta a grandeza dependente ao parâmetro que muda. Escreva-a duas vezes, uma vez com a grandeza dependente e os parâmetros indexados (ou classificados) com 1, e uma vez com eles indexados com 2. A seguir, forme razões das grandezas indexadas dividindo os lados à direita e à esquerda das duas equações. Depois, insira o fator de mudança para o parâmetro (expresso como razão) e faça os cálculos para encontrar o fator de mudança para a grandeza dependente (também expressa como razão).

Aqui está um exemplo que demonstra esse método.

EXEMPLO 1.3 | Mudança de volume

PROBLEMA
Se o raio de um cilindro aumenta por um fator de 2,73, por qual fator o volume é alterado? Suponha que a altura do cilindro permaneça a mesma.

SOLUÇÃO
A fórmula que conecta o volume de um cilindro, V, e seu raio, r, é

$$V = \pi r^2 h.$$

Pelo modo como o problema é formulado, V é a grandeza dependente e r é o parâmetro do qual ela depende. A altura do cilindro, h, também aparece na equação, mas permanece constante, segundo o enunciado do problema.

Seguindo o guia de solução de problemas, escrevemos a equação duas vezes, uma vez usando 1 para os índices, e uma vez com 2:

$$V_1 = \pi r_1^2 h$$
$$V_2 = \pi r_2^2 h.$$

Agora dividimos a segunda equação pela primeira, obtendo

$$\frac{V_2}{V_1} = \frac{\pi r_2^2 h}{\pi r_1^2 h} = \left(\frac{r_2}{r_1}\right)^2.$$

Como você pode ver, h não recebeu um índice porque permaneceu constante neste problema; ele foi anulado na divisão.

O problema afirma que a mudança no raio é dada por:

$$r_2 = 2{,}73 r_1.$$

Substituímos por r_2 em nossa razão:

$$\frac{V_2}{V_1} = \left(\frac{r_2}{r_1}\right)^2 = \left(\frac{2{,}73 r_1}{r_1}\right)^2 = 2{,}73^2 = 7{,}4529,$$

ou

$$V_2 = 7{,}45 V_1,$$

onde arredondamos a solução para três algarismos significativos que a grandeza dada no problema tinha. Assim, a resposta é que o volume do cilindro aumenta por um fator de 7,45 quando seu raio é aumentado por um fator de 2,73.

Guia de solução de problemas: estimativa

Às vezes não é preciso solucionar exatamente um problema de física. Quando somente uma estimativa é solicitada, basta saber a ordem de magnitude de alguma grandeza. Por exemplo, uma resposta de $1{,}24 \cdot 10^{20}$ km não é, para a maioria dos propósitos, muito diferente de $1 \cdot 10^{20}$ km. Nesses casos, você pode arredondar todos os números em um problema para a potência mais próxima de 10 e realizar a aritmética necessária. Por exemplo, o cálculo no Problema resolvido 1.1 se reduz a

$$\frac{(20{,}8 \text{ cm})^2 \cdot (12{,}2 \text{ cm})}{4\pi} \approx \frac{(2 \cdot 10^1 \text{ cm})^2 \cdot (10 \text{ cm})}{10} = \frac{4 \cdot 10^3 \text{ cm}^3}{10} = 400 \text{ cm}^3,$$

o que chega bem perto de nossa resposta de 420 cm³. Mesmo uma resposta de 100 cm³ (arredondando 20,8 cm para 10 cm) tem a ordem correta de magnitude para o volume. Observe que geralmente é possível arredondar o número π para 3 ou arredondar π^2 para 10. Com a prática, você pode encontrar mais truques de aproximação como esses, o que pode tornar suas estimativas mais simples e rápidas.

A técnica de obter resultados úteis por meio de estimativa cuidadosa ficou famosa pelo físico do século XX Enrico Fermi (1901-1954), que estimou a energia liberada pela explosão nuclear Trinity em 16 de julho de 1945, próximo a Socorro, Novo México, observando a que distância um pedaço de papel foi soprado pelo vento com a explosão. Existe um tipo de problemas de estimativa, chamados de *problemas Fermi*, que podem gerar resultados interessantes quando pressuposições razoáveis são feitas sobre grandezas que não são conhecidas com exatidão.

As estimativas são úteis para obter informações sobre um problema antes de partir para métodos mais complicados de calcular uma resposta precisa. Por exemplo, pode-se estimar quantos cachorros-quentes as pessoas comem e quantas bancas existem em uma cidade antes de investir em um plano de negócios completo para a construção de uma banca de cachorros--quentes. Para praticar as habilidades de estimativa, vamos estimar o número de dentistas que trabalham nos Estados Unidos.

EXEMPLO 1.4 Número de dentistas

PROBLEMA

Quantos dentistas estão atuando nos Estados Unidos?

SOLUÇÃO

Para fazer essa estimativa, começamos com os seguintes fatos e pressuposições: há cerca de 300 milhões de pessoas nos Estados Unidos. Metade deles consulta regularmente com o dentista, principalmente para limpeza de rotina. Cada pessoa que consulta um dentista regularmente vai ao consultório duas vezes por ano. Cada consulta dura meia hora em média, incluindo a eventual obturação de uma cárie. Logo, o número total de horas de tratamento dental sendo oferecido nos Estados Unidos em um ano é

$$(300 \cdot 10^6 \text{ pessoas})(0{,}5)(2 \text{ consultas/pessoa})(0{,}5 \text{ horas/consulta}) = 1{,}5 \cdot 10^8 \text{ horas}.$$

Presumimos que um dentista trabalha 40 horas por semana e 50 semanas por ano. Assim, um dentista trabalha

$$(40 \text{ horas/semana})(50 \text{ semanas/ano}) = 2000 \text{ horas/ano}.$$

Portanto, o número necessário de dentistas é

$$\text{Número de dentistas} = \frac{1{,}5 \cdot 10^8 \text{ horas}}{2000 \text{ horas}} = 75.000 \text{ dentistas}.$$

A Secretaria de Estatística Laboral do Ministério do Trabalho relata que havia 161.000 dentistas licenciados nos Estados Unidos em 2006. Assim, nossa estimativa do número de dentistas atuando nos Estados Unidos estava dentro de um fator de três do número real.

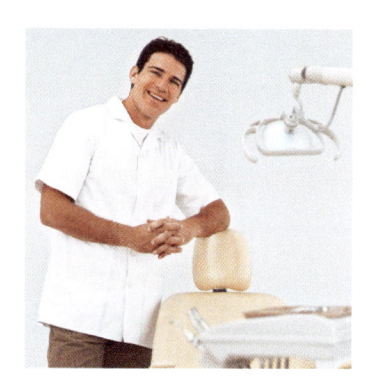

1.6 Vetores

Vetores são descrições matemáticas de grandezas que têm módulo, direção e sentido. O módulo de um vetor é um número não negativo, geralmente combinado com uma unidade física. Muitas grandezas vetoriais são importantes em física e, de fato, em todas as ciências. Portanto, antes de começarmos este estudo de física, você precisa se familiarizar com vetores e algumas operações vetoriais básicas.

Os vetores têm um ponto de partida e um ponto de chegada. Por exemplo, considere uma viagem de avião de Seattle a Nova York. Para representar a mudança da posição do avião, podemos desenhar uma seta do ponto de partida até o destino (Figura 1.12). (Trajetos de voos reais não são exatamente linhas retas porque a Terra é uma esfera e por causa das restrições aeroespaciais e regulamentações de tráfego aéreo, mas uma linha reta é uma aproximação razoável para nosso propósito.) Essa seta representa um *vetor deslocamento*, que sempre vai de algum lugar para outro. Qualquer grandeza vetorial tem módulo, direção e sentido. Se o vetor representa uma grandeza física, como o deslocamento, ele também terá uma unidade física. Uma grandeza que pode ser representada sem dar um sentido e direção é chamada de **escalar**. Uma grandeza escalar só tem módulo e possivelmente uma unidade física. Exemplos de grandezas escalares são tempo e temperatura.

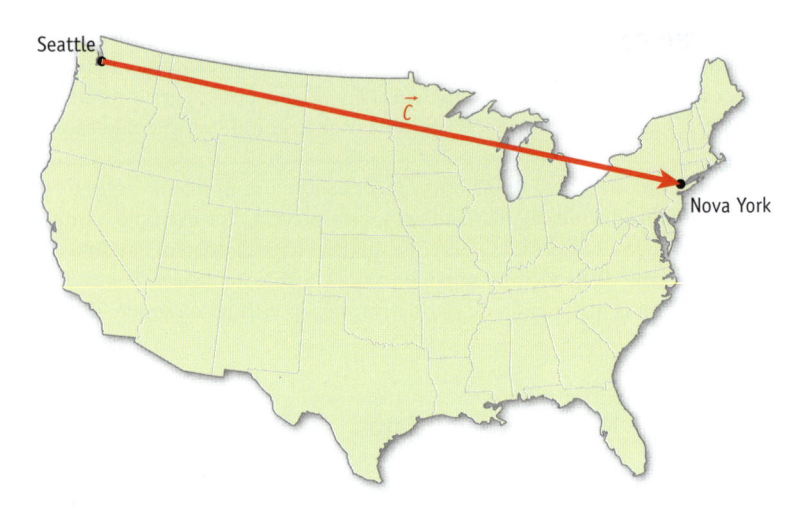

Figura 1.12 Plano de voo de Seattle a Nova York como exemplo de um vetor.

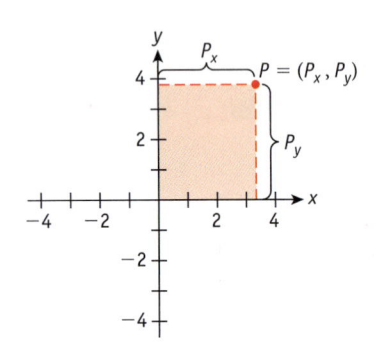

Figura 1.13 Representação de um ponto P no espaço bidimensional em termos de suas coordenadas cartesianas.

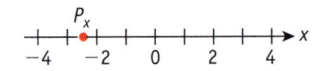

Figura 1.14 Representação de um ponto P em um sistema de coordenadas cartesianas unidimensional.

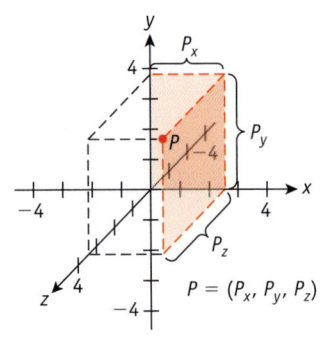

Figura 1.15 Representação de um ponto P em um espaço tridimensional em termos de suas coordenadas cartesianas.

Este livro denota uma grandeza vetorial por uma letra com uma pequena seta horizontal acima dela apontando para a direita. Por exemplo, no desenho da viagem de Seattle a Nova York (Figura 1.12), o vetor deslocamento tem o símbolo C. No restante desta seção, você aprenderá a trabalhar com vetores: como somar e subtrair vetores e como multiplicá-los com escalares. Para realizar essas operações, é bastante útil introduzir um sistema de coordenadas para representar os vetores.

Sistema de coordenadas cartesianas

Um **sistema de coordenadas cartesianas** é definido como um conjunto de dois ou mais eixos com ângulos de 90° entre cada par. Diz-se que esses eixos são ortogonais entre si. Em um espaço bidimensional, os eixos de coordenadas são geralmente chamados de x e y. Podemos, então, especificar de forma exclusiva qualquer ponto P no espaço bidimensional dando suas coordenadas P_x e P_y ao longo dos dois eixos das coordenadas, conforme mostrado na Figura 1.13. Usaremos a notação (P_x, P_y) para especificar um ponto em termos de suas coordenadas. Na Figura 1.13, por exemplo, o ponto P tem a posição (3,3, 3,8), porque sua coordenada x tem valor de 3,3 e sua coordenada y tem valor de 3,8. Observe que cada coordenada é um número e pode ter valor positivo ou negativo ou ser zero.

Também podemos definir um sistema de coordenadas unidimensional, para o qual qualquer ponto está localizado em uma única linha reta, convencionalmente chamada de eixo x. Qualquer ponto nesse espaço unidimensional é, então, exclusivamente definido pela especificação de um número, o valor da coordenada x, que novamente pode ser negativo, zero ou positivo (Figura 1.14). O ponto P na Figura 1.14 tem a coordenada x $P_x = -2,5$.

É evidente que é fácil desenhar sistemas de coordenadas uni e bidimensional, pois a superfície do papel tem duas dimensões. Em um sistema de coordenadas tridimensional, o terceiro eixo de coordenadas teria que ser perpendicular aos outros dois e, portanto, teria que se projetar para fora do plano da página. Para desenhar um sistema de coordenadas tridimensional, precisamos nos basear em convenções que fazem uso das técnicas de desenho perspectivo. Representamos o terceiro eixo por uma linha que está a um ângulo de 45° em relação às outras duas (Figura 1.15).

Em um espaço tridimensional, temos que especificar três números para determinar com exclusividade as coordenadas de um ponto. Usamos a notação $P = (P_x, P_y, P_z)$ para fazer isso. É possível construir sistemas de coordenadas cartesianas com mais de três eixos ortogonais, embora seja quase impossível visualizá-los. Teorias de cordas modernas por exemplo, são geralmente construídas em espaços com dez dimensões. Porém, para os propósitos deste livro e para quase toda a física, três dimensões são suficientes. Para falar a verdade, para a maioria das aplicações, a matemática essencial e a compreensão física podem ser obtidas com representações bidimensionais.

Representação cartesiana de vetores

O exemplo da viagem de Seattle a Nova York estabeleceu que vetores são caracterizados por dois pontos: começo e fim, representados pelas extremidades de uma seta. Usando a representação cartesiana de pontos, podemos definir a representação cartesiana de um vetor deslocamento como a diferença nas coordenadas da ponta de término e a ponta de início. Como a diferença entre os dois pontos para um vetor é tudo que importa, podemos deslocar o vetor no espaço da forma que quisermos. Contanto que o comprimento e a direção da seta não sejam alterados, o vetor permanece o mesmo em termos matemáticos. Considere os dois vetores na Figura 1.16.

A Figura 1.16a mostra o vetor deslocamento $\vec{A}$ que aponta do ponto $P = (-2, -3)$ para o ponto $Q = (3,1)$. Com a notação que acabamos de introduzir, as **componentes** de $\vec{A}$ são as coordenadas do ponto Q menos as do ponto P, $\vec{A} = (3-(-2),1-(-3)) = (5, 4)$. A Figura 1.16b mostra outro vetor do ponto $R = (-3, -1)$ ao ponto $S = (2, 3)$. A diferença entre essas coordenadas é $(2-(-3),3-(-1)) = (5, 4)$, que é a mesma do vetor $\vec{A}$ apontando de P para Q.

Por questão de simplicidade, podemos mudar o início de um vetor para a origem do sistema de coordenadas, e as componentes do vetor serão iguais às coordenadas de sua ponta (Figura 1.17). Como resultado, vemos que é possível representar um vetor em coordenadas cartesianas como

$$\vec{A} = (A_x, A_y) \text{ no espaço bidimensional} \quad (1.7)$$

$$\vec{A} = (A_x, A_y, A_z) \text{ no espaço tridimensional} \quad (1.8)$$

onde A_x, A_y e A_z são números. Observe que a notação para um ponto em coordenadas cartesianas é semelhante à notação para um vetor em coordenadas cartesianas. Saberemos se a notação especifica um ponto ou um vetor pelo contexto da referência.

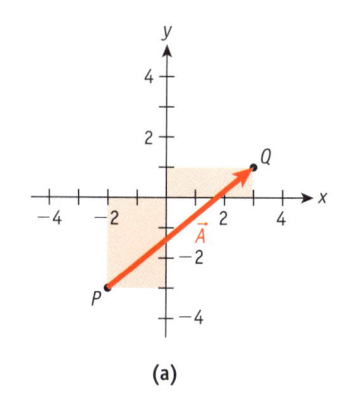

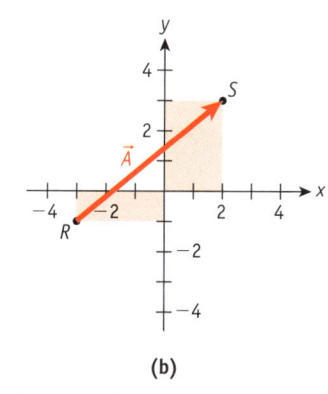

Figura 1.16 Representações cartesianas de um vetor $\vec{A}$. (a) Vetor deslocamento de P a Q; (b) vetor deslocamento de R a S.

Adição e subtração de vetores gráficos

Suponha que o voo direto de Seattle a Nova York mostrado na Figura 1.12 não estivesse disponível, e você tivesse que fazer uma conexão em Dallas (Figura 1.18). Neste caso, o vetor deslocamento $\vec{C}$ para a viagem de Seattle a Nova York é a soma de um vetor deslocamento $\vec{A}$ de Seattle a Dallas e um vetor deslocamento $\vec{B}$ de Dallas a Nova York:

$$\vec{C} = \vec{A} + \vec{B}. \quad (1.9)$$

Esse exemplo mostra o procedimento geral para adição de vetores de forma gráfica: mova o início do vetor $\vec{B}$ para a ponta do vetor $\vec{A}$; o vetor do início do vetor $\vec{A}$ para a ponta do vetor $\vec{B}$ é o vetor de adição, ou **resultante**, dos dois.

Se você somar dois números reais, a ordem não importa: $3 + 5 = 5 + 3$. Essa propriedade é chamada de *propriedade comutativa da adição*. A adição de vetores também é comutativa:

$$\vec{A} + \vec{B} = \vec{B} + \vec{A}. \quad (1.10)$$

A Figura 1.19 demonstra essa propriedade comutativa da adição de vetores de forma gráfica. Ela mostra os mesmos vetores da Figura 1.18, mas também o início do vetor $\vec{A}$ movido para a ponta do vetor $\vec{B}$ (setas pontilhadas) – observe que o vetor resultante é o mesmo que antes.

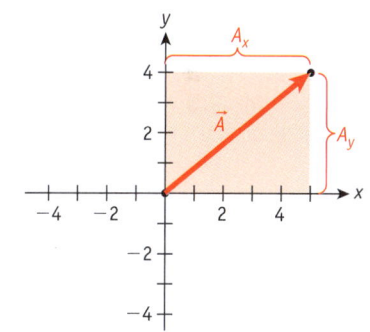

Figura 1.17 Componentes cartesianas do vetor $\vec{A}$ em duas dimensões.

A seguir, o vetor contrário (ou reverso ou negativo), $-\vec{C}$, do vetor $\vec{C}$ é um vetor com o mesmo comprimento que $\vec{C}$, mas apontando no sentido oposto (Figura 1.20). Para o vetor que representa o voo de Seattle a Nova York, por exemplo, o vetor contrário é a viagem de volta. É evidente que, se você adicionar $\vec{C}$ e seu vetor contrário, $-\vec{C}$, acabará na ponta de onde começou. Assim, encontramos

$$\vec{C} + (-\vec{C}) = \vec{C} - \vec{C} = (0,0,0), \quad (1.11)$$

e o módulo é zero, $|\vec{C} - \vec{C}| = 0$. Essa identidade aparentemente simples mostra que podemos tratar a subtração de vetores da mesma forma que a sua adição, simplesmente somando o vetor contrário. Por exemplo, os vetores $\vec{B}$ na Figura 1.19 podem ser obtidos como $\vec{B} = \vec{C} - \vec{A}$. Portanto, a adição e a subtração de vetores seguem exatamente as mesmas regras que a adição e subtração de números reais.

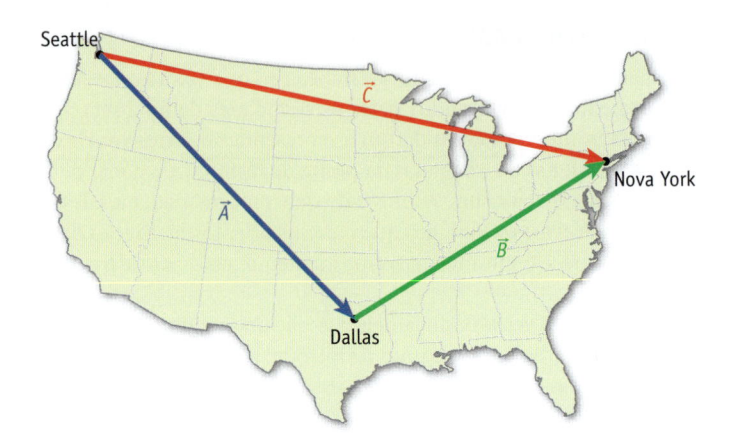

Figura 1.18 Voo direto e voo com escala como exemplo de adição de vetores.

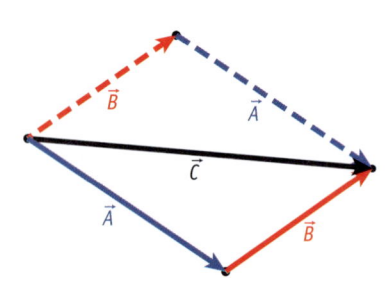

Figura 1.19 Propriedade comutativa da adição de vetores.

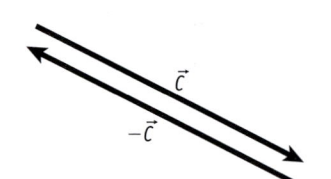

Figura 1.20 Vetor contrário $-\vec{C}$ de um vetor $\vec{C}$.

Adição de vetores usando componentes

A adição de vetores gráficos ilustra os conceitos muito bem, mas para propósitos práticos, o método de adição de vetores por meio de suas componentes é bem mais útil. (Isso acontece porque as calculadoras são mais fáceis de usar e muito mais precisas do que regras e papel milimetrado.) Vamos considerar o método das componentes para adição de vetores tridimensionais. As equações para vetores bidimensionais são casos especiais que surgem ao desprezarmos as componentes z. Da mesma forma, a equação unidimensional pode ser obtida desprezando todas as componentes y e z.

Se adicionarmos dois vetores tridimensionais, $\vec{A} = (A_x, A_y, A_z)$ e $\vec{B} = (B_x, B_y, B_z)$, o vetor resultante é

$$\vec{C} = \vec{A} + \vec{B} = (A_x, A_y, A_z) + (B_x, B_y, B_z) = (A_x + B_x, A_y + B_y, A_z + B_z). \quad (1.12)$$

Em outras palavras, as componentes do vetor de adição são os vetores individuais:

$$\begin{aligned} C_x &= A_x + B_x \\ C_y &= A_y + B_y \\ C_z &= A_z + B_z. \end{aligned} \quad (1.13)$$

A relação entre os métodos gráfico e das componentes está ilustrada na Figura 1.21. A Figura 1.21a mostra dois vetores $\vec{A} = (4, 2)$ e $\vec{B} = (3, 4)$ no espaço bidimensional, e a Figura 1.21b exibe seu vetor de adição $\vec{C} = (4 + 3.2 + 4) = (7,6)$. A Figura 1.21b mostra nitidamente que $C_x = A_x + B_x$, porque o todo é igual à soma de suas partes.

Da mesma forma, podemos usar a diferença $\vec{D} = \vec{A} - \vec{B}$, e as componentes cartesianas do vetor de diferença são dados por

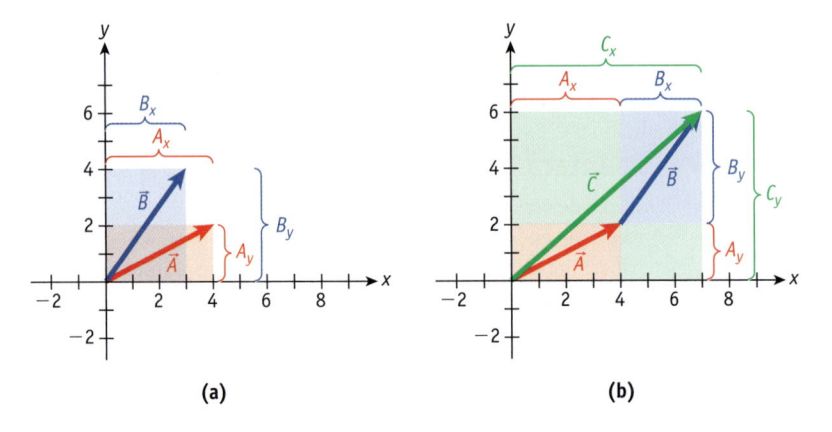

$$\begin{aligned} D_x &= A_x - B_x \\ D_y &= A_y - B_y \\ D_z &= A_z - B_z. \end{aligned} \quad (1.14)$$

Figura 1.21 Adição de vetores usando componentes. (a) Componentes de vetores $\vec{A}$ e $\vec{B}$; (b) as componentes do vetor resultante são as somas das componentes dos vetores individuais.

Multiplicação de um vetor com um escalar

O que é $\vec{A} + \vec{A} + \vec{A}$? Se a sua resposta a essa pergunta é $3\vec{A}$, você já compreende a multiplicação de um vetor com um escalar. O vetor que resulta da multiplicação do vetor $\vec{A}$ com o escalar três é um vetor que aponta na mesma orientação que o vetor original $\vec{A}$, mas é três vezes mais longo.

A multiplicação de um vetor com um escalar positivo arbitrário – ou seja, um número positivo – resulta em outro vetor que aponta na mesma orientação, mas com módulo que é o produto do módulo do vetor original e o valor do escalar. A multiplicação de um vetor por um escalar negativo resulta em um vetor que aponta na orientação oposta ao original com um módulo que é o produto do módulo do vetor original e o módulo do escalar.

Novamente, a notação das componentes é útil. Para a multiplicação de um vetor $\vec{A}$ com um escalar s, obtemos:

$$\vec{E} = s\vec{A} = s(A_x, A_y, A_z) = (sA_x, sA_y, sA_z). \tag{1.15}$$

Em outras palavras, cada componente do vetor $\vec{A}$ é multiplicada pelo escalar para chegar às componentes do vetor de produto:

$$\begin{aligned} E_x &= sA_x \\ E_y &= sA_y \\ E_z &= sA_z. \end{aligned} \tag{1.16}$$

Vetores unitários

Existe um conjunto de vetores especiais que facilita grande parte da matemática associada a vetores. Chamados de **vetores unitários**, eles são vetores de módulo 1 dirigidos ao longo dos principais eixos de coordenadas do sistema de coordenadas. Em duas dimensões, esses vetores apontam na orientação x positiva e na orientação y positiva. Em três dimensões, um terceiro vetor unitário aponta na orientação z positiva. Para distingui-los como vetores unitários, damos a eles os símbolos $\hat{x}$, $\hat{y}$ e $\hat{z}$. Sua representações de componentes é

$$\begin{aligned} \hat{x} &= (1,0,0) \\ \hat{y} &= (0,1,0) \\ \hat{z} &= (0,0,1). \end{aligned} \tag{1.17}$$

A Figura 1.22a mostra os vetores unitários em duas dimensões, e a Figura 1.22b os mostra em três dimensões.

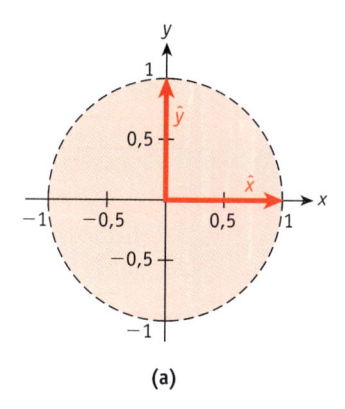

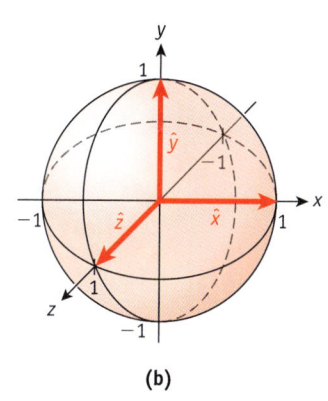

Figura 1.22 Vetores unitários cartesianos em (a) duas e (b) três dimensões.

Qual é a vantagem dos vetores unitários? Podemos representar qualquer vetor como uma soma desses vetores unitários, em vez de usar a notação de componentes; cada vetor unitário é multiplicado pelo componente cartesiano correspondente do vetor:

$$\begin{aligned} \vec{A} &= (A_x, A_y, A_z) \\ &= (A_x, 0, 0) + (0, A_y, 0) + (0, 0, A_z) \\ &= A_x(1,0,0) + A_y(0,1,0) + A_z(0,0,1) \\ &= A_x \hat{x} + A_y \hat{y} + A_z \hat{z}. \end{aligned} \tag{1.18}$$

Em duas dimensões, temos

$$\vec{A} = A_x \hat{x} + A_y \hat{y}. \tag{1.19}$$

Essa representação de vetor unitário de um vetor geral será especialmente útil mais adiante neste livro para multiplicar dois vetores.

Comprimento e orientação de vetores

Se soubermos a representação de componentes de um vetor, como podemos encontrar seu comprimento (módulo) e a orientação em que está apontando? Vamos analisar o caso mais importante: um vetor em duas dimensões. Em duas dimensões, um vetor $\vec{A}$ pode ser especificado exclusivamente dando as duas componentes cartesianas, A_x e A_y. Também podemos especificar o mesmo vetor dando outros dois números: seu comprimento A e seu ângulo θ com relação ao eixo x positivo.

Vamos dar uma olhada na Figura 1.23 para ver como podemos determinar A e θ a partir de A_x e A_y. A Figura 1.23a mostra o resultado da equação 1.19 em representação gráfica. O vetor $\vec{A}$

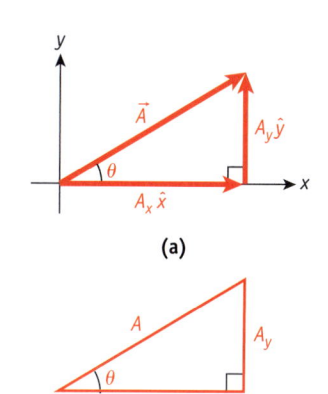

Figura 1.23 Comprimento e orientação de um vetor. (a) Componentes cartesianas A_x e A_y; (b) comprimento A e ângulo θ.

1.4 Exercícios de sala de aula

Para qual quadrante cada um dos seguintes vetores apontam?

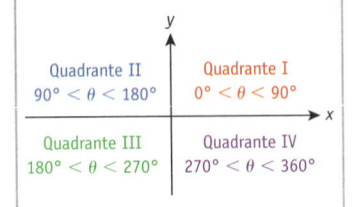

```
            y
            |
Quadrante II    | Quadrante I
90° < θ < 180°  | 0° < θ < 90°
----------------+---------------- x
Quadrante III   | Quadrante IV
180° < θ < 270° | 270° < θ < 360°
```

a) $\vec{A} = (A_x, A_y)$ com $A_x = 1{,}5$ cm, $A_y = -1{,}0$ cm

b) um vetor de comprimento 2,3 cm e ângulo de 131°

c) o vetor contrário de $\vec{B} = (0{,}5 \text{ cm}, 1{,}0 \text{ cm})$

d) a soma dos vetores unitários nas direções x e y

é a soma dos vetores $A_x \hat{x}$ e $A_y \hat{y}$. Como os vetores unitários $\hat{x}$ e $\hat{y}$ são, por definição, ortogonais entre si, esses vetores formam um ângulo de 90°. Assim, os três vetores $\vec{A}$, $A_x \hat{x}$ e $A_y \hat{y}$ formam um triângulo retângulo com comprimentos laterais A, A_x e A_y, conforme mostrado na Figura 1.23b.

Agora podemos aplicar trigonometria básica para encontrar θ e A. Usando o teorema de Pitágoras, o resultado é

$$A = \sqrt{A_x^2 + A_y^2}. \tag{1.20}$$

Podemos encontrar o ângulo θ a partir da definição da função tangente

$$\theta = \text{tg}^{-1} \frac{A_y}{A_x}. \tag{1.21}$$

Ao usar a equação 1.21, é preciso tomar cuidado para que θ esteja no quadrante correto. Também podemos inverter as equações 1.20 e 1.21 para obter as componentes cartesianas de um vetor de determinado comprimento e orientação:

$$A_x = A \cos \theta \tag{1.22}$$

$$A_y = A \,\text{sen}\, \theta. \tag{1.23}$$

Você encontrará essas relações trigonométricas várias vezes durante as aulas de introdução à física. Se precisar relembrar os conceitos de trigonometria, consulte o manual de matemática incluído no Apêndice A.

O QUE JÁ APRENDEMOS | GUIA DE ESTUDO PARA EXERCÍCIOS

- Números pequenos e grandes podem ser representados usando a notação científica, que consiste em uma mantissa e uma potência de dez.

- Os sistemas físicos são descritos pelo sistema de unidades do SI. Essas unidades são baseadas em padrões reproduzíveis e oferecem métodos convenientes de escalonamento e cálculo. As unidades de base do sistema do SI incluem metro (m), quilograma (kg), segundo (s) e ampere (A).

- Os sistemas físicos apresentam uma ampla variação de tamanhos, massas e escalas de tempo, mas as mesmas leis físicas governam todos eles.

- Um número (com um número específico de algarismos significativos) ou um conjunto de números (como os componentes de um vetor) devem ser combinados com unidades para descrever grandezas físicas.

- Vetores em três dimensões podem ser especificados por suas três componentes cartesianas, $\vec{A} = (A_x, A_y, A_z)$. Cada uma dessas componentes cartesianas é um número.

- Os vetores podem ser adicionados ou subtraídos. Em componentes cartesianos,

$$\vec{C} = \vec{A} + \vec{B} = (A_x, A_y, A_z) + (B_x, B_y, B_z)$$
$$= (A_x + B_x, A_y + B_y, A_z + B_z).$$

- A multiplicação de um vetor com um escalar resulta em outro vetor na mesma orientação ou em orientação oposta, mas com módulo diferente, $\vec{E} = s\vec{A} = s(A_x, A_y, A_z) = (sA_x, sA_y, sA_z)$.

- Vetores unitários são vetores de comprimento 1. Os vetores unitários no sistema de coordenadas cartesianas são denotados por $\hat{x}$, $\hat{y}$ e $\hat{z}$.

- O comprimento e a orientação de um vetor bidimensional podem ser determinados a partir de suas componentes cartesianas: $A = \sqrt{A_x^2 + A_y^2}$ e $\theta = \text{tg}^{-1}(A_y/A_x)$.

- As componentes cartesianas de um vetor bidimensional podem ser calculadas tendo por base o comprimento e o ângulo do vetor com relação ao eixo x: $A_x = A \cos \theta$ e $A_y = A \,\text{sen}\, \theta$.

TERMOS-CHAVE

algarismos significativos, p. 10
componentes, p. 25
escalar, p. 23
metrologia, p. 14
notação científica, p. 9
resultante, p. 25
sistema de coordenadas cartesianas, p. 24
sistema de unidades SI, p. 11
vetores, p. 23
vetores unitários, p. 27

GUIA DE RESOLUÇÃO DE PROBLEMAS

PROBLEMA RESOLVIDO 1.3 | Caminhada

Você caminha 1,72 km pelos pântanos da Flórida em direção ao sudoeste depois de sair de seu acampamento base. Você chega a um rio que é profundo demais para ser atravessado, então dobra 90° à direita e caminha mais 3,12 km até uma ponte. A que distância você está do acampamento?

SOLUÇÃO
PENSE
Se você está caminhando, está se movendo em um plano bidimensional: a superfície terrestre (porque os pântanos são planos e a distância da caminhada é pequena em comparação à distância em que a altitude muda de modo significativo em função da curvatura da Terra). Assim, podemos usar vetores bidimensionais para caracterizar os vários segmentos da caminhada. Fazer uma caminhada em linha reta, depois uma curva, seguida de outra linha reta representa um problema de adição de vetores que está pedindo o comprimento do vetor resultante.

DESENHE
A Figura 1.24 apresenta um sistema de coordenadas em que o eixo y aponta para o norte e o eixo x aponta para o leste, como é convencional. A primeira parte da caminhada, na direção sudoeste, é indicada pelo vetor $\vec{A}$, e a segunda parte, pelo vetor $\vec{B}$. A figura também mostra o vetor resultante, $\vec{C} = \vec{A} + \vec{B}$, para o qual queremos determinar o comprimento.

PESQUISE
Se você fez o desenho com precisão suficiente, deixando os comprimentos dos vetores proporcionais aos comprimentos dos segmentos da caminhada (como foi feito na Figura 1.24), então pode medir o comprimento do vetor $\vec{C}$ para determinar a distância do acampamento base até o fim do segundo segmento da caminhada. Porém, as distâncias dadas são descritas com três algarismos significativos, então a resposta também deve ter três algarismos significativos. Logo, não podemos nos basear no método gráfico, mas devemos usar o método das componentes para adição de vetores.

Para calcular as componentes dos vetores, precisamos saber seus ângulos em relação ao eixo x positivo. Para o vetor $\vec{A}$, que aponta para o sudoeste, esse ângulo é $\theta_A = 225°$, conforme mostra a Figura 1.25. O vetor $\vec{B}$ tem ângulo de 90° em relação a $\vec{A}$ e, portanto, $\theta_B = 135°$ em relação ao eixo x positivo. Para deixar isso mais claro, o ponto de partida de $\vec{B}$ foi movido para a origem do sistema de coordenadas na Figura 1.25. (Lembre-se: podemos mover vetores à vontade. Contanto que a orientação e o comprimento de um vetor sejam os mesmos, o vetor permanece inalterado.)

Agora temos tudo no lugar para começar os cálculos. Temos os comprimentos e orientações dos dois vetores, o que nos permite calcular suas componentes cartesianas. A seguir, adicionaremos suas componentes para calcular as componentes do vetor $\vec{C}$, com o qual podemos calcular o comprimento deste vetor.

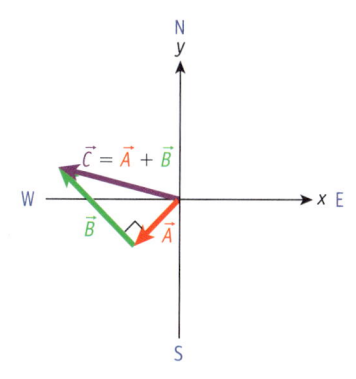

Figura 1.24 Caminhada com uma curva de 90°.

Figura 1.25 Ângulos dos dois segmentos da caminhada.

SIMPLIFIQUE
As componentes do vetor $\vec{C}$ são:

$$C_x = A_x + B_x = A \cos\theta_A + B \cos\theta_B$$
$$C_y = A_y + B_y = A \, \text{sen}\, \theta_A + B \, \text{sen}\, \theta_B.$$

Assim, o comprimento do vetor $\vec{C}$ é (compare com a equação 1.20)

$$C = \sqrt{C_x^2 + C_y^2} = \sqrt{(A_x + B_x)^2 + (A_y + B_y)^2}$$
$$= \sqrt{(A\cos\theta_A + B\cos\theta_B)^2 + (A\,\text{sen}\,\theta_A + B\,\text{sen}\,\theta_B)^2}.$$

Continua →

CALCULE

Agora tudo que resta fazer é inserir os números para obter o comprimento do vetor:

$$C = \sqrt{\big((1{,}72 \text{ km})\cos 225° + (3{,}12 \text{ km})\cos 135°\big)^2 + \big((1{,}72 \text{ km})\operatorname{sen} 225° + (3{,}12 \text{ km})\operatorname{sen} 135°\big)^2}$$

$$= \sqrt{\big(1{,}72 \cdot (-\sqrt{1/2}) + 3{,}12 \cdot (-\sqrt{1/2})\big)^2 + \big(1{,}72 \cdot (-\sqrt{1/2}) + 3{,}12 \cdot \sqrt{1/2}\big)^2} \text{ km.}$$

A inserção desses números em uma calculadora resulta em:

$$C = 3{,}562695609 \text{ km.}$$

ARREDONDE

Como as distâncias iniciais foram dadas com três algarismos significativos, nossa resposta final também deve ter (no máximo) a mesma precisão. Arredondando para três algarismos significativos, temos nossa resposta final:

$$C = 3{,}56 \text{ km.}$$

SOLUÇÃO ALTERNATIVA

Este problema teve a intenção de oferecer prática com conceitos de vetores. No entanto, se você esquecer por um momento que os deslocamentos são vetores e observar que eles formam um triângulo retângulo, pode imediatamente calcular o comprimento do lado C usando o teorema de Pitágoras da seguinte forma:

$$C = \sqrt{A^2 + B^2} = \sqrt{1{,}72^2 + 3{,}12^2} \text{ km} = 3{,}56 \text{ km.}$$

Aqui também arredondamos nosso resultado para três algarismos significativos, e vemos que ele está de acordo com a resposta obtida usando o procedimento mais longo de adição de vetores.

QUESTÕES DE MÚLTIPLA ESCOLHA

1.1 Quais das frequências abaixo representa o dó maior?

a) 376 g b) 483 m/s c) 523 Hz d) 26,5 J

1.2 Se $\vec{A}$ e $\vec{B}$ são vetores e $\vec{B} = -\vec{A}$, qual das afirmativas abaixo é verdadeira?

a) O módulo de $\vec{B}$ é igual ao negativo do módulo de $\vec{A}$.

b) $\vec{A}$ e $\vec{B}$ são perpendiculares.

c) O ângulo de direção de $\vec{B}$ é igual ao ângulo de direção de $\vec{A}$ mais 180°.

d) $\vec{A} + \vec{B} = 2\vec{A}$.

1.3 Compare três unidades do SI: milímetro, quilograma e microssegundo. Qual é a maior?

a) milímetro b) quilograma

c) microssegundo d) As unidades não são comparáveis.

1.4 Qual é a diferença (ou diferenças) entre 3,0 e 3,0000?

a) 3,0000 poderia ser o resultado de um passo intermediário em um cálculo; 3,0 precisa resultar de um passo final.

b) 3,0000 representa uma grandeza que é conhecida mais precisamente como 3,0.

c) Não há diferença.

d) Elas contêm a mesma informação, mas 3,0 tem a preferência por ser mais fácil de escrever.

1.5 Uma velocidade de 7 mm/μs é igual a:

a) 7000 m/s b) 70 m/s c) 7 m/s d) 0,07 m/s

1.6 Um disco de hóquei, cujo diâmetro tem aproximadamente três polegadas, será usado para determinar o valor de π com três algarismos significativos ao medir com cuidado seu diâmetro e sua circunferência. Para que esse cálculo seja feito de modo adequado, as medições devem ser feitas de acordo com o(a) _____ mais próximo(a).

a) centésimo de mm c) mm e) polegada

b) décimo de mm d) cm

1.7 Qual é a soma de $5{,}786 \cdot 10^3$ m e $3{,}19 \cdot 10^4$ m?

a) $6{,}02 \cdot 10^{23}$ m c) $8{,}976 \cdot 10^3$ m

b) $3{,}77 \cdot 10^4$ m d) $8{,}98 \cdot 10^3$ m

1.8 Qual é o número de átomos de carbono em 0,5 nanomols de carbono? Um mol contém $6{,}02 \cdot 10^{23}$ átomos.

a) $3{,}2 \cdot 10^{14}$ átomos d) $3{,}2 \cdot 10^{17}$ átomos

b) $3{,}19 \cdot 10^{14}$ átomos e) $3{,}19 \cdot 10^{17}$ átomos

c) $3{,}0 \cdot 10^{14}$ átomos f) $3{,}0 \cdot 10^{17}$ átomos

1.9 O resultante dos vetores bidimensionais (1,5 m, 0,7 m), (−3,2 m, 1,7 m) e (1,2 m, −3,3 m) encontra-se no quadrante _____.

a) I b) II c) III d) IV

1.10 Em quanto o volume de um cilindro é alterado se o raio for reduzido à metade e a altura for dobrada?

a) O volume é dividido em quatro.

b) O volume é cortado pela metade.

c) Não há mudança no volume.

d) O volume dobra.

e) O volume quadruplica.

QUESTÕES

1.11 Na Europa, o consumo de combustível dos carros é medido em litros por 100 quilômetros. Nos Estados Unidos, a unidade usada é milhas por galão.

a) Como essas unidades estão relacionadas?

b) Quantas milhas por galão um automóvel faz se consumir 12,2 litros por 100 quilômetros?

c) Qual é o consumo de um carro em litros por 100 quilômetros se fizer 27,4 milhas por galão?

d) Você consegue desenhar uma curva traçando milhas por galão *versus* litros por 100 quilômetros? Se sim, desenhe a curva.

1.12 Se você desenhar um vetor em uma folha de papel, quantas componentes são necessárias para descrevê-lo? Quantas componentes têm um vetor no espaço real? Quantas componentes teria um vetor em um mundo quadridimensional?

1.13 Como os vetores, em geral, têm mais de uma componente e, portanto, mais de um número para descrevê-las, são obviamente mais difíceis de adicionar e subtrair do que números isolados. Por que, então, trabalhar com vetores?

1.14 Se $\vec{A}$ e $\vec{B}$ são vetores especificados na forma de módulo e orientação, e $\vec{C} = \vec{A} + \vec{B}$ deve ser encontrado e expresso na forma de módulo e orientação, como isso é feito? Isto é, qual é o procedimento para adicionar vetores que são dados na forma de módulo e orientação?

1.15 Suponha que você soluciona um problema e sua calculadora exibe 0,0000000036. Por que não simplesmente escrever esse número? Há alguma vantagem em usar a notação científica?

1.16 Como o sistema britânico de unidades é mais conhecido para a maioria das pessoas nos Estados Unidos, por que o sistema internacional (SI) de unidades é usado para o trabalho científico nos Estados Unidos?

1.17 É possível adicionar três vetores de mesmo comprimento e obter uma soma vetorial de zero? Em caso afirmativo, desenhe a disposição dos três vetores. Se não, explique por quê.

1.18 Massa é uma grandeza vetorial? Por quê ou por quê não?

1.19 Duas moscas estão exatamente uma em frente à outra na superfície de um balão esférico. Se o volume do balão dobrar, por qual fator a distância entre as moscas muda?

1.20 Qual é a razão entre o volume de um cubo de lado r e o de uma esfera de raio r? A sua resposta depende do valor específico de r?

1.21 Considere uma esfera de raio r. Qual é o comprimento de um lado de um cubo que tenha a mesma área de superfície que a esfera?

1.22 A massa do sol é de $2 \cdot 10^{30}$ kg, e o sol contém mais de 99% de toda a massa do sistema solar. Astrônomos estimam que existam aproximadamente 100 bilhões de estrelas na Via Láctea e cerca de 100 bilhões de galáxias no universo. O sol e outras estrelas são, em sua maioria, compostos de hidrogênio; um átomo de hidrogênio tem massa de aproximadamente $2 \cdot 10^{-27}$ kg.

a) Presumindo que o sol seja uma estrela média e que a Via Láctea seja uma galáxia média, qual é a massa total do universo?

b) Como o universo consiste principalmente de hidrogênio, é possível estimar o número total de átomos no universo?

1.23 Existe um provérbio para uma tarefa fútil que diz que "é como tentar esvaziar o oceano com uma colher de chá". Qual é o tamanho da futilidade dessa tarefa? Estime o número de colheres de chá de água nos oceanos terrestres.

1.24 A população mundial excedeu 6,5 bilhões em 2006. Estime a quantidade de área terrestre necessária se cada um ficasse em uma posição que fosse impossível tocar outra pessoa. Compare essa área com a área terrestre dos Estados Unidos, 3,5 milhões de milhas quadradas, e com a área terrestre de seu estado (ou país) de origem.

1.25 Avanços no campo da nanotecnologia possibilitaram construir cadeias de átomos únicos de metal ligados um ao outro. Físicos têm um interesse especial na capacidade que tais cadeias apresentam de conduzir eletricidade com pouca resistência. Estime quantos átomos de ouro seriam necessários para deixar essa cadeia longa o bastante para ser usada como um colar. Quantos seriam necessários para fazer uma cadeia que circundasse a Terra? Se 1 mol de uma substância é equivalente a aproximadamente $6,022 \cdot 10^{23}$ átomos, quantos mols de ouro são necessários para cada colar?

1.26 Um dos clichês nos cursos de física é usar a aproximação para considerar uma vaca como uma esfera. Que tamanho de esfera faz a melhor aproximação a uma vaca leiteira média? Ou seja, estime o raio de uma esfera que tenha a mesma massa e densidade que uma vaca leiteira.

1.27 Estime a massa de sua cabeça. Presuma que sua densidade seja a da água, 1000 kg/m³.

1.28 Estime o número de fios de cabelo em sua cabeça.

PROBLEMAS

Um • e dois •• indicam um nível crescente de dificuldade do problema.

Seção 1.2

1.29 Quantos algarismos significativos existem em cada um dos números abaixo?

a) 4.01   c) 4   e) 0,00001   g) $7{,}01 \cdot 3{,}1415$

b) 4.010   d) 2,00001   f) 2,1 – 1,10042

1.30 Duas forças diferentes, agindo sobre o mesmo objeto, são medidas. Uma força tem 2,0031 N, e a outra força, no mesmo sentido, tem 3,12 N. Essas são as únicas forças que atuam sobre o objeto. Encontre a força total sobre o objeto *com o número correto de algarismos significativos*.

1.31 Três grandezas, os resultados de medições, devem ser adicionadas. São elas: 2,0600, 3,163 e 1,12. Qual é a soma *com o número correto de algarismos significativos*?

1.32 Dada a equação $w = xyz$ e $x = 1,1 \cdot 10^3$, $y = 2,48 \cdot 10^{-2}$ e $z = 6,000$, qual é w, em notação científica e com o número correto de algarismos significativos?

1.33 Escreva essa grandeza em notação científica: um décimo milionésimo de centímetro.

1.34 Escreva esse número em notação científica: cento e cinquenta e três milhões.

Seção 1.3

1.35 Quantas polegadas existem em 30,7484 milhas?

1.36 Que prefixos métricos correspondem às seguintes potências de 10?

a) 10^3 b) 10^{-2} c) 10^{-3}

1.37 Quantos milímetros há em um quilômetro?

1.38 Um hectare tem cem ares, e um are tem cem metros quadrados. Quantos hectares existem em um quilômetro quadrado?

1.39 A unidade de pressão no sistema SI é o pascal. Qual seria o nome do SI para um milésimo de pascal?

1.40 As massas de quatro cubos de açúcar são de 25,3 g, 24,7 g, 26,0 g e 25,8 g. Expresse as respostas às seguintes perguntas em notação científica, com unidades padrão do SI e um número apropriado de algarismos significativos.

a) Se os quatro cubos de açúcar fossem esmagados e todo o açúcar coletado, qual seria a massa total, em quilogramas, do açúcar?

b) Qual é a massa média, em quilogramas, desses quatro cubos de açúcar?

•**1.41** Qual é a área de superfície de um cilindro reto com altura de 20,5 cm e raio de 11,9 cm?

Seção 1.4

1.42 Você sobe em sua nova balança digital, e ela marca 125,4 libras. Qual é a sua massa em quilogramas?

1.43 A distância entre o centro da lua e o centro da Terra vai de aproximadamente 356.000 km a 407.000 km. Quais são essas distâncias em milhas? Certifique-se de arredondar suas respostas com o número adequado de algarismos significativos.

1.44 No beisebol profissional, o arremessador atira a bola de uma distância de 60 pés e seis polegadas da base do batedor. Qual é a distância em metros?

1.45 Uma pulga salta em um caminho reto sobre uma fita métrica, começando em 0,7 cm e fazendo saltos sucessivos, que são de 3,2 cm, 6,5 cm, 8,3 cm, 10,0 cm, 11,5 cm e 15,5 cm. Expresse as respostas às seguintes perguntas em notação científica, com unidades de metros e um número apropriado de algarismos significativos. Qual é a distância total percorrida pela pulga nos seis saltos? Qual é a distância média percorrida pela pulga em um único salto?

•**1.46** Um centímetro cúbico de água tem massa de 1 grama. Um mililitro é igual a um centímetro cúbico. Qual é a massa, em quilogramas, de um litro de água? Uma tonelada métrica tem mil quilogramas. Quantos centímetros cúbicos de água existem em uma tonelada métrica de água? Se uma tonelada métrica de água fosse armazenada em um tanque cúbico com paredes finas, qual seria o comprimento (em metros) de cada lado do tanque?

•**1.47** O limite de velocidade de um determinado trecho de estrada é de 45 milhas por hora. Expresse esse limite de velocidade em milifurlongs por microfortnight. Um furlong é $\frac{1}{8}$ de milha, e um fortnight é um período de duas semanas. (Na verdade, um microfortnight é usado como uma unidade em um tipo específico de sistema computacional chamado de sistema VMS.)

•**1.48** Segundo um ditado popular: "Um pint é uma libra, o mundo ao redor". Investigue esse enunciado de equivalência calculando o peso de um pint de água, presumindo que a densidade da água é de 1000 kg/m³ e que o peso de 1 kg de uma substância é 2,2 libras. O volume de 1 onça líquida é de 29,6 mL.

Seção 1.5

1.49 Se o raio de um planeta é maior do que o da Terra por um fator de 8,7, quanto maior é a área de superfície do planeta comparada à da Terra?

1.50 Se o raio de um planeta é maior do que o da Terra por um fator de 5,8, quanto maior é o volume do planeta comparado ao da Terra?

1.51 Quantas polegadas cúbicas existem em 1,56 barris?

1.52 O tanque de gasolina de um carro tem a forma de uma caixa retangular reta com uma base quadrada cujos lados medem 62 cm. Sua capacidade é de 52 L. Se no tanque restam apenas 1,5 L, qual é a profundidade da gasolina no tanque, presumindo que o veículo esteja estacionado no nível do solo?

•**1.53** O volume de uma esfera é dado pela fórmula $\frac{4}{3}\pi r^3$, onde r é o raio da esfera. A densidade média de um objeto é simplesmente a razão entre sua massa e seu volume. Usando os dados numéricos encontrados na Tabela 12.1, expresse as respostas às seguintes perguntas em notação científica, com unidades do SI e um número apropriado de algarismos significativos.

a) Qual é o volume do sol?

b) Qual é o volume da Terra?

c) Qual é a densidade média do sol?

d) Qual é a densidade média da Terra?

•**1.54** Um tanque tem a forma de um cone invertido, com altura $h = 2,5$ m e raio de base $r = 0,75$ m. Se a água é derramada no tanque a uma taxa de 15 L/s, quanto tempo levará para encher o tanque?

•**1.55** A água flui para um tanque cúbico a uma taxa de 15 L/s. Se a superfície superior da água no tanque está subindo 1,5 cm por segundo, qual é o comprimento de cada lado do tanque?

••**1.56** A atmosfera tem um peso de, efetivamente, 15 libras para cada polegada quadrada da superfície terrestre. A densidade média do ar na superfície terrestre é de aproximadamente 1,275 kg/m³. Se a atmosfera fosse densa de modo uniforme (ela não é – a densidade varia de maneira bastante significativa com a altitude), qual seria sua espessura?

Seção 1.6

1.57 Um vetor posição tem comprimento de 40 m e está a um ângulo de 57° acima do eixo x. Encontre as componentes do vetor.

1.58 No triângulo mostrado na figura, os comprimentos dos lados são $a = 6{,}6$ cm, $b = 13{,}7$ cm e $c = 9{,}2$ cm. Qual é o valor do ângulo γ? (*Dica*: veja no Apêndice A a lei dos cossenos.)

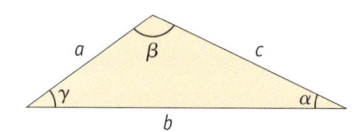

1.59 Escreva os vetores $\vec{A}$, $\vec{B}$ e $\vec{C}$ em coordenadas cartesianas.

1.60 Calcule o comprimento e a orientação dos vetores $\vec{A}$, $\vec{B}$ e $\vec{C}$.

1.61 Adicione os três vetores $\vec{A}$, $\vec{B}$ e $\vec{C}$ de forma gráfica.

1.62 Determine o vetor de diferença $\vec{E} = \vec{B} - \vec{A}$ de modo gráfico.

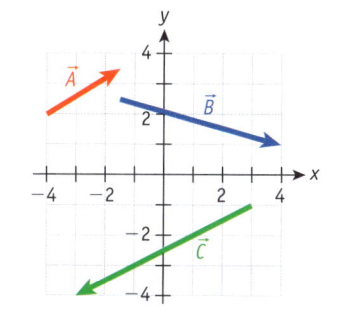

Figura para os problemas 1.59 até 1.64

1.63 Adicione os três vetores $\vec{A}$, $\vec{B}$ e $\vec{C}$ usando o método das componentes e encontre seu vetor de adição $\vec{D}$.

1.64 Use o método das componentes para determinar o comprimento do vetor $\vec{F} = \vec{C} - \vec{A} - \vec{B}$.

1.65 Encontre as componentes dos vetores $\vec{A}$, $\vec{B}$, $\vec{C}$ e $\vec{D}$, onde os comprimentos são dados por $A = 75$, $B = 60$, $C = 25$ e $D = 90$, e os ângulos são conforme mostrados na figura. Escreva os vetores em termos de vetores unitários.

• **1.66** Use as componentes dos vetores do Problema 1.65 para encontrar

a) a soma $\vec{A} + \vec{B} + \vec{C} + \vec{D}$ em termos de suas componentes

b) o módulo e orientação da soma $\vec{A} - \vec{B} + \vec{D}$

• **1.67** O deserto de sal Bonneville Salt Flats, localizado em Utah, próximo à fronteira com Nevada, perto da rodovia interestadual I-80, cobre uma área de mais de 30.000 acres. Uma piloto de carro de corrida está nesse deserto e se dirige para o norte por 4,47 km, depois faz uma curva acentuada e vai para o sudoeste por 2,49 km, fazendo outra curva para o leste e percorrendo 3,59 km. A que distância ela está de onde começou?

• **1.68** Um mapa no diário de bordo de um pirata dá a direção para o local de um tesouro enterrado. O ponto de partida é um velho carvalho. Segundo o mapa, o local do tesouro pode ser encontrado dando 20 passos para o norte a partir do carvalho, e depois 30 passos para o noroeste. Neste ponto, há um pino de ferro enterrado no chão. Do pino de ferro, caminhe dez passos para o sul e cave. A que distância (em passos) do carvalho fica o local que deve ser cavado?

•• **1.69** A página seguinte do diário de bordo contém uma série de direções que diferem daquelas no mapa do Problema 1.68. Elas dizem que o local do tesouro é encontrado dando 20 passos para o norte a partir do carvalho, e depois 30 passos para o noroeste. Depois de encontrar o pino de ferro, você deve "caminhar 12 passos para o norte e cavar três passos até chegar ao baú do tesouro". Qual é o vetor que aponta da base do velho carvalho até o baú do tesouro? Qual é o comprimento desse vetor?

•• **1.70** A órbita da Terra tem um raio de $1{,}5 \cdot 10^{11}$ m, e a de Vênus tem raio de $1{,}1 \cdot 10^{11}$ m. Considere que essas duas órbitas são círculos perfeitos (embora, na verdade, sejam elipses com uma leve excentricidade). Escreva a orientação e o comprimento da Terra até Vênus (assuma que a orientação da Terra até o sol seja de 0°) quando Vênus está na separação angular máxima no céu em relação ao sol.

•• **1.71** Um amigo se afasta de você por uma distância de 550 m, dobra (de uma hora para outra) em um ângulo desconhecido e depois caminha mais 178 m na nova direção. Você usa um telêmetro a laser para verificar que a distância final dele em sua relação é de 432 m. Qual é o ângulo entre sua orientação de partida inicial e a orientação de sua localização final? Qual foi o ângulo que ele dobrou? (Existem duas possibilidades.)

Problemas adicionais

1.72 O raio da Terra é de 6378 km. Qual é sua circunferência com três algarismos significativos?

1.73 Estime o produto de 4.308.229 e 44 com um algarismo significativo (demonstre seu trabalho e não use uma calculadora) e expresse o resultado em notação científica padrão.

1.74 Encontre o vetor $\vec{C}$ que satisfaz a equação $3\hat{x} + 6\hat{y} - 10\hat{z} + \vec{C} = -7\hat{x} + 14\hat{y}$.

1.75 Desenhe os vetores com as componentes $\vec{A} = (A_x, A_y) = (30{,}0 \text{ m}, -50{,}0 \text{ m})$ e $\vec{B} = (B_x, B_y) = (-30{,}0 \text{ m}, 50{,}0 \text{ m})$, e encontre os módulos desses vetores.

1.76 Que ângulo $\vec{A} = (A_x, A_y) = (30{,}0 \text{ m}, -50{,}0 \text{ m})$ faz com o eixo x positivo? Que ângulo ele faz com o eixo y negativo?

1.77 Desenhe os vetores com as componentes $\vec{A} = (A_x, A_y) = (-30{,}0 \text{ m}, -50{,}0 \text{ m})$ e $\vec{B} = (B_x, B_y) = (30{,}0 \text{ m}, 50{,}0 \text{ m})$, e encontre os módulos desses vetores.

1.78 Que ângulo $\vec{B} = (B_x, B_y) = (30{,}0 \text{ m}, 50{,}0 \text{ m})$ faz com o eixo x positivo? Que ângulo ele faz com o eixo y positivo?

1.79 Um vetor posição tem componentes $x = 34{,}6$ m e $y = -53{,}5$ m. Encontre o comprimento do vetor e o ângulo com o eixo x.

1.80 Para o planeta Marte, calcule a distância em torno do Equador, a área de superfície e o volume. O raio de Marte é de $3{,}39 \cdot 10^6$ m.

1.81 Encontre o módulo e orientação de cada um dos seguintes vetores, que são dados em termos de suas componentes x e y: $\vec{A} = (23{,}0, 59{,}0)$ e $\vec{B} = (90{,}0, -150{,}0)$.

1.82 Encontre o módulo e orientação de $-\vec{A} + \vec{B}$, onde $\vec{A} = (23{,}0, 59{,}0)$, $\vec{B} = (90{,}0, -150{,}0)$.

1.83 Encontre o módulo e orientação de $-5\vec{A} + \vec{B}$, onde $\vec{A} = (23{,}0, 59{,}0)$, $\vec{B} = (90{,}0, -150{,}0)$.

1.84 Encontre o módulo e orientação de $-7\vec{B}+3\vec{A}$, onde $\vec{A} = (23,0,59,0)$, $\vec{B} = (90,0,-150,0)$.

•**1.85** Encontre o módulo e orientação de (a) $9\vec{B}-3\vec{A}$ e (b) $-5\vec{A}+8\vec{B}$, onde $\vec{A} = (23,0,59,0)$, $\vec{B} = (90,0,-150,0)$.

•**1.86** Expresse os vetores $\vec{A} = (A_x, A_y) = (-30{,}0 \text{ m}, -50{,}0 \text{ m})$ e $\vec{B} = (B_x, B_y) = (30{,}0 \text{ m}, 50{,}0 \text{ m})$ dando seu módulo e orientação conforme medidos no eixo x positivo.

•**1.87** A força F que uma mola exerce em você é diretamente proporcional à distância x que você a estica além de seu comprimento de repouso. Suponha que, quando você estica uma mola por 8 cm, ela exerce uma força de 200 N em você. Quanta força ela exercerá em você se a esticar 40 cm?

•**1.88** A distância que um objeto em queda livre cai, começando do repouso, é proporcional ao quadrado do tempo em que ele está caindo. Por qual fator a distância caída mudará se o tempo de queda for três vezes maior?

•**1.89** Um piloto decide levar seu pequeno avião para um passeio no domingo à tarde. Primeiro, ele voa 155,3 milhas para o norte, depois faz uma curva de 90° à direita e voa em linha reta por 62,5 milhas, fazendo outra curva de 90° à direita e voando mais 47,5 milhas em linha reta.

a) A que distância ele está do aeroporto neste ponto?

b) Em que sentido ele precisa voar deste ponto em diante para voltar ao aeroporto em linha reta?

c) Qual foi a maior distância que ele esteve do aeroporto durante sua viagem?

•**1.90** Como mostra a foto, durante um eclipse total, o sol e a lua parecem ser, para o observador, quase exatamente do mesmo tamanho. Os raios do sol e da lua são $r_S = 6{,}96 \cdot 10^8$ m e $r_M = 1{,}74 \cdot 10^6$ m, respectivamente. A distância entre a Terra e a lua é de $d_{EM} = 3{,}84 \cdot 10^8$ m.

Eclipse solar total

a) Determine a distância da Terra ao Sol no momento do eclipse.

b) Na parte (a), a pressuposição implícita é que a distância do observador ao centro da lua é igual à distância entre os centros da Terra e da lua. Em quanto essa pressuposição está incorreta, se o observador do eclipse estiver no Equador ao meio-dia? *Dica*: expresse isso de modo quantitativo, calculando o erro relativo como uma razão: (distância presumida entre observador e lua – distância real entre observador e lua)/(distância real entre observador e lua).

c) Usa a distância corrigida entre observador e lua para determinar uma distância corrigida da Terra ao sol.

•**1.91** Um caminhante percorre 1,5 km para o norte e toma um rumo de 20° para o noroeste, percorrendo outros 1,5 km nessa direção. Depois, ele dobra novamente para o norte e percorre outros 1,5 km. A que distância ele está do ponto original de partida, e qual é o rumo em relação a esse ponto inicial?

•**1.92** Presumindo que 1 mol ($6{,}02 \cdot 10^{23}$ moléculas) de um gás ideal tenha volume de 22,4 L sob condições padrão de temperatura e pressão (CPTP) e que o nitrogênio, que compõe aproximadamente 80% do ar que respiramos, seja um gás ideal, quantas moléculas de nitrogênio existem em uma inspiração média de 0,5 L sob CPTP?

•**1.93** Em 27 de agosto de 2003, Marte se aproximou da Terra a uma distância que só ocorrerá novamente daqui a mais de 50.000 anos. Se o seu tamanho angular (o raio do planeta, medido pelo ângulo que o raio subtende) naquele dia, medido por um astrônomo, foi de 24,9 segundos de arco, e sabe-se que seu raio é 6784 km, qual foi a distância de aproximação? Certifique-se de usar um número apropriado de algarismos significativos em sua resposta.

•**1.94** O comprimento de um campo de futebol americano é de exatamente 100 jardas, e sua largura é de 53 $\frac{1}{3}$ jardas. Um zagueiro encontra-se no centro exato do campo e arremessa a bola para um recebedor que está em um dos cantos do campo. Faça com que a origem das coordenadas esteja no centro do campo de futebol e a ponta do eixo x ao longo do lado maior do campo, com a orientação y paralela ao lado mais curto do campo.

a) Escreva a orientação e o comprimento de um vetor que aponta do zagueiro para o recebedor.

b) Considere as outras três possibilidades para a localização do recebedor nos cantos do campo. Repita a parte (a) para cada uma delas.

•**1.95** A circunferência do anel de armazenamento de elétrons da Universidade Cornell é de 768 m. Expresse o diâmetro em polegadas, com o número adequado de algarismos significativos.

••**1.96** Aproximadamente 4% do que você expira é dióxido de carbono. Suponha que 22,4 L é o volume de 1 mol ($6{,}02 \cdot 10^{23}$ moléculas) de dióxido de carbono e que você expira 0,5 L por respiração.

a) Estime quantas moléculas de dióxido de carbono você expira por dia.

b) Se cada mol de dióxido de carbono tem massa de 44 g, quantos quilogramas de dióxido de carbono você expira em um ano?

••**1.97** A órbita da Terra tem raio de $1{,}5 \cdot 10^{11}$ m, e a de Mercúrio tem raio de $4{,}6 \cdot 10^{10}$ m. Considere que essas duas órbitas são círculos perfeitos (embora, na verdade, sejam elipses com uma leve excentricidade). Escreva a orientação e o comprimento de um vetor da Terra a Mercúrio (presuma que a direção da Terra até o sol seja de 0°) quando Mercúrio está na separação angular máxima no céu em relação ao sol.

Movimento em Linha Reta 2

O QUE APRENDEREMOS   **36**

2.1 Introdução à cinemática   36
2.2 Vetor posição, vetor deslocamento e distância   36
Gráficos de posição   37
Deslocamento   37
Distância   38
  Problema resolvido 2.1 Segmentos de viagem   38
2.3 Vetor velocidade, velocidade média e velocidade escalar   40
  Exemplo 2.1 Dependência do tempo em relação à velocidade   41
Velocidade escalar   42
  Exemplo 2.2 Velocidade escalar e velocidade   42
2.4 Vetor aceleração   43
2.5 Soluções por computador e fórmulas de diferenças   44
  Exemplo 2.3 Recorde mundial para os 100 m rasos   44
2.6 Encontrando deslocamento e velocidade a partir da aceleração   46
2.7 Movimento com aceleração constante   47
  Problema resolvido 2.2 Decolagem de avião   48
  Exemplo 2.4 Corrida de dragster   50
Queda livre   51
  Exemplo 2.5 Tempo de reação   53
  Problema resolvido 2.3 Queda de melão   54
2.8 Redução de movimento em mais de uma dimensão para uma dimensão   56
  Exemplo 2.6 Aquathlon   56

O QUE JÁ APRENDEMOS | GUIA DE ESTUDO PARA EXERCÍCIOS   **59**

Guia de resolução de problemas   60
  Problema resolvido 2.4 Corrida com vantagem   60
  Problema resolvido 2.5 Carro em aceleração   62
Questões de múltipla escolha   64
Questões   64
Problemas   65

Figura 2.1 Um trem em alta velocidade passa por um cruzamento em linha férrea.

O QUE APRENDEREMOS

- Aprenderemos a descrever o movimento de um objeto se deslocando em linha reta ou em uma dimensão.
- Aprenderemos a definir posição, deslocamento e distância.
- Aprenderemos a descrever o movimento de um objeto em linha reta com aceleração constante.
- Um objeto pode estar em queda livre em uma dimensão, onde ele é submetido a aceleração constante devido à gravidade.
- Definiremos os conceitos de velocidade instantânea e velocidade média.
- Definiremos os conceitos de aceleração instantânea e aceleração média.
- Aprenderemos a calcular a posição, velocidade e aceleração de um objeto que se desloca em linha reta.

É possível ver que o trem na Figura 2.1 está se movendo muito rapidamente ao observar que sua imagem está borrada em comparação ao sinal de cruzamento e ao poste telefônico estacionários. Mas você saberia dizer se o trem está acelerando, desacelerando ou passando com velocidade escalar constante? Uma fotografia pode transmitir a velocidade escalar de um objeto porque o objeto se move durante o tempo de exposição, mas não pode mostrar uma alteração na velocidade nem na aceleração. Ainda assim, a aceleração é extremamente importante na física, pelo menos tão importante quanto a própria velocidade escalar.

Neste capítulo, analisamos os termos usados em física para descrever o movimento de um objeto: deslocamento, velocidade e aceleração. Examinamos o movimento ao longo de uma linha reta (movimento unidimensional) neste capítulo e o movimento em um caminho curvo (movimento em um plano ou movimento bidimensional) no próximo capítulo. Uma das maiores vantagens da física é que suas leis são universais, então os mesmos termos e ideias gerais se aplicam a uma grande variedade de situações. Assim, podemos usar as mesmas equações para descrever o trajeto de uma bola de beisebol e o lançamento para o espaço de um foguete que vai da Terra para Marte. Neste capítulo, usaremos algumas das técnicas de resolução de problemas discutidas no Capítulo 1, além de outras técnicas novas.

À medida que você prosseguir neste curso, verá que quase tudo se move em relação a outros objetos em alguma escala ou outra, seja um cometa mergulhando pelo espaço a diversos quilômetros por segundo, seja os átomos de um objeto aparentemente estacionário que vibram milhões de vezes por segundo. Os termos que introduzirmos neste capítulo serão parte de seu estudo no restante do curso e além dele.

2.1 Introdução à cinemática

O estudo da física é dividido em diversas partes – uma delas é a mecânica. A **mecânica**, ou o estudo do movimento e suas causas, geralmente tem subdivisões. Neste capítulo e no seguinte, examinamos o aspecto cinemático da mecânica. **Cinemática** é o estudo do movimento dos objetos. Esses objetos podem ser, por exemplo, carros, bolas de beisebol, planetas ou átomos. Por enquanto, vamos deixar de lado a questão sobre o que causa esse movimento. Retornaremos a ela quando estudarmos forças.

Também não vamos considerar rotação neste capítulo, mas nos concentrarmos apenas no movimento translacional (movimento sem rotação). Além disso, vamos desprezar toda a estrutura interna de um objeto em movimento e o considerar como um ponto material, ou objeto puntiforme. Ou seja, para determinar as equações de movimento para um objeto, imaginamos que ele esteja localizado em um único ponto no espaço a cada instante de tempo. Que ponto de um objeto devemos escolher para representar sua localização? Inicialmente, vamos simplesmente usar o centro geométrico, o meio. (O Capítulo 8, sobre sistemas de partículas e objetos estendidos, dará uma definição mais precisa para a **localização do ponto material de um objeto** chamada de *centro de massa*.)

2.2 Vetor posição, vetor deslocamento e distância

O movimento mais simples que podemos investigar é aquele de um objeto que se move em uma linha reta. Exemplos desse movimento incluem uma pessoa correndo os 100 metros rasos, um carro andando por um trecho reto de estrada e uma pedra caindo de um penhasco. Em capítulos posteriores, consideraremos o movimento em duas ou mais dimensões e veremos que os mesmos conceitos derivados para o movimento unidimensional ainda se aplicam.

Se um objeto estiver localizado em um determinado ponto sobre uma linha, podemos denotar esse ponto com seu **vetor posição**, conforme descrito na Seção 1.6. Neste livro, usamos o símbolo $\vec{r}$ para denotar o vetor posição. Como estamos trabalhando com o movimento em apenas uma dimensão neste capítulo, o vetor posição tem somente uma componente. Se o movimento estiver no sentido horizontal, essa componente única é a componente x. (Para movimento no sentido vertical, usaremos a componente y; veja a Seção 2.7.) Um número, a coordenada x ou a componente x do vetor posição (com uma unidade correspondente), especifica com exclusividade o vetor posição no movimento unidimensional. Algumas maneiras válidas de representar uma posição são $x = 4,3$ m, $x = 7\frac{3}{8}$ polegadas e $x = -2,04$ km; entende-se que essas especificações se referem à componente x do vetor posição. Observe que a componente x de um vetor posição pode ter valor positivo ou negativo, dependendo da localização e do sentido do eixo que escolhemos ser positivo. O valor da componente x também depende de onde definimos a origem do sistema de coordenadas – o zero da linha reta.

A posição de um objeto pode mudar como função do tempo, t; ou seja, o objeto pode se deslocar. Portanto, podemos representar formalmente o vetor posição usando a notação de funções: $\vec{r} = \vec{r}(t)$. Em uma dimensão, isso significa que a componente x do vetor é uma função de tempo $x = x(t)$. Se quisermos especificar a posição em algum tempo específico t_1, usamos a notação $x_1 \equiv x(t_1)$.

Gráficos de posição

Antes de irmos adiante, vamos definir um gráfico da posição de um objeto como função de tempo. A Figura 2.2a ilustra o princípio envolvido mostrando vários quadros de um vídeo de um carro se movendo por uma estrada. Os quadros do vídeo foram feitos com intervalos de tempo de $\frac{1}{3}$ segundo.

Temos a liberdade de escolher as origens de nossas medições de tempo e de nosso sistema de coordenadas. Neste caso, escolhemos que o tempo do segundo quadro é $t = \frac{1}{3}$ s e que a posição do centro do carro no segundo quadro é $x = 0$. Agora podemos desenhar nossos eixos de coordenadas e criar um gráfico dos quadros (Figura 2.2b). A posição do carro como função de tempo está em uma linha reta. Novamente, lembre-se que estamos representando o carro por um ponto único.

Ao desenhar gráficos, é comum inserir a variável independente – neste caso, o tempo t – no eixo horizontal e representar x, que é chamado de variável dependente porque seu valor depende do valor de t, no eixo vertical. A Figura 2.3 é um gráfico da posição do carro como uma função de tempo desenhada dessa maneira padrão. (Observe que se a Figura 2.2b sofresse uma rotação de 90° no sentido anti-horário e as imagens do carro fossem removidas, os dois gráficos seriam os mesmos.)

Deslocamento

Agora que especificamos o vetor posição, vamos dar um passo à frente e definir o deslocamento. **Deslocamento** é simplesmente a diferença entre o vetor posição final, $\vec{r}_2 \equiv \vec{r}(t_2)$, no término de um movimento e o vetor posição inicial, $\vec{r}_1 \equiv \vec{r}(t_1)$. Representamos o vetor deslocamento como

$$\Delta \vec{r} = \vec{r}_2 - \vec{r}_1. \tag{2.1}$$

Usamos a notação $\Delta \vec{r}$ para o vetor deslocamento para indicar que ele é uma diferença entre dois vetores de posição. Observe que o vetor deslocamento é independente da localização da origem do sistema de coordenadas. Por quê? Qualquer mudança do sistema de coordenadas adicionará ao vetor posição $\vec{r}_2$ a mesma quantidade que adiciona ao vetor posição $\vec{r}_1$; logo, a diferença entre os vetores de posição, ou $\Delta \vec{r}$, não será alterada.

Assim como o vetor posição, o vetor deslocamento em uma dimensão tem apenas uma componente x, que é a diferença entre as componentes x dos vetores posição inicial e final:

$$\Delta x = x_2 - x_1. \tag{2.2}$$

Também de forma semelhante aos vetores posição, os vetores deslocamento podem ser positivos ou negativos. Em especial, o vetor deslocamento $\Delta \vec{r}_{ba}$ para ir do ponto a ao ponto b é exatamente o negativo de $\Delta \vec{r}_{ab}$ ir do ponto b ao ponto a:

$$\Delta \vec{r}_{ba} = \vec{r}_b - \vec{r}_a = -(\vec{r}_a - \vec{r}_b) = -\Delta \vec{r}_{ab}. \tag{2.3}$$

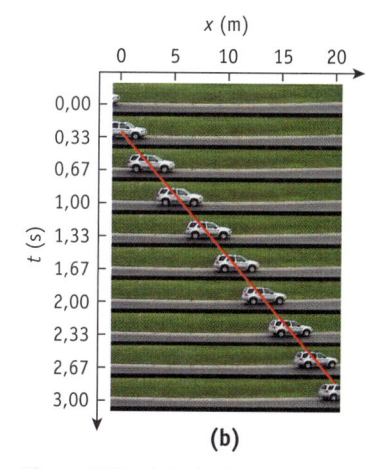

Figura 2.2 (a) Série de quadros de vídeo de um carro em movimento, obtidos a cada $\frac{1}{3}$ segundo; (b) mesma série, mas com um sistema de coordenadas e uma linha vermelha conectando os centros do carro em cada quadro.

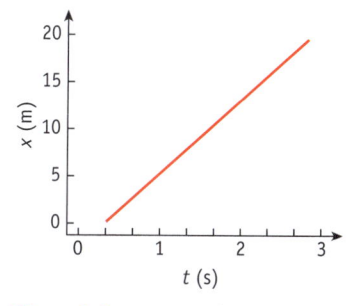

Figura 2.3 Mesmo gráfico da Figura 2.2b, mas girado de forma que o eixo de tempo seja horizontal e sem as imagens do carro.

Provavelmente está evidente para você, neste ponto, que essa relação também é válida para a componente x do vetor deslocamento, $\Delta x_{ba} = x_b - x_a = -(x_a - x_b) = -\Delta x_{ab}$.

Distância

A **distância**, ℓ, que um objeto em movimento se desloca é o valor absoluto do vetor deslocamento.

$$\ell = |\Delta \vec{r}|. \tag{2.4}$$

Para o movimento unidimensional, essa distância é também o valor absoluto do componente x do vetor deslocamento, $\ell = |\Delta x|$. (Para o movimento em várias dimensões, calculamos o comprimento do vetor deslocamento conforme mostrado no Capítulo 1). A distância é sempre maior ou igual a zero e é medida nas mesmas unidades que a posição e o deslocamento. Porém, a distância é uma grandeza escalar, não um vetor. Se o deslocamento não estiver em uma linha reta ou se não estiver todo no mesmo sentido, deve ser dividido em segmentos que sejam aproximadamente retos e unidirecionais e, então, as distâncias para os vários segmentos são adicionadas para obter a distância total. O seguinte problema resolvido ilustra a diferença entre distância e deslocamento.

PROBLEMA RESOLVIDO 2.1 | Segmentos de viagem

A distância entre Des Moines e Iowa City é de 170,5 km (106,0 milhas) pela Interestadual 80 (I80) e, como se pode ver no mapa (Figura 2.4), a rota é uma linha reta com uma boa aproximação. Mais ou menos no meio do caminho entre as duas cidades, onde a I80 cruza com a rodovia US63, está a cidade de Malcom, a 89,9 km (54,0 milhas) de Des Moines.

Figura 2.4 Rota I80 entre Des Moines e Iowa City.

PROBLEMA
Se dirigirmos de Malcom a Des Moines e depois formos a Iowa City, quais são a distância total e o deslocamento total dessa viagem?

SOLUÇÃO
PENSE
Distância e deslocamento não são idênticos. Se a viagem consistisse de um segmento em um sentido, a distância seria apenas o valor absoluto do deslocamento, segundo a equação 2.4. Porém, essa viagem é composta de segmentos com uma mudança de sentido, então precisamos tomar cuidado.

Trataremos cada segmento de forma individual e adicionaremos os segmentos no final.

DESENHE
Como a I80 é quase uma linha reta, é suficiente desenhar uma linha horizontal reta e torná-la nosso eixo de coordenadas. Inserimos as posições das três cidades como x_I (Iowa City), x_M (Malcom) e x_D (Des Moines). Sempre temos a liberdade de definir a origem de nosso sistema de coordenadas, então elegemos colocá-la em Des Moines, definindo que $x_D = 0$. Seguindo a convenção, definimos o sentido positivo para a direita, na direção leste. Veja a Figura 2.5.

Figura 2.5 Sistema de coordenadas e segmentos da viagem de Malcom para Des Moines para Iowa City.

Também desenhamos setas para os deslocamentos dos dois segmentos da viagem. Representamos o segmento 1 de Malcom a Des Moines com uma seta vermelha, e o segmento 2, de Des Moines e Iowa City, com uma seta azul. Finalmente, desenhamos um diagrama para a viagem total como a soma das duas viagens.

PESQUISE

Com nossa atribuição de $x_D = 0$, Des Moines é a origem do sistema de coordenadas. Conforme as informações dadas, Malcom está a $x_M = +89,9$ km e Iowa City está a $x_I = +170,5$ km. Observe que usamos um sinal de mais na frente dos números para x_M e x_I para nos lembrar que se tratam de componentes de vetores posição e que podem ter valores positivos ou negativos.

Para o primeiro segmento, o *deslocamento* é dado por

$$\Delta x_1 = x_D - x_M.$$

Assim, a distância percorrida para esse segmento é

$$\ell_1 = |\Delta x_1| = |x_D - x_M|.$$

Da mesma forma, o deslocamento e a distância para o segundo segmento são

$$\Delta x_2 = x_I - x_D$$
$$\ell_2 = |\Delta x_2| = |x_I - x_D|.$$

Para a soma dos dois segmentos – a viagem total – usamos a adição simples para encontrar o deslocamento,

$$\Delta x_{total} = \Delta x_1 + \Delta x_2,$$

e a distância total,

$$\ell_{total} = \ell_1 + \ell_2.$$

SIMPLIFIQUE

Podemos simplificar um pouco a equação para o deslocamento total inserindo as expressões para os deslocamentos para os dois segmentos:

$$\Delta x_{total} = \Delta x_1 + \Delta x_2$$
$$= (x_D - x_M) + (x_I - x_D)$$
$$= x_I - x_M.$$

Esse é um resultado interessante – para o deslocamento total de toda a viagem, não importa que tenhamos ido para Des Moines. Tudo que importa é onde a viagem começou e terminou. O deslocamento total é resultado de uma adição de vetores unidimensionais, conforme indicado na parte inferior da Figura 2.5 pela seta verde.

CALCULE

Agora podemos inserir os números para as posições das três cidades em nosso sistema de coordenadas. Obtemos, então, para o deslocamento líquido em nossa viagem

$$\Delta x_{total} = x_I - x_M = (+170,5 \text{ km}) - (+89,9 \text{ km}) = +80,6 \text{ km}.$$

Para a distância total percorrida, temos

$$\ell_{total} = |89,9 \text{ km}| + |170,5 \text{ km}| = 260,4 \text{ km}.$$

(Lembre-se, a distância entre Des Moines e Malcom, ou Δx_1, e entre Des Moines e Iowa City, ou Δx_2, foram dadas no problema; então não temos que calculá-las novamente usando as diferenças nos vetores posição das cidades.)

ARREDONDE

Os números para as distâncias foram inicialmente dados com um décimo de quilômetro. Como todo nosso cálculo só incluiu a adição ou subtração desses números, não surpreende o fato de termos acabado com números que também são precisos com um décimo de quilômetro. Não é necessário fazer mais arredondamentos.

Continua →

2.1 Pausa para teste

Suponha que tivéssemos escolhido colocar a origem do sistema de coordenadas no Problema resolvido 2.1 em Malcom, em vez de em Des Moines. O resultado final de nosso cálculo seria diferente? Se sim, como? Se não, por quê não?

SOLUÇÃO ALTERNATIVA

Como de costume, primeiro nos certificamos de que as unidades de nossa resposta são adequadas. Uma vez que estamos buscando grandezas com a dimensão de comprimento, é confortante verificar que nossa resposta tem as unidades de quilômetros. À primeira vista, pode ser surpreendente que o deslocamento líquido para a viagem seja de apenas 80,6 km, muito menor do que a distância total percorrida. É uma boa hora de lembrar que a relação entre o valor absoluto do deslocamento e a distância (equação 2.4) somente é válida se o objeto em movimento *não* mudar de sentido (mas ele mudou neste exemplo). Essa discrepância é ainda mais aparente para uma viagem de ida e volta. Neste caso, a distância total percorrida é duas vezes maior que a distância entre as duas cidades, mas o deslocamento total é zero, pois o ponto de partida e o ponto de chegada da viagem são idênticos.

Esse resultado é geral: se as posições inicial e final são as mesmas, o deslocamento total é zero. Por mais simples que isso possa parecer no exemplo da viagem, trata-se de uma potencial armadilha em muitas questões de prova. Você precisa lembrar que deslocamento é um vetor, enquanto a distância é um escalar positivo.

2.3 Vetor velocidade, velocidade média e velocidade escalar

Assim como a distância (um escalar) e o deslocamento (um vetor) significam coisas diferentes em física, suas taxas de mudança com o tempo também são distintas. Embora as palavras "velocidade escalar" e "velocidade" sejam geralmente usadas sem distinção no dia a dia, na física "velocidade escalar" refere-se a um escalar e "velocidade" a um vetor.

Definimos v_x, a componente x do vetor velocidade, como a mudança de posição (isto é, a componente deslocamento) em um determinado intervalo de tempo dividida por esse intervalo de tempo, $\Delta x/\Delta t$. A velocidade pode mudar de momento para momento. A velocidade calculada ao obter a razão de deslocamento por intervalo de tempo é a média da velocidade durante esse intervalo de tempo, ou a componente x da **velocidade média**, $\bar{v}_x$:

$$\bar{v}_x = \frac{\Delta x}{\Delta t}. \tag{2.5}$$

Notação: Uma barra sobre um símbolo é a notação para a média por um intervalo de tempo finito.

Em cálculo, uma derivada de tempo é obtida por meio de um limite à medida que o intervalo de tempo se aproxima de zero. Usamos o mesmo conceito aqui para definir a **velocidade instantânea**, geralmente referida simplesmente como **velocidade**, como a derivada de tempo do deslocamento. Para a componente x do vetor velocidade, isso implica

$$v_x = \lim_{\Delta t \to 0} \bar{v}_x = \lim_{\Delta t \to 0} \frac{\Delta x}{\Delta t} \equiv \frac{dx}{dt}. \tag{2.6}$$

Agora podemos introduzir o vetor velocidade, $\vec{v}$, como o vetor para o qual cada componente é a derivada de tempo da componente correspondente do vetor posição,

$$\vec{v} = \frac{d\vec{r}}{dt}, \tag{2.7}$$

com o entendimento de que a operação derivada se aplica a cada uma das componentes do vetor. No caso unidimensional, esse vetor velocidade $\vec{v}$ tem apenas uma componente x, v_x, e a velocidade é equivalente a uma única componente de velocidade no sentido x espacial.

A Figura 2.6 apresenta três gráficos da posição de um objeto com relação ao tempo. A Figura 2.6a mostra que podemos calcular a velocidade média do objeto encontrando a mudança na posição do objeto entre dois pontos e dividindo-a pelo tempo que leva para ir de x_1 a x_2. Ou seja, a velocidade média é dada pelo deslocamento, Δx_1, dividido pelo intervalo de tempo, Δt_1, ou $\bar{v}_1 = \Delta x_1/\Delta t_1$. Na Figura 2.6b, a velocidade média, $\bar{v}_2 = \Delta x_2/\Delta t_2$, é determinada durante um intervalo de tempo mais curto, Δt_2. Na Figura 2.6c, a velocidade instantânea, $v(t_3) = dx/dt|_{t=t_3}$, é representada pela declividade da linha azul tangencial à curva vermelha em $t = t_3$.

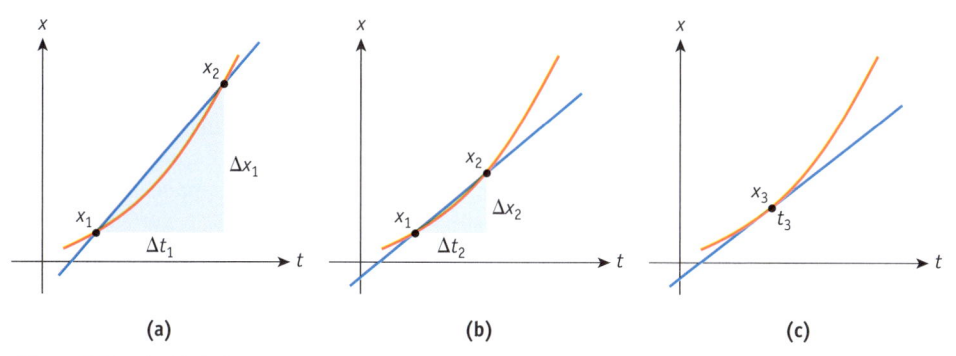

Figura 2.6 Velocidade instantânea como limite da razão entre deslocamento e intervalo de tempo: (a) uma velocidade média sobre um intervalo de tempo longo; (b) uma velocidade média sobre um intervalo de tempo mais curto; e (c) a velocidade instantânea em um tempo específico, t_3.

Velocidade é um vetor, apontando no mesmo sentido que o vetor deslocamento infinitesimal, dx. Como a posição $x(t)$ e o deslocamento $\Delta x(t)$ são funções de tempo, a velocidade também é. Uma vez que o vetor velocidade é definido como a derivada de tempo do vetor deslocamento, todas as regras de diferenciação introduzidas em cálculo são válidas. Se precisar refrescar a memória, consulte o Apêndice A.

EXEMPLO 2.1   Dependência do tempo em relação à velocidade

PROBLEMA
Durante o intervalo de tempo de 0,0 a 10,0 s, o vetor posição de um carro na estrada é dado por $x(t) = a + bt + ct^2$, com $a = 17,2$ m, $b = -10,1$ m/s e $c = 1,10$ m/s^2. Qual é a velocidade do carro como função de tempo? Qual é a velocidade média do carro durante esse intervalo?

SOLUÇÃO
De acordo com a definição de velocidade na equação 2.6, simplesmente tiramos a derivada de tempo da função do vetor posição para chegar à nossa solução:

$$v_x = \frac{dx}{dt} = \frac{d}{dt}(a + bt + ct^2) = b + 2ct = -10,1 \text{ m/s} + 2 \cdot (1,10 \text{ m/s}^2)t.$$

Representar essa solução em um gráfico é didático. Na Figura 2.7, a posição como função de tempo é mostrada em azul, e a velocidade como função de tempo é exibida em vermelho. Inicialmente, a velocidade tem valor de $-10,1$ m/s, e em $t = 10$ s, a velocidade tem valor de $+11,9$ m/s.

Observe que a velocidade é inicialmente negativa, zero em 4,59 s (indicada pela linha pontilhada vertical na Figura 2.7), e positiva depois de 4,59 s. Em $t = 4,59$ s, o gráfico de posição $x(t)$ mostra um extremo (um mínimo, neste caso), assim como seria esperado em cálculo, uma vez que

$$\frac{dx}{dt} = b + 2ct_0 = 0 \Rightarrow t_0 = -\frac{b}{2c} = -\frac{-10,1 \text{ m/s}}{2,20 \text{ m/s}^2} = 4,59 \text{ s}.$$

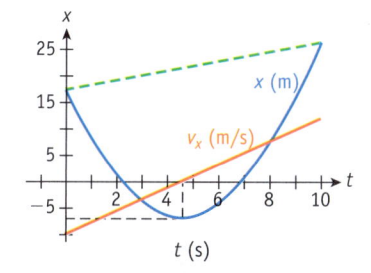

Figura 2.7 Gráfico da posição x e da velocidade v_x como função de tempo t. A declividade da linha pontilhada representa a velocidade média para o intervalo de tempo de 0 a 10 s.

A partir da definição de velocidade média, sabemos que, para determinar a velocidade média durante um intervalo de tempo, precisamos subtrair a posição no início do intervalo da posição no fim do intervalo. Inserindo $t = 0$ e $t = 10$ s na equação para o vetor posição como função de tempo, obtemos $x(t = 0) = 17,2$ m e $x(t = 10$ s$) = 26,2$ m. Portanto,

$$\Delta x = x(t = 10) - x(t = 0) = 26,2 \text{ m} - 17,2 \text{ m} = 9,0 \text{ m}.$$

Obtemos, então, para a velocidade média ao longo desse intervalo de tempo:

$$\bar{v}_x = \frac{\Delta x}{\Delta t} = \frac{9,0 \text{ m}}{10 \text{ s}} = 0,90 \text{ m/s}.$$

A declividade da linha pontilhada verde na Figura 2.7 é a velocidade média sobre esse intervalo de tempo.

Velocidade escalar

Velocidade escalar é o valor absoluto do vetor velocidade. Para um objeto em movimento, a velocidade escalar é sempre positiva. "Velocidade escalar" e "velocidade" são usados de modo intercambiável em contextos cotidianos, mas em termos físicos elas são diferentes. Velocidade é um vetor, que tem uma orientação. Para o movimento unidimensional, o vetor velocidade pode apontar no sentido positivo ou negativo; em outras palavras, sua componente pode ter qualquer sinal. Velocidade escalar é o módulo absoluto do vetor velocidade e, portanto, é uma grandeza escalar:

$$\text{velocidade escalar} \equiv v = |\vec{v}| = |v_x|. \tag{2.8}$$

A última parte dessa equação se utiliza do fato de que o vetor velocidade tem somente um componente x para o movimento unidimensional.

Na experiência cotidiana, reconhecemos que a velocidade escalar nunca pode ser negativa: os limites de velocidade são sempre indicados como números positivos, e os radares que mostram a velocidade sempre exibem números positivos (Figura 2.8).

Anteriormente, a distância foi definida como o valor absoluto de deslocamento para cada segmento de linha reta *em que o movimento não inverte o sentido* (veja a discussão que se segue à equação 2.4). A velocidade escalar média quando uma distância ℓ é percorrida durante um intervalo de tempo Δt é

$$\text{velocidade escalar média} \equiv \bar{v} = \frac{\ell}{\Delta t}. \tag{2.9}$$

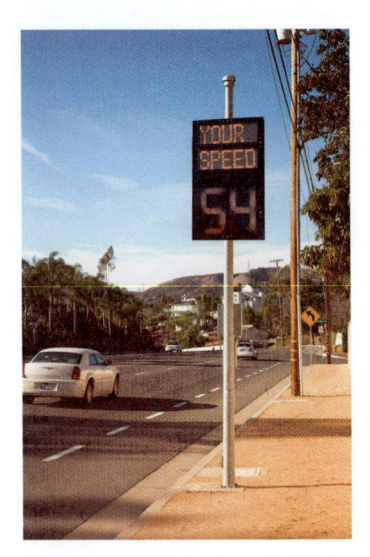

Figura 2.8 Medição das velocidades escalares de automóveis.

Figura 2.9 Escolha de um eixo x em uma piscina.

EXEMPLO 2.2 | Velocidade escalar e velocidade

Suponha que uma nadadora termine os primeiros 50 m dos 100 m em nado livre em 38,2 s. Assim que ela chega ao lado oposto da piscina de 50 m de comprimento, ela volta e nada até o ponto de partida em 42,5 s.

PROBLEMA
Quais são a velocidade média e a velocidade escalar média da nadadora para (a) a ida do início até o lado oposto da piscina, (b) a volta e (c) o percurso total?

SOLUÇÃO
Começamos definindo nosso sistema de coordenadas, conforme mostrado na Figura 2.9. O eixo x positivo aponta no sentido da parte inferior da página.

(a) *Primeira parte do percurso:*
A nadadora começa em $x_1 = 0$ e nada até $x_2 = 50$ m. Ela leva $\Delta t = 38,2$ s para concluir esse trecho. Sua velocidade média para o trecho 1, segundo nossa definição, é

$$\bar{v}_{x1} = \frac{x_2 - x_1}{\Delta t} = \frac{50 \text{ m} - 0 \text{ m}}{38,2 \text{ s}} = \frac{50}{38,2} \text{ m/s} = 1,31 \text{ m/s}.$$

Sua velocidade escalar média é a distância dividida pelo intervalo de tempo, que, neste caso, é o mesmo que o valor absoluto de sua velocidade média, ou $|\bar{v}_{x1}| = 1,31$ m/s.

(b) *Segunda parte do percurso:*
Usamos o mesmo sistema de coordenadas do trecho 1. Essa escolha significa que a nadadora começa em $x_1 = 50$ m e termina em $x_2 = 0$, e leva $\Delta t = 42,5$ s para fazer isso. Sua velocidade média para este trecho é

$$\bar{v}_{x2} = \frac{x_2 - x_1}{\Delta t} = \frac{0 \text{ m} - 50 \text{ m}}{42,5 \text{ s}} = \frac{-50}{42,5} \text{ m/s} = -1,18 \text{ m/s}.$$

Observe o sinal negativo para a velocidade média deste trecho. A velocidade escalar média é novamente o módulo absoluto da velocidade média, ou $|\bar{v}_{x2}| = |-1,18 \text{ m/s}| = 1,18$ m/s.

(c) *Todo o percurso:*
Podemos encontrar a velocidade média de duas formas, demonstrando que elas resultam na mesma resposta. Primeiro, como a nadadora começou em $x_1 = 0$ e terminou em $x_2 = 0$, a diferença é 0. Logo, o deslocamento líquido é 0 e, por consequência, a velocidade média também é 0.

Também podemos encontrar a velocidade média para o percurso inteiro calculando a soma ponderada pelo tempo das componentes das velocidades médias dos trechos individuais:

$$\overline{v}_x = \frac{\overline{v}_{x1} \cdot \Delta t_1 + \overline{v}_{x2} \cdot \Delta t_2}{\Delta t_1 + \Delta t_2} = \frac{(1{,}31 \text{ m/s})(38{,}2 \text{ s}) + (-1{,}18 \text{ m/s})(42{,}5 \text{ s})}{(38{,}2 \text{ s}) + (42{,}5 \text{ s})} = 0.$$

O que encontramos para a velocidade escalar média? A velocidade escalar média, segundo nossa definição, é a distância total dividida pelo tempo total. A distância total é 100 m, e o tempo total é 38,2 s mais 42,5 s, ou 80,7 s. Portanto,

$$\overline{v} = \frac{\ell}{\Delta t} = \frac{100 \text{ m}}{80{,}7 \text{ s}} = 1{,}24 \text{ m/s}.$$

Também podemos usar a soma ponderada pelo tempo das velocidades escalares médias, o que leva ao mesmo resultado. Observe que a velocidade escalar média para todo o percurso está entre a do trecho 1 e a do trecho 2. Não está exatamente na metade entre esses dois valores, mas está mais próxima do valor menor porque a nadadora levou mais tempo para completar o trecho 2.

2.4 Vetor aceleração

Assim como a velocidade média é definida como o deslocamento por intervalo de tempo, a componente x da **aceleração média** é definida como a mudança de velocidade por intervalo de tempo:

$$\overline{a}_x = \frac{\Delta v_x}{\Delta t}. \tag{2.10}$$

De forma semelhante, a componente x da **aceleração instantânea** é definida como o limite da aceleração média à medida que o intervalo de tempo se aproxima de 0:

$$a_x = \lim_{\Delta t \to 0} \overline{a}_x = \lim_{\Delta t \to 0} \frac{\Delta v_x}{\Delta t} \equiv \frac{dv_x}{dt}. \tag{2.11}$$

Agora podemos definir o vetor aceleração como

$$\vec{a} = \frac{d\vec{v}}{dt}, \tag{2.12}$$

onde novamente entende-se que a operação derivativa atua no sentido das componentes, como na definição do vetor velocidade.

A Figura 2.10 ilustra essa relação entre velocidade, intervalo de tempo, aceleração média e aceleração instantânea como o limite da aceleração média (para um intervalo de tempo decrescente). Na Figura 2.10a, a aceleração média é dada pela mudança de velocidade, Δv_1, dividida pelo intervalo de tempo Δt_1: $\overline{a}_1 = \Delta v_1 / \Delta t_1$. Na Figura 2.10b, a aceleração média é determinada durante um intervalo de tempo mais curto, Δt_2. Na Figura 2.10c, a aceleração instantânea, $a(t_3) = dv/dt|_{t=t_3}$, é representada pela declividade da linha azul tangencial à curva vermelha em $t = t_3$. A Figura 2.10 se parece bastante com a Figura 2.6, o que não é coincidência. A semelhança enfatiza que as operações matemáticas e as relações físicas que conectam os vetores velocidade e aceleração são as mesmas que conectam os vetores posição e velocidade.

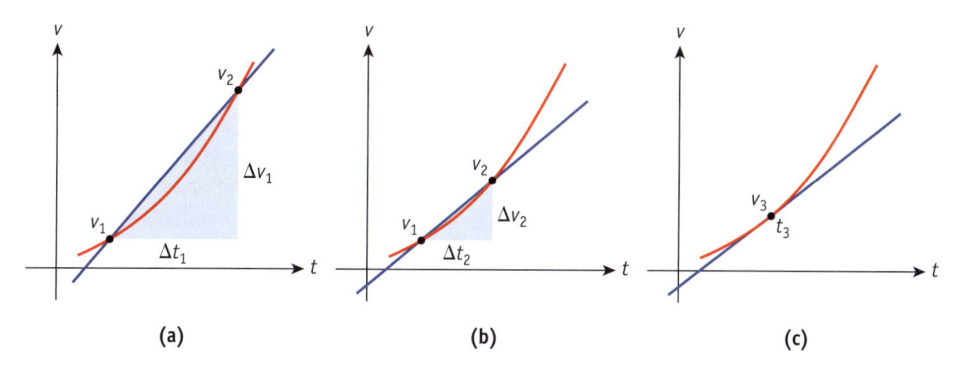

Figura 2.10 Aceleração instantânea como limite da razão entre mudança de velocidade e intervalo de tempo: (a) aceleração média sobre um intervalo de tempo longo; (b) aceleração média sobre um intervalo de tempo mais curto; e (c) aceleração instantânea no limite à medida que o intervalo de tempo chega a zero.

2.1 Exercícios de sala de aula

Quando você está dirigindo um carro por uma estrada reta, pode estar viajando no sentido positivo ou negativo e pode ter aceleração positiva ou negativa. Relacione as seguintes combinações de velocidade e aceleração com a lista de resultados.

a) velocidade positiva, aceleração positiva

b) velocidade positiva, aceleração negativa

c) velocidade negativa, aceleração positiva

d) velocidade negativa, aceleração negativa

1) desacelerando no sentido positivo

2) acelerando no sentido negativo

3) acelerando no sentido positivo

4) desacelerando no sentido negativo

A aceleração é a derivada temporal da velocidade, e a velocidade é a derivada temporal do deslocamento. Portanto, a aceleração é a segunda derivada do deslocamento:

$$a_x = \frac{d}{dt}v_x = \frac{d}{dt}\left(\frac{d}{dt}x\right) = \frac{d^2}{dt^2}x. \tag{2.13}$$

Não há palavra na linguagem cotidiana para o valor absoluto da aceleração.

Observe que geralmente nos referimos à *desaceleração* de um objeto como uma diminuição da velocidade escalar do objeto ao longo do tempo, o que corresponde à aceleração no sentido oposto do movimento do objeto.

No movimento unidimensional, uma aceleração, que é uma mudança de velocidade, precisa acarretar uma mudança no módulo da velocidade, ou seja, a velocidade escalar. Porém, no próximo capítulo, vamos considerar o movimento em mais de uma dimensão espacial, onde o vetor velocidade também pode mudar de sentido, e não só de módulo. No Capítulo 9, examinaremos o movimento em um círculo com velocidade escalar constante; neste caso, há uma aceleração constante que mantém o objeto em um trajeto circular, mas deixa a velocidade escalar constante.

Conforme mostra o exercício de sala de aula, mesmo em uma dimensão, uma aceleração positiva não necessariamente significa um aumento de velocidade escalar, e uma aceleração negativa não significa que a velocidade escalar está sendo reduzida. Em vez disso, a combinação de velocidade e aceleração determina o movimento. *Se a velocidade e a aceleração estiverem no mesmo sentido, o objeto se move mais rapidamente; se estiverem em sentidos opostos, ele desacelera.* Examinaremos essa relação mais adiante neste capítulo.

2.5 Soluções por computador e fórmulas de diferenças

Em algumas situações, a aceleração muda como função do tempo, mas a forma funcional exata não é conhecida de antemão. Porém, ainda podemos calcular velocidade e aceleração mesmo se a posição for conhecida somente em certos pontos no tempo. O exemplo a seguir ilustra esse procedimento.

EXEMPLO 2.3 — Recorde mundial para os 100 m rasos

No Campeonato Mundial de Atletismo de 1991, em Tóquio, Japão, o norte-americano Carl Lewis estabeleceu um novo recorde mundial nos 100 m rasos. A Figura 2.11 lista os tempos em que ele chegou na marca dos 10 m, 20 m, e assim por diante, bem como os valores para sua velocidade média e aceleração média, calculados usando as fórmulas nas equações 2.5 e 2.10. Na Figura 2.11, fica claro que, após em torno de 3 s, Lewis atingiu uma velocidade média aproximadamente constante entre 11 e 12 m/s.

A Figura 2.11 também indica como os valores para a velocidade média e aceleração média foram obtidos. Considere, por exemplo, as duas caixas verdes no alto, que contêm os tempos e posições para duas medições. A partir delas, obtemos $\Delta t = 2{,}96$ s $- 1{,}88$ s $= 1{,}08$ s e $\Delta x = 20$ m $- 10$ m $= 10$ m. A velocidade média neste intervalo de tempo é $\bar{v} = \Delta x/\Delta t = 10$ m/$1{,}08$ s $= 9{,}26$ m/s. Arredondamos esse resultado para três algarismos significativos, porque os tempos foram dados com essa precisão. Pode-se presumir que a exatidão para as distâncias seja ainda maior, porque esses dados foram extraídos da análise de vídeo que mostrou os tempo em que Lewis passou pelas marcas no solo.

Na Figura 2.11, a velocidade média calculada é posicionada entre as linhas para tempo e distância, indicando que é uma boa aproximação para a velocidade instantânea no meio do intervalo de tempo.

As velocidades médias para outros intervalos de tempo foram obtidas da mesma forma. Usando os números na segunda e terceira caixa verde na Figura 2.11, obtivemos uma velocidade

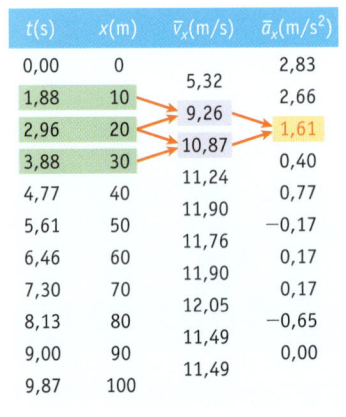

t(s)	x(m)	$\bar{v}_x$(m/s)	$\bar{a}_x$(m/s²)
0,00	0		2,83
		5,32	
1,88	10		2,66
		9,26	
2,96	20		1,61
		10,87	
3,88	30		0,40
		11,24	
4,77	40		0,77
		11,90	
5,61	50		−0,17
		11,76	
6,46	60		0,17
		11,90	
7,30	70		0,17
		12,05	
8,13	80		−0,65
		11,49	
9,00	90		0,00
		11,49	
9,87	100		

Figura 2.11 Tempo, posição, velocidade média e aceleração média durante o recorde mundial de Carl Lewis nos 100 m rasos.

média de 10,87 m/s para o intervalo de tempo de 2,96 a 3,88 s. Com dois valores de velocidade, podemos usar a fórmula de diferenças para a aceleração para calcular a aceleração média. Aqui presumimos que a velocidade instantânea em um tempo correspondente à metade entre a primeira e a segunda caixa verde (2.42 s) é igual à velocidade média durante o intervalo entre as duas primeiras caixas verdes, ou 9,26 m/s. De forma semelhante, presumimos que a velocidade instantânea em 3,42 s (metade entre a segunda e a terceira caixa) seja de 10,87 m/s. Assim, a aceleração média entre 2,42 s e 3,42 s é

$$\bar{a}_x = \Delta v_x / \Delta t = (10{,}87 \text{m/s} - 9{,}26 \text{m/s})/(3{,}42 \text{ s} - 2{,}42 \text{ s}) = 1{,}61 \text{m/s}^2.$$

A partir das entradas na Figura 2.11 obtidas desta forma, podemos ver que Lewis realizou a maior parte de sua aceleração entre o começo da corrida e a marca dos 30 m, onde atingiu sua velocidade máxima entre 11 e 12 m/s. Depois, ele correu mantendo aproximadamente essa velocidade até atingir a linha de chegada. Esse resultado fica mais claro em uma exibição gráfica de sua posição *versus* tempo durante a corrida (Figura 2.12a). Os pontos vermelhos representam os pontos de dados da Figura 2.11, e a linha reta verde representa uma velocidade constante de 11,58 m/s. Na Figura 2.12b, a velocidade de Lewis é indicada como função de tempo. A linha verde novamente representa uma velocidade constante de 11,58 m/s, ajustada para os seis últimos pontos, onde Lewis não está mais acelerando, mas correndo com velocidade constante.

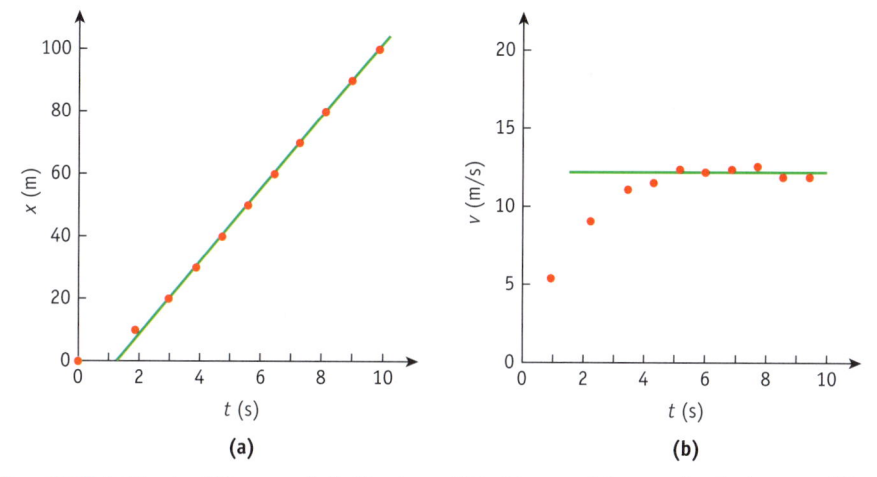

Figura 2.12 Análise dos 100 m rasos de Carl Lewis em 1991: (a) sua posição como função de tempo; (b) sua velocidade como função de tempo.

O tipo de análise numérica que trata velocidades e acelerações médias como aproximações para os valores instantâneos dessas quantidades é muito comum em todos os tipos de aplicações científicas e de engenharia. Ele é indispensável nestas situações em que as dependências funcionais precisas do tempo não são conhecidas e os pesquisadores devem se basear em aproximações numéricas para derivadas obtidas por meio das fórmulas de diferenças. A maioria das soluções práticas de problemas científicos e de engenharia encontradas com o auxílio de computadores utilizam fórmulas de diferenças, como as introduzidas aqui.

Todo o campo da análise numérica é dedicada a encontrar melhores aproximações numéricas que permitirão cálculos computacionais mais precisos e rápidos, além de simulações de processos naturais. Fórmulas de diferenças semelhantes às apresentadas aqui são tão importantes para o trabalho cotidiano de cientistas e engenheiros quanto as expressões analíticas baseadas em cálculo. Tal importância é consequência da revolução da computação em ciência e tecnologia, o que, no entanto, não torna os conteúdos deste livro menos importantes. Para conceber uma solução válida para um problema de engenharia ou ciência, é preciso entender os princípios físicos básicos subjacentes, não importando as técnicas de cálculo empregadas. Esse fato é bastante reconhecido por animadores cinematográficos de ponta e por criadores de efeitos especiais digitais, que precisam ter aulas de física básica para garantir que os produtos de suas simulações computacionais pareçam realistas para o público.

2.6 Encontrando deslocamento e velocidade a partir da aceleração

O fato de que a integração é a operação inversa da diferenciação é conhecido como o *teorema fundamental do cálculo*. Ele nos permite reverter o processo de diferenciação que leva do deslocamento à velocidade e à aceleração e, do contrário, integrar a equação de velocidade (2.6) para obter deslocamento e a equação de aceleração (2.13) para obter velocidade. Vamos começar com a equação para a componente x da velocidade:

$$v_x(t) = \frac{dx(t)}{dt} \Rightarrow$$

$$\int_{t_0}^{t} v_x(t')dt' = \int_{t_0}^{t} \frac{dx(t')}{dt'}dt' = x(t) - x(t_0) \Rightarrow$$

$$x(t) = x_0 + \int_{t_0}^{t} v_x(t')dt'. \tag{2.14}$$

Notação: Aqui mais uma vez usamos a convenção de que $x(t_0) = x_0$, a posição inicial. Além disso, usamos a notação t' nas integrais definidas da equação 2.14. Essa notação t' nos lembra que a variável de integração é uma variável muda, que serve para identificar a grandeza física que queremos integrar. Neste livro, reservaremos a notação t' para variáveis mudas de integração nas integrais definidas. (Observe que alguns livros usam a notação t' para denotar uma derivada espacial, mas para evitar uma possível confusão, este livro evitará isso.)

Da mesma forma, integramos a equação 2.13 para a componente x da aceleração para obter uma expressão para a componente x da velocidade:

$$a_x(t) = \frac{dv_x(t)}{dt} \Rightarrow$$

$$\int_{t_0}^{t} a_x(t')dt' = \int_{t_0}^{t} \frac{dv_x(t')}{dt'}dt' = v_x(t) - v_x(t_0) \Rightarrow$$

$$v_x(t) = v_{x0} + \int_{t_0}^{t} a_x(t')dt'. \tag{2.15}$$

Aqui, $v_x(t_0) = v_{x0}$ é a componente da velocidade inicial no sentido x. Assim como se entende que a operação derivada atua no sentido das componentes, a integração segue a mesma convenção, então podemos escrever as relações integrais para os vetores a partir delas para as componentes nas equações 2.14 e 2.15. Formalmente, temos

$$\vec{r}(t) = \vec{r}_0 + \int_{t_0}^{t} \vec{v}(t')dt' \tag{2.16}$$

e

$$\vec{v}(t) = \vec{v}_0 + \int_{t_0}^{t} \vec{a}(t')dt'. \tag{2.17}$$

Esse resultado significa que, para qualquer determinada dependência que o tempo tem do vetor aceleração, podemos calcular o vetor velocidade, contanto que tenhamos o valor inicial do vetor velocidade. Também podemos calcular o vetor deslocamento, se soubermos seu valor inicial e a dependência do tempo do vetor velocidade.

Em cálculo, você provavelmente aprendeu que a interpretação geométrica da integral definida é uma área sob uma curva. Isso é verdadeiro para as equações 2.14 e 2.15. Podemos interpretar a área sob a curva de $v_x(t)$ entre t_0 e t como a diferença da posição entre esses dois tempos, conforme mostrado na Figura 2.13a. A Figura 2.13b mostra que a área sob a curva de $a_x(t)$ no intervalo de tempo entre t_0 e t é a diferença de velocidade entre esses dois tempos.

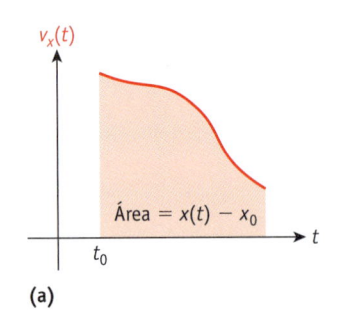

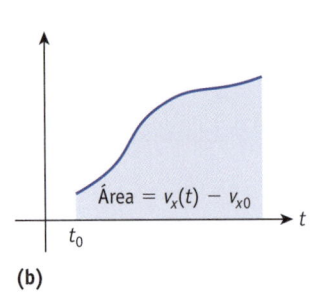

Figura 2.13 Interpretação geométrica das integrais de (a) velocidade e (b) aceleração com relação ao tempo.

2.7 Movimento com aceleração constante

Em muitas situações físicas, a aceleração sofrida por um objeto é aproximadamente – ou talvez até exatamente – constante. Podemos derivar equações úteis para esses casos especiais do movimento com aceleração constante. Se a aceleração, a_x, for uma constante, então a integral de tempo usada para obter a velocidade na equação 2.15 resulta em

$$v_x(t) = v_{x0} + \int_0^t a_x dt' = v_{x0} + a_x \int_0^t dt' \Rightarrow$$
$$v_x(t) = v_{x0} + a_x t, \tag{2.18}$$

onde consideramos que o limite inferior da integral é $t_0 = 0$ por questões de simplicidade. Isso significa que a velocidade é uma função linear de tempo.

$$x = x_0 + \int_0^t v_x(t')dt' = x_0 + \int_0^t (v_{x0} + a_x t')dt'$$
$$= x_0 + v_{x0} \int_0^t dt' + a_x \int_0^t t' dt' \Rightarrow$$
$$x(t) = x_0 + v_{x0} t + \tfrac{1}{2} a_x t^2. \tag{2.19}$$

Assim, com uma aceleração constante, a velocidade é sempre uma função linear de tempo, e a posição é uma função quadrática de tempo. Três outras equações úteis podem ser derivadas usando as equações 2.18 e 2.19 como ponto de partida. Após listar essas três equações, trabalharemos em suas derivações.

A velocidade média no intervalo de tempo de 0 a t é a média das velocidades no início e no fim do intervalo de tempo:

$$\bar{v}_x = \tfrac{1}{2}(v_{x0} + v_x). \tag{2.20}$$

A velocidade média da equação 2.20 leva a uma maneira alternativa de expressar a posição:

$$x = x_0 + \bar{v}_x t. \tag{2.21}$$

Finalmente, podemos escrever uma equação para o quadrado da velocidade que não contenha o tempo de modo explícito:

$$v_x^2 = v_{x0}^2 + 2a_x(x - x_0). \tag{2.22}$$

DEMONSTRAÇÃO 2.1

Matematicamente, para obter a média de tempo de uma grandeza por um determinado intervalo Δt, temos que integrar essa grandeza durante o intervalo de tempo e depois dividi-la pelo intervalo de tempo:

$$\bar{v}_x = \frac{1}{t}\int_0^t v_x(t')dt' = \frac{1}{t}\int_0^t (v_{x0} + at')dt'$$
$$= \frac{v_{x0}}{t}\int_0^t dt' + \frac{a}{t}\int_0^t t' dt' = v_{x0} + \tfrac{1}{2}at$$
$$= \tfrac{1}{2}v_{x0} + \tfrac{1}{2}(v_{x0} + at)$$
$$= \tfrac{1}{2}(v_{x0} + v_x).$$

Esse procedimento de calcular a média para o intervalo de tempo t_0 a t é ilustrado na Figura 2.14. Pode-se ver que a área do trapezoide formado pela linha azul que representa $v(t)$ e as duas linhas verticais em t_0 e t é igual à área do quadrado formado pela linha horizontal até $\bar{v}_x$ e as duas linhas verticais. A linha de base para as duas áreas é o eixo t horizontal. Fica mais aparente que essas duas áreas são iguais se você observar que o triângulo amarelo (parte do quadrado) e o triângulo

Continua →

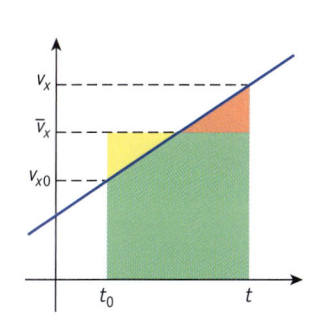

Figura 2.14 Gráfico de velocidade *versus* tempo para movimento com aceleração constante.

laranja (parte do trapezoide) têm o mesmo tamanho. [Algebricamente, a área do quadrado é $\bar{v}_x(t - t_0)$, e a área do trapezoide é $\frac{1}{2}(v_{x0} + v_x)(t - t_0)$. A definição dessas áreas como idênticas entre si nos dá a equação 2.20 novamente.]

Para derivar a equação para a posição, usamos $t_0 = 0$ e a expressão $\bar{v}_x = v_{x0} + \frac{1}{2}a_x t$ e multiplicamos os dois lados pelo tempo:

$$\bar{v}_x = v_{x0} + \tfrac{1}{2}a_x t$$
$$\Rightarrow \bar{v}_x t = v_{x0} t + \tfrac{1}{2}a_x t^2.$$

Agora comparamos esse resultado com a expressão que já obtivemos para x (equação 2.19) e encontramos:

$$x = x_0 + v_{x0} t + \tfrac{1}{2}a_x t^2 = x_0 + \bar{v}_x t.$$

Para a derivação da equação 2.22 para o quadrado da velocidade, solucionamos $v_x = v_{x0} + a_x t$ para o tempo, obtendo $t = (v_x - v_{x0})/a_x$. A seguir, substituímos na expressão para a posição, que é a equação 2.19:

$$x = x_0 + v_{x0} t + \tfrac{1}{2}a_x t^2$$
$$= x_0 + v_{x0}\left(\frac{v_x - v_{x0}}{a_x}\right) + \tfrac{1}{2}a_x\left(\frac{v_x - v_{x0}}{a_x}\right)^2$$
$$= x_0 + \frac{v_x v_{x0} - v_{x0}^2}{a_x} + \tfrac{1}{2}\frac{v_x^2 + v_{x0}^2 - 2v_x v_{x0}}{a_x}.$$

Depois, subtraímos x_0 dos dois lados da equação e multiplicamos por a_x:

$$a_x(x - x_0) = v_x v_{x0} - v_{x0}^2 + \tfrac{1}{2}(v_x^2 + v_{x0}^2 - 2v_x v_{x0})$$
$$\Rightarrow a_x(x - x_0) = \tfrac{1}{2}v_x^2 - \tfrac{1}{2}v_{x0}^2$$
$$\Rightarrow v_x^2 = v_{x0}^2 + 2a_x(x - x_0).$$

Aqui estão as cinco equações cinemáticas que obtivemos para o *caso especial de movimento com aceleração constante* (onde o tempo inicial quando $x = x_0$, $v = v_0$ foi escolhido como sendo 0):

$$
\begin{aligned}
&\text{(i)} && x = x_0 + v_{x0} t + \tfrac{1}{2}a_x t^2 \\
&\text{(ii)} && x = x_0 + \bar{v}_x t \\
&\text{(iii)} && v_x = v_{x0} + a_x t \\
&\text{(iv)} && \bar{v}_x = \tfrac{1}{2}(v_x + v_{x0}) \\
&\text{(v)} && v_x^2 = v_{x0}^2 + 2a_x(x - x_0)
\end{aligned}
\quad (2.23)
$$

Essas cinco equações nos permitem solucionar muitos tipos de problemas para o movimento em uma dimensão com aceleração constante. Porém, lembre-se que, se a aceleração não for constante, essas equações não darão as soluções corretas.

Muitos problemas da vida real envolvem movimento por uma linha reta com aceleração constante. Nessas situações, as equações 2.23 oferecem o modelo para responder qualquer pergunta sobre movimento. O problema resolvido e o exemplo abaixo ilustrarão como essas equações cinemáticas podem ser úteis. No entanto, não esqueça que física não é simplesmente encontrar uma equação adequada e inserir os números; em vez disso, trata-se de compreender conceitos. Somente se entender as ideias subjacentes você conseguirá extrapolar de exemplos específicos para se tornar experiente na solução de problemas mais gerais.

PROBLEMA RESOLVIDO 2.2 | **Decolagem de avião**

À medida que um avião se desloca pela pista para atingir a velocidade escalar de decolagem, ele é acelerado por seus motores a jato. Em um determinado voo, um dos autores deste livro mediu a aceleração produzida pelos motores a jato do avião. A Figura 2.15 mostra as medições.

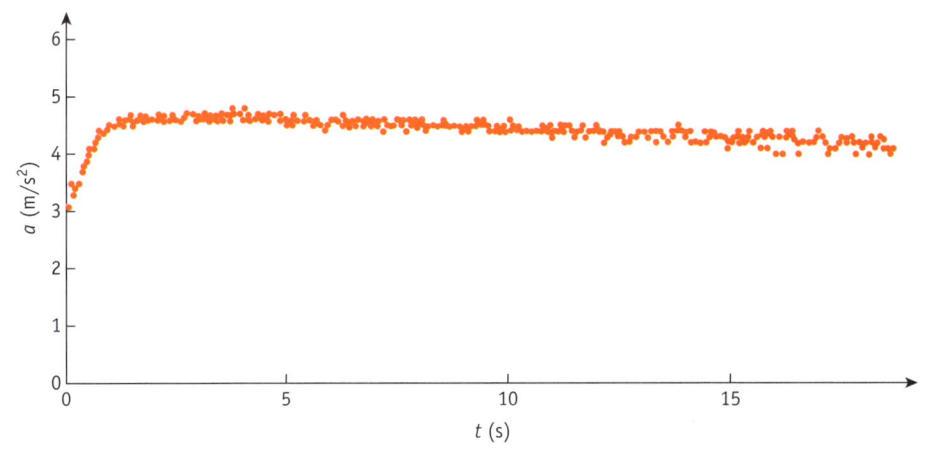

Figura 2.15 Dados para a aceleração de um avião a jato antes da decolagem.

Pode-se ver que a pressuposição de aceleração constante não está bem correta neste caso. Porém, uma aceleração média de $a_x = 4,3$ m/s² durante os 18,4 s (medidos com um cronômetro) que o avião levou para decolar é uma boa aproximação.

PROBLEMA
Presumindo uma aceleração constante de $a_x = 4,3$ m/s² começando do repouso, qual é a velocidade de decolagem da aeronave depois dos 18,4 s? Que distância o avião percorreu até a decolagem?

SOLUÇÃO

PENSE
Uma aeronave se deslocando por uma pista antes de decolar é um exemplo quase perfeito de movimento acelerado unidimensional. Como estamos presumindo aceleração constante, sabemos que a velocidade aumenta linearmente com o tempo, e o deslocamento aumenta como a segunda potência de tempo. Uma vez que o avião inicia do repouso, o valor inicial da velocidade é 0. Como de costume, podemos definir a origem de nosso sistema de coordenadas em qualquer localização; é conveniente localizá-la no ponto de partida da aeronave.

DESENHE
A desenho na Figura 2.16 mostra como esperamos que a velocidade e o deslocamento aumentem para este caso de aceleração constante, em que as condições iniciais são estabelecidas em $v_{x0} = 0$ e $x_0 = 0$. Observe que nenhuma escala foi colocada nos eixos, porque deslocamento, velocidade e aceleração são medidos em unidades diferentes. Assim, os pontos em que as três curvas se cruzam são completamente arbitrários.

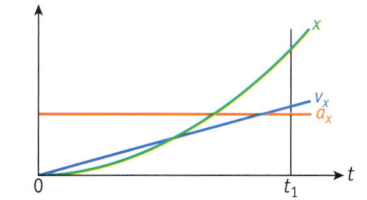

Figura 2.16 Aceleração, velocidade e deslocamento da aeronave antes da decolagem.

PESQUISE
Encontrar a velocidade de decolagem é, na verdade, uma aplicação direta da equação 2.23(iii):

$$v_x = v_{x0} + a_x t.$$

De forma semelhante, a distância que o avião percorre na pista antes de decolar pode ser obtida com a equação 2.23(i):

$$x = x_0 + v_{x0}t + \tfrac{1}{2}a_x t^2.$$

SIMPLIFIQUE
A aeronave acelera a partir de um ponto estacionário, então a velocidade inicial é $v_{x0} = 0$ e, por nossa própria escolha da origem do sistema de coordenadas, estabelecemos que $x_0 = 0$. Portanto, as equações para a velocidade de decolagem e distância podem ser simplificadas para

$$v_x = a_x t$$
$$x = \tfrac{1}{2}a_x t^2.$$

Continua →

CALCULE
A única coisa que nos resta fazer é inserir os números:

$$v_x = (4{,}3 \text{ m/s}^2)(18{,}4 \text{ s}) = 79{,}12 \text{ m/s}$$
$$x = \tfrac{1}{2}(4{,}3 \text{ m/s}^2)(18{,}4 \text{ s})^2 = 727{,}904 \text{ m}.$$

ARREDONDE
A aceleração foi especificada com dois algarismos significativos, e o tempo com três. A multiplicação desses dois números deve resultar em uma resposta que tenha dois algarismos significativos. Logo, nossas respostas finais são

$$v_x = 79 \text{ m/s}$$
$$x = 7{,}3 \cdot 10^2 \text{ m}.$$

Observe que o tempo medido para a decolagem de 18,4 s provavelmente não foi tão preciso. Se você já tentou determinar o momento em que um avião começa a acelerar pela pista, deve ter notado que é quase impossível determinar esse ponto no tempo com uma precisão de 0,1 s.

SOLUÇÃO ALTERNATIVA
Como este livro já destacou repetidas vezes, a avaliação mais objetiva de qualquer resposta a um problema de física é garantir que as unidades sejam adequadas à situação. Isso é o que ocorre aqui, pois obtivemos o deslocamento em unidades de metros e a velocidade em unidades de metros por segundo. Problemas resolvidos no restante deste livro podem, às vezes, pular esse teste simples; porém, se você quiser fazer uma avaliação rápida em relação a erros algébricos em seus cálculos, pode ser proveitoso olhar primeiro as unidades da resposta.

Agora vamos ver se nossas respostas têm as ordens de magnitude apropriadas. Um deslocamento de decolagem de 730 m ($\sim 0{,}5$ milhas) é razoável, porque está na ordem do comprimento de uma pista de aeroporto. Uma velocidade de decolagem de $v_x = 79$ m/s se traduz em

$$(79 \text{ m/s})(1\text{mi}/1609\text{m})(3600 \text{ s}/1 \text{ h}) \approx 180 \text{mph}.$$

Esta resposta também parece ser uma estimativa adequada.

SOLUÇÃO ALTERNATIVA
Muitos problemas de física podem ser resolvidos de várias formas, pois geralmente é possível usar mais de uma relação entre as grandezas conhecidas e desconhecidas. Neste caso, como obtivemos a velocidade final, poderíamos usar essa informação e solucionar a equação cinemática 2.23(v) para x. Isso resulta em

$$v_x^2 = v_{x0}^2 + 2a_x(x - x_0) \Rightarrow$$
$$x = x_0 + \frac{v_x^2 - v_{x0}^2}{2a_x} = 0 + \frac{(79 \text{ m/s})^2}{2(4{,}3 \text{ m/s}^2)} = 7{,}3 \cdot 10^2 \text{ m}.$$

Assim, chegamos à mesma resposta para a distância de uma forma diferente, o que nos dá mais confiança de que nossa solução faz sentido.

O Problema resolvido 2.2 foi relativamente fácil; sua solução não foi muito além da inserção de números. Apesar disso, ele mostra que as equações cinemáticas que derivamos podem ser aplicadas a situações do mundo real e levar a respostas que tenham significado físico. O seguinte exemplo curto, desta vez relacionado a automobilismo, lida com os mesmos conceitos de velocidade e aceleração, mas sob uma perspectiva um pouco distinta.

Figura 2.17 Carro de corrida de dragster da NHRA.

EXEMPLO 2.4 Corrida de dragster

Acelerando a partir do repouso, um carro de corrida de dragster (Figura 2.17) pode atingir 333,2 milhas por hora (= 148,9 m/s), um recorde estabelecido em 2003, no final de um quarto de milha (= 402,3 m). Para este exemplo, vamos considerar aceleração constante.

PROBLEMA 1
Qual é o valor da aceleração constante do carro de corrida?

SOLUÇÃO 1
Como os valores inicial e final da velocidade são dados e a distância é conhecida, estamos procurando uma relação entre essas três grandezas e a aceleração, que é desconhecida. Neste caso, é mais conveniente usar a equação cinemática 2.23(v) e solucionar a aceleração, a_x:

$$v_x^2 = v_{x0}^2 + 2a_x(x - x_0) \Rightarrow a_x = \frac{v_x^2 - v_{x0}^2}{2(x - x_0)} = \frac{(148{,}9 \text{ m/s})^2}{2(402{,}3 \text{ m})} = 27{,}6 \text{ m/s}^2.$$

PROBLEMA 2
Quanto tempo leva para que o carro de corrida complete um quarto de milha do ponto de partida?

SOLUÇÃO 2
Como a velocidade final é de 148,9 m/s, a velocidade média é [usando a equação 2.23(iv)]: $\bar{v}_x = \frac{1}{2}(148{,}9 \text{ m/s} + 0) = 74{,}45$ m/s. Relacionando essa velocidade média ao deslocamento e ao tempo usando a equação 2.23(ii), obtemos:

$$x = x_0 + \bar{v}_x t \Rightarrow t = \frac{x - x_0}{\bar{v}_x} = \frac{402{,}3 \text{ m}}{74{,}45 \text{ m/s}} = 5{,}40 \text{ s}.$$

Observe que poderíamos ter obtido o mesmo resultado usando a equação cinemática 2.23(iii), porque já calculamos a aceleração na Solução 1.

Porém, se você é fã de corrida de dragster, sabe que o verdadeiro tempo recorde para o quarto de milha é um pouco abaixo de 4,5 s. O motivo pelo qual nossa resposta calculada é um tanto maior é que nossa pressuposição de aceleração constante não está correta. A aceleração do carro no início da corrida é, na verdade, maior do que o valor que calculamos acima, e a aceleração real é menor do que nosso valor quando se aproxima o fim da corrida.

Queda livre

A aceleração em razão da força da gravidade é constante, com uma boa aproximação, próximo à superfície terrestre. Se essa afirmativa for verdadeira, ela deve ter consequências observáveis. Vamos presumir que seja verdadeira e calcular as consequências para o movimento de objetos sob a influência de uma atração gravitacional à Terra. A seguir, vamos comparar nossos resultados com observações experimentais e ver se a aceleração constante decorrente da gravidade faz sentido.

A aceleração decorrente da gravidade próximo à superfície terrestre tem o valor de $g = 9{,}81$ m/s^2. Chamamos o eixo vertical de eixo y e definimos o sentido positivo para cima. Então, o vetor aceleração $\vec{a}$ tem apenas uma componente y não zero, que é dada por

$$a_y = -g. \tag{2.24}$$

Esta situação é uma aplicação específica do movimento com aceleração constante, que discutimos anteriormente nesta seção. Modificamos as equações 2.23 substituindo a aceleração usando a equação 2.24. Também usamos y, em vez de x, para indicar que o deslocamento acontece no sentido de y. Obtemos:

$$
\begin{aligned}
&\text{(i)} \quad & y &= y_0 + v_{y0}t - \tfrac{1}{2}gt^2 \\
&\text{(ii)} \quad & y &= y_0 + \bar{v}_y t \\
&\text{(iii)} \quad & v_y &= v_{y0} - gt \\
&\text{(iv)} \quad & \bar{v}_y &= \tfrac{1}{2}(v_y + v_{y0}) \\
&\text{(v)} \quad & v_y^2 &= v_{y0}^2 - 2g(y - y_0)
\end{aligned}
\tag{2.25}
$$

O movimento sob influência exclusiva de uma aceleração gravitacional é chamado de **queda livre**, e as equações 2.25 nos permitem solucionar problemas de objetos em queda livre.

Agora vamos considerar um experimento que testou a pressuposição de aceleração gravitacional constante. Os autores foram até o topo de um prédio com 12,7 m de altura e jogaram um computador do repouso ($v_{y0} = 0$) sob condições controladas. A queda do computador foi registrada por uma câmera de vídeo digital. Como a câmera grava a 30 quadros por segundo, sabemos a informação sobre o tempo. A Figura 2.18 mostra 14 quadros, divididos igualmente no tempo, desse experimento, com o tempo após a liberação marcado no eixo horizontal de cada quadro. A curva amarela sobreposta aos quadros tem a forma

$$y = 12{,}7 \text{ m} - \tfrac{1}{2}(9{,}81 \text{ m/s}^2)t^2,$$

que é o que esperamos pelas condições iniciais $y_0 = 12{,}7$ m, $v_{y0} = 0$ e a pressuposição de uma aceleração constante, $a_y = -9{,}81$ m/s². Como se pode ver, a queda do computador segue essa curva de modo quase perfeito. É evidente que essa concordância não é uma prova conclusiva, mas é um forte indício de que a aceleração gravitacional é constante próximo à superfície terrestre, e que ela tem o valor declarado.

Além disso, o valor da aceleração gravitacional é o mesmo para todos os objetos. Este enunciado não tem nada de trivial. Objetos de diferentes tamanhos e massas, se soltos da mesma altura, devem atingir o solo ao mesmo tempo. Isso é consistente com a sua experiência cotidiana? Bem, não exatamente! Em uma demonstração comum de sala de aula, uma pena e uma moeda são soltas da mesma altura. É fácil observar que a moeda chega primeiro ao chão, enquanto a pena flutua lentamente. Essa diferença deve-se à resistência do ar. Se esse experimento fosse conduzido em um tubo de vidro evacuado, a moeda e a pena cairiam com a mesma velocidade. Retornaremos à resistência do ar no Capítulo 4, mas por enquanto podemos concluir que a aceleração gravitacional próximo à superfície terrestre é constante, tem o valor absoluto de $g = 9{,}81$ m/s² e é a mesma para todos os objetos, contanto que a resistência do ar seja desprezada. No Capítulo 4, vamos examinar as condições sob as quais a pressuposição de resistência do ar zero é justificada.

Para ajudá-lo a entender a resposta ao exercício de sala de aula, considere o arremesso de uma bola para cima, conforme ilustrado na Figura 2.19. Na Figura 2.19a, a bola é arremessada para cima com velocidade $\vec{v}$.

Quando a bola é jogada, ela sofre apenas a força da gravidade e, com isso, acelera para baixo com a aceleração devido à gravidade, que é dada por $\vec{a} = -g\hat{y}$. À medida que a bola faz o percurso para cima, a aceleração devido à gravidade atua para desacelerar a bola. Na Figura 2.19b, a bola está se movendo para cima e atingiu metade de sua altura máxima, h. A bola desacelerou, mas sua aceleração ainda é a mesma. A bola atinge sua altura máxima na Figura 2.19c. Aqui, a velocidade da bola é zero, mas a aceleração ainda é $\vec{a} = -g\hat{y}$. A bola agora começa a se mover para baixo, e a aceleração devido à gravidade atua para acelerá-la. Na Figura 2.19d, a velocidade da bola é para baixo e a aceleração ainda é a mesma. Finalmente, a bola retorna a $y = 0$ na Figura 2.19e. A velocidade da bola agora tem o mesmo módulo de quando a bola foi inicialmente arremessada para cima, mas seu sentido agora é para baixo. A aceleração ainda é a mesma. Observe que a aceleração permanece constante e para baixo, embora a velocidade mude de ascendente para zero para descendente.

2.2 Exercícios de sala de aula

O arremesso de uma bola direto para cima serve de exemplo do movimento de queda livre. No instante em que a bola atinge sua altura máxima, qual das afirmativas abaixo é verdadeira?

a) A aceleração da bola aponta para baixo, e sua velocidade aponta para cima.

b) A aceleração da bola é zero, e sua velocidade aponta para cima.

c) A aceleração da bola aponta para cima, e sua velocidade aponta para cima.

d) A aceleração da bola aponta para baixo, e sua velocidade é zero.

e) A aceleração da bola aponta para cima, e sua velocidade é zero.

f) A aceleração da bola é zero, e sua velocidade aponta para baixo.

2.3 Exercícios de sala de aula

Uma bola é arremessada para cima com velocidade escalar v_1, conforme mostra a Figura 2.19. A bola atinge sua altura máxima de $y = h$. Qual é a razão entre a velocidade escalar da bola, v_2, em $y = h/2$ na Figura 2.19b e a velocidade escalar inicial da bola para cima, v_1, em $y = 0$ na Figura 2.19a?

a) $v_2/v_1 = 0$

b) $v_2/v_1 = 0{,}50$

c) $v_2/v_1 = 0{,}71$

d) $v_2/v_1 = 0{,}75$

e) $v_2/v_1 = 0{,}90$

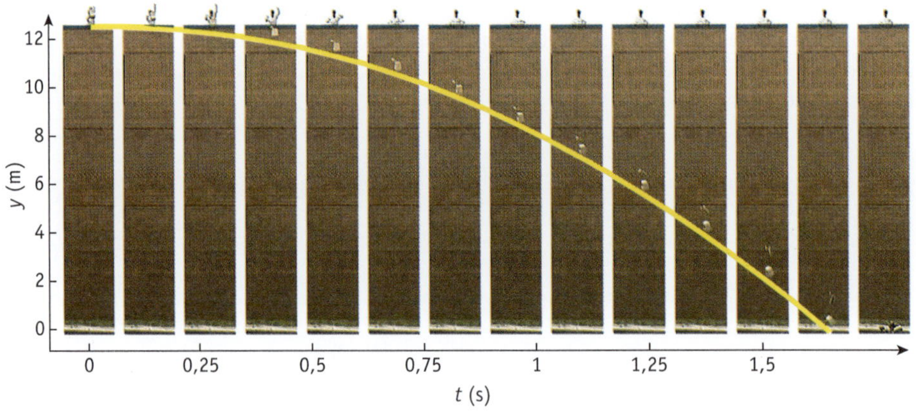

Figura 2.18 Experimento de queda livre: computador solto do topo de um prédio.

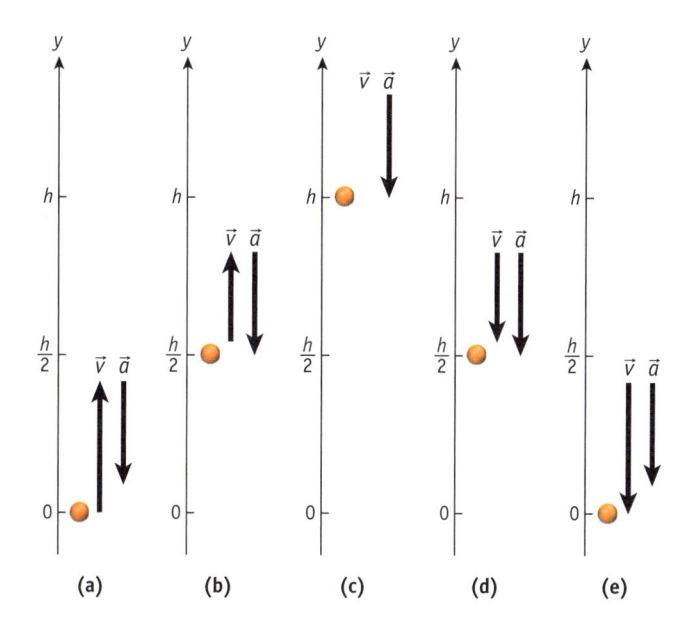

Figura 2.19 O vetor velocidade e o vetor aceleração de uma bola jogada para o alto. (a) A bola inicialmente é jogada para cima em $y = 0$. (b) A bola indo para cima com altura de $y = h/2$. (c) A bola em sua altura máxima de $y = h$. (d) A bola descendo em $y = h/2$. (e) A bola de volta a $y = 0$ indo para baixo.

EXEMPLO 2.5   Tempo de reação

Leva tempo para uma pessoa reagir a qualquer estímulo externo. Por exemplo, no início de uma corrida de 100 m rasos em uma competição de atletismo, uma arma é disparada pelo árbitro. Ocorre um pequeno tempo de atraso antes que os corredores saiam da linha de partida, em razão de seu tempo de reação finito. Na verdade, a largada é anulada se um atleta sair da linha de partida menos de 0,1 s após o disparo da arma. Qualquer tempo mais curto indica que o corredor "queimou a largada".

Existe um teste simples, mostrado na Figura 2.20, que você pode realizar para determinar seu tempo de reação. Seu colega segura uma régua métrica, e você se prepara para segurá-la quando for solta, conforme é mostrado no quadro à esquerda da imagem. Da distância h que a régua cai depois de ser solta até você a segurar (mostrado no quadro direito), é possível determinar seu tempo de reação.

PROBLEMA
Se a régua métrica cair 0,20 antes de você pegá-la, qual é o seu tempo de reação?

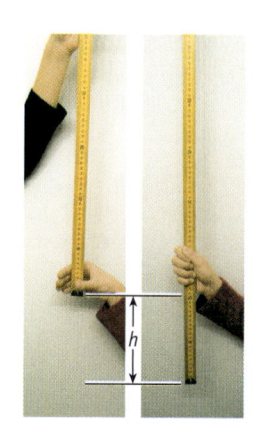

Figura 2.20 Experimento simples para medir o tempo de reação.

SOLUÇÃO
Esta situação é um cenário de queda livre. Para esses problemas, a solução deve necessariamente partir de uma das equações 2.25. O problema que queremos resolver aqui envolve o tempo como variável desconhecida.

Temos o deslocamento, $h = y_0 - y$. Também sabemos que a velocidade inicial da régua métrica é zero, porque ela é solta a partir do repouso. Podemos usar a equação cinemática 2.25(i): $y = y_0 + v_{y0}t - \frac{1}{2}gt^2$. Com $h = y_0 - y$ e $v_{0=0}$, essa equação torna-se

$$y = y_0 - \frac{1}{2}gt^2$$
$$\Rightarrow h = \frac{1}{2}gt^2$$
$$\Rightarrow t = \sqrt{\frac{2h}{g}} = \sqrt{\frac{2 \cdot 0{,}20\text{ m}}{9{,}81\text{ m/s}^2}} = 0{,}20 \text{ s.}$$

Seu tempo de reação foi de 0,20 s, que é um tempo normal. Para fins de comparação, quando Usain Bolt estabeleceu o recorde mundial de 9,69 s para os 100 m rasos em agosto de 2008, seu tempo de reação foi de 0,165 s.

2.2 Pausa para teste
Desenhe um gráfico de reação de tempo como função da distância que a régua métrica cai. Discuta se esse método é mais preciso para tempos de reação em torno de 0,1 s ou de 0,3 s.

Vamos considerar mais um cenário de queda livre, desta vez com dois objetos em movimento.

2.4 Exercícios de sala de aula

Se o tempo de reação da pessoa B determinado com o método da régua métrica é duas vezes maior do que o da pessoa A, então o deslocamento H_b medido para a pessoa B em relação ao deslocamento h_A para a pessoa A é

a) $h_B = 2h_A$
b) $h_B = \frac{1}{2}h_A$
c) $h_B = \sqrt{2}h_A$
d) $h_B = 4h_A$
e) $h_B = \sqrt{\frac{1}{2}}h_A$

Figura 2.21 A queda do melão (melão e pessoa não estão desenhados em escala!).

PROBLEMA RESOLVIDO 2.3 | Queda de melão

Suponha que você decida soltar um melão a partir do repouso da primeira plataforma de observação da Torre Eiffel. A altura inicial h da qual o melão é solto está 58,3 m acima da cabeça de seu amigo francês Pierre, que está parado no solo bem abaixo de você. No mesmo instante em que você solta o melão, Pierre atira uma flecha para cima com velocidade inicial de 25,1 m/s. (É evidente que Pierre libera toda a área ao redor e sai do caminho logo depois de atirar a flecha.)

PROBLEMA
(a) Quanto tempo a flecha levará para atingir o melão após ele ser solto? (b) Em que altura acima da cabeça de Pierre ocorre essa colisão?

SOLUÇÃO
PENSE
À primeira vista, este problema parece complicado. Vamos solucioná-lo usando o conjunto completo de passos e depois examinaremos um atalho que poderíamos ter tomado. É óbvio que o melão solto está em queda livre. Porém, como a flecha é atirada para cima, também está em queda livre, apenas com velocidade inicial para cima.

DESENHE
Ajustamos nosso sistema de coordenadas com o eixo y apontando verticalmente para cima, seguindo a convenção, e localizamos a origem do sistema de coordenadas na cabeça de Pierre (Figura 2.21). Assim, a flecha é disparada de uma posição inicial $y = 0$, e o melão, de $y = h$.

PESQUISE
Usamos o subscrito "m" para o melão e "a" para a flecha. Começamos com a equação geral de queda livre, $y = y_0 + v_{y0}t - \frac{1}{2}gt^2$, e usamos as condições iniciais dadas para o melão ($v_{y0} = 0$, $y_0 = h = 58{,}3$ m) e para a flecha ($v_{y0} \equiv v_{a0} = 25{,}1$ m/s, $y_{0=0}$)

$$y_m(t) = h - \frac{1}{2}gt^2$$
$$y_a(t) = v_{a0}t - \frac{1}{2}gt^2.$$

A principal observação é que, em t_c, o momento em que o melão e a flecha colidem, suas coordenadas são idênticas:

$$y_a(t_c) = y_m(t_c).$$

SIMPLIFIQUE
Inserimos t_c nas duas equações de movimento e os igualamos, resultando em

$$h - \frac{1}{2}gt_c^2 = v_{a0}t_c - \frac{1}{2}gt_c^2 \Rightarrow$$
$$h = v_{a0}t_c \Rightarrow$$
$$t_c = \frac{h}{v_{a0}}.$$

Agora podemos inserir esse valor para o tempo de colisão em qualquer uma das duas equações de queda livre e obter a altura acima da cabeça de Pierre em que a colisão ocorre. Selecionamos a equação para o melão:

$$y_m(t_c) = h - \frac{1}{2}gt_c^2.$$

CALCULE
(a) Tudo que nos resta fazer é inserir os números dados para a altura de liberação do melão e a velocidade inicial da flecha, que resulta em

$$t_c = \frac{58{,}3 \text{ m}}{25{,}1 \text{ m/s}} = 2{,}32271 \text{ s}$$

para o tempo de impacto.

(b) Usando o número que obtivemos para o tempo, encontramos a posição em que a colisão ocorre:

$$y_m(t_c) = 58{,}3 \text{ m} - \tfrac{1}{2}(9{,}81 \text{ m/s}^2)(2{,}32271 \text{ s})^2 = 31{,}8376 \text{ m}.$$

ARREDONDE

Como os valores iniciais da altura de liberação e a velocidade da flecha foram dados com três algarismos significativos, temos que limitar nossa resposta final a três algarismos. Portanto, a flecha atingirá o melão após 2,32 s, e isso ocorrerá em uma posição 31,8 m acima da cabeça de Pierre.

SOLUÇÃO ALTERNATIVA

Poderíamos ter obtido as respostas de forma mais fácil? Sim, se tivéssemos percebido que tanto o melão quanto a flecha caem sob a influência da mesma aceleração gravitacional e, desta forma, seu movimento de queda livre não influencia a distância entre eles. Isso significa que o tempo que leva para que se encontrem é simplesmente a distância inicial entre eles dividida pela diferença de velocidade inicial. Com essa percepção, poderíamos ter escrito $t = h/v_{a0}$ logo de saída e acabado com o problema. Porém, pensar em termos de movimento relativo desta maneira exige prática, e retornaremos a essa questão em maior detalhe no próximo capítulo.

A Figura 2.22 mostra o gráfico completo das posições da flecha e do melão como funções de tempo. As partes pontilhadas dos dois gráficos indicam para onde a flecha e o melão teriam ido se não tivessem colidido.

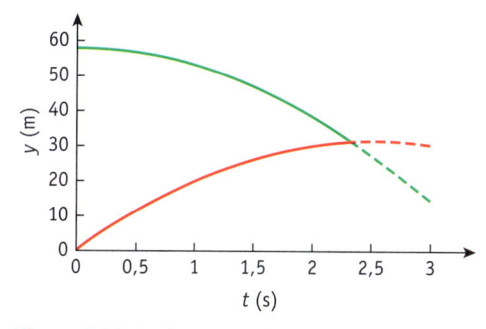

Figura 2.22 Posição como função de tempo para a flecha (curva vermelha) e o melão (curva verde).

QUESTÃO ADICIONAL

Quais são as velocidades do melão e da flecha no momento da colisão?

SOLUÇÃO

Obtemos a velocidade calculando a derivada de tempo da posição. Para flecha e melão, temos

$$y_m(t) = h - \tfrac{1}{2}gt^2 \Rightarrow v_m(t) = \frac{dy_m(t)}{dt} = -gt$$

$$y_a(t) = v_{a0}t - \tfrac{1}{2}gt^2 \Rightarrow v_a(t) = \frac{dy_a(t)}{dt} = v_{a0} - gt.$$

Agora, a inserção do tempo da colisão, 2,32 s, produzirá as respostas. Observe que, diferente das posições da flecha e do melão, as velocidades dos dois objetos não são as mesmas logo antes do contato!

$$v_m(t_c) = -(9{,}81 \text{ m/s}^2)(2{,}32 \text{ s}) = -22{,}8 \text{ m/s}$$

$$v_a(t_c) = (25{,}1 \text{ m/s}) - (9{,}81 \text{ m/s}^2)(2{,}32 \text{ s}) = 2{,}34 \text{ m/s}.$$

Além disso, é preciso perceber que a diferença entre as duas velocidades ainda é 25,1 m/s, o mesmo valor que tinha no início das trajetórias.

Concluímos este problema representando as velocidades em um gráfico (Figura 2.23) como função de tempo. Pode-se ver que a flecha sai com velocidade que é 25,1 m/s maior do que a do melão. Conforme o tempo avança, a flecha e o melão sofrem a mesma mudança de velocidade sob a influência da gravidade, o que significa que suas velocidades mantêm a diferença inicial.

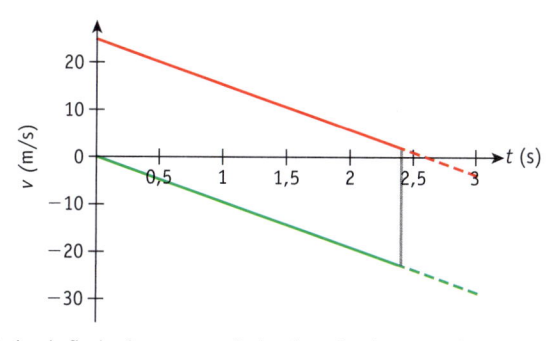

Figura 2.23 Velocidades da flecha (curva vermelha) e do melão (curva verde) como função de tempo.

2.5 Exercícios de sala de aula

Se o melão do Problema resolvido 2.3 for atirado para cima com velocidade inicial de 5 m/s ao mesmo tempo em que a flecha é atirada para cima, quanto tempo leva até que a colisão ocorra?

a) 2,32 s

b) 2,90 s

c) 1,94 s

d) Eles não colidem antes que o melão atinja o solo.

2.3 Pausa para teste

Como se pode ver na resposta do Problema resolvido 2.3, a velocidade da flecha é de apenas 2,34 m/s quando atinge o melão. Isso significa que, quando a flecha atinge o melão, sua velocidade inicial diminui consideravelmente em razão do efeito da gravidade. Suponha que a velocidade inicial da flecha tenha sido menor por 5,0 m/s. O que mudaria? A flecha ainda atingiria o melão?

2.8 Redução de movimento em mais de uma dimensão para uma dimensão

A cinemática não se limita ao movimento em uma dimensão espacial. Também podemos investigar casos mais gerais, em que os objetos se movem em duas ou três dimensões espaciais. Faremos isso nos próximos capítulos. Porém, em alguns casos, o movimento em mais de uma dimensão pode ser reduzido ao movimento em uma dimensão. Vamos considerar um caso muito interessante de movimento em duas dimensões para o qual cada segmento pode ser descrito pelo movimento em uma linha reta.

EXEMPLO 2.6 — Aquathlon

O triathlon é uma competição esportiva inventada por um clube de atletismo de San Diego na década de 1970 que foi incluída nos Jogos Olímpicos de Sydney, em 2000. Normalmente, consiste em uma prova de natação de 1,5 km, seguida de uma corrida de bicicleta de 40 km e concluindo com uma corrida de 10 km. Para serem competitivos, os atletas devem estar em condições de nadar a distância de 1,5 km em menos de 20 minutos, terminar a corrida de bicicleta com um tempo inferior a 70 minutos e correr os 10 km em menos de 35 minutos.

Porém, para este exemplo, vamos considerar uma competição em que, além do talento atlético, o raciocínio também seja recompensado. A competição consiste em apenas duas partes: uma prova de natação, seguida de uma corrida. (Esta competição às vezes é chamada de *aquathlon*.) Os atletas começam a uma distância $b = 1,5$ km da costa, e a linha de chegada fica a uma distância $a = 3$ km para a esquerda ao longo da margem da praia (Figura 2.24). Suponha que você nade com velocidade escalar $v_1 = 3,5$ km/h e consiga correr na areia com velocidade escalar $v_2 = 14$ km/h.

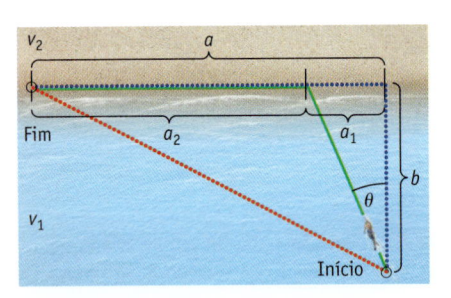

Figura 2.24 Geometria do percurso do *aquathlon*.

PROBLEMA
Que ângulo θ resultará no menor tempo de chegada sob essas condições?

SOLUÇÃO
Nitidamente, a linha vermelha pontilhada marca a menor distância entre o ponto de partida e a linha de chegada. Essa distância é $\sqrt{a^2+b^2} = \sqrt{1,5^2+3^2}$ km $= 3,354$ km. Como todo o trajeto fica na água, o tempo que leva para concluir a corrida desta forma é

$$t_{\text{vermelho}} = \frac{\sqrt{a^2+b^2}}{v_1} = \frac{3,354 \text{ km}}{3,5 \text{ km/h}} = 0,958 \text{ h}.$$

Já que a velocidade da corrida é maior do que a da natação, também podemos tentar a abordagem indicada pela linha azul pontilhada: nadar direto para a margem e depois correr. Isso leva

$$t_{\text{azul}} = \frac{b}{v_1} + \frac{a}{v_2} = \frac{1,5 \text{ km}}{3,5 \text{ km/h}} + \frac{3 \text{ km}}{14 \text{ km/h}} = 0,643 \text{ h}.$$

Assim, o caminho azul é melhor do que o vermelho. Mas será que é o melhor? Para responder essa questão, precisamos buscar o intervalo angular de 0 (trajeto azul) a tg$^{-1}(3/1,5) = 63,43°$ (trajeto vermelho). Vamos considerar o trajeto verde, com um ângulo arbitrário θ com relação à linha reta até a costa (ou seja, o normal até a margem da praia). No trajeto verde, é preciso nadar uma distância de $\sqrt{a_1^2+b^2}$ e depois correr uma distância de a_2, conforme indicado na Figura 2.24. O tempo total para esse trajeto é

$$t = \frac{\sqrt{a_1^2+b^2}}{v_1} + \frac{a_2}{v_2}.$$

Para encontrar o tempo mínimo, podemos expressar o tempo em termos da distância a_1 apenas, obter a derivada desse tempo referente à distância, definir a derivada igual a zero e solucionar para a distância. Usando a_1, podemos então calcular o ângulo θ que o atleta deve nadar. Podemos expressar a distância a_2 em termos da distância dada a e a_1:

$$a_2 = a - a_1.$$

Podemos expressar o tempo para completar a corrida em termos de a_1:

$$t(a_1) = \frac{\sqrt{a_1^2 + b^2}}{v_1} + \frac{a - a_1}{v_2}.$$

Obtendo a derivada em relação a a_1 e definindo o resultado igual a zero nos dá

$$\frac{dt(a_1)}{da_1} = \frac{a_1}{v_1 \sqrt{a_1^2 + b^2}} - \frac{1}{v_2} = 0.$$

Uma reordenação gera

$$\frac{a_1}{v_1 \sqrt{a_1^2 + b^2}} = \frac{1}{v_2},$$

que pode ser reescrita como

$$\frac{v_1 \sqrt{a_1^2 + b^2}}{a_1} = v_2.$$

Elevando os dois lados ao quadrado e reordenando os termos, temos

$$v_1^2 \left(a_1^2 + b^2\right) = a_1^2 v_2^2 \;\Rightarrow\; a_1^2 v_1^2 + b^2 v_1^2 = a_1^2 v_2^2 \;\Rightarrow\; b^2 v_1^2 = a_1^2 \left(v_2^2 - v_1^2\right).$$

Solucionando para a_1, ficamos com

$$a_1 = \frac{b v_1}{\sqrt{v_2^2 - v_1^2}}.$$

Na Figura 2.24, podemos ver que tg$\theta = a_1/b$, então podemos escrever

$$\text{tg}\,\theta = \frac{a_1}{b} = \frac{\dfrac{b v_1}{\sqrt{v_2^2 - v_1^2}}}{b} = \frac{v_1}{\sqrt{v_2^2 - v_1^2}}.$$

Podemos simplificar esse resultado analisando o triângulo para o ângulo θ na Figura 2.25. O teorema de Pitágoras nos diz que a hipotenusa do triângulo é

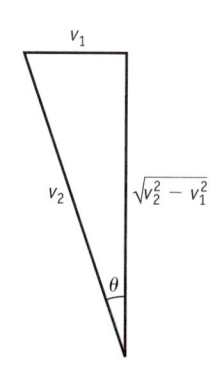

Figura 2.25 Relação entre v_1, v_2 e θ.

$$\sqrt{v_1^2 + v_2^2 - v_1^2} = v_2.$$

Então, podemos escrever

$$\text{sen}\,\theta = \frac{v_1}{v_2}.$$

Esse resultado é muito interessante porque as distâncias a e b não aparecem nele! Em vez disso, o seno do melhor ângulo é simplesmente a razão entre as velocidades escalares na água e em terra. Para os valores dados das duas velocidades escalares, esse ângulo é

$$\theta_m = \text{sen}^{-1} \frac{3{,}5}{14} = 14{,}48°.$$

Inserindo $a_1 = b\,\text{tg}\,\theta_m$ na equação 2.26, encontramos $t(\theta_m) = 0{,}629$ h. Esse tempo é aproximadamente 49 segundos mais rápido do que nadar direto para a margem e depois correr (trajeto azul).

Estritamente falando, não demonstramos que esse ângulo resulta no tempo mínimo. Para realizar isso, também precisamos mostrar que a segunda derivada do tempo com relação ao ângulo é maior do que zero. Porém, como encontramos um extremo, e uma vez que seu valor é menor do que os dos limites, sabemos que esse extremo é um verdadeiro mínimo.

Continua →

Finalmente, a Figura 2.26 mostra o gráfico do tempo, em horas, necessário para completar a corrida para todos os ângulos entre 0° e 63,43°, indicado pela curva verde. Esse gráfico é obtido substituindo $a_1 = b\,\text{tg}\,\theta$ na equação 2.26, o que nos dá

$$t(\theta) = \frac{\sqrt{(b\,\text{tg}\,\theta)^2 + b^2}}{v_1} + \frac{a - b\,\text{tg}\,\theta}{v_2} = \frac{b\,\text{sec}\,\theta}{v_1} + \frac{a - b\,\text{tg}\,\theta}{v_2},$$

usando a identidade $\text{tg}^2\theta + 1 = \text{sec}^2\theta$. Uma linha vermelha vertical marca o ângulo máximo, correspondente a nadar em linha reta do ponto de partida à linha de chegada. A linha azul vertical marca o melhor ângulo que calculamos, e a linha azul horizontal marca a duração da corrida para esse ângulo.

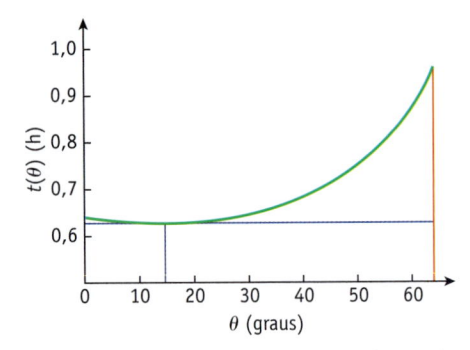

Figura 2.26 Duração da corrida como função do ângulo inicial.

Após concluir o Exemplo 2.6, podemos lidar com uma questão mais complicada: se a linha de chegada não estiver na margem da praia, mas a uma distância perpendicular b afastada da costa, conforme mostra a Figura 2.27, quais são os ângulos θ_1 e θ_2 que um competidor precisa selecionar para atingir o tempo mínimo?

Prosseguimos de maneira muito semelhante à nossa abordagem no Exemplo 2.6. No entanto, agora temos que perceber que o tempo depende de dois ângulos, θ_1 e θ_2. Esses dois ângulos não são independentes entre si. Podemos ver melhor a relação entre θ_1 e θ_2 mudando a orientação do triângulo inferior na Figura 2.27, conforme mostrado na Figura 2.28.

Agora vemos que os dois ângulos retos $a_1 b c_1$ e $a_2 b c_2$ têm um lado comum b, que nos ajuda a relacionar os dois ângulos entre si. Podemos expressar o tempo para completar a corrida como

$$t = \frac{\sqrt{a_1^2 + b^2}}{v_1} + \frac{\sqrt{a_2^2 + b^2}}{v_2}.$$

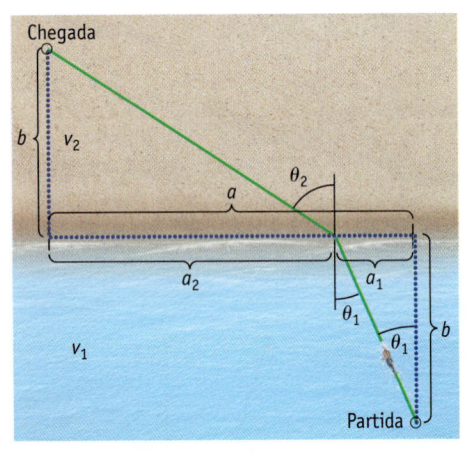

Figura 2.27 Aquathlon modificado, com chegada longe da margem.

Novamente, percebendo que $a_2 = a - a_1$, podemos escrever

$$t(a_1) = \frac{\sqrt{a_1^2 + b^2}}{v_1} + \frac{\sqrt{(a - a_1)^2 + b^2}}{v_2}.$$

Obtendo a derivada do tempo para concluir a corrida em relação a a_1 e definindo esse resultado igual a zero, obtemos

$$\frac{dt(a_1)}{da_1} = \frac{a_1}{v_1 \sqrt{a_1^2 + b^2}} - \frac{a - a_1}{v_2 \sqrt{(a - a_1)^2 + b^2}} = 0.$$

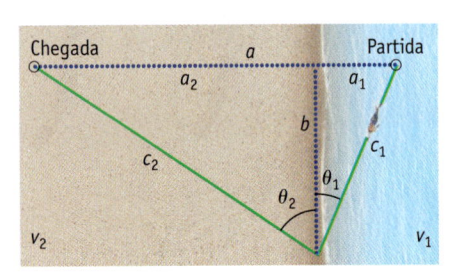

Figura 2.28 Igual à figura anterior, mas com triângulo inferior refletido ao longo do eixo horizontal.

Podemos reordenar essa equação para obter

$$\frac{a_1}{v_1 \sqrt{a_1^2 + b^2}} = \frac{a - a_1}{v_2 \sqrt{(a - a_1)^2 + b^2}} = \frac{a_2}{v_2 \sqrt{a_2^2 + b^2}}.$$

Olhando a Figura 2.28 e fazendo referência a nosso resultado anterior da Figura 2.25, podemos ver que

$$\text{sen}\,\theta_1 = \frac{a_1}{\sqrt{a_1^2 + b^2}}$$

e

$$\text{sen}\,\theta_2 = \frac{a_2}{\sqrt{a_2^2 + b^2}}.$$

Podemos inserir esses dois resultados na equação anterior e finalmente verificar que o tempo mais curto para concluir a corrida exige

$$\frac{\text{sen}\,\theta_1}{v_1} = \frac{\text{sen}\,\theta_2}{v_2}. \tag{2.27}$$

Agora podemos ver que nosso resultado prévio, em que forçamos a corrida a acontecer ao longo da praia, é um caso especial da equação 2.27 desse resultado mais geral, com $\theta_2 = 90°$.

Assim como para esse caso especial, constatamos que a relação entre os ângulos não depende dos valores do deslocamento a e b, mas apenas das velocidades escalares com que o competidor pode se movimentar na água e em terra. Os ângulos ainda estão relacionados a a e b pela restrição geral de que o competidor tem que ir do ponto de partida à linha de chegada. Porém, para o trajeto de tempo mínimo, a mudança de sentido no limite entre água e terra, conforme expressa pelos dois ângulos θ_1 e θ_2, é determinada exclusivamente pela razão entre as velocidades escalares v_1 e v_2.

A condição inicial especificou que a distância perpendicular b do ponto de partida até a margem é idêntica à distância perpendicular entre a margem e a linha de chegada. Fizemos isso para manter a álgebra relativamente simples. Contudo, na fórmula final, vemos que não há mais referências a b; ele foi anulado. Assim, a equação 2.27 é ainda válida no caso em que as duas distâncias perpendiculares têm valores diferentes. A razão entre ângulos para o trajeto de tempo mínimo é unicamente determinada pelas duas velocidades escalares nos diferentes meios.

É interessante notar que encontraremos a mesma relação entre dois ângulos e duas velocidades escalares quando estudarmos a mudança de sentido da luz na interface entre dois meios através dos quais a luz se move com velocidades diferentes. Veremos que a luz também se propaga pelo trajeto de tempo mínimo e que o resultado obtido na equação 2.27 é conhecido como lei de Snell.

Finalmente, fazemos uma observação que pode parecer trivial, mas não é: se um competidor começasse no ponto marcado como "Chegada" na Figura 2.27 e terminasse no ponto indicado como "Partida", ele teria que seguir exatamente o mesmo trajeto que acabamos de calcular para o sentido oposto. A lei de Snell é válida para ambos os sentidos.

O QUE JÁ APRENDEMOS | GUIA DE ESTUDO PARA EXERCÍCIOS

- x é a componente x do vetor posição. Deslocamento é a mudança de posição: $\Delta x = x_2 - x_1$.

- Distância é o valor absoluto do deslocamento, $\ell = |\Delta x|$, e é um escalar positivo para movimento em um sentido.

- A velocidade média de um objeto em um determinado intervalo de tempo é dada por $\bar{v}_x = \dfrac{\Delta x}{\Delta t}$.

- A componente x do *vetor* velocidade (instantânea) é a derivada da componente x do *vetor* posição como função de tempo, $v_x = \dfrac{dx}{dt}$.

- Velocidade escalar é o valor absoluto da velocidade: $v = |v_x|$.

- A componente x do *vetor* aceleração (instantânea) é a derivada da componente x do *vetor* velocidade como função de tempo, $a_x = \dfrac{dv_x}{dt}$.

- Para acelerações constantes, cinco equações cinemáticas descrevem o movimento em uma dimensão:

  (i) $x = x_0 + v_{x0}t + \frac{1}{2}a_x t^2$
  (ii) $x = x_0 + \bar{v}_x t$
  (iii) $v_x = v_{x0} + a_x t$
  (iv) $\bar{v}_x = \frac{1}{2}(v_x + v_{x0})$
  (v) $v_x^2 = v_{x0}^2 + 2a_x(x - x_0)$

  onde x_0 é a posição inicial, v_{x0} é a velocidade inicial e o tempo inicial t_0 é ajustado em zero.

- Para situações que envolvem queda livre (aceleração constante), substituímos a aceleração a por $-g$ e x por y para obter

  (i) $y = y_0 + v_{y0}t - \frac{1}{2}g t^2$
  (ii) $y = y_0 + \bar{v}_y t$
  (iii) $v_y = v_{y0} - gt$
  (iv) $\bar{v}_y = \frac{1}{2}(v_y + v_{y0})$
  (v) $v_y^2 = v_{y0}^2 - 2g(y - y_0)$

  onde y_0 é a posição inicial, v_{y0} é a velocidade inicial e o eixo y aponta para cima.

TERMOS-CHAVE

aceleração instantânea, p. 43
aceleração média, p. 43
cinemática, p. 36

deslocamento, p. 37
distância, p. 38
mecânica, p. 36

queda livre, p. 51
velocidade escalar, p. 42
velocidade instantânea, p. 40

velocidade média, p. 40
vetor posição, p. 37

NOVOS SÍMBOLOS

$\Delta x = x_2 - x_1$, deslocamento em uma dimensão

$\bar{v}_x = \dfrac{\Delta x}{\Delta t}$, velocidade média em uma dimensão em um intervalo de tempo Δt

$v_x = \dfrac{dx}{dt}$, velocidade instantânea em uma dimensão

$\bar{a}_x = \dfrac{\Delta v}{\Delta t}$, aceleração média em uma dimensão em um intervalo de tempo Δt

$a_x = \dfrac{dv_x}{dt}$, aceleração instantânea em uma dimensão

RESPOSTAS DOS TESTES

2.1 O resultado não mudaria, porque uma alteração na origem do sistema de coordenadas não tem influência sobre os deslocamentos líquidos ou distâncias.

2.2

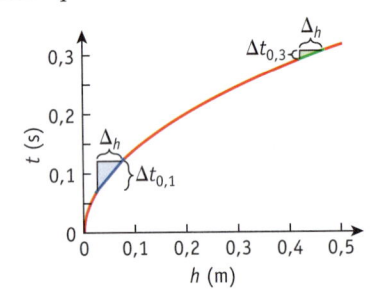

Este método é mais preciso para tempos de reação mais longos, porque a declividade da curva diminui como função da altura, h. (No gráfico, a declividade em 0,1 s é indicada pela linha azul, e o que está em 0,3 s pela linha verde.) Então, uma dada incerteza, Δh, na medição da altura resulta em uma incerteza menor, Δt, no valor para o tempo de reação para tempos de reação mais longos.

2.3 A flecha ainda atingiria o melão, mas na colisão a flecha já teria velocidade negativa e, portanto, estaria se movendo para baixo novamente. Logo, o melão alcançaria a flecha quando estivesse caindo. A colisão ocorreria um pouco depois, após $t = 58{,}3 \text{ m}/(20{,}1 \text{ m/s}) = 2{,}90$ s. A altitude da colisão seria um pouco mais baixa, em $y_m(t_c) = 58{,}3 \text{ m} - \tfrac{1}{2}(9{,}81 \text{ m/s}^2)(2{,}90 \text{ s})^2 = 1{,}70$ m acima da cabeça de Pierre.

GUIA DE RESOLUÇÃO DE PROBLEMAS

PROBLEMA RESOLVIDO 2.4 | Corrida com vantagem

Cheri tem um novo Dodge Charger com motor Hemi e desafiou Vince, que é proprietário de um VW GTI turbinado, para uma corrida em uma pista local. Vince sabe que o Dodge de Cheri vai de 0 a 60 mph em 5,3 s, enquanto seu VW precisa de 7,0 s. Vince pede uma vantagem e Cheri concorda em dar a ele exatamente 1,0 s.

PROBLEMA
A que distância Vince estará na pista até que Cheri inicie a corrida? Em que tempo Cheri alcança Vince? A que distância da largada eles estarão quando isso acontecer? (Pressuponha aceleração constante para cada carro durante a corrida.)

SOLUÇÃO

PENSE
Esta corrida é um bom exemplo de movimento unidimensional com aceleração constante. A tentação é examinar as equações cinemáticas 2.23 e ver qual podemos aplicar. Porém, temos que ser um pouco mais cuidadosos neste caso, porque o atraso de tempo entre a partida de Vince e a de Cheri adiciona uma complicação. Na verdade, se você tentar solucionar este problema usando as equações cinemáticas diretamente, não obterá a resposta correta. Do contrário, este problema exige uma definição cuidadosa das coordenadas de tempo para cada carro.

DESENHE
Para nosso desenho, representamos o tempo no eixo horizontal e a posição no eixo vertical. Os dois carros se movem com aceleração constante a partir da largada, então esperamos parábolas simples para seus trajetos neste diagrama.

Como o carro de Cheri tem maior aceleração, sua parábola (curva azul na Figura 2.29) tem a maior curvatura e, por isso, elevação mais inclinada. Portanto, fica evidente que Cheri alcançará Vince em algum ponto, mas ainda não está claro onde este ponto fica.

PESQUISE

Definimos o problema de modo quantitativo. Chamamos o atraso de tempo antes que Cheri possa começar de Δt, e usamos os índices (subscritos) C para o Dodge de Cheri e V para o VW de Vince. Posicionamos a origem do sistema de coordenadas na linha de partida. Assim, ambos os carros têm posição inicial $x_C(t=0) = x_V(t=0) = 0$. Como os dois carros estão em repouso na largada, suas velocidades iniciais são zero. A equação de movimento para o VW de Vince é

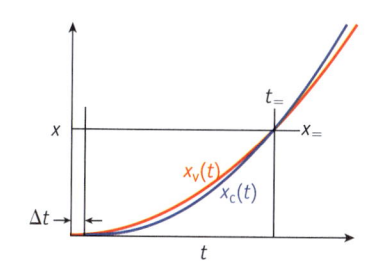

$$x_V(t) = \tfrac{1}{2} a_V t^2.$$

Figura 2.29 Posição *versus* tempo para a corrida entre Cheri e Vince.

Aqui usamos o símbolo a_V para a aceleração do VW. Podemos calcular seu valor com base no tempo de 0 a 60 mph dado pelo enunciado do problema, mas adiaremos esse passo até que seja hora de inserir os números.

Para obter a equação de movimento para o Dodge de Cheri, temos que ser cuidadosos, porque ela está forçada a esperar Δt depois da largada de Vince. Podemos representar esse atraso com um tempo modificado: $t' = t - \Delta t$. Assim que t atinja o valor de Δt, o tempo t' tem valor 0 e, então, Cheri pode dar a largada. Portanto, a equação de movimento de seu Dodge é

$$x_C(t) = \tfrac{1}{2} a_C t'^2 = \tfrac{1}{2} a_C (t - \Delta t)^2 \qquad \text{para } t \geq \Delta t.$$

Assim como a_V, a aceleração constante a_C para o Dodge de Cheri será avaliada abaixo.

SIMPLIFIQUE

Quando Cheri alcançar Vince, suas coordenadas terão o mesmo valor. Chamaremos o tempo em que isso acontecer de $t_=$, e a coordenada onde ele ocorre de $x_= \equiv x(t_=)$. Como as duas coordenadas têm o mesmo valor, temos

$$x_= = \tfrac{1}{2} a_V t_=^2 = \tfrac{1}{2} a_C (t_= - \Delta t)^2.$$

Podemos solucionar essa equação para $t_=$ dividindo o fator comum de ½ e depois tirando a raiz quadrada dos dois lados da equação:

$$\sqrt{a_V}\, t_= = \sqrt{a_C}\, (t_= - \Delta t) \Rightarrow$$
$$t_= \left(\sqrt{a_C} - \sqrt{a_V} \right) = \Delta t \sqrt{a_C} \Rightarrow$$
$$t_= = \frac{\Delta t \sqrt{a_C}}{\sqrt{a_C} - \sqrt{a_V}}.$$

Por que usamos a raiz positiva e descartamos a raiz negativa aqui? A raiz negativa levaria a uma solução fisicamente impossível: estamos interessados no tempo em que os dois carros *se encontram* após darem a largada, e não em um valor negativo que implicaria um tempo antes de partirem.

CALCULE

Agora podemos obter uma resposta numérica para cada uma das questões feitas. Primeiro, vamos descobrir os valores das acelerações constantes dos carros a partir das especificações dadas de 0 a 60 mph. Usamos $a = (v_x - v_{x0})/t$ e temos

$$a_V = \frac{60 \text{ mph}}{7{,}0 \text{ s}} = \frac{26{,}8167 \text{ m/s}}{7{,}0 \text{ s}} = 3{,}83095 \text{ m/s}^2$$

$$a_C = \frac{60 \text{ mph}}{5{,}3 \text{ s}} = \frac{26{,}8167 \text{ m/s}}{5{,}3 \text{ s}} = 5{,}05975 \text{ m/s}^2.$$

Novamente, adiamos o arredondamento dos resultados até termos concluído todos os passos em nossos cálculos. Porém, com os valores para as acelerações, podemos imediatamente calcular a distância percorrida por Vince durante o tempo $\Delta t = 1{,}0$ s:

$$x_V(1{,}0 \text{ s}) = \tfrac{1}{2}(3{,}83095 \text{ m/s}^2)(1{,}0 \text{ s})^2 = 1{,}91548 \text{ m}.$$

Continua →

Agora podemos calcular o tempo em que Cheri alcança Vince:

$$t_= = \frac{\Delta t \sqrt{a_C}}{\sqrt{a_C} - \sqrt{a_V}} = \frac{(1,0 \text{ s})\sqrt{5,05975 \text{ m/s}^2}}{\sqrt{5,05975 \text{ m/s}^2} - \sqrt{3,83095 \text{ m/s}^2}} = 7,70055 \text{ s}.$$

Neste tempo, os dois carros percorreram a mesma distância. Logo, podemos inserir esse valor em qualquer equação de movimento para encontrar essa posição:

$$x_= = \tfrac{1}{2} a_V t_=^2 = \tfrac{1}{2}(3,83095 \text{ m/s}^2)(7,70055 \text{ s})^2 = 113,585 \text{ m}.$$

ARREDONDE
Os dados iniciais foram especificados apenas com precisão de dois algarismos significativos. Arredondando nossos resultados com a mesma precisão, finalmente chegamos em nossa resposta: Vince recebe uma vantagem de 1,9 m, e Cheri o alcançará após 7,7 s. Nesse tempo, eles terão percorrido $1,1 \cdot 10^2$ m na corrida.

SOLUÇÃO ALTERNATIVA
Pode parecer estranho que o carro de Vince tenha conseguido se mover apenas 1,9 m, ou aproximadamente metade do comprimento do carro, durante seu primeiro segundo. Será que cometemos algum erro no cálculo? A resposta é não; do ponto de partida, os carros se movem apenas uma distância comparativamente curta durante o primeiro segundo de aceleração. O próximo problema resolvido contém evidências visíveis dessa afirmativa.

A Figura 2.30 mostra um gráfico das equações de movimento para os dois carros, desta vez com as unidades adequadas.

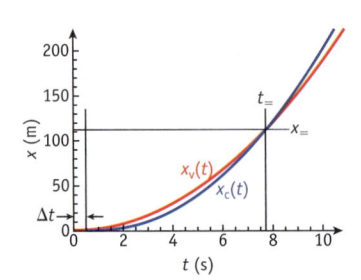

Figura 2.30 Gráfico dos parâmetros e equações de movimento para a corrida entre Cheri e Vince.

PROBLEMA RESOLVIDO 2.5 | **Carro em aceleração**

PROBLEMA
Você recebe a sequência de imagens mostrada na Figura 2.31 e a informação de que existe um intervalo de tempo de 0,333 s entre quadros sucessivos. Você consegue determinar com que velocidade este carro (Ford Escape Hybrid 2007, comprimento de 174,9 polegadas) estava acelerando a partir do repouso? Além disso, você pode dar uma estimativa para o tempo que este carro leva para ir de 0 a 60 mph?

SOLUÇÃO
PENSE
A aceleração é medida em dimensões de comprimento por tempo ao quadrado. Para encontrar um número para o valor da aceleração, precisamos saber as escalas de tempo e comprimento da Figura 2.31. A escala de tempo é objetiva porque temos a informação de que 0,333 s passam entre quadros sucessivos.

Podemos obter a escala de comprimento com base nas dimensões especificadas do veículo. Por exemplo, se nos concentrarmos no comprimento do carro e o compararmos à largura total do quadro, podemos encontrar a distância que o carro percorreu entre o primeiro e o último quadro (que estão separados por 3,000 s).

Figura 2.31 Sequência de vídeo de um carro acelerando a partir da largada.

DESENHE
Desenhamos linhas amarelas verticais sobre a Figura 2.31, conforme mostra a Figura 2.32. Colocamos o centro do carro na linha entre as janelas frontais e traseiras (a localização exata é irrelevante, contanto que haja consistência).

Agora podemos usar uma régua e medir a distância perpendicular entre as duas linhas amarelas, indicadas pela seta amarela de duas pontas na figura. Também podemos medir o comprimento do carro, conforme indicado pela seta vermelha de duas pontas.

PESQUISE
A divisão do comprimento medido da seta amarela de duas pontas pelo da seta vermelha nos dá uma razão de 3,474. Como as duas linhas amarelas verticais marcam a posição do centro do carro em 0,000 s e 3,000 s, sabemos que o carro percorreu uma distância de 3,474 comprimentos de carro neste intervalo de tempo.

O comprimento do carro foi dado como 174,9 polegadas = 4,442 m. Assim, a distância total percorrida é $d = 3{,}474 \cdot \ell_{carro} = 3{,}474 \cdot 4{,}442$ m = 15,4315 m (lembre-se que arredondamos com o número adequado de algarismos significativos no final).

SIMPLIFIQUE
Temos duas escolhas sobre como proceder. A primeira é mais complicada: poderíamos medir a posição do carro em cada quadro e, a seguir, usar fórmulas de diferença como as do Exemplo 2.3. A outra – e muito mais rápida – maneira de proceder é presumir aceleração constante e usar as medições das posições do carro apenas no primeiro e último quadros. Usaremos a segunda maneira, mas no final precisaremos avaliar se nossa pressuposição de aceleração constante se justifica.

Para uma aceleração constante a partir da largada, simplesmente temos

$$x = x_0 + \tfrac{1}{2}at^2 \Rightarrow$$
$$d = x - x_0 = \tfrac{1}{2}at^2 \Rightarrow$$
$$a = \frac{2d}{t^2}.$$

Essa é a aceleração que queremos encontrar. Assim que tivermos a aceleração, podemos dar uma estimativa para o tempo de 0 a 60 mph usando $v_x = v_{x0} + at \Rightarrow t = (v_x - v_{x0})/a$. Um ponto de partida significa $v_{x0} = 0$ e, por isso, temos

$$t(0 - 60 \text{ mph}) = \frac{60 \text{ mph}}{a}.$$

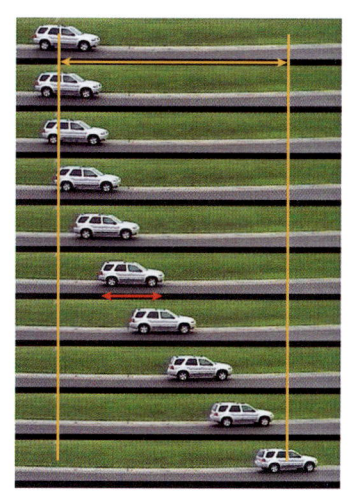

Figura 2.32 Determinação da escala de comprimento para a Figura 2.31.

CALCULE
Inserimos os números para a aceleração:

$$a = \frac{2d}{t^2} = \frac{2 \cdot (15{,}4315 \text{ m})}{(3{,}000 \text{ s})^2} = 3{,}42922 \text{ m/s}^2.$$

Então, para o tempo de 0 a 60 mph, obtemos

$$t(0 - 60 \text{ mph}) = \frac{60 \text{ mph}}{a} = \frac{(60 \text{ mph})(1609 \text{ m/mi})(1 \text{ h}/3.600 \text{ s})}{3{,}42922 \text{ m/s}^2} = 7{,}82004 \text{ s}.$$

ARREDONDE
O comprimento do carro determina nossa escala de comprimento, e foi dado com quatro algarismos significativos. O tempo foi dado com três algarismos significativos. Temos o direito de exibir nossos resultados com três algarismos significativos? A resposta é não, porque também realizamos medições na Figura 2.32, que provavelmente são precisas com apenas dois algarismos, no máximo. Além disso, pode-se ver distorções do campo de visão e de lente na sequência da imagem: nos primeiros quadros, é possível ver um pouco da frente do carro, e nos últimos quadros, um pouco da traseira. Levando tudo isso em consideração, nossos resultados devem ser exibidos com dois algarismos significativos. Então, nossa resposta final para a aceleração é

$$a = 3{,}4 \text{ m/s}^2.$$

Para o tempo de 0 a 60 mph, damos

$$t(0\text{–}60 \text{ mph}) = 7{,}8 \text{ s}.$$

SOLUÇÃO ALTERNATIVA
Os números que encontramos para a aceleração e o tempo de 0 a 60 mph são razoavelmente normais para carros ou pequenos SUVs; veja também o Problema resolvido 2.4. Assim, podemos afirmar com confiança que não estamos equivocados por ordens de magnitude.

O que devemos também verificar, no entanto, é a pressuposição de aceleração constante. Para aceleração constante a partir da largada, os pontos $x(t)$ devem cair sobre uma parábola $x(t) = \tfrac{1}{2}at^2$. Portanto, se representarmos x no eixo horizontal e t no eixo vertical como na Figura 2.33, os pontos $t(x)$ devem seguir uma dependência de raiz quadrada: $t(x) = \sqrt{2x/a}$. Essa dependência funcional é mostrada pela curva vermelha na Figura 2.33. Podemos ver que o mesmo ponto do carro é atingido pela curva em todos os quadros, nos dando a confiança de que a pressuposição de aceleração constante é razoável.

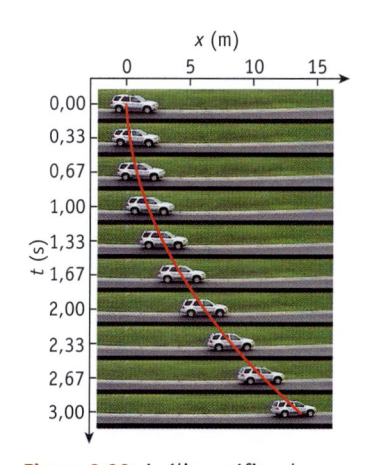

Figura 2.33 Análise gráfica do problema do carro em aceleração.

QUESTÕES DE MÚLTIPLA ESCOLHA

2.1 Dois atletas saltam para cima. Após sair do chão, Adam tem metade da velocidade escalar inicial de Bob. Comparado a Adam, Bob salta

a) 0,50 vezes mais alto.
b) 1,41 vezes mais alto.
c) duas vezes mais alto.
d) três vezes mais alto.
e) quatro vezes mais alto.

2.2 Dois atletas saltam para cima. Após sair do chão, Adam tem metade da velocidade escalar inicial de Bob. Comparado a Adam, Bob fica no ar

a) 0,50 vezes mais tempo.
b) 1,41 vezes mais tempo.
c) duas vezes mais tempo.
d) três vezes mais tempo.
d) quatro vezes mais tempo.

2.3 Um carro está viajando para o oeste a 20,0 m/s. Encontre a velocidade do carro após 3,00 s se sua aceleração for de 1,0 m/s^2 em direção a oeste. Presuma que a aceleração permanece constante.

a) 17,0 m/s para o oeste
b) 17,0 m/s para o leste
c) 23,0 m/s para o oeste
d) 23,0 m/s para o leste
e) 11,0 m/s para o sul

2.4 Um carro está viajando para o oeste a 20,0 m/s. Encontre a velocidade do carro após 37,00 s se sua aceleração constante for de 1,0 m/s^2 em direção a leste. Presuma que a aceleração permanece constante.

a) 17,0 m/s para o oeste
b) 17,0 m/s para o leste
c) 23,0 m/s para o oeste
d) 23,0 m/s para o leste
e) 11,0 m/s para o sul

2.5 Um elétron, partindo do repouso e se movendo com aceleração constante, percorre 1,0 cm em 2,0 ms. Qual é o módulo dessa aceleração?

a) 25 km/s^2
b) 20 km/s^2
c) 15 km/s^2
d) 10 km/s^2
e) 5,0 km/s^2

2.6 Um carro viaja 22,0 m/s para o norte por 30,0 min e depois reverte o sentido e viaja 28,0 m/s por 15,0 min. Qual é o deslocamento total do carro?

a) $1,44 \cdot 10^4$ m
b) $6,48 \cdot 10^4$ m
c) $3,96 \cdot 10^4$ m
d) $9,98 \cdot 10^4$ m

2.7 Quais das seguintes afirmativas são verdadeiras?

1. Um objeto pode ter aceleração zero e estar em repouso.
2. Um objeto pode ter aceleração não zero e estar em repouso.
3. Um objeto pode ter aceleração zero e estar em movimento.

a) Apenas a 1
b) 1 e 3
c) 1 e 2
d) 1, 2 e 3

2.8 Um carro se movendo a 60 km/h leva 4,0 s até parar. Qual foi sua desaceleração média?

a) 2,4 m/s^2
b) 15 m/s^2
c) 4,2 m/s^2
d) 41 m/s^2

2.9 Você atira uma pedra de um penhasco. Se a resistência do ar for desprezada, qual afirmativa (ou afirmativas) abaixo é verdadeira?

1. A velocidade escalar da pedra aumentará.
2. A velocidade escalar da pedra diminuirá.
3. A aceleração da pedra aumentará.
4. A aceleração da pedra diminuirá.

a) 1
b) 1 e 4
c) 2
d) 2 e 3

2.10 Um carro viaja a 22,0 mph por 15,0 min e 35,0 mph por 30,0 min. Que distância total ele percorre?

a) 23,0 m
b) $3,70 \cdot 10^4$ m
c) $1,38 \cdot 10^3$ m
d) $3,30 \cdot 10^2$ m

QUESTÕES

2.11 Considere três patinadoras no gelo: Anna se move no sentido x positivo sem andar para trás. Bertha se move no sentido x negativo sem andar para trás. Christine se move no sentido x positivo e depois reverte o sentido de seu movimento. Para qual dessas patinadoras o módulo da velocidade escalar média é menor do que a velocidade média sobre um intervalo de tempo?

2.12 Você atira uma bola pequena verticalmente para o alto. Como os vetores velocidade e aceleração da bola estão orientados entre si durante o percurso ascendente e descendente da bola?

2.13 Depois de pisar no freio, a aceleração de seu carro está no sentido oposto de sua velocidade. Se a aceleração de seu carro permanecer constante, descreva o movimento do carro.

2.14 Dois carros estão viajando à mesma velocidade escalar, e os motoristas pisam no freio ao mesmo tempo. A desaceleração de um carro é o dobro da do outro. Por qual fator o tempo necessário para que esse carro pare se compara com o do outro carro?

2.15 Se a aceleração de um objeto for zero e sua velocidade for diferente de zero, o que se pode dizer do movimento do objeto? Desenhe gráficos de velocidade versus tempo e de aceleração versus tempo para auxiliar na explicação.

2.16 A aceleração de um objeto pode estar no sentido oposto a seu movimento? Explique.

2.17 Você e um amigo estão na beira de um penhasco coberto de neve. Ao mesmo tempo, vocês atiram uma bola de neve sobre a beira do penhasco. A sua bola de neve é duas vezes mais pesada que a de seu amigo. Despreze a resistência do ar. (a) Qual bola de neve atingirá o solo primeiro? (b) Qual bola de neve terá maior velocidade escalar?

2.18 Você e um amigo estão na beira de um penhasco coberto de neve. Ao mesmo tempo, você atira uma bola de neve para cima com velocidade escalar de 8,0 m/s sobre a beira do penhasco e seu amigo atira uma bola de neve para baixo com a mesma velocidade. A sua bola de neve é duas vezes mais pesada que a de seu amigo. Desprezando a resistência do ar, qual bola de neve atingirá o solo primeiro, e qual terá maior velocidade escalar?

2.19 Um carro está desacelerando e para completamente. A figura mostra uma sequência de imagens desse processo. O tempo entre quadros sucessivos é de 0,333 s, e o carro é o mesmo usado no Problema resolvido 2.5. Presumindo aceleração constante, qual é seu valor? Você pode dar alguma estimativa do erro na resposta? Até que ponto a pressuposição de aceleração constante se justifica?

2.20 Um carro se move por uma estrada com velocidade constante. Começando no tempo $t = 2,5$ s, o motorista acelera com aceleração constante. A posição resultante do carro como função de tempo é mostrada pela curva azul na figura.

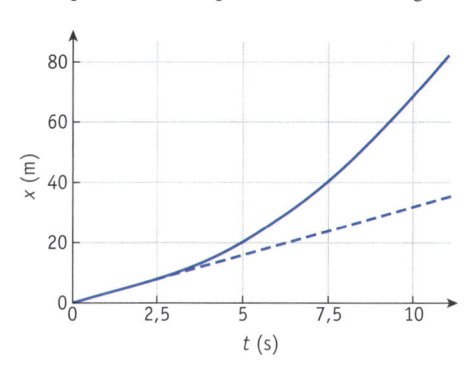

a) Qual é o valor da velocidade constante do carro antes de 2,5 s? (*Dica*: a linha azul pontilhada é o trajeto que o carro teria na ausência da aceleração.)

b) Qual é a velocidade do carro em $t = 7,5$ s? Use uma técnica gráfica (isto é, desenhe uma declividade).

c) Qual é o valor da aceleração constante?

2.21 Você atira uma pedra sobre a beira de um penhasco de uma altura h. Seu amigo atira uma pedra da mesma altura com velocidade escalar v_0 verticalmente para baixo, em algum tempo t após, você atira a sua. As duas pedras atingem o solo ao mesmo tempo. Quanto tempo após você ter atirado a pedra seu amigo atirou a dele? Expresse a resposta em termos de v_0, g e h.

2.22 A posição de uma partícula como função de tempo é dada como $x(t) = \frac{1}{4} x_0 e^{3\alpha t}$, onde α é uma constante positiva.

a) Em que tempo a partícula está em $2x_0$?

b) Qual é a velocidade escalar da partícula como função de tempo?

c) Qual é a aceleração da partícula como função de tempo?

d) Quais são as unidades do SI para α?

2.23 A posição *versus* tempo para um objeto é dada como $x = At^4 - Bt^3 + C$.

a) Qual é a velocidade instantânea como função de tempo?

b) Qual é a aceleração instantânea como função de tempo?

2.24 Uma chave inglesa é atirada verticalmente para cima com velocidade escalar v_0. Quanto tempo após sua liberação ela está a meio caminho de sua altura máxima?

PROBLEMAS

Um • e dois •• indicam um nível crescente de dificuldade do problema.

Seção 2.2

2.25 Um carro viaja para o norte a 30 m/s por 10 min. Depois, ele viaja para o sul a 40 m/s por 20 min. Quais são a distância total que o carro viaja e seu deslocamento?

2.26 Você anda de bicicleta em uma linha reta de sua casa até uma loja a 1000 m de distância. No caminho de volta, você para na casa de um amigo que fica exatamente entre sua casa e a loja.

a) Qual é o seu deslocamento?

b) Qual é a distância total percorrida? Após conversar com seu amigo, você segue na direção de sua casa. Quando você retorna à sua casa,

c) Qual é o seu deslocamento?

d) Qual é a distância percorrida?

Seção 2.3

2.27 Ao correr por uma pista retangular com 50 m × 40 m, você faz uma volta em 100 s. Qual é a sua velocidade média para a volta?

2.28 Um elétron se move no sentido x positivo por uma distância de 2,42 m em $2,91 \cdot 10^{-8}$ s, colide com um próton em movimento e, a seguir, segue no sentido oposto por uma distância de 1,69 m em $3,43 \cdot 10^{-8}$ s.

a) Qual é a velocidade média do elétron por todo o intervalo de tempo?

b) Qual é a velocidade escalar média do elétron por todo o intervalo de tempo?

2.29 O gráfico descreve a posição de uma partícula em uma dimensão como função de tempo. Responda as seguintes perguntas.

a) Em que intervalo de tempo a partícula tem sua velocidade escalar máxima? Qual é essa velocidade escalar?

b) Qual é a velocidade média no intervalo de tempo entre −5 s e +5 s?

c) Qual é a velocidade escalar média no intervalo de tempo entre −5 s e +5 s?

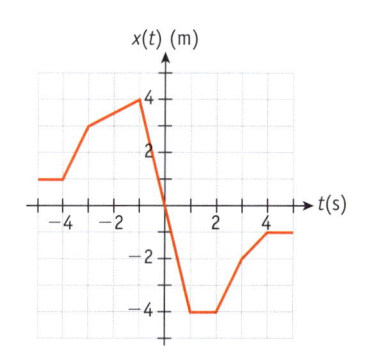

d) Qual é a razão entre a velocidade no intervalo entre 2 s e 3 s e aquela no intervalo entre 3 s e 4 s?

e) Em que tempo(s) a velocidade da partícula é zero?

2.30 A posição de uma partícula que se move pelo eixo x é dada por $x = (11 + 14t - 2,0t^2)$, onde t está em segundos e x está em metros. Qual é a velocidade média durante o intervalo de tempo de $t = 1,0$ s a $t = 4,0$ s?

• 2.31 A posição de uma partícula que se move pelo eixo x é dada por $x = 3,0t^2 - 2,0t^3$, onde x está em metros e t está em segundos. Qual é a posição da partícula quando ela atinge sua velocidade escalar máxima no sentido x positivo?

2.32 O índice de deriva continental é da ordem de 10 mm/ano. Aproximadamente quanto tempo levou para que a América do Norte e a Europa atingissem sua atual separação de cerca de 3000 milhas?

2.33 Você e um amigo estão dirigindo para a praia nas férias de verão. Vocês viajam 16,0 km para o leste e 80,0 km para o sul, em um tempo total de 40 minutos. (a) Qual é a velocidade escalar média da viagem? (b) Qual é a velocidade média?

• 2.34 A trajetória de um objeto é dada pela equação

$$x(t) = (4,35\text{m}) + (25,9\text{m/s})t - (11,79\text{m/s}^2)t^2$$

a) Para qual tempo t o deslocamento $x(t)$ está no máximo?

b) Qual é seu valor máximo?

Seção 2.4

2.35 Um ladrão de bancos em um carro de fuga se aproxima de um cruzamento a uma velocidade escalar de 45 mph. Logo que ele passa do cruzamento, percebe que precisava ter dobrado. Então ele pisa no freio, para totalmente o carro e depois acelera, dirigindo em uma linha reta para trás. Ele atinge uma velocidade escalar de 22,5 mph andando de ré. No total, sua desaceleração e reaceleração no sentido oposto levam 12,4 s. Qual é a aceleração média durante esse tempo?

2.36 Um carro está viajando para o oeste a 22,0 m/s. Após 10,0 s, sua velocidade é de 17,0 m/s no mesmo sentido. Encontre o módulo e a orientação da aceleração média do carro.

2.37 O carro de seu amigo parte do repouso e viaja 0,500 km em 10,0 s. Qual é o módulo da aceleração constante necessário para fazer isso?

2.38 Um colega de aula encontrou nos dados de desempenho de seu novo carro o gráfico velocidade *versus* tempo mostrado na figura.

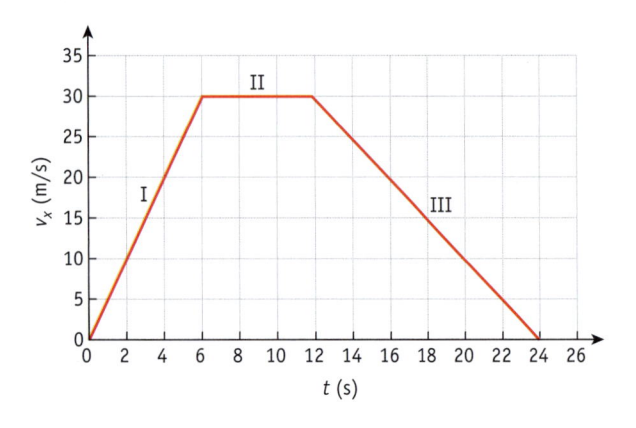

a) Encontre a aceleração média do carro durante cada um dos segmentos I, II e III.

b) Qual é a distância total percorrida pelo carro de $t = 0$ s a $t = 24$ s?

• 2.39 A velocidade de uma partícula ao longo do eixo x é dada, pois $t > 0$, por $v_x = (50,0t - 2,0t^3)$, onde t está em segundos. Qual é a aceleração da partícula quando (após $t = 0$) ela atinge seu deslocamento máximo no sentido x positivo?

• 2.40 O recorde mundial de 2007 para os 100 m rasos masculino foi de 9,77 s. O corredor que ficou em terceiro lugar cruzou a linha de chegada em 10,07 s. Quando o vencedor cruzou a linha de chegada, que distância o terceiro lugar estava atrás dele?

a) Calcule uma resposta que presuma que cada atleta tenha corrido em sua velocidade escalar média durante toda a prova.

b) Calcule outra resposta que use o resultado do Exemplo 2.3, que um velocista de primeira linha corra a uma velocidade escalar de 12 m/s após uma fase de aceleração inicial. Se os dois atletas desta corrida atingirem sua velocidade escalar, que distância atrás o terceiro lugar está quando o vencedor concluir a prova?

• 2.41 A posição de um objeto como função de tempo é dada como $x = At^3 + Bt^2 + Ct + D$. As constantes são $A = 2,1$ m/s^3, $B = 1,0$ m/s^2, $C = -4,1$ m/s e $D = 3$ m.

a) Qual é a velocidade do objeto em $t = 10,0$ s?

b) Em que tempo(s) o objeto está em repouso?

c) Qual é a aceleração do objeto em $t = 0,50$ s?

d) Faça o gráfico da aceleração como função de tempo para o intervalo de tempo de $t = -10,0$ s a $t = 10,0$ s.

Seção 2.5

•• 2.42 Um caça F-14 Tomcat está decolando do deque do porta-aviões norte-americano *Nimitz*, com o auxílio de uma catapulta a vapor. A localização do caça no deque de voo é medida em intervalos de 0,20 s. Essas medições são tabuladas da seguinte forma:

t(s)	0,00	0,20	0,40	0,60	0,80	1,00	1,20	1,40	1,60	1,80	2,00
x (m)	0,0	0,7	3,0	6,6	11,8	18,5	26,6	36,2	47,3	59,9	73,9

Use fórmulas de diferença para calcular a velocidade média do caça e a aceleração média para cada intervalo de tempo. Após concluir essa análise, você saberia dizer se o F-14 Tomcat teve aceleração aproximadamente constante?

Seção 2.6

2.43 Uma partícula parte do repouso a $x = 0$ e se move por 20 s com uma aceleração de $+2,0$ cm/s^2. Para os próximos 40 s, a aceleração da partícula é de $-4,0$ cm/s^2. Qual é a posição da partícula no final de seu movimento?

2.44 Um carro se movendo no sentido x tem uma aceleração que varia com o tempo, conforme mostrado na figura. No momento $t = 0$ s, o carro está localizado a $x = 12$ m e tem uma velocidade de 6 m/s no sentido x positivo. Qual é a velocidade do carro em $t = 5,0$ s?

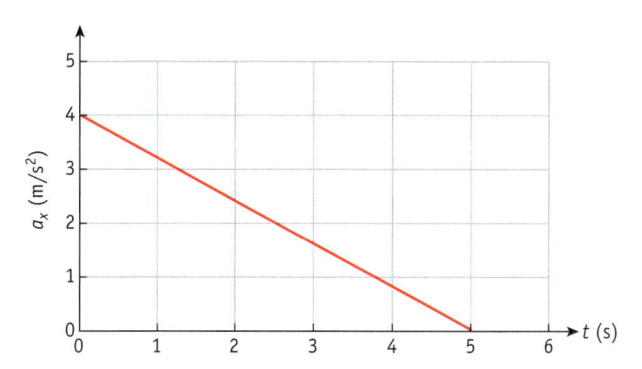

2.45 A velocidade como função de tempo para um carrinho em um parque de diversão é dada como $v = At^2 + Bt$, com constantes $A = 2,0$ m/s^3 e $B = 1,0$ m/s^2. Se o carrinho parte da origem, qual é sua posição em $t = 3,0$ s?

2.46 Um objeto parte do repouso e tem uma aceleração dada por $a = Bt^2 - \frac{1}{2}Ct$, onde $B = 2,0$ m/s^4 e $C = -4,0$ m/s^3.

a) Qual é a velocidade do objeto após 5,0 s?

b) Até que distância o objeto se moveu após $t = 5,0$ s?

•**2.47** Um carro está se movendo pelo eixo x, e sua velocidade, v_x, varia com o tempo conforme mostrado na figura. Se $x_0 = 2,0$ m em $t_0 = 2,0$ s, qual é a posição do carro em $t = 10,0$ s?

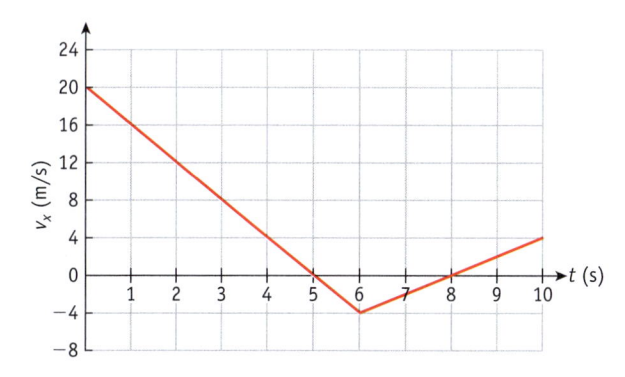

•**2.48** Um carro está se movendo pelo eixo x, e sua velocidade, v_x, varia com o tempo conforme mostrado na figura. Qual é o deslocamento, Δx, do carro de $t = 4$ s a $t = 9$ s?

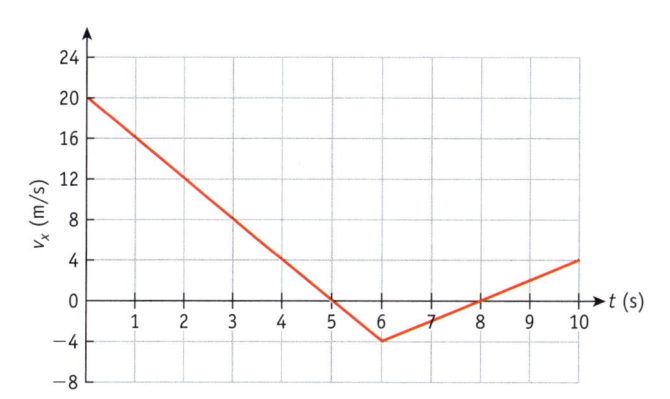

•**2.49** Uma motocicleta parte do repouso e acelera conforme mostra a figura. Determine (a) a velocidade escalar da motocicleta em $t = 4,00$ s e em $t = 14,0$ s, e (b) a distância percorrida nos primeiros 14,0 s.

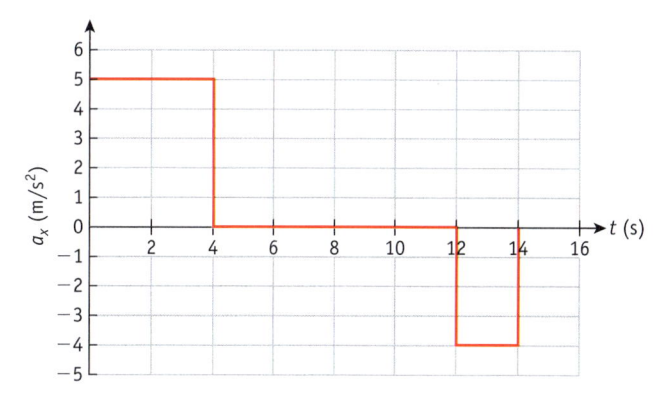

Seção 2.7

2.50 Quanto tempo leva para que um carro acelere de um ponto de partida a 22,2 m/s se a aceleração for constante e o carro percorrer 243 m durante a aceleração?

2.51 Um carro desacelera de uma velocidade escalar de 31,0 m/s para 12,0 m/s por uma distância de 380 m.

a) Quanto tempo isso leva, presumindo aceleração constante?

b) Qual é o valor dessa aceleração?

2.52 Uma corredora de massa 57,5 kg parte do repouso e acelera com aceleração constante de 1,25 m/s^2 até atingir uma velocidade de 6,3 m/s. Depois, ela segue correndo com essa velocidade constante.

a) Que distância ela percorre após 59,7 s?

b) Qual é a velocidade da corredora neste ponto?

2.53 Um caça aterrissa no deque de um porta-aviões. Ele toca o solo com velocidade escalar de 70,4 m/s e para completamente depois de percorrer uma distância de 197,4 m. Se esse processo ocorre com desaceleração constante, qual é a velocidade escalar do caça 44,2 m antes de sua localização de parada final?

2.54 Um projétil é disparado contra uma tábua com 10,0 cm de espessura, com uma linha de movimento perpendicular à superfície da tábua. Se o projétil entra com velocidade escalar de 400 m/s e emerge com velocidade escalar de 200 m/s, qual é sua aceleração à medida que passa pela tábua?

2.55 Um carro parte do repouso e acelera a 10,0 m/s^2. Que distância ele percorre em 2,00 s?

2.56 Um avião parte do repouso e acelera a 121 m/s^2. Qual é sua velocidade escalar no final de uma pista de 500 m?

2.57 Partindo do repouso, um barco aumenta sua velocidade escalar para 5,00 m/s com aceleração constante.

a) Qual é a velocidade escalar média do barco?

b) Se o barco leva 4,00 s para atingir essa velocidade escalar, que distância ele percorreu?

2.58 Uma bola é arremessada verticalmente para cima com velocidade escalar inicial de 26,4 m/s. Quanto tempo leva até que a bola volte para o solo?

2.59 Uma pedra é jogada para cima, a partir do nível do solo, com velocidade inicial de 10,0 m/s.

a) Qual é a velocidade da pedra após 0,50 s?

b) A que altura acima do solo a pedra está após 0,50 s?

2.60 Uma pedra é jogada para baixo com velocidade inicial de 10,0 m/s. A aceleração da pedra é constante e tem o valor da aceleração em queda livre, 9,81 m/s^2. Qual é a velocidade da pedra após 0,500 s?

2.61 Uma bola é atirada diretamente para baixo, com velocidade escalar inicial de 10,0 m/s, de uma altura de 50,0 m. Após qual intervalo de tempo a bola atinge o solo?

2.62 Um objeto é arremessado verticalmente para cima e tem velocidade escalar de 20 m/s quando atinge dois terços de sua altura máxima acima do ponto de lançamento. Determine sua altura máxima.

2.63 Qual é a velocidade no ponto médio de uma bola que consegue atingir uma altura y quando é jogada com velocidade inicial v_0?

• 2.64 O corredor 1 está parado em uma pista de corrida reta. O corredor 2 passa por ele, correndo com velocidade escalar constante de 5,1 m/s. Logo que o corredor 2 passa, o corredor 1 acelera com aceleração constante de 0,89 m/s^2. A que distância na pista o corredor 1 alcança o corredor 2?

• 2.65 Uma menina está andando de bicicleta. Quando ela chega em uma esquina, para e bebe de sua garrafa d'água. Nesse instante, uma amiga passa por ela, com velocidade escalar constante de 8,0 m/s.

a) Após 20 s, a menina volta a andar na bicicleta com uma aceleração constante de 2,2 m/s^2. Quanto tempo leva para que ela alcance sua amiga?

b) Se a menina tivesse estado na bicicleta, andando a uma velocidade escalar de 1,2 m/s quando sua amiga passou, que aceleração constante ela precisaria para alcançar sua amiga na mesma quantidade de tempo?

• 2.66 Um motociclista em alta velocidade está viajando a uma velocidade escalar constante de 36,0 m/s quando passa por uma viatura da polícia estacionada no acostamento da estrada. O radar, posicionado na janela traseira da viatura, mede a velocidade escalar da motocicleta. No instante em que a motocicleta passa pela viatura, o policial começa a perseguir o motociclista com aceleração constante de 4,0 m/s^2.

a) Quanto tempo levará para que o policial alcance o motociclista?

b) Qual será a velocidade escalar da viatura quando alcançar a motocicleta?

c) A que distância a viatura estará de sua posição original?

• 2.67 Dois vagões estão em um trilho reto e horizontal. Um vagão parte do repouso e é posto em movimento com uma aceleração constante de 2,0 m/s^2. Esse vagão se move em direção a um segundo vagão que está a 30 m de distância e se movendo com uma velocidade escalar constante de 4,0 m/s.

a) Onde os vagões colidirão?

b) Quanto tempo levará para que os vagões colidam?

• 2.68 O planeta Mercúrio tem uma massa que é 5% a da Terra, e sua aceleração gravitacional é $g_{mercúrio} = 3,7$ m/s^2.

a) Quanto tempo leva para uma pedra que é jogada de uma altura de 1,75 m atingir o solo em Mercúrio?

b) Como esse tempo se compara com o tempo que leva para a mesma pedra atingir o solo na Terra, se jogada da mesma altura?

c) De que altura você jogaria a pedra na Terra para que o tempo de queda nos dois planetas fosse o mesmo?

• 2.69 Bill Jones teve uma noite ruim no jogo de boliche. Quando chega em casa, joga sua bola de boliche com raiva pela janela do apartamento, de uma altura de 63,17 m acima do solo. John Smith vê a bola passar por sua janela quando ela está 40,95 m acima do solo. Quanto tempo passa do momento em que John Smith vê a bola passar por sua janela até ela atingir o solo?

• 2.70 Imagine que você está no castelo do Abismo de Helm, do livro *Senhor dos Anéis*. Você está no topo do castelo jogando pedras em monstros variados que estão 18,35 m abaixo de você. Logo depois que você joga uma pedra, um arqueiro localizado exatamente abaixo de você atira uma flecha para cima em sua direção com velocidade inicial de 47,4 m/s. A flecha atinge a pedra no ar. Quanto tempo após você soltar a pedra isso acontece?

• 2.71 Um objeto é jogado verticalmente e tem velocidade ascendente de 25 m/s quando atinge um quarto de sua altura máxima acima do ponto de lançamento. Qual é a velocidade escalar inicial (de lançamento) do objeto?

• 2.72 Em um hotel elegante, a parte de trás do elevador é feita de vidro, de forma que é possível ter uma vista agradável durante o percurso. O elevador anda a uma velocidade escalar média de 1,75 m/s. Um menino no 15º andar, 80,0 m acima do nível do solo, joga uma pedra no mesmo instante em que o elevador começa a subir do primeiro ao quinto andar. Presuma que o elevador ande com sua velocidade escalar média durante todo o percurso e despreze as dimensões do elevador.

a) Quanto tempo depois de jogada você vê a pedra?

b) Quanto tempo leva para que a pedra atinja o nível do solo?

•• 2.73 Você joga um balão d'água da janela de seu quarto, 80,0 m acima da cabeça de seu amigo. Em 2,00 s após jogar o balão, sem perceber que tem água dentro, seu amigo dispara um dardo de uma pistola, que está na mesma altura que sua cabeça, diretamente para cima em direção ao balão com uma velocidade inicial de 20,0 m/s.

a) Em quanto tempo o dardo explodirá o balão após ele ser solto?

b) Quanto tempo após o dardo atingir o balão seu amigo terá que sair do caminho da água que cai em sua direção? Presuma que o balão freia instantaneamente no contato com o dardo.

Problemas adicionais

2.74 Uma corredora de massa 56,1 kg parte do repouso e acelera com aceleração constante de 1,23 m/s^2 até atingir uma velocidade de 5,10 m/s. Depois, ela segue correndo com essa velocidade constante. Quanto tempo a corredora leva para percorrer 173 m?

2.75 Um jato aterrissa em uma pista com velocidade escalar de 142,4 mph. Após 12,4 s, o jato para completamente. Presumindo aceleração constante do jato, que distância na pista o jato percorreu desde o ponto em que tocou o solo?

2.76 No gráfico de posição como função de tempo, marque os pontos onde a velocidade é zero, e os pontos onde a aceleração é zero.

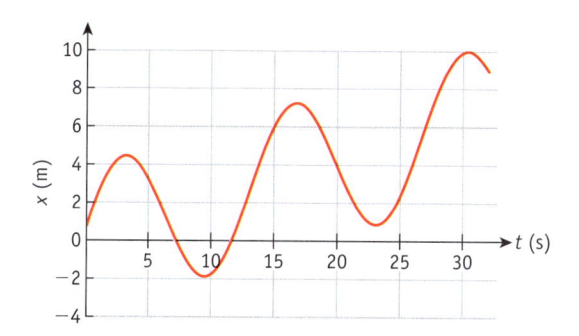

2.77 Um objeto é arremessado para cima com velocidade escalar de 28,0 m/s. Quanto tempo leva para que ele atinja sua altura máxima?

2.78 Um objeto é arremessado para cima com velocidade escalar de 28,0 m/s. A que altura acima do ponto de projeção ele está após 1,00 s?

2.79 Um objeto é arremessado para cima com velocidade escalar de 28 m/s. Que altura máxima acima do ponto de projeção ele atinge?

2.80 A distância mínima necessária para que um carro freie até parar vindo de uma velocidade escalar de 100,0 km/h é de 40 m em um calçamento seco. Qual é a distância mínima necessária para que esse carro freie até parar vindo de uma velocidade escalar de 130,0 km/h em um calçamento seco?

2.81 Um carro se movendo a 60 km/h para completamente em $t = 4,0$ s. Presuma desaceleração uniforme.

a) Que distância o carro percorre enquanto para?

b) Qual é sua desaceleração?

2.82 Você está dirigindo a 29,1 m/s quando a caminhão à sua frente para a 200,0 m de distância de seu pára-choque. Seus freios estão em má condições e você desacelera a uma taxa constante de 2,4 m/s².

a) A que distância você fica do pára-choque do caminhão?

b) Quanto tempo leva para que você consiga parar?

2.83 Um trem viajando a 40,0 m/s está indo na direção de outro trem, que está em repouso no mesmo trilho. O trem em movimento desacelera a 6,0 m/s², e o trem estacionário está a 100,0 m de distância. A que distância do trem estacionário o trem em movimento estará quando conseguir parar?

2.84 Um carro viajando a 25,0 m/s pisa no freio e desacelera de modo uniforme a uma taxa de 1,2 m/s².

a) Que distância ele percorre em 3,0 s?

b) Qual é sua velocidade no final deste intervalo de tempo?

c) Quanto tempo leva para que o carro pare completamente?

d) Que distância o carro percorre antes de parar?

2.85 A velocidade escalar mais rápida da história da NASCAR foi de 212,809 mph (atingida por Bill Elliott em 1987, em Talladega). Se o carro de corrida desacelerou dessa velocidade escalar a uma taxa de 8,0 m/s², que distância percorreria até parar?

2.86 Você está voando em uma linha comercial de Houston, Texas, para Oklahoma City, Oklahoma. O piloto anuncia que o avião está diretamente acima de Austin, Texas, viajando a uma velocidade escalar constante de 245 mph, e estará voando diretamente sobre Dallas, Texas, a 362 km de distância. Quanto tempo levará até você estar diretamente sobre Dallas, Texas?

2.87 A posição de um carro de corrida em uma pista reta é dada por $x = at^3 + bt^2 + c$, onde $a = 2,0$ m/s³, $b = 2,0$ m/s² e $c = 3,0$ m.

a) Qual é a posição do carro entre $t = 4,0$ s e $t = 9,0$ s?

b) Qual é a velocidade escalar média entre $t = 4,0$ s e $t = 9,0$ s?

2.88 Uma menina está parada à beira de um penhasco 100 m acima do solo. Ela estica o braço sobre a beira do penhasco e joga uma pedra diretamente para baixo com velocidade escalar de 8,0 m/s.

a) Quanto tempo leva para que a pedra atinja o solo?

b) Qual é a velocidade escalar da pedra no instante antes de atingir o solo?

• **2.89** Um radar móvel duplo está instalado em uma rodovia. Um policial rodoviário está escondido atrás de um *outdoor*, e outro está a alguma distância, embaixo de uma ponte. Quando um sedan passa pelo primeiro policial, sua velocidade escalar medida é de 105,9 mph. Como o motorista tem um detector de radar, ele é alertado para o fato de que sua velocidade escalar foi medida e tenta desacelerar o carro gradualmente sem pisar no freio e alertar o policial de que ele sabia que estava indo rápido demais. Simplesmente tirando o pé do acelerador leva a uma desaceleração constante. Exatamente 7,05 s depois, o sedan passa pelo segundo policial. Agora sua velocidade escalar medida é de somente 67,1 mph, um pouco abaixo do limite de velocidade da rodovia.

a) Qual é o valor da desaceleração?

b) A que distância estão os dois policiais?

• **2.90** Durante uma corrida teste em uma pista de aeroporto, um novo carro de corrida atinge uma velocidade escalar de 258,4 mph a partir da largada. O carro acelera com aceleração constante e atinge essa marca de velocidade escalar em uma distância de 612,5 m de onde começou. Qual era sua velocidade escalar após um quarto, metade e três quartos dessa distância?

• **2.91** A posição vertical de uma bola suspensa por um fio elástico é dada pela equação

$$y(t) = (3,8 \text{m})\text{sen}(0,46\ t/s - 0,31) - (0,2\text{m/s})t + 5,0\text{m}$$

a) Quais são as equações para velocidade e aceleração para essa bola?

b) Para quais tempos entre 0 e 30 s a aceleração é zero?

•2.92 A posição de uma partícula se movendo pelo eixo x varia com o tempo segundo a expressão $x = 4t^2$, onde x está em metros, e t está em segundos. Avalie a posição da partícula

a) em $t = 2{,}00$ s.

b) em $2{,}00$ s $+ \Delta t$.

c) Avalie o limite de $\Delta x/\Delta t$ conforme Δt se aproxima de zero, para encontrar a velocidade em $t = 2{,}00$ s.

•2.93 Em 2005, o furacão Rita atingiu diversos estados no Sul dos Estados Unidos. No pânico para escapar à sua fúria, milhares de pessoas tentaram fugir para Houston, Texas, de carro. Um carro cheio de estudantes universitários viajando para Tyler, Texas, 199 milhas a norte de Houston, movia-se a uma velocidade escalar média de 3,0 m/s por um quarto do tempo, depois a 4,5 m/s por mais um quarto do tempo e a 6,0 m/s pelo restante da viagem.

a) Quanto tempo levou para que os alunos chegassem ao destino?

b) Desenhe um gráfico de posição *versus* tempo para a viagem.

•2.94 Uma bola é jogada para cima a uma velocidade escalar de 15,0 m/s. Ignore a resistência do ar.

a) Qual é a altura máxima que a bola atingirá?

b) Qual é a velocidade escalar da bola quando atingir 5,00 m?

c) Quanto tempo levará para atingir 5,00 m acima de sua posição inicial enquanto estiver subindo?

d) Quanto tempo levará para atingir 5,00 m acima de sua posição inicial enquanto estiver descendo?

•2.95 O Hotel Bellagio, em Las Vegas, Nevada, é bem conhecido por suas Fontes Musicais, que usam HyperShooters 192 para disparar água a centenas de pés para o alto seguindo o ritmo da música. Um dos HyperShooters dispara água diretamente para cima a uma altura de 240 pés.

a) Qual é a velocidade escalar inicial da água?

b) Qual é a velocidade escalar da água quando está na metade dessa altura em seu caminho de descida?

c) Quanto tempo levará para que a água volte à sua altura original a partir da metade de sua altura máxima?

•2.96 Você está tentando melhorar sua habilidade de tiro fazendo pontaria em uma lata sobre um poste de cerca. Você não acerta na lata, e o projétil, movendo-se a 200 m/s, entra 1,5 cm no poste quando para por completo. Se presumirmos aceleração constante, quanto tempo leva para que o projétil pare?

•2.97 Você dirige com velocidade escalar constante de 13,5 m/s por 30,0 s. Depois, você acelera por 10,0 s até uma velocidade escalar de 22,0 m/s. A seguir, você desacelera até parar em 10,0 s. Que distância você percorreu?

•2.98 Uma bola é jogada do terraço de um prédio. Ela atinge o solo e é pega em sua altura original 5,0 s mais tarde.

a) Qual era a velocidade escalar da bola logo antes de atingir o solo?

b) Qual era a altura do prédio? Você está assistindo de uma janela 2,5 m acima do solo. A abertura da janela tem 1,2 m da parte superior à parte inferior.

c) Em que tempo após a bola ser jogada você viu pela primeira vez a bola na janela?

Movimento em Duas e Três Dimensões 3

Figura 3.1 Sequência em várias exposições de uma bola quicando.

O QUE APRENDEREMOS   72

- 3.1 Sistema de coordenadas tridimensional   72
- 3.2 Velocidade e aceleração em um plano   73
- 3.3 Movimento ideal de projéteis   74
  - Exemplo 3.1 Atire no macaco   75
  - Forma da trajetória de um projétil   76
  - Dependência do tempo em relação ao vetor velocidade   77
- 3.4 Altura máxima e alcance de um projétil   78
  - Problema resolvido 3.1 Arremessando uma bola de beisebol   79
  - Exemplo 3.2 Rebatendo uma bola de beisebol   81
  - Problema resolvido 3.2 Tempo suspenso   82
- 3.5 Movimento realista de projéteis   83
- 3.6 Movimento relativo   84
  - Exemplo 3.2 Aeronave em um vento transversal   86
  - Exemplo 3.4 Dirigindo na chuva   87

O QUE JÁ APRENDEMOS | GUIA DE ESTUDO PARA EXERCÍCIOS   87

- Guia de resolução de problemas   88
  - Problema resolvido 3.3 Tempo de voo   89
  - Problema resolvido 3.4 Veado em movimento   90
- Questões de múltipla escolha   92
- Questões   93
- Problemas   94

O QUE APRENDEREMOS

- Você aprenderá a trabalhar com o movimento em duas e três dimensões usando métodos desenvolvidos para o movimento unidimensional.
- Você determinará o trajeto parabólico do movimento ideal de projéteis.
- Você conseguirá calcular a altura máxima e o alcance máximo de uma trajetória ideal de projéteis em termos do vetor velocidade inicial e da posição inicial.
- Você aprenderá a descrever o vetor velocidade de um projétil a qualquer instante durante seu percurso.
- Você compreenderá que trajetórias realistas de objetos como bolas de beisebol são afetadas pelo atrito do ar e não são exatamente parabólicas.
- Você aprenderá a transformar vetores velocidade de um referencial a outro.

Todos já viram uma bola quicando, mas você já reparou com atenção no trajeto que ela faz? Se você pudesse desacelerar a bola, como na foto da Figura 3.1, veria o arco simétrico de cada salto, que fica menor até que a bola pare. Esse trajeto é característico de um tipo de movimento bidimensional conhecido como *movimento de projéteis*. Pode-se ver a mesma forma parabólica em chafarizes, fogos de artifício, arremessos de bolas de basquete – qualquer tipo de movimento isolado em que a força da gravidade é relativamente constante e o objeto em movimento é denso o bastante para que a resistência do ar (uma força que tende a desacelerar objetos se movendo pelo ar) possa ser ignorada.

Este capítulo estende a discussão do Capítulo 2 sobre deslocamento, velocidade e aceleração para o movimento bidimensional. As definições desses vetores em duas dimensões são muito semelhantes às definições unidimensionais, mas podemos aplicá-las a uma maior variedade de situações da vida real. O movimento bidimensional ainda é mais restrito do que o movimento geral em três dimensões, mas se aplica a um grande número de movimentos comuns e importantes que serão considerados durante este curso.

3.1 Sistema de coordenadas tridimensional

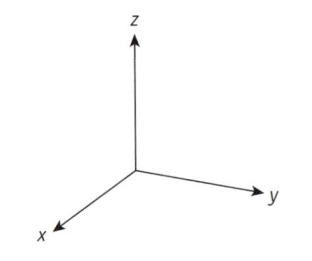

Após ter estudado o movimento em uma dimensão, a seguir enfrentamos problemas mais complexos em duas e três dimensões espaciais. Para descrever esse movimento, trabalharemos com coordenadas cartesianas. Em um sistema de coordenadas cartesianas bidimensional, escolhemos os eixos x e y para o plano horizontal e o eixo z para apontar verticalmente para cima (Figura 3.2). Os três eixos de coordenadas estão a 90° (ortogonais) entre si, conforme exigido para um sistema de coordenadas cartesianas.

A convenção que se segue sem exceção neste livro é que o sistema de coordenadas cartesianas é **destro**. Essa convenção significa que é possível obter a orientação relativa dos três eixos de coordenadas usando a mão direita. Para determinar os sentidos positivos dos três eixos, levante o polegar da mão direita e aponte com o indicador para frente; um ângulo de 90° se forma naturalmente entre eles. Depois, estique seu dedo médio, de forma que esteja a um ângulo reto com o polegar e o indicador (Figura 3.3). Os três eixos são atribuídos aos dedos como mostra a Figura 3.3a: o polegar é x, o indicador é y e o dedo médio é z. Você pode girar a mão direita em qualquer direção, mas a orientação relativa dos dedos permanece a mesma.

Figura 3.2 Um sistema de coordenadas cartesianas *xyz* destro.

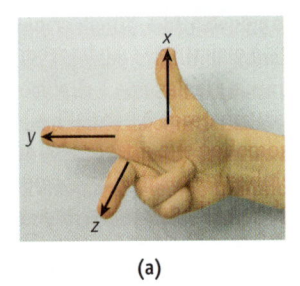

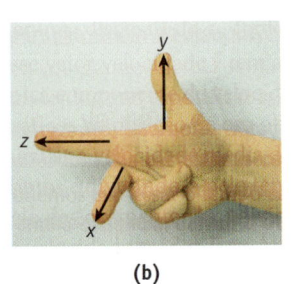

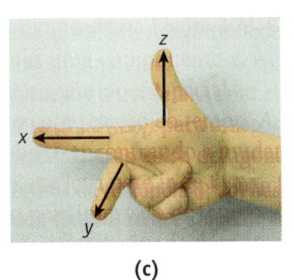

Figura 3.3 As três realizações possíveis de um sistema de coordenadas cartesianas destro.

Se quiser, você pode trocar as letras nos dedos, conforme mostrado na Figura 3.3b e na Figura 3.3c. Porém, z sempre precisa seguir y, que sempre deve seguir x. A Figura 3.3 mostra todas as combinações possíveis da atribuição destra dos eixos aos dedos. Na verdade, você só precisa lembrar uma delas, porque sua mão pode sempre ser orientada no espaço tridimensional de tal forma que as atribuições dos eixos nos dedos podem ser alinhadas com os eixos de coordenadas esquemáticos mostrados na Figura 3.2.

Com esse conjunto de coordenadas cartesianas, um vetor positivo pode ser escrito em forma de componente como

$$\vec{r} = (x, y, z) = x\hat{x} + y\hat{y} + z\hat{z}. \tag{3.1}$$

Um vetor velocidade é

$$\vec{v} = (v_x, v_y, v_y) = v_x\hat{x} + v_y\hat{y} + v_z\hat{z}. \tag{3.2}$$

Para vetores unidimensionais, a derivada temporal da função do vetor posição define o vetor velocidade. Isso também ocorre para mais de uma dimensão:

$$\vec{v} = \frac{d\vec{r}}{dt} = \frac{d}{dt}(x\hat{x} + y\hat{y} + z\hat{z}) = \frac{dx}{dt}\hat{x} + \frac{dy}{dt}\hat{y} + \frac{dz}{dt}\hat{z}. \tag{3.3}$$

No último passo dessa equação, usamos regras de adição e produto de diferenciação, bem como o fato de que vetores unitários são vetores constantes (sentidos fixos ao longo dos eixos das coordenadas e módulo constante de 1). Comparando as equações 3.2 e 3.3, vemos que

$$v_x = \frac{dx}{dt}, \quad v_y = \frac{dy}{dt}, \quad v_z = \frac{dz}{dt}. \tag{3.4}$$

O mesmo procedimento nos leva do vetor velocidade ao vetor aceleração calculando outra derivada temporal:

$$\vec{a} = \frac{d\vec{v}}{dt} = \frac{dv_x}{dt}\hat{x} + \frac{dv_y}{dt}\hat{y} + \frac{dv_z}{dt}\hat{z}. \tag{3.5}$$

Portanto, podemos escrever os componentes cartesianos do vetor aceleração:

$$a_x = \frac{dv_x}{dt}, \quad a_y = \frac{dv_y}{dt}, \quad a_z = \frac{dv_z}{dt}. \tag{3.6}$$

3.2 Velocidade e aceleração em um plano

A diferença mais marcante entre velocidade ao longo de uma linha e velocidade em duas ou mais dimensões é que esta pode mudar de orientação e de módulo. Como a aceleração é definida como uma mudança de velocidade – qualquer mudança de velocidade – dividida por um intervalo de tempo, pode haver aceleração mesmo quando o módulo da velocidade não se altera.

Considere, por exemplo, uma partícula que se move em duas dimensões (ou seja, em um plano). No tempo t_1, a partícula tem velocidade $\vec{v}_1$ e, em um tempo posterior t_2, a partícula tem velocidade $\vec{v}_2$. A mudança de velocidade da partícula é $\Delta\vec{v} = \vec{v}_2 - \vec{v}_1$. A aceleração média, $\vec{a}_{\text{média}}$, para o intervalo de tempo $\Delta t = t_2 - t_1$ é dada por

$$\vec{a}_{\text{média}} = \frac{\Delta\vec{v}}{\Delta t} = \frac{\vec{v}_2 - \vec{v}_1}{t_2 - t_1}. \tag{3.7}$$

A Figura 3.4 mostra três casos diferentes para a mudança de velocidade de uma partícula que se move em duas dimensões por um determinado intervalo de tempo. A Figura 3.4a mostra as velocidades inicial e final da partícula tendo a mesma orientação, mas o módulo da velocidade final é maior do que o módulo da velocidade inicial. A mudança resultante de velocidade e a aceleração média estão na mesma orientação que as velocidades. A Figura 3.4b novamente mostra as velocidades inicial e final apontando na mesma orientação, mas o módulo da velocidade final é menor do que o módulo da velocidade inicial. A mudança resultante de velocidade e a aceleração média estão na orientação oposta às velocidades. A Figura 3.4c ilustra

Figura 3.4 No tempo t_1, uma partícula tem velocidade $\vec{v}_1$. Em um tempo posterior t_2, a partícula tem uma velocidade $\vec{v}_2$. A aceleração média é dada por $\vec{a}_{média} = \Delta\vec{v} / \Delta t = (\vec{v}_2 - \vec{v}_1) / (t_2 - t_1)$. (a) Um intervalo de tempo correspondente a $|\vec{v}_2| > |\vec{v}_1|$, com $\vec{v}_2$ e $\vec{v}_1$ no mesmo sentido. (b) Um intervalo de tempo correspondente a $|\vec{v}_2| < |\vec{v}_1|$, com $\vec{v}_2$ e $\vec{v}_1$ no mesmo sentido. (c) Um intervalo de tempo com $|\vec{v}_2| = |\vec{v}_1|$, mas com $\vec{v}_2$ em um sentido diferente de $\vec{v}_1$.

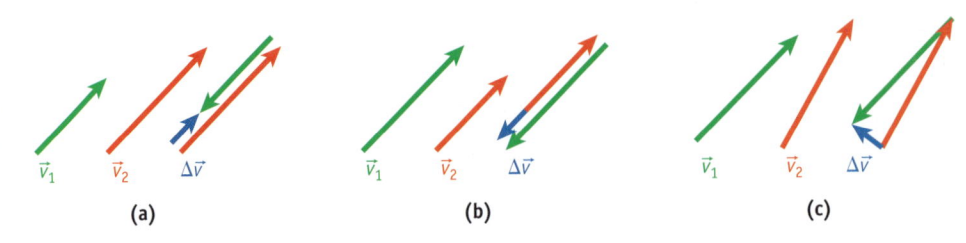

o caso de quando as velocidades inicial e final têm o mesmo módulo, mas a orientação do vetor velocidade final é diferente da orientação do vetor velocidade inicial. Embora os módulos dos vetores velocidade inicial e final sejam os mesmos, a mudança de velocidade e a aceleração média não são zero e podem estar em uma orientação que não tem relação evidente com as orientações das velocidades inicial ou final.

Assim, em duas dimensões, um vetor aceleração surge se o vetor velocidade de um objeto mudar de módulo ou orientação. Sempre que um objeto percorrer uma trajetória curva, em duas ou três dimensões, ele deve ter aceleração. Examinaremos as componentes de aceleração em detalhes no Capítulo 9, quando discutirmos o movimento circular.

3.3 Movimento ideal de projéteis

Em alguns casos especiais de movimento tridimensional, a projeção horizontal da trajetória, ou trajetória de voo, é uma linha reta. Essa situação ocorre sempre que as acelerações no plano horizontal xy são zero, então o objeto tem componentes de velocidade constante, v_x e v_y, no plano horizontal. Esse caso é mostrado na Figura 3.5 para uma bola de beisebol arremessada no ar. Neste caso, podemos atribuir novos eixos de coordenadas de forma que o eixo x aponte para a projeção horizontal da trajetória e o eixo y seja o eixo vertical. Neste caso especial, o movimento tridimensional pode, de fato, ser descrito como um movimento em duas dimensões espaciais. Uma grande classe de problemas da vida real se encaixa nessa categoria, sobretudo problemas que envolvem movimento ideal de projéteis.

Um **projétil ideal** é qualquer objeto que é solto com alguma velocidade inicial e, a seguir, se move apenas sob a influência da aceleração gravitacional, a qual se presume que seja constante e no sentido vertical para baixo. Um arremesso livre no basquete (Figura 3.6) é um bom exemplo de movimento ideal de projéteis, assim como o trajeto de uma bala de revólver ou a trajetória de um carro que é transportado pelo ar. O **movimento ideal de projéteis** despreza a resistência do ar e a velocidade do vento, rotação do projétil e outros efeitos que influenciam o percurso de projéteis na vida real. Para situações realistas em que uma bola de golfe, de tênis ou de beisebol se move no ar, a trajetória real não é descrita adequadamente pelo movimento ideal de projéteis e exige uma análise mais sofisticada. Discutiremos esses efeitos na Seção 3.5, mas não entraremos em detalhe quantitativo.

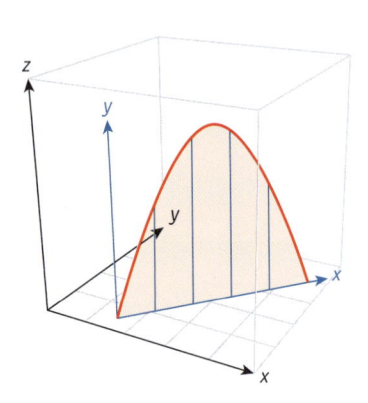

Figura 3.5 Trajetória tridimensional reduzida a uma trajetória bidimensional.

Figura 3.6 Fotografia de um arremesso livre com a trajetória parabólica da bola de basquete sobreposta.

Vamos começar com o movimento ideal de projéteis, sem efeitos em função de resistência do ar ou qualquer outra força além da gravidade. Trabalhamos com duas componentes cartesianas: x no sentido horizontal, e y no sentido vertical (para cima). Portanto, o vetor posição para o movimento de projéteis é

$$\vec{r} = (x, y) = x\hat{x} + y\hat{y}, \qquad (3.8)$$

e o vetor velocidade é

$$\vec{v} = (v_x, v_y) = v_x\hat{x} + v_x\hat{y} = \left(\frac{dx}{dt}, \frac{dy}{dt}\right) = \frac{dx}{dt}\hat{x} + \frac{dy}{dt}\hat{y}. \qquad (3.9)$$

Considerando nossa escolha pelo sistema de coordenadas, com um eixo y vertical, a aceleração devido à gravidade atua para baixo, no sentido y negativo; não há aceleração no sentido horizontal:

$$\vec{a} = (0, -g) = -g\hat{y}. \qquad (3.10)$$

Para este caso especial de uma aceleração constante apenas no sentido y e com aceleração zero no sentido x, temos um problema de queda livre no sentido vertical e movimento com velocidade constante no sentido horizontal. As equações cinemáticas para o sentido x são aquelas para um objeto que se move com velocidade constante:

$$x = x_0 + v_{x0}t \tag{3.11}$$

$$v_x = v_{x0}. \tag{3.12}$$

Assim como no Capítulo 2, usamos a notação $v_{x0} \equiv v_x(t = 0)$ para o valor inicial da componente x da velocidade. As equações cinemáticas para o sentido y são aquelas para movimento em queda livre em uma dimensão:

$$y = y_0 + v_{y0}t - \tfrac{1}{2}gt^2 \tag{3.13}$$

$$y = y_0 + \overline{v}_y t \tag{3.14}$$

$$v_y = v_{y0} - gt \tag{3.15}$$

$$\overline{v}_y = \tfrac{1}{2}(v_y + v_{y0}) \tag{3.16}$$

$$v_y^2 = v_{y0}^2 - 2g(y - y_0). \tag{3.17}$$

Por uma questão de consistência, escrevemos $v_{y0} \equiv v_y(t = 0)$. Com essas sete equações para as componentes x e y, podemos solucionar qualquer problema envolvendo um projétil ideal. Observe que, como o movimento bidimensional pode ser dividido em movimentos unidimensionais separados, essas equações são escritas em forma de componentes, sem utilizar vetores unitários.

EXEMPLO 3.1 | Atire no macaco

Muitas demonstrações em sala de aula ilustram que o movimento no sentido x e o movimento no sentido y são realmente independentes entre si, conforme presumido na derivação das equações para o movimento de projéteis. Uma demonstração popular, chamada de "atire no macaco", é mostrada na Figura 3.7. A demonstração é motivada por uma história. Um macaco escapou do zoológico e subiu em uma árvore. A funcionária do zoológico quer atirar no macaco com um tranquilizante para capturá-lo, mas sabe que o macaco soltará o galho que está segurando quando ouvir o som do disparo da arma. Portanto, seu desafio é atingir o macaco no ar enquanto ele cai.

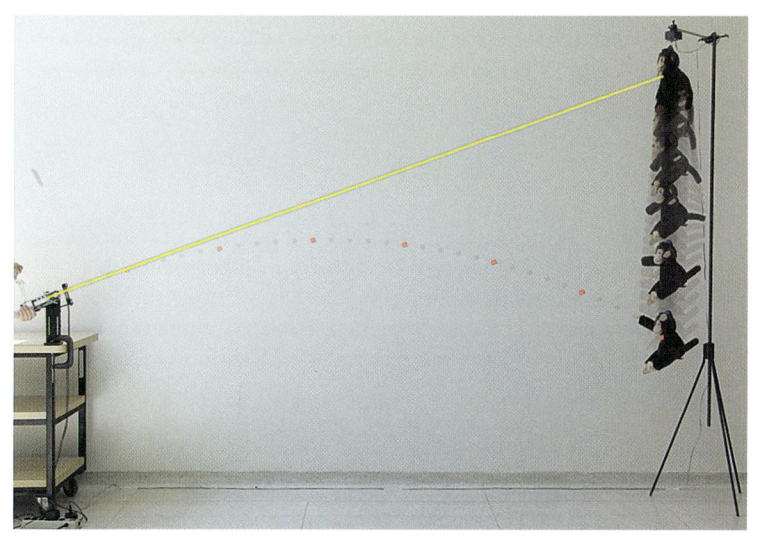

Figura 3.7 A demonstração em sala de aula chamada de "atire no macaco". À direita estão alguns quadros individuais do vídeo, com informações sobre os tempos no canto superior à esquerda. À esquerda, esses quadros foram combinados em uma única imagem com uma linha amarela sobreposta para indicar a mira inicial do lançador de projéteis.

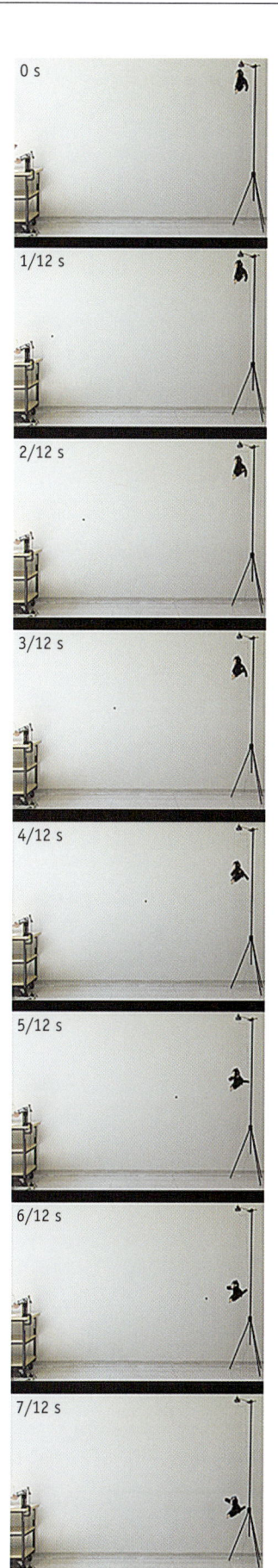

Continua →

PROBLEMA
Onde a funcionária precisa mirar para atingir o macaco na queda?

SOLUÇÃO
Ela precisa mirar diretamente no macaco, conforme mostra a Figura 3.7, presumindo que o tempo para que o som da arma chegue ao macaco é desprezível e que a velocidade do dardo é rápida o bastante para cobrir a distância horizontal até a árvore. Logo que o dardo sai da arma, ele está em queda livre, assim como o macaco. Como tanto o macaco quanto o dardo estão em queda livre, eles caem com a mesma aceleração, independentemente do movimento do dardo no sentido x e da velocidade inicial do dardo. O dardo e o macaco se encontrarão em algum ponto diretamente abaixo do qual o macaco caiu.

DISCUSSÃO
Qualquer atirador de elite pode lhe dizer que, para um alvo fixo, é preciso corrigir a mira de sua arma quanto ao movimento em queda livre do projétil a caminho do alvo. Como se pode inferir pela Figura 3.7, mesmo um projétil disparado de um rifle de alta potência não terá um percurso em linha reta, e sim cairá sob a influência da aceleração gravitacional. Apenas em uma situação como a da demonstração de atirar no macaco, em que o alvo está em queda livre assim que o projétil parte da arma, é possível mirar diretamente no alvo sem fazer correções para o movimento em queda livre do projétil.

Forma da trajetória de um projétil

Agora vamos examinar a **trajetória** de um projétil em duas dimensões. Para encontrar y como função de x, solucionamos a equação $x = x_0 + v_{x0}t$ para o tempo, $t = (x - x_0)/v_{x0}$, e depois substituímos por t na equação $y = y_0 + v_{y0}t - \frac{1}{2}gt^2$:

$$y = y_0 + v_{y0}t - \tfrac{1}{2}gt^2 \Rightarrow$$

$$y = y_0 + v_{y0}\frac{x - x_0}{v_{x0}} - \tfrac{1}{2}g\left(\frac{x - x_0}{v_{x0}}\right)^2 \Rightarrow$$

$$y = \left(y_0 - \frac{v_{y0}x_0}{v_{x0}} - \frac{gx_0^2}{2v_{x0}^2}\right) + \left(\frac{v_{y0}}{v_{x0}} + \frac{gx_0}{v_{x0}^2}\right)x - \frac{g}{2v_{x0}^2}x^2. \tag{3.18}$$

Assim, a trajetória segue uma equação da forma geral $y = c + bx + ax^2$, com constantes a, b e c. Essa é a forma de uma equação para uma parábola no plano xy. Costuma-se definir o componente x do ponto inicial da parábola como sendo igual a zero: $x_0 = 0$. Neste caso, a equação para a parábola torna-se

$$y = y_0 + \frac{v_{y0}}{v_{x0}}x - \frac{g}{2v_{x0}^2}x^2. \tag{3.19}$$

A trajetória do projétil é completamente determinada por três constantes de entrada. Essas constantes são a altura inicial da liberação do projétil, y_0, e as componentes x e y do vetor velocidade inicial, v_{x0} e v_{y0}, conforme mostrado na Figura 3.8.

Também podemos expressar o vetor velocidade inicial, $\vec{v}_0$, em termos de seu módulo, v_0, e orientação, θ_0. A expressão de $\vec{v}_0$ dessa maneira envolve a transformação

$$v_0 = \sqrt{v_{x0}^2 + v_{y0}^2}$$
$$\theta_0 = \operatorname{tg}^{-1}\frac{v_{y0}}{v_{x0}}. \tag{3.20}$$

No Capítulo 1, discutimos essa transformação das coordenadas cartesianas para comprimento e ângulo do vetor, bem como a transformação inversa:

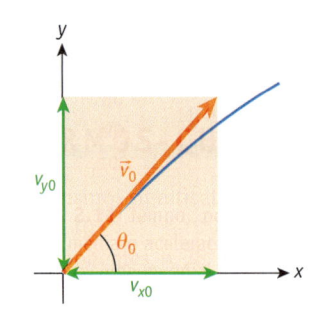

$$v_{x0} = v_0 \cos\theta_0$$
$$v_{y0} = v_0 \operatorname{sen}\theta_0. \tag{3.21}$$

Figura 3.8 Vetor velocidade inicial $\vec{v}_0$ e suas componentes, v_{x0} e v_{y0}.

Expressa em termos do módulo e orientação do vetor velocidade inicial, a equação para o trajeto do projétil torna-se

$$y = y_0 + (\text{tg}\, \theta_0)x - \frac{g}{2v_0^2 \cos^2 \theta_0} x^2. \tag{3.22}$$

O chafariz mostrado na Figura 3.9 fica no Aeroporto Metropolitano de Detroit Wayne County (DTW). É possível ver claramente que a água espirrada de vários canos traça trajetórias parabólicas quase perfeitas.

Observe que, como uma parábola é simétrica, um projétil leva a mesma quantidade de tempo e percorre a mesma distância de seu ponto de lançamento até o pico de sua trajetória do que do pico de sua trajetória de volta para o nível de lançamento. Além disso, a velocidade escalar de um projétil a uma determinada altura a caminho do pico de sua trajetória é igual à sua velocidade escalar na mesma altura quando está voltando.

Figura 3.9 Um chafariz com água seguindo trajetórias parabólicas.

Dependência do tempo em relação ao vetor velocidade

Usando a equação 3.12, sabemos que a componente x da velocidade é constante no tempo: $v_x = v_{x0}$. Esse resultado significa que um projétil percorrerá a mesma distância horizontal em cada intervalo de tempo de mesma duração. Assim, em um vídeo de movimento de projétil, como um jogador de basquete fazendo um arremesso livre (mostrado na Figura 3.6), ou o trajeto do dardo na demonstração de atirar no macaco na Figura 3.7, o deslocamento horizontal do projétil de um quadro do vídeo para o próximo será constante.

A componente y do vetor velocidade muda de acordo com a equação 3.15, $v_y = v_{y0} - gt$; isto é, o projétil cai com aceleração constante. Geralmente, o movimento do projétil começa com um valor positivo, v_{y0}. O ápice (ponto mais alto) da trajetória é atingido no ponto em que $v_y = 0$, e o projétil se move apenas no sentido horizontal. No ápice, a componente y da velocidade é zero e muda de sinal de positivo para negativo.

Podemos indicar os valores instantâneos das componentes x e y do vetor velocidade em um gráfico de y versus x para a trajetória de voo de um projétil (Figura 3.10). As componentes x, v_x, do vetor velocidade são mostradas por setas verdes, e as componentes y, v_y, por setas vermelhas. Observe os comprimentos idênticos das setas verdes, demonstrando o fato de que v_x permanece constante. Cada seta azul é a soma dos vetores das componentes de velocidade x e y e exibe o vetor velocidade instantânea ao longo do trajeto. Observe que a direção do vetor velocidade é sempre tangencial à trajetória. Isso ocorre porque a declividade do vetor velocidade é

$$\frac{v_y}{v_x} = \frac{dy/dt}{dx/dt} = \frac{dy}{dx},$$

que também é a declividade local da trajetória de voo. No pico da trajetória, as setas verde e azul são idênticas porque o vetor velocidade tem apenas uma componente x – ou seja, ele aponta no sentido horizontal.

Embora a componente vertical do vetor velocidade seja igual a zero no pico da trajetória, a aceleração gravitacional tem o mesmo valor constante que em qualquer outra parte da trajetória. Tome cuidado com o equívoco comum de que a aceleração gravitacional é igual a zero no pico da trajetória. A aceleração gravitacional tem o mesmo valor constante em todos os lugares da trajetória.

Finalmente, vamos explorar a dependência funcional do valor absoluto do vetor velocidade sobre o tempo e/ou coordenada y. Começamos com a dependência de $|\vec{v}|$ sobre y. Usamos o fato de que o valor absoluto de um vetor é dado como a raiz quadrada da soma dos quadrados das componentes. A seguir, usamos a equação cinemática 3.12 para a componente x e a equação cinemática 3.17 para a componente y. Obtemos

$$|\vec{v}| = \sqrt{v_x^2 + v_y^2} = \sqrt{v_{x0}^2 + v_{y0}^2 - 2g(y - y_0)} = \sqrt{v_0^2 - 2g(y - y_0)}. \tag{3.23}$$

Observe que o ângulo de lançamento inicial não aparece nessa equação. O valor absoluto da velocidade – a velocidade escalar – só depende do valor inicial da velocidade escalar e da diferença entre a componente y e a altura inicial de lançamento. Logo, se soltarmos um projétil

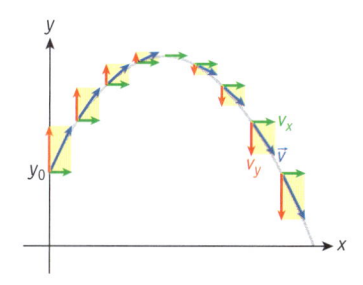

Figura 3.10 Gráfico de uma trajetória parabólica com o vetor velocidade e suas componentes cartesianas mostradas em intervalos constantes de tempo.

3.1 Exercícios de sala de aula

No pico da trajetória de qualquer projétil, qual (ou quais) das seguintes afirmações, se houver alguma, é verdadeira?

a) A aceleração é zero.

b) A componente x da aceleração é zero.

c) A componente y da aceleração é zero.

d) A velocidade é zero.

e) A componente x da velocidade é zero.

f) A componente y da velocidade é zero.

3.1 Pausa para teste
Qual é a dependência de $|\vec{v}|$ sobre a coordenada x?

de certa altura acima do solo e quisermos saber a velocidade escalar com que ele atinge o chão, não importa se o projétil foi arremessado diretamente para cima, horizontalmente ou para baixo. O Capítulo 5 discutirá o conceito de energia cinética e o motivo desse fato aparentemente estranho ficará mais evidente.

3.4 Altura máxima e alcance de um projétil

Ao lançar um projétil, como, por exemplo, o arremesso de uma bola, geralmente estamos interessados no **alcance** (R), ou quanto o projétil percorrerá horizontalmente antes de retornar à sua posição vertical original, e a **altura máxima** (H) que será atingida. Essas grandezas R e H estão ilustradas na Figura 3.11. Constatamos que a altura máxima atingida pelo projétil é

$$H = y_0 + \frac{v_{y0}^2}{2g}. \tag{3.24}$$

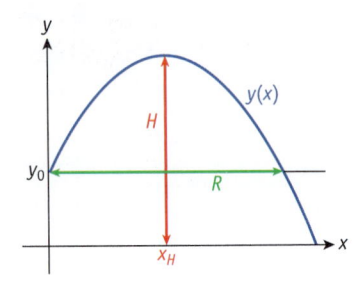

Figura 3.11 Altura máxima (vermelho) e alcance (verde) de um projétil.

Derivaremos essa equação a seguir. Também derivaremos essa equação para o alcance:

$$R = \frac{v_0^2}{g} \operatorname{sen} 2\theta_0, \tag{3.25}$$

onde v_0 é o valor absoluto do vetor velocidade inicial e θ_0 é o ângulo de lançamento. O alcance máximo, para um determinado valor fixo de v_0, é atingido quando $\theta_0 = 45°$.

DEMONSTRAÇÃO 3.1

Vamos investigar primeiro a altura máxima. Para determinar seu valor, obtém-se uma expressão para a altura, que é diferenciada, ajusta-se o resultado igual a zero e soluciona-se para a altura máxima. Suponha que v_0 seja a velocidade escalar inicial e θ_0 seja o ângulo de lançamento. Obtemos a derivada da função de trajeto $y(x)$, equação 3.22, com relação a x:

$$\frac{dy}{dx} = \frac{d}{dx}\left(y_0 + (\operatorname{tg} \theta_0)x - \frac{g}{2v_0^2 \cos^2 \theta_0}x^2\right) = \operatorname{tg} \theta_0 - \frac{g}{v_0^2 \cos^2 \theta_0}x.$$

Agora procuramos o ponto x_H onde a derivada é zero:

$$0 = \operatorname{tg} \theta_0 - \frac{g}{v_0^2 \cos^2 \theta_0}x_H$$

$$\Rightarrow x_H = \frac{v_0^2 \cos^2 \theta_0 \operatorname{tg} \theta_0}{g} = \frac{v_0^2}{g} \operatorname{sen} \theta_0 \cos \theta_0 = \frac{v_0^2}{2g} \operatorname{sen} 2\theta_0.$$

Na segunda linha acima, usamos as identidades trigonométricas $\operatorname{tg} \theta = \operatorname{sen} \theta/\cos \theta$ e $2\operatorname{sen} \theta \cos \theta = \operatorname{sen} 2\theta$. Agora inserimos esse valor para x na equação 3.22 e obtemos a altura máxima, H:

$$H \equiv y(x_H) = y_0 + x_H \operatorname{tg} \theta_0 - \frac{g}{2v_0^2 \cos^2 \theta_0}x_H^2$$

$$= y_0 + \frac{v_0^2}{2g} \operatorname{sen} 2\theta_0 \operatorname{tg} \theta_0 - \frac{g}{2v_0^2 \cos^2 \theta_0}\left(\frac{v_0^2}{2g} \operatorname{sen} 2\theta_0\right)^2$$

$$= y_0 + \frac{v_0^2}{g} \operatorname{sen}^2 \theta_0 - \frac{v_0^2}{2g} \operatorname{sen}^2 \theta_0$$

$$= y_0 + \frac{v_0^2}{2g} \operatorname{sen}^2 \theta_0.$$

Como $v_{y0} = v_0 \operatorname{sen} \theta_0$, também podemos escrever

$$H = y_0 + \frac{v_{y0}^2}{2g},$$

que é a equação 3.24.

O alcance, R, de um projétil é definido como a distância horizontal entre o ponto de lançamento e o ponto onde o projétil atinge a mesma altura de onde começou, $y(R) = y_0$. Inserindo $x = R$ na equação 3.22:

$$y_0 = y_0 + R \text{ tg } \theta_0 - \frac{g}{2v_0^2 \cos^2 \theta_0} R^2$$

$$\Rightarrow \text{tg } \theta_0 = \frac{g}{2v_0^2 \cos^2 \theta_0} R$$

$$\Rightarrow R = \frac{2v_0^2}{g} \text{sen } \theta_0 \cos \theta_0 = \frac{v_0^2}{g} \text{sen } 2\theta_0,$$

que é a equação 3.25.

Observe que o alcance, R, é duas vezes o valor do coordenada x, x_H, em que a trajetória atingiu sua altura máxima: $R = 2x_H$.

Finalmente, consideramos como maximizar o alcance do projétil. Uma maneira de maximizar o alcance é maximizando a velocidade inicial, porque o alcance aumenta com o valor absoluto da velocidade inicial, v_0. Então, a questão é, dada uma velocidade escalar inicial específica, qual é a dependência do alcance sobre o ângulo de lançamento θ_0? Para responder essa questão, obtemos a derivada do alcance (equação 3.25) em relação ao ângulo de lançamento:

$$\frac{dR}{d\theta_0} = \frac{d}{d\theta_0}\left(\frac{v_0^2}{g}\text{sen } 2\theta_0\right) = 2\frac{v_0^2}{g}\cos 2\theta_0.$$

A seguir, definimos essa derivada igual a zero e encontramos o ângulo para o qual o valor máximo é atingido. O ângulo entre 0° e 90° para o qual $2\theta_0 = 0$ é 45°. Portanto, o alcance máximo de um projétil ideal é dado por

$$R_{\max} = \frac{v_0^2}{g}. \tag{3.26}$$

Poderíamos ter obtido esse resultado diretamente da fórmula para o alcance porque, segundo aquela fórmula (equação 3.25), o alcance está no máximo quando sen $2\theta_0$ tem seu valor máximo de 1, e ele tem esse valor máximo quando $2\theta_0 = 90°$ ou $\theta_0 = 45°$.

A maioria dos esportes que usam bola oferece inúmeros exemplos de movimento de projéteis. Agora vamos considerar alguns exemplos em que os efeitos da resistência do ar e a rotação não dominam o movimento e, por isso, os nossos resultados estão razoavelmente próximos do que acontece na realidade. Na seção seguinte, analisaremos quais efeitos a resistência do ar e a rotação podem ter sobre um projétil.

3.2 Pausa para teste

Outra maneira de chegar a uma fórmula para o alcance se utiliza do fato de que o projétil leva o mesmo tempo para atingir o pico da trajetória do que para descer, em razão da simetria de uma parábola. Podemos calcular o tempo para atingir o pico da trajetória, em que $v_{y0} = 0$, e depois multiplicar esse tempo por dois e, a seguir, a componente da velocidade horizontal para chegar ao alcance. Você consegue derivar a fórmula para calcular o alcance dessa forma?

PROBLEMA RESOLVIDO 3.1 | Arremessando uma bola de beisebol

Ao ouvir uma transmissão de um jogo de beisebol pelo rádio, é comum ouvir a expressão "*line drive*" ou "*frozen rope*" para uma bola que é atingida com bastante força e com um ângulo baixo em relação ao solo. Alguns locutores chegam a usar "*frozen rope*" para descrever um arremesso especialmente forte da segunda ou terceira base para a primeira. Essa figura de linguagem implica movimento em linha reta – mas sabemos que a trajetória real da bola é uma parábola.

PROBLEMA

Qual é a altura máxima que uma bola de beisebol atinge se for arremessada da segunda para a primeira base e da terceira base para a primeira, atirada de uma altura de 6,0 pés, com velocidade de 90 mph, e atingida na mesma altura?

SOLUÇÃO

PENSE

As dimensões de um campo de beisebol são mostradas na Figura 3.12. (Neste problema, será preciso realizar muitas conversões de unidades. Geralmente, este livro usa unidades do SI, mas

Continua →

o beisebol usa muitas unidades britânicas.) O campo de beisebol é um quadrado com lados que medem 90 pés de comprimento. Essa é a distância entre a segunda e a primeira base, e obtemos d_{12} = 90 pés = 90 · 0,3048 m = 27,4 m. A distância da terceira para a primeira base é o comprimento da diagonal do quadrado do campo: $d_{13} = d_{12}\sqrt{2}$ = 38,8 m.

Uma velocidade escalar de 90 mph (a velocidade de um bom arremesso rápido na Liga Profissional) se traduz em

$$v_0 = 90 \text{ mph} = 90 \cdot 0{,}4469 \text{m/s} = 40{,}2 \text{m/s}.$$

Como ocorre com a maioria dos problemas de trajetória, há muitas maneiras de solucionar esse problema. A mais direta segue nossas expressões de alcance e altura máxima. Podemos equacionar a distância de uma base à outra com o alcance do projétil porque a bola é arremessada e atingida à mesma altura, y_0 = 6 pés = 6 · 0,3048 m = 1,83 m.

DESENHE

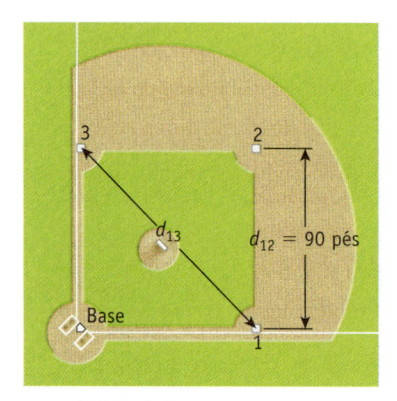

Figura 3.12 Dimensões de um campo de beisebol.

PESQUISE
Para obter o ângulo inicial de lançamento da bola, usamos a equação 3.25, definindo o alcance como sendo igual à distância entre a primeira e a segunda base:

$$d_{12} = \frac{v_0^2}{g}\operatorname{sen}2\theta_0 \Rightarrow \theta_0 = \tfrac{1}{2}\operatorname{sen}^{-1}\left(\frac{d_{12}g}{v_0^2}\right).$$

Porém, já temos uma equação para a altura máxima:

$$H = y_0 + \frac{v_0^2\operatorname{sen}^2\theta_0}{2g}.$$

SIMPLIFIQUE
A substituição de nossa expressão para o ângulo de lançamento na equação para a altura máxima resulta em

$$H = y_0 + \frac{v_0^2\operatorname{sen}^2\left(\tfrac{1}{2}\operatorname{sen}^{-1}\left(\dfrac{d_{12}g}{v_0^2}\right)\right)}{2g}.$$

CALCULE
Estamos prontos para inserir os números:

$$H = 1{,}83 \text{ m} + \frac{(40{,}2 \text{ m/s})^2\operatorname{sen}^2\left(\tfrac{1}{2}\operatorname{sen}^{-1}\left(\dfrac{(27{,}4 \text{ m})(9{,}81 \text{ m/s}^2)}{(40{,}2 \text{ m/s})^2}\right)\right)}{2(9{,}81 \text{ m/s}^2)} = 2{,}40367 \text{ m}.$$

ARREDONDE
A precisão inicial especificada foi de dois algarismos significativos. Por isso, arredondamos nosso resultado final para

$$H = 2{,}4 \text{ m}.$$

Logo, um arremesso de 90 mph da segunda para a primeira base é 2,39 m − 1,83 m = 0,56 m − ou seja, quase 2 pés − acima de uma linha reta na metade de sua trajetória. Esse número é ainda maior para o arremesso da terceira para a primeira base, para o qual encontramos um ângulo inicial de 6,8° e altura máxima de 3,0 m, ou 1,2 m (quase 4 pés) acima da linha reta que conecta os pontos em que a bola foi arremessada e agarrada.

SOLUÇÃO ALTERNATIVA

O senso comum diz que o arremesso mais longo da terceira para a primeira base precisa ter maior altura máxima do que o arremesso da segunda para a primeira, e nossas respostas estão em concordância com esse fato. Se você assistir um jogo de beisebol da arquibancada ou pela televisão, essas alturas calculadas podem parecer grandes demais. Porém, se você assistir um jogo do nível do solo, verá que os outros jogadores do campo interno realmente precisam dar alguma altura à bola para fazer um bom arremesso para a primeira base.

Vamos considerar mais um exemplo do beisebol e calcular a trajetória de uma bola rebatida (veja a Figura 3.13).

EXEMPLO 3.2   Rebatendo uma bola de beisebol

Durante o percurso de uma bola de beisebol rebatida, principalmente em um *home run* (quando o rebatedor consegue dar a volta completa por todas as bases), a resistência do ar tem um impacto bem visível. Por enquanto, vamos desprezá-la. A Seção 3.5 discutirá o efeito da resistência do ar.

PROBLEMA

Se a bola é rebatida com um ângulo de lançamento de 35° e velocidade escalar inicial de 110 mph, que distância a bola percorrerá? Quanto tempo ela ficará no ar? Qual será sua velocidade escalar no pico da trajetória? Qual será sua velocidade escalar quando aterrissar?

SOLUÇÃO

Novamente, precisamos primeiro converter em unidades do SI: v_0 =110 mph = 49,2 m/s. Em primeiro lugar, encontramos o alcance:

$$R = \frac{v_0^2}{g}\operatorname{sen}2\theta_0 = \frac{(49{,}2 \text{ m/s})^2}{9{,}81 \text{ m/s}^2}\operatorname{sen}70° = 231{,}5 \text{ m}.$$

Figura 3.13 O movimento de uma bola de beisebol rebatida pode ser tratado como movimento de projéteis.

Essa distância é de cerca de 760 pés, o que seria um *home run* mesmo no maior campo de beisebol. No entanto, esse cálculo não leva a resistência do ar em consideração. Se levássemos em consideração o atrito causado pela resistência do ar, a distância seria reduzida a aproximadamente 400 pés. (Veja a Seção 3.5 sobre movimento realista de projéteis.)

Para encontrar o tempo da bola de beisebol no ar, podemos dividir o alcance pelo componente horizontal da velocidade, presumindo que a bola seja atingida perto do nível do solo.

$$t = \frac{R}{v_0 \cos\theta_0} = \frac{231{,}5 \text{ m}}{(49{,}2 \text{ m/s})(\cos 35°)} = 5{,}74 \text{ s}.$$

Agora vamos calcular as velocidades escalares no pico da trajetória e no pouso. No pico da trajetória, a velocidade tem apenas uma componente horizontal, que é $v_0 \cos\theta_0 = 40{,}3$ m/s. Quando a bola pousa, podemos calcular sua velocidade escalar usando a equação 3.23: $|\vec{v}| = \sqrt{v_0^2 - 2g(y - y_0)}$. Como presumimos que a altitude em que ela aterrissa é a mesma de onde foi lançada, vemos que a velocidade escalar é a mesma no ponto de aterrissagem e no ponto de lançamento, 49,2 m/s.

Uma bola de beisebol verdadeira não seguiria exatamente a trajetória calculada aqui. Se, do contrário, tivéssemos lançado uma pequena bola de aço com o mesmo ângulo de lançamento, desprezar a resistência do ar teria levado a uma aproximação muito boa e os parâmetros da trajetória que acabamos de encontrar seriam verificados nesse experimento. O motivo pelo qual podemos desprezar com tranquilidade a resistência do ar para a bola de aço é que ela tem densidade de massa muito maior e superfície menor do que uma bola de beisebol, então os efeitos de resistência (que dependem da área transversal) são pequenos em comparação aos efeitos gravitacionais.

O beisebol não é o único esporte que oferece exemplos de movimento de projéteis. Vamos considerar um exemplo do futebol americano.

PROBLEMA RESOLVIDO 3.2 | Tempo suspenso

Quando uma equipe de futebol americano é forçada a chutar a bola para afastá-la do adversário, é muito importante chutá-la o mais distante possível, mas também obter um tempo suspenso longo o bastante – isto é, a bola deve permanecer no ar por tempo suficiente para que a equipe de cobertura do chute tenha tempo de correr pelo campo e atacar o receptor logo depois que ele agarrar a bola.

PROBLEMA
Quais são o ângulo e a velocidade escalar inicial com que uma bola de futebol americano deve ser chutada para que seu tempo de suspensão seja de 4,41 s e ela percorra uma distância de 49,8 m (= 54,5 jardas)?

SOLUÇÃO

PENSE
Um chute é um tipo especial de movimento de projéteis para o qual os valores inicial e final da coordenada vertical são zero. Se soubermos o alcance do projétil, podemos descobrir o tempo suspenso a partir do fato de que a componente horizontal do vetor velocidade permanece com valor constante; portanto, o tempo de suspensão deve ser simplesmente o alcance dividido pela componente horizontal do vetor velocidade. As equações para tempo suspenso e alcance nos dão duas equações nas duas grandezas desconhecidas, v_0 e θ_0, que estamos procurando.

DESENHE
Este é um dos poucos casos em que um desenho não parece dar nenhuma informação extra.

PESQUISE
Já vimos (equação 3.25) que o alcance de um projétil é dado por

$$R = \frac{v_0^2}{g} \operatorname{sen} 2\theta_0.$$

Conforme mencionado anteriormente, o tempo suspenso pode ser mais facilmente calculado dividindo o alcance pela componente horizontal da velocidade:

$$t = \frac{R}{v_0 \cos\theta_0}.$$

Assim, temos duas equações nas duas grandezas desconhecidas, v_0 e θ_0. (Lembre-se, R e t foram dados no enunciado do problema.)

SIMPLIFIQUE
Solucionamos as duas equações para v_0^2 e as igualamos:

$$R = \frac{v_0^2}{g} \operatorname{sen} 2\theta_0 \Rightarrow v_0^2 = \frac{gR}{\operatorname{sen} 2\theta_0}$$
$$t = \frac{R}{v_0 \cos\theta_0} \Rightarrow v_0^2 = \frac{R^2}{t^2 \cos^2\theta_0}$$
$$\Rightarrow \frac{gR}{\operatorname{sen} 2\theta_0} = \frac{R^2}{t^2 \cos^2\theta_0}.$$

Agora podemos solucionar para θ_0. Usando $\operatorname{sen} 2\theta_0 = 2 \operatorname{sen}\theta_0 \cos\theta_0$, encontramos

$$\frac{g}{2\operatorname{sen}\theta_0 \cos\theta_0} = \frac{R}{t^2 \cos^2\theta_0}$$

$$\Rightarrow \operatorname{tg}\theta_0 = \frac{gt^2}{2R}$$

$$\Rightarrow \theta_0 = \operatorname{tg}^{-1}\left(\frac{gt^2}{2R}\right).$$

A seguir, substituímos essa expressão em qualquer uma das equações com que começamos. Selecionamos a equação para o tempo suspenso e a solucionamos para v_0:

$$t = \frac{R}{v_0 \cos\theta_0} \Rightarrow v_0 = \frac{R}{t \cos\theta_0}.$$

CALCULE
Tudo que resta fazer é inserir os números nas equações que obtivemos:

$$\theta_0 = \text{tg}^{-1}\left(\frac{(9{,}81 \text{ m/s}^2)(4{,}41 \text{ s})^2}{2(49{,}8 \text{ m})}\right) = 62{,}4331°$$

$$v_0 = \frac{49{,}8 \text{ m}}{(4{,}41 \text{ s})(\cos 1{,}08966)} = 24{,}4013 \text{ m/s}.$$

ARREDONDE
O alcance e o tempo suspenso foram dados com três algarismos significativos, então mostramos nosso resultado final com a mesma precisão:

$$\theta_0 = 62{,}4°$$

e

$$v_0 = 24{,}4 \text{ m/s}.$$

SOLUÇÃO ALTERNATIVA
Sabemos que o alcance máximo é atingido com um ângulo de lançamento de 45°. A bola chutada aqui é lançada a um ângulo inicial que é significativamente mais pronunciado, 62,4°. Logo, a bola não se move tão rápido quanto poderia ir com o valor da velocidade escalar inicial que calculamos. Em vez disso, ela se desloca mais alto e, com isso, maximiza o tempo suspenso. Se você assistir bons chutadores universitários ou profissionais praticando suas habilidades em jogos de futebol americano, verá que eles tentam chutar a bola com um ângulo inicial maior do que 45°, em concordância com o que encontramos em nossos cálculos.

3.2 Exercícios de sala de aula

O mesmo alcance do Problema resolvido 3.2 poderia ser atingido com a mesma velocidade escalar inicial de 24,4 m/s, mas com um ângulo de lançamento diferente de 62,4°. Qual é o valor desse ângulo?

a) 12,4°   c) 45,0°
b) 27,6°   d) 55,2°

3.3 Exercícios de sala de aula

Qual é o tempo suspenso para o outro ângulo de lançamento do Exercício de sala de aula 3.2?

a) 2,30 s   c) 4,41 s
b) 3,14 s   d) 5,14 s

3.5 Movimento realista de projéteis

Se você está familiarizado com tênis, golfe ou beisebol, sabe que o modelo parabólico para o movimento de um projétil é apenas uma aproximação grosseira da trajetória real de qualquer bola de verdade. Porém, ignorando alguns fatores que afetam projéteis reais, conseguimos nos concentrar nos princípios físicos que são mais importantes no movimento de projéteis. Essa é uma técnica comum na ciência: ignorar alguns fatores envolvidos em uma situação real a fim de trabalhar com menos variáveis e chegar a um entendimento do conceito básico. Depois, voltar e considerar como os fatores ignorados afetam o modelo. Vamos considerar brevemente os fatores mais importantes que afetam o movimento real de projéteis: resistência do ar, rotação e propriedades superficiais do projétil.

O primeiro efeito modificador que precisamos levar em consideração é a resistência do ar. Normalmente, podemos parametrizar a resistência do ar como uma aceleração dependente da velocidade. A análise geral excede o escopo deste livro; no entanto, as trajetórias resultantes são chamadas de *curvas balísticas*.

A Figura 3.14 mostra as trajetórias de bolas de beisebol lançadas com um ângulo inicial de 35° em relação à horizontal com velocidades escalares iniciais de 90 e 110 mph. Compare a trajetória mostrada para a velocidade escalar de lançamento de 110 mph com o resultado que calculamos no Exemplo 3.2: o alcance real dessa bola é só um pouco mais de 400 pés, enquanto encontramos 760 pés quando desprezamos a resistência do ar. É evidente que, para uma bola longa e alta, não é válido desprezar a resistência do ar.

Outro efeito importante que o modelo parabólico despreza é a rotação do projétil à medida que se desloca através do ar. Quando um zagueiro arremessa uma bola "espiral" no futebol americano, por exemplo, a rotação é importante para a estabilidade do movimento do percurso e evita que a bola gire no sentido do comprimento. No tênis, uma bola com *topspin* (efeito que se dá à bola ao atingi-la de baixo para cima) cai muito mais rápido do que uma bola sem efeito

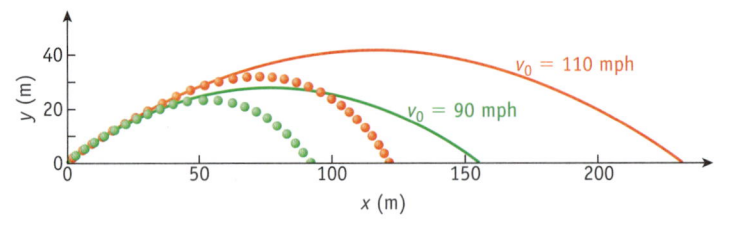

Figura 3.14 Trajetórias de bolas de beisebol inicialmente lançadas com um ângulo de 35° acima da horizontal com velocidades escalares de 90 mph (verde) e 110 mph (vermelho). As curvas sólidas desprezam a resistência do ar e o *backspin*; as curvas pontilhadas refletem a resistência do ar e o *backspin*.

visível, dados os mesmos valores iniciais de velocidade escalar e ângulo de lançamento. Inversamente, uma bola de tênis com *underspin* (efeito dado por baixo da bola) ou *backspin* (efeito que causa rotação da bola para trás) "flutua" mais fundo na quadra. No golfe, o *backspin* às vezes é uma boa opção, porque causa um ângulo de pouso mais pronunciado e, por isso, ajuda a bola a ficar mais próxima de seu ponto de pouso do que uma bola batida sem *backspin*.

Dependendo do módulo e da orientação da rotação, o *sidespin* (efeito dado na lateral da bola) de uma bola de golfe pode causar um desvio de uma trajetória em linha reta pelo solo (*draws* e *fades* para bons jogadores, *hooks* e *slides* para o resto de nós).

No beisebol, o *sidespin* é o que permite que um arremessador atire uma bola curva. A propósito, não existe "bola rápida ascendente" no beisebol. Porém, as bolas arremessadas com bastante *backspin* não caem tão rápido quanto o batedor espera e, por isso, às vezes são percebidas como se estivessem subindo – uma ilusão de óptica. No gráfico de trajetórias balísticas de bolas de beisebol na Figura 3.14, presumiu-se um *backspin* inicial de 2000 rpm.

A sinuosidade e praticamente todos os outros efeitos da rotação na trajetória de uma bola em movimento resultam do deslocamento das moléculas de ar com maiores velocidades escalares na lateral da bola (e a camada limite das moléculas de ar) que está girando no sentido do movimento da trajetória (e, portanto, tem maior velocidade em relação às moléculas de ar de entrada) do que na lateral da bola que gira contra o sentido da trajetória. Voltaremos a esse tópico no Capítulo 13, sobre movimento dos fluidos.

As propriedades superficiais de projéteis também têm efeitos significativos em suas trajetórias. Bolas de golfe têm covas para que percorram uma distância maior. Bolas que, do contrário, são idênticas a bolas de golfe comuns, mas com superfície lisa só atingem metade da distância. Esse efeito de superfície também é o motivo pelo qual a lixa usada na luva de um arremessador leva à eliminação desse jogador do jogo, porque uma bola de beisebol que fica áspera em algumas partes de sua superfície se move de modo diferente.

3.6 Movimento relativo

Para estudar movimento, permitimo-nos alterar a origem do sistema de coordenadas escolhendo valores adequados para x_0 e y_0. Em geral, x_0 e y_0 são constantes que podem ser escolhidas com liberdade total. Se essa escolha for feita com inteligência, pode facilitar a solução de um problema. Por exemplo, quando calculamos o trajeto do projétil, $y(x)$, definimos $x_0 = 0$ para simplificar nossos cálculos. A liberdade de selecionar valores para x_0 e y_0 surge do fato de que nossa capacidade de descrever qualquer tipo de movimento não depende da localização da origem do sistema de coordenadas.

Até então, examinamos situações físicas em que mantivemos a origem do sistema de coordenadas em uma localização fixa durante o movimento do objeto que queremos analisar. No entanto, em algumas situações físicas, é impraticável escolher um sistema de referências com uma origem fixa. Considere, por exemplo, um avião a jato sobre um porta-aviões que está indo para frente com velocidade máxima ao mesmo tempo. Você quer descrever o movimento do avião em um sistema de coordenadas fixo ao porta-aviões, embora este esteja se movendo. O motivo pelo qual isso é importante é que o avião precisa estar em repouso *com relação* ao porta-aviões em alguma localização fixa no deque. O referencial a partir do qual vemos o movimento faz muita diferença no modo como descrevemos o movimento, produzindo um efeito conhecido como **velocidade relativa**.

Outro exemplo de uma situação para a qual não podemos desprezar o movimento relativo é um voo transatlântico de Detroit, Michigan, a Frankfurt, Alemanha, que leva oito horas e dez minutos. Usando o mesmo porta-aviões e indo no sentido oposto, de Frankfurt a Detroit, o tempo é de nove horas e dez minutos, uma hora a mais. A principal razão para essa diferença é que o vento predominante em altas altitudes, a corrente de ar, tende a soprar do oeste para o leste com velocidades escalares de até 67 m/s (150 mph). Mesmo que a velocidade do avião referente ao ar circundante seja a mesma em ambos os sentidos, esse ar está se movendo com sua própria velocidade. Portanto, a relação entre o sistema de coordenadas do ar dentro da corrente de ar e o sistema de coordenadas em que as localizações de Detroit e Frankfurt permanecem fixas é importante para entender a diferença entre os tempos de voo.

Para um exemplo de análise mais fácil de um sistema de coordenadas em movimento, vamos considerar o movimento sobre uma esteira rolante, do tipo que é comum em terminais de aeroporto. Esse sistema é um exemplo de movimento relativo unidimensional. Suponha que a superfície da esteira se mova com determinada velocidade, v_{wt}, em relação ao terminal. Usamos os subscritos "w" para esteira e "t" para terminal. Então um sistema de coordenadas que está fixo à superfície da esteira tem exatamente a velocidade v_{wt} em relação a um sistema de coordenadas preso ao terminal. O homem mostrado na Figura 3.15 está caminhando com uma velocidade v_{mw} conforme medida em um sistema de coordenadas na esteira, e ele tem uma velocidade $v_{mt} = v_{mw} + v_{wt}$ em relação ao terminal. As duas velocidades v_{mw} e v_{wt} se somam como vetores, uma vez que os deslocamentos correspondentes se adicionam como vetores. (Mostraremos isso explicitamente quando generalizarmos para três dimensões.) Por exemplo, se a esteira se move com $v_{wt} = 1,5$ m/s e o homem com $v_{mw} = 2,0$ m/s, então ele avançará através do terminal com uma velocidade de $v_{wt} = v_{mw} + v_{wt} = 2,0$ m/s + 1,5 m/s = 3,5 m/s.

É possível atingir um estado de nenhum movimento em relação ao terminal caminhando no sentido oposto do movimento da esteira com uma velocidade que é exatamente a negativa da velocidade da esteira. As crianças geralmente tentam fazer isso. Se uma criança caminhasse com $v_{mw} = -1,5$ m/s nessa esteira, sua velocidade seria zero com relação ao terminal.

É fundamental, para essa discussão de movimento relativo, que os dois sistemas de coordenadas tenham uma velocidade relativa entre eles que seja constante no tempo. Neste caso, podemos demonstrar que as acelerações medidas nos dois sistemas de coordenadas são idênticas: $v_{wt} = $ const. $\Rightarrow dv_{wt}/dt = 0$. De $v_{mt} = v_{mw} + v_{wt}$, obtemos:

$$\frac{dv_{mt}}{dt} = \frac{d(v_{mw} + v_{wt})}{dt} = \frac{dv_{mw}}{dt} + \frac{dv_{wt}}{dt} = \frac{dv_{mw}}{dt} + 0$$
$$\Rightarrow a_t = a_w. \tag{3.27}$$

Figura 3.15 Homem caminhando em uma esteira rolante demonstra o movimento relativo unidimensional.

Portanto, as acelerações medidas nos dois sistemas de coordenadas são, de fato, as mesmas. Esse tipo de adição de velocidade também é conhecido como **transformação de Galileu**. Antes de prosseguirmos para os casos de duas e três dimensões, observe que esse tipo de transformação é válido apenas para velocidades que são pequenas se comparadas à velocidade da luz. Quando a velocidade se aproxima da velocidade da luz, devemos usar uma transformação diferente, que será discutida em detalhe no capítulo sobre a teoria da relatividade.

Agora vamos generalizar esse resultado para mais de uma dimensão espacial. Presumimos que temos dois sistemas de coordenadas: x_l, y_l, z_l e x_m, y_m, z_m. (Aqui usamos os subscritos "l" para o sistema de coordenadas que está em repouso no laboratório e "m" para o que está se movendo.) No tempo $t = 0$, suponha que as origens dos dois sistemas de coordenadas estejam localizados no mesmo ponto, com seus eixos exatamente paralelos entre si. Conforme indicado na Figura 3.16, a origem do sistema de coordenadas em movimento $x_m y_m z_m$ se move com velocidade translacional constante $\vec{v}_{ml}$ (seta azul) com relação à origem do sistema de coordenadas de laboratório $x_l y_l z_l$. Após um tempo t, a origem do sistema de coordenadas em movimento $x_m y_m z_m$ está localizada no ponto $\vec{r}_{ml} = \vec{v}_{ml} t$.

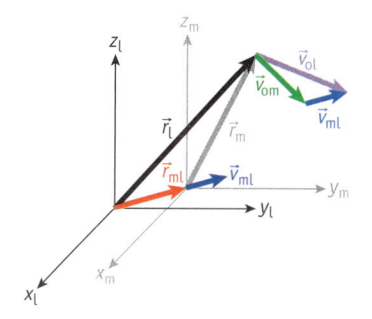

Figura 3.16 Transformação de referencial de um vetor velocidade e de um vetor posição em algum tempo determinado.

Agora podemos descrever o movimento de qualquer objeto em qualquer um dos sistemas de coordenadas. Se o objeto estiver localizado na coordenada $\vec{r}_l$ no sistema de coordenadas $x_l y_l z_l$ e na coordenada $\vec{r}_m$ no sistema de coordenadas $x_m y_m z_m$, então os vetores posição estão relacionados entre si por meio de uma simples adição de vetores:

$$\vec{r}_l = \vec{r}_m + \vec{r}_{ml} = \vec{r}_m + \vec{v}_{ml} t. \tag{3.28}$$

Existe uma relação semelhante para as velocidades do objeto, conforme medidas nos dois sistemas de coordenadas. Se o objeto tem velocidade $\vec{v}_{ol}$ no sistema de coordenadas $x_l y_l z_l$ e velocidade $\vec{v}_{om}$ no sistema de coordenadas $x_m y_m z_m$, essas duas velocidades estão relacionadas por:

$$\vec{v}_{ol} = \vec{v}_{om} + \vec{v}_{ml}. \tag{3.29}$$

Essa equação pode ser obtida calculando a derivada temporal da equação 3.28, porque $\vec{v}_{ml}$ é constante. Observe que os dois subscritos internos no lado direito dessa equação são os mesmos (e serão em qualquer aplicação dessa equação). Isso torna a equação compreensível em nível intuitivo, porque diz que a velocidade do *o*bjeto no referencial de laboratório (subscrito ol) é igual à soma da velocidade com a qual o *o*bjeto se move com relação ao referencial em *m*ovimento (subscrito om) e a velocidade com a qual o referencial em *m*ovimento se move com relação ao referencial de laboratório (subscrito ml).

A obtenção de outra derivada temporal produz as acelerações. Novamente, porque $\vec{v}_{ml}$ é constante e, por isso, tem uma derivada igual a zero, obtemos, assim como no caso unidimensional,

$$\vec{a}_l = \vec{a}_m. \tag{3.30}$$

O módulo e a orientação da aceleração para um objeto são os mesmos nos dois sistemas de coordenadas.

EXEMPLO 3.2 — Aeronave em um vento transversal

As aeronaves se deslocam em relação ao ar que as circunda. Suponha que um piloto aponte esse avião na direção nordeste. A aeronave se move com uma velocidade de 160 m/s em relação ao vento, e o vento está soprando a 32,0 m/s em um sentido de leste para oeste (medido por um instrumento em um ponto fixo no solo).

PROBLEMA
Qual é o vetor velocidade – velocidade escalar e orientação – da aeronave em relação ao solo? A que distância para fora do curso o vento desvia o curso desse avião em duas horas?

SOLUÇÃO
A Figura 3.17 mostra um diagrama vetorial das velocidades. A aeronave segue no sentido nordeste, e a seta amarela representa seu vetor velocidade em relação ao vento. O vetor velocidade do vento é representado em laranja e aponta para o oeste. A adição de vetores gráficos resulta na seta verde que representa a velocidade do avião em relação ao solo. Para solucionar este problema, aplicamos a transformação básica da equação 3.29 incorporada na equação

$$\vec{v}_{pg} = \vec{v}_{pw} + \vec{v}_{wg}.$$

Aqui, $\vec{v}_{pw}$ é a velocidade do avião em relação ao vento e tem as seguintes componentes:

$$v_{pw,x} = v_{pw} \cos \theta = 160 \text{ m/s} \cdot \cos 45° = 113 \text{ m/s}$$

$$v_{pw,y} = v_{pw} \operatorname{sen} \theta = 160 \text{ m/s} \cdot \operatorname{sen} 45° = 113 \text{ m/s}$$

A velocidade do vento em relação ao solo, $\vec{v}_{wg}$, tem as seguintes componentes:

$$v_{wg,x} = -32 \text{ m/s}$$

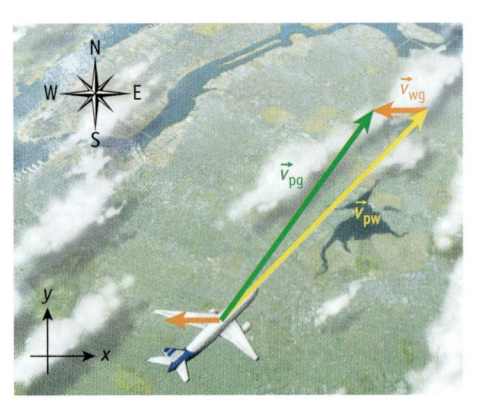

$$v_{wg,y} = 0.$$

Figura 3.17 Velocidade de um avião em relação ao vento (amarelo), velocidade do vento em relação ao solo (laranja) e velocidade resultante da aeronave em relação ao solo (verde).

A seguir, obtemos as componentes da velocidade da aeronave em relação a um sistema de coordenadas fixo ao solo, $\vec{v}_{pg}$:

$$v_{pg,x} = v_{pw,x} + v_{wg,x} = 113 \text{ m/s} - 32 \text{ m/s} = 81 \text{ m/s}$$

$$v_{pg,y} = v_{pw,y} + v_{pw,y} = 113 \text{ m/s}.$$

Portanto, o valor absoluto do vetor velocidade e sua orientação no sistema de coordenadas com base no solo são

$$v_{pg} = \sqrt{v_{pg,x}^2 + v_{pg,y}^2} = 139 \text{ m/s}$$

$$\theta = \operatorname{tg}^{-1}\left(\frac{v_{pg,y}}{v_{pg,x}}\right) = 54{,}4°.$$

Agora precisamos encontrar o desvio de curso causado pelo vento. Para encontrar essa grandeza, podemos multiplicar os vetores velocidade do avião em cada sistema de coordenadas pelo tempo decorrido de 2 h = 7200 s, depois obter a diferença vetorial, e finalmente o módulo da diferença vetorial. A resposta pode ser obtida com mais facilidade se usarmos a equação 3.29 multiplicada pelo tempo decorrido para refletir que o desvio de curso, $\vec{r}_T$, em função do vento é a velocidade do vento, $\vec{v}_{wg}$, vezes 7200 s:

$$\left|\vec{r}_T\right| = \left|\vec{v}_{wg}\right| t = 32{,}0 \text{ m/s} \cdot 7200 \text{ s} = 230{,}4 \text{ km}.$$

DISCUSSÃO

A própria Terra se move por uma quantidade considerável em duas horas, resultado de sua própria rotação e movimento ao redor do sol, e você poderia pensar que precisamos levar esses movimentos em consideração. Que a Terra se mova é verdadeiro, mas irrelevante para este exemplo: o avião, o ar e o solo participam dessa rotação e movimento orbital, que é sobreposto ao movimento relativo dos objetos descritos no problema. Assim, podemos simplesmente realizar nossos cálculos em um sistema de coordenadas em que a Terra está em repouso e sem rotação.

Outra consequência interessante do movimento relativo pode ser vista ao observar a chuva sobre um carro em movimento. Você já deve ter se perguntado por que a chuva parece chegar quase reta a você enquanto está dirigindo. O exemplo abaixo traz a resposta a essa pergunta.

EXEMPLO 3.4 | Dirigindo na chuva

Vamos supor que a chuva esteja caindo sobre um carro, conforme indicado pelas linhas brancas na Figura 3.18. Um observador estacionário fora do carro conseguiria medir as velocidades da chuva (seta azul) e do carro em movimento (seta vermelha).

Porém, se você está dentro do carro em movimento, o mundo exterior do observador estacionário (inclusive a rua e a chuva) se move com uma velocidade relativa de $\vec{v} = -\vec{v}_{carro}$. A velocidade desse movimento relativo precisa ser adicionada a todos os eventos externos da forma que são observados de dentro do carro em movimento. Esse movimento resulta em um vetor velocidade $\vec{v}\,'_{chuva}$ para a chuva conforme observada de dentro do carro em movimento (Figura 3.19); matematicamente, esse vetor é uma adição, $\vec{v}\,'_{chuva} = \vec{v}_{chuva} - \vec{v}_{carro}$, onde $\vec{v}_{chuva}$ e $\vec{v}_{carro}$ são os vetores velocidade da chuva e do carro conforme observados pelo observador estacionário.

Figura 3.18 Os vetores velocidade de um carro em movimento e da chuva que cai direto para baixo sobre o carro, conforme vistos por um observador estacionário.

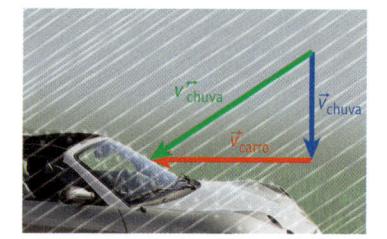

Figura 3.19 O vetor velocidade $\vec{v}\,'_{chuva}$, conforme observado de dentro do carro em movimento.

O QUE JÁ APRENDEMOS | GUIA DE ESTUDO PARA EXERCÍCIOS

- Em duas ou três dimensões, qualquer mudança no módulo ou orientação da velocidade de um objeto corresponde à aceleração.

- O movimento de projéteis de um objeto pode ser separado em movimento no sentido x, descrito pelas equações

   (1) $x = x_0 + v_{x0} t$
   (2) $v_x = v_{x0}$

  e movimento no sentido y, descrito por

   (3) $y = y_0 + v_{y0} t - \frac{1}{2} g t^2$
   (4) $y = y_0 + \bar{v}_y t$
   (5) $v_y = v_{y0} - g t$
   (6) $\bar{v}_y = \frac{1}{2}(v_y + v_{y0})$
   (7) $v_y^2 = v_{y0}^2 - 2g(y - y_0)$

- A relação entre as coordenadas x e y para o movimento ideal de projéteis pode ser descrita por uma parábola dada pela fórmula $y = y_0 + (\operatorname{tg}\theta_0)x - \dfrac{g}{2v_0^2 \cos^2\theta_0}x^2$, onde y_0 é a posição vertical inicial, v_0 é a velocidade escalar inicial do projétil, e θ_0 é o ângulo inicial em relação à linha horizontal em que o projétil é lançado.

- O alcance R de um projétil é dado por

$$R = \dfrac{v_0^2}{g}\operatorname{sen} 2\theta_0.$$

- A altura máxima H atingida por um projétil ideal é dada por $H = y_0 + \dfrac{v_{y0}^2}{2g}$, onde v_{y0} é a componente vertical da velocidade inicial.

- Trajetórias de projéteis não são parábolas quando a resistência do ar é levada em consideração. Em geral, as trajetórias de projéteis realistas não atingem a altura máxima prevista e têm alcance significativamente mais curto.

- A velocidade $\vec{v}_{ol}$ de um objeto em relação a um referencial de laboratório estacionário pode ser calculada usando uma transformação de Galileu da velocidade, $\vec{v}_{ol} = \vec{v}_{om} + \vec{v}_{ml}$, onde $\vec{v}_{om}$ é a velocidade do objeto em relação a um referencial em movimento e $\vec{v}_{ml}$ é a velocidade constante do referencial em movimento em relação ao referencial de laboratório.

TERMOS-CHAVE

alcance, p. 78
altura máxima, p. 78
movimento ideal de projéteis, p. 74
projétil ideal, p. 74
sistema de coordenadas destro, p. 72
trajetória, p. 76
transformação de Galileu, p. 85
velocidade relativa, p. 84

NOVOS SÍMBOLOS E EQUAÇÕES

$\vec{v}_{ol}$, velocidade relativa de um objeto em relação a um referencial de laboratório

RESPOSTAS DOS TESTES

3.1 Use a equação 3.23 e $t = (x - x_0)/v_{x0} = (x - x_0)/(v_0 \cos\theta_0)$ para encontrar

$$|\vec{v}| = \sqrt{v_0^2 - 2g(x - x_0)(\operatorname{tg}\theta_0) + g^2(x - x_0)^2/(v_0 \cos\theta_0)^2}$$

3.2 O tempo para atingir o pico é $v_y = v_{y0} - gt_{pico} = 0 \Rightarrow t_{top} = v_{y0}/g = v_0 \operatorname{sen}\theta/g$. O tempo total de trajeto é $t_{total} = 2t_{pico}$ devido à simetria da trajetória parabólica do projétil. O alcance é o produto entre o tempo total de trajeto e a componente horizontal de velocidade: $R = t_{total}v_{x0} = 2t_{pico}v_0 \cos\theta = 2(v_0 \operatorname{sen}\theta/g)v_0 \cos\theta = v_0^2 \operatorname{sen}(2\theta)/g$.

GUIA DE RESOLUÇÃO DE PROBLEMAS

1. Em todos os problemas que envolvam referenciais em movimento, é importante fazer uma distinção clara sobre qual objeto tem qual movimento em qual referencial e em relação ao quê. É conveniente usar subscritos que consistem em duas letras, onde a primeira letra representa um determinado objeto, e a segunda letra é usada para o objeto em relação ao qual ele está se movendo. A situação da esteira em movimento, discutida na abertura da Seção 3.6, é um bom exemplo desse uso de subscritos.

2. Em todos os problemas referentes ao movimento ideal de projéteis, o movimento no sentido x é independente do movimento no sentido y. Para solucionar esse tipo de problema, quase sempre é possível usar as sete equações cinemáticas (3.11 a 3.17), que descrevem movimento com velocidade constante no sentido horizontal e movimento em queda livre com aceleração constante no sentido vertical. Em geral, deve-se evitar a aplicação automatizada de fórmulas, mas em situações de prova, essas sete equações cinemáticas podem ser sua primeira linha de defesa. Porém, não esqueça que essas equações funcionam apenas em situações em que a componente horizontal de aceleração é zero e a componente vertical de aceleração é constante.

PROBLEMA RESOLVIDO 3.3 | Tempo de voo

Talvez você já tenha participado de uma Feira de Ciências quando estava no Ensino Médio. Em uma competição desse tipo de evento, o objetivo é atingir um alvo horizontal a uma distância fixa com uma bola de golfe lançada por um dispositivo. As equipes participantes constroem seus próprios dispositivos. A sua equipe construiu um dispositivo que consegue lançar a bola de golfe com velocidade escalar inicial de 17,2 m/s, segundo vários testes conduzidos antes da competição.

PROBLEMA
Se o alvo estiver localizado na mesma altura que a elevação da qual a bola de golfe é lançada e com distância horizontal de 22,42 m, quanto tempo a bola ficará no ar antes de atingir o alvo?

SOLUÇÃO

PENSE
Primeiro, vamos eliminar o que não funciona. Não podemos simplesmente dividir a distância entre o dispositivo e o alvo pela velocidade escalar inicial, pois isso implicaria que o vetor velocidade inicial está no sentido horizontal. Como o projétil está em queda livre no sentido vertical durante seu trajeto, ele certamente erraria o alvo. Então é preciso mirar a bola de golfe com um ângulo maior do que zero em relação à horizontal. Mas em qual ângulo precisamos apontar?

Se a bola de golfe, conforme enunciado, é solta da mesma altura que a do alvo, então a distância horizontal entre o dispositivo e o alvo é igual ao alcance. Já que também sabemos a velocidade escalar inicial, podemos calcular o ângulo de lançamento. Sabendo o ângulo de lançamento e a velocidade escalar inicial, vamos determinar a componente horizontal do vetor velocidade. Uma vez que essa componente horizontal não se altera com o tempo, o tempo de voo é simplesmente dado pelo alcance dividido pela componente horizontal de velocidade.

DESENHE
Não precisamos desenhar neste ponto porque teríamos unicamente uma parábola, como para todo o movimento de projéteis. Porém, ainda não sabemos o ângulo inicial, por isso precisaremos de um desenho.

PESQUISE
O alcance de um projétil é dado pela equação 3.25:

$$R = \frac{v_0^2}{g} \operatorname{sen} 2\theta_0.$$

Se sabemos o valor desse alcance e a velocidade escalar inicial, podemos encontrar o ângulo:

$$\operatorname{sen} 2\theta_0 = \frac{gR}{v_0^2}.$$

Uma vez que temos o valor para o ângulo, podemos usá-lo para calcular a componente horizontal da velocidade inicial:

$$v_{x0} = v_0 \cos\theta_0.$$

Finalmente, conforme observado anteriormente, obtemos o tempo de voo como a razão entre o alcance e a componente horizontal de velocidade:

$$t = \frac{R}{v_{x0}}.$$

SIMPLIFIQUE
Se solucionarmos a equação para o ângulo, $\operatorname{sen} 2\theta_0 = Rg/v_0^2$, vemos que ela tem duas soluções: uma para um ângulo menor do que 45°, e outra para um ângulo maior do que 45°. A Figura 3.20 traz um gráfico da função $2\theta_0$ (em vermelho) para todos os valores possíveis do ângulo inicial θ_0 e mostra onde essa curva atravessa a representação de gR/v_0^2 (linha horizontal azul). Chamamos as duas soluções de θ_a e θ_b.

Continua →

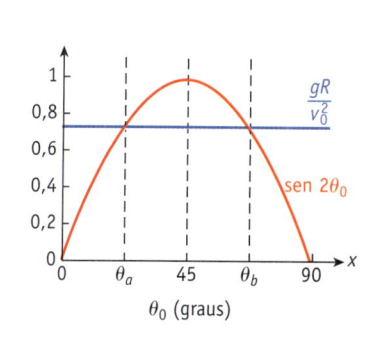

Figura 3.20 Duas soluções para o ângulo inicial.

Algebricamente, essas soluções são dadas por

$$\theta_{a,b} = \tfrac{1}{2}\operatorname{sen}^{-1}\left(\frac{Rg}{v_0^2}\right).$$

A substituição desse resultado na fórmula para a componente horizontal de velocidade resulta em

$$t = \frac{R}{v_{x0}} = \frac{R}{v_0 \cos\theta_0} = \frac{R}{v_0 \cos\left(\tfrac{1}{2}\operatorname{sen}^{-1}\left(\frac{Rg}{v_0^2}\right)\right)}.$$

CALCULE
Inserindo os números, encontramos:

$$\theta_{a,b} = \tfrac{1}{2}\operatorname{sen}^{-1}\left(\frac{(22{,}42 \text{ m})(9{,}81 \text{ m/s}^2)}{(17{,}2 \text{ m/s})^2}\right) = 24{,}0128° \text{ ou } 65{,}9872°$$

$$t_a = \frac{R}{v_0 \cos\theta_a} = \frac{22{,}42 \text{ m}}{(17{,}2 \text{ m/s})(\cos 24{,}0128°)} = 1{,}42699 \text{ s}$$

$$t_b = \frac{R}{v_0 \cos\theta_b} = \frac{22{,}42 \text{ m}}{(17{,}2 \text{ m/s})(\cos 65{,}9872°)} = 3{,}20314 \text{ s}.$$

ARREDONDE
O alcance foi especificado com quatro algarismos significativos, e a velocidade inicial com três. Portanto, também mostramos nossos resultados finais com três algarismos significativos:

$$t_a = 1{,}43 \text{ s}, \qquad t_b = 3{,}20 \text{ s}.$$

Observe que as duas soluções são válidas neste caso, e a equipe pode selecionar qualquer uma.

SOLUÇÃO ALTERNATIVA
Voltando à abordagem que não funciona: simplesmente tirando a distância do dispositivo ao alvo e dividindo-a pela velocidade escalar. Esse procedimento incorreto leva a $t_{min} = d/v_0 = 1{,}30$ s. Usamos t_{min} para simbolizar esse valor a fim de indicar que ele é algum limite inferior que representa o caso em que o vetor velocidade inicial aponta na horizontal e em que desprezamos o movimento em queda livre do projétil. Assim, t_{min} serve como limite inferior absoluto, e é reconfortante observar que o tempo mais curto que obtivemos acima é um pouco maior do que esse menor valor possível, mas fisicamente irrealista.

PROBLEMA RESOLVIDO 3.4 — **Veado em movimento**

A funcionária do zoológico que capturou o macaco no Exemplo 3.1 agora precisa capturar um veado. Verificamos que ela precisou mirar diretamente no macaco na outra captura. Ela decide atirar diretamente no alvo de novo, indicado pelo centro do alvo na Figura 3.21.

PROBLEMA
Onde o dardo tranquilizante atingirá se o veado estiver a $d = 25$ m de distância da funcionária e correndo da direita para a esquerda com velocidade escalar de $v_d = 3{,}0$ m/s? O dardo tranquilizante parte do rifle horizontalmente com velocidade escalar de $v_0 = 90$ m/s.

SOLUÇÃO

PENSE
O veado está se movendo ao mesmo tempo em que o dardo está caindo, o que introduz duas complicações. É mais fácil analisar este problema usando o referencial em movimento do veado.

Figura 3.21 A seta vermelha indica a velocidade do veado no referencial da funcionária.

Nesse referencial, a componente horizontal lateral do movimento do dardo tem velocidade constante de $-\vec{v}_d$. A componente vertical do movimento é novamente um movimento em queda livre. O deslocamento total do dardo é a adição de vetores dos deslocamentos causados pelos dois movimentos.

DESENHE
Desenhamos os dois deslocamentos no referencial do veado (Figura 3.22). A seta azul é o deslocamento devido ao movimento em queda livre, e a seta vermelha é o movimento horizontal lateral do dardo no referencial do veado. A vantagem de desenhar os deslocamentos nesse referencial em movimento é que o alvo está preso ao veado e se move com ele.

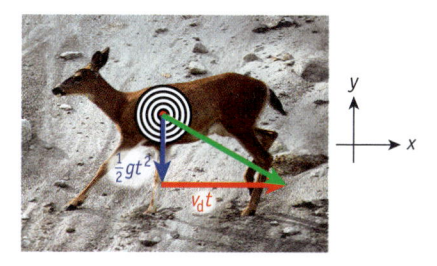

Figura 3.22 Deslocamento do dardo tranquilizante no referencial do veado.

PESQUISE
Em primeiro lugar, precisamos calcular o tempo que leva para que o dardo tranquilizante se mova 25 m na linha direta de visão da arma ao veado. Como o dardo parte do rifle no sentido horizontal, a componente horizontal inicial para frente do vetor velocidade do dardo é de 90 m/s. Para o movimento de projéteis, a componente horizontal de velocidade é constante. Portanto, para o tempo que o dardo leva para percorrer a distância de 25 m, temos

$$t = \frac{d}{v_0}.$$

Durante esse tempo, o dardo cai sob a influência da gravidade, e esse deslocamento vertical é

$$\Delta y = -\tfrac{1}{2}gt^2.$$

Além disso, durante esse tempo, o veado tem um deslocamento horizontal lateral no referencial da funcionária de $x = -v_d t$ (o veado se move para a esquerda, daí o valor negativo da componente horizontal de velocidade). Portanto, o deslocamento do dardo no referencial do veado é (veja a Figura 3.22)

$$\Delta x = v_d t.$$

SIMPLIFIQUE
A substituição da expressão pelo tempo nas equações para os dois deslocamentos resulta em

$$\Delta x = v_d \frac{d}{v_0} = \frac{v_d}{v_0} d$$

$$\Delta y = -\tfrac{1}{2}gt^2 = -\frac{d^2 g}{2v_0^2}.$$

CALCULE
Agora estamos prontos para inserir os números:

$$\Delta x = \frac{(3{,}0 \text{ m/s})}{(90, \text{m/s})}(25 \text{ m}) = 0{,}8333333 \text{ m}$$

$$\Delta y = -\frac{(25 \text{ m})^2 (9{,}81 \text{ m/s}^2)}{2(90, \text{m/s})^2} = -0{,}378472 \text{ m}.$$

ARREDONDE
Arredondando os resultados para dois dígitos significativos:

$$\Delta x = 0{,}83 \text{ m}$$
$$\Delta y = -0{,}38 \text{ m}.$$

O efeito resultante é a adição de vetores dos deslocamentos laterais horizontal e vertical, conforme indicado pela seta diagonal verde na Figura 3.22: O dardo não acertará o veado e cairá no chão atrás dele.

Continua →

> **SOLUÇÃO ALTERNATIVA**
> Onde a funcionária deve mirar? Se ela quiser acertar o veado em movimento, precisa mirar aproximadamente 0,38 m acima e 0,83 m à esquerda do alvo. Um dardo disparado nessa direção atingirá o veado, mas não no centro do alvo. Por quê? Com essa mira, o vetor velocidade inicial não aponta no sentido horizontal. Isso aumenta o tempo de voo, conforme acabamos de ver no Problema resolvido 3.3. Um tempo de voo mais longo se traduz em um maior deslocamento nos sentidos x e y. Essa correção é pequena, mas seu cálculo é complexo demais para ser demonstrado aqui.

QUESTÕES DE MÚLTIPLA ESCOLHA

3.1 Uma flecha é disparada horizontalmente com velocidade de 20 m/s de cima de uma torre com 60 m de altura. O tempo para atingir o solo será de

a) 8,9 s
b) 7,1 s
c) 3,5 s
d) 2,6 s
e) 1,0 s

3.2 Um projétil é lançado do alto de um prédio com velocidade inicial de 30 m/s com um ângulo de 60° acima da horizontal. O módulo de sua velocidade em $t = 5$ s após o lançamento é

a) −23,0 m/s
b) 7,3 m/s
c) 15,0 m/s
d) 27,5 m/s
e) 50,4 m/s

3.3 Uma bola é arremessada com um ângulo entre 0° e 90° em relação à horizontal. Seus vetores velocidade e aceleração estão paralelos entre si em

a) 0°
b) 45°
c) 60°
d) 90°
e) nenhuma das respostas acima

3.4 Um jogador arremessa uma bola de beisebol para a primeira base, localizada a 80 m de distância do outro jogador, com uma velocidade de 45 m/s. Em qual ângulo de lançamento acima da horizontal ele deve arremessar a bola para que o homem da primeira base pegue a bola em 2 s na mesma altura?

a) 50,74°
b) 25,4°
c) 22,7°
d) 18,5°
e) 12,6°

3.5 Uma bola de 50 kg rola de um balcão de cozinha e pousa a 2 m de distância de sua base. Uma bola de 100 g rola do mesmo balcão com a mesma velocidade. Ela pousa a _____ da base do balcão.

a) menos de 1 m
b) 1 m
c) 2 m
d) 4 m
e) mais de 4 m

3.6 Para uma determinada velocidade inicial de um projétil ideal, há _____ ângulo(s) de lançamento(s) para o(s) qual(is) o alcance do projétil é o mesmo.

a) apenas um
b) dois diferentes
c) mais de dois, mas um número finito de
d) apenas um se o ângulo for de 45°, mas, do contrário, dois diferentes
e) um número infinito de

3.7 Um navio se move para o sul em águas calmas com velocidade de 20,0 km/h, enquanto um passageiro no deque caminha para o leste com velocidade de 5,0 km/h. A velocidade do passageiro em relação à Terra é

a) 20,6 km/h, com um ângulo de 14,04° a leste do sul.
b) 20,6 km/h, com um ângulo de 14,04° a sul do leste.
c) 25,0 km/h, sul.
d) 25,0 km/h, leste.
e) 20,6 km/h, sul.

3.8 Duas bolas de canhão são disparadas de diferentes canhões com ângulos $\theta_{01} = 20°$ e $\theta_{02} = 30°$, respectivamente. Presumindo o movimento ideal de projéteis, a razão entre as velocidades de lançamento, v_{01}/v_{02}, para as quais as duas bolas de canhão atingem o mesmo alcance é

a) 0,742 m
b) 0,862 m
c) 1,212 m
d) 1,093 m
e) 2,222 m

3.9 A aceleração devido à gravidade na Lua é de 1,62 m/s², aproximadamente um sexto do valor na Terra. Para uma determinada velocidade inicial v_0 e um determinado ângulo de lançamento B_0, a razão entre o alcance de um projétil ideal na lua e o alcance do mesmo projétil na Terra, R_{Lua}/R_{Terra}, será

a) 6 m
b) 3 m
c) 12 m
d) 5 m
e) 1 m

3.10 Uma bola de beisebol é lançada do taco com um ângulo $\theta_0 = 30°$ em relação ao eixo x positivo e com velocidade inicial de 40 m/s, e é agarrada na mesma altura da qual foi rebatida. Presumindo movimento ideal de projéteis (eixo y positivo para cima), a velocidade da bola quando é agarrada é de

a) $(20{,}00\,\hat{x} + 34{,}64\,\hat{y})$ m/s.
b) $(-20{,}00\,\hat{x} + 34{,}64\,\hat{y})$ m/s.
c) $(34{,}64\,\hat{x} - 20{,}00\,\hat{y})$ m/s.
d) $(34{,}64\,\hat{x} + 20{,}00\,\hat{y})$ m/s.

3.11 No movimento ideal de projéteis, a velocidade e a aceleração do projétil em sua altura máxima são, respectivamente,

a) horizontal, vertical para baixo.
b) horizontal, zero.
c) zero, zero.
d) zero, vertical para baixo.
e) zero, horizontal.

3.12 No movimento ideal de projéteis, quando o eixo y positivo é escolhido verticalmente para cima, as componentes y da aceleração do objeto durante a parte ascendente e descendente do movimento são, respectivamente,

a) positiva, negativa.
b) negativa, positiva.
c) positiva, positiva.
d) negativa, negativa.

3.13 No movimento ideal de projéteis, quando o eixo y positivo é escolhido verticalmente para cima, as componentes y da velocidade do objeto durante a parte ascendente e descendente do movimento são, respectivamente,

a) positiva, negativa.
b) negativa, positiva.
c) positiva, positiva.
d) negativa, negativa.

QUESTÕES

3.14 Uma bola é arremessada do solo com um ângulo entre 0° e 90°. Qual dos seguintes permanece constante: x, y, v_x, v_y, a_x, a_y?

3.15 Uma bola é arremessada para cima por um passageiro em um trem que está se movendo com velocidade constante. Onde a bola pousaria – de volta em suas mãos, na frente ou atrás dele? A sua resposta mudaria se o trem estivesse acelerando no sentido para frente? Se sim, como?

3.16 Uma pedra é atirada com um ângulo de 45° abaixo da horizontal de cima de um prédio. Imediatamente após a liberação, sua aceleração será maior, igual ou menor do que a aceleração devido à gravidade?

3.17 Três bolas de massas diferentes são arremessadas horizontalmente da mesma altura com diferentes velocidades iniciais, conforme mostra a figura. Classifique em ordem, do mais curto para o mais longo, os tempos que as bolas levam para atingir o solo.

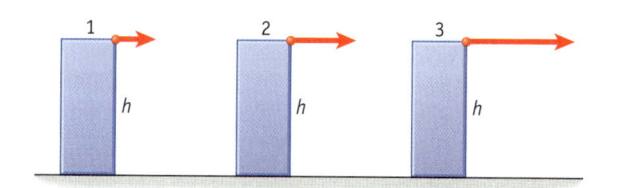

3.18 Para atingir altura máxima para a trajetória de um projétil, que ângulo você escolheria entre 0° e 90°, presumindo que você consegue lançar o projétil com a mesma velocidade inicial, independentemente do ângulo de lançamento. Explique seu raciocínio.

3.19 Um avião está viajando com velocidade horizontal constante v, a uma altitude h acima de um lago quando uma porta no fundo da aeronave se abre e um pacote se solta (cai) do avião. A aeronave continua na horizontal com mesma altitude e velocidade. Despreze a resistência do ar.

a) Qual é a distância entre o pacote e o avião quando o pacote atingir a superfície do lago?
b) Qual é a componente horizontal do vetor velocidade do pacote quando atingir o lago?
c) Qual é a velocidade do pacote quando atingir o lago?

3.20 Duas bolas de canhão são disparadas em sequência de um canhão, para o ar, com a mesma velocidade da boca do canhão, com o mesmo ângulo de lançamento. Baseado em sua trajetória e alcance, como é possível saber qual é feita de chumbo e qual é feita de madeira? Se as mesmas bolas de canhão fossem lançadas no vácuo, qual seria a resposta?

3.21 Nunca se deve saltar de um veículo em movimento (trem, carro, ônibus, etc.). Porém, presumindo que alguém faça isso, de uma perspectiva da física, qual seria a melhor direção a saltar para minimizar o impacto do pouso? Explique.

3.22 Um barco navega com velocidade v_{BW} em relação à água por um rio de largura D. A velocidade em que a água está correndo é v_W.

a) Demonstre que o tempo necessário para atravessar o rio até um ponto exatamente oposto ao ponto de partida e, depois, retornar é $T_1 = 2D/\sqrt{v_{BW}^2 - v_W^2}$

b) Demonstre também que o tempo para que o barco percorra uma distância D na direção da corrente do rio e, depois, retornar é $T_1 = 2Dv_B/(v_{BW}^2 - v_W^2)$.

3.23 Um disco de hóquei movido a foguete está se movendo sobre uma mesa horizontal de hóquei a ar (sem atrito). As componentes x e y de sua velocidade como função de tempo são apresentadas nos gráficos abaixo. Presumindo que em $t = 0$ o disco esteja em $(x_0, y_0) = (1, 2)$, desenhe um gráfico detalhado da trajetória $y(x)$.

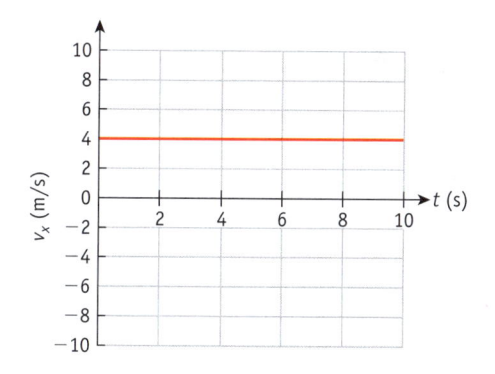

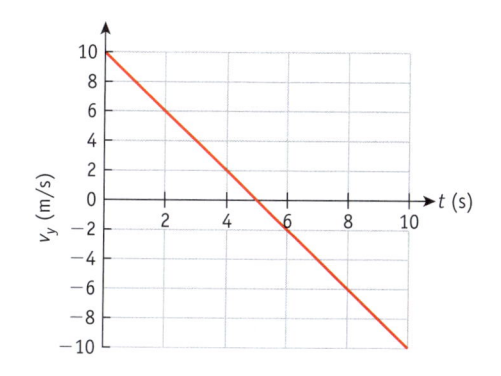

3.24 Em um movimento tridimensional, as coordenadas x, y e z do objeto como função de tempo são dadas por $x(t) = \frac{\sqrt{2}}{2}t$, $y(t) = \frac{\sqrt{2}}{2}t$ e $z(t) = -4,9t^2 + \sqrt{3}t$. Descreva o movimento e a trajetória do objeto em um sistema de coordenadas xyz.

3.25 Um objeto se move no plano xy. As coordenadas x e y do objeto como função de tempo são dadas pelas seguintes equações: $x(t) = 4,9t^2 + 2t + 1$ e $y(t) = 3t + 2$. Qual é o vetor velocidade do objeto como função de tempo? Qual é seu vetor aceleração em um tempo $t = 2$ s?

3.26 O movimento de uma partícula é descrito pelas seguintes duas equações paramétricas:

$$x(t) = 5\cos(2\pi t)$$
$$y(t) = 5\text{sen}(2\pi t)$$

onde os deslocamentos estão em metros e t é o tempo em segundos.

a) Desenhe um gráfico da trajetória da partícula (ou seja, um gráfico de y versus x).

b) Determine as equações que descrevem as componentes x e y da velocidade, v_x e v_y, como funções de tempo.

c) Desenhe um gráfico da velocidade da partícula como função de tempo.

3.27 Em um experimento de prova de conceito para um sistema de defesa contra míssil antibalístico, um míssil é disparado do solo de um campo de tiro em direção a um alvo estacionário no solo. O sistema detecta o míssil pelo radar, analisa seu movimento parabólico em tempo real e determina que foi disparado de uma distância $x_0 = 5000$ m, com velocidade inicial de 600 m/s com um ângulo de lançamento $\theta_0 = 20°$. A seguir, o sistema de defesa calcula o atraso de tempo necessário medido do lançamento do míssil e dispara um pequeno foguete situado a $y_0 = 500$ m com velocidade inicial de v_0 m/s com um ângulo de lançamento $\alpha_0 = 60°$ no plano yz, para interceptar o míssil. Determine a velocidade inicial v_0 do foguete de interceptação e o atraso de tempo necessário.

3.28 Um projétil é lançado com um ângulo de 45° acima da horizontal. Qual é a razão entre seu alcance horizontal e sua altura máxima? Como a resposta se altera se a velocidade inicial do projétil dobrar?

3.29 No movimento de um projétil, o alcance horizontal e a altura máxima atingida pelo projétil são iguais.

a) Qual é o ângulo de lançamento?

b) Se tudo o mais permanecer o mesmo, como o ângulo de lançamento, θ_0, de um projétil deveria ser mudado para o alcance do projétil ser reduzido à metade?

3.30 Um disco de hóquei a ar tem um foguete modelo fortemente preso a ele. O disco é empurrado de um canto pela lateral mais longa de uma mesa de hóquei a ar com 2 m de comprimento, com o foguete apontando para a parte mais curta da mesa e, ao mesmo tempo, o foguete é disparado. Se a propulsão do foguete transmite uma aceleração de 2 m/s² ao disco, e a mesa tem 1 m de largura, com que velocidade inicial mínima o disco deve ser empurrado para chegar ao lado menor oposto da mesa sem ricochetear em nenhum dos lados mais longos? Desenhe a trajetória do disco para três velocidades iniciais: $v < v_{\min}$, $v = v_{\min}$ e $v > v_{\min}$. Despreze o atrito e a resistência do ar.

3.31 Em um campo de batalha, um canhão dispara uma bola por uma encosta, do nível do solo, com velocidade inicial v_0 e ângulo θ_0 acima da horizontal. O próprio solo faz um ângulo α acima da horizontal ($\alpha < \theta_0$). Qual é o alcance R da bola de canhão, medido ao longo do solo inclinado? Compare seu resultado com a equação para o alcance no solo horizontal (equação 3.25).

3.32 Dois nadadores com uma queda por física disputam uma corrida peculiar que imita um famoso experimento de óptica: o experimento de Michelson-Morley. A corrida acontece em um rio com 50 m de largura que está fluindo a uma velocidade constante de 3 m/s. Os dois nadadores começam no mesmo ponto em uma margem e nadam com a mesma velocidade de 5 m/s *em relação à corrente*. Um dos nadadores atravessa diretamente o rio até o ponto mais próximo na margem oposta e, depois, faz a volta e retorna ao ponto de partida. O outro nadador nada *ao longo* da margem do rio, primeiro contra a corrente por uma distância igual à largura do rio e, depois, a favor da corrente de volta ao ponto de partida. Quem chega ao ponto de partida em primeiro lugar?

PROBLEMAS

Um • e dois •• indicam um nível crescente de dificuldade do problema.

Seção 3.2

3.33 Qual é o modulo da velocidade média de um objeto se ele se move de um ponto com coordenadas $x = 2,0$ m, $y = -3,0$ m até um ponto com coordenadas $x = 5,0$ m, $y = -9,0$ m em um intervalo de tempo de 2,4 s?

3.34 Um homem em busca de seu cão dirige 10 milhas para o nordeste, depois 12 milhas direto para o sul e, finalmente, 8 milhas em uma direção 30° noroeste. Quais são o módulo e a orientação de seu deslocamento resultante?

3.35 Durante um passeio em seu barco, você navega 2 km para o leste, 4 km para o sudeste e uma distância adicional em uma direção desconhecida. Sua posição final é 6 km diretamente a leste do ponto de partida. Encontre o módulo e a orientação do terceiro trecho de sua viagem.

3.36 Um caminhão viaja 3,02 km a norte e, depois, faz uma curva de 90° à esquerda e dirige mais 4,30 km. Todo o percurso leva 5,00 min.

a) Em relação a um sistema de coordenadas bidimensional na superfície terrestre em que o eixo y aponta para o norte, qual é o vetor deslocamento resultante do caminhão nessa viagem?

b) Qual é o módulo da velocidade média para essa viagem?

• **3.37** Um coelho corre por um jardim de forma que os componentes x e y de seu deslocamento como função dos tempos são dados por $x(t) = -0{,}45t^2 - 6{,}5t + 25$ e $y(t) = 0{,}35t^2 + 8{,}3t + 34$. (Tanto x quanto y estão em metros e t está em segundos.)

a) Calcule a posição do coelho (módulo e orientação) em $t = 10$ s.

b) Calcule a velocidade do coelho em $t = 10$ s.

c) Determine o vetor aceleração em $t = 10$ s.

•• **3.38** Algumas locadoras de automóveis possuem uma unidade de GPS instalada, que permite à empresa verificar onde você está a qualquer momento e, com isso, também saber sua velocidade. Um desses carros de locadora é dirigido por um funcionário no terreno da empresa e, durante o intervalo de tempo de 0 a 10 s, tem um vetor posição como função de tempo de

$$\vec{r}(t) = \Big((24{,}4 \text{ m}) - t(12{,}3 \text{ m/s}) + t^2(2{,}43 \text{ m/s}^2),$$
$$(74{,}4 \text{ m}) + t^2(1{,}80 \text{ m/s}^2) - t^3(0{,}130 \text{ m/s}^3)\Big)$$

a) Qual é a distância desse carro da origem do sistema de coordenadas em $t = 5{,}00$ s?

b) Qual é o vetor velocidade como função de tempo?

c) Qual é a velocidade em $t = 5{,}00$ s?

Crédito extra: você consegue produzir um gráfico da trajetória do carro no plano xy?

Seção 3.3

3.39 Uma esquiadora se lança para um salto com velocidade horizontal de 30,0 m/s (e sem componente vertical de velocidade). Quais são os módulos das componentes horizontal e vertical de sua velocidade no instante em que ela pousa 2 s mais tarde?

3.40 Um arqueiro atira uma flecha de uma altura de 1,14 m acima do solo com velocidade inicial de 47,5 m/s e ângulo de 35,2° acima da horizontal. Em que tempo após a liberação da flecha do arco ela estará voando exatamente no sentido horizontal?

3.41 Uma bola de futebol americano é chutada com velocidade inicial de 27,5 m/s e ângulo inicial de 56,7°. Qual é seu tempo suspenso (o tempo que leva até atingir o solo)?

3.42 Você saca uma bola de tênis de uma altura de 1,8 m acima do solo. A bola sai da raquete com velocidade de 18,0 m/s e um ângulo de 7,00° acima da horizontal. A distância horizontal da linha de base da quadra até a rede é de 11,83 m, e a rede tem 1,07 m de altura. Despreze a rotação aplicada à bola, bem como os efeitos da resistência do ar. A bola passa por cima da rede? Se sim, em quanto? Se não, quanto faltou?

3.43 Pedras são atiradas horizontalmente com a mesma velocidade de dois prédios. Uma pedra cai duas vezes mais distante de seu prédio do que a outra. Determine a razão entre as alturas dos dois prédios.

3.44 Você está praticando o arremesso de dardos em seu quarto. Sua distância até a parede em que o alvo está pendurado é de 3,0 m. O dardo sai de sua mão com velocidade horizontal em um ponto 2,0 m acima do solo. O dardo atinge o alvo em um ponto 1,65 m acima do solo. Calcule:

a) o tempo de voo do dardo;

b) a velocidade inicial do dardo;

c) a velocidade do dardo quando atinge o alvo.

• **3.45** Um jogador de futebol americano chuta uma bola com velocidade de 22,4 m/s e ângulo de 49° acima da horizontal de uma distância de 39 m da linha do gol.

a) Em quanto a bola passa acima ou abaixo do poste do gol se este tiver 3,05 m de altura?

b) Qual é a velocidade vertical da bola quando atingir o poste do gol?

• **3.46** Um objeto disparado com um ângulo de 35° acima da horizontal leva 1,5 s para percorrer os últimos 15 m de sua distância vertical e os últimos 10 m de sua distância horizontal. Com que velocidade o objeto foi lançado?

• **3.47** Uma correia transportadora é usada para mover areia de um lugar para outro em uma fábrica. A correia está inclinada com um ângulo de 14° da horizontal, e a areia se move sem escorregar a uma velocidade de 7 m/s. A areia é coletada em um grande tambor 3 m abaixo da extremidade da correia. Determine a distância horizontal entre a extremidade da correia e o meio do tambor de coleta.

• **3.48** O carro de seu amigo está estacionado em um penhasco com vista para o oceano em uma inclinação que faz um ângulo de 17,0° abaixo da horizontal. Os freios falham, e o carro se desloca do repouso por uma distância de 29,0 m na direção da beira do penhasco, que está 55,0 m acima do oceano e, infelizmente, continua sobre o penhasco e cai no oceano.

a) Encontre a posição do carro em relação à base do penhasco quando o carro pousar no oceano.

b) Encontre a duração de tempo em que o carro fica no ar.

• **3.49** Um objeto é lançado com velocidade de 20,0 m/s de cima de uma torre alta. A altura y do objeto como função do tempo t decorrido do lançamento é $y(t) = -4{,}9t^2 + 19{,}32t + 60$, onde h está em metros e t em segundos. Determine:

a) a altura H da torre;

b) o ângulo de lançamento;

c) a distância horizontal percorrida pelo objeto antes de atingir o solo.

• **3.50** Um projétil é lançado com um ângulo de 60° acima da horizontal no nível do solo. A mudança em sua velocidade entre o lançamento e logo antes de pousar é de $\Delta \vec{v} \equiv \vec{v}_{\text{pouso}} - \vec{v}_{\text{lançamento}} = -20\hat{y}$. Qual é a velocidade inicial do projétil? Qual é sua velocidade final logo antes de pousar?

•• **3.51** A figura mostra os trajetos de uma bola de tênis que sua amiga atira da janela do apartamento e da pedra que você atira do solo no mesmo instante. A pedra e a bola colidem em $x = 50$ m, $y = 10$ m e $t = 3$ s. Se a bola foi jogada de uma altura de 54 m, determine a velocidade da pedra inicialmente e no instante da colisão com a bola.

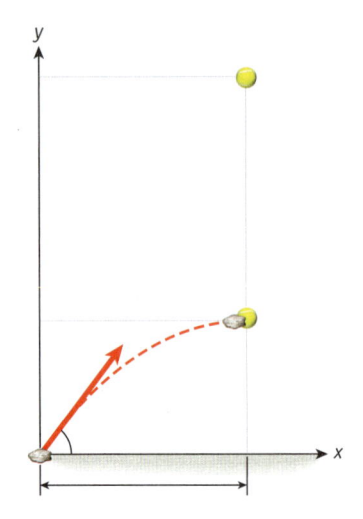

Seção 3.4

3.52 Para uma competição em uma feira de ciências, um grupo de estudantes do Ensino Médio constrói uma máquina de lançamento que consegue arremessar uma bola de golfe da origem com uma velocidade de 11,2 m/s e ângulo inicial de 31,5° em relação à horizontal.

a) Onde a bola de golfe cairá no solo?

b) Que altura terá no ponto mais alto de sua trajetória?

c) Qual é o vetor velocidade da bola (em componentes cartesianas) no ponto mais alto de sua trajetória?

d) Qual é o vetor aceleração da bola (em componentes cartesianas) no ponto mais alto de sua trajetória?

3.53 Se você quiser usar uma catapulta para atirar pedras e com alcance máximo de 0,67 km para esses projéteis, qual velocidade inicial os projéteis precisam ter assim que saem da catapulta?

3.54 Qual é a altura máxima acima do solo que um projétil de massa 0,79 kg, lançado do nível do solo, pode atingir se você conseguir dar a ele uma velocidade inicial de 80,3 m/s?

• **3.55** Durante um dos jogos, você foi solicitado a chutar a bola para seu time de futebol americano. Você chutou a bola com um ângulo de 35° e com velocidade de 25 m/s. Se o chute sair reto pelo campo, determine a velocidade média em que o jogador do time adversário que está a 70 m de você deve correr para alcançar a bola na mesma altura em que você a chutou. Presuma que o jogador comece a correr quando a bola sai de seu pé e que a resistência do ar é desprezível.

• **3.56** Por tentativa e erro, um sapo aprende que pode saltar uma distância horizontal máxima de 1,3 m. Se, no decorrer de uma hora, o sapo gasta 20% do tempo descansando e 80% do tempo realizando saltos idênticos com esse comprimento máximo, em linha reta, qual é a distância percorrida pelo sapo?

• **3.57** Um malabarista realiza uma apresentação com bolas que são arremessadas com a mão direita e agarradas com a mão esquerda. Cada bola é lançada com um ângulo de 75° e atinge altura máxima de 90 cm acima da altura de lançamento. Se o malabarista leva 0,2 s para segurar uma bola com a mão esquerda, passar para a direita e atirá-la para cima, qual é o número máximo de bolas que ele consegue equilibrar?

•• **3.58** Em um jogo de fliperama, uma bola é lançada do canto de um plano liso inclinado. Esse plano faz um ângulo de 30° com a horizontal e tem largura de $w = 50$ cm. O arremessador da mola faz um ângulo de 45° com a extremidade inferior do plano inclinado. O objetivo é fazer com que a bola entre em um pequeno orifício no canto oposto ao plano inclinado. Com que velocidade inicial você deve lançar a bola para atingir esse objetivo?

•• **3.59** Um dublê tenta recriar a tentativa de Evel Knievel em 1974 de saltar sobre o cânion Snake River em uma motocicleta movida a foguete. O cânion tem $L = 400$ m de largura, com as bordas opostas na mesma altura. A altura da rampa de lançamento em uma borda do cânion é $h = 8$ m acima da borda, e o ângulo da extremidade da rampa é de 45° com a horizontal.

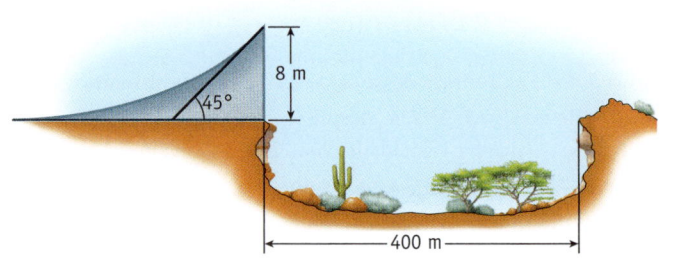

a) Qual é a velocidade mínima de lançamento necessária para que o dublê consiga atravessar o cânion? Despreze a resistência do ar e o vento.

b) Famoso após seu primeiro salto, mas ainda se recuperando das lesões sofridas no acidente causado por uma forte batida no pouso, o dublê decide saltar novamente, mas adiciona uma rampa de aterrissagem com uma inclinação que será equivalente ao ângulo de sua velocidade no pouso. Se a altura da rampa de aterrissagem na borda oposta for de 3 m, qual deve ser a nova velocidade de lançamento, e a que distância da rampa de lançamento a extremidade da rampa de aterrissagem deve estar?

Seção 3.5

3.60 Uma bola de golfe é lançada com ângulo inicial de 35,5° em relação à horizontal e velocidade inicial de 83,3 mph. Ela pousa a uma distância de 86,8 m de onde foi lançada. Em quanto os efeitos de resistência do ar, rotação e assim por diante reduziram o alcance da bola em comparação ao valor ideal?

Seção 3.6

3.61 Você está caminhando por uma esteira rolante em um aeroporto. O comprimento da esteira é de 59,1 m. Se a sua velocidade em relação à esteira é de 2,35 m/s e a esteira se move com velocidade de 1,77 m/s, quanto tempo levará para chegar ao outro lado da esteira?

3.62 O capitão de um barco quer navegar diretamente através de um rio que flui para o leste com velocidade de 1,00 m/s. Ele começa na margem sul do rio e se dirige para a margem norte. O barco tem velocidade de 6,10 m/s em relação à água. Em que sentido (em graus) o capitão deve pilotar o barco? Observe que 90° é leste, 180° é sul, 270° é oeste e 360° é norte.

3.63 O capitão de um barco quer navegar diretamente através de um rio que flui para o leste. Ele começa na margem sul do rio e se dirige para a margem norte. O barco tem velocidade de 5,57 m/s em relação à água. O capitão pilota o barco na direção 315°. Com que velocidade a água está se movendo? Observe que 90° é leste, 180° é sul, 270° é oeste e 360° é norte.

• **3.64** O indicador de velocidade do ar de um avião que decolou de Detroit marca 350 km/h e a bússola indica que está se dirigindo para leste de Boston. Um vento constante está soprando para o norte a 40 km/h. Calcule a velocidade do avião em relação ao solo. Se o piloto desejar voar diretamente para Boston (para o leste), qual será a leitura da bússola?

• **3.65** Você quer atravessar um trecho reto de um rio que tem corrente uniforme de 5,33 m/s e 127 m de largura. Seu barco tem um motor que pode gerar uma velocidade de 17,5 m/s para o barco. Presuma que você atinja a velocidade máxima logo de imediato (ou seja, despreze o tempo que leva para acelerar o barco até a velocidade máxima).

a) Se você quer atravessar diretamente o rio com um ângulo de 90° em relação à margem, em que ângulo em relação à margem você deve apontar o barco?

b) Quanto tempo levará para atravessar o rio dessa forma?

c) Em que sentido você deve apontar o barco para atingir o tempo mínimo de travessia?

d) Qual é o tempo mínimo para atravessar o rio?

e) Qual é a velocidade mínima do barco que o permitirá atravessar o rio com um ângulo de 90° em relação à margem?

• **3.66** Durante uma longa espera em um aeroporto, um físico e sua filha de oito anos fazem uma brincadeira que envolve uma esteira rolante. Eles mediram a esteira e encontraram 42,5 m de comprimento. O pai tem um cronômetro e calcula o tempo de sua filha. Primeiro, a filha caminha com velocidade constante no mesmo sentido da esteira. Ela leva 15,2 s para atingir a extremidade da esteira. Depois, ela faz a volta e caminha com a mesma velocidade em relação à esteira como antes no sentido oposto. O trajeto de volta leva 70,8 s. Qual é a velocidade da esteira em relação ao terminal, e com que velocidade a menina estava caminhando?

• **3.67** Um avião tem velocidade aérea de 126,2 m/s e está voando para o norte, mas o vento sopra do nordeste para o sudoeste a 55,5 m/s. Qual é a velocidade do avião em relação ao solo?

Problemas adicionais

3.68 Uma bola de canhão é disparada de uma colina com 116,7 m de altura a um ângulo de 22,7° em relação à horizontal. Se a velocidade da boca do canhão é de 36,1 m/s, qual é a velocidade de uma bola de canhão de 4,35 kg quando atingir o solo 116,7 m abaixo?

3.69 Uma bola de beisebol é arremessada com velocidade de 31,1 m/s e um ângulo de θ = 33,4° acima da horizontal. Qual é a componente horizontal da velocidade da bola no ponto mais alto de sua trajetória?

3.70 Uma pedra é atirada horizontalmente de cima de um prédio com velocidade inicial de v = 10,1 m/s. Se ela pousa a uma distância d = 57,1 m da base do prédio, qual é a altura do prédio?

3.71 Um carro está se movendo a uma velocidade constante de 19,3 m/s, e a chuva está caindo a 8,9 m/s direto na vertical. Que ângulo θ (em graus) a chuva faz em relação à horizontal conforme observado pelo motorista?

3.72 Você passou o sal e a pimenta para seu amigo na outra ponta de uma mesa de 0,85 m de altura deslizando-os sobre a mesa. Os dois caíram da mesa, com velocidades de 5 m/s e 2,5 m/s, respectivamente.

a) Compare os tempos que o saleiro e o pimenteiro levam para atingir o solo.

b) Compare a distância que cada um percorre da borda da mesa ao ponto em que atinge o solo.

3.73 Uma caixa que contém suprimentos alimentares de um campo de refugiados foi jogada de um helicóptero voando horizontalmente com elevação constante de 500 m. Se a caixa atingiu o solo a uma distância de 150 m horizontalmente do ponto de liberação, qual era a velocidade do helicóptero? Com que velocidade a caixa atingiu o solo?

3.74 Um carro passa direto pela beira de um penhasco que tem 60 m de altura. A polícia na cena do acidente observa que o ponto de impacto está a 150 m da base do penhasco. Com que velocidade o carro estava andando quando caiu do penhasco?

3.75 No término das férias de primavera, uma turma de física do Ensino Médio comemora atirando um maço de papéis de prova no aterro da cidade com uma catapulta feita em casa. Eles miram em um ponto que está a 30 m de distância na mesma altura em que a catapulta lança o maço. A componente horizontal de velocidade inicial é de 3,9 m/s. Qual é a componente de velocidade inicial no sentido vertical? Qual é o ângulo de lançamento?

3.76 O salmão geralmente salta contra a corrente através de quedas d'água para chegar ao local de desova. Um salmão chegou a uma queda d'água com 1,05 m de altura, que ele saltou em 2,1 s com um ângulo de 35° para continuar a nadar contra a corrente. Qual era a velocidade inicial do salto?

3.77 Um bombeiro, a 60 m de distância de um prédio em chamas, dirige um jato de água de uma mangueira ao nível do solo com um ângulo de 37° acima da horizontal. Se a água sai da mangueira a 40,3 m/s, qual andar do prédio será atingido pelo jato de água? Cada andar tem 4 m de altura.

3.78 Um projétil sai do nível do solo com um ângulo de 68° acima da horizontal. Quando atinge sua altura máxima, H, ele percorreu uma distância horizontal, d, no mesmo intervalo de tempo. Qual é a razão H/d?

3.79 O terminal McNamara Northwest no Aeroporto Metropolitano de Detroit tem esteiras rolantes para a comodidade dos passageiros. Robert caminha ao lado de uma esteira e leva 30,0 s para percorrer seu comprimento. John simplesmente fica parado na esteira e percorre a mesma distância em 13,0 s. Kathy caminha na esteira com a mesma velocidade de Robert. Quanto tempo leva para que Kathy complete o percurso?

3.80 A chuva está caindo verticalmente com velocidade constante de 7,0 m/s. Em que ângulo da vertical as gotas de chuva parecem estar caindo em relação ao motorista de um carro que trafega em uma estrada reta com velocidade de 60 km/h?

3.81 Para determinar a aceleração gravitacional na superfície de um planeta recentemente descoberto, os cientistas conduzem um experimento com movimento de projéteis. Eles lançam um pequeno foguete modelo com velocidade inicial de 50 m/s e ângulo de 30° acima da horizontal e medem o alcance (horizontal) no solo plano, encontrando 2165 m. Determine o valor de g para o planeta.

3.82 Um mergulhador salta em direção ao mar de um penhasco com 40 m de altura. Há rochas na água por uma distância horizontal de 7 m da base do penhasco. Com que velocidade horizontal mínima o mergulhador deve saltar do penhasco para passar do ponto das rochas e pousar com segurança no mar?

3.83 Um jogador atira uma bola de beisebol com velocidade inicial de 32 m/s e ângulo de 23° em relação à horizontal. A bola sai de sua mão com uma altura de 1,83 m. Quanto tempo a bola fica no ar antes de atingir o solo?

•**3.84** Uma pedra é arremessada de cima de um penhasco com altura de 34,9 m. Sua velocidade inicial é de 29,3 m/s, e o ângulo de lançamento é de 29,9° em relação à horizontal. Qual é a velocidade com que a pedra atinge o solo no fundo do penhasco?

•**3.85** Durante os Jogos Olímpicos de 2004, uma atleta de lançamento de peso fez uma arremesso com velocidade de 13,0 m/s e ângulo de 43° acima da horizontal. Ela arremessou o peso de uma altura de 2 m acima do solo.

a) Que distância o peso percorreu no sentido horizontal?

b) Quanto tempo levou até que o peso atingisse o solo?

•**3.86** Um vendedor está parado na ponte Golden Gate durante um engarrafamento. Ele está a uma altura de 71,8 m acima do nível da água quando recebe uma ligação pelo celular que o deixa tão irritado que ele atira o telefone horizontalmente pela ponte com velocidade de 23,7 m/s.

a) Que distância o telefone percorre horizontalmente antes de atingir a água?

b) Qual é a velocidade com que o telefone atinge a água?

•**3.87** Um segurança está perseguindo um ladrão sobre um terraço, sendo que os dois estão correndo a 4,2 m/s. Antes que o ladrão atinja a borda do terraço, ele tem que decidir se vai ou não tentar saltar para o terraço do outro prédio, que fica a 5,5 m de distância e cuja altura é 4,0 m mais baixa. Se ele decidir saltar horizontalmente para escapar do guarda, terá êxito? Explique sua resposta.

•**3.88** Um pequeno dirigível está ascendendo a uma velocidade de 7,5 m/s com uma altura de 80 m acima do solo quando um pacote é arremessado de sua cabine horizontalmente com velocidade de 4,7 m/s.

a) Quanto tempo leva para que o pacote atinja o solo?

b) Com que velocidade (módulo e orientação) ele atinge o solo?

•**3.89** Gansos selvagens são conhecidos por sua falta de educação. Um ganso está voando para o norte a uma altitude de h_g = 30,0 m acima de uma estrada norte-sul, quando vê um carro à frente se movendo na pista sul e decide mandar (deixar cair) um "ovo". O ganso está voando com velocidade de v_g = 15,0 m/s, e o carro está se movendo com velocidade de v_c = 100,0 km/h.

a) Considerando os detalhes na figura, onde a separação entre o ganso e o para-choque dianteiro do carro, d = 104,1 m, é especificada no instante em que o ganso age, o motorista terá de lavar o para-brisa após esse encontro? (O centro do para-brisa fica a h_c = 1,00 m do solo.)

b) Se a entrega for bem-sucedida, qual é a velocidade relativa do "ovo" em relação ao carro no momento do impacto?

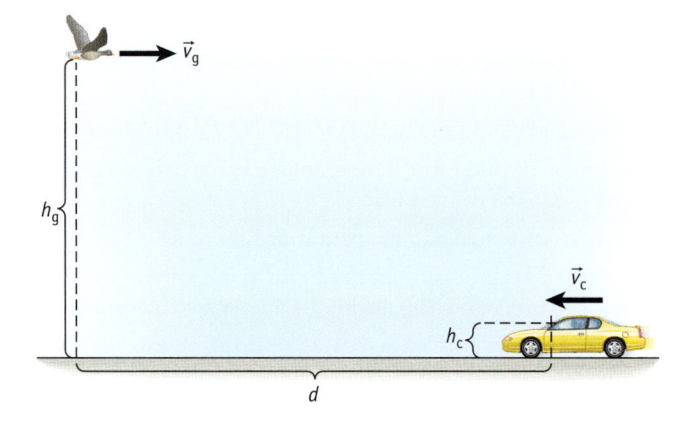

•**3.90** Você está no *shopping center*, no primeiro degrau de uma escada rolante que está descendo, quando se inclina lateralmente para ver seu professor de física com 1,8 m de altura no primeiro degrau da escada rolante adjacente, que está subindo. Infelizmente, o sorvete que você segura cai do cone quando você se inclina. As duas escadas rolante têm ângulos idênticos de 40° em relação à horizontal, uma altura vertical de 10 m e se movem com a mesma velocidade de 0,4 m/s. O sorvete cairá na cabeça de seu professor? Explique. Se cair na cabeça dele, em que tempo e em que altura vertical isso ocorre? Qual é a velocidade relativa do sorvete em relação à cabeça no momento do impacto?

•**3.91** Um jogador de basquete pratica arremessos de três pontos de uma distância de 7,50 m da cesta, lançando a bola de uma altura de 2,00 m acima do solo. O aro padrão de uma cesta de basquete fica 3,05 m acima do solo. O jogador arremessa a bola com um ângulo de 48° em relação à horizontal. Com que velocidade inicial ele deve arremessar para acertar na cesta?

• **3.92** Querendo convidar Julieta para sua festa, Romeu está jogando pedrinhas em sua janela com um ângulo de lançamento de 37° em relação à horizontal. Ele está parado na borda do jardim de rosas a 7,0 m abaixo da janela e a 10,0 m da base da parede. Qual é a velocidade inicial das pedrinhas?

• **3.93** Uma aeronave voa horizontalmente acima da superfície plana de um deserto a uma altitude de 5 km e velocidade de 1000 km/h. Se a aeronave soltar um pacote com mantimentos que deve atingir um alvo no solo, onde o avião deve estar em relação ao alvo quando o pacote for liberado? Se o alvo cobrir uma área circular com diâmetro de 50 m, qual é a "janela de oportunidade" (ou margem de erro permitida) para o tempo de liberação?

• **3.94** Um avião pilotando com velocidade constante e ângulo de 49° em relação à vertical solta um pacote a uma altitude de 600 m. O pacote atinge o solo 3,5 s após sua liberação. Que distância horizontal o pacote percorre?

•• **3.95** Dez segundos depois de ser disparada, uma bola de canhão atinge um ponto 500 m horizontalmente e 100 m verticalmente acima do ponto de lançamento.

a) Com qual velocidade inicial a bola de canhão foi lançada?

b) Qual altura máxima foi atingida pela bola?

c) Qual é o módulo e orientação da velocidade da bola logo antes de atingir o determinado ponto?

•• **3.96** Despreze a resistência do ar neste exercício. Uma bola de futebol é chutada do solo para o ar. Quando a bola estiver a uma altura de 12,5 m, sua velocidade é $(5{,}6\hat{x} + 4{,}1\hat{y})$ m/s.

a) Que altura máxima a bola atingirá?

b) Que distância horizontal será percorrida pela bola?

c) Com que velocidade (módulo e orientação) ela atingirá o solo?

4 Força

O QUE APRENDEREMOS 101

4.1 Tipos de forças 101
4.2 Vetor força gravitacional, peso e massa 103
Peso *versus* massa 104
Ordens de magnitude de forças 104
Partícula de Higgs 105
4.3 Força resultante 105
Força normal 105
Diagramas de corpo livre 106
4.4 Leis de Newton 106
Primeira lei de Newton 107
Segunda lei de Newton 108
Terceira lei de Newton 108
4.5 Cordas e polias 109
   Exemplo 4.1 Cabo de guerra modificado 109
   Exemplo 4.2 Argolas 110
Multiplicador de força 112
4.6 Aplicação das leis de Newton 112
   Exemplo 4.3 Dois livros sobre uma mesa 113
   Problema resolvido 4.1 *Snowboard* 113
   Exemplo 4.4 Dois blocos conectados por uma corda 115
   Exemplo 4.5 Máquina de Atwood 116
   Exemplo 4.6 Colisão de dois veículos 117
4.7 Força de atrito 118
Atrito cinético 118
Atrito estático 118
   Exemplo 4.7 *Snowboard* realista 120
Resistência do ar 121
   Exemplo 4.8 Paraquedismo 122
Tribologia 123
4.8 Aplicações da força de atrito 123
   Exemplo 4.9 Dois blocos conectados por uma corda – com atrito 123
   Exemplo 4.10 Puxando um trenó 124

O QUE JÁ APRENDEMOS / GUIA DE ESTUDO PARA EXERCÍCIOS 126

Guia de resolução de problemas 127
   Problema resolvido 4.2 Cunha 128
   Problema resolvido 4.3 Dois blocos 130
Questões de múltipla escolha 132
Questões 132
Problemas 133

Figura 4.1 O ônibus espacial Columbia decola do Centro Espacial Kennedy.

O QUE APRENDEREMOS

- Uma força é uma grandeza vetorial que é uma medida de como um objeto interage com outros objetos.

- Forças fundamentais incluem a atração gravitacional, e a atração e repulsão eletromagnética. Na experiência diária, forças importantes incluem forças de tensão, normal, de atrito e elástica.

- Várias forças que agem sobre um objeto geram uma força resultante.

- Diagramas de corpo livre são auxílios valiosos na solução de problemas.

- As três leis de movimento de Newton governam o movimento de objetos sob a influência de forças.

  a) A primeira lei lida com objetos para os quais as forças externas são equilibradas.

  b) A segunda lei descreve os casos para os quais as forças externas não são equilibradas.

  c) A terceira lei aborda forças iguais (em módulo) e opostas (em sentido) que dois corpos exercem entre si.

- A massa gravitacional e a massa inercial de um objeto são equivalentes.

- O atrito cinético se opõe ao movimento de objetos em movimento; o atrito estático se opõe ao movimento iminente de objetos em repouso.

- O atrito é importante para o entendimento do movimento do mundo real, mas suas causas e mecanismos exatos ainda estão sendo investigados.

- As aplicações das leis de movimento de Newton envolvem vários objetos, várias forças e o atrito; a aplicação dessas leis para analisar uma situação está entre as mais importantes técnicas de resolução de problemas em física.

O lançamento de um ônibus espacial é algo impressionante de se ver. Nuvens enormes de fumaça obscurecem o ônibus até que ele suba alto o bastante para ser visto acima delas, com brilhantes chamas de exaustão que saem dos motores principais. Os propulsores geram uma força de 30,16 meganewtons (6,781 milhões de libras), suficiente para fazer tremer o solo por quilômetros à sua volta. Essa força tremenda gera uma aceleração no ônibus (mais de dois milhões de quilogramas, ou 4,5 milhões de libras) suficiente para a decolagem. Diversos sistemas de motores são usados para acelerar o ônibus ainda mais até chegar à velocidade final necessária para atingir a órbita – aproximadamente 8 km/s.

O ônibus espacial já foi considerado uma das maiores realizações tecnológicas do século XX, mas os princípios básicos de força, massa e aceleração que governam sua operação são conhecidos há mais de 300 anos. Enunciadas pela primeira vez por Isaac Newton em 1687, as leis de movimento se aplicam a todas as interações entre objetos. Assim como a cinemática descreve como os objetos se movem, as leis de movimento de Newton são a base da **dinâmica**, que descreve o que faz um objeto se mover. Estudaremos a dinâmica nos próximos capítulos.

Neste capítulo, examinamos as leis de movimento de Newton e exploramos os vários tipos de forças que elas descrevem. O processo de identificação das forças que atuam sobre um objeto, determinando o movimento causado por essas forças e interpretando o resultado vetorial geral é um dos tipos mais comuns e importantes de análise em física, e será usado numerosas vezes durante este livro. Muitos dos tipos de forças introduzidas neste capítulo, como forças de contato, forças de atrito e peso, terão uma função essencial em muitos dos conceitos e princípios discutidos mais adiante.

4.1 Tipos de forças

Você provavelmente está sentado em uma cadeira enquanto lê esta página. A cadeira exerce uma força sobre você, que evita que você caia no chão. Você pode sentir essa força da cadeira na parte posterior das pernas e nas costas. Inversamente, você exerce uma força sobre a cadeira.

Se você puxar um barbante, exerce uma força sobre ele, e o barbante, por sua vez, pode exercer uma força sobre algo amarrado em sua outra extremidade. Essa força é um exemplo de **força de contato**, em que um objeto precisa estar em contato com outro para exercer uma força sobre ele, como no exemplo anterior de estar sentado na cadeira. Se você empurrar ou puxar um objeto, exerce uma força de contato sobre ele. Se puxar um objeto, como uma corda ou um barbante, isso dará origem à força de contato chamada de **tensão**. Se empurrar um objeto, causará a força de contato chamada de **compressão**. A força que atua sobre você quando está sentado em uma cadeira é chamada de **força normal**, em que a palavra *normal* significa "perpendicular à superfície". Examinaremos as forças normais em maior detalhe um pouco mais adiante neste capítulo.

A **força de atrito** é outra importante força de contato que estudaremos em mais detalhe neste capítulo. Se você empurrar um copo sobre a superfície de uma mesa, ele chega ao repouso rapidamente. A força que faz com que o movimento do copo pare é a força de atrito, às vezes chamada simplesmente de *atrito*. É interessante notar que a natureza exata e a origem microscópica da força de atrito ainda estão sendo intensamente investigadas, conforme veremos.

Uma força é necessária para comprimir uma mola, e também para esticá-la. A **força elástica** tem a propriedade especial que depende linearmente da mudança de comprimento da mola. O Capítulo 5 introduzirá a força elástica e descreverá algumas de suas propriedades.

Forças de contato, de atrito e elásticas são os resultados das **forças fundamentais** da natureza que atuam entre os constituintes de objetos. A **força gravitacional**, geralmente chamada apenas de *gravidade*, é um exemplo de força fundamental. Se você segurar um objeto na mão e soltá-lo, ele cai. Sabemos o que causa esse efeito: a atração gravitacional entre a Terra e o objeto. A aceleração gravitacional foi introduzida no Capítulo 2, e este capítulo descreve como ela se relaciona com a força gravitacional. A gravidade também é responsável por manter a lua em órbita ao redor da Terra e a Terra em órbita ao redor do sol. Em uma história famosa (que até pode ser verdadeira!), diz-se que Isaac Newton teve essa percepção no século XVII após sentar sob uma macieira e ser atingido por uma maçã que caiu da árvore: o mesmo tipo de força gravitacional que atua entre objetos celestiais opera entre os objetos terrestres. Porém, não esqueça que a força gravitacional discutida neste capítulo é um exemplo limitado, válido apenas próximo à superfície terrestre, da força gravitacional mais geral. Próximo à superfície da Terra, uma força gravitacional constante atua sobre todos os objetos, o que é suficiente para resolver praticamente todos os problemas de trajetória do tipo abordado no Capítulo 3. No entanto, a forma mais geral da interação gravitacional é inversamente proporcional ao quadrado da distância entre os dois objetos que exercem a força gravitacional entre si. O Capítulo 12 é dedicado a essa força.

Outra força fundamental que pode atuar à distância é a **força eletromagnética**, que, assim como a força gravitacional, é inversamente proporcional ao quadrado da distância sobre a qual ela atua. A manifestação mais aparente dessa força é a atração ou repulsão entre dois ímãs, dependendo de sua orientação relativa. Toda a Terra também age como um enorme ímã, que faz com que as agulhas das bússolas se orientem na direção do Polo Norte. A força eletromagnética foi a grande descoberta da física do século XIX, e seu refinamento durante o século XX levou a muitas das comodidades de alta tecnologia (basicamente tudo que é ligado em uma tomada elétrica ou usa pilhas) que usufruímos hoje.

Em especial, veremos que todas as forças de contato listadas acima (força normal, tensão, atrito, força elástica) são consequências fundamentais da força eletromagnética. Para início de conversa, por que estudar as forças de contato? A resposta é que a expressão de um problema em termos de forças de contato nos dá uma grande percepção e nos permite formular soluções simples para problemas do mundo real cujas soluções, do contrário, exigiriam o uso de supercomputadores se tentássemos analisá-las em termos das interações eletromagnéticas entre os átomos.

As outras duas forças fundamentais – chamadas de **força nuclear forte** e **força nuclear fraca** – atuam apenas sobre as escalas de comprimento de núcleos atômicos e entre partículas elementares. Em geral, as forças podem ser definidas como o meio para que objetos exerçam influência entre si (Figura 4.2).

A maioria das forças mencionadas aqui já é conhecida há centenas de anos. Porém, as maneiras pelas quais os cientistas e engenheiros usam as forças continuam a evoluir à medida que novos materiais são criados. Por exemplo, a ideia de uma ponte para atravessar um rio ou uma ravina profunda tem sido usada há milhares de anos, começando com formas simples, como um tronco jogado sobre um rio ou uma série de cordas amarradas sobre um desfiladeiro. Com o tempo, engenheiros desenvolveram a ideia de uma ponte em arco que pudesse aguentar uma estrada movimentada e uma carga de tráfego usando forças compressivas. Muitas dessas pontes foram construídas de pedra ou aço, materiais que podem aguentar bem a compressão (Figura 4.3a). No final dos séculos XIX e XX, pontes foram construídas com a estrada suspensa por cabos de aço sustentados por pilares altos (Figura 4.3b). Os cabos sustentavam a tensão, e essas pontes podiam ser mais leves e compridas do que os projetos anteriores. No final do século XX, pontes estaiadas começaram a aparecer, com a estrada sendo sustentada

Figura 4.2 Alguns tipos comuns de forças. (a) Um rebolo funciona usando a força de atrito para remover a superfície externa de um objeto. (b) Amortecedores são geralmente usados para absorver impacto em carros a fim de reduzir a força transmitida às rodas pelo solo. (c) Algumas represas estão entre as maiores estruturas já construídas. Elas são projetadas para resistir à força exercida pela água contida por elas.

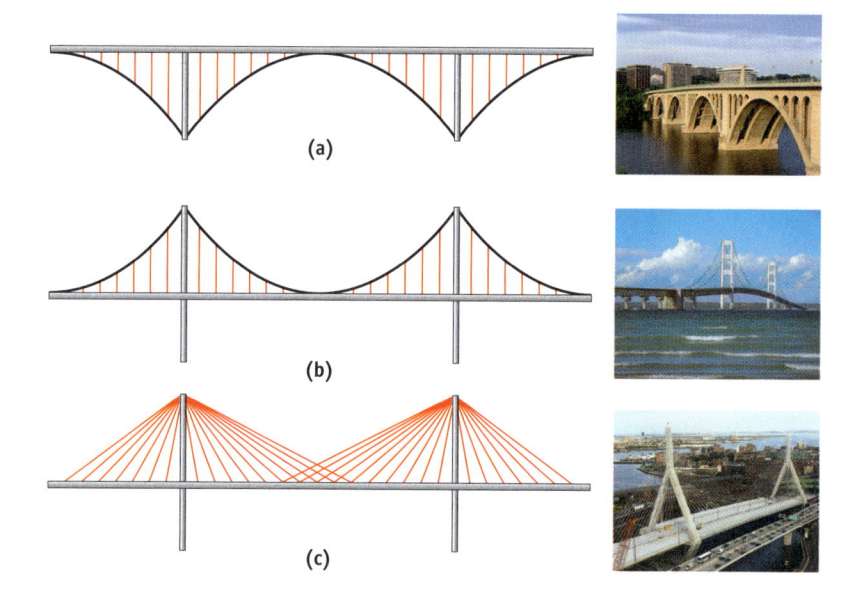

Figura 4.3 Maneiras diferentes de usar forças. (a) Pontes em arco (como a ponte Francis Scott Key, em Washington, DC) sustentam uma estrada por forças compressivas, com cada extremidade do arco ancorada no lugar. (b) Pontes pênsil (como a ponte Mackinac, em Michigan) sustentam a estrada por forças de tensão nos cabos, que são, por sua vez, sustentados por forças compressivas nos altos pilares enterrados no solo abaixo da água. (c) Pontes estaiadas (como a ponto Zakim, em Boston) também usam forças de tensão em cabos para sustentar a estrada, mas a carga é distribuída por muitos mais cabos, que não precisam ser tão resistentes e de difícil construção como nas pontes pênsil.

por cabos diretamente ligados aos pilares (Figura 4.3c). Essas pontes geralmente não são tão compridas quanto as pontes de suspensão, mas custam menos e levam menos tempo para serem construídas.

4.2 Vetor força gravitacional, peso e massa

Após essa introdução geral a forças, é hora de usar uma abordagem mais quantitativa. Vamos começar com um fato óbvio: as forças têm um sentido. Por exemplo, se você está segurando um *laptop* na mão, pode facilmente dizer que a força gravitacional que atua sobre o computador aponta para baixo. Esse sentido é o sentido do **vetor força gravitacional** (Figura 4.4). Novamente, para caracterizar uma grandeza como grandeza vetorial neste livro, uma pequena seta apontando para a direita aparece acima do símbolo para a grandeza. Assim, o vetor força gravitacional que atua sobre o *laptop* é denotado por $\vec{F}_g$ na figura.

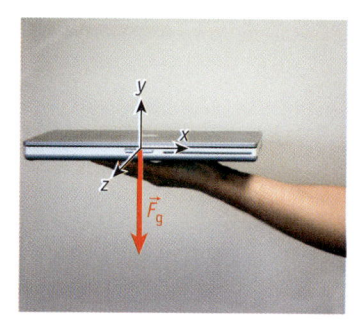

A Figura 4.4 também mostra um conveniente sistema de coordenadas cartesianas, que segue a convenção introduzida no Capítulo 3, em que o sentido y positivo é para cima (e o sentido y negativo é para baixo). Os sentidos x e z ficam no plano horizontal, conforme mostrado. Como sempre, usamos um sistema de coordenadas destro. Além disso, restringimos aos sistemas de coordenadas bidimensional com os eixos x e y sempre que possível.

No sistema de coordenadas da Figura 4.4, o vetor força da força gravitacional que atua sobre o *laptop* está apontando no sentido y negativo:

$$\vec{F}_g = -F_g \hat{y}. \tag{4.1}$$

Aqui vemos que o vetor força é o produto de seu módulo, F_g, e seu sentido, $-\hat{y}$. O módulo F_g é chamado de **peso** do objeto.

Próximo à superfície terrestre (dentro de algumas centenas de metros acima do solo), o módulo da força gravitacional que atua sobre um objeto é dado pelo produto da massa do objeto, m, e a aceleração gravitacional da Terra, g:

$$F_g = mg. \tag{4.2}$$

Usamos o módulo da aceleração gravitacional terrestre nos capítulos anteriores: ela tem o valor $g = 9{,}81 \text{ m/s}^2$. Observe que esse valor constante é válido apenas até algumas centenas de metros acima do solo, como veremos no Capítulo 12.

Com a equação 4.2, encontramos que a unidade de força é o produto da unidade de massa (kg) e da unidade de aceleração (m/s^2), o que torna a unidade de força kg m/s^2. (Talvez seja válido repetir que representamos as unidades com o alfabeto latino e as grandezas físicas com letras em itálico. Assim, m é a unidade de comprimento; m representa a qualidade física da massa.) Como o trabalho com forças é tão comum na física, a unidade de força recebeu seu

Figura 4.4 Vetor força de gravidade atuando sobre um *laptop*, em relação ao convencional sistema de coordenadas cartesianas destro.

próprio nome, o newton (N), em homenagem a Sir Isaac Newton, o físico britânico que fez uma contribuição central à análise de forças.

$$1 \text{ N} \equiv 1 \text{ kg m/s}^2. \tag{4.3}$$

Peso *versus* massa

Antes de discutir forças em maior detalhe, precisamos esclarecer o conceito de massa. Sob a influência da gravidade, um objeto tem um peso proporcional à sua **massa**, que é (intuitivamente) a quantidade de matéria no objeto. Esse peso é o módulo de uma força que atua sobre um objeto devido à sua interação gravitacional com a Terra (ou outro objeto). Próximo à superfície da Terra, o módulo dessa força é $F_g = mg$, conforme enunciado na equação 4.2. A massa nessa equação também é chamada de **massa gravitacional** para indicar que é responsável pela interação gravitacional. Porém, a massa também exerce uma função na dinâmica.

As leis de movimento de Newton, que serão introduzidas mais adiante neste capítulo, lidam com a massa inercial. Para entender o conceito de massa inercial, considere os seguintes exemplos: é muito mais fácil arremessar uma bola de tênis do que um peso de ferro. Também é mais fácil puxar uma porta feita de materiais leves, como espuma com verniz de madeira do que uma feita de algum material pesado, como o ferro. Os objetos mais rígidos parecem oferecer mais resistência contra o movimento do que os menos rígidos. Essa propriedade de um objeto é chamada de **massa inercial**. Porém, a massa gravitacional e a massa inercial são idênticas, então na maior parte das vezes simplesmente nos referimos à massa de um objeto.

Para um *laptop* com massa $m = 3,00$ kg, por exemplo, o módulo da força gravitacional é $F_g = mg = (3,00 \text{ kg})(9,81 \text{ m/s}^2) = 29,4 \text{ kg m/s}^2 = 29,4 \text{ N}$. Agora podemos escrever uma equação para o vetor força que contenha tanto o módulo quanto a orientação da força gravitacional que atua sobre o computador (veja a Figura 4.4):

$$\vec{F}_g = -mg\hat{y}. \tag{4.4}$$

Para resumir, a massa de um objeto é medida em quilogramas, e o peso de um objeto é medido em newtons. A massa e o peso de um objeto estão relacionados entre si multiplicando a massa (em quilogramas) pela aceleração gravitacional constante, $g = 9,81$ m/s^2, para chegar ao peso (em newtons). Por exemplo, se sua massa for de 70,0 kg, então seu peso é de 687 N. Nos Estados Unidos, a libra (lb) ainda é uma unidade bastante utilizada. A conversão entre libras e quilogramas é 1 lb = 0,4536 kg. Assim, sua massa de 70,0 kg é 154 lb se você a expressar em unidades britânicas. Na linguagem cotidiana, alguém pode dizer que seu peso é de 154 libras, o que não está correto. Infelizmente, os engenheiros nos Estados Unidos também usam a unidade de libra-força (lbf) como uma unidade de força, que é geralmente abreviada para simplesmente libra. Porém, 1 libra-força é 1 libra vezes a aceleração gravitacional constante, assim como 1 newton é igual a 1 quilograma vezes g. Isso significa que

$$1 \text{ lb}_f = (1 \text{ lb}) \cdot g = (0{,}4536 \text{ kg})(9{,}81 \text{ m/s}^2) = 4{,}45 \text{ N}.$$

Confuso? Sim! Essa é mais uma razão para se afastar das unidades britânicas. Use quilogramas para massa e newtons para peso, que é uma força!

Ordens de magnitude de forças

O conceito de força é um tema central deste livro, e retornaremos a ele várias vezes. Por esse motivo, vale a pena analisar as ordens de magnitude que diferentes forças podem ter. A Figura 4.5 dá um panorama de magnitudes de algumas forças típicas com o auxílio de uma escala logarítmica, semelhante à usada no Capítulo 1 para comprimento e massa.

O peso do corpo humano está na faixa entre 100 e 1000 N e é representado pela jovem jogadora de futebol na Figura 4.5. O fone de ouvido à esquerda da jogadora na Figura 4.5 simboliza a força exercida pelo som sobre os tímpanos, que pode chegar até 10^{-4} N, mas ainda é detectável quando atinge valores pequenos de até 10^{-13} N. Um único elétron é mantido em órbita ao redor de um próton por uma força eletrostática de aproximadamente 10^{-9} N = 1 nN. Forças pequenas de até 10^{-15} N ≡ 1 fN podem ser medidas no laboratório; essas forças são comuns àquelas necessárias para esticar a dupla hélice da molécula de DNA.

A atmosfera terrestre exerce uma força de intensidade considerável em nossos corpos, na ordem de 10^5 N, que é aproximadamente 100 vezes o peso corporal médio. O Capítulo 13, sobre só-

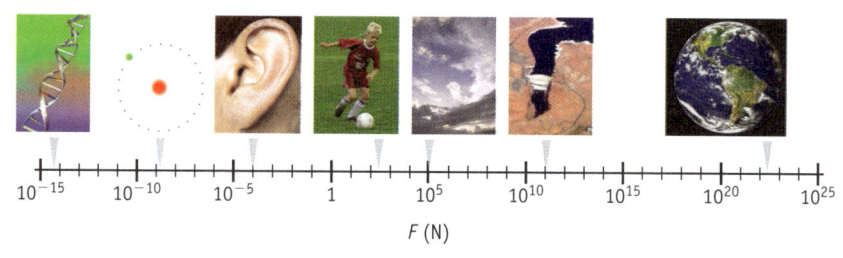

Figura 4.5 Magnitudes comuns para diferentes forças.

lidos e fluidos, desenvolverá esse tópico e também mostrará como calcular a força da água sobre uma represa. Por exemplo, a represa Hoover (mostrada na Figura 4.5) precisa suportar uma força próxima a 10^{11} N, uma força enorme, mais de 30 vezes o peso do Empire State Building. Mas essa força é eclipsada, evidentemente, em comparação à força gravitacional que o sol exerce sobre a Terra, que é de $3 \cdot 10^{22}$ N. (O Capítulo 12, sobre gravidade, descreverá como calcular essa força.)

Partícula de Higgs

No que tange a nossos estudos, a massa é uma propriedade intrínseca e determinada de um objeto. A origem da massa ainda está sob intenso estudo na física nuclear e de partículas. Observou-se que diferentes partículas elementares apresentam grande variação em termos de massa. Por exemplo, algumas dessas partículas são diversas centenas de vezes mais maciças do que outras. Por quê? A verdade é que não sabemos. Em anos recentes, físicos de partículas teorizaram que a chamada **partícula de Higgs** (em homenagem ao físico escocês Peter Higgs, que a propôs pela primeira vez) pode ser responsável pela criação de massa em todas as outras partículas, com a massa de um tipo especial de partícula dependendo de como ela interage com a partícula de Higgs. Uma busca está sendo feita nos maiores aceleradores de partículas para encontrar a partícula de Higgs, a qual é considerada uma das principais peças faltantes no modelo padrão da física de partículas. Porém, uma discussão completa da origem da massa está além do escopo deste livro.

4.3 Força resultante

Como as forças são vetores, devemos adicioná-las como tal, usando os métodos desenvolvidos no Capítulo 1. Definimos a **força resultante** como a soma vetorial de todos os vetores força que atuam sobre um objeto:

$$\vec{F}_{\text{res}} = \sum_{i=1}^{n} \vec{F}_i = \vec{F}_1 + \vec{F}_2 + \cdots + \vec{F}_n. \tag{4.5}$$

Seguindo as regras para adição de vetores usando componentes, as componentes cartesianas da força resultante são dadas por

$$F_{\text{res},x} = \sum_{i=1}^{n} F_{i,x} = F_{1,x} + F_{2,x} + \cdots + F_{n,x}$$

$$F_{\text{res},y} = \sum_{i=1}^{n} F_{i,y} = F_{1,y} + F_{2,y} + \cdots + F_{n,y} \tag{4.6}$$

$$F_{\text{res},z} = \sum_{i=1}^{n} F_{i,z} = F_{1,z} + F_{2,z} + \cdots + F_{n,z}.$$

Para explorar o conceito de força resultante, vamos retornar mais uma vez ao exemplo do *laptop* segurado pela mão.

Força normal

Até então somente analisamos a força gravitacional que atua sobre o computador. Porém, outras forças também atuam sobre ele. Quais são elas?

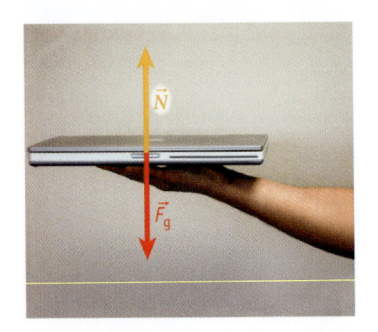

Figura 4.6 Força da gravidade atuando para baixo e força normal atuando para cima exercida pela mão que segura o *laptop*.

Na Figura 4.6, a força exercida sobre o *laptop* pela mão é representada pela seta amarela chamada de $\vec{N}$. (Cuidado: o módulo da força normal é representado pela letra itálica N, enquanto a unidade de força, o newton, é representada pela letra do alfabeto romano N.) Observe que, na figura, o módulo do vetor $\vec{N}$ é exatamente igual ao do vetor, e os dois vetores F_g apontam em sentidos opostos, ou $\vec{N} = -\vec{F}_g$. Essa situação não é um acidente. Veremos em breve que não há força resultante sobre um objeto em repouso. Se calcularmos a força resultante que atua sobre o computador, obtemos

$$\vec{F}_{res} = \sum_{i=1}^{n} \vec{F}_i = \vec{F}_g + \vec{N} = \vec{F}_g - \vec{F}_g = 0.$$

Em geral, podemos caracterizar a *força normal*, $\vec{N}$, como uma força de contato que atua na superfície entre dois objetos. A força normal é sempre dirigida perpendicularmente ao plano da superfície de contato. (Daí o nome – *normal* significa "perpendicular".) A força normal é grande o bastante para evitar que objetos penetrem uns nos outros e não é necessariamente igual à força da gravidade em todas as situações.

Para a mão que segura o *laptop*, a superfície de contato entre a mão e o computador é a superfície inferior do computador, que está alinhada com o plano horizontal. Por definição, a força normal precisa apontar perpendicularmente ao plano ou, neste caso, verticalmente para cima.

Diagramas de corpo livre facilitam em muito a tarefa de determinar as forças resultantes sobre objetos.

Diagramas de corpo livre

Representamos todo o efeito que a mão tem em segurar o *laptop* pelo vetor força $\vec{N}$. Não precisamos considerar a influência do braço, a pessoa a quem o braço pertence ou todo o resto do mundo quando queremos considerar as forças que agem sobre o computador. Podemos apenas eliminá-las de nossa consideração, conforme ilustrado na Figura 4.7a, onde tudo – exceto o computador e os dois vetores força – foi removido. Quanto a isso, uma representação realista do *laptop* também não é necessária; ele pode ser representado como um ponto, como na Figura 4.7b. Esse tipo de desenho de um objeto, em que todas as conexões ao resto do mundo são ignoradas e somente os vetores força que atuam sobre ele são desenhados, é chamado de **diagrama de corpo livre**.

4.1 Pausa para teste

Desenhe os diagramas de corpo livre para uma bola de golfe em repouso sobre o *tee*, seu carro estacionado na rua e você sentado em uma cadeira.

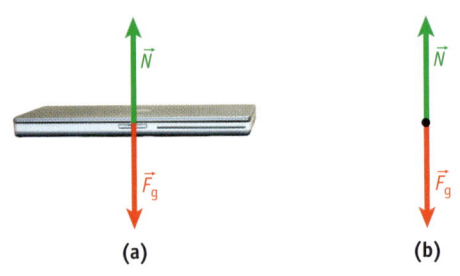

Figura 4.7 (a) Forças atuando sobre um objeto real, um *laptop*; (b) abstração do objeto como um corpo livre com duas forças atuando sobre ele.

4.4 Leis de Newton

Até então, este capítulo introduziu diversos tipos de forças sem realmente explicar como elas funcionam e como podemos lidar com elas. A chave para trabalhar com forças envolve a compreensão das leis de Newton. Discutimos essas leis nesta seção e, a seguir, apresentamos vários exemplos mostrando como elas se aplicam a situações práticas.

Sir Isaac Newton (1642-1727) talvez tenha sido o cientista mais influente que já existiu. Ele é geralmente creditado como sendo o fundador da mecânica moderna, bem como do cálculo (junto com o matemático alemão Gottfried Leibniz). Os primeiros capítulos deste livro são basicamente sobre a mecânica newtoniana. Embora tenha formulado suas três leis famosas no século XVII, essas leis ainda são a base de nosso entendimento de forças. Para iniciar essa discussão, simplesmente listamos as três leis de Newton, publicadas em 1687.

Primeira lei de Newton:

Se a força resultante sobre um objeto for igual a zero, o objeto permanecerá em repouso se já estava em repouso. Se estivesse em movimento, permanecerá em movimento em uma linha reta com velocidade constante.

Segunda lei de Newton:

Se uma força externa resultante, $\vec{F}_{res}$, atuar sobre um objeto com massa m, a força causará uma aceleração, $\vec{a}$, no mesmo sentido da força:

$$\vec{F}_{res} = m\vec{a}.$$

Terceira lei de Newton:

As forças que dois objetos em interação exercem entre si são sempre exatamente iguais em módulo e com sentidos opostos:

$$\vec{F}_{1 \to 2} = -\vec{F}_{2 \to 1}.$$

Primeira lei de Newton

A discussão anterior sobre força resultante mencionava que força externa resultante zero é a condição necessária para que um objeto esteja em repouso. Podemos usar essa condição para encontrar o módulo e o sentido de qualquer força desconhecida em um problema. Ou seja, se soubermos que um objeto está em repouso e tivermos sua força peso, podemos usar a condição $\vec{F}_{res} = 0$ para solucionar as outras forças que atuam sobre o objeto. Esse tipo de análise levou ao módulo e sentido da força N no exemplo do *laptop* mantido em repouso.

Podemos usar essa forma de raciocinar como princípio geral: se o objeto 1 estiver sobre o objeto 2, então a força normal $\vec{N}$ igual ao peso do objeto mantém o objeto 1 em repouso e, portanto, a força resultante sobre o objeto 1 é zero. Se $\vec{N}$ fosse maior do que o peso do objeto, o objeto 1 seria içado no ar. Se $\vec{N}$ fosse menor do que o peso do objeto, o objeto 1 afundaria no objeto 2.

A primeira lei de Newton diz que há dois estados possíveis para um objeto sem força resultante sobre ele: diz-se que um objeto em repouso está em **equilíbrio estático**. Já um objeto que se move com velocidade constante está em **equilíbrio dinâmico**.

Antes de prosseguirmos, é importante enunciar que a equação $\vec{F}_{res} = 0$ como uma condição para o equilíbrio estático realmente representa uma equação para cada dimensão do espaço de coordenadas que estamos considerando. Assim, no espaço tridimensional, temos três condições independentes de equilíbrio:

$$F_{res,x} = \sum_{i=1}^{n} F_{i,x} = F_{1,x} + F_{2,x} + \cdots + F_{n,x} = 0$$

$$F_{res,y} = \sum_{i=1}^{n} F_{i,y} = F_{1,y} + F_{2,y} + \cdots + F_{n,y} = 0$$

$$F_{res,z} = \sum_{i=1}^{n} F_{i,z} = F_{1,z} + F_{2,z} + \cdots + F_{n,z} = 0.$$

Porém, a primeira lei de Newton também inclui o caso de quando um objeto já está em movimento em relação a algum referencial específico. Para este caso, a lei especifica que a aceleração é zero, contanto que a força externa resultante seja zero. A abstração de Newton alega algo que, naquela época, parecia estar em conflito com a experiência cotidiana. Hoje em dia, no entanto, temos o benefício de ter visto imagens televisionadas de objetos flutuando em uma nave espacial, movendo-se com velocidades inalteradas até que um astronauta os empurre, exercendo uma força sobre eles. Essa experiência visual está de completo acordo com o que a primeira lei de Newton alega, mas na época de Newton essa experiência não era a norma.

Considere um carro que esteja sem gasolina e que precisa ser empurrado até o posto de gasolina mais próximo em uma rua horizontal. Enquanto você empurra o carro, pode fazê-lo se mover. Porém, assim que você para de empurrar, o carro desacelera e acaba parando. Parece que, contanto que você empurre o carro, ele se move com velocidade constante, mas assim que para de exercer uma força sobre ele, o carro para de se mover. Essa ideia de que uma força constante é necessária para mover algo com uma velocidade constante foi a visão aristotélica, que se originou do antigo filósofo grego Aristóteles (384-322 a.C.) e de seus alunos. Galileu (1564-1642) propôs uma lei de inércia e teorizou que objetos em movimento desaceleravam por causa do atrito. A primeira lei de Newton desenvolveu-se sobre essa lei de inércia.

E o carro que desacelera depois que você para de empurrá-lo? Essa situação não é um caso de força resultante zero. Em vez disso, uma força *está* atuando sobre o carro para desacelerá-lo – a força de atrito. Como a força de atrito atua como uma força resultante não zero, o exemplo do carro desacelerando é um exemplo não da primeira, mas da segunda lei de Newton. Trabalharemos mais com atrito mais adiante neste capítulo.

A primeira lei de Newton é, por vezes, também chamada de *lei da inércia*. A massa inercial foi definida anteriormente (Seção 4.2), e a definição implicava que a inércia é uma resistência do objeto a uma mudança de seu movimento. Isso é exatamente o que diz a primeira lei de Newton: para mudar o movimento de um objeto, é preciso aplicar uma força externa resultante – o movimento não será alterado por si só, nem em módulo, nem em sentido.

Segunda lei de Newton

A segunda lei relaciona o conceito de aceleração, para o qual usamos o símbolo $\vec{a}$, à força. Já consideramos a aceleração como a derivada de tempo da velocidade e a segunda derivada de tempo da posição. A segunda lei de Newton nos diz o que causa a aceleração.

Segunda lei de Newton:

Se uma força externa resultante, $\vec{F}_{res}$, atuar sobre um objeto com massa m, a força causará uma aceleração, $\vec{a}$, no mesmo sentido da força:

$$\vec{F}_{res} = m\vec{a}. \tag{4.7}$$

Esta fórmula, $F = ma$, é certamente a segunda equação mais famosa de toda a física. (Encontraremos a mais famosa, $E = mc^2$, mais adiante neste livro.) A equação 4.7 nos diz que o módulo da aceleração de um objeto é proporcional ao módulo da força externa resultante que atua sobre ele. Ela também nos diz que, para uma determinada força externa, o módulo da aceleração é inversamente proporcional à massa do objeto. Em condições normais, objetos mais massivos são mais difíceis de acelerar do que os menos massivos.

Porém, a equação 4.7 nos diz ainda mais, porque é uma equação vetorial. Ela diz que o vetor aceleração sofrido pelo objeto com massa m está no mesmo sentido que o vetor força externa resultante que está atuando sobre o objeto para causar essa aceleração. Por ser uma equação vetorial, podemos imediatamente escrever as equações para as três componentes espaciais:

$$F_{res,x} = ma_x, \qquad F_{res,y} = ma_y, \qquad F_{res,z} = ma_z.$$

Esse resultado significa que $F = ma$ é válido independentemente para cada componente cartesiana dos vetores força e aceleração.

Terceira lei de Newton

Se você já andou de *skate*, deve ter feito a seguinte observação: se você estiver em repouso sobre o *skate* e descer pela frente ou pela traseira, a prancha dispara no sentido oposto. No processo de descida, a prancha exerce uma força sobre o pé, e o pé exerce uma força sobre a prancha. Essa experiência parece sugerir que essas forças apontam em sentidos opostos, e representa um exemplo de uma verdade geral, quantificada na terceira lei de Newton.

Terceira lei de Newton:

As forças que dois objetos em interação exercem entre si são sempre exatamente iguais em módulo e com sentidos opostos:

$$\vec{F}_{1\to 2} = -\vec{F}_{2\to 1}. \tag{4.8}$$

Observe que essas duas forças não atuam sobre o mesmo corpo, mas são forças com as quais dois corpos atuam entre si.

A terceira lei de Newton parece apresentar um paradoxo. Por exemplo, se um cavalo puxa uma carroça com a mesma força com que a carroça o puxa, então como é possível que o cavalo e a carroça se movam para algum lugar? A resposta é que essas forças atuam sobre diferentes objetos no sistema. A carroça sofre a tração do cavalo e se move para frente. O cavalo sente a tração da carroça e empurra com força suficiente contra o solo para superar essa força e se mover para frente. Um diagrama de corpo livre de um objeto pode mostrar só a metade desse par ação-reação de forças.

A terceira lei de Newton é uma consequência do requisito de que forças internas – ou seja, forças que atuam entre diferentes componentes do mesmo sistema – devem somar zero; do contrário, sua adição contribuiria para uma força externa resultante e causaria uma aceleração, de acordo com a segunda lei de Newton. Nenhum objeto ou grupo de objetos pode acelerar a si mesmo sem interagir com objetos externos. A história do Barão de Münchhausen, que alegava ter saído de um pântano simplesmente puxando com força seu próprio cabelo, é desmascarada pela terceira lei de Newton como pura ficção.

Vamos considerar alguns exemplos do uso das leis de Newton para solucionar problemas, mas discutiremos como as cordas e polias transmitem forças. Muitos problemas que envolvem as leis de Newton incluem forças sobre uma corda (ou barbante), geralmente amarrada em torno de uma polia.

4.5 Cordas e polias

Problemas que envolvem cordas e polias são muito comuns. Neste capítulo, consideramos apenas cordas e polias sem massa (idealizadas). Sempre que uma corda estiver presente, o sentido da força devido à tração da corda atua exatamente no sentido ao longo da corda. A força com a qual puxamos a corda sem massa é transmitida por toda a corda sem alteração. O módulo dessa força é chamado de *tensão* na corda. Qualquer corda pode suportar apenas uma determinada força máxima, mas por enquanto presumiremos que todas as forças aplicadas estão abaixo desse limite. As cordas não podem sustentar uma força de *compressão*.

Se uma corda for direcionada sobre uma polia, o sentido da força é alterado, mas o módulo da força ainda é o mesmo em todos os lugares dentro da corda. Na Figura 4.8, a extremidade direita da corda verde foi amarrada e alguém puxou a outra extremidade com uma determinada força, 11,5 N, conforme indicado pelos aparelhos de medição de força. Como se pode ver com clareza, o módulo da força nos dois lados da polia é o mesmo. (O peso dos aparelhos de medição de força é uma pequena complicação do mundo real, mas foi usada força de tração suficiente para que seja razoavelmente seguro desprezar esse efeito.)

Figura 4.8 Uma corda passa por uma polia com aparelhos de medição de força, mostrando que o módulo da força é constante por toda a corda.

EXEMPLO 4.1 Cabo de guerra modificado

Em uma competição de cabo de guerra, duas equipes tentam puxar uma à outra sobre uma linha. Se nenhuma equipe estiver se movendo, é porque ambas exercem forças iguais e opostas em uma corda. Essa é uma consequência imediata da terceira lei de Newton. Isto é, se a equipe mostrada na Figura 4.9 puxar a corda com uma força de módulo F, a outra equipe necessariamente precisa puxar a corda com uma força de mesmo módulo, mas no sentido oposto.

PROBLEMA
Agora vamos considerar a situação em que três cordas são amarradas em um ponto, com uma equipe puxando cada corda. Suponha que a equipe 1 esteja puxando para o oeste com uma força de 2750 N, e que a equipe 2 esteja puxando para o norte com uma força de 3630 N. Uma terceira equipe pode puxar de tal forma que o cabo de guerra com três equipes termine empatado, ou seja, nenhuma equipe consiga mover a corda? Se sim, qual é o módulo e o sentido da força necessária para realizar isso?

Figura 4.9 Homens competem em um campeonato de cabo de guerra nos jogos de Braemar, na Escócia.

SOLUÇÃO
A resposta à primeira pergunta é sim, não importa com qual força e em que sentido as equipes 1 e 2 puxam. Isso ocorre porque as duas forças sempre resultarão em uma força combinada, e tudo

Continua →

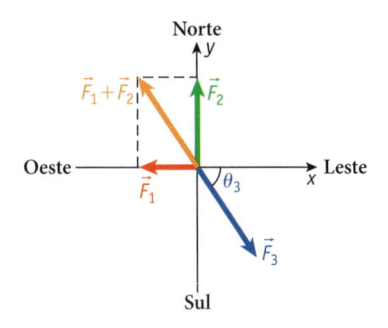

Figura 4.10 Adição de vetores força no cabo de guerra com três equipes.

que a equipe 3 precisa fazer é puxar com uma força igual e oposta no sentido da força combinada. Então, as três forças somarão zero e, segundo a primeira lei de Newton, o sistema atingiu o equilíbrio estático. Nada acelerará, por isso, se a corda começar do repouso, nada se moverá.

A Figura 4.10 representa essa situação física. A adição vetorial das forças exercidas pelas equipes 1 e 2 é particularmente simples, porque as duas forças são perpendiculares entre si. Escolhemos um sistema de coordenadas convencional com sua origem no ponto em que todas as cordas se encontram, e designamos o norte como sendo o sentido y positivo e o oeste como sendo o sentido x negativo. Assim, o vetor força para a equipe 1, $\vec{F}_1$, aponta no sentido x negativo, e o vetor força para a equipe 2, $\vec{F}_2$, aponta no sentido y positivo. Podemos escrever os dois vetores força e sua adição da seguinte forma:

$$\vec{F}_1 = -(2750 \text{ N})\hat{x}$$
$$\vec{F}_2 = (3630 \text{ N})\hat{y}$$
$$\vec{F}_1 + \vec{F}_2 = -(2750 \text{ N})\hat{x} + (3630 \text{ N})\hat{y}.$$

A adição foi facilitada pelo fato de que as duas forças apontavam ao longo dos eixos escolhidos das coordenadas. Porém, casos mais gerais das duas forças ainda seriam adicionados em termos de suas componentes. Como a soma das três forças precisa ser zero para uma paralisação, obtemos a força que a terceira equipe precisa exercer:

$$0 = \vec{F}_1 + \vec{F}_2 + \vec{F}_3$$
$$\Leftrightarrow \vec{F}_3 = -(\vec{F}_1 + \vec{F}_2)$$
$$= (2750 \text{ N})\hat{x} - (3630 \text{ N})\hat{y}.$$

Esse vetor força também é mostrado na Figura 4.10. Tendo as componentes cartesianas do vetor força que estamos procurando, podemos obter o módulo e o sentido usando trigonometria:

$$F_3 = \sqrt{F_{3,x}^2 + F_{3,y}^2} = \sqrt{(2750 \text{ N})^2 + (-3630 \text{ N})^2} = 4554 \text{ N}$$

$$\theta_3 = \text{tg}^{-1}\left(\frac{F_{3,y}}{F_{3,x}}\right) = \text{tg}^{-1}\left(\frac{-3630 \text{ N}}{2750 \text{ N}}\right) = -52,9°.$$

Esses resultados completam nossa resposta.

Como esse tipo de problema ocorre com frequência, vamos trabalhar com outro exemplo.

EXEMPLO 4.2 Argolas

Um ginasta de massa 55 kg está pendurado verticalmente em um par de argolas paralelas (Figura 4.11a).

PROBLEMA 1

Se as cordas que sustentam as argolas são verticais e presas ao teto diretamente acima, qual é a tensão em cada corda?

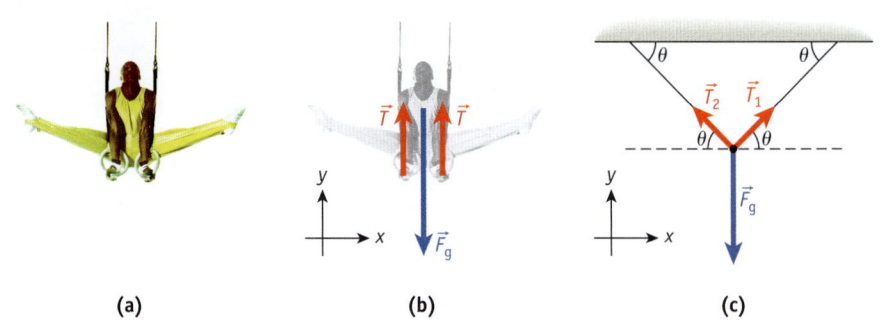

Figura 4.11 (a) Argolas na ginástica olímpica masculina. (b) Diagrama de corpo livre para o problema 1. (c) Diagrama de corpo livre para o problema 2.

SOLUÇÃO 1

Neste exemplo, definimos o sentido x na horizontal e o sentido y na vertical. O diagrama de corpo livre está mostrado na Figura 4.11b. Por enquanto, não há forças no sentido x. No sentido y, temos $\sum F_{y,i} = T_1 + T_2 - mg = 0$. Como as duas cordas sustentam o ginasta igualmente, a tensão precisa ser a mesma em ambas, $T_1 = T_2 = T$, e obtemos

$$T + T - mg = 0$$
$$\Rightarrow T = \tfrac{1}{2}mg = \tfrac{1}{2}(55 \text{ kg}) \cdot (9{,}81 \text{ m/s}^2) = 270 \text{ N}.$$

PROBLEMA 2

Se as cordas estão presas de forma que façam um ângulo $\theta = 45°$ com o teto (Figura 4.11c), qual é a tensão em cada corda?

SOLUÇÃO 2

Nesta parte, as forças ocorrem nos sentidos x e y. Trabalharemos em termos de um ângulo geral e depois inseriremos o ângulo específico, $\theta = 45°$, no final.
No sentido x, temos para nossa condição de equilíbrio:

$$\sum_i F_{x,i} = T_1 \cos\theta - T_2 \cos\theta = 0.$$

No sentido y, nossa condição de equilíbrio é

$$\sum_i F_{y,i} = T_1 \operatorname{sen}\theta + T_2 \operatorname{sen}\theta - mg = 0.$$

Da equação para o sentido x, novamente temos $T_1 = T_2 = T$, e da equação para o sentido y, obtemos:

$$2T \operatorname{sen}\theta - mg = 0 \Rightarrow T = \frac{mg}{2\operatorname{sen}\theta}.$$

Inserindo os números, obtemos a tensão em cada corda:

$$T = \frac{(55 \text{ kg})(9{,}81 \text{ m/s}^2)}{2\operatorname{sen}45°} = 382 \text{ N}.$$

PROBLEMA 3

Como a tensão nas cordas se altera à medida que o ângulo θ entre o teto e as cordas fica cada vez menor?

SOLUÇÃO 3

Conforme o ângulo θ entre o teto e as cordas fica cada vez menor, a tensão nas cordas, $T = mg/2\operatorname{sen}\theta$, fica maior. À medida que θ se aproxima de zero, a tensão se torna infinitamente grande. Na realidade, naturalmente, o ginasta tem apenas força finita e não pode manter sua posição para ângulos pequenos.

4.1 Exercícios de sala de aula

Escolha o conjunto de três vetores coplanares que resultam em uma força resultante de zero: $\vec{F}_1 + \vec{F}_2 + \vec{F}_3 = 0$.

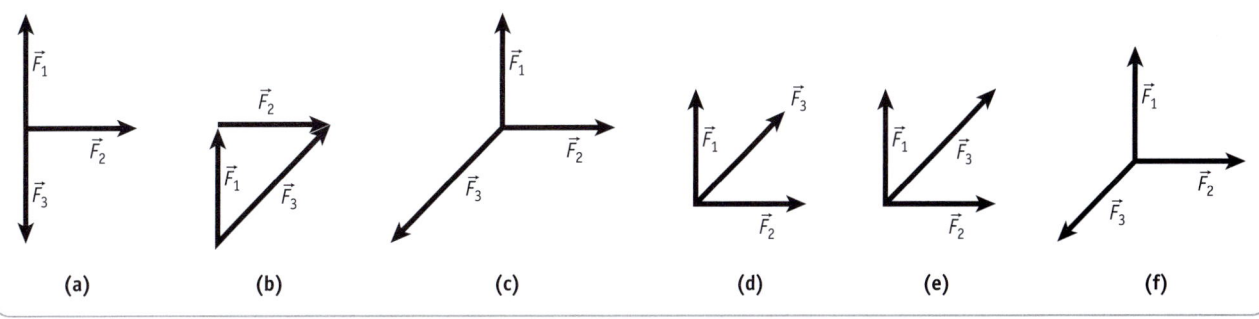

(a) (b) (c) (d) (e) (f)

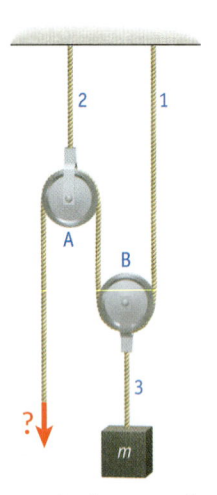

Figura 4.12 Corda passando por duas polias.

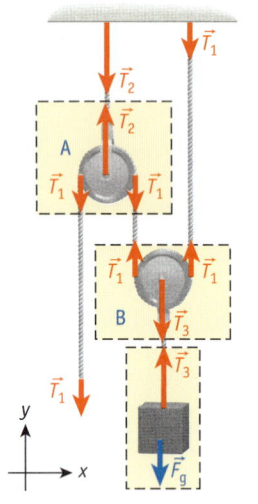

Figura 4.13 Diagramas de corpo livre para as duas polias e a massa a ser levantada.

Figura 4.14 Polia com três garras.

Multiplicador de força

Cordas e polias podem ser combinadas para levantar objetos que são pesados demais. Para ver como isso pode ser feito, considere a Figura 4.12. O sistema mostrado consiste da corda 1, que está amarrada ao teto (acima, à direita) e então passa pelas polias B e A.

A polia A também está amarrada ao teto com a corda 2. A polia B está livre para se mover e está presa à corda 3. O objeto de massa m, o qual queremos levantar, está pendurado na outra extremidade da corda 3. Presumimos que as duas polias tenham massa desprezível e que a corda 1 possa deslizar pelas polias sem atrito.

Que força precisamos aplicar à extremidade livre da corda 1 para manter o sistema em equilíbrio estático? Chamaremos $\vec{T}_1$ a força de tensão na corda 1, $\vec{T}_2$ na corda 2 e $\vec{T}_3$ na corda 3. Novamente, a ideia central é que o módulo dessa força de tensão é o mesmo em todos os lugares em uma determinada corda.

A Figura 4.13 mais uma vez mostra o sistema da Figura 4.12, mas com linhas pontilhadas e áreas sombreadas, indicando os diagramas de corpo livre das duas polias e do objeto de massa m. Começamos com a massa m. Para a condição de força resultante zero ser satisfeita, precisamos

$$\vec{T}_3 + \vec{F}_g = 0$$

ou

$$F_g = mg = T_3.$$

Do diagrama de corpo livre da polia B, vemos que a força de tensão aplicada à corda 1 atua nos dois lados da polia B. Essa tensão precisa equilibrar a tensão da corda 3, resultando em

$$2T_1 = T_3.$$

Combinando as duas últimas equações, vemos que

$$T_1 = \tfrac{1}{2}mg.$$

Esse resultado significa que a força que precisamos aplicar para suspender o objeto de massa m desta forma é somente metade da força que teríamos que usar para simplesmente segurá-lo com uma corda sem polias. Essa mudança de força é o motivo pelo qual uma polia é chamada de *multiplicador de força*.

Uma multiplicação de força ainda maior é obtida se a corda 1 passar um total de n vezes sobre as mesmas duas polias. Neste caso, a força necessária para suspender o objeto de massa m é

$$T = \frac{1}{2n}mg. \tag{4.9}$$

A Figura 4.14 mostra a situação para a polia inferior na Figura 4.13 com $n = 3$. Essa disposição resulta em $2n = 6$ setas de força de módulo T apontando para cima, capaz de equilibrar uma força para baixo de módulo $6T$, conforme expresso pela equação 4.9.

4.2 Exercícios de sala de aula

Usando um par de polias com duas garras, podemos levantar um peso de 440 N. Se adicionarmos duas garras à polia, com a mesma força, podemos levantar

a) metade do peso.
b) duas vezes o peso.
c) um quarto do peso.
d) quatro vezes o peso.
e) o mesmo peso.

4.6 Aplicação das leis de Newton

Agora vamos analisar como as leis de Newton nos permitem solucionar vários tipos de problemas envolvendo força, massa e aceleração. Faremos uso frequente de diagramas de corpo livre e presumiremos cordas e polias sem massa. Também vamos desprezar o atrito por enquanto, mas voltaremos a ele na Seção 4.7.

EXEMPLO 4.3 — Dois livros sobre uma mesa

Consideramos a situação simples de um objeto (o *laptop*) sustentado por baixo e mantido em repouso. Agora vamos observar dois objetos em repouso: dois livros sobre uma mesa (Figura 4.15a).

PROBLEMA
Qual é o módulo da força que a mesa exerce sobre o livro de baixo?

SOLUÇÃO
Começamos com um diagrama de corpo livre do livro de cima, o livro 1 (Figura 4.15b). Essa situação é idêntica à do computador mantido constante pela mão. A força gravitacional devido à atração terrestre que atua sobre o livro de cima é indicada por $\vec{F}_1$. Ela tem módulo $m_1 g$, onde m_1 é a massa do livro de cima e aponta para baixo. O módulo da força normal, $\vec{N}_1$, que o livro de baixo exerce sobre o livro de cima por baixo é $N_1 = F_1 = m_1 g$, a partir da condição de força resultante zero sobre o livro de cima (primeira lei de Newton). A força $\vec{N}_1$ aponta para cima, conforme mostrado no diagrama de corpo livre, $\vec{N}_1 = -\vec{F}_1$.

A terceira lei de Newton agora nos permite calcular a força que o livro de cima exerce sobre o de baixo. Essa força é igual em módulo e oposta em sentido à força que o livro de baixo exerce sobre o de cima.

$$\vec{F}_{1 \to 2} = -\vec{N}_1 = -(-\vec{F}_1) = \vec{F}_1.$$

Essa relação diz que a força que o livro de cima exerce sobre o de baixo é exatamente igual à força gravitacional que atua sobre o livro de cima – ou seja, seu peso. Você talvez ache esse resultado trivial neste ponto, mas a aplicação desse princípio geral nos permite analisar e fazer cálculos para situações complicadas.

Agora considere o diagrama de corpo livre do livro de baixo, o livro 2 (Figura 4.15c). Esse diagrama de corpo livre nos permite calcular a força normal que a mesa exerce sobre o livro de baixo. Somamos todas as forças que atuam sobre esse livro:

$$\vec{F}_{1 \to 2} + \vec{N}_2 + \vec{F}_2 = 0 \Rightarrow \vec{N}_2 = -(\vec{F}_{1 \to 2} + \vec{F}_2) = -(\vec{F}_1 + \vec{F}_2),$$

onde $\vec{N}_2$ é a força normal exercida pela mesa sobre o livro de baixo, $\vec{F}_{1 \to 2}$ é a força exercida pelo livro de cima sobre o de baixo, e $\vec{F}_2$ é a força gravitacional sobre o livro de baixo. No último passo, usamos o resultado obtido do diagrama de corpo livre do livro 1. Esse resultado significa que a força que a mesa exerce sobre o livro de baixo é exatamente igual em módulo e com sentido oposto à soma dos pesos dos dois livros.

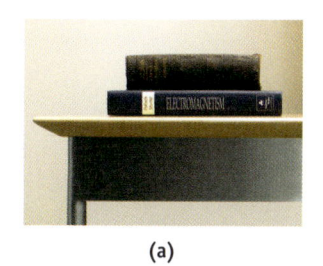

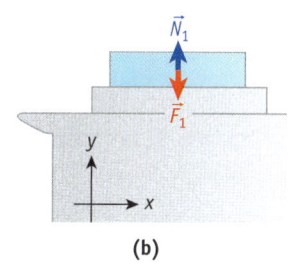

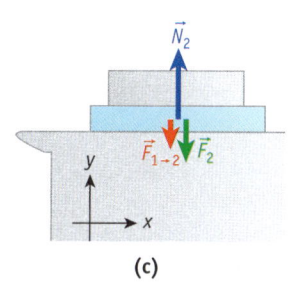

Figura 4.15 (a) Dois livros sobre uma mesa. (b) Diagrama de corpo livre para o livro 1. (c) Diagrama de corpo livre para o livro 2.

O uso da segunda lei de Newton nos permite realizar uma ampla série de cálculos que envolvem movimento e aceleração. O seguinte problema é um exemplo clássico: considere um objeto de massa m localizado em um plano que está inclinado com um ângulo θ em relação à horizontal. Suponha que não exista força de atrito entre o plano e o objeto. O que a segunda lei de Newton pode nos dizer sobre essa situação?

PROBLEMA RESOLVIDO 4.1 — *Snowboard*

PROBLEMA
Um praticante de *snowboard* (massa de 72,9 kg, altura de 1,79 m) está descendo uma montanha de neve com um ângulo de 22° em relação à horizontal (Figura 4.16a). Se pudermos desprezar o atrito, qual é sua aceleração?

SOLUÇÃO

PENSE
O movimento é restrito ao longo do plano, porque o praticante não pode afundar na neve nem ascender do plano. (Pelo menos não sem saltar!) É sempre aconselhável começar com um diagrama

Continua →

de corpo livre. A Figura 4.16b mostra os vetores para gravidade, $\vec{F}_g$, e a força normal, $\vec{N}$. Observe que o vetor força normal está direcionado perpendicularmente à superfície de contato, conforme exigido pela definição da força normal. Observe também que a força normal e a força da gravidade não apontam exatamente em sentidos opostos e, por isso, não se anulam por completo.

DESENHE

Agora escolhemos um sistema de coordenadas conveniente. Conforme mostrado na Figura 4.16c, escolhemos um sistema de coordenadas com o eixo x ao longo do sentido do plano inclinado. Essa escolha garante que a aceleração seja apenas no sentido x. Outra vantagem dessa escolha de sistema de coordenadas é que a força normal está apontando exatamente no sentido y. O preço que pagamos por essa conveniência é que o vetor força gravitacional não aponta ao longo de um dos principais eixos de nosso sistema de coordenadas, mas tem uma componente x e y. As setas vermelhas na figura indicam as duas componentes do vetor força gravitacional. Observe que o ângulo de inclinação do plano, θ, também aparece no retângulo construído a partir das duas componentes do vetor força da gravidade, que é a diagonal desse retângulo. É possível ver essa relação considerando os triângulos semelhantes com lados abc e ABC na Figura 4.16d. Como a é perpendicular a C e c é perpendicular a A, segue-se que ângulo entre a e c é igual ao ângulo entre A e C.

PESQUISE

As componentes x e y do vetor força gravitacional podem ser encontradas usando trigonometria:

$$F_{g,x} = F_g \operatorname{sen}\theta = mg \operatorname{sen}\theta$$
$$F_{g,y} = -F_g \cos\theta = -mg \cos\theta.$$

SIMPLIFIQUE

Agora aplicamos a matemática de modo objetivo, separando os cálculos por componentes.

Primeiro, não há movimento no sentido y, o que significa que, segundo a primeira lei de Newton, todas as componentes de força externa no sentido y precisam somar zero:

$$F_{g,y} + N = 0 \Rightarrow$$
$$-mg \cos\theta + N = 0 \Rightarrow$$
$$N = mg \cos\theta.$$

Nossa análise do movimento no sentido y nos deu o módulo da força normal, que equilibra a componente do peso do esportista perpendicular à montanha. Esse é um resultado bastante comum. A força normal quase sempre equilibra a força resultante perpendicular à superfície de contato que é contribuída por todas as outras forças. Assim, os objetos não afundam nem se erguem das superfícies.

A informação em que estamos interessados é obtida da análise do sentido x. Nesse sentido, só há uma componente de força, a componente x da força gravitacional. Portanto, de acordo com a segunda lei de Newton, obtemos

$$F_{g,x} = mg \operatorname{sen}\theta = ma_x \Rightarrow$$
$$a_x = g \operatorname{sen}\theta.$$

Desta forma, agora temos o vetor aceleração no sistema de coordenadas especificado:

$$\vec{a} = (g \operatorname{sen}\theta)\hat{x}.$$

Observe que a massa, m, ficou de fora de nossa resposta. A aceleração não depende da massa do praticante de *snowboard*; ela só depende do ângulo de inclinação do plano. Logo, a massa do esportista dada no enunciado do problema é tão irrelevante quanto sua altura.

CALCULE

Inserindo o valor dado para o ângulo leva a

$$a_x = (9{,}81 \text{ m/s}^2)(\operatorname{sen} 22°) = 3{,}67489 \text{ m/s}^2.$$

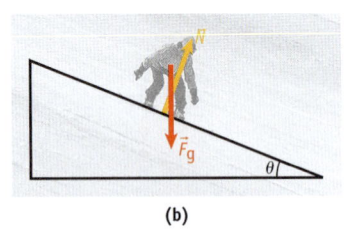

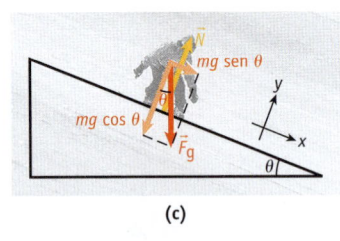

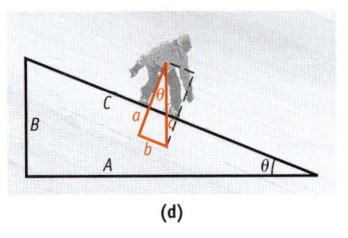

Figura 4.16 (a) O *snowboard* como exemplo de movimento em um plano inclinado. (b) Diagrama de corpo livre do praticante de *snowboard* no plano inclinado. (c) Diagrama de corpo livre do praticante de *snowboard*, com um sistema de coordenadas adicionado. (d) Triângulos semelhantes no problema do plano inclinado.

ARREDONDE

Como o ângulo da montanha foi dado com apenas dois algarismos de precisão, não faz sentido dar nosso resultado com precisão maior. A resposta final é

$$a_x = 3,7 \text{ m/s}^2.$$

SOLUÇÃO ALTERNATIVA

As unidades de nossa resposta, m/s², são as da aceleração. O número que obtivemos é positivo, o que significa uma aceleração positiva montanha abaixo no sistema de coordenadas escolhido. Além disso, o número é menor do que 9,81, o que é confortante. Isso significa que a aceleração calculada é menor do que a da queda livre. Como passo final, vamos verificar a consistência de nossa resposta, $a_x = g \operatorname{sen} \theta$, em casos restritivos. No caso em que $\theta \to 0°$, o seno também converge para zero, e a aceleração desaparece. Esse resultado é consistente porque não esperamos nenhuma aceleração do esportista se ele estiver sobre uma superfície horizontal. Uma vez que $\theta \to 90°$, o seno se aproxima de 1, e a aceleração é a aceleração devido à gravidade, como também era esperado. Neste caso restritivo, o praticante de *snowboard* estaria em queda livre.

Problemas de plano inclinado, como o que acabamos de solucionar, são muito comuns e oferecem prática com conceitos de decomposição de componentes de forças. Outro tipo comum de problema envolve o redirecionamento de forças através de polias e cordas. O próximo exemplo mostra como proceder em um caso simples.

EXEMPLO 4.4 Dois blocos conectados por uma corda

Neste problema clássico, uma massa pendurada gera uma aceleração para uma segunda massa sobre uma superfície horizontal (Figura 4.17a). Um bloco, de massa m_1, está sobre uma superfície horizontal sem atrito e é conectado por meio de uma corda sem massa (por questão de simplicidade, orientada no sentido horizontal) que passa sobre uma polia sem massa para outro bloco, com massa m_2, pendurada na corda.

PROBLEMA
Qual é a aceleração dos blocos m_1 e m_2?

SOLUÇÃO
Novamente, começamos com um diagrama de corpo livre para cada objeto. Para o bloco m_1, o diagrama de corpo livre está mostrado na Figura 4.17b. O vetor força gravitacional aponta direto

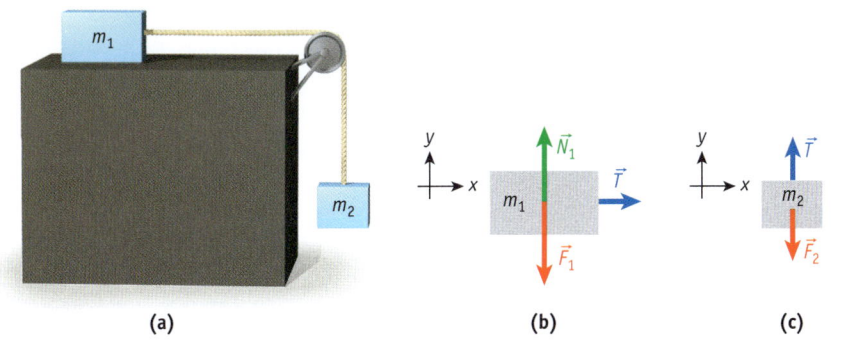

Figura 4.17 (a) Bloco pendurado verticalmente em uma corda que passa por uma polia e é conectado a um segundo bloco em uma superfície horizontal sem atrito. (b) Diagrama de corpo livre para o bloco m_1. (c) Diagrama de corpo livre para o bloco m_2.

Continua →

para baixo e tem módulo $F_1 = m_1 g$. A força devido à corda, $\vec{T}$, atua ao longo da corda e, portanto, está no sentido horizontal, que escolhemos como o sentido x. A força normal, $\vec{N}_1$, atuando sobre m_1 age perpendicularmente à superfície de contato. Como a superfície é horizontal, $\vec{N}_1$ atua no sentido vertical. Do requisito de força resultante zero no sentido y, obtemos $N_1 = F_1 = m_1 g$ para o módulo da força normal. O módulo da força tensão na corda, T, ainda precisa ser determinado. Para a componente de aceleração no sentido x, a segunda lei de Newton nos dá

$$m_1 a = T.$$

Agora usamos o diagrama de corpo livre para a massa m_2 (Figura 4.17c). A força devido à corda, $\vec{T}$, que atua sobre m_1 também atua sobre m_2, mas o redirecionamento devido à polia faz com que a força atue em um sentido diferente. Porém, estamos interessados no módulo da tensão, T, e esse valor é o mesmo para as duas massas.

Para a componente y da força resultante que atua sobre m_2, a segunda lei de Newton nos dá

$$T - F_2 = T - m_2 g = -m_2 a.$$

O módulo da aceleração $\vec{a}$ para m_2 que aparece nessa equação é o mesmo que a na equação de movimento para m_1, porque as duas massas estão amarradas entre si por uma corda e sofrem o mesmo módulo de aceleração. Essa é uma percepção essencial: se dois objetos estão amarrados entre si desta forma, eles devem sofrer o mesmo módulo de aceleração, contanto que a corda seja mantida sob tensão. O sinal negativo no lado direito dessa equação indica que m_2 acelera no sentido y negativo.

Agora podemos combinar as duas equações para as duas massas para eliminar o módulo da força da corda, T, e obter a aceleração comum das duas massas:

$$m_1 a = T = m_2 g - m_2 a \Rightarrow$$
$$a = g\left(\frac{m_2}{m_1 + m_2}\right).$$

Esse resultado faz sentido: no limite em que m_1 é muito grande comparada a m_2, quase não haverá aceleração, enquanto se m_1 for muito pequena comparada a m_2, então m_2 acelerará com quase a aceleração devido à gravidade, como se m_1 não estivesse lá.

Finalmente, podemos calcular o módulo da tensão reinserindo nosso resultado para a aceleração em uma das duas equações obtidas usando a segunda lei de Newton:

$$T = m_1 a = g\left(\frac{m_1 m_2}{m_1 + m_2}\right).$$

No Exemplo 4.4, fica claro em que sentido a aceleração ocorrerá. Em casos mais complicados, o sentido em que os objetos começam a acelerar pode não estar claro no início. Você só precisa definir um sentido como positivo e usar essa pressuposição de modo consistente durante os cálculos. Se o valor da aceleração que você obtiver no final for negativo, esse resultado significa que os objetos aceleram no sentido oposto ao presumido inicialmente. O valor calculado permanecerá correto. O Exemplo 4.5 ilustra uma situação assim.

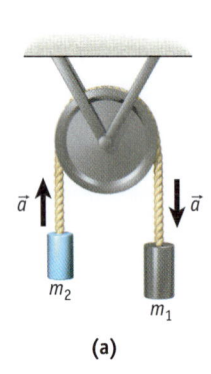

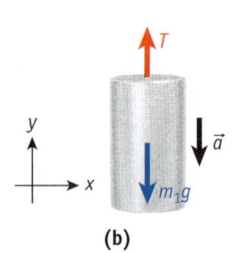

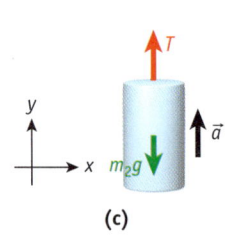

Figura 4.18 (a) Máquina de Atwood com o sentido de aceleração positiva presumido conforme indicado. (b) Diagrama de corpo livre para o peso no lado direito da máquina de Atwood. (c) Diagrama de corpo livre para o peso no lado esquerdo da máquina de Atwood.

EXEMPLO 4.5 — Máquina de Atwood

A máquina de Atwood consiste em dois pesos pendurados (com massas m_1 e m_2) conectados por uma corda que passa por uma polia. Por enquanto, consideramos um caso sem atrito, em que a polia não se move e a corda desliza sobre ela. (No Capítulo 10, sobre rotação, retornaremos a esse problema e o solucionaremos com o atrito presente, que faz com que a polia gire.) Também presumimos que $m_1 > m_2$. Neste caso, a aceleração é conforme mostrada na Figura 4.18a. (A fórmula derivada abaixo é correta para qualquer caso. Se $m_1 < m_2$, então o valor da aceleração, a, terá sinal negativo, o que significará que o sentido da aceleração é oposto ao que presumimos ao trabalhar com o problema.)

Começamos com os diagramas de corpo livre para m_1 e m_2, conforme mostrado na Figura 4.18b e na Figura 4.18c. Para diagramas de corpo livre, optamos por apontar o eixo y positivo para cima, e os dois diagramas mostram nossa escolha para o sentido da aceleração. A corda exerce uma tensão T, de módulo ainda a ser determinado, para cima sobre m_1 e m_2. Com nossas escolhas do sistema de coordenadas e o sentido da aceleração, a aceleração para baixo de m_1 é a aceleração em um sentido negativo. Isso leva a uma equação que pode ser solucionada para T:

$$T - m_1 g = -m_1 a \Rightarrow T = m_1 g - m_1 a = m_1(g - a).$$

Do diagrama de corpo livre para m_2 e da pressuposição de que a aceleração para cima de m_2 corresponde à aceleração em um sentido positivo, obtemos

$$T - m_2 g = m_2 a \Rightarrow T = m_2 g + m_2 a = m_2(g + a).$$

Equacionando as duas expressões para T, obtemos

$$m_1(g - a) = m_2(g + a),$$

que leva a uma expressão para a aceleração:

$$(m_1 - m_2)g = (m_1 + m_2)a \Rightarrow$$
$$a = g\left(\frac{m_1 - m_2}{m_1 + m_2}\right).$$

Dessa equação, é possível ver que o módulo da aceleração, a, é sempre menor do que g nesta situação. Se as massas são iguais, obtemos o resultado esperado de aceleração zero. Selecionado a combinação adequada de massas, podemos gerar qualquer valor da aceleração entre zero e g que desejarmos.

4.2 Pausa para teste

Para a máquina de Atwood, você saberia escrever uma fórmula para o módulo da tensão na corda?

4.3 Exercícios de sala de aula

Se você dobrar as duas massas em uma máquina de Atwood, a aceleração resultante será

a) duas vezes maior.
b) a metade.
c) a mesma.
d) um quarto maior.
e) quatro vezes maior.

EXEMPLO 4.6 — Colisão de dois veículos

Suponha que uma caminhonete com massa $m = 3260$ kg tenha uma colisão frontal com um carro popular de massa $m = 1194$ kg e exerça uma força de módulo $2{,}9 \cdot 10^5$ N no popular.

PROBLEMA
Qual é o módulo da força que o carro popular exerce sobre a caminhonete na colisão?

SOLUÇÃO
Por mais paradoxal que possa parecer, o carro popular exerce a mesma força que a caminhonete exerce sobre ele. Essa igualdade é consequência direta da terceira lei de Newton, a equação 4.8. Então, a resposta é $2{,}9 \cdot 10^5$ N.

DISCUSSÃO
A resposta pode ser objetiva, mas não é, de forma alguma, intuitiva. O carro popular geralmente sofrerá um dano muito maior em uma colisão dessas, e seus passageiros terão uma chance bem maior de se machucarem. Porém, essa diferença deve-se à segunda lei de Newton, que diz que a mesma força aplicada a um objeto menos massivo gera uma aceleração maior do que quando aplicada a um objeto mais massivo. Mesmo em uma colisão frontal entre um mosquito e um carro na estrada, as forças exercidas em cada corpo são iguais; a diferença nos danos ao carro (nenhum) e ao mosquito (extermínio) deve-se a suas diferentes acelerações resultantes. Voltaremos a essa ideia no Capítulo 7, sobre momento e colisões.

4.4 Exercícios de sala de aula

Para a colisão no Exemplo 4.6, se chamarmos o valor absoluto da aceleração sofrido pela caminhonete de $a_{caminhonete}$ e o do carro popular de a_{carro}, verificamos que aproximadamente

a) $a_{caminhonete} \approx \frac{1}{9} a_{carro}$.
b) $a_{caminhonete} \approx \frac{1}{3} a_{carro}$.
c) $a_{caminhonete} \approx a_{carro}$.
d) $a_{caminhonete} \approx 3 a_{carro}$.
e) $a_{caminhonete} \approx 9 a_{carro}$.

4.7 Força de atrito

Até então, desprezamos a força de atrito e consideramos apenas aproximações sem atrito. Porém, em geral, temos que incluir o atrito na maioria de nossos cálculos quando queremos descrever situações fisicamente realistas.

Poderíamos conduzir uma série de experimentos bem simples para saber mais sobre as características básicas do atrito. Aqui estão os resultados que obteríamos:

- Se um objeto estiver em repouso, ele sofre uma força externa com um determinado módulo limiar e que atua paralelamente à superfície de contato entre o objeto e a superfície para superar a força de atrito e fazer o objeto se mover.
- A força de atrito que precisa ser superada para fazer um objeto em repouso se mover é maior do que a força de atrito que precisa ser superada para manter o objeto se movendo com velocidade constante.
- O módulo da força de atrito que atua sobre um objeto em movimento é proporcional ao módulo da força normal.
- A força de atrito é independente do tamanho da área de contato entre objeto e superfície.
- A força de atrito depende da aspereza das superfícies; ou seja, uma interface mais lisa geralmente oferece menos força de atrito do que outra mais áspera.
- A força de atrito é independente da velocidade do objeto.

Essas afirmações sobre atrito não são princípios da mesma forma que as leis de Newton. Do contrário, são observações gerais baseadas em experimentos. Por exemplo, pode-se pensar que o contato entre duas superfícies extremamente lisas geraria um atrito muito baixo. Porém, em alguns casos, superfícies extremamente lisas na verdade se fundem como uma solda fria. Investigações sobre a natureza e causas do atrito continuam a ser feitas, como será discutido mais adiante nesta seção.

A partir desses resultados, fica evidente que precisamos distinguir entre casos em que o objeto está em repouso em relação à sua superfície de apoio (atrito estático) e casos em que o objeto está se movendo pela superfície (atrito cinético). O tratamento do segundo caso é mais fácil, por isso consideramos o atrito cinético em primeiro lugar.

Atrito cinético

As considerações gerais acima podem ser resumidas nas seguintes fórmulas aproximadas para o módulo da força de atrito cinético, f_k:

$$f_k = \mu_k N. \tag{4.10}$$

Aqui N é o módulo da força normal e μ_k é o **coeficiente de atrito cinético**. Esse coeficiente é sempre igual ou maior que zero. (O caso em que $\mu_k = 0$ corresponde a uma aproximação sem atrito. Contudo, na prática, ele nunca pode ser obtido com perfeição.) Em quase todos os casos, μ_k também é menor do que 1. (Algumas superfícies especiais de pneus para corridas automobilísticas têm um coeficiente de atrito com a estrada que pode exceder 1 de modo significativo.) Alguns coeficientes representativos de atrito cinético são mostrados na Tabela 4.1.

O sentido da força de atrito cinético é *sempre oposto ao sentido do movimento* do objeto em relação à superfície em que se move.

Se você empurrar um objeto com uma força externa paralela à superfície de contato, e a força tiver um módulo exatamente igual ao da força de atrito cinético sobre o objeto, então a força externa total resultante é zero, porque a força externa e a força de atrito se anulam. Neste caso, de acordo com a primeira lei de Newton, o objeto continuará a deslizar pela superfície com velocidade constante.

Atrito estático

Se um objeto estiver em repouso, é preciso uma quantidade limiar de força externa para colocá-lo em movimento. Por exemplo, se você empurrar um refrigerador com suavidade, ele não se moverá. À medida que empurra com mais força, atinge um ponto em que o refrigerador finalmente desliza pelo chão da cozinha.

Tabela 4.1	Coeficientes típicos de atrito estático e cinético entre o material 1 e o material 2*		
Material 1	**Material 2**	μ_s	μ_k
borracha	concreto seco	1	0,8
borracha	concreto úmido	0,7	0,5
aço	aço	0,7	0,6
madeira	madeira	0,5	0,3
prancha com parafina	neve	0,1	0,05
aço	aço oleado	0,12	0,07
Teflon	aço	0,04	0,04
pedra de *curling*	gelo		0,017

*Observe que esses valores são aproximados e dependem em grande parte da condição da superfície que existe entre os dois materiais.

Para qualquer força externa que atua sobre um objeto que permaneça em repouso, a força de atrito é exatamente igual em módulo e sentido à componente dessa força externa que atua ao longo da superfície de contato entre o objeto e sua superfície de apoio. Porém, o módulo da força de atrito estático tem um valor máximo: $f_s \leq f_{s,max}$. Esse módulo máximo de força de atrito estático é proporcional à força normal, mas com uma constante de proporcionalidade diferente do coeficiente de atrito cinético: $f_{s,max} = \mu_s N$. Podemos escrever o seguinte para a força do módulo da força de atrito estático

$$f_s \leq \mu_s N = f_{s,max}, \qquad (4.11)$$

onde μ_s é chamado de **coeficiente de atrito estático**. Alguns coeficientes comuns de atrito estático são mostrados na Tabela 4.1. Em geral, para qualquer objeto sobre qualquer superfície de apoio, a força máxima de atrito estático é maior do que a força de atrito cinético. Talvez você já tenha sentido isso ao tentar deslizar um objeto pesado sobre uma superfície: assim que o objeto começa a se mover, muito menos força é necessária para manter o objeto em constante movimento de deslizamento. Podemos representar esse resultado como uma desigualdade matemática entre os dois coeficientes:

$$\mu_s > \mu_k \qquad (4.12)$$

A Figura 4.19 apresenta um gráfico mostrando como a força de atrito depende de uma força externa, F_{ext}, aplicada a um objeto. Se o objeto estiver inicialmente em repouso, uma pequena força externa resulta em uma pequena força de atrito, subindo linearmente com a força externa até que atinja um valor de $\mu_s N$. Depois, ela cai de modo bastante rápido para um valor de $\mu_k N$, quando o objeto é posto em movimento. Neste ponto, a força externa tem um valor de $F_{ext} = \mu_s N$, resultando em uma aceleração súbita do objeto. Essa dependência da força de atrito sobre a força externa é mostrada na Figura 4.19 como uma linha vermelha.

Por outro lado, se começarmos com uma força externa grande e o objeto já estiver em movimento, podemos reduzir a força externa abaixo de um valor de $\mu_s N$, mas ainda acima de $\mu_k N$, e o objeto continuará se movendo e acelerando. Desta forma, o coeficiente de atrito retém um valor de μ_k até que a força externa seja reduzida a um valor de $\mu_k N$. Neste ponto (e somente neste ponto!), o objeto se moverá com velocidade constante, porque a força externa e a força de atrito são iguais em módulo. Se reduzirmos a força externa ainda mais, o objeto desacelera (segmento horizontal da linha azul à esquerda da diagonal vermelha na Figura 4.19), porque a força de atrito cinético é maior do que a força externa. Por fim, o objeto chega ao repouso em função do atrito cinético, e a força externa não é mais suficiente para movê-lo. A partir daí, o atrito estático assume, e a força de atrito é reduzida proporcionalmente à força externa até que ambos atinjam zero. A linha azul na Figura 4.19 ilustra essa dependência da força de atrito sobre a força externa. Onde a linha azul e a linha vermelha se sobrepõem, isso é indicado por quadrados alternados de azul e vermelho. A parte mais interessante na Figura 4.19 é que as linhas azul e vermelha não coincidem entre $\mu_k N$ e $\mu_s N$.

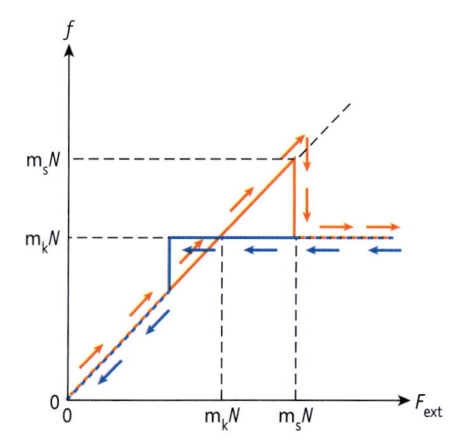

Figura 4.19 Módulos das forças de atrito como função do módulo de uma força externa.

Vamos retornar à tentativa de mover um refrigerador sobre o chão da cozinha. Inicialmente, o refrigerador está sobre o chão, e a força de atrito estático resiste ao seu esforço de movê-lo. Assim que empurrar com força suficiente, o refrigerador é posto em movimento. Neste processo, a força de atrito segue o trajeto vermelho da Figura 4.19. Assim que o refrigerador se move, você pode empurrar com um pouco menos de força para continuar a mantê-lo em movimento. Se você empurrar com menos força, de forma que ele se mova com velocidade constante, a força externa aplicada segue o trajeto azul da Figura 4.19 até que seja reduzida a $F_{ext} = \mu_k N$. Então a força de atrito e a força aplicada ao refrigerador somam zero, e não há força resultante atuando sobre o refrigerador, permitindo que ele se mova com velocidade constante.

EXEMPLO 4.7 Snowboard realista

Vamos reconsiderar a situação do praticante de *snowboard* do Problema resolvido 4.1, mas agora incluímos o atrito. Um praticante de *snowboard* desce uma montanha com $\theta = 22°$. Suponha que o coeficiente de atrito cinético entre sua prancha e a neve seja de 0,21, e sua velocidade, que é no sentido da montanha, é de 8,3 m/s em um determinado instante.

PROBLEMA 1
Presumindo uma inclinação constante, qual será a velocidade da pessoa no sentido da montanha após ter percorrido 100 m?

SOLUÇÃO 1
A Figura 4.20 mostra um diagrama de corpo livre para este problema. A força gravitacional aponta para baixo e tem módulo mg, onde m é a massa do homem e de seu equipamento. Escolhemos eixos x e y convenientes paralelos e perpendiculares à montanha, respectivamente, conforme indicado na Figura 4.20. O ângulo θ que a montanha faz com a horizontal (22° neste caso) também aparece na decomposição das componentes da força gravitacional paralela e perpendicular à montanha. (Esta análise é uma característica geral de qualquer problema de plano inclinado.) O componente de força sobre o plano é $mg\,\text{sen}\,\theta$, conforme mostrado na Figura 4.20. A força normal é dada por $N = mg\cos\theta$, e a força de atrito cinético é $f_k = -\mu_k mg\cos\theta$, com o sinal de menos indicando que a força está atuando no sentido x negativo em nosso sistema de coordenadas escolhido.

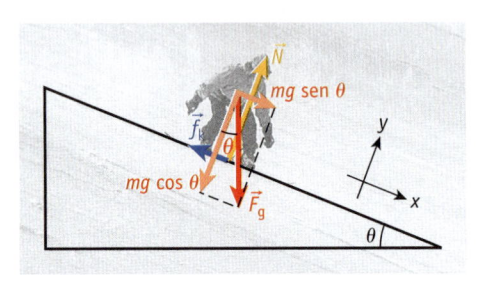

Figura 4.20 Diagrama de corpo livre de um praticante de *snowboard*, incluindo a força de atrito.

Assim, obtemos a componente total de força no sentido x:

$$mg\,\text{sen}\,\theta - \mu_k mg\cos\theta = ma_x \Rightarrow$$
$$a_x = g(\text{sen}\,\theta - \mu_k \cos\theta).$$

Aqui usamos a segunda lei de Newton, $F_x = ma_x$, na primeira linha. A massa da pessoa é removida, e a aceleração, a_x, sobre a montanha é uma constante. Inserindo os números dados no enunciado do problema, obtemos

$$a \equiv a_x = (9{,}81\,\text{m/s}^2)(\text{sen}\,22° - 0{,}21\cos 22°) = 1{,}76\,\text{m/s}^2.$$

Desta forma, vemos que a situação é um problema de movimento em linha reta em um sentido com aceleração constante. Podemos aplicar a relação entre os quadrados das velocidades inicial e final e a aceleração que derivamos para o movimento unidimensional com aceleração constante:

$$v^2 = v_0^2 + 2a(x - x_0).$$

Com $v_0 = 8{,}3$ m/s e $x - x_0 = 100$ m, calculamos a velocidade final:

$$v = \sqrt{v_0^2 + 2a(x - x_0)}$$
$$= \sqrt{(8{,}3\,\text{m/s})^2 + 2\cdot(1{,}76\,\text{m/s}^2)(100\,\text{m})}$$
$$= 20{,}5\,\text{m/s}.$$

PROBLEMA 2
Quanto tempo leva para que o praticante de *snowboard* atinja sua velocidade?

SOLUÇÃO 2
Como agora sabemos a aceleração e a velocidade final e conhecemos a velocidade inicial, usamos

$$v = v_0 + at \Rightarrow t = \frac{v - v_0}{a} = \frac{(20,5 - 8,3) \text{ m/s}}{1,76 \text{ m/s}^2} = 6,95 \text{ s}.$$

PROBLEMA 3
Dado o mesmo coeficiente de atrito, qual teria que ser o ângulo da montanha para que a pessoa deslizasse com velocidade constante?

SOLUÇÃO 3
Movimento com velocidade constante implica aceleração zero. Já derivamos uma equação para a aceleração como função do ângulo da montanha. Definimos essa expressão igual a zero e solucionamos a equação resultante para o ângulo θ:

$$a_x = g(\text{sen}\,\theta - \mu_k \cos\theta) = 0$$
$$\Rightarrow \text{sen}\,\theta = \mu_k \cos\theta$$
$$\Rightarrow \text{tg}\,\theta = \mu_k$$
$$\Rightarrow \theta = \text{tg}^{-1} \mu_k$$

Como $\mu_k = 0,21$ foi dado, o ângulo é $\theta = \text{tg}^{-1}\,0,21 = 12°$. Com uma montanha mais íngreme, a pessoa acelerará e, em uma inclinação menor, ela desacelerará até parar.

Resistência do ar

Até então, ignoramos o atrito devido ao movimento através do ar. Diferente da força de atrito cinético que você encontra ao arrastar ou empurrar um objeto sobre a superfície de outro, a resistência do ar aumenta proporcionalmente à velocidade. Assim, precisamos expressar a força de atrito como função da velocidade do objeto em relação ao meio em que se move. O sentido da força de resistência do ar é oposto ao sentido do vetor velocidade.

Em geral, o módulo da força de atrito devido à resistência do ar, ou **força de arrasto**, pode ser expresso como $F_{\text{atrito}} = K_0 + K_1 v + K_2 v^2 + \ldots$, com as constantes $K_0, K_1, K_2,\ldots$ a serem determinadas de modo experimental. Para a força de arrasto sobre objetos macroscópicos se movendo com velocidades relativamente altas, podemos desprezar o termo linear na velocidade. O módulo da força de arrasto é aproximadamente

$$F_{\text{arrasto}} = Kv^2. \tag{4.13}$$

Essa equação significa que a força devido à resistência do ar é proporcional ao quadrado da velocidade.

Quando um objeto cai pelo ar, a força de resistência do ar aumenta à medida que o objeto acelera até atingir a chamada **velocidade terminal**. Neste ponto, a força para cima da resistência do ar e a força para baixo devido à gravidade se igualam. Logo, a força resultante é zero, e não há mais aceleração. Como não há mais aceleração, o objeto que está caindo tem velocidade terminal constante:

$$F_g = F_{\text{arrasto}} \Rightarrow mg = Kv^2.$$

Solucionando isso para a velocidade terminal, obtemos

$$v = \sqrt{\frac{mg}{K}}. \tag{4.14}$$

Observe que a velocidade terminal depende da massa do objeto, mas quando a resistência do ar era desprezada, a massa do objeto não afetava o movimento do objeto. Na ausência de resistência do ar, todos os objetos caem com a mesma velocidade, mas a presença da resistência do ar explica por que objetos mais pesados caem mais rapidamente do que os leves que tenham a mesma constante K (arrasto).

4.5 Exercícios de sala de aula

Um filtro de café não usado atinge sua velocidade terminal muito rapidamente se você deixá-lo cair. Suponha que você solte um filtro de café de uma altura de 1 m. De que altura você tem que soltar dois filtros de café juntos no mesmo instante para que atinjam o solo no mesmo tempo que apenas um filtro de café? (Você pode desprezar com segurança o tempo necessário para atingir a velocidade terminal.)

a) 0,5 m

b) 0,7 m

c) 1 m

d) 1,4 m

e) 2m

Para calcular a velocidade terminal de um objeto em queda, precisamos saber o valor da constante K. Essa constante depende de muitas variáveis, inclusive do tamanho da área transversal, A, exposta à corrente de ar. Em termos gerais, quanto maior a área, maior é a constante K. K também depende linearmente da densidade do ar, ρ. Todas as outras dependências do formato do objeto, de sua inclinação em relação ao sentido do movimento, da viscosidade do ar e da compressibilidade geralmente são coletadas em um coeficiente de arrasto, c_d:

$$K = \tfrac{1}{2} c_d A \rho. \qquad (4.15)$$

A equação 4.15 tem o fator $\tfrac{1}{2}$ para simplificar os cálculos que envolvem a energia de objetos submetidos a queda livre com resistência do ar. Voltaremos a esse assunto quando discutirmos energia cinética no Capítulo 5.

A criação de um baixo coeficiente de arrasto é uma consideração importante no projeto de automóveis, porque ele tem uma forte influência sobre a velocidade máxima de um carro e seu consumo de combustível. Cálculos numéricos são úteis, mas o coeficiente de arrasto é geralmente otimizado de modo experimental colocando protótipos de carros em túneis de vento e testando a resistência do ar em diferentes velocidades. Os mesmos testes em túneis de vento também são usados para otimizar o desempenho de equipamentos e atletas em eventos como o esqui em descida livre e o ciclismo.

Para o movimento em meios bastante viscosos ou em baixas velocidades, o termo da velocidade linear da força de atrito não pode ser desprezado. Neste caso, a força de atrito pode ser aproximada pela forma $F_{atrito} = K_1 v$. Essa forma se aplica à maioria dos processos biológicos, inclusive grandes biomoléculas ou mesmo micro-organismos, como bactérias se movendo por líquidos. Essa aproximação da força de atrito também é útil na análise do afundamento de um objeto em um fluido, por exemplo, uma pequena pedra ou concha na água.

(a)

(b)

Figura 4.21 (a) Paraquedista na posição de alta resistência. (b) Paraquedista na posição de baixa resistência.

EXEMPLO 4.8 | Paraquedismo

Um paraquedista cai pelo ar com densidade de 1,15 kg/m³. Suponha que seu coeficiente de arrasto seja $c_d = 0{,}57$. Quando ele cai na posição de águia, conforme mostrado na Figura 4.21a, seu corpo apresenta uma área $A_1 = 0{,}94$ m² ao vento, mas quando ele mergulha de cabeça, com os braços próximos ao corpo e pés juntos, como mostra a Figura 4.21b, sua área é reduzida para $A_2 = 0{,}21$ m².

PROBLEMA
Quais são as velocidades terminais nos dois casos?

SOLUÇÃO
Usamos a equação 4.14 para a velocidade terminal e a equação 4.15 para a constante de resistência do ar, reordenamos as fórmulas e inserimos os números dados:

$$v = \sqrt{\frac{mg}{K}} = \sqrt{\frac{mg}{\tfrac{1}{2} c_d A \rho}}$$

$$v_1 = \sqrt{\frac{(80 \text{ kg})(9{,}81 \text{ m/s}^2)}{\tfrac{1}{2} 0{,}57 (0{,}94 \text{ m}^2)(1{,}15 \text{ kg/m}^3)}} = 50{,}5 \text{ m/s}$$

$$v_2 = \sqrt{\frac{(80 \text{ kg})(9{,}81 \text{ m/s}^2)}{\tfrac{1}{2} 0{,}57 (0{,}21 \text{ m}^2)(1{,}15 \text{ kg/m}^3)}} = 107 \text{ m/s}.$$

Esses resultados mostram que, mergulhando de cabeça, o paraquedista pode atingir velocidades maiores durante a queda livre do que quando ele usa a posição de águia. Portanto, é possível alcançar uma pessoa que caiu de um avião, presumindo que a pessoa não esteja mergulhando de cabeça também. Porém, em geral, essa técnica não pode ser usada para salvar uma pessoa porque seria praticamente impossível agarrá-la durante o brusco choque de desaceleração causado pela abertura do paraquedas do salva-vidas.

Tribologia

O que causa o atrito? A resposta a essa pergunta não é nada fácil nem óbvia. Quando superfícies se esfregam, diferentes átomos das duas superfícies fazem contato entre si de formas distintas. Os átomos se deslocam no processo de arrastar superfícies entre si. A interação eletrostática entre os átomos nas superfícies causa um atrito estático adicional. Um verdadeiro entendimento microscópico do atrito está além do escopo deste livro e é atualmente objeto de intensa atividade de pesquisa.

A ciência do atrito tem um nome: **tribologia.** As leis de atrito que discutimos já eram conhecidas há 300 anos. Sua descoberta é geralmente creditada a Guillaume Amontons e Charles Augustin de Coulomb, mas até Leonardo da Vinci pode tê-las conhecido. Ainda assim, coisas incríveis ainda estão sendo descobertas sobre atrito, lubrificação e desgaste.

Talvez o avanço mais interessante em tribologia que ocorreu nas últimas duas décadas tenha sido o desenvolvimento de microscópios de força atômica e de atrito. O princípio básico que esses microscópios empregam é o arrasto de uma extremidade bem afiada sobre uma superfície com análise usando tecnologia computacional e de sensores de última geração. Esses microscópios de força de atrito podem medir forças de atrito de até $10 \text{ pN} = 10^{-11}$ N. A Figura 4.22 mostra um desenho esquemático de um desses instrumentos, construído por físicos da Universidade de Leiden, Holanda. Avançadas simulações microscópicas do atrito ainda não são capazes de explicá-lo por completo e, por isso, essa área de pesquisa é de grande interesse no campo da nanotecnologia.

O atrito é responsável pela quebra de pequenas partículas de superfícies que se esfregam entre si, causando desgaste. Esse fenômeno é de grande importância em motores automobilísticos de alto desempenho, que exigem lubrificantes especialmente desenvolvidos. A compreensão da influência de pequenas impurezas superficiais sobre a força de atrito é de grande interesse neste contexto. A pesquisa de lubrificantes continua a tentar encontrar maneiras de reduzir o coeficiente de atrito cinético, μ_k, a um valor que seja o mais próximo possível de zero. Por exemplo, os lubrificantes modernos incluem *fulerenos* – moléculas que consistem em 60 átomos de carbono dispostos na forma de uma bola de futebol, que foram descobertos em 1985. Essas moléculas agem como rolimãs microscópicos.

A solução de problemas que envolvam atrito também é importante para o automobilismo. No circuito de Fórmula 1, o uso de pneus certos que oferecem atrito eficientemente alto é fundamental para carros vencedores. Enquanto os coeficientes de atrito estão normalmente na faixa entre 0 e 1, não é incomum para carros de corrida de dragster ter pneus com coeficientes de atrito com a superfície da pista de 3 ou até mais.

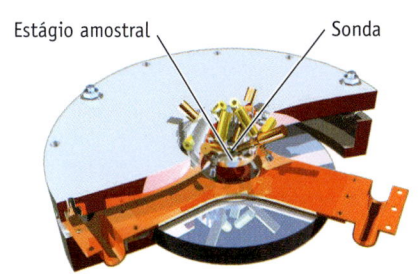

Figura 4.22 Desenho em corte de um microscópio usado para estudar forças de atrito arrastando uma sonda na forma de uma ponta afiada sobre a superfície a ser estudada.

4.8 Aplicações da força de atrito

Com as três leis de Newton, podemos solucionar uma enorme classe de problemas. O conhecimento do atrito estático e cinético nos permite aproximar situações do mundo real e chegar a situações significativas. Como é útil analisar várias aplicações das leis de Newton, solucionaremos diversos problemas para treinar. Esses exemplos foram elaborados para demonstrar uma variedade de técnicas úteis na solução de muitos tipos de problemas.

EXEMPLO 4.9 | Dois blocos conectados por uma corda – com atrito

Solucionamos este problema no Exemplo 4.4, com as pressuposições de que m_1 desliza sem atrito sobre a superfície horizontal de apoio e que a corda desliza sem atrito sobre a polia. Agora vamos incluir o atrito entre m_1 e a superfície em que ele desliza. Por enquanto, ainda presumiremos que a corda desliza sem atrito pela polia. (O Capítulo 10 apresentará técnicas que nos permitem lidar com a polia sendo posta em movimento rotacional pela corda que se move por ela.)

PROBLEMA 1
O coeficiente de atrito estático entre o bloco 1 (massa $m_1 = 2,3$ kg) e sua superfície de apoio tem um valor de 0,73, e o coeficiente de atrito cinético tem um valor de 0,60. (Consulte a Figura 4.17.) Se o bloco 2 tem massa $m_2 = 1,9$ kg, o bloco 1 acelerará a partir do repouso?

Continua →

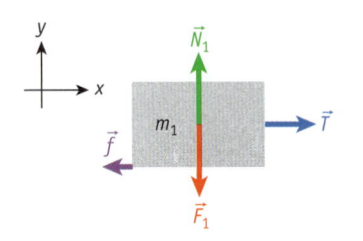

Figura 4.23 Diagrama de corpo livre para m_1, incluindo a força de atrito.

SOLUÇÃO 1

Todas as considerações de força do Exemplo 4.4 permanecem as mesmas, exceto que o diagrama de corpo livre para o bloco m_1 (Figura 4.23) agora tem uma seta de força correspondente à força de atrito, f. Lembre-se de que, para desenhar o sentido da força de atrito, é preciso saber em que sentido o movimento ocorreria na ausência de atrito. Como já solucionamos o caso sem atrito, sabemos que m_1 se moveria para a direita. Uma vez que a força de atrito é direcionada oposta ao movimento, o vetor atrito aponta para a esquerda.

A equação que derivamos no Exemplo 4.4 aplicando a segunda lei de Newton a m_1 muda de $m_1 a = T$ para

$$m_1 a = T - f.$$

A combinação disso com a equação que obtivemos no Exemplo 4.4 por meio da aplicação da segunda lei de Newton a m_2, $T - m_2 g = -m_2 a$, e novamente eliminando T resulta em

$$m_1 a + f = T = m_2 g - m_2 a \Rightarrow$$
$$a = \frac{m_2 g - f}{m_1 + m_2}.$$

Até então, evitamos especificar quaisquer detalhes adicionais sobre a força de atrito. Agora fazemos isso calculando o módulo máximo da força de atrito estático, $f_{s,máx} = \mu_s N_1$. Para o módulo da força normal, já encontramos $N_1 = m_1 g$, o que nos dá a fórmula para a força de atrito estático máximo:

$$f_{s,max} = \mu_s N_1 = \mu_s m_1 g = (0{,}73)(2{,}3 \text{ kg})(9{,}81 \text{ m/s}^2) = 16{,}5 \text{ N}.$$

Precisamos comparar esse valor ao de $m_2 g$ no numerador de nossa equação para aceleração, $a = (m_2 g - f)/(m_1 + m_2)$. Se $f_{s,max} \geq m_2 g$, então a força de atrito estático terá um valor exatamente igual a $m_2 g$, fazendo com que a aceleração seja zero. Em outras palavras, não haverá movimento, porque a atração devido ao bloco m_2 pendurado na corda não é suficiente para superar a força de atrito estático entre o bloco m_1 e sua superfície de apoio; Se $f_{s,max} < m_2 g$, então haverá aceleração positiva, e os dois blocos começarão a se mover. Neste caso, como $m_2 g = (1{,}9 \text{ kg})(9{,}81 \text{ m/s}^2) = 18{,}6 \text{ N}$, os blocos começarão a se mover.

PROBLEMA 2
Qual é o valor da aceleração?

SOLUÇÃO 2
Assim que a força de atrito estático é superada, o atrito cinético entra em cena. Podemos usar nossa equação para aceleração, $a = (m_2 g - f)/(m_1 + m_2)$, substituir $f = \mu_k N_1 = \mu_k m_1 g$ e obter

$$a = \frac{m_2 g - \mu_k m_1 g}{m_1 + m_2} = g\left(\frac{m_2 - \mu_k m_1}{m_1 + m_2}\right).$$

Inserindo os números, encontramos

$$a = (9{,}81 \text{ m/s}^2)\left[\frac{(1{,}9 \text{ kg}) - 0{,}6 \cdot (2{,}3 \text{ kg})}{(2{,}3 \text{ kg}) + (1{,}9 \text{ kg})}\right] = 1{,}21 \text{ m/s}^2.$$

EXEMPLO 4.10 | Puxando um trenó

Suponha que você esteja puxando um trenó sobre uma superfície nivelada coberta de neve exercendo força constante sobre uma corda, com um ângulo θ em relação ao solo.

PROBLEMA 1
Se o trenó, inclusive sua carga, tiver massa de 15,3 kg, os coeficientes de atrito entre o trenó e a neve são $\mu_s = 0{,}076$ e $\mu_k = 0{,}070$, e você puxar com uma força de 25,3 N a corda com um ângulo de 24,5° em relação ao solo horizontal, qual será a aceleração do trenó?

SOLUÇÃO 1

A Figura 4.24 mostra o diagrama de corpo livre para o trenó, com todas as forças que atuam sobre ele. Os sentidos dos vetores força estão corretos, mas os módulos não estão necessariamente desenhados em escala. A aceleração do trenó, se houver alguma, será direcionada ao longo da horizontal, no sentido x. Em termos de componentes, a segunda lei de Newton dá:

$$\text{componente } x: \quad ma = T\cos\theta - f$$

e

$$\text{componente } y: 0 = T\,\text{sen}\,\theta - mg + N.$$

Para a força de atrito, usaremos a forma $f = \mu N$ por enquanto, sem especificar se é atrito cinético ou estático, mas no final teremos que retornar a esse ponto. A força normal pode ser calculada usando a equação acima para a componente y e depois substituída na equação para a componente x:

$$N = mg - T\,\text{sen}\,\theta$$
$$ma = T\cos\theta - \mu(mg - T\,\text{sen}\,\theta) \Rightarrow$$
$$a = \frac{T}{m}(\cos\theta + \mu\,\text{sen}\,\theta) - \mu g.$$

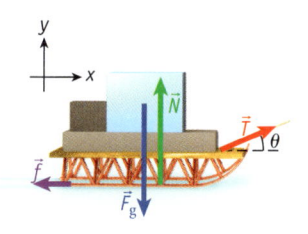

Figura 4.24 Diagrama de corpo livre do trenó e de sua carga.

Vemos que a força normal é menor do que o peso do trenó, porque a força que puxa a corda tem uma componente y para cima. A componente vertical da força que puxa a corda também contribui para a aceleração do trenó, uma vez que ela afeta a força normal e, portanto, a força horizontal de atrito.

Ao inserir os números, primeiro usamos o valor do coeficiente de atrito estático para ver se uma força suficiente é aplicada puxando a corda para gerar uma aceleração positiva. Se o valor resultante para a for negativo, isso significa que não há força de atração suficiente para superar a força de atrito estático. Com o valor dado de μ_s (0,076), obtemos

$$a' = \frac{25{,}3\text{ N}}{15{,}3\text{ kg}}(\cos 24{,}5° + 0{,}076\,\text{sen}\,24{,}5°) - 0{,}076(9{,}81\text{ m/s}^2) = 0{,}81\text{ m/s}^2.$$

Como esse cálculo resulta em um valor positivo para a', sabemos que a força é forte o bastante para superar a força de atrito. Agora usamos o valor dado para o coeficiente de atrito cinético para calcular a aceleração real do trenó:

$$a = \frac{25{,}3\text{ N}}{15{,}3\text{ kg}}(\cos 24{,}5° + 0{,}070\,\text{sen}\,24{,}5°) - 0{,}070(9{,}81\text{ m/s}^2) = 0{,}87\text{ m/s}^2.$$

PROBLEMA 2

Que ângulo da corda com a horizontal produzirá a aceleração máxima do trenó para o valor dado do módulo da força de atração, T? Qual é o valor máximo de a?

SOLUÇÃO 2

Em cálculo, para encontrar o extremo de uma função, temos que primeiro obter a derivada e encontrar o valor da variável independente para a qual essa derivada é zero:

$$\frac{d}{d\theta}a = \frac{d}{d\theta}\left(\frac{T}{m}(\cos\theta + \mu\,\text{sen}\,\theta) - \mu g\right) = \frac{T}{m}(-\text{sen}\,\theta + \mu\cos\theta).$$

A busca da raiz dessa equação resulta em

$$\left.\frac{da}{d\theta}\right|_{\theta=\theta_{\max}} = \frac{T}{m}(-\text{sen}\,\theta_{\max} + \mu\cos\theta_{\max}) = 0$$
$$\Rightarrow \text{sen}\,\theta_{\max} = \mu\cos\theta_{\max} \Rightarrow$$
$$\theta_{\max} = \tan^{-1}\mu.$$

Continua →

A inserção do valor dado para o coeficiente de atrito cinético, 0,070, nesta equação resulta em θ_{max} = 4,0°. Isso significa que a corda deve estar orientada quase horizontalmente. O valor resultante da aceleração pode ser obtido através da inserção dos números na equação para a que usamos na Solução 1:

$$a_{max} \equiv a(\theta_{max}) = 0{,}97 \text{ m/s}^2.$$

Nota: uma primeira derivada igual a zero é apenas uma condição necessária para um valor máximo, mas não suficiente. É possível estar convencido de que, de fato, encontramos o valor máximo percebendo, em primeiro lugar, que obtivemos só uma raiz da primeira derivada, o que significa que a função $a(\theta)$ tem apenas um extremo. Além disso, como o valor da aceleração que calculamos neste ponto é maior do que o valor que obtivemos anteriormente para 24,5°, temos certeza de que nosso extremo único é realmente um valor máximo. De modo alternativo, poderíamos ter obtido a segunda derivada e encontrado que é negativa no ponto θ_{max} = 4,0°; a seguir, poderíamos ter comparado o valor da aceleração obtido nesse ponto com aquele em θ = 0° e θ = 90°.

O QUE JÁ APRENDEMOS | GUIA DE ESTUDO PARA EXERCÍCIOS

- A força resultante sobre um objeto é a soma vetorial das forças que atuam sobre o objeto: $\vec{F}_{res} = \sum_{i=1}^{n} \vec{F}_i$.

- Massa é uma qualidade intrínseca de um objeto que quantifica a capacidade do objeto de resistir à aceleração e à força gravitacional sobre o objeto.

- Um diagrama de corpo livre é uma abstração que mostra todas as forças atuando sobre um objeto isolado.

- As três leis de Newton são as seguintes:

    Primeira lei de Newton. Na ausência de uma força resultante sobre um objeto, o objeto permanecerá em repouso se já estava em repouso. Se estivesse em movimento, permanecerá em movimento em uma linha reta com a mesma velocidade.

    Segunda lei de Newton. Se uma força externa resultante, $\vec{F}_{resultante}$, atuar sobre um objeto com massa m, a força causará uma aceleração, $\vec{a}$, no mesmo sentido da força: $\vec{F}_{res} = m\vec{a}$.

    Terceira lei de Newton. As forças que dois objetos em interação exercem entre si são sempre exatamente iguais em módulo e com sentidos opostos: $\vec{F}_{1\to 2} = -\vec{F}_{2\to 1}$.

- Existem dois tipos de atrito: atrito estático e cinético. Os dois tipos de atrito são proporcionais à força normal, N.

    O atrito estático descreve a força de atrito entre um objeto em repouso sobre uma superfície em termos do coeficiente de atrito estático, μ_s. A força de atrito estático, f_s, opõe-se a uma força que tenta mover um objeto e tem valor máximo, $f_{s,max}$, de forma que $f_s \leq \mu_s N = f_{s,max}$.

    O atrito cinético descreve a força de atrito entre um objeto em movimento e uma superfície em termos do coeficiente de atrito cinético, μ_k. O atrito cinético é dado por $f_k = \mu_k N$.

    Em geral, $\mu_s > \mu_k$.

TERMOS-CHAVE

coeficiente de atrito cinético, p. 118
coeficiente de atrito estático, p. 119
compressão, p. 101
diagrama de corpo livre, p. 106
dinâmica, p. 101
equilíbrio dinâmico, p. 107

equilíbrio estático, p. 107
força de arrasto, p. 121
força de atrito, p. 102
força de contato, p. 101
força elástica, p. 102
força eletromagnética, p. 102
força gravitacional, p. 102
força normal, p. 101
força nuclear forte, p. 102

força nuclear fraca, p. 102
força resultante, p. 105
forças fundamentais, p. 102
massa, p. 104
massa gravitacional, p. 104
massa inercial, p. 104
partícula de Higgs, p. 105
peso, p. 103
primeira lei de Newton, p. 107

segunda lei de Newton, p. 107
tensão, p. 101
terceira lei de Newton, p. 107
tribologia, p. 123
velocidade terminal, p. 121
vetor força gravitacional, p. 103

NOVOS SÍMBOLOS E EQUAÇÕES

$\vec{F}_g = -mg\hat{y}$, vetor força gravitacional

$\vec{F}_{res} = \sum_{i=1}^{n} \vec{F}_i = \vec{F}_1 + \vec{F}_2 + \cdots + \vec{F}_n$, força resultante

$\vec{N}$, força normal

$\vec{F}_{res} = 0$, primeira lei de Newton, condição para equilíbrio estático

$\vec{F}_{res} = m\vec{a}$, segunda lei de Newton

$\vec{F}_{1 \to 2} = -\vec{F}_{2 \to 1}$, terceira lei de Newton

T, tensão elástica

f_k, força de atrito cinético

μ_k, coeficiente de atrito cinético

f_s, força de atrito estático

μ_s, coeficiente de atrito estático

$F_{arrasto}$, força devido à resistência do ar, ou força de arrasto

c_d, coeficiente de arrasto

RESPOSTAS DOS TESTES

4.1

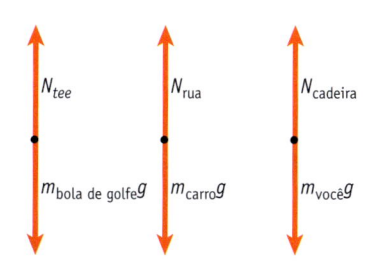

(diagramas de corpo livre mostrando N_{tee} e $m_{bola\ de\ golfe}g$; N_{rua} e $m_{carro}g$; $N_{cadeira}$ e $m_{você}g$)

4.2 Usando $T = m_2(g + a)$ e inserindo o valor para a aceleração, $a = g\left(\dfrac{m_1 - m_2}{m_1 + m_2}\right)$, encontramos

$$T = m_2(g+a) = m_2\left(g + g\frac{m_1 - m_2}{m_1 + m_2}\right) = m_2 g\left(\frac{m_1 + m_2}{m_1 + m_2} + \frac{m_1 - m_2}{m_1 + m_2}\right)$$

$$= 2g\frac{m_1 m_2}{m_1 + m_2}.$$

GUIA DE RESOLUÇÃO DE PROBLEMAS

A análise de uma situação em termos de forças e movimento é uma habilidade essencial em física. Uma das técnicas mais importantes é a aplicação adequada das leis de Newton. O seguinte guia pode ajudá-lo a solucionar problemas de mecânica em termos das três leis de Newton. Elas fazem parte da estratégia de sete passos para solucionar todos os tipos de problemas de física e são mais relevantes para os passos "Desenhe", "Pense" e "Pesquise".

1. Um desenho geral pode ajudá-lo a visualizar a situação e identificar os conceitos envolvidos, mas você também precisa de um diagrama de corpo livre separado para cada objeto, a fim de identificar quais forças atuam sobre aquele determinado objeto e nenhum outro. O desenho de diagramas de corpo livre corretos é a chave para solucionar todos os problemas em mecânica, seja envolvendo situações estáticas (sem movimento) ou cinéticas (em movimento). Lembre que $m\vec{a}$, segundo a segunda lei de Newton, não deve ser incluído como uma força em nenhum diagrama de corpo livre.

2. A escolha do sistema de coordenadas é importante – geralmente essa escolha faz a diferença entre equações muito simples e muito complexas. É bastante útil posicionar um eixo ao longo do mesmo sentido da aceleração (se houver alguma) de um objeto. Em um problema de estática, a orientação de um eixo sobre uma superfície, seja horizontal ou inclinada, costuma ser útil. A escolha do sistema de coordenadas mais proveitoso é uma habilidade adquirida por meio de experiência à medida que se trabalha com vários problemas.

3. Assim que tiver escolhido os sentidos das coordenadas, determine se a situação envolve aceleração em algum sentido. Se não ocorrer aceleração no sentido y, por exemplo, então a primeira lei de Newton se aplica naquele sentido, e a soma das forças (a força resultante) é igual a zero. Se ocorre aceleração em um determinado sentido, por exemplo, no sentido x, então a segunda lei de Newton se aplica naquele sentido, e a força resultante é igual à massa do objeto multiplicada por sua aceleração.

4. Quando você decompõe um vetor força em componentes ao longo dos sentidos das coordenadas, tenha cuidado quanto a qual sentido envolve o seno de um determinado ângulo e qual sentido envolve o cosseno. Não generalize com base em problemas anteriores e pense que todas as componentes no sentido x envolvem o cosseno; você encontrará problemas em que a componente x envolve o seno. Em vez disso, baseie-se em definições claras de ângulos e sentidos de coordenadas e na geometria da situação dada. O mesmo ângulo geralmente aparece em pontos diferentes e entre diferentes linhas em um problema. Isso costuma resultar em triângulos semelhantes, comumente envolvendo ângulos retos. Se você criar um desenho de um problema com um ângulo geral θ, tente usar um ângulo que não seja próximo a 45°, porque é difícil distinguir entre esse ângulo e seu complemento no desenho.

5. Sempre avalie a resposta final. As unidades fazem sentido? Os módulos são razoáveis? Se você mudar uma variável para se aproximar de algum valor limitador, a resposta faz uma previsão válida sobre o que acontece? Às vezes você pode estimar a resposta de um problema usando aproximações de ordens de magnitude, conforme discutido no Capítulo 1; essa estimativa geralmente pode revelar se você cometeu um erro aritmético ou escreveu uma fórmula incorreta.

6. A força de atrito é sempre oposta ao sentido do movimento e atua paralelamente à superfície de contato; a força de atrito estático é oposta ao sentido em que o objeto se moveria se a força de atrito não estivesse presente. Observe que a força de atrito cinético é *igual* ao produto do coeficiente de atrito e a força normal, enquanto a força de atrito estático é *menor ou igual* a esse produto.

PROBLEMA RESOLVIDO 4.2 — Cunha

Uma cunha de massa $m = 37{,}7$ kg é mantida sobre um plano fixo que está inclinado por um ângulo $\theta = 20{,}5°$ em relação à horizontal. Uma força $F = 309{,}3$ N no sentido horizontal empurra a cunha, conforme mostra a Figura 4.25a. O coeficiente de atrito cinético entre a cunha e o plano é $\mu_k = 0{,}171$. Presuma que o coeficiente de atrito estático é baixo o bastante para que a força resultante movimente a cunha.

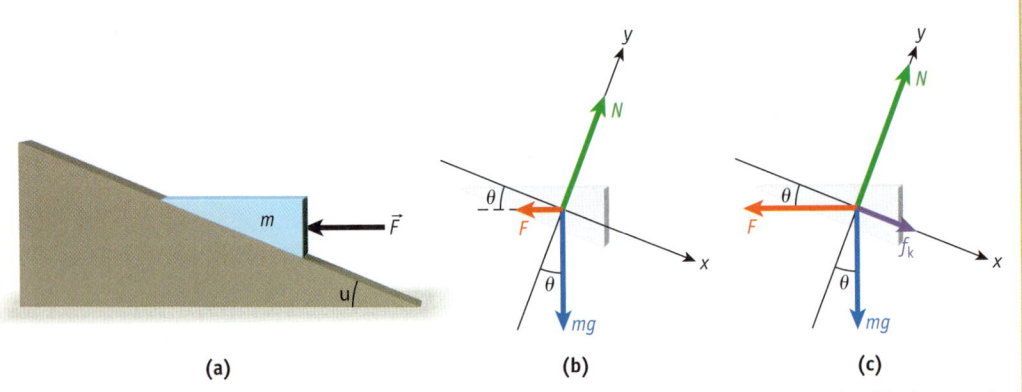

Figura 4.25 (a) Um bloco em forma de cunha sendo empurrado em um plano inclinado. (b) Diagrama de corpo livre da cunha, incluindo a força externa, a força da gravidade e a força normal. (c) Diagrama de corpo livre incluindo a força externa, a força da gravidade, a força normal e a força de atrito.

PROBLEMA
Qual é a aceleração da cunha ao longo do plano quando é solta e livre para se movimentar?

SOLUÇÃO

PENSE
Queremos saber a aceleração a da cunha de massa m ao longo do plano, o que nos exige a determinação da componente da força resultante que atua sobre a cunha paralelamente à superfície do plano inclinado. Além disso, precisamos encontrar a componente da força resultante que atua sobre a cunha perpendicularmente ao plano, para nos permitir determinar a força de atrito cinético.

As forças que atuam sobre a cunha são a gravidade, a força normal, a força de atrito cinético f_k e a força externa F. O coeficiente de atrito cinético, μ_k, é dado, então podemos calcular a força de atrito assim que determinarmos a força normal. Antes de continuarmos com nossa análise das forças, devemos determinar em que sentido a cunha se moverá depois de ser liberada como resultado da força F. Assim que soubermos em que sentido a cunha irá, podemos determinar o sentido da força de atrito e concluir nossa análise.

Para determinar a força resultante antes que a cunha comece a se mover, precisamos de um diagrama de corpo livre somente com as forças F, N e mg. Assim que determinarmos o sentido do movimento, podemos determinar o sentido da força de atrito, usando um segundo diagrama de corpo livre com a adição da força de atrito.

DESENHE
Um diagrama de corpo livre que mostra as forças atuando sobre a cunha antes de ser liberada é apresentado na Figura 4.25b. Definimos um sistema de coordenadas em que o eixo x está paralelo

à superfície do plano inclinado, com o sentido x positivo apontando para baixo do plano. A soma das forças no sentido x é

$$mg \operatorname{sen} \theta - F \cos \theta = ma$$

Precisamos determinar se a massa se moverá para a direita (sentido x positivo, ou para baixo do plano) ou para a esquerda (sentido x negativo, ou para cima do plano). Pode-se ver na equação que a grandeza $mg \operatorname{sen} \theta - F \cos \theta$ determinará o sentido do movimento. Com os valores numéricos dados, temos

$$mg \operatorname{sen} \theta - F \cos \theta = (37{,}7 \text{ kg})(9{,}81 \text{ m/s}^2)(\operatorname{sen} 20{,}5°) - (309{,}3 \text{ N})(\cos 20{,}5°)$$
$$= -160{,}193 \text{ N}$$

Logo, a massa se moverá para cima do plano (para a esquerda, ou no sentido x negativo). Agora podemos redesenhar o diagrama de corpo livre conforme mostra a Figura 4.25c inserindo a seta para a força de atrito cinético, f_k, apontando para baixo do plano (no sentido x positivo), porque a força de atrito sempre é oposta ao sentido do movimento.

PESQUISE

Agora podemos escrever as componentes das forças nos sentidos x e y com base no diagrama de corpo livre final. Para o sentido x, temos

$$mg \operatorname{sen} \theta - F \cos \theta + f_k = ma. \tag{i}$$

Para o sentido y, temos

$$N - mg \cos \theta - F \operatorname{sen} \theta$$

A partir dessa equação, podemos obter a força normal N que precisamos para calcular a força de atrito:

$$f_k = \mu_k N = \mu_k (mg \cos \theta + F \operatorname{sen} \theta). \tag{ii}$$

SIMPLIFIQUE

Após ter relacionado todas as grandezas conhecidas e desconhecidas entre si, podemos obter uma expressão para a aceleração da massa usando as equações i e ii:

$$mg \operatorname{sen} \theta - F \cos \theta + \mu_k (mg \cos \theta + F \operatorname{sen} \theta) = ma.$$

Podemos reordenar essa expressão:

$$mg \operatorname{sen} \theta - F \cos \theta + \mu_k mg \cos \theta + \mu_k F \operatorname{sen} \theta = ma$$
$$(mg + \mu_k F) \operatorname{sen} \theta + (\mu_k mg - F) \cos \theta = ma,$$

e, a seguir, solucionar para a aceleração:

$$a = \frac{(mg + \mu_k F) \operatorname{sen} \theta + (\mu_k mg - F) \cos \theta}{m}. \tag{iii}$$

CALCULE

Agora inserimos os números e obtemos um resultado numérico. O primeiro termo no numerador da equação iii é

$$((37{,}7 \text{ kg})(9{,}81 \text{ m/s}^2) + (0{,}171)(309{,}3 \text{ N}))(\operatorname{sen} 20{,}5°) = 148{,}042 \text{ N}.$$

Observe que ainda não arredondamos esse resultado. O segundo termo no numerador da equação iii é

$$((0{,}171)(37{,}7 \text{ kg})(9{,}81 \text{ m/s}^2) - (309{,}3 \text{ N}))(\cos 20{,}5°) = -230{,}476 \text{N}.$$

Novamente, ainda não arredondamos o resultado. Agora calculamos a aceleração usando a equação iii:

$$a = \frac{(148{,}042 \text{ N}) + (-230{,}476 \text{ N})}{37{,}7 \text{ kg}} = -2{,}1866 \text{ m/s}^2.$$

Continua →

ARREDONDE
Como todos os valores numéricos foram inicialmente dados com três algarismos significativos, damos nosso resultado final como

$$a = -2{,}19 \text{ m/s}^2.$$

SOLUÇÃO ALTERNATIVA
Analisando nossa resposta, vemos que a aceleração é negativa, o que significa que está no sentido x negativo. Tínhamos determinado que a massa se moveria para a esquerda (para cima do plano, ou no sentido x negativo), o que está de acordo com o sinal da aceleração em nosso resultado final. O módulo da aceleração é uma fração da aceleração da gravidade (9,81 m/s^2), o que faz sentido físico.

PROBLEMA RESOLVIDO 4.3 Dois blocos

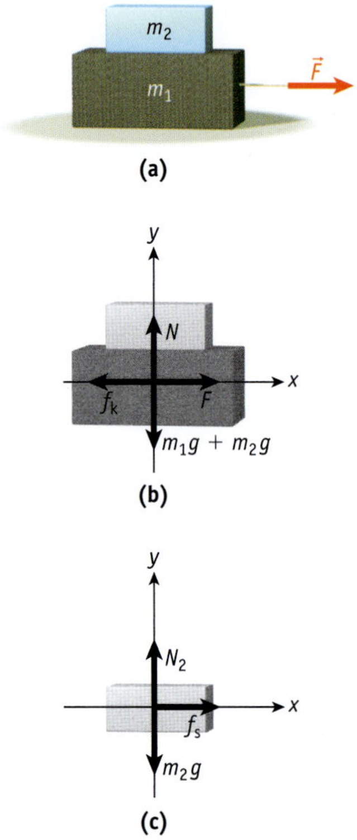

Dois blocos retangulares estão empilhados sobre uma mesa, conforme mostra a Figura 4.26a. O bloco de cima tem massa de 3,40 kg, e a massa do bloco de baixo é de 38,6 kg. O coeficiente de atrito cinético entre o bloco de baixo e a mesa é 0,260. O coeficiente de atrito estático entre os blocos é 0,551. Um barbante é preso ao bloco de baixo, e uma força externa $\vec{F}$ é aplicada horizontalmente, puxando o barbante conforme mostrado.

PROBLEMA
Qual é a força máxima que pode ser aplicada ao barbante sem que o bloco de cima deslize?

SOLUÇÃO

PENSE
Para iniciar este problema, observamos que, contanto que a força de atrito estático entre os dois blocos não seja superada, os blocos se deslocam juntos. Desta forma, se puxarmos gentilmente o bloco de baixo, o de cima permanecerá sobre ele, e os dois blocos deslizarão como se fossem um só. Porém, se puxarmos o bloco de baixo com força, a força de atrito estático entre os blocos não será suficiente para manter o bloco de cima no lugar e ele começará a escorregar.

As forças que atuam neste problema são a força externa F que puxa o barbante, a força de atrito cinético f_k entre o bloco de baixo e a superfície em que os blocos estão deslizando, o peso $m_1 g$ do bloco de baixo, o peso $m_2 g$ do bloco de cima e a força de atrito estático f_s entre os blocos e as forças normais.

DESENHE
Começamos com um diagrama de corpo livre dos dois blocos se movendo juntos (Figura 4.26b), porque trataremos os dois blocos como um sistema na primeira parte desta análise. Definimos o sentido x como sendo paralelo à superfície em que os blocos estão deslizando e paralelo à força externa que puxa o barbante, com o sentido positivo para a direita, no sentido da força externa. A soma das forças no sentido x é

$$F - f_k = (m_1 + m_2)a. \qquad (i)$$

A soma das forças no sentido y é

$$N - (m_1 g + m_2 g) = 0. \qquad (ii)$$

As equações i e ii descrevem o movimento dos dois blocos juntos.

Agora precisamos de um segundo diagrama de corpo livre para descrever as forças que atuam sobre os bloco de cima. As forças no diagrama de corpo livre para o bloco de cima (Figura

Figura 4.26 (a) Dois blocos empilhados estão sendo puxados para a direita. (b) Diagrama de corpo livre para os dois blocos se movendo juntos. (c) Diagrama de corpo livre para o bloco de cima.

4.26c) são a força normal N_2 exercida pelo bloco de baixo, o peso $m_2 g$ e a força de atrito estático f_s. A soma das forças no sentido x é

$$f_s = m_2 a. \qquad (iii)$$

A soma das forças no sentido y é

$$N_2 - m_2 g = 0. \qquad (iv)$$

PESQUISE
O valor máximo da força de atrito estático entre os blocos de cima e de baixo é dado por

$$f_s = \mu_s N_2 = \mu_s (m_2 g).$$

onde usamos as equações iii e iv. Assim, a aceleração máxima que o bloco de cima pode ter sem deslizar é

$$a_{max} = \frac{f_s}{m_2} = \frac{\mu_s m_2 g}{m_2} = \mu_s g. \qquad (v)$$

Essa aceleração máxima para o bloco de cima também é a aceleração máxima para os dois blocos juntos. Usando a equação ii, obtemos a força normal entre o bloco de baixo e a superfície deslizante:

$$N = m_1 g + m_2 g. \qquad (vi)$$

A força de atrito cinético entre o bloco de baixo e a superfície deslizante é

$$f_k = \mu k (m_1 g + m_2 g). \qquad (vii)$$

SIMPLIFIQUE
Agora podemos relacionar a aceleração máxima à forma máxima, F_{max}, que pode ser exercida sem que o bloco de cima deslize, usando as equação v-vii:

$$F_{max} - \mu k (m_1 g + m_2 g) = (m_1 + m_2) \mu_s g.$$

Solucionamos para a força máxima para obter

$$F_{max} = \mu k (m_1 g + m_2 g) + (m_1 + m_2) \mu_s g = g(m_1 + m_2)(\mu_k + \mu k)$$

CALCULE
A inserção de valores numéricos resulta em

$$F_{max} = (9{,}81 \text{m/s}^2)(38{,}6 \text{ kg} + 3{,}40 \text{ kg})(0{,}260 + 0{,}551) = 334{,}148 \text{ N}.$$

ARREDONDE
Todos os valores numéricos foram dados com três algarismos significativos, então damos nossa resposta como

$$F_{max} = 334 \text{ N}.$$

SOLUÇÃO ALTERNATIVA
A resposta é um valor positivo, implicando uma força para a direita, o que está de acordo com o diagrama de corpo livre na Figura 4.26b.
A aceleração máxima é

$$a_{max} = \mu_s g = (0{,}551)(9{,}81 \text{ m/s}^2) = 5{,}41 \text{ m/s}^2$$

que é uma fração da aceleração devido à gravidade, o que parece razoável. Se não houvesse atrito entre o bloco de baixo e a superfície em que ele desliza, a força necessária para acelerar os dois blocos seria

$$F = (m_1 + m_2) a_{max} = (38{,}6 \text{ kg} + 3{,}40 \text{ kg})(5{,}41 \text{ m/s}^2) = 227 \text{ N}.$$

Portanto, nossa resposta de 334 N para a força máxima parece razoável porque é maior do que a força calculada quando não há atrito.

QUESTÕES DE MÚLTIPLA ESCOLHA

4.1 Um carro de massa M viaja em uma linha reta com velocidade constante por uma estrada nivelada com um coeficiente de atrito entre os pneus e a estrada de μ e uma força de arrasto de D. O módulo da força resultante sobre o carro é

a) $\mu M g$.
b) $\mu M g + D$.
c) $\sqrt{(\mu M g)^2 + D^2}$
d) zero.

4.2 Uma pessoa está parada sobre a superfície da Terra. A massa da pessoa é m, e a massa da Terra é M. A pessoa salta, atingindo uma altura máxima h acima da Terra. Quando a pessoa estiver nessa altura h, o módulo da força exercida sobre a Terra pela pessoa é

a) mg.
b) Mg.
c) $M^2 g/m$.
d) $m^2 g/M$.
e) zero.

4.3 Leonardo da Vinci descobriu que o módulo da força de atrito é geralmente proporcional ao módulo da força normal; ou seja, a força de atrito não depende da largura nem do comprimento da área de contato. Desta forma, o principal motivo para usar pneus largos em um carro de corrida é que eles

a) têm uma aparência legal.
b) têm área de contato mais aparente.
c) custam mais.
d) podem ser feitos de materiais mais leves.

4.4 O Tornado é um brinquedo de parque de diversões que consiste em um cilindro vertical que gira rapidamente sobre seu eixo vertical. À medida que o Tornado gira, as pessoas são pressionadas contra a parede interna do cilindro pela rotação, e o piso do cilindro desaparece. A força que aponta para cima, evitando que as pessoas caiam, é

a) a força de atrito.
b) uma força normal.
c) a gravidade.
d) uma força de tensão.

4.5 Quando um ônibus faz uma parada brusca, os passageiros tendem a ser jogados para a frente. Qual das leis de Newton pode explicar isso?

a) A primeira lei de Newton
b) A segunda lei de Newton
c) A terceira lei de Newton
d) Não pode ser explicado pelas leis de Newton.

4.6 Apenas duas forças, $\vec{F}_1$ e $\vec{F}_2$, estão atuando sobre um bloco. Quais das afirmativas abaixo podem ser o módulo da força resultante, $\vec{F}$, que atua sobre o bloco (indique todas as possibilidades)?

a) $F > F_1 + F_2$
b) $F = F_1 + F_2$
c) $F < F_1 + F_2$
d) nenhuma das respostas acima.

4.7 Quais das seguintes observações sobre a força de atrito estão incorretas?

a) O módulo da força de atrito cinético é sempre proporcional à força normal.
b) O módulo da força de atrito estático é sempre proporcional à força normal.
c) O módulo da força de atrito estático é sempre proporcional à força externa aplicada.
d) O sentido da força de atrito cinético é sempre oposto ao sentido do movimento do objeto em relação à superfície em que se move.
e) O sentido da força de atrito estático é sempre oposto ao sentido do movimento iminente do objeto em relação à superfície sobre a qual está em repouso.
f) Todas as afirmativas acima estão corretas.

4.8 Uma força horizontal igual ao peso do objeto é aplicada a um objeto que está em repouso sobre uma mesa. Qual é a aceleração do objeto em movimento quando o coeficiente de atrito cinético entre o objeto e o solo é 1 (presumindo que o objeto está se movendo no sentido da força aplicada).

a) zero
b) $1 m/s^2$
c) Não há informação suficiente para encontrar a aceleração.

4.9 Dois blocos de mesma massa estão conectados por uma corda horizontal sem massa e se encontram em repouso sobre uma mesa sem atrito. Quando um dos blocos for puxado por uma força externa horizontal, $\vec{F}$, qual é a razão entre as forças resultantes que atuam sobre os blocos?

a) 1:1
b) 1:1,41
c) 1:2
d) nenhuma das respostas acima

4.10 Se uma carroça se encontra sem movimento sobre o nível do solo, não há forças atuando sobre ela.

a) verdadeiro
b) falso
c) talvez

4.11 Um objeto cuja massa é 0,092 kg está inicialmente em repouso e, a seguir, atinge uma velocidade de 75,0 m/s em 0,028 s. Que força resultante média atuou sobre o objeto durante esse intervalo de tempo?

4.12 Você empurra um engradado grande sobre o solo com velocidade constante, exercendo uma força horizontal F sobre ele. Há atrito entre o solo e o engradado. A força de atrito tem um módulo que é

a) zero.
b) F.
c) maior do que F.
d) menor do que F.
e) impossível de quantificar sem ter mais informações.

QUESTÕES

4.13 Você está na loja de sapatos para comprar um par de tênis para jogar basquete que tenha a maior tração sobre um tipo específico de madeira de lei. Para determinar o coeficiente de atrito estático, μ, você coloca cada tênis sobre uma prancha da madeira e a inclina com um ângulo θ, em que o tênis começa a deslizar. Obtenha uma expressão para μ como função de θ.

4.14 Uma bola de madeira pesada está pendurada no teto por um pedaço de barbante que está preso do teto à parte superior da bola. Um pedaço de barbante semelhante é preso à parte inferior da bola. Se a extremidade solta do barbante de baixo for puxada com força, qual é o barbante que tem maior probabilidade de arrebentar?

4.15 Um carro puxa um reboque pela rodovia. F_t é o modulo da força sobre o reboque devido ao carro, e F_c é o módulo da força sobre o carro devido ao reboque. Se o carro e o reboque estão se movendo com velocidade constante pelo nível do solo, então $F_t = F_c$. Se o carro e o reboque estão acelerando em uma subida, qual é a relação entre as duas forças?

4.16 Um carro acelera em uma rodovia plana. Qual é a força no sentido do movimento que acelera o carro?

4.17 Se as forças que dois objetos em interação exercem entre si são sempre exatamente iguais em módulo e sentido, como é possível que um objeto acelere?

4.18 Verdadeiro ou falso: um livro de física sobre uma mesa não se moverá se, e somente se, a força resultante for zero.

4.19 Uma massa desliza sobre uma rampa que tem um ângulo de θ acima da horizontal. O coeficiente de atrito entre a massa e a rampa é μ.

a) Encontre uma expressão para o módulo e o sentido da aceleração da massa conforme ela sobe a rampa.

b) Repita a parte (a) para encontrar uma expressão para o módulo e o sentido da aceleração da massa conforme ela desce a rampa.

4.20 Um contêiner que pesa 340 N está inicialmente estacionário em uma plataforma de carga. Uma empilhadeira chega e levanta o contêiner com uma força para cima de 500 N, acelerando-o para cima. Qual é o módulo da força devido à gravidade que atua sobre o contêiner enquanto ele está acelerando para cima?

4.21 Um bloco está deslizando sobre uma rampa (quase) sem atrito com inclinação de 30°. Que força é maior em módulo: a força resultante que atua sobre o bloco ou a força normal que atua sobre o bloco?

4.22 Um caminhão guincho de massa M está usando um cabo para puxar um contêiner de massa m sobre uma superfície horizontal conforma mostra a figura. O cabo está preso ao contêiner na parte inferior frontal e faz um ângulo θ com a linha vertical, conforme mostrado. O coeficiente de atrito cinético entre a superfície e o contêiner é μ.

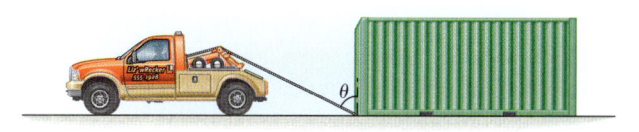

a) Desenhe um diagrama de corpo livre para o contêiner.

b) Presumindo que o guincho puxa o contêiner com velocidade constante, escreva uma equação para o módulo T da tensão elástica no cabo.

PROBLEMAS

Um • e dois •• indicam um nível crescente de dificuldade do problema.

Seção 4.2

4.23 A aceleração gravitacional na lua é um sexto da encontrada na Terra. O peso de uma maçã é de 1,00 N na Terra.

a) Qual é o peso da maçã na lua?

b) Qual é a massa da maçã?

Seção 4.4

4.24 Uma força de 423,5 N acelera um kart e seu piloto de 10,4 m/s para 17,9 m/s em 5,00 s. Qual é a massa do kart mais o piloto?

4.25 Você acabou de se matricular em uma academia exclusiva, localizada no último andar de um arranha-céu. Você chega lá usando um elevador expresso. O elevador tem uma balança de precisão de forma que os alunos possam se pesar antes e depois dos treinos. Um aluno entra no elevador e sobe na balança antes que a porta do elevador feche. A balança mostra um peso de 183,7 libras. Então o elevador acelera para cima com aceleração de 2,43 m/s², enquanto o aluno ainda está sobre a balança. Qual é o peso exibido na balança enquanto o elevador está acelerando?

4.26 Um elevador tem massa de 358,1 kg, e a massa combinada das pessoas dentro dele é de 169,2 kg. O elevador é puxado para cima por um cabo, com aceleração constante de 4,11 m/s². Qual é a tensão no cabo?

4.27 Um elevador tem massa de 363,7 kg, e a massa combinada das pessoas dentro dele é de 177 kg. O elevador é puxado para cima por um cabo, em que há uma força de tensão de 7638 N. Qual é a aceleração do elevador?

4.28 Dois blocos estão em contato sobre uma mesa horizontal e sem atrito. Uma força externa, F, é aplicada ao bloco 1, e os dois blocos estão se movendo com aceleração constante de 2,45 m/s².

a) Qual é o módulo, F, da força aplicada?

b) Qual é a força de contato entre os blocos?

c) Qual é a força resultante que atua sobre o bloco 1? Use M_1 = 3,20 kg e M_2 = 5,70 kg.

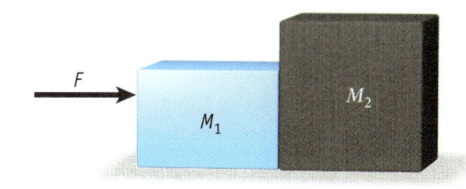

•**4.29** A densidade (massa por unidade de volume) do gelo é 917 kg/m³, e a densidade da água marinha é 1024 kg/m³. Apenas 10,4% do volume de um iceberg fica acima da superfície da água. Se o volume de um determinado iceberg que está acima da água é de 4205,3 m³, qual é o módulo da força que a água marinha exerce sobre esse iceberg?

•**4.30** Em um laboratório de física, três cordas sem massa são amarradas em um ponto. Uma força de atração é aplicada em cada corda: $F_1 = 150$ N a 60°, $F_2 = 200$ N a 100° e $F_3 = 100$ N a 190°. Qual é o módulo de uma quarta força e o ângulo em que ela atua para manter a ponta do centro do sistema estacionário? (Todos os ângulos são medidos no eixo x positivo.)

Seção 4.5

4.31 Quatro pesos, de massas $m_1 = 6{,}50$ kg, $m_2 = 3{,}80$ kg, $m_3 = 10{,}70$ kg e $m_4 = 4{,}20$ kg, estão pendurados no teto, conforme mostra a figura. Eles estão conectados por cordas. Qual é a tensão na corda que conecta as massas m_1 e m_2?

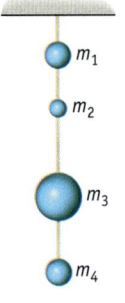

4.32 Uma massa pendurada, $M_1 = 0{,}50$ kg, está presa por um barbante fino que passa por uma polia sem atrito a uma massa $M_2 = 1{,}50$ kg, que está inicialmente em repouso sobre uma mesa sem atrito. Encontre o módulo da aceleração, a, de M_2.

•**4.33** Uma massa pendurada, $M_1 = 0{,}50$ kg, está presa por um barbante fino que passa por uma polia sem atrito à frente de uma massa $M_2 = 1{,}50$ kg, que está inicialmente em repouso sobre uma mesa sem atrito. Uma terceira massa, $M_3 = 2{,}50$ kg, que também está inicialmente em repouso sobre uma mesa sem atrito, é presa à parte traseira de M_2 por um barbante fino.

a) Encontre o módulo da aceleração, a, da massa M_3.

b) Encontre a tensão no barbante entre as massas M_1 e M_2.

•**4.34** Uma massa pendurada, $M_1 = 0{,}40$ kg, está presa por um barbante fino que passa por uma polia sem atrito a uma massa $M_2 = 1{,}20$ kg, que está inicialmente em repouso sobre uma rampa sem atrito. A rampa tem um ângulo de $\theta = 30°$ acima da horizontal, e a polia está no topo da rampa. Encontre o módulo e o sentido da aceleração, a_2, de M_2.

•**4.35** Uma mesa de força é uma mesa circular com um pequeno anel que deve ser equilibrado no centro da mesa. O anel está preso a três massas penduradas por barbantes de massa desprezível que passam por polias sem atrito armadas na borda da mesa. O módulo e o sentido de cada uma das três forças horizontais que atuam sobre o anel podem ser ajustados alterando a quantidade de cada massa pendurada e a posição de cada polia, respectivamente. Dada uma massa $m_1 = 0{,}040$ kg puxando no sentido x positivo, e uma massa $m_2 = 0{,}030$ kg puxando no sentido y positivo, encontre a massa (m_3) e o ângulo (θ, no sentido anti-horário do eixo x positivo) que equilibrará o anel no centro da mesa.

•**4.36** Um macaco está sentado em uma tábua de madeira presa a uma corda cuja outra extremidade passa sobre o galho de uma árvore, conforme mostra a figura. O macaco segura a corda e tenta puxá-la. A massa combinada do macaco e da tábua é de 100 kg.

a) Qual é a força mínima que o macaco precisa aplicar para se erguer do solo?

b) Que força aplicada é necessária para mover o macaco com uma aceleração para cima de 2,45 m/s²?

c) Explique como as respostas mudariam se um segundo macaco no solo puxasse a corda.

Seção 4.6

4.37 Uma cadeira suspensa é um dispositivo usado por um contramestre para se erguer até o topo da vela mestra de um navio. Um dispositivo simplificado consiste em uma cadeira, uma corda de massa desprezível e uma polia sem atrito presa ao topo da vela mestra. A corda passa pela polia, com uma extremidade presa a uma cadeira, e o contramestre puxa a outra extremidade, erguendo-se para cima. A cadeira e o contramestre têm massa total $M = 90$ kg.

a) Se o contramestre estiver se puxando com velocidade constante, com que módulo de força ele deve puxar a corda?

b) Se, em vez disso, o contramestre se mover de modo irregular, acelerando para cima com aceleração máxima de módulo $a = 2{,}0$ m/s², com que módulo máximo de força ele deve puxar a corda?

4.38 Um bloco de granito de massa 3311 kg está suspenso em um sistema de polias conforme mostrado na figura. A corda está amarrada em torno das polias seis vezes. Qual é a força com que seria necessário puxar a corda para manter o bloco de granito em equilíbrio?

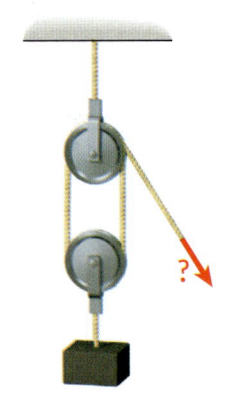

4.39 Ao chegar a um planeta recém descoberto, o capitão de uma nave espacial conduziu o seguinte experimento para calcular a aceleração gravitacional do planeta: ele posicionou massas de 100 g e 200 g em uma máquina de Atwood feita de barbante sem massa e uma polia sem atrito e, segundo sua medição, levou 1,52 s para que cada massa percorresse 1,00 m a partir do repouso.

a) Qual é a aceleração gravitacional do planeta?

b) Qual é a tensão no barbante?

•**4.40** Uma placa de loja com massa de 4,25 kg está pendurada por dois cabos, que fazem um ângulo de $\theta = 42{,}4°$ com o teto. Qual é a tensão em cada cabo?

• **4.41** Uma caixa de laranjas desliza por um plano inclinado sem atrito. Se ela for solta a partir do repouso e atingir uma velocidade de 5,832 m/s após deslizar uma distância de 2,29 m, qual é o ângulo de inclinação do plano em relação à horizontal?

• **4.42** Uma carga de tijolos de massa $M = 200$ kg está presa a um guindaste por um cabo de massa desprezível e comprimento $L = 3,0$ m. Inicialmente, quando o cabo está pendurado verticalmente para baixo, os tijolos estão a uma distância horizontal $D = 1,5$ m da parede onde os tijolos devem ser posicionados. Qual é o módulo da força horizontal que deve ser aplicada à carga de tijolos (sem mover o guindaste) de forma que os tijolos fiquem diretamente abaixo da parede?

• **4.43** Um bloco grande de gelo com massa $M = 80$ kg é mantido estacionário sobre uma rampa sem atrito. A rampa está com um ângulo de $\theta = 36,9°$ acima da horizontal.

a) Se o bloco de gelo for mantido no lugar por uma força tangencial sobre a superfície da rampa (com ângulo θ acima da horizontal), encontre o módulo dessa força.

b) Se, em vez disso, o bloco de gelo for mantido no lugar por uma força horizontal, direcionada horizontalmente para o centro do bloco de gelo, encontre o módulo dessa força.

• **4.44** Uma massa $m_1 = 20$ kg sobre uma rampa sem atrito está presa a um barbante fino. O barbante passa por uma polia sem atrito e está preso a uma massa pendurada m_2. A rampa está com um ângulo de $\theta = 30°$ acima da horizontal. m_1 sobe a rampa de modo uniforme (com velocidade constante). Encontre o valor de m_2.

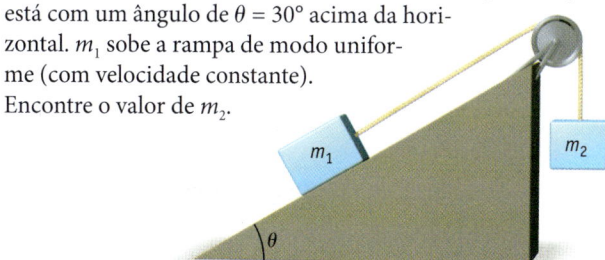

• **4.45** Uma pinhata de massa $M = 8,0$ kg está presa a uma corda de massa desprezível que está amarrada entre as partes de cima de dois postes verticais. A distância horizontal entre os postes é $D = 2,0$ m, e a parte superior do poste direito está a uma distância vertical $h = 0,50$ m mais alta do que a parte de cima do poste esquerdo. A pinhata está presa à corda com uma posição horizontal a meio caminho entre os dois postes e a uma distância vertical $s = 1,0$ m abaixo da parte superior do poste esquerdo. Encontre a tensão em cada parte da corda em função do peso da pinhata.

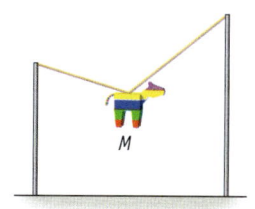

•• **4.46** Uma pinhata de massa $M = 12$ kg está pendurada de uma corda de massa desprezível que está amarrada entre as partes de cima de dois postes verticais. A distância horizontal entre os postes é $D = 2,0$ m, a parte superior do poste direito está a uma distância vertical $h = 0,50$ m mais alta do que a parte de cima do poste esquerdo, e o comprimento total da corda entre os postes é $L = 3,0$ m. A pinhata está presa a um anel, com a corda passando pelo seu centro. O anel não tem atrito, de forma que pode deslizar livremente pela corda até que a pinhata atinja um ponto de equilíbrio estático.

a) Determine a distância entre a parte superior do poste esquerdo (inferior) e o anel quando a pinhata estiver em equilíbrio estático.

b) Qual é a tensão na corda quando a pinhata estiver neste ponto de equilíbrio estático?

•• **4.47** Três objetos com massas $m_1 = 36,5$ kg, $m_2 = 19,2$ kg e $m_3 = 12,5$ kg estão pendurados em cordas que passam por polias. Qual é a aceleração de m_1?

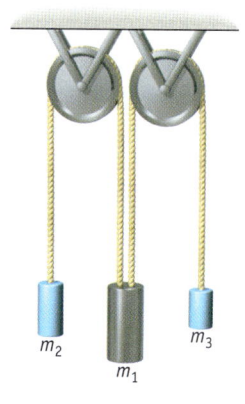

•• **4.48** Um bloco retangular de largura $w = 116,5$ cm, profundidade $d = 164,8$ cm e altura $h = 105,1$ cm é cortado na diagonal de um canto superior aos cantos inferiores opostos de forma que uma superfície triangular seja gerada, conforme mostra a figura. Um peso de papel de massa $m = 16,93$ kg está deslizando sobre a inclinação sem atrito. Qual é o módulo da aceleração sofrida pelo peso de papel?

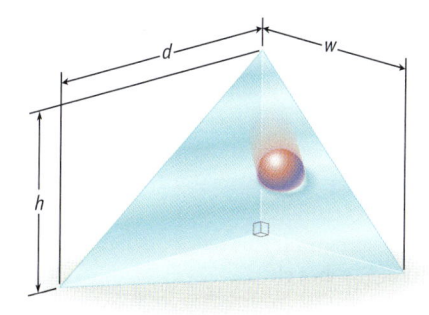

•• **4.49** Um grande bloco cúbico de gelo com massa $M = 64$ kg e laterais de comprimento $L = 0,40$ m é mantido estacionário sobre uma rampa sem atrito. A rampa está com um ângulo de $\theta = 26°$ acima da horizontal. O cubo de gelo é mantido no lugar por uma corda de massa desprezível e comprimento $l = 1,6$ m. A corda está presa à superfície da rampa e à borda superior do cubo de gelo, uma distância L acima da superfície da rampa. Encontre a tensão na corda.

•• **4.50** Uma bola de boliche de massa $M_1 = 6,0$ kg está inicialmente em repouso sobre o lado inclinado de uma cunha de massa $M_2 = 9,0$ kg que está sobre um piso horizontal sem atrito. A lateral da cunha está inclinada com um ângulo de $\theta = 36,9°$ acima da horizontal.

a) Com que módulo de força horizontal a cunha deve ser empurrada para manter a bola de boliche a uma altura constante sobre o plano inclinado?

b) Qual é o módulo da aceleração da cunha, se nenhuma força externa for aplicada?

Seção 4.7

4.51 Uma paraquedista de massa 82,3 kg (incluindo vestimenta e equipamentos) flutua para baixo suspenso de seu paraquedas, tendo atingido velocidade terminal. O coeficiente de arrasto é 0,533, e a área do paraquedas é de 20,11 m². A densidade do ar é de 1,14 kg/m³. Qual é a força de arrasto do ar sobre ela?

4.52 O tempo decorrido para que um dragster se mova do repouso e viaje em linha reta por uma distância de ¼ milha (402 m) é de 4,41 s. Encontre o coeficiente de atrito mínimo entre os pneus e a pista necessário para atingir esse resultado. (Observe que o coeficiente de atrito mínimo é encontrado com base na pressuposição simplificadora de que o dragster tem aceleração constante.)

4.53 Um bloco de motor de massa M está sobre a carroceria de uma caminhonete que viaja em linha reta sobre uma estrada plana com velocidade inicial de 30 m/s. O coeficiente de atrito estático entre o bloco e a carroceria é $\mu_s = 0,540$. Encontre a distância mínima em que a caminhonete consegue parar sem que o bloco de motor deslize na direção da cabine.

•**4.54** Uma caixa de livros está inicialmente em repouso a uma distância $D = 0,540$ m da extremidade de uma tábua de madeira. O coeficiente de atrito estático entre a caixa e a tábua é $\mu_s = 0,320$, e o coeficiente de atrito cinético é $\mu_k = 0,250$. O ângulo da tábua é lentamente aumentado, até que a caixa comece a deslizar; a seguir, a tábua é mantida neste ângulo. Encontre a velocidade da caixa à medida que ela atinge a extremidade da tábua.

•**4.55** Um bloco de massa $M_1 = 0,640$ kg está inicialmente em repouso sobre um carrinho de massa $M_2 = 0,320$ kg, sendo que o carrinho está inicialmente em repouso sobre um trilho de ar plano. O coeficiente de atrito estático entre o bloco e o carrinho é $\mu_s = 0,620$, mas basicamente não há atrito entre o trilho de ar e o carrinho. O carrinho é acelerado por uma força de módulo F paralelamente ao trilho de ar. Encontre o valor máximo de F que permite que o bloco acelere com o carrinho, mas sem deslizar sobre ele.

Seção 4.8

4.56 Filtros de café se comportam como pequenos paraquedas, com força de arrasto proporcional ao quadrado da velocidade, $F_{arrasto} = Kv^2$. Um único filtro de papel, quando jogado de uma altura de 2,0 m, atinge o solo em um tempo de 3,0 s. Quando um segundo filtro é combinado ao primeiro, a força de arrasto permanece a mesma, mas o peso dobra. Encontre o tempo que os filtros combinados levam para atingir o solo. (Despreze o breve período em que os filtros estão acelerando até sua velocidade terminal.)

4.57 Seu refrigerador tem massa de 112,2 kg, contando com os alimentos dentro dele. Ele está no meio da cozinha, e você precisa movê-lo. Os coeficientes de atrito estático e cinético entre o refrigerador e o piso frio são de 0,46 e 0,37, respectivamente. Qual é o módulo da força de atrito que atua sobre o refrigerador, se você empurrá-lo horizontalmente com uma força de cada módulo?

a) 300 N   b) 500 N   c) 700N

•**4.58** Na pista para iniciantes em uma estação de esqui, uma corda puxa os esquiadores em direção ao topo da pista com velocidade constante de 1,74 m/s. A declividade da pista é de 12,4° em relação à horizontal. Uma criança está sendo puxada. Os coeficientes de atrito estático e cinético entre os esquis da criança e a neve são de 0,152 e 0,104, respectivamente, e a massa da criança é de 62,4 kg, incluindo as roupas e o equipamento. Qual é a força com que a corda precisa puxar a criança?

•**4.59** Um esquiador começa com velocidade de 2,0 m/s e esquia diretamente para baixo em uma pista com ângulo de 15,0° em relação à horizontal. O coeficiente de atrito cinético entre os esquis e a neve é de 0,100. Qual é sua velocidade após 10,0 s?

••**4.60** Um bloco de massa $m_1 = 21,9$ kg está em repouso em um plano inclinado com $\theta = 30,0°$ acima da horizontal. O bloco está conectado por uma corda e um sistema de polias sem massa a outro bloco de massa $m_2 = 25,1$ kg, conforme mostra a figura. Os coeficientes de atrito estático e cinético entre o bloco 1 e o plano inclinado são $\mu_s = 0,109$ e $\mu_k = 0,086$, respectivamente. Se os blocos forem soltos do repouso, qual é o deslocamento do bloco 2 no sentido vertical após 1,51 s? Use números positivos para o sentido para cima e números negativos para o sentido para baixo.

••**4.61** Uma cunha de massa $m = 36,1$ kg está localizada em um plano que está inclinado por um ângulo $\theta = 21,3°$ em relação à horizontal. Uma força $F = 302,3$ N no sentido horizontal empurra a cunha, conforme mostra a figura. O coeficiente de atrito cinético entre a cunha e o plano é 0,159. Qual é a aceleração da cunha ao longo do plano?

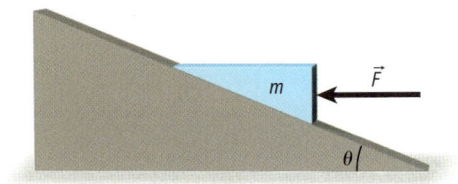

••**4.62** Uma cadeira de massa M está sobre um piso plano, com um coeficiente de atrito estático $\mu_s = 0,560$ entre a cadeira e o piso. Uma pessoa deseja empurrar a cadeira pelo piso. Ela empurra a cadeira com uma força F e um ângulo θ abaixo da horizontal. Qual é o valor máximo de θ para o qual a cadeira não começará a se mover pelo piso?

••**4.63** Conforme mostra a figura, blocos de massas $m_1 = 250,0$ g e $m_2 = 500,0$ g estão presos por um barbante sem massa sobre uma polia sem atrito nem massa. Os coeficientes de atrito estático e cinético entre o bloco e o plano inclinado são 0,250 e 0,123, respectivamente. O ângulo da inclinação é $\theta = 30,0°$, e os blocos estão em repouso inicialmente.

a) Em que sentido os blocos se movem?

b) Qual é a aceleração dos blocos?

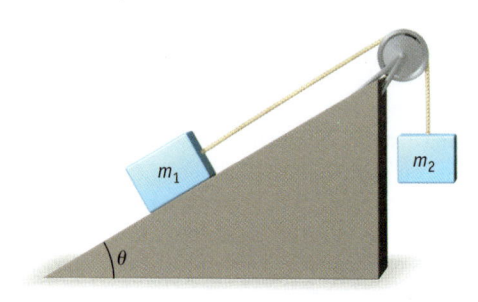

•• **4.64** Um bloco de massa $M = 500,0$ g está sobre uma mesa horizontal. Os coeficientes de atrito estático e cinético são 0,53 e 0,41, respectivamente, na superfície de contato entre a mesa e o bloco. O bloco é empurrado com uma força externa de 10,0 N e um ângulo θ com a horizontal.

a) Que ângulo levará à aceleração máxima do bloco para uma determinada força?

b) Qual é a aceleração máxima?

Problemas adicionais

4.65 Um carro sem ABS (sistema de freio antitravamento) estava se movendo a 15,0 m/s quando o motorista pisou no freio para fazer uma parada brusca. Os coeficientes de atrito estático e cinético entre os pneus e a estrada são de 0,550 e 0,430, respectivamente.

a) Qual era a aceleração do carro durante o intervalo entre a frenagem e a parada?

b) Que distância o carro percorreu antes de parar?

4.66 Um bloco de 2,0 kg (M_1) e um bloco de 6,0 kg (M_2) estão conectados por um barbante sem massa. Forças aplicadas, $F_1 = 10$ N e $F_2 = 5,0$ N, atuam sobre os blocos, conforme mostrado na figura.

a) Qual é a aceleração dos blocos?

b) Qual é a tensão no barbante?

c) Qual é a força resultante que atua sobre M_1? (Despreze o atrito entre os blocos e a mesa.)

4.67 Um elevador contém duas massas: $M_1 = 2,0$ kg está presa por um barbante (barbante 1) ao teto do elevador, e $M_2 = 4,0$ kg está presa por um barbante similar (barbante 2) à parte inferior da massa 1.

a) Encontre a tensão no barbante 1 (T_1) se o elevador estiver se movendo para cima com velocidade constante de $v = 3,0$ m/s.

b) Encontre T_1 se o elevador estiver acelerando para cima com aceleração de $a = 3,0$ m/s².

4.68 Que coeficiente de atrito é necessário a fim de parar um disco de hóquei no gelo deslizando a 12,5 m/s inicialmente por uma distância de 60,5 m?

4.69 Uma mola de massa desprezível está presa ao teto de um elevador. Quando o elevador para no primeiro andar, uma massa M é presa à mola, esticando-a por uma distância D até que a massa esteja em equilíbrio. Quando o elevador começa a se mover para o segundo andar, a mola estica por uma distância adicional $D/4$. Qual é o módulo da aceleração do elevador? Presuma que a força dada pela mola seja linearmente proporcional à distância esticada pela mola.

4.70 Um guindaste de massa $M = 10.000$ kg ergue uma bola de demolição de massa $m = 1200$ kg diretamente para cima.

a) Encontre o módulo da força normal exercida sobre o guindaste pelo solo enquanto a bola de demolição está se movendo para cima com velocidade constante de $v = 1,0$ m/s.

b) Encontre o módulo da força normal se o movimento para cima da bola de demolição diminui a uma taxa constante de sua velocidade inicial $v = 1,0$ m/s até parar após percorrer uma distância $D = 0,25$ m.

4.71 Um bloco de massa 20,0 kg sustentado por um cabo vertical sem massa está inicialmente em repouso. O bloco é puxado para cima com aceleração constante de 2,32 m/s².

a) Qual é a tensão no cabo?

b) Qual é a força resultante que atua sobre a massa?

c) Qual é a velocidade do bloco após ter percorrido 2,00 m?

4.72 Três blocos idênticos, A, B e C, estão sobre uma mesa horizontal sem atrito. Os blocos estão conectados por barbantes de massa desprezível, com o bloco B entre os outros dois. Se o bloco C for puxado horizontalmente com uma força de módulo $F = 12$ N, encontre a tensão no barbante entre os blocos B e C.

• **4.73** Um bloco de massa $m_1 = 3,00$ kg e um bloco de massa $m_2 = 4,00$ kg estão suspensos por um barbante sem massa sobre uma polia sem atrito com massa desprezível, como em uma máquina de Atwood. Os blocos são mantidos sem movimento e, a seguir, liberados. Qual é a aceleração dos dois blocos?

• **4.74** Dois blocos de massas m_1 e m_2 estão suspensos por um barbante sem massa sobre uma polia sem atrito com massa desprezível, como em uma máquina de Atwood. Os blocos são mantidos sem movimento e, a seguir, liberados. Se $m_1 = 3,5$ kg, que valor m_2 precisa ter para que o sistema sofra uma aceleração $a = 0,4$ g? (*Dica*: há duas soluções para este problema.)

• **4.75** Um trator puxa um trenó de massa $M = 1000$ kg sobre um solo plano. O coeficiente de atrito cinético entre o trenó e o plano é $\mu_k = 0,600$. O trator puxa o trenó por uma corda que se conecta ao trenó com um ângulo de $\theta = 30°$ acima da horizontal. Que módulo de tensão na corda é necessário para mover o trenó horizontalmente com uma aceleração $a = 2,0$ m/s²?

• **4.76** Um bloco de 2,00 kg está sobre um plano inclinado com 20,0° em relação à horizontal. O coeficiente de atrito estático entre o bloco e o plano é 0,60.

a) Quantas forças estão atuando sobre o bloco?

b) Qual é a força normal?

c) Este bloco está se movendo? Explique.

• **4.77** Um bloco de massa 5,00 kg está deslizando com velocidade constante para baixo sobre um plano inclinado que faz um ângulo de 37° em relação à horizontal.

a) Qual é a força de atito?

b) Qual é o coeficiente de atrito cinético?

• **4.78** Uma paraquedista de massa 83,7 kg (incluindo vestimenta e equipamentos) cai na posição de águia, tendo atingido velocidade terminal. Seu coeficiente de arrasto é 0,587, e sua área de superfície que está exposta à corrente de ar é 1,035 m². Quanto tempo leva para que ela caia uma distância vertical de 296,7 m? (A densidade do ar é de 1,14 kg/m³.)

• **4.79** Um livro de física de 0,50 kg está pendurado por dois cabos sem massa de mesmo comprimento presos ao teto. A tensão em cada cabo é de 15,4 N. Qual é o ângulo dos cabos em relação à horizontal?

•4.80 Na figura, uma força externa F está segurando um pêndulo de massa 500 g em uma posição estacionária. O ângulo que a corda sem massa faz com a vertical é $\theta = 30°$.

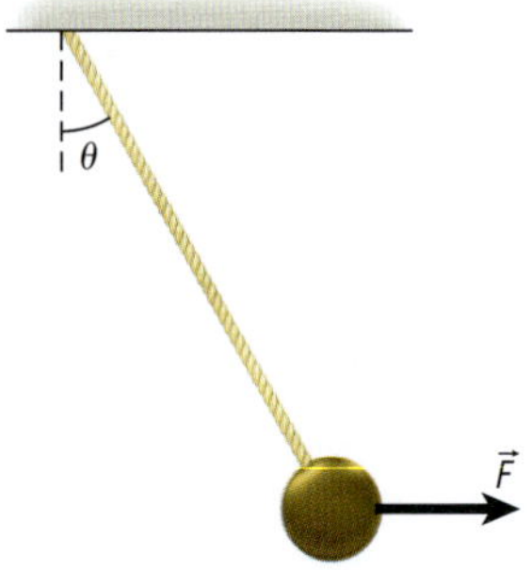

a) Qual é o módulo, F, da força necessária para manter o equilíbrio?

b) Qual é a tensão na corda?

•4.81 Em uma aula de física, uma bola de pingue-pongue de 2,70 g está suspensa por um barbante sem massa. O barbante faz um ângulo de $\theta = 15,0°$ com a vertical quando o ar é soprado horizontalmente sobre a bola com velocidade de 20,5 m/s. Presuma que a força de atito seja proporcional à velocidade ao quadrado da corrente de ar.

a) Qual é a constante de proporcionalidade neste experimento?

b) Qual é a tensão no barbante?

•4.82 Um nanofio é uma estrutura (quase) unidimensional com diâmetro na ordem de alguns nanômetros. Suponha que um nanofio com 100,0 nm de comprimento feito de silicone puro (densidade de Si = 2,33 g/cm³) tenha diâmetro de 5,0 nm. Esse nanofio está preso pela parte superior e pendurado verticalmente devido à força da gravidade.

a) Qual é a tensão na parte superior?

b) Qual é a tensão no meio?

(*Dica*: trate o nanofio como um cilindro de 5,0 nm de diâmetro e comprimento de 100,0 nm, feito de silicone.)

•4.83 Dois blocos estão empilhados sobre uma mesa sem atrito, e uma força horizontal F é aplicada ao bloco de cima (bloco 1). Suas massas são $m_1 = 2,50$ kg e $m_2 = 3,75$ kg. Os coeficientes de atrito estático e cinético entre os blocos são 0,456 e 0,380, respectivamente.

a) Qual é a força mínima F aplicada para a qual m_1 não deslizará sobre m_2?

b) Quais são as acelerações de m_1 e m_2 quando $F = 24,5$ N é aplicada a m_1?

•4.84 Dois blocos ($m_1 = 1,23$ kg e $m_2 = 2,46$ kg) são colados e estão se movendo para baixo sobre um plano inclinado com um ângulo de 40,0° em relação à horizontal. Os dois blocos estão sobre a superfície do plano inclinado. Os coeficientes de atrito cinético são 0,23 para m_1 e 0,35 para m_2. Qual é a aceleração dos blocos?

•4.85 Um bloco de mármore de massa $m_1 = 567,1$ kg e um bloco de granito de massa $m_2 = 266,4$ kg estão conectados entre si por uma corda que passa por uma polia, conforme mostra a figura. Os dois blocos estão localizados em planos inclinados, com ângulos $\alpha = 39,3°$ e $\beta = 53,2°$. Ambos se movem sem atrito, e a corda desliza pela polia sem atrito. Qual é a aceleração do bloco de mármore? Observe que o sentido x positivo está indicado na figura.

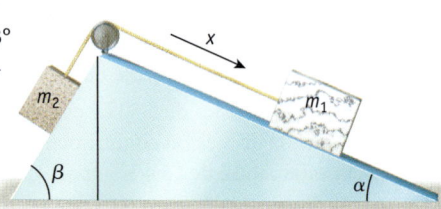

••4.86 Um bloco de mármore de massa $m_1 = 559,1$ kg e um bloco de granito de massa $m_2 = 128,4$ kg estão conectados entre si por uma corda que passa por uma polia conforme mostrado na figura. Os dois blocos estão localizados em planos inclinados, com ângulos $\alpha = 38,3°$ e $\beta = 57,2°$. A corda desliza pela polia sem atrito, mas o coeficiente de atrito entre o bloco 1 e o plano inclinado é $\mu_1 = 0,13$, e entre o bloco 2 e o plano inclinado é $\mu_2 = 0,31$. (Para simplificar, presuma que os coeficientes de atrito estático e cinético sejam iguais nos dois casos.) Qual é a aceleração do bloco de mármore? Observe que o sentido x positivo está indicado na figura.

••4.87 Conforme mostrado na figura, duas massas $m_1 = 3,50$ kg e $m_2 = 5,00$ kg, estão sobre uma mesa sem atrito, e a massa $m_3 = 7,60$ kg está pendurada em m_1. Os coeficientes de atrito estático e cinético entre o m_1 e m_2 são de 0,60 e 0,50, respectivamente.

a) Quais são as acelerações de m_1 e m_2?

b) Qual é a tensão no barbante entre m_1 e m_3?

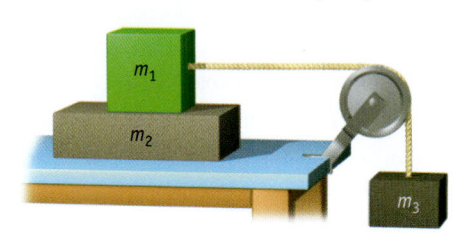

••4.88 Um bloco de massa $m_1 = 2,30$ kg está posicionado na frente de um bloco de massa $m_2 = 5,20$ kg, como mostrado na figura. O coeficiente de atrito estático entre m_1 e m_2 é 0,65, e o atrito entre o bloco maior e a mesa é desprezível.

a) Que forças estão atuando sobre m_1?

b) Qual é a força externa F mínima que pode ser aplicada a m_2 de forma que m_1 não caia?

c) Qual é a força de contato entre m_1 e m_2?

d) Qual é a força resultante que atua sobre m_2 quando a força encontrada na parte (b) é aplicada?

••4.89 Uma maleta de peso $Mg = 450$ N está sendo puxada por uma pequena alça por um piso plano. O coeficiente de atrito cinético entre a maleta e o piso é $\mu_k = 0,640$.

a) Encontre o melhor ângulo da alça acima da horizontal. (O melhor ângulo minimiza a força necessária para puxar a maleta com velocidade constante.)

b) Encontre a tensão mínima na alça necessária para puxar a maleta com velocidade constante.

•• **4.90** Conforme mostra a figura, um bloco de massa $M_1 = 0{,}450$ kg está inicialmente em repouso sobre uma laje de massa $M_2 = 0{,}820$ kg, e a laje está inicialmente em repouso sobre uma mesa plana. Um barbante de massa desprezível está conectado à laje, passa por uma polia sem atrito na borda da mesa e está preso a uma massa pendurada M_3. O bloco está sobre a laje, mas não está amarrado no barbante, então o atrito fornece apenas a força horizontal sobre o bloco. A laje tem coeficiente de atrito cinético $\mu_k = 0{,}340$ e coeficiente de atrito estático $\mu_s = 0{,}560$ com a mesa e o bloco. Quando solta, M_3 puxa o barbante e acelera a laje, que acelera o bloco. Encontre o valor máximo de M_3 que permite que o bloco acelere com a laje, mas sem deslizar sobre ela.

•• **4.91** Conforme mostra a figura, um bloco de massa $M_1 = 0{,}250$ kg está inicialmente em repouso sobre uma laje de massa $M_2 = 0{,}420$ kg, e a laje está inicialmente em repouso sobre uma mesa plana. Um barbante de massa desprezível está conectado à laje, passa por uma polia sem atrito na borda da mesa e está preso a uma massa pendurada $M_3 = 1{,}80$ kg. O bloco está sobre a laje, mas não está amarrado ao barbante, então o atrito fornece apenas a força horizontal sobre o bloco. A laje tem coeficiente de atrito cinético $\mu_k = 0{,}340$ com a mesa e o bloco. Quando solta, M_3 puxa o barbante, que acelera a laje tão rapidamente que o bloco começa a deslizar sobre a laje. Antes que o bloco caia de cima da laje:

a) Encontre o módulo da aceleração do bloco.

b) Encontre o módulo da aceleração da laje.

5 Energia Cinética, Trabalho e Potência

O QUE APRENDEREMOS — 141

5.1 Energia em nossa vida diária — 141
5.2 Energia cinética — 143
   Exemplo 5.1 Queda de um vaso — 144
5.3 Trabalho — 145
5.4 Trabalho realizado por uma força constante — 145
   Encarte matemático: produto escalar de vetores — 146
   Exemplo 5.2 Ângulo entre dois vetores posição — 147
   Caso unidimensional — 149
   Teorema do trabalho e energia cinética — 149
   Trabalho realizado pela força gravitacional — 149
   Trabalho realizado para erguer e abaixar um objeto — 150
   Exemplo 5.3 Halterofilismo — 150
   Uso de polias para o levantamento — 151
5.5 Trabalho realizado por uma força variável — 152
5.6 Força elástica — 153
   Exemplo 5.4 Constante elástica — 154
   Trabalho realizado pela força elástica — 155
   Problema resolvido 5.1 Compressão de uma mola — 155
5.7 Potência — 157
   Potência para uma força constante — 158
   Exemplo 5.5 Aceleração de um carro — 158

O QUE JÁ APRENDEMOS / GUIA DE ESTUDO PARA EXERCÍCIOS — 159

   Guia de resolução de problemas — 161
   Problema resolvido 5.2 Levantamento de tijolos — 161
   Problema resolvido 5.3 Arremesso de peso — 162
   Questões de múltipla escolha — 164
   Questões — 165
   Problemas — 165

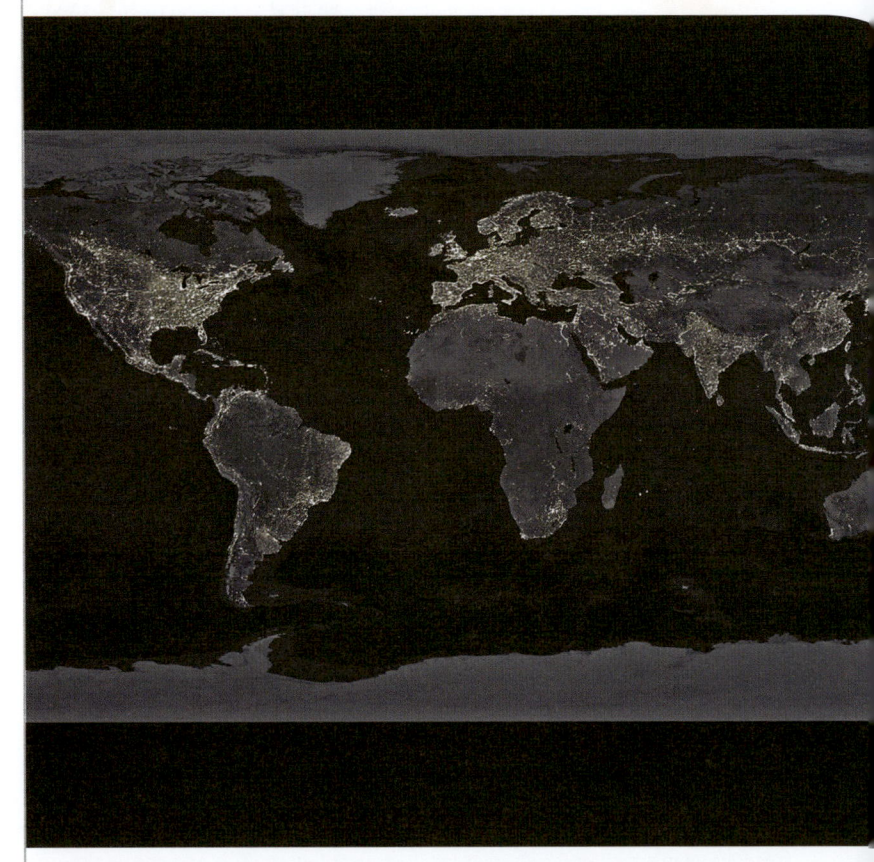

Figura 5.1 Uma imagem composta de fotografias de satélites da NASA feitas à noite. As fotos foram tiradas entre novembro de 1994 e março de 1995.

O QUE APRENDEREMOS

- Energia cinética é a energia associada ao movimento de um objeto.
- Trabalho é a energia transferida para um objeto ou transferida de um objeto, causado pela ação de uma força externa. O trabalho positivo transfere energia ao objeto, e o trabalho negativo transfere energia do objeto.
- Trabalho é o produto escalar do vetor força pelo vetor de deslocamento.
- A mudança de energia cinética resultante de forças aplicadas é igual ao trabalho realizado pelas forças.
- Potência é a taxa temporal com que o trabalho é feito.
- A potência fornecida por uma força constante que atua sobre um objeto é o produto escalar do vetor velocidade desse objeto pelo vetor força.

A Figura 5.1 é uma imagem composta de fotografias de satélite feitas à noite, mostrando quais partes do mundo usam mais energia para iluminação noturna. Não é surpresa alguma que os Estados Unidos, a Europa Ocidental e o Japão se destaquem. A quantidade de luz emitida por uma região durante a noite é uma boa medida da quantidade de energia que essa região consome.

Em física, a energia tem significância fundamental: praticamente nenhuma atividade física acontece sem o gasto ou transformação de energia. Cálculos que envolvam a energia de um sistema são de importância essencial na ciência e na engenharia. Como veremos neste capítulo, métodos de resolução de problemas que incluam energia oferecem uma alternativa para trabalhar com as leis de Newton e geralmente são mais simples e fáceis de usar.

Este capítulo apresenta os conceitos de energia cinética, trabalho e potência e introduz algumas técnicas que usam essas ideias, como o teorema de trabalho e energia cinética, para solucionar diversos tipos de problemas. O Capítulo 6 introduzirá tipos adicionais de energia e expandirá o teorema de trabalho e energia cinética para dar mais detalhes; também será discutida uma das grandes ideias na física e, de fato, em toda a ciência: a lei de conservação de energia.

5.1 Energia em nossa vida diária

Nenhuma grandeza física tem maior importância em nossa vida diária do que a energia. Consumo energético, eficiência energética e "produção" de energia são de extrema importância econômica e objeto de discussões acaloradas sobre políticas nacionais e acordos internacionais. (A palavra *produção* está entre aspas porque a energia não é produzida, mas convertida de uma forma menos utilizável para outra mais utilizável.) A energia também desempenha um papel importante na rotina diária de cada indivíduo: consumo energético através de calorias alimentares e consumo energético por meio de processos celulares, atividades, trabalho e exercício. Em última análise, perda ou ganho de peso deve-se a um desequilíbrio entre consumo e uso de energia.

A energia tem muitas formas e exige diversas abordagens diferentes para ser totalmente estudada. Desta forma, a energia é um tema recorrente em todo este livro. Começamos este capítulo e o seguinte investigando formas de energia mecânica: energia cinética e energia potencial. Energia térmica, outra forma de energia, é um dos pilares centrais da termodinâmica. A energia química é armazenada em compostos químicos, e reações químicas podem consumir energia do ambiente (reações endotérmicas) ou gerar energia utilizável para o ambiente (reações exotérmicas). Nossa economia do petróleo se utiliza da energia química e de sua conversão em energia mecânica e calor, que é outra forma de energia (ou transferência de energia).

Veremos que a radiação eletromagnética contém energia. Essa energia é a base para nossa forma renovável de energia – a energia solar. Quase todas as outras fontes de energia renovável na Terra remontam à energia solar. A energia solar é responsável pelo vento que impulsiona grandes aerogeradores (Figura 5.2) A radiação solar também é responsável por evaporar água da superfície terrestre e movê-la para as nuvens, de onde cai na forma de chuva e acaba se juntando a rios que podem ser represados (Figura 5.3) para extrair energia. A biomassa, outra forma de energia renovável, depende da capacidade de plantas e animais em armazenar energia solar durante seus processos metabólicos e de crescimento.

Figura 5.2 Fazendas eólicas coletam energia renovável.

Figura 5.3 Represas oferecem energia elétrica renovável. (a) A represa Grand Coulee no Rio Columbia em Washington. (b) A represa de Itaipu no Rio Paraná, no Brasil e no Paraguai.

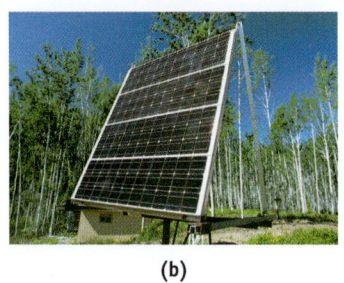

Figura 5.4 (a) Fazenda solar com uma disposição ajustável de espelhos; (b) painel solar.

Na verdade, a energia irradiada sobre a superfície terrestre pelo sol excede as necessidades energéticas de toda a população humana por um fator de mais de 10.000. É possível converter energia solar diretamente em energia elétrica usando células fotovoltaicas (Figura 5.4b). Enormes esforços atuais de pesquisa estão sendo feitos para aumentar a eficiência e confiabilidade dessas fotocélulas e, ao mesmo tempo, reduzir seu custo. Versões de células solares já estão sendo utilizadas para alguns fins práticos, como, por exemplo, em luzes para pátios e jardins. Fazendas solares experimentais, como a que aparece na Figura 5.4a, também estão em operação. Os problemas em usar energia solar são que ela não está disponível à noite, tem variações sazonais e fica fortemente reduzida em condições de nebulosidade ou mau tempo. Dependendo da instalação e métodos de conversão usados, os dispositivos solares atuais convertem apenas 10-15% da energia solar em energia elétrica; o aumento dessa fração é uma meta central da atividade de pesquisa moderna. Materiais com 30% ou mais de produção de energia elétrica a partir de energia solar foram desenvolvidos em laboratório, mas ainda não foram aplicados em escala industrial. A biomassa, em comparação, tem eficiências muito menores de captura de energia solar, na ordem de 1% ou menos.

Em relatividade, veremos que energia e massa não são conceitos totalmente separados, e sim relacionados entre si por meio da famosa fórmula de Einstein, $E = mc^2$. Na física nuclear, constatamos que a divisão de núcleos atômicos massivos (como urânio ou plutônio) libera energia. Usinas nucleares convencionais são baseadas nesse princípio físico, chamado de *fissão nuclear*. Também é possível obter energia útil unindo núcleos atômicos com massas bem pequenas (hidrogênio, por exemplo) em núcleos mais massivos, um processo chamado de *fusão nuclear*. O sol e a maioria das estrelas no universo usam fusão nuclear para gerar energia.

Muitos acreditam que a energia da fusão nuclear é o meio mais provável de satisfazer as necessidades energéticas de longo prazo da moderna sociedade industrializada. Talvez a abordagem mais provável para atingir o progresso rumo a reações controladas de fusão seja a proposta do reator de fusão nuclear internacional ITER ("o caminho", em latim), que será construído na França. Mas há outras abordagens promissoras para solucionar o problema de como usar a fusão nuclear, como a National Ignition Facility (NIF), inaugurada em maio de 2009 no Laboratório Nacional Lawrence Livermore, na Califórnia.

Trabalho e potência estão relacionados à energia. Todos usamos essas palavras de modo informal, mas este capítulo explicará como essas grandezas se relacionam à energia em termos físicos e matemáticos precisos.

Pode-se ver que a energia ocupa um lugar de destaque em nossas vidas. Um dos objetivos deste livro é dar uma fundamentação sólida sobre os conceitos básicos de ciência energética. Então você poderá participar de algumas das mais importantes discussões sobre políticas públicas de nossa época tendo o conhecimento adequado.

Permanece uma questão final: o que é energia? Em muitos livros, energia é definida como a capacidade de realizar trabalho. Porém, essa definição só transfere o mistério, sem dar uma explicação mais profunda. E a verdade é que não há uma explicação mais profunda. Em sua famosa obra *Lições de Física de Feynman*, o ganhador do Nobel e herói popular da física Richard

Feynman escreveu em 1963: "É importante perceber que, na física moderna, não temos conhecimento sobre o que *é* a energia. Não temos uma imagem de que a energia vem em pequenas bolhas de quantidade definida. Não é assim. No entanto, existem fórmulas para calcular alguma grandeza numérica, e quando adicionamos todas as contribuições, o resultado é '28' – sempre o mesmo número. É uma coisa abstrata na medida em que não nos diz o mecanismo ou as *razões* para as várias fórmulas". Mais de quatro décadas mais tarde, isso não mudou. O conceito de energia e, em especial, a lei de conservação de energia (veja o Capítulo 6), são ferramentas extremamente úteis para desvendar o comportamento de sistemas. Mas nenhuma conseguiu dar uma explicação da verdadeira natureza da energia.

5.2 Energia cinética

O primeiro tipo de energia que vamos considerar é a energia associada ao movimento de um objeto: **energia cinética**. A energia cinética é definida como metade do produto da massa de um objeto em movimento pelo quadrado de sua velocidade:

$$K = \tfrac{1}{2}mv^2. \qquad (5.1)$$

Observe que, por definição, a energia cinética é sempre positiva ou igual a zero, e somente é zero para um objeto em repouso. Também observe que a energia cinética, como todas as formas de energia, é um escalar, e não uma grandeza vetorial. Como ela é o produto da massa (kg) e da velocidade ao quadrado (m/s · m/s), as unidades de energia cinética são kg m^2/s^2. Uma vez que a energia é uma grandeza tão importante, ela tem sua própria unidade do SI, o **joule (J)**. A unidade de força do SI, o newton, é 1 N = 1 kg m/s^2, e podemos fazer uma conversão útil:

$$\text{Unidade de energia:} \quad 1\,\text{J} = 1\,\text{Nm} = 1\,\text{kgm}^2/\text{s}^2. \qquad (5.2)$$

Vamos analisar alguns exemplos de valores de energia para ter uma noção do tamanho do joule. Um carro de massa 1310 kg conduzido à velocidade limite de 55 mph (24,6 m/s) tem uma energia cinética de

$$K_{\text{carro}} = \tfrac{1}{2}mv^2 = \tfrac{1}{2}(1310\,\text{kg})(24{,}6\,\text{m/s})^2 = 4{,}0 \cdot 10^5\,\text{J}.$$

A massa da Terra é de 6,0 · 10^{24} kg, e ela orbita ao redor do sol com velocidade de 3,0 · 10^4 m/s. A energia cinética associada a esse movimento é 2,7 · 10^{33} J. Uma pessoa de massa 64,8 kg correndo a 3,50 m/s tem energia cinética de 400 J, e uma bola de beisebol (massa de "5 onças avoirdupois" = 0,142 kg) arremessada a 80 mph (35,8 m/s) tem energia cinética de 91 J. Em escala atômica, a energia cinética média de uma molécula de ar é 6,1 · 10^{-21} J. Os módulos comuns das energias cinéticas de alguns objetos em movimento são apresentados na Figura 5.5. É possível ver, nesses exemplos, que a variação de energias envolvidas em processos físicos é bastante grande.

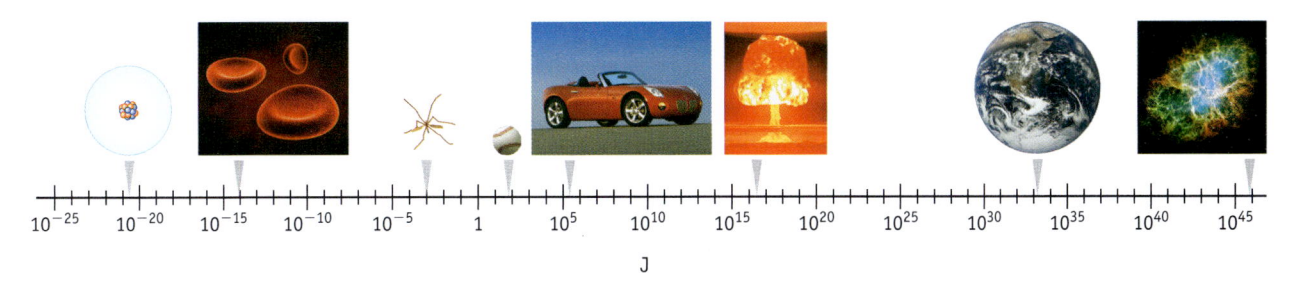

Figura 5.5 Variação de energias cinéticas exibidas em uma escala logarítmica. As energias cinéticas (esquerda para direita) de uma molécula de ar, uma hemácia se deslocando pela aorta, um mosquito voando, uma bola de beisebol arremessada, um carro em movimento e a Terra orbitando ao redor do sol são comparadas à energia liberada de uma explosão nuclear de 15 Mt e a de uma supernova, que emite partículas com uma energia cinética total de aproximadamente 10^{46} J.

Outras unidades de energia usadas com frequência são o elétron-volt (eV), a caloria alimentar (Cal) e o megaton de TNT (Mt):

$$1 \text{ eV} = 1{,}602 \cdot 10^{-19} \text{ J}$$
$$1 \text{ Cal} = 4186 \text{ J}$$
$$1 \text{ Mt} = 4{,}18 \cdot 10^{15} \text{ J}.$$

Em escala atômica, 1 elétron-volt (eV) é a energia cinética que um elétron ganha quando acelerado por um potencial elétrico de 1 volt. O conteúdo energético do alimento que consumimos é geralmente (e de modo equivocado) dado em termos de calorias, mas deveria ser dado em calorias alimentares. Como veremos quando estudarmos termodinâmica, 1 caloria alimentar equivale a 1 quilocaloria. Em escala maior, 1 Mt é a energia liberada pela explosão de 1 milhão de toneladas métricas do explosivo TNT, uma liberação de energia somente atingida por armas nucleares ou por catástrofes naturais, como o impacto de um asteroide grande. Para fins de comparação, em 2007, o consumo anual de energia por todos os humanos na Terra atingiu $5 \cdot 10^{20}$ J. (Todos esses conceitos serão discutidos em capítulos subsequentes.)

Para o movimento em mais de uma dimensão, podemos escrever a energia cinética total como a soma das energias cinéticas associadas às componentes de velocidade em cada sentido espacial. Para demonstrar isso, começamos com a definição de energia cinética (equação 5.1) e depois usamos $v^2 = v_x^2 + v_y^2 + v_z^2$:

$$K = \tfrac{1}{2}mv^2 = \tfrac{1}{2}m\left(v_x^2 + v_y^2 + v_z^2\right) = \tfrac{1}{2}mv_x^2 + \tfrac{1}{2}mv_y^2 + \tfrac{1}{2}mv_z^2. \tag{5.3}$$

(*Nota*: a energia cinética é um escalar, então essas componentes não são adicionadas como vetores, mas simplesmente obtendo sua soma algébrica.) Desta forma, podemos pensar na energia cinética como a soma das energias cinéticas associadas movimento no sentido x, y e z. Esse conceito é particularmente útil em problemas de projéteis ideais, nos quais o movimento consiste em queda livre no sentido vertical (sentido y) e o movimento com velocidade constante é no sentido horizontal (sentido x).

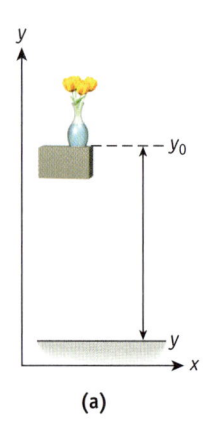

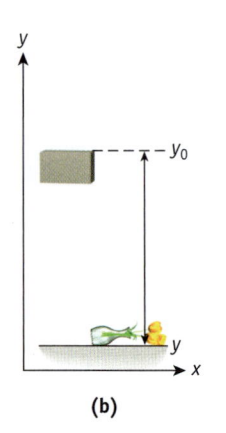

Figura 5.6 (a) Um vaso é solto do repouso a uma altura de y_0. (b) O vaso cai no chão, que tem uma altura de y.

EXEMPLO 5.1 Queda de um vaso

PROBLEMA
Um vaso de cristal (massa = 2,40 kg) é jogado de uma altura de 1,30 m e cai no chão, conforme mostra a Figura 5.6. Qual é sua energia cinética logo antes do impacto? (Despreze a resistência do ar por enquanto.)

SOLUÇÃO
Assim que soubermos a velocidade do vaso logo antes do impacto, podemos inseri-la na equação que define energia cinética. Para obter essa velocidade, relembramos a cinemática de objetos em queda livre. Neste caso, é mais objetivo usar a relação entre as velocidades inicial e final que derivamos no Capítulo 2 para o movimento em queda livre:

$$v_y^2 = v_{y0}^2 - 2g(y - y_0).$$

(Lembre que o eixo y deve estar apontando para cima para usar essa equação.) Como o vaso é solto do repouso, as componentes da velocidade inicial são $v_{x0} = v_{y0} = 0$. Uma vez que não há aceleração no sentido x, a componente x de velocidade permanece zero durante a queda do vaso: $v_x = 0$. Portanto, temos

$$v^2 = v_x^2 + v_y^2 = 0 + v_y^2 = v_y^2.$$

A seguir, obtemos

$$v^2 = v_y^2 = 2g(y_0 - y).$$

Usamos esse resultado na equação 5.1:

$$K = \tfrac{1}{2}mv^2 = \tfrac{1}{2}m\big(2g(y_0 - y)\big) = mg(y_0 - y).$$

Inserindo os números dados no problema, obtemos a resposta:

$$K = (2{,}40 \text{ kg})(9{,}81 \text{ m/s}^2)(1{,}30 \text{ m}) = 30{,}6 \text{ J}.$$

5.3 Trabalho

No Exemplo 5.1, o vaso começou com energia cinética zero, logo antes de ser solto. Após cair por uma distância de 1,30 m, tinha adquirido uma energia cinética de 30,6 J. Quanto maior a altura da qual o vaso é solto, maior a velocidade que ele atingirá (ignorando a resistência do ar) e, portanto, maior se torna sua energia cinética. Na verdade, como podemos verificar no Exemplo 5.1, a energia cinética do vaso depende linearmente da altura da qual ele cai: $K = mg(y_0 - y)$.

A força gravitacional, $\vec{F}_g = -mg\hat{y}$, acelera o vaso e, com isso, dá a ele sua energia cinética. Pode-se ver, na equação acima, que a energia cinética também depende linearmente do módulo da força gravitacional. Se a massa do vaso fosse dobrada, a força gravitacional atuando sobre ele também dobraria e, por consequência, sua energia cinética seria o dobro.

Como a velocidade de um objeto pode ser aumentada ou diminuída acelerando-o ou desacelerando-o, respectivamente, sua energia cinética também se altera nesse processo. Para o vaso, acabamos de ver que a força da gravidade é responsável por essa mudança. Levamos em consideração uma mudança na energia cinética de um objeto causada por uma força usando o conceito de trabalho, W.

Definição

Trabalho é a energia transferida para ou de um objeto pela ação de uma força. Trabalho positivo é uma transferência de energia ao objeto, e o trabalho negativo é uma transferência de energia do objeto.

O vaso ganhou energia cinética do trabalho positivo realizado pela força gravitacional e, assim, $W_g = mg(y_0 - y)$.

Observe que essa definição não é restrita à energia cinética. A relação entre trabalho e energia escrita nessa definição é válida em geral para formas distintas de energia, além da energia cinética. Essa definição de trabalho não é exatamente igual ao significado associado à palavra **trabalho** na linguagem cotidiana. O trabalho sendo considerado neste capítulo é o trabalho mecânico em combinação com a transferência de energia. Porém, o trabalho – tanto físico quanto mental – sobre o qual comumente falamos não necessariamente envolve a transferência de energia.

5.4 Trabalho realizado por uma força constante

Suponha que o vaso do Exemplo 5.1 deslize, a partir do repouso, sobre um plano inclinado com ângulo θ em relação à horizontal (Figura 5.7). Por enquanto, desprezamos a força de atrito, mas voltaremos a ela mais adiante. Conforme mostramos no Capítulo 4, na ausência de atrito, a aceleração sobre um plano é dada por $a = g\,\text{sen}\,\theta = g\cos\alpha$. (Aqui o ângulo $\alpha = 90° - \theta$ é o ângulo entre o vetor força gravitacional e o vetor deslocamento; veja a Figura 5.7.)

Podemos determinar a energia cinética que o vaso possui nesta situação como função do deslocamento, $\Delta\vec{r}$. Uma forma mais conveniente é realizar esse cálculo usando a relação entre os quadrados das velocidades inicial e final, o deslocamento e a aceleração, que obtivemos para o movimento unidimensional no Capítulo 2:

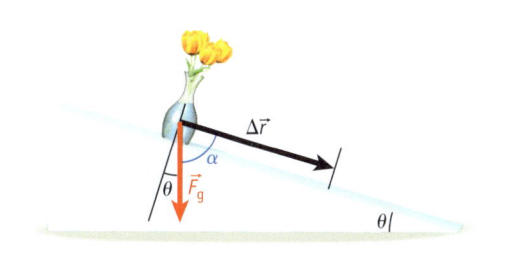

$$v^2 = v_0^2 + 2a\Delta r.$$

Figura 5.7 Vaso deslizando sem atrito sobre um plano inclinado.

5.1 Pausa para teste

Desenhe o diagrama de corpo livre para o vaso que está deslizando sobre o plano inclinado.

Definimos $v_0 = 0$ porque novamente presumimos que o vaso é solto do repouso, ou seja, com energia cinética zero. A seguir, usamos a expressão para a aceleração, $a = g\cos\alpha$, a qual acabamos de obter. Agora temos

$$v^2 = 2g\cos\alpha\Delta r \Rightarrow K = \tfrac{1}{2}mv^2 = mg\Delta r\cos\alpha.$$

A energia cinética transferida para o vaso foi o resultado do trabalho positivo realizado pela força gravitacional e, portanto,

$$\Delta K = mg\Delta r\cos\alpha = W_g. \tag{5.4}$$

Vamos analisar os dois casos limitadores da equação 5.4:

- Para $\alpha = 0$, tanto a força gravitacional quanto o deslocamento estão no sentido y negativo. Assim, esses vetores são paralelos, e temos o resultado que já derivamos para o caso do vaso caindo sob influência da gravidade, $W_g = mg\Delta r$.
- Para $\alpha = 90°$, a força gravitacional ainda está no sentido y negativo, mas o vaso não pode se mover no sentido y negativo, porque está sobre a superfície horizontal do plano. Logo, não há mudança na energia cinética do vaso, e não há trabalho realizado pela força gravitacional sobre o vaso, isto é, $W_g = 0$. O trabalho realizado sobre o vaso pela força gravitacional também é zero, se o vaso se mover com velocidade constante sobre a superfície do plano.

Como $mg = |\vec{F}_g|$ e $\Delta r = |\Delta\vec{r}|$, podemos escrever o trabalho realizado sobre o vaso como $W = |\vec{F}||\Delta\vec{r}|\cos\alpha$. Pelos dois casos limitadores que recém discutimos, ganhamos confiança para usar a equação que acabamos de derivar para o movimento sobre um plano inclinado como a definição do trabalho realizado por uma força constante:

$$W = |\vec{F}||\Delta\vec{r}|\cos\alpha, \quad \text{onde } \alpha \text{ é o ângulo entre } \vec{F} \text{ e } \Delta\vec{r}.$$

Essa equação para o trabalho realizado por uma força constante que atua sobre algum deslocamento espacial é válida para todos os vetores força constantes, vetores deslocamento arbitrários e ângulos entre os dois. A Figura 5.8 mostra três casos para o trabalho realizado por uma força $\vec{F}$ que atua sobre um deslocamento $\vec{r}$. Na Figura 5.8a, o trabalho máximo é realizado porque $\alpha = 0$ e $\vec{F}$ e $\vec{r}$ estão no mesmo sentido. Na Figura 5.8b, $\vec{F}$ está a um ângulo arbitrário α em relação a $\vec{r}$. Na Figura 5.8c, nenhum trabalho é realizado porque $\vec{F}$ é perpendicular a $\vec{r}$.

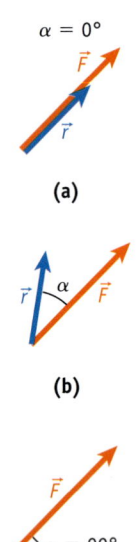

Figura 5.8 (a) $\vec{F}$ é paralelo a $\vec{r}$ e $W = |\vec{F}||\vec{r}|$. (b) O ângulo entre $\vec{F}$ e $\vec{r}$ é α e $W = |\vec{F}||\vec{r}|\cos\alpha$. (c) $\vec{F}$ é perpendicular a $\vec{r}$ e $W = 0$.

Adendo matemático: produto escalar de vetores

Na Seção 1.6, vimos como multiplicar um vetor por um escalar. Agora vamos definir uma maneira de multiplicar um vetor por um vetor e obter o **produto escalar**. O produto escalar de dois vetores $\vec{A}$ e $\vec{B}$ é definido como

$$\vec{A}\bullet\vec{B} = |\vec{A}||\vec{B}|\cos\alpha, \tag{5.5}$$

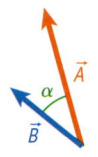

Figura 5.9 Dois vetores $\vec{A}$ e $\vec{B}$ e o ângulo α entre eles.

onde α é o ângulo entre os vetores $\vec{A}$ e $\vec{B}$, conforme mostra a Figura 5.9. Observe que usamos o ponto maior (•) como o sinal de multiplicação para o produto escalar entre vetores, em contraste com o ponto menor (·) que é usado para a multiplicação de escalares. Por causa do ponto, o produto escalar geralmente é chamado de *produto do ponto* (do inglês, *dot product*).

Se dois vetores formam um ângulo de 90°, então o produto escalar tem valor zero. Neste caso, os dois vetores são ortogonais entre si. O produto escalar de um par de vetores ortogonais é zero.

Se $\vec{A}$ e $\vec{B}$ são dados em coordenadas cartesianas como $\vec{A} = (A_x, A_y, A_z)$ e $\vec{B} = (B_x, B_y, B_z)$, então seu produto escalar é igual a:

$$\vec{A}\bullet\vec{B} = (A_x, A_y, A_z)\bullet(B_x, B_y, B_z) = A_x B_x + A_y B_y + A_z B_z. \tag{5.6}$$

Usando a equação 5.6, podemos ver que o produto escalar tem a propriedade comutativa:

$$\vec{A}\bullet\vec{B} = \vec{B}\bullet\vec{A}. \tag{5.7}$$

Esse resultado não é surpreendente, uma vez que a propriedade comutativa também é válida para a multiplicação de dois escalares.

Para o produto escalar de qualquer vetor com ele próprio, temos, em notação de componentes, $\vec{A} \bullet \vec{A} = A_x^2 + A_y^2 + A_z^2$. A seguir, usando a equação 5.5, encontramos $\vec{A} \bullet \vec{A} = |\vec{A}| \, |\vec{A}| \cos\alpha = |\vec{A}| \, |\vec{A}| = |\vec{A}|^2$ (porque o ângulo entre o vetor $\vec{A}$ e ele próprio é zero, e o cosseno desse ângulo tem o valor 1). A combinação dessas duas equações resulta na expressão para o comprimento de um vetor que foi introduzido no Capítulo 1:

$$|\vec{A}| = \sqrt{A_x^2 + A_y^2 + A_z^2}. \tag{5.8}$$

Também podemos usar a definição do produto escalar para calcular o ângulo entre dois vetores arbitrários no espaço tridimensional:

$$\vec{A} \bullet \vec{B} = |\vec{A}| \, |\vec{B}| \cos\alpha \Rightarrow \cos\alpha = \frac{\vec{A} \bullet \vec{B}}{|\vec{A}| \, |\vec{B}|} \Rightarrow \alpha = \cos^{-1}\left(\frac{\vec{A} \bullet \vec{B}}{|\vec{A}| \, |\vec{B}|}\right). \tag{5.9}$$

Para o produto escalar, vale a mesma propriedade distributiva que é válida para a multiplicação convencional de números:

$$\vec{A} \bullet (\vec{B} + \vec{C}) = \vec{A} \bullet \vec{B} + \vec{A} \bullet \vec{C}. \tag{5.10}$$

O seguinte exemplo mostra uma aplicação do produto escalar.

EXEMPLO 5.2 | Ângulo entre dois vetores posição

PROBLEMA
Qual é o ângulo α entre os dois vetores posição mostrados na Figura 5.10, $\vec{A} = (4{,}00,\ 2{,}00,\ 5{,}00)$ cm e $\vec{B} = (4{,}50,\ 4{,}00,\ 3{,}00)$ cm?

SOLUÇÃO
Para solucionar este problema, temos que inserir os números para as componentes de cada um dos vetores nas equações 5.8 e 5.6 e, depois, usar a equação 5.9:

$$|\vec{A}| = \sqrt{4{,}00^2 + 2{,}00^2 + 5{,}00^2}\ \text{cm} = 6{,}71\ \text{cm}$$

$$|\vec{B}| = \sqrt{4{,}50^2 + 4{,}00^2 + 3{,}00^2}\ \text{cm} = 6{,}73\ \text{cm}$$

$$\vec{A} \bullet \vec{B} = A_x B_x + A_y B_y + A_z B_z = (4{,}00 \cdot 4{,}50 + 2{,}00 \cdot 4{,}00 + 5{,}00 \cdot 3{,}00)\ \text{cm}^2 = 41{,}0\ \text{cm}^2$$

$$\Rightarrow \alpha = \cos^{-1}\left(\frac{41{,}0\ \text{cm}^2}{6{,}71\ \text{cm} \cdot 6{,}73\ \text{cm}}\right) = 24{,}7°.$$

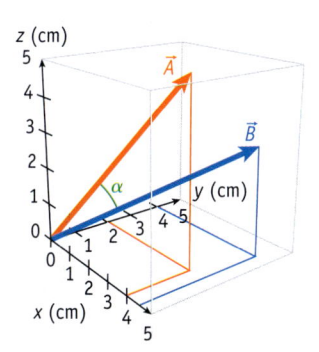

Figura 5.10 Cálculo do ângulo entre dois vetores posição.

Produto escalar para vetores unitários

A Seção 1.6 introduziu os vetores unitários no sistema de coordenadas cartesianas tridimensional: $\hat{x} = (1,0,0)$, $\hat{y} = (0,1,0)$ e $\hat{z} = (0,0,1)$. Com nossa definição (5.6) do produto escalar, encontramos

$$\hat{x} \bullet \hat{x} = \hat{y} \bullet \hat{y} = \hat{z} \bullet \hat{z} = 1 \tag{5.11}$$

e

$$\hat{x} \bullet \hat{y} = \hat{x} \bullet \hat{z} = \hat{y} \bullet \hat{z} = 0$$
$$\hat{y} \bullet \hat{x} = \hat{z} \bullet \hat{x} = \hat{z} \bullet \hat{y} = 0. \tag{5.12}$$

5.2 Pausa para teste

Demonstre que as equações 5.11 e 5.12 estão corretas usando a equação 5.6 e as definições dos vetores unitários.

Agora vemos por que os vetores unitários são chamados assim: os produtos escalares entre eles têm o valor de 1. Assim, os vetores unitários têm comprimento 1, ou comprimento unitário, de acordo com a equação 5.8. Além disso, qualquer par de diferentes vetores unitários tem um produto escalar de zero, o que significa que esses vetores são ortogonais entre si. As equações 5.11 e 5.12 afirmam que os vetores unitários $\hat{x}$, $\hat{y}$ e $\hat{z}$ formam um conjunto ortonormal de vetores, o que os torna extremamente úteis para a descrição de sistemas físicos.

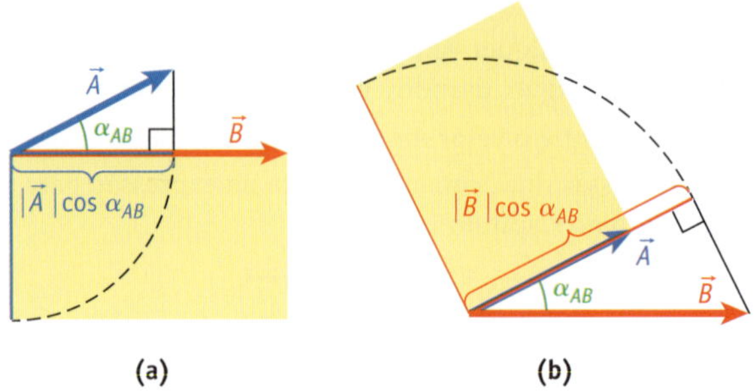

Figura 5.11 Interpretação geométrica do produto escalar como uma área. (a) A projeção de $\vec{A}$ sobre $\vec{B}$. (b) A projeção de $\vec{B}$ sobre $\vec{A}$.

Interpretação geométrica do produto escalar

Na definição do produto escalar $\vec{A} \bullet \vec{B} = |\vec{A}| \, |\vec{B}| \cos\alpha$ (equação 5.5), podemos interpretar $|\vec{A}|\cos\alpha$ como a projeção do vetor $\vec{A}$ sobre o vetor $\vec{B}$ (Figura 5.11a). Neste desenho, a linha $|\vec{A}|\cos\alpha$ foi girada em 90° para mostrar a interpretação geométrica do produto escalar como a área de um retângulo com lados $|\vec{A}|\cos\alpha$ e $|\vec{B}|$. Da mesma forma, podemos interpretar $|\vec{B}|\cos\alpha$ como a projeção do vetor $\vec{B}$ sobre o vetor $\vec{A}$ e construir um retângulo com comprimentos laterais $|\vec{B}|\cos\alpha$ e $|\vec{A}|$ (Figura 5.11b). As áreas dos dois retângulos amarelos na Figura 5.11 são idênticas e iguais ao produto escalar dos dois vetores $\vec{A}$ e $\vec{B}$.

Finalmente, se substituirmos na equação 5.9 pelo cosseno do ângulo entre os dois vetores, a projeção $|\vec{A}|\cos\alpha$ do vetor $\vec{A}$ sobre o vetor $\vec{B}$ pode ser escrita como

$$|\vec{A}|\cos\alpha = |\vec{A}|\frac{\vec{A} \bullet \vec{B}}{|\vec{A}| \, |\vec{B}|} = \frac{\vec{A} \bullet \vec{B}}{|\vec{B}|},$$

e a projeção $|\vec{B}|\cos\alpha$ do vetor $\vec{B}$ sobre o vetor $\vec{A}$ pode ser expressa como

$$|\vec{B}|\cos\alpha = \frac{\vec{A} \bullet \vec{B}}{|\vec{A}|}.$$

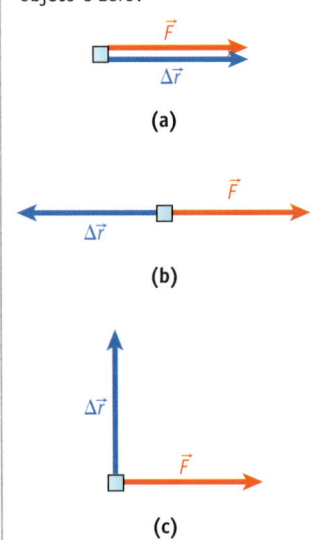

Usando um produto escalar, podemos escrever o trabalho realizado por uma força constante como

$$W = \vec{F} \bullet \Delta\vec{r}. \tag{5.13}$$

Essa equação é o principal resultado desta seção. Ela diz que o trabalho realizado por uma força constante F para deslocar um objeto em $\Delta\vec{r}$ é o produto escalar dos dois vetores. Em especial, se o deslocamento for perpendicular à força, o produto escalar é zero, e nenhum trabalho é realizado.

Observe que é possível usar qualquer vetor força e qualquer vetor deslocamento na equação 5.13. Se houver mais de uma força atuando sobre um objeto, a equação é válida para qualquer uma das forças individuais, bem como para a força resultante. A razão matemática para essa generalização está na propriedade distributiva do produto escalar, equação 5.10. Para verificar essa afirmativa, podemos analisar uma força resultante constante que é a soma de forças constantes individuais, $\vec{F}_{res} = \sum_i \vec{F}_i$. Segundo a equação 5.13, o trabalho realizado por essa força resultante é

$$W_{res} = \vec{F}_{res} \bullet \Delta\vec{r} = \left(\sum_i \vec{F}_i\right) \bullet \Delta\vec{r} = \sum_i \left(\vec{F}_i \bullet \Delta\vec{r}\right) = \sum_i W_i.$$

Em outras palavras, o trabalho resultante realizado pela força resultante é igual à soma do trabalho realizado pelas forças individuais. Demonstramos essa propriedade aditiva do trabalho somente para forças constantes, mas ela também é válida para forças variáveis (ou, falando estritamente de forças conservativas que veremos no Capítulo 6). Mas para repetir a questão principal: a equação 5.13 é válida para cada força individual e para a força resultante. Geralmente consideraremos a força resultante ao calcular o trabalho realizado sobre um objeto, mas omitiremos o índice "resultante" para simplificar a notação.

5.1 Exercícios de sala de aula

Considere um objeto submetido a um deslocamento $\Delta\vec{r}$ e sofrendo uma força $\vec{F}$. Em qual dos três casos mostrados abaixo o trabalho realizado pela força sobre o objeto é zero?

(a)

(b)

(c)

Caso unidimensional

Em todos os casos de movimento unidimensional, o trabalho realizado para produzir o movimento é dado por

$$\begin{aligned} W &= \vec{F} \bullet \Delta \vec{r} \\ &= \pm F_x \cdot |\Delta \vec{r}| = F_x \Delta x \\ &= F_x(x - x_0). \end{aligned} \quad (5.14)$$

A força $\vec{F}$ e o deslocamento $\Delta \vec{r}$ podem apontar no mesmo sentido, $\alpha = 0 \Rightarrow \cos \alpha = 1$, resultando em trabalho positivo, ou podem apontar no sentido oposto, $\alpha = 180° \Rightarrow \cos \alpha = -1$, resultando em trabalho negativo.

Teorema do trabalho e energia cinética

A relação entre a energia cinética de um objeto e o trabalho realizado pelas forças que atuam sobre ele, chamado de **teorema do trabalho e energia cinética**, é formalmente expresso como

$$\Delta K \equiv K - K_0 = W. \quad (5.15)$$

Aqui, K é a energia cinética que um objeto tem após o trabalho W ter sido realizado sobre ele, e K_0 é a energia cinética antes do trabalho ser realizado. As definições de W e K fazem com que a equação 5.15 seja equivalente à segunda lei de Newton. Para ver essa equivalência, considere uma força constante que atua em uma dimensão sobre um objeto de massa m. A segunda lei de Newton, então, é $F_x = ma_x$, e a aceleração (também constante!), a_x, do objeto está relacionada à diferença entre os quadrados de suas velocidades inicial e final por meio de $v_x^2 - v_{x0}^2 = 2a_x(x - x_0)$, que é uma das cinco equações cinemáticas que derivamos no Capítulo 2. A multiplicação dos dois lados dessa equação por $\tfrac{1}{2}m$ gera

$$\tfrac{1}{2}mv_x^2 - \tfrac{1}{2}mv_{x0}^2 = ma_x(x - x_0) = F_x \Delta x = W. \quad (5.16)$$

Assim, vemos que, para este caso unidimensional, o teorema do trabalho e energia cinética é equivalente à segunda lei de Newton.

Por causa da equivalência que acabamos de estabelecer, se mais de uma força estiver atuando sobre um objeto, podemos usar a força resultante para calcular o trabalho realizado. De modo alternativo, e mais frequente em problemas de energia, se mais de uma força estiver atuando sobre um objeto, podemos calcular o trabalho realizado por cada força e, a seguir, W na equação 5.15 representa sua soma.

O teorema do trabalho e energia cinética especifica que a mudança de energia cinética de um objeto é igual ao trabalho realizado sobre o objeto pelas forças que atuam sobre ele. Podemos reescrever a equação 5.15 para solucionar K ou K_0:

$$K = K_0 + W$$

ou

$$K_0 = K - W.$$

Por definição, a energia cinética não pode ser menor do que zero; portanto, se um objeto tiver $K_0 = 0$, o teorema do trabalho e energia cinética implica que $K = K_0 + W = W \geq 0$.

Embora tenhamos verificado o teorema do trabalho e energia cinética para uma força constante, ele também é válido para forças variáveis, como veremos abaixo. Ele é válido para todos os tipos de forças? A resposta curta é: não! Forças de atrito são um tipo de força que violam o teorema do trabalho e energia cinética. Discutiremos essa questão em maior detalhe no Capítulo 6.

5.3 Pausa para teste

Demonstre a equivalência entre a segunda lei de Newton e o teorema do trabalho e energia cinética para o caso de uma força constante que atua no espaço tridimensional.

Trabalho realizado pela força gravitacional

Com o teorema do trabalho e energia cinética à disposição, agora podemos dar outra olhada no problema de um objeto que cai sob a influência da força gravitacional, como no Exemplo 5.1. Enquanto cai, o trabalho realizado pela força gravitacional sobre o objeto é

$$W_g = +mgh, \quad (5.17)$$

onde $h = |y - y_0| = |\Delta \vec{r}| > 0$. O deslocamento $\Delta \vec{r}$ e a força da gravidade $\vec{F}_g$ apontam no mesmo sentido, resultando em um produto escalar positivo e, portanto, em trabalho positivo. Essa

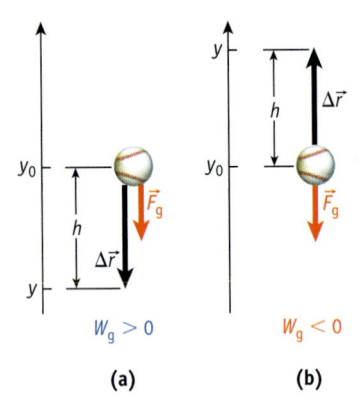

Figura 5.12 Trabalho realizado pela força gravitacional. (a) O objeto durante a queda livre. (b) Jogando um objeto para cima.

situação está ilustrada na Figura 5.12a. Como o trabalho é positivo, a força gravitacional aumenta a energia cinética do objeto.

Podemos reverter essa situação e jogar o objeto verticalmente para cima, tornando-o um projétil e dando a ele uma energia cinética inicial. Essa energia cinética diminuirá até que o projétil atinja o pico de sua trajetória. Durante esse tempo, o vetor deslocamento $\Delta \vec{r}$ aponta para cima, no sentido oposto à força da gravidade (Figura 5.12b). Assim, o trabalho realizado pela força gravitacional durante o movimento do objeto para cima é

$$W_g = -mgh. \tag{5.18}$$

Portanto, o trabalho realizado pela força gravitacional reduz a energia cinética do objeto durante seu movimento para cima. Essa conclusão é consistente com a fórmula geral para o trabalho realizado por uma força constante, $W = \vec{F} \bullet \Delta \vec{r}$, porque o deslocamento (apontando para cima) do objeto e a força gravitacional (apontando para baixo) estão em sentidos opostos.

Trabalho realizado para erguer e abaixar um objeto

Agora vamos considerar a situação em que uma força externa é aplicada a um objeto – por exemplo, prendendo o objeto a uma corda e fazendo com que seja erguido ou abaixado. O teorema do trabalho e energia cinética agora precisa incluir o trabalho realizado pela força gravitacional, W_g, e o trabalho realizado pela força externa, W_F:

$$K - K_0 = W_g + W_F.$$

Para o caso em que o objeto está em repouso tanto inicialmente ($K_0 = 0$) quanto finalmente ($K = 0$), temos

$$W_F = -W_g.$$

O trabalho realizado pela força para erguer ou abaixar o objeto é

$$W_F = -W_g = mgh \text{ (para erguer) ou } W_F = -W_g = -mgh \text{ (para abaixar).} \tag{5.19}$$

EXEMPLO 5.3 | Halterofilismo

No halterofilismo, a tarefa é pegar uma massa enorme, erguê-la sobre a cabeça e mantê-la em repouso por algum tempo. Essa ação é um exemplo da realização de trabalho através da elevação ou abaixamento de uma massa.

PROBLEMA 1
O halterofilista alemão Ronny Weller ganhou a medalha de prata nos Jogos Olímpicos de Sydney, Austrália, em 2000. Ele levantou 257,5 kg na competição de "arremesso". Presumindo que ele tenha levantado a massa a uma altura de 1,83 m e a mantido lá, qual foi o trabalho realizado neste processo?

SOLUÇÃO 1
Este problema é uma aplicação da equação 5.19 para o trabalho realizado contra a força gravitacional. O trabalho que Weller realizou foi

$$W = mgh = (257{,}5 \text{ kg})(9{,}81 \text{m/s}^2)(1{,}83 \text{ m}) = 4{,}62 \text{ kJ}.$$

PROBLEMA 2
Uma vez que Weller concluiu com êxito o levantamento e segurou a massa com os braços estendidos acima da cabeça, qual foi o trabalho realizado por ele para abaixar o peso lentamente (com energia cinética desprezível) de volta ao solo?

SOLUÇÃO 2
Este cálculo é o mesmo feito na Solução 1, exceto que o sinal do deslocamento muda. Assim, a resposta é que −4,62 kJ de trabalho são realizados para fazer com que o peso retorne ao solo – exatamente o oposto do que obtivemos no Problema 1!

Agora é uma boa hora de relembrar que estamos lidando estritamente com o trabalho mecânico. Qualquer halterofilista sabe que é possível sentir os músculos "queimarem" quando se mantém o peso acima da cabeça ou se abaixa a massa (de modo controlado) e quando o peso é levantado. (A propósito, em competições olímpicas, os halterofilistas simplesmente deixam a massa cair após um levantamento bem-sucedido.) Porém, esse efeito fisiológico não é trabalho mecânico, sobre o qual estamos atualmente interessados. Em vez disso, é a conversão de energia química – armazenada em diferentes moléculas, como açúcares – na energia necessária para contrair os músculos.

Pode-se pensar que o halterofilismo olímpico não é o melhor exemplo a ser considerado, porque a força usada para levantar a massa não é constante. Isso é verdadeiro, mas, como discutimos anteriormente, o teorema do trabalho e energia cinética se aplica a forças não constantes. Além disso, mesmo quando um guindaste ergue uma massa muito lentamente e com velocidade constante, a força de levantamento ainda não é exatamente constante, porque uma leve aceleração inicial é necessária para fazer com que a massa saia da velocidade zero para um valor finito e ocorra uma desaceleração no fim do processo de levantamento.

Uso de polias para o levantamento

Quando estudamos polias e cordas no Capítulo 4, aprendemos que as polias agem como multiplicadores de força. Por exemplo, com a configuração mostrada na Figura 5.13, a força necessária para erguer um palete de tijolos de massa m puxando a corda é apenas metade da força gravitacional, $T = \frac{1}{2}mg$. Como o trabalho realizado para erguer o palete de tijolos com cordas e polias se compara com o trabalho de erguê-lo sem esses auxílios mecânicos?

A Figura 5.13 mostra as posições inicial e final do palete de tijolos e as cordas e polias usadas para erguê-lo. O levantamento desse palete sem auxílios mecânicos exigiria a força $\vec{T}_2$, conforme indicado, cujo módulo é dado por $T_2 = mg$. O trabalho realizado pela força $\vec{T}_2$ neste caso é $W_2 = \vec{T}_2 \bullet \vec{r}_2 = T_2 r_2 = mgr_2$. Puxar a corda com força $\vec{T}_1$ de módulo $T_1 = \frac{1}{2}T_2 = \frac{1}{2}mg$ resulta no mesmo efeito. Porém, agora o deslocamento é duas vezes maior, $r_1 = 2r_2$, como se pode ver examinando a Figura 5.13. Logo, o trabalho realizado neste caso é $W_1 = \vec{T}_1 \bullet \vec{r}_1 = (\frac{1}{2}T_2)(2r_2) = mgr_2 = W_2$.

A mesma quantidade de trabalho é realizada nos dois casos. É necessário compensar a força reduzida puxando a corda por uma distância mais longa. Esse resultado é geral para o uso de polias ou braços de alavanca ou qualquer outro multiplicador de força mecânico: o trabalho realizado total é o mesmo que seria se o auxílio mecânico não fosse utilizado. Qualquer redução da força sempre será compensado por um alongamento proporcional do deslocamento.

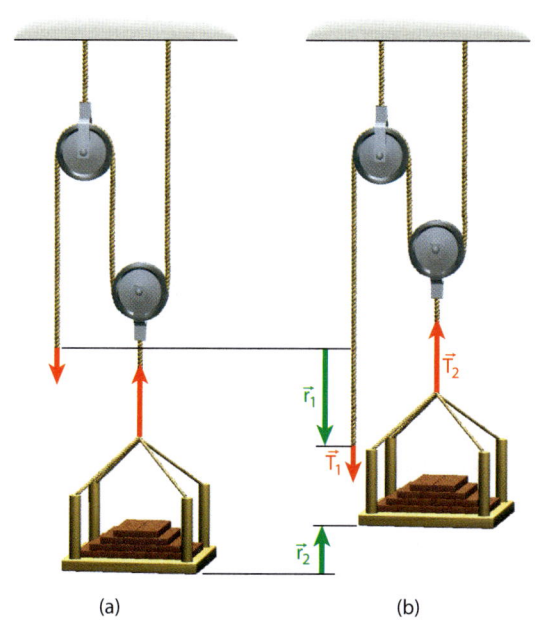

Figura 5.13 Forças e deslocamentos para o processo de erguer um palete de tijolos em um canteiro de obras com o auxílio de um mecanismo de corda e polia. (a) Palete na posição inicial. (b) Palete na posição final.

5.5 Trabalho realizado por uma força variável

Suponha que a força que atua sobre um objeto não seja constante. Qual é o trabalho realizado por essa força? Em um caso de movimento unidimensional com uma componente x variável de força $F_x(x)$, o trabalho é

$$W = \int_{x_0}^{x} F_x(x')dx'. \tag{5.20}$$

(O integrando tem x' como variável muda para distingui-lo dos limites de integrais.) A equação 5.20 mostra que o trabalho W é a área sob a curva $F_x(x)$ (veja a Figura 5.14 na seguinte derivação).

DEMONSTRAÇÃO 5.1

Se você já estudou cálculo integral, pode pular esta seção. Se a equação 5.20 for sua primeira exposição a integrais, a seguinte derivação é uma introdução útil. Vamos derivar o caso unidimensional e usar nosso resultado para a força constante como ponto de partida.

No caso de uma força constante, podemos pensar no trabalho como a área sob a linha horizontal que representa o valor da força constante no intervalo entre x_0 e x. Para uma força variável, o trabalho é a área sob a curva $F_x(x)$, mas essa área não é mais um simples retângulo. No caso de uma força variável, precisamos dividir o intervalo de x_0 para x em vários intervalos iguais e pequenos. Então, aproximamos a área sob a curva $F_x(x)$ por uma série de retângulos e adicionamos suas áreas para aproximar o trabalho. Como se pode ver na Figura 5.14a, a área do retângulo entre x_i e x_{i+1} é dada por $F_x(x_i) \cdot (x_{i+1} - x_i) = F_x(x_i) \cdot \Delta x$. Obtemos uma aproximação para o trabalho somando todos os retângulos:

$$W \approx \sum_i W_i = \sum_i F_x(x_i) \cdot \Delta x.$$

Agora espaçamos os pontos x_i cada vez mais próximos usando cada vez mais deles. Esse método torna Δx menor e faz com que a área total da série de retângulos seja uma aproximação melhor da área sob a curva $F_x(x)$, como na Figura 5.14b. No limite como $\Delta x \to 0$, a soma se aproxima da expressão exata para o trabalho:

$$W = \lim_{\Delta x \to 0} \left(\sum_i F_x(x_i) \cdot \Delta x \right).$$

Esse limite da soma das áreas é exatamente como a integral é definida:

$$W = \int_{x_0}^{x} F_x(x')dx'.$$

Derivamos esse resultado para o caso do movimento unidimensional. A derivação do caso tridimensional é feita de modo semelhante, mas envolve mais o uso de álgebra.

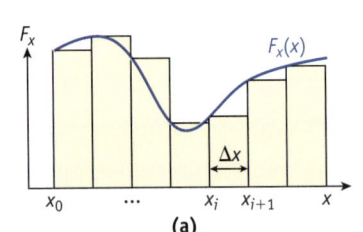

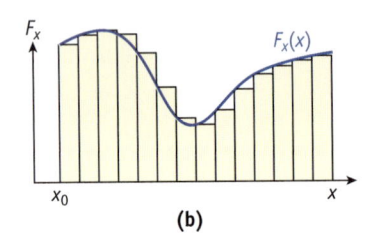

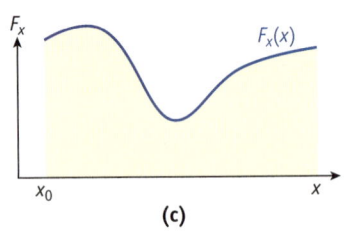

Figura 5.14 (a) Uma série de retângulos aproxima a área sob a curva obtida pela representação da força como função do deslocamento; (b) uma aproximação melhor usando retângulos de largura menor; (c) a área exata sob a curva.

Conforme prometido anteriormente, podemos verificar que o teorema do trabalho e energia cinética (equação 5.15) é válido quando a força é variável. Demonstramos esse resultado para o movimento unidimensional por questão de simplicidade, mas o teorema do trabalho e energia cinética também é válido para forças variáveis e deslocamentos em mais de uma dimensão. Presumimos uma força variável no sentido x, $F_x(x)$, como na equação 5.20, que podemos expressar como

$$F_x(x) = ma,$$

usando a segunda lei de Newton. Usamos a regra da cadeia do cálculo para obter

$$a = \frac{dv}{dt} = \frac{dv}{dx}\frac{dx}{dt}.$$

Podemos, a seguir, usar a equação 5.20 e integrar o deslocamento para obter o trabalho realizado:

$$W = \int_{x_0}^{x} F_x(x')dx' = \int_{x_0}^{x} ma\,dx' = \int_{x_0}^{x} m\frac{dv}{dx'}\frac{dx'}{dt}dx'.$$

Agora mudamos a variável de integração do deslocamento (x) para a velocidade (v):

$$W = \int_{x_0}^{x} m\frac{dx'}{dt}\frac{dv}{dx'}dx' = \int_{v_0}^{v} mv'\,dv' = m\int_{v_0}^{v} v'\,dv',$$

onde v' é uma variável muda de integração. Realizamos a integração e obtemos o resultado prometido:

$$W = m\int_{v_0}^{v} v'\,dv' = m\left[\frac{v'^2}{2}\right]_{v_0}^{v} = \frac{1}{2}mv^2 - \frac{1}{2}mv_0^2 = K - K_0 = \Delta K.$$

> **5.2 Exercícios de sala de aula**
>
> Uma componente x de uma força tem a dependência $F_x(x) = -c \cdot x^3$ sobre o deslocamento, x, onde a constante $c = 19{,}1$ N/m³. Quanto trabalho é necessário para mudar o deslocamento de 0,810 m para 1,39 m?
>
> a) 12,3 J   d) −3,76 J
> b) 0,452 J   e) 0,00 J
> c) −15,8 J

5.6 Força elástica

Vamos examinar a força necessária para esticar ou comprimir uma mola. Começamos com uma mola que não está esticada nem comprimida em relação a seu comprimento normal e localizamos a extremidade da mola nessa condição na posição de equilíbrio, x_0, conforme mostra a Figura 5.15a. Se puxarmos a extremidade da mola um pouco para a direita usando uma força externa, $\vec{F}_{ext}$, a mola fica mais comprida. No processo de alongamento, a mola gera uma força direcionada para a esquerda, ou seja, apontando para a posição de equilíbrio, e aumentando de módulo proporcionalmente ao aumento de seu comprimento. Essa força é convencionalmente chamada de **força elástica**, $\vec{F}_s$.

Puxar com uma força externa de determinado módulo estica a mola até certo deslocamento do equilíbrio e, neste ponto, a força elástica é igual em módulo à força externa (Figura 5.15b). Se essa força externa for dobrada, o deslocamento do equilíbrio também dobra (Figura 5.15c). De modo contrário, empurrar com uma força externa para a esquerda comprime a mola de seu comprimento de equilíbrio e a força elástica resultante aponta para a direita, novamente em direção à posição de equilíbrio (Figura 5.15d). Se a quantidade de compressão for dobrada (Figura 5.15e), a força elástica também dobra, assim como no alongamento.

Podemos resumir essas observações destacando que o módulo da força elástica é proporcional ao módulo do deslocamento da extremidade da mola em relação à sua posição de equilíbrio, e que a força elástica sempre aponta no sentido da posição de equilíbrio e, portanto, no sentido oposto ao vetor deslocamento.

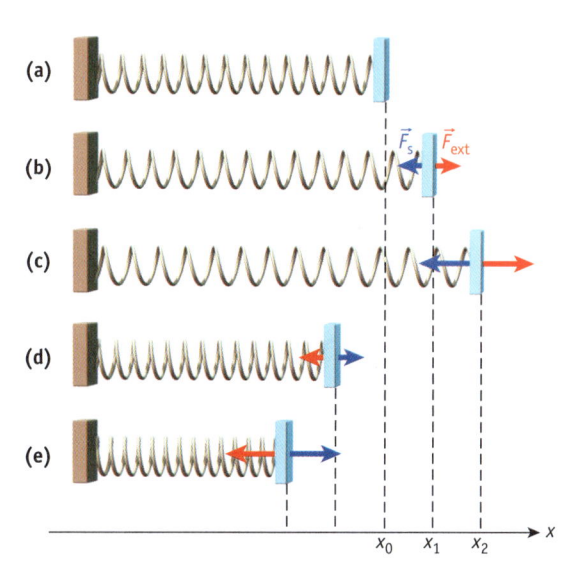

Figura 5.15 Força elástica. A mola está em posição de equilíbrio em (a), esticada em (b) e (c) e comprimida em (d) e (e). Em cada caso de não equilíbrio, a força externa que atua sobre a extremidade da mola é mostrada como uma seta vermelha, e a força elástica como uma seta azul.

$$\vec{F}_s = -k(\vec{x} - \vec{x}_0). \qquad (5.21)$$

Como de costume, essa equação vetorial pode ser escrita em termos de componentes; em especial, para a componente x, podemos escrever

$$F_s = -k(x - x_0). \qquad (5.22)$$

A constante k é, por definição, sempre positiva. O sinal negativo na frente de k indica que a força elástica tem sempre sentido oposto ao do deslocamento da posição de equilíbrio. Podemos escolher a posição de equilíbrio como sendo $x_0 = 0$, o que nos permite escrever

$$F_s = -kx. \qquad (5.23)$$

Essa lei simples de força é chamada de **lei de Hooke**, em homenagem ao físico britânico Robert Hooke (1635-1703), contemporâneo de Newton e Curador de Experiências da Royal Society. Observe que, para um deslocamento $x > 0$, a força elástica aponta no sentido negativo, e $F_s < 0$. O contrário também é verdadeiro; se $x < 0$, então $F_s > 0$. Desta forma, em todos os casos, a força elástica aponta para a posição de equilíbrio, $x = 0$. Exatamente na posição de equilíbrio, a força elástica é zero, $F_s(x = 0) = 0$. Como um lembrete do Capítulo 4, força zero é uma das condições determinantes para o equilíbrio. A constante de proporcionalidade, k, que aparece na lei de Hooke é chamada de **constante elástica** e tem unidades de N/m = kg/s^2. A força elástica é um exemplo importante de uma **força restauradora**: ela sempre atua para restaurar a extremidade da mola de volta à sua posição de equilíbrio.

Forças restauradoras lineares que seguem a lei de Hooke podem ser encontradas em muitos sistemas na natureza. Exemplos são as forças sobre um átomo que saiu um pouco do equilíbrio em uma estrutura de cristal, as forças devido a deformações de forma em núcleos atômicos e qualquer outra força que leve a oscilações em um sistema físico. No Capítulo 6, veremos que geralmente podemos aproximar a força em muitas situações físicas por uma força que segue a lei de Hooke.

É evidente que a lei de Hooke não é válida para todos os deslocamentos elásticos. Qualquer um que já tenha brincado com uma mola sabe que, se ela for esticada demais, ficará deformada e não retornará ao comprimento de equilíbrio quando for solta. Se for esticada mais ainda, acabará se rompendo em duas partes. Todas as molas têm um limite elástico – uma deformação máxima – abaixo da qual a lei de Hooke ainda é válida; no entanto, onde fica exatamente esse limite depende das características materiais da mola. Para nossas considerações neste capítulo, presumimos que as molas estão sempre dentro do limite elástico.

EXEMPLO 5.4 | Constante elástica

PROBLEMA 1

Uma mola tem comprimento de 15,4 cm e está pendurada verticalmente em um ponto de apoio acima dela (Figura 5.16a). Um peso de massa de 0,200 kg está preso à mola, fazendo com que ela estique até um comprimento de 28,6 cm (Figura 5.16b). Qual é o valor da constante elástica?

SOLUÇÃO 1

Colocamos a origem de nosso sistema de coordenadas na parte superior da mola, com o sentido positivo para cima, como de costume. Desta forma, $x_0 = -15,4$ cm e $x = -28,6$ cm. Segundo a lei de Hooke, a força elástica é

$$F_s = -k(x - x_0).$$

Além disso, sabemos que a força exercida sobre a mola foi dada pelo peso de massa 0,200 kg: $F = -mg = -(0,200 \text{ kg})(9,81 \text{ m/s}^2) = -1,962$ N. Novamente, o sinal negativo indica o sentido. Agora podemos solucionar a equação de força para a constante elástica:

$$k = -\frac{F_s}{x - x_0} = -\frac{-1,962 \text{ N}}{(-0,286 \text{ m}) - (-0,154 \text{ m})} = 14,9 \text{ N/m}.$$

Observe que teríamos obtido exatamente o mesmo resultado se tivéssemos colocado a origem do sistema de coordenadas em outro ponto ou se tivéssemos escolhido determinar o sentido para baixo como sendo positivo.

PROBLEMA 2

Que força é necessária para manter o peso em uma posição 4,6 cm acima de −28,6 cm (Figura 5.16c)?

SOLUÇÃO 2

À primeira vista, este problema parece exigir um cálculo complicado. Porém, lembre-se que a massa esticou a mola até uma nova posição de equilíbrio. Para mover a massa dessa posição, é preciso uma força externa. Se a força externa mover a massa 4,6 cm para cima, então ela precisa ser

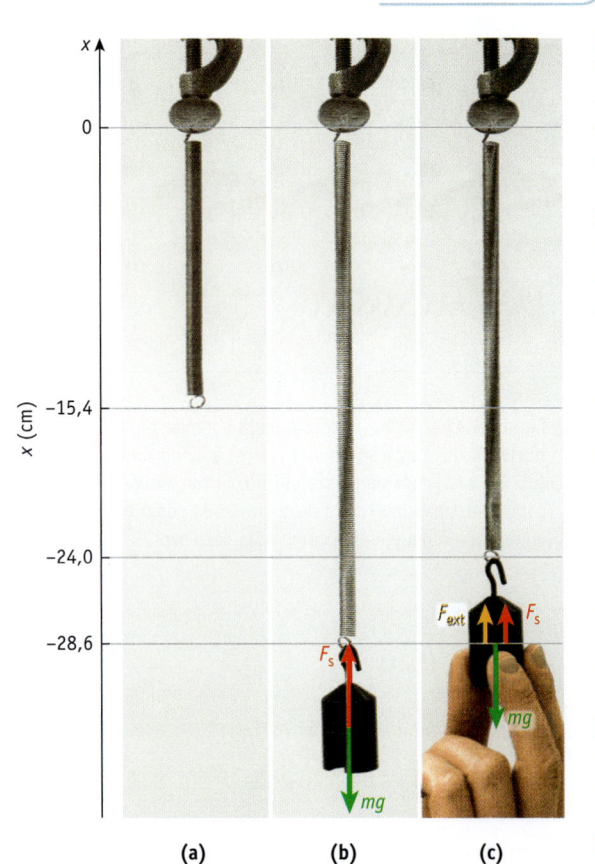

Figura 5.16 Massa sobre uma mola. (a) A mola sem qualquer massa presa a ela. (b) A mola com a massa pendurada livremente. (c) A massa empurrada para cima por uma força externa.

exatamente igual em módulo e com sentido oposto à força elástica resultante de um deslocamento de 4,6 cm. Assim, tudo que precisamos fazer para encontrar a força externa é usar a lei de Hooke para a força elástica (escolher uma nova posição de equilíbrio em $x_0 = 0$):

$$F_{ext} + F_s = 0 \Rightarrow F_{ext} = -F_s = kx = (0{,}046 \text{ m})(14{,}9 \text{N/m}) = 0{,}68 \text{N}.$$

Neste ponto, vale a pena generalizar as observações feitas no Exemplo 5.4: a adição de uma força constante – por exemplo, suspendendo uma massa da mola – somente altera a posição de equilíbrio. (Essa generalização é verdadeira para todas as forças que dependem linearmente do deslocamento.) Se a massa for movida, para cima ou para baixo, da nova posição de equilíbrio, o resultado é uma força linearmente proporcional ao deslocamento da nova posição de equilíbrio. A adição de outra massa apenas causará uma mudança adicional a uma nova posição de equilíbrio. É óbvio que a adição de mais massa não pode continuar sem limite. Em algum ponto, a adição de mais massa esticará demais a mola. Por consequência, ela não retornará a seu comprimento original quando a massa for removida, e a lei de Hooke não será mais válida.

Trabalho realizado pela força elástica

O deslocamento de uma mola é um caso de movimento em uma dimensão espacial. Portanto, podemos aplicar a integral unidimensional da equação 5.20 para encontrar o trabalho realizado pela força elástica para mover de x_0 para x. O resultado é

$$W_s = \int_{x_0}^{x} F_s(x')dx' = \int_{x_0}^{x} (-kx')dx' = -k\int_{x_0}^{x} x'dx'.$$

O trabalho realizado pela força elástica é

$$W_s = -k\int_{x_0}^{x} x'dx' = -\tfrac{1}{2}kx^2 + \tfrac{1}{2}kx_0^2. \tag{5.24}$$

Se determinarmos que $x_0 = 0$ e iniciarmos na posição de equilíbrio, como fizemos para chegar na lei de Hooke (equação 5.23), o segundo termo no lado direito da equação 5.24 se torna zero e obtemos

$$W_s = -\tfrac{1}{2}kx^2. \tag{5.25}$$

Observe que, como a constante elástica é sempre positiva, o trabalho realizado pela força elástica é sempre negativo para deslocamentos do equilíbrio. A equação 5.24 mostra que o trabalho realizado pela força elástica é positivo se o deslocamento inicial da mola estiver mais distante do equilíbrio do que o deslocamento final. O trabalho externo de módulo $\tfrac{1}{2}kx^2$ a esticará ou comprimirá para fora de sua posição de equilíbrio.

5.4 Pausa para teste

Um bloco está pendurado verticalmente de uma mola no deslocamento de equilíbrio. Então, o bloco é puxado um pouco para baixo e liberado do repouso. Desenhe o diagrama de corpo livre para o bloco em cada um seguintes casos:

a) O bloco está no deslocamento de equilíbrio.

b) O bloco está em seu ponto vertical mais alto.

c) O bloco está em seu ponto vertical mais baixo.

PROBLEMA RESOLVIDO 5.1 | Compressão de uma mola

Uma mola sem massa localizada sobre uma superfície horizontal lisa é comprimida por uma força de 63,5 N, o que resulta em um deslocamento de 4,35 cm da posição de equilíbrio inicial. Conforme mostra a Figura 5.17, uma bola de aço de massa 0,075 kg é colocada em frente à mola, que é liberada.

PROBLEMA

Qual é a velocidade da bola de aço quando é arremessada pela mola, ou seja, logo após perder contato com a mola? (Presuma que não haja atrito entre a superfície e a bola de aço; a bola simplesmente deslizará pela superfície, e não rolará.)

Continua →

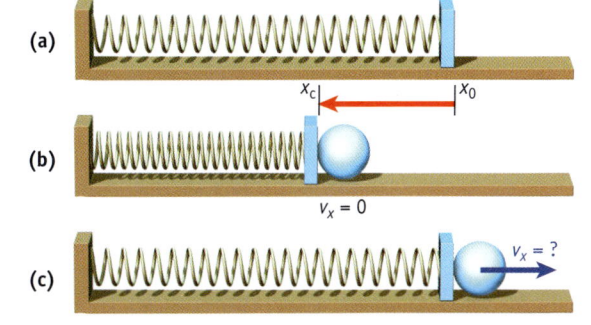

Figura 5.17 (a) Mola em posição de equilíbrio; (b) compressão da mola; (c) relaxamento da compressão a aceleração da bola de aço.

SOLUÇÃO

PENSE

Se comprimirmos uma mola com uma força externa, realizamos trabalho contra a força elástica. A liberação da mola pela retirada da força externa permite que a mola realize trabalho sobre a bola de aço, que adquire energia cinética neste processo. O cálculo do trabalho inicial realizado contra a força elástica nos permite descobrir a energia cinética que a bola de aço terá, o que nos levará à velocidade da bola.

DESENHE

Desenhamos um diagrama de corpo livre no instante antes que a força externa é removida (veja a Figura 5.18). Neste instante, a bola de aço está em repouso em equilíbrio, porque a força externa e a força elástica se equilibram. Observe que o diagrama também inclui a superfície de apoio e mostra mais duas forças que atuam sobre a bola: a força da gravidade, $\vec{F}_g$, e a força normal da superfície de apoio, $\vec{N}$. Essas duas forças se anulam e, portanto, não entram em nossos cálculos, mas vale a pena observar o conjunto completo de forças que atuam sobre a bola.

Definimos a coordenada x da bola em sua borda esquerda, que é onde a bola toca na mola. Essa é a posição fisicamente relevante, porque mede o alongamento da mola de sua posição de equilíbrio.

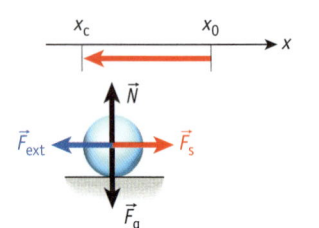

Figura 5.18 Diagrama de corpo livre da bola de aço antes que a força externa seja removida.

PESQUISE

O movimento da bola de aço começa assim que a força externa é removida. Sem a seta azul na Figura 5.18, a força elástica é a única força desequilibrada nesta situação, e ela acelera a bola. (Essa aceleração não é constante com o tempo, como acontece no movimento em queda livre, por exemplo; do contrário, ela muda com o tempo.) Porém, a beleza de aplicar considerações de energia é que não precisamos saber a aceleração para calcular a velocidade final.

Como de costume, temos liberdade para escolher a origem do sistema de coordenadas, que será colocado em x_0, a posição de equilíbrio da mola. Isso implica que definimos $x_0 = 0$. A relação entre a componente x da força elástica no momento de liberação e a compressão inicial da mola x_c é

$$F_s(x_c) = -kx_c.$$

Como $F_s(x_c) = -F_{ext}$, encontramos

$$kx_c = F_{ext}$$

O módulo dessa força externa e o valor do deslocamento foram dados, por isso podemos calcular o valor da constante elástica usando essa equação. Observe que, com nossa escolha do sistema de coordenadas, $F_{ext} < 0$, porque sua seta vetorial aponta no sentido x negativo. Além disso, $x_c < 0$, porque o deslocamento de equilíbrio está no sentido negativo.

Agora podemos calcular o trabalho W necessário para comprimir a mola. Uma vez que a força que a bola exerce sobre a mola é sempre igual e oposta à força que a mola exerce sobre a bola, a definição de trabalho nos permite determinar

$$W = -W_s = \tfrac{1}{2}kx_c^2.$$

De acordo com o teorema do trabalho e energia cinética, esse trabalho está relacionado à mudança na energia cinética da bola de aço por

$$K = K_0 + W = 0 + W = \tfrac{1}{2}kx_c^2.$$

Finalmente, a energia cinética da bola é, por definição,

$$K = \tfrac{1}{2}mv_x^2,$$

o que nos permite determinar a velocidade da bola.

SIMPLIFIQUE
Solucionamos a equação para a energia cinética para a velocidade, v_x, e depois usamos $K = \frac{1}{2}kx_c^2$ para obter

$$v_x = \sqrt{\frac{2K}{m}} = \sqrt{\frac{2(\frac{1}{2}kx_c^2)}{m}} = \sqrt{\frac{kx_c^2}{m}} = \sqrt{\frac{F_{ext}x_c}{m}}.$$

(No terceiro passo, cancelamos os fatores 2 e $\frac{1}{2}$ e, no quarto passo, usamos $kx_c = F_{ext}$.)

CALCULE
Agora estamos prontos para inserir os números: $x_c = -0{,}0435$ m, $m = 0{,}075$ kg e $F_{ext} = -63{,}5$ N. Nosso resultado é

$$v_x = \sqrt{\frac{(-63{,}5 \text{ N})(-0{,}0435 \text{ m})}{0{,}075 \text{ kg}}} = 6{,}06877 \text{ m/s}.$$

Observe que escolhemos a raiz positiva para a componente x da velocidade da bola. Examinando a Figura 5.17, pode-se ver que essa é a escolha adequada, porque a bola se moverá no sentido x positivo depois que a mola for liberada.

ARREDONDE
Arredondando para a precisão de dois algarismos com a qual a massa foi especificada, damos nosso resultado como

$$v_x = 6{,}1 \text{ m/s}.$$

SOLUÇÃO ALTERNATIVA
Estamos limitados na avaliação que podemos fazer para verificar se nossa resposta faz sentido enquanto não estudarmos o movimento sob a influência da força elástica em maior detalhe no Capítulo 14. Porém, a resposta passa pelos requisitos mínimos por ter as unidades adequadas, e a ordem de magnitude parece estar de acordo com as velocidades normais para bolas impulsionadas por armas de brinquedo que usam molas.

5.3 Exercícios de sala de aula

Quanto trabalho seria necessário para comprimir a mola do Problema resolvido 5.1 de 4,35 cm para 8,15 cm?

a) 4,85 J   d) −1,38 J
b) 1,38 J   e) 3,47 J
c) −3,47 J

5.7 Potência

Agora podemos calcular de imediato a quantidade de trabalho necessária para acelerar um carro de 1550 kg (3410 libras) de uma largada em repouso até atingir uma velocidade de 26,8 m/s (60,0 mph). O trabalho realizado é simplesmente a diferença entre as energias cinéticas final e inicial. A energia cinética inicial é zero, e a energia cinética final é

$$K = \tfrac{1}{2}mv^2 = \tfrac{1}{2}(1550 \text{ kg})(26{,}8 \text{ m/s})^2 = 557 \text{ kJ},$$

que também é a quantidade de trabalho necessária. Porém, o requisito de trabalho não é tão interessante para a maioria de nós – estaríamos mais interessados na velocidade com que o carro consegue atingir 60 mph. Ou seja, gostaríamos de saber a velocidade com que o carro consegue realizar esse trabalho.

Potência é a taxa temporal em que o trabalho é realizado. Matematicamente, isso significa que a potência, P, é a derivada de tempo do trabalho, W:

$$P = \frac{dW}{dt}. \tag{5.26}$$

Também é útil definir a potência média, $\bar{P}$, como

$$\bar{P} = \frac{W}{\Delta t}. \tag{5.27}$$

A unidade de potência do SI é o **watt** (W). [Cuidado para não confundir o símbolo do trabalho, W (*em itálico*), com a abreviação da unidade de potência, W (sem itálico).]

$$1\text{ W} = 1\text{ J/s} = 1\text{ kg m}^2/\text{s}^3. \tag{5.28}$$

Inversamente, um joule também é um watt vezes um segundo. Essa relação é refletida em uma unidade de energia muito comum (não potência!), o **kilowatt-hora** (kWh):

$$1\text{ kWh} = (1000\text{ W})(3600\text{ s}) = 3,6 \cdot 10^6\text{ J} = 3,6\text{ MJ}.$$

A unidade kWh aparece em contas de concessionárias de energia elétrica e quantifica a quantidade de energia elétrica que foi consumida. Os kilowatts-hora podem ser usados para medir qualquer tipo de energia. Desta forma, a energia cinética do carro de 1550 kg se movendo com velocidade de 26,8 m/s, que calculamos como sendo 557 kJ, pode ser expressa com mesma validade como

$$(557.000\text{ J})(1\text{ kWh}/3,6 \cdot 10^6\text{ J}) = 0,155\text{ kWh}.$$

As duas unidades do SI mais comuns são o cavalo-vapor (hp) e o pé-libra-força por segundo (pés lb/s): 1 hp = 550 pés lb/s = 746 W.

Potência para uma força constante

Para uma força constante, constatamos que o trabalho é dado por $W = \vec{F} \bullet \Delta \vec{r}$, e o trabalho diferencial como $dW = \vec{F} \bullet d\vec{r}$. Nesse caso, a derivada de tempo é

$$P = \frac{dW}{dt} = \frac{\vec{F} \bullet d\vec{r}}{dt} = \vec{F} \bullet \vec{v} = Fv\cos\alpha, \tag{5.29}$$

onde α é o ângulo entre o vetor força e o vetor velocidade. Portanto, para uma força constante, a potência é o produto escalar do vetor força pelo vetor velocidade.

> **5.4 Exercícios de sala de aula**
>
> As seguintes afirmações são verdadeiras ou falsas?
>
> a) O trabalho não pode ser realizado na ausência de movimento.
>
> b) Mais potência é necessária para erguer uma caixa lentamente do que de um modo rápido.
>
> c) Uma força é necessária para realizar trabalho.

EXEMPLO 5.5 | **Aceleração de um carro**

PROBLEMA

Retornando ao exemplo de um carro em aceleração, vamos supor que o carro, de massa 1550 kg, possa atingir uma velocidade de 60 mph (26,8 m/s) em 7,1 s. Qual é a potência média necessária para realizar isso?

SOLUÇÃO

Já verificamos que a energia cinética do carro a 60 mph é

$$K = \tfrac{1}{2}mv^2 = \tfrac{1}{2}(1550\text{ kg})(26,8\text{ m/s})^2 = 557\text{ kJ}.$$

O trabalho para levar o carro à velocidade de 60 mph é

$$W = \Delta K = K - K_0 = 557\text{ kJ}.$$

Portanto, a potência média necessária para chegar a 60 mph em 7,1 s é

$$\overline{P} = \frac{W}{\Delta t} = \frac{5,57 \cdot 10^5\text{ J}}{7,1\text{ s}} = 78,4\text{ kW} = 105\text{ hp}.$$

Se você possui um carro com massa de pelo menos 1550 kg e motor com 105 hp, sabe que não é possível atingir 60 mph em 7,1 s. Um motor com, no mínimo, 180 hp é necessário para acelerar um carro de massa 1550 kg (incluindo o motorista, naturalmente) até 60 mph nesse intervalo de tempo.

Nosso cálculo no Exemplo 5.5 não está correto por diversos motivos. Primeiro, nem toda a potência de saída do motor está disponível para realizar trabalho útil, como acelerar o carro. Segundo, forças de atrito e de resistência do ar atuam sobre um carro em movimento, mas foram ignoradas no Exemplo 5.5. O Capítulo 6 abordará o trabalho e a potência na presença de forças de atrito (atrito de rolamento e resistência do ar neste caso). Finalmente, o cavalo-vapor de um carro é uma especificação de pico, verdadeira apenas no domínio de rpm mais benéfico do motor.

À medida que você acelera o carro a partir do repouso, essa saída de pico do motor não pode ser mantida enquanto as marchas são trocadas.

As médias de massa, potência e eficiência de combustível (para tráfego urbano) de carros de porte médio nos Estados Unidos de 1975 a 2007 são mostradas na Figura 5.19. A massa de um carro é importante na condução urbana porque há muitos casos de aceleração em condições de parar o carro e colocá-lo em movimento novamente.

Podemos combinar o teorema do trabalho e energia cinética (equação 5.15) com a definição de potência média (equação 5.27) para obter

$$\bar{P} = \frac{W}{\Delta t} = \frac{\Delta K}{\Delta t} = \frac{\frac{1}{2}mv^2}{\Delta t} = \frac{mv^2}{2\Delta t}. \tag{5.30}$$

Pode-se ver que a potência média necessária para acelerar um carro a partir do repouso até uma velocidade v em um determinado intervalo de tempo, Δt, é proporcional à massa do carro. A potência consumida pelo carro é igual à potência média vezes o intervalo de tempo. Assim, quanto maior a massa do carro, mais potência é necessária para acelerá-lo em uma determinada quantidade de tempo.

Após a crise do petróleo de 1973, a massa média de carros de porte médio diminuiu de 2100 kg para 1500 kg entre 1975 e 1982. Durante o mesmo período, a potência média diminuiu de 160 hp para 110 hp, e a eficiência de combustível aumentou de 10 para 18 mpg (milhas por galão). Porém, de 1982 a 2007, a massa média e a eficiência de combustível de carros de porte médio permaneceram constante, enquanto a potência aumentou de forma regular. Aparentemente, compradores de carros de porte médio nos Estados Unidos valorizaram a maior potência em comparação à maior eficiência.

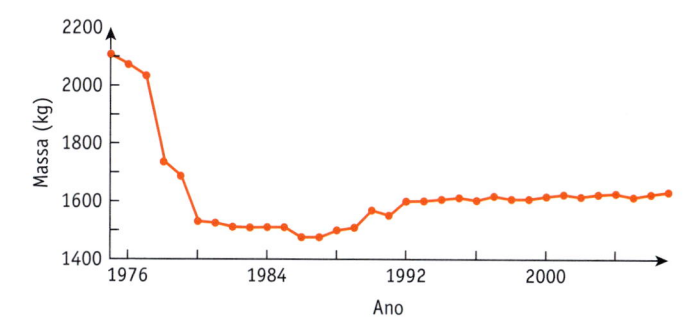

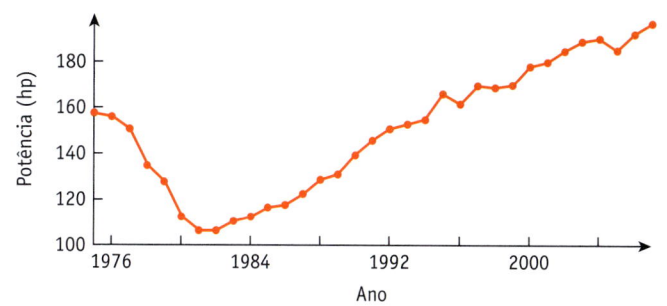

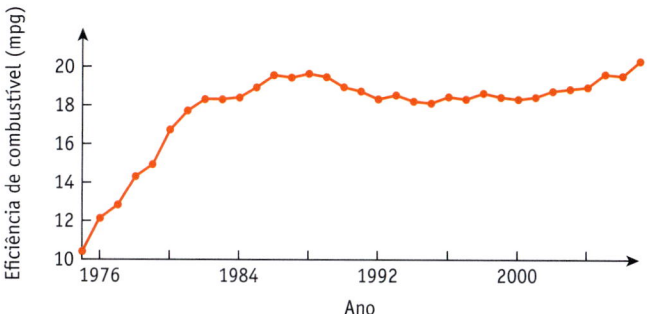

Figura 5.19 As médias de massa, potência e eficiência de combustível de carros de porte médio vendidos nos Estados Unidos de 1975 a 2007. A eficiência de combustível é a típica para tráfego urbano.

O QUE JÁ APRENDEMOS | GUIA DE ESTUDO PARA EXERCÍCIOS

- Energia cinética é a energia associada ao movimento de um objeto, $K = \frac{1}{2}mv^2$.

- A unidade do SI de trabalho e energia é o joule: 1 J = 1 kg m²/s².

- Trabalho é a energia transferida para um objeto ou transferida de um objeto pela ação de uma força. Trabalho positivo é uma transferência de energia ao objeto, e trabalho negativo é uma transferência de energia do objeto.

- O trabalho realizado por uma força constante é $W = |\vec{F}||\Delta \vec{r}| \cos \alpha$, onde α é o ângulo entre $\vec{F}$ e $\Delta \vec{r}$.

- O trabalho realizado por uma força variável em uma dimensão é $W = \int\limits_{}^{x} F_x(x')dx'$.

- O trabalho realizado pela força gravitacional no processo de erguer um objeto é $W_g = -mgh < 0$, onde $h = |y - y_0|$; o trabalho realizado pela força gravitacional para abaixar um objeto é $W_g = +mgh > 0$.

- A força elástica é dada pela lei de Hooke: $F_s = -kx$.

- O trabalho realizado pela força elástica é
$$W = -k\int\limits_{x_0}^{x} x'dx' = -\tfrac{1}{2}kx^2 + \tfrac{1}{2}kx_0^2.$$

- O teorema do trabalho e energia cinética é $\Delta K \equiv K - K_0 = W$.

- A potência, P, é a derivada de tempo de W: $P = \dfrac{dW}{dt}$.

- A potência média, $\bar{P}$, é $\bar{P} = \dfrac{W}{\Delta t}$.

- A unidade de potência do SI é o watt (W): 1 W = 1 J/s.

- A potência para uma força constante é
$$P = \frac{dW}{dt} = \frac{\vec{F} \bullet d\vec{r}}{dt} = \vec{F} \bullet \vec{v} = Fv \cos \alpha_{Fv},$$
onde α é o ângulo entre o vetor força e o vetor velocidade.

TERMOS-CHAVE

constante elástica, p. 154
energia cinética, p. 143
força elástica, p. 153
força restauradora, p. 154
joule, p. 143
kilowatt-hora, p. 158
lei de Hooke, p. 154
potência, p. 157
produto escalar, p. 146
teorema do trabalho e
  energia cinética, p. 149
trabalho, p. 145
watt, p. 158

NOVOS SÍMBOLOS E EQUAÇÕES

$K = \frac{1}{2}mv^2$, energia cinética

$W = \vec{F} \bullet \Delta \vec{r}$, trabalho realizado por uma força constante

$W = \int_{x_0}^{x} F_x(x')dx'$, trabalho realizado por uma força variável

$\Delta K = W$, teorema do trabalho e energia cinética

$F_s = -kx$, lei de Hooke

$W_s = -\frac{1}{2}kx^2$, trabalho realizado por uma mola

$P = \dfrac{dW}{dt}$, potência

RESPOSTAS DOS TESTES

5.1

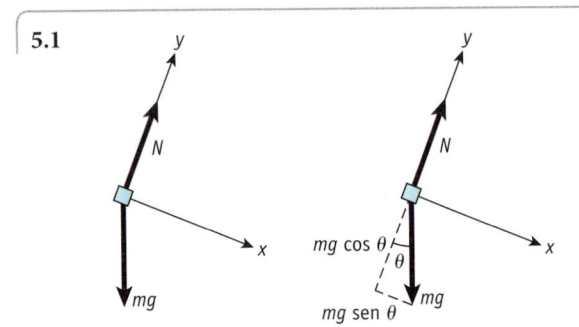

para cada componente

$$v_x^2 - v_{x0}^2 = 2a_x(x - x_0)$$
$$v_y^2 - v_{y0}^2 = 2a_y(y - y_0)$$
$$v_z^2 - v_{z0}^2 = 2a_z(z - z_0)$$

multiplique por $\frac{1}{2}m$

$$\tfrac{1}{2}mv_x^2 - \tfrac{1}{2}mv_{x0}^2 = ma_x(x - x_0)$$
$$\tfrac{1}{2}mv_y^2 - \tfrac{1}{2}mv_{y0}^2 = ma_y(y - y_0)$$
$$\tfrac{1}{2}mv_z^2 - \tfrac{1}{2}mv_{z0}^2 = ma_z(z - z_0)$$

adicione as três equações

$$\tfrac{1}{2}m\left(v_x^2 + v_y^2 + v_z^2\right) - \tfrac{1}{2}m\left(v_{x0}^2 + v_{y0}^2 + v_{z0}^2\right) =$$
$$ma_x(x - x_0) + ma_y(y - y_0) + ma_z(z - z_0)$$

$$K = \tfrac{1}{2}m\left(v_x^2 + v_y^2 + v_z^2\right) = \tfrac{1}{2}mv^2$$
$$K_0 = \tfrac{1}{2}m\left(v_{x0}^2 + v_{y0}^2 + v_{z0}^2\right) = \tfrac{1}{2}mv_0^2$$
$$\Delta \vec{r} = (x - x_0)\hat{x} + (y - y_0)\hat{y} + (z - z_0)\hat{z}$$
$$\vec{F} = ma_x\hat{x} + ma_y\hat{y} + ma_z\hat{z}$$
$$K - K_0 = \Delta K = \vec{F} \bullet \Delta \vec{r} = W$$

5.2 Equação 5.11

$$\hat{x} \bullet \hat{x} = (1,0,0) \bullet (1,0,0) = 1 \cdot 1 + 0 \cdot 0 + 0 \cdot 0 = 1$$
$$\hat{y} \bullet \hat{y} = (0,1,0) \bullet (0,1,0) = 0 \cdot 0 + 1 \cdot 1 + 0 \cdot 0 = 1$$
$$\hat{z} \bullet \hat{z} = (0,0,1) \bullet (0,0,1) = 0 \cdot 0 + 0 \cdot 0 + 1 \cdot 1 = 1$$

Equação 5.12

$$\hat{x} \bullet \hat{y} = (1,0,0) \bullet (0,1,0) = 1 \cdot 0 + 0 \cdot 1 + 0 \cdot 0 = 0$$
$$\hat{x} \bullet \hat{z} = (1,0,0) \bullet (0,0,1) = 1 \cdot 0 + 0 \cdot 0 + 0 \cdot 1 = 0$$
$$\hat{y} \bullet \hat{z} = (0,1,0) \bullet (0,0,1) = 0 \cdot 0 + 1 \cdot 0 + 0 \cdot 1 = 0$$
$$\hat{y} \bullet \hat{x} = (0,1,0) \bullet (1,0,0) = 0 \cdot 1 + 1 \cdot 0 + 0 \cdot 0 = 0$$
$$\hat{z} \bullet \hat{x} = (0,0,1) \bullet (1,0,0) = 0 \cdot 1 + 0 \cdot 0 + 1 \cdot 0 = 0$$
$$\hat{z} \bullet \hat{y} = (0,0,1) \bullet (0,1,0) = 0 \cdot 0 + 0 \cdot 1 + 1 \cdot 0 = 0$$

5.3 $\vec{F} = m\vec{a}$ pode ser reescrito como

$Fx = ma_x$
$Fy = ma_y$
$Fz = ma_z$

5.4

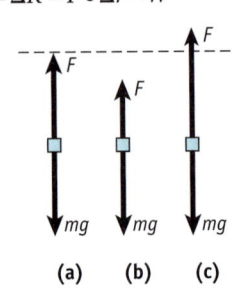

GUIA DE RESOLUÇÃO DE PROBLEMAS

1. Em todos os problemas que envolvam potência, o primeiro passo é identificar com clareza o sistema e as mudanças em suas condições. Se um objeto for submetido a um deslocamento, verifique se o deslocamento é sempre medido do mesmo ponto no objeto, como a borda frontal ou o centro do objeto. Se a velocidade do objeto mudar, identifique as velocidades inicial e final em pontos específicos. Um diagrama geralmente é útil para mostrar a posição e a velocidade do objeto em dois tempos distintos de interesse.

2. Tome cuidado ao identificar a força que está realizando trabalho. Também observe se as forças realizando trabalho são constantes ou variáveis, porque elas precisam receber um tratamento diferente.

3. É possível calcular a soma do trabalho realizado por forças individuais que atuam sobre um objeto ou o trabalho realizado pela força resultante que atua sobre um objeto; o resultado deve ser o mesmo. (Você pode usar isso como uma forma de avaliar os cálculos.)

4. Lembre-se que o sentido da força restauradora exercida por uma mola é sempre oposto ao sentido do deslocamento da mola de seu ponto de equilíbrio.

5. A fórmula para potência, $P = \vec{F} \bullet \vec{v}$, é bastante útil, mas se aplica somente a uma força constante. Ao usar a definição mais geral de potência, certifique-se de fazer a distinção entre potência média, $\bar{P} = \dfrac{W}{\Delta t}$, e o valor instantâneo da potência, $P = \dfrac{dW}{dt}$.

PROBLEMA RESOLVIDO 5.2 | Levantamento de tijolos

PROBLEMA
Uma carga de tijolos em um canteiro de obras tem massa de 85,0 kg. Um guindaste ergue essa carga do solo até uma altura de 50,0 m em 60,0 s a uma velocidade baixa e constante. Qual é a potência média do guindaste?

SOLUÇÃO

PENSE
Erguer os tijolos com velocidade baixa e constante significa que a energia cinética é desprezível, então o trabalho nesta situação é realizado apenas contra a gravidade. Não há aceleração, e o atrito é desprezível. A potência média é só o trabalho realizado contra a gravidade dividido pelo tempo que leva para erguer a carga de tijolos até a altura declarada.

DESENHE
A Figura 5.20 mostra um diagrama de corpo livre da carga de tijolos. Aqui definimos um sistema de coordenadas em que o eixo y é vertical e o positivo é para cima. A tensão, T, exercida pelo cabo do guindaste é uma força no sentido para cima, e o peso, mg, da carga de tijolos é uma força para baixo. Como a carga está se movendo com velocidade constante, a soma entre a tensão e o peso é zero. A carga é movida verticalmente por uma distância h, conforme mostrado na Figura 5.21.

PESQUISE
O trabalho, W, realizado pelo guindaste é dado por

$$W = mgh.$$

A potência média, $\bar{P}$, necessária para erguer a carga no tempo dado Δt é

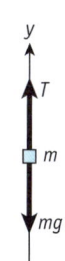

$$\bar{P} = \dfrac{W}{\Delta t}.$$

Figura 5.20 Diagrama de corpo livre da carga de tijolos de massa m sendo erguida por um guindaste.

SIMPLIFIQUE
A combinação das duas equações acima resulta em

$$\bar{P} = \dfrac{mgh}{\Delta t}.$$

CALCULE
Agora inserimos os números e obtemos

$$\bar{P} = \dfrac{(85{,}0 \text{ kg})(9{,}81 \text{ m/s}^2)(50{,}0 \text{ m})}{60{,}0 \text{ s}} = 694{,}875 \text{ W}.$$

Continua →

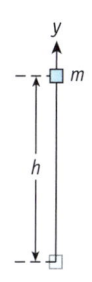

Figura 5.21 A massa m é erguida por uma distância h.

ARREDONDE
Relatamos nosso resultado final como

$$\overline{P} = 695 \text{ W}$$

porque todos os valores numéricos foram inicialmente dados com três algarismos significativos.

SOLUÇÃO ALTERNATIVA
Para avaliar nosso resultado para a potência média necessária, convertemos a potência média em watts para cavalo-vapor:

$$\overline{P} = \left(695 \text{ W}\right)\frac{1 \text{ hp}}{746 \text{ W}} = 0{,}932 \text{ hp.}$$

Assim, um motor de 1 hp é suficiente para erguer a carga de 85,0 kg em 60 s, o que não parece ser totalmente absurdo, embora seja bastante pequeno. Como os motores não são 100% eficientes, na realidade o guindaste precisaria ter um motor com uma potência um pouco maior para erguer a carga.

PROBLEMA RESOLVIDO 5.3 — Arremesso de peso

PROBLEMA
Competições de arremesso de peso usam bolas de metal com massa de 16 libras (= 7,26 kg). Um competidor arremessa o peso com um ângulo de 43,3° e o solta de uma altura de 1,82 m acima de onde ele pousa, a uma distância horizontal de 17,7 m do ponto de liberação. Qual é a energia cinética do arremesso quando sai da mão do atleta?

SOLUÇÃO
PENSE
Temos a distância horizontal, $x_s = 17{,}7$ m, a altura de liberação, $y_0 = 1{,}82$ m, e o ângulo de velocidade inicial, $\theta_0 = 43{,}3°$, mas não a velocidade inicial, v_0. Se pudermos descobrir a velocidade inicial para os dados fornecidos, então o cálculo da energia cinética inicial será objetivo, porque também sabemos a massa do peso: $m = 7{,}26$ kg.

Como o peso é bastante pesado, a resistência do ar pode ser ignorada sem problemas. Essa situação é uma excelente concretização do movimento ideal de projéteis. Depois que o peso sai da mão do arremessador, a única força sobre ele é a força da gravidade, e o peso seguirá uma trajetória parabólica até pousar no solo. Desta forma, vamos solucionar esse problema pela aplicação das regras sobre movimento ideal de projéteis.

DESENHE
A trajetória do peso é mostrada na Figura 5.22.

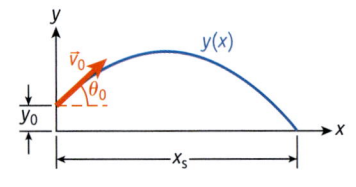

Figura 5.22 Trajetória parabólica de um peso arremessado.

PESQUISE
A energia cinética inicial K do peso de massa m é dada por

$$K = \tfrac{1}{2}mv_0^2.$$

Agora precisamos decidir como vamos obter v_0. Temos a distância, x_s, de onde o peso atinge o solo, mas isso *não* é igual ao alcance, R (para o qual obtivemos uma fórmula no Capítulo 3), porque a fórmula do alcance presume que as alturas do início e do final da trajetória sejam as mesmas. Aqui, a altura inicial do peso é y_0, e a altura final é zero. Portanto, temos que usar a expressão completa para a trajetória de um projétil ideal do Capítulo 3:

$$y = y_0 + x \text{ tg } \theta_0 - \frac{x^2 g}{2v_0^2 \cos^2 \theta_0}.$$

Essa equação descreve a componente y da trajetória como função da componente x.

Neste problema, sabemos que $y(x = x_s) = 0$, ou seja, que o peso toca o solo em $x = x_s$. Substituindo por x quando $y = 0$ na equação para trajetória resulta em

$$0 = y_0 + x_s \operatorname{tg} \theta_0 - x_s^2 \frac{g}{2v_0^2 \cos^2 \theta_0}.$$

SIMPLIFIQUE
Solucionamos essa equação para v_0^2:

$$y_0 + x_s \operatorname{tg} \theta_0 = \frac{x_s^2 g}{2v_0^2 \cos^2 \theta_0} \Rightarrow$$

$$2v_0^2 \cos^2 \theta_0 = \frac{x_s^2 g}{y_0 + x_s \operatorname{tg} \theta_0} \Rightarrow$$

$$v_0^2 = \frac{x_s^2 g}{2\cos^2 \theta_0 (y_0 + x_s \operatorname{tg} \theta_0)}.$$

Agora, substituindo por v_0^2 na expressão para a energia cinética inicial nos dá

$$K = \tfrac{1}{2}mv_0^2 = \frac{mx_s^2 g}{4\cos^2 \theta_0 (y_0 + x_s \operatorname{tg} \theta_0)}.$$

CALCULE
A inserção de valores numéricos resulta em

$$K = \frac{(7{,}26 \text{ kg})(17{,}7 \text{ m})^2 (9{,}81 \text{ m/s}^2)}{4(\cos^2 43{,}3°)[1{,}82 \text{ m} + (17{,}7 \text{ m})(\operatorname{tg} 43{,}3°)]} = 569{,}295 \text{ J}.$$

ARREDONDE
Todos os valores numéricos dados neste problema tinham três algarismos significativos, então damos nossa resposta como

$$K = 569 \text{ J}.$$

SOLUÇÃO ALTERNATIVA
Como temos uma expressão para a velocidade inicial, $v_0^2 = x_s^2 g / (2\cos^2 \theta_0 (y_0 + x_s \operatorname{tg} \theta_0))$, podemos encontrar as componentes horizontal e vertical do vetor velocidade inicial:

$$v_{x0} = v_0 \cos \theta_0 = 9{,}11 \text{ m/s}$$
$$v_{y0} = v_0 \operatorname{sen} \theta_0 = 8{,}59 \text{ m/s}.$$

Conforme discutimos na Seção 5.2, podemos separar a energia cinética total em movimento ideal de projéteis em contribuições do movimento nos sentidos horizontal e vertical (veja a equação 5.3). A energia cinética devido ao movimento no sentido x permanece constante. A energia cinética devido ao movimento no sentido y é inicialmente

$$\tfrac{1}{2}mv_{y0}^2 \operatorname{sen}^2 \theta_0 = 268 \text{ J}.$$

No pico da trajetória do peso, a componente vertical de velocidade é zero, como em todo movimento de projéteis. Isso também significa que a energia cinética associada ao movimento vertical é zero neste ponto. Todos os 268 J da energia cinética inicial devido à componente y do movimento foram usados para realizar trabalho contra a força da gravidade (veja a Seção 5.3). Este trabalho é (consulte a equação 5.18) -268 J $= -mgh$, onde $h = y_{\max} - y_0$ é a altura máxima da trajetória. Assim, encontramos o valor de h:

$$h = \frac{268 \text{ J}}{mg} = \frac{268 \text{ J}}{(7{,}26 \text{ kg})(9{,}81 \text{ m/s}^2)} = 3{,}76 \text{ m}.$$

Continua →

Vamos usar conceitos conhecidos de movimento de projéteis para encontrar a altura máxima para a velocidade inicial determinada. Na Seção 3.4, demonstrou-se que a altura máxima H de um objeto em movimento de projéteis é

$$H = y_0 + \frac{v_{y0}^2}{2g}.$$

A inserção dos números resulta em $v_{y0}^2 / 2g = 3{,}76$ m. Esse valor é o mesmo obtido aplicando considerações de potência.

QUESTÕES DE MÚLTIPLA ESCOLHA

5.1 Qual das seguintes é uma unidade correta de potência?
a) kg m/s^2
b) kg m^2/s
c) kg m^2/s^2
d) kg^2 m/s^2
e) kg^2 m^2/s^2

5.2 Uma caixa de 800 N é empurrada em um plano inclinado com 4,0 m de comprimento. São necessários 3200 J de trabalho para fazer com que a caixa atinja o topo do plano, que está 2,0 m acima da base. Qual é o módulo da força de atrito média sobre a caixa? (Presuma que a caixa comece e termine no repouso.)
a) 0 N
b) diferente de zero, mas menor do que 400 N
c) maior do que 400 N
d) 400 N
e) 800 N

5.3 Um motor bombeia água continuamente através de uma mangueira. Se a velocidade com que a água passar pelo bocal da mangueira for v, e se k for a massa por comprimento unitário do jato d'água à medida que sai do bocal, qual é a energia cinética transmitida à água?
a) $\frac{1}{2}kv^3$
b) $\frac{1}{2}kv^2$
c) $\frac{1}{2}kv$
d) $\frac{1}{2}v^2/k$
e) $\frac{1}{2}v^3/k$

5.4 Um carro de 1500 kg acelera de 0 a 25 m/s em 7,0 s. Qual é a potência média fornecida pelo motor (1 hp = 746 W)?
a) 60 hp
b) 70 hp
c) 80 hp
d) 90 hp
e) 180 hp

5.5 Qual das seguintes é uma unidade correta de potência?
a) kg m/s^2
b) N
c) J
d) m/s^2
e) W

5.6 Quanto trabalho é realizado quando uma pessoa de 75 kg sobe uma escada de 10 m de altura com velocidade constante?
a) $7{,}35 \cdot 10^5$ J
b) 750 J
c) 75 J
d) 7500 J
e) 7350 J

5.7 Quanto trabalho os funcionários de uma empresa de mudança realizam (horizontalmente) para empurrar uma caixa de 150 kg por 12,3 m sobre um piso com velocidade constante se o coeficiente de atrito for 0,70?
a) 1300 J
b) 1845 J
c) $1{,}3 \cdot 10^4$ J
d) $1{,}8 \cdot 10^4$ J
e) 130 J

5.8 Oito livros, cada um com 4,6 cm de espessura e massa de 1,8 kg, estão sobre uma mesa plana. Quanto trabalho é necessário para empilhá-los um em cima do outro?
a) 141 J
b) 23 J
c) 230 J
d) 0,81 J
e) 14 J

5.9 Uma partícula se move paralelamente ao eixo x. A força resultante sobre a partícula aumenta com x segundo a fórmula $F_x = (120 \text{ N/m})x$, na qual a força está em newtons e x em metros. Quanto trabalho essa força realiza sobre a partícula conforme ela se move de $x = 0$ para $x = 0{,}50$ m?
a) 7,5 J
b) 15 J
c) 30 J
d) 60 J
e) 120 J

5.10 Uma paraquedista está sujeita a duas forças: gravidade e resistência do ar. Caindo verticalmente, ela atinge velocidade terminal constante em algum momento após saltar de um avião. Como ela está se movendo com velocidade constante daquele momento até abrir o paraquedas, baseados no teorema do trabalho e energia cinética, concluímos que, durante esse intervalo de tempo,
a) o trabalho realizado pela gravidade é zero.
b) o trabalho realizado pela resistência do ar é zero.
c) o trabalho realizado pela gravidade equivale à negativa do trabalho realizado pela resistência do ar.
d) o trabalho realizado pela gravidade equivale ao trabalho realizado pela resistência do ar.
e) sua energia cinética aumenta.

QUESTÕES

5.11 Se o trabalho resultante realizado sobre uma partícula for zero, o que pode ser dito sobre a velocidade da partícula?

5.12 Paulo e Catarina partem do repouso ao mesmo tempo com altura h em cima de dois tobogãs aquáticos com configurações distintas. Os tobogãs quase não têm atrito. a) Qual dos dois chega primeiro ao fim do tobogã? b) Qual dos dois tem velocidade maior na chegada? Que princípio físico você usou para dar sua resposta?

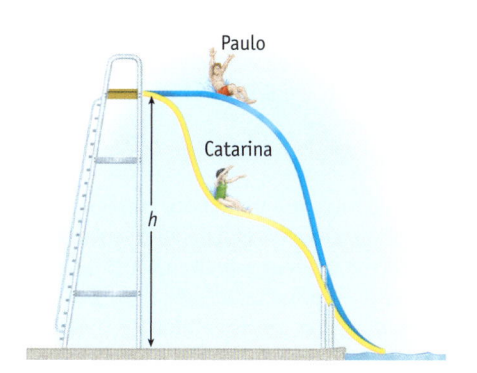

5.13 A Terra realiza algum trabalho sobre a lua à medida que esta se move em sua órbita?

5.14 Um carro de massa m que está viajando com velocidade v_1 consegue frear até parar depois de percorrer uma distância d. Se o carro acelerar por um fator de 2, $v_2 = 2_{v1}$, por qual fator sua distância de parada aumenta, presumindo que a força de frenagem F é aproximadamente independente da velocidade do carro?

PROBLEMAS

Um • e dois •• indicam um nível crescente de dificuldade do problema.

Seção 5.2

5.15 O dano realizado por um projétil no impacto está correlacionado à sua energia cinética. Calcule e compare as energias cinéticas desses três projéteis:

a) uma pedra de 10,0 kg a 30,0 m/s

b) uma bola de beisebol de 100,0 g a 60,0 m/s

c) um projétil de 20,0 g a 300 m/s

5.16 Uma limusine está se movendo com velocidade de 100 km/h. Se a massa da limusine, incluindo os passageiros, for de 1900 kg, qual é sua energia cinética?

5.17 Dois vagões, cada um com massa de 7000 kg e viajando a 90 km/h, colidem de frente e chegam ao repouso. Quanta energia mecânica se perde nessa colisão?

5.18 Pense nas respostas a essas questões da próxima vez que você estiver dirigindo um carro:

a) Qual é a energia cinética de um carro de 1500 kg se movendo a 15 m/s?

b) Se o carro alterar sua velocidade para 30 m/s, como o valor de sua energia cinética mudaria?

5.19 Um tigre de 200 kg em movimento tem energia cinética de 14.400 J. Qual é a velocidade do tigre?

•**5.20** Dois carros estão em movimento. O primeiro carro tem duas vezes a massa do segundo carro, mas apenas metade da energia cinética. Quando os dois carros aumentam sua velocidade em 5,0 m/s, então eles têm a mesma energia cinética. Calcule as velocidades originais dos dois carros.

•**5.21** Qual é a energia cinética de um projétil ideal de massa 20,1 kg no ápice (ponto mais alto) de sua trajetória, se foi lançado com velocidade inicial de 27,3 m/s e ângulo inicial de 46,9° em relação à horizontal?

Seção 5.4

5.22 Uma força de 5 N atua por uma distância de 12 m no sentido da força. Encontre o trabalho realizado.

5.23 Duas bolas de beisebol são arremessadas de cima de um prédio com 7,25 m de altura. Ambas são arremessadas com velocidade inicial de 63,5 mph. A bola 1 é arremessada horizontalmente, e a bola 2 é jogada direto para baixo. Qual é a diferença de velocidade entre as duas bolas quando tocarem no solo? (Despreze a resistência do ar.)

5.24 Um refrigerador de 95 kg está parado sobre o solo. Quanto trabalho é necessário para movê-lo com velocidade constante por 4,0 m sobre o solo contra uma força de atrito de 180 N?

5.25 Um martelo de massa m = 2,0 kg cai sobre um prego de uma altura h = 0,4 m. Calcule a quantidade máxima de trabalho que ele poderia realizar sobre o prego.

5.26 Você empurra seu sofá por uma distância de 4,0 m pelo chão da sala de estar com uma força horizontal de 200,0 N. A força de atrito é de 150,0 N. Qual é o trabalho realizado por você, pela força de atrito, pela gravidade e pela força resultante?

•**5.27** Suponha que você puxe um trenó com uma corda que faz um ângulo de 30° com a horizontal. Quanto trabalho você realiza se puxar com 25,0 N de força e o trenó se mover 25 m?

•**5.28** Um pai puxa seu filho, cuja massa é de 25,0 g e que está sentado em um balanço com cordas de 3,00 m de comprimento até que as cordas façam um ângulo de 33,6° em relação à vertical. A seguir, ele solta seu filho do repouso. Qual é a velocidade do filho na parte inferior do movimento do balanço?

•**5.29** Uma força constante, $\vec{F}$ = (4,79, −3,79, 2,09) N, atua sobre um objeto de massa 18,0 kg, causando um deslocamento desse objeto por $\vec{r}$ = (4,25, 3,69, −2,45) m. Qual é o trabalho realizado total realizado por essa força?

•**5.30** Uma mãe puxa sua filha, cuja massa é de 20,0 g e que está sentada em um balanço com cordas de 3,50 m de comprimento até que as cordas façam um ângulo de 35,0° em relação à vertical. A seguir, ela solta sua filha do repouso. Qual é a velocidade da filha quando as cordas fazem um ângulo de 15,0° em relação à vertical?

•**5.31** Um esquiador desce uma montanha de 30° por 80 pés antes de saltar de uma rampa horizontal de comprimento desprezível. Se a velocidade de salto do esquiador é de 45 pés/s, qual é o coeficiente de atrito cinético entre os esquis e a montanha? O valor do coeficiente de atrito seria diferente se expresso em unidades do SI? Se sim, em quanto seria diferente?

•**5.32** Ao nível do mar, uma molécula de nitrogênio no ar tem energia cinética média de $6{,}2 \cdot 10^{-21}$ J. Sua massa é de $4{,}7 \cdot 10^{-26}$ kg. Se a molécula pudesse ser atirada para cima sem colidir com outras moléculas, que altura ela atingiria? Que porcentagem do raio da Terra essa altura representa? Qual é a velocidade inicial da molécula? (Suponha que possa usar $g = 9{,}81$ m/s^2, embora veremos no Capítulo 12 que essa pressuposição pode não se justificar nesta situação.)

••**5.33** Uma bala de revólver se movendo com velocidade de 153 m/s atravessa uma tábua de madeira. Depois de passar pela tábua, sua velocidade é de 130 m/s. Outra bala, de mesma massa e tamanho, mas se movendo a 92 m/s, atravessa uma tábua idêntica. Qual será a velocidade dessa segunda bala após atravessar a tábua? Presuma que a resistência oferecida pela tábua seja independente da velocidade da bala.

Seção 5.5

•**5.34** Uma partícula de massa m está sujeita a uma força que atua no sentido x. $F_x = (3{,}0 + 0{,}50x)$ N. Encontre o trabalho realizado pela força conforme a partícula se move de $x = 0$ para $x = 4{,}0$ m.

•**5.35** Uma força tem a dependência $F_x(x) = -kx^4$ sobre o deslocamento, x, onde a constante $k = 20{,}3$ N/m^4. Quanto trabalho é necessário para mudar o deslocamento de 0,73 m para 1,35 m?

•**5.36** Um corpo de massa m se move por uma trajetória $\vec{r}(t)$ no espaço tridimensional com energia cinética constante. Que relação geométrica precisa haver entre o vetor velocidade do corpo, $\vec{v}(t)$, e seu vetor aceleração, $\vec{a}(t)$, para realizar isso?

•**5.37** Uma força dada por $F(x) = 5x^3 \hat{x}$ atua sobre uma massa de 1 kg que se move sobre uma superfície sem atrito. A massa se move de $x = 2$ m para $x = 6$ m.

a) Quanto trabalho é realizado pela força?

b) Se a massa tem velocidade de 2 m/s em $x = 2$ m, qual é sua velocidade em $x = 6$ m?

Seção 5.6

5.38 Uma mola ideal tem constante elástica $k = 440$ N/m. Calcule a distância que essa mola deve ser esticada de sua posição de equilíbrio para que 25 J de trabalho sejam realizados.

5.39 Uma mola é esticada 5,00 cm de sua posição de equilíbrio. Se esse alongamento exige 30,0 J de trabalho, qual é a constante elástica?

5.40 Uma mola com constante elástica k é inicialmente comprimida por uma distância x_0 de seu comprimento de equilíbrio. Após retornar à posição de equilíbrio, a mola é esticada por uma distância x_0 dessa posição. Qual é a razão entre o trabalho que precisa ser realizado na mola no alongamento e o trabalho realizado na compressão?

•**5.41** Uma mola com constante elástica de 238,5 N/m é comprimida em 0,231 m. A seguir, um rolimã de aço de massa 0,0413 kg é colocada na extremidade da mola, que é liberada. Qual é a velocidade do rolimã logo após perder contato com a mola? (O rolimã sairá da mola exatamente quando a mola retornar à posição de equilíbrio. Suponha que a massa da mola possa ser desprezada.)

Seção 5.7

5.42 Um cavalo puxa um trenó horizontalmente sobre um campo coberto de neve. O coeficiente de atrito entre o trenó e a neve é de 0,195, e a massa do trenó, incluindo a carga, é de 202,3 kg. Se o cavalo se move com velocidade constante de 1,785 m/s, qual é a potência necessária para realizar isso?

5.43 Um cavalo puxa um trenó horizontalmente sobre a neve com velocidade constante. O cavalo consegue produzir uma potência de 1,060 hp. O coeficiente de atrito entre o trenó e a neve é de 0,115, e a massa do trenó, incluindo a carga, é de 204,7 kg. Qual é a velocidade com que o trenó se move pela neve?

5.44 Enquanto um barco está sendo rebocado com velocidade de 12 m/s, a tensão na linha de reboque é de 6,0 kN. Qual é a potência fornecida ao barco pela linha de reboque?

5.45 Um carro de massa 1214,5 kg está se movendo com velocidade de 62,5 mph quando se perde em uma curva na estrada e atinge um pilar de ponte. Se o carro chegar ao repouso em 0,236 s, quanta potência média (em watts) é gasta nesse intervalo?

5.46 Um motor gasta 40 hp para mover um carro sobre uma pista plana com velocidade de 15 m/s. Qual é a força total que atua sobre o carro no sentido oposto ao movimento do carro?

•**5.47** Um ciclista desce uma encosta de 7,0° com velocidade constante de 5,0 m/s. Presumindo uma massa total de 75 kg (bicicleta mais ciclista), qual deve ser a potência de saída para subir a mesma encosta com a mesma velocidade?

•**5.48** Um carro de massa 942,4 kg acelera do repouso com potência de saída constante de 140,5 hp. Desprezando a resistência do ar, qual é a velocidade do carro após 4,55 s?

•**5.49** Um pequeno dirigível é usado para fins de publicidade durante uma partida de futebol. Ele tem massa de 93,5 kg e está preso por uma corda a um caminhão no solo. A corda faz um ângulo de 53,3° para baixo em relação à horizontal, e o dirigível flutua no ar com altura constante de 19,5 m acima do solo. O caminhão se move em uma linha reta por 840,5 m sobre a superfície plana do estacionamento do estádio com velocidade constante de 8,9 m/s. Se o coeficiente de arrasto (K em $F = Kv^2$) é de 0,5 kg/m, quanto trabalho é realizado pelo caminhão para puxar o dirigível (presumindo que não haja vento)?

••**5.50** Um carro de massa m acelera do repouso sobre uma pista plana e reta, sem aceleração constante, mas com potência constante, P. Suponha que a resistência do ar seja desprezível.

a) Encontre a velocidade do carro como função de tempo.

b) Um segundo carro parte do repouso ao lado do primeiro carro na mesma pista, mas mantém uma aceleração constante. Qual carro assume a dianteira? O outro carro o ultrapassa? Se sim, escreva uma fórmula para a distância do ponto de partida em que isso acontece.

c) Você está em uma corrida de dragster, em uma pista plana e reta, com um adversário cujo carro mantém uma aceleração constante de 12,0 m/s². Os dois carros têm massas idênticas de 1000 kg. Os carros partem juntos do repouso. Presume-se que a resistência do ar seja desprezível. Calcule a potência mínima que seu motor precisa para vencer a corrida, presumindo que a potência de saída seja constante e a distância até a linha de chegada seja de 0,250 milhas.

Problemas adicionais

5.51 Nos Jogos Olímpicos de 2004 em Atenas, Grécia, o atleta iraniano Hossein Reza Zadeh ganhou a medalha de ouro no levantamento de peso. Ele levantou 472,5 kg (1041 libras) combinados em seus dois melhores levantamentos na competição. Presumindo que ele levantou os pesos a uma altura de 196,7 cm, que trabalho foi realizado?

5.52 Quanto trabalho é realizado contra a gravidade para erguer um peso de 6 kg por uma distância de 20 cm?

5.53 Um determinado trator é capaz de puxar com força constante de 14 kN enquanto se move com velocidade de 3,0 m/s. Quanta potência, em kilowatts e em cavalo-vapor, o trator está fornecendo sob essas condições?

5.54 Um atleta de arremesso de peso acelera um peso de 7,3 kg do repouso a 14 m/s. Se esse movimento leva 2,0 s, que potência média foi fornecida?

5.55 Uma propaganda alega que um carro de 1200 kg pode acelerar do repouso até uma velocidade de 25 m/s em 8,0 s. Que potência média o motor deve fornecer para causar essa aceleração? Ignore as perdas em razão do atrito.

5.56 Um carro de massa $m = 1250$ kg está viajando com velocidade de $v_0 = 105$ km/h (29,2 m/s). Calcule o trabalho que deve ser realizado pelos freios a fim de parar completamente o carro.

5.57 Uma flecha de massa $m = 88$ g (0,088 kg) é disparada de um arco. A corda do arco exerce uma força média de $F = 110$ N sobre a flecha por uma distância $d = 78$ cm (0,78 m). Calcule a velocidade da flecha quando ela sai do arco.

5.58 A massa de um livro de física é de 3,4 kg. Você pega o livro em cima de uma mesa e o ergue 0,47 m com velocidade constante de 0,27 m/s.

a) Qual é o trabalho realizado pela gravidade sobre o livro?

b) Qual é a potência que você forneceu para realizar essa tarefa?

5.59 Um trenó de massa m recebe um empurrão para subir uma rampa sem atrito, que faz um ângulo de 28° em relação à horizontal. O trenó acaba parando a uma altura de 1,35 m acima de onde partiu. Calcule sua velocidade inicial.

5.60 Um homem arremessa uma pedra de massa $m = 0.325$ kg para cima. Nesse processo, seu braço realiza uma quantidade total de trabalho $W_{resultante} = 115$ J sobre a pedra. Calcule a distância máxima, h, acima da mão de lançamento do homem que a pedra percorrerá. Despreze a resistência do ar.

5.61 Um carro realiza o trabalho $W_{carro} = 7,0 \cdot 10^4$ J ao percorrer uma distância $x = 2,8$ km com velocidade constante. Calcule a força média F (de todas as fontes) que atua sobre o carro neste processo.

• **5.62** Uma bola de softbol, de massa $m = 0,25$ kg, é arremessada com velocidade $v_0 = 26,4$ m/s. Em razão da resistência do ar, quando ela chega à base do batedor, desacelerou em 10%. A distância entre a base e o arremessador é $d = 15$ m. Calcule a força média da resistência do ar, F_{ar}, que é exercida sobre a bola durante seu movimento do arremessador à base.

• **5.63** Um caminhão plataforma é carregado com uma pilha de sacos de cimento cuja massa combinada é de 1143,5 kg. O coeficiente de atrito estático entre a carroceria do caminhão e o saco de baixo da pilha é de 0,372, e os sacos não estão amarrados, mas mantidos em posição pela força do atrito entre a carroceria e o saco de baixo. O caminhão acelera de modo uniforme do repouso até 56,6 mph em 22,9 s. A pilha de sacos está a 1 m da extremidade da carroceria do caminhão. A pilha desliza sobre a carroceria? O coeficiente de atrito cinético entre o saco de baixo e a carroceria do caminhão é 0,257. Qual é o trabalho realizado sobre a pilha pela força de atrito entre a pilha e a carroceria do caminhão?

• **5.64** Uma motorista observa que seu carro de 1000 kg desacelera de $v_0 = 90$ km/h (25 m/s) para $v = 70$ km/h (19,4 m/s) em $t = 6,0$ s quando se move sobre um solo plano em ponto morto. Calcule a potência necessária para manter o carro se movendo com velocidade constante, $v_{média} = 80$ km/h (22,2 m/s).

• **5.65** O carrinho de 125 kg na figura parte do repouso e rola com atrito desprezível. Ele é puxado por três cordas, conforme mostrado. Ele se move 100 m horizontalmente. Encontre a velocidade final do carrinho.

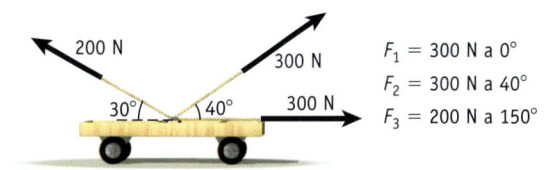

$F_1 = 300$ N a 0°
$F_2 = 300$ N a 40°
$F_3 = 200$ N a 150°

• **5.66** Calcule a potência necessária para impulsionar um carro de 1000,0 kg a 25,0 m/s em um plano inclinado 5,0° acima da horizontal. Despreze o atrito e a resistência do ar.

• **5.67** Um avô puxa sua neta, cuja massa é de 21,0 kg e que está sentada em um balanço com cordas de 2,50 m de comprimento e a solta do repouso. A velocidade da neta na parte inferior do movimento do balanço é de 3,00 m/s. Qual é o ângulo (em graus, medido em relação à vertical) em que ela é liberada?

• **5.68** Um alpinista de 65 kg sobe até o segundo acampamento base de Nanga Parbat, no Paquistão, a uma altitude de 3900 m, começando do primeiro acampamento base a 2200 m. A escalada é feita em 5,0 h. Calcule (a) o trabalho realizado contra a gravidade, (b) a potência média e (c) a taxa de energia de entrada necessária, presumindo que a eficiência de conversão energética do corpo humano é de 15%.

6 Energia Potencial e Conservação de Energia

O QUE APRENDEREMOS 169

- 6.1 Energia potencial 169
- 6.2 Forças conservativas e não conservativas 170
- Forças de atrito 172
- 6.3 Trabalho e energia potencial 173
- 6.4 Energia potencial e força 174
- Potencial de Lennard-Jones 175
  - **Exemplo 6.1** Força molecular 175
- 6.5 Conservação de energia mecânica 177
  - **Problema resolvido 6.1** Defesa com catapulta 178
- 6.6 Trabalho e energia para a força elástica 181
  - **Problema resolvido 6.2** Bola de canhão humana 181
  - **Exemplo 6.2** *Bungee Jumping* 184
- Energia potencial de um objeto pendurado em uma mola 185
- 6.7 Forças não conservativas e o teorema do trabalho e energia cinética 186
  - **Problema resolvido 6.3** Bloco impulsionado de uma mesa 187
- 6.8 Energia potencial e estabilidade 190
- Pontos de equilíbrio 190
- Pontos de inflexão 191
- Visão geral: física atômica 191

O QUE JÁ APRENDEMOS / GUIA DE ESTUDO PARA EXERCÍCIOS 192

- Guia de resolução de problemas 193
  - **Problema resolvido 6.4** Trapezista 193
  - **Problema resolvido 6.5** Trenó na montanha do Mickey Mouse 195
  - **Problema resolvido 6.6** Potência produzida pelas Cataratas do Niágara 197
- Questões de múltipla escolha 198
- Questões 199
- Problemas 200

Figura 6.1 Cataratas do Niágara.

O QUE APRENDEREMOS

- Energia potencial, U, é a energia armazenada na configuração de um sistema de objetos que exercem forças entre si.

- Quando uma força conservativa realiza trabalho sobre um objeto que percorre um trajeto e retorna ao ponto de partida (um caminho fechado), o trabalho total é zero. Uma força que não cumpre esse requisito é chamada de força não conservativa.

- Uma energia potencial pode se associar com qualquer força conservativa. A mudança de energia potencial em função de alguma reordenação espacial de um sistema é igual a menos (sinal negativo) o trabalho realizado pela força conservativa durante essa reordenação espacial.

- A energia mecânica, E, é a soma da energia cinética e da energia potencial.

- A energia mecânica total é conservada (ela permanece constante com o tempo) para qualquer processo mecânico dentro de um sistema isolado que envolve apenas forças conservativas.

- Em um sistema isolado, a energia total – ou seja, a soma de todas as formas de energia, sejam mecânicas ou não – sempre é conservada. Isso é válido para forças conservativa e não conservativa.

- Pequenos distúrbios em torno de um ponto de equilíbrio estável resultam em pequenas oscilações em torno do ponto de equilíbrio; para um ponto de equilíbrio instável, pequenos distúrbios resultam em um movimento acelerado para longe do ponto de equilíbrio.

As Cataratas do Niágara são uma das imagens mais espetaculares do mundo, com cerca de 5500 metros cúbicos de água caindo 49 m (160 pés) por *segundo*! As Cataratas Horseshoe na fronteira canadense, mostradas na Figura 6.1, têm comprimento de 790 m (2592 pés); as Cataratas Americanas no lado dos Estados Unidos se estendem por mais 305 m (1001 pés) de comprimento. Juntas, elas são uma das maiores atrações turísticas da América do Norte. Porém, as Cataratas do Niágara são mais do que uma maravilha cênica. Elas também são uma das maiores fontes de energia elétrica do mundo, produzindo mais de 2500 megawatts (veja o Problema resolvido 6.6). Os humanos têm utilizado a energia de quedas d'água desde épocas imemoriais, usando-a para fazer girar grandes rodas de pá para moinhos e fábricas. Hoje em dia, a conversão de energia de queda d'água em energia elétrica por represas hidroelétricas é uma importante fonte de energia em todo o mundo.

Como vimos no Capítulo 5, energia é um conceito fundamental em física que governa muitas das interações que envolvem forças e movimentos de objetos. Neste capítulo, continuamos nosso estudo de energia, introduzindo diversas novas formas de energia e novas leis que governam seu uso. Voltaremos às leis de energia nos capítulos sobre termodinâmica, desenvolvendo grande parte do material apresentado aqui. No entanto, primeiro continuaremos nosso estudo de mecânica, recorrendo muitas vezes às ideias discutidas aqui.

6.1 Energia potencial

O Capítulo 5 examinou em detalhe a relação entre energia cinética e trabalho, e um dos pontos principais foi que o trabalho e a energia cinética podem ser convertidos entre eles. Agora, esta seção introduz outro tipo de energia, chamada de *energia potencial*.

Energia potencial, U, é a energia armazenada na configuração de um sistema de objetos que exercem forças entre si. Por exemplo, vimos que o trabalho é realizado por uma força externa para erguer uma carga contra a força da gravidade, e esse trabalho é dado por $W = mgh$, onde m é a massa da carga e $h = y - y_0$ é a altura em que a carga é erguida acima de sua posição inicial. (Neste capítulo, vamos presumir que o eixo y aponta para cima, a menos que seja especificado de modo diferente.) Esse levantamento pode ser realizado sem alterar a energia cinética, como no caso de um halterofilista que levanta uma massa acima da cabeça e a mantém lá. Há energia armazenada para manter a massa acima da cabeça. Se o halterofilista soltar a massa, essa energia pode ser convertida de volta em energia cinética à medida que a massa acelera e cai até o solo. Podemos expressar a energia potencial gravitacional como

$$U_g = mgy. \qquad (6.1)$$

A mudança na energia potencial gravitacional da massa é

$$\Delta U_g \equiv U_g(y) - U_g(y_0) = mg(y - y_0) = mgh. \qquad (6.2)$$

(A equação 6.1 somente é válida próximo à superfície terrestre, onde $F_g = mg$, e no limite em que a Terra é infinitamente massiva em relação ao objeto. Encontraremos uma expressão mais geral para U_g no Capítulo 12.) No Capítulo 5, também calculamos o trabalho realizado pela força gravitacional sobre um objeto que é erguido por uma altura h: $W_g = -mgh$. Com isso, vemos que o trabalho realizado pela força gravitacional e a energia potencial gravitacional para um objeto erguido do repouso até uma altura h estão relacionados por

$$\Delta U_g = -W_g. \quad (6.3)$$

Vamos considerar a energia potencial gravitacional em uma situação específica: um halterofilista que levanta uma barra de massa m. O halterofilista começa com a barra no solo, conforme mostra a Figura 6.2a. Em $y = 0$, a energia potencial gravitacional pode ser definida como $U_g = 0$. A seguir, o halterofilista pega a barra, levanta-a até uma altura de $y = h/2$ e a mantém lá, como mostra a Figura 6.2b. A energia potencial gravitacional agora é $U_g = mgh/2$, e o trabalho realizado pela gravidade sobre a barra é $W_g = -mgh/2$. O halterofilista, então, levanta a barra sobre sua cabeça até uma altura de $y = h$, conforme mostra a Figura 6.2c. A energia potencial gravitacional agora é $U_g = mgh$, e o trabalho realizado pela gravidade durante esta parte do levantamento é $W_g = -mgh/2$. Após concluir o levantamento, o halterofilista solta a barra, que cai até o solo, conforme ilustrado na Figura 6.2d. A energia potencial gravitacional da barra no solo é novamente $U_g = 0$, e o trabalho realizado pela gravidade durante a queda é $W_g = mgh$.

A equação 6.3 é verdadeira mesmo para caminhos complicados que envolvem movimento horizontal e vertical do objeto, porque a força gravitacional não realiza trabalho durante os segmentos horizontais do movimento. No movimento horizontal, o deslocamento é perpendicular à força da gravidade (que sempre aponta verticalmente para baixo) e, portanto, o produto escalar entre os vetores força e deslocamento é zero; logo, nenhum trabalho é realizado.

O levantamento de qualquer massa a uma elevação mais alta envolve a realização de trabalho contra a força da gravidade e gera um aumento de energia potencial gravitacional da massa. Essa energia pode ser armazenada para uso posterior. Esse princípio é empregado, por exemplo, em muitas represas hidroelétricas. A eletricidade gerada em excesso pelas turbinas é usada para bombear água para um reservatório em uma elevação maior. Lá, ele constitui uma reserva que pode ser aproveitada em épocas de alta demanda de energia e/ou baixo fornecimento de água. Enunciado em termos gerais, se ΔU_g for positiva, existe o potencial (daí o nome energia potencial) para permitir que ΔU_g seja negativa no futuro, com isso extraindo trabalho positivo, uma vez que $W_g = -\Delta U_g$.

6.2 Forças conservativas e não conservativas

Antes de poder calcular a energia potencial de uma determinada força, precisamos perguntar: todos os tipos de forças podem ser usados para armazenar energia potencial para recuperação

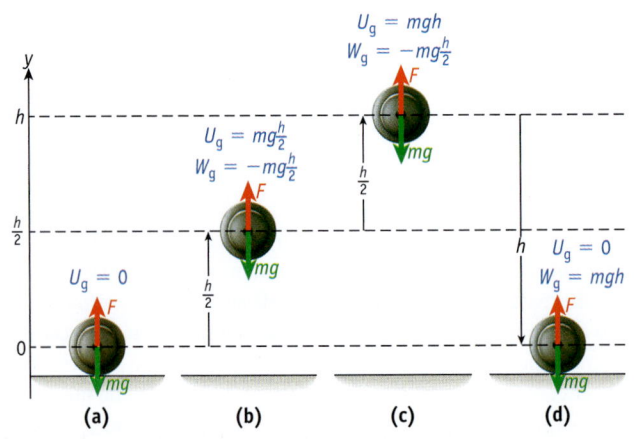

Figura 6.2 Levantamento de peso e energia potencial (o diagrama mostra a barra na visão lateral e omite o halterofilista). O peso da barra é mg, e a força normal exercida pelo solo ou pelo halterofilista para manter o peso para cima é F. (a) A barra inicialmente está no solo. (b) O halterofilista levanta a barra de massa m até uma altura de $h/2$ e a mantém lá. (c) O halterofilista levanta a barra por uma distância adicional $h/2$, até uma altura de h, e a mantém lá. (d) O halterofilista solta a barra até o solo.

posterior? Se não, que tipos de forças podemos usar? Para responder essa questão, precisamos considerar o que acontece ao trabalho realizado por uma força quando o sentido do caminho feito pelo objeto é revertido. No caso da força gravitacional, já vimos o que acontece. Conforme mostra a Figura 6.3, o trabalho realizado por F_g quando um objeto de massa m é erguido da elevação y_A para y_B tem o mesmo módulo, mas sinal oposto, ao trabalho realizado por F_g quando o mesmo objeto é abaixado da elevação y_B para y_A. Isso significa que o trabalho total realizado por F_g para erguer o objeto de alguma elevação para outra diferente e, a seguir, devolvê-lo à mesma elevação é zero. Esse fato é a base para a definição de uma força conservativa (consulte a Figura 6.4a).

Definição

Uma **força conservativa** é qualquer força para a qual o trabalho realizado sobre qualquer caminho fechado é zero. Uma força que não cumpre esse requisito é chamada de **força não conservativa**.

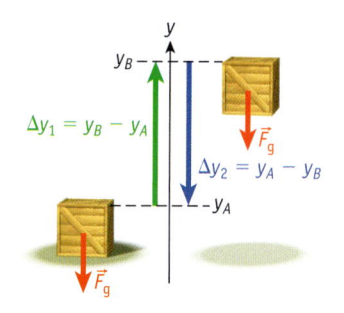

Figura 6.3 Vetores força gravitacional e deslocamento para erguer e abaixar uma caixa.

Para forças conservativas, podemos imediatamente enunciar duas consequências dessa definição:

1. Se soubermos o trabalho, $W_{A \to B}$, realizado por uma força conservativa sobre um objeto à medida que ele se move por um caminho do ponto A ao ponto B, então também sabemos o trabalho, $W_{B \to A}$, que a mesma força realiza sobre o objeto conforme ele se move sobre um caminho no sentido oposto, do ponto B ao ponto A (veja a Figura 6.4b):

$$W_{B \to A} = -W_{A \to B} \quad \text{(para forças conservativas).} \tag{6.4}$$

A prova desse enunciado é obtida a partir da condição de trabalho zero sobre um ciclo fechado. Como o caminho de A a B forma um ciclo fechado, a soma das contribuições de trabalho do ciclo precisa ser igual a zero. Em outras palavras,

$$W_{A \to B} + W_{B \to A} = 0,$$

da qual segue imediatamente a equação 6.4.

2. Se soubermos o trabalho, $W_{A \to B, \text{caminho } 1}$, realizado por uma força conservativa sobre um objeto que se move pelo caminho 1 do ponto A ao ponto B, então também sabemos o trabalho, $W_{A \to B, \text{caminho } 2}$, realizado pela mesma força sobre o objeto quando ele usa qualquer outro caminho 2 para ir do ponto A ao ponto B (veja a Figura 6.4c). O trabalho é o mesmo; o trabalho realizado por uma força conservativa é independente do caminho feito pelo objeto:

$$W_{A \to B, \text{caminho } 2} = W_{A \to B, \text{caminho } 1} \tag{6.5}$$

(para caminhos arbitrários 1 e 2, para forças conservativas).

Também é fácil comprovar esse enunciado usando a definição de uma força conservativa como uma força para a qual o trabalho realizado sobre qualquer caminho fechado é zero. O caminho do ponto A ao ponto B no caminho 1 e, a seguir, de volta de B para A no caminho 2 é um ciclo fechado; portanto, $W_{A \to B, \text{caminho } 2} + W_{B \to A, \text{caminho } 1} = 0$. Agora usamos a equação 6.4 para o sentido do caminho, $W_{B \to A, \text{caminho } 1} = -W_{A \to B, \text{caminho } 1}$. A combinação desses dois resultados nos dá $W_{A \to B, \text{caminho } 2} - W_{A \to B, \text{caminho } 1} = 0$, da qual segue a equação 6.5.

Uma aplicação física dos resultados matemáticos que acabamos de fornecer envolve andar de bicicleta de um ponto, como sua casa, a outro, como a piscina. Presumindo que sua casa esteja localizada no sopé de uma colina e a piscina no cume, podemos usar a Figura 6.4c para ilustrar esse exemplo, com o ponto A representando sua casa e o ponto B, a piscina. O que os enunciados acima em relação a forças conservativas significam é que você realiza a mesma quantidade de trabalho para andar de bicicleta de casa até a piscina, independentemente do trajeto escolhido. Você pode fazer um trajeto mais curto e inclinado, ou mais plano e longo; você pode até escolher um trajeto que vai para cima e para baixo entre os pontos A e B. O trabalho total será o mesmo. Porém, como em quase todos os exemplos do mundo real, há algumas complicações aqui: faz diferença se você usar os freios de mão; existe resistência do ar e atrito dos pneus a serem considerados; e seu corpo também realiza outras funções metabólicas durante o passeio, além de mover sua massa e a da bicicleta do ponto A ao B. Mas este exemplo

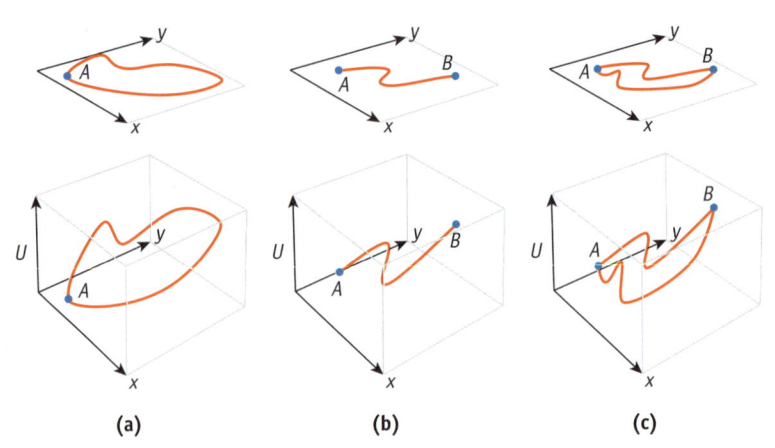

Figura 6.4 Vários caminhos para a energia potencial relacionada a uma força conservativa como função de posições x e y, sendo que U é proporcional a y. Os gráficos bidimensionais são projeções dos gráficos tridimensionais no plano xy. (a) Ciclo fechado. (b) Um caminho do ponto A ao ponto B. (c) Dois caminhos distintos entre os pontos A e B.

pode ajudá-lo a desenvolver uma imagem mental dos conceitos de independência que o trabalho e as forças conservativas têm do caminho.

A força gravitacional, como vimos, é um exemplo de força conservativa. Outro exemplo é a força elástica. No entanto, nem todas as forças são conservativas. Quais forças são não conservativas?

Forças de atrito

Vamos considerar o que acontece ao se deslizar uma caixa sobre uma superfície horizontal, do ponto A ao ponto B e, a seguir, de volta ao ponto A, se o coeficiente de atrito cinético entre x e a caixa e a superfície for μ_k (Figura 6.5). Como aprendemos, a força de atrito é dada por $f = \mu_k N = \mu_k mg$ e sempre aponta no sentido oposto ao do movimento. Vamos usar os resultados do Capítulo 5 para encontrar o trabalho realizado por essa força de atrito. Como a força de atrito é constante, a quantidade de trabalho que ela realiza é encontrada simplesmente obtendo o produto escalar entre os vetores força de atrito e deslocamento.

Para o movimento de A a B, usamos a fórmula de produto escalar geral para o trabalho realizado por uma força constante:

$$W_{f1} = \vec{f} \bullet \Delta \vec{r}_1 = -f \cdot (x_B - x_A) = -\mu_k mg \cdot (x_B - x_A).$$

Presumimos que o eixo x positivo está apontando para a direita, seguindo a convenção, então a força de atrito aponta no sentido x negativo. Para o movimento de retorno de B a A, então, a força de atrito aponta no sentido x positivo. Portanto, o trabalho realizado para essa parte do caminho é

$$W_{f2} = \vec{f} \bullet \Delta \vec{r}_2 = f \cdot (x_A - x_B) = \mu_k mg \cdot (x_A - x_B).$$

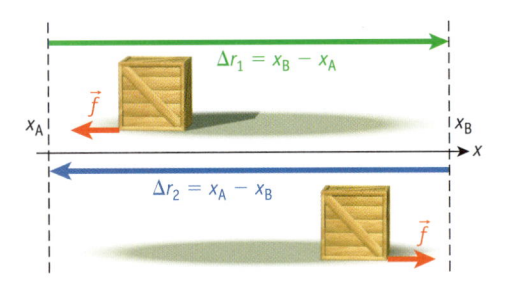

Figura 6.5 Vetor força de atrito e vetor deslocamento para o processo de deslizar uma caixa para frente e para trás sobre uma superfície com atrito.

Esse resultado nos leva a concluir que o trabalho total realizado pela força de atrito enquanto a caixa desliza pela superfície no caminho fechado do ponto A ao ponto B e de volta ao ponto A não é zero, mas, em vez disso,

$$W_f = W_{f1} + W_{f2} = -2\mu_k mg(x_B - x_A) < 0. \tag{6.6}$$

Parece haver uma contradição entre esse resultado e o teorema do trabalho e energia cinética. A caixa inicia com energia cinética zero e, em determinada posição, acaba com energia cinética zero e na mesma posição. Segundo o teorema do trabalho e energia cinética, o trabalho total realizado deveria ser zero. Isso nos leva a concluir que a força de atrito não realiza trabalho da mesma maneira que uma força conservativa. Do contrário, a força de atrito converte energia cinética e/ou potencial em energia de excitação interna dos dois objetos que exercem atrito entre si (a caixa e a superfície de apoio, neste caso). Essa energia de excitação interna pode assumir a forma de vibrações ou energia térmica e até energia química ou elétrica. A questão principal é que a conversão de energia cinética e/ou potencial em energia de excitação interna não é reversível, ou seja, a energia de excitação interna não pode ser totalmente convertida de volta em energia cinética e/ou potencial.

Desta forma, vemos que a força de atrito é um exemplo de força não conservativa. Como a força de atrito sempre atua no sentido oposto ao deslocamento, a dissipação de energia devido à força de atrito é sempre negativa, não importando se o caminho é fechado ou não. O trabalho realizado por uma força conservativa, W, pode ser positivo ou negativo, mas a dissipação da força de atrito, W_f, é sempre negativa, retirando energia cinética e/ou potencial e convertendo-a em energia de excitação interna. O uso do símbolo W_f para essa energia dissipada é um lembrete de que utilizamos os mesmos procedimentos empregados para calcular o trabalho para forças conservativas.

O fato decisivo é que a força de atrito muda de sentido como função do sentido do movimento e causa dissipação. O vetor força de atrito é sempre antiparalelo ao vetor velocidade; qualquer força com essa propriedade não pode ser conservativa. A dissipação converte energia cinética em energia interna do objeto, que é outra característica importante de uma força não conservativa. Na Seção 6.7, examinaremos essa questão em maior detalhe.

Outro exemplo de força não conservativa é a força da resistência do ar. Ela também é dependente da velocidade e sempre aponta no sentido oposto ao do vetor velocidade, assim como a força do atrito cinético. Ainda outro exemplo de força não conservativa é a força de amortecimento. Ela também é dependente da velocidade e tem sentido oposto à velocidade.

> **6.1 Exercícios de sala de aula**
>
> Uma pessoa empurra uma caixa com massa de 10,0 kg por uma distância de 5,00 m sobre o solo. O coeficiente de atrito cinético entre a caixa e o solo é 0,250. A seguir, a pessoa pega a caixa, ergue-a até uma altura de 1,00 m, carrega a caixa até o ponto de partida e a põe de volta no solo. Quanto trabalho a pessoa precisa realizar sobre a caixa?
>
> a) 0 J   d) 123 J
> b) 12,5 J   e) 25,0 J
> c) 98,1 J   f) 246 J

6.3 Trabalho e energia potencial

Ao considerar o trabalho realizado pela força gravitacional e sua relação com a energia potencial gravitacional na Seção 6.1, constatamos que a mudança de energia potencial é igual a menos (com sinal negativo) o trabalho realizado pela força, $\Delta U_g = -W_g$. Essa relação é verdadeira para todas as forças conservativas. Na verdade, podemos usá-la para definir o conceito de energia potencial.

Para qualquer força conservativa, a mudança de energia potencial em função de alguma reordenação espacial de um sistema é igual à negativa (com sinal negativo) do trabalho realizado pela força conservativa durante essa reordenação espacial:

$$\Delta U = -W. \tag{6.7}$$

Já vimos que o trabalho é dado por

$$W = \int_{x_0}^{x} F_x(x')dx'. \tag{6.8}$$

A combinação das equações 6.7 e 6.8 nos dá a relação entre a força conservativa e a energia potencial:

$$\Delta U = U(x) - U(x_0) = -\int_{x_0}^{x} F_x(x')dx'. \tag{6.9}$$

Poderíamos usar a equação 6.9 para calcular a mudança de energia potencial em razão da ação de qualquer força conservativa. Por que deveríamos nos preocupar com o conceito de energia potencial quando podemos lidar diretamente com a própria força conservativa? A resposta é que a mudança de energia potencial depende somente dos estados inicial e final do sistema e é independente do caminho feito para chegar ao estado final. Geralmente temos uma expressão simples para a energia potencial (e, assim, sua mudança) antes de trabalhar em um problema! Em contraste, a avaliação da integral no lado direito da equação 6.9 poderia ser bastante complicada. E, de fato, a economia computacional não é o único argumento, pois o uso de considerações de energia baseia-se em uma lei da física subjacente (a lei de conservação de energia, que será introduzida na Seção 6.4).

No Capítulo 5, avaliamos essa integral para a força da gravidade e para a força elástica. O resultado para a força gravitacional é

$$\Delta U_g = U_g(y) - U_g(y_0) = -\int_{y_0}^{y}(-mg)dy' = mg\int_{y_0}^{y}dy' = mgy - mgy_0. \tag{6.10}$$

Isso está em conformidade com o resultado que encontramos na Seção 6.1. Por consequência, a energia potencial gravitacional é

$$U_g(y) = mgy + \text{constante.} \tag{6.11}$$

Observe que conseguimos determinar a energia potencial na coordenada y somente dentro de uma constante aditiva. A única grandeza fisicamente observável, o trabalho realizado, está relacionada à *diferença* na energia potencial. Se adicionarmos uma constante arbitrária ao valor da energia potencial em todo o lugar, a diferença nas energias potenciais permanece inalterada.

Da mesma forma, encontramos para a força elástica que

$$\begin{aligned}\Delta U_s &= U_s(x) - U_s(x_0) \\ &= -\int_{x_0}^{x} F_s(x')dx' \\ &= -\int_{x_0}^{x} (-kx')dx' \\ &= k\int_{x_0}^{x} x'dx'\end{aligned}$$

$$\Delta U_s = \tfrac{1}{2}kx^2 - \tfrac{1}{2}kx_0^2. \tag{6.12}$$

Logo, a energia potencial associada ao alongamento de uma mola de sua posição de equilíbrio, em $x = 0$, é

$$U_s(x) = \tfrac{1}{2}kx^2 + \text{constante.} \tag{6.13}$$

Novamente, a energia potencial é determinada apenas dentro de uma constante aditiva. Porém, não esqueça que as situações físicas geralmente forçarão uma escolha dessa constante aditiva.

6.4 Energia potencial e força

Como podemos encontrar a força conservativa quando temos informações sobre a energia potencial correspondente? Em cálculo, obter a derivada é a operação inversa de integrar, e a integração é usada na equação 6.9 para a mudança de energia potencial. Portanto, obtemos a derivada daquela expressão para chegar à força da energia potencial:

$$F_x(x) = -\frac{dU(x)}{dx}. \tag{6.14}$$

A equação 6.14 é uma expressão para a força da energia potencial para o caso do movimento unidimensional. Como se pode ver nessa expressão, qualquer constante que você adicionar à energia potencial não terá nenhuma influência sobre o resultado obtido para a força, porque a obtenção da derivada de um termo constante resulta em zero. Essa é mais uma evidência de que a energia potencial pode ser determinada apenas dentro de uma constante aditiva.

Só vamos considerar o movimento em situações tridimensionais mais adiante neste livro. Porém, para manter a integridade, podemos enunciar a expressão para a força a partir da energia potencial para o caso do movimento tridimensional:

$$\vec{F}(\vec{r}) = -\left(\frac{\partial U(\vec{r})}{\partial x}\hat{x} + \frac{\partial U(\vec{r})}{\partial y}\hat{y} + \frac{\partial U(\vec{r})}{\partial z}\hat{z}\right). \tag{6.15}$$

Aqui, as componentes da força são dadas como derivadas parciais com relação às coordenadas correspondentes. Se você está cursando engenharia ou ciência, encontrará derivadas parciais em muitas situações.

6.2 Exercícios de sala de aula

A energia potencial, $U(x)$, é mostrada como função de posição, x, na figura. Em que região o módulo da força é maior?

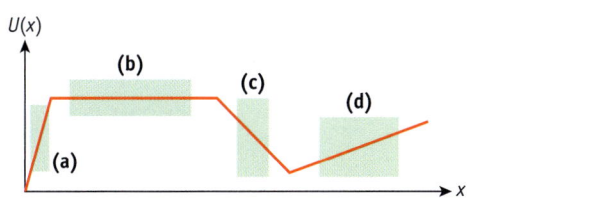

Potencial de Lennard-Jones

Empiricamente, a energia potencial associada à interação de dois átomos em uma molécula como função da separação dos átomos tem uma forma que é chamada de *potencial de Lennard-Jones*. Essa energia potencial como função da separação, x, é dada por

$$U(x) = 4U_0\left[\left(\frac{x_0}{x}\right)^{12} - \left(\frac{x_0}{x}\right)^{6}\right]. \tag{6.16}$$

Aqui, U_0 é uma energia constante e x_0 é um comprimento constante. O potencial de Lennard-Jones é um dos conceitos mais importantes na física atômica, sendo utilizado para a maioria das simulações numéricas de sistemas moleculares.

EXEMPLO 6.1 Força molecular

PROBLEMA
Qual é a força resultante do potencial de Lennard-Jones?

SOLUÇÃO
Simplesmente obtemos a negativa (sinal negativo) da derivada da energia potencial em relação a x:

$$\begin{aligned}F_x(x) &= -\frac{dU(x)}{dx}\\ &= -\frac{d}{dx}\left(4U_0\left[\left(\frac{x_0}{x}\right)^{12} - \left(\frac{x_0}{x}\right)^{6}\right]\right)\\ &= -4U_0 x_0^{12}\frac{d}{dx}\left(\frac{1}{x^{12}}\right) + 4U_0 x_0^{6}\frac{d}{dx}\left(\frac{1}{x^{6}}\right)\\ &= 48U_0 x_0^{12}\frac{1}{x^{13}} - 24U_0 x_0^{6}\frac{1}{x^{7}}\\ &= \frac{24U_0}{x_0}\left[2\left(\frac{x_0}{x}\right)^{13} - \left(\frac{x_0}{x}\right)^{7}\right].\end{aligned}$$

PROBLEMA
Em que valor de x o potencial de Lennard-Jones tem seu valor mínimo?

SOLUÇÃO
Como acabamos de verificar que a força é a derivada da função de energia potencial, tudo que temos a fazer é encontrar o(s) ponto(s) onde $F(x) = 0$. Isso leva a

$$F_x(x)\bigg|_{x=x_{\min}} = \frac{24U_0}{x_0}\left[2\left(\frac{x_0}{x_{\min}}\right)^{13} - \left(\frac{x_0}{x_{\min}}\right)^{7}\right] = 0.$$

Continua →

Essa condição pode ser satisfeita somente se a expressão no parêntese maior for zero; assim,

$$2\left(\frac{x_0}{x_{\min}}\right)^{13} = \left(\frac{x_0}{x_{\min}}\right)^{7}.$$

A multiplicação dos dois lados por $x^{13}x_0^{-7}$ gera

$$2x_0^6 = x_{\min}^6$$

ou

$$x_{\min} = 2^{1/6} x_0 \approx 1{,}1225 x_0.$$

Em termos matemáticos, não é suficiente demonstrar que a derivada é zero para estabelecer que o potencial tem, de fato, um mínimo nessa coordenada. Também devemos nos certificar de que a segunda derivada seja positiva. Você pode fazer isso como exercício.

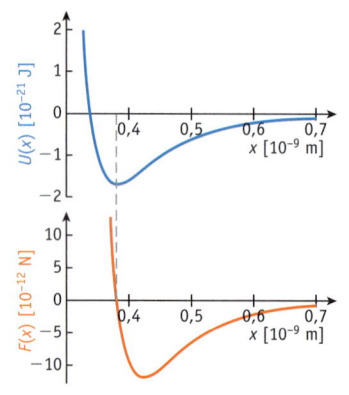

Figura 6.6 (a) Dependência que a energia potencial tem da coordenada x da função de energia potencial na equação 6.16. (b) Dependência que a força tem da coordenada x da função de energia potencial na equação 6.16.

A Figura 6.6a mostra a forma do potencial de Lennard-Jones, representado em gráfico usando a equação 6.16, com $x_0 = 0{,}34$ nm e $U_0 = 1{,}70 \cdot 10^{-21}$ J, para a interação de dois átomos de argônio como função da separação dos centros dos dois átomos. A Figura 6.6b mostra o gráfico da força molecular correspondente, usando a expressão que encontramos no Exemplo 6.1. A linha pontilhada vertical cinza marca a coordenada em que o potencial tem um valor mínimo e onde, por consequência, a força é zero. Observe também que, próximo ao ponto mínimo do potencial (dentro de ±0,1 nm), a força pode ser aproximada de perto por uma função linear, $Fx(x) \approx -k(x - x_{\min})$. Isso significa que, próximo ao valor mínimo, a força molecular em função do potencial de Lennard-Jones se comporta como uma força elástica.

O Capítulo 5 mencionou que forças semelhantes à força elástica aparecem em muitos sistemas físicos, e a conexão entre energia potencial e força recém descrita nos diz o porquê. Veja, por exemplo, o skatista na pista mostrada na Figura 6.7. A superfície curva da pista se aproxima da forma do potencial de Lennard-Jones próximo ao valor mínimo. Se o skatista estiver em $x = x_{\min}$, ele pode permanecer lá em repouso. Se ele estiver à esquerda do valor mínimo, onde $x < x_{\min}$, então a pista exerce uma força sobre ele, que aponta para a direita, $F_x > 0$; quanto mais ele se mover para a esquerda, maior será a força. No lado direito da pista, para $x > x_{\min}$, a força aponta para a esquerda, isto é, $F_x < 0$. Novamente, essas observações podem ser resumidas com uma expressão para força que aproximadamente segue a lei de Hooke: $Fx(x) = -k(x - x_{\min})$.

Além disso, podemos chegar a essa mesma conclusão usando a matemática e escrevendo uma expansão de Taylor para $F_x(x)$ em torno de $x_{\min}$:

$$F_x(x) = F_x(x_{\min}) + \left(\frac{dF_x}{dx}\right)_{x=x_{\min}} \cdot (x - x_{\min}) + \frac{1}{2}\left(\frac{d^2 F_x}{dx^2}\right)_{x=x_{\min}} \cdot (x - x_{\min})^2 + \cdots.$$

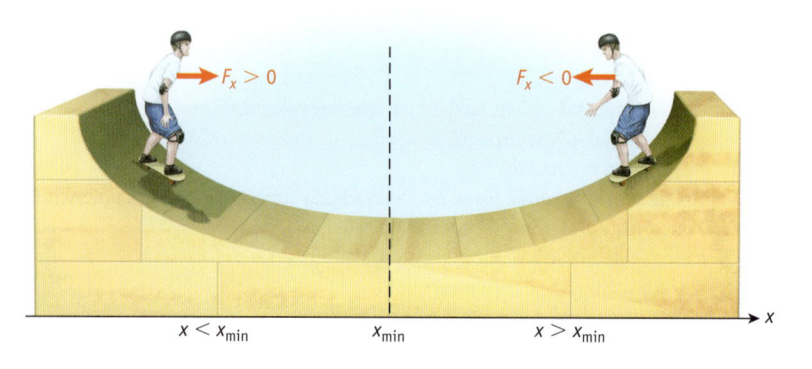

Figura 6.7 Skatista em uma pista.

Como estamos expandindo em torno do valor mínimo da energia potencial e como acabamos de demonstrar que a força lá é zero, temos $F_x(x_{min}) = 0$. Se existe um valor mínimo de potencial em $x = x_{min}$, então a segunda derivada do potencial deve ser positiva. Uma vez que, segundo a equação 6.14, a força é $Fx(x) = -dU(x)/dx$, isso significa que a derivada da força é $dF_x(x)/dx = -d^2U(x)/dx^2$. No valor mínimo do potencial, temos $(dF_x/dx)_{x=x_{min}} < 0$. Expressando o valor da primeira derivada da força na coordenada x_{min} como alguma constante, $(dF_x/dx)_{x=x_{min}} = -k$ (with $k > 0$), encontramos $F_x(x) = -k(x - x_{min})$, se estivermos próximos o bastante de x_{min} que possamos desprezar os termos proporcionais a $(x - x_{min})^2$ e potências maiores.

Esses argumentos físicos e matemáticos estabelecem por que é importante estudar a fundo a lei de Hooke e as equações resultantes de movimento. Neste capítulo, estudamos o trabalho realizado pela força elástica.

6.1 Pausa para teste

Algumas forças na natureza dependem do inverso da distância entre os objetos ao quadrado. Como o energia potencial associada a essa força depende da distância entre os objetos?

6.5 Conservação de energia mecânica

Definimos energia potencial em referência a um sistema de objetos. Examinaremos tipos diferentes de sistemas gerais nos próximos capítulos, mas aqui nos concentramos em um tipo especial de sistema: um **sistema isolado**, que, por definição, é um sistema de objetos que exercem forças entre si, mas para os quais nenhuma força externa ao sistema causa mudanças de energia dentro dele. Isso significa que nenhuma energia é transferida para dentro ou para fora do sistema. Essa situação, bastante comum, é extremamente importante em ciência e engenharia e tem sido estudada de forma intensa. Um dos conceitos fundamentais de física envolve a energia dentro de um sistema isolado.

Para investigar esse conceito, começamos com uma definição de **energia mecânica**, E, como a soma de energia cinética e energia potencial:

$$E = K + U. \tag{6.17}$$

(Mais tarde, quando formos além da mecânica, adicionaremos outros tipos de energia a essa soma e a chamaremos de *energia total*.)

Para qualquer processo mecânico que ocorre dentro de um sistema isolado e envolve apenas forças conservativas, a energia mecânica total é conservada. Isso significa que a energia mecânica total permanece constante no tempo:

$$\Delta E = \Delta K + \Delta U = 0. \tag{6.18}$$

Um modo alternativo de escrever esse resultado (que derivaremos abaixo) é

$$K + U = K_0 + U_0, \tag{6.19}$$

onde K_0 e U_0 são a energia cinética e a energia potencial iniciais, respectivamente. Essa relação, que é chamada de lei da **conservação de energia mecânica**, não implica que a energia cinética do sistema não possa mudar, nem que só a energia potencial permaneça constante. Em vez disso, ela afirma que suas mudanças são exatamente compensatórias e, assim, contrabalançam uma à outra. Vale a pena repetir que a conservação de energia mecânica só é válida para forças conservativas e para um sistema isolado, para o qual a influência de forças externas pode ser desprezada.

DEMONSTRAÇÃO 6.1

Como já vimos na equação 6.7, se uma força conservativa realiza trabalho, então o trabalho causa uma mudança de energia potencial:

$$\Delta U = -W.$$

(Se a força sendo considerada não for conservativa, essa relação não é válida em geral, e a conservação de energia mecânica não se mantém.)

No Capítulo 5, aprendemos que a relação entre a mudança de energia cinética e o trabalho realizado por uma força é (equação 5.15):

$$\Delta K = W.$$

Continua →

Combinando esses dois resultados, obtemos

$$\Delta U = -\Delta K \Rightarrow \Delta U + \Delta K = 0.$$

Usando $\Delta U = U - U_0$ e $\Delta K = K - K_0$, encontramos

$$0 = \Delta U + \Delta K = U - U_0 + K - K_0 = U + K - (U_0 + K_0) \Rightarrow$$
$$U + K = U_0 + K_0.$$

Observe que a Demonstração 6.1 não fez nenhuma referência ao caminho específico sobre o qual a força realizou o trabalho que causou a reordenação. Na verdade, você não precisa saber nenhum detalhe sobre o trabalho ou a força, além de que a força é conservativa. Nem é preciso saber quantas forças conservativas estão atuando. Se mais do que uma força conservativa estiver presente, você interpreta ΔU como a soma de todas as mudanças de energia potencial e W como o trabalho total realizado por todas as forças conservativas, e a derivação ainda é válida.

A lei de conservação de energia nos permite solucionar com facilidade um enorme número de problemas que envolvem apenas forças conservativas, problemas que seriam difíceis de resolver sem essa lei. Mais adiante neste capítulo, o mais geral teorema do trabalho e energia cinética para mecânica, que inclui forças não conservativas, será apresentado. Essa lei nos permitirá solucionar uma variedade ainda maior de problemas, inclusive os que envolvem atrito.

A equação 6.19 introduz nossa primeira lei de conservação, a lei de conservação de energia mecânica. Essa lei pode ser ampliada para também incluir a energia térmica (calor). O Capítulo 7 apresentará uma lei de conservação para o momento linear. Quando discutirmos rotação no Capítulo 10, encontraremos uma lei de conservação para o momento angular. Ao estudar eletricidade e magnetismo, encontraremos uma lei de conservação para carga líquida e, analisando a física de partículas elementares, encontraremos leis de conservação para diversas outras grandezas. Essa lista pretende dar uma prévia de um tema central da física – a descoberta de leis de conservação e seu uso para determinar a dinâmica de vários sistemas.

Antes de solucionarmos um problema ilustrativo, faremos mais um comentário sobre o conceito de um sistema isolado. Em situações que envolvem o movimento de objetos sob a influência da força gravitacional terrestre, o sistema isolado ao qual aplicamos a lei da conservação de energia na verdade consiste do objeto em movimento mais toda a Terra. Porém, ao usar a aproximação de que a força gravitacional é uma constante, presumimos que a Terra é infinitamente massiva (e que o objeto em movimento está próximo à superfície terrestre). Portanto, nenhuma mudança na energia cinética da Terra pode resultar da reordenação do sistema. Desta forma, podemos calcular todas as mudanças de energia cinética e energia potencial somente para o "sócio minoritário" – o objeto que se move sob a influência da força gravitacional. Essa força é conservativa e interna ao sistema que consiste da Terra mais o objeto em movimento, então todas as condições para a utilização da lei de conservação de energia são satisfeitas.

Exemplos específicos de situações que envolvem objetos se movendo sob a influência da força gravitacional são o movimento de projéteis e o movimento pendular que ocorre próximo à superfície terrestre.

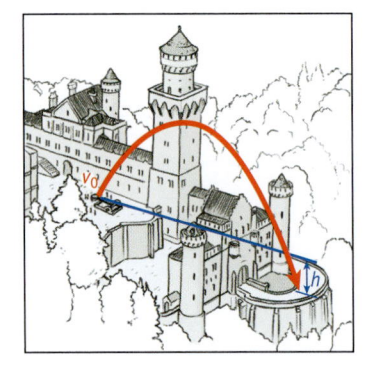

Figura 6.8 Ilustração para um possível trajeto de projétil (parábola vermelha) do pátio ao acampamento abaixo e em frente ao portão do castelo. A linha azul indica a horizontal.

PROBLEMA RESOLVIDO 6.1 | Defesa com catapulta

Sua tarefa é defender o Castelo de Neuschwanstein contra invasores (Figura 6.8). Você tem uma catapulta com a qual pode arremessar uma rocha com velocidade de lançamento de 14,2 m/s do pátio sobre os muros do castelo até o acampamento invasor em frente ao castelo a uma elevação de 7,20 m abaixo do pátio.

PROBLEMA

Qual é a velocidade com que a rocha atingirá o solo no acampamento dos invasores? (Despreze a resistência do ar.)

SOLUÇÃO

PENSE
Podemos solucionar este problema aplicando a conservação de energia mecânica. Assim que a catapulta arremessar a rocha, somente a força conservativa da gravidade está atuando sobre a rocha. Logo, a energia mecânica total é conservada, o que significa que a soma das energias cinética e potencial da rocha é sempre igual à energia mecânica total.

DESENHE
A trajetória da rocha é mostrada na Figura 6.9, onde a velocidade inicial da rocha é v_0, a energia cinética inicial é K_0, a energia potencial inicial é U_0 e a altura inicial é y_0. A velocidade final é v, a energia cinética final é K, a energia potencial final é U e a altura final é y.

PESQUISE
Podemos usar a conservação de energia mecânica para escrever

$$E = K + U = K_0 + U_0,$$

onde E é a energia mecânica total. A energia cinética do projétil pode ser expressa como

$$K = \tfrac{1}{2}mv^2,$$

onde m é a massa do projétil e v é sua velocidade quando atingir o solo. A energia potencial do projétil pode ser expressa como

$$U = mgy,$$

onde y é a componente vertical do vetor posição do projétil quando atingir o solo.

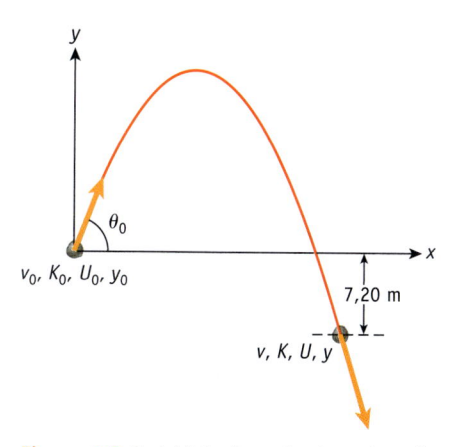

Figura 6.9 Trajetória da rocha lançada pela catapulta.

SIMPLIFIQUE
Substituímos por K e U em $E = K + U$ para obter

$$E = \tfrac{1}{2}mv^2 + mgy = \tfrac{1}{2}mv_0^2 + mgy_0.$$

A massa da rocha, m, se anula, e ficamos com

$$\tfrac{1}{2}v^2 + gy = \tfrac{1}{2}v_0^2 + gy_0.$$

Solucionamos isso para a velocidade:

$$v = \sqrt{v_0^2 + 2g(y_0 - y)}. \qquad (6.20)$$

CALCULE
Segundo o enunciado do problema, $y_0 - y = 7{,}20$ m e $v_0 = 14{,}2$ m/s. Assim, para a velocidade final, encontramos

$$v = \sqrt{(14{,}2 \text{ m/s})^2 + 2(9{,}81 \text{ m/s}^2)(7{,}20 \text{ m})} = 18{,}51766724 \text{ m/s}.$$

ARREDONDE
A altura relativa foi dada com três algarismos significativos, então damos nossa resposta final como

$$v = 18{,}5 \text{ m/s}.$$

SOLUÇÃO ALTERNATIVA
Nossa resposta para a velocidade da rocha quando atingir o solo em frente ao castelo é 18,5 m/s, comparada com a velocidade inicial de lançamento de 14,2 m/s, o que parece razoável. Essa velocidade precisa ser maior devido ao ganho da diferença de energia potencial gravitacional, e é confortante saber que nossa resposta passa nesse simples teste.

Como só estávamos interessados na velocidade de impacto, nem precisamos saber o ângulo de lançamento inicial θ_0 para solucionar o problema. Todos os ângulos de lançamento darão o mesmo resultado (para uma determinada velocidade de lançamento), que é um resultado de certa forma surpreendente. (É evidente que, se você estivesse nesta situação,

Continua →

preferiria obviamente mirar alto o bastante para passar por cima do muro do castelo e com precisão suficiente para atingir o acampamento inimigo.)

Também podemos solucionar este problema usando os conceitos de movimento de projéteis, que é útil para avaliar nossa resposta e demonstrar o poder de aplicação do conceito de conservação de energia. Começamos escrevendo as componentes do vetor velocidade inicial $\vec{v}_0$:

$$v_{x0} = v_0 \cos \theta_0$$

e

$$v_{y0} = v_0 \, \text{sen} \, \theta_0.$$

A componente x final da velocidade, v_x, é igual à componente x inicial da velocidade inicial v_{x0},

$$v_x = v_{x0} = v_0 \cos \theta_0.$$

A componente final da velocidade no sentido y pode ser obtida a partir de um resultado da análise do movimento de projéteis no Capítulo 3:

$$v_y^2 = v_{y0}^2 - 2g(y - y_0).$$

Portanto, a velocidade final da rocha conforme atinge o solo é

$$v = \sqrt{v_x^2 + v_y^2}$$
$$= \sqrt{(v_0 \cos \theta_0)^2 + (v_{y0}^2 - 2g(y - y_0))}$$
$$= \sqrt{v_0^2 \cos^2 \theta_0 + v_0^2 \, \text{sen}^2 \, \theta_0 - 2g(y - y_0)}.$$

6.2 Pausa para teste

No Problema resolvido 6.1, desprezamos a resistência do ar. Discuta de forma qualitativa como nossa resposta final mudaria se tivéssemos incluído os efeitos da resistência do ar.

Lembrando que $\text{sen}^2 \theta + \cos^2 \theta = 1$, podemos simplificar ainda mais e obter:

$$v = \sqrt{v_0^2(\cos^2 \theta_0 + \text{sen}^2 \theta_0) - 2g(y - y_0)} = \sqrt{v_0^2 - 2g(y - y_0)} = \sqrt{v_0^2 + 2g(y_0 - y)}.$$

Isto é igual à equação 6.20, a qual obtivemos usando a conservação de energia. Embora o resultado final seja o mesmo, o processo de resolução baseado na conservação de energia foi muito mais fácil do que o baseado em cinemática.

Como se pode ver no Problema resolvido 6.1, a aplicação da conservação de energia mecânica nos dá uma técnica poderosa para solucionar problemas que parecem bastante complicados à primeira vista.

Em geral, podemos determinar a velocidade final como função da elevação em situações em que a força gravitacional está ativa. Por exemplo, considere a sequência de imagens na Figura 6.10. Duas bolas são soltas ao mesmo tempo da mesma altura de cima de duas rampas com formas distintas. Na extremidade de baixo das rampas, as duas bolas atingem a mesma elevação inferior. Portanto, em ambos os casos, a diferença de altura entre os pontos inicial e final é a mesma. As duas bolas também sofrem forças normais além da força gravitacional; no entanto, as forças normais não realizam trabalho porque são perpendiculares à superfície de contato, por definição, e o movimento é paralelo à superfície. Desta forma, o produto escalar dos vetores força normal e deslocamento é zero. (Há uma pequena força de atrito, mas é desprezível neste caso.) Considerações de conservação de energia (veja a equação 6.20 no Problema resolvido 6.1) nos dizem que a velocidade das duas bolas na parte de baixo das rampas precisa ser a mesma:

$$v = \sqrt{2g(y_0 - y)}.$$

Figura 6.10 Corrida entre duas bolas por inclinações diferentes de mesma altura.

Essa equação é um caso especial da equação 6.20 com $v_0 = 0$. Observe que, dependendo da curva da rampa de baixo, poderia ter sido bastante difícil obter esse resultado usando a segunda lei de Newton. Porém, mesmo que as velocidades nas partes de cima e de baixo das rampas sejam as mesmas para as duas bolas, não se pode concluir, a partir desse resultado, que ambas as bolas chegam à parte de baixo ao mesmo tempo. A sequência de imagens mostra claramente que isso não acontece.

> **6.3 Pausa para teste**
>
> Por que a bola de cor clara chega na parte de baixo da Figura 6.10 antes da outra bola?

6.6 Trabalho e energia para a força elástica

Na Seção 6.3, constatamos que a energia potencial armazenada em uma mola é $U_s = 12\, kx^2$, onde k é a constante elástica e x é o deslocamento da posição de equilíbrio. Aqui, escolhemos zero para a constante aditiva, correspondente a ter $U_s = 0/x$ em $k = 0$. Usando o princípio de conservação de energia, podemos encontrar a velocidade v como função da posição. Primeiro, podemos escrever, em geral, para a energia mecânica total:

$$E = K + U_s = \tfrac{1}{2}mv^2 + \tfrac{1}{2}kx^2. \tag{6.21}$$

Assim que soubermos a energia mecânica total, podemos solucionar essa equação para a velocidade. Qual é a energia mecânica total? O ponto de alongamento máximo de uma mola da posição de equilíbrio é chamado de **amplitude**, A. Quando o deslocamento atinge a amplitude, a velocidade é, por um breve momento, zero. Neste ponto, a energia mecânica total de um objeto oscilando em uma mola é

$$E = \tfrac{1}{2}kA^2.$$

Porém, a conservação de energia mecânica significa que este é o valor da energia para qualquer ponto na oscilação da mola. A inserção da expressão acima para E na equação 6.21 gera

$$\tfrac{1}{2}kA^2 = \tfrac{1}{2}mv^2 + \tfrac{1}{2}kx^2. \tag{6.22}$$

Usando a equação 6.22, podemos obter uma expressão para a velocidade como função da posição:

$$v = \sqrt{(A^2 - x^2)\frac{k}{m}}. \tag{6.23}$$

Observe que não nos baseamos em cinemática para obter esse resultado, pois essa abordagem é bastante desafiadora – outra prova de que o uso dos princípios de conservação (neste caso, conservação de energia mecânica) pode gerar resultados poderosos. Retornaremos à equação de movimento para massa em uma mola no Capítulo 14.

PROBLEMA RESOLVIDO 6.2 — Bola de canhão humana

Em uma atração circense, chamada de "bola de canhão humana", uma pessoa é arremessada de um barril longo, geralmente com muita fumaça e um estrondo para criar o efeito teatral. Antes que os irmãos italianos Zacchini inventassem o canhão de ar comprimido para arremessar bolas de canhão humanas na década de 1920, o inglês George Farini usava um canhão carregado por mola para esse propósito nos anos 1870.

Suponha que alguém queira recriar a bola de canhão humana de Farini usando uma mola dentro de um barril. Pressuponha que o barril tenha 4,00 m de comprimento, com uma mola que se estende por todo o comprimento do barril. Além disso, o barril está em uma posição vertical, então aponta verticalmente em direção ao teto da lona do circo. A bola de canhão humana é inserida dentro do barril e comprime a mola até certo ponto. Uma força externa é adicionada para comprimir a mola ainda mais, até um comprimento de apenas 0,70 m. A uma altura de 7,50 m acima da parte superior do barril existe um local da lona que a bola de canhão humana, de 1,75 m de altura e massa de 68,4 kg, deve tocar no pico de sua trajetória. A remoção da força externa libera a mola e dispara a bola de canhão humana verticalmente para cima.

Continua →

PROBLEMA 1
Qual é o valor da constante elástica necessária para realizar esse feito?

SOLUÇÃO 1
PENSE
Vamos aplicar considerações de conservação de energia para solucionar este problema. A energia potencial é armazenada na mola inicialmente e, a seguir, convertida em energia potencial gravitacional no pico do voo da bola de canhão humana. Como ponto de referência para nossos cálculos, selecionamos a parte superior do barril e colocamos a origem de nosso sistema de coordenadas lá. Para realizar a façanha, é preciso fornecer energia o suficiente, ao comprimir a mola, para que a parte superior da cabeça da bola de canhão humana seja elevada a uma altura de 7,50 m acima do ponto zero escolhido. Como a pessoa tem altura de 1,75 m, seus pés precisam ser elevados apenas h = 7,50 m – 1,75 m = 5,75 m. Podemos especificar todos os valores de posição para a bola de canhão humana na coordenada y como a posição da parte de baixo de seus pés.

DESENHE
Para esclarecer este problema, vamos aplicar a conservação de energia em diferentes intervalos de tempo. A Figura 6.11a mostra a posição de equilíbrio inicial da mola. Na Figura 6.11b, a força externa $\vec{F}$ e o peso da bola de canhão humana comprimem a mola em 3,30 m até um comprimento de 0,70 m. Quando a mola é solta, a bola de canhão acelera e tem velocidade $\vec{v}_c$ à medida que ela passa da posição de equilíbrio da mola (veja a Figura 6.11c). Desta posição, ele precisa subir 5,75 m e chegar ao local (Figura 6.11e) com velocidade zero.

PESQUISE
Temos liberdade de escolher o ponto zero para a energia potencial gravitacional de modo arbitrário. Preferimos definir o potencial gravitacional como sendo zero na posição de equilíbrio da mola sem uma carga, conforme mostra a Figura 6.11a.

No instante exibido na Figura 6.11b, a bola de canhão humana tem energia cinética zero e as energias potenciais da força elástica e da gravidade. Portanto, a energia total neste instante é

$$E = \tfrac{1}{2}ky_b^2 + mgy_b.$$

No instante mostrado na Figura 6.11c, a bola de canhão humana tem apenas energia cinética e energia potencial zero:

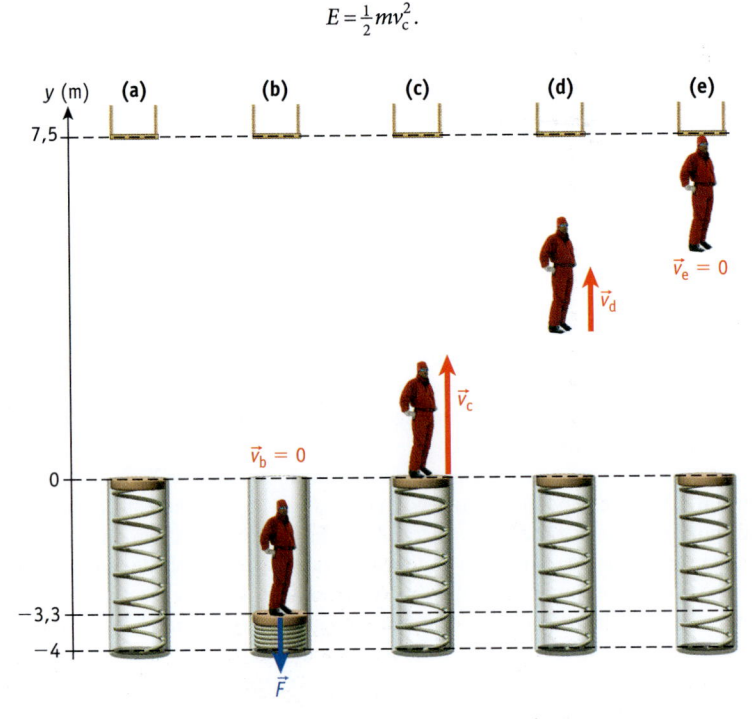

$$E = \tfrac{1}{2}mv_c^2.$$

Figura 6.11 A façanha da bola de canhão humana em cinco intervalos de tempo.

Logo após esse instante, a bola de canhão humana sai da mola, voa pelo ar conforme mostra a Figura 6.11d e finalmente atinge o pico (Figura 6.11e). No pico, ela tem apenas energia potencial gravitacional e nenhuma energia cinética (porque a mola é projetada para permitir que a pessoa atinja o pico sem velocidade residual):

$$E = mgy_e.$$

SIMPLIFIQUE
A conservação de energia exige que a energia total permaneça a mesma. O ajuste da primeira e da terceira expressões escritas acima para E como sendo iguais resulta em

$$\tfrac{1}{2}ky_b^2 + mgy_b = mgy_e.$$

Podemos reordenar essa equação para obter a constante elástica:

$$k = 2mg\frac{y_e - y_b}{y_b^2}.$$

CALCULE
Segundo as informações dadas e a origem do sistema de coordenadas que selecionamos, $y_b = -3,30$ m e $y_e = 5,75$ m. Assim, encontramos a constante elástica necessária:

$$k = 2(68,4 \text{ kg})(9,81 \text{ m/s}^2)\frac{5,75 \text{ m}-(-3,30 \text{ m})}{(3,30 \text{ m})^2} = 1115,26 \text{ N/m}.$$

ARREDONDE
Todos os valores numéricos usados no cálculo têm três algarismos significativos, então a resposta final é

$$k = 1,12 \cdot 10^3 \text{ N/m}.$$

SOLUÇÃO ALTERNATIVA
Quando a mola é comprimida inicialmente, a energia potencial armazenada nela é

$$U = \tfrac{1}{2}ky_b^2 = \tfrac{1}{2}\left(1,12\cdot 10^3 \text{ N/m}\right)(3,30 \text{ m})^2 = 6,07 \text{ kJ}.$$

A energia potencial gravitacional obtida pela bola de canhão humana é

$$U = mg\Delta y = (68,4 \text{ kg})(9,81 \text{ m/s}^2)(9,05 \text{ m}) = 6,07 \text{ kJ},$$

que é igual à energia armazenada na mola inicialmente. Nosso valor calculado para a constante elástica faz sentido.

Observe que a massa da bola de canhão humana entra na equação para a constante elástica. Podemos inverter isso e afirmar que o mesmo canhão com a mesma mola arremessará pessoas de massas distintas com alturas diferentes.

PROBLEMA 2
Qual é a velocidade que a bola de canhão humana atinge quando passa da posição de equilíbrio da mola?

SOLUÇÃO 2
Já determinamos que nossa escolha de origem implica que, neste instante, a bola de canhão humana tem apenas energia cinética. Ajustando essa energia cinética igual à energia potencial atingida no pico, encontramos

$$\tfrac{1}{2}mv_c^2 = mgy_e \Rightarrow$$
$$v_c = \sqrt{2gy_e} = \sqrt{2(9,81 \text{ m/s}^2)(5,75 \text{ m})} = 10,6 \text{ m/s}.$$

Essa velocidade corresponde a 23,7 mph.

6.3 Exercícios de sala de aula

Qual é a aceleração máxima que a bola de canhão humana do Problema resolvido 6.2 sofre?

a) $1,00g$ d) $4,48g$
b) $2,14g$ e) $7,30g$
c) $3,25g$

6.4 Exercícios de sala de aula

Uma bola de massa m é arremessada verticalmente para o ar com velocidade inicial v. Qual das seguintes equações descreve corretamente a altura máxima, h, da bola?

a) $h = \sqrt{\dfrac{v}{2g}}$ d) $h = \dfrac{mv^2}{g}$

b) $h = \dfrac{g}{\tfrac{1}{2}v^2}$ e) $h = \dfrac{v^2}{2g}$

c) $h = \dfrac{2mv}{g}$

6.4 Pausa para teste

Desenhe um gráfico das energias potencial e cinética da bola de canhão humana do Problema resolvido 6.2 como função da coordenada y. Para qual valor do deslocamento a velocidade da bola de canhão humana está no máximo? (*Dica:* Isso não ocorre exatamente em $y = 0$, mas em um valor de $y < 0$.)

EXEMPLO 6.2 — Bungee jumping

Um praticante de *bungee jumping* localiza uma ponte adequada que está 75,0 m acima do rio, conforme mostra a Figura 6.12. A pessoa tem massa de $m = 80,0$ kg e altura de $L_{pessoa} = 1{,}85$ m. Podemos pensar na corda de *bungee jumping* como se fosse uma mola. A constante elástica da corda é $k = 50{,}0$ N/m. Suponha que a massa da corda seja desprezível em comparação à massa da pessoa.

PROBLEMA
A pessoa quer saber o comprimento máximo da corda que pode usar com segurança neste salto.

SOLUÇÃO
Estamos procurando o comprimento não esticado da corda, L_0, pois a pessoa a mediria estando sobre a ponte. A distância da ponte à água é $L_{max} = 75{,}0$ m. A conservação de energia nos diz que a energia potencial gravitacional que a pessoa tem, à medida que mergulha da ponte, será convertida na energia potencial armazenada na corda. A energia potencial gravitacional da pessoa na ponte é

$$U_g = mgy = mgL_{max},$$

presumindo que a energia potencial gravitacional seja zero ao nível da água. Antes de saltar, ele tem energia cinética zero e, por isso, sua energia total quando estiver no topo da ponte é

$$E_{topo} = mgL_{max}.$$

Na parte inferior do salto, onde a cabeça da pessoa toca de leve a água, a energia potencial armazenada na corda é

$$U_s = \tfrac{1}{2}ky^2 = \tfrac{1}{2}k\left(L_{max} - L_{pessoa} - L_0\right)^2,$$

onde $L_{max} - L_{pessoa} - L_0$ é o comprimento que a corda se alonga além de seu comprimento não esticado. (Aqui temos que subtrair a altura da pessoa da altura da ponte para obter o comprimento máximo, $L_{max} - L_{pessoa}$, ao qual a corda pode esticar, presumindo que esteja amarrada nos tornozelos.) Como a pessoa está momentaneamente em repouso no ponto mais baixo do salto, a energia cinética é zero nesse ponto, e a energia total é

$$E_{parte\ inferior} = \tfrac{1}{2}k\left(L_{max} - L_{pessoa} - L_0\right)^2.$$

Usando a conservação de energia mecânica, sabemos que $E_{topo} = E_{parte\ inferior}$, e então encontramos

$$mgL_{max} = \tfrac{1}{2}k\left(L_{max} - L_{pessoa} - L_0\right)^2.$$

Solucionando para o comprimento não esticado da corda nos dá

$$L_0 = L_{max} - L_{pessoa} - \sqrt{\frac{2mgL_{max}}{k}}.$$

A inserção de valores numéricos resulta em

$$L_0 = (75{,}0\text{ m}) - (1{,}85\text{ m}) - \sqrt{\frac{2(80{,}0\text{ kg})(9{,}81\text{ m/s}^2)(75{,}0\text{ m})}{50{,}0\text{ N/m}}} = 24{,}6\text{ m}.$$

Por segurança, a pessoa seria esperta o bastante para usar uma corda mais curta que essa e testá-la com um boneco de massa semelhante à sua.

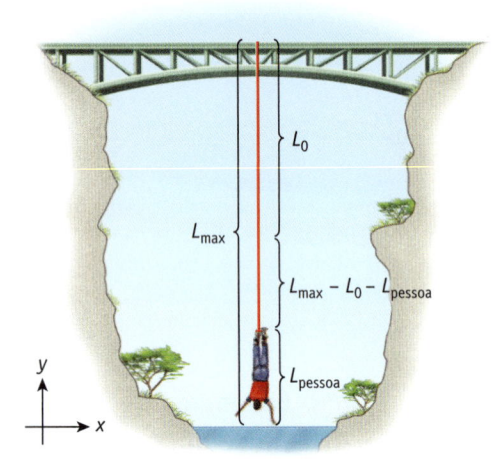

Figura 6.12 Um praticante de *bungee jumping* precisa calcular o comprimento da corda que pode ser usada com segurança.

6.5 Exercícios de sala de aula

No momento de alongamento máximo da corda no Exemplo 6.2, qual é a aceleração resultante que a pessoa sofre (em termos de $g = 9{,}81$ m/s²)?

a) $0g$

b) $1{,}0g$, direcionada para baixo

c) $1{,}0g$, direcionada para cima

d) $2{,}1g$, direcionada para baixo

e) $2{,}1g$, direcionada para cima

6.5 Pausa para teste

Você consegue derivar uma expressão para a aceleração que a pessoa sofre no alongamento máximo da corda de *bungee jumping*? Como essa aceleração depende da constante elástica da corda?

Energia potencial de um objeto pendurado em uma mola

Vimos no Problema resolvido 6.2 que a energia potencial inicial da bola de canhão humana tem contribuições da força elástica e da força gravitacional. No Exemplo 5.4, estabelecemos que, ao pendurar um objeto de massa m de uma mola com constante k, a posição de equilíbrio da mola muda de zero para y_0, dada a condição de equilíbrio,

$$ky_0 = mg \Rightarrow y_0 = \frac{mg}{k}. \qquad (6.24)$$

A Figura 6.13 mostra as forças que atuam sobre um objeto suspenso de uma mola quando ele está em posições diferentes. Esta figura mostra duas escolhas diferentes para a origem do eixo de coordenada vertical: na Figura 6.13a, a coordenada vertical é chamada de y e tem zero na posição de equilibro da extremidade da mola sem a massa pendurada nela; na Figura 6.13b, novo ponto de equilíbrio, y_0, com o objeto suspenso da mola, é calculado segundo a equação 6.24. Esse novo ponto de equilíbrio é a origem do eixo, e a coordenada vertical é chamada s. A extremidade da mola está localizada em $s = 0$. O sistema está em equilíbrio porque a força exercida pela mola sobre o objeto equilibra a força gravitacional que atua sobre ele:

$$\vec{F}_s(y_0) + \vec{F}_g = 0.$$

Na Figura 6.13c, o objeto foi deslocado para baixo, saindo da nova posição de equilíbrio, portanto $y = y_1$ e $s = s_1$. Agora existe uma força resultante para cima que tende a restaurar o objeto para a nova posição de equilíbrio:

$$\vec{F}_{\text{res}}(s_1) = \vec{F}_s(y_1) + \vec{F}_g.$$

Se, em vez disso, o objeto for deslocado para cima, além da nova posição de equilíbrio, conforme mostrado na Figura 6.13d, há uma força resultante para baixo que tende a restaurar o objeto para a nova posição de equilíbrio:

$$\vec{F}_{\text{res}}(s_2) = \vec{F}_s(y_2) + \vec{F}_g.$$

Podemos calcular a energia potencial do objeto e da mola para essas duas escolhas do sistema de coordenadas e demonstrar que elas diferem por apenas uma constante. Começamos pela

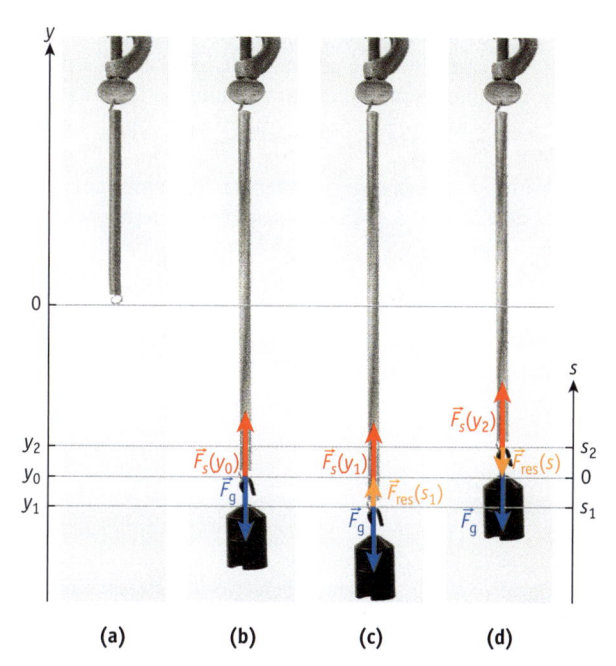

Figura 6.13 (a) Uma mola está pendurada verticalmente com sua extremidade na posição de equilíbrio em $y = 0$. (b) Um objeto de massa m está pendurado em repouso na mesma mola, com a extremidade da mola agora em $y = y_0$ ou $s = 0$. (c) A extremidade da mola com o objeto preso está em $y = y_1$ ou $s = s_1$. (d) A extremidade da mola com o objeto preso está em $y = y_2$ ou $s = s_2$.

definição da energia potencial do objeto conectado à mola, usando y como a variável e presumindo que a energia potencial seja zero em $y = 0$:

$$U(y) = \tfrac{1}{2}ky^2 + mgy.$$

Usando a relação $y = s - y_0$, podemos expressar essa energia potencial em termos da variável s:

$$U(s) = \tfrac{1}{2}k(s - y_0)^2 + mg(s - y_0).$$

Reordenando, temos

$$U(s) = \tfrac{1}{2}ks^2 - ksy_0 + \tfrac{1}{2}ky_0^2 + mgs - mgy_0.$$

Substituindo $ky_0 = mg$, da equação 6.24, nesta equação, obtemos

$$U(s) = \tfrac{1}{2}ks^2 - (mg)s + \tfrac{1}{2}(mg)y_0 + mgs - mgy_0.$$

Assim, verificamos que a energia potencial em termos de s é

$$U(s) = \tfrac{1}{2}ks^2 - \tfrac{1}{2}mgy_0. \tag{6.25}$$

A Figura 6.14 mostra que a energia potencial funciona para esses dois eixos de coordenadas. A curva azul na Figura 6.14 mostra a energia potencial como função da coordenada vertical y, com a escolha de energia potencial zero em $y = 0$ correspondendo à mola pendurada verticalmente sem o objeto preso nela. A nova posição de equilíbrio, y_0, é determinada pelo deslocamento que ocorre quando um objeto de massa m está preso à mola, conforme cálculo usando a equação 6.24. A curva vermelha na Figura 6.14 representa a energia potencial como função da coordenada vertical s, com a posição de equilíbrio escolhida em $s = 0$. As curvas de energia potencial $U(y)$ e $U(s)$ são parábolas, que se compensam por uma simples constante.

Logo, podemos expressar a energia potencial de um objeto de massa m pendurada de uma mola vertical em termos de deslocamento s sobre um ponto de equilíbrio como

$$U(s) = \tfrac{1}{2}ks^2 + C,$$

onde C é uma constante. Para muitos problemas, podemos escolher zero como o valor dessa constante, o que nos permite escrever

$$U(s) = \tfrac{1}{2}ks^2.$$

Esse resultado nos permite usar o mesmo potencial de força elástica para massas diferentes presas à extremidade de uma mola simplesmente mudando a origem da nova posição de equilíbrio. (É claro que isso só funciona se não prendermos massa demais à extremidade da mola e esticá-la além de seu limite elástico.)

Finalmente, com a introdução da energia potencial, podemos ampliar o teorema do trabalho e energia cinética do Capítulo 5. Incluindo também a energia potencial, encontramos o **teorema do trabalho e energia**

$$W = \Delta E = \Delta K + \Delta U \tag{6.26}$$

onde W é o trabalho realizado por uma *força externa*, ΔK é a mudança de energia cinética e ΔU é a mudança na energia potencial. Essa relação significa que o trabalho externo realizado em um sistema pode mudar sua energia total.

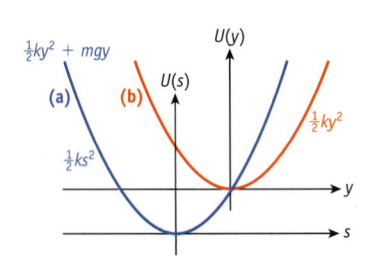

Figura 6.14 Funções de energia potencial para os dois eixos de coordenadas verticais usados na Figura 6.13.

6.7 Forças não conservativas e o teorema do trabalho e energia cinética

A conservação de energia é violada na presença de forças não conservativas? O termo *não conservativa* parece implicar que ela é violada e, de fato, a *energia mecânica* total não é conservada. Para onde, então, a energia vai? A Seção 6.2 demonstrou que a força de atrito não realiza trabalho, mas, em vez disso, dissipa energia mecânica em energia de excitação interna, que pode ser energia de vibração, energia de deformação, energia química ou energia elétrica, dependendo do material de que o objeto é composto e da forma da força de atrito. Na Seção 6.2, W_f é definido como a energia total dissipada por forças não conservativas em energia interna e, a seguir, em outras formas de energia além da energia mecânica. Se adicionarmos esse tipo de energia à energia mecânica total, obtemos a **energia total**:

$$E_{total} = E_{mecânica} + E_{outras} = K + U + E_{outras}. \tag{6.27}$$

Aqui E_{outras} representa todas as outras formas de energia que não sejam cinética nem potencial. A mudança nas outras formas de energia é exatamente a negativa da energia dissipada pela força de atrito para ir do estado inicial ao final do sistema:

$$\Delta E_{outras} = -W_f.$$

A energia total é conservada – ou seja, permanece constante no tempo – até para forças não conservativas. Essa é a questão mais importante deste capítulo:

A energia total – a soma de todas as formas de energia, sejam mecânicas ou não – *sempre* é conservada em um sistema isolado.

Também podemos escrever essa lei de conservação de energia na forma que afirma que a mudança na energia total de um sistema isolado é zero:

$$\Delta E_{total} = 0. \tag{6.28}$$

Uma vez que ainda não sabemos o que é exatamente essa energia interna e como calculá-la, pode parecer que não podemos usar as considerações de energia quando pelo menos uma das forças atuantes é não conservativa. Porém, esse não é o caso. Para o caso em que somente forças conservativas estão atuando, constatamos que (veja a equação 6.18) a energia mecânica total é conservada, ou $\Delta E = \Delta K + \Delta U = 0$, onde E refere-se à energia mecânica total. Na presença de forças não conservativas, a combinação das equações 6.28 e 6.26 resulta em

$$W_f = \Delta K + \Delta U. \tag{6.29}$$

Essa relação é uma generalização do teorema do trabalho e energia. Na ausência de forças não conservativas, $W_f = 0$, e a equação 6.29 se reduz à lei da conservação de energia mecânica, equação 6.19. Ao aplicar qualquer uma dessas equações, é preciso selecionar dois tempos – um início e um fim. Essa escolha geralmente é óbvia, mas por vezes é preciso tomar cuidado, conforme demonstrado no problema resolvido abaixo.

PROBLEMA RESOLVIDO 6.3 | Bloco impulsionado de uma mesa

Considere um bloco sobre uma mesa. Esse bloco é empurrado por uma mola presa à parede, desliza pela mesa e depois cai no chão. O bloco tem massa $m = 1,35$ kg. A constante elástica é $k = 560$ N/m, e a mola foi comprimida em 0,11 m. O bloco desliza uma distância $d = 0,65$ m pela mesa, que tem altura $h = 0,75$ m. O coeficiente de atrito cinético entre o bloco e a mesa é $\mu_k = 0,16$.

PROBLEMA
Que velocidade o bloco terá quando atingir o solo?

SOLUÇÃO
PENSE
À primeira vista, este problema não parece ser o caso de aplicar a conservação de energia mecânica, porque a força de atrito não conservativa está em jogo. Porém, podemos utilizar o teorema do trabalho e energia (equação 6.29). Contudo, para ter certeza de que o bloco realmente sai da mesa, primeiro calculamos a energia total transmitida ao bloco pela mola e nos certificamos de que a energia potencial armazenada na mola comprimida é suficiente para superar a força de atrito.

DESENHE
A Figura 6.15a mostra o bloco de massa m empurrado pela mola. A massa desliza sobre a mesa por uma distância d e então cai no chão, que está a uma distância h abaixo da mesa.

Continua →

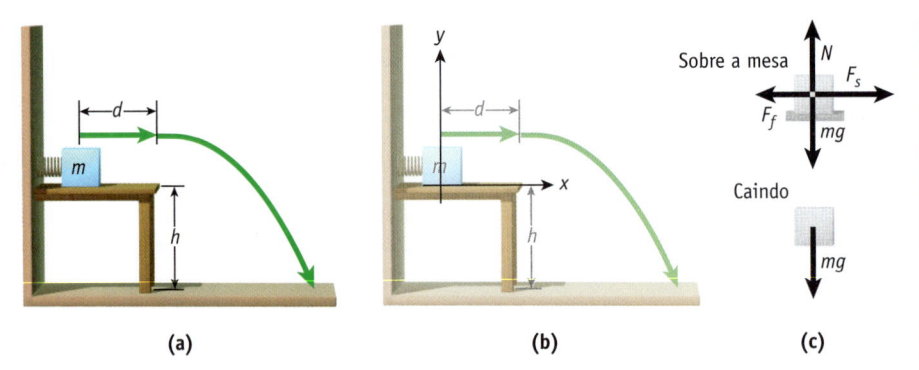

Figura 6.15 (a) Bloco de massa m é empurrado para fora da mesa por uma mola. (b) Um sistema de coordenadas está sobreposto com o bloco e a mesa. (c) Diagramas de corpo livre do bloco enquanto se move pela mesa e cai.

Escolhemos a origem de nosso sistema de coordenadas de forma que o bloco inicie em $x = y = 0$, com o eixo x ao longo de superfície inferior do bloco e o eixo y passando por seu centro (Figura 6.15b). A origem do sistema de coordenadas pode ser posicionada em qualquer ponto, mas é importante fixar uma origem, porque todas as energias potenciais precisam ser expressas em relação a algum ponto de referência.

PESQUISE

Passo 1: vamos analisar a situação do problema sem a força de atrito. Neste caso, o bloco inicialmente tem energia potencial da mola e nenhuma energia cinética, uma vez que está em repouso. Quando o bloco atinge o chão, ele tem energia cinética e energia potencial gravitacional negativa. A conservação de energia mecânica resulta em

$$K_0 + U_0 = K + U \Rightarrow$$
$$0 + \tfrac{1}{2}kx_0^2 = \tfrac{1}{2}mv^2 - mgh. \tag{i}$$

Geralmente solucionaríamos essa equação para a velocidade e deixaríamos os números para depois. Porém, como precisaremos deles novamente, vamos avaliar as duas expressões para a energia potencial:

$$\tfrac{1}{2}kx_0^2 = 0{,}5(560 \text{ N/m})(0{,}11 \text{ m})^2 = 3{,}39 \text{ J}$$

$$mgh = (1{,}35 \text{ kg})(9{,}81 \text{ m/s}^2)(0{,}75 \text{ m}) = 9{,}93 \text{ J}.$$

Agora, a solução da equação (i) para a velocidade resulta em

$$v = \sqrt{\tfrac{2}{m}(\tfrac{1}{2}kx_0^2 + mgh)} = \sqrt{\tfrac{2}{1{,}35 \text{ kg}}(3{,}39 \text{ J} + 9{,}93 \text{ J})} = 4{,}44 \text{ m/s}.$$

Passo 2: agora incluímos o atrito. Nossas considerações permanecem quase inalteradas, exceto que temos que incluir a energia dissipada pela força de atrito não conservativa. Encontramos a força de atrito usando o diagrama de corpo livre de cima na Figura 6.15c. Podemos ver que a força normal é igual ao peso do bloco e escrever

$$N = mg.$$

A força de atrito é dada por

$$F_k = \mu_k N = \mu_k mg.$$

Podemos, então, escrever a energia dissipada pela força de atrito como

$$W_f = -\mu_k mgd.$$

Ao aplicar a generalização do teorema do trabalho e energia, o tempo inicial escolhido é quando o bloco está prestes a começar a se mover (veja a Figura 6.15a), e o tempo final é quando o bloco atinge a borda da mesa e está quase iniciando a parte de queda livre de seu caminho. K_{pico} será a energia cinética no tempo final, escolhido para nos certificarmos de que o bloco chegue até o final da mesa. Usando a equação 6.29 e o valor que calculamos acima para a energia potencial inicial do bloco, encontramos:

$$W_f = \Delta K + \Delta U = K_{pico} - \tfrac{1}{2}kx_0^2 = -\mu_k mgd$$

$$K_{pico} = \tfrac{1}{2}kx_0^2 - \mu_k mgd$$
$$= 3{,}39 \text{ J} - (0{,}16)(1{,}35 \text{ kg})(9{,}81 \text{ m/s}^2)(0{,}65 \text{ m})$$
$$= 3{,}39 \text{ J} - 1{,}38 \text{ J} = 2{,}01 \text{ J}.$$

Como a energia cinética $K_{pico} > 0$, o bloco pode superar o atrito e ser impulsionado para fora da mesa. Agora podemos calcular a velocidade do bloco quando ele atingir o chão.

SIMPLIFIQUE
Para esta parte do problema, o tempo inicial selecionado é quando o bloco está na borda da mesa, para que possamos explorar os cálculos já realizados. O tempo final é quando o bloco atinge o chão. (Se tivéssemos escolhido o início de acordo com o que mostra a Figura 6.15a, nosso resultado seria o mesmo.)

$$W_f = \Delta K + \Delta U = 0$$
$$\tfrac{1}{2}mv^2 - K_{pico} + 0 - mgh = 0,$$
$$v = \sqrt{\tfrac{2}{m}(K_{pico} + mgh)}.$$

CALCULE
A inserção de valores numéricos resulta em

$$v = \sqrt{\tfrac{2}{1{,}35 \text{ kg}}(2{,}01 \text{ J} + 9{,}93 \text{ J})} = 4{,}20581608 \text{ m/s}.$$

ARREDONDE
Todos os valores numéricos foram dados com três algarismos significativos, então temos

$$v = 4{,}21 \text{ m/s}.$$

SOLUÇÃO ALTERNATIVA
Como se pode ver, a principal contribuição à velocidade do bloco no impacto se origina da parte em queda livre de seu caminho. Por que tivemos que aplicar o passo intermediário de calcular o valor de K_{pico}, em vez de simplesmente usar a fórmula, $v = \sqrt{2(\tfrac{1}{2}kx_0^2 - \mu_k mgd + mgh)/m}$, que obtivemos de uma generalização do teorema do trabalho e energia? Precisávamos calcular K_{pico} primeiro para garantir que ela é positiva, o que significa que a energia transmitida ao bloco pela mola é suficiente para exceder o trabalho a ser realizado contra a força de atrito. Se K_{pico} fosse negativa, o bloco teria parado em cima da mesa. Por exemplo, se tivéssemos tentado solucionar o problema descrito no Problema resolvido 6.3 com um coeficiente de atrito cinético entre o bloco e a mesa de $\mu_k = 0{,}50$, em vez de $\mu_s = 0{,}16$, teríamos constatado que

$$K_{pico} = 3{,}39 \text{ J} - 4{,}30 \text{ J} = -0{,}91 \text{ J},$$

o que é impossível.

6.6 Exercícios de sala de aula

Uma pedra de *curling* de massa 19,96 kg recebe uma velocidade inicial no gelo de 2,46 m/s. O coeficiente de atrito cinético entre a pedra e o gelo é 0,0109. Que distância a pedra desliza antes de parar?

a) 18,7 m   d) 39,2 m
b) 28,3 m   e) 44,5 m
c) 34,1 m

Como mostra o Problema resolvido 6.3, considerações de energia ainda são uma ferramenta poderosa para realizar cálculos que, de outra forma, seriam muito difíceis, mesmo na presença de forças não conservativas. Porém, o princípio de conservação de energia mecânica não pode ser aplicado de modo tão direto quando forças não conservativas estão presentes, e é preciso levar em consideração a energia dissipada por essas forças.

6.8 Energia potencial e estabilidade

Vamos retornar à relação entre força e energia potencial. Talvez seja mais fácil adquirir informações sobre essa relação se visualizarmos a curva de energia potencial como se fosse os trilhos de uma montanha-russa. Essa analogia não é perfeita, porque os vagões da montanha-russa se movem em um plano bidimensional ou até no espaço tridimensional, e não em uma dimensão, e há um pequeno volume de atrito entre os vagões e os trilhos. Ainda assim, é uma boa aproximação presumir que existe conservação de energia mecânica. O movimento do vagão da montanha-russa pode ser descrito por uma função de energia potencial.

A Figura 6.16 mostra gráficos da energia potencial (linha amarela seguindo o contorno dos trilhos), da energia total (linha laranja horizontal) e da energia cinética (diferença entre essas duas, representada pela linha vermelha) como função de posição para um segmento de um passeio na montanha-russa. É possível ver que a energia cinética tem um valor mínimo no ponto mais alto dos trilhos, onde a velocidade dos vagões é menor, e a velocidade aumenta à medida que os vagões descem a rampa. Todos esses efeitos são consequência da conservação de energia mecânica total.

A Figura 6.17 mostra gráficos de uma função de energia potencial (parte a) e a força correspondente (parte b). Como a energia potencial pode ser determinada somente dentro de uma constante aditiva, o valor zero da energia potencial na Figura 6.17a está definido no valor mais baixo. Porém, para todas as considerações físicas, isso é irrelevante. Por outro lado, o valor zero para a força não pode ser escolhido de modo arbitrário.

Figura 6.16 Energia total, potencial e cinética para uma montanha-russa.

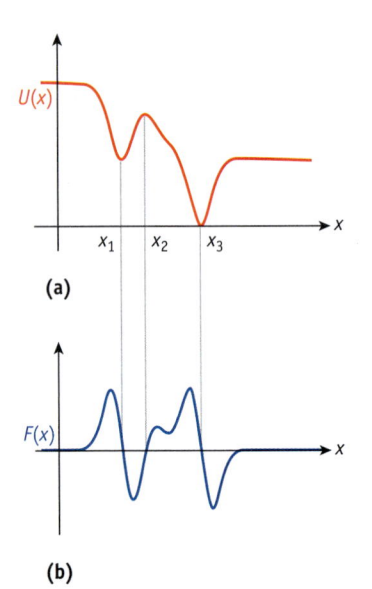

Figura 6.17 (a) Energia potencial como função de posição; (b) a força correspondente a essa função de energia potencial, como função de posição.

Pontos de equilíbrio

Três pontos especiais no eixo de coordenadas x da Figura 6.17b estão marcados por linhas verticais cinzas. Esses pontos indicam onde a força tem valor zero. Uma vez que a força é a derivada da energia potencial em relação à coordenada x, a energia potencial tem um valor extremo – um valor mínimo ou máximo – nesses pontos. É possível ver com clareza que as energias potenciais em x_1 e x_3 representam valores mínimos, e a energia potencial em x_2 é um valor máximo. Nos três pontos, um objeto não sofreria nenhuma aceleração, porque está localizado em um valor extremo onde a força é zero. Como não há força, a segunda lei de Newton nos diz que não há aceleração. Logo, esses pontos são pontos de equilíbrio.

Os pontos de equilíbrio na Figura 6.17 representam dois tipos distintos. Os pontos x_1 e x_3 representam pontos de equilíbrio estável, e x_2 é um ponto de equilíbrio instável. O que diferencia os pontos de equilíbrio estável e instável é a resposta a perturbações (pequenas mudanças de posição ao redor da posição de equilíbrio).

> **Definição**
>
> Nos **pontos de equilíbrio estável**, pequenas perturbações resultam em pequenas oscilações ao redor do ponto de equilíbrio. Nos **pontos de equilíbrio instável**, pequenas perturbações resultam em um movimento de aceleração que se distancia do ponto de equilíbrio.

A analogia com a montanha-russa pode ser útil aqui: se você está sentado em um vagão de montanha-russa no ponto x_1 ou x_3 e alguém empurra o vagão, ele simplesmente balançará para frente e para trás nos trilhos, porque você está em um ponto local de menor energia. Porém, se o vagão receber o mesmo empurrão enquanto estiver em x_2, então o resultado será o vagão descendo a rampa.

O que torna um ponto de equilíbrio estável ou instável de uma perspectiva matemática é o valor da segunda derivada de função de energia potencial, ou a curvatura. Curvatura negativa significa um valor máximo local da função de energia potencial e, portanto, um ponto de equilíbrio instável; uma curvatura positiva indica um ponto de equilíbrio estável. É evidente que também existe a situação entre um equilíbrio estável e instável, entre uma curvatura positiva e negativa. Esse é um ponto de equilíbrio metaestável, com curvatura local zero, isto é, um valor de zero para a segunda derivada da função de energia potencial.

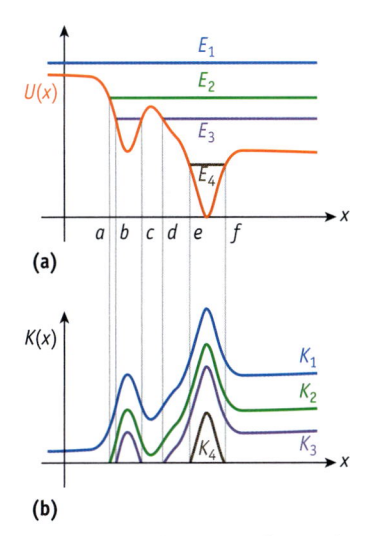

Pontos de inflexão

A Figura 6.18a mostra a mesma função de energia potencial da Figura 6.17, mas com a adição de linhas horizontais para quatro valores diferentes da energia mecânica total (E_1 até E_4). Para cada valor dessa energia total e para cada ponto da curva de energia potencial, podemos calcular o valor da energia cinética por subtração simples. Primeiro vamos considerar o maior valor da energia mecânica total mostrada na figura, E_1 (linha horizontal azul):

$$K_1(x) = E_1 - U(x). \tag{6.30}$$

A energia cinética, $K_1(x)$, é mostrada na Figura 6.18b pela curva azul, que é claramente uma versão invertida da curva de energia potencial na Figura 6.18a. Porém, sua altura absoluta não é arbitrária, mas resulta da equação 6.30. Conforme mencionado anteriormente, sempre podemos adicionar uma constante aditiva arbitrária à energia potencial, mas então somos forçados a adicionar a mesma constante aditiva à energia mecânica total, de forma que sua diferença, a energia cinética, permaneça inalterada.

Para os outros valores da energia mecânica total na Figura 6.18, surge uma complicação adicional: a condição de que a energia cinética precisa ser maior ou igual a zero. Essa condição significa que a energia cinética não é definida em uma região onde $E_i - U(x)$ é negativo. Para a energia mecânica total de E_2, a energia cinética é maior do que zero somente para $x \geq a$, conforme indicado na Figura 6.18b pela curva verde. Desta forma, um objeto que se move com energia total E_2 da direita para a esquerda na Figura 6.18 atingirá o ponto $x = a$ e lá terá velocidade zero. Consultando a Figura 6.17, é possível ver que a força naquele ponto é positiva, empurrando o objeto para a direita, ou seja, fazendo com que ele dê a volta. É por isso que esse ponto é chamado de **ponto de inflexão**. Movendo-se para a direita, esse objeto adquire energia cinética e segue a mesma curva de energia cinética da esquerda para a direita, tornando seu caminho reversível. Esse comportamento é uma consequência da conservação de energia mecânica total.

> **Definição**
>
> **Pontos de inflexão** são pontos em que a energia cinética é zero e onde uma força resultante distancia o objeto do ponto.

Um objeto com energia total igual a E_4 na Figura 6.18 tem dois pontos de inflexão em seu caminho: $x = e$ e $x = f$. O objeto só pode se mover entre esses dois pontos. Ele está preso nesse intervalo e não pode escapar. Talvez a analogia com a montanha-russa seja novamente útil: um vagão liberado do ponto $x = e$ se moverá pela rampa na curva de energia potencial para a direita até atingir o ponto $x = f$, onde ele inverte seu sentido e se move de volta para $x = e$, nunca tendo energia mecânica total suficiente para escapar. A região em que o objeto está preso geralmente é chamada de *poço de potencial*.

Talvez a situação mais interessante seja aquela em que a energia total é E_3. Se um objeto se move vindo da direita na Figura 6.18 com energia E_3, ele será refletido no ponto de inflexão onde $x = d$, em analogia total à situação em $x = a$ para o objeto com energia E_2. Porém, há outra parte permitida do caminho mais distante à esquerda, no intervalo $b \leq x \leq c$. Se o objeto começar nesse intervalo, ele permanece preso em uma inclinação, assim como o objeto com energia E_4. Entre os intervalos permitidos $b \leq x \leq c$ e $x \geq d$ existe uma *região proibida* que um objeto com energia mecânica total E_3 não pode atravessar.

Visão geral: física atômica

Ao estudar física atômica, novamente encontraremos curvas de energia potencial. Diz-se que partículas com energias como E_4 na Figura 6.18, que estão presas entre dois pontos de inflexão, estão em *estados ligados*. Porém, um dos fenômenos mais interessantes na física atômica e nuclear ocorre em situações como a mostrada na Figura 6.18 para uma energia mecânica total

> **6.7 Exercícios de sala de aula**
>
> Qual dos quatro desenhos representa um ponto de equilíbrio estável para a bola em sua superfície de apoio?
>
> (a)
>
> (b)
>
> (c)
>
> (d)

Figura 6.18 (a) A mesma função de energia potencial da Figura 6.17. Ela mostra linhas que representam quatro valores diferentes da energia total, E_1 até E_4. (b) Funções de energia cinética correspondentes para essas quatro energias totais e a função de energia potencial na parte superior. As linhas verticais cinzas marcam os pontos de inflexão.

de E_3. A partir de nossas considerações de mecânica clássica neste capítulo, esperamos que um objeto parado em um estado ligado entre $b \leq x \leq c$ não consiga escapar. Porém, em aplicações de física atômica e nuclear, uma partícula em tal estado ligado tem uma pequena probabilidade de escapar desse poço de potencial, passar pela região classicamente proibida e chegar à região $x \geq d$. Esse processo é chamado de *tunelamento*. Dependendo da altura e largura da barreira, a probabilidade de tunelamento pode ser bastante grande, levando a um escape rápido, ou bem pequeno, o que conduz a um escape muito lento. Por exemplo, o isótopo ^{235}U do elemento urânio, usado em usinas de fissão nuclear e que ocorre naturalmente na Terra, tem uma meia-vida de mais de 700 milhões de anos, que é o tempo médio decorrido até que uma partícula alfa (um conjunto firmemente ligado de dois nêutrons e dois prótons no núcleo) passe por sua barreira potencial, fazendo com que o núcleo do urânio decaia. Em contraste, o isótopo ^{238}U tem meia-vida de 4500 milhões de anos. Assim, grande parte do ^{235}U original presente na Terra já decaiu completamente. O fato de que o ^{235}U compreende apenas 0,7% de todo o urânio que ocorre naturalmente significa que o primeiro sinal de que uma nação está tentando usar energia nuclear, para qualquer propósito, é a aquisição de equipamentos que podem separar ^{235}U do muito mais abundante ^{238}U (99,3%), que não é adequado para produção de energia de fissão nuclear.

O parágrafo anterior foi incluído para aguçar seu apetite para o que está por vir. Para entender os processos da física atômica e nuclear, você precisará se familiarizar com mais alguns conceitos. Porém, as considerações básicas de energia introduzidas aqui permanecerão praticamente inalteradas.

O QUE JÁ APRENDEMOS | GUIA DE ESTUDO PARA EXERCÍCIOS

- Energia potencial, U, é a energia armazenada na configuração de um sistema de objetos que exercem forças entre si.

- Energia potencial gravitacional é definida como $U_g = mgy$.

- A energia potencial associada ao alongamento de uma mola de sua posição de equilíbrio em $x = 0$ é $U_s(x) = \frac{1}{2}kx^2$.

- Uma força conservativa é uma força para a qual o trabalho realizado sobre qualquer caminho fechado é zero. Uma força que não cumpre esse requisito é chamada de força não conservativa.

- Para qualquer força conservativa, a mudança de energia potencial em função de alguma reordenação espacial de um sistema é igual à negativa do trabalho realizado pela força conservativa durante essa reordenação espacial.

- A relação entre uma energia potencial e a força conservativa correspondente é $\Delta U = U(x) - U(x_0) = -\int_{x_0}^{x} F_x(x')dx'$.

- Em situações unidimensionais, a componente de força pode ser obtida da energia potencial usando $F_x(x) = -\dfrac{dU(x)}{dx}$.

- A energia mecânica, E, é a soma da energia cinética e da energia potencial: $E = K + U$.

- A energia mecânica total é conservada para qualquer processo mecânico dentro de um sistema isolado que envolve apenas forças conservativas: $\Delta E = \Delta K + \Delta U = 0$. Uma maneira alternativa de expressar essa conservação de energia mecânica é $K + U = K_0 + U_0$.

- A energia total – a soma de todas as formas de energia, sejam mecânicas ou não – sempre é conservada em um sistema isolado. Isso é válido para forças conservativas e não conservativas: $E_{total} = E_{mecânica} + E_{outras} = K + U + E_{outras} = $ constante.

- Problemas de energia que incluem forças não conservativas podem ser solucionados usando o teorema do trabalho e energia: $W_f = \Delta K + \Delta U$.

- Em pontos de equilíbrio estável, pequenas perturbações resultam em pequenas oscilações ao redor do ponto de equilíbrio; em pontos de equilíbrio instável, pequenas perturbações resultam em um movimento de aceleração que se distancia do ponto de equilíbrio.

- Pontos de inflexão são pontos em que a energia cinética é zero e onde uma força resultante distancia o objeto do ponto.

TERMOS-CHAVE

amplitude, p. 181
conservação de energia mecânica, p. 177
energia mecânica, p. 177
energia potencial, p. 169

energia total, p. 187
força conservativa, p. 171
força não conservativa, p. 171

pontos de equilíbrio estável, p. 190
pontos de equilíbrio instável, p. 190
pontos de inflexão, p. 191

sistema isolado, p. 177
teorema do trabalho e energia, p. 186

NOVOS SÍMBOLOS E EQUAÇÕES

U, energia potencial

W_f, energia dissipada por uma força de atrito

$U_g = mgy$, energia potencial gravitacional

$U_s(x) = \frac{1}{2}kx^2$, energia potencial de uma mola

$K + U = K_0 + U_0$, conservação de energia mecânica

A, amplitude

$W_f = \Delta K + \Delta U$, teorema do trabalho e energia

RESPOSTAS DOS TESTES

6.1 A energia potencial é proporcional ao inverso da distância ente os dois objetos. Exemplos dessas forças são a força da gravidade (veja o Capítulo 12) e a força eletrostática.

6.2 Para resolver este problema com resistência do ar adicionada, teríamos introduzido o trabalho realizado pela resistência do ar, que pode ser tratada como uma força de atrito. Teríamos modificado nosso enunciado de conservação de energia para refletir o fato de que o trabalho, W_f, é realizado pela força de atrito

$$W_f + K + U = K_0 + U_0.$$

A solução teria sido feita numericamente porque o trabalho realizado pelo atrito neste caso dependeria da distância que a rocha realmente percorre pelo ar.

6.3 A bola de cor clara desce para uma elevação mais baixa mais cedo em seu movimento e, portanto, converte mais de sua energia potencial em energia cinética inicialmente. Maior energia cinética significa maior velocidade. Desta forma, a bola de cor clara atinge maiores velocidades antes e consegue se mover até a parte de baixo da pista mais rapidamente, embora o comprimento de seu caminho seja maior.

6.4 A velocidade está com valor máximo quando a energia cinética está em um valor mínimo:

$K(y) = U(-3,3 \text{ m}) - U(y) = (3856 \text{ J}) - (671 \text{ J/m})y - (557,5 \text{ J/m}^2)y^2$

$\frac{d}{dy}K(y) = -(671 \text{ J/m}) - (1115 \text{ J/m}^2)y = 0 \Rightarrow y = -0,602 \text{ m}$

$v(-0,602 \text{ m}) = \sqrt{2K(-0,602 \text{ m})/m} = 10,89 \text{ m/s}.$

Observe que o valor em que a velocidade está em seu máximo é a posição de equilíbrio da mola assim que ela é carregada com a bola de canhão humana.

6.5 A força resultante no alongamento máximo é $F = k(L_{\text{máx}} - L_{\text{pessoa}} - L_0) - mg$. Portanto, a aceleração neste ponto é $a = k(L_{\text{máx}} - L_{\text{pessoa}} - L_0)/m - g$. A inserção da expressão que encontramos para L_0 dá

$$a = \sqrt{\frac{2gL_{\text{máx}}k}{m}} - g.$$

A aceleração máxima aumenta com o raiz quadrada da constante elástica. Se alguém quiser saltar de uma altura grande, $L_{\text{máx}}$, é necessário ter uma corda de *bungee jumping* bem flexível.

GUIA DE RESOLUÇÃO DE PROBLEMAS

1. Grande parte do guia de solução de problemas dado no Capítulo 5 também se aplica a problemas que envolvem conservação de energia. É importante identificar o sistema e determinar o estado dos objetos nele em diferentes intervalos centrais, como o início e final de cada tipo de movimento. Você também deve identificar quais forças na situação são conservativas e não conservativas, porque elas afetam o sistema de maneiras distintas.

2. Tente acompanhar cada tipo de energia durante toda a situação do problema. Quando o objeto tem energia cinética? A energia potencial gravitacional aumenta ou diminui? Onde está o ponto de equilíbrio de uma mola?

3. Lembre-se que você pode escolher onde a energia potencial é zero, então tente determinar qual escolha simplificará os cálculos.

4. Um desenho quase sempre é útil, e um diagrama de corpo livre geralmente também ajuda. Em alguns casos, o desenho de gráficos de energia potencial, energia cinética e energia mecânica total é uma boa ideia.

PROBLEMA RESOLVIDO 6.4 | Trapezista

PROBLEMA

Uma trapezista começa seu movimento com o trapézio em repouso a um ângulo de 45,0° em relação à vertical. As cordas do trapézio têm comprimento de 5,00 m. Qual é sua velocidade no ponto mais baixo da trajetória?

Continua →

SOLUÇÃO

PENSE
Inicialmente, a trapezista tem apenas energia potencial gravitacional. Podemos escolher um sistema de coordenadas de forma que $y = 0$ esteja no ponto mais baixo da trajetória, então a energia potencial é zero nesse ponto mais baixo. Quando a trapezista estiver no ponto mais baixo, sua energia cinética estará em um valor máximo. Podemos equacionar a energia potencial gravitacional inicial à energia cinética final da trapezista.

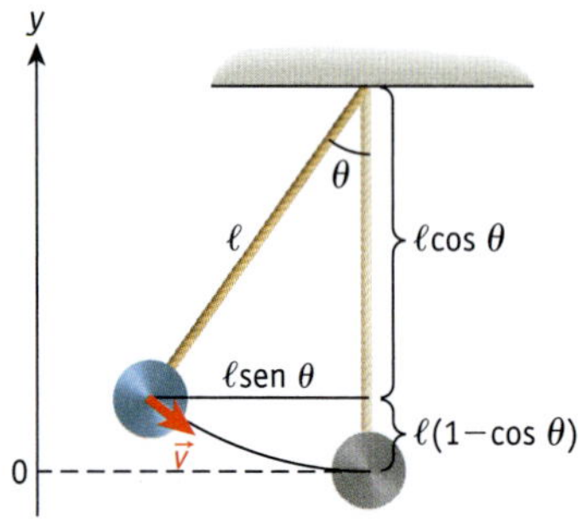

DESENHE
Representamos a trapezista na Figura 6.19 como um objeto de massa m suspenso de uma corda de comprimento ℓ. Indicamos a posição da trapezista em um determinado valor do ângulo θ pelo círculo azul. O ponto mais baixo da trajetória é atingido em $\theta = 0$, e indicamos isso na Figura 6.19 por um círculo cinza.

A figura mostra que a trapezista está a uma distância ℓ (o comprimento da corda) abaixo do teto no ponto mais baixo e a uma distância $\ell \cos\theta$ abaixo do teto para todos os outros valores de θ. Isso significa que ela está a uma altura $h = \ell - \ell \cos\theta = \ell(1 - \cos\theta)$ acima do ponto mais baixo na trajetória quando o trapézio forma um ângulo θ com a vertical.

Figura 6.19 Geometria do balanço ou trajetória de uma trapezista.

PESQUISE
O trapézio é puxado para trás com um ângulo inicial θ_0 em relação à vertical e, assim, a uma altura $h = \ell(1 - \cos\theta_0)$ acima do ponto mais baixo na trajetória, de acordo com nossa análise da Figura 6.19. Portanto, a energia potencial nessa deflexão máxima, θ_0, é

$$E = K + U = 0 + U = mg\ell(1 - \cos\theta_0).$$

Esse também é o valor para a energia mecânica total, porque a trapezista tem energia cinética zero no ponto de deflexão máxima. Para qualquer outra deflexão, a energia é a soma das energias cinéticas e potenciais:

$$E = mg\ell(1 - \cos\theta) + \tfrac{1}{2}mv^2.$$

SIMPLIFIQUE
Solucionando essa equação para a velocidade, obtemos

$$mg\ell(1 - \cos\theta_0) = mg\ell(1 - \cos\theta) + \tfrac{1}{2}mv^2 \Rightarrow$$
$$mg\ell(\cos\theta - \cos\theta_0) = \tfrac{1}{2}mv^2 \Rightarrow$$
$$|v| = \sqrt{2g\ell(\cos\theta - \cos\theta_0)}.$$

Aqui, estamos interessados na velocidade para $|v(\theta = 0)|$, que é

$$|v(\theta = 0)| = \sqrt{2g\ell(\cos 0 - \cos\theta_0)} = \sqrt{2g\ell(1 - \cos\theta_0)}.$$

CALCULE
A condição inicial é $\theta_0 = 45°$. Inserindo os números, encontramos

$$|v(0°)| = \sqrt{2(9{,}81 \text{ m/s}^2)(5{,}00 \text{ m})(1 - \cos 45°)} = 5{,}360300809 \text{ m/s}.$$

ARREDONDE
Todos os valores numéricos foram especificados com três algarismos significativos, então damos nossa resposta como

$$|v(0°)| = 5{,}36 \text{ m/s}.$$

SOLUÇÃO ALTERNATIVA
Primeiro, a avaliação óbvia das unidades: m/s é a unidade do SI para velocidade e velocidade escalar. A velocidade do trapezista no ponto mais baixo é 5,36 m/s (12 mph), o que parece estar alinhado com o que vemos no circo.

Podemos realizar outra verificação da fórmula $|v(\theta = 0)| = \sqrt{2g\ell(1 - \cos\theta_0)}$ considerando os casos limitantes para o ângulo inicial θ_0 para ver se eles geram resultados razoáveis. Neste caso, os valos limitantes para θ_0 são 90°, em que o trapézio parte da horizontal, e 0°, em que ele parte da vertical. Se usarmos $\theta_0 = 0$, o trapézio está apenas pendurado em repouso, e esperamos velocidade zero, uma expectativa oriunda de nossa fórmula. Por outro lado, se usarmos $\theta_0 = 90°$, ou $\cos \theta_0 = \cos 90° = 0$, obtemos o resultado limitante $\sqrt{2g\ell}$, que é o mesmo resultado de uma queda livre do teto à parte inferior do trapézio. Novamente, esse limite é esperado, o que nos dá mais confiança em nossa solução.

PROBLEMA RESOLVIDO 6.5 | Trenó na montanha do Mickey Mouse

PROBLEMA
Um menino sobre um trenó parte do repouso e desliza pela montanha do Mickey Mouse, que está coberta de neve (Figura 6.20). Juntos, o menino e o trenó têm massa de 23,0 kg. A montanha do Mickey Mouse faz um ângulo $\theta = 35,0°$ com a horizontal. A superfície da montanha tem 25,0 m de comprimento. Quando o menino e o trenó atingem a parte de baixo da montanha, eles continuam deslizando sobre um campo horizontal coberto de neve. O coeficiente de atrito cinético entre o trenó e a neve é 0,100. Que distância o menino e o trenó se movem no campo horizontal antes de parar?

SOLUÇÃO
PENSE
O menino e o trenó começam e terminam com energia cinética zero e têm energia potencial gravitacional no topo da montanha do Mickey Mouse. À medida que eles descem a montanha, adquirem energia cinética. Na parte de baixo da montanha, sua energia potencial é zero, e eles têm energia cinética. Porém, o menino e o trenó estão continuamente perdendo energia para o atrito. Assim, a mudança de energia potencial será idêntica à energia perdida para o atrito. Devemos levar em consideração o fato de que a força de atrito será diferente quando o trenó estiver na montanha do Mickey Mouse e no campo plano.

Figura 6.20 Um menino desce a montanha do Mickey Mouse em um trenó.

DESENHE
Um desenho do menino deslizando com o trenó sobre a montanha do Mickey Mouse é mostrado na Figura 6.21.

Figura 6.21 (A) Desenho do trenó na montanha do Mickey Mouse e no campo plano mostrando o ângulo de inclinação e as distâncias. (b) Diagrama de corpo livre para o trenó na montanha do Mickey Mouse. (c) Diagrama de corpo livre para o trenó no campo plano.

PESQUISE
O menino e o trenó começam com energia cinética zero e terminam com energia cinética zero. Chamamos o comprimento da montanha do Mickey Mouse de d_1, e a distância que o menino e o trenó percorrem no campo plano de d_2, conforme mostra a Figura 6.21a. Presumindo que a energia potencial gravitacional do menino e do trenó seja zero na parte inferior da montanha, a mudança na energia potencial gravitacional do topo da montanha do Mickey Mouse até o campo plano é

$$\Delta U = mgh,$$

na qual m é a massa do menino e do trenó juntos e

$$h = d_1 \operatorname{sen}\theta.$$

Continua →

A força de atrito é diferente na montanha e no campo plano porque a força normal é diferente. Segundo a Figura 6.21b, a força de atrito na montanha do Mickey Mouse é

$$f_{k1} = \mu_k N_1 = \mu_k mg \cos\theta.$$

De acordo com a Figura 6.21c, a força de atrito no campo plano é

$$f_{k2} = \mu_k N_2 = \mu_k mg.$$

A energia dissipada pelo atrito, W_f, é igual à energia dissipada pelo atrito enquanto se desliza sobre a montanha do Mickey Mouse, W_1, mais a energia dissipada ao deslizar sobre o campo plano, W_2:

$$W_f = W_1 + W_2.$$

A energia dissipada pelo atrito na montanha do Mickey Mouse é

$$W_1 = f_{k1} d_1,$$

e a energia dissipada pelo atrito no campo plano é

$$W_2 = f_{k2} d_2.$$

SIMPLIFIQUE

Segundo as três equações precedentes, a energia total dissipada pelo atrito é dada por

$$W_f = f_{k1} d_1 + f_{k2} d_2.$$

A substituição das duas expressões para as forças de atrito nessa equação nos dá

$$W_f = (\mu_k mg \cos\theta) d_1 + (\mu_k mg) d_2.$$

A mudança na energia potencial é obtida pela combinação da equação $\Delta U = mgh$ com a expressão obtida para a altura, $h = d_1 \,\text{sen}\,\theta$:

$$\Delta U = mg d_1 \,\text{sen}\,\theta.$$

Uma vez que o trenó está em repouso no topo da montanha e também no final da corrida, temos $\Delta K = 0$ e, então, segundo a equação 6.29, neste caso, $\Delta U = W_f$. Agora podemos equacionar a mudança na energia potencial com a energia dissipada pelo atrito:

$$mg d_1 \,\text{sen}\,\theta = (\mu_k mg \cos\theta) d_1 + (\mu_k mg) d_2.$$

Anulando mg nos dois lados e solucionando para a distância que o menino e o trenó percorrem no campo plano, obtemos

$$d_2 = \frac{d_1 (\text{sen}\,\theta - \mu_k \cos\theta)}{\mu_k}.$$

CALCULE

A inserção de valores numéricos resulta em

$$d_2 = \frac{(25,0\text{ m})(\text{sen}\,35,0° - 0,100 \cdot \cos 35,0°)}{0,100} = 122,9153\text{ m}.$$

ARREDONDE

Todos os valores numéricos foram especificados com três algarismos significativos, então damos nossa resposta como

$$d_2 = 123\text{ m}.$$

SOLUÇÃO ALTERNATIVA

A distância que o trenó se move no campo plano é um pouco mais longa do que um campo de futebol americano, o que certamente parece possível após sair de uma montanha inclinada com 25 m de comprimento.

Podemos avaliar nossa resposta presumindo que a força de atrito entre o trenó e a neve seja a mesma na montanha do Mickey Mouse do que no campo plano,

$$f_k = \mu_k mg.$$

A mudança na energia potencial seria igual è energia aproximada dissipada pelo atrito para toda a distância que o trenó se move:

$$mgd_1 \operatorname{sen}\theta = \mu_k mg(d_1 + d_2).$$

A distância aproximada percorrida sobre o campo plano seria

$$d_2 = \frac{d_1(\operatorname{sen}\theta - \mu_k)}{\mu_k} = \frac{(25{,}0 \text{ m})(\operatorname{sen}35{,}0° - 0{,}100)}{0{,}100} = 118{,}0 \text{ m}.$$

Esse resultado é próximo, mas menor do que nossa resposta de 123 m, o que era esperado porque a força de atrito no campo plano é maior do que a força de atrito na montanha do Mickey Mouse. Logo, nossa resposta parece razoável.

Os conceitos de potência introduzidos no Capítulo 5 podem ser combinados com a conservação de energia mecânica para obter algumas informações interessantes sobre geração de energia elétrica a partir da conversão de energia potencial gravitacional.

PROBLEMA RESOLVIDO 6.6 — Potência produzida pelas Cataratas do Niágara

PROBLEMA
O volume médio das Cataratas do Niágara é de 5520 m³ de água, mais de uma gota de 49,0 m por segundo. Se toda a energia potencial dessa água pudesse ser convertida em energia elétrica, quanta potência elétrica as Cataratas do Niágara gerariam?

SOLUÇÃO
PENSE
A massa de um metro cúbico de água é 1000 kg. O trabalho realizado pela queda d'água é igual à mudança em sua energia potencial gravitacional. A potência média é o trabalho por unidade de tempo.

DESENHE
Um desenho de um eixo de coordenada vertical está sobreposto a uma foto das Cataratas do Niágara na Figura 6.22.

Figura 6.22 Cataratas do Niágara mostrando uma elevação de h para a queda da água que passa pelas cataratas.

PESQUISE
A potência média é dada pelo trabalho por unidade de tempo:

$$\overline{P} = \frac{W}{t}.$$

O trabalho que é realizado pela água passando pelas Cataratas do Niágara é igual à mudança na energia potencial gravitacional.

$$\Delta U = W.$$

A mudança na energia potencial gravitacional de uma determinada massa m de água que cai por uma distância h é dada por

$$\Delta U = mgh.$$

SIMPLIFIQUE
Podemos combinar as três equações precedentes para obter

$$\overline{P} = \frac{W}{t} = \frac{mgh}{t} = \left(\frac{m}{t}\right)gh.$$

Continua →

CALCULE

Primeiro calculamos a massa de água se movendo sobre as cataratas por unidade de tempo a partir do volume dado de água por unidade de tempo, usando a densidade da água:

$$\frac{m}{t} = \left(5520 \ \frac{m^3}{s}\right)\left(\frac{1000 \ kg}{m^3}\right) = 5{,}52 \cdot 10^6 \ kg/s.$$

Então, a potência média é

$$\overline{P} = \left(5{,}52 \cdot 10^6 \ kg/s\right)\left(9{,}81 \ m/s^2\right)\left(49{,}0 \ m\right) = 2653{,}4088 \ MW.$$

ARREDONDE

Arredondamos para três algarismos significativos:

$$\overline{P} = 2{,}65 \ GW.$$

SOLUÇÃO ALTERNATIVA

Nosso resultado é comparável à vazão de grandes usinas elétricas, na ordem de 1000 MW (1 GW). A capacidade de geração de energia combinada de todas as usinas hidroelétricas nas Cataratas do Niágara tem um pico de 4,4 GW durante a alta temporada de águas na primavera, o que está próximo à nossa resposta. Porém, alguém poderia perguntar como a água produz potência simplesmente caindo das Cataratas do Niágara. A resposta é que ela não produz. Em vez disso, uma grande parte da água do Rio Niágara é desviada a montante das cataratas e enviada pelos túneis, onde ela movimenta geradores de energia. A água que passa pelas cataratas durante o dia e na temporada de turismo no verão é apenas cerca de 50% do fluxo do Rio Niágara. Esse fluxo é reduzido ainda mais, em até 10%, e mais água é desviada para geração de energia durante a noite e no inverno.

QUESTÕES DE MÚLTIPLA ESCOLHA

6.1 Um bloco de massa 5,0 kg desliza sem atrito com velocidade de 8,0 m/s sobre a superfície de uma mesa horizontal até atingir e aderir a uma massa de 4,0 kg presa a uma mola horizontal (com constante elástica de k = 2000,0 N/m), que, por sua vez, está presa à parede. Em quanto a mola é comprimida antes que as massas cheguem ao repouso?

a) 0,40 m
b) 0,54 m
c) 0,30 m
d) 0,020 m
e) 0,67 m

6.2 Um pêndulo balança em um plano vertical. Na parte de baixo do balanço, a energia cinética é 8 J e a energia potencial gravitacional é 4 J. Na posição mais alta de sua oscilação, as energias cinética e potencial gravitacional são

a) energia cinética = 0 J e energia potencial gravitacional = 4 J.
b) energia cinética = 12 J e energia potencial gravitacional = 0 J.
c) energia cinética = 0 J e energia potencial gravitacional = 12 J.
d) energia cinética = 4 J e energia potencial gravitacional = 8 J.
e) energia cinética = 8 J e energia potencial gravitacional = 4 J.

6.3 Uma bola de massa 0,5 kg é liberada do repouso no ponto A, que está 5 m acima do fundo de um tanque de óleo, conforme mostrado na figura. Em B, que está 2 m acima do fundo do tanque, a bola tem velocidade de 6 m/s. O trabalho realizado sobre a bola pela força do atrito líquido é

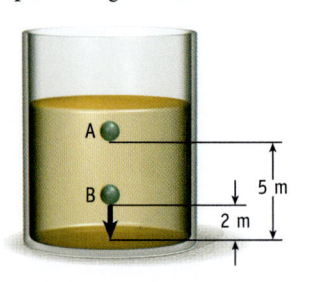

a) +15 J.
b) +9 J.
c) −15 J.
d) −9 J.
e) −5,7 J.

6.4 Uma criança atira três bolas de gude idênticas da mesma altura acima do solo, de forma que elas chegam até o telhado *plano* de um prédio. As bolas de gude são lançadas com a mesma velocidade inicial. A primeira bola de gude, bola de gude A, é atirada com um ângulo de 75° acima da horizontal, enquanto as bolas de gude B e C são atiradas com ângulos de lançamento de 60° e 45°, respectivamente. Desprezando a resistência do ar, classifique as bolas de gude de acordo com as velocidades com que elas atingem o telhado.

a) A < B < C
b) C < B < A
c) A e C têm a mesma velocidade; B tem velocidade menor.
d) B tem a maior velocidade; A e C têm a mesma velocidade.
e) A, B e C atingem o telhado com a mesma velocidade.

6.5 Qual das alternativas a seguir *não* é uma função válida de energia potencial para a força elástica $F = -kx$?

a) $(\frac{1}{2})kx^2$
b) $(\frac{1}{2})kx^2 + 10 \ J$
c) $(\frac{1}{2})kx^2 - 10 \ J$
d) $-(\frac{1}{2})kx^2$
e) Nenhuma das alternativas acima é válida.

6.6 Você usa a mão para esticar uma mola até um deslocamento x de sua posição de equilíbrio e, a seguir, a traz lentamente de volta àquela posição. Qual das opções a seguir é verdadeira?

a) ΔU da mola é positiva.
b) ΔU da mola é negativa.
c) ΔU da mão é positiva.
d) ΔU da mão é negativa.
e) Nenhuma das afirmativas anteriores é verdadeira.

6.7 Na questão 6, qual é o trabalho realizado pela mão?

a) $-(\frac{1}{2})kx^2$
b) $+(\frac{1}{2})kx^2$
c) $(\frac{1}{2})mv^2$, onde v é a velocidade da mão
d) zero
e) nenhuma das respostas acima

6.8 Qual das afirmativas a seguir *não* é uma unidade de energia?

a) newton-metro
b) joule
c) kilowatt-hora
e) todas as respostas anteriores

6.9 Uma mola tem constante elástica de 80 N/m. Quanta energia potencial ela armazena quando esticada em 1,0 cm?

a) $4.0 \cdot 10^{-3}$ J
b) 0,40 J
c) 80 J
d) 800 J
e) 0,8 J

QUESTÕES

6.10 A energia cinética de um objeto pode ser negativa? A energia potencial de um objeto pode ser negativa?

6.11 a) Se você saltar de uma mesa para o solo, sua energia mecânica é conservada? Se não, para onde ela vai? b) Um carro se movendo pela estrada bate em uma árvore. A energia mecânica do carro é conservada? Se não, para onde ela vai?

6.12 Quanto trabalho você realiza quando segura uma sacola de compras estando parado? Quanto trabalho você realiza ao carregar a mesma sacola por uma distância d no estacionamento do mercado?

6.13 Uma flecha é colocada em um arco, a corda é puxada para trás e a flecha é arremessada direto para cima; então, a flecha volta e crava no solo. Descreva todas as mudanças de trabalho e energia que ocorrem.

6.14 Duas bolas de sinuca idênticas começam na mesma altura e ao mesmo tempo e deslizam sobre pistas distintas, conforme mostra a figura.

a) Qual bola tem a maior velocidade no fim?
b) Qual chegará ao fim primeiro?

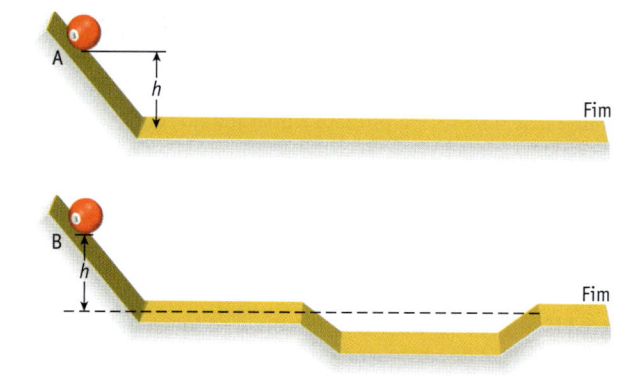

6.15 Uma menina de massa 49,0 kg está em um balanço, que tem massa de 1,0 kg. Suponha que você a puxe para trás até que seu centro de massa esteja 2,0 m acima do solo. Então você a solta, ela balança e retorna ao mesmo ponto. Todas as forças que atuam sobre a menina e o balanço são conservativas?

6.16 Uma função de energia potencial pode ser definida para a força de atrito?

6.17 A energia potencial de uma mola pode ser negativa?

6.18 Uma extremidade de uma corda elástica está amarrada, e você puxa a outra extremidade para traçar uma trajetória *fechada* complicada. Se você fosse medir a força elástica F em todos os pontos e obtivesse seu produto escalar com os deslocamentos locais, $\vec{F} \cdot \Delta \vec{r}$, e depois somasse todos eles, qual seria o resultado?

6.19 Uma função única de energia potencial pode ser identificada sem uma força conservativa específica?

6.20 No *skydiving* (queda livre sem paraquedas) a componente vertical de velocidade do paraquedista é geralmente zero no momento em que ele salta do avião; a componente vertical de velocidade aumenta até que o paraquedista atinja velocidade terminal (veja o Capítulo 4). Vamos fazer um modelo simplificado desse movimento. Presumimos que a componente horizontal de velocidade é zero. A componente vertical de velocidade aumenta de modo linear, com aceleração $a_y = -g$, até que o paraquedista atinja velocidade terminal; depois disso, ele permanece constante. Desta forma, nosso modelo simplificado presume queda livre sem resistência do ar, seguida de uma queda com velocidade constante. Desenhe a energia cinética, a energia potencial e a energia total como função de tempo para esse modelo.

6.21 Um projétil de massa m é lançado do solo em $t = 0$ com velocidade v_0 e com ângulo θ_0 acima da horizontal. Presumindo que a resistência do ar seja desprezível, escreva as energias cinética, potencial e total do projétil como funções explícitas de tempo.

6.22 A altura de energia, H, de uma aeronave de massa m com altitude h e com velocidade v é definida como sua energia total (com o zero da energia potencial obtido ao nível do solo) dividida por seu peso. Assim, a altura de energia é uma grandeza com unidades de comprimento.

a) Derive uma expressão para a altura de energia, H, em termos das grandezas m, h e v.
b) Um Boeing 747 com massa $3,5 \cdot 10^5$ k está navegando em posição horizontal a 250,0 m/s a uma altitude de 10,0 km. Calcule o valor de sua altura de energia.

Nota: a altura de energia é a altitude máxima que uma aeronave pode atingir com um "zoom" (subida vertical sem mudar a propulsão dos motores). No entanto, essa manobra não é recomendada para um 747.

6.23 Um corpo de massa m se move em uma dimensão sob a influência de uma força, $F(x)$, que depende apenas da posição do corpo.

a) Prove que a segunda lei de Newton e a lei de conservação de energia para esse corpo são exatamente equivalentes.

b) Explique por que a lei de conservação de energia é considerada de maior significância do que a segunda lei de Newton.

6.24 A ligação molecular em uma molécula diatômica, como a molécula de nitrogênio (N_2), pode ser modelada pelo potencial de Lennard-Jones, que tem a forma

$$U(x) = 4U_0\left[\left(\frac{x_0}{x}\right)^{12} - \left(\frac{x_0}{x}\right)^{6}\right],$$

onde x é a distância de separação entre os dois núcleos e x_0, e U_0 são constantes. Determine, em termos dessas constantes, o seguinte:

a) a função de força correspondente;

b) a separação de equilíbrio x_0, que é o valor de x para o qual os dois átomos sofrem força zero entre si; e

c) a natureza da interação (repulsão ou atração) para separação maiores e menores do que x_0.

6.25 Uma particular de massa m se movendo no plano xy está confinada por uma função de potencial bidimensional, $U(x, y) = \frac{1}{2}k(x^2 + y^2)$.

a) Derive uma expressão para a força resultante, $\vec{F} = F_x\hat{x} + F_y\hat{y}$.

b) Encontre o ponto de equilíbrio no plano xy.

c) Descreva de forma qualitativa o efeito da força resultante.

d) Qual é o módulo da força resultante sobre a partícula na coordenada (3,4) em cm se $k = 10$ N/cm?

e) Quais são os pontos de inflexão se a partícula tiver 10 J de energia mecânica total?

6.26 Para uma pedra jogada do repouso de uma altura h, a fim de calcular a velocidade logo antes de atingir o solo, usamos a conservação de energia mecânica e escrevemos $mgh = \frac{1}{2}mv^2$. Eliminamos m e solucionamos para v. Um erro bastante comum cometido por estudantes dos primeiros anos de física é presumir, baseado na aparência dessa equação, que devem definir a energia cinética igual à energia potencial no mesmo ponto no espaço. Por exemplo, para calcular a velocidade v_1 da pedra em alguma altura $y_1 < h$, eles costumam escrever $mgh_1 = \frac{1}{2}mv_1^2$ e solucionar para v_1. Explique por que essa abordagem está equivocada.

PROBLEMAS

Um • e dois •• indicam um nível crescente de dificuldade do problema.

Seção 6.1

6.27 Qual é a energia potencial gravitacional de um livro de 2,0 kg que está 1,5 m acima do solo?

6.28 a) Se a energia potencial gravitacional de uma pedra de 40,0 kg tem 500 J em relação a um valor de zero no solo, que altura a pedra está acima do solo?

b) Se a pedra fosse erguida a duas vezes sua altura original, como o valor de sua energia potencial gravitacional mudaria?

6.29 Uma rocha de massa 0,773 kg está pendurada em um barbante de 2,45 m de comprimento na lua, onde a aceleração gravitacional é um sexto menor que a da Terra. Qual é a mudança na energia potencial gravitacional dessa pedra quando ela é movida de forma que o ângulo do barbante mude de 3,31° para 14,01°? (Os dois ângulos são medidos em relação à vertical.)

6.30 Uma criança de 20,0 kg está em um balanço preso a cordas que têm $L = 1,50$ m de comprimento. Considere que o zero da energia potencial gravitacional esteja na posição da criança quando as cordas estão horizontais.

a) Determine a energia potencial gravitacional da criança quando ela estiver no ponto mais baixo da trajetória circular.

b) Determine a energia potencial gravitacional da criança quando as cordas fizerem um ângulo de 45° em relação à vertical.

c) Com base nesses resultados, qual posição tem a maior energia potencial?

Seção 6.3

6.31 Um carro de 1500 kg percorre 2,5 km ao subir uma inclinação com velocidade constante. A inclinação tem um ângulo de 3° em relação à horizontal. Qual é a mudança na energia potencial do carro? Qual é o trabalho resultante realizado sobre o carro?

6.32 Uma força constante de 40,0 N é necessária para manter um automóvel viajando com velocidade constante à medida que se desloca 5,0 km por uma estrada. Quanto trabalho é realizado? O trabalho é realizado pelo ou sobre o carro?

6.33 Uma pinhata de massa 3,27 kg está presa a um barbante amarrado a um gancho no teto. O comprimento do barbante é de 0,81 m, e a pinhata é liberada do repouso de uma posição inicial em que o barbante faz um ângulo de 56,5° com a vertical. Qual é o trabalho realizado pela gravidade quando o barbante estiver em uma posição vertical pela primeira vez?

Seção 6.4

•**6.34** Uma partícula está se movendo ao longo do eixo x sujeito à função de energia potencial $U(x) = 1/x + x^2 + x - 1$.

a) Expresse a força sentida pela partícula como função de x.

b) Crie um gráfico dessa força e função de energia potencial.

c) Determine a força resultante sobre a partícula na coordenada $x = 2$ m.

•**6.35** Calcule a força $F(y)$ associada a cada uma das seguintes energias potenciais:

a) $U = ay^3 - by^2$ b) $U = U_0\,\text{sen}\,(cy)$

•**6.36** A energia potencial de uma determinada partícula é dada por $U = 10x^2 + 35z^3$. Encontre o vetor da força exercida sobre a partícula.

Seção 6.5

6.37 Uma bola é arremessada para cima, atingindo uma altura de 5 m. Usando considerações de conservação de energia, determine sua velocidade inicial.

6.38 Uma bola de canhão de massa 5,99 kg é disparada de um canhão com um ângulo de 50,21° em relação à horizontal e com velocidade inicial de 52,61 m/s. À medida que a bola de canhão atinge o ponto mais alto de sua trajetória, qual é o ganho de sua energia potencial em relação ao ponto de que foi disparada?

6.39 Uma bola de basquete de massa 0,624 kg é arremessada de uma altura vertical de 1,2 m e com velocidade de 20,0 m/s. Depois de atingir sua altura máxima, a bola se move para o aro em seu caminho descendente, 3,05 m acima do solo. Usando o princípio de conservação de energia, determine com que velocidade a bola está se movendo logo antes de entrar na cesta.

•**6.40** Um colega de aula atira um livro de 1,0 kg de uma altura de 1,0 m acima do solo direto para cima. O livro atinge uma altura máxima de 3,0 m acima do solo e começa a cair. Presuma que 1,0 m acima do solo seja o nível de referência para a energia potencial gravitacional zero. Determine

a) a energia potencial gravitacional do livro quando ele atingir o solo.

b) a velocidade do livro logo antes de atingir o solo.

•**6.41** Suponha que você arremesse uma bola de 0,052 kg com uma velocidade de 10,0 m/s e ângulo de 30,0° acima da horizontal de um prédio com 12,0 m de altura.

a) Qual será sua energia cinética quando atingir o solo?

b) Qual será sua velocidade quando atingir o solo?

•**6.42** Uma corrente uniforme de massa total m é disposta sobre uma mesa sem atrito e mantida estacionária de forma que um terço de seu comprimento, $L = 1$ m, fique pendurado verticalmente sobre a borda da mesa. A seguir, a corrente é liberada. Determine a velocidade da corrente no instante em que apenas um terço de seu comprimento permanece sobre a mesa.

•**6.43** a) Se você está no alto de um tobogã na neve com 40 m de altura, que velocidade terá na chegada, ignorando o atrito entre o trenó e a pista?

b) A declividade da pista afeta a sua velocidade na chegada?

c) Se você não ignorar a pequena força de atrito, a declividade da pista afeta o valor da velocidade na chegada?

Seção 6.6

6.44 Um bloco de massa 0,773 kg em uma mola com constante elástica de 239,5 N/m oscila verticalmente com amplitude 0,551 m. Qual é a velocidade desse bloco a uma distância de 0,331 m da posição de equilíbrio?

6.45 Uma mola com $k = 10$ N/cm está inicialmente esticada 1 cm de seu comprimento de equilíbrio.

a) Quanto mais energia é necessária para esticar a mola mais 5 cm além do comprimento de equilíbrio?

b) A partir dessa nova posição, quanta energia é necessária para comprimir a mola 5 cm mais curto do que sua posição de equilíbrio?

•**6.46** Uma bola de argila de 5,00 kg é arremessada para baixo de uma altura de 3,00 m com velocidade de 5,00 m/s sobre uma mola com $k = 1600$ N/m. A argila comprime a mola por um determinado volume máximo antes de parar por um instante.

a) Encontre a compressão máxima da mola.

b) Encontre o trabalho total realizado sobre a argila durante a compressão da mola.

•**6.47** Um estilingue horizontal consiste em duas molas leves e idênticas (com constantes elásticas de 30 N/m) e um suporte que contém uma pedra de 1 kg. Cada mola tem comprimento de equilíbrio de 50 cm. Quando as molas estão em equilíbrio, elas se alinham verticalmente. Suponha que o suporte contendo a massa seja puxado $x = 0,7$ m para a esquerda da vertical e, depois, liberado. Determine

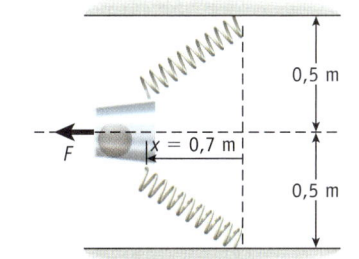

a) a energia mecânica total do sistema.

b) a velocidade da pedra em $x = 0$.

•**6.48** Suponha que a pedra do Problema 6.47 seja lançada verticalmente e que a massa seja bem menor ($m = 0,1$ kg). Considere que o zero da energia potencial gravitacional esteja no ponto de equilíbrio.

a) Determine a energia mecânica total do sistema.

b) Com que velocidade a pedra está se movendo quando passar do ponto de equilíbrio?

Seção 6.7

6.49 Um bombeiro de 80 kg escorrega por um poste de 3 m aplicando uma força de atrito de 400 N contra o poste com as mãos. Se ele desliza a partir do repouso, com que velocidade estará se movendo assim que atingir o solo?

6.50 Uma bola de plástico grande de 0,1 kg e cheia de ar é arremessada para cima com velocidade inicial de 10 m/s. A uma altura de 3 m, a velocidade da bola é de 3 m/s. Que fração de sua energia inicial se perdeu para o atrito do ar?

6.51 Quanta energia mecânica se perde para o atrito se um esquiador de 55,0 kg desliza por uma montanha com velocidade constante de 14,4 m/s? A montanha tem 123,5 m de comprimento e faz um ângulo de 14,7° em relação à horizontal.

•**6.52** Um caminhão de massa 10.212 kg se movendo com velocidade de 61,2 mph perdeu os freios. Felizmente, o motorista encontra uma pista de escape, que é um declive coberto de cascalho que usa o atrito a fim de parar um caminhão em uma situação dessas; veja a figura. Neste caso, o declive faz um ângulo de $\theta = 40,15°$ com a horizontal, e o cascalho tem um coeficiente de atrito de 0,634 com os pneus do caminhão. Que distância sobre o declive (Δx) o caminhão percorre antes de parar?

• **6.53** Um praticante de *snowboard* de massa 70,1 kg (incluindo equipamentos e vestimenta), começando com velocidade de 5,1 m/s, desliza por uma montanha com um ângulo $\theta = 37,1°$ com a horizontal. O coeficiente de atrito cinético é 0,116. Qual é o trabalho resultante realizado sobre a pessoa nos primeiros 5,72 s de descida?

• **6.54** Os funcionários de campos de golfe usam um aparelho chamado *stimpmeter* para determinar a "velocidade" dos campos. Um *stimpmeter* é uma barra de alumínio reta com um sulco em forma de V em que uma bola de golfe pode rolar. Ele é projetado para liberar a bola de golfe assim que o ângulo da barra com o solo atingir um valor de $\theta = 20,0°$. A bola de golfe (massa = 1,62 onças = 0,0459 kg) desce 30,0 polegadas e, a seguir, continua a rolar pelo campo por diversos pés. Essa distância é chamada de "leitura". O teste é realizado em uma parte plana do campo, e leituras do *stimpmeter* entre 7 e 12 pés são consideradas aceitáveis. Para uma leitura de *stimpmeter* de 11,1 pés, qual é o coeficiente de atrito entre a bola e o campo? (A bola está rolando, e não deslizando, como geralmente presumimos ao considerar o atrito, mas isso não altera o resultado neste caso.)

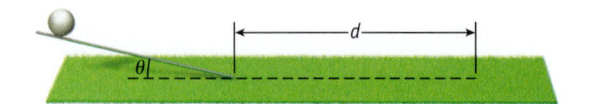

• **6.55** Um bloco de 1 kg é empurrado para cima e para baixo sobre uma prancha áspera de comprimento $L = 2$ m, inclinado a 30° acima da horizontal. Da parte de baixo, ele é empurrado por uma distância $L/2$ para cima da prancha, depois empurrado para baixo por uma distância $L/4$, e finalmente empurrado de novo para cima até atingir a extremidade superior. Se o coeficiente de atrito cinético entre o bloco e a prancha é de 0,3, determine o trabalho realizado pelo bloco contra o atrito.

•• **6.56** Um bloco de 1 kg inicialmente em repouso no topo de uma rampa de 4 m com uma declividade de 45° começa a deslizar pela rampa. A metade superior da rampa não tem atrito, enquanto a metade inferior é áspera, com um coeficiente de atrito cinético $\mu_k = 0,3$.

a) Qual é a velocidade do bloco no meio do caminho da rampa, antes de entrar na parte áspera?

b) Qual é a velocidade do bloco na parte inferior da rampa?

•• **6.57** Uma mola com constante elástica de 500 N/m é usada para impulsionar uma massa de 0,50 kg para cima de um plano inclinado. A mola é comprimida 30 cm de sua posição de equilíbrio e lança a massa do repouso através de uma superfície horizontal para o plano. O plano tem comprimento de 4 m e está inclinado a 30°. Tanto o plano quanto a superfície horizontal têm coeficiente de atrito cinético com a massa de 0,35. Quando a mola é comprimida, a massa está a 1,5 m da parte inferior do plano.

a) Qual é a velocidade da massa quando ela atingir a parte inferior do plano?

b) Qual é a velocidade da massa quando ela atingir a parte superior do plano?

c) Qual é trabalho total realizado pelo atrito do início ao fim do movimento da massa?

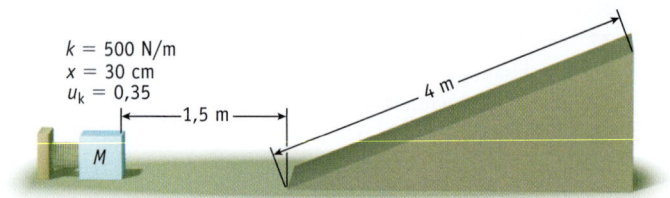

•• **6.58** O trenó mostrado na figura sai do ponto de partida com velocidade de 20 m/s. Use o teorema do trabalho e energia para calcular a velocidade do trenó no fim da pista ou a altura máxima que ele atinge se parar antes de chegar ao fim.

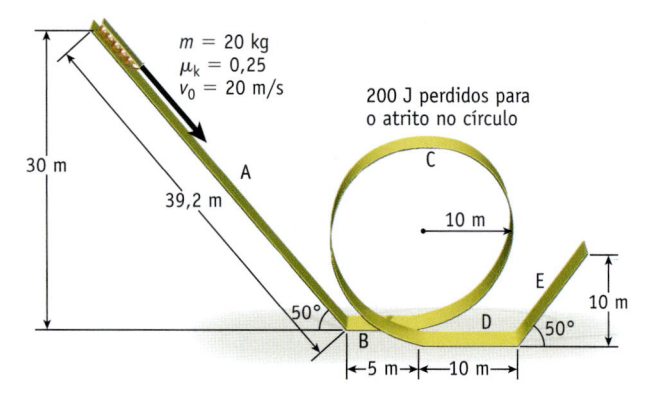

Seção 6.8

• **6.59** No segmento dos trilhos da montanha-russa mostrado na figura, um vagão de massa 237,5 kg se move da esquerda para a direita e chega em $x = 0$ com velocidade de 16,5 m/s. Presumindo que a dissipação de energia devido ao atrito é pequena o bastante para ser ignorada, onde está o ponto de inflexão dessa trajetória?

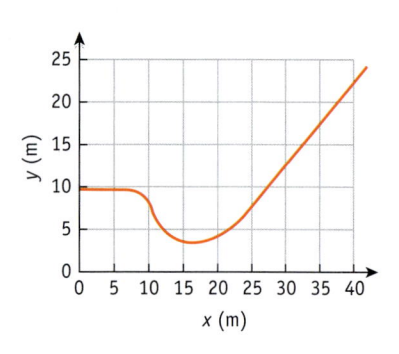

• **6.60** Uma esquiadora de 70 kg está se movendo na horizontal a 4,5 m/s e se depara com uma rampa de 20°.

a) Que distância na rampa a esquiadora percorrerá antes de parar por um instante, desprezando o atrito?

b) Até que distância na rampa a esquiadora se moverá se o coeficiente de atrito cinético entre os esquis e a neve for de 0,1?

• **6.61** Uma partícula de 0,2 kg está se movendo ao longo do eixo x, sujeita à função de energia potencial mostrada na figura, onde $U_A = 50$ J, $U_B = 0$ J, $U_C = 25$ J, $U_D = 10$ J e $U_E = 60$ J ao longo do caminho. Se a partícula estava inicialmente em $x = 4$ m e tinha energia mecânica total de 40 J, determine:

a) a velocidade da partícula em $x = 3$ m;

b) a velocidade da partícula em $x = 4,5$ m; e

c) os pontos de inflexão da partícula.

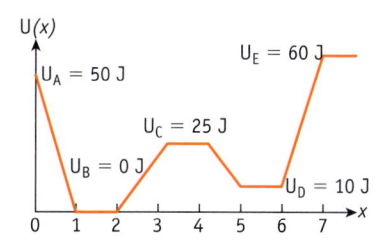

U(x), $U_A = 50$ J, $U_B = 0$ J, $U_C = 25$ J, $U_D = 10$ J, $U_E = 60$ J

Problemas adicionais

6.62 Uma bola de massa 1,84 kg é jogada de uma altura y_1 = 1,49 m e, a seguir, quica até uma altura de $y_2 = 0{,}87$ m. Quanta energia mecânica se perde nesse movimento? O efeito da resistência do ar foi considerado – por meio de experimentos – desprezível neste caso, e você pode ignorá-lo.

6.63 Um carro de massa 987 kg está viajando sobre um segmento horizontal de uma rodovia com velocidade de 64,5 mph. De repente, o motorista precisa pisar no freio com força para tentar evitar um acidente à frente. O carro não tem ABS (sistema de freio antitravamento), e as rodas travam, fazendo com que o carro deslize por alguma distância antes de parar devido à força de atrito entre os pneus do carro e a superfície da estrada. O coeficiente de atrito cinético é 0,301. Quanta energia mecânica se perde para o calor nesse processo?

6.64 Duas massas estão conectadas por um barbante fino que passa por uma polia leve e sem atrito, conforme mostra a figura. A massa de 10 kg é liberada e cai por uma distância vertical de 1 m antes de atingir o solo. Use a conservação de energia mecânica para determinar:

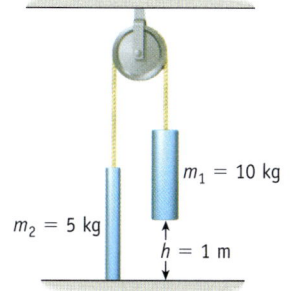

a) com que velocidade a massa de 5 kg está se movendo logo antes da massa de 10 kg atingir o solo; e

b) a altura máxima atingida pela massa de 5 kg.

$m_1 = 10$ kg, $m_2 = 5$ kg, $h = 1$ m

6.65 Em 1896 em Waco, Texas, William George Crush, proprietário da estrada de ferro K-T, estacionou duas locomotivas em extremidades opostas de um trilho com 6,4 km de comprimento, acionou-as, manteve as válvulas reguladoras abertas com uma corda e permitiu que elas colidissem de frente à toda velocidade em frente a 30.000 espectadores. Centenas de pessoas ficaram feridas pelos detritos; diversas morreram. Presumindo que cada locomotiva pesava $1{,}2 \cdot 10^6$ N e sua aceleração no trilho era constante em 0,26 m/s², qual foi a energia cinética total das duas locomotivas logo antes da colisão?

6.66 Um jogador arremessa uma bola de beisebol de 9,00 onças com velocidade medida por um radar de 90,0 mph. Presumindo que a força exercida pelo arremessador sobre a bola atue por uma distância equivalente ao comprimento de dois braços, cada um com 28,0 polegadas, qual é a força média exercida pelo arremessador sobre a bola?

6.67 Uma bola de futebol tem velocidade de 20 m/s quando está 15 m acima do solo. Qual é a energia total da bola?

6.68 Se é preciso uma força média de 5,5 N para empurrar um dardo de 4,5 g por 6,0 cm dentro de uma arma lança dardos, presumindo que o cano não tenha atrito, com que velocidade o dardo sairá da arma?

6.69 Um atleta de salto em altura se aproxima da barra a 9,0 m/s. Qual é a altitude máxima que o atleta pode atingir, se ele não usar nenhum impulso adicional do solo e estiver se movendo a 7,0 m/s quando passar sobre a barra?

6.70 Um vagão de montanha-russa está se movendo a 2,0 m/s no topo da primeira subida ($h = 40$ m). Ignorando o atrito e a resistência do ar, com que velocidade o vagão estará se movendo no topo de uma subida posterior, que tem 15 m de altura?

6.71 Você está em um balanço com uma corrente de 4,0 m de comprimento. Se o seu deslocamento máximo da vertical for 35°, com que velocidade estará se movendo na parte inferior do arco?

6.72 Um caminhão está descendo uma estrada da serra cheia de curvas. Quando o caminhão está 680 m acima do nível do mar e se deslocando a 15 m/s, os freios param de funcionar. Qual é a velocidade máxima possível do caminhão na base da montanha, 550 m acima do nível do mar?

6.73 Tarzan se balança em um cipó firme de sua casa na árvore para um galho em uma árvore próxima, que está localizada a uma distância horizontal de 10,0 m e 4,00 m abaixo de seu ponto de partida. Incrivelmente, o cipó não estica nem se rompe; assim, a trajetória do Tarzan é uma parte de um círculo. Se o Tarzan começar com velocidade zero, qual será sua velocidade quando atingir o galho?

6.74 O gráfico mostra a componente ($F \cos \theta$) da força resultante que atua sobre um bloco de 2,0 kg à medida que ela se move sobre uma superfície horizontal. Encontre

a) o trabalho total realizado sobre o bloco.

b) a velocidade final do bloco se ele partir do repouso em $s = 0$.

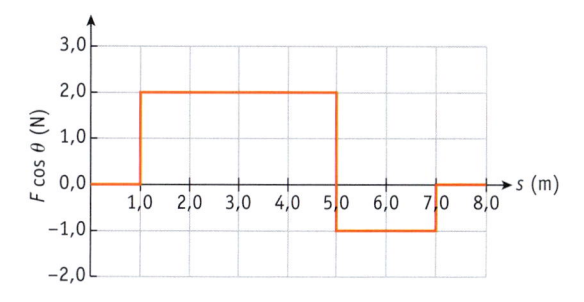

•**6.75** Um foguete modelo de 3,00 kg é lançado verticalmente para cima com velocidade inicial suficiente para atingir uma altura de $1{,}00 \cdot 10^2$ m, embora a resistência do ar (uma força não conservativa) realize $-8{,}00 \cdot 10^2$ J de trabalho sobre o foguete. A que altura o foguete teria ido se não houvesse resistência do ar?

•**6.76** Uma massa de 0,50 kg está presa a uma mola horizontal com $k = 100$ N/m. A massa desliza sobre uma superfície sem atrito. A mola é esticada 25 cm do equilíbrio, e então a massa é liberada do repouso.

a) Encontre a energia mecânica do sistema.

b) Encontre a velocidade da massa depois que ela se moveu 5 cm.

c) Encontre a velocidade máxima da massa.

•6.77 Você decidiu mover um refrigerador (massa = 81,3 kg, incluindo todos os conteúdos) para o outro lado da cozinha. Você o desliza sobre o chão em um caminho reto de 6,35 m de comprimento, e o coeficiente de atrito cinético entre o chão e o refrigerador é 0,437. Feliz com seu feito, você sai do apartamento. Seu colega volta para casa, fica imaginando por que o refrigerador está no outro lado da cozinha, ergue-o (seu colega é bem forte!), leva-o de volta até onde estava antes e o deixa lá. Quanto trabalho total mecânico vocês dois realizaram juntos?

•6.78 Um bloco de 1 kg comprime uma mola para a qual $k = 100$ N/m em 20 cm e então é liberado para se mover sobre uma mesa horizontal e sem atrito, onde ele atinge e comprime outra mola, para a qual $k = 50$ N/m. Determine

a) a energia mecânica total do sistema;

b) a velocidade da massa enquanto se move livremente entre as molas; e

c) a compressão máxima da segunda mola.

•6.79 Um bloco de 1 kg está em repouso sobre uma mola leve e comprimida na parte inferior de um plano áspero inclinado a um ângulo de 30°; o coeficiente de atrito cinético entre o bloco e o plano é $\mu_k = 0,1$. Suponha que a mola esteja comprimida 10 cm de seu comprimento de equilíbrio. A mola é liberada, e o bloco se separa dela e desliza para cima da rampa por uma distância de apenas 2 cm além do comprimento normal da mola antes de parar. Determine

a) a mudança na energia mecânica total do sistema e

b) a constante elástica k.

•6.80 Uma bola de 0,1 kg é jogada de uma altura de 1 m e cai sobre um copo leve (aproximadamente sem massa) disposto sobre uma mola leve e vertical inicialmente em posição de equilíbrio. A compressão máxima da mola é de 10 cm.

a) Qual é a constante elástica necessária da mola?

b) Suponha que você ignore a mudança na energia gravitacional da bola durante a compressão de 10 cm. Qual é a diferença percentual entre a constante elástica calculada para este caso e a resposta obtida na parte (a)?

•6.81 Uma massa de 1 kg presa a uma mola com constante elástica de 100 N/m oscila horizontalmente sobre uma mesa lisa e sem atrito com uma amplitude de 0,5 m. Quando a massa estiver 0.25 m distante do equilíbrio, determine:

a) sua energia mecânica total;

b) a energia potencial do sistema e a energia cinética da massa;

c) a energia cinética da massa quando estiver no ponto de equilíbrio.

d) Suponha que houvesse atrito entre a massa e a mesa, de forma que a amplitude fosse reduzida à metade após algum tempo. Por qual fator a energia cinética máxima da massa mudaria?

e) Por qual fator a energia potencial máxima mudou?

•6.82 Bolo, a bola de canhão humana, é projetado de um canhão com 3,5 m de comprimento. Se Bolo ($m = 80$ kg) tiver velocidade de 12 m/s no pico de sua trajetória, 15 m acima do solo, qual era a força média exercida sobre ele enquanto estava no canhão?

•6.83 Uma massa de 1,0 kg está suspensa verticalmente de uma mola com $k = 100$ N/m e oscila com amplitude de 0,2 m. No pico de sua oscilação, a massa é atingida de tal forma que instantaneamente se move para baixo com velocidade de 1 m/s. Determine

a) sua energia mecânica total;

b) com que velocidade ela está se movendo quando passar do ponto de equilíbrio; e

c) sua nova amplitude.

•6.84 Um corredor atinge o cume de uma colina com velocidade de 6,5 m/s. Ele desce 50 m e, depois, sobe 28 m até o cume da próxima colina. Sua velocidade agora é de 4,5 m/s. O corredor tem massa de 83 kg. A distância total que o corredor percorre é de 400 m, e há uma resistência constante ao movimento de 9,0 N. Use considerações de energia para encontrar o trabalho realizado pelo corredor sobre a distância total.

•6.85 Um pacote cai de uma correia transportadora horizontal. A massa do pacote é m, a velocidade da correia é v, e o coeficiente de atrito cinético entre o pacote e a correia é μ_k.

a) Quanto tempo leva para que o pacote pare de deslizar sobre a correia?

b) Qual é o deslocamento do pacote durante esse tempo?

c) Qual é a energia dissipada pelo atrito?

d) Qual é o trabalho total fornecido pelo sistema?

•6.86 Um pai exerce uma força de $2,40 \cdot 10^2$ N para puxar um trenó sobre o qual está sua filha (massa combinada de 85,0 kg) sobre uma superfície horizontal. A corda com a qual ele puxa o trenó faz um ângulo de 20,0° em relação à horizontal. O coeficiente de atrito cinético é 0,200, e o trenó percorre uma distância de 8,00 m. Encontre

a) o trabalho realizado pelo pai;

b) o trabalho realizado pela força de atrito; e

c) o trabalho total realizado por todas as forças.

•6.87 Uma força variável que atua sobre uma partícula de 0,1 kg se movendo no plano xy é dada por $F(x, y) = (x^2\,\hat{x} + y^2\,\hat{y})$ N, onde x e y estão em metros. Suponha que, em razão dessa força, a partícula se move da origem, O, ao ponto S, com coordenadas (10 m, 10 m). As coordenadas dos pontos P e Q são (0 m,10 m) e (10 m,0 m), respectivamente. Determine o trabalho realizado pela força conforme a partícula se move por cada um dos seguintes caminhos:

a) OPS   c) OS   e) OQSPO

b) OQS   d) OPSQO

••6.88 No problema 6.87, suponha que houvesse atrito entre a partícula de 0,1 kg e o plano xy, com $\mu_k = 0,1$. Determine o trabalho resultante realizado por todas as forças sobre essa partícula quando ela percorre cada um dos seguintes caminhos:

a) OPS   c) OS   e) OQSPO

b) OQS   d) OPSQO

Momento e Colisões 7

Figura 7.1 Um superpetroleiro.

O QUE APRENDEREMOS	206
7.1 Momento linear	206
Definição de momento	206
Momento e força	207
Momento e energia cinética	208
7.2 Impulso	208
Exemplo 7.1 *Home run* no beisebol	209
7.3 Conservação de momento linear	210
7.4 Colisão elástica unidimensional	212
Caso especial 1 Massas iguais	213
Caso especial 2 Um objeto inicialmente em repouso	214
Exemplo 7.2 Força média sobre uma bola de golfe	215
7.5 Colisão elástica em duas ou três dimensões	216
Colisão com paredes	216
Colisão de dois objetos em duas dimensões	216
Problema resolvido 7.1 *Curling*	218
7.6 Colisão perfeitamente inelástica	220
Exemplo 7.3 Colisão frontal	221
Pêndulo balístico	221
Perda de energia cinética em colisões perfeitamente inelásticas	222
Problema resolvido 7.2 Ciência forense	223
Explosões	224
Exemplo 7.4 Decaimento de um núcleo de radônio	225
Exemplo 7.5 Física de partículas	226
7.7 Colisão parcialmente inelástica	227
Colisão parcialmente inelástica com uma parede	228
7.8 Bilhar e caos	228
O demônio de Laplace	229
O QUE JÁ APRENDEMOS | GUIA DE ESTUDO PARA EXERCÍCIOS	229
Guia de resolução de problemas	231
Problema resolvido 7.3 Queda de um ovo	232
Problema resolvido 7.4 Colisão com um carro estacionado	233
Questões de múltipla escolha	235
Questões	236
Problemas	237

O QUE APRENDEREMOS

- O momento de um objeto é o produto da velocidade pela massa. Momento é uma grandeza vetorial e aponta no mesmo sentido do vetor velocidade.

- A segunda lei de Newton pode ser enunciada de forma mais geral desta maneira: a força resultante sobre um objeto equivale à derivada de tempo do momento do objeto.

- Uma mudança de momento, chamada de *impulso*, é a integral de tempo da força resultante que causa a mudança de momento.

- Em todas as colisões, o momento é conservado.

- Além da conservação de momento, as colisões elásticas também apresentam a propriedade de que a energia cinética total é conservada.

- Em colisões perfeitamente inelásticas, a quantidade total de energia cinética é perdida, e os objetos em colisão se aderem. A energia cinética total não é conservada, mas o momento é.

- Colisões que não são nem elásticas nem perfeitamente inelásticas são parcialmente inelásticas, e a mudança de energia cinética é proporcional ao quadrado do coeficiente de restituição.

- A física de colisões tem uma relação direta com a linha de frente da pesquisa sobre a ciência do caos.

Superpetroleiros para transportar petróleo por todo o mundo são os maiores navios já construídos (Figura 7.1). Eles podem ter massa (incluindo a carga) de até 650.000 toneladas e transportar mais de dois milhões de barris (84 milhões de galões = 318 milhões de litros) de petróleo. Porém, suas dimensões grandes criam problema de ordem prática. Os superpetroleiros são grandes demais para poderem entrar na maioria dos portos de embarque e precisam parar em plataformas em alto mar para descarregar o petróleo. Além disso, a navegação de um navio desse tamanho é extremamente difícil. Por exemplo, quando o capitão dá a ordem de reverter os motores e parar, o navio pode continuar a se mover para frente por mais de três milhas!

A grandeza física que dificulta parar um objeto grande em movimento é o *momento*, que é assunto deste capítulo. O momento é uma propriedade essencial associada ao movimento de um objeto, semelhante à energia cinética. Em adição, tanto o momento quanto a energia estão sujeitos a importantes leis de conservação em física. Porém, o momento é uma grandeza vetorial, ao passo que a energia é um escalar. Desta forma, trabalhar com o momento exige a consideração de ângulos e componentes, como fizemos para a força no Capítulo 4.

A importância do momento torna-se evidente quando lidamos com colisões entre dois ou mais objetos. Neste capítulo, examinamos várias colisões em uma e duas dimensões. Nos capítulos seguintes, usaremos a conservação do momento em muitas situações distintas em escalas que variam enormemente – de explosões de partículas elementares a colisões de galáxias.

7.1 Momento linear

Para os termos *força*, *posição*, *velocidade* e *aceleração*, as definições físicas exatas estão muito próximas ao uso das palavras na linguagem cotidiana. Com o termo *momento*, a situação é mais análoga à da *energia*, para a qual só há uma vaga conexão entre o uso coloquial e o significado físico preciso. Às vezes ouvimos falar que a campanha de um determinado político ganhou momento ou que a legislação ganhou momento no Congresso. Geralmente, diz-se que equipes esportivas ou jogadores individuais ganham ou perdem momento. O que essas afirmativas implicam é que os objetos que ganham momento têm maior dificuldade de parar. Contudo, a Figura 7.2 mostra que mesmo objetos com grande momento podem ser parados!

Definição de momento

Em física, **momento** é definido como o produto da massa de um objeto por sua velocidade:

$$\vec{p} = m\vec{v}. \tag{7.1}$$

Como se pode ver, a letra $\vec{p}$ em minúscula é o símbolo do momento linear. A velocidade $\vec{v}$ é um vetor e é multiplicado por uma grandeza escalar, a massa m. Portanto, o produto também é um vetor. O vetor momento, $\vec{p}$, e o vetor velocidade, $\vec{v}$, são paralelos entre si, isto é, eles apontam no mesmo sentido.

Figura 7.2 Teste de impacto de um avião de combate usando um trenó a foguete. Testes como este podem ser usados para melhorar o projeto de estruturas críticas, como reatores nucleares, de forma que possam aguentar o impacto de uma colisão de uma aeronave.

Como simples consequência da equação 7.1, o módulo do momento é

$$p = mv.$$

O momento também é chamado de *momento linear* para distingui-lo do momento angular, um conceito que estudaremos no Capítulo 10, sobre rotação. As unidades de momento são kg m/s. Diferente da unidade para energia, a unidade para momento não tem um nome especial. O módulo do momento abarca uma ampla extensão. A Tabela 7.1 apresenta os momentos de vários objetos, de uma partícula subatômica a um planeta em órbita do sol.

Momento e força

Vamos obter a derivada temporal da equação 7.1. Usamos a regra do produto de diferenciação para obter

$$\frac{d}{dt}\vec{p} = \frac{d}{dt}(m\vec{v}) = m\frac{d\vec{v}}{dt} + \frac{dm}{dt}\vec{v}.$$

Por enquanto, presumimos que a massa do objeto não se altera e, portanto, o segundo termo é zero. Como a derivada temporal da velocidade é a aceleração, temos

$$\frac{d}{dt}\vec{p} = m\frac{d\vec{v}}{dt} = m\vec{a} = \vec{F},$$

segundo a segunda lei de Newton. A relação

$$\vec{F} = \frac{d}{dt}\vec{p} \qquad (7.2)$$

é uma forma equivalente da segunda lei de Newton. Essa forma é mais geral do que $\vec{F} = m\vec{a}$ porque ela também é válida para casos em que a massa não é constante no tempo. Essa distinção se tornará importante quando examinarmos o movimento de foguetes no Capítulo 8. Como a equação 7.2 é uma equação vetorial, também podemos escrevê-la em componentes cartesianas:

$$F_x = \frac{dp_x}{dt}; \quad F_y = \frac{dp_y}{dt}; \quad F_z = \frac{dp_z}{dt}.$$

Tabela 7.1	Momentos de vários objetos
Objeto	**Momento (kg m/s)**
Partícula (α) do decaimento do ^{238}U	$9{,}53 \cdot 10^{-20}$
Arremesso de bola de beisebol a 90 mph	$5{,}75$
Rinocerontes atacando	$3 \cdot 10^4$
Carro se movendo na estrada	$5 \cdot 10^4$
Superpetroleiro com velocidade de cruzeiro	$4 \cdot 10^9$
Lua orbitando a Terra	$7{,}58 \cdot 10^{25}$
Terra orbitando o sol	$1{,}78 \cdot 10^{29}$

7.1 Exercício de sala de aula

Uma cena típica de um jogo de futebol americano universitário em uma tarde de sábado: um jogador de defesa com massa de 95 kg corre com velocidade de 7,8 m/s, e um atacante de massa 74 kg corre com velocidade de 9,6 m/s. Denotamos o módulo do momento e energia cinética do defensor por p_l e K_l, respectivamente, e o módulo do momento e energia cinética do atacante por p_w e K_w. Qual conjunto de desigualdades está correto?

a) $p_l > p_w$, $K_l > K_w$
b) $p_l > p_w$, $K_l < K_w$
c) $p_l < p_w$, $K_l > K_w$
d) $p_l < p_w$, $K_l < K_w$

Momento e energia cinética

No Capítulo 5, estabelecemos a relação, $K = \frac{1}{2}mv^2$ (equação 5.1), entre a energia cinética K, a velocidade v e a massa m. Podemos usar $p = mv$ para obter

$$K = \frac{mv^2}{2} = \frac{m^2 v^2}{2m} = \frac{p^2}{2m}.$$

Essa equação nos dá uma importante relação entre energia cinética, massa e momento:

$$K = \frac{p^2}{2m}. \quad (7.3)$$

Neste ponto, você pode estar pensando por que precisamos reformular os conceitos de força e energia cinética em termos de momento. Essa reformulação é muito mais do que um jogo matemático. Veremos que o momento é conservado em colisões e desintegrações, e esse princípio oferecerá uma maneira extremamente útil de encontrar soluções para problemas complicados. Essas relações entre momento e força e energia cinética serão úteis para solucionar esse tipo de problema. Primeiro, porém, precisamos explorar a física da alteração do momento em maior detalhe.

7.2 Impulso

A mudança de momento é definida como a diferença entre os momentos final (índice f) e inicial (índice i):

$$\Delta \vec{p} \equiv \vec{p}_f - \vec{p}.$$

Para entender a utilidade dessa definição, é preciso usar um pouco de matemática. Vamos começar explorando a relação entre força e momento um pouco mais além. Podemos integrar cada componente da equação $\vec{F} = d\vec{p}/dt$ no tempo. Para a integral sobre F_x, por exemplo, obtemos:

$$\int_{t_i}^{t_f} F_x \, dt = \int_{t_i}^{t_f} \frac{dp_x}{dt} dt = \int_{p_{x,i}}^{p_{x,f}} dp_x = p_{x,f} - p_{x,i} \equiv \Delta p_x.$$

Essa equação precisa ser explicada. No segundo passo, realizamos uma substituição de variáveis para transformar uma integração no tempo e uma integração no momento. A Figura 7.3a ilustra essa relação: a área sob a curva $F_x(t)$ é a mudança de momento, Δp_x. Podemos obter equações semelhantes para os componentes y e z.

A combinação deles em uma equação vetorial gera o seguinte resultado:

$$\int_{t_i}^{t_f} \vec{F} \, dt = \int_{t_i}^{t_f} \frac{d\vec{p}}{dt} dt = \int_{\vec{p}_i}^{\vec{p}_f} d\vec{p} = \vec{p}_f - \vec{p} \equiv \Delta \vec{p}.$$

A integral de tempo da força é chamada de **impulso**, $\vec{J}$:

$$\vec{J} \equiv \int_{t_i}^{t_f} \vec{F} \, dt. \quad (7.4)$$

Essa definição de pronto nos dá a relação entre o impulso e a mudança de momento:

$$\vec{J} = \Delta \vec{p}. \quad (7.5)$$

Usando a equação 7.5, podemos calcular a mudança de momento durante algum intervalo de tempo, se soubermos a dependência que o tempo tem da força. Se a força for constante ou tiver alguma forma que possamos integrar, então podemos simplesmente avaliar a integral da equação 7.4. Porém, também podemos definir uma força média,

$$\vec{F}_{média} = \frac{\int_{t_i}^{t_f} \vec{F} \, dt}{\int_{t_i}^{t_f} dt} = \frac{1}{t_f - t_i} \int_{t_i}^{t_f} \vec{F} \, dt = \frac{1}{\Delta t} \int_{t_i}^{t_f} \vec{F} \, dt. \quad (7.6)$$

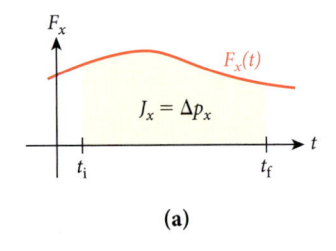

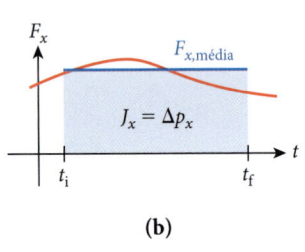

Figura 7.3 (a) O impulso (área amarela) é a integral de tempo da força; (b) mesmo impulso resultante de uma força média.

Essa integral nos dá

$$\vec{J} = \vec{F}_{\text{média}} \Delta t. \qquad (7.7)$$

Talvez você pense que essa transformação é trivial, pois transmite a mesma informação que a equação 7.5. Afinal, a integração ainda está lá, escondida na definição da força média. Isso é verdade, mas às vezes somente estamos interessados na força média. A medição do intervalo de tempo, Δt, sobre o qual uma força atua, bem como o impulso resultante que um objeto recebe nos diz a força média que o objeto sofre durante esse intervalo de tempo. A Figura 7.3b ilustra a relação entre a força em média por tempo, a mudança de momento e o impulso.

Alguns importantes dispositivos de segurança, como *air bags* e cintos de segurança em automóveis, fazem uso da equação 7.7 relacionando impulso, força média e tempo. Se o carro que você está dirigindo tiver uma colisão com outro veículo ou objeto estacionário, o impulso – isto é, a mu-

EXEMPLO 7.1 *Home run* no beisebol

Um arremessador da liga profissional atira uma bola rápida que atravessa a base do batedor com velocidade de 90,0 mph (40,23 m/s) e ângulo de 5,0° abaixo da horizontal. Um rebatedor a acerta com força suficiente para um *home run* com velocidade de 110,0 mph (49,17 m/s) e ângulo de 35,0° acima da horizontal (Figura 7.4). A massa de uma bola de beisebol deve ser entre 5 e 5,25 onças; digamos que a massa desta bola seja de 5,10 onças (0,145 kg).

PROBLEMA 1
Qual é o módulo do impulso que a bola de beisebol recebe do taco?

SOLUÇÃO 1
O impulso é igual à mudança de momento da bola de beisebol. Infelizmente, não existe um atalho; é preciso calcular $\Delta \vec{v} \equiv \vec{v}_{\text{f}} - \vec{v}$ para as componentes x e y separadamente, adicioná-los como vetores e finalmente multiplicar pela massa da bola:

$$\Delta v_x = (49{,}17 \text{ m/s})(\cos 35{,}0°) - (40{,}23 \text{ m/s})(\cos 185{,}0°) = 80{,}35 \text{ m/s}$$
$$\Delta v_y = (49{,}17 \text{ m/s})(\text{sen } 35{,}0°) - (40{,}23 \text{ m/s})(\text{sen } 185{,}0°) = 31{,}71 \text{ m/s}$$
$$\Delta v = \sqrt{\Delta v_x^2 + \Delta v_y^2} = \sqrt{(80{,}35)^2 + (31{,}71)^2} \text{ m/s} = 86{,}38 \text{ m/s}$$
$$\Delta p = m\Delta v = (0{,}145 \text{ kg})(86{,}38 \text{ m/s}) = 12{,}5 \text{ kg m/s}.$$

Como evitar um erro comum:
Existe a tentação de apenas adicionar os módulos dos vetores momento inicial e final, porque apontam aproximadamente em sentidos opostos. Esse método levaria a $\Delta p_{\text{errado}} = m(v_1 + v_2) = 12{,}96$ Kg m/s. Como se pode ver, essa resposta está bem próxima da correta, com uma diferença de apenas 3%. Ela pode servir como uma estimativa, se você perceber que os vetores apontam em sentidos quase opostos e que, neste caso, a subtração vetorial implica uma adição dos dois módulos. Porém, para obter a resposta correta, é preciso passar pelos cálculos acima.

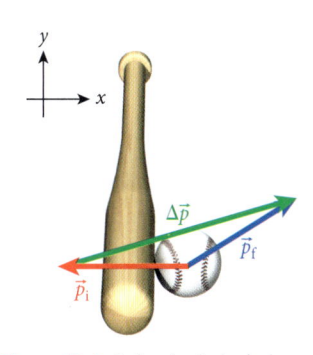

Figura 7.4 Bola de beisebol sendo atingida por um taco. Vetores momento inicial (vermelho) e final (azul) e vetor impulso (verde) (ou mudança do vetor momento) são mostrados.

PROBLEMA 2
Um vídeo em alta velocidade mostra que o contato entre o taco e a bola dura só 1 ms (0,001 s). Suponha que, para o *home run* que estamos considerando, o contato tenha durado 1,20 ms. Qual foi o módulo da força média exercida sobre a bola pelo taco durante esse tempo?

SOLUÇÃO 2
A força pode ser calculada usando unicamente a fórmula para o impulso:

$$\Delta \vec{p} = \vec{J} = \vec{F}_{\text{média}} \Delta t$$
$$\Rightarrow F_{\text{média}} = \frac{\Delta p}{\Delta t} = \frac{12{,}5 \text{ kg m/s}}{0{,}00120 \text{ s}} = 10{,}4 \text{ kN}.$$

Essa força é aproximadamente a mesma que o peso de todo um time de beisebol! A colisão entre o taco e a bola resulta em compressão significativa da bola, conforme mostra a Figura 7.5.

Figura 7.5 Uma bola de beisebol sendo comprimida enquanto é atingida por um taco.

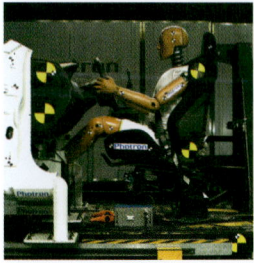

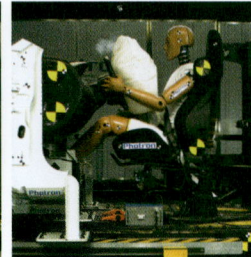

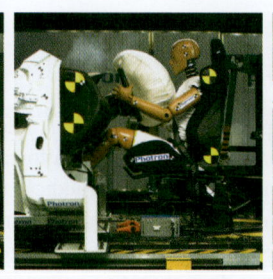

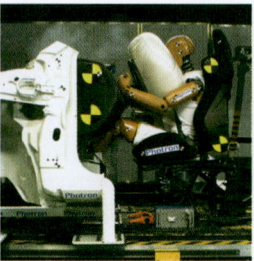

Figura 7.6 Sequência de tempo de um teste de impacto, demonstrando a função dos air bags, cintos de segurança e zonas de deformação para reduzir as forças que atuam sobre o motorista durante um acidente. O air bag pode ser visto sendo ativado na segunda fotografia da sequência.

7.2 Exercício de sala de aula

Se a bola de beisebol do Exemplo 7.1 fosse atingida de forma que tivesse a mesma velocidade de 110 mph após sair do taco, mas saísse com ângulo de 38° acima da horizontal, o impulso que a bola de beisebol receberia seria

a) maior.
b) menor.
c) o mesmo.

7.1 Pausa para teste

Você saberia citar outros artigos cotidianos que são projetados para minimizar a força média para um determinado impulso?

dança de momento do carro – é bastante grande, e pode ser fornecido em um intervalo de tempo bem curto. A equação 7.7 resulta em uma força média enorme:

$$\vec{F}_{\text{média}} = \frac{\vec{J}}{\Delta t}.$$

Se não houvesse cintos de segurança nem *air bags* no carro, uma parada brusca poderia fazer com que sua cabeça atingisse o para-brisa e sofresse o impulso durante um tempo curtíssimo de apenas alguns milissegundos. Isso poderia resultar em uma força média grande atuando sobre a cabeça, causando lesões e até mesmo a morte. *Air bags* e cintos de segurança são projetados para tornar o tempo em que a mudança de momento ocorre o mais longo possível. Maximizar esse tempo e fazer com que o corpo do motorista desacelere em contato com o *air bag* minimiza a força que atua sobre o motorista, reduzindo em muito as lesões (veja a Figura 7.6).

7.3 Exercício de sala de aula

Diversos carros são projetados com zonas de deformação ativa na frente que ficam bastante danificadas durante colisões frontais. O objetivo desse projeto é

a) reduzir o impulso sofrido pelo motorista durante a colisão.

b) aumentar o impulso sofrido pelo motorista durante a colisão.

c) reduzir o tempo de colisão e, com isso, reduzir a força que atua sobre o motorista.

d) aumentar o tempo de colisão e, com isso, reduzir a força que atua sobre o motorista.

e) tornar o conserto o mais caro possível.

7.3 Conservação de momento linear

Suponha que dois objetos colidam entre si. Eles podem, a seguir, afastarem-se, como duas bolas de bilhar sobre uma mesa. Esse tipo de colisão é chamado de **colisão elástica** (pelo menos ela é aproximadamente elástica, como veremos mais adiante). Outro exemplo de colisão é a de um carro subcompacto com um caminhão de 18 rodas, na qual os dois veículos ficam presos entre si. Esse tipo de colisão é chamado de **colisão perfeitamente inelástica**. Antes de ver exatamente o que significam os termos *colisões elásticas* e *inelásticas*, vamos analisar os momentos, $\vec{p}_1$ e $\vec{p}_2$, de dois objetos durante uma colisão.

Constatamos que a soma de dois momentos após a colisão é igual à soma dos dois momentos antes da colisão (o índice i1 indica o valor inicial para o objeto 1, logo antes da colisão, e o índice f1 indica o valor final para o mesmo objeto):

$$\vec{p}_{f1} + \vec{p}_{f2} = \vec{p}_{i1} + \vec{p}_{i2}. \tag{7.8}$$

Essa equação é a expressão básica da lei de **conservação de momento total**, o resultado mais importante deste capítulo e da segunda lei de conservação que encontramos (sendo que a primeira é a lei de conservação de energia, apresentada no Capítulo 6). Primeiro vamos passar por sua derivação e, a seguir, considerar suas consequências.

DEMONSTRAÇÃO 7.1

Durante uma colisão, o objeto 1 exerce uma força sobre o objeto 2. Vamos chamar essa força de $\vec{F}_{1\to 2}$. Usando a definição de impulso e sua relação com a mudança de momento, obtemos para a mudança de momento do objeto 2 durante a colisão:

$$\int_{t_i}^{t_f} \vec{F}_{1\to 2}\, dt = \Delta \vec{p}_2 = \vec{p}_{f2} - \vec{p}_{i2}.$$

Aqui desprezamos forças externas; se elas existem, são geralmente desprezíveis em comparação a $\vec{F}_{1\to 2}$ durante a colisão. Os tempos inicial e final são selecionados para delinear o tempo do processo de colisão. Além disso, a força $\vec{F}_{2\to 1}$, que o objeto 2 exerce sobre o objeto 1, também está presente. O mesmo argumento anterior leva a

$$\int_{t_i}^{t_f} \vec{F}_{2\to 1}\, dt = \Delta \vec{p}_1 = \vec{p}_{f1} - \vec{p}_{i1}.$$

a terceira lei de Newton (veja o Capítulo 4) nos diz que essas forças são iguais e têm sentido oposto, $\vec{F}_{1\to 2} = -\vec{F}_{2\to 1}$, ou

$$\vec{F}_{1\to 2} + \vec{F}_{2\to 1} = 0.$$

A integração dessa equação resulta em

$$0 = \int_{t_i}^{t_f}(\vec{F}_{2\to 1} + \vec{F}_{1\to 2})\, dt = \int_{t_i}^{t_f} \vec{F}_{2\to 1}\, dt + \int_{t_i}^{t_f} \vec{F}_{1\to 2}\, dt = \vec{p}_{f1} - \vec{p}_{i1} + \vec{p}_{f2} - \vec{p}_{i2}.$$

Agrupando os vetores momento inicial de um lado, e vetores momento final de outro nos dá a equação 7.8:

$$\vec{p}_{f1} + \vec{p}_{f2} = \vec{p}_{i1} + \vec{p}_{i2}.$$

A equação 7.8 expressa o princípio de conservação de momento linear. A soma dos vetores momento final é exatamente igual à soma dos vetores momento inicial. Observe que essa equação não depende de nenhuma condição especial para a colisão. Ela é válida para todas as colisões entre dois corpos, elásticas ou inelásticas.

Você pode alegar que outras forças externas podem estar presentes. Em uma colisão de bolas de bilhar, por exemplo, existe uma força de atrito devido a cada bola rolando ou deslizando sobre a mesa. Em uma colisão de dois carros, o atrito atua entre os pneus e a estrada. Porém, o que caracteriza uma colisão é a ocorrência de um impulso enorme devido a uma força de contato muito grande durante um tempo relativamente curto. Se você integrar as forças externas ao tempo de colisão, obterá apenas impulsos muito pequenos ou moderados. Desta forma, essas forças externas podem geralmente ser desprezadas com segurança em cálculos de dinâmica de colisões, e podemos tratar as colisões entre dois corpos como se apenas forças internas estivessem atuando. Presumiremos que estamos lidando com um sistema isolado, que é um sistema sem forças externas.

Além disso, o mesmo argumento é válido se houver mais de dois objetos participando da colisão ou se não houver nenhuma colisão. Contanto que a força externa resultante seja zero, o momento total da interação de objetos será conservado:

$$\text{se} \quad \vec{F}_{\text{resultante}} = 0 \quad \text{então} \sum_{k=1}^{n} \vec{p}_k = \text{constante} \tag{7.9}$$

A equação 7.9 é a formulação geral da lei de conservação do momento. Voltaremos a essa formulação geral no Capítulo 8, quando falarmos sobre sistemas de partículas. Para o restante deste capítulo, consideramos apenas casos idealizados em que a força externa resultante é pequena de forma desprezível e, portanto, o momento total é sempre conservado em todos os processos.

7.4 Colisão elástica unidimensional

A Figura 7.7 mostra a colisão entre dois carrinhos em uma pista quase sem atrito. A colisão foi gravada em vídeo, e a figura indica sete quadros desse vídeo, obtidos em intervalos de 0,06 s. O carrinho marcado com o círculo verde está inicialmente em repouso. O carrinho marcado com o quadrado laranja tem massa maior e está se aproximando da esquerda. A colisão acontece no quadro marcado com o tempo $t = 0{,}12$ s. É possível ver que, após a colisão, os dois carrinhos se movem para a direita, mas o mais leve se move com velocidade um pouco maior. (A velocidade é proporcional à distância horizontal entre as marcações dos carrinhos nos quadro adjacentes de vídeo.) A seguir, derivaremos equações que podem ser usadas para determinar as velocidades dos carrinhos após a colisão.

O que é exatamente uma colisão elástica? Como ocorre com muitos conceitos em física, trata-se de uma idealização. Em praticamente todas as colisões, pelo menos alguma energia cinética é convertida em outras formas de energia que não são conservadas. As outras formas podem ser calor ou som ou a energia para deformar um objeto, por exemplo. Porém, uma colisão elástica é definida como uma em que a energia cinética total dos objetos em colisão é conservada. Essa definição não significa que cada objeto envolvido na colisão retenha sua energia cinética. A energia cinética pode ser transferida de um objeto para outro, mas *em uma colisão elástica, a soma das energias cinéticas deve permanecer constante*.

Vamos considerar objetos em movimento unidimensional e usar a notação $p_{i1,x}$ para o momento inicial, e $p_{f1,x}$ para o momento final do objeto 1. (Usamos o subscrito x para nos lembrar que esses poderiam igualmente ser as componentes x do vetor momento bi ou tridimensional.) Da mesma forma, denotamos os momentos inicial e final do objeto 2 por $p_{i2,x}$ e $p_{f2,x}$. Como estamos restritos a colisões unidimensionais, a equação para conservação de energia cinética pode ser escrita como

$$\frac{p_{f1,x}^2}{2m_1} + \frac{p_{f2,x}^2}{2m_2} = \frac{p_{i1,x}^2}{2m_1} + \frac{p_{i2,x}^2}{2m_2}. \tag{7.10}$$

(Para o movimento unidimensional, o quadrado da componente x do vetor também é o quadrado do valor absoluto do vetor.) A equação para conservação do momento no sentido x pode ser escrita como

$$p_{f1,x} + p_{f2,x} = p_{i1,x} + p_{i2,x}. \tag{7.11}$$

(Lembre-se de que o momento é conservado em qualquer colisão em que forças externas sejam desprezíveis.)

Vamos olhar as equações 7.10 e 7.11 mais de perto. O que é conhecido? O que é desconhecido? Geralmente, sabemos as duas massas e componentes dos vetores momento inicial, e queremos descobrir os vetores momento final após a colisão. Esse cálculo pode ser realizado porque as equações 7.10 e 7.11 nos dão duas equações para dois valores desconhecidos, $p_{f1,x}$ e $p_{f2,x}$. Esse é, de longe, o uso mais comum dessas equações, mas também é possível, por exemplo, calcular as duas massas se os vetores momento inicial e final forem conhecidos.

Vamos encontrar as componentes dos vetores momento final:

$$\begin{aligned} p_{f1,x} &= \left(\frac{m_1 - m_2}{m_1 + m_2}\right) p_{i1,x} + \left(\frac{2m_1}{m_1 + m_2}\right) p_{i2,x} \\ p_{f2,x} &= \left(\frac{2m_2}{m_1 + m_2}\right) p_{i1,x} + \left(\frac{m_2 - m_1}{m_1 + m_2}\right) p_{i2,x}. \end{aligned} \tag{7.12}$$

A Demonstração 7.2 mostra como esse resultado é obtido. Ela ajudará a solucionar problemas semelhantes.

Com o resultado para os momentos finais, também podemos obter expressões para as velocidades finais usando $p_x = mv_x$:

$$\begin{aligned} v_{f1,x} &= \left(\frac{m_1 - m_2}{m_1 + m_2}\right) v_{i1,x} + \left(\frac{2m_2}{m_1 + m_2}\right) v_{i2,x} \\ v_{f2,x} &= \left(\frac{2m_1}{m_1 + m_2}\right) v_{i1,x} + \left(\frac{m_2 - m_1}{m_1 + m_2}\right) v_{i2,x}. \end{aligned} \tag{7.13}$$

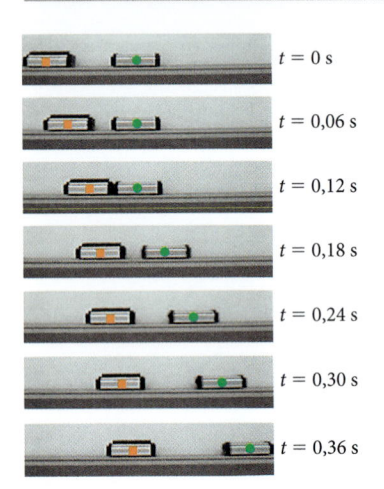

Figura 7.7 Sequência de vídeo de uma colisão entre dois carrinhos para massas diferentes sobre um trilho de ar. O carrinho com o ponto laranja carrega uma barra preta de metal para aumentar sua massa.

DEMONSTRAÇÃO 7.2

Começamos com as equações para conservação de energia e momento e agrupamos todas as grandezas conectadas com o objeto 1 no lado esquerdo, e as conectadas ao objeto 2 no lado direito. A equação 7.10 para a energia cinética (conservada) torna-se:

$$\frac{p_{f1,x}^2}{2m_1} - \frac{p_{i1,x}^2}{2m_1} = \frac{p_{i2,x}^2}{2m_2} - \frac{p_{f2,x}^2}{2m_2}$$

ou

$$m_2(p_{f1,x}^2 - p_{i1,x}^2) = m_1(p_{i2,x}^2 - p_{f2,x}^2). \tag{i}$$

Reordenando a equação 7.11 para conservação de momento, obtemos

$$p_{f1,x} - p_{i1,x} = p_{i2,x} - p_{f2,x}. \tag{ii}$$

A seguir, dividimos os lados esquerdo e direito da equação (i) pelos lados correspondentes da equação (ii). Para fazer essa divisão, usamos a identidade algébrica $a^2 - b^2 = (a + b)(a - b)$. Esse processo resulta em

$$m_2(p_{i1,x} + p_{f1,x}) = m_1(p_{i2,x} + p_{f2,x}). \tag{iii}$$

Agora podemos solucionar a equação (iii) para $p_{f1,x}$ e substituir a expressão $p_{i1,x} + p_{i2,x} - p_{f2,x}$ na equação (iii):

$$m_2(p_{i1,x} + [p_{i1,x} + p_{i2,x} - p_{f2,x}]) = m_1(p_{i2,x} + p_{f2,x})$$
$$2m_2 p_{i1,x} + m_2 p_{i2,x} - m_2 p_{f2,x} = m_1 p_{i2,x} + m_1 p_{f2,x}$$
$$p_{f2,x}(m_1 + m_2) = 2m_2 p_{i1,x} + (m_2 - m_1)p_{i2,x}$$
$$p_{f2,x} = \frac{2m_2 p_{i1,x} + (m_2 - m_1)p_{i2,x}}{m_1 + m_2}.$$

Esse resultado é um das duas componentes desejadas da equação 7.12. Podemos obter o outro componente solucionando a equação (ii) para $p_{f2,x}$ e substituindo a expressão $p_{i1,x} + p_{i2,x} - p_{f1,x}$ na equação (iii). Também podemos obter o resultado para $p_{f1,x}$ do resultado para $p_{f2,x}$ que acabamos de derivar trocando os índices 1 e 2. Afinal, a classificação dos objetos em 1 ou 2 é arbitrária e, por isso, as equações resultantes devem ser simétricas com a troca dos números. O uso desse tipo de princípio de simetria é muito eficiente e conveniente. (Mas leva algum tempo para se acostumar a ele no início!)

Essas equações para as velocidades finais parecem, à primeira vista, muito semelhantes àquelas para os momentos finais (equação 7.12). Porém, há uma diferença importante: no segundo termo do lado direito da equação para $v_{f1,x}$, o numerador é $2m_2$, em vez de $2m_1$; por outro lado, o numerador agora é $2m_1$, em vez de $2m_2$ no primeiro termo da equação para $v_{f2,x}$.

Como última questão nessa discussão geral, vemos encontrar a velocidade relativa, $v_{f1,x} - v_{f2,x}$, após a colisão:

$$v_{f1,x} - v_{f2,x} = \left(\frac{m_1 - m_2 - 2m_1}{m_1 + m_2}\right)v_{i1,x} + \left(\frac{2m_2 - (m_2 - m_1)}{m_1 + m_2}\right)v_{i2,x} \tag{7.14}$$
$$= -v_{i1,x} + v_{i2,x} = -(v_{i1,x} - v_{i2,x}).$$

Vemos que, *em colisões elásticas, a velocidade relativa simplesmente troca de sinal*, $\Delta v_f = -\Delta v_i$. Voltaremos a esse resultado mais adiante neste capítulo. Você não deve tentar memorizar as expressões gerais para momento e velocidade nas equações 7.13 e 7.14, mas, em vez disso, estudar o método que usamos para derivá-las. A seguir, examinamos dois casos especiais desses resultados gerais.

Caso especial 1: massas iguais

Se $m_1 = m_2$, as expressões gerais na equação 7.12 são simplificadas de maneira considerável, porque os termos proporcionais a $m_1 - m_2$ são iguais a zero e as razões $2m_1/(m_1 + m_2)$ e $2m_2/(m_1 + m_2)$ se tornam unitárias. Obtemos, então, o resultado extremamente simples

$$p_{f1,x} = p_{i2,x}$$
$$p_{f2,x} = p_{i1,x}. \quad \text{(para o caso especial em que } m_1 = m_2\text{)} \quad (7.15)$$

Esse resultado significa que em qualquer colisão elástica de dois objetos de massa igual se movendo em uma dimensão, os dois objetos simplesmente *trocam* seus momentos. O momento inicial do objeto 1 torna-se o momento final do objeto 2. O mesmo é verdadeiro para as velocidades:

$$v_{f1,x} = v_{i2,x}$$
$$v_{f2,x} = v_{i1,x}. \quad \text{(para o caso especial em que } m_1 = m_2\text{)} \quad (7.16)$$

Caso especial 2: um objeto inicialmente em repouso

Agora suponha que dois objetos em uma colisão não tenham necessariamente a mesma massa, mas um dos dois esteja inicialmente em repouso, ou seja, tenha momento zero. Sem perda de generalidade, podemos dizer que o objeto 1 é o que está em repouso. (Lembre que as equações são invariáveis na troca dos índices 1 e 2.) Usando as expressões gerais na equação 7.12 e ajustando $p_{i1,x} = 0$, obtemos

$$p_{f1,x} = \left(\frac{2m_1}{m_1 + m_2}\right) p_{i2,x}$$
$$p_{f2,x} = \left(\frac{m_2 - m_1}{m_1 + m_2}\right) p_{i2,x}. \quad \text{(para o caso especial em que } p_{i1},x = 0\text{)} \quad (7.17)$$

Da mesma forma, obtemos para as velocidades finais

$$v_{f1,x} = \left(\frac{2m_2}{m_1 + m_2}\right) v_{i2,x}$$
$$v_{f2,x} = \left(\frac{m_2 - m_1}{m_1 + m_2}\right) v_{i2,x}. \quad \text{(para o caso especial em que } p_{i1},x = 0\text{)} \quad (7.18)$$

Se $v_{i2,x} > 0$, o objeto 2 se move da esquerda para a direita, com a determinação convencional do eixo x positivo apontando para a direita. Essa situação é mostrada na Figura 7.7. Dependendo de qual massa é maior, a colisão pode ter um dos quatro desfechos abaixo:

1. $m_2 > m_1 \Rightarrow (m_2 - m_1)/(m_2 + m_1) > 0$: a velocidade final do objeto 2 aponta no mesmo sentido, mas tem módulo menor.
2. $m_2 = m_1 \Rightarrow (m_2 - m_1)/(m_2 + m_1) = 0$: o objeto 2 está em repouso, e o objeto 1 se move com a velocidade inicial do objeto 2.
3. $m_2 < m_1 \Rightarrow (m_2 - m_1)/(m_2 + m_1) < 0$: o objeto 2 volta após a colisão; o sentido de seu vetor velocidade muda.
4. $m_2 \ll m_1 \Rightarrow (m_2 - m_1)/(m_2 + m_1) \approx -1$ e $2m_2/(m_1 + m_2) \approx 0$: o objeto 1 permanece em repouso, e o objeto 2 aproximadamente reverte sua velocidade. Essa situação ocorre, por exemplo, na colisão de uma bola com o solo. Nesta colisão, o objeto 1 é toda a Terra, e o objeto 2 é a bola. Se a colisão for elástica o bastante, a bola ricocheteia com a mesma velocidade que tinha antes da colisão, mas no sentido oposto – para cima, em vez de para baixo.

7.4 Exercício de sala de aula

Suponha que uma colisão elástica ocorra em uma dimensão, como a mostrada na Figura 7.7, em que o carrinho marcado com o ponto verde está inicialmente em repouso e o carrinho com o ponto laranja inicialmente tem $v_{\text{laranja}} > 0$, isto é, está se movendo da esquerda para a direita. O que se pode dizer sobre as massas dos dois carrinhos?

a) $m_{\text{laranja}} < m_{\text{verde}}$
b) $m_{\text{laranja}} > m_{\text{verde}}$
c) $m_{\text{laranja}} = m_{\text{verde}}$

7.5 Exercício de sala de aula

Na situação mostrada na Figura 7.7, suponha que a massa do carrinho com o ponto laranja seja muito maior do que a do carrinho com o ponto verde. Que resultado seria esperado?

a) O resultado é mais ou menos igual ao mostrado na figura.

b) O carrinho com o ponto laranja se move com velocidade quase inalterada após a colisão, e o carrinho com o ponto verde se move com velocidade quase duas vezes maior que a velocidade inicial do carrinho com o ponto laranja.

c) Os dois carrinhos se movem quase com a mesma velocidade que o carrinho com o ponto laranja tinha antes da colisão.

d) O carrinho com o ponto laranja para, e o carrinho com o ponto verde se move para a direita com a mesma velocidade que o carrinho com o ponto laranja tinha originalmente.

7.6 Exercício de sala de aula

Na situação mostrada na Figura 7.7, se a massa do carrinho com o ponto verde (originalmente em repouso) for muito maior do que a do carrinho com o ponto laranja, que resultado seria esperado?

a) O resultado é mais ou menos igual ao mostrado na figura.

b) O carrinho com o ponto laranja se move com velocidade quase inalterada após a colisão, e o carrinho com o ponto verde se move com velocidade quase duas vezes maior que a velocidade inicial do carrinho com o ponto laranja.

c) Os dois carrinhos se movem quase com a mesma velocidade que o carrinho com o ponto laranja tinha antes da colisão.

d) O carrinho com o ponto verde se move com velocidade muito baixa um pouco para a direita, e o carrinho com o ponto laranja volta para a esquerda com quase a mesma velocidade que tinha originalmente.

7.2 Pausa para teste

A figura mostra uma sequência de vídeo em alta velocidade da colisão de um taco com uma bola de golfe. A bola sofre uma deformação significativa, mas essa deformação é restaurada de modo suficiente antes que a bola saia da face do taco. Desta forma, essa colisão pode ser aproximada como uma colisão elástica unidimensional. Discuta a velocidade da bola em relação à do taco após a colisão e como os casos discutidos se aplicam a esse resultado.

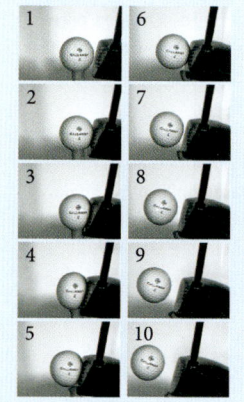

Colisão de um taco com uma bola de golfe.

EXEMPLO 7.2   Força média sobre uma bola de golfe

Um *driver* é um taco de golfe usado para atingir a bola por uma distância longa. A cabeça de um *driver* geralmente tem massa de 200 g. Um jogador de golfe habilidoso consegue dar à cabeça do taco uma velocidade em torno de 40,0 m/s. A massa de uma bola de golfe é de 45,0 g. A bola permanece em contato com a face do taco por 0,500 ms.

PROBLEMA

Qual é a força média exercida sobre a bola pelo taco?

SOLUÇÃO

A bola está inicialmente em repouso. Como a cabeça do *driver* e a bola estão em contato por apenas um curto tempo, podemos considerar que a colisão entre eles é elástica. Podemos usar a equação 7.18 para calcular a velocidade da bola de golfe, $v_{f1,x}$, após a colisão com a cabeça do taco

$$v_{f1,x} = \left(\frac{2m_2}{m_1+m_2}\right) v_{i2,x},$$

onde m_1 é a massa da bola, m_2 é a massa da cabeça do taco e $v_{i2,x}$ é a velocidade da cabeça do *driver*. A velocidade da bola de golfe que sai da face da cabeça do taco, neste caso, é

$$v_{f1,x} = \frac{2(0,200 \text{ kg})}{0,0450 \text{ kg} + 0,200 \text{ kg}}(40,0 \text{ m/s}) = 65,3 \text{ m/s}.$$

Observe que, se a cabeça do taco tivesse massa muito maior do que a bola, esta atingiria duas vezes a velocidade da cabeça do *driver*. Porém, neste caso, o jogador teria dificuldade em dar à cabeça do taco uma velocidade substancial. A mudança de momento da bola de golfe é

$$\Delta p = m\Delta v = m v_{f1,x}.$$

Então, o impulso é

$$\Delta p = F_{\text{média}} \Delta t,$$

onde $F_{\text{média}}$ é a força média exercida pela cabeça do taco e Δt é o tempo que a cabeça do taco e a bola estão em contato. Assim, a força média é

$$F_{\text{média}} = \frac{\Delta p}{\Delta t} = \frac{m v_{f1,x}}{\Delta t} = \frac{(0,045 \text{ kg})(65,3 \text{ m/s})}{0,500 \cdot 10^{-3} \text{ s}} = 5.880 \text{ N}.$$

Desta forma, o taco exerce uma força muito grande sobre a bola de golfe. Essa força comprime a bola de modo significativo, conforme mostrado na sequência de vídeo na Pausa para teste 7.2. Além disso, observe que o taco não impulsiona a bola no sentido horizontal e transmite rotação à bola. Deste modo, uma descrição precisa do golpe de uma bola de golfe com o taco requer uma análise mais detalhada.

7.7 Exercícios de sala de aula

Escolha a afirmativa correta:
a) Em uma colisão elástica de um objeto com uma parede, a energia pode ser conservada ou não.
b) Em uma colisão elástica de um objeto com uma parede, o momento pode ser conservado ou não.
c) Em uma colisão elástica de um objeto com uma parede, o ângulo incidente é igual ao ângulo final.
d) Em uma colisão elástica de um objeto com uma parede, o vetor momento original não muda como consequência da colisão.
e) Em uma colisão elástica de um objeto com uma parede, a parede não pode mudar o momento do objeto porque o momento é conservado.

7.8 Exercícios de sala de aula

Escolha a afirmativa correta:
a) Quando um objeto em movimento atinge um objeto estacionário, o ângulo entre os vetores velocidade dos dois objetos após a colisão é sempre de 90°.
b) Para uma colisão da vida real entre um objeto em movimento e um objeto estacionário, o ângulo entre os vetores velocidade dos dois objetos após a colisão nunca é menor do que 90°.
c) Quando um objeto em movimento tem uma colisão frontal com um objeto estacionário, o ângulo entre os dois vetores velocidade após a colisão é de 90°.
d) Quando um objeto em movimento colide frontal e elasticamente com um objeto estacionário de mesma massa, o objeto que estava se movendo para e o outro objeto se move com a velocidade original do objeto em movimento.
e) Quando um objeto em movimento colide elasticamente com um objeto estacionário de mesma massa, o ângulo entre os dois vetores velocidade após a colisão não pode ser de 90°.

7.5 Colisão elástica em duas ou três dimensões

Colisões com paredes

Para iniciar nossa discussão de colisões em duas ou três dimensões, consideramos a colisão elástica de um objeto com uma parede sólida. No Capítulo 4, sobre forças, vimos que uma superfície sólida exerce uma força sobre qualquer objeto que tente penetrar pela superfície. Tais forças são forças normais; elas são direcionadas perpendicularmente à superfície (Figura 7.8). Se uma força normal atua sobre um objeto em colisão com uma parede, a força normal só pode transmitir um impulso que seja perpendicular à parede; a força normal não tem componente paralelo à parede. Portanto, a componente de momento do objeto direcionada ao longo da parede não muda, $p_{f,\|} = p_{i,\|}$. Além disso, para uma colisão elástica, temos a condição de que a energia cinética do objeto colidindo com a parede deve permanecer a mesma. Isso faz sentido, porque a parede permanece em repouso (ela está conectada à Terra e tem massa muito maior do que a bola). A energia cinética do objeto é $K = p^2/2m$, então vemos que $p_f^2 = p_i^2$.

Como $p_f^2 = p_{f,\|}^2 + p_{f,\perp}^2$ e $p_i^2 = p_{i,\|}^2 + p_{i,\perp}^2$, obtemos $p_{f,\perp}^2 = p_{i,\perp}^2$. Os únicos dois resultados possíveis para a colisão são $p_{f,\perp} = p_{i,\perp}$ e $p_{f,\perp} = -p_{i,\perp}$. Somente para a segunda colisão a componente de momento perpendicular aponta no sentido oposto à parede após a colisão, então ela é a única solução física.

Para resumir, quando um objeto colidir elasticamente com uma parede, o comprimento do vetor momento do objeto permanece inalterado, assim como a componente momento direcionada ao longo da parede; a componente momento perpendicular à parede muda de sinal, mas retém o mesmo valor absoluto. O ângulo de incidência, θ_i, sobre a parede (Figura 7.8) também é igual ao ângulo de reflexão, θ_f:

$$\theta_i = \cos^{-1}\frac{p_{i,\perp}}{p_i} = \cos^{-1}\frac{p_{f,\perp}}{p_f} = \theta_f. \quad (7.19)$$

Veremos essa mesma relação novamente ao estudar a luz e sua reflexão de um espelho.

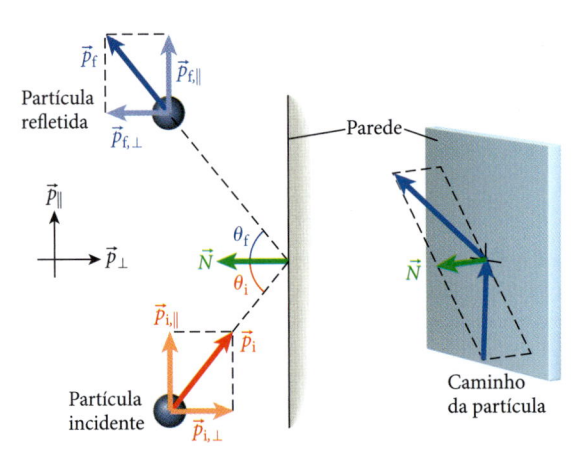

Figura 7.8 Colisão elástica de um objeto com uma parede. O símbolo ⊥ representa a componente do momento perpendicular à parede, e o símbolo ∥ representa a componente do momento paralela à parede.

Colisões de dois objetos em duas dimensões

Acabamos de ver que problemas envolvendo colisões elásticas unidimensionais são sempre solucionáveis se tivermos a velocidade inicial ou condições de momento dos dois objetos em colisão, bem como suas massas. Mais uma vez, isso é verdadeiro porque temos duas equações para as duas grandezas desconhecidas, $p_{f1,x}$ e $p_{f2,x}$.

Para colisões bidimensionais, cada um dos vetores momento final tem dois componentes. Assim, essa situação nos dá quatro grandezas desconhecidas que devem ser determinadas. Quantas equações temos à nossa disposição? A conservação de energia cinética novamente oferece uma delas. A conservação de momento linear oferece equações independentes para os sentidos x e y.

Portanto, só temos três equações para as quatro grandezas desconhecidas. A menos que uma condição adicional seja especificada para a colisão, não existe uma solução única para os momentos finais.

Para colisões tridimensionais, a situação é ainda pior. Aqui, precisamos determinar dois vetores com três componentes cada, para um total de seis grandezas desconhecidas. Porém, só temos quatro equações: uma da conservação de energia e três das equações de conservação para as componentes x, y e z do momento.

Incidentalmente, esse fato é o que torna o jogo de bilhar ou sinuca interessante de uma perspectiva física. Os momentos finais de duas bolas após uma colisão são determinados por onde em suas superfícies esféricas as bolas colidem. A propósito de colisões de bolhas de bilhar, uma observação interessante pode ser feita. Suponha que o objeto 2 esteja inicialmente em repouso e ambos os objetos tenham a mesma massa. Então, a conservação de momento resulta em

$$\vec{p}_{f1} + \vec{p}_{f2} = \vec{p}_{i1}$$
$$(\vec{p}_{f1} + \vec{p}_{f2})^2 = (\vec{p}_{i1})^2$$
$$p_{f1}^2 + p_{f2}^2 + 2\vec{p}_{f1} \cdot \vec{p}_{f2} = p_{i1}^2.$$

Aqui elevamos a equação para conservação de momento ao quadrado e depois usamos as propriedades do produto escalar. Por outro lado, a conservação de energia cinética leva a

$$\frac{p_{f1}^2}{2m} + \frac{p_{f2}^2}{2m} = \frac{p_{i1}^2}{2m}$$
$$p_{f1}^2 + p_{f2}^2 = p_{i1}^2,$$

para $m_1 = m_2 = m$. Se subtrairmos esse resultado do resultado anterior, obtemos

$$2\vec{p}_{f1} \cdot \vec{p}_{f2} = 0. \tag{7.20}$$

Contudo, o produto escalar de dois vetores só pode ser zero se os dois vetores forem perpendiculares entre si ou se um deles tiver comprimento zero. A última condição ocorre em uma colisão de duas bolas de bilhar, após a qual a bola branca permanece em repouso ($\vec{p}_{f1} = 0$) e a outra bola se afasta com o momento que a bola branca tinha inicialmente. Em colisões não frontais, as duas bolas se movem, em sentidos que são perpendiculares entre si.

Você pode realizar um experimento simples para ver se o ângulo de 90° entre os vetores velocidade finais funciona de modo quantitativo. Coloque duas moedas sobre uma folha de papel, conforme mostra a Figura 7.9. Marque a posição de uma delas (a moeda alvo) no papel desenhando um círculo em torno dela.

A seguir, bata de leve na outra moeda com o dedo na direção da moeda alvo (Figura 7.9a). As moedas ricochetearão entre si e deslizarão por um breve momento, antes que o atrito as devolve para o repouso (Figura 7.9b). Desenhe uma linha da posição final da moeda alvo de volta ao círculo que você desenhou, conforme mostrado na Figura 7.9c e, com isso, deduza a trajetória da outra moeda. As imagens das partes (a) e (b) estão sobrepostas sobre aquela na parte (c) da figura para mostrar o movimento das moedas antes e após a colisão, indicada pelas setas vermelhas. A medição do ângulo entre as duas linhas pretas na Figura 7.9c resulta em $\theta = 80°$, então o resultado derivado de modo teórico de $\theta = 90°$ não está exatamente correto para este experimento. Por quê?

O que desprezamos em nossa derivação é o fato de que – para colisões entre moedas ou bolas de bilhar – parte da energia cinética do objeto está associada à rotação e à transferência de

7.3 Pausa para teste

O experimento na Figura 7.9 especifica o ângulo entre as duas moedas após a colisão, mas não os ângulos individuais de deflexão. Para obter esses ângulos individuais, também é preciso saber a que distância do centro de cada objeto fica o ponto de impacto, chamado de *parâmetro de impacto*. De modo quantitativo, o parâmetro de impacto, b, é a distância que a trajetória original precisaria ser movida paralelamente a si mesma para uma colisão frontal (veja a figura). Você conseguiria produzir um desenho da dependência que os ângulos de deflexão têm do parâmetro de impacto? (*Dica*: você pode fazer isso de forma experimental, conforme mostra a Figura 7.9, ou pode pensar em casos limitantes e, depois, tentar interpolar entre eles.)

7.4 Pausa para teste

Suponha que você realize exatamente o mesmo experimento mostrado na Figura 7.9, mas substitua uma das moedas por outra mais leve ou mais pesada. O que muda? (*Dica*: novamente, você pode explorar a resposta realizando o experimento.)

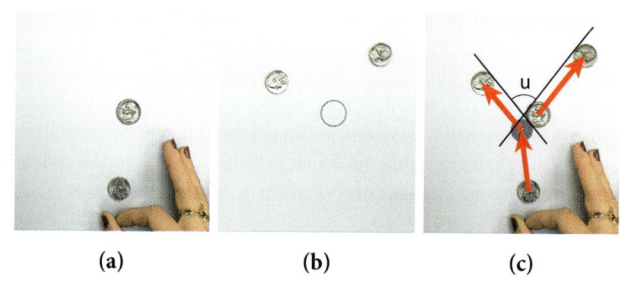

Figura 7.9 Colisão de duas moedas.

energia devido a esse movimento, bem como ao fato de que essa colisão não é exatamente elástica. Porém, a regra de 90° que acabamos de derivar é uma boa aproximação para duas moedas em colisão. Você pode realizar um experimento semelhante em qualquer mesa de bilhar; você descobrirá que o ângulo de movimento entre duas bolas de bilhar não é exatamente 90°, mas essa aproximação dará uma boa ideia de onde a bola branca irá após atingir a bola alvo.

PROBLEMA RESOLVIDO 7.1 | Curling

O *curling* tem tudo a ver com colisões. Um jogador desliza uma "pedra" de granito de 19,0 kg (42,0 libras) por cerca de 35, 40 m pelo gelo até uma área alvo (círculos concêntricos com linhas cruzadas). As equipes se alternam para arremessar as pedras, e a pedra que ficar mais próxima ao centro do alvo no final é a vencedora. Sempre que uma pedra de uma equipe está mais próxima ao centro do alvo, a outra equipe tenta tirá-la do caminho, conforme mostra a Figura 7.10.

PROBLEMA
A pedra vermelha de *curling* na Figura 7.10 tem velocidade inicial de 1,60 m/s no sentido x e é desviada depois de colidir com a pedra amarela com um ângulo de 32,0° em relação ao eixo x. Quais são os dois vetores momento finais logo após essa colisão elástica, e qual é a soma das energias cinéticas das pedras?

SOLUÇÃO

PENSE
A conservação do momento nos diz que a soma dos vetores momento das duas pedras antes da colisão é igual à soma dos vetores momento de ambas as pedras após a colisão. A conservação de energia nos diz que, em uma colisão elástica, a soma das energias cinéticas das duas pedras antes da colisão é igual à soma das energias cinéticas de ambas as pedras após a colisão. Antes da colisão, a pedra vermelha (pedra 1) tem momento e energia cinética porque está em movimento, enquanto a pedra amarela (pedra 2) está em repouso e não tem momento nem energia cinética. Após a colisão, as duas pedras têm momento e energia cinética. Devemos calcular o momento em termos das componentes x e y.

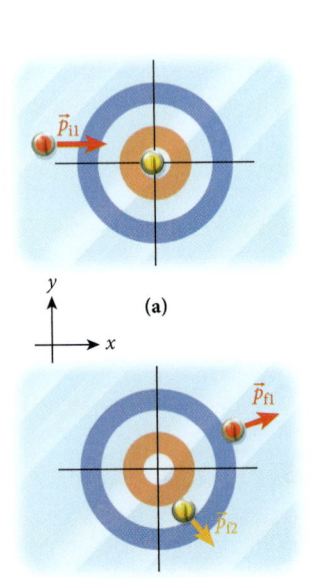

Figura 7.10 Visão panorâmica de uma colisão de duas pedras de *curling*: (a) logo antes da colisão; (b) logo após a colisão.

DESENHE
Um desenho dos vetores momento das duas pedras antes e após a colisão é mostrado na Figura 7.11a. As componentes x e y dos vetores momento após a colisão das duas pedras são mostradas na Figura 7.11b.

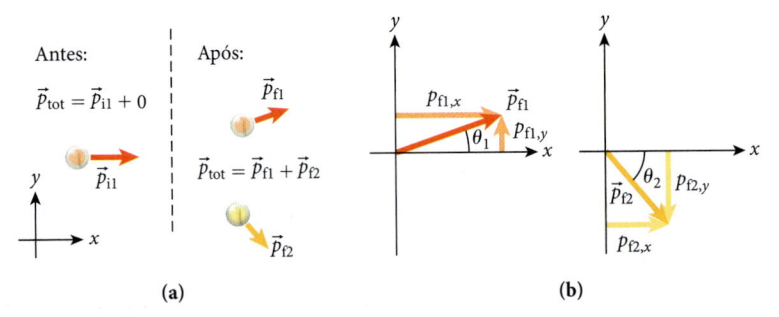

Figura 7.11 (a) Desenho dos vetores momento antes e após a colisão das duas pedras. (b) Os componentes x e y dos vetores momento das duas pedras após a colisão.

PESQUISE
A conservação do momento afirma que a soma dos momentos das duas pedras antes da colisão deve ser igual à soma dos momentos das duas pedras após a colisão. Sabemos os momentos das duas pedras antes da colisão, e nossa tarefa é calcular seus momentos após a colisão, com base nos sentidos dados desses momentos. Para as componentes x, podemos escrever

$$p_{i1,x} + 0 = p_{f1,x} + p_{f2,x}.$$

Para as componentes y, podemos escrever

$$0 + 0 = p_{f1,y} + p_{f2,y}.$$

O problema especifica que a pedra 1 é desviada em $\theta_1 = 32{,}0°$. De acordo com a regra dos 90° que derivamos para colisões perfeitamente elásticas entre massas iguais, a pedra 2 precisa ser desviada em $\theta_2 = -58{,}0°$. Portanto, no sentido x

$$p_{i1,x} = p_{f1,x} + p_{f2,x} = p_{f1}\cos\theta_1 + p_{f2}\cos\theta_2. \tag{i}$$

E no sentido y temos:

$$0 = p_{f1,y} + p_{f2,y} = p_{f1}\operatorname{sen}\theta_1 + p_{f2}\operatorname{sen}\theta_2. \tag{ii}$$

Uma vez que sabemos os dois ângulos e o momento inicial da pedra 1, precisamos solucionar um sistema de duas equações para duas grandezas desconhecidas, que são as magnitudes dos momentos finais, p_{f1} e p_{f2}.

SIMPLIFIQUE
Solucionamos esse sistema de equações por substituição direta. Podemos solucionar a equação da componente y (ii) para p_{f1}

$$p_{f1} = -p_{f2}\frac{\operatorname{sen}\theta_2}{\operatorname{sen}\theta_1} \tag{iii}$$

e substituir na equação da componente x (i) para obter

$$p_{i1,x} = \left(-p_{f2}\frac{\operatorname{sen}\theta_2}{\operatorname{sen}\theta_1}\right)\cos\theta_1 + p_{f2}\cos\theta_2.$$

Podemos reordenar essa equação para obter

$$p_{f2} = \frac{p_{i1,x}}{\cos\theta_2 - \operatorname{sen}\theta_2\cot\theta_1}.$$

CALCULE
Primeiro, calculamos o módulo do momento inicial da pedra 1:

$$p_{i1,x} = mv_{i1,x} = (19{,}0\text{ kg})(1{,}60\text{ m/s}) = 30{,}4\text{ kg m/s}.$$

Podemos, então, calcular o módulo do momento final da pedra 2:

$$p_{f2} = \frac{30{,}4\text{ kg m/s}}{(\cos-58{,}0°) - (\operatorname{sen}\ -58{,}0°)(\cot 32{,}0°)} = 16{,}10954563\text{ kg m/s}.$$

O módulo do momento final da pedra 1 é

$$p_{f1} = -p_{f2}\frac{\operatorname{sen}(-58{,}0°)}{\operatorname{sen}(32{,}0°)} = 25{,}78066212\text{ kg m/s}.$$

Agora podemos responder a questão referente à soma das energias cinéticas das duas pedras após a colisão. Como essa colisão é elástica, podemos simplesmente calcular a energia cinética inicial da pedra vermelha (a amarela estava em repouso). Desta forma, nossa resposta é

$$K = \frac{p_{i1}^2}{2m} = \frac{(30{,}4\text{ kg m/s})^2}{2(19{,}0\text{ kg})} = 24{,}32\text{ J}.$$

ARREDONDE
Como todos os valores numéricos foram especificados com três algarismos significativos, damos o módulo do momento final da primeira pedra como

$$p_{f1} = 25{,}8\text{ kg m/s}.$$

Continua →

> **7.5 Pausa para teste**
>
> Avalie os resultados para os momentos finais das duas pedras no Problema resolvido 7.1 calculando as energias cinéticas individuais das duas pedras após a colisão para verificar se sua soma é realmente igual à energia cinética inicial.

O sentido da primeira pedra é +32,0° em relação à horizontal. Podemos escrever o módulo do momento final da segunda pedra como

$$p_{f2} = 16{,}1 \text{ kg m/s}.$$

O sentido da segunda pedra é -58,0° em relação à horizontal. A energia cinética total das duas pedras após a colisão é

$$K = 24{,}3 \text{ J}.$$

7.6 Colisão perfeitamente inelástica

Em todas as colisões que não são completamente elásticas, a conservação de energia cinética não é mais válida. Essas colisões são chamadas de *inelásticas*, porque parte da energia cinética inicial é convertida em energia interna de excitação, deformação, vibração ou (com o tempo) calor. À primeira vista, essa conversão de energia pode tornar a tarefa de calcular o momento final ou vetores velocidade dos objetos em colisão aparentemente mais complicada. Porém, isso não é verdade; em especial, a álgebra torna-se muito mais fácil para o caso limitante das colisões perfeitamente inelásticas.

Uma colisão perfeitamente inelástica é aquela em que os objetos em colisão se aderem após colidirem. Esse resultado implica que os dois objetos têm o mesmo vetor velocidade após a colisão: $\vec{v}_{f1} = \vec{v}_{f2} \equiv \vec{v}_f$. (Assim, a *velocidade relativa* entre os dois objetos em colisão é zero após a colisão.) Usando $\vec{p} = m\vec{v}$ e a conservação do momento, obtemos o vetor velocidade final:

$$\vec{v}_f = \frac{m_1 \vec{v}_{i1} + m_2 \vec{v}_{i2}}{m_1 + m_2}. \tag{7.21}$$

Essa fórmula útil permite solucionar praticamente todos os problemas que envolvam colisões perfeitamente inelásticas. A Demonstração 7.3 mostra como ela foi obtida.

DEMONSTRAÇÃO 7.3

Começamos com a lei da conservação para o momento total (equação 7.8):

$$\vec{p}_{f1} + \vec{p}_{f2} = \vec{p}_{i1} + \vec{p}_{i2}.$$

Agora usamos $\vec{p} = m\vec{v}$ e obtemos

$$m_1 \vec{v}_{f1} + m_2 \vec{v}_{f2} = m_1 \vec{v}_{i1} + m_2 \vec{v}_{i2}.$$

A condição de que a colisão seja perfeitamente inelástica implica que as velocidades finais dos dois objetos sejam as mesmas. Portanto, temos a equação 7.21:

$$m_1 \vec{v}_f + m_2 \vec{v}_f = m_1 \vec{v}_{i1} + m_2 \vec{v}_{i2}$$
$$(m_1 + m_2)\vec{v}_f = m_1 \vec{v}_{i1} + m_2 \vec{v}_{i2}$$
$$\vec{v}_f = \frac{m_1 \vec{v}_{i1} + m_2 \vec{v}_{i2}}{m_1 + m_2}.$$

> **7.9 Exercícios de sala de aula**
>
> Em uma colisão perfeitamente inelástica entre um objeto em movimento e um objeto estacionário, os dois objetos
>
> a) se aderem.
>
> b) ricocheteiam entre si, perdendo energia.
>
> c) ricocheteiam entre si, sem perder energia.

Observe que a condição de uma colisão perfeitamente inelástica implica apenas que as velocidades finais sejam as mesmas para os dois objetos. Em geral, os vetores momento final dos objetos podem ter módulos bem diferentes.

Sabemos, pela terceira lei de Newton (veja o Capítulo 4), que as forças que dois objetos exercem entre si durante uma colisão têm o mesmo módulo. Porém, as mudanças de velocidade, ou seja, as acelerações que os dois objetos sofrem em uma colisão perfeitamente inelástica, podem ser drasticamente distintas. O exemplo a seguir ilustra esse fenômeno.

EXEMPLO 7.3 — Colisão frontal

Considere uma colisão frontal de uma caminhonete de massa $M = 3023$ kg e um carro compacto de massa $m = 1184$ kg. Cada veículo tem velocidade inicial de $v = 22{,}35$ m/s (50 mph), e eles estão se movendo em sentidos opostos (Figura 7.12). Então, como mostra a figura, podemos dizer que v_x é a velocidade inicial do carro compacto e que $-v_x$ é a velocidade inicial da caminhonete. Os dois carros colidem e ficam juntos, um caso de colisão perfeitamente inelástica.

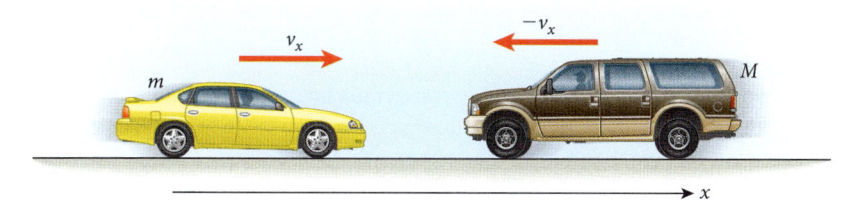

Figura 7.12 Colisão frontal de dois veículos com massas diferentes e velocidades idênticas.

PROBLEMA
Quais são as mudanças nas velocidades dos dois carros na colisão? (Despreze o atrito entre os pneus e a estrada.)

SOLUÇÃO
Primeiro calculamos a velocidade final que a massa combinada tem imediatamente após a colisão. Para realizar esse cálculo, simplesmente usamos a equação 7.21 e obtemos

$$v_{f,x} = \frac{mv_x - Mv_x}{m + M} = \left(\frac{m - M}{m + M}\right) v_x$$

$$= \frac{1184 \text{ kg} - 3023 \text{ kg}}{1184 \text{ kg} + 3023 \text{ kg}} (22{,}35 \text{ m/s}) = -9{,}77 \text{ m/s}.$$

Logo, a mudança de velocidade para a caminhonete é de

$$\Delta v_{\text{caminhonete } x} = -9{,}77 \text{ m/s} - (-22{,}35 \text{ m/s}) = 12{,}58 \text{ m/s}.$$

Porém, a mudança de velocidade para o carro compacto é

$$\Delta v_{\text{compacto } x} = -9{,}77 \text{ m/s} - (22{,}35 \text{ m/s}) = -32{,}12 \text{ m/s}.$$

Obtemos as acelerações médias correspondentes dividindo as mudanças de velocidade pelo intervalo de tempo, Δt, durante o qual a colisão ocorre. Esse intervalo de tempo é obviamente o mesmo para os dois carros, o que significa que o módulo da aceleração sofrida pelo corpo do motorista do carro compacto é maior do que a sofrida pelo corpo do motorista da caminhonete por um fator de $32{,}12/12{,}58 = 2{,}55$.

Somente com base nesse resultado fica claro que é mais seguro estar na caminhonete nessa colisão frontal do que no carro compacto. Lembre-se de que esse resultado é verdadeiro, embora a terceira lei de Newton afirme que as forças exercidas pelos dois veículos entre si sejam as mesmas (compare com o Exemplo 4.6).

7.6 Pausa para teste
Podemos começar com a terceira lei de Newton e usar o fato de que as forças que os dois carros exercem entre si são iguais. Utilize os valores das massas dadas no Exemplo 7.3. Qual é a razão obtida entre as acelerações dos dois carros?

Pêndulo balístico

Pêndulo balístico é um dispositivo que pode ser usado para medir a velocidade de projéteis disparados de armas de fogo. Ele consiste em um bloco de material sobre o qual o projétil é disparado. Esse bloco fica suspenso de forma a criar um pêndulo (Figura 7.13). A partir do ângulo defletido do pêndulo e das massas conhecidas do projétil, m, e do bloco, M, podemos calcular a velocidade do projétil logo antes de atingir o bloco.

Para obter uma expressão para a velocidade do projétil em termos do ângulo de deflexão, temos que calcular a velocidade da combinação do projétil com o bloco logo após o projétil entrar no bloco. Trata-se de uma colisão perfeitamente inelástica típica e, portanto, podemos aplicar a equação 7.21.

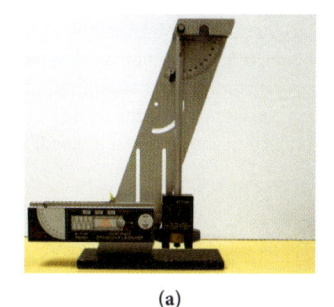

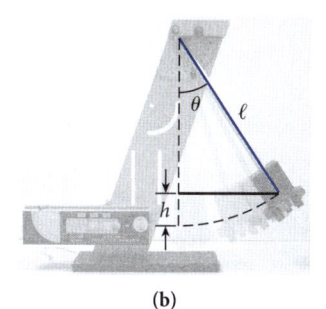

Figura 7.13 Pêndulo balístico usado em um laboratório de introdução à física.

Como o pêndulo está em repouso antes do projétil atingi-lo, a velocidade da combinação entre o bloco e o projétil é

$$v = \frac{m}{m+M} v_b,$$

em que v_b é a velocidade do projétil antes de atingir o bloco e v é a velocidade das massas combinadas logo após o impacto. A energia cinética do projétil é $K_b = \frac{1}{2} m v_b^2$ logo antes de atingir o bloco, enquanto logo após a colisão a combinação entre o bloco e o projétil tem a energia cinética

$$K = \tfrac{1}{2}(m+M)v^2 = \tfrac{1}{2}(m+M)\left(\frac{m}{m+M} v_b\right)^2 = \tfrac{1}{2} m v_b^2 \frac{m}{m+M} = \frac{m}{m+M} K_b. \quad (7.22)$$

É evidente que a energia cinética não é conservada no processo segundo o qual o projétil penetra no bloco. (Com um pêndulo balístico real, a energia cinética é transferida em deformação do projétil e do bloco. Nesta versão de demonstração, a energia cinética é transferida em trabalho de atrito entre o projétil e o bloco.) A equação 7.22 mostra que a energia cinética total (e, com ela, a energia mecânica total) é reduzida por um fator de $m/(m+M)$. Porém, após a colisão, a combinação entre o bloco e o projétil retém sua energia total restante no movimento subsequente do pêndulo, convertendo toda a energia cinética inicial da equação 7.22 em energia potencial no ponto mais alto:

$$U_{\max} = (m+M)gh = K = \tfrac{1}{2}\left(\frac{m^2}{m+M}\right) v_b^2. \quad (7.23)$$

7.7 Pausa para teste

Se você usar um projétil que tenha metade da massa de um cartucho de Magnum calibre .357 e mesma velocidade, qual é seu ângulo de deflexão?

Como se pode ver na Figura 7.13b, a altura h e o ângulo θ estão relacionados através de $h = \ell(1 - \cos\theta)$, onde ℓ é o comprimento do pêndulo. (Encontramos a mesma relação no Problema resolvido 6.4.) A substituição desse resultado na equação 7.23 gera

$$(m+M)g\ell(1-\cos\theta) = \tfrac{1}{2}\left(\frac{m^2}{m+M}\right) v_b^2 \Rightarrow$$

$$v_b = \frac{m+M}{m}\sqrt{2g\ell(1-\cos\theta)}. \quad (7.24)$$

Fica claro, na equação 7.24, que praticamente qualquer velocidade de projétil pode ser medida com um pêndulo balístico, contanto que a massa do bloco, M, seja escolhida de modo adequado. Por exemplo, se você disparar com uma arma Magnum calibre .357 ($m = 0{,}125$ kg) em um bloco ($M = 40{,}0$ kg) suspenso por uma corda de 1,00 m de comprimento, a deflexão é 25,4°, e a equação 7.24 permite deduzir que a velocidade desse projétil disparado da arma que você usou é de 442 m/s (que é um valor típico para esse tipo de munição).

Perda de energia cinética em colisões perfeitamente inelásticas

Como acabamos de ver, a energia cinética total não é conservada em colisões perfeitamente inelásticas. Quanta energia cinética se perde no caso geral? Podemos encontrar essa perda através da diferença entre a energia cinética inicial total, K_i, e a energia cinética inicial final, K_f:

$$K_{\text{perda}} = K_i - K_f.$$

7.10 Exercícios de sala de aula

Um pêndulo balístico é usado para medir a velocidade de um projétil disparado de uma arma. A massa do projétil é de 50,0 g, e a massa do bloco é de 20,0 kg. Quando o projétil atinge o bloco, a massa combinada sobe uma distância vertical de 5,00 cm. Qual era a velocidade do projétil quando atingiu o bloco?

a) 397 m/s   d) 479 m/s
b) 426 m/s   e) 503 m/s
c) 457 m/s

A energia cinética inicial total é a soma das energias cinéticas individuais dos dois objetos antes da colisão:

$$K_i = \frac{p_{i1}^2}{2m_1} + \frac{p_{i2}^2}{2m_2}.$$

A energia cinética final total para o caso em que os dois objetos se aderem e se movem como se fossem um só, com a massa total de $m_1 + m_2$ e velocidade $\vec{v}_f$, usando a equação 7.21 é

$$K_f = \tfrac{1}{2}(m_1 + m_2) v_f^2$$

$$= \tfrac{1}{2}(m_1 + m_2)\left(\frac{m_1 \vec{v}_{i1} + m_2 \vec{v}_{i2}}{m_1 + m_2}\right)^2$$

$$= \frac{(m_1 \vec{v}_{i1} + m_2 \vec{v}_{i2})^2}{2(m_1 + m_2)}.$$

Agora podemos calcular a diferença entre as energias cinéticas final e inicial e obter a perda de energia cinética:

$$K_{\text{perda}} = K_i - K_f = \frac{1}{2}\frac{m_1 m_2}{m_1 + m_2}(\vec{v}_{i1} - \vec{v}_{i2})^2. \qquad (7.25)$$

A derivação desse resultado envolve um pouco de álgebra e é omitida aqui. O que importa, contudo, é que a diferença das velocidades iniciais – ou seja, a velocidade relativa inicial – entra na equação para perda de energia. Vamos explorar o significado desse fato na seção seguinte e novamente no Capítulo 8, quando estudarmos o movimento do centro de massa.

> **7.11 Exercícios de sala de aula**
>
> Suponha que a massa 1 esteja inicialmente em repouso e a massa 2 se mova inicialmente com velocidade $v_{i,2}$. Em uma colisão perfeitamente inelástica entre dois objetos, a perda de energia cinética em termos da energia cinética inicial é maior para
>
> a) $m_1 \ll m_2$ c) $m_1 = m_2$
>
> b) $m_1 \gg m_2$

PROBLEMA RESOLVIDO 7.2 — Ciência forense

A Figura 7.14a mostra um desenho de um acidente de trânsito. A caminhonete branca (carro 1) de massa $m_1 = 2209$ kg estava indo para o norte e atingiu o carro vermelho em direção ao oeste (carro 2), com massa $m_2 = 1474$ kg. Quando os dois veículos colidiram, ficaram emaranhados (presos entre si). Marcas de pneu na estrada revelam a localização exata da colisão, e o sentido em que os dois veículos estavam deslizando imediatamente depois. Esse sentido foi medido, mostrando o valor de 38° em relação ao sentido inicial da caminhonete branca. A caminhonete branca tinha a preferencial, porque havia uma placa de pare que o carro vermelho deveria respeitar. O motorista do carro vermelho, no entanto, alegou que o motorista da caminhonete branca estava se movendo a uma velocidade de, pelo menos, 50 mph (22 m/s), embora o limite de velocidade fosse de 25 mph (11 m/s). Além disso, o motorista do carro vermelho alegou que havia parado na placa de pare e estava dirigindo pela intersecção com velocidade menor do que 25 mph quando a caminhonete branca o atingiu. Como o motorista da caminhonete branca estava acima do limite de velocidade, ele perderia legalmente o direito de passagem e seria declarado responsável pelo acidente.

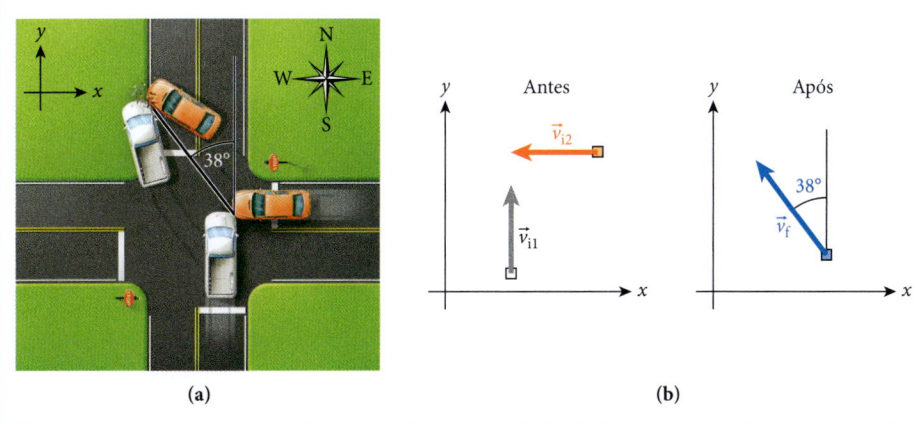

Figura 7.14 (a) Desenho da cena do acidente. (b) Vetores velocidade dos dois carros antes e após a colisão.

PROBLEMA
A versão do acidente conforme descrita pelo motorista do carro vermelho pode estar correta?

SOLUÇÃO

PENSE
Essa colisão é obviamente uma colisão perfeitamente inelástica, então sabemos que a velocidade dos carros presos após a colisão é dada pela equação 7.21. Temos os ângulos das velocidades iniciais dos dois carros e o ângulo do vetor velocidade final dos carros emaranhados. Porém, não temos os módulos dessas três velocidades. Desta forma, temos uma equação e três grandezas desconhecidas. Contudo, para solucionar esse problema, somente precisamos determinar a razão entre o módulo da velocidade inicial do carro 1 e o módulo da velocidade inicial do carro 2. Aqui, a velocidade inicial é a velocidade do carro logo antes da colisão ocorrer.

Continua →

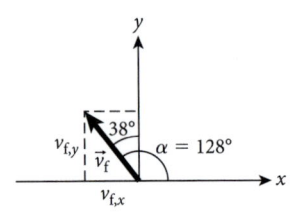

Figura 7.15 Componentes do vetor velocidade dos dois carros presos após a colisão.

DESENHE
Um desenho dos vetores velocidade dos dois carros antes e após a colisão é mostrado na Figura 7.14b. Um desenho das componentes do vetor velocidade dos dois juntos após a colisão é mostrado na Figura 7.15.

PESQUISE
Usando o sistema de coordenadas mostrado na Figura 7.14a, a caminhonete branca (carro 1) tem somente uma componente y para seu vetor velocidade, $\vec{v}_{i1} = v_{i1}\hat{y}$, onde v_{i1} é a velocidade inicial da caminhonete branca. O carro vermelho (carro 2) tem uma componente de velocidade apenas no sentido x negativo, $\vec{v}_{i2} = -v_{i2}\hat{x}$. A velocidade final $\vec{v}_f$ dos carros quando ficam presos após a colisão, expressa em termos das velocidades iniciais, é dada por

$$\vec{v}_f = \frac{m_1\vec{v}_{i1} + m_2\vec{v}_{i2}}{m_1 + m_2}.$$

SIMPLIFIQUE
A substituição das velocidades iniciais nessa equação para a velocidade final dá

$$\vec{v}_f = v_{f,x}\hat{x} + v_{f,y}\hat{y} = \frac{-m_2 v_{i2}}{m_1 + m_2}\hat{x} + \frac{m_1 v_{i1}}{m_1 + m_2}\hat{y}.$$

As componentes do vetor velocidade final, $v_{f,x}$ e $v_{f,y}$, são mostradas na Figura 7.15. Usando trigonometria, obtemos uma expressão para a tangente do ângulo da velocidade final como a razão entre suas componentes y e x:

$$\operatorname{tg}\alpha = \frac{v_{f,y}}{v_{f,x}} = \frac{\dfrac{m_1 v_{i1}}{m_1 + m_2}}{\dfrac{-m_2 v_{i2}}{m_1 + m_2}} = -\frac{m_1 v_{i1}}{m_2 v_{i2}}.$$

Assim, podemos encontrar a velocidade inicial do carro 1 em termos da velocidade inicial do carro 2:

$$v_{i1} = -\frac{m_2 \operatorname{tg}\alpha}{m_1} v_{i2}.$$

Temos que tomar cuidado com o valor do ângulo α. Ele *não* é 38°, como você poderia concluir a partir de um exame da Figura 7.14b. Em vez disso, é 38° + 90° = 128°, conforme mostrado na Figura 7.15, porque os ângulos devem ser medidos em relação ao eixo x positivo quando se usa a fórmula da tangente, $\tan\alpha = v_{f,y}/v_{f,x}$.

CALCULE
Com esse resultado e os valores conhecidos das massas dos dois carros, encontramos

$$v_{i1} = -\frac{(1474 \text{ kg})(\operatorname{tg} 128°)}{2209 \text{ kg}} v_{i2} = 0{,}854066983\, v_{i2}.$$

ARREDONDE
O ângulo em que os dois carros se moveram após a colisão foi especificado com dois algarismos significativos, então damos nossa resposta da seguinte forma:

$$v_{i1} = 0{,}85\, v_{i2}.$$

A caminhonete branca (carro 1) estava se movendo com uma velocidade menor do que a do carro vermelho (carro 2). A história do motorista do carro vermelho não é consistente com os fatos. Aparentemente, o motorista da caminhonete branca não estava acima do limite de velocidade quando a colisão ocorreu, e a causa do acidente foi o motorista do carro vermelho não ter parado na preferencial.

7.8 Pausa para teste

Para avaliar o resultado do Problema resolvido 7.2, estime qual teria sido o ângulo de deflexão se a caminhonete branca estivesse se deslocando com velocidade de 50 mph e o carro vermelho tivesse uma velocidade de 25 mph logo antes da colisão.

Explosões

Em colisões perfeitamente inelásticas, dois ou mais objetos se fundem e se movem juntos com o mesmo momento total após a colisão que tinha antes dela. O processo reverso também é possível. Se um objeto se move com momento inicial $\vec{p}_i$ e depois explode em fragmentos, o processo da explosão somente gera forças internas entre os fragmentos. Como uma explosão ocorre por um período muito curto de tempo, o impulso devido a forças externas pode geralmente ser desprezado.

Em uma situação dessas, segundo a terceira lei de Newton, o momento total é conservado. Esse resultado implica que a soma dos vetores momento dos fragmentos precisa ser adicionada ao vetor momento inicial do objeto:

$$\vec{p}_i = \sum_{k=1}^{n} \vec{p}_{fk}. \tag{7.26}$$

Essa equação, que relaciona o momento do objeto sendo explodido logo antes da explosão à soma dos vetores momento dos fragmentos após a explosão, é exatamente igual à equação para uma colisão perfeitamente inelástica, exceto que os índices para os estados inicial e final são trocados. Em especial, se um objeto se divide em dois fragmentos, a equação 7.26 se equivale à equação 7.21, com os índices i e f trocados:

$$\vec{v}_i = \frac{m_1 \vec{v}_{f1} + m_2 \vec{v}_{f2}}{m_1 + m_2}. \tag{7.27}$$

Essa relação nos permite, por exemplo, reconstruir a velocidade inicial se soubermos as velocidades e massas dos fragmentos. Além disso, podemos calcular a energia liberada em uma dissolução que gera dois fragmentos usando a equação 7.25, novamente com os índices i e f trocados:

$$K_{\text{liberação}} = K_f - K_i = \frac{1}{2} \frac{m_1 m_2}{m_1 + m_2} \left(\vec{v}_{f1} - \vec{v}_{f2} \right)^2. \tag{7.28}$$

EXEMPLO 7.4 Decaimento de um núcleo de radônio

O radônio é um gás produzido pelo decaimento radioativo de núcleos pesados que ocorrem naturalmente, como o tório e o urânio. O gás radônio pode ser inalado pelos pulmões, onde pode decair ainda mais. O núcleo de um átomo de radônio tem massa de 222 u, no qual u é uma unidade de massa atômica. Presuma que o núcleo que esteja em repouso irá decair em um núcleo de polônio com massa de 218 u e um núcleo de hélio com massa de 4 u (chamada de partícula alfa), liberando 5,59 MeV de energia cinética.

PROBLEMA
Quais são as energias cinéticas do núcleo de polônio e da partícula alfa?

SOLUÇÃO
O núcleo de polônio e a partícula alfa são emitidos em sentidos opostos. Suponhamos que a partícula alfa é emitida com velocidade v_{x1} no sentido x positivo, e que o núcleo de polônio é emitido com velocidade v_{x2} no sentido x negativo. A massa da partícula alfa é $m_1 = 4$u, e a massa do núcleo de polônio é $m_2 = 118$ u. A velocidade inicial do núcleo de radônio é zero, então podemos usar a equação 7.27 para escrever

$$\vec{v}_i = 0 = \frac{m_1 \vec{v}_1 + m_2 \vec{v}_2}{m_1 + m_2},$$

o que nos dá

$$m_1 v_{x1} = -m_2 v_{x2}. \tag{i}$$

Usando a equação 7.28, podemos expressar a energia cinética liberada pelo decaimento do núcleo de radônio

$$K_{\text{liberação}} = \frac{1}{2} \frac{m_1 m_2}{m_1 + m_2} \left(v_{x1} - v_{x2} \right)^2.$$

A seguir, podemos usar a equação (i) para expressar a velocidade do núcleo de polônio em termos da velocidade da partícula alfa:

$$v_{x2} = -\frac{m_1}{m_2} v_{x1}.$$

Continua →

A substituição da equação (i) na equação (ii) nos dá

$$K_{\text{liberação}} = \frac{1}{2}\frac{m_1 m_2}{m_1+m_2}\left(v_{x1} + \frac{m_1}{m_2}v_{x1}\right)^2 = \frac{1}{2}\frac{m_1 m_2 v_{x1}^2}{m_1+m_2}\left(\frac{m_1+m_2}{m_2}\right)^2. \quad \text{(iii)}$$

Reordenando a equação (iii) nos leva a

$$K_{\text{liberação}} = \frac{1}{2}\frac{m_1(m_1+m_2)v_{x1}^2}{m_2} = \frac{1}{2}m_1 v_{x1}^2 \frac{m_1+m_2}{m_2} = K_1\left(\frac{m_1+m_2}{m_2}\right),$$

onde K_1 é a energia cinética da partícula alfa. Essa energia cinética é

$$K_1 = K_{\text{liberação}}\left(\frac{m_2}{m_1+m_2}\right).$$

Inserindo os valores numéricos, obtemos a energia cinética da partícula alfa.

$$K_1 = (5{,}59 \text{ MeV})\left(\frac{218}{4+218}\right) = 5{,}49 \text{ MeV}.$$

A energia cinética, K_2, do núcleo de polônio é

$$K_2 = K_{\text{liberação}} - K_1 = 5{,}59 \text{ MeV} - 5{,}49 \text{ MeV} = 0{,}10 \text{ MeV}.$$

A partícula alfa recebe a maior parte da energia cinética quando o núcleo de radônio decai, o que é energia suficiente para lesionar o tecido em volta dos pulmões.

EXEMPLO 7.5 | Física de partículas

As leis de conservação de momento e energia são essenciais para analisar os produtos de colisões de partículas em altas energias, como as produzidas no Tevatron do laboratório Fermilab, próximo a Chicago, Illinois, atualmente o acelerador para colidir prótons com antiprótons de maior energia do mundo. (Um acelerador chamado LHC – sigla em inglês para Grande Colisor de Hádrons – iniciou suas operações em 2009 no Laboratório do CERN em Genebra, Suíça, e será mais potente que o Tevatron. Porém, o LHC é um acelerador que colide prótons com prótons.)

No acelerador Tevatron, físicos de partículas colidem prótons e antiprótons com energias totais de 1,96 TeV (daí seu nome). Lembre que 1 eV = $1{,}602 \cdot 10^{-19}$ J; portanto, 1,96 TeV = $1{,}96 \cdot 10^{12}$ eV = $3{,}1 \cdot 10^{-7}$ J. O Tevatron está configurado de uma forma que os prótons e antiprótons se movem no anel de colisão em sentidos opostos com, para todos os fins práticos, vetores momento exatamente opostos. Os principais detectores de partículas, D-Zero e CDF, estão localizados nas regiões de interação, onde os prótons e os antiprótons colidem.

A Figura 7.16a mostra um exemplo de uma colisão desse tipo. Nessa exibição gerada por computador de um determinado evento de colisão no detector D-Zero, o vetor momento inicial do próton aponta direto para a página, e o do antipróton aponta direto para fora da página. Desta forma, o momento inicial total do sistema de prótons e antiprótons é zero. A explosão produzida por essa colisão gera diversos fragmentos, sendo que quase todos são registrados pelo detector. Essas medições estão indicadas na imagem (Figura 7.16a). Sobrepostos a essa exibição de evento estão os vetores momento das partículas matriz correspondentes desses fragmentos, com seus comprimentos e sentidos baseados em análise computacional da resposta do detector. (A unidade de momento GeV/c, geralmente usada em física de alta energia e mostrada na figura, é a unidade de energia GeV dividida pela velocidade da luz.) Na Figura 7.16b, os vetores momento foram resumidos graficamente, dando um vetor não zero, indicado pela seta verde.

Porém, a conservação do momento sem dúvida exige que a soma dos vetores momento de todas as partículas produzidas nessa colisão seja zero. Assim, a conservação do momento nos permite atribuir o momento perdido representado pela seta verde a uma partícula que escapou sem ser detectada. Com o auxílio dessa análise de momento perdido, os físicos do Fermilab conseguiram demonstrar que, no evento exibido aqui, uma partícula desconhecida – conhecida como quark *top* – foi produzida.

7.9 Pausa para teste

O comprimento de cada seta vetorial na Figura 7.16b é proporcional ao módulo do vetor momento de cada partícula individual. Você saberia determinar o momento da partícula não detectada (seta verde)?

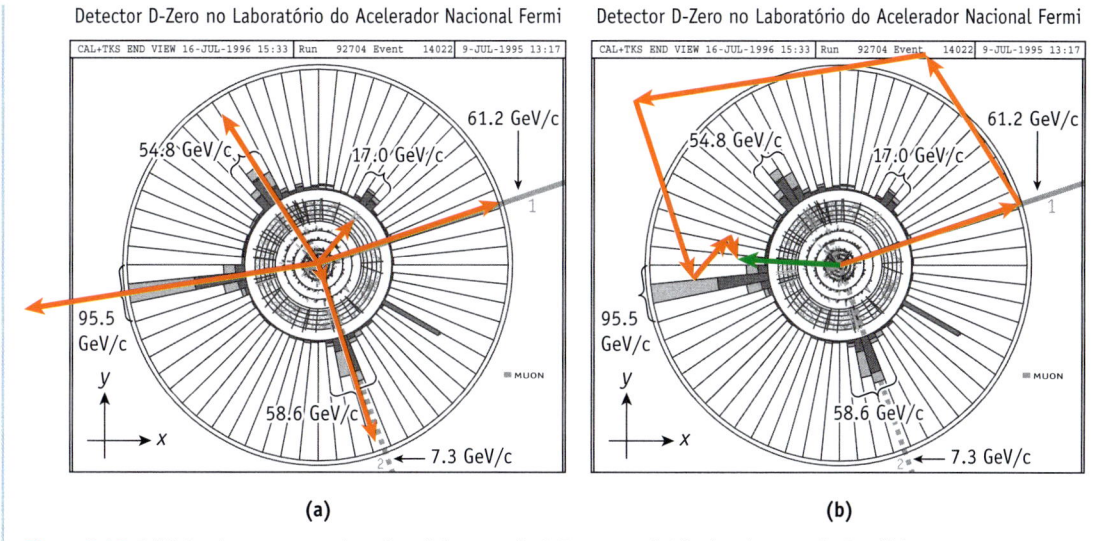

Figura 7.16 Exibição de evento gerado pela colaboração do D-Zero e escritório de educação do Fermilab, mostrando um evento de quark *top*. (a) Vetores momento das partículas detectadas que foram produzidas pelo evento; (b) adição gráfica dos vetores momento, mostrando que sua soma resulta em zero, o que é indicado pela seta verde.

7.7 Colisão parcialmente inelástica

O que acontece se uma colisão não for nem elástica nem perfeitamente inelástica? A maioria das colisões reais está em algum lugar entre esses dois extremos, como vimos no experimento de colisão de moedas na Figura 7.9. Portanto, é importante analisar as colisões parcialmente inelásticas em maior detalhe.

Já vimos que a velocidade relativa de dois objetos em uma colisão elástica unidimensional simplesmente muda de sinal. Isso também é verdadeiro em colisões bi e tridimensionais, embora a prova não seja mostrada aqui. A velocidade relativa torna-se zero em colisões perfeitamente inelásticas. Logo, parece lógico definir a elasticidade de uma colisão de uma forma que envolva a razão entre as velocidades relativas inicial e final.

O **coeficiente de restituição**, simbolizado por ϵ é a razão entre os módulos das velocidades relativas final e inicial em uma colisão:

$$\epsilon = \frac{|\vec{v}_{f1} - \vec{v}_{f2}|}{|\vec{v}_{i1} - \vec{v}_{i2}|}. \tag{7.29}$$

Essa definição dá um coeficiente de restituição de $\epsilon = 1$ para colisões elásticas e $\epsilon = 0$ para colisões perfeitamente inelásticas.

Primeiro, vamos examinar o que acontece no limite em que um dos dois objetos em colisão é o solo (para todos os fins, infinitamente massivo) e o outro é uma bola. Podemos ver, pela equação 7.29, que, se o solo não se mover quando a bola quicar, $\vec{v}_{i1} = \vec{v}_{f1} = 0$, e podemos escrever o seguinte para a velocidade da bola:

$$v_{f2} = \epsilon v_{i2}.$$

Se soltarmos a bola de uma altura, h_i, sabemos que ela atinge uma velocidade de $v_i = \sqrt{2gh_i}$ imediatamente antes de colidir com o solo. Se a colisão for elástica, a velocidade da bola logo após a colisão é a mesma, $v_f = v_i = \sqrt{2gh_i}$, e ela quica de volta até a mesma altura de onde foi liberada. Se a colisão for perfeitamente inelástica, como no caso de uma bola de silicone que cai no solo e simplesmente fica lá, a velocidade final é zero. Para todos os casos em algum ponto intermediário, podemos encontrar o coeficiente de restituição da altura h_f para a qual a bola retorna:

$$h_f = \frac{v_f^2}{2g} = \frac{\epsilon^2 v_i^2}{2g} = \epsilon^2 h_i \Rightarrow$$

$$\epsilon = \sqrt{h_f / h_i}.$$

> **7.10 Pausa para teste**
>
> A perda máxima de energia cinética é obtida no limite de uma colisão perfeitamente inelástica. Que fração dessa perda máxima de energia é obtida no caso em que $\epsilon = \frac{1}{2}$?

Usando essa fórmula para medir o coeficiente de restituição, encontramos $\epsilon = 0{,}58$ para bolas de beisebol, usando velocidades tipicamente relativas que ocorreriam em colisões entre a bola e o taco em jogos da liga profissional.

Em geral, podemos enunciar (sem prova) que a perda de energia cinética em colisões parcialmente inelásticas é

$$K_{\text{perda}} = K_i - K_f = \frac{1}{2}\frac{m_1 m_2}{m_1 + m_2}(1-\epsilon^2)(\vec{v}_{i1}-\vec{v}_{i2})^2. \qquad (7.30)$$

No limite $\epsilon \to 1$, obtemos $K_{\text{perda}} = 0$ – ou seja, nenhuma perda de energia cinética, conforme exigido para colisões elásticas. Além disso, no limite $\epsilon \to 0$, a equação 7.30 equivale à liberação de energia para colisões perfeitamente inelásticas já mostradas na equação 7.28.

Colisão parcialmente inelástica com uma parede

Se você joga squash, sabe que a bola perde energia quando atinge a parede. Enquanto o ângulo com que uma bola ricocheteia da parede em uma colisão elástica é idêntico ao ângulo com que ela atinge a parede, o ângulo final não é tão claro para uma colisão parcialmente inelástica (Figura 7.17).

A chave para obter uma primeira aproximação a esse ângulo é considerar apenas a força normal, que atua em um sentido perpendicular à parede. Então a componente de momento direcionado ao longo da parede permanece inalterada, assim como em uma colisão elástica. Porém, a componente de momento perpendicular à parede não é simplesmente invertida, mas também reduzida em módulo pelo coeficiente de restituição: $p_{f,\perp} = -\epsilon p_{i,\perp}$. Essa aproximação nos dá um ângulo de reflexão em relação ao normal que é maior do que o ângulo inicial:

$$\theta_f = \cot^{-1}\frac{p_{f,\perp}}{p_{f,\|}} = \cot^{-1}\frac{\epsilon p_{i,\perp}}{p_{i,\|}} > \theta_i. \qquad (7.31)$$

O módulo do vetor momento final também é alterado e reduzido para

$$p_f = \sqrt{p_{f,\|}^2 + p_{f,\perp}^2} = \sqrt{p_{i,\|}^2 + \epsilon^2 p_{i,\perp}^2} < p_i. \qquad (7.32)$$

Se quisermos uma descrição quantitativa, precisamos incluir o efeito de uma força de atrito entre a bola e a parede, atuando na duração da colisão. (É por isso que as bolas de squash deixam marcas na parede.) Além disso, a colisão com a parede também muda a rotação da bola e, portanto, altera o sentido e a energia cinética da bola quando ela ricocheteia. Contudo, as equações 7.31 e 7.32 ainda oferecem uma primeira aproximação bastante razoável a colisões parcialmente inelásticas com paredes.

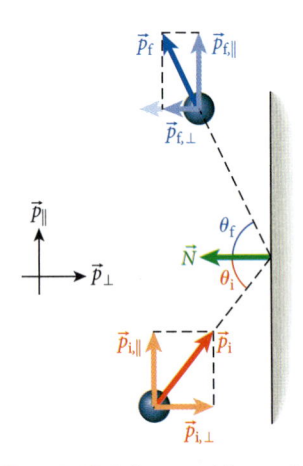

Figura 7.17 Colisão parcialmente inelástica de uma bola com uma parede.

7.8 Bilhar e caos

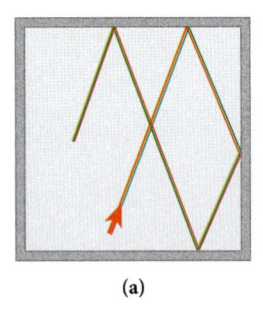

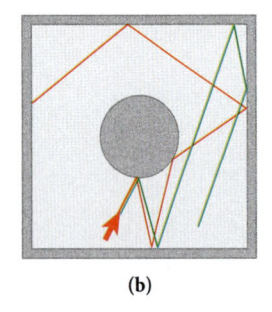

Figura 7.18 Colisões de partículas com paredes para duas partículas começando bem próximas entre si e com o mesmo momento: (a) mesa regular de bilhar; e (b) bilhar de Sinai.

Vamos analisar o bilhar de uma maneira abstrata. O sistema abstrato de bilhar é uma mesa retangular (ou até quadrada), em que partículas podem ricochetear e ter colisões elásticas com as laterais. Entre as colisões, essas partículas se movem em caminhos retos sem perda de energia. Quando duas partículas começam próximas entre si, como na Figura 7.18a, elas permanecem próximas. A figura mostra os caminhos (linhas vermelha e verde) de duas partículas, que começam próximas entre si com o mesmo momento inicial (indicado pela seta vermelha) e claramente permanecem próximas.

A situação torna-se qualitativamente diferente quando uma parede circular é adicionada no meio da mesa de bilhar. Agora, cada colisão com o círculo afasta ainda mais os dois caminhos. Na Figura 7.18b, pode-se ver que uma colisão com o círculo foi suficiente para separar as linhas vermelha e verde de modo definitivo. Esse tipo de sistema de bilhar é chamado de *bilhar de Sinai*, em homenagem ao acadêmico russo Yakov Sinai (nascido em 1935) que o estudou pela primeira vez em 1970. O bilhar de Sinai exibe **movimento caótico**, ou movimento que segue as leis da física – não é aleatório –, mas não pode ser previsto porque muda de forma significativa com pequenas alterações nas condições, inclusive nas condições iniciais. De forma surpreendente, os sistemas de bilhar de Sinai ainda não foram totalmente explorados. Por exemplo, apenas na última década as propriedades de decaimento desses sistemas foram descritas. Pesquisadores interessados na física do caos estão continuamente aumentando o conhecimento desses sistemas.

Aqui está um exemplo da própria pesquisa dos autores. Se você bloquear as caçapas e fizer um buraco na parede lateral de uma mesa de bilhar convencional e, a seguir, medir o tempo que leva para que uma bola atinja esse buraco e escape, você obtém uma distribuição de tempo de decaimento por lei de potência: $N(t) = N(t = 0)t^{-1}$, onde $N(t = 0)$ é o número de bolas usadas no experimento e $N(t)$ é o número de bolas que permanecem após o tempo t. Porém, se você fizer o mesmo para o bilhar de Sinai, obteria uma dependência exponencial do tempo: $N(t) = N(t = 0)e^{-t/T}$.

Esses tipos de investigação não são simplesmente especulações teóricas. Tente realizar o seguinte experimento: coloque uma bola de bilhar sobre a superfície de uma mesa e a segure. A seguir, segure uma segunda bola de bilhar de forma que fique diretamente acima da primeira e solte-a de uma altura de alguns centímetros. Você verá que a bola de cima não quica sobre a de baixo mais de três ou quatro vezes antes de seguir para um sentido incontrolável. Mesmo que você consiga fixar a localização das duas bolas com precisão atômica, a bola de cima atingiria a de baixo no máximo de 10 a 15 vezes. Esse resultado significa que a capacidade de prever o desfecho desse experimento se estende apenas a algumas colisões. Tal limitação de previsibilidade está no cerne da ciência do caos. É uma das principais razões, por exemplo, pela qual a previsão do tempo a longo prazo é impossível. Afinal, as moléculas do ar também ricocheteiam entre si.

O demônio de Laplace

O Marquês de Pierre-Simon Laplace (1749–1827) foi um eminente físico e matemático francês do século XVIII. Ele viveu durante a época da Revolução Francesa e outras importantes revoltas sociais, caracterizadas pela luta por autodeterminação e liberdade. Nenhuma pintura simboliza esse esforço melhor do que *A liberdade guiando o povo* (1830), de Eugène Delacroix (Figura 7.19).

Laplace teve uma ideia interessante, hoje conhecida como demônio de Laplace. Ele raciocinou que tudo é feito de átomos e que todos os átomos obedecem a diferentes equações governadas pelas forças que atuam sobre elas. Se as posições e velocidades iniciais de todos os átomos, junto com todas as leis de força, fossem inseridas em um computador enorme (ele chamou isso de "intelecto"), então "para esse intelecto nada poderia ser incerto, e o futuro, assim como o passado, estaria presente perante seus olhos." Esse raciocínio implica que tudo está predeterminado; somos apenas engrenagens em um mecanismo gigantesco e ninguém tem livre arbítrio. Ironicamente, Laplace teve essa ideia em uma época em que bem poucas pessoas acreditavam que poderiam atingir o livre arbítrio, apenas se conseguissem derrubar os que estavam no poder.

Figura 7.19 *A liberdade guiando o povo*, Eugène Delacroix (Louvre, Paris, França).

A derrocada do demônio de Laplace vem da combinação de dois princípios de física. Um tem origem na ciência do caos, a qual destaca que a previsibilidade a longo prazo depende sensivelmente do conhecimento das condições iniciais, conforme visto no experimento com as bolas de bilhar. Esse princípio se aplica a moléculas que interagem entre si, como, por exemplo, as moléculas de ar. O outro princípio físico aponta a impossibilidade de especificar a posição e o momento de qualquer objeto exatamente ao mesmo tempo. Essa é a relação de incerteza na física quântica. Desta forma, o livre arbítrio ainda está bem vivo – a previsibilidade de sistemas grandes ou complexos, como o clima ou o cérebro humano, no longo prazo é impossível. A combinação da teoria do caos com a teoria quântica garante que o demônio de Laplace ou qualquer computador não tenha a possibilidade de calcular e prever nossas decisões individuais.

O QUE JÁ APRENDEMOS | GUIA DE ESTUDO PARA EXERCÍCIOS

- Momento é definido como o produto da massa de um objeto por sua velocidade: $\vec{p} = m\vec{v}$.

- A segunda lei de Newton pode ser enunciada como $\vec{F} = d\vec{p}/dt$.

- Impulso é a mudança no momento de um objeto e é igual à integral de tempo da força externa aplicada: $\vec{J} = \Delta\vec{p} = \int_{t_i}^{t_f} \vec{F}\,dt$.

- Em uma colisão de dois objetos, o momento pode ser trocado, mas a soma dos momentos dos objetos em colisão permanece constante: $\vec{p}_{f1} + \vec{p}_{f2} = \vec{p}_{i1} + \vec{p}_{i2}$. Essa é a lei de conservação do momento total.

- As colisões podem ser elásticas, perfeitamente inelásticas ou parcialmente inelásticas.

- Nas colisões elásticas, a energia cinética total também permanece constante:

$$\frac{p_{f1}^2}{2m_1} + \frac{p_{f2}^2}{2m_2} = \frac{p_{i1}^2}{2m_1} + \frac{p_{i2}^2}{2m_2}.$$

- Para colisões elásticas unidimensionais em geral, as velocidades finais de dois objetos em colisão podem ser expressas como função das velocidades iniciais:

$$v_{f1,x} = \left(\frac{m_1 - m_2}{m_1 + m_2}\right)v_{i1,x} + \left(\frac{2m_2}{m_1 + m_2}\right)v_{i2,x}$$

$$v_{f2,x} = \left(\frac{2m_1}{m_1 + m_2}\right)v_{i1,x} + \left(\frac{m_2 - m_1}{m_1 + m_2}\right)v_{i2,x}.$$

- Em colisões perfeitamente inelásticas, os objetos em colisão se aderem após a colisão e têm a mesma velocidade: $\vec{v}_f = (m_1\vec{v}_{i1} + m_2\vec{v}_{i2})/(m_1 + m_2)$.

- Todas as colisões parcialmente inelásticas são caracterizadas por um coeficiente de restituição, definido como a razão entre os módulos das velocidades relativas final e inicial: $\epsilon = |\vec{v}_{f1} - \vec{v}_{f2}|/|\vec{v}_{i1} - \vec{v}_{i2}|$. A perda de energia cinética em uma colisão parcialmente inelástica é dada por

$$\Delta K = K_i - K_f = \frac{1}{2}\frac{m_1 m_2}{m_1 + m_2}(1 - \epsilon^2)(\vec{v}_{i1} - \vec{v}_{i2})^2.$$

TERMOS-CHAVE

coeficiente de restituição, p. 227
colisão elástica, p. 210
colisão perfeitamente inelástica, p. 210
conservação do momento total, p. 210
impulso, p. 208
momento, p. 206
movimento caótico, p. 228
pêndulo balístico, p. 221

NOVOS SÍMBOLOS E EQUAÇÕES

$\vec{p} = m\vec{v}$, momento

$\vec{J} = \Delta\vec{p} = \int_{t_i}^{t_f} \vec{F}dt$, impulso

$\vec{p}_{f1} + \vec{p}_{f2} = \vec{p}_{i1} + \vec{p}_{i2}$, conservação do momento total

$\epsilon = \dfrac{|\vec{v}_{f1} - \vec{v}_{f2}|}{|\vec{v}_{i1} - \vec{v}_{i2}|}$, coeficiente de restituição

RESPOSTAS DOS TESTES

7.1 batente de porta de borracha
luva de beisebol acolchoada
painel de automóvel acolchoado
barris com água em frente a pilares de pontes nas estradas
enchimentos no suporte da cesta de basquete
enchimentos nos suportes das traves em um campo de futebol americano
colchonete portátil para o solo do ginásio de esportes
palmilhas acolchoadas

7.2 A colisão é a de uma bola de golfe estacionária sendo atingida pela cabeça de um taco em movimento. A cabeça do taco tem mais massa do que a bola de golfe. Se considerarmos que a bola de golfe é m_1 e a cabeça do taco é m_2, então $m_2 > m_1$ e

$$v_{f1,x} = \left(\frac{2m_2}{m_1 + m_2}\right)v_{i2,x}.$$

Então, a velocidade da bola de golfe após o impacto será um fator de

$$\left(\frac{2m_2}{m_1 + m_2}\right) = \frac{2}{\frac{m_1}{m_2} + 1} > 1$$

maior do que a velocidade da cabeça do taco de golfe.

Se a cabeça do taco for muito mais massiva do que a bola, então

$$\left(\frac{2m_2}{m_1 + m_2}\right) \approx 2.$$

7.3 Pegue duas moedas, cada uma com raio R. Colida com parâmetro de impacto b. O ângulo de dispersão é θ.
$b = 0 \rightarrow \theta = 180°$
$b = 2R \rightarrow \theta = 0°$

A função completa é

$$\theta = 180° - 2\,\text{sen}^{-1}\left(\frac{b}{2R}\right).$$

7.4 Suponha que a moeda maior esteja em repouso e arremessamos uma moeda menor sobre a maior. Para $b = 0$, obtemos $\theta = 180°$ e, para $b = R_1 + R_2$, temos $\theta = 0°$.

Para uma moeda muito pequena em movimento que incide sobre uma moeda muito grande estacionária com raio R, temos

$b = R\cos(\theta/2)$

$\cos^{-1}\left(\dfrac{b}{R}\right) = \dfrac{\theta}{2}$

$\theta = 2\cos^{-1}\left(\dfrac{b}{R}\right).$

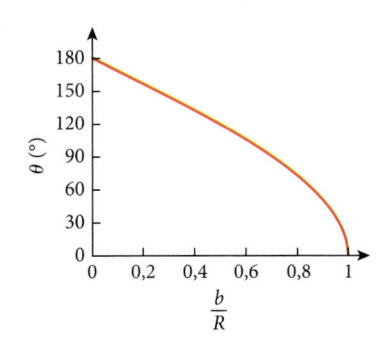

Suponha que a moeda menor esteja em repouso e arremessamos uma moeda maior sobre a menor. Para $b = 0$, temos $\theta = 0$, porque a moeda maior continua para a frente em uma colisão frontal. Para $b = R_1 + R_2$, temos $\theta = 0$.

7.5 A energia cinética inicial é
$K_i = \tfrac{1}{2}mv^2 = \tfrac{1}{2}(19,0 \text{ kg})(1,60 \text{ m/s})^2 = 24,3$ J.

7.6 $F = ma$, e ambas sofrem a mesma força

$\dfrac{a_{compacto}}{a_{caminhonete}} = \dfrac{m_{caminhonete}}{m_{compacto}} = \dfrac{3023 \text{ kg}}{1.184 \text{kg}} = 2,553$

7.7 $v_b = \dfrac{m+M}{m}\sqrt{2g\ell(1-\cos\theta)} \Rightarrow$

$\theta = \cos^{-1}\left[1 - \dfrac{1}{2g\ell}\left(\dfrac{mv_b}{m+M}\right)^2\right]$

$\theta = \cos^{-1}\left[1 - \dfrac{1}{2(9,81 \text{ m/s}^2)(1,00 \text{ m})}\left(\dfrac{(0,0625 \text{ kg})(442 \text{ m/s})}{0,0625 + 40,0 \text{ kg}}\right)^2\right]$

$\theta = 12,6°$

ou aproximadamente metade do ângulo original.

7.8 Novamente, é preciso ter cuidado com a tangente. A componente x é negativa, e a componente y é positiva. Então, devemos acabar no quadrante II com $90° < \alpha < 180°$.

$\text{tg }\alpha = \dfrac{-m_1 v_{i1}}{m_2 v_{i2}}$

$\alpha = \text{tg}^{-1}\left(\dfrac{-m_1 v_{i1}}{m_2 v_{i2}}\right) = \text{tg}^{-1}\left(\dfrac{-2209 \text{ kg}}{1474 \text{ kg}}\dfrac{50 \text{ mph}}{25 \text{ mph}}\right)$

$\alpha = 108°$ ou $18°$ da vertical, comparado com $38°$ da vertical na colisão real.

7.9 O comprimento do vetor momento faltante é de 57 pixels. O comprimento do vetor 95,5 GeV/c é de 163 pixels. Assim, o momento faltante é $(163/57)95,5$ GeV/c $= 33$ GeV/c.

7.10 A perda para $\epsilon = 0,5$ é

$K_{perda,0,5} = K_i - K_f = \dfrac{1}{2}\dfrac{m_1 m_2}{m_1 + m_2}(1 - (0,5)^2)(\vec{v}_{i1} - \vec{v}_{i2})^2$

$= (0,75)\dfrac{1}{2}\dfrac{m_1 m_2}{m_1 + m_2}(\vec{v}_{i1} - \vec{v}_{i2})^2 = 0,75\, K_{perda,max}.$

GUIA DE RESOLUÇÃO DE PROBLEMAS

1. A conservação de momento se aplica a sistemas isolados sem forças externas atuando sobre eles – sempre certifique-se de que o problema envolve uma situação que satisfaça aproximada ou totalmente essas condições. Além disso, certifique-se de levar em consideração todas as partes do sistema em interação; a conservação do momento se aplica a todo o sistema, e não a apenas um objeto.

2. Se a situação sendo analisada envolver uma colisão ou explosão, identifique os momentos imediatamente antes e imediatamente após o evento para usar na equação de conservação do momento. Lembre que uma mudança em momento total equivale a um impulso, mas o impulso pode ser uma força instantânea atuando por um instante de tempo ou uma força média que atua por um intervalo de tempo.

3. Se o problema envolver uma colisão, é preciso reconhecer o tipo de colisão. Se a colisão for perfeitamente elástica, a energia cinética é conservada, mas isso não é verdadeiro para os outros tipos de colisão.

4. Lembre que o momento é um vetor e é conservado nos sentidos x, y e z de modo separado. Para uma colisão em mais de uma dimensão, talvez você precise de informações adicionais para analisar a mudança de momento completamente.

PROBLEMA RESOLVIDO 7.3 Queda de um ovo

PROBLEMA

Um ovo em um recipiente especial é jogado de uma altura de 3,70 m. O recipiente e o ovo têm massa combinada de 0,144 kg. Uma força resultante de 4,42 N quebrará o ovo. Qual é o tempo mínimo sobre o qual o ovo/recipiente pode parar sem quebrar o ovo?

SOLUÇÃO

PENSE

Quando o ovo/recipiente é liberado, ele tem a aceleração devido à gravidade. Quando o ovo/recipiente atinge o solo, sua velocidade vai da velocidade final em razão da aceleração gravitacional a zero. Quando o ovo/recipiente para, a força que o faz parar vezes o intervalo de tempo (o impulso) é igual à massa do ovo/recipiente vezes a mudança de velocidade. O intervalo de tempo sobre o qual ocorre a mudança de velocidade determinará se a força exercida sobre o ovo pela colisão com o solo quebrará o ovo.

DESENHE

O ovo/recipiente é jogado do repouso de uma altura de h = 3,70 m (Figura 7.20).

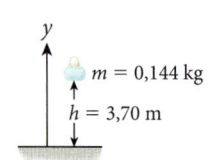

Figura 7.20 Um ovo em um recipiente especial é jogado de uma altura de 3,70 m.

PESQUISE

A partir da discussão sobre cinemática do Capítulo 2, sabemos que a velocidade final, v_y, do ovo/recipiente resultante da queda livre de uma altura de y_0 para uma altura final de y, começando com velocidade inicial

$$v_y^2 = v_{y0}^2 - 2g(y - y_0). \qquad \text{(i)}$$

Sabemos que $v_{y0} = 0$ porque o ovo/recipiente foi liberado do repouso. Definimos a altura final como sendo $y = 0$ e a altura inicial como $y_0 = h$, conforme mostrado na Figura 7.20. Desta forma, a equação (i) para a velocidade final no sentido y se reduz para

$$v_y = \sqrt{2gh}. \qquad \text{(ii)}$$

Quando o ovo/recipiente atinge o solo, o impulso, $\vec{J}$, exercido sobre ele é dado por

$$\vec{J} = \Delta \vec{p} = \int_{t_1}^{t_2} \vec{F}\, dt, \qquad \text{(iii)}$$

onde $\Delta \vec{p}$ é a mudança de momento do ovo/recipiente e $\vec{F}$ é a força exercida para pará-lo. Presumimos que a força é constante, então podemos reescrever a integral na equação (iii) como

$$\int_{t_1}^{t_2} \vec{F}\, dt = \vec{F}(t_2 - t_1) = \vec{F}\Delta t.$$

O momento do ovo/recipiente mudará de $p = mv_y$ para $p = 0$ quando atingir o solo, então podemos escrever

$$\Delta p_y = 0 - (-mv_y) = mv_y = F_y \Delta t, \qquad \text{(iv)}$$

onde o termo $-mv_y$ é negativo porque a velocidade do ovo/recipiente logo antes do impacto está no sentido y negativo.

SIMPLIFIQUE

Agora podemos solucionar a equação (iv) para o intervalo de tempo e substituir a expressão para a velocidade final na equação (ii):

$$\Delta t = \frac{mv_y}{F_y} = \frac{m\sqrt{2gh}}{F_y}. \qquad \text{(v)}$$

CALCULE
Inserindo os valores numéricos, obtemos

$$\Delta t = \frac{(0{,}144 \text{ kg})\sqrt{2(9{,}81 \text{ m/s}^2)(3{,}70 \text{ m})}}{4{,}42 \text{ N}} = 0{,}277581543 \text{ s}.$$

ARREDONDE
Todos os valores numéricos neste problema tinham três algarismos significativos, então damos nossa resposta como

$$\Delta t = 0{,}278 \text{ s}.$$

SOLUÇÃO ALTERNATIVA
Desacelerar o ovo/recipiente de sua velocidade final para zero por um intervalo de tempo de 0,278 s parece razoável. Analisando a equação (v), vemos que a força exercida sobre o ovo quando ele atinge o solo é dada por

$$F = \frac{mv_y}{\Delta t}.$$

Para uma determinada altura, poderíamos reduzir a força exercida sobre o ovo de várias formas. Primeiro, poderíamos tornar Δt maior fazendo algum tipo de zona de deformação no recipiente. Segundo, poderíamos tornar o ovo/recipiente o mais leve possível. Terceiro, poderíamos construir o recipiente de forma que tivesse uma área de superfície grande e, assim, resistência do ar significativa, o que reduziria o valor de v_y do valor para queda livre sem atrito.

PROBLEMA RESOLVIDO 7.4 | Colisão com um carro estacionado

PROBLEMA
Um caminhão em movimento atinge um carro estacionado no acostamento de uma estrada. Durante a colisão, os veículos se aderem e deslizam até parar. O caminhão em movimento tem massa total de 1982 kg (incluindo o motorista), e o carro estacionado tem massa total de 966,0 kg. Se os veículos deslizaram 10,5 m antes de chegar ao repouso, qual era a velocidade do caminhão? O coeficiente de atrito deslizante entre os pneus e a estrada é 0,350.

SOLUÇÃO

PENSE
Esta situação é uma colisão perfeitamente inelástica de um caminhão em movimento com um carro estacionado. A energia cinética da combinação caminhão/carro após a colisão é reduzida pela energia dissipada pelo atrito enquanto a combinação caminhão/carro está deslizando. A energia cinética da combinação caminhão/carro pode ser relacionada à velocidade inicial do caminhão antes da colisão.

DESENHE
A Figura 7.21 é um desenho do caminhão em movimento, m_1, e do carro estacionado, m_2. Antes da colisão, o caminhão está se movendo com velocidade inicial de $v_{i1,x}$.
Depois que o caminhão colide com o carro, os dois veículos deslizam juntos com velocidade de $v_{f,x}$.

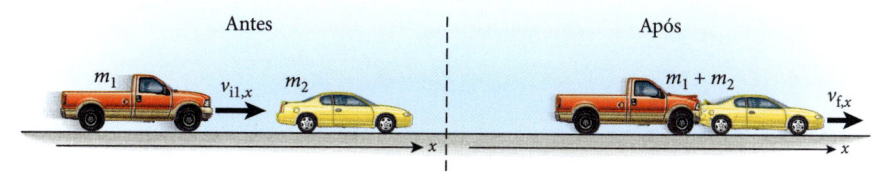

Figura 7.21 A colisão entre um caminhão em movimento e um carro estacionado.

Continua →

PESQUISE

A conservação do momento nos diz que a velocidade dos dois veículos logo após a colisão perfeitamente inelástica é dada por

$$v_{f,x} = \frac{m_1 v_{i1,x}}{m_1 + m_2}.$$

A energia cinética da combinação caminhão/carro logo após a colisão é

$$K = \tfrac{1}{2}(m_1 + m_2) v_{f,x}^2, \tag{i}$$

onde, como de costume, $v_{f,x}$ é a velocidade final.

Terminamos de solucionar este problema usando o teorema do trabalho e energia do Capítulo 6, $W_f = \Delta K + \Delta U$. Nesta situação, a energia dissipada pelo atrito, W_f, sobre o sistema caminhão/carro é igual à mudança de energia cinética, ΔK, do sistema caminhão/carro, uma vez que $\Delta U = 0$. Então, podemos escrever

$$W_f = \Delta K.$$

A mudança de energia cinética é igual a zero (já que o caminhão e o carro acabam parando) menos a energia cinética do sistema caminhão/carro logo após a colisão. O sistema caminhão/carro desliza por uma distância d. A componente x da força de atrito que desacelera o sistema caminhão/carro é dado por $f_x = -\mu_k N$, onde μ_k é o coeficiente de atrito cinético e N é o módulo da força normal. A força normal tem módulo igual ao peso do sistema caminhão/carro, ou $N = (m_1 + m_2)g$. A energia dissipada é igual à componente x da força de atrito vezes a distância que o sistema caminhão/carro desliza ao longo do eixo x, então podemos escrever

$$W_f = f_x d = -\mu_k (m_1 + m_2) g d. \tag{ii}$$

SIMPLIFIQUE

Podemos substituir pela velocidade final na equação (i) para a energia cinética e obter

$$K = \tfrac{1}{2}(m_1 + m_2) v_{f,x}^2 = \tfrac{1}{2}(m_1 + m_2)\left(\frac{m_1 v_{i1,x}}{m_1 + m_2}\right)^2 = \frac{(m_1 v_{i1,x})^2}{2(m_1 + m_2)}.$$

Combinando essa equação com o teorema do trabalho e energia e a equação (ii) para a energia dissipada pelo atrito, obtemos

$$\Delta K = W_f = 0 - \frac{(m_1 v_{i1,x})^2}{2(m_1 + m_2)} = -\mu_k (m_1 + m_2) g d.$$

A solução de $v_{i1,x}$ finalmente nos leva a

$$v_{i1,x} = \frac{(m_1 + m_2)}{m_1} \sqrt{2 \mu_k g d}.$$

CALCULE

A inserção de valores numéricos resulta em

$$v_{i1,x} = \frac{1982 \text{ kg} + 966 \text{ kg}}{1982 \text{ kg}} \sqrt{2(0{,}350)(9{,}81 \text{ m/s}^2)(10{,}5 \text{ m})} = 12{,}62996079 \text{ m/s}.$$

ARREDONDE

Todos os valores numéricos dados neste problema foram especificados com três algarismos significativos. Portanto, relatamos nosso resultado como

$$v_{i1,x} = 12{,}6 \text{ m/s}.$$

SOLUÇÃO ALTERNATIVA

A velocidade inicial do caminhão era de 12,6 m/s (28,2 mph), que está dentro da faixa de velocidades normais para veículos em estradas e, assim, certamente dentro do módulo esperado para nosso resultado.

QUESTÕES DE MÚLTIPLA ESCOLHA

7.1 Em muitos filmes de faroeste, um bandido é arremessado 3 m para trás depois de ser atingido pelo xerife. Que afirmação melhor descreve o que aconteceu com o xerife depois de disparar sua arma?

a) Ele permaneceu na mesma posição.
b) Ele foi arremessado um ou dois passos para trás.
c) Ele foi arremessado aproximadamente 3 m para trás.
d) Ele foi arremessado um pouco para a frente.
e) Ele foi empurrado para cima.

7.2 Um projétil de fogos de artifício está se deslocando para cima conforme mostra a figura à direita logo antes de explodir. Conjuntos de possíveis vetores momento para os fragmentos dos fogos imediatamente após a explosão são mostrados a seguir. Quais conjuntos poderiam, de fato, ocorrer?

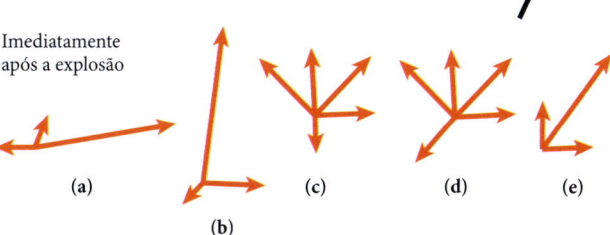

7.3 A figura mostra conjuntos de possíveis vetores momento antes e após uma colisão, sem forças externas em atuação. Quais conjuntos poderiam, de fato, ocorrer?

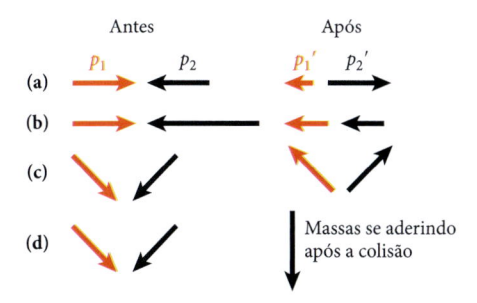

7.4 O valor do momento para um sistema é o mesmo em um tempo posterior do que em um tempo anterior se não houver

a) colisões entre as partículas dentro do sistema.
b) colisões inelásticas entre as partículas dentro do sistema.
c) mudanças de momento de partículas individuais dentro do sistema.
d) forças internas entre as partículas dentro do sistema.
e) forças externas atuando sobre partículas do sistema.

7.5 Considere estas três situações:

(i) Uma bola se movendo para a direita com velocidade v chega ao repouso.
(ii) A mesma bola em repouso é projetada com velocidade v para a esquerda.
(iii) A mesma bola se movendo para a esquerda com velocidade v acelera para $2v$.

Em qual situação (ou situações) a bola sofre a maior mudança de momento?

a) situação (i)
b) situação (ii)
c) situação (iii)
d) situações (i) e (ii)
e) as três situações

7.6 Considere dois carrinhos, de massas m e $2m$, em repouso sobre um trilho de ar sem atrito. Se você empurrar o carrinho de menor massa por 35 cm e, a seguir, o outro pela mesma distância e com a mesma força, qual carrinho sofre a maior mudança de momento?

a) O carrinho com massa m tem a maior mudança.
b) O carrinho com massa $2m$ tem a maior mudança.
c) A mudança de momento é a mesma para os dois carrinhos.
d) É impossível saber com as informações dadas.

7.7 Considere dois carrinhos, de massas m e $2m$, em repouso sobre um trilho de ar sem atrito. Se você empurrar o carrinho de menor massa por 3 s e, a seguir, o outro pelo mesmo comprimento e com a mesma força, qual carrinho sofre a maior mudança de momento?

a) O carrinho com massa m tem a maior mudança.
b) O carrinho com massa $2m$ tem a maior mudança.
c) A mudança de momento é a mesma para os dois carrinhos.
d) É impossível saber pelas informações dadas.

7.8 Quais das seguintes afirmativas sobre colisões de carro são verdadeiras e quais são falsas?

a) O benefício essencial de segurança das zonas de deformação (partes da frente de um carro projetadas para receber deformação máxima durante uma colisão frontal) resulta da absorção de energia cinética, conversão em deformação e alongamento do tempo efetivo de colisão, reduzindo a força média sofrida pelo motorista.

b) Se o carro 1 tiver massa m e velocidade v, e o carro 2 tiver massa $0,5m$ e velocidade $1,5v$, então os dois carros têm o mesmo momento.

c) Se dois carros idênticos com velocidades iguais colidem frontalmente, o módulo do impulso recebido por cada carro e cada motorista é o mesmo que um carro com a mesma velocidade teria em uma colisão frontal com uma parede de concreto.

d) O carro 1 tem massa m, e o carro 2 tem massa $2m$. Em uma colisão frontal desses carros enquanto se movem com velocidades idênticas em sentidos opostos, o carro 1 sofre uma aceleração maior do que o carro 2.

e) O carro 1 tem massa m, e o carro 2 tem massa $2m$. Em uma colisão frontal desses carros enquanto se movem com velocidades idênticas em sentidos opostos, o carro 1 recebe um impulso de maior módulo do que o carro 2.

7.9 Um projétil de fogo de artifício é lançado para cima com um ângulo acima de um grande plano nivelado. Quando o projétil atingir o pico de seu voo, a uma altura de h acima de um ponto que tenha distância horizontal D de onde foi lançado, o projétil explode em dois pedaços iguais. Um pedaço reverte sua velocidade e se desloca diretamente de volta ao ponto de lançamento. A que distância do ponto de lançamento o outro pedaço cai?

a) D
b) $2D$
c) $3D$
d) $4D$

QUESTÕES

7.10 Uma astronauta fica presa durante uma caminhada espacial depois que seu equipamento apresenta um defeito. Felizmente, há dois objetos próximos que ela pode empurrar para se autoimpulsionar de volta à Estação Espacial Internacional (ISS). O objeto A tem a mesma massa que a astronauta, e o objeto B tem massa 10 vezes maior. Para atingir um determinado momento em direção à ISS empurrando um dos objetos no sentido contrário à ISS, qual objeto ela deve escolher? Ou seja, qual requer menos trabalho para produzir o mesmo impulso? Inicialmente, a astronauta e os dois objetos estão em repouso em relação à ISS. (*Dica*: Lembre que trabalho é força vezes distância e pense em como os dois objetos se movem depois de serem empurrados.)

7.11 Considere um pêndulo balístico (veja a Seção 7.6) em que um projétil atinge um bloco de madeira. O bloco de madeira está pendurado no teto e balança até uma altura máxima depois que o projétil o atinge. Geralmente, o projétil fica incrustado no bloco. Considerando o mesmo projétil, a mesma velocidade inicial do projétil e o mesmo bloco, a altura máxima do bloco mudaria se o projétil não fosse parado pelo bloco, mas atravessasse o outro lado? A altura mudaria se o projétil e sua velocidade fossem os mesmos, mas se o bloco fosse de aço e o projétil ricocheteasse dele, diretamente para trás?

7.12 Uma pessoa que vai praticar *bungee jumping* está preocupada que sua corda elástica possa se romper se for esticada demais e está pensando em substituí-la por um cabo de aço de alta força de tração. Essa é uma boa ideia?

7.13 Uma bola cai diretamente para baixo sobre um bloco que tem forma de cunha e está sobre o gelo sem atrito. O bloco inicialmente está em repouso (veja a figura). Presumindo que a colisão seja perfeitamente elástica, o momento total do sistema bloco/bola é conservado? A energia cinética total do sistema bloco/bola é exatamente a mesma antes e depois da colisão? Explique.

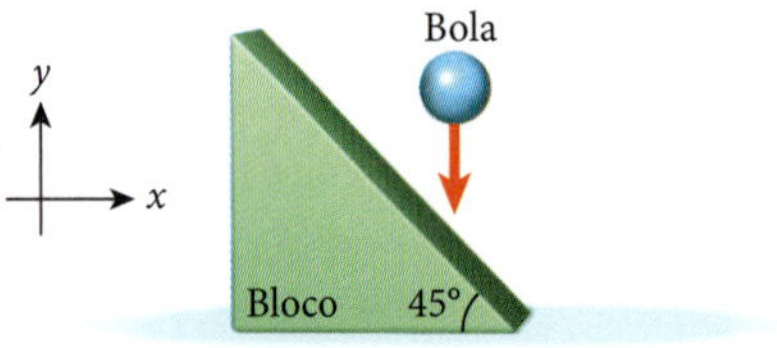

7.14 A solução de problemas que envolvam projéteis se deslocando pelo ar aplicando a lei de conservação do momento exige a avaliação do momento do sistema *imediatamente* antes e *imediatamente* após a colisão ou explosão. Por quê?

7.15 Dois carrinhos estão andando sobre um trilho de ar, conforme mostra a figura. No tempo $t = 0$, o carrinho B está na origem se deslocando no sentido x positivo com velocidade v_B, e o carrinho A está em repouso, como mostra o diagrama abaixo. Os carrinhos colidem, mas não se aderem.

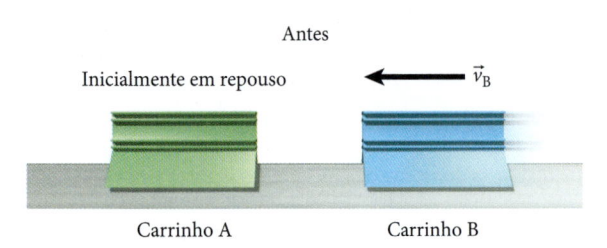

Cada um dos gráficos exibe uma representação possível de um parâmetro físico em relação ao tempo. Cada gráfico tem duas curvas, uma para cada carrinho, e cada curva é classificada com a letra do carrinho. Para cada propriedade de (a) a (e), especifique o gráfico que poderia ser uma representação da propriedade; se um gráfico para uma propriedade não for mostrado, escolha a alternativa 9.

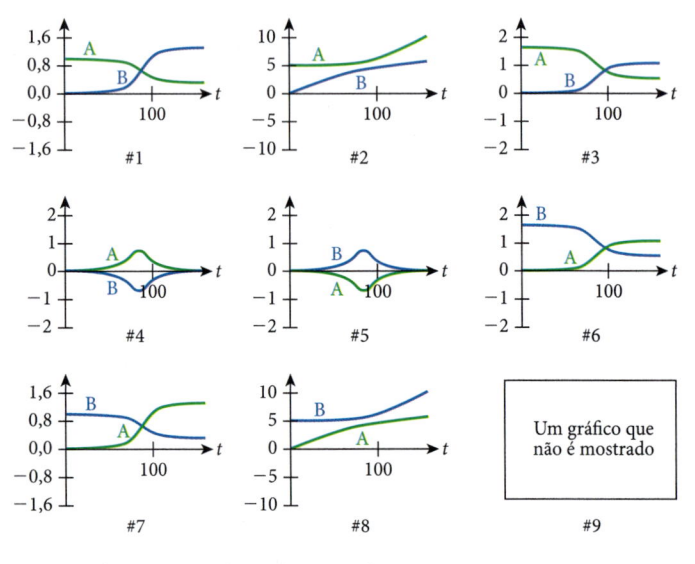

a) as forças *exercidas pelos* carrinhos
b) as posições dos carrinhos
c) as velocidades dos carrinhos
d) as acelerações dos carrinhos
e) os momentos dos carrinhos

7.16 Usando princípios de momento e força, explique por que um *air bag* reduz as lesões em uma colisão de automóveis.

7.17 Um foguete funciona expelindo gás (combustível) de seus bocais a alta velocidade. Porém, se considerarmos que o sistema é o foguete e o combustível, explique de modo qualitativo por que um foguete que está inicialmente parado consegue se mover.

7.18 Quando golpeado no rosto, o boxeador "absorve o soco", isto é, se ele antecipar o golpe, afrouxará os músculos do pescoço. A cabeça se move facilmente para trás com a pancada. De uma perspectiva de momento e impulso, explique por que isso é muito melhor do que endurecer os músculos do pescoço e se preparar contra o golpe.

7.19 Um vagão aberto de trem se move com velocidade v_0 sobre trilhos sem atrito, sem que nenhum motor o empurre. Começa a chover. A chuva cai diretamente para baixo e começa a encher o vagão. A velocidade do vagão diminui, aumenta ou permanece a mesma? Explique.

PROBLEMAS

Um • e dois •• indicam um nível crescente de dificuldade do problema.

Seção 7.1

7.20 Classifique os seguintes objetos do maior para o menor em termos de momento e do maior para o menor em termos de energia.

a) um asteroide com massa 10^6 kg e velocidade de 500 m/s

b) um trem em alta velocidade com massa de 180.000 kg e velocidade de 300 km/h

c) um jogador de futebol americano com 120 kg e velocidade de 10 m/s

d) uma bola de canhão de 10 kg e velocidade de 120 m/s

e) um próton com massa de $6 \cdot 10^{-27}$ kg e velocidade de $2 \cdot 10^8$ m/s

7.21 Um carro de massa 1200 kg, movendo-se com velocidade de 72 mph em uma estrada, passa por uma pequena caminhonete com massa $1\frac{1}{2}$ vezes maior, movendo-se com uma velocidade 2/3 menor que a do carro.

a) Qual é a razão entre o momento da caminhonete e o do carro?

b) Qual é a razão entre a energia cinética da caminhonete e a do carro?

7.22 O elétron-volt, eV, é uma unidade de energia (1 eV = $1.602 \cdot 10^{-19}$ J, 1 MeV = $1.602 \cdot 10^{-13}$ J). Como a unidade do momento é uma unidade de energia dividida por uma unidade de velocidade, os físicos nucleares geralmente especificam momentos de núcleos em unidades de MeV/c, onde c é a velocidade da luz ($c = 2,998 \cdot 10^9$ m/s). Nas mesmas unidades, a massa de um próton ($1,673 \cdot 10^{-27}$ kg) é dada como 938,3 MeV/c^2. Se um próton se move com velocidade de 17,400 km/s, qual é seu momento em unidades de MeV/c?

7.23 Uma bola de futebol com massa de 442 g atinge a trave do gol e é defletida para cima com um ângulo de 58,0° em relação à horizontal. Imediatamente após a deflexão, a energia cinética da bola é 49,5 J. Quais são as componentes vertical e horizontal do momento da bola imediatamente após atingir a trave?

•**7.24** Uma bola de bilhar de massa $m = 0,250$ kg atinge a lateral de uma mesa de bilhar com um ângulo de $\theta_1 = 60,0°$ com velocidade de $v_1 = 27,0$ m/s. Ela ricocheteia com um ângulo de $\theta_2 = 71,0°$ e velocidade de $v_2 = 10,0$ m/s.

a) Qual é o módulo da mudança de momento da bola de bilhar?

b) Em que sentido a mudança do vetor momento aponta?

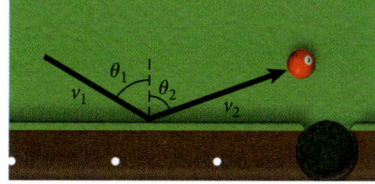

Seção 7.2

7.25 No filme *Super-Homem*, Lois Lane cai de um prédio e é segura pelo super-herói. Presumindo que Lois, com massa de 50 kg, está caindo com velocidade terminal de 60 m/s, quanta força o Super-Homem exerce sobre ela se é preciso 0,1 s para desacelerá-la até parar? Se Lois consegue aguentar uma aceleração máxima de 7 g's, que tempo mínimo levaria para que o Super-Homem a pare após iniciar a desacelerá-la?

7.26 Um dos eventos nos jogos de montanha na Escócia é o arremesso de feixe, em que um saco de feno de 9,09 kg é arremessado para o alto usando um forcado. Durante um arremesso, o saco é lançado diretamente para cima com velocidade inicial de 2,7 m/s.

a) Qual é o impulso exercido sobre o saco pela gravidade durante o movimento para cima do saco (do lançamento até a altura máxima)?

b) Desprezando a resistência do ar, qual é o impulso exercido pela gravidade sobre o saco durante seu movimento para baixo (da altura máxima até que atinja o solo)?

c) Usando o impulso total produzido pela gravidade, determine quanto tempo o saco fica no ar.

7.27 Um atacante de futebol americano de 83 kg salta para frente em direção à linha de fundo com velocidade de 6,5 m/s. Um zagueiro de 115 kg, com os pés no chão, agarra o atacante e aplica uma força de 900 N no sentido oposto por 0,75 s antes que os pés do jogador toquem o solo.

a) Qual é o impulso que o zagueiro transmite ao atacante?

b) Que mudança no momento do atacante o impulso produz?

c) Qual é o momento do atacante quando seus pés atingem o solo?

d) Se o zagueiro continuar a aplicar a mesma força após os pés do atacante terem tocado o solo, essa ainda é a única força atuando para mudar o momento do atacante?

7.28 Um arremessador de beisebol joga uma bola rápida que atravessa a base do batedor com ângulo de 7,25° em relação à horizontal e velocidade de 88,5 mph. A bola (de massa 0,149 kg) é rebatida de volta sobre a cabeça do arremessador com um ângulo de 35,53° em relação à horizontal e velocidade de 102,7 mph. Qual é o módulo do impulso recebido pela bola?

•**7.29** Embora não tenham massa, os fótons – deslocando-se na velocidade da luz – têm momento. Especialistas em viagem espacial pensaram em explorar esse fato construindo *velas solares* – grandes folhas de material que funcionariam pela reflexão de fótons. Como o momento do fóton seria revertido, um impulso seria exercido sobre ele pela vela solar, e – segundo a terceira lei de Newton – um impulso também seria exercido sobre a vela, fornecendo uma força. No espaço próximo à terra, cerca de $3,84 \cdot 10^{21}$ fótons são incidentes por metro quadrado por segundo. Em média, o momento de cada fóton é $1,3 \cdot 10^{-27}$ kg m/s. Para uma espaçonave de 1000 kg partindo do repouso e presa a uma vela quadrada de 20 m de comprimento, com que velocidade a nave poderia estar se movendo após 1 hora? Uma semana? Um mês? Quanto tempo a nave levaria para atingir uma velocidade de 8000 m/s, aproximadamente a velocidade do ônibus espacial em órbita?

•**7.30** Em uma forte tempestade, 1 cm de chuva cai sobre um telhado horizontal plano em 30 minutos. Se a área do telhado é de 100 m² e a velocidade terminal da chuva é de 5 m/s, qual é a força média exercida sobre o telhado pela chuva durante a tempestade?

•**7.31** A NASA aumentou seu interesse por asteroides próximos à Terra. Esses objetos, popularizados em recentes filmes de sucesso, podem passar bem próximos à Terra em uma escala cósmica, às vezes com uma proximidade de até 1 milhão de milhas. A maioria é pequena – menos de 500 m de diâmetro – e, embora um impacto com um dos pequenos possa ser perigoso, os especialistas não acreditam que possa ser catastrófico para a raça humana. Um possível sistema de defesa contra asteroides próximos à Terra seria atingir um asteroide a caminho com um foguete para desviar seu curso. Presuma que um asteroide relativamente pequeno com massa de $2,1 \cdot 10^{10}$ kg esteja se deslocando na direção da Terra com uma velocidade modesta de 12 km/s.

a) Com que velocidade um foguete grande com massa de 80.000 kg deve estar se movendo quando atingir frontalmente o asteroide para detê-lo?

b) Uma abordagem alternativa seria desviar o asteroide de seu caminho por um grau pequeno, suficiente para que não atingisse a Terra. Com que velocidade o foguete da parte (a) teria que estar se deslocando no impacto para desviar o trajeto do asteroide em 1°? Neste caso, presuma que o foguete atinja o asteroide enquanto percorre uma linha perpendicular ao seu trajeto.

•**7.32** Na eletrônica nanoescalar, os elétrons podem ser tratados como bolas de bilhar. A figura mostra um dispositivo simples atualmente sendo investigado em que um elétron colide elasticamente com uma parede rígida (um transistor de elétrons balísticos). As barras verdes representam eletrodos que podem aplicar uma força vertical de $8,0 \cdot 10^{-13}$ N aos elétrons. Se um elétron inicialmente tem componentes de velocidade $v_x = 1,00 \cdot 10^5$ m/s e $v_y = 0$ e a parede está a 45°, o ângulo de deflexão θ_D é 90°. Por quanto tempo a força vertical dos eletrodos precisa ser aplicada para obter um ângulo de deflexão de 120°?

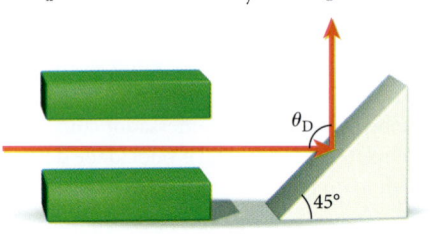

•**7.33** O maior canhão ferroviário já construído era chamado Gustav e foi usado brevemente na Segunda Guerra Mundial. O canhão, junto com o suporte e o vagão, tinha massa total de $1,22 \cdot 10^6$ kg. O canhão disparava um projétil que tinha diâmetro de 80,0 cm e pesava 7502 kg. No disparo ilustrado na figura, o canhão foi elevado 20,0° acima da horizontal. Se o canhão ferroviário estivesse em repouso antes do disparo e se movesse para a direita com velocidade de 4,68 m/s imediatamente após o disparo, qual era a velocidade do projétil quando saiu do canhão (velocidade de boca)? Que distância o projétil percorrerá se a resistência do ar for desprezada? Presuma que os eixos das rodas não tenham atrito.

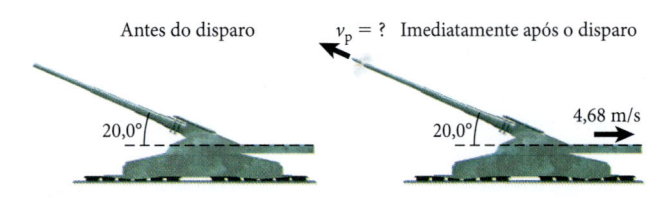

••**7.34** Uma bola de argila de 6 kg é jogada diretamente contra uma parede de tijolos perpendicular com velocidade de 22 m/s e se quebra em três pedaços, sendo que todos voam para trás, conforme mostra a figura. A parede exerce uma força sobre a bola de 2640 N por 0,1 s. Um pedaço de massa de 2 kg se desloca para trás com velocidade de 10 m/s e ângulo de 32° acima da horizontal. Um segundo pedaço de massa de 1 kg se desloca com velocidade de 8 m/s e ângulo de 28° acima da horizontal. Qual é a velocidade do terceiro pedaço?

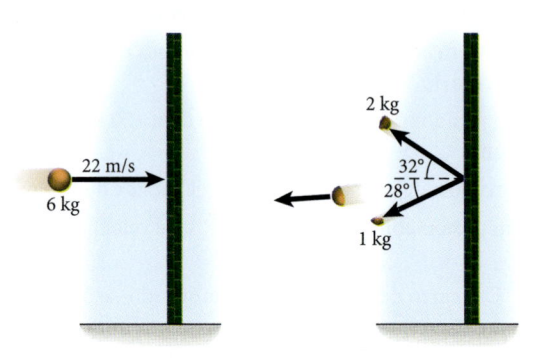

Seção 7.3

7.35 Um trenó inicialmente em repouso tem massa de 52,0 kg, incluindo todos os seus conteúdos. Um bloco com massa de 13,5 kg é ejetado para a esquerda com velocidade de 13,6 m/s. Qual é a velocidade do trenó e dos conteúdos restantes?

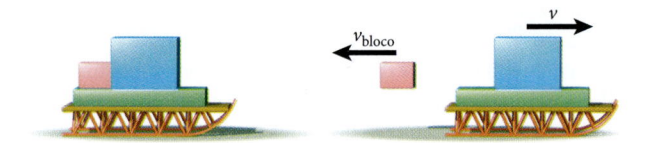

7.36 Preso no meio de um lago congelado apenas com seu livro de física, você decide colocar a física em prática e arremessa o livro de 5 kg. Se a sua massa for de 62 kg e você arremessar o livro a 13 m/s, com que velocidade você desliza sobre o gelo? (Presuma ausência de atrito.)

7.37 Astronautas estão jogando beisebol na Estação Espacial Internacional. Um astronauta com massa de 50,0 kg, inicialmente em repouso, atinge uma bola de beisebol com um taco. A bola estava se movendo inicialmente em direção ao astronauta a 35,0 m/s e, após ser rebatida, desloca-se de volta no mesmo sentido com velocidade de 45,0 m/s. A massa de uma bola de beisebol é de 0,14 kg. Qual é a velocidade de recuo do astronauta?

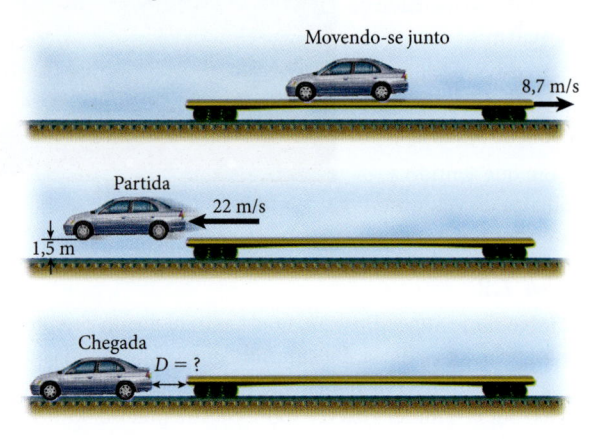

•**7.38** Um automóvel com massa de 1450 kg está estacionado sobre um vagão-plataforma em movimento; o vagão está 1,5 m acima do solo. O vagão tem massa de 38.500 kg e está se movendo para a direita com velocidade constante de 8,7 m/s sobre um trilho sem atrito. O automóvel acelera para a esquerda, deixando o vagão a uma velocidade de 22 m/s em relação ao solo. Quando o automóvel chega ao solo, qual é a distância D entre ele e a extremidade esquerda do vagão? Veja a figura.

•**7.39** Três pessoas estão flutuando sobre um bote de 120 kg no meio de um lago em um dia quente de verão. Eles decidem nadar, e todos saltam do bote ao mesmo tempo e de posições igualmente espaçadas em torno do perímetro do bote. Uma pessoa, com massa de 62 kg, salta do bote com velocidade de 12 m/s. A segunda pessoa, com massa de 73 kg, salta do bote com velocidade de 8 m/s. A terceira pessoa, com massa de 55 kg, salta do bote com velocidade de 11 m/s. Com que velocidade o bote se desloca de sua posição original?

•**7.40** Um míssil é disparado diretamente para o alto. No pico de sua trajetória, ele se rompe em três partes de mesma massa, sendo que todas se afastam horizontalmente do ponto da explosão. Uma parte desloca-se em sentido horizontal de 28° a nordeste com velocidade de 30 m/s. A segunda parte desloca-se em sentido horizontal de 12° a sudoeste com velocidade de 8 m/s. Qual é a velocidade da outra parte? Dê velocidade e ângulo.

••**7.41** O jogo de queimada, que já foi um esporte popular no pátio do recreio, está se tornando cada vez mais popular entre adultos de todas as idades que querem ficar em forma e que até formam ligas organizadas. O *gutball* é uma variação bem menos popular do jogo de queimada em que os jogadores podem levar seu próprio equipamento (geralmente sem regulação) e em que arremessos diretos no rosto são permitidos. Em uma competição de *gutball* contra pessoas com metade de sua idade, um professor de física arremessa sua bola de futebol de 0,4 kg em um menino que jogou uma bola de basquete de 0,6 kg. As bolas colidem no ar (veja a figura), e a bola de basquete voa com uma energia de 95 J e ângulo de 32° em relação a seu caminho inicial. Antes da colisão, a energia da bola de futebol era de 100 J, e a energia da bola de basquete era de 112 J. Em que ângulo e velocidade a bola de futebol se afastou da colisão?

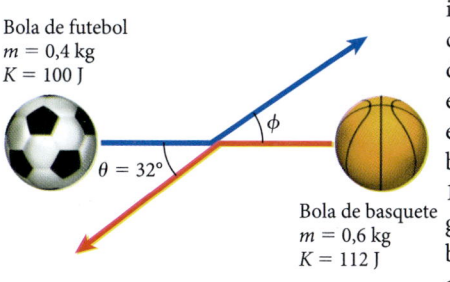

Bola de futebol
$m = 0{,}4$ kg
$K = 100$ J

$\theta = 32°$

Bola de basquete
$m = 0{,}6$ kg
$K = 112$ J

Seção 7.4

7.42 Dois carrinhos de autochoque que estão se movendo sobre uma superfície sem atrito colidem elasticamente. O primeiro está se movendo para a direita com velocidade de 20,4 m/s e bate na traseira do segundo carrinho, que também está se movendo para a direita, mas com velocidade de 9,00 m/s. Qual é a velocidade do primeiro carrinho após a colisão? A massa do primeiro carrinho é de 188 kg, e a massa do segundo carrinho é de 143 kg. Presuma que a colisão aconteça em uma dimensão.

7.43 Um satélite com massa de 274 kg se aproxima de um grande planeta com velocidade $v_{i,1} = 13{,}5$ km/s. O planeta está se movendo com velocidade $v_{i,2} = 10{,}5$ km/s no sentido oposto. O satélite parcialmente orbita o planeta e, a seguir, se distancia do planeta em um sentido oposto a seu sentido original (veja a figura). Se presumirmos que essa interação se aproxima de uma colisão elástica unidimensional, qual é a velocidade do satélite após a colisão? Isso é chamado de *efeito funda* e é geralmente usado para acelerar sondas espaciais para jornadas a partes distantes do sistema solar (veja o Capítulo 12).

•**7.44** Você vê um par de sapatos amarrados pelos cadarços e pendurados por uma linha telefônica. Você arremessa uma pedra de 0,25 kg em um dos sapatos (massa = 0,37 kg), que colide elasticamente com o sapato com velocidade de 2,3 m/s no sentido horizontal. Até que distância para cima ele se move?

•**7.45** O bloco A e o bloco B são pressionados, comprimindo uma mola (com constante elástica $k = 2500$ N/m) entre eles por 3 cm do comprimento de equilíbrio. A mola, que tem massa desprezível, não está presa em nenhum dos blocos e cai até a superfície depois de ser alongada. Quais são as velocidades do bloco A e do bloco B neste momento? (Presuma que o atrito entre os blocos e a superfície de suporte seja tão baixo que pode ser desprezado.)

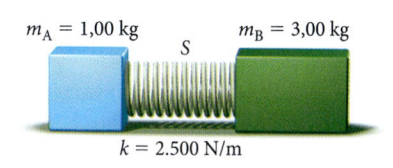

$m_A = 1{,}00$ kg $m_B = 3{,}00$ kg
$k = 2.500$ N/m

•**7.46** Uma partícula alfa (massa = 4 u) tem uma colisão frontal elástica com um núcleo (massa = 166 u) que inicialmente está em repouso. Que porcentagem da energia cinética da partícula alfa é transferida para o núcleo na colisão?

•**7.47** Você percebe que um carrinho de supermercado a 20,0 m de distância está se movendo com velocidade de 0,70 m/s em sua direção. Você lança um carrinho com velocidade de 1,1 m/s diretamente contra o outro para interceptá-lo. Quando os dois carrinhos colidem elasticamente, eles permanecem em contato por aproximadamente 0,2 s. Represente em gráfico a posição, velocidade e força dos dois carrinhos como função de tempo.

•**7.48** Uma bola de 0,280 kg tem uma colisão frontal elástica com uma segunda bola que inicialmente está em repouso. A segunda bola se afasta com metade da velocidade original da primeira.

a) Qual é a massa da segunda bola?

b) Que fração da energia cinética original ($\Delta K/K$) é transferida para a segunda bola?

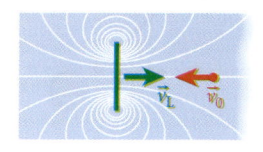

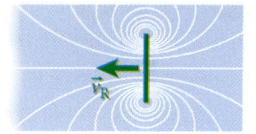

••**7.49** Raios cósmicos do espaço que atingem a Terra contêm algumas partículas carregadas com energias bilhões de vezes maiores do que qualquer que possa ser produzida no maior acelerador. Um modelo que foi proposto para dar conta dessas partículas é mostrado esquematicamente na figura. Duas fontes muito fortes de campos magnéticos se deslocam uma em direção à outra e repetidamente refletem as partículas carregadas aprisionadas entre elas. (Essas fontes de campo magnético podem ser aproximadas como paredes infinitamente pesadas das quais as partículas carregadas são refletidas elasticamente.) As partículas de alta energia que atingem a Terra teriam sido refletidas um grande número de vezes para obter as energias observadas. Um caso análogo com apenas algumas reflexões demonstra esse efeito. Suponha que uma partícula tenha velocidade inicial de -2,21 km/s (movendo-se no sentido x negativo, para a esquerda), que a parede esquerda se mova com velocidade de 1,01 km/s para a direita, e que a parede direita se mova com velocidade de 2,51 km/s para a esquerda. Qual é a velocidade da partícula após seis colisões com a parede esquerda e cinco colisões com a parede direita?

•• **7.50** Aqui está uma demonstração comum de sala de aula que você pode realizar em casa. Coloque uma bola de golfe sobre uma bola de basquete e deixe o par cair do repouso de forma que atinjam o solo. (Por razões que devem ficar óbvias assim que você solucionar este problema, não tente realizar esse experimento dentro de casa, mas sim ao ar livre!) Com um pouco de prática, você pode atingir a situação representada aqui: a bola de golfe fica sobre a bola de basquete até que esta atinja o solo. A massa da bola de golfe é de 0,0459 kg, e a massa da bola de basquete é de 0,619 kg.

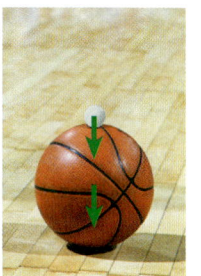

a) Se as bolas são liberadas de uma altura em que a parte inferior da bola de basquete está 0,701 m acima do solo, qual é o valor absoluto do momento da bola de basquete logo antes de atingir o solo?

b) Qual é o valor absoluto do momento da bola de golfe neste instante?

c) Trate a colisão da bola de basquete com o solo e a colisão da bola de golfe com a bola de basquete como colisões perfeitamente elásticas em uma dimensão. Qual é o módulo absoluto do momento da bola de golfe após essas colisões?

d) Agora vem a questão interessante: a que altura, medida a partir do solo, a bola de golfe quicará após sua colisão com a bola de basquete?

Seção 7.5

7.51 Um disco de hóquei com massa de 0,250 kg se deslocando pela linha azul (uma linha reta de cor azul no gelo em uma pista de hóquei) a 1,5 m/s atinge um disco estacionário com a mesma massa. O primeiro disco sai da colisão em um sentido que está 30° distante da linha azul com velocidade de 0,75 m/s (veja a figura). Qual é o sentido e módulo da velocidade do segundo disco após a colisão? Trata-se de uma colisão elástica?

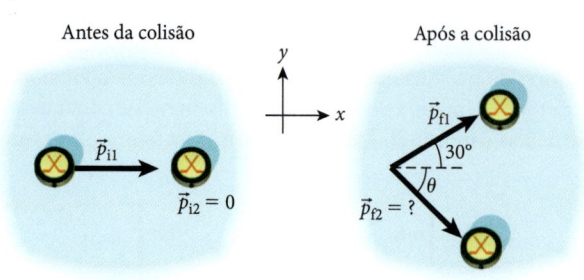

• **7.52** Uma bola com massa $m = 0,210$ kg e energia cinética $K_1 = 2,97$ J colide elasticamente com uma segunda bola de mesma massa que está inicialmente em repouso. Após a colisão, a primeira bola se afasta com ângulo de $\theta_1 = 30,6°$ em relação à horizontal, conforme mostrado na figura. Qual é a energia cinética da primeira bola após a colisão?

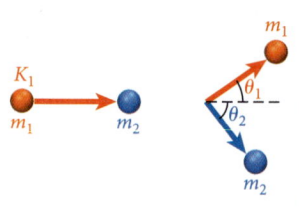

• **7.53** Quando você abre a porta para entrar em uma sala com ar condicionado, mistura gás quente com gás frio. Dizer que um gás é quente ou frio na verdade se refere a sua energia média, ou seja, as moléculas de gás quente têm energia cinética maior do que as moléculas de gás frio. A diferença de energia cinética nos gases misturados diminui com o tempo como resultado de colisões elásticas entre as moléculas de gás, que redistribuem a energia. Considere uma colisão bidimensional entre duas moléculas de nitrogênio (N_2, peso molecular = 28 g/mol). Uma molécula se desloca a 30° em relação à horizontal com velocidade de 672 m/s. Essa molécula colide com uma segunda molécula que se desloca no sentido horizontal negativo a 246 m/s. Quais são as velocidades finais das moléculas se uma que está inicialmente mais energética se desloca no sentido vertical após a colisão?

• **7.54** Uma bola cai diretamente sobre uma cunha que está sobre o gelo sem atrito. A bola tem massa de 3,00 kg, e a cunha tem massa de 5,00 kg. A bola está se movendo com velocidade de 4,50 m/s quando atinge a cunha, que está inicialmente em repouso (veja a figura). Presumindo que a colisão seja instantânea e perfeitamente elástica, quais são as velocidades da bola e da cunha após a colisão?

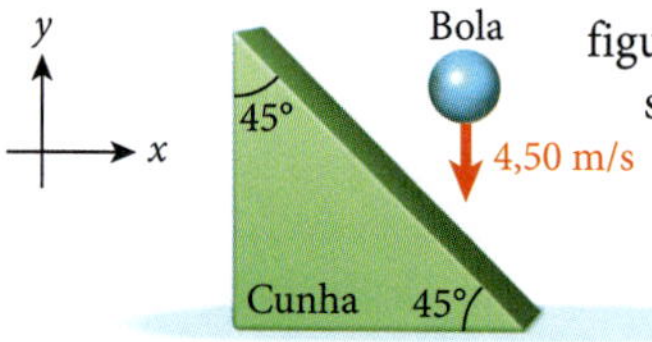

•• **7.55** Betty Bodycheck ($m_B = 55,0$ kg, $v_B = 22,0$ km/h no sentido x positivo) e Sally Slasher ($m_S = 45,0$ kg, $v_S = 28,0$ km/h no sentido y positivo) estão competindo para chegar a um disco de hóquei. Imediatamente após a colisão, Betty está se dirigindo em um sentido que está 76,0° no sentido anti-horário de seu sentido original, e Sally está se voltando para sua direita em um sentido que está 12,0° de seu eixo x. Quais são as energias cinéticas finais de Betty e Sally? Sua colisão é elástica?

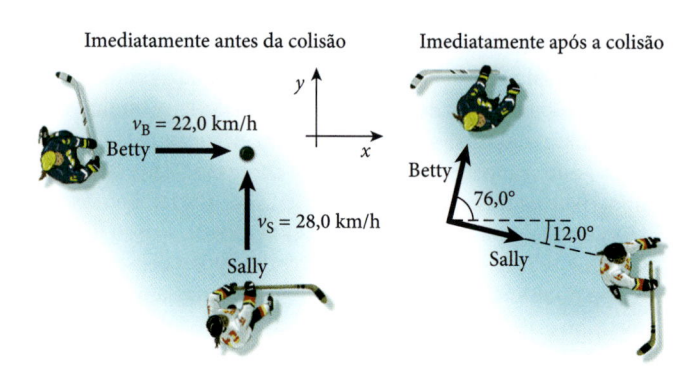

•• **7.56** Medições atuais e teorias cosmológicas sugerem que apenas aproximadamente 4% da massa total do universo é composta de matéria comum. Cerca de 22% da massa é composta de *matéria escura*, que não emite nem reflete luz e só pode ser observada por sua interação gravitacional com o ambiente (veja o Capítulo 12). Suponha que uma galáxia com massa M_G esteja se movendo em linha reta no sentido x. Depois que ela interage com um conglomerado de matéria escura com massa M_{DM}, a galáxia se move com 50% de sua velocidade inicial em uma linha reta em um sentido que está rotacionado por um ângulo θ de sua velocidade inicial. Presuma que as velocidades inicial e final sejam dadas para posições em que a galáxia está muito distante do conglomerado de matéria escura, que a atração gravitacional possa ser desprezada nessas posições, e que a matéria escura esteja inicialmente em repouso. Determine M_{DM} em termos de M_G, v_0 e θ.

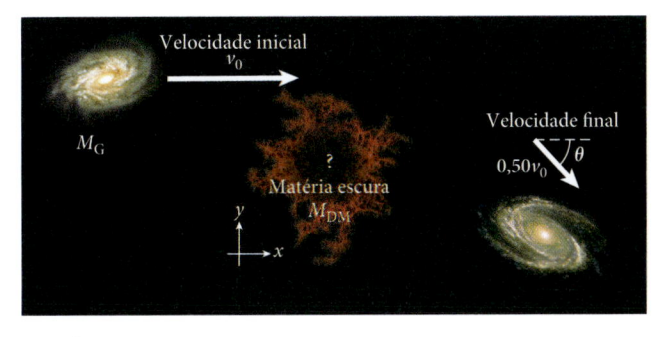

Seção 7.6

7.57 Um vagão de 1439 kg se deslocando com velocidade de 12 m/s atinge um vagão idêntico em repouso. Se os vagões ficam presos como resultado da colisão, qual é sua velocidade comum (em m/s) depois?

7.58 Os morcegos são extremamente competentes em apanhar insetos em pleno ar. Se um morcego de 50 g voando em um sentido a 8 m/s pegar um inseto de 5 g voando no sentido oposto a 6 m/s, qual é a velocidade do morcego imediatamente após pegar o inseto?

• **7.59** Um carro pequeno de massa 1000 kg viajando com velocidade de 33 m/s colide frontalmente com um grande carro de massa 3000 kg que viaja no sentido oposto com velocidade de 30 m/s. Os dois carros ficam presos entre si. A duração da colisão é de 100 ms. Que aceleração (em g) os ocupantes do carro pequeno sofrem? Que aceleração (em g) os ocupantes do carro grande sofrem?

• **7.60** Para determinar a velocidade de boca de um projétil disparado de um rifle, você atira um cartucho de 2,0 g em um bloco de madeira de 2,0 kg. O bloco está suspenso por fios no teto e inicialmente está em repouso. Depois que o projétil fica incrustado no bloco, este balança até uma altura máxima de 0,5 cm acima da posição inicial. Qual é a velocidade do projétil ao sair do cano da arma?

• **7.61** Um Cadillac de 2000 kg e um Volkswagen de 1000 kg se encontram em uma intersecção. O semáforo acabou de ficar verde, e o Cadillac, indo para o norte, segue para frente na intersecção. O Volkswagen, indo na direção leste, não consegue parar a tempo e acaba colidindo no para-choque esquerdo do Cadillac; depois, os carros ficam presos entre si e deslizam até parar. O policial Tom, respondendo ao acidente, vê que as marcas de pneu estão direcionadas 55° a nordeste do ponto de impacto. O motorista do Cadillac, que está sempre de olho no velocímetro, relata que estava trafegando a 30 m/s quando o acidente ocorreu. Que velocidade o Volkswagen tinha logo antes do impacto?

• **7.62** Duas bolas de mesma massa colidem e ficam grudadas conforme mostra a figura. A velocidade inicial da bola B é duas vezes a da bola A.

a) Calcule o ângulo acima da horizontal do movimento da massa A + B após a colisão.

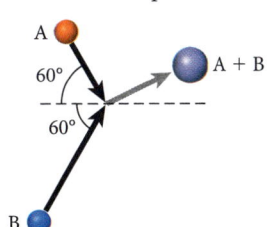

b) Qual é a razão entre a velocidade final da massa A + B e a velocidade inicial da bola A, v_f/v_A?

c) Qual é a razão entre as energias final e inicial do sistema, E_f/E_i? A colisão é elástica ou inelástica?

•• **7.63** Tarzan se balança de um cipó a outro através de um penhasco para resgatar Jane, que está no solo cercada de cobras. Seu plano é saltar do penhasco, agarrar Jane no ponto mais baixo do balanço e carregá-la com segurança até uma árvore próxima (veja a figura). A massa do Tarzan é de 80 kg, a de Jane é de 40 kg, a altura do galho mais inferior da árvore alvo é de 10 m, e Tarzan está inicialmente parado em um penhasco de 20 m de altura. O comprimento do cipó é de 30 m. Com que velocidade Tarzan deve saltar do penhasco para que ele e Jane consigam chegar ao galho da árvore?

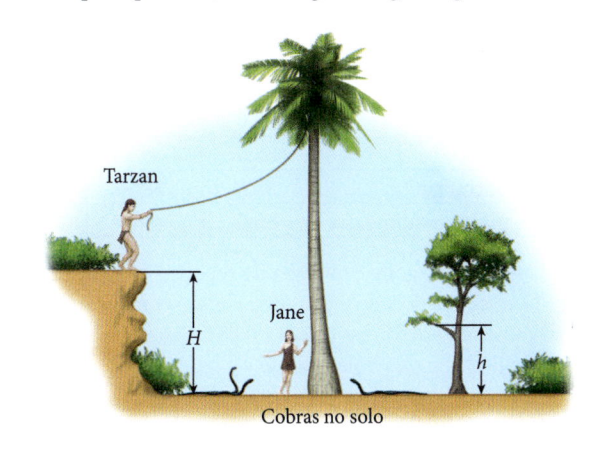

•• **7.64** Um avião Cessna de 3000 kg voando para o norte a 75 m/s com uma altitude de 1600 m acima da floresta do Brasil colidiu com um avião de carga de 7000 kg voando 35° a noroeste com velocidade de 100 m/s. Conforme medido de um ponto no solo diretamente abaixo da colisão, os destroços do

Cessna foram encontrados a 1000 m de distância a um ângulo de 25° a sudoeste, como mostra a figura. O avião de carga se partiu em dois pedaços. A equipe de resgate localizou um pedaço de 4000 kg a 1800 m de distância do mesmo ponto a um ângulo de 22° a nordeste. Onde eles devem procurar o outro pedaço do avião de carga? Dê uma distância e um sentido do ponto diretamente abaixo da colisão.

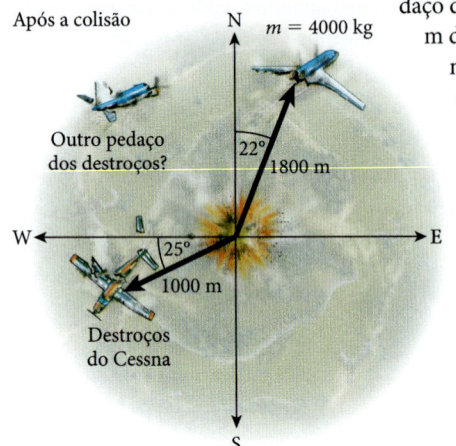

Seção 7.7

7.65 Os objetos listados na tabela são jogados de uma altura de 85 cm. A altura que eles alcançam após bater no solo foi registrada. Determine o coeficiente de restituição para cada objeto.

Objeto	H (cm)	h_1 (cm)	ϵ
bola de golfe	85,0	62,6	
bola de tênis	85,0	43,1	
bola de bilhar	85,0	54,9	
bola de handebol	85,0	48,1	
bola de madeira	85,0	30,9	
rolimã de aço	85,0	30,3	
bola de gude	85,0	36,8	
bola de borracha	85,0	58,3	
bola de plástico dura e oca	85,0	40,2	

7.66 Uma bola de golfe é liberada do repouso de uma altura de 0,811 m acima do solo e tem uma colisão com o solo, para o qual o coeficiente de restituição é 0,601. Qual é a altura máxima atingida por essa bola quando ela quica após a colisão?

• **7.67** Uma bola de bilhar de massa 0,162 kg tem velocidade de 1,91 m/s e colide com a lateral da mesa de bilhar com um ângulo de 35,9°. Para essa colisão, o coeficiente de restituição é 0,841. Qual é o ângulo em relação à lateral (em graus) em que a bola se afasta da colisão?

• **7.68** Uma bola de futebol rola para fora de um ginásio pelo centro de uma passagem e entra na sala ao lado. A sala adjacente mede 6 m por 6 m com a porta de 2 m de largura localizada no centro da parede. A bola atinge o centro de uma parede lateral a 45°. Se o coeficiente de restituição para a bola de futebol é 0,7, a bola quica de volta para fora da sala? (Observe que a bola rola sem deslizar, então nenhuma energia se perde para o solo.)

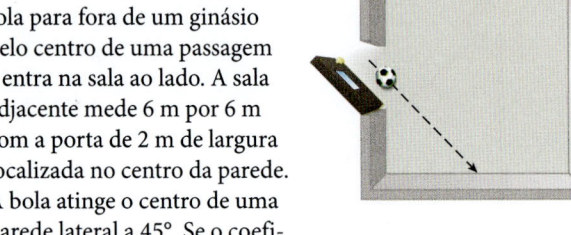

• **7.69** Em um desenho do *Tom e Jerry*™, o gato Tom está perseguindo o rato Jerry por um pátio. A casa fica em um bairro onde todas as casas são exatamente as mesmas, cada uma com o mesmo tamanho de pátio e a mesma cerca de 2 m de altura em torno de cada pátio. No desenho, Tom rola Jerry para dentro de uma bola e o arremessa sobre a cerca. Jerry move-se como um projétil, quica no centro do próximo pátio e continua a voar em direção à próxima cerca, que está a 7,5 m de distância. Se a altura original de Jerry acima do solo quando ele foi arremessado é de 5 m, seu alcance original é de 15 m e seu coeficiente de restituição é de 0,8, ele consegue passar sobre a próxima cerca?

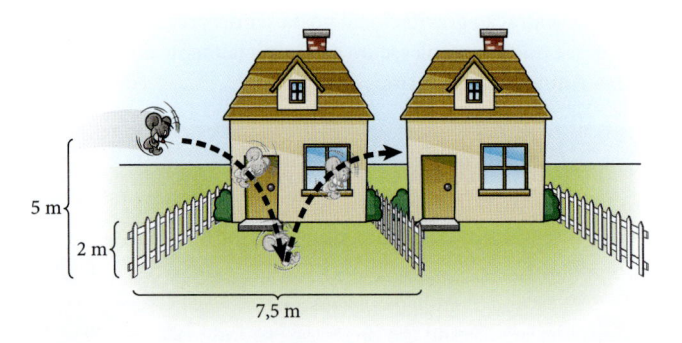

•• **7.70** Dois lutadores de sumô estão envolvidos em uma colisão inelástica. O primeiro lutador, Hakurazan, tem massa de 135 kg e se move para frente no sentido x positivo com velocidade de 3,5 m/s. O segundo lutador, Toyohibiki, tem massa de 173 kg e se move na direção de Hakurazan com velocidade de 3,0 m/s. Imediatamente após a colisão, Hakurazan é defletido para a direita por 35° (veja a figura). Na colisão, 10% da energia cinética total inicial dos lutadores se perdem. Qual é o ângulo em que Toyohibiki está se movendo imediatamente após a colisão?

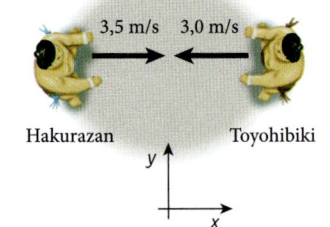

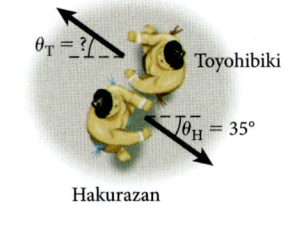

•• **7.71** Um disco de hóquei (($m = 170$ g e $v_0 = 2{,}0$ m/s) desliza sem atrito sobre o gelo e atinge a borda do ringue com 30° em relação à normal. O disco rebate da borda com um ângulo de 40° em relação à normal. Qual é o coeficiente de restituição para o disco? Qual é a razão entre a energia cinética final do disco e sua energia cinética inicial?

Problemas adicionais

7.72 Com que velocidade uma mosca de 5 g precisa estar se deslocando para desacelerar um carro de 1900 kg trafegando a 55 mph se a mosca atingir o carro em uma colisão frontal perfeitamente inelástica?

7.73 Na tentativa de marcar um *touchdown*, um atacante de futebol americano de 85 kg pula sobre seus adversários, atingindo velocidade horizontal de 8,9 m/s. Ele é atingido no ar um pouco antes de chegar à linha de fundo por um zagueiro de 110 kg que se desloca no sentido oposto com velocidade de 8,0 m/s. O zagueiro agarra o atacante.

a) Qual é a velocidade do zagueiro junto com o atacante logo após a colisão?

b) O atacante fará um *touchdown* (contanto que nenhum outro jogador tenha a oportunidade de se envolver, é claro)?

7.74 Sabe-se que o núcleo de um tório-228 radioativo, com massa de aproximadamente $3,8 \cdot 10^{-25}$ kg, decai emitindo uma partícula alfa com massa de cerca de $6,68 \cdot 10^{-27}$ kg. Se a partícula alfa for emitida com velocidade de $1,8 \cdot 10^7$ m/s, qual é a velocidade de recuo do núcleo remanescente (que é o núcleo de um átomo de radônio)?

7.75 Um astronauta de 60 kg dentro de uma cápsula espacial com 7 m de comprimento de massa 500 kg está flutuando sem peso em uma extremidade da cápsula. Ele chuta a parede com velocidade de 3,5 m/s em direção à outra extremidade da cápsula. Quanto tempo leva para que o astronauta atinja a outra parede?

7.76 A espectroscopia Mössbauer é uma técnica para estudar moléculas analisando um determinado átomo dentro delas. Por exemplo, medições por Mössbauer de ferro (Fe) dentro da hemoglobina – molécula responsável por transportar oxigênio no sangue – podem ser usadas para determinar a flexibilidade da hemoglobina. A técnica começa com raios X emitidos dos núcleos de átomos de ^{57}Co. Esses raios X são usados para estudar o Fe no hemoglobina. A energia e o momento de cada raio X são 14 keV e 14 keV/c (veja o Exemplo 7.5 para uma explicação das unidades). Um núcleo de ^{57}Co recua quando um raio X é emitido. Um único núcleo de ^{57}Co tem massa de $9,52 \cdot 10^{-26}$ kg. Quais são a energia cinética e o momento finais do núcleo de ^{57}Co? Como eles se comparam com os valores para o raio X?

7.77 Presuma que o núcleo de um átomo de radônio, ^{222}Rn, tenha massa de $3,68 \cdot 10^{-25}$ kg. Esse núcleo radioativo decai emitindo uma partícula alfa com energia de $8,79 \cdot 10^{-13}$ J. A massa de uma partícula alfa é de $6,65 \cdot 10^{-27}$ kg. Presumindo que o núcleo de radônio estivesse inicialmente em repouso, qual é a velocidade do núcleo que permanece após o decaimento?

7.78 Uma skatista com massa de 35,0 kg está andando em seu skate de 3,50 kg com velocidade de 5,00 m/s. Ela salta pela parte traseira do skate, mandando-o para frente a uma velocidade de 8,50 m/s. Com que velocidade a skatista está se movendo quando seus pés atingem o solo?

7.79 Durante um espetáculo de patinação no gelo, *Robin Hood on Ice*, um arqueiro de 50,0 kg está parado imóvel sobre os patins. Presuma que o atrito entre os patins e o gelo seja desprezível. O arqueiro dispara uma flecha de 0,100 kg horizontalmente com velocidade de 95,0 m/s. Com que velocidade o arqueiro recua?

7.80 Astronautas estão praticando arremessos de beisebol na Estação Espacial Internacional. Uma astronauta de 55,0 kg, inicialmente em repouso, arremessa uma bola de beisebol com massa de 0,145 a uma velocidade de 31,3 m/s. Com que velocidade a astronauta recua?

7.81 Uma praticante de *bungee jumping* com massa de 55,0 kg atinge uma velocidade de 13,3 m/s se movendo diretamente para baixo quando a corda elástica amarrada a seus pés começa a puxá-la de volta para cima. Após 0,0250 s, ela está subindo com velocidade de 10,5 m/s. Qual é a força média que a corda exerce sobre a pessoa? Qual é o número médio de g's que a pessoa sofre durante essa mudança de sentido?

7.82 Uma bola de argila de 3,0 kg com velocidade de 21 m/s é arremessada contra uma parede e fica grudada. Qual é o módulo do impulso exercido sobre a bola?

7.83 A figura mostra cenas antes e após um carrinho colidir com uma parede e voltar no sentido oposto. Qual é a mudança de momento do carrinho? (Presuma que a direita seja o sentido positivo no sistema de coordenadas.)

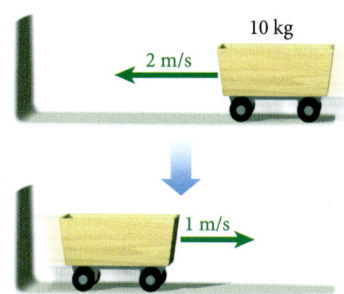

7.84 A campeã de tênis Venus Williams consegue sacar uma bola de tênis com velocidade em torno de 127 mph.

a) Presumindo que sua raquete esteja em contato com a bola de 57 g por 0,25 s, qual é a força média da raquete sobre a bola?

b) Que força média a raquete de uma adversária teria que exercer para devolver o saque de Venus com uma velocidade de 50 mph, presumindo que a raquete da adversária também esteja em contato com a bola por 0,25 s?

7.85 Três pássaros estão voando em formação compacta. O primeiro pássaro, com massa de 100 g, está voando a 35° nordeste com velocidade de 8 m/s. O segundo pássaro, com massa de 123 g, está voando a 2° nordeste com velocidade de 11 m/s. O terceiro pássaro, com massa de 112 g, está voando a 22° noroeste com velocidade de 10 m/s. Qual é o vetor momento da formação? Quais seriam a velocidade e o sentido de um pássaro de 115 g com o mesmo momento?

7.86 Uma bola de golfe com massa de 45 g se movendo com velocidade de 120 km/h colide frontalmente com um trem francês TGV de alta velocidade com massa de 380.000 kg que está viajando a 300 km/h. Presumindo que a colisão seja elástica, qual é a velocidade da bola de golfe após a colisão? (Não tente conduzir este experimento!)

7.87 Na bocha, o objetivo do jogo é fazer com que suas bolas (cada uma tem massa $M = 1,00$ kg) fiquem o mais próximo possível da bola branca pequena (o *bolim*, massa $m = 0,045$ kg). Seu primeiro arremesso posicionou a bola 2,00 m à esquerda do bolim. Se o próximo arremesso tiver velocidade de $v = 1,00$ m/s e o coeficiente de atrito cinético for de $\mu_k = 0,20$, quais são as distâncias finais das duas bolas em relação ao bolim em cada um dos casos a seguir?

a) Você arremessa a bola da esquerda, atingindo sua primeira bola.

b) Você arremessa a bola da direita, atingindo o bolim. (*Dica*: Use o fato de que $m \ll M$.)

•**7.88** Um garoto entediado atira um chumbinho de uma arma de ar comprimido em um pedaço de queijo com massa 0,25 kg que está sobre um bloco de gelo para os convidados do jantar. Em um determinado disparo, o chumbinho de 1,2 g fica preso no queijo, fazendo com que ele deslize 25 cm antes de parar. De acordo com a embalagem em que a arma veio, a velocidade de boca é de 65 m/s. Qual é o coeficiente de atrito entre o queijo e o gelo?

•**7.89** Alguns garotos estão fazendo uma brincadeira perigosa com fogos de artifício. Eles amarram diversos fogos em um foguete de brinquedo e o lançam para o ar com um ângulo de 60° em relação ao solo. No pico de sua trajetória, o dispositivo explode, e o foguete se rompe em duas partes iguais. Uma das partes tem metade da velocidade que o foguete tinha antes de explodir e se desloca diretamente para cima em relação ao solo. Determine a velocidade e o sentido da segunda parte.

•**7.90** Uma bola de futebol com massa de 0,265 kg está inicialmente em repouso e é chutada com um ângulo de 20,8° em relação à horizontal. A bola percorre uma distância horizontal de 52,8 m depois de ser chutada. Qual é o impulso recebido pela bola durante o chute? Suponha que não exista resistência do ar.

•**7.91** Tarzan, o rei da selva (massa = 70,4 kg), agarra um cipó com 14,5 m de comprimento pendurado em um galho. O ângulo do cipó era de 25,9° em relação à vertical quando ele o agarrou. No ponto mais baixo da trajetória, ele pega a Jane (massa = 43,4 kg) e continua seu movimento oscilante. Que ângulo relativo à vertical o cipó terá quando Tarzan e Jane atingirem o ponto mais baixo da trajetória?

•**7.92** Um cartucho com massa de 35,5 g é disparado horizontalmente de uma arma. O projétil penetra em um bloco de madeira de 5,90 kg que está suspenso por cordas. A massa combinada balança para cima, ganhando uma altura de 12,85 cm. Qual foi a velocidade do cartucho quando saiu da arma? (A resistência do ar pode ser ignorada aqui.)

•**7.93** Um disco de hóquei de 170 g se movendo no sentido x positivo a 30 m/s é atingido por um taco no tempo $t = 2,00$ s e se move no sentido oposto a 25 m/s. Se o disco ficar em contato com o taco por 0,20 s, desenhe um gráfico do momento e da posição do disco, além da força que atua sobre ele como função de tempo, de 0 a 5 s. Certifique-se de classificar os eixos das coordenadas com números razoáveis.

•**7.94** Algumas bolas estão sobre uma mesa de bilhar, conforme mostra a figura. Você está jogando com as listradas, e seu adversário ficou com as lisas. Seu plano é atingir a bola da vez usando a bola branca em uma tabela.

a) Com que ângulo em relação a normal a bola branca precisa atingir a lateral da mesa para uma colisão puramente elástica?

b) Como um jogador sempre observador, você determina que, de fato, as colisões entre as bolas de bilhar e as laterais têm um coeficiente de restituição de 0,6. Que ângulo você escolhe agora para dar a tacada?

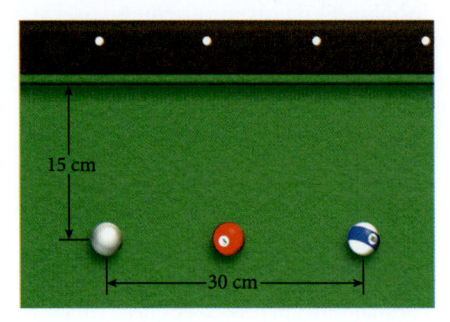

•**7.95** Você deixou cair o telefone celular atrás de uma prateleira bastante comprida e não consegue alcançá-lo de nenhuma das laterais. Você decide pegar o celular através de uma colisão elástica de um molho de chaves com ele, de forma que ambos deslizem. Se a massa do telefone é de 0,111 kg, a massa do chaveiro é de 0,020 kg, e a massa de cada chave é de 0,023 kg, qual é o número mínimo de chaves que você precisa ter no chaveiro para que as chaves e o celular saiam no mesmo lado da prateleira? Se o chaveiro tiver cinco chaves e a velocidade for de 1,21 m/s quando ele atingir o celular, quais são as velocidades finais do telefone e do chaveiro? Presuma que a colisão seja unidimensional e elástica e despreze o atrito.

•**7.96** Após diversos fogos de artifício grandes terem sido inseridos nos buracos de uma bola de boliche, ela é projetada para o ar usando um lançador caseiro e explode em pleno ar. Durante o lançamento, a bola de 7 kg é arremessada para o ar com velocidade inicial de 10,0 m/s e ângulo de 40°; ela explode no pico de sua trajetória, partindo-se em três pedaços de mesma massa. Um pedaço se desloca diretamente para cima com velocidade de 3,0 m/s. Outro pedaço vai diretamente para baixo com velocidade de 2,0 m/s. Qual é a velocidade do terceiro pedaço (velocidade escalar e sentido)?

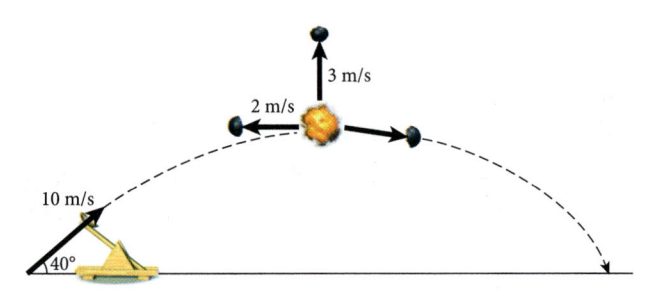

•**7.97** No esqui aquático, ocorre uma "venda de garagem" quando um esquiador perde o controle, cai e os esquis voam em sentidos distintos. Em um determinado incidente, um esquiador novato estava deslizando sobre a superfície da água a 22 m/s quando perdeu o controle. Um esqui, com massa de 1,5 kg, voou com um ângulo de 12° para a esquerda do sentido inicial do esquiador com velocidade de 25 m/s. O outro esqui idêntico voou do acidente com ângulo de 5° para a direita com velocidade de 21 m/s. Qual era a velocidade do esquiador de 61 kg? Dê uma velocidade e um sentido em relação ao vetor velocidade inicial.

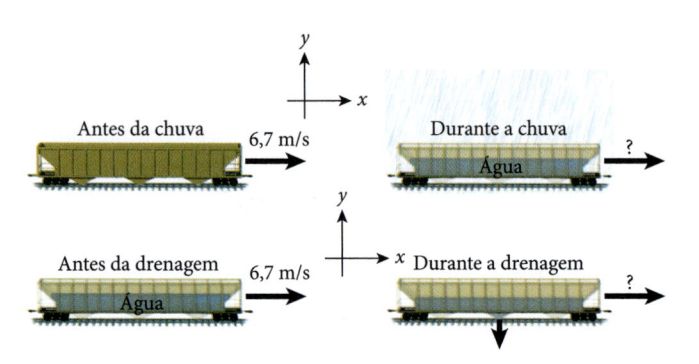

•**7.98** Um vagão-tremonha de um trem de carga rola sem atrito nem resistência do ar sobre um trilho nivelado com velocidade constante de 6,70 m/s no sentido x positivo. A massa do carro é de $1,18 \cdot 10^5$ kg.

a) Conforme o vagão rola, tem início uma tempestade monçônica, e o vagão começa a coletar água (veja a figura). Qual é a velocidade do vagão após $1,62 \cdot 10^4$ kg de água ser coletada? Presuma que a chuva esteja caindo verticalmente no sentido y negativo.

b) A chuva para e uma válvula na parte inferior do vagão é aberta para liberar a água. A velocidade do vagão quando a válvula é aberta é novamente 6,70 m/s no sentido x positivo (veja a figura).

A água é drenada verticalmente no sentido y negativo. Qual é a velocidade do vagão depois que toda a água é drenada?

• **7.99** Quando uma fatia de pão de 99,5 g é inserida em uma torradeira, a mola de ejeção é comprimida em 7,50 cm. Quando a torradeira ejeta a fatia de pão, ela atinge uma altura de 3,0 cm acima da posição de partida. Qual é a força média que a mola de ejeção exerce sobre o pão? Qual é o tempo durante o qual a mola de ejeção empurra a torrada?

• **7.100** Um aluno com massa de 60 kg salta diretamente para cima no ar usando as pernas para aplicar uma força média de 770 N sobre o solo por 0,25 s. Presuma que o momento inicial do aluno e da Terra seja zero. Qual é o momento do aluno imediatamente após seu impulso? Qual é o momento da Terra após esse impulso? Qual é a velocidade da Terra após o impulso? Que fração da energia cinética total que o aluno produz com as pernas vai para Terra (a massa da Terra é de $5,98 \cdot 10^{24}$ kg)? Usando a conservação de energia, que altura o aluno salta?

• **7.101** Um canhão de batata é usado para lançar uma batata em um lago congelado, conforme mostra a figura. A massa do canhão, m_c, é 10,0 kg, e a massa da batata, m_b, é 0,850 kg. A mola do canhão (com constante elástica $k_c = 7,06 \cdot 10^3$ N/m) é comprimida em 2,00 m. Antes do lançamento da batata, o canhão está em repouso.

A batata sai da boca do canhão se movendo horizontalmente para a direita com velocidade de $v_b = 175$ m/s. Despreze os efeitos da rotação da batata. Presuma que não haja atrito entre o canhão e o gelo do lago, nem entre o canhão e a batata.

a) Quais são o sentido e o módulo da velocidade do canhão, v_c, depois que a batata sai dele?

b) Qual é a energia mecânica total (potencial e cinética) do sistema batata/canhão antes e após o disparo da batata?

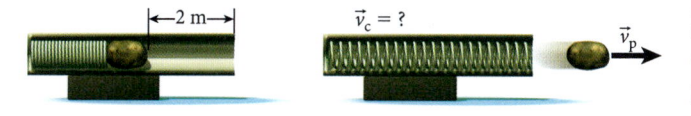

• **7.102** Um canhão de batata é usada para lançar uma batata sobre um lago congelado, como no Problema 7.101. Todas as grandezas são as mesmas do problema anterior, exceto que a batata tem um diâmetro maior e é bastante áspera, causando atrito entre o canhão e a batata.

A batata áspera sai da boca do canhão se movendo horizontalmente para a direita com velocidade de $v_b = 165$ m/s. Despreze os efeitos da rotação da batata.

a) Quais são o sentido e o módulo da velocidade do canhão, v_c, depois que a batata sai dele?

b) Qual é a energia mecânica total (potencial e cinética) do sistema batata/canhão antes e após o disparo da batata?

c) Qual é o trabalho, W_f, realizado pela força do atrito sobre a batata áspera?

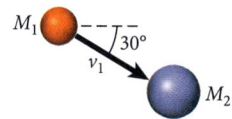

• **7.103** Uma partícula ($M_1 = 1,00$ kg) se movendo a 30° para baixo da horizontal com $v_1 = 2,50$ m/s atinge uma segunda partícula ($M_2 = 2,00$ kg), que estava em repouso momentosneamente. Após a colisão, a velocidade de M_1 foi reduzida a 0,50 m/s, e estava se movendo com um ângulo de 32° para baixo em relação à horizontal. Suponha que a colisão seja elástica.

a) Qual é a velocidade de M_2 após a colisão?

b) Qual é o ângulo entre os vetores velocidade de M_1 e M_2 após a colisão?

•• **7.104** Muitas colisões nucleares são verdadeiramente elásticas. Se um próton com energia cinética E_0 colidir elasticamente com outro próton em repouso e se deslocar com um ângulo de 25° em relação a seu caminho inicial, qual é sua energia após a colisão em relação à energia original? Qual é a energia final do próton que estava originalmente em repouso?

•• **7.105** Um método para determinar a composição química de um material é a espectroscopia de retrodispersão de Rutherford (RBS, do termo em inglês *Rutherford backscattering spectroscopy*), em homenagem ao cientista que descobriu pela primeira vez que um átomo contém um núcleo de alta densidade com carga positiva, em vez de ter carga positiva distribuída de modo uniforme. Na RBS, partículas alfa são disparadas diretamente sobre um material alvo, e a energia das partículas alfa que ricocheteiam diretamente de volta é medida. Uma partícula alfa tem massa de $6,65 \cdot 10^{-27}$ kg. Uma partícula alfa com energia cinética inicial de 2,00 MeV colide elasticamente com o átomo X. Se a energia cinética de uma partícula alfa retrodispersa é de 1,59 MeV, qual é a massa do átomo X? Presuma que o átomo X esteja inicialmente em repouso. Você precisará encontrar a raiz quadrada de uma expressão, que resultará em duas respostas possíveis (se $a = b^2$, então $b = \pm \sqrt{a}$). Como você sabe que o átomo X tem massa maior do que a partícula alfa, pode escolher a raiz correta de forma adequada. Que elemento é o átomo X? (Consulte uma tabela periódica de elementos, em que a massa atômica é listada como a massa em gramas de 1 mol de átomos, que é $6,02 \cdot 10^{23}$ átomos.)

8 Sistemas de Partículas e Corpos Extensos

O QUE APRENDEREMOS   247

8.1 Centro de massa e centro de gravidade   247
Centro de massa combinado para dois corpos   248
    Problema resolvido 8.1 Centro de massa da Terra e da Lua   248
Centro de massa combinado para vários corpos   250
    Exemplo 8.1 Contêineres de carga   250
8.2 Momento do centro de massa   251
Colisão de dois corpos   252
Movimento de recuo   253
    Problema resolvido 8.2 Canhão de recuo   253
    Exemplo 8.2 Mangueira de incêndio   255
Movimento geral do centro de massa   255
8.3 Movimento de foguetes   256
    Exemplo 8.3 Lançamento de foguete para Marte   257
8.4 Calculando o centro de massa   259
Sistemas coordenados não cartesianos tridimensionais   259
Adendo matemático: integrais de volume   260
    Exemplo 8.4 Volume de um cilindro   261
    Exemplo 8.5 Centro de massa de uma meia esfera   263
Centro de massa para corpos de uma e de duas dimensões   264
    Problema resolvido 8.3 Centro de massa de um bastão fino e longo   265

O QUE JÁ APRENDEMOS / GUIA DE ESTUDO PARA EXERCÍCIOS   366

Guia de resolução de problemas   268
    Problema resolvido 8.4 Motor de empuxo   268
    Problema resolvido 8.5 Centro de massa de um disco com furo   270
Questões de múltipla escolha   272
Questões   273
Problemas   274

Figura 8.1 A Estação Espacial Internacional fotografada do ônibus espacial Discovery.

O QUE APRENDEREMOS

- O centro de massa é o ponto no qual podemos imaginar que toda a massa de um corpo esteja concentrada.

- A posição do centro de massa combinado de dois ou mais corpos é encontrada pela soma de seus vetores posição, ponderados por suas massas individuais.

- O movimento de translação do centro de massa de um corpo extenso pode ser descrito pela mecânica newtoniana.

- O momento do centro de massa é a soma dos vetores do momento linear das partes de um sistema. Sua derivada em relação ao tempo é igual à força resultante externa total que atua no sistema, uma formulação estendida da Segunda Lei de Newton.

- Para sistemas de duas partículas, trabalhando em termos de momento de centro de massa e momento relativo em lugar de vetores de momento individuais dá uma ideia mais clara da física de colisões e o fenômeno do recuo.

- A análise de movimento de foguete tem a considerar sistemas de massa variável. Essa variação faz a velocidade do foguete ser dependente logaritimicamente em relação à razão entre a massa inicial e final.

- É possível calcular a localização do centro de massa de um corpo extenso pela integração de sua densidade de massa sobre o seu volume inteiro, ponderada pelo vetor coordenado e, então, dividindo pela massa total.

- Se um corpo tem um plano de simetria, o centro de massa fica nesse plano. Se o corpo possui mais do que um plano de simetria, o centro de massa fica sobre a linha ou ponto de intersecção dos planos.

A Estação Espacial Internacional, mostrada na Figura 8.1, é uma notável façanha de engenharia. O término de sua construção está marcado para 2011 e, mesmo assim, tem sido continuamente habitada desde 2000. Ela orbita a Terra a uma velocidade superior a 7,5 km/s, alcançando entre 320 e 350 km acima da superfície do planeta. Quando os engenheiros a rastreiam, tratam-na como uma partícula pontual, mesmo que meça, aproximadamente, 109 m por 73 m por 25 m. Presumivelmente, este ponto representa o centro da Estação, mas como os engenheiros fazem para determinar onde está o centro?

Cada corpo tem um ponto onde se pode considerar que toda a massa esteja concentrada. Às vezes, esse ponto, chamado de *centro de massa*, nem mesmo está dentro do corpo. Este capítulo explica como calcular a localização do centro de massa e mostra como usá-lo para simplificar os cálculos envolvendo colisões e conservação de momento. Admitimos, em capítulos anteriores, que os corpos poderiam ser tratados como partículas. Este capítulo mostra por que isto funciona.

Este capítulo também discute as mudanças no momento para a situação onde a massa de um corpo varia tanto quanto sua velocidade. Isso ocorre com foguetes de propulsão, nos quais a massa do combustível é frequentemente muito maior do que a massa do próprio foguete.

8.1 Centro de massa e centro de gravidade

Até agora, temos representado a localização de um corpo pelas coordenadas de um único ponto. Entretanto, uma afirmação como "um carro está localizado em $x = 3,2$ m" certamente não significa que o carro inteiro está localizado naquele ponto. Então, o que quer dizer dar a coordenada de um ponto particular para representar um corpo extenso? As respostas para esta questão dependem das aplicações particulares. Em corridas de carros, por exemplo, a localização do carro é representada pela coordenada da parte dianteira do carro. Quando esse ponto cruza a linha de chegada a corrida está ganha. Por outro lado, no futebol, um gol só é assinalado se toda a bola cruzar a linha de gol; nesse caso, faz sentido representar a localização da bola de futebol pelas coordenadas da parte final da bola. Contudo, esses exemplos são exceções. Em quase todas as situações, há uma escolha natural de um ponto para representar a localização de um corpo extenso. Esse ponto é chamado de *centro de massa*.

Definição

O **centro de massa** é o ponto no qual podemos imaginar que toda a massa de um corpo esteja concentrada.

Assim, o centro de massa é também o ponto no qual podemos imaginar que a força da gravidade atuante sobre todo o corpo esteja concentrada. Se pudermos imaginar toda a massa concentrada nesse ponto, quando calculamos a força decorrente da gravidade, também é correto chamar esse ponto de *centro de gravidade*, termo que pode ser frequentemente trocado por *centro de massa*. (Para sermos precisos, deveríamos (observar) que esses dois termos são somente equivalentes em situações em que a força gravitacional é constante em todo o corpo. No Capítulo 12, veremos que esse não é o caso para corpos muito grandes.)

É apropriado mencionar que, se a densidade de massa de um corpo é constante, o centro de massa (centro de gravidade) está localizado no centro geométrico do corpo. Assim, para a maioria dos corpos do dia a dia, é razoável, como primeira aproximação, dizer que o centro de gravidade está no meio do corpo. As derivações neste capítulo confirmarão esta conjectura.

Centro de massa combinado para dois corpos

Se tivermos dois corpos idênticos, de massas iguais, e quisermos achar o centro de massa para a combinção dos dois, é razoável dizermos, a partir das considerações de simetria, que o centro de massa combinado do sistema fica exatamente a meio caminho entre os centros de massa de cada um dos dois corpos. Se um dos dois corpos é mais maciço, então é igualmente razoável dizer que o centro de massa para a combinação está mais próximo daquele de maior massa. Assim, temos a fórmula geral para calcular a localização do centro de massa, $\vec{R}$, para duas massas, m_1 e m_2, localizadas nas posições $\vec{r}_1$ e $\vec{r}_2$, para um sistema coordenado arbitrário. (Figura 8.2):

$$\vec{R} = \frac{\vec{r}_1 m_1 + \vec{r}_2 m_2}{m_1 + m_2}. \quad (8.1)$$

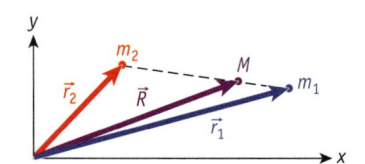

Figura 8.2 Localização do centro de massa para um sistema de duas massas m_1 e m_2, onde $M = m_1 + m_2$.

Essa equação mostra que o vetor posição do centro de massa é uma média dos vetores posição de cada um dos corpos, ponderados por suas massas. Tal definição é consistente com a evidência empírica que temos citado. Por agora, usaremos essa equação com uma definição operacional e aos poucos formularemos suas consequências. Mais adiante, neste capítulo e nos seguintes, veremos mais razões que explicam por que essa definição faz sentido.

Note que podemos imediatamente escrever a equação do vetor 8.1 em coordenadas cartesianas, como segue:

$$X = \frac{x_1 m_1 + x_2 m_2}{m_1 + m_2}, \quad Y = \frac{y_1 m_1 + y_2 m_2}{m_1 + m_2}, \quad Z = \frac{z_1 m_1 + z_2 m_2}{m_1 + m_2}. \quad (8.2)$$

8.1 Exercícios de sala de aula

No caso mostrado na Figura 8.2, quais são os módulos relativos das duas massas, m_1 e m_2?

a) $m_1 < m_2$

b) $m_1 > m_2$

c) $m_1 = m_2$

d) Baseado apenas na informação dada na figura, não é possível decidir qual das duas massas é maior.

Na Figura 8.2, a localização do centro de massa fica exatamente sobre a linha (tracejada) reta que liga as duas massas. O centro de massa fica sempre sobre essa linha? Se sim, por quê? Se não, qual a condição especial necessária para esse ser o caso? A resposta é que esse é o resultado geral para todos os sistemas de dois corpos: o centro de massa de tal sistema sempre fica sobre a linha que liga os dois corpos. Para vermos isso, podemos pôr a origem do sistema coordenado em uma das duas massas na Figura 8.2, digamos m_1. (Como sabemos, sempre podemos trocar a origem de um sistema coordenado sem modificarmos os resultados físicos.) Usando a equação 8.1, vemos, então, que $R = \vec{r}_2 m_2/(m_1 + m_2)$ porque com essa escolha do sistema coordenado, definimos $\vec{r}_1$ como zero. Assim, os dois vetores $\vec{R}$ e $\vec{r}_2$ apontam para a mesma direção, mas $\vec{R}$ é menor por um fator de $m_2/(m_1 + m_2) < 1$. Isso mostra que $\vec{R}$ sempre fica sobre a linha reta que une as duas massas.

PROBLEMA RESOLVIDO 8.1 | Centro de massa da Terra e da Lua

A Terra tem uma massa de $5,97 \cdot 10^{24}$ kg e a Lua tem uma massa de $7,36 \cdot 10^{22}$ kg. A Lua orbita a Terra a uma distância de 384.000 km; isto é, o centro da Lua está a uma distância de 384.000 km do centro da Terra, como mostrado na Figura 8.3a.

PROBLEMA

Quanto está afastado o centro de massa do sistema Terra-Lua do centro da Terra?

SOLUÇÃO

PENSE
O centro de massa do sistema Terra-Lua pode ser calculado fazendo com que o centro da Terra esteja localizado em $x = 0$ e o centro da Lua em $x = 384.000$ km. O centro de massa do sistema Terra-Lua ficará ao longo da linha que liga o centro da Terra ao centro da Lua (como na Figura 8.3a).

DESENHE
Um desenho mostrando a Terra e a Lua em escala é apresentado na Figura 8.3b.

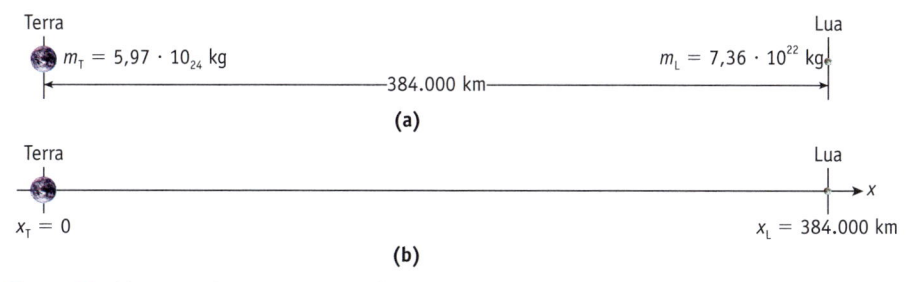

Figura 8.3 (a) A Lua orbita a Terra a uma distância de 384.000 km (desenho em escala). (b) Um desenho mostrando a Terra em $x_T = 0$ a Lua em $x_L = 384.000$ km.

PESQUISE
Definimos um eixo x e colocamos a Terra em $x_T = 0$ e a Lua em $x_L = 384.000$ km. Podemos usar a equação 8.2 para obter uma expressão para a coordenada x do centro de massa do sistema Terra-Lua:

$$X = \frac{x_T m_T + x_L m_L}{m_T + m_L}.$$

SIMPLIFIQUE
Uma vez que colocamos a origem do nosso sistema coordenado no centro da Terra, determinamos $x_T = 0$. Isso resulta em

$$X = \frac{x_L m_L}{m_T + m_L}.$$

CALCULE
Inserindo valores numéricos, obtemos a coodenada x do centro de massa do sistema Terra-Lua:

$$X = \frac{x_L m_L}{m_T + m_L} = \frac{(384.000 \text{ km})(7,36 \cdot 10^{22} \text{ kg})}{5,97 \cdot 10^{24} \text{ kg} + 7.36 \cdot 10^{22} \text{ kg}} = 4.676,418 \text{ km}.$$

ARREDONDE
Todos os valores numéricos foram dados com três algarismos significativos, então apresentamos nosso resultado como

$$X = 4.680 \text{ km}$$

SOLUÇÃO ALTERNATIVA
Nosso resultado está em quilômetros, o qual é a correta unidade para a posição. O centro de massa do sistema Terra-Lua está perto do centro da Terra. Essa distância é pequena comparada à distância entre a Terra e a Lua, a qual faz sentido, porque a massa da Terra é muito maior do que a massa da Lua. De fato, essa distância é menor do que o raio da Terra, $R_T = 6.370$ km. Na verdade, a Terra e a Lua orbitam, cada uma, um centro de massa comum. Assim, a Terra parece oscilar conforme a Lua a orbita.

Centro de massa combinado para vários corpos

A definição do centro de massa na equação 8.1 pode ser generalizada para um total de n corpos com diferentes massas, m_i, localizados em diferentes posições, $\vec{r}_i$. Nesse caso geral,

$$\vec{R} = \frac{\vec{r}_1 m_1 + \vec{r}_2 m_2 + \cdots + \vec{r}_n m_n}{m_1 + m_2 + \cdots + m_n} = \frac{\sum_{i=1}^{n} \vec{r}_i m_i}{\sum_{i=1}^{n} m_i} = \frac{1}{M} \sum_{i=1}^{n} \vec{r}_i m_i, \tag{8.3}$$

onde M representa a massa combinada de todos os corpos n:

$$M = \sum_{i=1}^{n} m_i. \tag{8.4}$$

Escrevendo a equação 8.3 em componentes cartesianas, obtemos

$$X = \frac{1}{M} \sum_{i=1}^{n} x_i m_i; \quad Y = \frac{1}{M} \sum_{i=1}^{n} y_i m_i; \quad Z = \frac{1}{M} \sum_{i=1}^{n} z_i m_i. \tag{8.5}$$

A localização do centro de massa é um ponto fixo relativo ao corpo ou ao sistema de corpos e não depende da localização do sistema coordenado usado para descrevê-lo. Podemos mostrar isso, tomando o sistema de equação 8.3 e adicionando $\vec{r}_0$, resultando em uma nova posição do centro de massa, $\vec{R} + \vec{R}_0$. Usando a equação 8.2, achamos

$$\vec{R} + \vec{R}_0 = \frac{\sum_{i=1}^{n} (\vec{r}_0 + \vec{r}_i) m_i}{\sum_{i=1}^{n} m_i} = \vec{r}_0 + \frac{1}{M} \sum_{i=1}^{n} \vec{r}_i m_i.$$

Assim, $\vec{R}_0 = \vec{r}_0$ e a localização do centro de massa em relação ao sistema não muda.

Agora podemos determinar o centro de massa de um conjunto de corpos, no seguinte exemplo.

EXEMPLO 8.1 | Contêineres de carga

Grandes contêineres de frete, que podem ser transportados por caminhões, trens ou navios, vêm em tamanhos padrão. Um dos tamanhos mais comuns é o contêiner ISO 20', o qual tem comprimento de 6,1 m, largura de 2,4 m e altura de 2,6 m. O contêiner tem uma massa (incluindo, é claro, seu conteúdo) acima de 30.400 kg.

PROBLEMA

Os quatro contêineres de frete, mostrados na Figura 8.4, estão colocados sobre o convés de um navio de carga. Cada um tem massa de 9.000 kg, exceto o vermelho, o qual tem massa de 18.000 kg. Admita que cada um dos contêineres tenham seus centros de massa em seus centros geométricos. Quais são as coordenadas x e y dos centros de massa combinados dos contêineres? Use o sistema coordenado mostrado na figura para descrever a localização desse centro de massa.

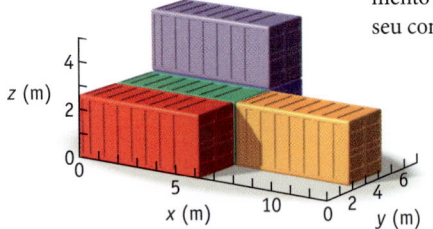

Figura 8.4 Contêineres de frete arranjados sobre o convés de um navio de carga.

SOLUÇÃO

Precisamos calcular as componentes cartesianas individuais do centro de massa. Então usaremos a equação 8.5. Mas não parece ser um atalho que possamos utilizar.

Vamos chamar o comprimento de cada contêiner de l (6,1 m), a largura de w (2,4 m) e massa do contêiner verde m_0 (9.000 kg). A massa do contêiner vermelho é, então, $2m_0$ e todos os outros também têm massa de m_0.

Primeiro, precisamos calcular a massa combinada, M. De acordo com a equação 8.4, é

$$M = m_{vermelho} + m_{verde} + m_{laranja} + m_{azul} + m_{púrpura}$$
$$= 2m_0 + m_0 + m_0 + m_0 + m_0$$
$$= 6m_0.$$

Para a coordenada x do centro de massa combinado, achamos

$$X = \frac{x_{vermelho} m_{vermelho} + x_{verde} m_{verde} + x_{laranja} m_{laranja} + x_{azul} m_{azul} + x_{púrpura} m_{púrpura}}{M}$$
$$= \frac{\frac{1}{2}\ell 2m_0 + \frac{1}{2}\ell m_0 + \frac{3}{2}\ell m_0 + \frac{1}{2}\ell m_0 + \frac{1}{2}\ell m_0}{6m_0}$$
$$= \frac{\ell\left(1 + \frac{1}{2} + \frac{3}{2} + \frac{1}{2} + \frac{1}{2}\right)}{6}$$
$$= \tfrac{2}{3}\ell = 4{,}1 \text{ m}.$$

No último passo, substituímos o valor de 6,1 m para l.

Do mesmo modo, podemos calcular a coordenada y:

$$Y = \frac{y_{vermelho} m_{vermelho} + y_{verde} m_{verde} + y_{laranja} m_{laranja} + y_{azul} m_{azul} + y_{púrpura} m_{púrpura}}{M}$$
$$= \frac{\frac{1}{2}w 2m_0 + \frac{3}{2}wm_0 + \frac{3}{2}wm_0 + \frac{5}{2}wm_0 + \frac{5}{2}wm_0}{6m_0}$$
$$= \frac{w\left(1 + \frac{3}{2} + \frac{3}{2} + \frac{5}{2} + \frac{5}{2}\right)}{6}$$
$$= \tfrac{3}{2}w = 3{,}6 \text{ m}.$$

Aqui, outra vez, substituímos o valor numérico de 2,4 m no último passo. (Note que arredondamos ambas as coordenadas dos centros de massa para dois algarismos significativos, para sermos consistentes com os valores resultantes.)

8.1 Pausa para teste

Determine a coordenada z do centro de massa do arranjo de contêineres da Figura 8.4.

8.2 Momento do centro de massa

Agora podemos tomar a derivada temporal do vetor posição do centro de massa para obter $\vec{V}$, ou seja, o vetor velocidade do centro de massa. Tomamos a derivada temporal da equação 8.3:

$$\vec{V} \equiv \frac{d}{dt}\vec{R} = \frac{d}{dt}\left(\frac{1}{M}\sum_{i=1}^{n}\vec{r}_i m_i\right) = \frac{1}{M}\sum_{i=1}^{n} m_i \frac{d}{dt}\vec{r}_i = \frac{1}{M}\sum_{i=1}^{n} m_i \vec{v}_i = \frac{1}{M}\sum_{i=1}^{n} \vec{p}_i. \tag{8.6}$$

Por agora, vamos dizer que a massa total, M, e as massas, m_i, de cada corpo, permanecem constantes. (Mais adiante, neste capítulo, abandonaremos a ideia de massa constante e estudaremos as consequências para o movimento de foguetes.) A equação 8.6 é uma expressão para o vetor velocidade do centro de massa, $\vec{V}$. Multiplicando ambos os lados da equação 8.6 por M, temos

$$\vec{P} = M\vec{V} = \sum_{i=1}^{n} \vec{p}_i. \tag{8.7}$$

Assim, achamos que o momento do centro de massa, $\vec{P}$, é o produto da massa total, M, pela velocidade do centro de massa, $\vec{V}$, e é a soma de todos os vetores momento individuais.

Tomando a derivada temporal de ambos os lados da equação 8.7, temos a Segunda Lei de Newton para o centro de massa:

$$\frac{d}{dt}\vec{P} = \frac{d}{dt}(M\vec{V}) = \frac{d}{dt}\left(\sum_{i=1}^{n} \vec{p}_i\right) = \sum_{i=1}^{n} \frac{d}{dt}\vec{p}_i = \sum_{i=1}^{n} \vec{F}_i. \tag{8.8}$$

No último passo, usamos o resultado do Capítulo 7, onde a derivada temporal do momento de uma partícula *i* é igual à força resultante, $\vec{F}_i$, atuando sobre ela. Note que se as partículas (corpos) de um sistema exercem forças sobre outro sistema, estas mesmas forças não contribuem para a soma resultante na equação 8.8. Por quê? De acordo com a Terceira Lei de Newton, as forças que dois corpos exercem reciprocamente são iguais em módulo e opostas em direção. Portanto, adicionando-as resulta em zero. Assim, obtemos a Segunda Lei de Newton para o centro de massa:

$$\frac{d}{dt}\vec{P} = \vec{F}_{res}, \tag{8.9}$$

onde $\vec{F}_{res}$ é a soma de todas as forças *externas* atuando sobre o sistema de partículas.

O centro de massa tem as mesmas relações entre posição, velocidade, momento, força e massa que foram estabelecidas por partículas pontuais. É possível, assim, considerar o centro de massa de um corpo extenso ou um grupo de corpos, como uma partícula pontual. Essa conclusão justifica a aproximação que usamos em capítulos anteriores de que corpos podem ser representados como pontos.

Colisão de dois corpos

Uma das mais interessantes aplicações do centro de massa surge com um sistema de referência cuja origem é colocada no centro de massa de um sistema de interação de corpos. Vamos investigar um exemplo mais simples dessa situação. Considere um sistema consistindo de somente dois corpos. Nesse caso, o momento total – a soma dos momentos individuais de acordo com a equação 8.7 – é

$$\vec{P} = \vec{p}_1 + \vec{p}_2. \tag{8.10}$$

No Capítulo 7, vimos que a velocidade relativa entre dois corpos colidindo é de grande importância na colisão de dois corpos. Assim, é natural definir o momento relativo como a metade da diferença do momento:

$$\vec{p} = \tfrac{1}{2}(\vec{p}_1 - \vec{p}_2). \tag{8.11}$$

Por que o fator $\tfrac{1}{2}$ é apropriado nessa definição? A resposta é que em um centro de momento de um sistema referencial – um sistema no qual o centro de massa tem momento zero – o momento do corpo 1 é $\vec{p}$ e do corpo 2 é $-\vec{p}$. Vamos ver como isso acontece.

A Figura 8.5a ilustra as relações entre o momento do centro de massa $\vec{P}$ (seta vermelha), o momento relativo $\vec{p}$ (seta azul) e os momentos dos corpos 1 e 2 (setas pretas). Podemos expressar os momentos individuais em termos de momento do centro de massa e de momento relativo:

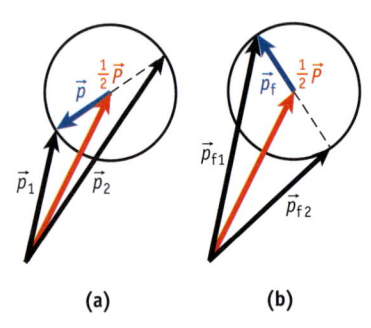

$$\begin{aligned}\vec{p}_1 &= \tfrac{1}{2}\vec{P} + \vec{p}\\ \vec{p}_2 &= \tfrac{1}{2}\vec{P} - \vec{p}.\end{aligned} \tag{8.12}$$

Figura 8.5 Relações entre vetores momento 1 e 2 (preto), momento do centro de massa (vermelho) e momento relativo (azul), em algum sistema referencial: (a) antes de uma colisão elástica; (b) após a colisão elástica.

A maior vantagem de pensarmos em termos de momento de centro de massa e momento relativo torna-se mais clara quando consideramos uma colisão entre dois corpos. Durante uma colisão, as forças dominantes que atuam sobre os corpos são as forças que elas exercem umas sobre as outras. Essas forças internas não entram na soma das forças na equação 8.8, então, obtemos, para a colisão de dois corpos:

$$\frac{d}{dt}\vec{P} = 0.$$

Em outras palavras, o momento do centro de massa não muda; permanece o mesmo durante a colisão de dois corpos. Isso é verdade para colisões elásticas, totalmente inelásticas ou parcialmente inelásticas.

Para uma colisão inelástica, na qual os dois corpos permanecem juntos após a colisão, achamos, no Capítulo 7, que a velocidade com a qual a massa combinada se move é

$$\vec{v}_f = \frac{m_1\vec{v}_{i1} + m_2\vec{v}_{i2}}{m_1 + m_2}.$$

Se compararmos essa equação com a equação 8.6 vemos que essa velocidade é exatamente a velocidade do centro de massa. De outro modo, no caso de uma colisão totalmente inelástica, o momento relativo após a colisão é zero.

Para colisões elásticas, a energia cinética total tem que ser conservada. Se calcularmos a energia cinética total em termos de momento total, $\vec{P}$, e momento relativo, $\vec{p}$, a contribuição do momento total tem que permanecer constante, porque $\vec{P}$ é constante. Esse achado indica que a energia cinética contida no movimento relativo também deva permanecer constante. Em função dessa energia cinética, por sua vez, ser proporcional ao quadrado do vetor momento relativo, o comprimento do vetor momento relativo permanece inalterado durante uma colisão elástica. Somente a direção desse vetor pode ser alterada. Como mostrado na Figura 8.5b, o novo vetor momento relativo, após a colisão elástica, fica sobre a circunferência de um círculo, cujo centro está no ponto final de $\frac{1}{2}\vec{p}$, situação representada na Figura 8.5, indicando que o movimento é restrito a duas dimensões espaciais. Para dois corpos colidindo em três dimensões, o vetor momento relativo final está localizado sobre a superfície de uma esfera, em vez de sobre o perímetro de um círculo.

Na Figura 8.5, os vetores momento para as partículas 1 e 2 são postos em um sistema de referência qualquer, antes e depois da colisão entre as partículas. Podemos colocar os mesmos vetores em um sistema que se move com o centro de massa. (Mostramos, exatamente, que o momento do centro de massa não muda na colisão!) A velocidade do centro de massa em tal sistema em movimento é zero e, consequentemente, $\vec{P}=0$ nesse sistema. Da equação 8.12, podemos ver que, nesse caso, os vetores momento iniciais das duas partículas são $\vec{p}_1 = +\vec{p}$ e $\vec{p}_2 = -\vec{p}$. No sistema em movimento do centro de massa, a colisão de duas partículas simplesmente resulta em uma rotação do vetor momento relativo sobre a origem, como mostrado na Figura 8.6, o qual, automaticamente, assegura que a conservação das leis do momento e da energia cinética (porque isso é uma colisão elástica!) sejam obedecidas.

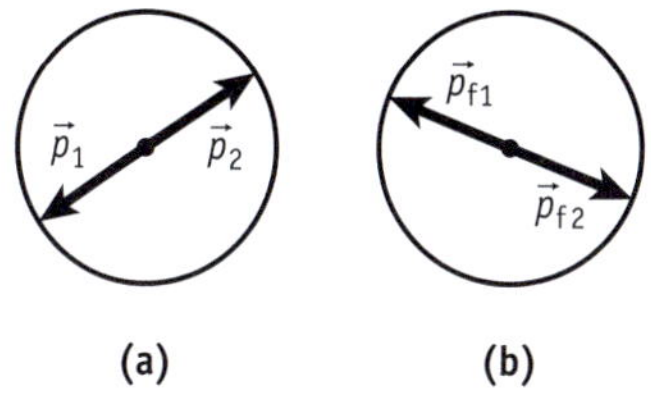

Figura 8.6 Mesma colisão como na Figura 8.5, mas exibida no sistema do centro de massa.

Movimento de recuo

Quando uma bala é disparada de uma arma, esta recua; isto é, se move na direção oposta daquela na qual a bala foi disparada. Outra demonstração do mesmo princípio físico ocorre se você está sentado em um barco, que está em repouso, e você atira um objeto para fora do barco: o barco se move na direção oposta a do objeto. Você pode também experimentar o mesmo efeito, se ficar em pé sobre um skate e arremessar uma bola (razoavelmente pesada). Esse bem conhecido efeito de recuo pode ser entendido usando a estrutura que desenvolvemos há pouco para a colisão de dois corpos. É também uma consequência da Terceira Lei de Newton.

PROBLEMA RESOLVIDO 8.2 | Canhão de recuo

Suponha que uma bala de canhão, de massa 13,7 kg, seja disparada sobre um alvo que dista 2,30 km do canhão, o qual tem massa 249,0 kg. A distância de 2,30 km é também o alcance máximo do canhão. O alvo e o canhão estão na mesma elevação e o canhão está em repouso sobre uma superfície horizontal.

PROBLEMA
Qual é a velocidade de recuo do canhão?

SOLUÇÃO
PENSE
Primeiro, entendemos que o canhão pode recuar somente na direção horizontal, porque a força normal exercida pelo chão evitará o aparecimento da componente de velocidade para baixo. Usamos o fato de que a componente x do momento do centro de massa do sistema (canhão e bala) permanece inalterada durante o disparo do canhão, porque a explosão da pólvora no interior do canhão, que coloca a bala em movimento, cria somente forças internas para o sistema. Nenhuma componente de força externa resultante ocorre na direção horizontal, porque as duas forças externas (força normal e gravidade) são verticais. A componente y da velocidade do centro de massa muda, porque a componente da força externa resultante ocorre na direção y, quando a força normal aumenta para evitar que o canhão penetre o solo. Em virtude de o canhão e a bala estarem inicialmente em repouso, o momento do centro de massa desse sistema é inicialmente zero, e sua componente x permanece zero após o disparo do canhão.

Continua →

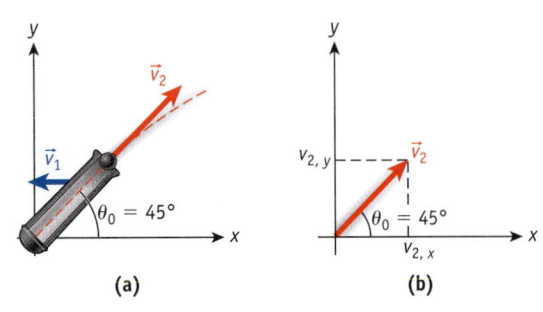

Figura 8.7 (a) Bala sendo disparada do canhão. (b) A velocidade inicial do vetor velocidade da bala.

DESENHE
A Figura 8.7a é um desenho do canhão quando a bala é disparada. A Figura 8.7b mostra o vetor velocidade da bala, $\vec{v}_2$, incluindo as componentes x e y.

PESQUISE
Usando a equação 8.10 com o índice 1 para o canhão e o índice 2 para a bala, obtemos

$$\vec{P} = \vec{p}_1 + \vec{p}_2 = m_1\vec{v}_1 + m_2\vec{v}_2 = 0 \Rightarrow \vec{v}_1 = -\frac{m_2}{m_1}\vec{v}_2.$$

Para a componente horizontal da velocidade, temos, então

$$v_{1,x} = -\frac{m_2}{m_1}v_{2,x}. \tag{i}$$

Podemos obter a componente horizontal da velocidade inicial da bala (no disparo) a partir do fato de que o alcance do canhão é de 2,30 km. No Capítulo 3, vimos que o alcance do canhão está relacionado à velocidade inicial por $R = (v_0^2/g)(\text{sen}\,2\theta_0)$. O alcance máximo é alcançado para $\theta_0 = 45°$ e é $R = v_0^2/g \Rightarrow v_0 = \sqrt{gR}$. Para $\theta_0 = 45°$, a velocidade inicial e a componente horizontal da velocidade estão relacionadas por $v_{2,x} = v_0 \cos 45° = v_0/\sqrt{2}$. Combinando esses dois resultados, podemos relacionar o alcance máximo à componente horizontal da velocidade inicial da bala:

$$v_{2,x} = \frac{v_0}{\sqrt{2}} = \sqrt{\frac{gR}{2}}. \tag{ii}$$

SIMPLIFIQUE
Substituindo, na equação (ii), a equação (i) nos dá o resultado que estávamos procurando:

$$v_{1,x} = -\frac{m_2}{m_1}v_{2,x} = -\frac{m_2}{m_1}\sqrt{\frac{gR}{2}}.$$

CALCULE
Inserindo os números dados no enunciado do problema, obtemos

$$v_{1,x} = -\frac{m_2}{m_1}\sqrt{\frac{gR}{2}} = -\frac{13,7 \text{ kg}}{249 \text{ kg}}\sqrt{\frac{(9,81 \text{ m/s}^2)(2,30 \cdot 10^3 \text{ m})}{2}} = -5,84392 \text{ m/s}.$$

ARREDONDE
Expressando nossa resposta com três algarismos significativos, temos

$$v_{1,x} = -5,84 \text{ m/s}$$

SOLUÇÃO ALTERNATIVA
O sinal de menos significa que o canhão se move na direção oposta da direção da bala, o que é razoável. A bala teria uma velocidade inicial muito maior do que a do canhão, porque a canhão tem muito mais massa. A velocidade inicial da bala era

$$v_0 = \sqrt{gR} = \sqrt{(9,81 \text{ m/s}^2)(2,3 \cdot 10^3 \text{ m})} = 150 \text{ m/s}.$$

O fato de que nossa resposta para a velocidade do canhão ser muito menor do que a velocidade da bala também parece razoável.

A massa pode ser ejetada continuamente de um sistema produzindo um recuo contínuo. Como exemplo, vamos considerar o esguicho de água de uma mangueira de incêndio.

EXEMPLO 8.2 — Mangueira de incêndio

PROBLEMA
Qual é o módulo da força, F, que atua sobre um bombeiro segurando uma mangueira que ejeta 360 l de água por minuto, com uma velocidade de saída de $v = 39{,}0$ m/s, como mostrado na Figura 8.8?

Figura 8.8 Uma mangueira de incêndio com água saindo a velocidade v.

SOLUÇÃO
Primeiro vamos encontrar a massa total de água que está sendo ejetada por minuto. A densidade da água $\rho = 1.000$ kgm^3 = 1,0 kg/L. Em virtude de $\Delta V = 360$ L, temos para a massa total de água ejetada por minuto:

$$\Delta m = \Delta V \rho = (360 \text{ L})(1{,}0 \text{ kg/L}) = 360 \text{ kg}$$

O momento da água é, então, $\Delta p = v \Delta m$, e, da definição de força média, $F = \Delta p / \Delta t$, temos:

$$F = \frac{v \Delta m}{\Delta t} = \frac{(39{,}0 \text{ m/s})(360 \text{ kg})}{60 \text{ s}} = 234 \text{ N}.$$

Essa força é considerável, por isso é tão perigoso para os bombeiros soltar a mangueira quando a estão usando: ela pode chicotear para qualquer lado e causar ferimentos.

8.2 Exercícios de sala de aula

Uma mangueira de jardim é usada para encher um balde de 20 l em 1 minuto. A velocidade da água deixando mangueira é de 1,05 m/s. Qual força é necessária para segurar a mangueira no lugar?

a) 0,35 N d) 12 N
b) 2,1 N   e) 21 N
c) 9,8 N

Movimento geral do centro de massa

Corpos extensos e maciços podem ter movimentos que parecem, à primeira vista, bastante complicados. Um exemplo de tal movimento é o salto em altura. Durante os Jogos Olímpicos de 1968, na Cidade do México, o astro do atletismo norte-americano, Dick Fosbury, ganhou a medalha de ouro fazendo uso de uma nova técnica para salto em altura, que se tornou conhecida como o "Fosbury flop" (veja a Figura 8.9). Bem executada, a técnica permite ao atleta saltar sobre a barra enquanto seu centro de massa permanece abaixo dela, efetiva assim, adicionando altura ao salto.

A Figura 8.10a mostra uma chave-inglesa girando pelo ar, em uma série de imagens de exposição múltipla, com tempos iguais entre os quadros em sequência. Embora esse movimento pareça complicado, podemos usar o que sabemos sobre o centro de massa para analisar diretamente o movimento. Se admitirmos que toda a massa da chave-inglesa está concentrada em um ponto, então esse ponto se moverá, sobre uma parábola, pelo ar sob influência da gravidade, como discutido no Capítulo 3. Sobreposto a esse movimento, está a rotação da chave-inglesa

Figura 8.9 Dick Fosbury passa livremente pela barra durante as finais dos Jogos Olímpicos na Cidade do México, em 20 de outubro de 1968.

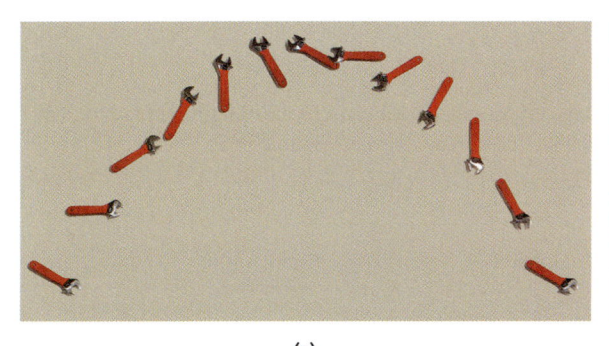

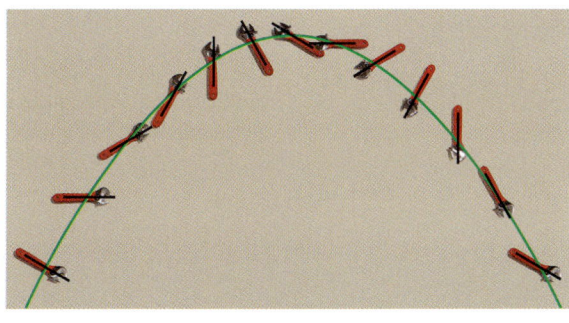

(a) (b)

Figura 8.10 (a) Série de imagens de múltipla exposição digitalmente processadas de uma chave-inglesa lançada ao ar. (b) Mesma série como na parte (a), mas com uma parábola sobreposta para o centro de massa.

ao redor de seu centro de massa. Você pode ver essa trajetória parabólica claramente na Figura 8.10b, onde uma parábola sobreposta (verde) passa pela localização do centro de massa da chave-inglesa em cada quadro. Ainda, a linha preta sobreposta gira com uma taxa constante ao redor do centro de massa da chave-inglesa. Você pode claramente ver que o cabo da chave-inglesa está sempre alinhado com a linha preta, indicando que a chave-inglesa gira com uma taxa constante ao redor do seu centro de massa (analisaremos tal movimento rotacional no Capítulo 10).

As técnicas introduzidas aqui nos permitem analisar muitos tipos de problemas complicados envolvendo movimentos de corpos sólidos em termos de sobreposição de movimento do centro de massa e rotação do corpo ao redor do centro de massa.

8.3 Movimento de foguetes

O exemplo 8.2, sobre a mangueira de incêndio, é a primeira situação que examinamos que envolve uma mudança de momento em função da variação de massa em vez da velocidade. Outra importante situação na qual a variação do momento decorre da variação de massa é o movimento de foguetes, onde parte da massa do foguete é ejetada pelo bocal ou bocais de escape (Figura 8.11). O movimento de foguetes é um caso de efeito de recuo, discutido na Seção 8.2. Um foguete não "empurra contra" qualquer coisa; em vez disso, seu impulso para frente vem da ejeção de seu propelente pelo bocal de escape, de acordo com a lei da conservação de momento total.

Para obtermos uma expressão para a aceleração de um foguete, primeiro consideraremos uma ejeção discreta de quantidades de massa para fora do foguete. Então, podemos nos aproximar do limite contínuo. Vamos usar um modelo de foguete que se mova no espaço interestelar, propelindo-se para frente pelo disparo de balas por sua extremidade traseira (Figura 8.12). (Especificamos que o foguete está no espaço interestelar, então podemos tratá-lo, assim como suas componentes, como um sistema isolado, para o qual podemos desprezar as forças externas.) Inicialmente, o foguete está em repouso. Todo o movimento está na direção x, então podemos usar a notação para o movimento unidimensional, com os sinais da componente x das velocidades (a qual, por simplicidade, nos referiremos como velocidades) indicando sua direção. Cada bala tem massa de Δm, e a massa inicial do foguete, incluindo todas as balas, é m_0. Cada bala é disparada com uma velocidade v_b relativa ao foguete, resultando um momento da bala de $v_c \Delta m$.

Após a primeira bala ser disparada, a massa do foguete é reduzida para $m_0 - \Delta m$. O disparo da bala não faz o momento do centro de massa do sistema (foguete + bala) variar. (Lembre, esse é um sistema isolado sobre o qual nenhuma força resultante externa atua.) Assim, o foguete recebe um momento de recuo oposto àquele da bala. O momento da bala é

$$p_b = v_b \Delta m,$$

e o momento do foguete é

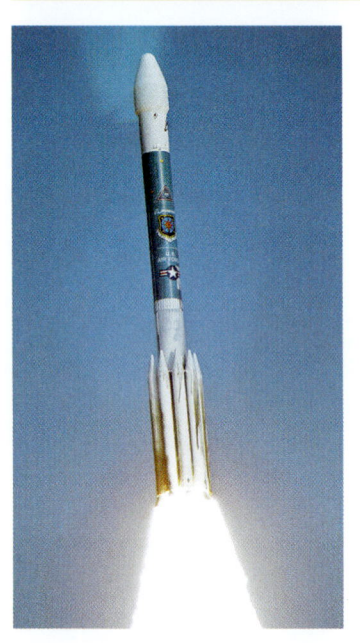

$$p_f = (m_0 - \Delta m) v_1,$$

Figura 8.11 Um foguete Delta II colocando um satélite GPS em órbita.

onde v_1 é a velocidade do foguete após a bala ser disparada. Em virtude da conservação do momento, podemos escrever $p_f + p_b = 0$ e, então, substituir p_f e p_b das duas expressões precedentes:

$$(m_0 - \Delta m) v_1 + v_b \Delta m = 0.$$

Definimos a variação na velocidade, Δv_1, do foguete após o disparo de uma bala como

$$v_1 = v_0 + \Delta v = 0 + \Delta v = \Delta v_1,$$

onde a suposição de que o foguete estava inicialmente em repouso represente $v_0 = 0$. Isso nos dá a velocidade de recuo para o foguete devido ao disparo de uma bala:

$$\Delta v_1 = -\frac{v_b \Delta m}{m_0 - \Delta m}.$$

Figura 8.12 Modelo para a propulsão de foguete: disparo de balas.

No sistema em movimento do foguete, podemos, então, disparar a segunda bala. O disparo dessa segunda bala reduz a massa do foguete de $m_0 - \Delta m$ para $m_0 - 2\Delta m$, o que resulta em uma velocidade de recuo adicional de

$$\Delta v_2 = -\frac{v_b \Delta m}{m_0 - 2\Delta m}.$$

A velocidade total do foguete, então, aumenta para $v_2 = v_1 + \Delta v_2$. Após o disparo da enésima bala, a variação da velocidade é:

$$\Delta v_n = -\frac{v_b \Delta m}{m_0 - n\Delta m}. \tag{8.13}$$

Assim, a velocidade do foguete após o disparo da enésima bala é:

$$v_n = v_{n-1} + \Delta v_n.$$

Esse tipo de equação, que definiu o enésimo termo de uma sequência, na qual cada termo é expresso como uma função dos termos precedentes, é chamada de *relação de recursão*. Ela pode ser resolvida de uma maneira direta usando um computador. Podemos usar uma aproximação, de grande auxílio, para o caso em que a massa emitida por unidade de tempo é constante e pequena, comparada à massa (dependente do tempo) total do foguete. Nesse limite, obtemos da equação 8.13

$$\Delta v = -\frac{v_b \Delta m}{m} \Rightarrow \frac{\Delta v}{\Delta m} = -\frac{v_b}{m}. \tag{8.14}$$

Aqui, v_b é a velocidade com a qual a bala é ejetada. No limite $\Delta m \to 0$, então obtemos a derivada

$$\frac{dv}{dm} = -\frac{v_b}{m}. \tag{8.15}$$

A solução dessa equação diferencial é

$$v(m) = -v_b \int_{m_0}^{m} \frac{1}{m'} dm' = -v_b \ln m \Big|_{m_0}^{m} = v_b \ln\left(\frac{m_0}{m}\right). \tag{8.16}$$

(Você pode verificar que a equação 8.16 é, de fato, a solução da equação 8.15, tomando a derivada da equação 8.16 em relação a m.)

Se m_i é o valor inicial para a massa total, no tempo t_i, e m_f é a massa em algum instante mais tarde, podemos usar a equação 8.16 para obter $v_i = v_b \ln(m_0/m_i)$ e $v_f = v_b \ln(m_0/m_i)$ para as velocidades inicial e final do foguete. Então, usando a propriedade dos logarítimos, $\ln(a/b) = \ln a - \ln b$, achamos a diferença nessas duas velocidades:

$$v_f - v_i = v_c \ln\left(\frac{m_0}{m_f}\right) - v_b \ln\left(\frac{m_0}{m_i}\right) = v_b \ln\left(\frac{m_i}{m_f}\right). \tag{8.17}$$

EXEMPLO 8.3 Lançamento de foguete para Marte

Um esquema proposto para enviar astronautas para Marte envolve a montagem de uma nave espacial em órbita ao redor da Terra, evitando, assim, a necessidade da nave de superar a maioria da gravidade da Terra na partida. Suponha que tal nave tenha carga útil de 50.000 kg, carregue 2.000.000 kg de combustível e seja capaz de ejetar o propelente com velocidade de 23,5 km/s. (Os atuais propelentes químicos de foguetes atingem uma velocidade máxima de aproximadamente 5 km/s, mas a propulsão eletromaganética para foguetes está prevista para atingir uma velocidade de, talvez, 40 km/s.)

PROBLEMA
Qual é a velocidade final que essa nave pode alcançar, em relação à velocidade que tinha incialmente em sua órbita ao redor da Terra?

Continua →

SOLUÇÃO
Usando a equação 8.17 e substituindo os números dados no problema, encontramos

$$v_f - v_i = v_b \ln\left(\frac{m_i}{m_f}\right) = (23{,}5 \text{ km/s})\ln\left(\frac{2.050.000 \text{ kg}}{50.000 \text{ kg}}\right) = (23{,}5 \text{ km/s})(\ln 41) = 87{,}3 \text{ km/s}.$$

Para comparação, o foguete multiestágio Saturno V, que levou os astronautas para a Lua no fim dos anos 60 e no começo dos anos 70, era capaz de atingir uma velocidade próxima de 12 km/s, apenas.

Entretanto, mesmo com uma tecnologia avançada, tal como a propulsão eletromagnética, levaria vários meses para que os astronautas chegassem a Marte, ainda que sob as mais favoráveis condições. O *Mars Rover*, por exemplo, levou 207 dias para viajar da Terra até Marte. A NASA estima que os astronautas, para tal missão, receberiam aproximadamente de 10 a 20 vezes mais radiação do que a máxima dose anual permitida para trabalhadores que lidam com radiação, fazendo com que as probabilidades de desenvolvimento de câncer e de danos cerebrais aumentem. Nenhum mecanismo de escudo que pudesse proteger os astronautas desse perigo foi proposto ainda.

Outro meio e, talvez, mais fácil de pensar o movimento de foguetes, é voltar atrás na definição de momento como um produto da massa pela velocidade e tomar a derivada em relação ao tempo para obter a força. Contudo, agora a massa do corpo pode variar também:

$$\vec{F}_{res} = \frac{d}{dt}\vec{p} = \frac{d}{dt}(m\vec{v}) = m\frac{d\vec{v}}{dt} + \vec{v}\frac{dm}{dt}.$$

(O último passo nessa equação representa a aplicação da regra do produto da diferenciação do cálculo). Se nenhuma força externa está atuando sobre um corpo ($\vec{F}_{res} = 0$) obtemos, então,

$$m\frac{d\vec{v}}{dt} = -\vec{v}\frac{dm}{dt}.$$

No caso do movimento de foguetes (como ilustrado na Figura 8.13) o fluxo do propelente, dm/dt, é constante e cria uma variação na massa do foguete. O propelente se move com uma velocidade constante, $\vec{v}_c$, relativa ao foguete. Obtemos, então

$$m\frac{d\vec{v}}{dt} = m\vec{a} = -\vec{v}_c\frac{dm}{dt}.$$

A combinação $v_c(dm/dt)$ é chamada de **empuxo** do foguete. É uma força e, assim, é medida em newtons:

$$\vec{F}_{empuxo} = -\vec{v}_c\frac{dm}{dt}. \tag{8.18}$$

O empuxo gerado pelos motores e impulsionadores do ônibus espacial é de aproximadamente 31,3 MN (31,3 meganewtons ou aproximadamente 7,8 milhões de libras). A massa total inicial do ônibus espacial, incluido a carga útil e tanques de combustível, é levemente maior do que 2,0 milhões de kg; assim, os motores e impulsionadores do ônibus espacial podem produzir uma aceleração inicial de

$$a = \frac{\vec{F}_{res}}{m} = \frac{3{,}13 \cdot 10^7 \text{ N}}{2{,}0 \cdot 10^6 \text{ kg}} = 16 \text{ m/s}^2.$$

Figura 8.13 Movimento de foguetes.

Essa aceleração é suficiente para vencer a aceleração da gravidade (−9,81 m/s²) e erguer o ônibus espacial da plataforma de lançamento. Uma vez que o ônibus espacial levante e sua massa diminua, ele pode gerar uma maior aceleração. À medida que o combustível é consumido, os motores principais são diminuídos para que a aceleração não exceda 3g (três vezes a aceleração da gravidade), a fim de evitar danos à carga ou ferimentos aos astronautas.

8.4 Calculando o centro de massa

Até aqui, não tratamos a questão-chave: como calculamos a localização do centro de massa para um corpo com forma qualquer? Para responder essa questão, vamos encontrar a localização do centro de massa de um martelo, mostrado na Figura 8.14. Para fazer isso, podemos representar o martelo por pequenos cubos de igual tamanho, como mostrado na parte inferior da figura. Os centros dos cubos são seus centros de massa individuais, marcados com pontos vermelhos. As setas vermelhas são os vetores posição dos cubos. Se aceitarmos o conjunto de cubos como uma boa aproximação para o martelo, podemos usar a equação 8.3 para achar o centro de massa do conjunto de cubos e, assim, do martelo.

Observe que nem todos os cubos têm a mesma massa, porque as densidades do cabo de madeira e da cabeça de ferro são muito diferentes. A relação entre densidade de massa ρ, massa e volume é dado por

$$\rho = \frac{dm}{dV}. \tag{8.19}$$

Se a densidade de massa é uniforme em todo o corpo, simplesmente temos

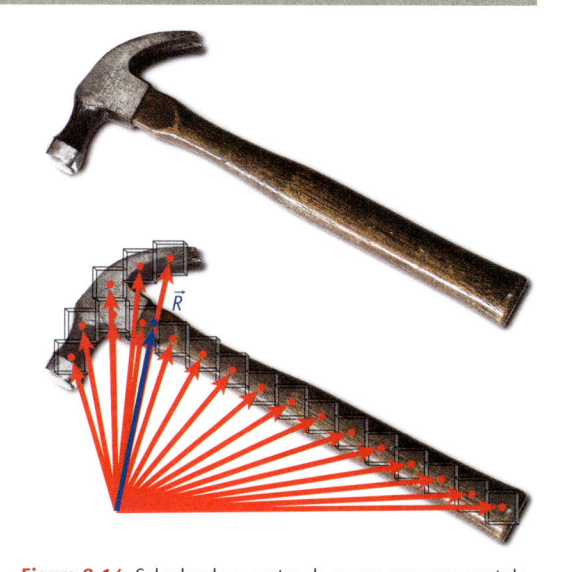

$$\rho = \frac{M}{V} \quad \text{(para } \rho \text{ constante)}. \tag{8.20}$$

Figura 8.14 Calculando o centro de massa para um martelo.

Podemos, então, usar a densidade de massa e reescrever a equação 8.3:

$$\vec{R} = \frac{1}{M} \sum_{i=1}^{n} \vec{r}_i m_i = \frac{1}{M} \sum_{i=1}^{n} \vec{r}_i \rho(\vec{r}_i) V.$$

Aqui, admitimos que a densidade de massa de cada pequeno cubo é uniforme (mas ainda possivelmente diferente de um cubo para outro) e que cada cubo tem o mesmo (pequeno) volume, V.

Podemos obter aproximações cada vez melhores se formos diminuindo o volume de cada cubo e aumentando cada vez mais o número de cubos. Esse procedimento deveria parecer muito familiar para você, porque é exatamente o mesmo feito no cálculo para chegar no limite para uma integral. Nesse limite, obtemos a localização do centro de massa para um corpo de forma qualquer:

$$\vec{R} = \frac{1}{M} \int_V \vec{r} \rho(\vec{r}) \, dV. \tag{8.21}$$

Aqui, a integral tridimensional de volume se estende sobre o volume inteiro do corpo considerado.

A próxima questão que aparece é qual sistema de coordenadas escolher para calcular essa integral. Você pode nunca ter visto uma integral tridimensional antes e pode ter trabalhado somente com integrais unidimensionais da forma $\int f(x)dx$. Contudo, todas as integrais tridimensionais que usaremos neste capítulo podem ser reduzidas (na maioria) para três integrais unidimensionais sucessivas, muitas das quais são muito diretas na resolução, desde que se selecione um apropriado sistema de coordenadas.

Sistemas coordenados não cartesianos tridimensionais

O Capítulo 1 introduziu o sistema coordenado ortogonal tridimensional, ou seja, o Sistema Coordenado Cartesiano, com as coordenadas x, y e z. Entretando, para algumas aplicações é matematicamente mais simples representar o vetor posição em outro sistema coordenado. Esta seção introduz, brevemente, dois sistemas coordenados tridimensionais de uso comum que podem ser utilizados para especificar um vetor no espaço tridimensional: coordenadas esféricas e coordenadas cilíndricas.

Coordenadas esféricas

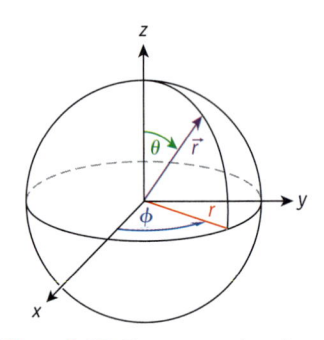

Figura 8.15 Sistema coordenado esférico tridimensional.

Nas **coordenadas esféricas**, o vetor posição $\vec{r}$ é representado por seu tamanho, r, seu ângulo polar relativo ao eixo z positivo, θ, e o ângulo azimutal da projeção do vetor sobre o plano xy, relativo ao eixo x positivo, ϕ (Figura 8.15).

Podemos obter as coordenadas cartesianas do vetor $\vec{r}$ das suas coordenadas esféricas pela transformação

$$\begin{aligned} x &= r\cos\phi\,\text{sen}\,\theta \\ y &= r\,\text{sen}\,\phi\,\text{sen}\,\theta \\ z &= r\cos\theta. \end{aligned} \quad (8.22)$$

A transformação inversa, coordenadas cartesianas para esféricas, é

$$\begin{aligned} r &= \sqrt{x^2 + y^2 + z^2} \\ \theta &= \cos^{-1}\left(\frac{z}{\sqrt{x^2 + y^2 + z^2}}\right) \\ \phi &= \text{tg}^{-1}\left(\frac{y}{x}\right). \end{aligned} \quad (8.23)$$

Coordenadas cilíndricas

Figura 8.16 Sistema coordenado cilíndrico em três dimensões.

As coordenadas cilíndricas podem ser vistas como um meio termo entre o sistema cartesiano e as coordenadas esféricas, no sentido de que a coordenada z cartesiana esteja fixada, mas que as coordenadas x e y cartesianas sejam substituídas pelas coordenadas $r_\perp$ e ϕ (Figura 8.16). Aqui, $r_\perp$ especifica o comprimento da projeção do vetor posição $\vec{r}$ sobre o plano xy, assim, ele mede a distância perpendicular ao eixo z. Exatamente como nas coordenadas esféricas, ϕ é o ângulo da projeção do vetor no plano xy, relativo ao eixo x positivo.

Obtemos as coordenadas cartesianas das coordenadas cilíndricas por

$$\begin{aligned} x &= r_\perp \cos\phi \\ y &= r_\perp \,\text{sen}\,\phi \\ z &= z. \end{aligned} \quad (8.24)$$

A transformação inversa, coordenadas cilíndricas para cartesianas, é

$$\begin{aligned} r_\perp &= \sqrt{x^2 + y^2} \\ \phi &= \text{tg}^{-1}\left(\frac{y}{x}\right) \\ z &= z. \end{aligned} \quad (8.25)$$

Como uma maneira prática, você poderia usar um sistema coordenado cartesiano na sua primeira tentativa de descrever qualquer situação física. Contudo, os sistemas de coordenadas esféricas e cilíndricas são frequentemente usados quando trabalhamos com corpos que possuem simetria ao redor de um ponto ou uma linha. Ainda neste capítulo, faremos uso do sistema de coordenadas cilíndricas para representar uma integral tridimensional de volume. O Capítulo 9 discutirá as coordenadas polares, as quais podem ser pensadas como o equivalente bidimensional das coordenadas cilíndricas ou das coordenadas esféricas. Finalmente, no Capítulo 10, usaremos outra vez as coordenadas cilíndricas e esféricas para solucionar problemas um pouco mais complicados, que requerem integração.

Adendo matemático: integrais de volume

Mesmo que o Cálculo seja um pré-requisito para a Física, muitas universidades permitem que estudantes frequentem cursos introdutórios de Física e de Cálculo ao mesmo tempo. Em geral, essa permissão funciona bem, mas quando estudantes encontram integrais multidimensionais em Física, é frequente que seja a primeira vez que veem essa notação. Portanto, vamos rever o procedimento básico para resolver essas integrais.

Se quisermos integrar qualquer função sobre um volume tridimensional, precisamos encontrar uma expressão para o elemento de volume dV em um apropriado conjunto de coordenadas. A menos que haja uma razão extremamente importante para não usar, você deveria sempre utilizar sistemas coordenados ortogonais. Os três sistemas coordenados ortogonais comumente usados são: o cartesiano, o cilíndirico e o esférico.

É muito mais fácil expressar o elemento de volume dV em coordenadas cartesianas; ele é, simplesmente, o produto dos três elementos coordenados individuais (Figura 8.17). A integral tridimensional de volume escrita em coordenadas cartesianas é

$$\int_V f(\vec{r})dV = \int_{z_{min}}^{z_{max}}\left(\int_{y_{min}}^{y_{max}}\left(\int_{x_{min}}^{x_{max}} f(\vec{r})dx\right)dy\right)dz. \quad (8.26)$$

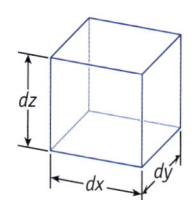

Figura 8.17 Elemento de volume em coordenadas cartesianas.

Nessa equação, $f(\vec{r})$ pode ser uma função arbitrária da posição. Os limites superiores e inferiores para as coordenadas individuais são denotadas por x_{min}, x_{max},... A convenção para resolver a integral, é calcular primeiro a integral mais interna e vir calculando as seguintes, até chegar a mais externa. Para a equação 8.26, executamos primeiro a integração em relação a x, depois em relação a y e, finalmente, em relação a z. Entretanto, qualquer outra ordem é possível. Um modo igualmente válido de escrever a integral da equação 8.26 é

$$\int_V f(\vec{r})dV = \int_{x_{min}}^{x_{max}}\left(\int_{y_{min}}^{y_{max}}\left(\int_{z_{min}}^{z_{max}} f(\vec{r})dz\right)dy\right)dx, \quad (8.27)$$

a qual indica que, agora, a ordem de integração é z, y e x. Por que a ordem de integração deveria fazer diferença? A ordem de integração só importa quando os limites de integração, em uma coordenada particular, dependem, um ou ambos, de outras coordenadas. O Exemplo 8.4 considera tal situação.

Pelo ângulo ϕ ser uma das coordenadas no sistema de coordenadas cilíndricas, o elemento de volume não tem a forma de um cubo. Para um dado ângulo diferencial, $d\phi$, o tamanho do elemento de volume depende da distância que o elemento de volume está em relação ao eixo z. Esse tamanho aumenta linearmente com a distância $r_\perp$ em relação ao eixo z (Figura 8.18) e é dado por

$$dV = r_\perp dr_\perp d\phi dz. \quad (8.28)$$

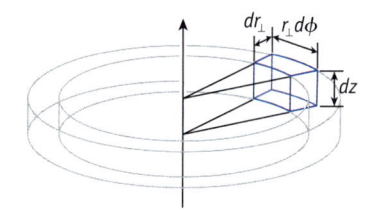

Figura 8.18 Elemento de volume em coordenadas cilíndricas.

A integral de volume é então

$$\int_V f(\vec{r})dV = \int_{z_{min}}^{z_{max}}\left(\int_{\phi_{min}}^{\phi_{max}}\left(\int_{r_{\perp min}}^{r_{\perp max}} f(\vec{r})r_\perp dr_\perp\right)d\phi\right)dz. \quad (8.29)$$

Outra vez, a ordem de integração pode ser escolhida, de modo que a tarefa seja o mais simples possível.

Finalmente, nas coordenadas esféricas, usamos dois ângulos variáveis, θ e ϕ, (Figura 8.19).

Aqui o tamanho do elemento de volume, para um dado valor das coordenadas diferenciais, depende da distância r da origem, bem como do ângulo relativo do eixo $\theta = 0$ (equivalente ao eixo z das coordenadas cartesianas e cilíndricas). O elemento de volume diferencial nas coordenadas esféricas é

$$dV = r^2 dr \operatorname{sen}\theta d\theta d\phi. \quad (8.30)$$

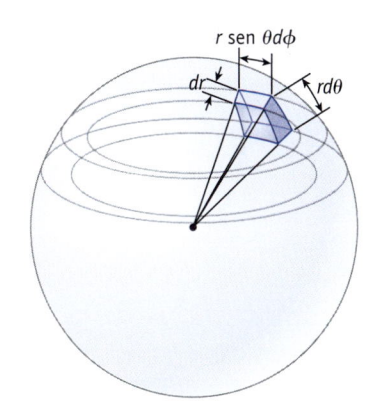

Figura 8.19 Elemento de volume em coordenadas esféricas.

A integral de volume, em coordenadas esféricas, é dada por

$$\int_V f(\vec{r})dV = \int_{r_{min}}^{r_{max}}\left(\int_{\phi_{min}}^{\phi_{max}}\left(\int_{\theta_{min}}^{\theta_{max}} f(\vec{r})\operatorname{sen}\theta d\theta\right)d\phi\right)r^2 dr. \quad (8.31)$$

EXEMPLO 8.4 Volume de um cilindro

Para ilustrar o porquê de ser mais simples o uso de coordenadas não cartesianas em certas circunstâncias, vamos usar integrais de volume para encontrar o volume de um cilindro de raio R e de altura H. Temos de integrar a função $f(\vec{r}) = 1$ sobre o cilindro inteiro para obter o volume.

Continua →

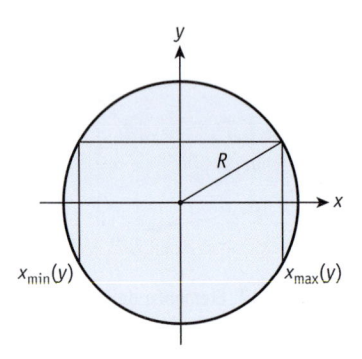

Figura 8.20 Superfície inferior de um cilindro reto de raio R.

PROBLEMA

Use uma integral de volume para achar o volume de um cilindro reto de altura H e de raio R.

SOLUÇÃO

Em coordenadas cartesianas, colocamos a origem de nosso sistema coordenado no centro da base circular do cilindro (superfície inferior); assim, a forma no plano xy que temos para integrar é um círculo de raio R (Figura 8.20). A integral de volume em coordenadas cartesianas é então

$$\int_V dV = \int_0^H \left(\int_{y_{\min}}^{y_{\max}} \left(\int_{x_{\min}(y)}^{x_{\max}(y)} dx \right) dy \right) dz. \tag{i}$$

A integral mais interna deve ser feita primeiro e de forma direta:

$$\int_{x_{\min}(y)}^{x_{\max}(y)} dx = x_{\max}(y) - x_{\min}(y). \tag{ii}$$

Os limites de integração dependem de y: $x_{\max} = \sqrt{R^2 - y^2}$ e $x_{\min} = -\sqrt{R^2 - y^2}$. Assim, a solução da equação (ii) é $x_{\max}(y) - x_{\min}(y) = 2\sqrt{R^2 - y^2}$. Inserimos esse resultado dentro da equação (i) e obtemos

$$\int_V dV = \int_0^H \left(\int_{-R}^{R} 2\sqrt{R^2 - y^2}\, dy \right) dz. \tag{iii}$$

A mais interna dessas duas integrais que sobraram é calculada como

$$\int_{-R}^{R} 2\sqrt{R^2 - y^2}\, dy = \left(y\sqrt{R^2 - y^2} + R^2 \operatorname{tg}^{-1}\left(\frac{y}{\sqrt{R^2 - y^2}} \right) \right)\Bigg|_{-R}^{R} = \pi R^2.$$

Você pode verificar esse resultado procurando a integral exata em uma tabela de integrais. Inserindo esse resultado na equação (iii), finalmente temos nossa resposta:

$$\int_V dV = \int_0^H \pi R^2 dz = \pi R^2 \int_0^H dz = \pi R^2 H.$$

Como você pode ver, obter o volume de um cilindro em coordenadas cartesianas é um tanto trabalhoso. E se usarmos as coordenadas cilíndricas? De acordo com a equação 8.29, a integral de volume é então

$$\int_V f(\vec{r}) dV = \int_0^H \left(\int_0^{2\pi} \left(\int_0^R r_\perp dr_\perp \right) d\phi \right) dz = \int_0^H \left(\int_0^{2\pi} \left(\tfrac{1}{2} R^2 \right) d\phi \right) dz$$

$$= \tfrac{1}{2} R^2 \int_0^H \left(\int_0^{2\pi} d\phi \right) dz = \tfrac{1}{2} R^2 \int_0^H 2\pi\, dz = \pi R^2 \int_0^H dz = \pi R^2 H.$$

Nesse caso, foi muito mais fácil usar as coordenadas cilíndricas: uma consequência da geometria do corpo, sobre a qual integramos.

8.2 Pausa para teste

Usando as coordenadas esféricas, mostre que o volume V de uma esfera de raio R é $V = \tfrac{4}{3}\pi R^3$.

Agora, podemos retornar ao problema do cálculo da localização do centro de massa de um corpo. Para as componentes cartesianas do vetor posição achamos, da equação 8.21:

$$X = \frac{1}{M}\int_V x\rho(\vec{r})dV, \quad Y = \frac{1}{M}\int_V y\rho(\vec{r})dV, \quad Z = \frac{1}{M}\int_V z\rho(\vec{r})dV. \tag{8.32}$$

Se a densidade de massa para todo o corpo é constante, $\rho(\vec{r}) \equiv \rho$, podemos remover esse fator constante da integral e obtemos um caso especial da equação 8.21, para densidade de massa constante:

$$\vec{R} = \frac{\rho}{M} \int_V \vec{r}\, dV = \frac{1}{V} \int_V \vec{r}\, dV \quad \text{(para } \rho \text{ constante)}, \tag{8.33}$$

onde usamos a equação 8.20 no último passo. Expresso em componentes cartesianas, obtemos, para esse caso:

$$X = \frac{1}{V} \int_V x\, dV, \quad Y = \frac{1}{V} \int_V y\, dV, \quad Z = \frac{1}{V} \int_V z\, dV. \tag{8.34}$$

As equações 8.33 e 8.34 indicam que qualquer corpo que tenha um plano de simetria tem seu centro de massa localizado nesse plano. Um corpo que tenha três planos de simetria perpendiculares entre si (tal como um cilindro, um sólido retangular ou uma esfera), tem seu centro de massa onde esses três planos se cruzam, que é o centro geométrico. O exemplo 8.5 desenvolve mais essa ideia.

EXEMPLO 8.5 — Centro de massa de uma meia esfera

PROBLEMA
Considere uma meia esfera sólida de densidade de massa constante e raio R_0 (Figura 8.21a). Onde está o centro de massa?

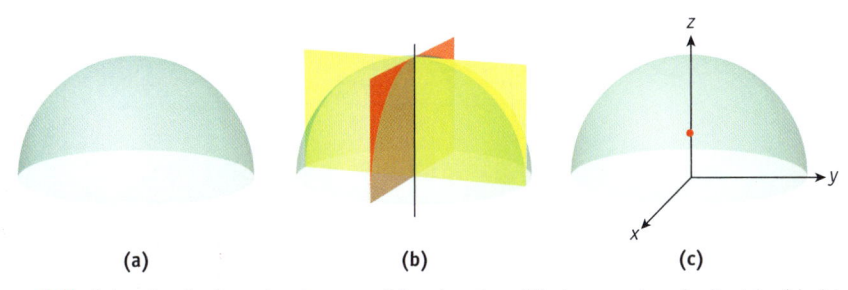

Figura 8.21 Determinação do centro de massa: (a) meia esfera; (b) planos e eixos de simetria; (c) sistema coordenado com a localização do centro de massa assinalada pelo ponto vermelho.

SOLUÇÃO
Como mostrado na Figura 8.21b, os planos de simetria podem dividir esse corpo em duas partes iguais. Dois planos, vermelho e amarelo, perpendiculares são mostrados, mas qualquer plano através do eixo de simetria vertical (indicado pela linha preta fina) é um plano de simetria.

Posicionamos o sistema coordenado de modo que um eixo (o eixo z, no caso) coincida com esse eixo de simetria. Então, estamos seguros de que o centro de massa está localizado extamente sobre esse eixo. Em virtude se a distribuição de massa ser simétrica e dos integrandos da equação 8.33 ou 8.34 estarem com índices negativos de $\vec{r}$, a integral para X ou Y deve ter o valor zero. Especificamente,

$$\int_{-a}^{a} x\, dx = 0 \text{ para todos os valores da constante } a$$

Posicionar o sistema coordenado de maneira que o eixo z seja o eixo de simetria assegura que $X = Y = 0$. Isso é mostrado na Figura 8.21c, onde a origem do sistema coordenado está posicionada no centro da superfície circular inferior da meia esfera.

Agora, devemos encontrar o valor da terceira integral na equação 8.34:

$$Z = \frac{1}{V} \int_V z\, dV.$$

O volume de uma meia esfera é o meio volume de uma esfera, ou

$$V = \frac{2\pi}{3} R_0^3. \tag{i}$$

Continua →

Para calcular a integral para Z, usamos as coordenadas cilíndricas, nas quais o elemento de volume diferencial é dado (veja a equação 8.28) como $dV = r_\perp dr_\perp d\phi\, dz$. A integral é, então, calculada como segue:

$$\int_V z\, dV = \int_0^{R_0} \left(\int_0^{\sqrt{R_0^2-z^2}} \left(\int_0^{2\pi} z r_\perp d\phi \right) dr_\perp \right) dz$$

$$= \int_0^{R_0} z \left(\int_0^{\sqrt{R_0^2-z^2}} r_\perp \left(\int_0^{2\pi} d\phi \right) dr_\perp \right) dz$$

$$= 2\pi \int_0^{R_0} z \left(\int_0^{\sqrt{R_0^2-z^2}} r_\perp dr_\perp \right) dz$$

$$= \pi \int_0^{R_0} z(R_0^2 - z^2)\, dz$$

$$= \frac{\pi}{4} R_0^4.$$

Combinando esse resultado e a expressão para o volume de uma meia esfera da equação (i), obtemos a coordenada z do centro de massa:

$$Z = \frac{1}{V} \int_V z\, dV = \frac{3}{2\pi R_0^3} \frac{\pi R_0^4}{4} = \frac{3}{8} R_0.$$

Note que o centro de massa de um corpo nem sempre precisa estar localizado dentro do corpo. Dois exemplos óbvios são mostrados na Figura 8.22. Das considerações sobre simetria, segue que o centro de massa de uma "rosquinha" (Figura 8.22a) está exatamente no centro de seu furo, em um ponto fora da própria "rosquinha". O centro de massa de um bumerangue (Figura 8.22b) fica sobre o eixo de simetria tracejado, mas, outra vez, fora do corpo.

Centro de massa para corpos de uma e de duas dimensões

Nem todos os problemas envolvendo cálculo do centro de massa estão concentrados nos corpos tridimensionais. Por exemplo: você pode querer calcular o centro de massa para um corpo bidimensional, como uma placa lisa de metal. Podemos escrever as equações para as coordenadas do centro de massa de um corpo bidimensional, cuja massa por unidade de área (ou densidade de massa da área) é $\sigma(\vec{r})$, modificando as expressões para X e Y dadas na equação 8.32:

$$X = \frac{1}{M} \int_A x\sigma(\vec{r})dA, \quad Y = \frac{1}{M} \int_A y\sigma(\vec{r})dA, \quad (8.35)$$

onde a massa é

$$M = \int_A \sigma(\vec{r})dA. \quad (8.36)$$

Se a densidade de massa da área do corpo é constante, então $\sigma = M/A$, e podemos reescrever a equação 8.35 para conseguir as coordenadas do centro de massa de um corpo de duas dimensões em termos da área A e das coordenadas x e y:

$$X = \frac{1}{A} \int_A x\, dA, \quad Y = \frac{1}{A} \int_A y\, dA, \quad (8.37)$$

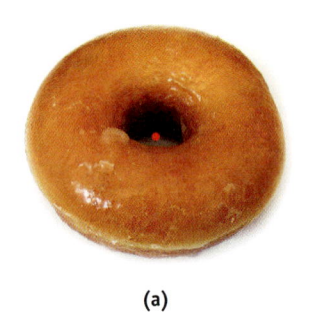

Figura 8.22 Corpos com um centro de massa (indicados pelos pontos vermelhos) fora de suas distribuições de massa: (a) "rosquinha"; (b) bumerangue. O eixo de simetria do bumerangue é mostrado por uma linha tracejada.

onde a área total é obtida a partir de

$$A = \int_A dA. \qquad (8.38)$$

Se o corpo é, efetivamente, unidimensional, como um bastão longo e fino, de comprimento L e densidade linear de massa (ou massa por unidade de comprimento) $\lambda(x)$, a coordenada do centro de massa é dada por

$$X = \frac{1}{M}\int_L x\lambda(x)dx, \qquad (8.39)$$

onde a massa é

$$M = \int_L \lambda(x)dx. \qquad (8.40)$$

Se a densidade linear de massa do bastão é constante, então, claramente, o centro de massa está localizado no centro geométrico – o meio do bastão – e mais nenhum cálculo é necessário.

PROBLEMA RESOLVIDO 8.3 | Centro de massa de um bastão fino e longo

PROBLEMA
Um longo e fino bastão está sobre o eixo x. Uma extremidade está localizada em $x = 1,00$ m, e a outra em $x = 3,00$ m. A densidade linear de massa do bastão é dada por $\lambda(x) = ax^2 + b$, onde $a = 0,300$ kg/m^3 e $b = 0,600$ kg/m. Qual é a massa do bastão e qual a coordenada x do seu centro de massa?

SOLUÇÃO

PENSE
A densidade linear de massa do bastão não é uniforme, mas depende da coordenada x. Logo, para termos a massa, devemos integrar a densidade linear de massa, ponderada pela distância na direção x e, então, dividir pela massa do bastão.

DESENHE
O bastão longo e fino, orientado ao longo do eixo x, é mostrado na Figura 8.23.

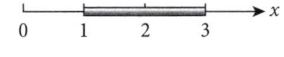

Figura 8.23 Um longo e fino bastão orientado ao longo do eixo x.

PESQUISE
Obtemos a massa do bastão integrando a densidade linear de massa, λ, sobre o bastão, de $x = 1,00$ m até $x = 3,00$ m (veja a equação 8.40):

$$M = \int_{x_1}^{x_2}\lambda(x)dx = \int_{x_1}^{x_2}(ax^2+b)dx = \left[a\frac{x^3}{3}+bx\right]_{x_1}^{x_2}.$$

Para encontrar a coordenada x do centro de massa do bastão, X, calculamos a integral da massa diferencial vezes x e, então, dividimos pela massa, a qual já achamos (veja a equação 8.39):

$$X = \frac{1}{M}\int_{x_1}^{x_2}\lambda(x)x\,dx = \frac{1}{M}\int_{x_1}^{x_2}(ax^2+b)x\,dx = \frac{1}{M}\int_{x_1}^{x_2}(ax^3+bx)dx = \frac{1}{M}\left[a\frac{x^4}{4}+b\frac{x^2}{2}\right]_{x_1}^{x_2}.$$

SIMPLIFIQUE
Inserindo os limites superiores e inferiores, x_2 e x_1, temos a massa do bastão:

$$M = \left[a\frac{x^3}{3}+bx\right]_{x_1}^{x_2} = \left(a\frac{x_2^3}{3}+bx_2\right) - \left(a\frac{x_1^3}{3}+bx_1\right) = \frac{a}{3}(x_2^3-x_1^3) + b(x_2-x_1).$$

Continua →

E, do mesmo modo, achamos a coordenada x do centro de massa do bastão:

$$X = \frac{1}{M}\left[a\frac{x^4}{4} + b\frac{x^2}{2}\right]_{x_1}^{x_2} = \frac{1}{M}\left\{\left(a\frac{x_2^4}{4} + b\frac{x_2^2}{2}\right) - \left(a\frac{x_1^4}{4} + b\frac{x_1^2}{2}\right)\right\},$$

a qual podemos simplificar um pouco mais, para

$$X = \frac{1}{M}\left\{\frac{a}{4}(x_2^4 - x_1^4) + \frac{b}{2}(x_2^2 - x_1^2)\right\}.$$

CALCULE
Substituindo os valores numéricos dados, calculamos a massa do bastão:

$$M = \frac{0{,}300 \text{ kg/m}^3}{3}\left((3{,}00 \text{ m})^3 - (1{,}00 \text{ m})^3\right) + (0{,}600 \text{ kg/m})(3{,}00 \text{ m} - 1{,}00 \text{ m}) = 3{,}8 \text{ kg}.$$

Com os valores numéricos, a coordenada x do bastão é

$$X = \frac{1}{3{,}8 \text{ kg}}\left\{\frac{0{,}300 \text{ kg/m}^3}{4}\left((3{,}00 \text{ m})^4 - (1{,}00 \text{ m})^4\right) + \frac{0{,}600 \text{ kg/m}}{2}\left((3{,}00 \text{ m})^2 - (1{,}00 \text{ m})^2\right)\right\}$$
$$= 2{,}210526316 \text{ m}.$$

ARREDONDE
Todos os valores numéricos no enunciado do problema foram especificados com três algarismos significativos. Então, reportamos nosso resultado como

$$M = 3{,}80 \text{ kg}$$

e

$$X = 2{,}21 \text{ m}.$$

SOLUÇÃO ALTERNATIVA
Para avaliar nossa resposta para a massa do bastão, vamos admitir que o bastão tenha uma densidade linear de massa constante, igual à densidade linear de massa obtida fazendo $x = 2$ m (o meio do bastão), na expressão para λ no problema, que é

$$\lambda = (0{,}3 \cdot 4 + 0{,}6) \text{ kg/m} = 1{,}8 \text{ kg/m}$$

A massa do bastão é, então, $m \approx 2\text{m} \cdot 1{,}8$ kg/m $= 3{,}6$ kg, a qual é razoavelmente próxima do resultado de $M = 3{,}80$ kg.

Para avaliarmos a coordenada x para o centro de massa do bastão, admitimos, outra vez, que a densidade linear de massa é constante. Então, o centro de massa estará localizado no meio do bastão, ou $X \approx 2$m. Nossa resposta calculada é $X = 2{,}21$ m, a qual se situa um pouco à direita do meio do bastão. Olhando para a função da densidade linear de massa, observamos que a massa linear do bastão aumenta para a direita, o que significa que o centro de massa do bastão deve estar à direita de seu centro geométrico. Nosso resultado é, portanto, razoável.

8.3 Pausa para teste
Uma placa, de altura h, é cortada de uma fina folha de metal com densidade de massa uniforme, como mostrado na figura. O limite inferior da placa é definido por $y = 2x^2$. Mostre que o centro de massa dessa placa está localizado em $x = 0$ e $y = \frac{3}{5}h$.

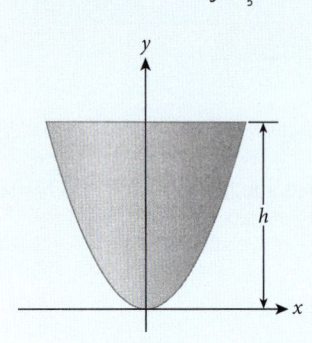

O QUE JÁ APRENDEMOS | GUIA DE ESTUDO PARA EXERCÍCIOS

- O centro de massa é o ponto no qual podemos imaginar que toda a massa de um corpo esteja concentrada.

- A localização do centro de massa para um corpo de forma qualquer é dado por $\vec{R} = \frac{1}{M}\int_V \vec{r}\rho(\vec{r})dV$, onde a densidade de massa do corpo é $\rho = \frac{dm}{dV}$, a integração se estende sobre o volume V inteiro do corpo, e M é sua massa total.

- Quando a densidade de massa é uniforme em todo o corpo, isto é, $\rho = \frac{M}{V}$, o centro de massa é $\vec{R} = \frac{1}{V}\int_V \vec{r}\,dV$.

- Se um corpo tem um plano de simetria, a localização do centro de massa deve estar nesse plano.

- A localização do centro de massa para uma combinação de vários corpos deve ser encontrada tomando a média ponderada da massa das localizações dos centros de massa dos corpos individuais: $\vec{R} = \dfrac{\vec{r}_1 m_1 + \vec{r}_2 m_2 + \cdots + \vec{r}_n m_n}{m_1 + m_2 + \cdots + m_n} = \dfrac{1}{M}\sum_{i=1}^{n}\vec{r}_i m_i$.

- O movimento de um corpo rígido e extenso pode ser descrito pelo movimento de seu centro de massa.
- A velocidade do centro de massa é dada pela derivada do vetor posição: $\vec{V} \equiv \dfrac{d}{dt}\vec{R}$.
- O momento do centro de massa para uma combinação de vários corpos é $\vec{P} = M\vec{V} = \sum_{i=1}^{n}\vec{p}_i$. Esse momento obedece à Segunda Lei de Newton: $\dfrac{d}{dt}\vec{P} = \dfrac{d}{dt}(M\vec{V}) = \sum_{i=1}^{n}\vec{F}_i = \vec{F}_{\text{res}}$. Forças internas entre os corpos não contribuem para a soma que perfaz a força resultante (porque elas sempre vêm em pares de ação-reação, anulando-se) e, assim, o momento do centro de massa não varia.
- Para um sistema de dois corpos, o momento total é $\vec{P} = \vec{p}_1 + \vec{p}_2$, e o momento relativo é $\vec{p} = \tfrac{1}{2}(\vec{p}_1 - \vec{p}_2)$. Em colisões entre dois corpos, o momento total permanece invariável.
- O movimento de foguetes é um exemplo de movimento durante o qual a massa do corpo, em movimento, não é constante. A equação de movimento para um foguete no espaço interestelar é dada por $\vec{F}_{\text{empuxo}} = m\vec{a} = -\vec{v}_c \dfrac{dm}{dt}$, onde $\vec{v}_c$ é a velocidade do propelente relativa ao foguete e $\dfrac{dm}{dt}$ é a taxa de variação da massa devido ao fluxo do propelente.
- A velocidade de um foguete, como uma função de sua massa, é dada por $v_f - v_i = v_c \ln(m_i/m_f)$, onde os índices i e f indicam a massa e velocidade iniciais e finais.

TERMOS-CHAVE

centro de massa, p. 247
coordenadas cilíndricas, p. 260
coordenadas esféricas, p. 260
empuxo, p. 258
recuo, p. 253

NOVOS SÍMBOLOS E EQUAÇÕES

$\vec{R} = \dfrac{1}{M}\sum_{i=1}^{n}\vec{r}_i m_i$, vetor posição do centro de massa combinado

$\vec{R} = \dfrac{1}{M}\int_V \vec{r}\rho(\vec{r})dV$, centro de massa para um corpo extenso

$dV = r_\perp dr_\perp d\phi\, dz$, elemento de volume em coordenadas cilíndricas

$dV = r^2 dr\,\text{sen}\,\theta\, d\theta\, d\phi$, elemento de volume em coordenadas esféricas

$\vec{F}_{\text{empuxo}}$, empuxo do foguete

RESPOSTAS DOS TESTES

8.1

$Z = \dfrac{z_{\text{verm.}}m_{\text{verm.}} + z_{\text{verde}}m_{\text{verde}} + z_{\text{lar.}}m_{\text{lar.}} + z_{\text{azul}}m_{\text{azul}} + z_{\text{púrpura}}m_{\text{púrpura}}}{M}$

$= \dfrac{\tfrac{1}{2}h2m_0 + \tfrac{1}{2}hm_0 + \tfrac{1}{2}hm_0 + \tfrac{1}{2}hm_0 + \tfrac{3}{2}hm_0}{6m_0}$

$= \dfrac{w1 + \tfrac{1}{2} + \tfrac{1}{2} + \tfrac{1}{2} + \tfrac{3}{2}}{6} = \tfrac{2}{3}h = 1{,}7\text{ m}$

8.2 Usamos as coordenadas esféricas e integramos o ângulo θ de 0 a π, o ângulo ϕ de 0 a 2π e a coordenada radial r de 0 a R.

$V = \int_0^R \left(\int_0^{2\pi}\left(\int_0^{\pi}\text{sen}\,\theta\,d\theta\right)d\phi\right)r^2 dr$

Primeiro, calculamos a integral sobre o ângulo azimutal:

$\int_0^{\pi}\text{sen}\,\theta\,d\theta = \left[-\cos\theta\right]_0^{\pi} = -\left[\cos(\pi) - \cos(0)\right] = 2$

$V = 2\int_0^R\left(\int_0^{2\pi}d\phi\right)r^2 dr$

Agora, calculamos a integral do ângulo polar:

$\int_0^{2\pi}d\phi = \left[\phi\right]_0^{2\pi} = 2\pi$

Continua →

Finalmente:

$$V = 4\pi \int_0^R r^2 dr = 4\pi \left[\frac{r^3}{3}\right]_0^R = \frac{4}{3}\pi R^3$$

8.3 $dA = x(y)dy;\ y = 2x^2 \Rightarrow x = \sqrt{y/2}$

$x(y) = 2\sqrt{y/2} = \sqrt{2y}\quad dA = \sqrt{2y}\,dy$

$$Y = \frac{\displaystyle\int_0^h y\sqrt{2y}\,dy}{\displaystyle\int_0^h \sqrt{2y}\,dy} = \frac{\sqrt{2}\displaystyle\int_0^h y^{3/2}\,dy}{\sqrt{2}\displaystyle\int_0^h y^{1/2}\,dy} = \frac{\left[\dfrac{y^{5/2}}{5/2}\right]_0^h}{\left[\dfrac{y^{3/2}}{3/2}\right]_0^h}$$

$Y = \frac{3}{5}h$

GUIA DE RESOLUÇÃO DE PROBLEMAS

1. O primeiro passo para localizar o centro de massa de um corpo ou de um sistema de partículas é procurar por planos de simetria. O centro de massa deve estar localizado sobre o plano de simetria, sobre a linha de intersecção de dois planos de simetria ou no ponto de intersecção de mais de dois planos.

2. Para formas complicadas, divida o corpo em formas geométricas mais simples e localize o centro de massa para cada forma individual. Então, combine os centros de massa separados em um centro de massa total, usando a média ponderada da distância e da massa. Trate os furos como corpos de massa negativa.

3. Qualquer movimento de um corpo pode ser tratado como uma superposição de movimento de seu centro de massa (de acordo com a Segunda Lei de Newton) e da sua rotação ao redor do centro de massa. Colisões podem, com frequência, ser convenientemente analisadas considerando um sistema de referência com a origem posta no centro de massa.

4. Frequentemente, a integração é evitável quando você precisa localizar o centro de massa. Em tal caso, é sempre melhor pensar cuidadosamente sobre a dimensionalidade da situação e sobre a escolha do sistema coordenado (cartesiano, cilíndrico ou esférico).

PROBLEMA RESOLVIDO 8.4 — Motor de empuxo

PROBLEMA
Suponha que uma nave espacial tenha massa inicial de 1.850.000 kg. Sem seu propelente, a nave tem massa de 50.000 kg. O motor que impulsiona a nave é projetado para ejetar o propelente a uma velocidade de 25 km/s em relação ao foguete, com uma taxa constante de 15.000 kg/s. A nave está inicialmente em repouso, e viaja em linha reta. A que distância a nave viajará antes que seu motor use todo o propelente e se desligue?

SOLUÇÃO
PENSE
A massa total do propelente é a massa total da nave menos a massa da nave após o propelente ser ejetado. O motor ejeta o propelente a uma taxa fixa, assim podemos calcular a quantidade de tempo durante a qual o motor opera. À medida que o propelente é usado, a massa da nave diminui e sua velocidade aumenta. Se a nave parte do repouso, a velocidade $v(t)$ em qualquer tempo, enquanto o motor opera, pode ser obtida da equação 8.17, com a massa final da nave substituída pela massa da nave naquele tempo. A distância percorrida antes de todo o propelente ser usado é dada pela integral da velocidade como uma função de tempo.

DESENHE
O voo da nave espacial é esquematizado na Figura 8.24.

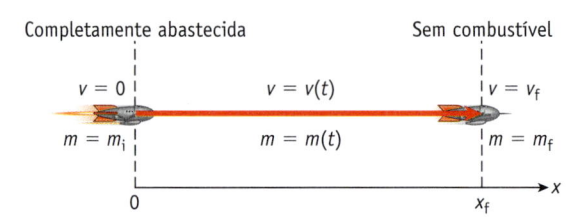

Figura 8.24 Os vários parâmetros para a nave espacial, conforme seu motor opera.

PESQUISE

Simbolizamos a taxa pela qual o propelente é ejetado por r_p. O tempo t_{max}, durante o qual o motor irá operar é, então, dado por

$$t_{max} = \frac{(m_i - m_f)}{r_p},$$

onde m_i é a massa inicial da espaçonave e m_f é a massa da espaçonave após todo o propelente ser ejetado. A distância total que a nave viaja neste intervalo de tempo é a integral da velocidade em relação ao tempo:

$$x_f = \int_0^{t_{max}} v(t)dt. \quad (i)$$

Enquanto o motor está operando, a massa da nave, em um tempo t, é dada por

$$m(t) = m_i - r_p t.$$

A velocidade da nave em qualquer tempo dado após o motor começar a operar e antes de todo o propelente se esgotar, é dada por (compare com a equação 8.17)

$$v(t) = v_c \ln\left(\frac{m_i}{m(t)}\right) = v_c \ln\left(\frac{m_i}{m_i - r_p t}\right) = v_c \ln\left(\frac{1}{1 - r_p t/m_i}\right), \quad (ii)$$

onde v_c é a velocidade do propelente ejetado em relação ao motor.

SIMPLIFIQUE

Agora, substituímos o tempo, da equação (ii), na equação (i) e obtemos

$$x_f = \int_0^{t_{max}} v(t)dt = \int_0^{t_{max}} v_c \ln\left(\frac{1}{1 - r_p t/m_i}\right)dt = -v_c \int_0^{t_{max}} \ln\left(\frac{1 - r_p t}{m_i}\right)dt. \quad (iii)$$

Por que $\int \ln(1 - ax)dx = \frac{ax - 1}{a}\ln(1 - ax) - x$ (você pode procurar esse resultado em uma tabela de integrais), a intergral resulta em

$$\int_0^{t_{max}} \ln(1 - r_p t/m_i)dt = \left[\left(\frac{r_p t/m_i - 1}{r_p/m_i}\right)\ln(1 - r_p t/m_i) - t\right]_0^{t_{max}}$$

$$= \left(\frac{r_p t_{max}/m_i - 1}{r_p/m_i}\right)\ln(1 - r_p t_{max}/m_i) - t_{max}$$

$$= (t_{max} - m_i/r_p)\ln(1 - r_p t_{max}/m_i) - t_{max}.$$

A distância percorrida é, então

$$x_f = -v_c\left[(t_{max} - m_i/r_p)\ln(1 - r_p t_{max}/m)_i - t_{max}\right].$$

CALCULE

O tempo durante o qual o motor está operando é

$$t_{max} = \frac{m_i - m_f}{r_p} = \frac{1.850.000 \text{ kg} - 50.000 \text{ kg}}{15.000 \text{ kg/s}} = 120 \text{ s}.$$

Colocando os valores numéricos no fator $1 - r_p t_{max}/m_i$, temos

$$1 - \frac{r_p t_{max}}{m_i} = 1 - \frac{15.000 \text{ kg/s} \cdot 120 \text{ s}}{1.850.000 \text{ kg}} = 0,027027.$$

Continua →

Assim, encontramos, para a distância percorrida,

$$x_f = -\left(25 \cdot 10^3 \text{ m/s}\right)\left[-(120 \text{ s}) + \{(120 \text{ s}) - \left(1{,}85 \cdot 10^6 \text{ kg}\right)/\left(15 \cdot 10^3 \text{ kg/s}\right)\}\ln(0{,}027027)\right]$$

$$= 2{,}69909 \cdot 10^6 \text{ m}.$$

ARRENDONDE
Em razão da velocidade do propelente ter sido dada com somente dois algarismos significativos, precisamos arredondar para essa precisão:

$$x_f = 2{,}7 \cdot 10^6 \text{ m}.$$

SOLUÇÃO ALTERNATIVA
Para avaliarmos nossa resposta para a distância percorrida, usamos a equação 8.17 para calcular a velocidade final da nave espacial:

$$v_f = v_c \ln\left(\frac{m_i}{m_f}\right) = \left(25 \text{ km/s}\right)\ln\left(\frac{1{,}85 \cdot 10^6 \text{ kg}}{5 \cdot 10^4 \text{ kg}}\right) = 90{,}3 \text{ km/s}.$$

Se a nave acelerou numa taxa constante, a velocidade aumentaria linearmente com o tempo, como mostrado na Figura 8.25, e a velocidade média durante o tempo em que o propelente estava sendo ejetado deveria ser $\bar{v} = v_f/2$. Tomando essa velocidade média e multiplicando por este tempo, temos

$$x_{a\text{-cte}} \approx \bar{v} t_{max} = (v_f/2)t_{max} = (90{,}3/2 \text{ km/s} \cdot 120 \text{ s})/2 = 5{,}4 \cdot 10^6 \text{ m}.$$

Essa distância aproximada é maior do que a nossa resposta calculada, porque no cálculo a velocidade aumenta logaritimicamente no tempo até alcançar o valor de 90,3 km/s. A aproximação é cerca de duas vezes a distância calculada, dando-nos a confiança de que nossa resposta, ao menos, tem a ordem certa de magnitude.

A Figura 8.25 mostra a solução exata para $v(t)$ (curva vermelha). A distância percorrida, x_f, é a área sob a curva vermelha. A linha azul mostra o caso em que a aceleração constante leva à mesma velocidade final. Como você pode ver, a área sob a linha azul é aproximadamente duas vezes aquela sob a curva vermelha. Já que acabamos de calcular a área sob a linha azul, $x_{a\text{-cte}}$, e a achamos cerca de duas vezes maior do que nosso resultado calculado, obtemos a certeza de que interpretamos corretamente.

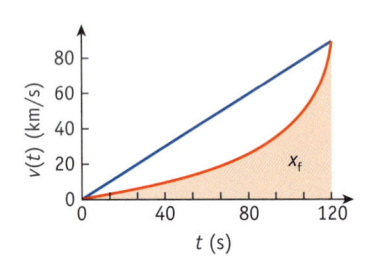

Figura 8.25 Comparação entre a solução exata para $v(t)$ (curva vermelha) e a aceleração constante (linha azul).

PROBLEMA RESOLVIDO 8.5 | **Centro de massa de um disco com furo**

PROBLEMA
Onde está o centro de massa de um disco com um furo retangular (Figura 8.26)? A altura do disco é $h = 11{,}0$ cm e seu raio é $R = 11{,}5$ cm. O furo retangular tem comprimento $w = 7{,}0$ cm e largura $d = 8{,}0$ cm. O lado direito do furo está localizado de modo que seu ponto médio coincida com o eixo central do disco.

SOLUÇÃO
PENSE
Um modo de aproximar esse problema é escrever as fórmulas matemáticas que descrevam a geometria tridimensional do disco com o furo e, então, integrar sobre aquele volume para obter as coordenadas do centro de massa. Se fizéssemos isso, estaríamos diante de várias integrais difíceis. Outra maneira mais simples para aproximar esse problema é pensar o disco perfurado como um disco sólido *menos* o furo retangular. Isto é, tratamos o furo como um corpo sólido com uma massa negativa. Usando a simetria do disco sólido e do furo, podemos especificar as coordenadas do centro de massa do disco sólido e o centro de massa do furo. Então, combinamos essas coordenadas, usando a equação 8.1, para encontrar o centro de massa do disco perfurado.

Figura 8.26 Vista tridimensional de um disco com um furo retangular.

DESENHE
A Figura 8.27a mostra a vista de topo do disco perfurado, com os eixos x e y assinalados.

A Figura 8.27b mostra os dois planos de simetria do disco perfurado. Um plano corresponde ao plano xy e o outro é um plano ao longo do eixo x e perpendicular ao plano xy. A linha onde os dois planos se intersectam é marcada pela letra A.

PESQUISE
O centro de massa deve ficar ao longo da intersecção dos dois planos de simetria. Portanto, sabemos que o centro de massa pode somente estar localizado ao longo do eixo x. O centro de massa do disco sem o furo está na origem do sistema coordenado, em $x_d = 0$, e o volume do disco sólido é $V_d = \pi R^2 h$. Se o furo fosse um corpo sólido com as mesmas dimensões ($h = 11{,}0$ cm, $w = 7{,}0$ cm e $d = 8{,}0$ cm), este corpo teria um volume de $V_f = hwd$. Se esse corpo sólido imaginário fosse localizado onde o furo está, seu centro de massa seria no meio do furo, em $x_f = -3{,}5$ cm. Agora, mutiplicamos cada um dos volumes por ρ, a densidade de massa do material do disco, para termos as massas correspondentes, e determinar a massa negativa do furo. Então, usamos a equação 8.1 para obter a coordenada x do centro de massa:

$$X = \frac{x_d V_d \rho - x_f V_f \rho}{V_d \rho - V_f \rho}. \tag{i}$$

Esse método de tratar um furo como um corpo de mesma forma e, assim, usar seu volume nos cálculos, mas com massa negativa (ou carga), é muito comum em física atômica e subatômica.

SIMPLIFIQUE
Podemos simplificar a equação (i), entendendo que $x_d = 0$ e que ρ é um fator comum;

$$X = \frac{-x_f V_f}{V_d - V_f}.$$

Substituindo as expressões que obtivemos acima para V_d e V_f, temos

$$X = \frac{-x_f V_f}{V_d - V_f} = \frac{-x_f (hwd)}{\pi R^2 h - hwd} = \frac{-x_f wd}{\pi R^2 - wd}.$$

Definindo a área do disco no plano xy como $A_d = \pi R^2$ e a área do furo no plano xy como $A_f = wd$, podemos escrever

$$X = \frac{-x_f wd}{\pi R^2 - wd} = \frac{-x_f A_f}{A_d - A_f}.$$

CALCULE
Inserindo os números dados, encontramos que a área do disco é

$$A_d = \pi R^2 = \pi(11{,}5 \text{ cm})^2 = 415{,}475 \text{ cm}^2,$$

e a área do furo é

$$A_f = wd = (7{,}0 \text{ cm})(8{,}0 \text{ cm}) = 56 \text{ cm}^2$$

Portanto, a localização do centro de massa do disco perfurado (lembre que $x_f = -3{,}5$ cm) é

$$X = \frac{-x_f A_f}{A_d - A_f} = \frac{-(-3{,}5 \text{ cm})(56 \text{ cm}^2)}{(415{,}475 \text{ cm}^2) - (56 \text{ cm}^2)} = 0{,}545239 \text{ cm}.$$

ARREDONDE
Expressando nossa resposta com dois algarismos significativos, reportamos a coordenada x do centro de massa do disco perfurado como

$$X = 0{,}55 \text{ cm}$$

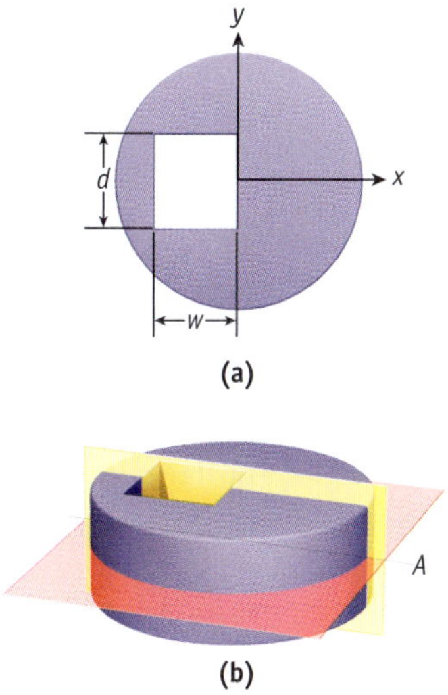

Figura 8.27 (a) Visão de topo do disco perfurado com o sistema coordenado assinalado. (b) Planos de simetria do disco perfurado.

Continua →

> **SOLUÇÃO ALTERNATIVA**
> Esse ponto situa-se um pouco à direita do centro do disco sólido, a uma distância que é uma pequena fração do raio do disco. Esse resultado parece razoável, porque tomando o material fora do disco, à esquerda de $x = 0$, mudaria o centro de gravidade para direita, exatamente como calculamos.

QUESTÕES DE MÚLTIPLA ESCOLHA

8.1 Um homem de pé sobre gelo, sem atrito, arremessa um bumerangue, o qual retorna para ele. Escolha a afirmativa correta:

a) Já que o momento do sistema homem-bumerangue é conservado, o homem ficará em repouso segurando o bumerangue no mesmo local de onde o arremessou.

b) É possível para o homem arremessar um bumerangue nesta situação.

c) É possível para o homem arremessar o bumerangue, mas por ele estar de pé sobre o gelo, sem atrito, quando o atira, o bumerangue não pode retornar.

d) O momento total do sistema homem-bumerangue não é conservado, então o homem escorregará para trás segurando o bumerangue, quando o pegar.

8.2 Quando um núcleo de bismuto-208, em repouso, decai, tálio-204 é produzido, junto a uma partícula alfa (núcleo de hélio-4). Os números de massa do bismuto-208, do tálio-204 e do hélio-4 são 208, 204 e 4, respectivamente. (O número de massa representa o número total de prótons e nêutrons no núcleo.) A energia cinética do núcleo de tálio é

a) igual àquele da partícula alfa.

b) menor do que aquele da partícula alfa.

c) maior do que aquele da partícula alfa.

8.3 Dois corpos com massas m_1 e m_2 se movem ao longo do eixo x, na direção positiva, com velocidades v_1 e v_2, respectivamente, onde v_1 é menor do que v_2. A velocidade do centro de massa desse sistema de dois corpos é

a) menor do que v_1.

b) igual a v_1.

c) igual à média de v_1 e v_2.

d) maior do que v_1 e menor do que v_2.

e) maior do que v_2.

8.4 Um projétil de artilharia está se movendo sobre uma trajetória parabólica quando explode no ar. O projétil se estilhaça em grande número de fragmentos. Qual das seguintes afirmativas é verdadeira? (selecione todas que se aplicam)

a) A força da explosão aumentará o momento do sistema de fragmentos e, assim, o momento do projétil *não* é conservado durante a explosão.

b) A força da explosão é uma força interna e, por isso, não pode alterar o momento total do sistema.

c) O centro de massa do sistema de fragmentos continuará a se mover sobre a trajetória parabólica inicial até o último fragmento tocar o solo.

d) O centro de massa do sistema de fragmentos continuará a se mover sobre a trajetória parabólica inicial até o primeiro fragmento tocar o solo.

e) O centro de massa do sistema de fragmentos terá uma trajetória que depende do número de fragmentos e de suas velocidades corretas após a explosão.

8.5 Um astronauta de 80 kg se separa de sua nave espacial. Ele está a 15,0 m e em repouso relativo a nave. Em um esforço para voltar, ele arremessa um corpo de 500 g com velocidade de 8,0 m/s em uma direção longe da nave. Quanto tempo ele leva para voltar a nave?

a) 1 s c) 20 s e) 300 s
b) 10 s d) 200 s

8.6 Você está numa situação (real?) de estar agarrado sobre uma balsa de 300 kg (incluído você) no meio de um lago, com nada menos do que uma pilha de bolas de boliche, de 7,0 kg, e de bolas de tênis, de 55 g. Usando seu conhecimento sobre propulsão de foguetes, você decide começar a jogar as bolas da balsa para movê-la em direção à margem. Qual das seguintes afirmações permitirá a você alcançar a margem mais rapidamente?

a) Arremessar as bolas de tênis a 35 m/s, com uma taxa de 1 bola de tênis por segundo.

b) Arremessar as bolas de boliche a 0,5 m/s, com uma taxa de 1 bola de boliche a cada 3 s.

c) Arremessar uma bola de tênis e uma bola de boliche simultaneamente, com a bola de tênis movendo-se a 15 m/s e a bola de boliche movendo-se a 0,3 m/s, com taxa de 1 bola de tênis e uma bola de boliche a cada 4 s.

d) Sem informação suficiente para decidir.

8.7 As figuras mostram um atleta de salto em altura usando diferentes técnicas para ultrapassar a barra. Qual técnica permitiria ao atleta passar a montagem mais alta da barra?

(a) (b) (c) (d)

8.8 O centro de massa de um corpo rígido irregular está *sempre* localizado

a) no centro geométrico do corpo

b) em algum lugar dentro do corpo

c) ambas as opções acima

d) nenhuma das opções acima

8.9 Uma catapulta, ao nível do solo, lança uma pedra de 3 kg a uma distância horizontal de 100 m. Uma segunda pedra, de 3 kg, é lançada de maneira idêntica, mas se quebra no ar em duas partes: uma com massa de 1 kg e outra com 2 kg. Ambas as partes batem no solo ao mesmo tempo. Se a parte de 1 kg cai a uma distância de 180 m da catapulta, a que distância da catapulta cai a parte de 2 kg? Ignore a resistência do ar.

a) 20 m   c) 100 m   e) 180 m
b) 60 m   d) 120 m

8.10 Duas massas pontuais estão colocadas no mesmo plano. A distância da massa 1 ao centro de massa é 3,0 m. A distância da massa 2 ao centro de massa é 1,0 m. Qual é a razão da massa 1 para a massa 2 (m_1/m_2)?

a) 3/4   c) 4/7   e) 1/3
b) 4/3   d) 7/4   f) 3/1

8.11 Uma garrafa cilíndrica de óleo e vinagre para temperar saladas, cujo volume é 1/3 de vinagre ($\rho = 1,01$ g/cm^3) e 2/3 de óleo ($\rho = 0,910$ g/cm^3), está em repouso sobre uma mesa. Inicialmente, o óleo e o vinagre estão separados, com o óleo flutuando acima do vinagre. A garrafa é sacudida, de modo que o óleo e o vinagre se misturem uniformemente, e é colocada de volta à mesa. Quanto variou a altura do centro de massa do tempero para saladas, como resultado da mistura?

a) Está mais alta.
b) Está mais baixa.
c) É a mesma.
d) Não há informação suficiente para responder a essa questão.

8.12 Um bastão unidimensional tem uma densidade que varia com a posição, de acordo com a relação $\lambda(x) = cx$, onde c é uma constante e $x = 0$ é a extremidade esquerda do bastão. Onde você espera que o centro de massa esteja localizado?

a) no meio do bastão
b) à esquerda do meio do bastão
c) à direita do meio do bastão
d) na extremidade direita do bastão
e) na extremidade esquerda do bastão

QUESTÕES

8.13 Um projétil é lançado ao ar. Em alguma parte de seu voo, ele explode. Como a explosão afeta o movimento do centro de massa do projétil?

8.14 Encontre o centro de massa do arranjo de cubos indênticos e uniformes mostrado na figura. O comprimento dos lados de cada cubo é d.

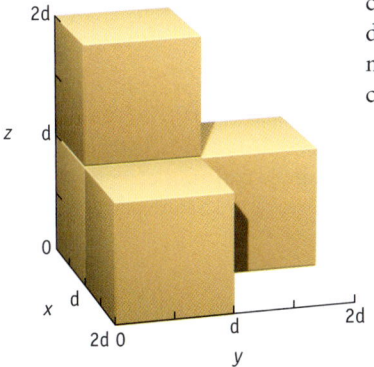

8.15 Um modelo de foguete, que tem um alcance horizontal de 100 m, é disparado. Uma pequena explosão separa o foguete em duas partes iguais. O que você pode dizer sobre os pontos onde os fragmentos caem no solo?

8.16 O centro de massa de um corpo pode estar localizado em um ponto fora do corpo, isto é, em um ponto do espaço onde nenhuma parte do corpo está localizado? Explique.

8.17 É possível para duas massas suportar um colisão tal, que o sistema de duas massas tenha mais energia cinética do que as duas massas separadas tinham? Explique.

8.18 Prove que o centro de massa de uma fina placa de metal, conformada como um triângulo equilátero, está localizado na intersecção das alturas do triângulo, por cálculo direto e por raciocínio físico.

8.19 Uma lata de soda de massa m e altura L está cheia com soda de massa M. Um furo é feito no fundo da lata para drenar a soda.

a) Qual é o centro de massa do sistema consistindo da lata e da soda que sobrou dentro da lata, quando o nível de soda na lata é h, onde $0<h<L$?

b) Qual é o mínimo valor do centro de massa, à medida que a soda é drenada?

8.20 Um astronauta de massa M está flutuando no espaço a uma distância constante da sua nave, quando seu cabo de segurança arrebenta. Ele está carregando uma caixa de ferramentas de massa $M/2$ que contém uma grande marreta de massa $M/4$, fazendo a massa total $3M/4$. Ele pode arremessar os itens com uma velocidade v relativa à sua velocidade final após cada item ser arremessado. Ele quer retornar à nave tão logo quanto possível.

a) Para atingir a máxima velocidade final, o astronauta deveria arremessar os dois itens juntos ou deveria arremessar um de cada vez? Explique.

b) Para atingir a velocidade máxima, é melhor arremessar primeiro o martelo ou a caixa de ferrementas, ou a ordem não faz diferença? Explique.

c) Encontre a velocidade máxima com a qual o astronauta pode iniciar o movimento em direção à nave.

8.21 Um bastão de metal, com uma densidade de comprimento (massa por unidade de comprimento) λ, é curvado como um arco circular de raio R e opondo um ângulo total de ϕ, como mostrado na figura. Qual é a distância do centro de massa desse arco, a partir de O, como uma função do ângulo ϕ? Faça um gráfico dessa coordenada do centro de massa como uma função de ϕ.

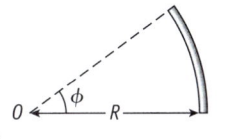

8.22 A caixa, mostrada na figura, está cheia com uma dúzia de ovos, cada um com massa m. Inicialmente, o centro de massa dos ovos está no centro da caixa, que é o mesmo pon-

Continua →

to da origem do sistema coordenado cartesiano mostrado. Onde está o centro de massa dos ovos restantes, em termos de distância d "ovo a ovo", em cada uma das seguintes situações? Despreze a massa da caixa.

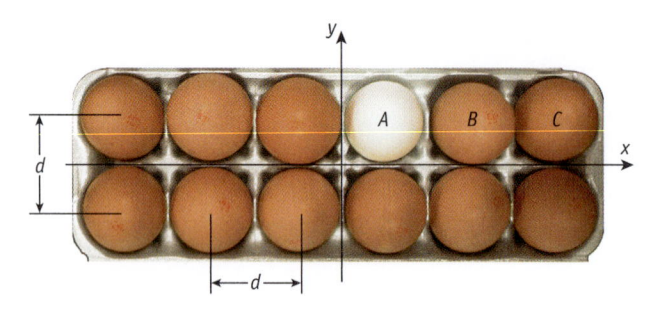

a) Somente o ovo A é removido.
b) Somente o ovo B é removido.
c) Somente o ovo C é removido.
d) Os ovos A, B e C são removidos.

8.23 Uma pizza circular, de raio R, tem um pedaço circular, de raio $R/4$, retirado de um lado, como mostrado na figura. Onde está o centro de massa da pizza sem o pedaço?

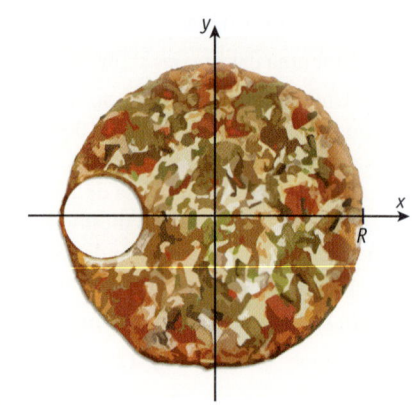

8.24 Suponha que você coloque uma antiga ampulheta, com areia no fundo, sobre uma balança analítica muito sensível para determinar sua massa. Você, então, vira a ampulheta (manuseando-a com luvas bem limpas) e a coloca de volta sobre a balança. Você quer predizer se a leitura na balança será menor, maior ou a mesma de antes. O que você precisa calcular para responder essa a questão? Explique cuidadosamente o que deveria ser calculado e em que os resultados implicariam. Você não precisa tentar fazer os cálculos.

PROBLEMAS

Um • e dois •• indicam um crescente nível de dificuldade dos problemas.

Seção 8.1

8.25 Encontre as seguintes informações do centro de massa sobre os corpos no Sistema Solar. Você pode procurar os dados necessários na Internet ou nas tabelas do Capítulo 12 deste livro. Admita as distribuições de massa esfericamente simétricas para todos os corpos considerados.

a) Determine a distância do centro de massa do sistema Terra-Lua ao centro geométrico da Terra.

b) Determine a distância do centro de massa do sistema Sol-Júpiter ao centro geométrico do Sol.

•**8.26** As coordenadas do centro de massa para o corpo extenso mostrado na figura são $(L/4, -L/5)$. Quais são as coordenadas da massa de 2 kg?

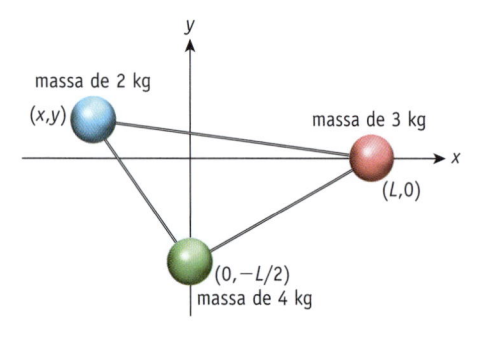

•**8.27** Jovens acrobatas estão parados sobre uma plataforma horizontal circular suspensa pelo centro. A origem do sistema coordenado cartesiano bidimensional é assumida no centro da plataforma. Um acrobata de massa 30 kg está localizado em (3 m, 4 m) e outro, de massa 40 kg, está localizado em (−2 m, −2 m). Assumindo que os acrobatas estão parados em suas posições, onde deve um terceiro acrobata, de massa 20 kg, estar localizado, de modo que o centro de massa do sistema, consistindo nos três acrobatas, esteja na origem, e a plataforma em equilíbrio?

Seção 8.2

8.28 Um homem de massa 55 kg levanta-se dentro de uma canoa, de massa 65 kg e comprimento 4,0 m, flutuando sobre a água. Ele caminha de um ponto a 0,75 m da parte anterior da canoa até um ponto a 0,75 m da parte posterior da canoa. Assuma que o atrito é desprezível entre a canoa e a água. Qual a distância que a canoa se move?

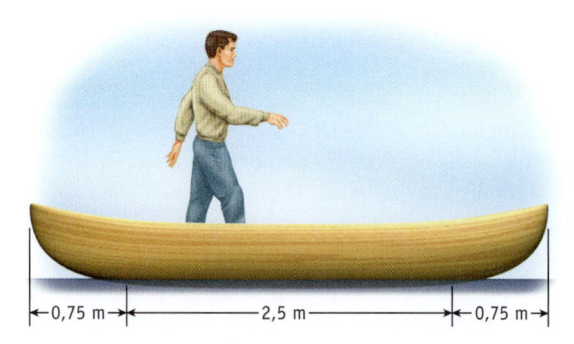

8.29 Um carro de brinquedo, de massa 2,0 kg, está parado e uma criança empurra um caminhão de brinquedo, de massa 3,5 kg, diretamente em direção ao carro, com velocidade de 4,0 m/s.

a) Qual é a velocidade do centro de massa do sistema consistindo dos dois brinquedos?

b) Quais são as velocidades do caminhão e do carro em relação ao centro de massa do sistema consistindo dos dois brinquedos?

8.30 Um motociclista acrobático planeja partir da extremidade de um vagão plano, acelerar em direção a outra extremidade e saltar do vagão para a plataforma. A moto e o piloto têm massa 350 kg e comprimento de 2,00 m. O vagão plano tem massa de 1.500 kg e comprimento de 20,0 m. Admita que haja atrito desprezível entre as rodas do vagão plano e os trilhos e que a moto e o piloto podem se mover através do ar com resistência desprezível. O vagão plano está inicialmente tocando a plataforma. Os promotores do evento perguntaram a você a que distância o vagão plano estará da plataforma quando o piloto alcançar a extremidade dele. Qual é sua resposta?

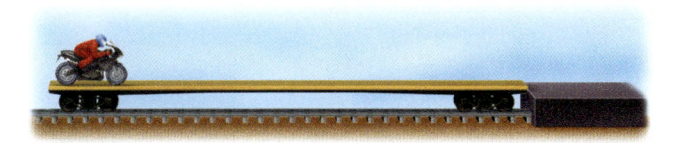

• **8.31** Partindo do repouso, dois estudantes, sobre trenós de massa 10 kg, afastados lateralmente um do outro, sobre o gelo, passam um peso esférico, de massa 5 kg, para frente e para trás. O estudante da esquerda tem massa 50 kg e pode arremessar o peso com uma velocidade relativa de 10 m/s. O estudante da direita, de massa 45 kg, pode arremessar o peso com velocidade relativa de 12 m/s. (Admita que não haja atrito entre o gelo os trenós e nem resistência do ar.)

a) Se o estudante da esquerda arremessa o peso horizontalmente para o estudante de direita, quão rápido o estudante da esquerda se move após o arremesso?

b) Quão rápido o estudante da direita se move após apanhar o peso?

c) Se o estudante da direita passa o peso de volta, quão rápido o estudante da esquerda estará se movendo após apanhar o peso?

d) Quão rápido está o estudante da direita após a passagem do peso?

• **8.32** Dois esquiadores, Annie e Jack, partem esquiando do repouso de diferentes pontos na montanha, ao mesmo tempo. Jack, como massa de 88 kg, esquia do topo da montanha e desce uma seção mais inclinada, com ângulo de inclinação de 35°. Annie, massa 64 kg, inicia de um ponto mais baixo e esquia uma seção menos inclinada, com ângulo de inclinação de 20°. O comprimento da seção mais inclinada é de 100 m. Determine a aceleração, a velocidade e os vetores posição do centro de massa combinado para Annie e Jack, como uma função de tempo, antes de Jack atingir a seção menos inclinada.

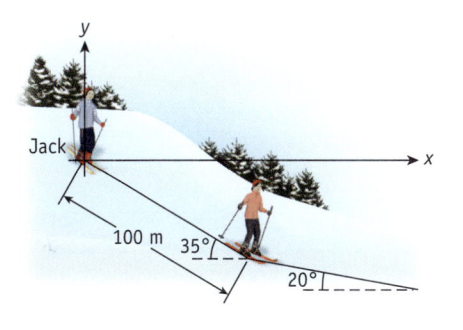

• **8.33** Muitas colisões nucleares estudadas em laboratórios são analisadas em um sistema de referência relativo ao laboratório. Um próton, com massa $1,6605 \cdot 10^{-27}$ kg e viajando a uma velocidade de 70% da velocidade da luz, c, colide com um núcleo de estanho-116 (^{116}Sn) de massa $1,9096 \cdot 10^{-25}$ kg. Qual é a velocidade do centro de massa em relação ao sistema do laboratório? Responda em termos de c, a velocidade da luz.

• **8.34** Um sistema consiste em duas partículas. A partícula 1, com massa 2,0 kg, está localizada em (2,0 m, 6,0 m) e tem velocidade de (4,0 m/s, 2,0 m/s). A partícula 2, de massa 3,0 kg, está localizada em (4,0 m, 1,0 m) e tem velocidade de (0, 4,0 m/s).

a) Determine a posição e a velocidade do centro de massa do sistema.

b) Esboce os vetores posição e velocidade para as partículas individuais e para o centro de massa.

• **8.35** Uma mangueira de incêndio, com 4,0 cm de diâmetro, é capaz de esguichar água a uma velocidade de 10 m/s. Para um fluxo contínuo horizontal de água, que força horizontal deveria um bombeiro exercer sobre a mangueira para mantê-la parada?

•• **8.36** Um bloco de massa m_b = 1,2 kg desliza para direita a uma velocidade de 2,5 m/s, sobre uma superfície horizontal sem atrito, como mostrado na figura. Ele "colide" com uma cunha de massa m_c, a qual se move para esquerda com velocidade de 1,1 m/s. A cunha é moldada sem irregularidades, de modo que o bloco deslize para cima da superfície de Teflon (sem atrito!) e as duas passem a se mover juntas. Relativo à superfície horizontal, o bloco e a cunha estão se movendo com uma velocidade comum v_{b+c}, no instante em que o bloco para de deslizar para cima na cunha.

a) Se o centro de massa do bloco aumenta de uma distância h = 0,37 m, qual é a massa da cunha?

b) Qual a velocidade v_{b+c}?

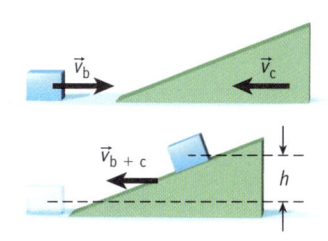

Seção 8.3

8.37 Uma importante característica dos motores de foguete é o impulso específico, o qual é definido como o impulso total (tempo integral do empuxo) por unidade de peso de combustível/oxidante consumido. (O uso de peso, em vez de massa, nesta definição, deve-se a razões puramente históricas.)

a) Considere um motor de foguete operando no espaço livre com uma velocidade no bocal de exaustão de v. Calcule o impulso específico desse motor.

b) Um modelo de motor de foguete tem uma velocidade típica de exaustão de v_{mod} = 800 m/s. Os melhores motores de foguetes químicos têm velocidade de exaustão de aproximadamente v_{qui} = 4,00 km/s. Calcule e compare os valores do impulso específico para esses motores.

• **8.38** Uma astronauta está fazendo uma caminhada espacial fora da Estação Espacial Internacional. A massa total da astronauta com seu traje espacial e todos os seus acessórios é de 115 kg. Um pequeno vazamento desenvolve nela um sistema de propulsão e 7 g de gás são ejetadas a cada segundo para o espaço com velocidade de 800 m/s. Ela nota o vazamento 6 s após o início. Quanto o vazamento de gás a afastará de sua localização original no espaço, no tempo de 6 s?

• **8.39** Um foguete no espaço tem uma carga útil de 5.190 kg e $1{,}551 \cdot 10^5$ kg de combustível. O foguete pode expelir o propelente a uma velocidade de 5.600 km/s. Assuma que o foguete parte do repouso, acelera até sua velocidade final e, então, inicia sua viagem. Quanto tempo o foguete leva para percorrer uma distância de $3{,}82 \cdot 10^5$ km (aproximadamente a distância entre a Terra e a Lua)?

•• **8.40** Uma corrente uniforme, com massa 1,32 kg por metro de comprimento, é enrolada sobre uma mesa. Uma extremidade é puxada para cima a uma taxa constante de 0,47 m/s.

a) Calcule a força resultante que atua sobre a corrente.

b) No momento em que 0,15 m da corrente foi erguido da mesa, quanta força deve ser aplicada para que a extremidade seja levantada?

•• **8.41** O motor de uma espaçonave cria 53,2 MN de empuxo, com velocidade do propelente de 4,78 m/s.

a) Encontre a taxa (dm/dt) na qual o propelente é expelido.

b) Se a massa inicial é $2{,}12 \cdot 10^6$ kg e a final é $7{,}04 \cdot 10^4$ kg, ache a velocidade final da espaçonave (admita que a velocidade inicial seja zero e que quaisquer campos gravitacionais sejam pequenos o bastante pare serem ignorados).

c) Encontre a aceleração média até a queima completa (tempo no qual o propelente é consumido; admita que a taxa do fluxo de massa seja constante até este tempo).

•• **8.42** Um carro, correndo sobre trilhos com colchão de ar, sem atrito, é propelido por um jorro de água expelido por uma máquina de lavar pressurizada a gás, estacionada sobre o carro. Há um tanque de água com 1,0 m³ sobre o carro para alimentar a máquina de lavar pressurizada. A massa do carro, incluindo o operador, a máquina de lavar pressurizada com seu combustível e o tanque de água vazio é de 400 kg. A água pode ser direcionada movendo-se uma válvula, para trás ou para frente. Em ambas as direções, a máquina de lavar pressurizada ejeta 200 l de água por minuto com uma velocidade de saída de 25,0 m/s.

a) Se o carro parte do repouso, após quanto tempo a válvula deveria ser movida da posição "para trás" (empuxo para frente) para a posição "para frente" (empuxo para trás) para o carro acabar em repouso.?

b) Qual é a massa do carro naquele tempo e qual é sua velocidade? (Dica: é seguro desprezar a diminuição de massa devido ao consumo de gás da máquina de lavar pressurizada a gás!)

c) Qual é o empuxo desse "foguete"?

d) Qual é a aceleração do carro imediatamente antes da válvula ser acionada?

Seção 8.4

• **8.43** Um tabuleiro de xadrez, de 32 x 32 cm, tem massa de 100 g. Existem quatro peças de 20 g sobre o tabuleiro, como mostrado na figura. Relativamente à origem colocada no canto inferior esquerdo do tabuleiro, onde é o centro de massa do sistema tabuleiro-peças?

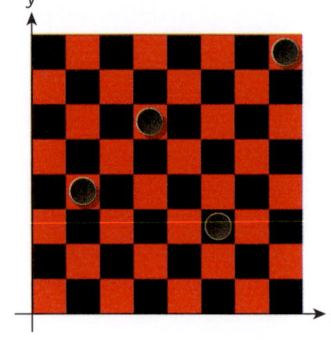

• **8.44** Uma placa uniforme quadrada de metal, com lado L = 5,70 cm e massa 0,205 kg, está localizada com seu canto inferior esquerdo em $(x, y) = (0, 0)$, como mostrado na figura. Um quadrado de lado L/4, também com seu canto inferior esquerdo em $(x, y) = (0, 0)$, é removido da placa. Qual é a distância da origem do centro de massa da placa restante?

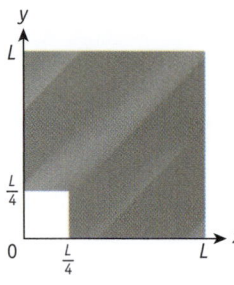

• **8.45** Encontre as coordenadas x e y para o centro de massa da placa plana triangular, de altura H = 17,3 cm e base B = 10,0 cm, mostrado na figura.

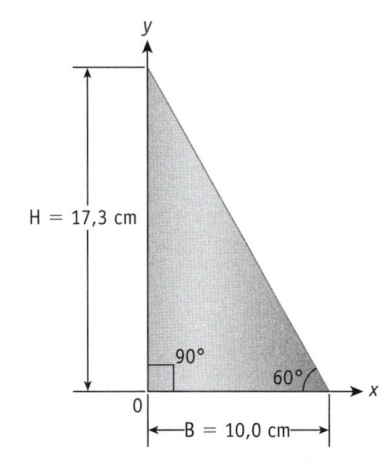

• **8.46** A densidade de um bastão de 1,0 m de comprimento pode ser descrita pela função densidade linear $\lambda(x) = 100$ g/m $+ 10{,}0x$ g/m². Uma extremidade do bastão está posicionada em $x = 0$ e a outra em $x = 1$. Determine (a) a massa total do bastão e (b) a coordenada do centro de massa.

• **8.47** Uma fina placa retangular, de densidade de área uniforme $\sigma_1 = 1{,}05$ kg/m², tem comprimento $a = 0{,}600$ m e largura $b = 0{,}250$ m. O canto inferior esquerdo está posto na origem, $(x, y) = (0, 0)$. Um furo circular, de raio $r = 0{,}048$ m, com centro em $(x, y) = (0{,}068$ m$; 0{,}068$ m$)$, é cortado na placa. O furo é tampado com outro disco de mesmo raio e de outro material de densidade de área uniforme $\sigma_1 = 5{,}32$ kg/m. Qual a distância da origem do resultante centro de massa da placa?

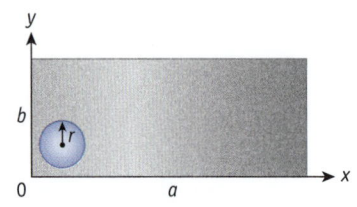

• **8.48** Uma placa uniforme de metal quadrada, de lado L = 5,70 cm e massa 0,205 kg, está localizada com seu canto inferior esquerdo em $(x, y) = (0, 0)$, como mostrado na figura. Dois quadrados de lado L/4 são removidos da placa.

a) Qual é a coordenada x do centro de massa?
b) Qual é a coordenada y do centro de massa?

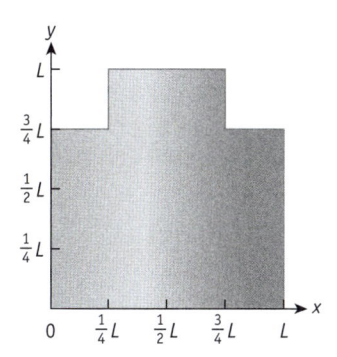

•• **8.49** A densidade linear de massa, $\lambda(x)$, para um corpo unidimensional, é mostrada no gráfico. Qual é a localização do centro de massa para esse corpo?

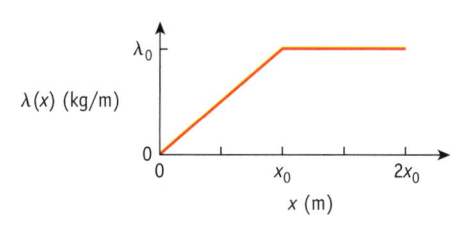

Problemas adicionais

8.50 Um canhão, de massa 750 kg, dispara um projétil, de massa 15 kg, com uma velocidade de 250 m/s em relação ao bocal do canhão. O canhão está sobre rodas e pode recuar com desprezível atrito. Exatamente após o canhão disparar o projétil, qual é a velocidade do projétil em relação ao solo?

8.51 A distância entre um átomo de carbono (m = 12 u) e um átomo de oxigênio (m = 16 u), em uma molécula de monóxido de carbono (CO), é $1,13 \cdot 10^{-10}$ m. Qual a distância do átomo de carbono ao centro de massa da molécula? (1 u = 1 unidade de massa atômica.)

8.52 Um método de detectar planetas extrassolares envolve procurar por evidências indiretas de um planeta na forma de oscilação de sua estrela ao redor do centro de massa do sistema estrela-planeta. Assumindo que o Sistema Solar consista principalmente no Sol e em Júpiter, quanto o Sol oscilaria? Isto é, qual a distância "para frente e para trás" que ele se moveria em função de sua rotação ao redor do centro de massa do sistema Sol-Júpiter? A que distância do centro do Sol está esse centro de massa?

8.53 O USS Montana é um grande navio de guerra com um peso de 136.634.000 lb. Ele está armado com vinte canhões de 16 polegadas, os quais são capazes de disparar projéteis de 2.700 lb a 2.300 ft/s de velocidade. Se o navio dispara três desses canhões (na mesma direção), qual é a velocidade de recuo do navio?

8.54 Três bolas idênticas, de massa m, são postas na configuração mostrada na figura a seguir. Encontre a localização do centro de massa.

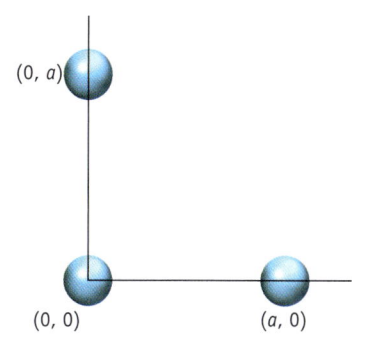

8.55 Sam (61 kg) e Alice (44 kg) estão de pé sobre um rinque de gelo, que lhes dá uma superfície quase sem atrito para deslizarem. Sam empurra Alice e faz com que ela deslize a uma velocidade (em relação ao rinque) de 1,20 m/s.
a) Com que velocidade Sam recua?
b) Calcule a variação da energia cinética do sistema Sam-Alice.
c) Energia não pode ser criada ou destruída. Qual é a fonte da energia cinética final desse sistema?

8.56 Um jogador de beisebol usa um bastão de massa m_{bast} para acertar uma bola de massa m_{bola}. Mesmo antes de ele atingir a bola, a velocidade inicial do bastão é 35 m/s e a velocidade inicial da bola é –30 m/s (a direção positiva está ao longo do eixo x positivo). O bastão e a bola sofrem uma colisão elástica unidimensional. Ache a velocidade da bola após a colisão. Assuma que m_{bast} seja muito maior do que m_{bola}, então o centro de massa dos dois corpos estará essencialmente no bastão.

8.57 Um estudante, com massa de 40 kg, pode arremessar uma bola de 5 kg com velocidade relativa de 10,0 m/s. O estudante está de pé em repouso sobre um carro de massa 10 kg, que pode se mover sem atrito. Se o estudante arremessa a bola horizontalmente, qual será a velocidade da bola em relação ao solo?

• **8.58** Ache a localização do centro de massa de uma folha bidimensional de densidade constante σ que tem a forma de um triângulo isósceles (veja a figura).

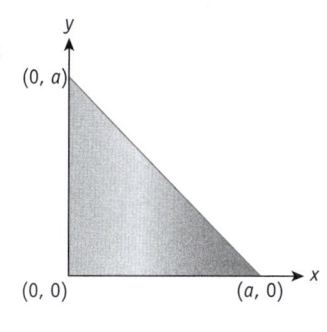

• **8.59** Um foguete consiste em uma carga útil de 4.390,0 kg e $1,761 \cdot 10^5$ kg de combustível. Admita que o foguete parta do repouso no espaço, acelere até sua velocidade final e, então, inicie sua viagem. Em que velocidade o propelente deve ser expelido para fazer a viagem da Terra à Lua, distância de $3,82 \cdot 10^5$ km, em 7,0 h?

• **8.60** Um canhão, de 350 kg de massa, deslizando livremente sobre um plano horizontal sem atrito a uma velocidade de 7,5 m/s, dispara uma bala de 15 kg em um ângulo de 55° acima da horizontal. A velocidade da bala relativa ao canhão é tal que, quando o disparo ocorre, o canhão para totalmente. Qual é a velocidade da bala em relação ao canhão?

• **8.61** O foguete Saturno V, que foi usado para lançar a nave Apollo em seu caminho para a Lua, tem uma massa inicial de

$M_0 = 2,8 \cdot 10^6$ kg e uma massa final $M_1 = 0,8 \cdot 10^6$ kg e, ainda, queima combustível a uma taxa constante por 160 s. A velocidade de exaustão relativa ao foguete é cerca de $v = 2.700$ m/s.

a) Ache a aceleração para cima do foguete, à medida que ele decola da plataforma de lançamento (enquanto sua massa é a massa inicial).

b) Ache a aceleração para cima do foguete, exatamente quando termina de queimar seu combustível (quando sua massa é a massa final).

c) Se o mesmo foguete fosse lançado no espaço profundo, onde existe força gravitacional desprezível, qual seria a variação resultante na velocidade do foguete durante o tempo em que ele estava queimando combustível?

• **8.62** Ache a localização do centro de massa para um bastão unidimensional, de comprimento L e de densidade linear $\lambda(x) = cx$, onde c é uma constante. (Dica: você precisará calcular a massa em termos de c e L.)

• **8.63** Ache o centro de massa de uma placa retangular de comprimento 20 cm e largura 10 cm. A densidade de massa varia linearmente ao longo do comprimento. Em uma extremidade, é 5 g/cm²; na outra, é 20 g/cm².

• **8.64** Uma tora uniforme, de comprimento 2,50 m, tem uma massa de 91 kg e está flutuando na água. Em pé sobre essa tora, está um homem de 72 kg, localizado a 22 cm de uma extremidade. Sobre a outra extremidade está sua filha ($m = 20$ kg), de pé, a 1 m da extremidade.

a) Ache o centro de massa desse sistema.

b) Se o pai salta da tora para trás, afastando-se de sua filha ($v = 3,14$ m/s), qual é a velocidade inicial da tora e da criança?

8.65 Um escultor encarregou você de fazer uma análise de engenharia de um de seus trabalhos. A peça consiste de placas de metal de formas regulares, de espessura e densidade uniformes, soldadas juntas, como mostra a figura ao lado. Usando a intersecção de dois eixos, mostrado como a origem do sistema coordenado, determine as coordenadas cartesianas do centro de massa dessa peça.

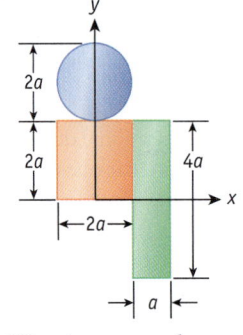

• **8.66** Um avião a jato está viajando a 223 m/s num voo horizontal. O motor recebe ar à taxa de 80,0 kg/s e queima combustível à taxa de 3,00 kg/s. Os gases de exaustão são ejetados a 600 m/s em relação à velocidade do avião. Ache o empuxo do motor.

• **8.67** Um balde está montado em cima de um *skate*, o qual rola por uma estrada horizontal sem atrito. A chuva está caindo verticalmente para dentro do balde. O balde é cheio com água, e a massa total do *skate*, do balde e da água é 10 kg. A chuva entra no balde e, simultaneamente, vaza por um furo no fundo do balde a taxas iguais de $\lambda = 0,10$ kg/s. Inicialmente, o balde e o *skate* estão se movendo a uma velocidade v_0. Quanto tempo leva antes de a velocidade ser reduzida pela metade?

• **8.68** Um canhão, massa 1.000 kg, dispara um projétil de 30 kg em um ângulo de 25° acima da horizontal, com velocidade de 500 m/s. Qual é a velocidade de recuo do canhão?

• **8.69** Duas massas, $m_1 = 2,0$ kg e $m_2 = 3,0$ kg, estão se movendo no plano xy. A velocidade de seus centros de massa e a velocidade da massa 1 em relação à massa 2 é dada pelos vetores $v_{cm} = (-1,0; +2,4)$ m/s e $v_{rel} = (+5,0; +1,0)$ m/s. Determine:

a) O momento total do sistema.

b) O momento da massa 1.

c) O momento da massa 2.

•• **8.70** Você está pilotando uma nave espacial, cuja massa total é 1.000 kg, e tentando acoplar na estação espacial no espaço profundo. Admita, por simplicidade, que a estação está imóvel, que sua nave está se movendo a 10 m/s em direção à estação e que ambos estão perfeitamente alinhados para acoplar. Sua nave tem um pequeno retrofoguete na frente para retardar sua aproximação, o qual pode queimar combustível à taxa de 1,0 kg/s e com uma velocidade de exaustão de 100 m/s, relativa ao foguete. Admita que sua nave tenha somente 20 kg de combustível sobrando e suficiente distância para acoplar.

a) Qual é o empuxo inicial exercido sobre sua nave pelo retrofoguete? Qual é a direção do empuxo?

b) Para segurança em acoplamentos, a NASA permite uma velocidade máxima de acoplagem de 0,02 m/s. Admitindo que você disparou o retrofoguete no tempo $t = 0$ e o manteve disparando, quanto combustível (em kg) precisa ser queimado para retardar sua nave para essa velocidade, relativa à estação espacial?

c) Quanto tempo você manteria o disparo do retrofoguete?

d) Se a massa da estação espacial é 500.000 kg (próximo ao valor da Estação Espacial Internacional), qual é a velocidade final da estação após a acoplagem de sua nave, que chega com uma velocidade de 0,02 m/s?

•• **8.71** Uma corrente, cuja massa é de 3,0 kg e comprimento é de 5,0 m, é segura em uma extremidade de modo que a extremidade inferior dela toque o chão (veja a figura). A extremidade superior da corrente é solta. Qual é a força exercida pela corrente sobre o chão, no momento exato em que o último elo atinge o chão?

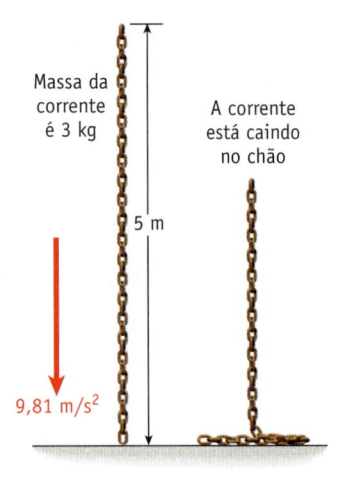

Movimento Circular 9

Figura 9.1 Dois aviões realizando manobras de acrobacia aérea sobre Oshkosh, Wisconsin.

O QUE APRENDEREMOS	280
9.1 Coordenadas polares	280
9.2 Coordenadas angulares e deslocamento angular	281
Exemplo 9.1 Localizando um ponto com coordenadas cartesianas e polares	282
Comprimento de Arco	282
Exemplo 9.2 Trilha de CD	282
9.3 Velocidade angular, frequência angular e período	283
Velocidade angular e velocidade linear	284
Exemplo 9.3 Translação e rotação da Terra	285
9.4 Aceleração angular e centrípeta	286
Exemplo 9.4 Ultracentrífuga	288
Exemplo 9.5 Aceleração centrípeta devido à rotação da Terra	289
Exemplo 9.6 CD "Player"	289
9.5 Força centrípeta	289
Pêndulo cônico	290
Problema resolvido 9.1 Análise de uma montanha-russa	291
Há uma Força Centrífuga?	293
9.6 Movimento circular e linear	293
Aceleração angular constante	294
Exemplo 9.7 Arremesso de martelo	295
9.7 Mais exemplos de movimento circular	296
Exemplo 9.8 Corrida de Fórmula 1	296
Problema resolvido 9.2 Corrida da NASCAR	298
O QUE JÁ APRENDEMOS / GUIA DE ESTUDO PARA EXERCÍCIOS	300
Guia de resolução de problemas	302
Problema resolvido 9.3 Brinquedos no parque de diversões	302
Problema resolvido 9.4 Volante	304
Questões de múltipla escolha	305
Questões	306
Problemas	307

O QUE APRENDEREMOS

- O movimento de corpos percorrendo um círculo em vez de uma linha reta pode ser descrito usando coordenadas baseadas no raio e no ângulo, em vez de coordenadas cartesianas.
- Há uma relação entre movimento linear e movimento circular.
- O movimento circular pode ser descrito em termos da coordenada angular, da frequência angular e do período.
- Um corpo realizando movimento circular pode ter velocidade angular e aceleração angular.

Você já pensou por que um avião inclina lateralmente quando faz uma curva no ar? Um avião não tem uma "estrada" por onde voar, então, a força necessária para fazer a curva em círculo não pode vir do atrito com a superfície da "estrada". Em vez disso, a orientação em ângulo das asas reparte a força normal, sustentando o avião pelas componentes. Uma componente continua a sustentar o avião contra a gravidade, enquanto a outra atua horizontalmente, virando o avião num círculo, tal como mostrado na Figura 9.1. A mesma física é aplicada em projetos de estradas com inclinação lateral para carros ou outros veículos.

Neste capítulo, estudaremos o movimento circular e veremos como a força está envolvida em fazer curvas. Essa discussão recai sobre conceitos de força, velocidade e aceleração apresentados nos Capítulos 3 e 4. O Capítulo 10 combinará essas ideias com alguns dos conceitos dos Capítulos 5 ao 8, tal como energia e momento. Muito do que você aprenderá nesses dois capítulos sobre movimento circular e rotação é análogo ao material anterior sobre movimento linear, força e energia. Em virtude de a maioria dos corpos não andar em perfeita linha reta, os conceitos de movimento circular serão aplicados muitas vezes nos capítulos posteriores.

9.1 Coordenadas polares

Figura 9.2 Movimento circular no plano horizontal e no vertical.

No Capítulo 3, discutimos o movimento em duas dimensões. Neste capítulo, examinaremos um caso especial de movimento num plano de duas dimensões: movimento de um corpo ao longo da circunferência de um círculo. Para ser preciso, somente estudaremos o movimento circular de corpos que possamos considerar como partículas pontuais. No Capítulo 10, sobre rotação, abrandaremos essa condição e também examinaremos corpos extensos.

O movimento circular é surpreendentemente comum. Andar num carrossel ou em muitos outros brinquedos de parques de diversão, como os mostrados na Figura 9.2, qualificam um movimento circular. Corridas de carros no estilo Indy (pistas ovais) também envolve movimento circular, conforme os carros alternam entre se moverem ao longo de seções retas e segmentos em meio círculo da pista. Tocadores de CD, DVD e *Blu-ray* também operam com movimento circular, embora esse movimento seja usualmente escondido dos olhos.

Durante o **movimento circular** de um corpo, suas coordenadas x e y variam continuamente, mas a distância do corpo ao centro do caminho circular permanece a mesma. Podemos tirar vantagem desse fato, usando as **coordenadas polares** para estudar o movimento circular. Mostrado na Figura 9.3, está o vetor posição, $\vec{r}$, de um corpo em movimento circular. Esse vetor varia como uma função do tempo, mas sua ponta sempre se move sobre uma circunferência de um círculo. Podemos especificar $\vec{r}$ dando suas componentes x e y. Entretanto, podemos especificar o mesmo vetor dando outros dois números: o ângulo de $\vec{r}$ relativo ao eixo x, θ, e o comprimento de $\vec{r}$, $r = |\vec{r}|$ (Figura 9.3).

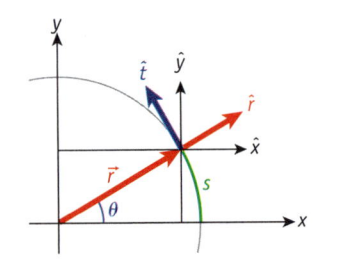

Figura 9.3 Sistema coordenado polar para o movimento circular.

A trigonometria fornece as relações entre as coordenadas cartesianas x e y e as coordenadas polares θ e r:

$$r = \sqrt{x^2 + y^2} \tag{9.1}$$

$$\theta = \mathrm{tg}^{-1}(y/x). \tag{9.2}$$

A transformação inversa, de polar para cartesiana, é dada por (veja Figura 9.4)

$$x = r \cos\theta \tag{9.3}$$

$$y = r \,\mathrm{sen}\, \theta. \tag{9.4}$$

A maior vantagem de usar as coordenadas polares para analisar o movimento circular é que r nunca varia. Permanece o mesmo tão longe quanto a ponta do vetor $\vec{r}$ possa se mover ao longo do caminho circular. Assim, podemos reduzir a descrição do movimento bidimensional sobre a circunferência e um círculo para um problema unidimensional envolvendo o ângulo θ.

A Figura 9.3 também mostra os vetores unitários nas direções radial e tangencial, $\hat{r}$ e $\hat{t}$, respectivamente. O ângulo entre $\hat{r}$ e $\hat{x}$ é, outra vez, o ângulo θ. Portanto, os componentes cartesianos do vetor radial unitário podem ser escritos como segue (refira-se à Figura 9.4):

$$\hat{r} = \frac{x}{r}\hat{x} + \frac{y}{r}\hat{y} = (\cos\theta)\hat{x} + (\text{sen}\,\theta)\hat{y} \equiv (\cos\theta, \text{sen}\,\theta). \tag{9.5}$$

Similarmente, obtemos as componentes cartesianas do vetor tangencial unitário:

$$\hat{t} = \frac{-y}{r}\hat{x} + \frac{x}{r}\hat{y} = (-\text{sen}\,\theta)\hat{x} + (\cos\theta)\hat{y} \equiv (-\text{sen}\,\theta, \cos\theta). \tag{9.6}$$

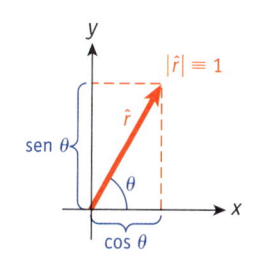

Figura 9.4 Relação entre o vetor radial unitário e o seno e cosseno do ângulo.

(Note que o vetor tangencial unitário é sempre denotado com um "chapéu", $\hat{t}$, podendo assim ser distinguido na leitura do tempo, t.) É direta a verificação de que os vetores unitários radial e tangencial são perpendiculares entre si, tomando seus produtos escalares:

$$\hat{r} \cdot \hat{t} = (\cos\theta, \text{sen}\,\theta) \cdot (-\text{sen}\,\theta, \cos\theta) = -\cos\theta\,\text{sen}\,\theta + \text{sen}\,\theta\cos\theta = 0.$$

Também podemos verificar que esses dois vetores unitários têm comprimento de 1, como requerido:

$$\hat{r} \cdot \hat{r} = (\cos\theta, \text{sen}\,\theta) \cdot (\cos\theta, \text{sen}\,\theta) = \cos^2\theta + \text{sen}^2\theta = 1$$

$$\hat{t} \cdot \hat{t} = (-\text{sen}\,\theta, \cos\theta) \cdot (-\text{sen}\,\theta, \cos\theta) = \text{sen}^2\theta + \cos^2\theta = 1.$$

Finalmente, é importante enfatizar que, no movimento circular, há uma diferença maior entre os vetores unitários para as coordenadas polares e aqueles para as coordenadas cartesianas: os vetores unitários cartesianos permanecem constantes no tempo, enquanto os vetores radial e tangencial unitários variam suas direções durante o processo do movimento circular. Isso acontece, porque ambos os vetores dependem do ângulo θ, o qual, para o movimento circular, depende do tempo.

9.2 Coordenadas angulares e deslocamento angular

As coordenadas polares nos permitem descrever e analisar o movimento circular, onde a distância da origem, r, do corpo em movimento permanece constante e o ângulo θ varia como uma função do tempo, $\theta(t)$. Como já foi salientado, o ângulo θ é medido em relação ao eixo x positivo. Qualquer ponto sobre o eixo x positivo tem um ângulo $\theta = 0$. Como na definição da equação 9.2 implica, um movimento no sentido anti horário para longe do eixo x positivo, em direção ao eixo y negativo, resulta em valores negativos de θ.

As duas unidades mais comumente usadas para ângulos são o grau (°) e o radiano (rad). Essas unidades são definidas de forma que o ângulo medido para um círculo completo seja de 360°, o qual corresponde a 2π rad. Assim, a unidade de conversão entre as duas medidas angulares é

$$\theta\,(\text{graus})\frac{\pi}{180} = \theta\,(\text{radianos}) \Leftrightarrow \theta\,(\text{radianos})\frac{180}{\pi} = \theta\,(\text{graus})$$

$$1\,\text{rad} = \frac{180°}{\pi} \approx 57{,}3°.$$

Como a posição linear x, o ângulo θ pode ter valores positivos e negativos, Entretando, θ é periódico; uma volta completa ao redor do círculo (2π rad ou 360°) retorna a coordenada de θ no mesmo ponto no espaço. Exatamente como o deslocamento linear, Δx, é definido para ser a diferença entre duas posições, x_2 e x_1, o deslocamento angular, $\Delta\theta$, é a diferença entre dois ângulos:

$$\Delta\theta = \theta_2 - \theta_1.$$

EXEMPLO 9.1 | Localizando um ponto com coordenadas cartesianas e polares

Um ponto tem a localização dada em coordenadas cartesianas (4, 3), como mostrado na Figura 9.5.

PROBLEMA
Como representamos a posição desse ponto em coordenadas polares?

SOLUÇÃO
Usando a equação 9.1, podemos calcular a coordenada radial:

$$r = \sqrt{x^2 + y^2} = \sqrt{4^2 + 3^2} = 5.$$

Usando a equação 9.2 podemos calcular a coordenada angular:

$$\theta = \mathrm{tg}^{-1}(y/x) = \mathrm{tg}^{-1}(3/4) = 0{,}64 \text{ rad} = 37°.$$

Portanto, podemos expressar a posição do ponto P em coordenadas polares como $(r, \theta) = (5, 0{,}64 \text{ rad}) = (5, 37°)$. Note que podemos especificar a mesma posição adicionando (qualquer múltiplo inteiro de) 2π rad, ou 360°, a θ:

$$(r, \theta) = (5, 0{,}64 \text{ rad}) = (5, 37°) = (5, 2\pi \text{ rad} + 0{,}64 \text{ rad}) = (5, 360° + 37°).$$

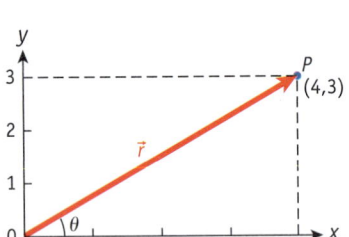

Figura 9.5 Um ponto localizado em (4, 3) no sistema coordenado cartesiano.

9.1 Pausa para teste
Use coordenadas polares e cálculo para mostrar que a circunferência de um círculo com raio R é $2\pi R$.

9.2 Pausa para teste
Use coordenadas polares e cálculo para mostrar que a área de um círculo com raio R é πR^2.

Comprimento de arco

A Figura 9.3 também mostra (em verde) o caminho sobre a circunferência do círculo pela ponta do vetor $\vec{r}$ indo do ângulo zero até θ. Esse caminho é chamado de *comprimento do arco, s*. O comprimento do arco está relacionado ao raio e ao ângulo por

$$s = r\theta \qquad (9.7)$$

Para resolver numericamente essa relação, o ângulo deve ser medido em radianos. O fato é que a circunferência do círculo $2\pi r$ é um caso especial da equação 9.7 com $\theta = 2\pi$ rad, correspondendo a uma volta completa ao redor do círculo. O comprimento do arco tem a mesma unidade do raio.

Para pequenos ângulos, medindo um grau ou menos, o seno do ângulo é aproximadamente (para quatro algarismos significativos) igual ao ângulo medido em radianos. Devido a esse fato, bem como a necessidade do uso da equação 9.7 para resolver problemas, a unidade preferida para as coordenadas angulares é o radiano. Mas o uso de graus é comum, e este livro usa ambas as unidades.

EXEMPLO 9.2 | Trilha de CD

A trilha sobre um disco compacto (CD) é representada na Figura 9.6. A trilha é uma espiral iniciando no raio mais interno $r_1 = 25$ mm e terminando no raio mais externo $r_2 = 58$ mm. O espaçamento entre sucessivas curvas da trilha é uma constante, $\Delta r = 1{,}6$ μm.

PROBLEMA
Qual é o comprimento total dessa trilha?

SOLUÇÃO 1, SEM CÁLCULO
Num dado raio r, entre r_1 e r_2, a trilha é quase perfeitamente circular. Considerando que o espaçamento da trilha é $\Delta r = 1{,}6$ μm e a distância entre as partes mais internas e as mais externas é $r_2 - r_1 = (58 \text{ mm}) - (25 \text{ mm}) = 33$ mm, achamos que a trilha dá um total de voltas de:

$$n = \frac{r_2 - r_1}{\Delta r} = \frac{3{,}3 \cdot 10^{-2} \text{ m}}{1{,}6 \cdot 10^{-6} \text{ m}} = 20.625 \text{ vezes.}$$

(Note que não arredondamos esse resultado intermediário!) Os raios desses 20.625 círculos crescem linearmente de 25 mm até 58 mm; consequentemente, as circunferências ($c = 2\pi r$) também

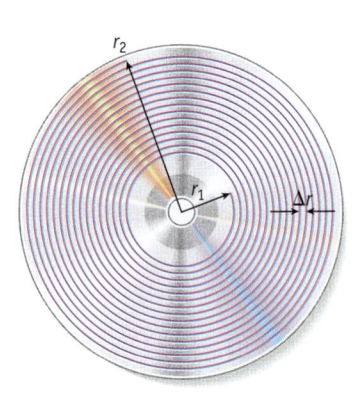

Figura 9.6 A trilha de um disco compacto.

crescem linearmente. O raio médio dos círculos é, então $\bar{r} = \frac{1}{2}(r_2 + r_1) = 41{,}5$ mm, e a circunferência média é

$$\bar{c} = 2\pi\bar{r} = 2\pi \cdot 41{,}5 \text{ mm} = 0{,}2608 \text{ m}.$$

Agora temos que multiplicar essa circunferência média pelo número de círculos para obter nosso resultado:

$$L = n\bar{c} = 20.625 \cdot 0{,}2608 \text{ m} = 5{,}4 \text{ km},$$

arredondando para dois algarismos significativos. Assim, o comprimento de uma trilha de CD é mais do que 3,3 milhas!

SOLUÇÃO 2, COM CÁLCULO

O espaçamento entre as sucessivas curvas da trilha é uma constante, $\Delta r = 1{,}6$ μm; portanto, a densidade da trilha (isto é, o número de vezes que a trilha é cruzada na direção radial por unidade de comprimento, movendo-se para fora desde o ponto mais interno) é $1/\Delta r = 625.000$ m^{-1}. Num dado raio r, entre r_1 e r_2, a trilha é quase perfeitamente circular. Esse segmento da espiral da trilha tem comprimento $2\pi r$, mas os comprimentos das curvas crescem constantemente por mais tempo movendo-se para fora. Obtemos o comprimento total da trilha integrando o comprimento de cada curva de r_1 a r_2, multiplicado pelo número de curvas por unidade de comprimento:

$$L = \frac{1}{\Delta r}\int_{r_1}^{r_2} 2\pi r\, dr = \frac{1}{\Delta r}\pi r^2 \bigg|_{r_1}^{r_2} = \frac{1}{\Delta r}\pi\left(r_2^2 - r_1^2\right)$$

$$= (625.000 \text{ m}^{-1})\pi\left((0{,}058 \text{ m})^2 - (0{,}025 \text{ m})^2\right) = 5{,}4 \text{ km}.$$

Satisfatoriamente, essa solução baseada em cálculo concorda com a solução que obtivemos sem o uso do cálculo. Você pode pensar que as condições tinham de ser encontradas para permitir o uso do cálculo nesse caso. (Para um DVD, a propósito, a densidade de trilha é mais alta por um fator de 2,2, resultando em uma trilha que mede quase 12 km.)

A Figura 9.7 mostra uma pequena porção das trilhas de dois CDs, com um aumento de 500 vezes. A Figura 9.7a mostra um CD prensado de fábrica com as saliências individuais de alumínio visíveis. Na Figura 9.7b está um CD de leitura/gravação, o qual é queimado quando um laser induz uma variação de fase na trilha contínua. A porção inferior direita desta figura mostra uma parte do CD na qual nada ainda foi gravado.

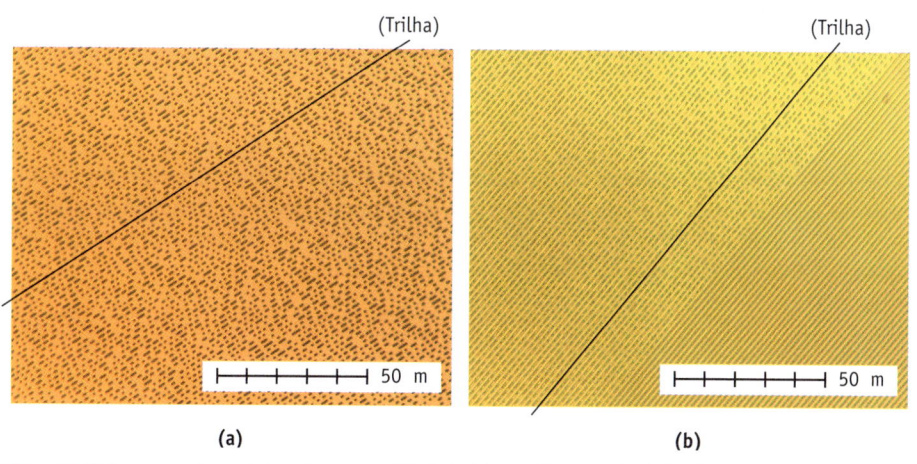

Figura 9.7 Imagens microscópicas (aumento 500x) de (a) um CD prensado de fábrica e (b) um CD de leitura/gravação. A linha sólida indica a direção das trilhas.

9.3 Velocidade angular, frequência angular e período

Vimos que a variação das coordenadas lineares de um corpo no tempo é a sua velocidade. Similarmente, a variação das coordenadas angulares de um corpo no tempo é sua **velocidade angular**. O valor médio da velocidade angular é definido como

$$\bar{\omega} = \frac{\theta_2 - \theta_1}{t_2 - t_1} = \frac{\Delta\theta}{\Delta t}.$$

Essa definição usa a notação $\theta_1 \equiv \theta(t_1)$ e $\theta_2 \equiv \theta(t_2)$. A barra horizontal acima do símbolo ω para a velocidade angular, outra vez, indica um tempo médio. Tomando o limite dessa expressão, à medida que o intervalo de tempo se aproxima de zero, achamos o valor instantâneo da velocidade angular:

$$\omega = \lim_{\Delta t \to 0} \bar{\omega} = \lim_{\Delta t \to 0} \frac{\Delta\theta}{\Delta t} \equiv \frac{d\theta}{dt}. \tag{9.8}$$

A unidade mais comum para velocidade angular é radianos por segundo (rad/s); graus por segundo, geralmente, não é usado.

A velocidade angular é um vetor. Sua direção é aquela de um eixo através do centro do caminho circular e perpendicular ao plano do círculo. (Esse eixo é um eixo de rotação, como discutiremos em maiores detalhes no Capítulo 10.) Essa definição permite duas possibilidades para a direção na qual o vetor $\vec{\omega}$ pode apontar: para cima ou para baixo, paralela ou antiparalela ao eixo de rotação. A regra da mão direita nos ajuda a decidir qual é a correta direção: quando os dedos apontam na direção de rotação ao longo da circunferência do círculo, o polegar aponta na direção de $\vec{\omega}$, como mostrado na Figura 9.8.

A velocidade angular mede o quanto varia o ângulo θ no tempo. Uma outra quantidade também especifica o quanto varia esse ângulo no tempo – a **frequência angular**, ou simplesmente frequência, f. Por exemplo, o número de rpm no tacômetro, em seu carro, indica quanto tempo por minuto o motor faz seu ciclo e, assim, especifica a frequência de rotação do motor. A Figura 9.9 mostra um tacômetro, com as unidades especificadas como "1/minuto x 1.000"; o motor atinge a faixa vermelha em 6.000 rotações por minuto. Assim, a frequência, f, mede ciclos por unidade de tempo, em vez de radianos por unidade de tempo, como mede a velocidade angular. A frequência está relacionada à velocidade angular, ω, por

$$f = \frac{\omega}{2\pi} \Leftrightarrow \omega = 2\pi f. \tag{9.9}$$

Essa relação tem sentido, porque uma volta completa ao redor de um círculo requer uma variação de ângulo de 2π rad. (Seja cuidadoso – ambas, frequência e velocidade angular, têm a mesma unidade inversa de segundos e podem ser facilmente confundidas.)

Devido à unidade inversa de segundo ser muito usada, foi dado a ela um nome próprio: o **hertz** (Hz), nome do físico alemão Heinrich Rudolf Hertz (1857-1894). Assim, 1 Hz = 1 s^{-1}. O **período de rotação**, T, é definido como o inverso da frequência:

$$T = \frac{1}{f}. \tag{9.10}$$

O período mede o intervalo de tempo entre duas sucessivas instâncias, onde o ângulo tem o mesmo valor; isto é, o tempo que leva para passar uma vez ao redor do círculo. A unidade para o período é a mesma do tempo, ou seja, o segundo (s). Dadas as relações entre período e frequência e frequência e velocidade angular, obtemos também

$$\omega = 2\pi f = \frac{2\pi}{T}. \tag{9.11}$$

Velocidade angular e velocidade linear

Se tomarmos a derivada em relação ao tempo do vetor posição, obteremos o vetor velocidade linear. Para encontrar a velocidade angular, é mais conveniente escrever o vetor posição radial em coordenadas cartesianas e tomar as derivadas em relação ao tempo, componente a componente:

$$\vec{r} = x\hat{x} + y\hat{y} = (x, y) = (r\cos\theta, r\,\text{sen}\,\theta) = r(\cos\theta, \text{sen}\,\theta) = r\hat{r} \Rightarrow$$

$$\vec{v} = \frac{d\vec{r}}{dt} = \frac{d}{dt}(r\cos\theta, r\,\text{sen}\,\theta) = \left(\frac{d}{dt}(r\cos\theta), \frac{d}{dt}(r\,\text{sen}\,\theta)\right).$$

Agora podemos usar o fato de que, para o movimento ao longo de um círculo, a distância r à origem não varia no tempo, mas é constante. Isso resulta em

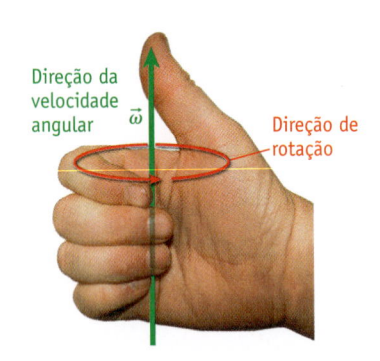

Figura 9.8 A regra da mão direita para determinar a direção do vetor velocidade angular.

Figura 9.9 O tacômetro de um carro mede a frequência (em ciclos por minuto) de rotação do motor.

$$\vec{v} = \left(\frac{d}{dt}(r\cos\theta), \frac{d}{dt}(r\,\text{sen}\,\theta)\right) = \left(r\frac{d}{dt}(\cos\theta), r\frac{d}{dt}(\text{sen}\,\theta)\right)$$

$$= \left(-r\,\text{sen}\,\theta\frac{d\theta}{dt}, r\cos\theta\frac{d\theta}{dt}\right)$$

$$= (-\text{sen}\,\theta, \cos\theta)r\frac{d\theta}{dt}.$$

Aqui, usamos a regra da cadeia da diferenciação, no último passo, e colocamos em evidência o fator comum $rd\theta/dt$. Já sabemos que a derivada em relação ao tempo do ângulo é a velocidade angular (veja a equação 9.8). Além disso, reconhecemos o vetor $(-\text{sen}\,\theta, \cos\theta)$ como o vetor tangencial unitário (veja a equação 9.6). Desse modo, temos a relação entre as velocidades angular e linear para o movimento circular:

$$\vec{v} = r\omega\hat{t}. \tag{9.12}$$

(Outra vez, $\hat{t}$ é o símbolo para o vetor tangencial unitário e não tem conexão com o tempo t!)

Devido ao vetor velocidade apontar na direção da tangente para a trajetória em qualquer dado tempo, ele é sempre tangencial à circunferência do círculo, apontando na direção do movimento, como mostrado na Figura 9.10. Assim, o vetor velocidade é sempre perpendicular ao vetor posição, o qual aponta na direção radial. Se os dois vetores são perpendiculares um ao outro, seu produto escalar é zero. Assim, para o movimento circular, temos sempre

$$\vec{r} \cdot \vec{v} = (r\cos\theta, r\,\text{sen}\,\theta) \cdot (-r\omega\,\text{sen}\,\theta, r\omega\cos\theta) = 0.$$

Se tomarmos os valores absolutos dos lados esquerdo e direito da equação 9.12, obtemos uma importante relação entre os módulos das velocidades linear e angular para o movimento circular:

$$v = r\omega \tag{9.13}$$

Lembre-se de que essa relação considera somente os *módulos* das velocidades linear e angular. Seus vetores apontam em direções diferentes e, para o movimento circular, são perpendiculares entre si, com $\vec{\omega}$ apontando na direção do eixo de rotação e $\vec{v}$ tangencial ao círculo.

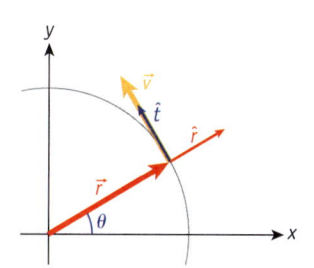

Figura 9.10 A velocidade linear e os vetores coordenados.

9.1 Exercícios de sala de aula

Uma bicicleta tem rodas de raio 33,0 cm. A bicicleta está andando a velocidade de 6,5 m/s. Qual é a velocidade angular do pneu da frente?

a) 0,197 rad/s   d) 19,7 rad/s
b) 1,24 rad/s   e) 215 rad/s
c) 5,08 rad/s

EXEMPLO 9.3 | Translação e rotação da Terra

PROBLEMA

A Terra orbita o Sol e também gira sobre seu próprio eixo. Quais são as velocidades angulares, as frequências e as velocidades lineares desses movimentos?

SOLUÇÃO

Qualquer ponto sobre a superfície da Terra se move em movimento circular ao redor do eixo de rotação (de polo a polo), com um período de rotação de 1 dia. Expresso em segundos, esse período é

$$T_{\text{Terra}} = 1 \text{ dia} \cdot \frac{24 \text{ h}}{1 \text{ dia}} \cdot \frac{3.600 \text{ s}}{1 \text{ h}} = 8,64 \cdot 10^4 \text{ s}.$$

A Terra se move ao redor do Sol sobre uma trajetória elíptica, muito próxima de uma trajetória circular. Então, vamos tratar a órbita da Terra como um movimento circular. O período orbital para o movimento da Terra ao redor do Sol é 1 ano. Expressando esse período em segundos, temos

$$T_{\text{Sol}} = 1 \text{ ano} \cdot \frac{365 \text{ dias}}{1 \text{ ano}} \cdot \frac{24 \text{ h}}{1 \text{ dia}} \cdot \frac{3.600 \text{ s}}{1 \text{ h}} = 3,15 \cdot 10^7 \text{ s}.$$

Ambos os movimentos circulares têm velocidade angular constante. Assim, podemos usar $T = 1/f$ e $\omega = 2\pi f$ para obter as frequências e velocidades angulares:

$$f_{\text{Terra}} = \frac{1}{T_{\text{Terra}}} = 1{,}16 \cdot 10^{-5} \text{ Hz}; \quad \omega_{\text{Terra}} = 2\pi f_{\text{Terra}} = 7{,}27 \cdot 10^{-5} \text{ rad/s}$$

$$f_{\text{Sol}} = \frac{1}{T_{\text{Sol}}} = 3{,}17 \cdot 10^{-8} \text{ Hz}; \quad \omega_{\text{Sol}} = 2\pi f_{\text{Sol}} = 1{,}99 \cdot 10^{-7} \text{ rad/s}.$$

Continua →

Note que o período de 24 horas que usamos como duração de um dia é quanto tempo leva o Sol para atingir a mesma posição no céu. Se quiséssemos especificar as frequências e as velocidades angulares com maior precisão, teríamos que usar o dia sideral, porque a Terra também está se movendo ao redor do Sol durante cada dia, ou o tempo que a Terra leva, de fato, para completar uma rotação e trazer as estrelas para as mesmas posições no céu noturno. Esse é o dia sideral, com 23 h: 56 min e um pouco mais de 4 s, ou 86.164,09074 s = (1 − 1/365,2425) · 86.400 s. (Usamos o fato de que leva uma fração de dia a mais do que os 365 para completar uma órbita ao redor do Sol – esse é o porquê da necessidade de anos bissextos.)

Agora, vamos encontrar a velocidade linear na qual a Terra orbita o Sol. Por estarmos assumindo um movimento circular, a relação entre a velocidade orbital e a velocidade angular é dada por $v = r\omega$. Para ter nossa resposta, precisamos saber o raio da órbita. O raio dessa órbita é a distância Terra-Sol, $r_{\text{Terra-Sol}} = 1{,}49 \cdot 10^{11}$ m. Portanto, a velocidade orbital linear – a velocidade com a qual a Terra se move ao redor do Sol – é

$$v = r\omega = (1{,}49 \cdot 10^{11}\ \text{m})(1{,}99 \cdot 10^{-7}\ \text{s}^{-1}) = 2{,}97 \cdot 10^{4}\ \text{m/s}$$

Isso é acima de 66.000 mph!

Agora, podemos achar a velocidade de um ponto sobre a superfície da Terra que rotaciona em relação ao seu próprio centro. Notamos que pontos em diferentes latitudes têm diferentes distâncias ao eixo de rotação, como mostrado na Figura 9.11. No equador, o raio de órbita é $r = R_{\text{Terra}} = 6.380$ km. Longe do Equador, o raio de rotação, como uma função do ângulo de latitude, é $r = R_{\text{Terra}} \cos \vartheta$; veja a Figura 9.11. (A letra teta, ϑ, em manuscrito, é usada aqui para o ângulo de latitude, a fim de evitar confusão com θ, o qual é usado para o movimento circular.) Em geral, obtemos a seguinte fórmula para a velocidade de rotação:

$$v = \omega r = \omega R_{\text{Terra}} \cos \vartheta$$
$$= (7{,}27 \cdot 10^{-5}\ \text{s}^{-1})(6{,}38 \cdot 10^{6}\ \text{m})(\cos \vartheta)$$
$$= (464\ \text{m/s})(\cos \vartheta).$$

Nos polos, onde $\vartheta = 90°$, a velocidade de rotação é zero; no Equador, onde $\vartheta = 0°$, a velocidade é 464 m/s. Seattle, com $\vartheta = 47{,}5°$, se move com $v = 313$ m/s e Miami, com $\vartheta = 25{,}7°$, tem velocidade $v = 418$ m/s.

Figura 9.11 O eixo de rotação da Terra é indicado pela linha vertical. Pontos em diferentes latitudes sobre a superfície da Terra se movem em diferentes velocidades.

9.4 Aceleração angular e centrípeta

A taxa de variação da velocidade angular de um corpo é sua **aceleração angular**, denotada pela letra grega α. A definição do valor da aceleração angular é análoga a da aceleração linear. Seu valor médio é definido como

$$\overline{\alpha} = \frac{\Delta \omega}{\Delta t}.$$

O valor instantâneo da aceleração angular é obtido pelo limite, na medida em que o tempo se aproxima de zero:

$$\alpha = \lim_{\Delta t \to 0} \overline{\alpha} = \lim_{\Delta t \to 0} \frac{\Delta \omega}{\Delta t} \equiv \frac{d\omega}{dt} = \frac{d^2 \theta}{dt^2}. \tag{9.14}$$

Da mesma forma como relacionamos a velocidade linear à velocidade angular, podemos também relacionar a aceleração tangencial à aceleração angular. Iniciamos com a definição do vetor aceleração linear como a derivada temporal do vetor velocidade linear. Então, substituímos a expressão para a velocidade linear no movimento circular da equação 9.12:

$$\vec{a}(t) = \frac{d}{dt}\vec{v}(t) = \frac{d}{dt}(v\hat{t}) = \left(\frac{dv}{dt}\right)\hat{t} + v\left(\frac{d\hat{t}}{dt}\right). \tag{9.15}$$

No último passo, aqui, usamos a regra do produto da diferenciação. Assim, a aceleração no movimento circular tem duas componentes. A primeira parte aparece da variação do valor da velocidade; essa é a **aceleração tangencial**. A segunda parte é devido ao fato de que o vetor velocidade sempre aponta na direção tangencial e tem que variar, assim, sua direção continuamente, à medida que a ponta do vetor posição radial se move ao redor do círculo; essa é a **aceleração radial**.

Vamos olhar as duas componentes individualmente. Primeiro, podemos calcular a derivada em relação ao tempo da velocidade linear, v, usando a relação entre a velocidade linear e a velocidade angular da equação 9.13 e, outra vez, invocando a regra do produto:

$$\frac{dv}{dt} = \frac{d}{dt}(r\omega) = \left(\frac{dr}{dt}\right)\omega + r\frac{d\omega}{dt}.$$

Por r ser constante para o movimento circular, $dr/dt = 0$, e o primeiro termo na soma no lado direito é zero. Da equação 9.14, $d\omega/dt = \alpha$, e, então, o segundo termo na soma é igual a $r\alpha$. Assim, a variação na velocidade está relacionada à aceleração angular por

$$\frac{dv}{dt} = r\alpha. \tag{9.16}$$

Entretanto, o vetor aceleração da equação 9.15 também tem uma segunda componente, proporcional à derivada temporal do vetor tangencial unitário. Para essa quantidade, achamos

$$\frac{d}{dt}\hat{t} = \frac{d}{dt}(-\text{sen}\,\theta, \cos\theta) = \left(\frac{d}{dt}(-\text{sen}\,\theta), \frac{d}{dt}(\cos\theta)\right)$$

$$= \left(-\cos\theta\frac{d\theta}{dt}, -\text{sen}\,\theta\frac{d\theta}{dt}\right) = -\frac{d\theta}{dt}(\cos\theta, \text{sen}\,\theta)$$

$$= -\omega\hat{r}.$$

Portanto, encontramos que a derivada temporal do vetor tangencial unitário aponta na direção oposta daquela do vetor radial unitário. Com esse resultado, podemos, finalmente, escrever para o vetor aceleração linear na equação 9.15

$$\vec{a}(t) = r\alpha\hat{t} - v\omega\hat{r} \tag{9.17}$$

De novo, para o movimento circular, o vetor aceleração tem duas componentes físicas (Figura 9.12): a primeira resulta da variação na velocidade e aponta na direção tangencial, e a segunda, vem da variação contínua da direção do vetor velocidade e aponta na direção radial negativa, em direção ao centro do círculo. Esta segunda componente está presente mesmo se o movimento circular proceder com velocidade constante. Se a velocidade angular é constante, a aceleração angular tangencial é zero, mas o vetor velocidade ainda varia a direção continuamente, conforme o corpo se move em seu caminho circular. A aceleração que varia a direção do vetor velocidade sem variar seu módulo é frequentemene chamada de **aceleração centrípeta** (*centrípeta* significa "procurando o centro") e está apontada para dentro na direção radial. Assim, podemos escrever a equação 9.17 para a aceleração de um corpo em movimento circular como a soma da aceleração tangencial com a aceleração centrípeta:

$$\vec{a} = a_t\hat{t} - a_c\hat{r}. \tag{9.18}$$

O valor da aceleração centrípeta é

$$a_c = v\omega = \frac{v^2}{r} = \omega^2 r. \tag{9.19}$$

A primeira expressão para a aceleração centrípeta na equação 9.19 pode ser simplesmente lida da equação 9.17 como o coeficiente do vetor unitário apontando na direção radial negativa. As segunda e terceira expressões para a aceleração centrípeta seguem, então, da relação entre as velocidades linear e angular e o raio (equação 9.13).

Para o valor da aceleração no movimento circular, temos, assim, das equações 9.17 e 9.19,

$$a = \sqrt{a_t^2 + a_c^2} = \sqrt{(r\alpha)^2 + (r\omega^2)^2} = r\sqrt{\alpha^2 + \omega^4}. \tag{9.20}$$

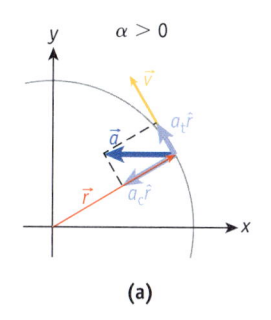

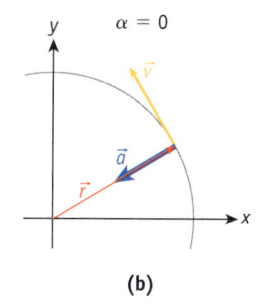

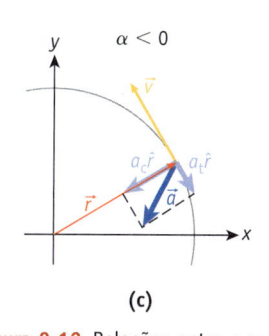

Figura 9.12 Relações entre a aceleração linear, aceleração centrípeta e aceleração angular para (a) um aumento de velocidade, (b) velocidade constante e (c) uma diminuição na velocidade.

EXEMPLO 9.4 — Ultracentrífuga

Uma das mais importantes peças de equipamento dos laboratórios biomédicos é a ultracentrífuga (Figura 9.13). Ela é usada para a separação de componentes (como coloides ou proteínas) compostas por *partículas* de diferentes massas, por meio do processo de sedimentação (as partículas de mais massa descem para o fundo). Em vez de contar com a aceleração da gravidade para completar a sedimentação, uma ultracentrífuga utiliza a aceleração centrípeta da rápida rotação para acelerar o processo. Algumas ultracentrífugas podem atingir valores de aceleração acima de $10^6\, g$ ($g = 9{,}81$ m/s^2).

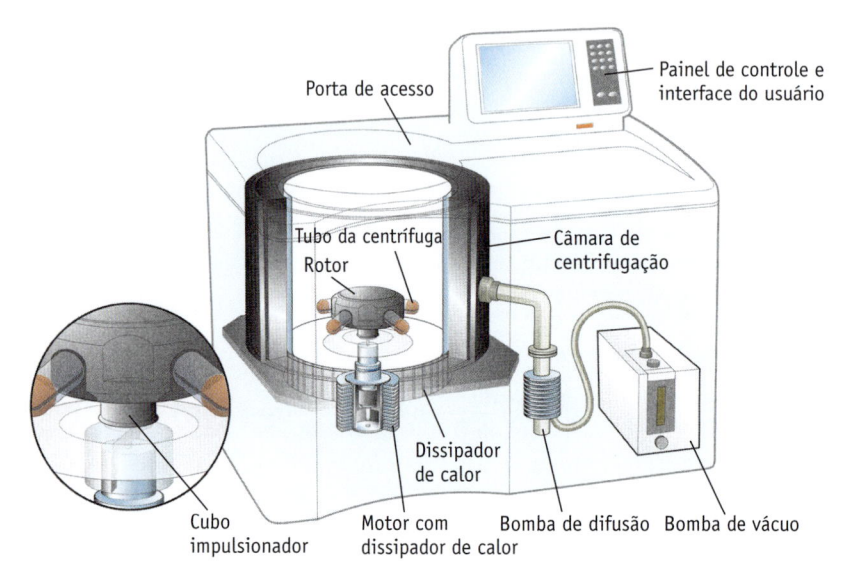

Figura 9.13 Diagrama em corte de uma ultracentrífuga.

PROBLEMA
Se você quer gerar 840.000 g de aceleração centrípeta em uma amostra que gira a uma distância de 23,5 cm do eixo de rotação da ultracentrífuga, qual é a frequência que você precisa programar nos controles? Qual é a velocidade linear com a qual a amostra está, então, se movendo?

SOLUÇÃO
A aceleração centrípeta é dada por $a_c = \omega^2 r$ e a velocidade angular está relacionada à frequência pela equação 9.11: $\omega = 2\pi f$. Assim, a relação entre a frequência e a aceleração centrípeta é $a_c = (2\pi f)^2 r$, ou

$$f = \frac{1}{2\pi}\sqrt{\frac{a_c}{r}} = \frac{1}{2\pi}\sqrt{\frac{(840.000)(9{,}81\text{ m/s}^2)}{0{,}235\text{ m}}} = 942\text{ s}^{-1} = 56.500\text{ rpm}.$$

Para a velocidade linear da amostra dentro da ultracentrífuga, achamos, então

$$v = r\omega = 2\pi r f = 2\pi(0{,}235\text{ m})(942\text{ s}^{-1}) = 1{,}39\text{ km/s}.$$

Outros tipos de centrífugas chamadas de *centrífugas a gás* são usadas no processo de enriquecimento de urânio. Nesse processo, os isótopos ^{235}U e ^{238}U, que diferem em massa por pouco mais de 1%, são separados. Urânio natural contém mais do que 99% do inócuo ^{238}U. Mas se o urânio é enriquecido para conter mais do que 90% de ^{235}U, ele pode ser usando em armas nucleares. As centrífugas a gás usadas no processo de enriquecimento precisam girar a aproximadamente 100.000 rpm, o que resulta em uma incrível tensão sobre os mecanismos e materiais dessas centrífugas e as faz muito difíceis de projetar e fabricar. A fim de impedir a proliferação de armas nucleares, o projeto dessas centrífugas é um segredo cuidadosamente guardado.

EXEMPLO 9.5 — Aceleração centrípeta devido à rotação da Terra

Em virtude da rotação da Terra, os pontos sobre sua superfície se movem com uma velocidade rotacional e é interessante calcular a correspondente aceleração centrípeta. Essa aceleração pode alterar muito pouco o valor comumente declarado da aceleração devido à gravidade sobre a superfície da Terra.

Podemos inserir os dados para a Terra na equação 9.19 para encontrar o valor da aceleração centrípeta:

$$a_c = \omega^2 r = \omega^2 R_{\text{Terra}} \cos\vartheta$$
$$= (7{,}27 \cdot 10^{-5}\ \text{s}^{-1})^2 (6{,}38 \cdot 10^6\ \text{m})(\cos\vartheta)$$
$$= (0{,}034\ \text{m/s}^2)(\cos\vartheta).$$

Aqui, usamos a mesma notação do Exemplo 9.3, com ϑ indicando a latitude do ângulo relativo ao Equador. Nosso resultado mostra que a aceleração centrípeta decorrente da rotação da Terra varia a aceleração gravitacional efetiva sobre a superfície da Terra por um fator entre 0,33% (no Equador) e zero (nos polos). Usando Seattle e Miami como exemplos, obtemos a aceleração centrípeta de 0,02 m/s² para Seattle e 0,03 m/s² para Miami. Esses valores são relativamente pequenos se comparados ao valor da aceleração da gravidade, 9,81 m/s², mas não são (sempre) desprezíveis.

EXEMPLO 9.6 — CD player

PROBLEMA
No Exemplo 9.2, vimos que a trilha de um CD mede 5,4 km de comprimento. Um CD de música pode armazenar 74 minutos de música. Quais são a velocidade angular e a aceleração tangencial do disco conforme ele gira dentro de um tocador de CD, assumindo uma velocidade linear constante?

SOLUÇÃO
Já que a trilha mede 5,4 km e tem que passar pelo laser que a lê no intervalo de tempo $\Delta t = 74$ min $= 4.440$ s, a velocidade da trilha passando pelo leitor tem que ser $v = (5{,}4\ \text{km})/(4.440\ \text{s}) = 1{,}216$ m/s. Do Exemplo 9.2, a trilha é uma espiral com 20.625 curvas, iniciando no raio mais interno $r_1 = 25$ mm e atingindo o raio mais externo $r_2 = 58$ mm. Em cada valor do raio r, podemos aproximar a trilha espiral a um círculo, como fizemos no Exemplo 9.2. Então, podemos usar a relação entre as velocidades linear e angular, expressa na equação 9.13, para resolver a velocidade angular como uma função do raio:

$$v = r\omega \Rightarrow \omega = \frac{v}{r}.$$

Inserindo os valores para v e r, obtemos

$$\omega(r_1) = \frac{1{,}216\ \text{m/s}}{0{,}025\ \text{m}} = 48{,}64\ \text{s}^{-1}$$

$$\omega(r_2) = \frac{1{,}216\ \text{m/s}}{0{,}058\ \text{m}} = 20{,}97\ \text{s}^{-1}.$$

Isso quer dizer que um tocador de CD tem que retardar a taxa de rotação do disco durante sua execução. A aceleração angular média durante esse processo é

$$\alpha = \frac{\omega(r_2) - \omega(r_1)}{\Delta t} = \frac{20{,}97\ \text{s}^{-1} - 48{,}64\ \text{s}^{-1}}{4.440\ \text{s}} = -6{,}23 \cdot 10^{-3}\ \text{s}^{-2}.$$

9.3 Pausa para teste
A aceleração centrípeta, resultante da rotação da Terra, tem valor máximo de aproximadamente $g/300$. Você pode determinar o valor da aceleração centrípeta devido à órbita da Terra ao redor do Sol?

9.4 Pausa para teste
Você está parado sobre a superfície da Terra, no Equador. Se a Terra parasse de girar sobre seu eixo, você se sentiria mais leve, mais pesado ou o mesmo?

9.2 Exercícios de sala de aula
O período de rotação da Terra, sobre seu eixo, é 24 h. Nessa velocidade angular, a aceleração centrípeta na superfície da Terra é pequena comparada à aceleração da gravidade. Qual deveria ser o período de rotação da Terra para que o valor da aceleração centrípeta, na superfície no equador, fosse igual ao valor da aceleração da gravidade? (Com esse período de rotação, você levitaria acima da superfície da Terra!)

a) 0,043 h   d) 1,41 h
b) 0,340 h   e) 3,89 h
c) 0,841 h   f) 12,0 h

9.5 Pausa para teste
Como a aceleração centrípeta de um CD, que está girando num tocador, se compara à sua aceleração tangencial?

9.5 Força centrípeta

A força centrípeta, $\vec{F}_c$, não é outra força fundamental da natureza, mas é simplesmente a resultante para dentro da força necessária para prover a aceleração centrípeta requerida para o mo-

9.3 Exercícios de sala de aula

Você está sentado num carrossel que está em movimento. Onde você deveria sentar de modo que a maior força centrípeta estivesse atuando sobre você?

a) Perto da borda exterior.

b) Perto do centro.

c) No meio.

d) A força é a mesma em qualquer lugar.

vimento circular. Ela tem que apontar para dentro, em direção ao centro do círculo. Seu valor é o produto da massa do corpo pela aceleração centrípeta requerida para forçá-lo ao caminho circular:

$$F_c = ma_c = mv\omega = m\frac{v^2}{r} = m\omega^2 r. \qquad (9.21)$$

Para chegarmos à equação 9.21, simplesmente escrevemos a aceleração centrípeta em termos de velocidade linear v, a velocidade angular, ω, e o raio r, com na equação 9.19, e multiplicamos pela massa do corpo forçado para um caminho circular pela força centrípeta.

A Figura 9.14 mostra uma vista de cima de uma mesa girante com três fichas de pôquer idênticas (exceto pela cor) sobre ela. A ficha preta está localizada perto do centro, a ficha vermelha perto da borda externa e a ficha azul no meio delas. Se girarmos a mesa vagarosamente, como na parte (a), todas as três fichas estarão em movimento circular. Nesse caso, a força de atrito estático entre a mesa e as fichas fornece a força centrípeta requerida para manter as fichas em movimento circular. Nas partes (b), (c) e (d), a mesa está girando progressivamente mais rápido. Uma velocidade angular mais alta significa uma maior força centrípeta, de acordo com a equação 9.21. As fichas deslizam quando a força de atrito não é grande o suficiente para fornecer a força centrípeta necessária. Como você pode ver, a ficha mais externa desliza para fora primeiro e a mais interna por último. Isso claramente indica que, para uma dada velocidade angular, a força centrípeta aumenta com a distância em relação ao centro. A equação 9.21 na forma $F_c = m\omega^2 r$ pode explicar esse comportamento observado. Todos os pontos sobre a superfície da mesa girante têm a mesma velocidade angular, ω, porque todos levam o mesmo tempo para completar uma revolução. Assim, para as três fichas de pôquer, a força centrípeta é proporcional à distância em relação ao centro, explicando por que a ficha vermelha desliza para fora primeiro e a preta por último.

Figura 9.14 Fichas de pôquer sobre uma mesa girante. Mostradas da esquerda para direita, estão as posições iniciais das fichas e os momentos quando as três fichas deslizam para fora.

(a) (b) (c) (d)

Figura 9.15 *Wave Swinger* num parque de diversões.

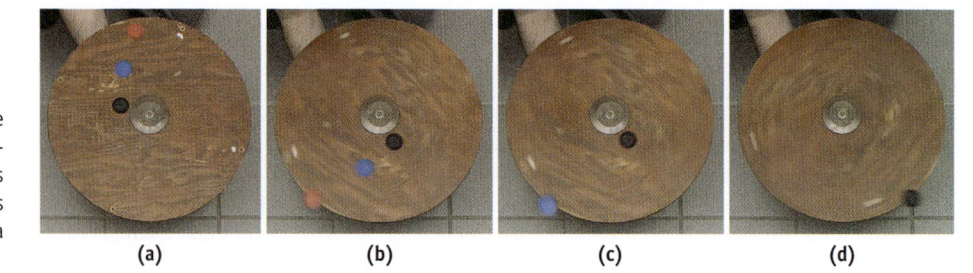

Pêndulo cônico

A Figura 9.15 é uma foto do *Wave Swinger*, um brinquedo num parque de diversões. As pessoas se sentam em cadeiras que são suspensas por longas correntes de um disco sólido. No começo da diversão, as correntes pendem direto para baixo, mas à medida que o brinquedo inicia seu giro, as correntes formam um ângulo φ com a vertical, como você pode ver. Esse ângulo é independente da massa da pessoa, dependendo somente da velocidade angular do movimento circular. Como podemos achar o valor desse ângulo em termos desta velocidade?

Consideremos uma situação similar, mas um pouco mais simples: uma massa suspensa do teto por uma corda de comprimento ℓ e realizando movimento circular tal que o ângulo entre a corda e a vertical é φ. A corda delineia a superfície de um cone, pelo que essa configuração é chamada de *pêndulo cônico* (veja a Figura 9.16).

A Figura 9.16c mostra um diagrama de forças para massa. Existem somente duas forças atuando sobre ela. Atuando verticalmente para baixo, está a força da gravidade, $\vec{F}_g$, indicada pela seta vermelha no diagrama; como de costume, seu valor é mg. A outra força atuante sobre a massa é a de tensão na corda, $\vec{T}$, a qual atua ao longo da direção da corda num ângulo φ com a vertical. Essa tensão na corda é decomposta em suas componentes x e y ($T_x = T$ sen φ, $T_y = T$ cos φ). Não há movimento na direção vertical; logo, temos que ter força resultante zero naquela direção, $F_{res,y} = T \cos \varphi - mg = 0$, conduzindo a

$$T \cos\varphi = mg.$$

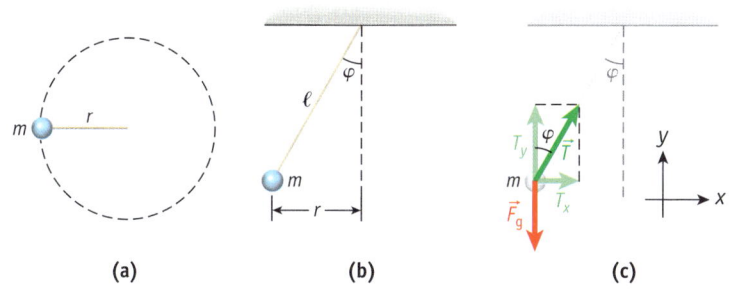

Figura 9.16 Pêndulo cônico: (a) vista superior; (b) vista lateral; (c) diagrama de forças.

Na direção horizontal, a componente horizontal da tensão na corda é a única força componente; ela fornece a força centrípeta. A Segunda Lei de Newton, $F_{res,x} = F_c = ma_c$, resulta em

$$T \operatorname{sen} \varphi = mr\omega^2.$$

Como você pode ver na Figura 9.16b, o raio do movimento circular é dado por $r = \ell \operatorname{sen} \varphi$. Usando essa relação, achamos a tensão na corda em termos de velocidade angular:

$$T = m\ell\omega^2. \tag{9.22}$$

Vimos que $T \cos \varphi = mg$ e podemos substituir a expressão para T da equação 9.22 nessa equação, para termos

$$(m\ell\omega^2)(\cos\varphi) = mg$$

$$\omega^2 = \frac{g}{\ell \cos\varphi}$$

$$\omega = \sqrt{\frac{g}{\ell \cos\varphi}}. \tag{9.23}$$

As massas se cancelam, o que explica por que as correntes na Figura 9.15 têm o mesmo ângulo com a vertical. Claramente, há uma única e interessante relação entre o ângulo do pêndulo cônico e sua velocidade angular. À medida que o ângulo se aproxima de zero, a velocidade angular não se aproxima de zero, mas, de preferência, de algum valor mínimo finito, $\sqrt{g/\ell}$. (Um conhecimento mais profundo desse resultado será apresentado no Capítulo 14, quando estudarmos o movimento pendular.) No limite onde o ângulo φ se aproxima de 90°, ω torna-se infinita.

9.6 Pausa para teste

Esboce um gráfico da tensão da corda como uma função do ângulo φ.

9.4 Exercícios de sala de aula

Uma certa velocidade angular, ω_0, de um pêndulo cônico, resulta num ângulo φ_0. Se o mesmo pêndulo cônico foi levado para Lua, onde a aceleração gravitacional é um sexto daquela sobre a Terra, como alguém teria que ajustar a velocidade angular para obter o mesmo ângulo φ_0?

a) $\omega_{Lua} = 6\omega_0$
b) $\omega_{Lua} = \sqrt{6}\omega_0$
c) $\omega_{Lua} = \omega_0$
d) $\omega_{Lua} = \omega_0\sqrt{6}$
e) $\omega_{Lua} = \omega_0/6$

PROBLEMA RESOLVIDO 9.1 | Análise de uma montanha-russa

Talvez a maior sensação que se possa ter num parque de diversões é "loop" vertical na montanha-russa, (Figura 9.17), em que passageiros se sentem quase sem peso no topo do "loop".

PROBLEMA
Suponha que o "loop" vertical tenha um raio de 5,00 m. Qual é a velocidade linear do carro, no topo do "loop" da montanha-russa, para que os passageiros se sintam sem peso? (Assuma que o atrito entre o carro e os trilhos é desprezível.)

SOLUÇÃO
PENSE
Uma pessoa se sente sem peso quando não há força de apoio, de uma cadeira ou uma restrição, atuando para opor-se ao seu peso. Para uma pessoa se sentir sem peso no topo do "loop", nenhuma força normal pode estar atuando sobre ela nesse ponto.

DESENHE
O diagrama de forças na Figura 9.18 pode ajudar a conceituar a situação. As forças da gravidade e normal, atuando sobre um passageiro no carro no topo do "loop", são mostradas na Figura 9.18a.

Continua →

Figura 9.17 Moderna montanha-russa com um "loop" vertical.

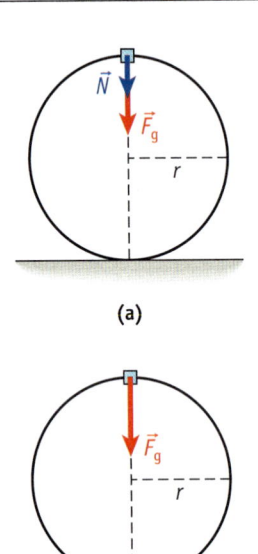

Figura 9.18 (a) Diagrama de queda livre para um passageiro no topo do "loop" vertical de uma montanha-russa. (b) Condição para a sensação de ausência de peso.

A soma dessas duas forças é a força resultante, a qual deve igualar-se à força centrípeta no movimento circular. Se a força resultante (força centrípeta aqui) é igual à força gravitacional, então a força normal é zero e o passageiro se sente sem peso. Essa situação é ilustrada na Figura 9.18b.

PESQUISE
Afirmamos que a força resultante é igual à força centrípeta e que a força resultante é, também, a soma entre a força normal e a força da gravidade:

$$\vec{F}_c = \vec{F}_{res} = \vec{F}_g + \vec{N}.$$

Para o sentimento de ausência de peso no topo do "loop", precisamos de $\vec{N} = 0$, e assim

$$\vec{F}_c = \vec{F}_g \Rightarrow F_c = F_g. \quad \text{(i)}$$

Como sempre, temos $F_g = mg$. Para o valor da força centrípeta, usamos a equação 9.21

$$F_c = ma_c = m\frac{v^2}{r}.$$

SIMPLIFIQUE
Após substituir as expressões para as forças centrípeta e gravitacional na equação (i), resolvemos para velocidade linear no topo do "loop":

$$F_c = F_g \Rightarrow m\frac{v_{topo}^2}{r} = mg \Rightarrow v_{topo} = \sqrt{rg}.$$

CALCULE
Usando $g = 9{,}81$ m/s² e o valor de 5,00 m dado para o raio, temos

$$v_{topo} = \sqrt{(5{,}00 \text{ m})(9{,}81 \text{ m/s}^2)} = 7{,}00357 \text{ m/s}.$$

ARREDONDE
Arredondando nosso resultado para três dígitos de precisão, temos

$$v_{topo} = 7{,}00 \text{ m/s}.$$

SOLUÇÃO ALTERNATIVA
Obviamente, nossa resposta nos dá a mais simples verificação de que as unidades são aquelas de velocidade, ou seja, metros por segundo. A fórmula para a velocidade linear no topo, $v_{topo} = \sqrt{rg}$ indica que um raio maior necessita de uma maior velocidade, o que parece plausível.

A velocidade no topo de 7 m/s é razoável? Convertendo esse valor, nos dá 15 mph, o que parece claramente lento para uma pessoa que tipicamente está tendo uma experiência extraordinariamente rápida. Mas mantenha em mente que essa é a velocidade mínima necessária no topo do "loop" e que o operador do brinquedo não quer ficar muito perto desse valor.

Vamos dar um passo a mais e calcular o vetor velocidade nas posições 3 horas e 9 horas do "loop", assumindo que o carro da montanha-russa se move no sentido anti-horário ao redor do "loop". As direções do vetor velocidade no movimento circular são sempre tangenciais ao círculo, como mostrado na Figura 9.19.

Como obtemos o valor das velocidades v_3 (às 3 horas) e v_9 (às 9 horas)? Primeiro, lembramos do Capítulo 6: a energia total é a soma das energias cinética e potencial, $E = K + U$; a energia cinética é $K = \frac{1}{2}mv^2$; e a energia potencial gravitacional é proporcional à altura do solo, $U = mgy$. Na Figura 9.19, o sistema coordenado é posto de modo que o zero do eixo y esteja na base do "loop". Então, podemos escrever a equação para a conservação de energia mecânica, assumindo que nenhuma força não conservativa está atuando:

$$E = K_3 + U_3 = K_{topo} + U_{topo} = K_9 + U_9 \Rightarrow$$
$$\tfrac{1}{2}mv_3^2 + mgy_3 = \tfrac{1}{2}mv_{topo}^2 + mgy_{topo} = \tfrac{1}{2}mv_9^2 + mgy_9. \quad \text{(ii)}$$

Podemos ver na figura que as coordenadas y e, portanto, a energia potencial, são as mesmas nas posições 3 horas e 9 horas; logo, as energias cinéticas em ambos os pontos devem ser as mesmas. Consequentemente, os valores absolutos das velocidades em ambos os pontos são os mesmos: $v_3 = v_9$. Resolvendo a equação (ii) para v_3, obtemos

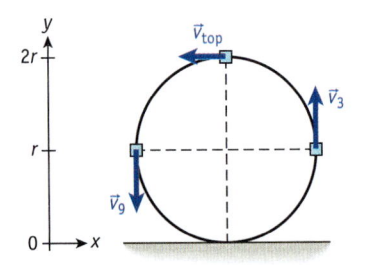

Figura 9.19 Direções dos vetores velocidade em vários pontos ao longo do "loop" vertical da montanha russa.

$$\tfrac{1}{2}mv_3^2 + mgy_3 = \tfrac{1}{2}mv_{\text{topo}}^2 + mgy_{\text{topo}} \Rightarrow$$
$$\tfrac{1}{2}v_3^2 + gy_3 = \tfrac{1}{2}v_{\text{topo}}^2 + gy_{\text{topo}} \Rightarrow$$
$$v_3 = \sqrt{v_{\text{topo}}^2 + 2g(y_{\text{topo}} - y_3)}.$$

Outra vez, as massas se cancelam. Além disso, a diferença das coordenadas y entra nessa fórmula para v_3; logo, a escolha da origem do sistema coordenado é irrelevante. A diferença das coodenadas y entre os dois pontos é $y_{\text{topo}} - y_3 = r$. Inserindo o valor dado de 5,00 m e o resultado $v_{\text{topo}} = 7{,}00$ m/s, que encontramos previamente, vemos que a velocidade nas posições 3 horas e 9 horas no "loop" é

$$v_3 = \sqrt{(7{,}00 \text{ m/s})^2 + 2(9{,}81 \text{ m/s}^2)(5{,}00 \text{ m})} = 12{,}1 \text{ m/s}.$$

Como você pode notar dessa discussão, praticamente qualquer força pode atuar como força centrípeta. É o caso da força de atrito estático, para as fichas de pôquer sobre a mesa girante, e da componente horizontal da tensão sobre a corda, no pêndulo cônico. Mas ela pode também ser a força gravitacional, que força os planetas em órbitas (quase!) circulares ao redor do Sol (veja Capítulo 12), ou a força de Coulomb, atuando sobre os elétrons nos átomos.

Há uma força centrífuga?

É uma boa chance de esclarecer um importante ponto considerando a direção da força responsável pelo movimento circular. Você frequentemente ouve pessoas falando sobre aceleração centrífuga (ou "fugindo do centro", na direção radial externa) ou força centrífuga (massa vezes aceleração). Você pode experimentar a sensação de ser puxado aparentemente para fora em muitos brinquedos em parques de diversões. Essa sensação se deve à inércia de seu corpo, o qual resiste à aceleração centrípeta em direção ao centro. Assim, você sente uma aparente força apontando para fora – a força centrífuga. Mantenha em mente que essa percepção resulta do movimento de seu corpo num sistema referencial acelerado; não há força centrífuga. A força que realmente atua sobre seu corpo e o obriga a mover-se sobre um caminho circular é a força centrípeta, que aponta para dentro.

Você também experimentou um efeito similar no movimento em linha reta. Quando você está sentado em seu carro, em repouso, e pisa no pedal do acelerador, você sente como se estivesse sendo pressionado de encontro ao banco do carro. Essa sensação, de uma força que o pressiona para trás, também vem da inércia de seu corpo, o qual é acelerado para frente pelo seu carro. Ambas as sensações de forças atuando sobre seu corpo – a força "centrífuga" e a força "que o empurra" contra o banco – são o resultado de seu corpo experimentando uma aceleração na direção oposta e colocando resistência – inércia – contra essa aceleração.

9.6 Movimento circular e linear

A Tabela 9.1 sumariza as relações entre as quantidades linear e angular para movimento circular. As relações mostradas na tabela relacionam as quantidades angulares (θ, ω e α) às quantidades lineares (s, v e a). O raio r do caminho circular é constante e provê a conexão entre os dois conjuntos de quantidades. (No Capítulo 10, o complemento rotacional para massa, energia cinética, momento e força serão adicionados a esta lista.)

Como vimos, há uma correspondência formal entre movimento sobre uma linha reta com velocidade constante e movimento circular com velocidade angular constante. Entretanto, há uma grande diferença. Como visto na Seção 3.6 sobre o movimento relativo, você não pode sempre distinguir entre movimento com velocidade constante numa linha reta e estar em repouso. Isso é porque a origem do sistema coordenado pode estar colocada em qualquer ponto – mesmo um ponto que se move com velocidade constante. A física do movimento traslacional não muda sob essa transformação galileana. Em contraste, no movimento circular, você está sempre se movendo sobre um caminho circular com um centro bem definido. Experimentar a força "centrífuga" é, então, um sinal certo de movimento circular e a intensidade desta força é uma medida do valor da velocidade angular. Você pode argumentar que está em movimento circular constante ao redor do centro da Terra, em volta do centro do sistema solar e do centro da Via Láctea, mas você não sente os efeitos desses movimentos circulares. É verdade, mas os

9.5 Exercícios de sala de aula

No Problema Resolvido 9.1, a que velocidade o carro da motanha-russa deve entrar no início do "loop" a fim de produzir a sensação de ausência de peso no topo?

a) 7,00 m/s   d) 15,7 m/s
b) 12,1 m/s   e) 21,4 m/s
c) 13,5 m/s

9.7 Pausa para teste

Qual velocidade o carro da montanha russa, do Problema Resolvido 9.1, deve ter no topo do "loop" para completar a mesma sensação de ausência de peso se o raio do "loop" for dobrado?

9.6 Exercícios de sala de aula

A Figura 9.18a mostra o diagrama geral de força para as forças atuando sobre um passageiro no topo do "loop" da montanha-russa, onde a força normal atua e tem um valor menor do que o valor da força gravitacional. Dado que a velocidade do carro da montanha-russa é de 7,00 m/s, qual deve ser o raio do loop para o diagrama de forças estar correto?

a) menor do que 5 m
b) 5 m
c) maior do que 5 m

Tabela 9.1	Comparação de variáveis cinemáticas para movimento circular		
Quantidade	Linear	Angular	Relação
Deslocamento	s	θ	$s = r\theta$
Velocidade	v	ω	$v = r\omega$
Aceleração	a	α	$\vec{a} = r\alpha\hat{t} - r\omega^2\hat{r}$
			$a_t = r\alpha$
			$a_c = \omega^2 r$

valores muito pequenos das velocidades angulares envolvidas nesses movimentos causam efeitos percebidos como desprezíveis.

Aceleração angular constante

O Capítulo 2 discutiu, detalhadamente, o caso especial da aceleração constante. Sob essa suposição, derivamos cinco equações que se mostraram úteis na resolução de todos os tipos de problemas. Para facilidade de referência, aqui estão essas cinco equações do movimento linear com aceleração constante:

$$\text{(i)} \quad x = x_0 + v_{x0}t + \tfrac{1}{2}a_x t^2$$
$$\text{(ii)} \quad x = x_0 + \bar{v}_x t$$
$$\text{(iii)} \quad v_x = v_{x0} + a_x t$$
$$\text{(iv)} \quad \bar{v}_x = \tfrac{1}{2}(v_x + v_{x0})$$
$$\text{(v)} \quad v_x^2 = v_{x0}^2 + 2a_x(x - x_0).$$

Agora, faremos os mesmos passos, como no Capítulo 2, para derivar as equações equivalentes para aceleração angular constante. Começamos com a equação 9.14 e integramos, usando a convenção usual de notação $\omega_0 \equiv \omega(t_0)$:

$$\alpha(t) = \frac{d\omega}{dt} \Rightarrow$$

$$\int_{t_0}^{t} \alpha(t')dt' = \int_{t_0}^{t} \frac{d\omega(t')}{dt'}dt' = \omega(t) - \omega(t_0) \Rightarrow$$

$$\omega(t) = \omega_0 + \int_{t_0}^{t} \alpha(t')dt'.$$

Essa relação é o inverso da equação 9.14, e mantém-se em geral. Se assumirmos que a aceleração angular, α, é constante no tempo, podemos calcular a integral e obter

$$\omega(t) = \omega_0 + \alpha \int_{0}^{t} dt' = \omega_0 + \alpha t. \tag{9.24}$$

Por conveniência, fazemos $t_0 = 0$, exatamente com fizemos no Capítulo 2. Depois, usamos a equação 9.8, expressando a velocidade angular como a derivada do ângulo em relação ao tempo e com a notação $\theta_0 = \theta(t = 0)$:

$$\frac{d\theta(t)}{dt} = \omega(t) = \omega_0 + \alpha t \Rightarrow$$

$$\theta(t) = \theta_0 + \int_0^t \omega(t')dt' = \theta_0 + \int_0^t (\omega_0 + \alpha t')dt' \Rightarrow$$

$$= \theta_0 + \omega_0 \int_0^t dt' + \alpha \int_0^t t'dt' \Rightarrow$$

$$\theta(t) = \theta_0 + \omega_0 t + \tfrac{1}{2}\alpha t^2. \tag{9.25}$$

Comparar as equações 9.24 e 9.25 às equações (iii) e (i), para o movimento linear, mostra que aquelas duas equações são equivalentes do movimento circular das duas equações cinemáticas para o movimento linear em linha reta numa dimensão. Com as substituições diretas $x \to \theta$, $v_x \to \omega$ e $a_x \to \alpha$, podemos escrever cinco equações cinemáticas para movimento circular sob aceleração angular constante:

$$
\begin{aligned}
&\text{(i)} & \theta &= \theta_0 + \omega_0 t + \tfrac{1}{2}\alpha t^2 \\
&\text{(ii)} & \theta &= \theta_0 + \bar{\omega} t \\
&\text{(iii)} & \omega &= \omega_0 + \alpha t \quad\quad (9.26)\\
&\text{(iv)} & \bar{\omega} &= \tfrac{1}{2}(\omega + \omega_0) \\
&\text{(v)} & \omega^2 &= \omega_0^2 + 2\alpha(\theta - \theta_0).
\end{aligned}
$$

9.8 Pausa para teste

A derivação foi dada para duas dessas equações cinemáticas para movimento circular. Você pode dar a derivação para as equações restantes? (Dica: a estratégia de raciocínio procede exatamente ao longo da mesma linha como a Derivação 2, no Capítulo 2.)

EXEMPLO 9.7 Arremesso de martelo

Um dos mais interessantes eventos nas competições atléticas é o arremesso de martelo. A tarefa é arremessar o "martelo", uma bola de ferro, de 12 cm de diâmetro, presa a uma alça por um cabo de aço, à máxima distância. O comprimento total do martelo é 121,5 cm e sua massa total é 7,26 kg. O atleta deve executar o arremesso de dentro de um círculo de raio 2,135 m e, para o atleta, a melhor maneira de arremessar o martelo é girando, permitindo ao martelo mover-se em círculo ao redor dele, antes de soltá-lo. Nos Jogos Olímpicos de 1988, em Seul, o arremessador russo Sergey Litvinov ganhou a medalha de ouro com um recorde olímpico de distância: 84,80 m. Ele deu sete voltas antes de soltar o martelo e o período de cada volta completa foi obtido examinando os vídeos gravados quadro a quadro: 1,52 s; 1,08 s; 0,72 s; 0,56 s; 0,44 s; 0,36 s.

PROBLEMA 1
Qual foi a aceleração angular média durante as sete voltas?

SOLUÇÃO 1
A fim de acharmos a aceleração angular média, adicionamos todos os intervalos de tempo para as sete voltas, obtendo o tempo total:

$$t_{\text{total}} = 1{,}52\text{ s} + 1{,}08\text{ s} + 0{,}72\text{ s} + 0{,}56\text{ s} + 0{,}44\text{ s} + 0{,}40\text{ s} + 0{,}36\text{ s} = 5{,}08\text{ s}.$$

Durante esse tempo, Litvinov deu sete voltas completas, resultando num ângulo total de

$$\theta_{\text{total}} = 7(2\pi \text{ rad}) = 14\pi \text{ rad}.$$

Como podemos assumir a aceleração constante, podemos determinar a aceleração angular diretamente inserindo os dados obtidos:

$$\theta = \tfrac{1}{2}\alpha t^2 \Rightarrow \alpha = \frac{2\theta_{\text{total}}}{t^2} = 2\frac{14\pi \text{ rad}}{(5{,}08\text{ s})^2} = 3{,}41 \text{ rad/s}^2.$$

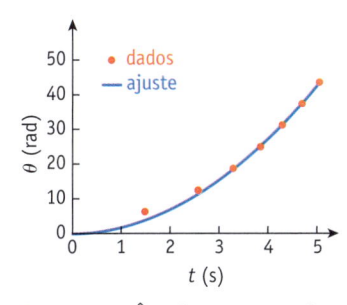

Figura 9.20 Ângulo como uma função do tempo para o ganhador da medalha de ouro no arremesso de martelo Sergey Litvinov.

DISCUSSÃO
Por conhecermos quanto tempo levou cada volta completa, podemos gerar um gráfico do ângulo do martelo no plano horizontal como uma função do tempo. Esse gráfico é mostrado na Figura 9.20, com os pontos vermelhos representando os tempos de cada volta completa. A linha azul, que é o ajuste para os dados dos pontos, na Figura 9.20, assume uma aceleração angular constante de $\alpha = 3{,}41$ rad/s². Como você pode ver, a suposição de aceleração angular constante é quase justificada, mas não o bastante.

PROBLEMA 2
Assumindo que o raio do círculo sobre o qual o martelo se move é 1,67 m (o comprimento do martelo mais os braços do atleta), qual é a velocidade linear com a qual o martelo é solto?

Continua →

SOLUÇÃO 2
Com aceleração angular constante iniciando do repouso, para um período de 5,08 s, a velocidade angular final é

$$\omega = \alpha t = (3{,}41 \text{ rad/s}^2)(5{,}08 \text{ s}) = 17{,}3 \text{ rad/s}.$$

Usando a relação entre as velocidades linear e angular, obtemos a velocidade linear quando o martelo é solto:

$$v = r\omega = (1{,}67\text{m})(17{,}3 \text{ rad/s}) = 28{,}9\text{m/s}.$$

PROBLEMA 3
Qual é a força centrípeta que o arremessador tem que exercer sobre o martelo antes de soltá-lo?

SOLUÇÃO 3
A aceleração centrípeta antes do martelo ser solto é dada por

$$a_c = \omega^2 r = (17{,}3 \text{ rad/s})^2 = (1{,}67\text{m}) = 500. \text{ m/s}^2.$$

Com a massa de 7,26 kg para o martelo, a força centrípeta requerida é

$$F_c = ma_c = (7{,}26 \text{ kg})(500 \text{ m/s}^2) = 3.630 \text{ N}.$$

Essa é uma força espantosamente grande, equivalente ao peso de um corpo de massa 370 kg! Por isso, os arremessadores de martelo de classe mundial serem muito fortes.

PROBLEMA 4
Após solto, para qual direção na qual o martelo se move?

SOLUÇÃO 4
É comum o conceito errôneo de que o martelo "espirala" em algum movimento circular com um aumento constante do raio após ser solto. Essa ideia é errada, porque não há componente horizontal da força, uma vez que o atleta solta o martelo. A Segunda Lei de Newton nos diz que não haverá componente horizontal de aceleração e, daí, nenhuma aceleração centrípeta. O martelo se move numa direção que é tangencial ao círculo no ponto de soltura. Se você estivesse olhando o estádio de cima para baixo, de um pequeno dirigível, você veria que o martelo se move sobre uma linha reta, como mostrado na Figura 9.21. Vista de lado, a forma da trajetória do martelo é uma parábola, como mostrado no Capítulo 3.

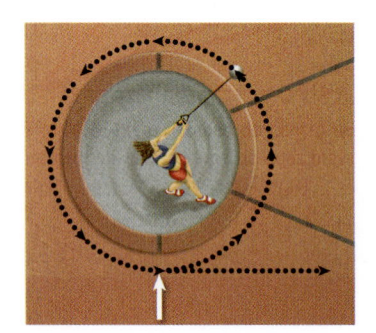

Figura 9.21 Vista aérea da trajetória do martelo (pontos pretos, com as setas indicando a direção do vetor velocidade) durante o tempo em que o atleta o tem nas mãos (caminho circular) e após ser solto (linha reta). A seta branca marca o ponto de soltura.

9.7 Mais exemplos de movimento circular

Vamos olhar outro exemplo e outro problema resolvido que demonstram quão úteis são os conceitos de movimento circular que acabamos de discutir.

EXEMPLO 9.8 — Corrida de Fórmula 1

Se você assiste uma corrida de Fórmula 1, pode ver que os carros se aproximam das curvas pelo lado de fora, cortam para o lado de dentro e derrapam outra vez para o lado de fora, como mostrado pelo caminho vermelho na Figura 9.22a. O caminho azul é mais curto. Por que os pilotos não seguem o caminho mais curto?

PROBLEMA
Suponha que os carros se movam pela curva em U, mostrada na Figura 9.22a, a velocidade constante e que o coeficiente de atrito estático entre os pneus e a pista seja $\mu_s = 1{,}2$. (Como foi mencionado no Capítulo 4, pneus modernos de carros de corrida podem ter coeficientes de atrito que excedam 1, quando são aquecidos até a temperatura de corrida, e ficam pegajosos.) Se o raio da curva mais interna mostrada na figura é $R_B = 10{,}3$ m, o raio da mais externa é $R_A = 32{,}2$ m e os carros se movem em velocidades máximas, quanto tempo levará para se moverem do ponto A ao ponto A' e do ponto B até B'?

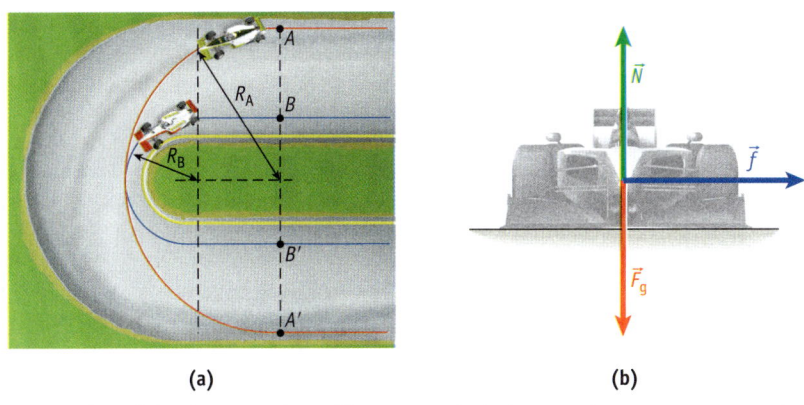

Figura 9.22 (a) Caminhos dos carros de corrida contornando de duas maneiras uma curva numa pista oval. (b) Diagrama de forças para um carro numa curva.

SOLUÇÃO

Iniciamos desenhando um diagrama de forças, como mostrado na Figura 9.22b. O diagrama mostra todas as forças que atuam sobre o carro, com as setas das forças se originando no centro de massa do carro. A força da gravidade, atuando para baixo com valor $F_g = mg$, é mostrada em vermelho. Essa força é equilibrada pela força normal, que é exercida pela pista sobre o carro, mostrada em verde. À medida que o carro faz a curva, uma força resultante é requerida para variar o vetor velocidade do carro e atua como a força centrípeta que empurra o carro sobre um caminho circular. Essa força resultante é gerada pela força de atrito (mostrada em azul) entre os pneus do carro e a pista. Essa seta de força aponta horizontalmente e para dentro, em direção ao centro da curva. Como de costume, o valor da força de atrito é o produto da força normal pelo coeficiente de atrito: $f_{max} = \mu_s mg$. (*Nota*: nesse caso, usamos os sinais iguais, porque os pilotos de carro de corrida empurram seus carros e pneus ao limite e, assim, atingem a máxima força de atrito estático possível.) A seta para a força de atrito é maior do que aquela para a força normal, por um fator de 1,2, porque $\mu_s = 1,2$.

Primeiro, precisamos calcular a velocidade máxima que o carro de corrida pode ter sobre cada trajetória. Para cada raio de curvatura, R, a força centrípeta resultante, $F_c = mv^2/R$, deve ser provida pela força de atrito, $f_{max} = \mu_s mg$:

$$m\mu_s g = m\frac{v^2}{R} \Rightarrow v = \sqrt{\mu_s g R}.$$

Logo, para as curvas vermelha e azul, temos

$$v_{vermelha} = \sqrt{\mu_s g R_A} = \sqrt{(1,2)(9,81 \text{ m/s}^2)(32,2 \text{ m})} = 19,5 \text{ m/s}$$

$$v_{azul} = \sqrt{\mu_s g R_B} = \sqrt{(1,2)(9,81 \text{ m/s}^2)(10,3 \text{ m})} = 11,0 \text{ m/s}.$$

Essas velocidades são cerca de somente 43,6 mph e 24,6 mph, respectivamente! Entretanto, a curva mostrada é daquelas muito fechadas, tipicamente encontradas somente em circuitos urbanos, como em Mônaco.

Mesmo que um carro possa se mover muito mais rápido sobre a curva vermelha, a curva azul é mais curta do que a vermelha. Para o comprimento do caminho da curva vermelha, simplesmente temos a distância ao longo do semicírculo, $\ell_{vermelho} = \pi R_A = 101.$ m. Para o comprimento do caminho da curva azul, temos que adicionar as duas seções retas e a curva semicircular, com o raio menor:

$$\ell_{azul} = \pi R_B + 2(R_A - R_B) = 76,2 \text{ m}.$$

Temos, então, para o tempo para ir de A até A' sobre o caminho vermelho:

$$m\mu_s g = m\frac{v^2}{R} \Rightarrow v = \sqrt{\mu_s g R}.$$

Para andar ao longo da curva azul de B até B' leva

$$t_{azul} = \frac{\ell_{azul}}{v_{azul}} = \frac{76,2 \text{ m}}{11,0 \text{ m/s}} = 6,92 \text{ s}.$$

Continua →

Com a suposição de que os carros têm que usar uma velocidade constante, é claramente um grande avanço cortar pela curva, como mostrado pelo caminho vermelho.

DISCUSSÃO
Numa situação de corrida, não é racional esperar que o carro sobre o caminho azul se mova ao longo dos segmentos retos com velocidade constante. Em vez disso, o piloto virá ao ponto B com a máxima velocidade que lhe permita reduzir para 11,0 m/s quando entrar no segmento circular. Se resolvêssemos isso em detalhes, acharíamos que o caminho azul é ainda mais lento, mas não muito. Além disso, o carro seguindo o caminho azul pode alcançar o ponto B com uma velocidade um pouco mais alta do que aquela na qual o carro vermelho pode alcançar o ponto A. Em outras palavras, temos uma decisão a considerar, antes de declarar um vencedor nessa situação. Em corridas reais, os carros reduzem à medida que se aproximam de uma curva e, então, aceleram conforme saem da curva. O caminho de maior vantagem para cortar uma curva não é o semicírculo vermelho, mas um caminho que pareça mais próximo ao de uma elipse, iniciando no lado de fora, cortando para o extremo lado interno no meio da curva e, então, derrapar para o lado de fora outra vez, enquanto acelera fora da curva.

Corridas de Fórmula 1, geralmente, envolvem pistas planas e curvas fechadas. As corridas estilo Indy e NASCAR tomam lugar em pistas com raios de curvatura maiores, bem como curvas inclinadas. Para estudar as forças envolvidas nessa situação de corrida, devemos combinar conceitos de equilíbrio estático sobre planos inclinados com conceitos de movimento circular.

PROBLEMA RESOLVIDO 9.2 | Corrida da NASCAR

Conforme um corredor da NASCAR se move por uma curva inclinada, a inclinação ajuda o piloto a atingir velocidades mais altas. Vamos ver como. A Figura 9.23 mostra um carro de corridas sobre uma curva inclinada.

PROBLEMA
Se o coeficiente de atrito estático entre a superfície da pista e os pneus do carro é $\mu_s = 0{,}620$ e o raio da curva é $R = 110$ m, qual é a velocidade máxima com a qual o piloto pode fazer a curva inclinada para $\theta = 21{,}1°$? (Esse é um típico ângulo de inclinação para as pistas NASCAR. Indianápolis tem somente 9° de inclinação, mas existem algumas pistas com mais de 30° de ângulo de inclinação, incluindo Daytona, 31°; Talladega, 33°; e Bristol 36°.)

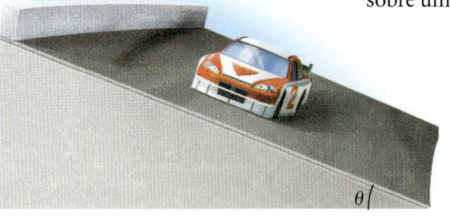

Figura 9.23 Carro de corrida numa curva inclinada.

SOLUÇÃO
PENSE
As três forças atuando sobre o carro de corrida são a da gravidade, $\vec{F}_g$, a normal, $\vec{N}$, e a de atrito, $\vec{f}$. A curva está inclinada num ângulo θ, que é também o ângulo entre a normal à superfície da pista e o vetor força gravitacional, como mostrado na Figura 9.24a. Para desenhar o vetor da força de atrito, temos que assumir que o carro entrou na curva em alta velocidade, então, a direção da força de atrito está ao longo da inclinação. Em contraste à situação de equilíbrio estático, essas três forças não somam zero, mas somam à força resultante, $\vec{F}_{res}$, como mostrado na Figura 9.24b. Essa força resultante tem que fornecer a força centrípeta, $\vec{F}_c$, a qual força o carro a mover-se em círculo. Assim, a força resultante deve atuar na direção horizontal, porque essa é a direção do centro do círculo no qual o carro está se movendo.

DESENHE
O diagrama de forças para o carro de corrida na curva inclinada, mostrando as componentes x e y das forças, é apresentado na Figura 9.24c. A orientação para o sistema coordenado foi selecionada para resultar num eixo x horizontal e num eixo y vertical.

PESQUISE
Como problemas envolvendo movimento linear, podemos resolver os problemas envolvendo movimento circular começando com a familiar Segunda Lei de Newton: $\sum \vec{F} = m\vec{a}$. E, exatamente

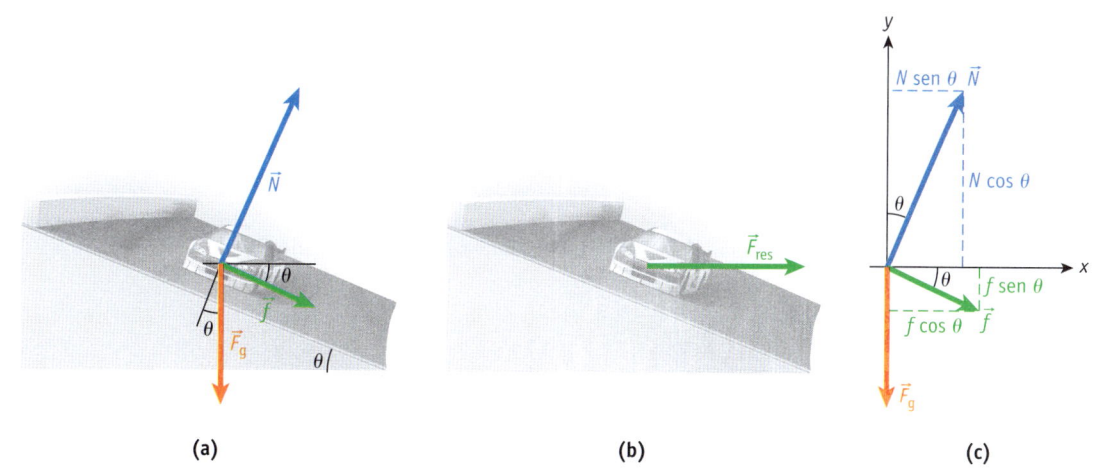

Figura 9.24 (a) Forças sobre um carro de corrida andando em volta de uma curva inclinada numa pista. (b) A força resultante, a soma das três forças na parte (a). (c) Um diagrama de forças mostrando as componentes x e y das forças atuantes sobre o carro.

como no caso linear, podemos geralmente resolver os problemas em componentes cartesianas. Do diagrama de forças na Figura 9.24c, podemos ver que as componentes x das forças que atuam sobre o carro são

$$N \operatorname{sen} \theta + f \cos \theta = F_{\text{res}} \qquad \text{(i)}$$

Similarmente, as forças atuantes na direção y são

$$N \cos \theta - F_g - f \operatorname{sen} \theta = 0 \qquad \text{(ii)}$$

Como de costume, a força de atrito máxima é dada pelo produto do coeficiente de atrito pela força normal: $f = \mu_s N$. A força gravitacional é o produto da massa pela aceleração da gravidade: $F_g = mg$.

A chave para resolver esse problema é entender que a força resultante deve ser a força que causa o movimento do carro na curva, isto é, que provê a força centrípeta. Portanto, usando a expressão para a força centrípeta da equação 9.21, temos

$$F_{\text{res}} = F_c = m \frac{v^2}{R},$$

onde R é o raio da curva.

SIMPLIFIQUE

Inserimos as expressões para a força de atrito máxima, para a força gravitacional e para a força resultante nas equações (i) e (ii) para as componentes x e y das forças:

$$N \operatorname{sen}\theta + \mu_s N \cos\theta = m\frac{v^2}{R} \Rightarrow N(\operatorname{sen}\theta + \mu_s \cos\theta) = m\frac{v^2}{R}$$

$$N \cos\theta - mg - \mu_s N \operatorname{sen}\theta = 0 \Rightarrow N(\cos\theta - \mu_s \operatorname{sen}\theta) = mg.$$

Esse é o sistema de duas equações para duas quantidades desconhecidas: o valor da força normal, N, e a velocidade do carro, v. É fácil eliminar N, dividindo a primeira equação acima pela segunda:

$$\frac{\operatorname{sen}\theta + \mu_s \cos\theta}{\cos\theta - \mu_s \operatorname{sen}\theta} = \frac{v^2}{gR}.$$

Resolvemos para v:

$$v = \sqrt{\frac{Rg(\operatorname{sen}\theta + \mu_s \cos\theta)}{\cos\theta - \mu_s \operatorname{sen}\theta}}. \qquad \text{(iii)}$$

Note que a massa do carro, m, se cancela. Assim, o que importa nessa situação é o coeficiente de atrito entre os pneus e a superfície da pista, o raio da curva e o ângulo de inclinação.

Continua →

CALCULE
Colocando os números, obtemos

$$v = \sqrt{\frac{(110, \text{m})(9{,}81 \text{ m/s}^2)[\text{sen}\,21{,}1° + 0{,}620(\cos 21{,}1°)]}{\cos 21{,}1° - 0{,}620(\text{sen}\,21{,}1°)}} = 37{,}7726 \text{ m/s}.$$

ARREDONDE
Expressando nosso resultado com três algarismos significativos, obtemos:

$$v = 37{,}8 \text{ m/s}$$

SOLUÇÃO ALTERNATIVA
Para verificar nosso resultado, vamos comparar a velocidade para uma curva inclinada com a velocidade máxima que um carro de corrida pode atingir sobre uma curva com o mesmo raio, mas sem inclinação. Sem inclinação, a única força que mantém o carro sobre o caminho circular é a força de atrito. Então, nosso resultado se reduz à equação $v = \sqrt{\mu_s g R}$, que achamos no Exemplo 9.8, e podemos inserir os valores numéricos dados aqui para obter a velocidade máxima ao redor de uma curva plana de mesmo raio:

$$v = \sqrt{\mu_s g R} = \sqrt{(0{,}620)(9{,}81 \text{ m/s}^2)(110, \text{m})} = 25{,}9 \text{ m/s}.$$

Nosso resultado para velocidade máxima ao redor de uma curva inclinada, 37,8 m/s (84,6 mph), é consideravelmente maior do que o resultado para a curva plana, 25,9 m/s (57,9 mph), o que parece razoável.

Note que o vetor para a força de atrito, na Figura 9.24, aponta ao longo da superfície da pista e em direção ao interior da curva, exatamente como o vetor força de atrito para a curva sem inclinação faz, na Figura 9.22b. Todavia, você pode ver que à medida que o ângulo de inclinação aumenta, ele atinge um valor para o qual o denominador da fórmula da velocidade, equação (iii), se aproxima de zero. Isso ocorre quando $\theta = \theta_s$. Para um dado valor, $\mu_s = 0{,}620$, esse ângulo é 58,2°. Para ângulos maiores, o vetor força de atrito apontará ao longo da superfície da pista e na direção externa à curva. Para esses ângulos, o piloto precisa manter uma velocidade mínima na curva para evitar que o carro deslize para baixo da inclinação.

O QUE JÁ APRENDEMOS | GUIA DE ESTUDO PARA EXERCÍCIOS

- A conversão entre coordenadas cartesianas, x e y, e coordenadas polares, r e θ, é dada por

$$r = \sqrt{x^2 + y^2}$$
$$\theta = \text{tg}^{-1}(y/x).$$

- A conversão entre coordenadas polares e cartesianas é dada por

$$x = r \cos \theta$$
$$y = r \,\text{sen}\, \theta.$$

- O deslocamento linear, s, está relacionado ao deslocamento angular, θ, por $s = r\theta$, onde r é o raio do caminho circular e θ é medido em radianos.

- O valor da velocidade angular instantânea, ω, é dado por

$$\omega = \frac{d\theta}{dt}.$$

- O valor da velocidade angular está relacionado ao valor da velocidade linear, v, por $v = r\omega$.

- O valor da aceleração angular instantânea, α, é dado por

$$\alpha = \frac{d\omega}{dt} = \frac{d^2\theta}{dt^2}.$$

- O valor da aceleração angular está relacionado ao valor da aceleração tangencial, a_t, por $a_t = r\alpha$.

- O valor da aceleração centrípeta, a_c, requerida para manter um corpo movendo-se num círculo com velocidade angular constante é dado por $a_c = \omega^2 r = \dfrac{v^2}{r}$.

- O valor da aceleração total de um corpo em movimento circular é $a = \sqrt{a_t^2 + a_c^2} = r\sqrt{\alpha^2 + \omega^4}$.

TERMOS-CHAVE

aceleração angular, p. 286
aceleração centrípeta, p.287
aceleração radial, p. 287
aceleração tangencial, p. 286
coordenadas polares, p. 280
frequência angular, p. 284
hertz, p. 284
movimento circular, p. 280
período de rotação, p. 284
velocidade angular, p. 283

NOVOS SÍMBOLOS E EQUAÇÕES

$\bar{\omega} = \dfrac{\theta_2 - \theta_1}{t_2 - t_1} = \dfrac{\Delta\theta}{\Delta t}$, valor da velocidade angular média

$\omega = \dfrac{d\theta}{dt}$, valor da velocidade angular instantânea

$f = \dfrac{\omega}{2\pi}$, frequência angular

$T = \dfrac{1}{f}$, período

$\bar{\alpha} = \dfrac{\Delta\omega}{\Delta t}$, valor da aceleração angular média

$\alpha = \dfrac{d\omega}{dt} = \dfrac{d^2\theta}{dt^2}$, valor da aceleração angular instantânea

$a_c = \omega^2 r = \dfrac{v^2}{r}$, valor da aceleração centrípeta

RESPOSTAS DOS TESTES

9.1 O comprimento do arco diferencial é $Rd\theta$ para o círculo com raio R; o comprimento da integral do arco ao redor do círculo é a circunferência C

$$C = \int_0^{2\pi} r\, d\theta = r\int_0^{2\pi} d\theta = r[\theta]_0^{2\pi} = 2\pi r.$$

9.2 A área diferencial é mostrada no desenho.
A área diferencial é $dA = 2\pi r\, dr$.
A área do círculo é

$$\int_0^R 2\pi r\, dr = 2\pi \int_0^R r\, dr$$

$$= 2\pi \left[\dfrac{r^2}{2}\right]_0^R = \pi R^2.$$

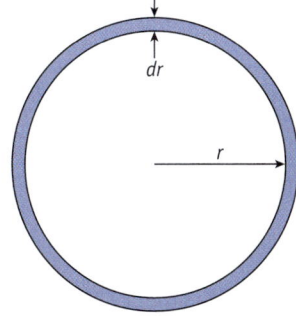

9.3 $\omega^2 r = (2\pi/\text{ano})^2 (1 \text{ ua}) = 5{,}9 \cdot 10^{-4}$ m/s² $= g/1700$.

9.4 Um pouco mais pesado, mas muito pouco observável.

9.5 Em $r_1 = 25$ mm, o valor da aceleração tangencial é $a_t = \alpha r_1 = 1{,}56 \cdot 10^{-4}$ m/s² e da aceleração centrípeta é $a_c = v\omega(r_1) = 59{,}1$ m/s², maior por mais de quatro ordens de grandeza. Em $r_2 = 58$ mm, as acelerações são $a_t = \alpha r_2 = 3{,}61 \cdot 10^{-4}$ m/s² e $a_c = v\omega(r_2) = 25{,}5$ m/s².

9.6 Substitua a equação 9.23 na equação 9.22 e encontre $T = mg/\cos\varphi$.

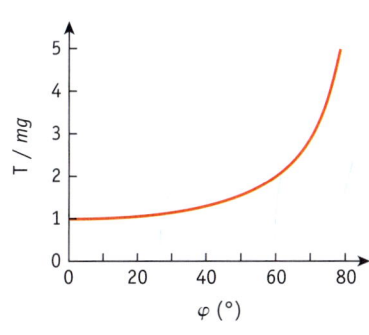

9.7 Se o raio é duplicado, a velocidade no topo do "loop" deve crescer em um fator de $\sqrt{2}$. Assim, a velocidade requerida é $(7{,}00 \text{ m/s})(\sqrt{2}) = 9{,}90$ m/s

9.8 (iv) $\bar{\omega} = \dfrac{1}{t}\int_0^t \omega(t')dt' = \dfrac{1}{t}\int_0^t (\omega_0 + at')dt'$

$\quad = \dfrac{\omega_0}{t}\int_0^t dt' + \dfrac{\alpha}{t}\int_0^t t'dt' = \omega_0 + \tfrac{1}{2}\alpha t$

$\quad = \tfrac{1}{2}\omega_0 + \tfrac{1}{2}(\omega_0 + \alpha t)$

$\quad = \tfrac{1}{2}(\omega_0 + \omega)$

(ii) $\bar{\omega} = \omega_0 + \tfrac{1}{2}\alpha t$

$\quad \Rightarrow \bar{\omega}t = \omega_0 t + \tfrac{1}{2}\alpha t^2$

$\quad \theta = \theta_0 + \omega_0 t + \tfrac{1}{2}\alpha t^2 = \theta_0 + \bar{\omega}t$

(v) $\theta = \theta_0 + \omega_0 t + \tfrac{1}{2}\alpha t^2$

$\quad = \theta_0 + \theta_0\left(\dfrac{\omega - \omega_0}{\alpha}\right) + \tfrac{1}{2}\alpha\left(\dfrac{\omega - \omega_0}{\alpha}\right)^2$

$\quad = \theta_0 + \dfrac{\omega\omega_0 - \omega_0^2}{\alpha} + \tfrac{1}{2}\dfrac{\omega^2 + \omega_0^2 - 2\omega\omega_0}{\alpha}$

Agora, subtraímos θ_0 em ambos os lados da equação e multiplicamos por α:

$\alpha(\theta - \theta_0) = \omega\omega_0 - \omega_0^2 + \tfrac{1}{2}(\omega^2 + \omega_0^2 - 2\omega\omega_0)$

$\Rightarrow \alpha(\theta - \theta_0) = \tfrac{1}{2}\omega^2 - \tfrac{1}{2}\omega_0^2$

$\Rightarrow \omega^2 = \omega_0^2 + 2\alpha(\theta - \theta_0)$

GUIA DE RESOLUÇÃO DE PROBLEMAS

1. Movimento em um círculo sempre requer força centrípeta e aceleração centrípeta. Entretanto, lembre que a força centrípeta não é um novo tipo de força, mas simplesmente é a força resultante que causa o movimento; ela consiste em soma de quaisquer forças que estejam atuando sobre o corpo em movimento. Essa força resultante é igual a massa vezes a aceleração centrípeta; não cometa o erro comum de calcular massa vezes aceleração como uma força a ser adicionada à força resultante num lado da equação do movimento.

2. Tenha certeza se a situação envolve ângulos em graus ou radianos. O radiano não é uma unidade que necessariamente tenha que ser levada por todo o cálculo, mas verifique se seu resultado faz sentido em termos de unidades angulares.

3. As equações de movimento com aceleração angular constante têm a mesma forma das equações de movimento com aceleração linear constante. Entretanto, nenhum conjunto de equações se aplica se a aceleração não é constante.

PROBLEMA RESOLVIDO 9.3 | Brinquedos no parque de diversões

PROBLEMA
Um dos brinquedos encontrados em parques de diversões é um cilindro girante, como mostrado na Figura 9.25. O passageiro entra num cilindro vertical e fica em pé com as costas contra uma parede curva. O cilindro gira muito rapidamente a uma velocidade angular e o piso é afastado. Os "caçadores de emoção" agora se prendem como moscas na parede. (O cilindro na Figura 9.25 é levantado e inclinado após alcançar sua velocidade angular de operação, mas não trataremos essa complicação adicional.) Se o raio do cilindro é $r = 2,10$ m, se o eixo de rotação do cilindro permanece na vertical e se o coeficiente de atrito estático entre as pessoas e a parede é $\mu_s = 0,390$, qual é a velocidade angular mínima, ω, na qual o piso pode ser retirado?

Figura 9.25 Um brinquedo no parque de diversões consistindo em um cilindro que gira.

SOLUÇÃO

PENSE
Quando o piso é retirado, o valor da força de atrito estático entre uma pessoa e a parede do cilindro girante deve ser igual ao valor da força da gravidade atuando sobre a pessoa. O atrito estático entre a pessoa e a parede depende da força normal sendo exercida sobre a pessoa e do coeficiente de atrito estático. À medida que o cilindro gira mais rápido, a força normal (que atua como a força centrípeta) sendo exercida sobre a pessoa aumenta. A uma certa velocidade angular, o valor máximo da força de atrito estático se igualará ao valor da força da gravidade. Aquela velocidade angular é a velocidade angular mínima na qual o piso pode ser retirado.

DESENHE
Uma vista de cima do cilindro que gira é mostrada na Figura 9.26a. O diagrama de forças para uma das pessoas é mostrado na Figura 9.26b, na qual assumido que o eixo de rotação está no eixo y. No desenho, $\vec{f}$ é a força de atrito estático, $\vec{N}$ a força normal exercida sobre a pessoa de massa m pela parede do cilindro e $\vec{F}_g$ é a força da gravidade atuando sobre a pessoa.

Figura 9.26 (a) Vista de cima do cilindro girante de um parque de diversões. (b) Diagrama de forças para uma das pessoas.

PESQUISE
À mínima velocidade angular requerida para não deixar a pessoa cair, o valor da força de atrito estático entre a pessoa e a parede é igual ao valor da força da gravidade atuando sobre a pessoa. Para analisar essas forças, iniciamos com o diagrama de forças, mostrado na Figura 9.26b. Neste, a direção x está ao longo do raio do cilindro e a direção y na vertical. Na direção x, a força normal exercida pela parede sobre a pessoa fornece a força centrípeta que faz a pessoa se mover num círculo:

$$F_c = N. \tag{i}$$

Na direção y, o "caçador de emoção" agarra-se à parede somente se a força de atrito estático, direcionada para cima, entre o "caçador" e a parede, equilibre a força da gravidade direcionada para baixo. A força da gravidade sobre a pessoa é seu peso e, então, podemos escrever

$$f = F_g = mg. \tag{ii}$$

Sabemos que a força centrípeta é dada por

$$F_c = mr\omega^2, \quad \text{(iii)}$$

e a força de atrito estático é dada por

$$f \leq f_{max} = \mu_s N. \quad \text{(iv)}$$

SIMPLIFIQUE

Podemos combinar as equações (ii) e (iv) para obtermos

$$mg \leq \mu_s N. \quad \text{(v)}$$

Substituindo por F_c da equação (i) na (iii), achamos

$$N = mr\omega^2. \quad \text{(vi)}$$

Combinando as equações (v) e (vi), temos

$$mg \leq \mu_s mr\omega^2,$$

a qual podemos resolver para ω:

$$\omega \geq \sqrt{\frac{g}{\mu_s r}}.$$

Assim, o valor mínimo da velocidade angular é dado por

$$\omega_{min} = \sqrt{\frac{g}{\mu_s r}}.$$

Note que a massa da pessoa foi cancelada. Isso é crucial, visto que pessoas de diferentes massas querem andar ao mesmo tempo!

CALCULE

Colocando os valores numéricos, achamos

$$\omega_{min} = \sqrt{\frac{g}{\mu_s r}} = \sqrt{\frac{9,81 \text{ m/s}^2}{(0,390)(2,10 \text{ m})}} = 3,46093 \text{ rad/s}.$$

ARREDONDE

Expressando nosso resultado com três algarismos significativos, dá

$$\omega_{min} = 3,46 \text{ rad/s}.$$

SOLUÇÃO ALTERNATIVA

Para verificar, vamos expressar nosso resultado para velocidade angular em revoluções por minuto (rpm):

$$3,46 \frac{\text{rad}}{\text{s}} = \left(3,46 \frac{\text{rad}}{\text{s}}\right)\left(\frac{60 \text{ s}}{1 \text{ min}}\right)\left(\frac{1 \text{ rev}}{2\pi \text{ rad}}\right) = 33 \text{ rpm}.$$

Uma velocidade angular de 33 rpm para o cilindro girante parece razoável, porque isso quer dizer que ele quase completa uma volta inteira a cada 2 s. Se você jamais andou num desses brinquedos ou observou um, você sabe que a resposta está mesmo razoável.

Note que o coeficiente de atrito, μ_s, entre a roupa da pessoa e a parede não é idêntico em todos os casos. Nossa fórmula, $\omega_{min} = \sqrt{g/(\mu_s r)}$, indica que um menor coeficiente de atrito precisa de uma velocidade angular maior. Os projetistas desses tipos de brinquedos precisam ter certeza de que ocorra o menor coeficiente de atrito que possam permitir. Obviamente, eles querem algo que seja pegajoso no contato com a superfície da parede do brinquedo, apenas para terem certeza!

Um último ponto para verificar: $\omega_{min} = \sqrt{g/(\mu_s r)}$ indica que a velocidade angular mínima requerida decrescerá como uma função do raio do cilindro. O exemplo das fichas de pôquer sobre a mesa que gira, na Seção 9.5, estabelece que a força centrípeta cresce com a distância radial, o que é consistente com esse resultado.

PROBLEMA RESOLVIDO 9.4 | Volante

PROBLEMA
O volante de um motor a vapor começa a girar do repouso com aceleração angular constante de $\alpha = 1{,}43$ rad/s^2. O volante suporta essa aceleração angular constante por $t = 25{,}9$ s e, então, continua a girar numa velocidade angular constante, ω. Após o volante ter girado por 59,5 s, qual é o ângulo total através do qual girou desde o início?

SOLUÇÃO

PENSE
Aqui, estamos tentando determinar o deslocamento angular total, θ. Para o intervalo de tempo, quando o volante está suportando a aceleração angular, podemos usar a equação 9.26(i) com $\theta_0 = 0$ e $\omega_0 = 0$. Quando o volante está girando numa velocidade angular constante, usamos a equação 9.26(i) com $\theta_0 = 0$ e $\alpha_0 = 0$. Para termos o deslocamento angular total, adicionamos esses dois deslocamentos angulares.

DESENHE
Uma vista de cima do volante que gira é mostrada no Figura 9.27.

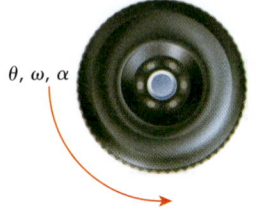

Figura 9.27 Vista de topo do volante que gira.

PESQUISE
Vamos chamar o tempo durante o qual o volante está suportando a aceleração angular t_a e o tempo total que o volante está girando, t_b. Assim, o volante gira numa velocidade angular constante por um intervalo de tempo igual a $t_b - t_a$. O deslocamento angular, θ_a, que ocorre enquanto o volante está suportando a aceleração angular, é dado por

$$\theta_a = \tfrac{1}{2}\alpha t_a^2. \tag{i}$$

O deslocamento angular, θ_b, que ocorre enquanto o volante está girando na velocidade angular constante, ω, é dado por

$$\theta_b = \omega(t_b - t_a). \tag{ii}$$

A velocidade angular, ω, alcançada pelo volante após suportar a aceleração angular α por um tempo t_a é dada por

$$\omega = \alpha t_a. \tag{iii}$$

O deslocamento angular total é dado por

$$\theta_{\text{total}} = \theta_a + \theta_b \tag{iv}$$

SIMPLIFIQUE
Podemos combinar as equações (ii) e (iii) para obtermos o deslocamento angular enquanto o volante está girando numa velocidade angular constante:

$$\theta_b = (\alpha t_a)(t_b - t_a) = \alpha t_a t_b - \alpha t_a^2. \tag{v}$$

Podemos combinar as equações (v), (iv) e (i) para termos o deslocamento angular total do volante:

$$\theta_{\text{total}} = \theta_a + \theta_b = \tfrac{1}{2}\alpha t_a^2 + (\alpha t_a t_b - \alpha t_a^2) = \alpha t_a t_b - \tfrac{1}{2}\alpha t_a^2.$$

CALCULE
Colocando os valores numéricos, obtemos

$$\theta_{\text{total}} = \alpha t_a t_b - \tfrac{1}{2}\alpha t_a^2 = (1{,}43 \text{ rad/s}^2)(25{,}9 \text{ s})(59{,}5 \text{ s}) - \tfrac{1}{2}(1{,}43 \text{ rad/s}^2)(25{,}9 \text{ s})^2$$
$$= 1724{,}07 \text{ rad}.$$

ARREDONDE
Expressando nosso resultado com três algarismos significativos, temos

$$\theta_{\text{total}} = 1.720 \text{ rad}.$$

SOLUÇÃO ALTERNATIVA

É confortante que nossa resposta tenha a unidade certa, radianos (rad). Nossa fórmula $\theta_{total} = \alpha t_a t_b - \frac{1}{2}\alpha t_a^2 = \alpha t_a(t_b - \frac{1}{2}t_a)$, fornece um valor que aumenta linearmente com o valor da aceleração angular. É também sempre maior do que zero, como esperado, porque $t_b > t_a$.

Para realizarmos uma verificação mais além, vamos calcular o deslocamento angular em dois passos. O primeiro passo é calcular o deslocamento angular enquanto o volante está acelerando.

$$\theta_a = \tfrac{1}{2}\alpha t_a^2 = \tfrac{1}{2}(1{,}43 \text{ rad/s}^2)(25{,}9 \text{ s})^2 = 480 \text{ rad}.$$

A velocidade angular do volante após cessar a aceleração angular é

$$\omega = \alpha t_a = (1{,}43 \text{ rad/s}^2)(25{,}9 \text{ s}) = 37{,}0 \text{ rad/s}.$$

Depois, calculamos o deslocamento angular enquanto o volante está girando a velocidade constante:

$$\theta_b = \omega(t_b - t_a) = (37{,}0 \text{ rad/s})(59{,}5 \text{ s} - 25{,}9 \text{ s}) = 1240 \text{ rad}.$$

O deslocamento angular total é então

$$\theta_{total} = \theta_a + \theta_b = 480 \text{ rad} + 1240 \text{ rad} = 1720 \text{ rad},$$

o qual concorda com nossa resposta.

QUESTÕES DE MÚLTIPLA ESCOLHA

9.1 Um corpo está se movendo num movimento circular. Se a força centrípeta é removida subitamente, como o corpo se moverá?

a) Ele se moverá radialmente para fora.

b) Ele se moverá radialmente para dentro.

c) Ele se moverá verticalmente para baixo.

d) Ele se moverá na direção para onde seu vetor velocidade aponta no instante em que a força centrípeta desparece.

9.2 A aceleração angular para um corpo submetido a um movimento circular é colocada num gráfico, na figura abaixo, em função do tempo. Se o corpo partiu do repouso em $t = 0$ s, o deslocamento angular resultante do corpo em $t = t_f$:

a) Está no sentido horário.

b) Está no sentido anti-horário.

c) É zero.

d) Não pode ser determinado.

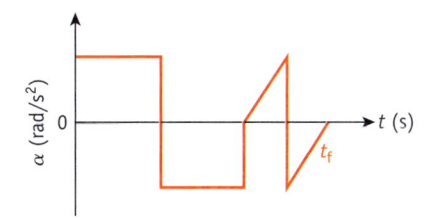

9.3 A latitude de Lubbock, Texas (conhecida como a Cidade Polo das Planícies do Sul), é 33° N. Qual é sua velocidade angular, assumindo que o raio da Terra no Equador seja 6.380 km?

a) 464 m/s

b) 389 m/s

c) 253 m/s

d) 0,464 m/s

e) 0,389 m/s

9.4 Uma pedra amarrada a uma corda se move no sentido horário em movimento circular uniforme. Em qual direção do ponto A a pedra é atirada quando a corda é cortada?

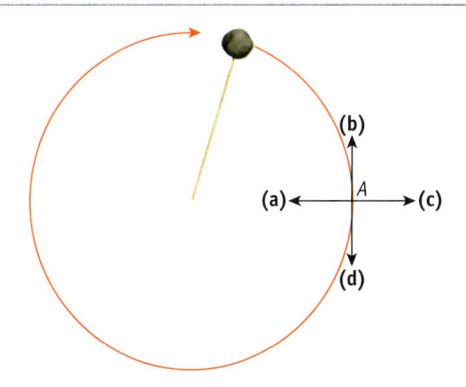

9.5 Uma roda-gigante gira vagarosamente ao redor do eixo horizontal. Os passageiros estão sentados nos bancos, que permanecem na horizontal na roda-gigante, enquanto ela gira. Qual tipo de força fornece a aceleração centrípeta sobre os passageiros quando estão no topo da roda-gigante?

a) centrífuga   c) gravidade

b) normal   d) tensão

9.6 Num pêndulo cônico, a massa se move num círculo horizontal, como mostrado na figura. O período do pêndulo (o tempo que leva a massa para realizar uma revolução completa) é

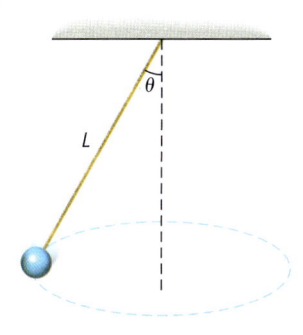

a) $T = 2\pi\sqrt{L\cos\theta/g}$.

b) $T = 2\pi\sqrt{g\cos\theta/L}$.

c) $T = 2\pi\sqrt{Lg\,\text{sen}\,\theta}$.

d) $T = 2\pi\sqrt{L\,\text{sen}\,\theta/g}$.

e) $T = 2\pi\sqrt{L/g}$.

Continua →

9.7 Uma bola amarrada na extremidade de uma corda gira ao redor de um caminho circular de raio r. Se o raio é duplicado e a velocidade linear é mantida constante, a aceleração centrípeta:

a) Permanece a mesma.
b) Aumenta por um fator de 2.
c) Aumenta por um fator de 4.
d) Diminui por um fator de 4.
c) Diminui por um fator de 2.

9.8 A velocidade angular do ponteiro das horas do relógio (em rad/s) é

a) $\dfrac{\pi}{7200}$
b) $\dfrac{\pi}{3600}$
c) $\dfrac{\pi}{1800}$
d) $\dfrac{\pi}{60}$
e) $\dfrac{\pi}{30}$
f) Nenhuma das alternativas.

9.9 Você coloca três moedas sobre um toca-disco em diferentes distâncias do centro e, então, o liga. À medida que o toca-disco acelera, a moeda mais externa escorrega para fora primeiro, seguida daquela a meia distância e, finalmente, quando o toca-disco está indo mais rápido, a mais interna. Por que isso acontece?

a) Para distâncias maiores do centro a aceleração centrípeta é mais alta e, então, a força de atrito torna-se incapaz de manter a moeda no lugar.

b) O peso da moeda causa uma flexão para baixo no toca-disco, então, a moeda mais próxima à borda cai para fora primeiro.

c) Em função do modo como o toca-disco é feito, o coeficiente de atrito estático diminui com a distância do centro.

d) Para distâncias menores do centro, a aceleração centrípeta é mais alta.

9.10 Um ponto sobre um disco Blu-ray está distante $R/4$ do eixo de rotação. A que distância do eixo de rotação está um segundo ponto que tem, em qualquer instante, uma velocidade linear duas vezes àquela do primeiro ponto?

a) $R/16$
b) $R/8$
c) $R/2$
d) R

9.11 A figura mostra uma pessoa encostada à parede, dentro de um rotor num parque de diversões. Qual diagrama mostra as forças atuantes sobre a pessoa corretamente?

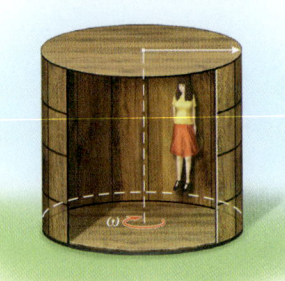

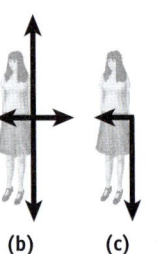

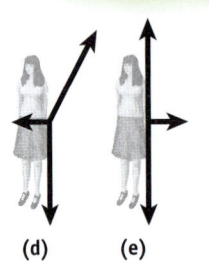

(a) (b) (c) (d) (e)

9.12 Uma corda é amarrada a uma pedra e esta é colocada em rotação num círculo a velocidade constante. Se a gravidade é ignorada e o período do movimento circular é duplicado, a tensão na corda é

a) Reduzida em ¼ de seu valor original.
b) Reduzida em ½ de seu valor original.
c) Aumentada em 2 vezes de seu valor original.
d) Aumentada em 4 vezes de seu valor original.

QUESTÕES

9.13 Um ventilador de teto está girando no sentido horário (visto por baixo), mas está diminuindo. Quais são as direções de ω e α?

9.14 Um gancho, acima de um palco, é feito para suportar 150 lb. Um laço de 3 lb é preso ao gancho e, ao laço, um ator de 147 lb, que está tentando balançar-se pelo palco no laço. O gancho sustentará o ator durante o balanço?

9.15 Um popular brinquedo de parque de diversões consiste de assentos presos a um disco central por meio de cabos, como mostrado na figura. Os passageiros andam em movimento circular uniforme. A massa de um dos passageiros (incluindo o assento onde está sentado) é 65 kg; a massa de um assento vazio no lado oposto do disco central é 5 kg. Se θ_1 e θ_2 são os ângulos que os cabos presos aos dois assentos fazem em relação à vertical, como esse dois ângulos se comparam qualitativamente? θ_2 é maior, menor ou igual a θ_1?

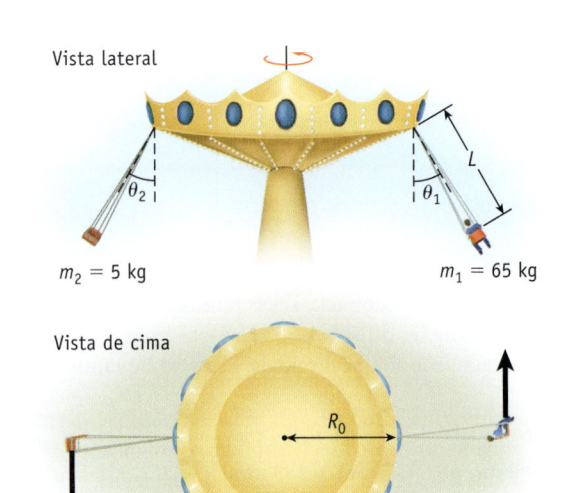

9.16 Uma pessoa anda numa roda-gigante de raio R que está girando a uma velocidade angular constante ω. Compare a força normal do assento empurrando para cima a pessoa no ponto A com aquela no ponto B, na figura. Qual força é maior ou elas são a mesma?

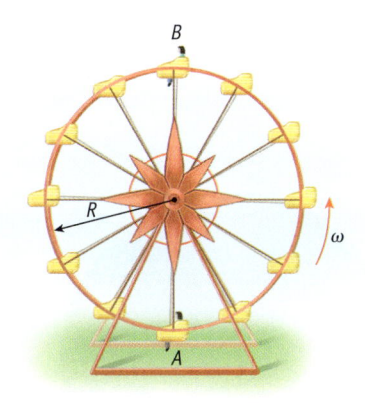

9.17 Pneus de bicicleta têm de 25 cm a 70 cm de diâmetro. Por que não é prático fabricar pneus menores do que 25 cm de diâmetro? (Você aprenderá por que pneus de bicicleta não podem ser muito grandes no Capítulo 10.)

9.18 Um CD parte do repouso e acelera até a frequência angular de operação do tocador de CD. Compare a velocidade e a aceleração angulares de um ponto sobre a borda do CD com as de um ponto a meio caminho entre o centro e a borda do CD. Faça o mesmo para a velocidade e aceleração lineares.

9.19 Um carro está andando em volta de uma curva não inclinada a velocidade máxima. Qual(is) força(s) é(são) reponsável(is) por mantê-lo sobre a estrada?

9.20 Duas massas pendem de duas cordas de igual tamanho que estão presas ao teto de um carro. Uma massa está sobre o banco do motorista; a outra está sobre o banco do passageiro. À medida que o carro faz uma curva fechada, ambas as massas balançam para longe do centro da curva. Em suas posições resultantes, elas serão afastadas uma da outra, se aproximarão uma da outra ou ficarão a mesma distância que estavam quando o carro não estava fazendo a curva?

9.21 Uma massa pontual m começa a escorregar de uma altura h, ao longo da superfície sem atrito mostrada na figura. Qual é o valor mínimo de h para a massa completar um "loop" de raio R?

9.22 Num pêdulo cônico, a massa presa à corda (que pode ser considerada sem massa) se move num círculo horizontal a velocidade constante. A corda descreve um cone, conforme a massa gira. Quais forças estão atuando sobre a massa?

9.23 É possível balançar uma massa presa a uma corda num círculo horizontal perfeito (com a massa e a corda paralelos ao solo)?

9.24 Um pequeno bloco de gelo de massa m parte do repouso do topo de uma vasilha invertida, com a forma de um hemisfério, como mostrado na figura. O hemisfério está fixado ao chão e o bloco desliza sem atrito ao longo da superfície do hemisfério. Encontre a força normal exercida pelo bloco sobre a esfera, quando a linha entre o bloco e o centro da esfera forma um ângulo θ com a horizontal. Discuta o resultado.

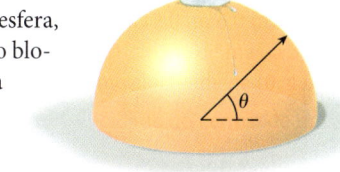

9.25 Suponha que você está andando na montanha russa por um "loop" circular vertical. Mostre que a diferença em seu peso aparente no topo e na base do "loop" é seis vezes seu peso e é independente do tamanho do "loop". Assuma que o atrito é desprezível.

9.26 O seguinte evento ocorreu, de fato, na ponte Sunshine Skyway, perto de St. Petersburg, Florida, em 1997. Cinco pessoas amarraram um cabo de 55 m de comprimento no centro da ponte. Eles esperavam se balançar para frente e para trás sob a ponte, na extremidade do cabo. As cinco pessoas (peso total = W) prenderam-se na extremidade do cabo, ao mesmo nível e a 55 m longe de onde o cabo estava preso à ponte e se deixaram cair desta, seguindo o caminho circular, tracejado indicado na figura. Infelizmente, os audazes não eram bem versados nas leis da física e o cabo quebrou (no ponto preso a seus assentos) no parte inferior do balanço. Determine quanto o cabo (e todas as ligações onde os assentos e a ponte estão presos a ele) deveria ser forte a fim de suportar as cinco pessoas na parte inferior do balanço. Expresse seu resultado em termos de peso total, W.

PROBLEMAS

Um • e dois •• indicam um crescente nível de dificuldade dos problemas.

Seção 9.2

9.27 Qual é o ângulo, em radianos, que a Terra descreve em sua órbita durante o inverno?

9.28 Considerando que a Terra é esférica e relembrando que as latitudes alcançam de 0°, no Equador, a 90° N, no Polo Norte, quanto estão afastadas, medidas sobre a superfície da Terra, Dubuque, Iowa (latitude 42,50° N) e a Cidade da Guatemala (latitude 14,62° N)? As duas cidades ficam aproximadamente na mesma longitude. *Não* despreze a curvatura da Terra na determinação da distância.

• **9.29** Consulte a informação dada no Problema 9.28. Se alguém pudesse cavar através da Terra e fizesse um túnel em linha reta de Dubuque à Cidade da Guatemala, que comprimento deveria ter o túnel? Do ponto de vista do escavador, em que ângulo abaixo da horizontal deveria o túnel ser direcionado?

Seção 9.3

9.30 Uma típica "bola rápida" da Liga de Beisebol é arremessada a aproximadamente 88 mph, girando à taxa de 110 rpm. Se a distância entre o ponto de liberação do arremessador e a luva do apanhador é exatamente 60,5 pés, quantas voltas completas a bola faz entre a sua liberação e o apanho? Despreze qualquer efeito da gravidade ou da resistência do ar sobre o voo da bola.

9.31 Um disco de vinil toca a 33,3 rpm. Assuma que ele leva 5 s para atingir essa velocidade total, partindo do repouso.

a) Qual é a aceleração angular durante os 5 s?

b) Quantas revoluções o disco faz antes de alcançar sua velocidade angular final?

9.32 Numa feira municipal, um garoto está com seu urso de pelúcia na roda-gigante. Infelizmente, no topo de seu passeio, ele acidentalmente deixa cair seu estofado amigo. A roda tem um diâmetro de 12,0 m, a base da roda está 2,0 m acima do solo e sua borda se move a 1,0 m/s. A que distância da base da roda-gigante o urso de pelúcia cai?

• **9.33** Tendo desenvolvido um gosto por experiências, o garoto do Problema 9.32 convida dois amigos para trazerem seus ursos de pelúcia para a mesma roda-gigante. Os garotos estão sentados em posições de 45° uns dos outros. Quando a roda traz o segundo garoto à altura máxima, todos eles deixam cair seus ursos. A que distância os três ursos de pelúcia caem?

• **9.34** Marte orbita o Sol na distância média de 228 milhões de km, num período de 687 dias. A Terra o orbita na distância média de 149,6 milhões de km, num período de 365,26 dias.

a) Suponha que a Terra e Marte estão posicionados de tal forma que a Terra fica sobre uma linha reta entre Marte e o Sol. Exatamente 365,26 dias mais tarde, quando a Terra completou sua órbita, qual é o ângulo entre a linha Terra-Sol e a linha Marte-Sol?

b) A situação inicial da parte (a) é a máxima aproximação de Marte com a Terra. Qual é o tempo, em dias, entre duas aproximações máximas? Assuma velocidade constante e movimento circular para Terra e Marte.

c) Outro modo de expressar a resposta da parte (b) é em termos do ângulo entre as linhas puxadas através do Sol, Terra e Marte na situação de duas aproximações máximas. Qual é este ângulo?

•• **9.35** Considere um grande e simples pêndulo que está localizado na latitude de 55° N e está balançando na direção norte-sul, com os pontos A e B sendo os pontos mais ao norte e mais ao sul, respectivamente, do balanço. Um observador estacionário (em relação às estrelas fixas) está olhando diretamente o pêndulo de cima, no momento mostrado na figura. A Terra está girando uma vez a cada 23 h e 56 min.

a) Quais são as direções (em termos de N, L, O e S) e os valores das velocidades da superfície da Terra nos pontos A e B, como vistos pelo observador? *Nota:* Você precisará calcular as respostas com pelo menos sete algarismos significativos para ver a diferença.

b) Qual é a velocidade angular com a qual o círculo de 20,0 m de diâmetro sob o pêndulo parece girar?

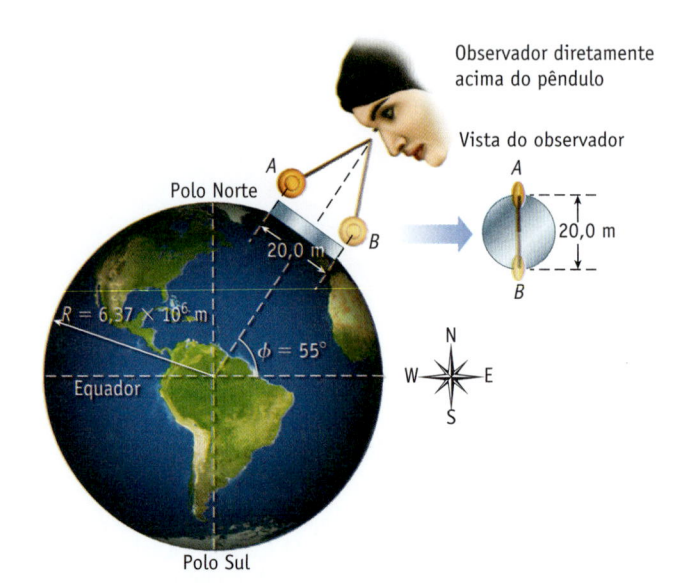

c) Qual é o período dessa rotação?

d) O que aconteceria a um pêndulo oscilando no Equador?

Seção 9.4

9.36 Qual é a aceleração centrípeta da Lua? O período orbital da Lua em volta da Terra é 27,3 dias medidos em relação às estrelas fixas. O raio orbital da Lua é $R_L = 3{,}85 \cdot 10^8$ m.

9.37 Você está segurando o eixo de uma roda de bicicleta com raio de 35 cm e massa de 1 kg. Você tem a roda girando à taxa de 75 rpm e, então, a para, pressionando o pneu contra o pavimento. Você nota que leva 1,2 s para a roda parar completamente. Qual é a aceleração angular da roda?

9.38 Biólogos usam ultracentrífugas para separar componentes biológicos ou para remover partículas em suspensão. Amostras num arranjo simétrico de recipientes são giradas rapidamente ao redor do eixo central. A aceleração centrípeta que elas experimentam em seu sistema de referência em movimento atua como "gravidade artificial" para efetuar uma separação rápida. Se os recipientes de amostra estão a 10 cm do eixo de rotação, que frequência de rotação é requerida para produzir uma aceleração de $1{,}00 \cdot 10^5 \, g$?

9.39 Uma centrífuga num laboratório médico numa velocidade angular de 3.600 rpm (revoluções por minuto). Quando desligada, ela gira 60,0 vezes antes de ficar em repouso. Ache a aceleração angular constante da centrífuga.

9.40 Um arremessador de disco (com braço de 1,2 m de comprimento) parte do repouso e começa a girar no sentido anti-horário, com uma aceleração angular de 2,5 rad/s².

a) Quanto tempo leva a velocidade do arremessador de disco para atingir 4,7 rad/s?

b) Quantas revoluções o arremessador faz para atingir a velocidade de 4,7 rad/s?

c) Qual é a velocidade linear do disco a 4,7 rad/s?

d) Qual é a aceleração linear do arremessador de disco neste ponto?

e) Qual é o valor da aceleração centrípeta do disco arremessado?

f) Qual é o valor da aceleração total do disco?

•9.41 Numa loja de departamentos é exibido um brinquedo com um pequeno disco (disco 1) de raio 0,1 m que é impulsionado por um motor e faz girar um disco maior (disco 2) de raio 0,5 m. O disco 2, girando, move o disco 3, cujo raio é 1,0 m. Os três discos estão em contato e não há deslizamento. O disco 3 completa uma revolução a cada 30 s.

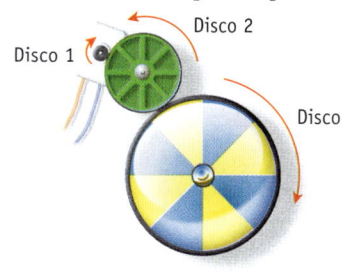

a) Qual é a velocidade angular do disco 3?
b) Qual é a razão das velocidades tangenciais nas bordas dos três discos?
c) Qual é a velocidade angular dos discos 1 e 2?
d) Se o motor funciona mal, resultando numa aceleração angular de 0,1 rad/s² para o disco 1, quais são as acelerações angulares dos discos 2 e 3?

•9.42 Uma partícula está se movendo no sentido horário num círculo de raio 1,00 m. Em certo instante, o valor da sua aceleração é $a = |\vec{a}| = 25{,}0$ m/s² e o vetor aceleração tem um ângulo de $\theta = 50°$ com o vetor posição, como mostrado na figura ao lado. Neste instante, ache a velocidade, $v = |\vec{v}|$, dessa partícula.

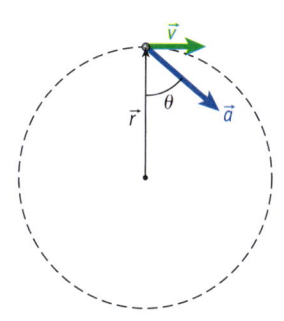

•9.43 Em um gravador de fitas, a fita magnética se move em velocidade linear constante de 5,6 cm/s. Para manter essa velocidade linear constante, a velocidade angular da bobina impulsionadora (a bobina "take-up") deve variar também de acordo.

a) Qual é a velocidade angular da bobina take-up quando está vazia, raio $r_1 = 0{,}80$ cm?
b) Qual é a velocidade angular quando a bobina está cheia, raio $r_2 = 2{,}20$ cm?
c) Se o comprimento total da fita é 100,80 m, qual é a aceleração angular média da bobina take-up enquanto a fita está sendo tocada?

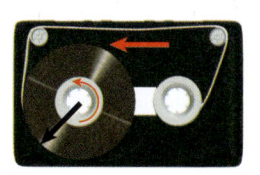

••9.44 Um anel é ajustado livremente (sem atrito) ao redor de um bastão longo e liso, de comprimento $L = 0{,}50$ m. O bastão está fixo em uma extermidade e a outra é girada em círculo horizontal com velocidade angular constante de $\omega = 4{,}0$ rad/s. O anel tem velocidade radial zero na sua posição inicial, uma distância de $r_0 = 0{,}30$ m da extremidade fixa. Determine a velocidade radial do anel, à medida que ele atinge a extremidade em movimento do bastão.

••9.45 Um volante com diâmetro de 1 m está inicialmente em repouso. O gráfico da sua aceleração angular *versus* o tempo é mostrado na figura.

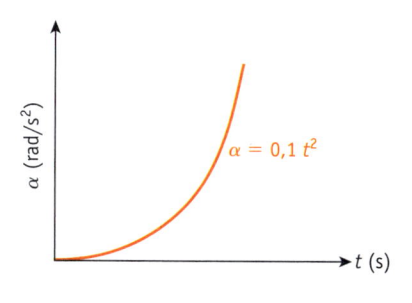

a) Qual é a separação angular entre a posição inicial de um ponto fixo sobre a borda do volante e o ponto da posição 8 s após a roda começar a girar?
b) O ponto inicia seu movimento em $\theta = 0$. Calcule e desenhe a posição linear, o vetor velocidade e o vetor aceleração 8 s depois que a roda começa a girar.

Seção 9.5

9.46 Calcule a força centrípeta exercida sobre um veículo de massa $m = 1.500$ kg que está se movendo à velocidade de 15 m/s ao redor de uma curva de raio $R = 400$ m. Qual força faz o papel da força centrípeta nesse caso?

9.47 Qual é o peso aparente de um passageiro na montanha russa do Problema Resolvido 9.1 na *base* do "loop"?

9.48 Dois patinadores, A e B, de igual massa, estão se movendo no sentido horário sobre o gelo em movimento circular uniforme. Seus movimentos têm períodos iguais, mas o raio do círculo do patinador A é metade daquele do círculo do patinador B.

a) Qual é a razão entre as velocidades dos patinadores?
b) Qual é a razão entre os valores das forças atuantes sobre cada patinador?

•9.49 Um pequeno bloco de massa m está em contato com a parede interna de um grande cilindro oco. Assuma que o coeficiente de atrito estático entre o bloco e a parede do cilindro é μ. Inicialmente, o cilindro está em repouso e o bloco é seguro no lugar por um pino, que suporta seu peso. O cilindro inicia o giro sobre seu eixo central, como mostrado na figura, com aceleração angular α. Determine o intervalo de tempo mínimo após o cilindro começar a girar, antes que o pino possa ser removido sem que o bloco deslize pela parede.

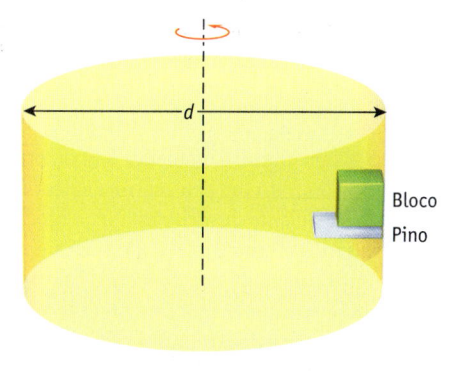

•9.50 Um carro de corrida está fazendo uma curva em U a velocidade constante. O coeficiente de atrito entre os pneus e a pista é $\mu_s = 1{,}2$. Se o raio da curva é 10 m, qual é a máxima velocidade com a qual o carro pode fazer a curva sem derrapar? Assuma que o carro está realizando movimento circular uniforme.

•9.51 Um carro acelera em direção ao topo de um monte. Se o raio de curvatura do monte, no topo, é 9,0 m, quão rápido pode o carro andar e manter constante contato com o chão?

•9.52 Uma bola de massa $m = 0{,}2$ kg é atada a uma corda (sem massa) de comprimento $L = 1$ m e está sob movimento circular no plano horizontal, como mostrado na figura ao lado.

a) Desenhe um diagrama de forças para a bola.

b) Qual força faz o papel da força centrípeta?

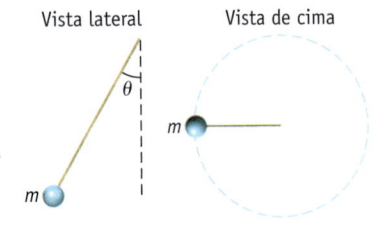

c) Qual seria a velocidade da massa se θ fosse 45º?

d) Qual é a tensão na corda?

• **9.53** Você está voando para Chicago para um fim de semana longe dos livros. Na sua última aula de física você aprendeu que o fluxo de ar sobre as asas de um avião cria uma *força de sustentação*, que atua perpendicular às asas. Quando o avião está voando em nível, a força de sustentação para cima equilibra exatamente a *força peso* para baixo. Já que O'Hare é um dos mais movimentados aeroportos do mundo, você não fica surpreso quando o capitão anuncia que o voo está em espera por causa do tráfego pesado. Ele informa aos passageiros que o avião ficará voando em um círculo de raio 7 milhas, na velocidade de 360 mph e a uma altitude de 20.000 pés. Do cartão de informações de segurança, você sabe que o comprimento total da envergadura do avião é 275 pés. Dessa informação, estime o ângulo de inclinação do avião relativo à horizontal.

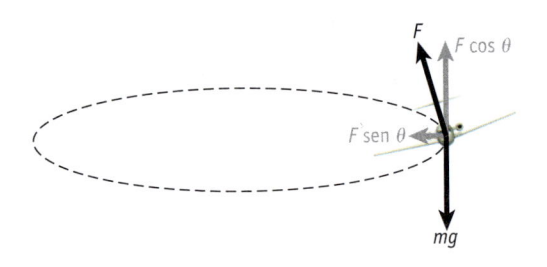

•• **9.54** Um cilindro de metal, 20 g de massa, é colocado sobre um toca-discos, com seu centro a 80 cm do centro do aparelho. O coeficiente de atrito estático entre o cilindro e a superfície do toca-discos é $\mu_s = 0{,}80$. Uma fina corda, sem massa, de comprimento 80 cm, conecta o centro do toca-discos ao cilindro e *inicialmente*, a corda tem tensão zero. Partindo do repouso, o toca-discos muito vagarosamente atinge velocidades angulares cada vez mais altas, mas o aparelho e o cilindro podem ser considerados como tendo movimento circular em qualquer instante. Calcule a tensão na corda quando a velocidade angular do toca-discos é 60 rpm (rotações por minuto).

•• **9.55** Uma curva de uma pista de alta velocidade, com raio de curvatura R, está inclinada num ângulo θ acima da horizontal.

a) Qual é a velocidade ideal para fazer a curva se a superfície da pista está coberta de gelo (isto é, se há um atrito muito pequeno entre os pneus e a pista)?

b) Se a superfície da pista está livre do gelo e há um coeficiente de atrito μ_s entre os pneus e a pista, quais são as velocidades máxima e a mínima nas quais essa curva pode ser feita?

c) Calcule os resultados das partes (a) e (b) para R = 400 m, θ = 45° e $\mu_s = 0{,}70$.

Problemas adicionais

9.56 Uma particular roda-gigante leva passageiros em um círculo vertical de raio 9,0 m uma vez a cada 12,0 s.

a) Calcule a velocidade dos passageiros, assumindo-a constante.

b) Desenhe um diagrama de forças para um passageiro no instante quando ele está na base do círculo. Calcule a força normal exercida pelo assento sobre o passageiro naquele ponto.

c) Faça a mesma análise da parte (b) para um ponto no topo do círculo.

9.57 Um garoto está na roda-gigante, que o leva em um círculo vertical, de 9,0 m de raio, a cada 12,0 s.

a) Qual é a velocidade angular da roda-gigante?

b) Suponha que a roda a pare numa taxa uniforme durante um quarto de volta. Qual é a aceleração angular da roda durante esse tempo?

c) Calcule a aceleração tangencial do garoto girando sobre seu centro a 3.400 rpm.

9.58 Considere uma lâmina, de comprimento 53 cm, de um cortador de grama girando sobre seu centro a 3.400 rpm.

a) Calcule a velocidade linear da ponta da lâmina.

b) Se as regulamentações de segurança requerem que a lâmina pare dentro de 3,0 s, qual aceleração angular mínima completará essa tarefa? Assuma que a aceleração angular é constante.

9.59 Um carro acelera uniformemente do repouso e atinge uma velocidade de 22,0 m/s em 9,00 s. O diâmetro de um pneu do carro é 58,0 cm.

a) Ache o número de revoluções que o pneu faz durante o movimento do carro, considerando que não ocorra deslizamento.

b) Qual é a velocidade angular final de um pneu em revoluções por segundo?

9.60 A engrenagem A, massa 1kg e raio 55 cm, está em contato com a engrenagem B, massa 0,5 kg e raio 30 cm. As engrenagens não escorregam em relação uma a outra, conforme giram. A engrenagem A gira a 120 rpm e diminui para 60 rpm em 3 s. Quantas rotações a engrenagem B faz durante esse intervalo de tempo?

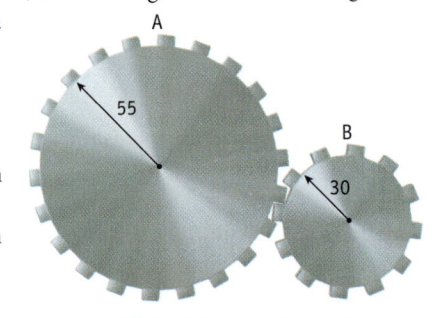

9.61 Um pião gira por 10 min, iniciando com velocidade angular de 10 rev/s. Determine sua aceleração angular, assumindo-a constante, e seu deslocamento angular total.

9.62 Uma moeda está situada na borda de um velho disco fonográfico que está girando a 33 rpm e tem um diâmetro de 12 polegadas. Qual é o coeficiente de atrito estático mínimo entre a moeda e a superfície do disco para assegurar que a moeda não voe para fora?

9.63 Um disco de vinil que está inicialmente girando a $33\frac{1}{3}$ rpm, diminui uniformemente até parar durante 15 s. Quantas rotações são feitas pelo disco enquanto vai parando?

9.64 Determine as velocidades e acelerações linear e angular de uma partícula de poeira localizada a 2,0 cm do centro de um CD que gira dentro de um tocador de CD a 250 rpm.

9.65 Qual é a aceleração da Terra em sua órbita? (Assuma que a órbita é circular.)

9.66 Um dia em Marte dura cerca de 24,6 horas terrestres. Um ano em Marte dura cerca de 687 dias terrestres. Como as velocidades angular de rotação e de órbita de Marte se comparam com as da Terra?

9.67 Um caminhão monstro tem pneus com diâmetro de 1,10 m e está andando a 35,8 m/s. Após os freios serem aplicados, o caminhão diminui uniformemente e é levado ao repouso após os pneus rodarem por 40,2 voltas.

a) Qual é a velocidade angular inicial dos pneus?

b) Qual é a aceleração angular dos pneus?

c) Que distância o caminhão percorre antes de vir ao repouso?

• **9.68** O motor de um ventilador gira uma pequena roda de raio r_m = 2,00 cm. Essa roda gira uma correia, a qual está presa à roda de raio r_f = 3,00 cm que está montada no eixo da pá do ventilador. Medidas do centro desse eixo, as pontas das pás do ventilador estão a distância r_b = 15,0 cm. Quando o ventilador está em operação, o motor gira com velocidade angular de ω = 1.200 rpm. Qual é a velocidade tangencial das pontas das pás do ventilador?

• **9.69** Um carro de massa 1.000 kg sobe uma montanha com velocidade constante de 60 m/s. O topo da montanha pode ser aproximado a um comprimento de arco de um círculo com raio de curvatura de 370 m. Qual força o carro exerce sobre a montanha, à medida que ele passa pelo topo?

• **9.70** Diferentemente de um navio, um avião não usa seu leme para fazer curvas. Ele vira inclinando as asas. A força de sustentação, perpendicular às asas, tem uma componente horizontal que fornece a aceleração centrípeta para fazer a curva, e uma componente vertical que suporta o peso do avião. (O leme contrapõe-se à guinada e, assim, mantém o avião apontado na direção de seu movimento.) O famoso avião espião Blackbird SR-71, voando a 4.800 km/h, tem um raio de curvatura de 290 km. Ache o ângulo de inclinação.

• **9.71** Um piloto de 80 kg, numa aeronave movendo-se a velocidade constante de 500 m/s, parte em um mergulho vertical ao longo de um arco de círculo de raio 4.000 m.

a) Encontre a aceleração centrípeta e a força centrípeta atuantes sobre o piloto.

b) Qual é o peso aparente do piloto na parte mais baixa do mergulho?

• **9.72** Uma bola, de massa 1 kg, é atada a uma corda de 1 m de comprimento e girada em um círculo vertical a velocidade constante de 10 m/s.

a) Determine a tensão na corda quando a bola está no topo do círculo.

b) Determine a tensão na corda quando a bola está na base do círculo.

c) Considere a bola em outro ponto que não seja o topo e nem a base do círculo. O que você pode dizer sobre a tensão na corda neste ponto?

• **9.73** Um carro parte do repouso e acelera em uma curva de raio R = 36 m. A componente tangencial da aceleração do carro permanece constante em a_t = 3,3 m/s², equanto a aceleração centrípeta aumenta para manter o carro sobre a curva tanto quanto possível. O coeficiente de atrito entre os pneus e a estrada é μ = 0,95. Que distância o carro percorre na curva antes de começar a derrapar? (Esteja certo de incluir ambas as componentes das acelerações tangencial e centrípeta.)

• **9.74** Uma garota, sobre a plataforma de um carrossel, segura um pêndulo em sua mão. O pêndulo está a 6,0 m do eixo de rotação da plataforma. A velocidade rotacional da plataforma é 0,020 rev/s. O pêndulo está num ângulo θ em relação à vertical. Encontre θ.

•• **9.75** Um carrossel, num parque de diversões, tem diâmetro de 6,0 m. O brinquedo parte do repouso e acelera com aceleração angular constante para uma velocidade angular de 0,6 rev/s em 8,0 s.

a) Qual é o valor da aceleração angular?

b) Quais são as acelerações centrípeta e angular de um assento no carrossel que está a 2,75 m do eixo de rotação?

c) Qual é a aceleração total, módulo e direção 8,0 s após a aceleração angular iniciar?

•• **9.76** Um carro, de peso W = 10,0 kN, faz uma curva numa pista inclinada num ângulo θ = 20,0°. Dentro do carro, pendendo de uma pequena corda amarrada no espelho retrovisor, está um ornamento. À medida que o carro faz a curva, o ornamento balança num ângulo φ = 30,0°, medido da vertical dentro do carro. Qual é a força de atrito estático entre o carro e a pista?

•• **9.77** Um popular brinquedo de parques de diversões tem assentos fixados a um disco por cabos. Os passageiros andam em movimento circular uniforme. Como mostrado na figura, o raio do disco central é R_0 = 3,00 m e o comprimento do cabo é L = 3,20 m. A massa de um passageiro (incluindo o assento onde ele está sentado) é 65 kg.

a) Se o ângulo θ que o cabo faz em relação à vertical é 30°, qual é a velocidade, v, do passageiro?

b) Qual é o módulo da força exercida pelo cabo sobre o assento?

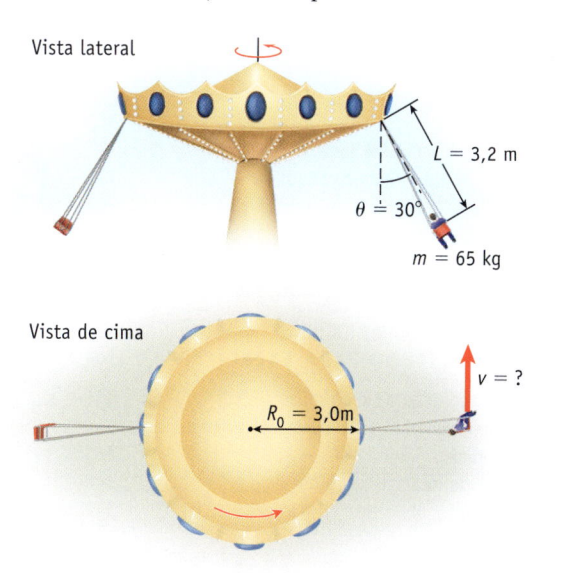

10 Rotação

O QUE APRENDEREMOS	313
10.1 Energia cinética de rotação	313
Partícula pontual em movimento circular	313
Várias partículas pontuais em movimento circular	314
10.2 Cálculo do momento de inércia	314
Rotação de um eixo em torno do centro de massa	315
Exemplo 10.1 Energia cinética rotacional da terra	320
Teorema do eixo paralelo	320
10.3 Rolamento sem deslizamento	322
Problema resolvido 10.1 Esfera rolando sobre um plano inclinado	322
Exemplo 10.2 Corrida sobre uma inclinação	324
Problema resolvido 10.2 Esfera rolando através de um "loop"	324
10.4 Torque	326
Braço de alavanca	326
Adendo matemático: produto vetorial	327
10.5 Segunda Lei de Newton para rotação	328
Exemplo 10.3 Papel higiênico	329
Máquina de Atwood	331
10.6 Trabalho realizado por um torque	332
Exemplo 10.4 Apertando um parafuso	333
Exemplo 10.5 Atarraxando um parafuso na madeira	333
Problema resolvido 10.3 Máquina de Atwood	334
10.7 Momento angular	335
Partícula pontual	335
Sistemas de partículas	336
Corpos rígidos	337
Exemplo 10.6 Bola de golfe	337
Conservação do momento angular	338
Exemplo 10.7 Morte de uma estrela	339
Exemplo 10.8 Flybrid	340
10.8 Precessão	341
10.9 Momento angular quantizado	343
O QUE JÁ APRENDEMOS / GUIA DE ESTUDO PARA EXERCÍCIOS	343
Guia de resolução de problemas	344
Problema resolvido 10.4 Queda horizontal de uma haste	345
Questões de múltipla escolha	346
Questões	347
Problemas	348

Figura 10.1 Uma turbina moderna.

O QUE APRENDEREMOS

- A energia cinética devido ao movimento de rotação de um objeto deve ser levada em conta considerando-se a conservação da energia.

- Para a rotação de um objeto através de um eixo em torno do seu centro de massa, o momento de inércia é proporcional ao produto da massa do objeto e ao quadrado da maior distância perpendicular de qualquer parte do objeto ao eixo de rotação. A constante de proporcionalidade tem um valor entre zero e um e depende da geometria do objeto.

- Para a rotação em torno de um eixo paralelo a outro eixo passando pelo centro de massa do objeto, o momento de inércia é igual ao momento de inércia do centro de massa mais o produto da massa do objeto pelo quadrado da distância entre os dois eixos.

- Para objetos rolando, as energias cinética de rotação e de translação estão relacionadas.

- Torque é o produto vetorial do vetor posição e do vetor força.

- A Segunda Lei de Newton também se aplica ao movimento de rotação.

- O Momento Angular é definido como o produto vetorial do vetor posição e do vetor Momento.

- Relações análogas àquelas para as quantidades lineares existem entre momento angular, torque, momento de inércia, velocidade angular e aceleração angular.

- Outra lei de conservação fundamental é a lei de conservação do momento angular.

Os grandes ventiladores na frente das modernas turbinas, como a mostrado na Figura 10.1, empurram o ar em uma câmara de compressão, na qual o ar se mistura com combustível e explode. A explosão ejeta gases para trás da turbina, produzindo o empuxo que move o avião para frente. Esses ventiladores giram a uma velocidade de 7.000-9.000 rpm e devem ser inspecionados rotineiramente – ninguém deseja um ventilador desses quebrado a uma altitude de 6 milhas (aproximadamente 9,6 km).

Quase todos os motores possuem partes girantes que transferem energia para um dispositivo de saída, o qual geralmente também gira. De fato, a maioria dos objetos no Universo gira, de moléculas a estrelas e galáxias. As leis que governam a rotação têm uma importância tão fundamental quanto qualquer outra parte da mecânica.

O Capítulo 9 introduziu alguns conceitos básicos de movimento circular, e este capítulo usa algumas das mesmas ideias – velocidade angular, aceleração angular e eixo de rotação. Neste capítulo completaremos nossa comparação entre quantidades rotacionais e translacionais e encontraremos outra lei de conservação de importância básica: a lei de conservação do momento angular.

10.1 Energia cinética de rotação

No Capítulo 8 vimos que é possível descrever o movimento de um corpo extenso em termos da trajetória descrita pelo seu centro de massa e da rotação do objeto em torno de seu centro de massa. Entretanto, mesmo tendo estudado o movimento circular para partículas pontuais no Capítulo 9, nós não consideramos ainda a rotação de corpos extensos, tais como os mostrados na Figura 10.2. Analisar este movimento é a finalidade deste capítulo.

Partícula pontual em movimento circular

O Capítulo 9 introduziu as quantidades cinemáticas do movimento circular. Velocidade angular, ω, e aceleração angular, α, foram definidas em termos da derivada temporal do deslocamento angular, θ:

$$\omega = \frac{d\theta}{dt}$$

$$\alpha = \frac{d\omega}{dt} = \frac{d^2\theta}{dt^2}.$$

Vimos que as quantidades angulares estão relacionadas às quantidades lineares, como segue:

$$s = r\theta, \quad v = r\omega,$$

$$a_t = r\alpha, \quad a_c = \omega^2 r, \quad a = \sqrt{a_c^2 + a_t^2},$$

em que s é o arco, v é a velocidade linear do centro de massa, a_t é a aceleração tangencial, a_c é a aceleração centrípeta e a é a aceleração linear.

(a)

(b)

Figura 10.2 (a) Uma massa de ar em rotação formando um furacão. (b) Rotação em escalas gigantescas: galáxia espiral M74.

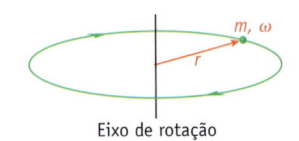

Figura 10.3 Uma partícula pontual movendo-se em um círculo em torno do eixo de rotação.

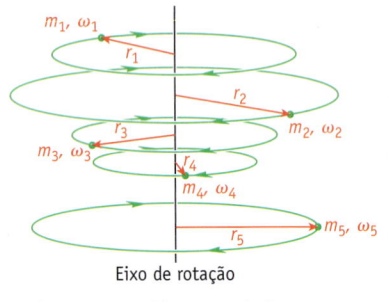

Figura 10.4 Cinco partículas pontuais movendo-se em círculos em torno de um eixo de rotação comum.

10.1 Exercícios de sala de aula

Considere duas massas iguais, m, conectadas por uma haste delgada e de massa desprezível. Conforme ilustrado na figura, as duas massas giram em um plano horizontal em torno de um eixo vertical representado pela linha pontilhada. Qual dos sistemas tem o maior momento de inércia?

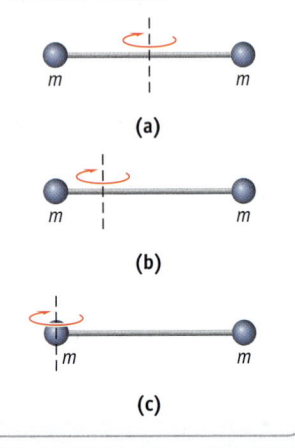

(a)

(b)

(c)

A maneira mais simples de introduzir quantidades físicas para a descrição da rotação é da energia cinética de rotação de um corpo extenso. No Capítulo 5, na parte de trabalho e energia, a energia cinética de um objeto em movimento foi definida como

$$K = \tfrac{1}{2}mv^2. \tag{10.1}$$

Se o movimento deste objeto é circular, podemos usar a relação entre a velocidade linear e a velocidade, angular obtendo

$$K = \tfrac{1}{2}mv^2 = \tfrac{1}{2}m(r\omega)^2 = \tfrac{1}{2}mr^2\omega^2, \tag{10.2}$$

que é a **energia cinética de rotação** para a partícula pontual se movendo sobre uma circunferência de raio r em torno de um eixo fixo, conforme ilustrado na Figura 10.3.

Várias partículas pontuais em movimento circular

Da mesma forma que procedemos para localizar o centro de massa de um sistema de partículas, no Capítulo 8, partimos de uma coleção de objetos individuais em rotação e então nos aproximamos do limite contínuo. A energia cinética de uma coleção de objetos em rotação é dada por

$$K = \sum_{i=1}^{n} K_i = \tfrac{1}{2}\sum_{i=1}^{n} m_i v_i^2 = \tfrac{1}{2}\sum_{i=1}^{n} m_i r_i^2 \omega_i^2.$$

Este resultado é simplesmente uma consequência da utilização da equação 10.2 para várias partículas pontuais e para escrever a energia cinética total como a soma das energias cinéticas individuais. Aqui, ω_i é a velocidade angular da partícula i e r_i é sua distância perpendicular a um eixo fixo. Este eixo fixo é o **eixo de rotação** para estas partículas. Um exemplo de sistema com cinco partículas pontuais girando é mostrado na Figura 10.4.

Agora assumiremos que todas as partículas pontuais cujas energias cinéticas foram somadas mantenham suas distâncias respectivamente umas às outras e em relação ao eixo de rotação fixo. Então, todas as partículas pontuais no sistema irão descrever um movimento circular em torno do eixo de rotação comum com a mesma velocidade angular. Com essa condição, a soma das energias cinéticas das partículas é dada por

$$K = \tfrac{1}{2}\sum_{i=1}^{n} m_i r_i^2 \omega^2 = \tfrac{1}{2}\left(\sum_{i=1}^{n} m_i r_i^2\right)\omega^2 = \tfrac{1}{2}I\omega^2. \tag{10.3}$$

A quantidade I introduzida na equação 10.3 é chamada de **momento de inércia**, também conhecida por *inércia rotacional*. Ela depende somente das massas das partículas individuais e de suas distâncias ao eixo de rotação:

$$I = \sum_{i=1}^{n} m_i r_i^2. \tag{10.4}$$

No Capítulo 9 vimos que todas as quantidades associadas com movimento circular têm seus equivalentes no movimento linear. A velocidade angular ω, e a velocidade linear v, formam um par desse tipo. Comparando a expressão para a energia cinética de rotação (equação 10.3) e a energia cinética do movimento linear (equação 10.1), percebemos que o momento de inércia I desempenha o mesmo papel para o movimento circular que a massa m para o movimento linear.

10.2 Cálculo do momento de inércia

Podemos usar o momento de inércia de várias partículas pontuais, conforme dado na equação 10.4, como ponto de partida para achar o momento de inércia de um corpo extenso. Procederemos da mesma maneira como feito na determinação do centro de massa no Capítulo 8. Representaremos de novo um corpo extenso como uma coleção de cubos pequenos e idênticos de volume V e (possivelmente diferente) densidade de massa ρ. A equação 10.4 se torna, então,

$$I = \sum_{i=1}^{n} \rho(\vec{r}_i) r_i^2 V. \tag{10.5}$$

Novamente, como no Capítulo 8, seguiremos a aproximação convencional do cálculo, fazendo com que os volumes dos cubos se aproximem de zero, $V \to 0$. Neste limite, a soma na equação 10.5 se torna uma integral, a qual fornece uma expressão para o momento de inércia de um corpo extenso:

$$I = \int_V r_\perp^2 \rho(\vec{r}) dV. \tag{10.6}$$

O símbolo $r_\perp$ representa a distância perpendicular de um elemento de volume infinitesimal do eixo de rotação (Figura 10.5).

Já sabemos que a massa total de um objeto pode ser obtida pela integração da densidade de massa sobre o volume total do objeto:

$$M = \int_V \rho(\vec{r}) dV. \tag{10.7}$$

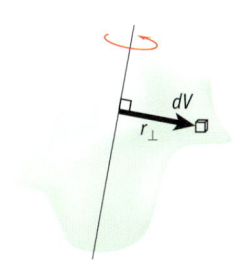

Figura 10.5 Determinação de $r_\perp$ como a distância perpendicular de um elemento de volume infinitesimal ao eixo de rotação.

As equações 10.6 e 10.7 são as expressões mais gerais para o momento de inércia e a massa de um corpo extenso. Entretanto, da mesma forma que as equações do centro de massa, alguns dos casos fisicamente mais interessantes são aqueles em que a densidade de massa é constante pelo volume. Neste caso, as equações 10.6 e 10.7 se reduzem a:

$$I = \rho \int_V r_\perp^2 dV \quad \text{(para densidade de massa constante, } \rho\text{)},$$

e

$$M = \rho \int_V dV = \rho V \quad \text{(para densidade de massa constante, } \rho\text{)}.$$

Assim, o momento de inércia para um objeto com densidade de massa constante é dado por

$$I = \frac{M}{V} \int_V r_\perp^2 dV \quad \text{(para densidade de massa constante, } \rho\text{)}. \tag{10.8}$$

Podemos agora calcular momentos de inércia para alguns objetos com formas geométricas particulares. Primeiro assumiremos que o eixo de rotação passe através do centro de massa do objeto. Então iremos derivar um teorema que conecta este caso especial de uma forma simples para um caso geral, para o qual o eixo de rotação não passa através do centro de massa.

Rotação de um eixo em torno do centro de massa

Para qualquer objeto com densidade de massa constante, podemos usar a equação 10.8 para calcular o momento de inércia com respeito à rotação em torno de um eixo fixo que passa através do centro de massa do objeto. Por conveniência, a localização do centro de massa é normalmente escolhida como a origem do sistema de coordenadas. Devido ao fato de a integral na equação 10.8 ser uma integral tridimensional de volume, a escolha do sistema de coordenadas é geralmente muito importante para calcular a integral com o mínimo de trabalho computacional possível.

Nesta seção, consideraremos dois casos: um disco oco e uma esfera sólida. Esses casos representam as duas classes mais comuns de objetos que podem rolar e ilustram o uso de dois sistemas de coordenadas diferentes para a integral.

A Figura 10.6a mostra um cilindro oco girando em torno de seu eixo de simetria. Seu momento de inércia é

$$I = \tfrac{1}{2} M (R_1^2 + R_2^2) \quad \text{(cilindro oco)}. \tag{10.9}$$

Este é o resultado geral para o momento de inércia de um cilindro oco girando em torno de seu eixo de simetria, onde M é a massa total do cilindro, R_1 é seu raio interno e R_2 é seu raio externo.

Usando a equação 10.9 podemos obter o momento de inércia para um cilindro sólido girando em torno de seu eixo de simetria (veja Figura 10.6b) fazendo $R_1 = R$ e $R_2 = 0$:

$$I = \tfrac{1}{2} M R^2 \quad \text{(cilindro sólido)}.$$

Também podemos obter o caso limite de uma casca cilíndrica fina ou aro cilíndrico, para o qual toda a massa está concentrada sobre a circunferência, fazendo $R_1 = R_2 = R$. Neste caso, o momento de inércia é

$$I = MR^2 \quad \text{(aro cilíndrico ou casca cilíndrica fina)}.$$

$M = \pi(R_2^2 - R_1^2)h\rho$ $\qquad M = \pi R^2 h\rho$ $\qquad M = \pi R^2 h\rho$
$I = \tfrac{1}{2} M(R_1^2 + R_2^2)$ $\qquad I = \tfrac{1}{2} MR^2$ $\qquad I = \tfrac{1}{4} MR^2 + \tfrac{1}{12} Mh^2$

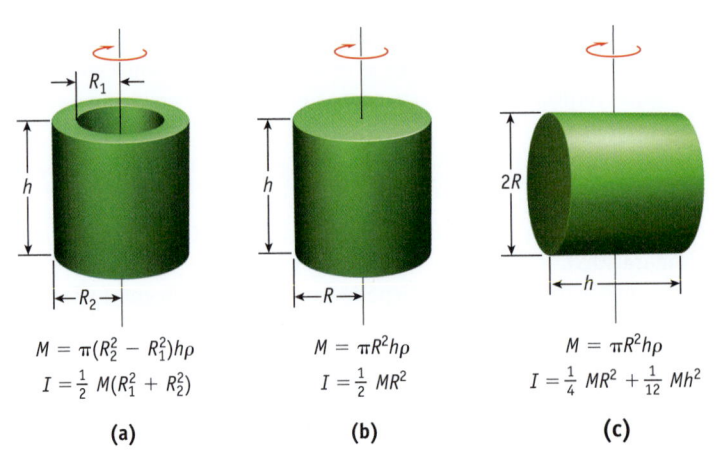

(a)   (b)   (c)

Figura 10.6 Momento de inércia para (a) um cilindro oco e (b) um cilindro sólido girando em torno do eixo de simetria. (c) Momento de inércia para um cilindro girando em torno de um eixo passando através de seu centro de massa, mas perpendicular ao seu eixo de simetria.

Finalmente, o momento de inércia para um cilindro sólido de altura h girando em torno de um eixo que passa pelo seu centro de massa, mas perpendicular ao seu eixo de simetria (veja Figura 10.6c), é dado por

$$I = \tfrac{1}{4}MR^2 + \tfrac{1}{12}Mh^2 \quad \text{(cilindro sólido, perpendicular ao eixo de rotação)}.$$

Se o raio R é muito pequeno comparado à altura h, como é o caso para uma haste longa e fina, o momento de inércia neste limite é dado desprezando-se o primeiro termo da equação precedente:

$$I = \tfrac{1}{12}Mh^2 \quad \text{(haste fina de comprimento } h\text{, perpendicular ao eixo de rotação)}.$$

Iremos obter a fórmula para o momento de inércia do cilindro oco usando uma integral de volume do tipo introduzido na Seção 8.4. Essa integral envolve integração em uma dimensão separada sobre cada uma das três coordenadas. Esta demonstração e a próxima mostram como essas integrações são feitas para coordenadas esféricas e cilíndricas. Elas não são essenciais para os conceitos físicos desenvolvidos neste capítulo, mas elas podem ser interessantes para você.

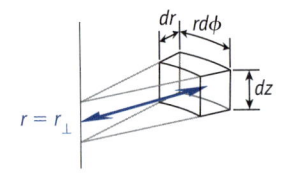

Figura 10.7 Elemento de volume em coordenadas cilíndricas.

DEMONSTRAÇÃO 10.1 — Momento de inércia para uma roda

Para demonstrar o momento de inércia de um cilindro oco de densidade constante ρ, altura h, raio interno R_1 e raio externo R_2, com seu eixo de simetria sendo seu eixo de rotação (ver Figura 10.6a), iremos utilizar coordenadas cilíndricas. Para a maioria dos problemas envolvendo cilindros ou discos, o sistema de coordenadas escolhido deve estar geralmente em coordenadas cilíndricas. Neste sistema (veja o adendo matemático sobre integrais de volume no Capítulo 8), o elemento de volume é dado por (ver Figura 10.7).

$$dV = r_\perp dr_\perp d\phi dz.$$

Para coordenadas cilíndricas (e somente para coordenadas cilíndricas!), a distância perpendicular $r_\perp$ é a mesma que a coordenada radial r. Com isso em mente, podemos calcular as integrais para o cilindro oco. Para a massa obtemos

$$M = \rho \int_V dV = \rho \int_{R_1}^{R_2} \left(\int_0^{2\pi} \left(\int_{-h/2}^{h/2} dz \right) d\phi \right) r_\perp dr_\perp$$

$$= \rho h \int_{R_1}^{R_2}\left(\int_0^{2\pi} d\phi\right) r_\perp dr_\perp$$

$$= \rho h 2\pi \int_{R_1}^{R_2} r_\perp dr_\perp$$

$$= \rho h 2\pi \left(\tfrac{1}{2}R_2^2 - \tfrac{1}{2}R_1^2\right)$$

$$= \pi(R_2^2 - R_1^2) h \rho.$$

Podemos, por outro lado, expressar a densidade como uma função da massa:

$$M = \pi(R_2^2 - R_1^2) h \rho \Leftrightarrow \rho = \frac{M}{\pi(R_2^2 - R_1^2)h}. \tag{i}$$

A razão para desenvolvermos este último passo pode não ser inteiramente óbvia neste momento, mas ela se tornará clara após calcularmos a integral para o momento de inércia:

$$I = \rho \int_V r_\perp^2 dV = \rho \int_{R_1}^{R_2}\left(\int_0^{2\pi}\left(\int_{-h/2}^{h/2} dz\right)d\phi\right) r_\perp^3 dr_\perp$$

$$= \rho h \int_{R_1}^{R_2}\left(\int_0^{2\pi} d\phi\right) r_\perp^3 dr_\perp$$

$$= \rho h 2\pi \int_{R_1}^{R_2} r_\perp^3 dr_\perp$$

$$= \rho h 2\pi \left(\tfrac{1}{4}R_2^4 - \tfrac{1}{4}R_1^4\right).$$

Agora podemos utilizar a densidade da equação (i):

$$I = \tfrac{1}{2}\rho h \pi\left(R_2^4 - R_1^4\right) = \frac{M}{\pi\left(R_2^2 - R_1^2\right)h}\tfrac{1}{2}h\pi\left(R_2^4 - R_1^4\right).$$

Finalmente, fazemos uso da identidade $a^4 - b^4 = (a^2 - b^2)(a^2 + b^2)$ para obter a equação 10.9:

$$I = \tfrac{1}{2}M\left(R_1^2 + R_2^2\right).$$

Para objetos que não sejam do tipo disco, o uso de coordenadas cilíndricas pode não ser vantajoso. Desses objetos, os mais importantes são esferas e blocos retangulares. O momento de inércia para uma esfera girando em torno de um eixo passando pelo seu centro de massa (ver Figura 10.8a) é dado por

$$I = \tfrac{2}{5}MR^2 \quad \text{(esfera sólida).} \tag{10.10}$$

O momento de inércia para uma casca esférica fina girando em torno de qualquer eixo passando pelo seu centro de massa é

$$I = \tfrac{2}{3}MR^2 \quad \text{(casca esférica fina).}$$

O momento de inércia para um bloco retangular com lados de comprimento a, b e c girando sobre um eixo passando pelo seu centro de massa e paralelo ao lado c (ver Figura 10.8b) é:

$$I = \tfrac{1}{12}M(a^2 + b^2) \quad \text{(bloco retangular).}$$

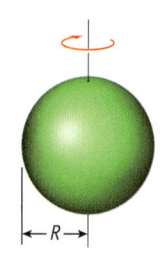

$M = \tfrac{4\pi}{3}R^3\rho$

$I = \tfrac{2}{5}MR^2$

(a)

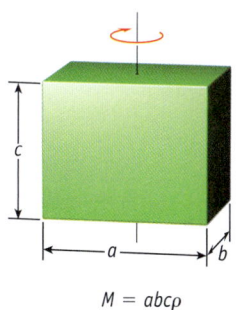

$M = abc\rho$

$I = \tfrac{1}{12}M(a^2 + b^2)$

(b)

Figura 10.8 Momentos de inércia de (a) uma esfera e (b) um bloco.

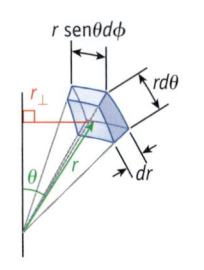

Figura 10.9 Elemento de volume em coordenadas esféricas.

Novamente, iremos obter a forma para a esfera sólida para mostrar como trabalhamos em um sistema de coordenadas diferentes.

DEMONSTRAÇÃO 10.2 — Momento de inércia de uma esfera

Não é apropriado usar coordenadas cilíndricas para calcular o momento de inércia de uma esfera sólida (Figura 10.8a) de densidade de massa constante ρ e raio R girando em torno de um eixo passando pelo seu centro de massa. Coordenadas esféricas são a melhor escolha. O elemento de volume em coordenadas esféricas é dado por (ver Figura 10.9)

$$dV = r^2 \operatorname{sen}\theta \, dr \, d\theta \, d\phi.$$

Note que, para coordenadas esféricas, a coordenada radial r e a distância perpendicular $r_\perp$ não são idênticas. De fato elas são relacionadas via (ver Figura 10.9)

$$r_\perp = r \operatorname{sen}\theta.$$

(Uma fonte de erro muito comum neste tipo de cálculo é omitir o seno do ângulo. Tenha isso em mente quando estiver usando coordenadas esféricas.)

Novamente, primeiro calculamos a integral para a massa:

$$M = \rho \int_V dV = \rho \int_0^R \left(\int_0^{2\pi} \left(\int_0^\pi \operatorname{sen}\theta \, d\theta \right) d\phi \right) r^2 dr$$

$$= 2\rho \int_0^R \left(\int_0^{2\pi} d\phi \right) r^2 dr$$

$$= 4\pi\rho \int_0^R r^2 dr$$

$$= \frac{4\pi}{3} R^3 \rho.$$

Assim,

$$\rho = \frac{3M}{4\pi R^3}. \qquad (i)$$

Então calculamos a integral para o momento de inércia de forma similar:

$$I = \rho \int_V r_\perp^2 dV = \rho \int_V r^2 \operatorname{sen}^2 \theta \, dV$$

$$= \rho \int_0^R \left(\int_0^{2\pi} \left(\int_0^\pi \operatorname{sen}^3 \theta \, d\theta \right) d\phi \right) r^4 dr$$

$$= \rho \frac{4}{3} \int_0^R \left(\int_0^{2\pi} d\phi \right) r^4 dr$$

$$= \rho \frac{8\pi}{3} \int_0^R r^4 dr.$$

Logo,

$$I = \rho \frac{8\pi}{15} R^5. \qquad (ii)$$

Inserindo a expressão para a densidade da equação (i) na equação (ii) obtemos:

$$I = \rho \frac{8\pi}{15} R^5 = \frac{3M}{4\pi R^3} \frac{8\pi}{15} R^5 = \tfrac{2}{5} MR^2.$$

Finalmente, observe esta observação geral importante: Se R é a maior distância perpendicular a partir do eixo de rotação de qualquer parte do objeto girando, então o momento de inércia sempre está relacionado à massa de um objeto por:

$$I = cMR^2, \text{ com } 0 < c \leq 1. \tag{10.11}$$

A constante c pode ser calculada a partir da configuração geométrica do objeto girando, e sempre tem um valor entre zero e um. Quanto maior a massa concentrada no eixo de rotação, menor será o valor da constante c. Se toda a massa estiver localizada no limite externo do objeto, como num aro cilíndrico, por exemplo, então c se aproxima do valor 1. (Matematicamente, esta equação é uma consequência do teorema do valor médio, que você deve ter encontrado nos cursos de cálculo.) Para um cilindro girando em torno do seu eixo de simetria, $c_{cil} = \tfrac{1}{2}$, e para uma esfera, $c_{esf} = \tfrac{2}{5}$, conforme visto.

Vários objetos girando em torno de um eixo que passa através do centro de massa são mostrados na Figura 10.10. A Tabela 10.1 fornece o momento de inércia para cada objeto, bem como a constante c da equação 10.11, quando aplicável.

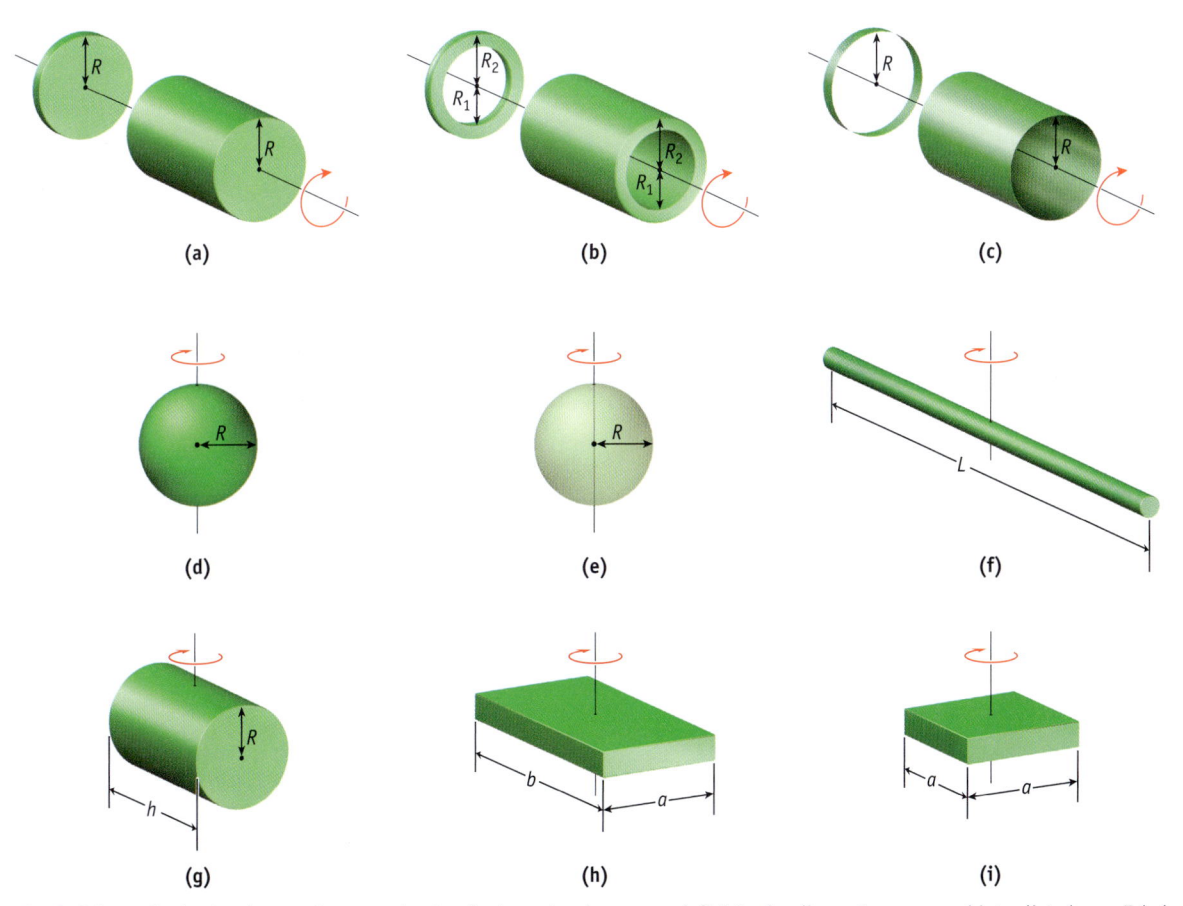

Figura 10.10 Orientação do eixo de rotação passando através do centro de massa e definição das dimensões para os objetos listados na Tabela 10.1.

Tabela 10.1	O momento de inércia e valor da constante c para os objetos mostrados na Figura 10.10. Todos os objetos têm massa M	
Objeto	I	c
a) Disco cilíndrico sólido	$\frac{1}{2}MR^2$	$\frac{1}{2}$
b) Roda ou aro cilíndrico espesso	$\frac{1}{2}M(R_1^2 + R_2^2)$	
c) Cilindro oco ou anel cilíndrico	MR^2	1
d) Esfera sólida	$\frac{2}{5}MR^2$	$\frac{2}{5}$
e) Esfera oca	$\frac{2}{3}MR^2$	$\frac{2}{3}$
f) Haste fina	$\frac{1}{12}Mh^2$	
g) Cilindro sólido perpendicular ao eixo de simetria	$\frac{1}{4}MR^2 + \frac{1}{12}Mh^2$	
h) Placa retangular chata	$\frac{1}{12}M(a^2 + b^2)$	
i) Placa quadrada chata	$\frac{1}{6}Ma^2$	

EXEMPLO 10.1 | Energia cinética rotacional da Terra

Assuma que a Terra é uma esfera sólida de densidade constante, com massa igual a $5{,}98 \cdot 10^{24}$ kg e raio de 6.370 km.

PROBLEMA

Qual é o momento de inércia da Terra com respeito ao eixo de rotação e qual é sua energia cinética de rotação?

SOLUÇÃO

Uma vez que a Terra foi aproximada por uma esfera de densidade constante, seu momento de inércia é

$$I = \tfrac{2}{5}MR^2.$$

Inserindo os valores para massa e para o raio, obtemos

$$I = \tfrac{2}{5}MR^2 = \tfrac{2}{5}(5{,}98 \cdot 10^{24}\text{ kg})(6{,}37 \cdot 10^6\text{ m})^2 = 9{,}71 \cdot 10^{37}\text{ kg m}^2.$$

A frequência angular da rotação da Terra é

$$\omega = \frac{2\pi}{1\text{ dia}} = \frac{2\pi}{86.164\text{ s}} = 7{,}29 \cdot 10^{-5}\text{ rad/s}.$$

(Note que aqui usamos o dia sideral; ver exemplo 9.3.)

Com os valores calculados do momento de inércia e da frequência angular, podemos achar a energia cinética de rotação da Terra:

$$K = \tfrac{1}{2}I\omega^2 = 0{,}5(9{,}71 \cdot 10^{37}\text{ kg m}^2)(7{,}29 \cdot 10^{-5}\text{ rad/s})^2 = 2{,}6 \cdot 10^{29}\text{ J}.$$

Vamos comparar este valor com a energia cinética da órbita da Terra em torno do Sol. No Capítulo 9, calculamos a velocidade orbital da Terra como sendo de $v = 2{,}97 \cdot 10^4$ m/s. Assim, a energia cinética do movimento terrestre em torno do Sol é

$$K = \tfrac{1}{2}mv^2 = 0{,}5(5{,}98 \cdot 10^{24}\text{ kg})(2{,}97 \cdot 10^4\text{ m/s})^2 = 2{,}6 \cdot 10^{33}\text{ J},$$

o qual é maior do que a energia cinética de rotação por um fator de 10.000.

Teorema do eixo paralelo

Determinamos o momento de inércia para um eixo de rotação através do centro de massa de um objeto, mas qual é o momento de inércia para rotação em torno de um eixo que não passa através do centro de massa? O **teorema do eixo paralelo** responde a essa questão. Ele afirma que o momento de inércia, $I_\parallel$, para rotação de um objeto de massa M em torno de um eixo localizado a uma distância d do centro de massa do objeto e paralelo a um eixo passando pelo centro de massa, para o qual o momento de inércia é I_{cm}, é dado por

$$I_{\parallel} = I_{cm} + Md^2. \tag{10.12}$$

DEMONSTRAÇÃO 10.3 — Teorema do eixo paralelo

Para esta demonstração, considere o objeto na Figura 10.11. Suponha que nós já tenhamos calculado o momento de inércia para este objeto para rotação em torno do eixo z, o qual passa através do centro de massa do objeto. A origem do sistema de coordenadas xyz está no centro de massa e o eixo z é o eixo de rotação. Qualquer eixo paralelo ao eixo de rotação pode ser descrito por um simples desvio no plano xy indicado na figura pelo vetor $\vec{d}$, com componentes d_x e d_y.

Se desviarmos o sistema de coordenadas no plano xy de forma que o novo eixo vertical, z', coincida com o novo eixo de rotação, então a transformação do sistema de coordenadas xyz para o novo sistema de coordenadas $x'y'z'$ é dada por

$$x' = x - dx,\ y' = y - dy,\ z' = z.$$

Para calcular o momento de inércia do objeto girando em torno do novo eixo no novo sistema de coordenadas, podemos simplesmente usar a equação 10.6, a equação mais geral, a qual se aplica para o caso em que a densidade de massa não é constante:

$$I_{\parallel} = \int_V (r'_{\perp})^2 \rho\, dV. \tag{i}$$

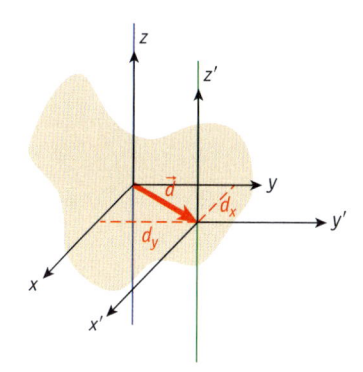

Figura 10.11 Coordenadas e distâncias para o teorema do eixo paralelo.

De acordo com a transformação de coordenadas,

$$\begin{aligned}(r'_{\perp})^2 &= (x')^2 + (y')^2 = (x - d_x)^2 + (y - d_y)^2 \\ &= x^2 - 2xd_x + d_x^2 + y^2 - 2yd_y + d_y^2 \\ &= (x^2 + y^2) + (d_x^2 + d_y^2) - 2xd_x - 2yd_y \\ &= r_{\perp}^2 + d^2 - 2xd_x - 2yd_y.\end{aligned}$$

(Lembre que $\vec{r}_{\perp}$ se encontra no plano xy devido a maneira que construímos o sistema de coordenadas.) Agora substituímos esta expressão para $(r'_{\perp})^2$ na equação (i) e obtemos

$$\begin{aligned}I_{\parallel} &= \int_V (r'_{\perp})^2\, \rho\, dV \\ &= \int_V r_{\perp}^2 \rho\, dV + d^2 \int_V \rho\, dV - 2d_x \int_V x\rho\, dV - 2d_y \int_V y\rho\, dV.\end{aligned} \tag{ii}$$

A primeira integral na equação (ii) fornece o momento de inércia para rotação em torno do centro de massa, que já conhecemos. A segunda integral é simplesmente igual à massa (compare com a equação 10.7). A terceira e a quarta integrais foram introduzidas no Capítulo 8 e fornecem as localizações do centro de massa das coordenadas x e y. Entretanto, por construção, elas são iguais a zero, já que colocamos a origem do sistema de coordenadas xyz no centro de massa. Assim, obtemos o teorema do eixo paralelo:

$$I_{\parallel} = I_{cm} + d^2 M.$$

Note que, de acordo com as equações 10.11 e 10.12, o momento de inércia com respeito à rotação em torno de um eixo arbitrário paralelo a um eixo passando pelo centro de massa pode ser escrita como

$$I = (cR^2 + d^2)M,\ \text{com}\ 0 < c \le 1.$$

Aqui R é a distância perpendicular máxima de qualquer parte do objeto em relação ao seu eixo de rotação através do centro de massa, e d é a distância de rotação de um eixo paralelo através do centro de massa.

10.1 Pausa para teste

Mostre que o momento de inércia de uma haste fina de massa m e comprimento L girando em torno de uma extremidade é $I = \tfrac{1}{3}mL^2$.

10.3 Rolamento sem deslizamento

Movimento com rolamento é um caso especial de movimento rotacional realizado por objetos arredondados com raio R e que se movem através de uma superfície sem deslizamento. Para movimento com rolamento, podemos conectar as quantidades lineares e angulares percebendo que a distância linear percorrida pelo centro de massa é a mesma que o comprimento do arco correspondente à circunferência do objeto. Assim, a relação entre a distância linear, r, percorrida pelo centro de massa e o ângulo de rotação é

$$r = R\theta.$$

Tomando a derivada temporal e observando que o raio R permanece constante, obtemos as relações entre as velocidades e acelerações lineares e angulares:

$$v = R\omega$$

e

$$a = R\alpha.$$

A energia cinética total de um objeto em movimento de rolamento é a soma de suas energias cinéticas de translação e de rotação:

$$K = K_{\text{trans}} + K_{\text{rot}} = \tfrac{1}{2}mv^2 + \tfrac{1}{2}I\omega^2. \tag{10.13}$$

Podemos agora substituir ω de $v = R\omega$ e substituir I a partir da equação 10.11:

$$\begin{aligned} K &= \tfrac{1}{2}mv^2 + \tfrac{1}{2}I\omega^2 \\ &= \tfrac{1}{2}mv^2 + \tfrac{1}{2}(cR^2m)\left(\frac{v}{R}\right)^2 \\ &= \tfrac{1}{2}mv^2 + \tfrac{1}{2}mv^2 c \Rightarrow \\ K &= (1+c)\tfrac{1}{2}mv^2, \end{aligned} \tag{10.14}$$

onde $0 < c \le 1$ é a constante introduzida na equação 10.11. A equação 10.14 implica que a energia cinética de um objeto rolando é sempre maior do que aquela de um objeto que apenas desliza, desde que eles tenham a mesma massa e velocidade linear.

Com uma expressão para a energia cinética que inclui a contribuição devido à rotação, podemos aplicar o conceito de conservação da energia mecânica total (soma das energias cinética e potencial), utilizado no Capítulo 6.

10.2 Exercícios de sala de aula

Uma bicicleta está se movendo com velocidade de 4,02 m/s. Se o raio da roda da frente mede 0,450 m, quanto tempo leva para esta roda dar uma volta completa?

a) 0,703 s
b) 1,23 s
c) 2,34 s
d) 4,04 s
e) 6,78 s

PROBLEMA RESOLVIDO 10.1 — Esfera rolando sobre um plano inclinado

PROBLEMA
Uma esfera sólida com uma massa de 5,15 kg e com um raio de 0,340 m parte do repouso de uma altura de 2,10 m sobre a base de um plano inclinado e rola para baixo sem deslizar sob a influência da gravidade. Qual é a velocidade linear do centro de massa da esfera no instante em que deixa o plano inclinado e rola sobre a superfície horizontal?

SOLUÇÃO

PENSE
No topo da inclinação, a esfera está em repouso. Naquele ponto, a esfera tem energia potencial gravitacional, mas não tem energia cinética. Conforme a esfera começa a rolar, ela perde energia potencial e ganha energia cinética devido ao movimento de translação e de rotação. No fim do plano inclinado, toda a energia potencial gravitacional inicial se encontra na forma de energia cinética. A energia cinética do movimento linear está ligada à energia cinética de rotação através do raio da esfera.

DESENHE
Um desenho da situação do problema é mostrado na Figura 10.12, com a origem da coordenada y no fim da inclinação.

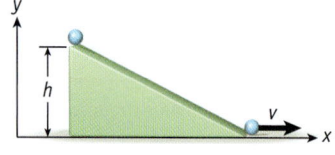

Figura 10.12 Esfera rolando sobre um plano inclinado.

PESQUISE
No topo da inclinação, a esfera está em repouso e não tem energia cinética. No topo, sua energia é, portanto, energia potencial, mgh:

$$E_{topo} = K_{topo} + U_{topo} = 0 + mgh = mgh,$$

na qual m é a massa da esfera, h é a altura da esfera acima da superfície horizontal e g é a aceleração da gravidade. Na base da inclinação, no que a esfera começa a rolar sobre a superfície horizontal, a energia potencial é zero. De acordo com a equação 10.14, a esfera tem uma energia cinética total (soma das energias cinéticas de translação e de rotação) de $(1+c)\frac{1}{2}mv^2$. Assim, a energia total na base do plano inclinado é

$$E_{base} = K_{base} + U_{base} = (1+c)\tfrac{1}{2}mv^2 + 0 = (1+c)\tfrac{1}{2}mv^2.$$

Pelo fato de o momento de inércia de uma esfera ser $I = \frac{2}{5}mR^2$ (ver equação 10.10), a constante c tem o valor 2/5 neste caso.

SIMPLIFIQUE
A conservação da energia implica que a energia no topo do plano inclinado é igual à energia na base:

$$mgh = (1+c)\tfrac{1}{2}mv^2.$$

Resolvendo para a velocidade linear, obtemos

$$v = \sqrt{\frac{2gh}{1+c}}.$$

Para uma esfera, $c = 2/5$, como descrito anteriormente, portanto, a velocidade do objeto rolando neste caso é

$$v = \sqrt{\frac{2gh}{1+\frac{2}{5}}} = \sqrt{\frac{10}{7}gh}.$$

CALCULE
Colocando os valores numéricos, obtemos

$$v = \sqrt{\frac{10}{7}(9{,}81 \text{ m/s}^2)(2{,}10 \text{ m})} = 5{,}42494 \text{ m/s}.$$

ARREDONDE
Escrevendo nosso resultado com três algarismos significativos temos:

$$v = 5{,}42 \text{ m/s}.$$

SOLUÇÃO ALTERNATIVA
Se a esfera não rolasse, mas apenas deslizasse plano abaixo sem atrito, a velocidade final seria

$$v = \sqrt{2gh} = \sqrt{2(9{,}81 \text{ m/s}^2)(2{,}10 \text{ m})} = 6{,}42 \text{ m/s},$$

que é maior do que a velocidade encontrada para o caso com rolamento. Parece razoável que a velocidade linear da esfera rolando seja um pouco menor do que a velocidade linear da esfera que desliza, já que uma parcela da energia potencial inicial da esfera rolando é transformada em energia cinética de rolamento. Esta energia então não está disponível para se tornar energia cinética do movimento linear do centro de massa da esfera. Note que não foi necessário a massa nem o raio da esfera neste cálculo.

A fórmula derivada no Problema resolvido 10.1 para a velocidade de uma esfera rolando na base de um plano inclinado,

$$v = \sqrt{\frac{2gh}{1+c}}, \tag{10.15}$$

é um resultado um tanto geral. Ela pode ser aplicada em várias situações em que energia potencial gravitacional é convertida em energia cinética de translação e de rotação de um objeto que rola.

Galileu Galilei revelou que a aceleração de um corpo em queda livre é independente de sua massa. Isto também é verdadeiro para um objeto rolando sobre uma inclinação, conforme obeservamos no problema resolvido 10.1, conduzindo à equação 10.15. Entretanto, embora a massa total do objeto rolando não tenha importância, a sua distribuição de massa é importante. Isto se reflete matematicamente na equação 10.15 pelo fato de a constante c da equação 10.11, a qual é calculada a partir da distribuição geométrica da massa, aparecer no denominador. O exemplo seguinte demonstra claramente que a distribuição de massa no objeto que rola é importante.

Figura 10.13 Corrida entre uma esfera, um cilindro sólido e um cilindro oco com mesma massa e raio através de um plano inclinado. Os quadros foram tomados em intervalos de 0,5 s.

10.3 Exercícios de sala de aula

Suponha que repetimos a corrida do Exemplo 10.2, mas agora com uma lata de refrigerante. Em que lugar a lata chegará?

a) primeiro   c) terceiro
b) segundo   d) quarto

10.2 Pausa para teste

Você pode explicar por que a lata de refrigerante conclui a corrida na posição determinada no exercício de sala de aula 10.3?

EXEMPLO 10.2 — Corrida sobre uma inclinação

PROBLEMA
Uma esfera maciça, um cilindro maciço e um cilindro oco (um tubo), todos com a mesma massa m e mesmo raio externo R, são soltos a partir do repouso do topo de um plano inclinado e começam a rolar sem deslizamento. Em que ordem eles chegam à base do plano inclinado?

SOLUÇÃO
Podemos responder questão usando somente considerações sobre energia. Como a energia mecânica total é conservada para cada um dos três objetos durante o movimento de rolamento, podemos escrever para cada um dos objetos

$$E = K + U = K_0 + U_0.$$

Os objetos partiram do repouso, assim, $K_0 = 0$. Para a energia potencial, usamos novamente $U = mgh$, e, para a energia cinética, usamos a equação 10.14. Dessa forma, temos

$$K_{\text{base}} = U_{\text{topo}} \Rightarrow (1+c)\tfrac{1}{2}mv^2 = mgh \Rightarrow$$

$$v = \sqrt{\frac{2gh}{1+c}},$$

que é a mesma fórmula da equação 10.15.

Já observamos que a massa do objeto foi simplificada nessa fórmula. Entretanto, podemos fazer duas observações adicionais importantes: (1) O raio do objeto em rotação não aparece nessa expressão para a velocidade linear; e (2) a constante c que é determinada pela distribuição de massa aparece no denominador. Nós já conhecíamos o valor de c para os três objetos em rotação: $c_{\text{esfera}} = \tfrac{2}{5}$, $c_{\text{cilindro}} = \tfrac{1}{2}$ e $c_{\text{tubo}} \approx 1$. Já que a constante para a esfera é a menor de todos, a velocidade da esfera, para qualquer altura h, será a maior, implicando que a esfera vencerá a corrida. Fisicamente, uma vez que os três objetos têm a mesma massa e, portanto, a mesma alteração na energia potencial, todas as energias cinéticas finais serão iguais. Assim, um objeto com um valor maior de c irá ter relativamente mais de sua energia cinética em forma de rotação e, dessa forma, menos energia cinética de translação, acarretandos uma velocidade linear menor. O cilindro sólido chegará em segundo lugar na corrida, seguido pelo tubo. A Figura 10.13 mostra quadro a quadro este experimento filmado que verifica nossas conclusões.

PROBLEMA RESOLVIDO 10.2 — Esfera rolando através de um "loop"

Uma esfera maciça é solta a partir do repouso e rola através de um plano inclinado, entrando em um "loop" circular de raio R (ver Figura 10.14).

PROBLEMA
De que altura mínima h a esfera deve ser solta para que não caia durante o traçado no "loop"?

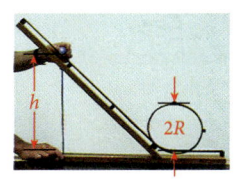

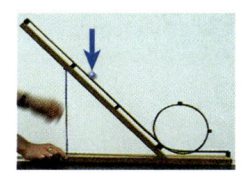

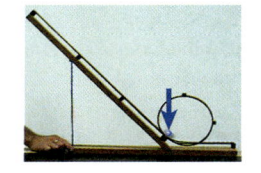

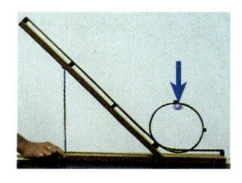

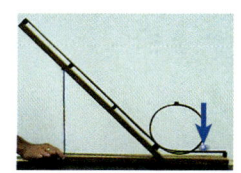

Figura 10.14 Esfera descendo uma inclinação para um "loop". Os quadros foram feitos em intervalos de 0,25 s.

SOLUÇÃO

PENSE

Ao ser solta da altura h sobre o plano inclinado, a esfera tem energia potencial gravitacional, mas não tem energia cinética. Conforme a esfera desce rolando pelo plano inclinado e completa o "loop", a energia potencial gravitacional é convertida em energia cinética. No topo do "loop", a esfera desceu uma distância $h - 2R$. A chave para resolver esse problema é perceber que no topo do "loop" a aceleração centrípeta tem que ser igual ou maior do que a aceleração resultante da gravidade. (Quando estas acelerações são iguais, ocorre a situação "objeto sem peso" como mostrado no Problema Resolvido 9.1. Quando a aceleração centrípeta é maior, deve haver uma força suporte descendente sobre a esfera, fornecida pelo traçado do "loop". Quando a aceleração centrípeta é menor, deve haver uma força suporte ascendente, que o traçado não pode fornecer e a esfera cai do "loop".) O que é desconhecido aqui é a velocidade v no topo do "loop". Podemos novamente empregar considerações sobre conservação da energia para calcular a velocidade mínima necessária e, portanto, achar a altura mínima de partida requerida para a esfera permanecer sobre o traçado.

DESENHE

Um desenho da esfera rolando sobre um plano inclinado com "loop" é mostrado na Figura 10.15.

PESQUISE

Quando a esfera é solta, ela tem energia potencial $U_0 = mgh$ e energia cinética zero. No topo do "loop", a energia potencial é $U = mg2R$ e a energia cinética total é, de acordo com a equação 10.14, $K = (1 + c)\frac{1}{2}mv^2$, na qual $c_{esfera} = \frac{2}{5}$. Assim, a conservação da energia mecânica total nos diz que

$$E = K + U = (1+c)\tfrac{1}{2}mv^2 + mg2R = K_0 + U_0 = mgh. \quad \text{(i)}$$

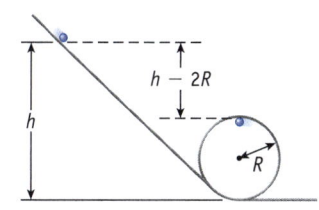

Figura 10.15 Esfera rolando sobre uma inclinação e um "loop".

No topo do "loop", a aceleração centrípeta, a_c, tem que ser igual ou maior do que a aceleração da gravidade, g:

$$g \leq a_c = \frac{v^2}{R}. \quad \text{(ii)}$$

SIMPLIFIQUE

Podemos resolver a equação (i) para v^2:

$$v^2 = \frac{2g(h-2R)}{1+c}.$$

Substituindo essa expressão para v^2 na equação (ii), encontramos

$$g \leq \frac{2g(h-2R)}{R(1+c)}.$$

Multiplicando ambos os lados dessa equação pelo denominador da fração do lado direito, leva a

$$R(1 + c) \leq 2h - 4R.$$

Portanto, temos

$$h \geq \frac{5+c}{2}R.$$

CALCULE

Esse resultado é válido para qualquer objeto rolando, com a constante c determinada a partir da geometria do objeto. Neste problema, temos uma esfera maciça, assim $c = \frac{2}{5}$. Dessa forma, o resultado é

$$h \geq \frac{5+\frac{2}{5}}{2}R = \tfrac{27}{10}R.$$

Continua →

ARREDONDE

A situação desse problema está descrita em termos de variáveis em vez de valores numéricos, então podemos escrever nosso resultado como

$$h \geq 2{,}7R.$$

SOLUÇÃO ALTERNATIVA

Se a esfera não estivesse rolando, mas sim deslizando sem atrito, poderíamos igualar a energia cinética da esfera no topo do "loop" com a variação na energia potencial gravitacional:

$$\tfrac{1}{2}mv^2 = mg(h-2R).$$

Poderíamos então expressar a desigualdade entre as acelerações gravitacional e centrípeta dada na equação (ii), como segue:

$$g \leq a_c = \frac{v^2}{R} = \frac{2g(h-2R)}{R}.$$

Resolvendo essa equação para h irá nos fornecer

$$h \geq \frac{5}{2}R = 2{,}5R.$$

Esta altura necessária para uma esfera deslizando é um pouco menor do que a altura que encontramos para a esfera rolando. Seria de se esperar que menos energia, sob a forma de energia potencial gravitacional, fosse necessário para manter a esfera no traçado se ela não estiver rolando, pois sua energia cinética será inteiramente translacional. Assim, nosso resultado para manter uma esfera rolando no "loop" parece razoável.

10.4 Torque

Até agora, discutindo as forças, temos visto que uma força pode causar um movimento linear de um objeto, que pode ser descrito em termos do movimento do centro de massa do objeto. No entanto, não abordamos uma questão geral: onde estão os vetores de força que agem sobre um corpo extenso colocados em um diagrama de força? Uma força pode ser exercida sobre um corpo extenso em um ponto longe de seu centro de massa, o que ocasiona movimento de translação e de rotação no objeto.

Braço de alavanca

Considere a Figura 10.16, em que uma mão tenta soltar um parafuso com uma chave-inglesa. É óbvio que girar o parafuso será mais fácil na Figura 10.16c do que na Figura 10.16b e francamente impossível na Figura 10.16a. Esse exemplo mostra que a intensidade da força não é a única quantidade relevante. A distância perpendicular a partir da linha de ação da força para o eixo de rotação, chamada de **braço de alavanca**, também é importante. Em adição, o ângulo na

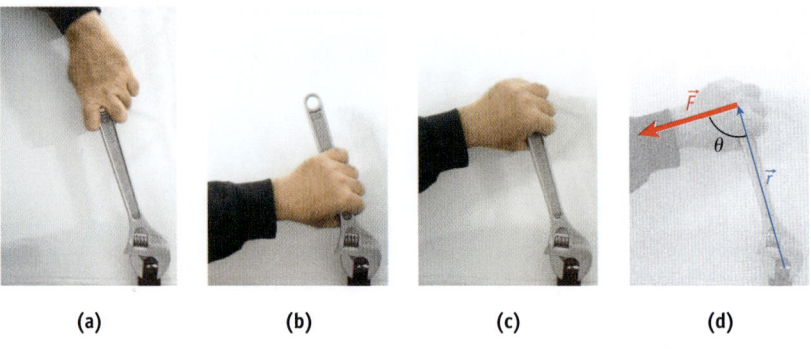

Figura 10.16 (a–c) Três maneiras de usar uma chave-inglesa para soltar um parafuso. (d) A força $\vec{F}$ e o braço de alavanca r, com o ângulo θ entre eles.

qual a força é aplicada, relativo ao vetor do braço de alavanca, é importante também. Nas partes (b) e (c) da Figura 10.16, este ângulo é 90°. (Um ângulo de 270° seria tão eficiente quanto, mas a força agiria na direção oposta.) Um ângulo de 180° ou 0° (Figura 10.16a) não irá girar o parafuso.

Essas considerações são quantificadas pelo conceito de torque, τ. **Torque** (também chamado de *momento*) é o produto vetorial da força $\vec{F}$ e do vetor posição $\vec{r}$:

$$\vec{\tau} = \vec{r} \times \vec{F}. \quad (10.16)$$

O vetor posição $\vec{r}$ é tomado com a origem no eixo de rotação. O símbolo × representa o **produto vetorial** ou *produto cruzado*. Na Seção 5.4, vimos que podíamos multiplicar dois vetores levando a uma quantidade escalar, chamado de *produto escalar*, representado pelo símbolo •. Agora definimos uma multiplicação diferente de dois vetores, de forma que o resultado é outro vetor.

A unidade SI do torque é o N m, mas não deve ser confundida com a unidade de energia, que é o joule (J = N m)

$$[\tau] = [F] \cdot [r] = \text{N m}.$$

No sistema britânico de unidades, o torque é geralmente expresso em pés-libras (ft-lb).

A intensidade do torque é o produto da intensidade da força e da distância ao eixo de rotação (a intensidade do vetor posição ou do braço de alavanca) vezes o seno do ângulo entre o vetor força e o vetor posição (ver Figura 10.17):

$$\tau = rF \operatorname{sen} \theta \quad (10.17)$$

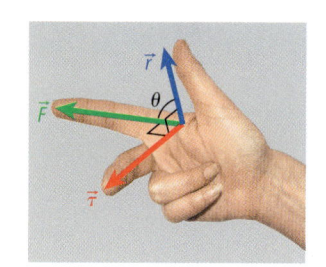

Figura 10.17 Regra da mão direita para a direção do torque para uma dada força e vetor posição.

Quantidades angulares também podem ser vetores, chamadas de *vetores axiais*. (Um vetor axial é qualquer vetor que aponta ao longo do eixo de rotação.) Torque é um exemplo de um vetor axial e sua intensidade é dada pela equação 10.17. A direção do torque é dada pela regra da mão direita (Figura 10.17). O torque aponta em uma direção perpendicular ao plano formado pelos vetores força e posição. Assim, se o vetor posição aponta no sentido do polegar e o vetor força aponta no sentido do dedo indicador, então a direção do torque aponta no sentido do dedo médio, conforme mostrado na Figura 10.17. Note que o vetor torque é perpendicular a ambos, o vetor força e o vetor posição.

Adendo matemático: produto vetorial

O produto vetorial (ou produto cruzado) entre dois vetores $\vec{A} = (A_x, A_y, A_z)$ e $\vec{B} = (B_x, B_y, B_z)$ é definido como

$$\vec{C} = \vec{A} \times \vec{B}$$
$$C_x = A_y B_z - A_z B_y$$
$$C_y = A_z B_x - A_x B_z$$
$$C_z = A_x B_y - A_y B_x.$$

Em particular, para os produtos vetoriais dos vetores unitários cartesianos, esta definição implica

$$\hat{x} \times \hat{y} = \hat{z}$$
$$\hat{y} \times \hat{z} = \hat{x}$$
$$\hat{z} \times \hat{x} = \hat{y}.$$

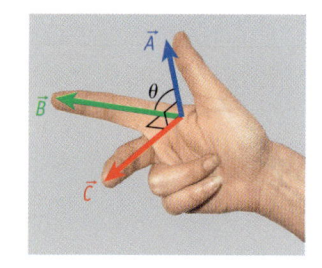

Figura 10.18 Produto vetorial.

O módulo (intensidade) do vetor $\vec{C}$ é dado por

$$|\vec{C}| = |\vec{A}||\vec{B}| \operatorname{sen} \theta.$$

Aqui, θ é o ângulo entre $\vec{A}$ e $\vec{B}$, conforme mostra a Figura 10.18. Este resultado implica que o módulo (intensidade) do produto vetorial de dois vetores é máximo quando $\vec{A} \perp \vec{B}$ e zero quando $\vec{A} \parallel \vec{B}$. Também podemos interpretar o lado direito desta equação ou como o produto do módulo do vetor $\vec{A}$ vezes a componente de $\vec{B}$ perpendicular a $\vec{A}$ ou como o produto do módulo de $\vec{B}$ vezes a componente de $\vec{A}$ perpendicular a $\vec{B}$: $|\vec{C}| = |\vec{A}| B_{\perp A} = |\vec{B}| A_{\perp B}$. Qualquer interpretação é válida.

A direção do vetor $\vec{C}$ pode ser encontrada por meio da regra da mão direita. Se o vetor $\vec{A}$ aponta ao longo da direção do polegar e o vetor $\vec{B}$ aponta ao longo da direção do dedo indicador, então o produto vetorial é perpendicular a *ambos* os vetores e aponta ao longo da direção do dedo médio, conforme mostra a Figura 10.18.

É importante perceber que para o produto vetorial, a ordem dos fatores importa:

$$\vec{B} \times \vec{A} = -\vec{A} \times \vec{B}.$$

Assim, o produto vetorial difere de ambos, multiplicações regulares de escalares e multiplicação de vetores que formam o produto escalar.

Vemos imediatamente da definição do produto vetorial que para qualquer vetor $\vec{A}$, o produto vetorial consigo mesmo é sempre zero:

$$\vec{A} \times \vec{A} = 0.$$

Finalmente, há uma regra prática para o produto vetorial duplo envolvendo três vetores: O produto vetorial do vetor $\vec{A}$ com o produto vetorial dos vetores $\vec{B}$ e $\vec{C}$ é a soma de dois vetores, um apontando na direção do vetor $\vec{B}$ multiplicado pelo produto escalar $\vec{A} \cdot \vec{C}$, e o outro apontando na direção do vetor $\vec{C}$ e multiplicado por $-\vec{A} \cdot \vec{B}$:

$$\vec{A} \times (\vec{B} \times \vec{C}) = \vec{B}(\vec{A} \cdot \vec{C}) - \vec{C}(\vec{A} \cdot \vec{B}).$$

A regra *BAC-CAB* pode ser provada de maneira direta usando-se as componentes cartesianas na definição do produto vetorial e do produto escalar, mas a prova é extensa e, portanto, será omitida aqui. Entretanto, a regra ocasionalmente vem a calhar, em particular quando lidamos com torque e momento angular. E o mnemônico BAC-CAB torna ela mais fácil de lembrar.

10.4 Exercícios de sala de aula

Escolha a combinação do vetor posição, $\vec{r}$, e do vetor força, $\vec{F}$, que produzem o torque de maior intensidade em torno do ponto indicado pelo ponto escuro.

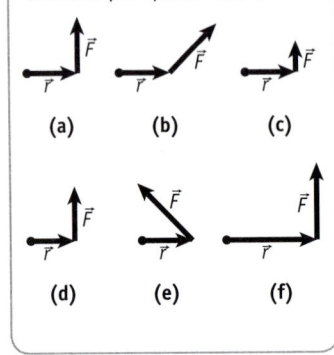

(a) (b) (c)
(d) (e) (f)

Com a definição matemática de torque, sua intensidade, sua relação com o vetor força e o vetor posição e seu ângulo relativo, podemos entender por que a abordagem mostrada na parte (c) da Figura 10.16 fornece torque máximo para uma dada intensidade da força, enquanto que na parte (a) fornece torque zero. Vemos que a intensidade do torque é o fator decisivo na determinação de quão fácil ou difícil é afrouxar (ou apertar) um parafuso.

Torques em torno de qualquer eixo de rotação fixo podem ser no sentido horário ou anti-horário. Como indicado pelo vetor força na Figura 10.16d, o torque gerado pela mão puxando a chave-inglesa será no sentido anti-horário. O **torque resultante** é definido como a diferença entre o somatório de todos os torques no sentido horário e o somatório de todos os torques no sentido anti-horário:

$$\tau_{res} = \sum_i \tau_{anti\text{-}horário,i} - \sum_j \tau_{horário,j}$$

10.5 Segunda Lei de Newton para rotação

Na Seção 10.1, notamos que o momento de inércia I é o equivalente rotacional da massa. Do Capítulo 4, sabemos que o produto da massa e da aceleração linear é a força resultante atuando sobre um objeto, conforme expresso pela Segunda Lei de Newton, $F_{res} = ma$. Qual é o equivalente da Segunda Lei de Newton para o movimento rotacional?

Vamos iniciar com uma partícula pontual de massa M movendo-se em um círculo em torno de um eixo a uma distância R do eixo. Se multiplicarmos o momento de inércia para rotação em torno de um eixo paralelo ao centro de massa pela aceleração angular, obtemos

$$I\alpha = (R^2 M)\alpha = RM(R\alpha) = RMa = RF_{res}.$$

Para obter esse resultado, primeiro usamos a equação 10.11 com $c = 1$, depois a relação entre aceleração angular e linear para o movimento em um círculo, e, então, a Segunda Lei de Newton. Assim, o produto do momento de inércia e da aceleração angular é proporcional ao produto da quantidade distância e da quantidade força. Na Seção 10.4, vimos que esse produto é o torque, τ. Portanto, podemos escrever a Segunda Lei de Newton para o movimento rotacional da seguinte forma:

$$\tau = I\alpha \tag{10.18}$$

Combinando as equações 10.16 e 10.18, temos

$$\vec{\tau} = \vec{r} \times \vec{F}_{res} = I\vec{\alpha}. \tag{10.19}$$

Esta equação para movimento rotacional é análoga à Segunda Lei de Newton, $\vec{F} = m\vec{a}$, para movimento linear. A Figura 10.19 mostra a relação entre força, posição, torque e aceleração angular para uma partícula pontual movendo-se em torno de um eixo de rotação. Note que, a rigor, a equação 10.19 vale apenas para uma partícula pontual em uma órbita circular. Parece razoável que essa equação também sirva para o momento de inércia de um corpo extenso em geral, mas não provamos isso. Mais adiante neste capítulo, voltaremos a esta equação.

A Primeira Lei de Newton estabelece que na ausência de uma força resultante, não há aceleração sobre um corpo e, portanto, sem mudança de velocidade. O equivalente da Primeira Lei de Newton para o movimento rotacional é que um corpo sobre o qual o torque resultante seja nulo não possui aceleração angular e, assim, não há mudança na sua velocidade angular. Em particular, isso significa que para um objeto permanecer em repouso o torque resultante sobre ele tem que ser nulo. Voltaremos a este tema no Capítulo 11, no qual investigaremos equilíbrio estático.

Agora, entretanto, podemos usar a forma rotacional da Segunda Lei de Newton (equação 10.19) para resolver problemas interessantes sobre movimento rotacional, como o que segue.

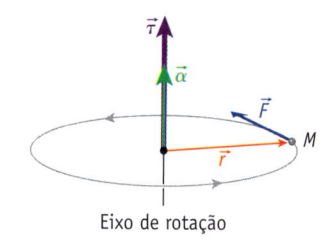

Figura 10.19 Uma força exercida sobre uma partícula pontual criando um torque.

EXEMPLO 10.3 Papel higiênico

Isto pode ter acontecido com você: Ao tentar colocar um rolo novo de papel higiênico no suporte ele cai da sua mão, com você segurando apenas a primeira folha do picote. Em sua trajetória para o chão, o papel higiênico se desenrola, conforme mostra a Figura 10.20.

PROBLEMA

Quanto tempo leva para o rolo de papel higiênico chegar ao chão, se ele foi solto de uma altura de 0,73 m? O rolo tem um raio interno $R_1 = 2{,}7$ cm, um raio externo $R_2 = 6{,}1$ cm e uma massa de 274 g.

SOLUÇÃO

Para o rolo de papel higiênico em queda livre, a aceleração é $a_y = -g$, e no Capítulo 2 vimos que para um corpo em queda livre a partir do repouso, a posição em função do tempo é dada em geral como $y = y_0 + v_0 t - \frac{1}{2}gt^2$. Neste caso, a velocidade inicial é zero; e, portanto, $y = y_0 - \frac{1}{2}gt^2$. Se nossa origem está colocada no nível do chão, então temos que achar o tempo no qual $y = 0$. Isso implica $y_0 = \frac{1}{2}gt^2$ para o tempo gasto para o rolo atingir o chão. Assim, o tempo despendido para o rolo em queda livre atingir o chão é

$$t_{\text{livre}} = \sqrt{\frac{2y_0}{g}} = \sqrt{\frac{2(0{,}73 \text{ m})}{9{,}81 \text{ m/s}^2}} = 0{,}386 \text{ s} \qquad (i)$$

Entretanto, já que você está segurando o rolo pela primeira folha do picote, o papel higiênico se desenrola na sua trajetória para baixo e o rolo de papel higiênico está rolando sem deslizamento (da forma como foi definido anteriormente). Assim, a aceleração será diferente do caso em queda livre. Uma vez que conhecemos o valor dessa aceleração, podemos usar uma fórmula relacionando a altura inicial e o tempo de queda similar à equação (i).

Como podemos calcular a aceleração que o papel higiênico experimenta? Novamente, partimos de um diagrama de forças. A Figura 10.20b mostra o rolo de papel higiênico em perspectiva lateral e indica as forças resultantes da gravidade, $\vec{F}_g = mg(-\hat{y})$, e da tensão da folha que é segurada pela mão, $\vec{T} = T\hat{y}$. A Segunda Lei de Newton nos permite então relacionar a força resultante atuando no papel higiênico com a aceleração do rolo:

$$T - mg = ma_y. \qquad (ii)$$

A tensão e a aceleração são ambas desconhecidas, assim temos que encontrar uma segunda equação relacionando essas quantidades. Esta segunda equação pode ser obtida pelo movimento rotacional do rolo, para o qual o torque resultante é o produto do momento de inércia pela aceleração angular: $\tau = I\alpha$. O momento de inércia do rolo de papel higiênico é aquele do cilindro oco, $I = \frac{1}{2}m(R_1^2 + R_2^2)$, que é a equação 10.9.

Podemos novamente relacionar as acelerações linear e angular via $a_y = R_2\alpha$, na qual R_2 é o raio externo do rolo de papel higiênico. Precisamos especificar qual direção é positiva para a aceleração angular – caso contrário, podemos tomar o sinal errado e assim obter um resultado

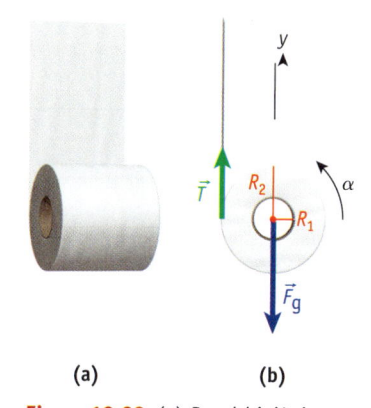

Figura 10.20 (a) Papel higiênico se desenrolando. (b) Diagrama de forças do rolo de papel higiênico.

Continua →

falso. Para sermos consistentes com a escolha da orientação y positiva anterior, precisamos optar pela rotação no sentido anti-horário como sendo a orientação angular positiva, conforme indicado na Figura 10.20b.

Para o torque em torno do eixo de simetria do rolo de papel higiênico, temos $\tau = -R_2 T$, com a convenção de sinal para aceleração angular positiva recém-estabelecida por nós. A força da gravidade não contribui para o torque em torno do eixo de simetria, pois seu braço de alavanca tem comprimento nulo. A Segunda Lei de Newton para o movimento rotacional leva, então, a

$$\tau = I\alpha$$

$$-R_2 T = \left[\tfrac{1}{2} m(R_1^2 + R_2^2)\right] \frac{a_y}{R_2}$$

$$-T = \tfrac{1}{2} m \left(1 + \frac{R_1^2}{R_2^2}\right) a_y. \qquad \text{(iii)}$$

As equações (ii) e (iii) formam um conjunto de duas equações para as duas quantidades desconhecidas, T e a. Adicionando-as teremos

$$-mg = \tfrac{1}{2} m \left(1 + \frac{R_1^2}{R_2^2}\right) a_y + m a_y.$$

A massa do rolo de papel higiênico é cancelada e achamos para a aceleração

$$a_y = -\frac{g}{\dfrac{3}{2} + \dfrac{R_1^2}{2 R_2^2}}.$$

Usando os valores dados para o raio interno, $R_1 = 2{,}7$ cm e para o raio externo $R_2 = 6{,}1$ cm, achamos o valor da aceleração:

$$a_y = -\frac{9{,}81 \text{ m/s}^2}{\dfrac{3}{2} + \dfrac{(2{,}7 \text{ cm})^2}{2(6{,}1 \text{ cm})^2}} = -6{,}14 \text{ m/s}^2.$$

Inserindo este valor para a aceleração na fórmula para o tempo de queda que é análoga à equação (i), fornece nossa resposta

$$t = \sqrt{\frac{2 y_0}{-a_y}} = \sqrt{\frac{2(0{,}73 \text{ m})}{6{,}14 \text{ m/s}^2}} = 0{,}488 \text{ s}.$$

Isto é aproximadamente 0,1 s maior do que o tempo de queda livre do rolo de papel higiênico solto da mesma altura.

DISCUSSÃO
Note que assumimos que o raio externo do raio de papel higiênico não se altera conforme ele se desenrola. Para a distância curta de menos de 1 m, isto é aceitável. Entretanto, se desejamos calcular quanto tempo leva para o rolo se desenrolar sobre uma distância de, digamos, 10 m, será necessário levar em conta a alteração no raio externo. E, é claro, também teremos que levar em conta a resistência do ar!

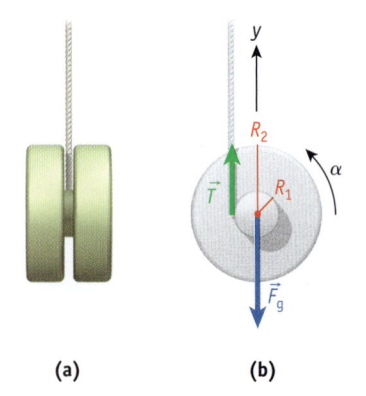

Figura 10.21 (a) Ioiô. (b) Diagrama de forças do ioiô.

Como uma extensão do Exemplo 10.3, podemos considerar um ioiô. Um ioiô consiste em dois discos sólidos de raio R_2, com um pequeno e estreito disco de raio R_1 montado entre eles e uma corda enrolada em torno do disco pequeno (ver Figura 10.21). Para os fins da presente análise, consideramos o momento de inércia do ioiô como sendo o de um disco maciço com raio R_2: $I = \tfrac{1}{2} m R_2^2$. O diagrama de forças da Figura 10.20b e da Figura 10.21b são quase idênticos, exceto por um detalhe: para o ioiô, a tensão da corda age sobre a superfície do raio interno R_1, ao contrário do caso do rolo de papel higiênico na qual ela age sobre o raio externo R_2. Isso implica que as acelerações angular e linear para o ioiô são proporcionais entre si, com constante de proporcionalidade R_1 (em vez de R_2 como no caso do rolo). Assim, o torque para o ioiô rolando sem deslizamento ao longo da corda é

$$\tau = I\alpha \Rightarrow -TR_1 = (\tfrac{1}{2}mR_2^2)\frac{a_y}{R_1}$$

$$-T = \tfrac{1}{2}m\frac{R_2^2}{R_1^2}a_y.$$

É instrutivo comparar com $-T = \tfrac{1}{2}m(1 + R_1^2/R_2^2)a_y$, a qual derivamos no Exemplo 10.3 para o rolo de papel higiênico. Elas se parecem muito, mas a razão do raio é diferente. Por outro lado, a equação derivada da Segunda Lei de Newton (para translação) é a mesma em ambos os casos:

$$T - mg = ma_y.$$

Adicionando esta equação e a equação para o torque do ioiô, obtemos a aceleração do ioiô:

$$-mg = ma_y + \tfrac{1}{2}m\frac{R_2^2}{R_1^2}a_y \Rightarrow$$

$$a_y = -\frac{g}{1+\tfrac{1}{2}\frac{R_2^2}{R_1^2}} = -\frac{2R_1^2}{2R_1^2 + R_2^2}g.$$

Por exemplo, se $R_2 = 5R_1$, a aceleração é

$$a_y = \frac{-g}{1+\tfrac{1}{2}(25)} = \frac{-g}{13,5} = -0,727 \text{ m/s}^2.$$

Máquina de Atwood

O Capítulo 4 introduziu uma Máquina de Atwood, a qual consiste em dois pesos com massas m_1 e m_2 ligadas uma a outra por uma corda ou um fio passando por uma polia. As máquinas que analisamos no Capítulo 4 eram sujeitas às condições de que a corda deslizava sem atrito sobre a polia e, assim, a polia não girava (ou, de forma equivalente, a massa da polia era desprezada). Em tais casos, a aceleração comum às duas massas era a: $g(m_1 - m_2)/(m_1 + m_2)$. Com os conceitos de dinâmica rotacional, podemos olhar de forma diferente para a máquina de Atwood e considerar o caso onde ocorre atrito entre a corda e a polia, fazendo com que a corda gire a polia sem deslizamento.

No Capítulo 4, vimos que a intensidade da tensão, T, é a mesma em qualquer lugar da corda. Entretanto, agora forças de atrito estão envolvidas mantendo a corda atada à polia e não podemos assumir que a tensão seja constante. Ao contrário, a tensão na corda é determinada separadamente em cada segmento da corda para o qual uma das duas massas está suspensa. Assim, há duas tensões diferentes na corda, T_1 e T_2, no diagrama de forças para as duas massas (conforme mostrado na Figura 10.22b). Da mesma forma que no Capítulo 4, aplicamos a Segunda Lei de Newton individualmente a cada um dos diagramas de forças, levando a

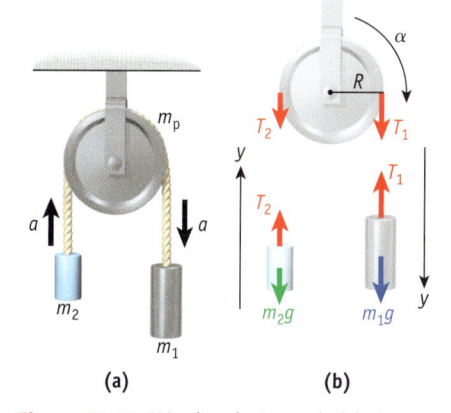

$$-T_1 + m_1 g = m_1 a \qquad (10.20)$$

$$T_2 - m_2 g = m_2 a. \qquad (10.21)$$

Figura 10.22 Máquina de Atwood. (a) Esquema físico. (b) Diagramas de forças.

Aqui novamente usamos a convenção de sinal (arbitrária) de que uma aceleração positiva ($a > 0$) é aquela na qual m_1 se move para baixo e m_2 se move para cima. Esta convenção é indicada no diagrama de forças e pela orientação do eixo positivo y.

A Figura 10.22b também mostra um diagrama de forças para a polia, mas inclui somente as forças que podem causar torque: as duas tensões na corda, T_1 e T_2. A força da gravidade para baixo e a força da estrutura do suporte para cima sobre a polia não são mostradas. A polia não tem movimento de translação, assim, as forças atuando sobre a polia resultam nulas. Entretanto, um torque resultante atua sobre a polia. Segundo a equação 10.17, a intensidade do torque devido às tensões na corda é dada por

$$\tau = \tau_1 - \tau_2 = RT_1 \operatorname{sen} 90° - RT_2 \operatorname{sen} 90° = R(T_1 - T_2). \tag{10.22}$$

Estes dois torques têm sinais opostos, pois um atua no sentido horário e o outro no anti-horário. Conforme a equação 10.18, o torque resultante está relacionado com o momento de inércia da polia e com sua aceleração angular por $\tau = I\alpha$. O momento de inércia da polia (de massa m_p) é aquele de um disco: $I = \frac{1}{2}m_p R^2$. Desde que a corda se move através da polia sem deslizamento, a aceleração da corda (e as massas m_1 e m_2) está relacionada à aceleração angular via $\alpha = a/R$, como a correspondência estabelecida no Capítulo 9 entre as acelerações angular e linear para uma partícula pontual movendo-se sobre a circunferência de um círculo. Inserindo a expressão para o momento de inércia e a aceleração angular, resulta em $\tau = I\alpha = (\frac{1}{2}m_p R^2)(a/R)$. Substituindo esta expressão para o torque na equação 10.22, achamos

$$R(T_1 - T_2) = \tau = (\tfrac{1}{2}m_p R^2)\left(\frac{a}{R}\right) \Rightarrow$$

$$T_1 - T_2 = \tfrac{1}{2}m_p a. \tag{10.23}$$

As equações 10.21, 10.22 e 10.23 formam um conjunto de três equações para as três quantidades desconhecidas: os dois valores de tensão na corda, T_1 e T_2, e a aceleração, a. A maneira mais fácil de solucionar esse sistema para a aceleração é somar as equações. Achamos então

$$m_1 g - m_2 g = (m_1 + m_2 + \tfrac{1}{2}m_p)a \Rightarrow$$

$$a = \frac{m_1 - m_2}{m_1 + m_2 + \tfrac{1}{2}m_p} g. \tag{10.24}$$

Note que a equação 10.24 corresponde à equação para o caso de uma polia com massa nula (ou o caso em que a corda desliza sobre a polia sem atrito), exceto pelo termo adicional $\tfrac{1}{2}m_p$ no denominador, o qual representa a contribuição da polia à inércia total do sistema. O fator $\tfrac{1}{2}$ reflete a forma da polia, um disco, pois $c = \tfrac{1}{2}$ para um disco na relação entre momento de inércia, massa e raio (equação 10.11).

Assim, solucionamos a questão sobre o que acontece quando uma força é exercida sobre um corpo extenso deslocada de seu centro de massa: a força produz um torque, bem como movimento linear. Este torque leva à rotação, que não levamos em conta nas nossas considerações iniciais do resultado de uma força exercida força sobre um corpo, pois assumimos que todas as forças atuaram sobre o centro de massa do corpo.

10.6 Trabalho realizado por um torque

No Capítulo 5, vimos que o trabalho W feito por uma força $\vec{F}$ é dado pela integral

$$W = \int_{x_0}^{x} F_x(x')dx'.$$

Consideremos o trabalho feito por um torque $\vec{\tau}$.

Torque é o equivalente angular da força. O equivalente angular do deslocamento linear, $d\vec{r}$, é o deslocamento angular, $d\vec{\theta}$. Uma vez que o torque e o deslocamento angular são vetores axiais e apontam na direção do eixo de rotação, podemos escrever seu produto escalar como $\vec{\tau} \cdot d\vec{\theta} = \tau d\theta$. Dessa forma, o trabalho feito por um torque é

$$W = \int_{\theta_0}^{\theta} \tau(\theta')d\theta'. \tag{10.25}$$

Para o caso especial em que o torque é constante e, assim, não depende de θ, a integral da equação 10.25 simplesmente equivale a

$$W = \tau(\theta - \theta_0). \tag{10.26}$$

O Capítulo 5 também apresentou a primeira versão do teorema do trabalho-energia cinética: $\Delta K \equiv K - K_0 = W$. O equivalente rotacional desta relação trabalho-energia cinética pode ser escrito com ajuda da equação 10.3, conforme segue:

$$\Delta K \equiv K - K_0 = \tfrac{1}{2}I\omega^2 - \tfrac{1}{2}I\omega_0^2 = W. \tag{10.27}$$

Para o caso de um torque constante, podemos usar a equação 10.26 e achar o teorema do trabalho-energia cinética para torque constante:

$$\tfrac{1}{2}I\omega^2 - \tfrac{1}{2}I\omega_0^2 = \tau(\theta - \theta_0). \tag{10.28}$$

EXEMPLO 10.4 — Apertando um parafuso

PROBLEMA
Qual é o trabalho total necessário para apertar completamente o parafuso mostrado na Figura 10.23? O número total de voltas é 30,5, o diâmetro do parafuso é 0,860 cm e a força de atrito entre a porca e o parafuso é constante e vale 14,5 N.

SOLUÇÃO
Uma vez que a força de atrito é constante e o diâmetro do parafuso também é constante, calculamos diretamente o torque necessário para girar a porca:

$$\tau = Fr = \tfrac{1}{2}Fd = \tfrac{1}{2}(14{,}5\,\text{N})(0{,}860\,\text{cm}) = 0{,}0623\,\text{N m}.$$

A fim de calcular o trabalho total necessário para apertar completamente o parafuso, precisamos descobrir o ângulo total. Cada volta corresponde a um ângulo de 2π rad; assim, o ângulo total é $\Delta\theta = 30{,}5(2\pi) = 191{,}6$ rad.

O trabalho total necessário é então obtido fazendo-se uso da equação 10.26:

$$W = \tau\Delta\theta = (0{,}0623\,\text{Nm})(191{,}6) = 11{,}9\,\text{J}.$$

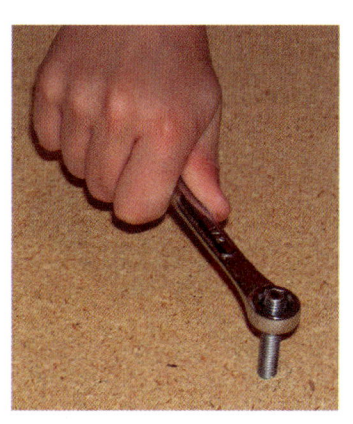

Figura 10.23 Apertando um parafuso.

Como você pode ver, descobrir o trabalho realizado não é tão difícil se o torque for constante. Entretanto, em diversas situações físicas, o torque não pode ser considerado constante. O próximo exemplo ilustra tal caso.

EXEMPLO 10.5 — Atarraxando um parafuso na madeira

A força de atrito entre um parafuso para madeira e uma parede de madeira é proporcional à área de contato entre o parafuso e a parede. Uma vez que o parafuso tem um diâmetro constante, o torque necessário para girar o parafuso aumenta linearmente com a profundidade que ele penetrou na madeira.

PROBLEMA
Suponha que sejam dadas 27,3 voltas para aparafusar completamente um parafuso em um bloco de madeira (Figura 10.24). O torque necessário para girar o parafuso aumenta linearmente de zero no início até um máximo de 12,4 N m no fim. Qual é o trabalho total requerido para apertar o parafuso na parede?

Figura 10.24 Atarraxando um parafuso em um bloco de madeira.

SOLUÇÃO
Claramente, o torque é uma função do ângulo nesta situação e não é mais constante. Assim, temos que usar a equação integral 10.25 para achar nossa resposta. Primeiro, vamos calcular o ângulo total, θ_{total}, através do qual o parafuso gira: $\theta_{\text{total}} = 27{,}3(2\pi) = 171{,}5$ rad. Agora precisamos achar uma expressão para $\tau(\theta)$. Um aumento linear com θ, do zero até 12,4 N, significa

$$\tau(\theta) = \theta\frac{\tau_{\max}}{\theta_{\text{total}}} = \theta\frac{12{,}4\,\text{N m}}{171{,}5} = \theta(0{,}0723\,\text{N m}).$$

Continua →

10.5 Exercícios de sala de aula

Se você quer reduzir o torque necessário para atarraxar um parafuso numa parede, você pode espalhar sabão ao longo da trilha do parafuso. Suponha que o sabão reduza o coeficiente de atrito entre o parafuso e a madeira por um fator de 2 e, portanto, reduz o torque necessário por um fator de 2. Quanto isto altera o torque total requerido para girar o parafuso na madeira?

a) O trabalho não se altera.

b) O trabalho se reduz por um fator de 2.

c) O trabalho se reduz por um fator de 4.

10.6 Exercícios de sala de aula

Se você ficou cansado antes de atarraxar o parafuso e você o apertou apenas até a metade, o quanto isto altera o trabalho total feito por você?

a) O trabalho não se altera

b) O trabalho se reduz por um fator de 2.

c) O trabalho se reduz por um fator de 4.

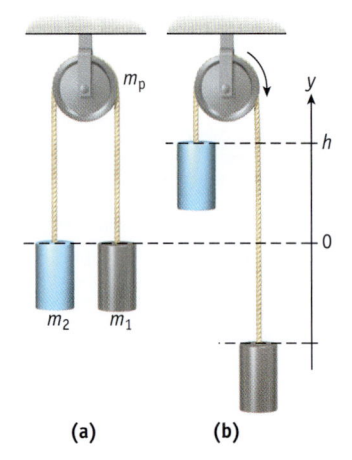

Figura 10.25 Mais uma máquina de Atwood: (a) posições iniciais; (b) posições após os pesos se moverem por uma distância h.

Agora podemos calcular a integral como segue:

$$W = \int_0^{\theta_{total}} \tau(\theta')d\theta' = \int_0^{\theta_{total}} \theta'\frac{\tau_{max}}{\theta_{total}}d\theta' = \frac{\tau_{max}}{\theta_{total}}\int_0^{\theta_{total}} \theta'd\theta' = \frac{\tau_{max}}{\theta_{total}}\frac{1}{2}\theta'^2\Big|_0^{\theta_{total}} = \frac{1}{2}\tau_{max}\theta_{total}.$$

Colocando os números, obtemos

$$W = \tfrac{1}{2}\tau_{max}\theta_{total} = \tfrac{1}{2}(12,4\text{ N m})(171,5\text{ rad}) = 1,06\text{ kJ}.$$

PROBLEMA RESOLVIDO 10.3 | Máquina de Atwood

PROBLEMA

Dois pesos com massas $m_1 = 3,00$ kg e $m_2 = 1,40$ kg são conectados por uma corda fina que rola sem deslizamento por uma polia (um disco maciço) de massa $m_p = 2,30$ kg. As duas massas estão suspensas inicialmente à mesma altura e em repouso. Uma vez soltas, a massa mais pesada, m_1, desce e ergue a massa mais leve, m_2. Qual será a velocidade da massa m_2 na altura $h = 0,16$ m?

SOLUÇÃO

PENSE

Podemos tentar calcular a aceleração das duas massas e então usar as equações da cinemática para relacionar esta aceleração ao deslocamento vertical. Entretanto, podemos usar a conservação da energia, a qual levará de forma mais simples a uma solução direta. Inicialmente, as duas massas suspensas e a polia estão em repouso, assim a energia cinética total é zero. Podemos escolher um sistema de coordenadas de tal forma que a energia potencial inicial seja zero e, portanto, a energia total também seja zero. Conforme uma das massas é erguida, ela ganha energia potencial gravitacional e a outra massa perde energia potencial. Ambas as massas ganham energia cinética translacional, e a polia ganha energia cinética rotacional. Uma vez que a energia cinética é proporcional ao quadrado da velocidade, podemos usar a conservação da energia e resolver para a velocidade.

DESENHE

A Figura 10.25a mostra o estado inicial da máquina de Atwood com ambas as massas suspensas à mesma altura. Decidimos tomar esta altura como sendo a origem do eixo vertical, assegurando dessa forma que a energia potencial inicial, bem como a energia total sejam nulas. A Figura 10.25b mostra a máquina de Atwood com as massas deslocadas de h.

PESQUISE

O ganho na energia potencial gravitacional para m_2 é $U_2 = m_2gh$. Ao mesmo tempo, m_1 é abaixada da mesma distância, assim sua energia potencial é $U_1 = m_1gh$. A energia cinética de m_1 é $K_1 = \tfrac{1}{2}m_1v^2$, e a energia cinética de m_2 é $K_2 = \tfrac{1}{2}m_2v^2$. Note que a mesma velocidade v é usada na expressão da energia para as duas massas. Esta igualdade é assegurada porque estão ligadas pela mesma corda. (Assumimos que a corda não se distende.)

E sobre a energia rotacional da polia? A polia é um disco maciço com momento de inércia dado por $I = \tfrac{1}{2}m_pR^2$ e uma energia cinética rotacional dada por $K_r = \tfrac{1}{2}I\omega^2$. Uma vez que a corda corre sobre a polia sem deslizamento e também se move com a mesma velocidade das duas massas, pontos na superfície da polia também se movem com a mesma velocidade linear v. Da mesma forma que para um disco maciço, a velocidade linear é relacionada à velocidade angular via $\omega R = v$. Portanto, a energia cinética rotacional da polia é

$$K_r = \tfrac{1}{2}I\omega^2 = \tfrac{1}{2}\left(\tfrac{1}{2}m_pR^2\right)\omega^2 = \tfrac{1}{4}m_pR^2\omega^2 = \tfrac{1}{4}m_pv^2.$$

Agora podemos escrever a energia total como a soma das energias potencial, cinética translacional e cinética rotacional. Esta soma total tem que ser igual a zero, já que este era o valor da energia total inicial, e aplicamos conservação da energia:

$$0 = U_1 + U_2 + K_1 + K_2 + K_r$$
$$= -m_1gh + m_2gh + \tfrac{1}{2}m_1v^2 + \tfrac{1}{2}m_2v^2 + \tfrac{1}{4}m_pv^2.$$

SIMPLIFIQUE
Reorganizando os termos da equação anterior e isolando a velocidade, v:

$$(m_1 - m_2)gh = (\tfrac{1}{2}m_1 + \tfrac{1}{2}m_2 + \tfrac{1}{4}m_p)v^2 \Rightarrow$$

$$v = \sqrt{\frac{2(m_1 - m_2)gh}{m_1 + m_2 + \tfrac{1}{2}m_p}}. \tag{i}$$

CALCULE
Colocamos agora os valores numéricos:

$$v = \sqrt{\frac{2(3{,}00\text{ kg} - 1{,}40\text{ kg})(9{,}81\text{ m/s}^2)(0{,}16\text{ m})}{3{,}00\text{ kg} + 1{,}40\text{ kg} + \tfrac{1}{2}(2{,}30\text{ kg})}} = 0{,}951312 \text{ m/s}.$$

ARREDONDE
O deslocamento h foi fornecido com dois dígitos de precisão, assim arredondamos nosso resultado para

$$v = 0{,}95 \text{ m/s}$$

SOLUÇÃO ALTERNATIVA
A aceleração das massas é dada pela equação 10.24, a qual desenvolvemos na Seção 10.5 na discussão sobre a máquina de Atwood:

$$a = \frac{m_1 - m_2}{m_1 + m_2 + \tfrac{1}{2}m_p} g. \tag{ii}$$

O Capítulo 2 apresentou as equações da cinemática para movimento linear em uma dimensão. Uma dessas, que relaciona velocidade final, velocidade inicial, deslocamento e aceleração, agora vem a calhar:

$$v^2 = v_0^2 + 2a(y - y_0).$$

Aqui, $v_0 = 0$ e $y - y_0 = h$. Dessa forma, inserir a expressão para a da equação (ii) leva ao nosso resultado:

$$v^2 = 2ah = 2\frac{m_1 - m_2}{m_1 + m_2 + \tfrac{1}{2}m_p}gh \Rightarrow v = \sqrt{\frac{2(m_1 - m_2)gh}{m_1 + m_2 + \tfrac{1}{2}m_p}}.$$

Esta equação para a velocidade é idêntica à equação (i), que obtemos usando considerações sobre energia. Os esforços despendidos no desenvolvimento de uma equação para a aceleração deixam claro que o método da energia é a maneira mais rápida de proceder.

10.7 Momento angular

Embora tenhamos discutido os equivalentes rotacionais de massa (momento de inércia), velocidade (velocidade angular), aceleração (aceleração angular) e força (torque), não encontramos ainda o análogo rotacional do momento linear. Uma vez que o momento linear é o produto da velocidade de um objeto pela sua massa, por analogia, o momento angular deveria ser o produto da velocidade angular do objeto pelo seu momento de inércia. Nesta seção, veremos que esta relação é, de fato, verdade para um corpo extenso com um dado momento de inércia. Entretanto, para chegar a esta conclusão, precisamos partir da definição de momento angular para uma partícula pontual e proceder a partir daí.

Partícula pontual

O **momento angular**, $\vec{L}$, de uma partícula pontual é o produto vetorial dos seus vetores posição e momento:

$$\vec{L} = \vec{r} \times \vec{p}. \tag{10.29}$$

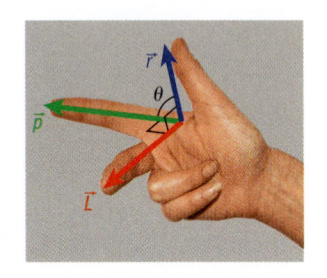

Figura 10.26 Regra da mão direita para a orientação do vetor momento angular: o polegar está alinhado com o vetor posição e o dedo indicador com o vetor momento; assim, o vetor momento angular aponta ao longo do dedo médio.

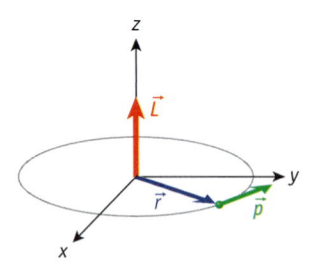

Figura 10.27 O momento angular de uma partícula pontual.

Pelo fato do momento angular ser definido como $\vec{L} = \vec{r} \times \vec{p}$ e o torque ser definido como $\vec{\tau} = \vec{r} \times \vec{F}$, podemos fazer afirmações sobre o momento angular similares àquelas feitas sobre torque na seção 10.4. Por exemplo, a intensidade do momento angular é dada por

$$L = rp \operatorname{sen} \theta, \tag{10.30}$$

onde θ é o ângulo entre os vetores posição e momento. Além disso, da mesma forma que a direção do vetor torque, a direção do vetor momento angular é dada pela regra da mão direita. Faça o polegar da mão direita apontar ao longo do vetor posição, $\vec{r}$, de uma partícula pontual e o dedo indicador apontar ao longo do vetor momento, $\vec{p}$, então, o dedo médio irá indicar a direção do vetor momento angular, $\vec{L}$ (Figura 10.26). Como exemplo, o vetor momento angular de uma partícula pontual localizada no plano xy está ilustrado na Figura 10.27.

Com a definição de momento angular na equação 10.29, podemos derivar em relação ao tempo

$$\frac{d}{dt}\vec{L} = \frac{d}{dt}(\vec{r} \times \vec{p}) = \left[\left(\frac{d}{dt}\vec{r}\right) \times \vec{p}\right] + \left(\vec{r} \times \frac{d}{dt}\vec{p}\right) = (\vec{v} \times \vec{p}) + (\vec{r} \times \vec{F}).$$

Aplicamos a regra do produto do cálculo para obter a derivada do produto vetorial. O termo $\vec{v} \times \vec{p}$ é sempre zero, pois $\vec{v} \parallel \vec{p}$. Além disso, da equação 10.16, sabemos que $\vec{r} \times \vec{F} = \vec{\tau}$. Assim, obtemos a derivada em relação ao tempo do vetor momento angular:

$$\frac{d}{dt}\vec{L} = \vec{\tau}. \tag{10.31}$$

A derivada no tempo do vetor momento angular para uma partícula pontual é o vetor torque atuando sobre a partícula pontual. Esse resultado é, novamente, análogo ao caso do movimento linear, em que a derivada temporal do vetor momento linear é igual ao vetor força.

O produto vetorial nos permite revisitar a relação entre o vetor velocidade linear, o vetor posição e o vetor velocidade angular, o qual foi introduzido no Capítulo 9. Para movimento circular, as intensidades desses vetores estão relacionadas via $\omega = v/r$ e a direção de $\vec{\omega}$ é dada pela regra da mão direita. Usando a definição do produto vetorial, podemos escrever $\vec{\omega}$ como

$$\vec{\omega} = \frac{\vec{r} \times \vec{v}}{r^2}. \tag{10.32}$$

A comparação entre as equações 10.29 e 10.32 revela que os vetores momento angular e velocidade angular para a partícula pontual são paralelos, com

$$\vec{L} = \vec{\omega} \cdot (mr^2). \tag{10.33}$$

A quantidade mr^2 é o momento de inércia de uma partícula pontual orbitando em relação a um eixo de rotação a uma distância r.

Sistemas de partículas

É fácil generalizar o conceito de momento angular para um sistema de n partículas pontuais. O momento angular total de um sistema de partículas é simplesmente a soma dos momentos angulares das partículas individuais:

$$\vec{L} = \sum_{i=1}^{n} \vec{L}_i = \sum_{i=1}^{n} \vec{r}_i \times \vec{p}_i = \sum_{i=1}^{n} m_i \vec{r}_i \times \vec{v}_i. \tag{10.34}$$

Novamente, tomamos a derivada temporal desta soma de momentos angulares de forma a obter a relação entre o momento angular total desse sistema e o torque:

$$\frac{d}{dt}\vec{L} = \frac{d}{dt}\left(\sum_{i=1}^{n} \vec{L}_i\right) = \frac{d}{dt}\left(\sum_{i=1}^{n} \vec{r}_i \times \vec{p}_i\right) = \sum_{i=1}^{n} \frac{d}{dt}(\vec{r}_i \times \vec{p}_i)$$

$$= \sum_{i=1}^{n} \underbrace{\left(\frac{d}{dt}\vec{r}_i\right)}_{\text{Igual a } \vec{v}_i} \times \vec{p}_i + \vec{r}_i \times \underbrace{\left(\frac{d}{dt}\vec{p}_i\right)}_{\vec{F}_i} = \sum_{i=1}^{n} \vec{r}_i \times \vec{F}_i = \sum_{i=1}^{n} \vec{\tau}_i = \vec{\tau}_{\text{res}}.$$

$$\underbrace{}_{\text{Igual a zero pois } \vec{v}_i \parallel \vec{p}_i}$$

Conforme esperado, encontramos que a derivada temporal do momento angular total para um sistema de partículas é dada pelo torque externo resultante total atuando sobre o sistema. É importante ter em mente que este é o torque *externo* resultante de forças *externas*, $\vec{F}_i$.

Corpos rígidos

Um corpo rígido irá girar em torno de um eixo fixo com velocidade angular $\vec{\omega}$, que é a mesma para cada parte do corpo. Neste caso, o momento angular é proporcional à velocidade angular, e a constante de proporcionalidade é o momento de inércia:

$$\vec{L} = I\vec{\omega}. \tag{10.35}$$

10.3 Pausa para teste

Você pode demonstrar que os torques internos (aqueles resultantes de forças internas entre as partículas de um sistema) não contribuem para o torque total resultante? (*Dica*: Use a Terceira Lei de Newton, $\vec{F}_{i \to j} = -\vec{F}_{j \to i}$.)

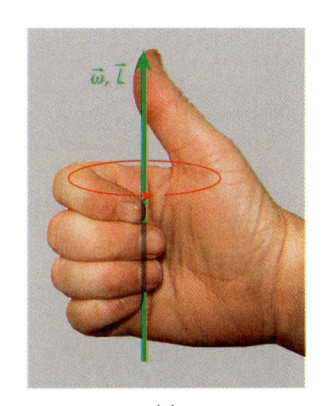

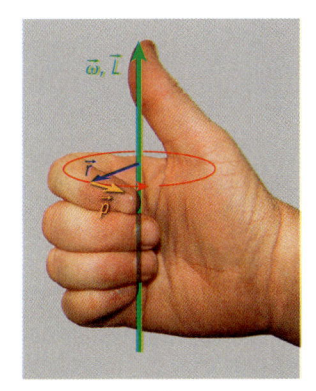

DEMONSTRAÇÃO 10.4 | Momento angular de um corpo rígido

A representação de um corpo rígido por uma coleção de partículas pontuais nos permite usar o resultado da seção precedente como ponto de partida. Para que as partículas pontuais representem um objeto rígido, suas distâncias relativas umas das outras devem permanecer constantes (rígidas). Dessa forma, todas essas partículas pontuais irão girar com uma velocidade angular constante, $\vec{\omega}$, em torno de um eixo comum de rotação.

Da equação 10.34, obtemos

$$\vec{L} = \sum_{i=1}^{n} \vec{L}_i = \sum_{i=1}^{n} m_i \vec{r}_i \times \vec{v}_i = \sum_{i=1}^{n} m_i r_{i\perp}^2 \vec{\omega}.$$

Na última passagem usamos a relação entre velocidade angular e o produto vetorial dos vetores posição e velocidade linear para partículas pontuais, equação 10.32, na qual $r_{i\perp}$ é o raio orbital da partícula pontual *i*. Note que o vetor velocidade angular é o mesmo para todas as partículas pontuais neste corpo rígido. Dessa forma, podemos removê-lo da soma como um fator comum:

$$\vec{L} = \vec{\omega} \sum_{i=1}^{n} m_i r_{i\perp}^2.$$

Identificamos este somatório como o momento de inércia de uma coleção de partículas pontuais, veja equação 10.4. Assim, finalmente temos nosso resultado:

$$\vec{L} = I\vec{\omega}.$$

Para corpos rígidos, bem como para partículas pontuais, a orientação do vetor momento angular é a mesma que a orientação do vetor velocidade angular. A Figura 10.28 mostra a regra da mão direita usada para determinar a orientação do vetor momento angular (seta ao longo da direção do polegar) como uma função do senso de rotação (orientação dos dedos).

EXEMPLO 10.6 | Bola de golfe

PROBLEMA
Qual é a intensidade do momento angular de uma bola de golfe ($m = 4{,}59 \cdot 10^{-2}$ kg, $R = 2{,}13 \cdot 10^{-2}$ m) girando a 4250 rpm (revoluções por minuto) após uma boa tacada?

SOLUÇÃO
Primeiro, precisamos achar a velocidade angular da bola de golfe, o que envolve os conceitos introduzidos no Capítulo 9.

$$\omega = 2\pi f = 2\pi(4250 \text{ min}^{-1}) = 2\pi(4250/60 \text{ s}^{-1}) = 445{,}0 \text{ rad/s}.$$

O momento de inércia da bola de golfe é

$$I = \tfrac{2}{5} mR^2 = 0{,}4(4{,}59 \cdot 10^{-2})(2{,}13 \cdot 10^{-2})^2 = 8{,}33 \cdot 10^{-6} \text{ kg m}^2.$$

Continua →

Figura 10.28 (a) Regra da mão direita para a orientação do momento angular (ao longo do polegar) como uma função da direção de rotação (ao longo dos dedos). (b) Vetores posição e momento de uma partícula pontual em movimento circular.

A intensidade do momento angular da bola de golfe é então simplesmente o produto desses dois números:

$$L = (8{,}33 \cdot 10^{-6} \text{ kg m}^2)(445{,}0 \text{ s}^{-1}) = 3{,}71 \cdot 10^{-3} \text{ kg m}^2 \text{ s}^{-1}.$$

Usando a equação 10.35 para o momento angular de um corpo rígido, podemos mostrar que a relação entre a taxa de variação de momento angular e o torque ainda é válida. Tomando a derivada temporal da equação 10.35 e assumindo um corpo rígido cujo momento de inércia é constante no tempo, obtemos

$$\frac{d}{dt}\vec{L} = \frac{d}{dt}(I\vec{\omega}) = I\frac{d}{dt}\vec{\omega} = I\vec{\alpha} = \vec{\tau}_{\text{res}}. \tag{10.36}$$

Note a adição do índice "res" (resultante) ao símbolo do torque, indicando que esta equação também vale se diferentes torques estão presentes. Anteriormente, a equação 10.19 foi citada como verdadeira apenas para uma partícula pontual. Entretanto, a equação 10.36 mostra claramente que a equação 10.19 vale para qualquer corpo com um dado momento de inércia (constante no tempo).

A derivada temporal do momento angular é igual ao torque, da mesma forma que a derivada temporal do momento linear é igual à força. A equação 10.31 é outra formulação da Segunda Lei de Newton para rotação e é mais geral do que a equação 10.19, pois abrange também o caso de um momento de inércia que não é constante no tempo.

Conservação do momento angular

Se o torque externo resultante sobre um sistema for nulo, então, de acordo com a equação 10.36, a derivada temporal do momento angular também é nula. No entanto, se a derivada no tempo de uma quantidade é zero, a quantidade é constante no tempo. Portanto, podemos escrever a lei da **conservação de momento angular**:

$$\text{Se } \vec{\tau}_{\text{res}} = 0 \Rightarrow \vec{L} = \text{constante} \Rightarrow \vec{L}(t) = \vec{L}(t_0) \equiv \vec{L}_0. \tag{10.37}$$

Esta é a terceira lei de conservação mais importante que encontramos – as primeiras duas se aplicam à energia mecânica (Capítulo 6) e ao momento linear (Capítulo 7). Como as outras leis de conservação, esta pode ser usada para resolver problemas que, de outra forma, seriam difíceis de atacar.

Se houver vários corpos presentes em um sistema com torque externo resultante nulo, a equação para a conservação do momento angular se torna

$$\sum_i \vec{L}_{\text{inicial}} = \sum_i \vec{L}_{\text{final}}. \tag{10.38}$$

Para o caso especial de um corpo rígido girando em torno de um eixo de rotação fixo, encontramos (desde que, nesse caso, $\vec{L} = I\vec{\omega}$):

$$I\vec{\omega} = I_0\vec{\omega}_0 \quad (\text{para } \vec{\tau}_{\text{res}} = 0), \tag{10.39}$$

ou, de forma equivalente,

$$\frac{\omega}{\omega_0} = \frac{I_0}{I} \quad (\text{para } \vec{\tau}_{\text{res}} = 0).$$

Esta lei de conservação é a base para o funcionamento dos giroscópios (Figura 10.29). Giroscópios são objetos (geralmente discos) que giram em torno de um eixo de simetria com velocidades angulares elevadas. O eixo de rotação é capaz de girar sobre rolamentos de esferas, quase sem atrito, e o sistema de suspensão é capaz de girar livremente em todas as direções. Esta liberdade de movimento assegura que nenhum torque externo resultante possa atuar sobre o giroscópio. Sem torque, o momento angular do giroscópio permanece constante e, portanto, aponta na mesma direção, não importando o que o objeto carregando o giroscópio faça. Ambos, aviões e satélites, dependem de giroscópios para navegação. O Telescópio Espacial Hubble, por exemplo, é equipado com seis giroscópios, e pelo menos três deles devem estar funcionando de forma a permitir que o próprio telescópio se oriente no espaço.

A equação 10.39 também é importante em muitos esportes, em especial na ginástica, mergulho (Figura 10.30) e patinação artística. Em todos esses esportes, os atletas rearranjam seus cor-

Figura 10.29 Giroscópios de brinquedo.

(a) **(b)** **(c)**

Figura 10.30 Laura Wilkinson nos jogos Olímpicos de 2000, em Sydney, Austrália. (a) Ela deixa a plataforma de mergulho. (b) Ela se mantém na posição dobrada. (c) Ela se estica antes de entrar na água.

pos e, assim, ajustam seus momentos de inércia para manipular suas frequências de rotação. A mudança no momento de inércia de uma mergulhadora é ilustrada na Figura 10.30. A mergulhadora começa seu mergulho esticado, como mostrado na Figura 10.30a. Ela, então, puxa as pernas e os braços em uma posição dobrada, diminuindo seu momento de inércia, conforme mostra a Figura 10.30b. Ela então completa várias rotações conforme cai. Antes de entrar na água, ela estica suas pernas e braços, aumentando seu momento de inércia e reduzindo sua rotação, conforme mostra a Figura 10.30c. Dobrando seus braços e pernas numa forma de pacote, reduz o momento de inércia de seu corpo por um fator $I' = I/k$, onde k > 1. A conservação do momento angular então aumenta a velocidade angular pelo mesmo fator k: $\omega' = k\omega$. Dessa forma, a mergulhadora pode controlar a taxa de rotação. Encolher os braços e pernas pode aumentar a taxa de rotação relativa à posição em que eles estão esticados por um fator maior que 2.

EXEMPLO 10.7 Morte de uma estrela

No fim da vida de uma estrela com muita massa, mais de cinco massas solares, o núcleo da estrela consiste quase que inteiramente do metal ferro. Uma vez que este estágio é atingido, o núcleo se torna instável e colapsa (como ilustrado na Figura 10.31) em um processo que dura em torno de um segundo e é a fase de explosão de uma supernova. Entre os eventos de maior liberação de energia no Universo, acredita-se que as explosões de supernovas são a fonte da maior parte dos elementos mais pesados que o ferro. Os restos da explosão são ejetados, incluindo os elementos mais pesados, no espaço exterior, e podem deixar para trás uma estrela de nêutrons, que consiste de material estelar que é comprimido a uma densidade milhões de vezes maior que as maiores densidades encontradas na Terra.

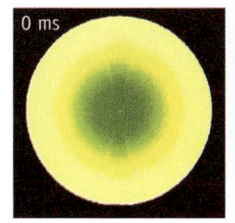

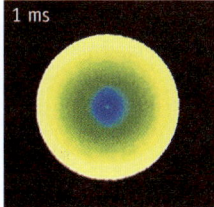

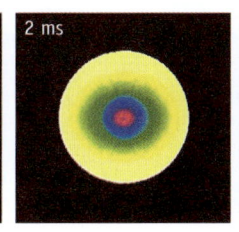

Figura 10.31 Simulação computacional dos estágios iniciais do colapso do núcleo de uma estrela com muita massa. As cores diferentes representam a variação na densidade do núcleo estelar, aumentando do amarelo até o vermelho, passando pelo verde e azul.

PROBLEMA

Se o núcleo de ferro gira inicialmente a 9,00 revoluções por dia e se o seu raio decresce durante o colapso por um fator de 700, qual é a velocidade angular do núcleo no fim do colapso? (A suposição de que o núcleo de ferro mantém uma densidade constante de fato não é justificável. Simulações computacionais mostram que essa contração é exponencial na direção radial. Entretanto, essas mesmas simulações mostram que o momento de inércia do núcleo de ferro ainda é aproximadamente proporcional ao quadrado do seu raio durante o processo de colapso.)

Continua →

SOLUÇÃO

Como o colapso do núcleo de ferro ocorre sob influência de seu próprio puxão gravitacional, não há torques externos atuando sobre o núcleo. Assim, de acordo com a equação 10.31, o momento angular é conservado. Da equação 10.39 obtemos então

$$\frac{\omega}{\omega_0} = \frac{I_0}{I} = \frac{R_0^2}{R^2} = 700^2 = 4{,}90 \cdot 10^5.$$

Com $\omega_0 = 2\pi f_0 = 2\pi[(9 \text{ rev})/(24 \cdot 3600 \text{ s})] = 6{,}55 \cdot 10^{-4}$ rad/s, obtemos o valor da velocidade angular final:

$$\omega = 4{,}90 \cdot 10^5 \, \omega_0 = 4{,}90 \cdot 10^5 \, (6{,}55 \cdot 10^{-4} \text{ rad/s}) = 321 \text{ rad/s}$$

Assim, a estrela de nêutrons que resulta deste colapso gira com uma frequência de rotação de 51,1 rev/s.

DISCUSSÃO

Astrônomos observam a rotação de estrelas de nêutrons, que são chamadas de *pulsares*. Estima-se que a rotação máxima atingida por um pulsar quando formado por uma única explosão de uma estrela supernova é em torno de 60 rev/s. Uma das mais rápidas frequências conhecidas que se tem notícia para um pulsar é

$$f = 716 \text{ rev/s},$$

que corresponde a uma velocidade angular de

$$\omega = 2\pi f = 2\pi(716 \text{ s}^{-1}) = 4500 \text{ rad/s}.$$

A frequência de rotação desses pulsares é aumentada após sua formação de um colapso estelar por meio da adição de matéria de uma estrela companheira próxima orbitando.

O próximo exemplo encerra a seção com uma aplicação de ponta da engenharia, a qual relaciona os conceitos de momento de inércia, energia cinética rotacional, torque e momento angular.

EXEMPLO 10.8 Flybrid

O processo de frenagem para reduzir a velocidade de um automóvel diminui a energia cinética do carro e a dissipa através da ação das forças de atrito entre as pastilhas e o disco. Veículos híbridos elétricos e a gasolina convertem uma parte ou a maior parte desta energia cinética em energia elétrica reutilizável, armazenada em uma grande bateria. Entretanto, há uma maneira de efetuar esse armazenamento de energia sem o uso de uma grande bateria por meio do armazenamento temporário em uma espécie de bateria eletromecânica dotada de um volante (Figura 10.32). Curiosamente, todos os carros de corrida de Fórmula 1 serão equipados com tal sistema de armazenamento de energia, o *flybrid*, até 2013.

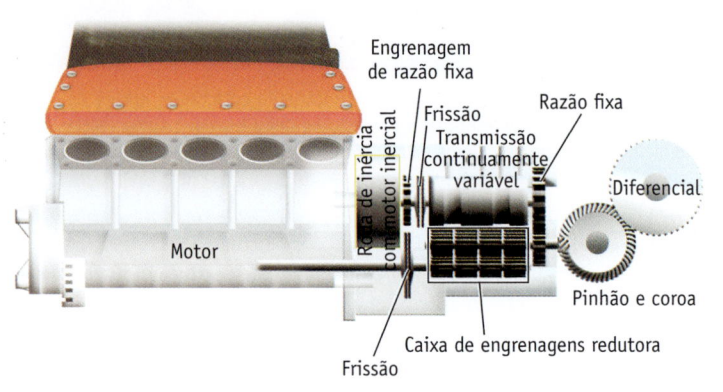

Figura 10.32 Diagrama mostrando a integração de um volante em uma transmissão de um veículo.

PROBLEMA

Um volante de aço e carbono tem uma massa de 5,00 kg, um raio interno de 8,00 cm e um raio externo de 14,2 cm. Supondo-se que ela possa armazenar 400 kJ de energia rotacional, o quão rápido (em rpm) ela tem que girar? Se a energia rotacional pode ser armazenada ou absorvida em 6,67 s, quanta potência média e torque este volante pode liberar durante este tempo?

SOLUÇÃO

O momento de inércia do volante é dado pela equação 10.9: $I = \frac{1}{2}M(R_1^2 + R_2^2)$. A energia cinética rotacional (equação 10.3) é $K = \frac{1}{2}I\omega^2$. Resolvemos isto para a velocidade angular:

$$\omega = \sqrt{\frac{2K}{I}} = \sqrt{\frac{4K}{M(R_1^2 + R_2^2)}}.$$

Assim, para a frequência de rotação encontramos

$$f = \frac{\omega}{2\pi} = \sqrt{\frac{K}{\pi^2 M(R_1^2 + R_2^2)}}$$

$$= \sqrt{\frac{400,0 \text{ kJ}}{\pi^2 (5,00 \text{ kg})\left[(0,0800 \text{ m})^2 + (0,142 \text{ m})^2\right]}}$$

$$= 552 \text{ s}^{-1} = 33.100 \text{ rpm}.$$

Uma vez que a potência média é dada pela variação na energia cinética dividida pelo tempo (veja o Capítulo 5), temos

$$P = \frac{\Delta K}{\Delta t} = \frac{400,0 \text{ kJ}}{6,67 \text{ s}} = 60,0 \text{ kW}.$$

Achamos o torque médio a partir da equação 10.36 e pelo fato de que a aceleração angular média é a variação na velocidade angular $\Delta\omega$, dividido pelo intervalo de tempo Δt:

$$\tau = I\alpha = I\frac{\Delta\omega}{\Delta t} = \frac{1}{2}M(R_1^2 + R_2^2)\frac{1}{\Delta t}\sqrt{\frac{4K}{M(R_1^2 + R_2^2)}} = \frac{1}{\Delta t}\sqrt{M(R_1^2 + R_2^2)K}$$

$$= \frac{1}{6,67 \text{ s}}\sqrt{(400,0 \text{ kJ})(5,00 \text{ kg})\left[(0,0800 \text{ m})^2 + (0,142 \text{ m})^2\right]}$$

$$= 34,6 \text{ N m}.$$

10.7 Exercícios de sala de aula

O "flybrid" gira mais rápido quando o carro de Fórmula 1 está se movendo mais devagar, perfazendo uma curva fechada. Sabendo que é necessário torque para alterar o vetor momento angular, como você orientaria o eixo de rotação do volante de forma a obter o menor efeito na condução do carro através da curva?

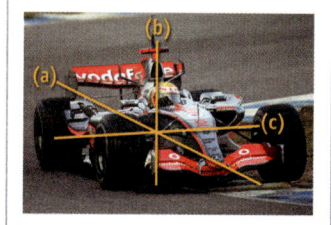

a) O volante deve ser alinhado com o eixo principal do carro de corrida.

b) O volante deve ser vertical.

c) O volante deve ser alinhado com o eixo das rodas.

d) Não faz diferença; todas as três orientações são igualmente problemáticas.

e) Orientações (a) e (c) são ambas igualmente boas e melhores que a (b).

10.8 Precessão

Piões são brinquedos populares da época que seus pais ou avós eram crianças. Quando colocados em rápido movimento rotacional, eles ficam aprumados sem cair. Além do mais, se inclinados em um ângulo em relação à vertical, eles ainda não caem. Em vez disso, o eixo de rotação move-se sobre a superfície de um cone em função do tempo (Figura 10.33). Este movimento é chamado de **precessão**. O que causa isso?

Primeiro, notamos que um pião tem um vetor momento angular, $\vec{L}$, o qual é alinhado com seu eixo de simetria, apontando ou para baixo ou para cima, dependendo do seu sentido de rotação, horário ou anti-horário (Figura 10.34). Como o eixo está inclinado, seu centro de massa (marcado com um ponto preto na Figura 10.34) não está localizado em cima do ponto de contato com a superfície de suporte. A força gravitacional agindo sobre o centro de massa ocasiona um torque, $\vec{\tau}$, sobre o ponto de contato, conforme indicado na figura; neste caso, o vetor torque aponta para fora da página. O vetor posição do centro de massa, $\vec{r}$, que ajuda na determinação do torque, está alinhado exatamente com o vetor momento angular. O ângulo do eixo de simetria do pião com respeito ao eixo vertical é identificado como ϕ na figura. O ângulo entre o vetor força gravitacional e o vetor posição é então $\pi - \phi$ (ver Figura 10.34). Como $\text{sen}(\pi - \phi) = \text{sen } \phi$, podemos escrever a intensidade do torque como uma função do ângulo ϕ:

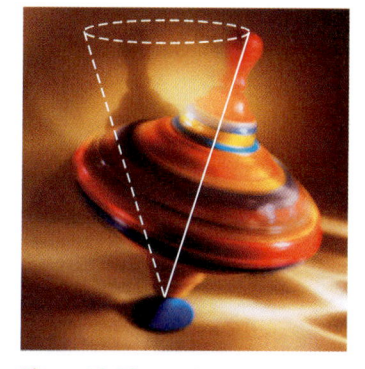

$$\tau = rF \text{ sen } \phi = rmg \text{ sen } \phi.$$

Figura 10.33 Um pião girando pode ser inclinado em relação ao eixo vertical e mesmo assim ele não cai.

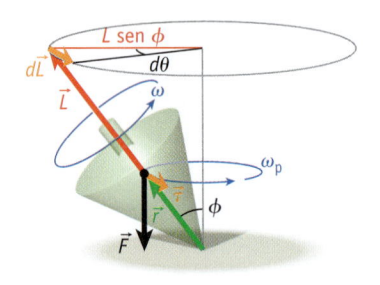

Figura 10.34 Precessão de um pião girando.

Uma vez que $d\vec{L}/dt = \vec{\tau}$, a variação no vetor momento angular, $d\vec{L}$, possui a mesma orientação que o torque sendo, dessa forma, perpendicular ao vetor momento angular. Este efeito força o vetor momento angular a perfazer uma varredura ao longo da superfície de um cone de ângulo ϕ em função do tempo, com a ponta do vetor momento angular descrevendo um círculo no plano horizontal, mostrado em cinza na Figura 10.34.

Podemos ainda calcular a intensidade da velocidade angular, ω_p, para este movimento de precessão. A Figura 10.34 indica que o raio do círculo descrito pela ponta do vetor momento angular conforme ele se move em função do tempo é dado por L sen ϕ. A intensidade da variação diferencial do momento angular, dL, é o comprimento do arco deste círculo, ela pode ser calculada como o produto do raio do círculo e a diferencial de ângulo varrido pelo raio, $d\theta$:

$$dL = (L \text{ sen } \phi) d\theta$$

Consequentemente, encontramos para a derivada no tempo do momento angular, dL/dt:

$$\frac{dL}{dt} = (L \text{ sen } \phi) \frac{d\theta}{dt}.$$

A derivada temporal do ângulo de deflexão, θ, é a velocidade angular de precessão, ω_p. Uma vez que $dL/dt = \tau$, usamos a equação precedente e a expressão para o torque, $\tau = rmg \text{ sen } \phi$, obtendo:

$$rmg \text{ sen } \phi = \tau = \frac{dL}{dt} = (L \text{ sen } \phi) \frac{d\theta}{dt} = (L \text{ sen } \phi)\omega_p \Rightarrow$$

$$\omega_p = \frac{rmg \text{ sen } \phi}{L \text{ sen } \phi}.$$

Vemos que o termo ϕ é cancelado na última expressão, levando a $\omega_p = rmg/L$. A frequência angular de precessão é a mesma para todos os valores de ϕ, o ângulo de inclinação do eixo de rotação! Este resultado pode parecer um pouco surpreendente, mas experimentos verificam que, de fato, este é o caso. Na última etapa, usamos o fato de que o momento angular para um corpo rígido, L, é o produto do momento de inércia, I, e a velocidade angular, ω. Dessa forma, substituindo $I\omega$ para L na expressão para a velocidade de precessão, ω_p, temos nosso resultado final:

$$\omega_p = \frac{rmg}{I\omega}. \tag{10.40}$$

Esta fórmula reflete a propriedade interessante que a velocidade angular de precessão é inversamente proporcional à velocidade angular do pião. Conforme a velocidade do pião diminui devido ao atrito, sua velocidade angular se reduz gradualmente. A precessão cada vez mais rápida, eventualmente, faz com que o pião cambaleie e caia.

10.8 Exercícios de sala de aula

Faça uma estimativa da velocidade angular de precessão do disco na Figura 10.35.

a) 0,01 rad/s   c) 5 rad/s
b) 0,6 rad/s   d) 10 rad/s

10.4 Pausa para teste

O disco mostrado na Figura 10.35 tem uma massa de 2,5 kg, quase toda concentrada na borda. Ele tem um raio de 22 cm e a distância entre o ponto de suspensão e o centro de massa é 5 cm. Estime a velocidade angular que ele está girando.

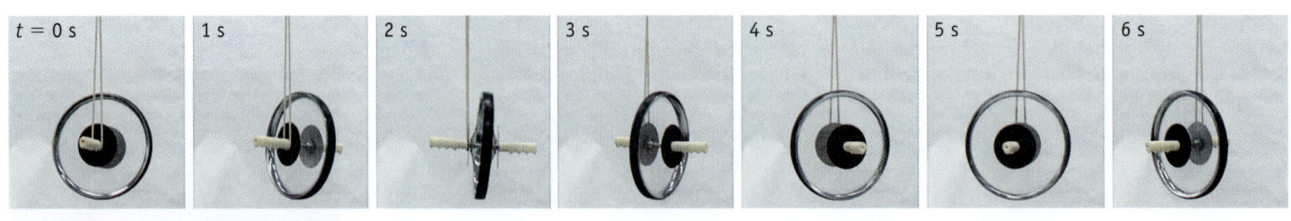

Figura 10.35 Precessão de um disco girando rapidamente suspenso por uma corda.

Na sequência de fotos da Figura 10.35, é mostrada uma precessão de forma impressionante. Nesta sequência, um disco gira rapidamente, suspenso pelo seu centro por uma corda presa ao teto. Podemos notar que o disco não cai, conforme seria esperado de um disco sem movimento de rotação na mesma situação, mas sim perfaz um lento movimento de precessão em torno do ponto de suspensão.

10.9 Momento angular quantizado

Finalizando nossa discussão sobre momento angular e rotação, vamos considerar a menor quantidade de momento angular que um objeto pode ter. Da definição de momento angular para uma partícula pontual (equação 10.29), $\vec{L} = \vec{r} \times \vec{p}$ ou $L = rp \,\text{sen}\, \theta$, parece que não há uma quantidade mínima de momento angular, porque ambos, ou a distância até o eixo de rotação, r, ou o momento, p, podem ser reduzidos por um fator entre 0 e 1 e o momento angular correspondente será reduzido pelo mesmo fator.

Entretanto, para átomos e partículas subatômicas, a noção de um momento angular que varia continuamente não se aplica. Em vez disso, é observado um *quantum* de momento angular. Este *quantum* de momento angular é chamado de **constante de Planck**, $h = 6{,}626 \cdot 10^{-34}$ J s. Frequentemente, a constante de Planck aparece em equações dividida pelo fator 2π, sendo que os físicos atribuíram a essa razão o símbolo $\hbar$: $\hbar \cdot h/2\pi = 1{,}055 \cdot 10^{-34}$ J s. A Mecânica Quântica fornecerá uma discussão completa das observações experimentais que levaram à introdução dessa constante fundamental. Aqui simplesmente notamos um fato surpreendente: todas as partículas elementares têm um momento angular intrínseco, chamado de *spin*, que ou é um múltiplo inteiro ($0, 1\hbar, 2\hbar, \ldots$) ou meio-inteiro ($\frac{1}{2}\hbar, \frac{3}{2}, \ldots$) da constante de Planck de momento angular. Curiosamente, os valores de spin inteiros ou semi-inteiros das partículas é que fazem toda a diferença na forma como elas interagem entre si. Partículas com múltiplos inteiros de spin incluem os fótons, que são as partículas elementares da luz. Partículas com múltiplos semi-inteiros de spin incluem elétrons, prótons e nêutrons, que são os blocos fundamentais constituintes da matéria. Retornaremos à importância fundamental do momento angular quando tratarmos de átomos e partículas subatômicas.

O QUE JÁ APRENDEMOS | GUIA DE ESTUDO PARA EXERCÍCIOS

- A energia cinética de rotação de um objeto é dada por $K = \frac{1}{2}I\omega^2$. Esta relação vale tanto para partículas pontuais quanto para corpos maciços.

- O momento de inércia de rotação para um objeto girando sobre um eixo passando pelo seu centro de massa é definido como $I = \int_V r_\perp^2 \rho(\vec{r}) dV$, em que $r_\perp$ é a distância perpendicular do elemento de volume dV ao eixo de rotação e $\rho(\vec{r})$ é a densidade de massa.

- Se a densidade de massa é constante, o momento de inércia é $I = \frac{M}{V}\int_V r_\perp^2 dV$, em que M é a massa total do objeto girando e V o seu volume.

- O momento de inércia para todos os objetos arredondados é $I = cMR^2$, com $c \in [0,1]$.

- O teorema do eixo paralelo afirma que o momento de inércia, $I_\parallel$, para rotação sobre um eixo paralelo a um eixo passando pelo centro de massa é dado por $I_\parallel = I_{cm} + Md^2$, onde d é a distância entre os dois eixos e I_{cm} é o momento de inércia para rotação sobre o eixo que passa pelo centro de massa.

- Para um objeto que está rolando sem deslizamento, a coordenada do centro de massa, r, e o ângulo de rotação, θ, estão relacionados por $r = R\theta$, em que R é o raio do objeto.

- A energia cinética de um objeto rolando é a soma de suas energias cinéticas de translação e de rotação: $K = K_{trans} + K_{rot} = \frac{1}{2}mv_{cm}^2 + \frac{1}{2}I_{cm}\omega^2 = \frac{1}{2}(1+c)mv_{cm}^2$, com $c \in [0,1]$ e com c dependente da forma do objeto.

- Torque é definido como o produto vetorial do vetor posição e do vetor força: $\vec{\tau} = \vec{r} \times \vec{F}$.

- O momento angular de uma partícula pontual é definido como $\vec{L} = \vec{r} \times \vec{p}$.

- A taxa de variação de momento angular é igual ao torque: $\dfrac{d}{dt}\vec{L} = \vec{\tau}$. Este é o equivalente rotacional da Segunda Lei de Newton.

- Para corpos maciços, o momento angular é $\vec{L} = I\vec{\omega}$, e o torque é $\vec{\tau} = I\vec{\alpha}$.

- No caso da ausência de torque externo resultante, o momento angular é conservado: $I\vec{\omega} = I_0\vec{\omega}_0$ (para $\vec{\tau}_{res} = 0$).

- As grandezas equivalentes para movimento linear e rotacional são sumarizadas na tabela.

Grandeza	Linear	Circular	Relação
Deslocamento	$\vec{s}$	$\vec{\theta}$	$\vec{s} = r\vec{\theta}$
Velocidade	$\vec{v}$	$\vec{\omega}$	$\vec{\omega} = \vec{r} \times \vec{v}/r^2$
Aceleração	$\vec{a}$	$\vec{\alpha}$	$\vec{a} = r\alpha\,\hat{t} - r\omega^2 \hat{r}$ $a_t = r\alpha$ $a_c = \omega^2 r$
Momento	$\vec{p}$	$\vec{L}$	$\vec{L} = \vec{r} \times \vec{p}$
Massa/momento de inércia	m	I	
Energia cinética	$\frac{1}{2}mv^2$	$\frac{1}{2}I\omega^2$	
Força/Torque	$\vec{F}$	$\vec{\tau}$	$\vec{\tau} = \vec{r} \times \vec{F}$

TERMOS-CHAVE

braço de alavanca, p. 326
conservação de momento angular, p. 338
constante de planck, p. 343
eixo de rotação, p. 314
energia cinética de rotação, p. 314
momento angular, p. 335
momento de inércia, p. 314
precessão, p. 341
produto vetorial, p. 327
rolamento, p. 322
teorema do eixo paralelo, p. 320
torque, p. 326
torque resultante, p. 328

NOVOS SÍMBOLOS E EQUAÇÕES

$I = \sum_{i=1}^{n} m_i r_i^2$, momento de inércia de um sistema de partículas

$I = \int_V r_\perp^2 \rho(\vec{r}) dV$, momento de inércia de um corpo extenso

$\vec{\tau} = \vec{r} \times \vec{F}$, torque

$\tau = rF \operatorname{sen} \theta$, intensidade do torque

$\vec{L} = \vec{r} \times \vec{p}$, momento angular de uma partícula

$\vec{L} = I\vec{\omega}$, momento angular de um corpo extenso

RESPOSTAS DOS TESTES

10.1 $I_\parallel = \dfrac{1}{12}mL^2 + m\left(\dfrac{L}{2}\right)^2 = mL^2\left(\dfrac{1}{12} + \dfrac{1}{4}\right) = \dfrac{1}{3}mL^2$.

10.2 A lata de soda não é um objeto sólido e, portanto, não gira como um cilindro maciço. Além disso, a maior parte do líquido dentro da lata não participa da rotação mesmo quando a lata atinge a base do plano inclinado. A massa da lata é desprezível se comparada com a do líquido dentro dela. Dessa forma, uma lata de soda rolando no plano inclinado se aproxima de uma massa deslizando plano abaixo sem atrito. A constante c usada na equação 10.15 é, então, próxima a zero e, portanto, a lata vence a corrida.

10.3 A Terceira Lei de Newton afirma que forças internas ocorrem em pares iguais e opostos agindo ao longo da linha de separação de cada par de partículas. Assim, o torque resultante de cada par de forças é nulo. O somatório dos torques de todas as forças internas leva a um torque interno resultante nulo.

10.4 Uma vez que a massa esteja concentrada nas extremidades de uma roda, o momento de inércia da roda é $I = mR^2$. Com auxílio da equação 10.40, obtemos então

$$\omega_p = \dfrac{rmg}{mR^2\omega} = \dfrac{rg}{R^2\omega} = \dfrac{(0{,}05\text{ m})(9{,}81\text{ m/s}^2)}{(0{,}22\text{ m})^2(0{,}6\text{ rad/s})} = 17\text{ rad/s}.$$

GUIA DE RESOLUÇÃO DE PROBLEMAS

1. A Segunda Lei de Newton e o teorema do trabalho-energia cinética são ferramentas poderosas e complementares para resolver uma ampla variedade de problemas em mecânica das rotações. Em linhas gerais, deve-se tentar uma aproximação baseada na Segunda Lei de Newton e nos diagramas de força quando o problema envolve o cálculo da aceleração angular. Uma aproximação baseada no teorema do trabalho-energia cinética é mais útil quando necessitamos calcular uma velocidade angular.

2. Muitos conceitos de movimento translacional são igualmente válidos para movimento de rotação. Por exemplo, conservação do momento linear se aplica na ausência de forças externas; conservação do momento angular se aplica quando não há torques externos presentes. Lembre-se das correspondências entre as grandezas dos movimentos de translação e rotação.

3. É crucial recordar que em situações envolvendo movimento de rotação a forma do objeto é importante. Assegure-se de usar a fórmula correta para o momento de inércia, a qual depende da localização do eixo de rotação bem como da geometria do objeto. O torque também depende da localização do eixo de simetria; certifique-se da consistência do cálculo dos torques no sentido horário ou no anti-horário.

4. Muitas relações para movimento de rotação dependem da geometria da situação, por exemplo, a relação entre a velocidade linear de um peso suspenso com a velocidade angular da corda que se move sobre uma roldana. Às vezes, a geometria da situação muda em um problema, como por exemplo, se existirem inércias rotacionais diferentes entre os pontos iniciais e finais de uma rotação. Certifique-se de ter entendido em quais grandezas houve variação durante o curso de qualquer movimento de rotação.

5. Muitas situações físicas envolvem objetos girando que rolam com ou sem deslizamento. Se está ocorrendo rolamento sem deslizamento, você pode relacionar deslocamentos lineares e angulares, velocidades e acelerações umas com as outras em pontos sobre o perímetro do objeto rolando.

6. A lei de conservação do momento angular é tão importante para problemas envolvendo movimento circular ou de rotação quanto a lei de conservação de momento linear é para problemas envolvendo movimento em linha reta. Pensando em uma situação-problema, em termos de conservação do momento angular geralmente fornece um caminho simples para uma solução, que de outra forma seria difícil de obter. Mas lembre-se de que o momento angular somente é conservado se o torque externo resultante for nulo.

PROBLEMA RESOLVIDO 10.4 | Queda horizontal de uma haste

Uma fina haste de comprimento $L = 2{,}50$ m e massa $m = 3{,}50$ kg está suspensa horizontalmente por uma par de fios verticais preso às extremidades. O fio segurando a extremidade B é, então, cortado.

PROBLEMA
Qual é a aceleração linear da extremidade B da haste logo após o fio ser cortado?

SOLUÇÃO
PENSE
Antes de o fio ser cortado, a haste está em repouso. Quando o fio suportando a extremidade B é cortado, um torque resultante atua sobre a haste, com o ponto de pivô em A. O torque é decorrente da força da gravidade atuando sobre a haste. Podemos considerar a massa da haste como estando concentrada no seu centro de massa, o qual está localizado em $L/2$. O torque inicial é então igual ao peso da haste vezes o braço de alavanca, o qual é $L/2$. A aceleração angular inicial resultante pode ser relacionada com a aceleração linear da extremidade B da haste.

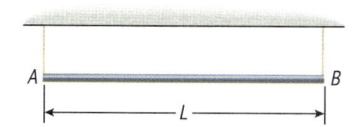

Figura 10.36 Uma haste fina suspensa na posição horizontal por fios verticais presos às suas extremidades.

DESENHE
A Figura 10.37 é um desenho da haste após o fio ser cortado.

PESQUISE
Quando o fio sustentando a extremidade B é cortado, o torque, τ, sobre a haste é decorrente da força da gravidade, F_g, atuando sobre a haste vezes o braço de alavanca, $r_\perp = L/2$:

$$\tau = r_\perp F_g = \left(\frac{L}{2}\right)(mg) = \frac{mgL}{2}. \tag{i}$$

A aceleração angular, α, é dada por

$$\tau = I\alpha, \tag{ii}$$

em que o momento de inércia, I, da haste delgada girando em torno da extremidade A é dado por

$$I = \tfrac{1}{3}mL^2. \tag{iii}$$

A aceleração linear, a, da extremidade B pode ser relacionada à aceleração angular por meio de

$$a = L\alpha, \tag{iv}$$

uma vez que a extremidade B está perfazendo movimento circular conforme a haste circula em torno da extremidade A.

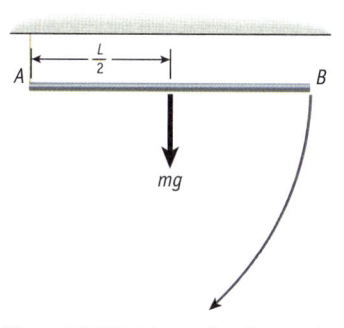

Figura 10.37 A haste fina logo após o fio que suporta a extremidade B ser cortado.

SIMPLIFIQUE
Podemos combinar as equações (i) e (ii) para obter

$$\tau = I\alpha = \frac{mgL}{2}. \tag{v}$$

Substituindo para I e para a a partir das equações (iii) e (iv) na equação (v) temos

$$I\alpha = \left(\frac{1}{3}mL^2\right)\left(\frac{a}{L}\right) = \frac{mgL}{2}.$$

Eliminando os fatores comuns, chegamos a

$$\frac{a}{3} = \frac{g}{2}$$

ou

$$a = 1{,}5g.$$

CALCULE
Inserindo o valor numérico para a aceleração da gravidade obtemos

$$a = 1{,}5(9{,}81 \text{m/s}^2) = 14{,}715 \text{m/s}^2.$$

Continua →

> **ARREDONDE**
> Escrevendo nosso resultado com três casas decimais, temos
>
> $$a = 14{,}7 \text{m/s}^2.$$
>
> **SOLUÇÃO ALTERNATIVA**
> Talvez este resultado seja um tanto surpreendente, uma vez que assumimos que nenhuma aceleração pode exceder à aceleração de queda livre, g. Se ambas as extremidades forem cortadas ao mesmo tempo, a aceleração de toda a haste será $a = g$. Nosso resultado de uma aceleração inicial na extremidade B ser $a = 1{,}5g$ parece razoável, pois toda a força da gravidade está atuando sobre a haste e a extremidade A da haste permanece fixa. Dessa forma, a aceleração da extremidade que se move não é somente aquela resultante da queda livre – há uma aceleração adicional devido à rotação da haste.

QUESTÕES DE MÚLTIPLA ESCOLHA

10.1 Um objeto circular parte do repouso e rola sobre um plano inclinado sem escorregar, descendo uma distância vertical de 4,0 m. Quando o objeto atinge a base da inclinação, sua velocidade de translação é de 7,0 m/s. Quanto vale a constante c relacionando o momento de inércia, a massa e o raio (veja equação 10.11) deste objeto?

a) 0,80
b) 0,60
c) 0,40
d) 0,20

10.2 Duas bolas de aço maciças, uma pequena e outra grande, estão sobre um plano inclinado. A bola grande tem um diâmetro duas vezes maior do que o da bola pequena. Partindo do repouso, as duas bolas rolam sem deslizamento descendo o plano inclinado até que seus centros de massa estejam 1 m abaixo de suas posições iniciais. Qual é a velocidade da bola grande (v_L) relativa àquela da bola pequena (v_S) após rolarem 1 m?

a) $v_L = 4v_S$
b) $v_L = 2v_S$
c) $v_L = v_S$
d) $v_L = 0{,}5v_S$
e) $v_L = 0{,}25v_S$

10.3 Um gerador tipo volante, que é um cilindro homogêneo de raio R e massa M, gira em torno de seu eixo longitudinal. A velocidade linear de um ponto na extremidade (lado) do volante é v. Qual é a energia cinética do volante?

a) $K = \frac{1}{2}Mv^2$
b) $K = \frac{1}{4}Mv^2$
c) $K = \frac{1}{2}Mv^2/R$
d) $K = \frac{1}{2}Mv^2R$
e) Não foi dada informação suficiente para a resposta

10.4 Quatro esferas ocas com massa de 1 kg cada e raio $R = 10$ cm estão ligadas por meio de hastes de massa desprezível formando um quadrado cujos lados medem $L = 50$ cm. No caso 1, as massas giram em torno de um eixo que passa pela metade de dois lados do quadrado. No caso 2, as massas giram em torno de um eixo que passa através da diagonal do quadrado, conforme mostra a figura. Calcule a razão dos momentos de inércia, I_1/I_2, para os dois casos.

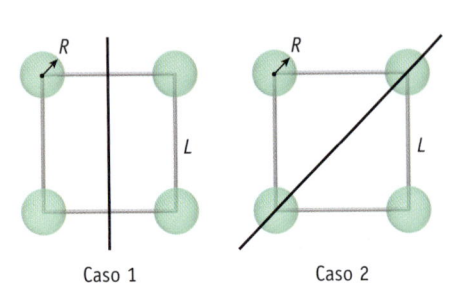

a) $I_1/I_2 = 8$
b) $I_1/I_2 = 4$
c) $I_1/I_2 = 2$
d) $I_1/I_2 = 1$
e) $I_1/I_2 = 0{,}5$

10.5 Se as esferas ocas da questão 10.4 forem trocadas por esferas maciças de mesma massa e raio, a razão dos momentos de inércia para os dois casos irá

a) aumentar
b) diminuir
c) permanecer a mesma
d) ser zero

10.6 Um objeto extenso consiste em duas massas pontuais, m_1 e m_2, ligadas por uma haste de comprimento L e massa desprezível, conforme mostra a figura. O objeto está girando com velocidade angular constante em torno de um eixo perpendicular à página através do ponto médio da haste. Duas forças tangenciais que variam no tempo, F_1 e F_2, são aplicadas a m_1 e m_2, respectivamente. Após as forças serem aplicadas, o que acontecerá com a velocidade angular do objeto?

a) Irá aumentar
b) Irá diminuir
c) Permanecerá a mesma
d) Não há informação suficiente para fazer uma determinação

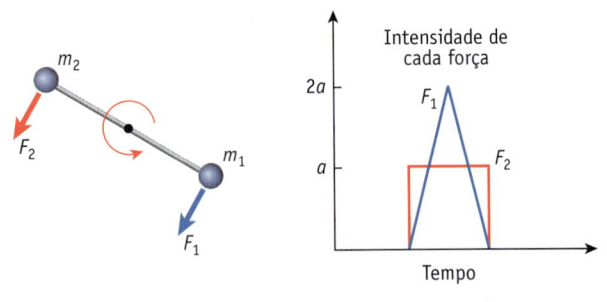

10.7 Considere um cilindro e um cilindro oco, girando em torno de um eixo passando pelos seus centros de massa. Se ambos os objetos têm a mesma massa e o mesmo raio, qual objeto terá o maior momento de inércia?

a) O momento de inércia será o mesmo para ambos os objetos.
b) O cilindro maciço terá o momento de inércia maior, pois sua massa está uniformemente distribuída.

c) O cilindro oco terá o maior momento de inércia, pois sua massa está localizada afastada do eixo de rotação.

10.8 Uma bola de basquete de massa 610 g e circunferência de 76 cm está rolando sem deslizar através do piso de um ginásio. Tratando a bola como uma esfera oca, qual fração de sua energia cinética total está associada com seu movimento rotacional?

a) 0,14
b) 0,19
c) 0,29
d) 0,40
e) 0,67

10.9 Uma esfera maciça rola para baixo sem deslizar sobre uma inclinação, partindo do repouso. Ao mesmo tempo, uma caixa parte do repouso da mesma altura descendo a mesma inclinação, com atrito desprezível. Qual dos objetos atinge a base da inclinação primeiro?

a) A esfera sólida chega primeiro.
b) A caixa chega primeiro.
c) Ambas chegam ao mesmo tempo.
d) É impossível determinar.

10.10 Um cilindro está rolando sem deslizamento, descendo um plano, o qual é inclinado por um ângulo θ em relação à horizontal. Qual é o trabalho feito pela força de atrito quando o cilindro se desloca por uma distância s ao longo do plano (μ_e é o coeficiente de atrito estático entre o plano e o cilindro)?

a) $+\mu_e mgs$ sen θ
b) $-\mu_e mgs$ sen θ
c) $+mgs$ sen θ
d) $-mgs$ sen θ
e) Não é realizado trabalho.
f) Zero.

10.11 Uma bola presa à extremidade de uma corda está oscilando em um círculo vertical. O momento angular da bola no topo da circunferência é

a) maior do que o momento angular no fundo da circunferência.
b) menor do que o momento angular no fundo da circunferência.
c) igual ao momento angular no fundo da circunferência.

10.12 Você está desenrolando um cabo de um grande carretel. Conforme você puxa o cabo com uma tensão constante, o que acontece com a aceleração angular e com a velocidade do carretel, assumindo que o raio permanece constante com você puxando do cabo e que não exista força de atrito?

a) Ambos aumentam conforme o carretel se desenrola.
b) Ambos diminuem conforme o carretel se desenrola.
c) A aceleração angular aumenta, a velocidade angular diminui.
d) A aceleração angular diminui, a velocidade angular aumenta.
e) É impossível dizer.

10.13 Um disco de argila está girando com velocidade angular ω. Uma gota de argila com uma massa equivalente a $\frac{1}{10}$ do disco se prende à borda externa do disco. Se a gota se desprende movendo-se tangencialmente à borda externa do disco, qual é a velocidade angular do disco após a gota se desprender?

a) $\frac{5}{6}\omega$
b) $\frac{10}{11}\omega$
c) ω
d) $\frac{11}{10}\omega$
e) $\frac{6}{5}\omega$

10.14 Uma patinadora de gelo está com seus braços estendidos e então contrai seus braços girando mais rápido. Qual afirmação é verdadeira?

a) Devido à conservação do momento angular, sua energia cinética de rotação não se altera; a fração de aumento na sua velocidade angular é a mesma que a fração pela qual diminui sua inércia rotacional.
b) Sua energia cinética de rotação aumenta em função do trabalho que ela faz para contrair os braços.
c) Sua energia cinética de rotação diminui em decorrência da diminuição na sua inércia rotacional; ela perde energia porque aos poucos vai ficando cansada.

10.15 Uma patinadora de gelo girando sem atrito sobre o gelo contrai seus braços sobre seu corpo, assim ela gira mais rápido. Qual das leis de conservação, se houver, é válida?

a) Conservação da energia mecânica e conservação de momento angular.
b) Somente conservação da energia mecânica.
c) Somente conservação de momento angular.
d) Nem conservação de energia mecânica ou conservação de momento angular.

10.16 Se o núcleo de ferro de uma estrela colapsando gira com frequência rotacional de $f_0 = 3,2\ s^{-1}$, e o raio do núcleo diminui, durante o colapso, por um fator de 22,7, qual é a frequência de rotação do núcleo de ferro no fim do colapso?

a) 10,4 kHz
b) 1,66 kHz
c) 65,3 kHz
d) 0,46 kHz
e) 5,2 kHz

QUESTÕES

10.17 Uma esfera maciça uniforme de raio R, massa M e momento de inércia $I = \frac{2}{5}MR^2$ está rolando sem deslizamento ao longo de uma superfície horizontal. Sua energia cinética total é a soma das energias associadas com a translação do centro de massa e rotação em torno do centro de massa. Encontre a *fração* da energia cinética total da esfera que é atribuída à rotação.

10.18 Um anel delgado, uma esfera maciça, uma casca esférica oca e um disco com espessura uniforme são colocados lado a lado numa longa rampa de comprimento ℓ e inclinada de um ângulo θ em relação à horizontal. Em $t = 0$, todos os quatro objetos são soltos e rolam sem deslizar sobre traçados paralelos rampa abaixo até a base. Atrito e resistência do ar são desprezíveis. Determine a ordem de chegada na corrida.

10.19 Em outra corrida, uma esfera maciça e um anel delgado rolam para baixo sem deslizamento a partir do repouso uma rampa que faz um ângulo θ com a horizontal. Encontre a razão de suas acelerações, a_{anel}/a_{esfera}.

10.20 Uma esfera maciça uniforme de massa m e raio r é colocada sobre uma rampa inclinada de ângulo θ em relação à horizontal. O coeficiente de atrito estático entre a esfera e a rampa é μ_e. Encontre o valor máximo de θ para o qual a esfera irá rolar sem deslizamento, partindo do repouso, em termos das outras grandezas.

10.21 Um corpo esférico de massa M, raio R e momento de inércia I em torno do seu centro de massa é atingido por uma pancada horizontal ao longo da linha de altura h acima do seu centro de massa (com $0 \leq h \leq R$, é claro). O corpo rola se afastando sem deslizamento logo após a pancada. Calcule a razão I/MR^2 para este corpo.

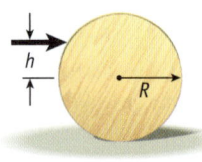

10.22 Um projétil de massa m é lançado a partir da origem com uma velocidade v_0 formando um ângulo θ_0 com a horizontal. Despreze a resistência do ar.

a) Calcule o momento angular do projétil em torno da origem.

b) Calcule a taxa de variação do seu momento angular.

c) Calcule o torque agindo sobre o projétil, em torno da origem, durante o seu voo.

10.23 Uma esfera maciça de raio R e massa M é colocada a uma altura h_0 sobre um plano inclinado com ângulo θ. Quando solta, ela rola sem deslizar até a base da inclinação. A seguir, um cilindro de mesma massa e raio é solto no mesmo plano inclinado. De que altura h ele deve ser solto para que a base tenha a mesma velocidade da esfera?

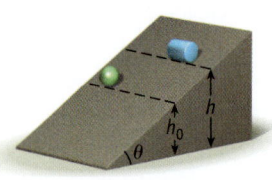

10.24 É mais difícil mover uma porta se você a empurra contra a parede (ao longo do plano da porta) do que se você empurra ela perpendicular ao seu plano. Explique por que.

10.25 Uma bailarina patinadora encolhe seus braços durante o giro final. Uma vez que o momento angular é conservado, sua velocidade angular irá aumentar. Sua energia cinética rotacional é conservada durante esse processo? Caso negativo, de onde vem ou para onde vai esta energia extra?

10.26 Uma partícula viajando em uma linha reta tem um momento angular? Explique.

10.27 Um cilindro com massa M e raio R está rolando sem deslizar através de uma distância s ao longo de um plano inclinado que faz um ângulo θ com a horizontal. Calcule o trabalho feito pela (a) gravidade, (b) força normal e (c) força de atrito.

10.28 Usando a conservação da energia mecânica, calcule a velocidade final e a aceleração de um objeto cilíndrico de massa M e raio R após ele rolar uma distância s sem deslizamento ao longo de um plano inclinado de um ângulo θ em relação à horizontal.

10.29 Um *binário* é um conjunto de duas forças de mesma intensidade, mas com direções opostas, cujas linhas de ação são paralelas, mas não idênticas. Demonstre que o torque resultante de um dublê de forças é independente do ponto de pivô sobre o qual o torque é calculado e dos pontos ao longo de suas linhas de ação onde as duas forças estão aplicadas.

10.30 Por que uma bailarina patinadora contrai seus braços enquanto aumenta sua velocidade angular em um giro curto?

10.31 Para virar uma motocicleta para a direita, você *não* gira o guidão para a direita, mas, ao invés disso, levemente para a *esquerda*. Explique, o mais precisamente que puder, como este giro no sentido oposto coloca a motocicleta na direção desejada. (*Dica*: As rodas de uma motocicleta em movimento têm uma grande quantidade de momento angular.)

10.32 O efeito das marés gravitacionais produzidas na Terra pela Lua gradualmente diminui a rotação da Terra, devido ao atrito gravitacional. Estudos de corais do Período Devoniano indicam que naquele período o ano durava cerca de 400 dias. Qual é a relação disso, se é que há, com o momento angular da Lua no Período Devoniano relativo ao seu valor no presente?

10.33 Uma corda leve passa através de uma polia leve sem atrito. Uma extremidade está amarrada a um cacho de bananas de massa M, e um macaco de mesma massa sobe pelo outro lado. O macaco sobe a corda na tentativa de alcançar as bananas. O raio da polia é R.

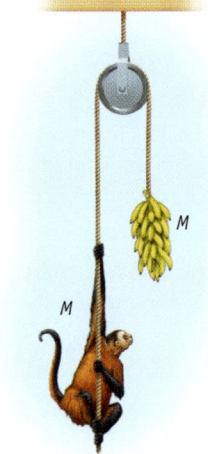

a) Tratando o macaco, as bananas, a corda e a polia como um sistema, calcule o torque resultante sobre o eixo da polia.

b) Usando o resultado da parte (a), determine o momento angular total em torno do eixo da polia como uma função do tempo.

PROBLEMAS

Uma • e duas •• indicam aumento do nível de dificuldade do problema.

Seções 10.1 e 10.2

10.34 Um cilindro maciço de massa $M = 5$ kg está rolando sem deslizamento ao longo de uma superfície horizontal. A velocidade de seu centro de massa é 30 m/s. Calcule sua energia.

10.35 Determine o momento de inércia para três crianças pesando 60,0 lb, 45 lb e 80 lb sentadas em pontos diferentes na borda de um carrossel, o qual tem um raio de 12 pés.

•**10.36** Uma caneta de 24 cm de comprimento é lançada no ar, atingindo uma altura máxima de 1,2 m acima do seu ponto de lançamento. Durante a trajetória, a caneta realiza 1,8 volta. Tratando a caneta como uma haste fina e uniforme, calcule a razão entre a energia cinética rotacional e a energia cinética de translação no instante em que a caneta é solta. Assuma que não ocorra variação na velocidade de rotação durante o percurso.

•**10.37** Uma bola maciça e uma bola oca, com 1 kg de massa e 0,1 m de raio cada, partem do repouso e descem uma rampa de comprimento 3 m e inclinação de 35°. Um cubo de gelo de mesma massa escorrega sem atrito, descendo a rampa.

a) Qual bola chegará à base primeiro? Explique!

b) O cubo de gelo se move mais rápido ou mais devagar que a bola sólida na base da inclinação? Explique o seu raciocínio.

c) Qual é a velocidade da bola maciça na base da inclinação?

•10.38 Uma bola maciça de massa m e raio r rola sem deslizamento através de um "loop" de raio R, como mostrado na figura. De que altura h deve a bola ser lançada de forma que atravesse o "loop" sem cair do traçado?

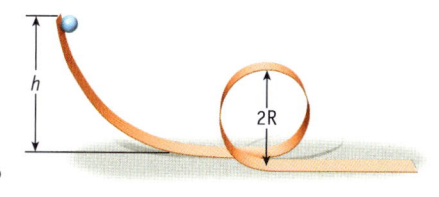

••10.39 O pulsar Caranguejo ($m \approx 2 \cdot 10^{30}$ kg) é uma estrela de nêutrons localizado na Nebulosa do Caranguejo. A taxa de rotação do pulsar Caranguejo é atualmente de 30 rotações por segundo, ou 60π rad/s. A taxa de rotação do pulsar está, entretanto, diminuindo: a cada ano o período de rotação diminui 10^{-5} s. Justifique a seguinte afirmação: a perda de energia rotacional do pulsar é equivalente a 100.000 vezes a potência gerada pelo Sol. (A potência total gerada pelo Sol é de $4 \cdot 10^{26}$ W.)

••10.40 Um bloco de massa $m = 4$ kg está preso a uma mola ($k = 32$ N/m) por uma corda passando por uma roldana de 8 kg de massa e raio $R = 5$ cm, conforme mostrado na figura. Tratando a roldana como um disco maciço e homogêneo, desprezando o atrito no eixo da roldana, e assumindo que o sistema parte do repouso com a mola não distendida, ache (a) a velocidade do bloco após ele cair 1 m, e (b) a distensão máxima da mola.

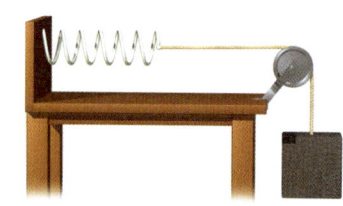

Seção 10.3

•10.41 Um pequeno objeto circular de massa m e raio r tem um momento de inércia dado por $I = cmr^2$. O objeto rola sem deslizar ao longo do traçado mostrado na figura. O traçado termina com uma rampa de altura $R = 2,5$ m que lança o objeto verticalmente. O objeto parte de uma altura $H = 6,0$ m. Se $c = 0,40$, qual a altura máxima que ele irá atingir?

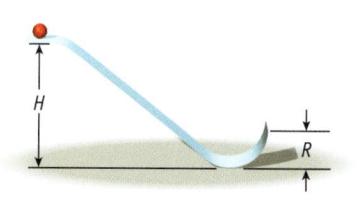

•10.42 Uma esfera maciça uniforme de massa M e raio R está rolando sem deslizamento ao longo de um plano inclinado com uma velocidade $v = 3,00$ m/s quando encontra uma rampa com inclinação de 23° em relação à horizontal. Ache a distância máxima que a esfera sobe a rampa em cada caso:

a) A rampa não tem atrito, logo a esfera continua a rolar com sua velocidade angular inicial até que ela atinge sua altura máxima.

b) A rampa fornece atrito suficiente, evitando que a esfera deslize, assim ambos os movimentos, linear e rotacional, param (instantaneamente).

Seção 10.4

•10.43 Um disco com massa de 30 kg e raio de 40 cm é montado em um eixo horizontal sem atrito. Uma corda é enrolada muitas vezes em torno do disco e então presa a um bloco de 70 kg, conforme mostrado na figura. Encontre a aceleração do bloco, supondo que a corda não escorregue.

•10.44 Uma força, $\vec{F} = (2\hat{x} + 3\hat{y})$ N, é aplicada a um objeto em um ponto cujo vetor posição em relação ao ponto de pivô é $\vec{r} = (4\hat{x} + 4\hat{y} + 4\hat{z})$ m. Calcule o torque originado pela força em torno do ponto de pivô.

••10.45 Um disco com massa de 14 kg, diâmetro de 30 cm, e espessura de 8 cm é montado em um eixo horizontal áspero, como mostrado à esquerda na figura. (Há uma força de atrito entre o eixo e o disco.) O disco está, inicialmente, em repouso. Uma força constante, $F = 70$ N, é aplicada na borda do disco, a um ângulo de 37°, como mostrado no lado direito da figura. Após 2,0 s, a força é reduzida para $F = 24$ N, e o disco gira com velocidade angular constante.

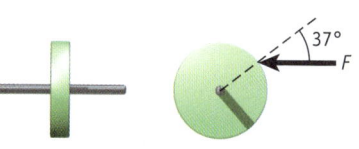

a) Qual é a intensidade do torque devido ao atrito entre o disco e o eixo?

b) Qual é a velocidade angular do disco após 2,0 s?

c) Qual é a energia cinética do disco após 2,0 s?

Seção 10.5

10.46 Uma haste fina (comprimento = 10 m, massa = 2,0 kg) está girando em torno de um pino horizontal sem atrito através de uma de suas extremidades. O momento de inércia da haste em relação a este eixo é $\frac{1}{3}mL^2$. A haste é solta quando está 60° abaixo da horizontal. Qual é a aceleração angular da haste no instante em que é solta?

10.47 Um objeto feito de duas seções em forma de disco, A e B, conforme mostrado na figura, está girando em torno de um eixo passando pelo centro do disco A. As massas e os raios dos discos A e B são, respectivamente, 2 kg e 0,2 kg, e 25 cm e 2,5 cm.

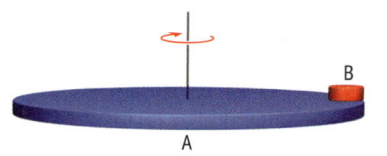

a) Calcule o momento de inércia do objeto.

b) Se o torque axial devido ao atrito é 0,2 N m, quanto tempo irá levar para o objeto parar se está girando com uma velocidade angular inicial de -2π rad/s?

•10.48 Você é o consultor técnico de um filme de aventura-ação, em que numa das cenas o dublê representa o herói caindo de um prédio de 20 m de altura no chão com segurança, a uma velocidade final vertical de 4 m/s. No parapeito do telhado do prédio, uma polia de 100 kg está enrolada com uma corda suficientemente longa (de massa desprezível), com um raio de 0,5 m, e está livre para girar em torno do seu eixo cilíndrico com um momento de inércia I_0. O script requer um dublê de

50 kg para amarrar a corda em volta de sua cintura e saltar do telhado.

a) Determine uma expressão para a aceleração linear do dublê em termos de sua massa m, da polia de raio r e do momento de inércia I_0.

b) Determine o valor necessário para a aceleração do dublê se ele tem que cair no chão com segurança a uma velocidade de 4 m/s, e use este valor para calcular o momento de inércia da polia em torno de seu eixo.

c) Qual é a aceleração angular da polia?

d) Quantas voltas a polia executa durante a queda?

• **10.49** Numa competição de arremesso de pneus, um homem segurando um pneu de carro rapidamente rodopia três vezes com o pneu em torno de si e o arremessa, num movimento muito semelhante a um arremessador de discos. O pneu inicia do repouso e é, então, acelerado em uma trajetória circular. O raio r da órbita do centro de massa do pneu é 1,10 m e a trajetória é horizontal ao solo. A figura mostra a vista superior da trajetória circular do pneu e o ponto no centro marca o eixo de rotação. O homem aplica um torque constante de 20,0 N m para acelerar o pneu a uma aceleração angular constante. Assuma que toda a massa do pneu esteja concentrada em um raio $R = 0,35$ m de seu centro.

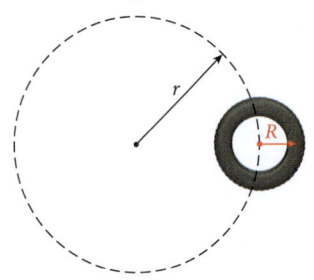

a) Qual é o tempo, $t_{arremesso}$, requerido para o pneu completar as três revoluções?

b) Qual é a velocidade linear final do centro de massa do pneu (após completar as três revoluções)?

c) Se, em vez de assumir que toda a massa do pneu está a distância 0,35 m de seu centro, você tratar o pneu como um anel cilíndrico de raio interno 0,30 m e raio externo 0,40 m, como isto altera suas respostas das partes (a) e (b)?

• **10.50** Um bastão uniforme de massa $M = 250,0$ g e comprimento $L = 50,0$ cm se encontra em posição vertical sobre uma mesa horizontal. Ele é solto a partir do repouso e cai.

a) Quais forças estão atuando sobre o bastão?

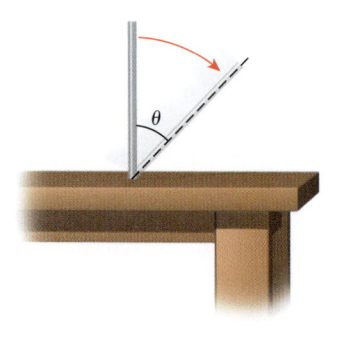

b) Calcule a velocidade angular do bastão, a aceleração vertical da extremidade do bastão que se move e a força normal exercida pela mesa sobre o bastão quando ele forma um ângulo $\theta = 45,0$ em relação à vertical.

c) Se o bastão cai sobre a mesa sem deslizar, encontre a aceleração linear de um ponto no fim do bastão quando atinge a mesa e compare com g.

• **10.51** Uma roda, com $c = \frac{4}{9}$, uma massa de 40 kg e um raio externo de 30 cm, está montada verticalmente sobre um eixo horizontal. Uma massa de 2 kg está suspensa pela roda por uma corda presa em torno da extremidade. Encontre a aceleração angular da roda quando a massa é solta.

•• **10.52** Um barril de 100 kg com um raio de 50 cm tem duas cordas enroladas em torno de si, conforme mostrado na figura. O barril é solto a partir do repouso, fazendo com que as cordas se desenrolem e o barril caia girando até o solo. Qual é a velocidade do barril após ele ter caído de uma distância de 10 m? Qual é a tensão em cada corda? Assuma que a massa do barril está uniformemente distribuída e que o barril gira como um cilindro maciço.

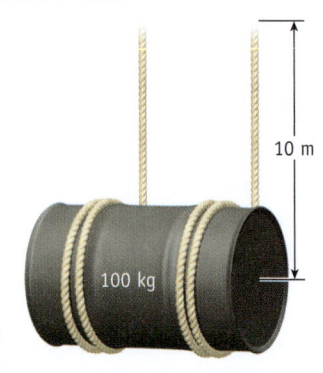

•• **10.53** Uma montagem para demonstração consiste em uma placa uniforme de comprimento L, articulada na extremidade inferior e elevada de um ângulo θ através de uma vara de suporte. Uma bola em repouso na extremidade elevada e um copo de bulbo de lâmpada está fixado na placa a uma distância d da extremidade elevada para apanhar a bola quando a vara mantendo a placa é subitamente removida. Você quer usar uma placa fina articulada de 1,00 m de comprimento e 10,0 cm de largura e pretende ter o suporte vertical localizado em sua extremidade elevada.

a) Quanto tempo você deve manter a vara de apoio para que a bola tenha chance de ser capturada?

b) Suponha que você escolha usar a maior vara de suporte possível colocada na extremidade elevada da placa. A qual distância d daquela extremidade deve estar localizado o copo para assegurar que a bola será capturada por ele?

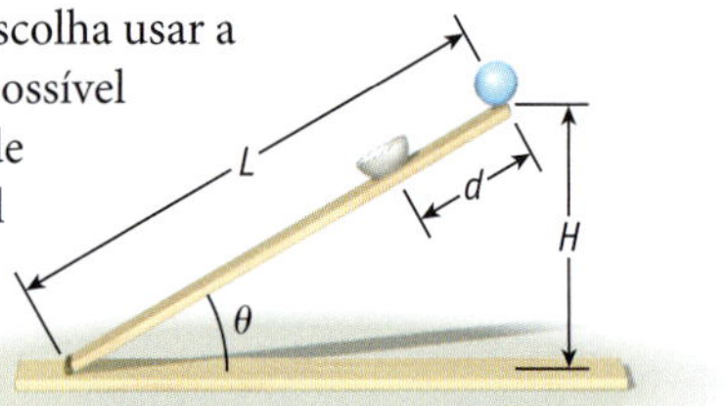

Seção 10.6

• **10.54** O volante de uma velha máquina a vapor é um disco maciço e homogêneo de metal com massa $M = 120$ kg e raio $R = 80$ cm. O motor gira a roda a 500 rpm. Em uma emergência, fazendo com que o motor pare, o volante é desligado do motor, e pás de freios são aplicadas às bordas para fornecer uma força $F = 100$ N radial para dentro. Se o coeficiente de atrito cinético entre o freio e o volante é $\mu_k = 0,2$, quantas voltas o volante faz antes de parar? Quanto tempo leva para o volante chegar ao repouso? Calcule o trabalho feito pelo torque durante este tempo.

• **10.55** A turbina e partes associadas que giram em um motor a jato tem um momento de inércia total de 25 kg m². A turbina é acelerada uniformemente a partir do repouso até uma velocidade angular de 150 rad/s em um tempo de 25 s. Encontre:

a) a aceleração angular

b) o torque resultante necessário

c) o ângulo total girado em 25 segundos

d) o trabalho feito pelo torque resultante

e) a energia cinética da turbina no fim dos 25 s

Seção 10.7

10.56 Duas pequenas massas de 6 kg estão amarradas por uma corda, que pode ser admitida como sem massa. A corda está emaranhada, como mostra a figura. Com corda emaranhada, as massas estão separadas de 1 m. As duas massas podem girar ao redor de seus centros de massa sobre uma mesa sem atrito, a uma taxa de 5 rad/s. À medida que giram, a corda desemaranha e encomprida para 1,4 m. Qual é a velocidade angular das massas após a corda desemaranhar-se?

• **10.57** É dito às vezes que se a população inteira da China pulasse de uma cadeira, alteraria a rotação da Terra. Felizmente, a Física nos dá ferramentas para investigar tal especulação.

a) Calcule o momento de inércia da Terra em relação ao seu eixo. Por simplicidade, trate a Terra como uma esfera uniforme de massa $m_T = 5,977 \cdot 10^{24}$ kg e raio de 6.371 km.

b) Calcule um limite superior para a contribuição da população da China sobre o momento de inércia da Terra, admitindo que toda a população esteja no Equador. Tome a população da China como 1,3 bilhão de habitantes, com uma massa média de 70 kg por pessoa.

c) Calcule a variação na contribuição da parte (b), junto com uma variação simultânea de 1 m na posição radial da população inteira.

d) Determine a variação fracionária no comprimento do dia que a variação da parte (c) poderia produzir.

• **10.58** Uma bala de massa $m_B = 0,01$ kg está se movendo com velocidade de 100 m/s, quando colide com uma haste de massa $m_H = 5$ kg e de comprimento $L = 1$ m (mostrados na figura). A haste está inicialmente em repouso, na posição vertical, e gira sobre um eixo que passa pelo seu centro de massa. A bala fica alojada na haste a uma distância $L/4$ em relação ao ponto de rotação. Como resultado, o sistema haste-bala começa a girar.

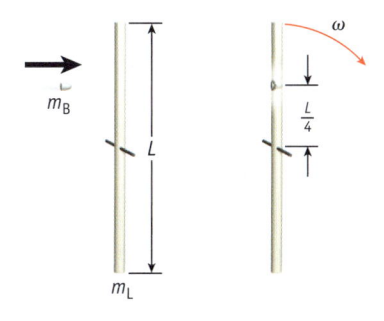

a) Ache a velocidade angular, ω, do sistema haste-bala após a colisão. Você pode desprezar a largura da haste e tratar a bala como uma massa pontual.

b) Quanta energia cinética é perdida na colisão?

• **10.59** Uma esfera de raio R e massa M está sobre uma mesa horizontal. Um impulso, horizontalmente dirigido, com intensidade J, é dado em um ponto sobre a esfera a uma distância h acima da mesa.

a) Determine a velocidade angular e a velocidade translacional da esfera, exatamente após o impulso ser dado.

b) Determine a distância h_0 na qual o impulso dado faz a esfera rolar imediatamente, sem deslizar.

• **10.60** Uma plataforma circular de raio $R_p = 4$ m e massa $M_p = 400$ kg gira, sem atrito, sobre um colchão de ar ao redor de seu eixo vertical, a 6 rpm. Um homem de 80 kg, de pé, bem no centro da plataforma, começa a andar (em $t = 0$) radialmente para fora da plataforma com velocidade de 0,5 m/s, em relação à própria plataforma. Aproximando o homem de um cilindro vertical de raio $R_h = 0,2$ m, determine uma equação (expressão específica) para a velocidade angular da plataforma, como uma função do tempo. Qual é a velocidade angular quando o homem atinge a borda da plataforma?

• **10.61** Um garoto de 25 kg está em pé a 2 m do centro de um carrossel que tem um momento de inércia de 200 kg m². O garoto começa a correr em círculo, com velocidade de 0,6 m/s, em relação ao chão.

a) Calcule a velocidade angular do carrossel.

b) Calcule a velocidade do garoto em relação à superfície do carrossel.

• **10.62** A Terra tem uma velocidade angular de $7,272 \cdot 10^{-5}$ rad/s, em sua rotação. Ache a nova velocidade angular se um asteroide ($m = 1,00 \cdot 10^{22}$ kg) atinge a Terra enquanto viaja a uma velocidade de $1,40 \cdot 10^3$ m/s (admita que o asteroide é uma massa pontual, comparado ao raio de Terra) em cada um dos seguintes casos:

a) O asteroide atinge a Terra bem no centro.

b) O asteroide atinge a Terra quase tangencialmente, em direção à rotação da Terra.

c) O asteroide atinge a Terra quase tangencialmente, na direção oposta da rotação da Terra.

Seção 10.8

10.63 Um giroscópio de demonstração consiste em um disco uniforme com 40 cm de raio, montado no meio de um eixo fino de 60 cm de comprimento. O eixo é sustentado em uma extremidade, enquanto está na posição horizontal. Qual e a velocidade de precessão, em rad/s, do giroscópio, se o disco está girando ao redor do eixo a 30 rev./s?

Problemas adicionais

10.64 A maioria das estrelas mantém um tamanho de equilíbrio, ponderando duas forças – uma força gravitacional orientada para dentro e uma força devido às reações nucleares da estrela orientada para fora. Quando o combustível da estrela acaba, não há contrabalanço da força gravitacional. Qualquer que seja o material que sobre, colapsa sobre si. Estrelas com o tamanho aproximado do Sol tornam-se anãs brancas, que brilham em função do calor residual. Já estrelas que têm perto de três vezes a massa do Sol, compactam-se em uma estrela de nêutrons. E estrelas com massa maior que três vezes a massa do Sol colapsam em um ponto único, chamado *buraco negro*. Na maioria dos casos, prótons e elétrons são fundidos para formarem nêutrons – essa é a razão para o nome *estrela de nêutrons*. Estrelas de nêutrons giram muito rápido devido à conservação do momento angular. Imagine uma estrela de massa 5.10^{30} kg e raio de $9,5.10^{8}$ m que gira uma vez a cada 30 dias. Suponha que essa estrela sofra um colapso gravitacional e forme uma estrela de nêutrons de raio 10 km. Determine seu período de rotação.

10.65 Em experimentos no Laboratório de Física de Plasma, de Princeton, um plasma de átomos de hidrogênio é aquecido além de 500 milhões de graus Celsius (cerca de 25 vezes mais quente que o centro do Sol) e confinado por dezenas de milissegundos por um poderoso campo magnético (100.000 vezes maior que o campo magnético da Terra). Para cada experimento, uma grande quantidade de energia é necessária por uma fração de segundos, que se traduz em uma exigência de energia que causaria um apagão, se a rede normal de energia elétrica fosse usada para o experimento. Em vez disso, a energia cinética é armazenada em um gigantesco volante, que é um cilindro maciço rotatório, de raio 3,00 m e massa de $1,18.10^{6}$ kg. A energia elétrica da rede normal dá a partida no volante, até que ele atinja, 10min após iniciar a girar, uma velocidade angular de 1,95 rad/s. Uma vez que o volante atinja essa velocidade angular, toda sua energia pode ser extraída muito rapidamente para ser usada num experimento. Qual é a energia mecânica armazenada no volante, quando ele gira a 1,95 rad/s? Qual é o torque médio necessário para acelerar a volante do repouso até 1,95 rad/s em 10min?

10.66 Um aro fino, de massa 2 kg e raio de 50 cm, rola por um declive de 30°, sem deslizar. Se o aro inicia do repouso no topo do declive, qual é sua velocidade de translação após ele rolar 10 m ao longo do declive?

10.67 Uma molécula de oxigênio (O_2) gira no plano xy ao redor do eixo z. O eixo de rotação passa pelo centro da molécula, perpendicular ao seu comprimento. A massa de cada átomo de oxigênio é $2,66.10^{-26}$ kg e a distância média entre dois átomos é $d = 1,21.10^{-10}$ m.

a) Calcule o momento de inércia das moléculas ao redor do eixo z.

b) Se a velocidade angular das moléculas ao redor do eixo z é $4,60.10^{12}$ rad/s, qual é a energia cinética rotacional das moléculas?

10.68 Uma conta, de massa 0,050 kg, desliza por um fio em forma de círculo de raio 0,40 m. Você arranca a conta com uma força tangente ao círculo. Que força é necessária para dar à conta uma aceleração angular de 6,0 rad/s²?

10.69 Um professor, dando uma palestra de demonstração, está de pé no centro de uma mesa giratória, sem atrito, segurando massas de 5 kg em cada mão com os braços estendidos de tal modo que cada massa está a 1,2 m de sua linha de centro. Um estudante (cuidadosamente selecionado!) gira o professor até uma velocidade de rotação de 1 rpm. Se ele deixa seus braços mais perto de seu corpo, de modo que cada massa fique 0,3 m de sua linha de centro, qual é a nova taxa de rotação? Admita que sua inércia rotacional sem as massas é de 2,8 kg m/s e despreze o efeito na inércia rotacional da posição de seus braços, desde que as massas sejam menores comparadas à massa do corpo.

•10.70 O sistema mostrado na figura é inicialmente mantido em repouso. Calcule a aceleração angular do sistema tão logo ele é solto. Você pode tratar M_A (1 kg) e M_B (10 kg) como massas pontuais localizadas sobre qualquer uma das extremidades da haste de massa M_C (20 kg) e comprimento L (5 m).

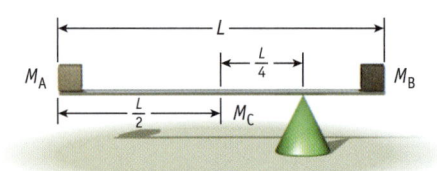

•10.71 Uma criança constrói um carro simples, de medidas 0,60 m por 1,20 m, de uma chapa de madeira compensada, de massa 8,0 kg, e quatro rodas, cada uma com 20,0 cm de diâmetro e massa de 2,00 kg. O carro é solto da parte superior de uma inclinação de 15°, de comprimento 30 m. Ache a velocidade ao final da inclinação. Admita que as rodas rolem ao longo da inclinação sem deslizar e que o atrito entre as rodas e seus eixos possa ser desprezado.

•10.72 Um CD tem massa de 15,0 g, um diâmetro interno de 1,5 cm e 11,9 cm de diâmetro externo. Suponha que você o atire, fazendo o CD girar à taxa de 4,3 revoluções por segundo.

a) Determine o momento de inércia do CD, fazendo sua densidade aproximadamente uniforme.

b) Se seus dedos estivessem em contato com o CD por 0,25 revolução, enquanto ele adquiria sua velocidade angular e aplicando um torque constante nele, qual seria a intensidade desse torque?

•10.73 Uma placa de madeira compensada, com espessura de 1,3 cm, é usada para fazer uma pequena porta de largura 55 cm e altura de 79 cm, com dobradiças montadas sobre a borda vertical. Uma pequena maçaneta, de massa 150 g, é colocada a 45 cm da dobradiça superior, na mesma altura da dobradiça. Se a densidade da madeira é 550 kg/m³, qual é o momento de inércia da porta ao redor das dobradiças? Despreze a contribuição das componentes das dobradiças para o momento de inércia.

•10.74 Uma parte de uma máquina é feita de um disco sólido uniforme de raio R e massa M. Um furo de raio $R/2$ é feito no disco, com o centro do furo a uma distância $R/2$ em relação ao centro do disco (o diâmetro do furo cobre do centro do disco à sua borda mais externa). Qual é o momento de inércia dessa parte da máquina em relação ao centro do disco, em termos de R e M?

•10.75 Uma estação espacial fornece gravidade artificial para auxiliar por longo tempo astronautas e cosmonautas. Ela é projetada como uma grande roda, com todos os compartimentos na borda, que gira a uma velocidade que fornecerá uma aceleração similar àquela da gravidade terrestre para os astronautas (seus pés estarão sobre o interior da parede mais externa da estação e suas cabeças apontarão em direção ao ponto central da estação). Após a estação espacial ser montada em órbita, sua rotação será iniciada pelo disparo de um motor a foguete, situado na borda externa, que funciona tangencialmente à borda. O raio da estação espacial é $R = 50$ m e a massa é $M = 2,4.10^5$ kg. Se o impulso do motor é $F = 1,4.10^2$ N. Por quanto tempo o motor deveria disparar?

•**10.76** Muitos pulsares irradiam radiofrequências, ou outra radiação, de maneira periódica e são vizinhos de uma estrela companheira, o que é conhecido como um *sistema pulsar binário*. Em 2004, um sistema pulsar duplo, PSR J0737-3030A e J07370-3039B, foi descoberto por astrônomos no Observatório Jodel Bank, na Grã-Bretanha. Neste sistema, ambas as estrelas são pulsares. O pulsar com a rotação mais rápida gira uma vez a cada 0,023 s, enquanto o outro tem um período de rotação de 2,8 s. O pulsar mais rápido tem massa de 1,337 vez a massa do Sol e o mais lento 1,250 vez a massa do Sol.

a) Se cada pulsar tem um raio de 20,0 km, expresse a razão de suas energias cinéticas de rotação. Considere cada estrela como uma esfera uniforme com um período fixo de rotação.

b) As órbitas dos dois pulsares ao redor do centro de massa comum a eles é bem excêntrica (elipses muitíssimo achatadas), mas uma estimativa de suas energias cinéticas translacionais médias pode ser obtida tratando cada órbita como circular, com um raio igual à distância média do centro de massa do sistema. Esse raio é igual a $4,23.10^8$ m, para a estrela maior, e $4,54.10^8$ m para a menor. Se o período orbital é de 2,4h, calcule a razão entre as energias cinéticas rotacional e translacional de cada estrela.

•**10.77** Uma estudante de massa 52 kg quer medir a massa de um carrossel, que consiste em um disco maciço de metal, de raio $R = 1,5$ m, que está montado na posição horizontal sobre um eixo de baixo atrito. Ela tenta fazer um experimento: ela corre com velocidade $v = 6,8$ m/s em direção à borda externa do carrossel e pula sobre esta, como mostrado na figura abaixo. O carrossel está inicialmente em repouso antes de a estudante pular nele e girar a 1,3 rad/s, imediatamente após o salto dela. Você pode admitir que a massa da estudante está concentrada em um ponto.

a) Qual é a massa do carrossel?

b) Se leva 35 s para o carrossel virar a parar após a estudante ter pulado, qual é o torque médio devido ao atrito no eixo?

c) Quanto tempo o carrossel gira antes de parar, admitindo que o torque em função do atrito é constante?

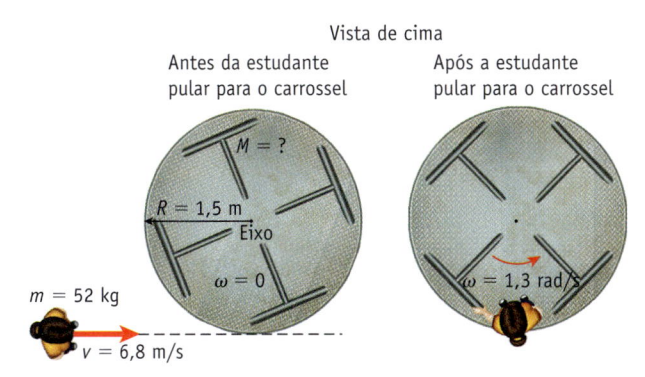

•**10.78** Um pêndulo balístico consiste em um braço de massa M e comprimento $L = 0,48$ m. Uma extremidade do braço é fixada de modo que o braço gire livremente em um plano vertical. Inicialmente, o braço está sem movimento e pende verticalmente do ponto de rotação. Um projétil de mesma massa M atinge a extremidade mais baixa do braço, com uma velocidade horizontal de $V = 3,6$ m/s. O projétil permanece preso à extremidade livre do braço durante seus movimentos subsequentes. Ache o ângulo máximo para o qual o braço e a massa presa a ela balançarão em cada caso:

a) O braço é tratado como um pêndulo ideal, com toda sua massa concentrada como uma massa pontual na extremidade livre.

b) O braço é tratado como um bastão fino e rígido, com sua massa uniformemente distribuída ao longo de seu comprimento.

••**10.79** Uma roda de carroça é feita inteiramente de madeira. Suas componentes consistem em um aro com 12 raios e um cubo central. O aro tem massa de 5,2 kg, o raio mais externo tem 0,90 m e o mais interno 0,86 m. O cubo é um cilindro sólido de massa 3,4 kg e raio de 0,12 m. Os raios são finos bastões de massa 1,1 kg que se estendem do cubo ao raio interno do aro. Determine a constante $c = I/MR^2$, para essa roda de carroça.

••**10.80** A figura mostra uma bola sólida e homogênea, de raio R. Antes de cair ao solo, seu centro de massa está em repouso, mas girando com velocidade angular ω_0 ao redor de um eixo horizontal que passa pelo seu centro. O ponto mais baixo da bola está a uma altura h acima do solo. Quando solta, a bola cai sob influência da gravidade e ricocheteia até uma nova altura na qual seu ponto mais baixo fica a ah acima do solo. As deformações da bola e do solo, devido ao impacto, podem ser consideradas desprezíveis; o tempo de impacto, contudo, é finito. A massa da bola é m, e o coeficiente de atrito cinético entre a bola e o solo é μ_c. Ignore a resistência do ar.

Para a situação em que a bola está girando durante o impacto, ache cada um dos seguintes itens:

a) tg θ, onde θ é o ângulo de ricocheteio indicado no diagrama.

b) a distância horizontal percorrida entre o primeiro e segundo impactos.

c) o valor mínimo de ω_0 para essa situação.

Para a situação em que a bola para de deslizar antes que o impacto termine, encontre cada um dos seguintes itens:

d) tg θ.

e) a distância horizontal percorrida entre o primeiro e segundo impactos.

Levando ambas as situações em conta, esboce a variação de tg θ em relação à ω_0.

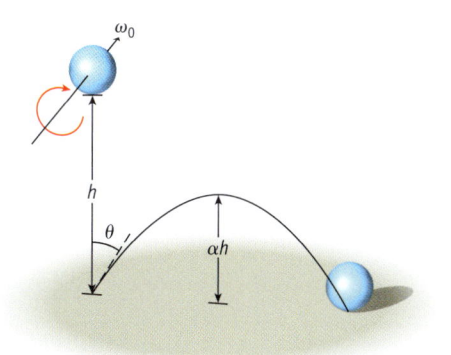

11 Equilíbrio Estático

O QUE APRENDEREMOS — 355

11.1 Condições de equilíbrio — 355
Localizando experimentalmente
o centro de massa — 356
Equações de equilíbrio — 357
**11.2 Exemplos envolvendo equilíbrio
estático** — 357
  Exemplo 11.1 Gangorra — 357
  Exemplo 11.2 Força sobre o bíceps — 359
  Exemplo 11.3 Empilhando blocos — 360
  Problema resolvido 11.1 Uma
    escultura abstrata — 362
  Exemplo 11.4 Pessoa em pé sobre
    uma escada — 364
11.3 Estabilidade de estruturas — 366
Condição quantitativa para
  estabilidade — 366
Superfícies multidimensionais
  e pontos em sela — 367
  Exemplo 11.5 Empurrando uma caixa — 368
Ajustes dinâmicos para estabilidade — 369

**O QUE JÁ APRENDEMOS /
GUIA DE ESTUDO PARA EXERCÍCIOS** — 370

Guia de resolução de problemas — 371
  Problema resolvido 11.2 Sustentando
    uma placa de loja — 371
Questões de múltipla escolha — 373
Questões — 374
Problemas — 375

Figura 11.1 O prédio mais alto no mundo, de 2008, é o Taipei 101, em Taiwan: (a) vista da torre; (b) vista do amortecedor de oscilação dentro da torre; (c) Desenho em corte do topo da torre mostrando a localização do amortecedor.

O QUE APRENDEREMOS

- O equilíbrio estático é definido como o equilíbrio mecânico para o caso especial de um corpo em repouso.
- Um corpo (ou um conjunto de corpos) estará em equilíbrio estático somente se a força externa resultante e o torque externo resultante forem zero.
- Uma condição necessária para o equilíbrio estático é aquela em que a primeira derivada da função energia potencial é zero no ponto de equilíbrio.
- O equilíbrio estável é alcançado no ponto onde a função energia potencial tem um mínimo.
- O equilíbrio instável ocorre no ponto onde a função energia potencial tem um máximo.
- O equilíbrio neutro (também chamado equilíbrio indiferente ou equilíbrio marginalmente estável) existe no ponto onde a primeira e a segunda derivadas da função energia potencial são, ambas, zero.
- As considerações de equilíbrio são usadas para encontrar de outra maneira forças desconhecidas atuando sobre um corpo imóvel ou para encontrar as forças requeridas para impedir o movimento de um corpo.

O prédio mais alto no mundo, em 2008, era a torre Taipei 101 (Figura 11.1), em Taiwan, com altura de 509 m (1.670 pés). Como qualquer arranha-céu, esse edifício balança quando ventos próximos ao topo sopram a altas velocidades. Para minimizar o movimento, a torre Taipei 101 contém uma massa amortecedora entre o 87º e o 92º andares, consistindo em uma bola de aço construída com 5 discos grossos. O amortecedor tem uma massa de 660 toneladas métricas, o suficiente para reduzir o movimento da torre em 40%. Restaurantes e plataformas de observação cercam o amortecedor, fazendo-o a principal atração turística do prédio.

Estabilidade e segurança são de importância fundamental no projeto e construção de qualquer edifício. Neste capítulo, examinaremos as condições para o equilíbrio estático, o qual ocorre quando um corpo está em repouso e sujeito à forças e torques nulos. Entretanto, como veremos, uma estrutura deve ser capaz de resistir a forças externas que tendem a colocá-la em movimento. Em longo prazo, a estabilidade de uma estrutura grande – um prédio, uma ponte ou um monumento – depende da habilidade dos construtores em julgar quão forte as forças externas devem ser para projetarem a estrutura que resista a essas forças.

11.1 Condições de equilíbrio

No Capítulo 4, vimos que a condição necessária para o equilíbrio estático é a ausência de força resultante externa. Nesse caso, a Primeira Lei de Newton estipula que um corpo permanece em repouso ou se move com velocidade constante. Porém, frequentemene queremos encontrar as condições necessárias para um corpo rígido permanecer em repouso em equilíbrio *estático*. Um corpo (ou conjunto de corpos) está em **equilíbrio estático** se ele estiver em repouso e não experimentar movimentos translacionais ou rotacionais. A Figura 11.2 mostra um famoso exemplo de um conjunto de corpos em equilíbrio estático. Parte do que faz esta instalação tão espantosa é que o olho não quer aceitar que a configuração seja estável.

A condição para nenhum movimento translacional ou rotacional é que as velocidades linear e angular de um corpo em equilíbrio estático sejam sempre zero. O fato de as velocidades linear e angular não variarem com o tempo, implica que as acelerações linear e angular também sejam nulas todo o tempo. No Capítulo 4, vimos que a Segunda Lei de Newton,

$$\vec{F}_{\text{res}} = m\vec{a}, \tag{11.1}$$

implica o fato de que, se a aceleração linear, $\vec{a}$, é zero, a força externa resultante, $\vec{F}_{\text{res}} = 0$, deve ser zero. Além disso, no Capítulo 10 observou-se que a Segunda Lei de Newton para rotação,

$$\vec{\tau}_{\text{res}} = I\vec{\alpha}, \tag{11.2}$$

implica o fato de que, se a aceleração angular, $\vec{\alpha}$, é zero, o torque, $\vec{\tau}_{\text{res}}$, deve ser zero. Esses fatos conduzem a duas condições de equilíbrio estático.

Figura 11.2 Essa instalação de 440 kg, criada por Alexander Calder, pende do teto na National Gallery of Art (Washington, DC) em perfeito equilíbrio estático.

Condição de equilíbrio estático 1

Um corpo pode permanecer em equilíbrio estático somente se a força resultante atuando sobre ele for zero:

$$\vec{F}_{\text{res}} = 0. \tag{11.3}$$

Continua

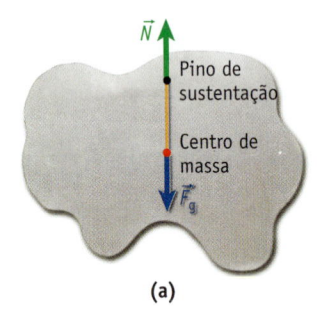

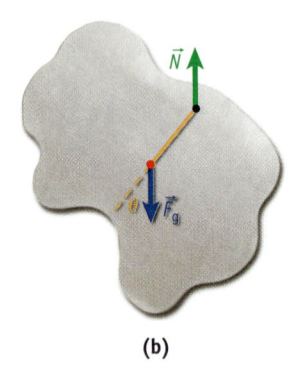

Figura 11.3 (a) Este corpo experimenta torque resultante zero, porque ele está sustentado por um pino localizado exatamente acima do centro de massa. (b) Um torque é resultante quando o centro de massa do mesmo corpo está em uma localização não exatamente abaixo do ponto de suporte.

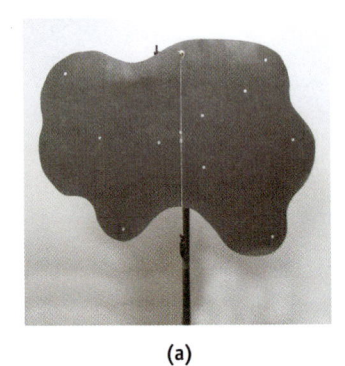

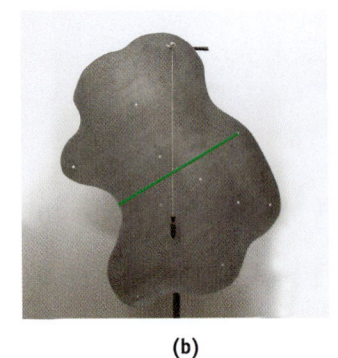

Figura 11.4 Encontrando o centro de massa para um corpo de formas arbitrárias.

Condição de equilíbrio estático 2

Um corpo pode permanecer em equilíbrio estático somente se o torque resultante atuando sobre ele for zero:

$$\vec{\tau}_{res} = 0. \qquad (11.4)$$

Mesmo se a Primeira Lei de Newton for satisfeita (nenhuma força resultante atua sobre o corpo) e um corpo não tenha movimento translacional, ele ainda irá girar, se experimentar um torque resultante.

É importante lembrar que o torque é sempre definido em relação a um ponto de pivô (o ponto onde o eixo de rotação cruza o plano definido por $\vec{F}$ e $\vec{r}$, também chamado de ponto de rotação). Quando calculamos o torque resultante, o ponto de pivô dever ser o mesmo para todas as forças envolvidas no cálculo. Se tentarmos resolver um problema de equilíbrio estático com torque resultante tendendo a zero, para qualquer ponto de pivô escolhido, o torque resultante deve ser zero. Assim, temos a liberdade de selecionar um ponto de pivô que melhor se adapte a nosso propósito. Uma seleção inteligente de um ponto de pivô é, frequentemente, a chave para uma rápida solução. Por exemplo, se força desconhecida está presente no problema, podemos selecionar o ponto onde a força atua como ponto de pivô. Então, aquela força não entrará na equação do torque, porque ela tem o braço de alavanca de comprimento zero.

Se um corpo é suportado por um pino localizado diretamente acima de seu centro de massa, como na Figura 11.3a (onde o ponto vermelho marca o centro de massa), então, o corpo permanece equilibrado; isto é, ele não começa a girar, Por quê? Porque, nesse caso, somente duas forças atuam sobre o corpo – a força da gravidade, $\vec{F}_g$ (seta azul), e a força normal $\vec{N}$ (seta verde), do pino – e elas ficam sobre a mesma linha (linha amarela na Figura 11.3a). As duas forças se cancelam reciprocamente e não produzem torque resultante, resultando em equilíbrio estático; o corpo está em equilíbrio.

Por outro lado, se um corpo é suportado, da mesma maneira, por um pino, mas seu centro de massa não está abaixo do ponto de suporte, então, a situação é aquela mostrada na Figura 11.3b. Os vetores força gravitacional e força normal ainda apontam em direções opostas, porém, um torque resultante diferente de zero, agora, atua, porque o ângulo θ entre o vetor força gravitacional, $\vec{F}_g$, e o braço de alavanca (direcionado ao longo da linha amarela) não é mais zero. Esse torque viola a condição de que o torque resultante deve ser zero para o equilíbrio estático. Contudo, suspender um corpo por diferentes pontos é um método prático para encontrar o centro de massa do corpo, mesmo um corpo de formas estranhas, como o da Figura 11.3.

Localizando experimentalmente o centro de massa

Para localizar experimentalmente o centro de massa de um corpo, podemos pendurar o corpo por um pino de tal maneira que ele possa girar livremente ao redor do pino e, então, deixá-lo vir ao repouso. Uma vez que o corpo esteja em repouso, seu centro de massa é localizado sobre a linha diretamente abaixo do pino. Suspendemos um peso (um fio de prumo, na Figura 11.4) pelo mesmo pino usado para suportar o corpo e ele identifica a linha. Marcamos essa linha sobre o corpo. Se fizermos isso para dois pontos de suporte, a intersecção das duas linhas marcará a localização exata do centro de massa.

Você pode usar outra técnica para determinar a localização do centro de massa para muitos corpos (veja Figura 11.5). Você simplesmente apoia o corpo entre sobre dois dedos colocados de tal maneira que o centro de massa esteja localizado em algum lugar entre eles. (Se esse não é o caso, você saberá logo, porque o corpo cairá.) Então, vagarosamente, escorregue os dedos para mais perto um do outro. No ponto onde se encontram, eles estão diretamente abaixo do centro de massa e o corpo está em equilíbrio sobre as pontas dos dedos.

Por que essa técnica funciona? O dedo que está mais perto do centro de massa exerce uma força normal maior sobre o corpo. Assim, quando em movimento, este dedo exerce uma força de atrito maior sobre o corpo do que o dedo que está mais longe. Consequentemente, se os dedos deslizam um em direção ao outro, o dedo que está mais perto do centro de massa levará o corpo suspenso junto com ele. Isso continua até o outro dedo ficar mais perto do centro de massa, quando o efeito é revertido. Desse jeito, os dois dedos sempre mantêm o centro de massa localizado entre eles. Quando os dedos estão próximos um do outro, o centro de massa está localizado.

Na Figura 4.6, mostrando a mão sustentando um *laptop*, o vetor força $\vec{N}$, exercido pela mão sobre o *laptop*, atuou no centro do computador, exatamente como o vetor força gravitacional, mas em direção oposta. É preciso que a mão seja colocada diretamente abaixo do centro de massa do computador. De outro modo, se o centro de massa não fosse sustentado diretamente abaixo, o computador tombaria.

Equações de equilíbrio

Com um entendimento qualitativo dos conceitos e condições para o equilíbrio estático, podemos formular as condições de equilíbrio para mais uma análise quantitativa. No Capítulo 4, verificamos que a condição de força resultante zero se traduz em três equações independentes no espaço tridimensional, uma para cada componente cartesiana da força resultante zero (refira-se à equação 11.3). Além disso, a condição de torque resultante zero nas três dimensões também implica em três equações para as componentes do torque resultante (refira-se à equação 11.4), representando rotações independentes sobre os três possíveis eixos de rotação, os quais são todos perpendiculares entre si. Neste capítulo, não trataremos de situações tridimensionais (envolvendo seis equações), em vez disso, nos concentraremos em problemas de equilíbrio estático no espaço bidimensional, isto é, no plano. No plano, existem dois independentes graus translacionais de liberdade para um corpo rígido (nas direções x e y) e uma possível rotação, ou no sentido horário ou anti-horário, ao redor de um eixo de rotação, que é perpendicular ao plano. Assim, as duas equações para as componentes da força resultante são

$$F_{\text{res},x} = \sum_{i=1}^{n} F_{i,x} = F_{1,x} + F_{2,x} + \cdots + F_{n,x} = 0 \tag{11.5}$$

$$F_{\text{res},y} = \sum_{i=1}^{n} F_{i,y} = F_{1,y} + F_{2,y} + \cdots + F_{n,y} = 0. \tag{11.6}$$

No Capítulo 10, o torque resultante sobre um eixo fixo de rotação foi definido como a diferença entre a soma dos torques anti-horários e a soma dos torques horários. A condição de equilíbrio estático de torque resultante zero sobre cada eixo de rotação pode, assim, ser

$$\tau_{\text{res}} = \sum_{i} \tau_{\text{anti-horário},i} - \sum_{j} \tau_{\text{horário},j} = 0. \tag{11.7}$$

Essas três equações (11.5 até 11.7) formam a base para a análise quantitativa do equilíbrio estático nos problemas deste capítulo.

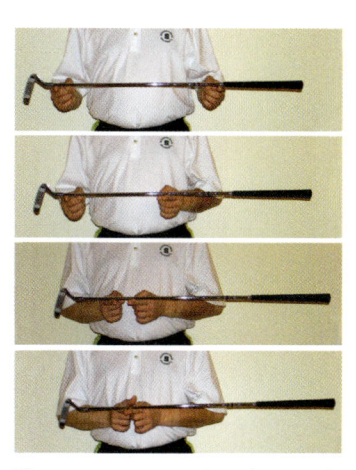

Figura 11.5 Determinando experimentalmente o centro de massa de um taco de golfe.

11.2 Exemplos envolvendo equilíbrio estático

As duas condições para equilíbrio estático (força e torque resultantes zero) são as que precisamos para resolver uma grande variedade de problemas envolvendo equilíbrio estático. Não precisamos do cálculo para resolver esses problemas; todos os cálculos usam somente álgebra e trigonometria. Vamos iniciar com um exemplo para o qual as respostas parecem óbvias. Isso fornecerá a prática com o método e mostrará que isso conduz à resposta certa.

EXEMPLO 11.1 Gangorra

Uma gangorra em uma praça de recreação consiste em um pivô e de uma barra, de massa M, a qual está posta sobre o pivô, de maneira que as extremidades podem mover-se para cima e para baixo livremente (Figura 11.6a). Um corpo de massa m_1 é colocado sobre uma extremidade da barra, a uma distância r_1 do ponto de pivô, como mostrado na Figura 11.6b, que desce, simplesmente, devido à força e do torque que o corpo exerce sobre ela.

PROBLEMA 1

Onde temos que colocar um corpo de massa m_2 (assumida igual à massa m_1) para que a gangorra fique em equilíbrio, com a barra na horizontal e nenhuma das extremidades toque o chão?

Continua →

SOLUÇÃO 1

A Figura 11.6b é um diagrama de queda livre da barra, mostrando as forças atuantes sobre ela e os pontos onde elas atuam. A força que m_1 exerce sobre a barra é simplesmente $m_1 g$, atuando para baixo, como mostrado na Figura 11.6b. O mesmo é verdadeiro para a força que m_2 exerce sobre a barra. Além disso, em função de a barra ter massa própria M, ela experimenta uma força gravitacional, Mg. A força gravitacional atua no centro de massa, no meio da barra. A força final atuando sobre a barra é a força normal, N, exercida pelo suporte da barra. Ela atua exatamente no eixo da gangorra (marcado com um ponto laranja).

A equação de equilíbrio para as componentes y das forças conduz à expressão para o valor da força normal:

$$F_{\text{res},y} = \sum_i F_{i,y} = -m_1 g - m_2 g - Mg + N = 0$$
$$\Rightarrow N = g(m_1 + m_2 + M).$$

Os sinais à frente das componentes individuais das forças indicam se elas atuam para cima (positivo) ou para baixo (negativo).

Em virtude de todas as forças atuarem na direção y, não é necessário escrever as equações para as componentes da força resultante nas direções x e z.

Podemos, agora, considerar o torque resultante. A seleção do apropriado ponto de pivô pode fazer nossos cálculos ficarem simples. Para uma gangorra, a seleção natural está no eixo, o ponto marcado com um ponto laranja no centro da barra, na Figura 11.6b. Em função da força normal, N, e do peso da barra, Mg, atuarem exatamente através desse ponto, seus braços de alavanca tem comprimento zero. Assim, essas duas forças não contribuem para a equação do torque, se este é selecionado como ponto de pivô. As forças $F_1 = m_1 g$ e $F_2 = m_2 g$ são somente aqueles torques contribuintes: F_1 gera um torque anti-horário e F_2 gera um torque horário. A equação do torque é, então

$$\tau_{\text{res}} = \sum_i \tau_{\text{horário},i} - \sum_j \tau_{\text{anti-horário},j}$$
$$= m_2 g r_2 \operatorname{sen} 90° - m_1 g r_1 \operatorname{sen} 90° = 0$$
$$\Rightarrow m_2 r_2 = m_1 r_1$$
$$\Rightarrow r_2 = r_1 \frac{m_1}{m_2}.$$

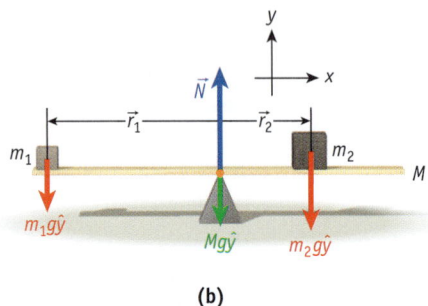

Figura 11.6 (a) Uma gangorra de praça de recreação; (b) Diagrama de queda livre mostrando forças e braços de alavanca.

Mesmo que eles se igualem a 1 e, assim, não tenham efeito, os fatores $sen 90°$ estão incluídos como um lembrete de que o ângulo entre a força e o braço de alavanca geralmente afeta o cálculo dos torques.

A questão foi onde colocar m_2 para o caso em que as duas massas fossem as mesmas: a resposta é $r_1 = r_2$, nesse caso. Este resultado esperado mostra que nosso caminho sistemático de aproximação da solução funciona nesse caso facilmente verificável.

PROBLEMA 2

Quão grande m_2 precisa ser para equilibrar m_1, se $r_1 = 3r_2$, isto é, se m_2 está três vezes mais perto do ponto de pivô do que m_1?

SOLUÇÃO 2

Usamos o mesmo diagrama de queda livre (Figura 11.6b) e chegamos à mesma equação geral para as massas e distâncias. Resolvendo a equação (i) para m_2, temos

$$m_2 r_2 = m_1 r_1$$
$$\Rightarrow m_2 = m_1 \frac{r_1}{r_2}.$$

Usando $r_1 = 3r_2$, obtemos

$$m_2 = m_1 \frac{r_1}{r_2} = m_1 \frac{3r_2}{r_2} = 3m_1.$$

Para esse caso, achamos que a massa m_2 deve ser três vezes m_1 para estabelecermos equilíbrio estático.

Como o exemplo 11.2 mostra, uma escolha correta do ponto de pivô pode frequentemente simplificar bastante uma solução. É importante, contudo, entender que podemos usar *qualquer* ponto de pivô. Se os torques estão equilibrados sobre qualquer ponto de pivô, eles estão equilibrados sobre *todos* os pontos de pivô. Assim, a troca do ponto de pivô pode resultar em cálculos mais complicados em certas situações, mas o resultado final dos cálculos não muda.

11.1 Pausa para teste

Suponha que o ponto de pivô para a gangorra na parte 1 do Exemplo 11.1 seja colocado abaixo do centro de massa de m_2. Mostre que isso leva ao mesmo resultado.

EXEMPLO 11.2 Força sobre o bíceps

Suponha que você está segurando um haltere, como mostrado na Figura 11.7a. Seu bíceps suporta seu antebraço. O bíceps está fixado ao osso do antebraço à distância $r_b = 2{,}0$ cm do cotovelo, como mostrado na Figura 11.7b. A massa de seu antebraço é 0,85 kg. O comprimento de seu antebraço é 31 cm. Seu antebraço forma um ângulo $\theta = 75°$ com a vertical, como mostrado na Figura 11.7b. O haltere tem massa 15 kg.

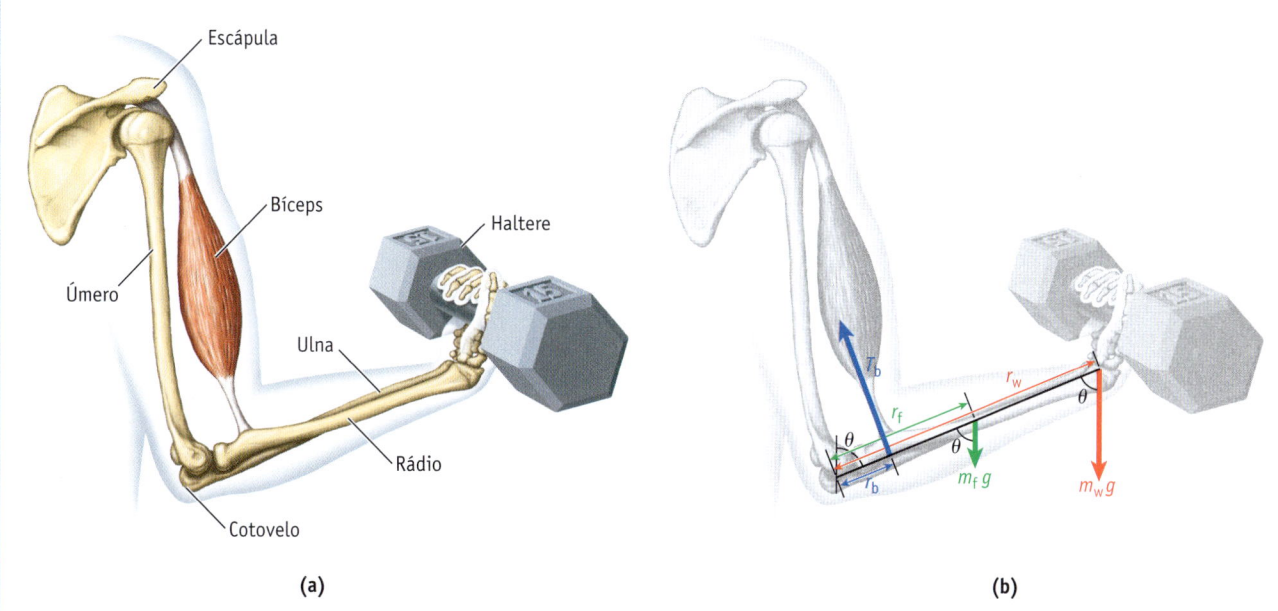

Figura 11.7 (a) Um braço humano segurando um haltere. (b) Forças e braços de alavanca para um braço humano segurando um haltere.

PROBLEMA

Qual é a força que o bíceps deve exercer para suportar seu antebraço e o haltere? Assuma que o bíceps exerce um força perpendicular ao antebraço no ponto de fixação.

SOLUÇÃO

O ponto de pivô é o cotovelo. O torque resultante sobre seu antebraço deve ser zero, então, o torque anti-horário deve se igualar ao torque horário:

$$\sum_i \tau_{\text{anti-horário},i} = \sum_j \tau_{\text{horário},j}.$$

O torque anti-horário é provido pelo bíceps:

$$\sum_i \tau_{\text{anti-horário},i} = T_b r_b \text{ sen } 90° = T_b r_b,$$

onde T_b é a força exercida pelo bíceps e r_b é o braço de alavanca para a força exercida pelo bíceps. O torque horário é a soma do torque exercido pelo peso do antebraço com o torque exercido pelo haltere:

$$\sum_j \tau_{\text{horário},j} = m_f g r_f \text{ sen } \theta + m_w g r_w \text{ sen } \theta,$$

Continua →

em que m_f é a massa do antebraço, r_f é o braço de alavanca da força exercida pelo peso do antebraço, m_w é a massa do haltere e r_w é o braço de alavanca da força exercida pelo peso do haltere. Tomamos r_w como igual ao comprimento do antebraço e r_f como metade daquele comprimento, ou $r_w/2$. Equacionando os torques anti-horário e horário, temos:

$$T_b r_b = m_f g r_f \operatorname{sen}\theta + m_w g r_w \operatorname{sen}\theta.$$

Resolvendo para a força exercida pelo bíceps, obtemos

$$T_b = \frac{m_f g r_f \operatorname{sen}\theta + m_w g r_w \operatorname{sen}\theta}{r_b} = g \operatorname{sen}\theta \left(\frac{m_f r_f + m_w r_w}{r_b} \right).$$

Inserindo os números dados, temos a força exercida pelo bíceps

$$T_b = g \operatorname{sen}\theta \left(\frac{m_f r_f + m_w r_w}{r_b} \right)$$

$$= (9{,}81 \text{ m/s}^2)(\operatorname{sen}75°) \left(\frac{(0{,}85 \text{ kg})\left(\frac{0{,}31 \text{ m}}{2}\right) + (15 \text{ kg})(0{,}31 \text{ m})}{0{,}020 \text{ m}} \right)$$

$$= 2.300 \text{ N}.$$

11.2 Pausa para teste

No exemplo 11.2, suponha que você segure o haltere de maneira que seu antebraço faça um ângulo de 180° com a vertical. Por que você ainda pode levantar o haltere?

Você pode pensar por que a evolução deu ao bíceps tal desvantagem mecânica. Aparentemente, foi mais vantajoso ser de capaz balançar os braços a longa distância ao exercer uma, grande força, do que ser capaz de movê-los a uma curta distância e exercer uma força pequena. Isso está em contraste, comparativamente, com os músculos das mandíbulas, os quais evoluíram a habilidade para mastigar comida com grande força.

O exemplo seguinte para equilíbrio estático mostra uma aplicação das fórmulas para calcular o centro de massa que introduzimos no Capítulo 8, ao mesmo tempo em que tem um resultado muito surpreendente.

EXEMPLO 11.3 Empilhando blocos

PROBLEMA
Considere um conjunto de blocos idênticos empilhados na borda de uma mesa (Figura 11.8). Quão longe podemos empurrar o bloco do topo para a borda, sem que a pilha caia?

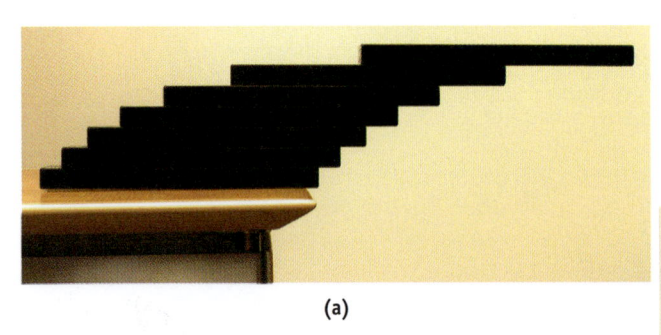

Figura 11.8 (a): Pilha de sete blocos idênticos empilhados sobre uma mesa – note que a borda esquerda do bloco do topo está à direita da borda direita da mesa. (b) Posições dos centros de massa dos blocos individuais (x_1 até x_7) e localizações dos centros de massa combinados dos blocos mais elevados (x_{12} até $x_{1234567}$).

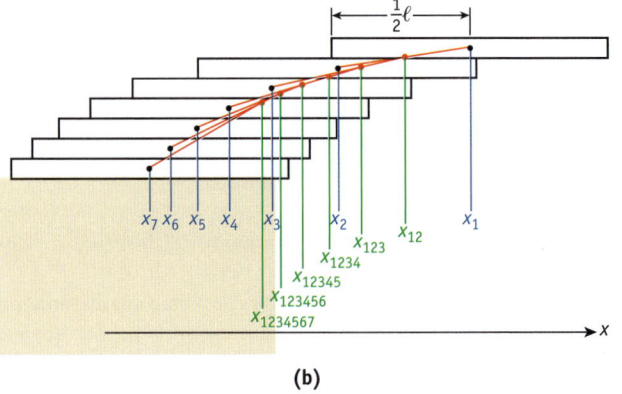

SOLUÇÃO

Vamos iniciar com um bloco. Se ele tem comprimento ℓ e densidade de massa uniforme, então, seu centro de massa está localizado em $\frac{1}{2}\ell$. Claramente, ele pode permanecer em repouso enquanto pelo menos metade dele estiver sobre a mesa, com seu centro de massa apoiado por baixo, pela mesa. O bloco pode projetar para fora uma quantidade infinitesimal, menor do que $\frac{1}{2}\ell$, além do suporte, e permanecerá em repouso.

A seguir, consideremos dois blocos idênticos. Se chamarmos a coordenada x do centro de massa do bloco superior de x_1 e do bloco inferior de x_2, obtemos para a coordenada x do centro de massa do sistema combinado, de acordo com a Seção 8.1,

$$x_{12} = \frac{x_1 m_1 + x_2 m_2}{m_1 + m_2}.$$

Para blocos idênticos, $m_1 = m_2$, que simplifica a expressão para x_{12} em

$$x_{12} = \frac{1}{2}(x_1 + x_2).$$

Desde que $x_1 = x_2 + \frac{1}{2}\ell$ no caso limite em que o centro de massa do primeiro bloco é ainda apoiado por baixo pelo segundo bloco, obtemos

$$x_{12} = \frac{1}{2}(x_1 + x_2) = \frac{1}{2}((\tfrac{1}{2}\ell + x_2) + x_2) = x_2 + \tfrac{1}{4}\ell. \tag{i}$$

Agora, podemos ir aos três blocos. Os dois blocos do topo não cairão se o centro de massa combinado, x_{12}, estiver apoiado por baixo. Mudando x_{12} para a mesma borda do terceiro bloco, obtemos $x_{12} = x_3 + \frac{1}{2}\ell$. Combinando este com a equação (i), temos

$$x_{12} = x_2 + \tfrac{1}{4}\ell = x_3 + \tfrac{1}{2}\ell \Rightarrow x_2 = x_3 + \tfrac{1}{4}\ell.$$

Note que a equação (i) ainda é válida após a mudança, porque expressamos x_{12} em termos de x_2 e porque x_{12} e x_2 mudam pela mesma quantidade quando os dois blocos se movem juntos. Podemos, agora, calcular o centro de massa para os três blocos da mesma maneira de antes, aplicando o mesmo princípio para encontrar o novo centro de massa combinado:

$$x_{123} = \frac{x_{12}(2m) + x_3 m}{2m + m} = \tfrac{2}{3} x_{12} + \tfrac{1}{3} x_3 = \tfrac{2}{3}(x_3 + \tfrac{1}{2}\ell) + \tfrac{1}{3} x_3 = x_3 + \tfrac{1}{3}\ell. \tag{ii}$$

Requerendo que o topo dos três blocos sejam apoiados pelo quarto bloco por baixo, resulta em $x_{123} = x_4 + \frac{1}{2}\ell$. Combinado com a equação (ii), isso estabelece

$$x_{123} = x_3 + \tfrac{1}{3}\ell = x_4 + \tfrac{1}{2}\ell \Rightarrow x_3 = x_4 + \tfrac{1}{6}\ell.$$

Você pode ver que essa série continua. Se tivermos n-1 blocos apoiando dessa maneira o enésimo bloco, então, as coordenadas do $(n-1)^\circ$ e do enésimo bloco estão relacionadas como segue:

$$x_{n-1} = x_n + \frac{\ell}{2n-2}.$$

Podemos, agora, adicionar todos os termos e descobrir a que distância x_1 pode ficar da borda:

$$x_1 = x_2 + \tfrac{1}{2}\ell = x_3 + \tfrac{1}{4}\ell + \tfrac{1}{2}\ell = x_4 + \tfrac{1}{6}\ell + \tfrac{1}{4}\ell + \tfrac{1}{2}\ell = \cdots = x_{n+1} + \tfrac{1}{2}\ell \left(\sum_{i=1}^{n} \frac{1}{i} \right).$$

Você pode lembrar do cálculo, em que a soma $\sum_{i=1}^{n} i^{-1}$ não converge, isto é, não tem um limite superior para $n \to \infty$. Isso dá o espantoso resultado de que x_1 pode mover-se *infinitamente* para longe da borda da mesa, desde de que haja blocos suficientes sobre ela e que a borda da mesa possa apoiar seus pesos sem deformação significante! (Veja a Pausa para Teste 11.3 para colocar esse *infinito* em perspectiva.) A Figura 11.8a mostra somente 7 blocos empilhados sobre uma mesa, e a borda esquerda do bloco do topo já está à direita da borda direita da mesa.

11.3 Pausa para teste

Suponha que você tenha 10.000 blocos idênticos de altura 4,0 cm e comprimento 15,0 cm. Se você os arranjou do modo demonstrado no Exemplo 11.3, quão longe a borda direita do bloco do topo poderia projetar-se?

O problema seguinte, envolvendo um corpo extenso composto, serve para rever os cálculos do centro de massa para tais corpos, como abordado no Capítulo 8.

PROBLEMA RESOLVIDO 11.1 | Uma escultura abstrata

Um aluno de sua universidade doou uma escultura para ser exibida no átrio do novo prédio da Física. A escultura consiste em um bloco retangular de mármore, com dimensões $a = 0{,}71$ m, $b = 0{,}71$ m e $c = 2{,}74$ m, e um cilindro de madeira, de comprimento $l = 2{,}84$ m e diâmetro $d = 0{,}71$ m, que é fixado ao mármore de modo que sua borda superior está a distância $e = 1{,}47$ m do topo do bloco de mármore (Figura 11.9).

PROBLEMA
Se a densidade de massa do mármore é $2{,}85 \cdot 10^3$ kg/m³ e a da madeira é $4{,}40 \cdot 10^2$ kg/m³, pode a escultura ficar de pé verticalmente sobre o piso do átrio ou ela precisa ser apoiada por algum tipo de suporte?

SOLUÇÃO
PENSE
O Capítulo 8 mostrou que a condição para estabilidade de um corpo é aquela em que o centro de massa do corpo precisa estar apoiado diretamente por baixo. Com o intuito de decidir se a escultura pode permanecer de pé verticalmente sem apoio adicional, precisamos, portanto, determinar a localização do centro de massa da escultura e descobrir se ele está localizado em um ponto dentro do bloco de mármore. Uma vez que o piso suporta o bloco por baixo, a escultura será capaz de ficar de pé verticalmente, se esse for o caso. Se o centro de massa da escultura está localizado fora do bloco de mármore, a escultura necessitará de um apoio.

DESENHE
Desenhamos uma vista lateral da escultura (Figura 11.10), representando o bloco de mármore e o cilindro de madeira por retângulos. O desenho também indica um sistema coordenado com um eixo x horizontal e um eixo y vertical, com a origem na borda direita do bloco de mármore. (E a coordenada z? Podemos usar argumentos de simetria do mesmo modo como fizemos no Capítulo 8 e achamos que a componente z do centro de massa está localizada no plano que divide o bloco e o cilindro.)

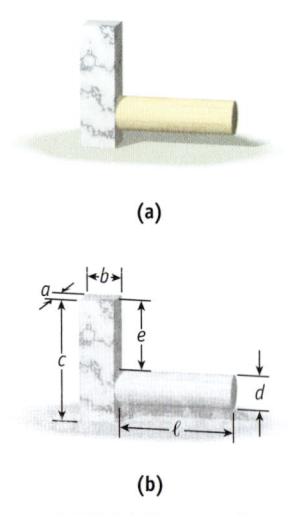

Figura 11.9 (a) Uma escultura de madeira e mármore; (b) diagrama da escultura com as dimensões cotadas.

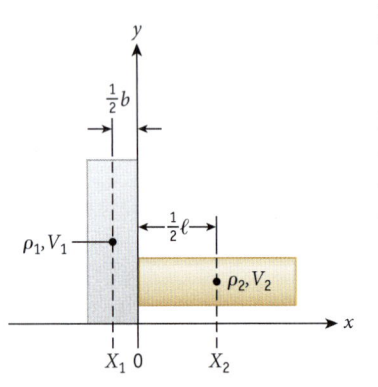

Figura 11.10 Desenho para o cálculo do centro de massa da escultura.

PESQUISE
Com o sistema coordenado escolhido, também não precisamos nos preocupar com o cálculo da coordenada y do centro de massa da escultura. A condição para estabilidade depende somente se a coordenada x do centro de massa está dentro do bloco de mármore e não depende da altura que o centro de massa está do chão. Assim, a única tarefa restante é calcular a componente x do centro de massa. De acordo com os princípios gerais para o cálculo do centro de massa, desenvolvidos no Capítulo 8, podemos escrever

$$X = \frac{1}{M} \int_V x \rho(\vec{r}) dV, \tag{i}$$

em que M é a massa da escultura inteira e V é seu volume. Note que nesse caso a densidade de massa não é homogênea, visto que o mármore e a madeira têm diferentes densidades.

A fim de realizarmos a integração, separemos o volume em partes convenientes: $V = V_1 + V_2$, onde V_1 é o volume do bloco de mármore e V_2 é o volume do cilindro de madeira. Então, a equação (i) torna-se

$$X = \frac{1}{M} \int_{V_1} x \rho(\vec{r}) dV + \frac{1}{M} \int_{V_2} x \rho(\vec{r}) dV$$

$$= \frac{1}{M} \int_{V_1} x \rho_1 dV + \frac{1}{M} \int_{V_2} x \rho_2 dV.$$

SIMPLIFIQUE
Para calcular a localização da componente x do centro de massa do bloco de mármore sozinho, podemos usar a equação para densidade constante do Capítulo 8:

$$X_1 = \frac{1}{M_1} \int_{V_1} x \rho_1 dV = \frac{\rho_1}{M_1} \int_{V_1} x \, dV.$$

(Uma vez que a densidade é constante sobre esse volume inteiro, podemos movê-lo para fora da integral.) Da mesma maneira, podemos encontrar a componente x do centro de massa do cilindro de madeira:

$$X_2 = \frac{\rho_2}{M_2} \int_{V_2} x \, dV.$$

Logo, a expressão para o centro de massa do corpo composto – isto é, a escultura inteira – é

$$\begin{aligned} X &= \frac{\rho_1}{M} \int_{V_1} x \, dV + \frac{\rho_2}{M} \int_{V_2} x \, dV \\ &= \frac{M_1}{M} \frac{\rho_1}{M_1} \int_{V_1} x \, dV + \frac{M_2}{M} \frac{\rho_2}{M_2} \int_{V_2} x \, dV \\ &= \frac{M_1}{M} X_1 + \frac{M_2}{M} X_2. \end{aligned} \quad \text{(ii)}$$

Esse é um resultado geral muito importante: mesmo para corpos extensos, o centro de massa combinado pode ser calculado do mesmo modo como para partículas pontuais. Uma vez que a massa total da escultura é a massa combinada de suas duas partes, $M = M_1 + M_2$, a equação (ii) torna-se

$$X = \frac{M_1}{M_1 + M_2} X_1 + \frac{M_2}{M_1 + M_2} X_2. \quad \text{(iii)}$$

É importante notar que essa relação entre a coordenada do centro de massa combinado de um corpo composto e as coordenadas individuais do centro de massa é verdadeira, mesmo no caso em que as partes são corpos separados. Além disso, ela mantém-se quando a densidade interna de um dado corpo não é constante. Formalmente, esse resultado recai sobre o fato de que uma integral de volume pode sempre ser dividida em um conjunto de integrais sobre subvolumes separados que somam o inteiro. Isto é, a integração é linear, visto que ela é meramente uma adição.

Derivar a equação (iii) simplificou muito um complicado problema, porque as coordenadas do centro de massa dos dois corpos individuais podem ser calculadas facilmente. Desde que a densidade de cada um deles seja constante, as localizações de seus centros de massa são idênticas para seus centros geométricos. Uma olhada na Figura 11.10 basta para convencer-nos de que $X_2 = \frac{1}{2}\ell$ e $X1 = -\frac{1}{2}b$. (Lembre-se, escolhemos a origem do sistema coordenado como a borda direita do bloco de mármore.)

Tudo que resta agora é calcular as massas dos dois corpos. Já que conhecemos suas densidades, somente precisamos descobrir o volume de cada corpo; então, a massa é dada por $M = \rho V$. Uma vez que o bloco de mármore é retangular, seu volume é $V = abc$. Assim, temos

$$M_1 = \rho_1 abc$$

A parte horizontal de madeira é um cilindro, então sua massa é

$$M_2 = \frac{\rho_2 \ell \pi d^2}{4}.$$

CALCULE

Inserindo os números dados no enunciado do problema, obtemos para as massas individuais

$$M_1 = (2850 \text{ kg/m}^3)(0{,}71 \text{ m})(0{,}71 \text{ m})(2{,}74 \text{ m}) = 3936{,}52 \text{ kg}$$

$$M_2 = \frac{(440 \text{ kg/m}^3)(2{,}84 \text{ m})\pi(0{,}71 \text{ m})^2}{4} = 494{,}741 \text{ kg}.$$

Assim, a massa combinada é

$$M = M_1 + M_2 = 3936{,}52 \text{ kg} + 494{,}741 \text{ kg} = 4431{,}261 \text{ kg}.$$

A localização da componente x do centro de massa da escultura é, então

$$X = \frac{3936{,}52 \text{ kg}}{4431{,}261 \text{ kg}}\left[(-0{,}5)(0{,}71 \text{ m})\right] + \frac{494{,}741 \text{ kg}}{4431{,}261 \text{ kg}}\left[(0{,}5)(2{,}84 \text{ m})\right] = -0{,}156825 \text{ m}.$$

Continua →

Figura 11.11 Escultura feita inteiramente de mármore que tem a mesma localização do centro de massa como o da escultura de mármore e madeira, da Figura 11.9a.

ARREDONDE

As densidades foram dadas com três algarismos significativos, e as dimensões de comprimento, com somente dois algarismos significativos. Arredondando, assim, os resultados em

$$X = -0{,}16 \text{ m}.$$

Já que esse número é negativo, o centro de massa da escultura está localizado à esquerda da borda direita do bloco de mármore. Assim, ele está situado acima da base do bloco e é apoiado por baixo diretamente. A escultura está estável e pode ficar de pé, sem apoio.

SOLUÇÃO ALTERNATIVA

A partir da Figura 11.9a, parecia impossível que essa escultura ficasse de pé. Entretanto, nossos olhos podem nos enganar, já que a densidade da escultura não é constante. A razão entre as densidades dos dois materiais usados na escultura é $\rho_1/\rho_2 = (2.850 \text{ kg/m}^3)/(440 \text{ kg/m}^3)$. Logo, obteríamos a mesma localização para o centro de massa, se o cilindro feito de madeira, com 2,84 m de comprimento, fosse substituído por um cilindro de mármore de mesmo comprimento, com seu eixo central localizado no mesmo local do cilindro de madeira, mas mais fino por um fator de $\sqrt{6{,}48} = 2{,}55$. A escultura mostrada na Figura 11.11 tem a mesma localização do centro de massa da escultura da Figura 11.9a. A Figura 11.11 deveria convencê-lo de que a escultura é capaz de manter-se de pé em equilíbrio estático, sem apoio.

11.1 Exercícios de sala de aula

Se uma massa pontual fosse colocada afastada na extremidade direita do cilindro de madeira da escultura, na Figura 11.9a, que valor deveria ter essa massa antes que a escultura tombasse?

a) 2,4 kg   d) 245 kg

b) 29,1 kg   e) 1.210 kg

c) 37,5 kg

O próximo exemplo considera uma situação na qual a força de atrito estático desempenha um papel essencial. Esta força ajuda a manter muitos arranjos de corpos em equilíbrio.

EXEMPLO 11.4   Pessoa em pé sobre uma escada

Tipicamente, uma escada em pé sobre uma superfície horizontal (o chão) e encostada em uma superfície vertical (a parede). Suponha que uma escada de comprimento $\ell = 3{,}04$ m, com massa $m_1 = 13{,}3$ kg, repouse contra uma parede lisa em um ângulo de $\theta = 24{,}8°$. Um estudante, que tem massa de $m_m = 62{,}0$ kg, está de pé na escada (Figura 11.22a). O estudante está de pé sobre um degrau que dista, ao longo da escada, $r = 1{,}43$ m, medido de onde a escada toca o chão.

PROBLEMA 1

Que força de atrito deve atuar na base da escada para mantê-la no lugar, sem escorregar? Despreze a (pequena) força de atrito entre a parede lisa e a escada.

SOLUÇÃO 1

Vamos iniciar com o diagrama de queda livre, mostrado na Figura 11.12c. Aqui, $\vec{R} = -R\hat{x}$ é a força normal exercida pela parede sobre a escada, $\vec{N} = N\hat{y}$ é a força normal exercida pelo chão sobre a escada, $\vec{W}_m = -m_m g\hat{y}$ e $\vec{W}_l = -m_l g\hat{y}$ são os pesos do estudante e da escada: $m_m g = (62{,}0 \text{ kg})(9{,}81 \text{ m/s}^2) = 608$, N e $m_l g = (13{,}3 \text{ kg})(9{,}81 \text{ m/s}^2) = 130$, N.

Faremos $\vec{f}_s = f_s\hat{x}$ ser a força de atrito estático entre o chão e a base da escada, que é a resposta para o problema. Note que esse vetor força está orientado na direção x positivo (se a escada escorrega, sua base deslizará na direção x negativo e a força de atrito deve necessariamente se opor àquele movimento). Como instruído, desprezamos a força de atrito entre a parede e a escada.

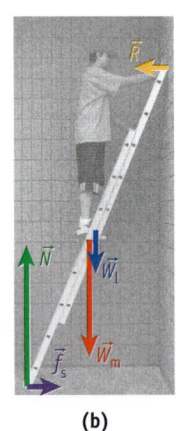

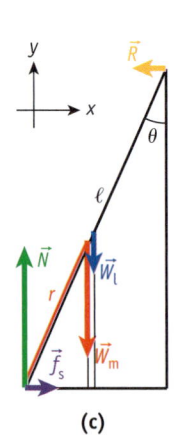

Figura 11.12 (a) Estudante de pé na escada. (b) Vetores força sobrepostos. (c) Diagrama de queda livre da escada.

A escada e o estudante estão em equilíbrio translacional e rotacional; então, temos as três condições de equilíbrio introduzidas nas equações 11.5 até 11.7:

$$\sum_i F_{x,i} = 0, \quad \sum_i F_{y,i} = 0, \quad \sum_i \tau_i = 0.$$

Vamos começar com a equação das componentes da força na direção horizontal:

$$\sum_i F_{x,i} = f_s - R = 0 \Rightarrow R = f_s.$$

Dessa equação, aprendemos que a força exercida pela parede sobre a escada e a força de atrito entre a escada e o chão têm o mesmo módulo. Depois, escrevemos a equação das componentes da força na direção vertical:

$$\sum_i F_{y,i} = N - m_m g - m_l g = 0 \Rightarrow N = g(m_m + m_l).$$

A força normal que o chão exerce sobre a escada é exatamente igual em módulo à soma dos pesos da escada e do homem: $N = 608, N + 130, N = 738, N$. (Outra vez, desprezamos a força de atrito entre a parede e a escada, que, de outro modo, teria que entrar aqui.)

Agora, somamos os torques, assumindo que o ponto de pivô é onde a escada toca o chão. Essa suposição tem a vantagem de permitir-nos ignorar as forças atuantes naquele ponto, porque seus braços de alavanca são nulos.

$$\sum_i \tau_i = (m_l g)\left(\frac{\ell}{2}\right)\operatorname{sen}\theta + (m_m g) r \operatorname{sen}\theta - R\ell \cos\theta = 0. \quad (i)$$

Note que o torque da força normal da parede força uma ação no sentido anti-horário, enquanto os dois torques dos pesos do estudante e da escada atuam no sentido horário. Da mesma forma, o ângulo entre a força normal, $\vec{R}$, e seu braço de alavanca, $\vec{\ell}$, é $90° - \theta$, e sen $(90° - w) = \cos\theta$.

Agora resolvemos a equação (i) para R:

$$R = \frac{\frac{1}{2}(m_l g)\ell \operatorname{sen}\theta + (m_m g) r \operatorname{sen}\theta}{\ell \cos\theta} = \left(\frac{1}{2} m_l g + m_m g \frac{r}{\ell}\right)\operatorname{tg}\theta.$$

Numericamente obtemos

$$R = \left(\frac{1}{2}(130, N) + (608, N)\frac{1{,}43\ m}{3{,}04\ m}\right)(\operatorname{tg} 24{,}8°) = 162, N.$$

Contudo, já encontramos que $R = f_s$, então nossa resposta é $f_s = 162, N$.

PROBLEMA 2
Suponha que o coeficiente de atrito estático entre a escada e o chão é 0,31. A escada escorregará?

SOLUÇÃO 2
Achamos a força normal na primeira parte desse exemplo: $N = g(m_m + m_l) = 738, N$. Ela está relacionada à força máxima de atrito estático por $f_{s,max} = \mu_s N$. Então, a força máxima de atrito estático é 229 N, bem acima de 162 N, que acabamos achar, necessários para o equilíbrio estático. Em outras palavras, a escada não deslizará.

Em geral, a escada não escorregará enquanto a força da parede for menor do que a força máxima de atrito estático, conduzindo à condição

$$R = \left(\frac{1}{2} m_l + m_m \frac{r}{\ell}\right) g \operatorname{tg}\theta \leq \mu_s (m_l + m_m) g. \quad (ii)$$

Continua →

11.2 Exercícios de sala de aula

O que pode o estudante do Exemplo 11.4 fazer, se ele realmente tem que subir apenas um pouco mais alto do que a máxima altura permitida pela equação (ii), para a situação dada?

a) Ele pode aumentar o ângulo θ entre a parede e a escada.

b) Ele pode diminuir o ângulo θ entre a parede e a escada.

c) Nem aumentar nem diminuir o ângulo fará qualquer diferença.

> **PROBLEMA 3**
> O que acontece à medida que o estudante sobe mais alto na escada?
>
> **SOLUÇÃO 3**
> Da equação (ii), vemos que R cresce mais com o aumento de r. Eventualmente, essa força supera a força máxima de atrito estático e a escada irá escorregar. Você pode, agora, compreender por que não é uma boa ideia subir tão alto numa escada nesse tipo de situação.

11.3 Estabilidade de estruturas

Para um arranha-céu ou uma ponte, projetistas e construtores precisam preocupar-se sobre a habilidade da estrutura em permanecer de pé sob influência de forças externas. Por exemplo, após resistir por 40 anos, a ponte que levava a Interstate 35W, por sobre o rio Mississipi, em Minneapolis, mostrada na Figura 11.13, ruiu em 1º de agosto de 2007 provavelmente por causas relacionadas ao projeto. O colapso desta ponte e outros desastres arquiteturais são dolorosas lembranças de que a estabilidade das estruturas é uma preocupação primordial.

Vamos tentar quantificar o conceito de estabilidade olhando a Figura 11.14a, que mostra uma caixa em equilíbrio estático, repousando sobre uma superfície horizontal. Nossa experiência nos diz que se você usa um dedo para empurrar com uma pequena força, da maneira mostrada na figura, a caixa permanece na mesma posição. A pequena força que exercemos sobre a caixa é exatamente equilibrada pela força de atrito entre a caixa e a superfície que a apoia. A força resultante é zero e não há movimento. Se aumentarmos constantemente o módulo da força que aplicamos, então, existem dois possíveis resultados: se a força de atrito não é suficiente para contrabalançar a força exercida pelo dedo, a caixa começa a escorregar para a direita. Ou, se o torque da força de atrito sobre o centro de massa da caixa for menor do que o torque por causa da força aplicada, a caixa começa a inclinar, como mostrado na Figura 11.14b. Assim, o equilíbrio estático da caixa é estável em relação a pequenas forças externas, mas uma força externa suficientemente grande destrói o equilíbrio.

Esse simples exemplo ilustra a característica da **estabilidade**. Engenheiros precisam ser capazes de calcular as forças externas máximas e os torques que podem estar presentes sem abalar a estabilidade de uma estrutura.

Figura 11.13 A ponte que levava a Interstate 35W, por sobre o rio Mississipi, em Minneapolis, ruiu em 1º de agosto de 2007, durante a hora do rush.

Figura 11.14 (a) Empurrando com uma pequena força a borda superior de uma caixa. (b) Exercendo uma força maior sobre a caixa a faz inclinar.

Condição quantitativa para estabilidade

Com o intuito de quantificar a estabilidade de uma situação de equilíbrio, iniciamos com a relação entre energia potencial e força, do Capítulo 6:

$$\vec{F}(\vec{r}) = -\vec{\nabla} U(\vec{r}).$$

Em uma dimensão, isso é

$$F_x(x) = -\frac{dU(x)}{dx}.$$

Uma força resultante tendendo a zero é uma das condições de equilíbrio, que podemos escrever como $\vec{\nabla} U(\vec{r}) \equiv \left(\frac{\partial U(\vec{r})}{\partial x}\hat{x} + \frac{\partial U(\vec{r})}{\partial y}\hat{y} + \frac{\partial U(\vec{r})}{\partial z}\hat{z} \right) = 0$, ou como $\frac{dU(x)}{dx} = 0$ em uma dimensão, em um dado ponto no espaço. Até aqui, a condição de tender a zero a primeira derivada não adiciona nova informação. Entretanto, podemos usar a segunda derivada da função energia potencial para distinguir três casos diferentes, dependendo do sinal da segunda derivada.

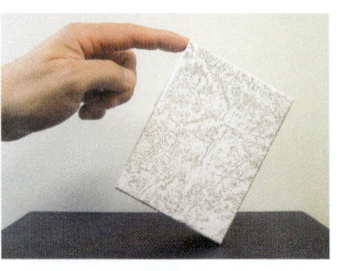

Caso 1 equilíbrio estável

Equilíbrio estável: $\left. \dfrac{d^2 U(x)}{dx^2} \right|_{x=x_0} > 0.$ (11.8)

Se a segunda derivada da função energia potencial em relação à coordenada é positiva em um ponto, então, a energia potencial tem um mínimo local nesse ponto. O sistema está em **equi-**

líbrio estável. Nesse caso, um pequeno desvio da posição de equilíbrio cria uma força restauradora que leva o sistema de volta ao ponto de equilíbrio. Essa situação é ilustrada na Figura 11.15a: se o ponto vermelho é movido para longe de sua posição de equilíbrio, em x_0, ou na direção positiva ou na direção negativa e solto, ele retornará à posição de equilíbrio.

Caso 2 Equilíbrio instável

$$\text{Equilíbrio instável: } \frac{d^2U(x)}{dx^2}\bigg|_{x=x_0} < 0. \quad (11.9)$$

Se a segunda derivada da função energia potencial em relação à coordenada é negativa em um ponto, então, a energia potencial tem um máximo local nesse ponto. O sistema está em **equilíbrio instável**. Nesse caso, um pequeno desvio da posição de equilíbrio cria uma força que leva o sistema para longe do ponto de equilíbrio. Essa situação é ilustrada na Figura 11.15b: se o ponto vermelho é movido, mesmo que levemente, para longe de sua posição de equilíbrio, em x_0, ou na direção positiva ou na direção negativa e solto, ele será movido para longe da posição de equilíbrio.

Caso 3 Equilíbrio neutro

$$\text{Equilíbrio neutro: } \frac{d^2U(x)}{dx^2}\bigg|_{x=x_0} = 0. \quad (11.10)$$

O caso em que o sinal da segunda derivada da função energia potencial em relação à coordenada não é nem positivo nem negativo em um ponto é chamado de **equilíbrio neutro**, também referido como *indiferente* ou *marginalmente estável*. Essa situação é ilustrada na Figura 11.15c: se o ponto vermelho é deslocado por uma pequena quantidade, ele nem retornará e nem se moverá para longe de sua posição original de equilíbrio. Em vez disso, ele simplesmente permanecerá na nova posição, que é também uma posição de equilíbrio.

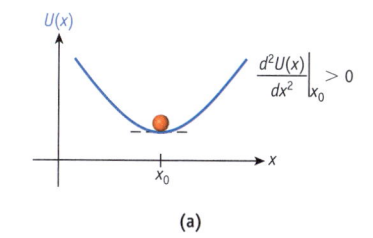

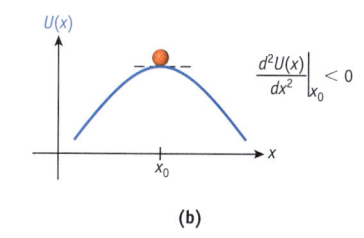

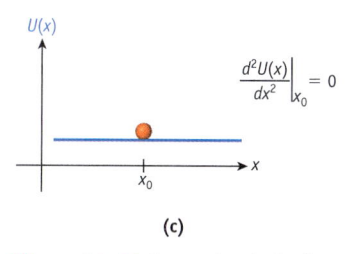

Figura 11.15 Forma local da função energia potencial em um ponto de equilíbrio: (a) equilíbrio estável; (b) equilíbrio instável; (c) equilíbrio neutro.

Superfícies multidimensionais e pontos em sela

Os três casos anteriormente discutidos, cobrem todos os possíveis tipos de estabilidade para sistemas unidimensionais. Eles podem ser generalizados para funções energia pontencial em duas e em três dimensões que dependem de mais de uma coordenada. Em vez de somente olharmos para derivada em relação a uma coordenada, como nas equações 11.8 até 11.10, temos que examinar todas as derivadas parciais. Para a função energia potencial em duas dimensões $U(x,y)$, a condição de equilíbrio é aquela em que a primeira derivada em relação a cada uma das duas coordenadas é zero. Além disso, o equilíbrio estável requer que no ponto de equilíbrio a segunda derivada da função energia potencial seja positiva para ambas as coordenadas, enquanto o equilíbrio instável implica que ela seja negativa para ambas as coordenadas, e o equilíbrio neutro significa que ela seja zero para ambas as coordenadas. A parte (a) até a (c) da Figura 11.16 mostra esses três casos, respectivamente.

Entretanto, em mais de uma dimensão espacial, existe também a possibilidade de que em um ponto de equilíbrio, a segunda derivada em relação a uma coordenada seja positiva, enquanto é negativa em relação à outra coordenada. Esses pontos são chamados de *pontos de sela*, porque a função energia potencial, localmente, tem a forma de uma sela. A Figura 11.16d mostra o ponto de sela, onde uma das segundas derivadas parciais é negativa e a outra é positiva. O equilíbrio nesse ponto de sela é estável em relação a pequenos deslocamentos na direção y, mas é instável em relação a pequenos deslocamentos na direção x.

Em um estrito senso matemático, as condições notadas acima, para a segunda derivada, são suficientes para a existência de máximos e mínimos, mas não necessárias. Às vezes, a primeira derivada da função energia potencial não é contínua, mas extremos podem ainda existir, como os seguintes exemplos a seguir.

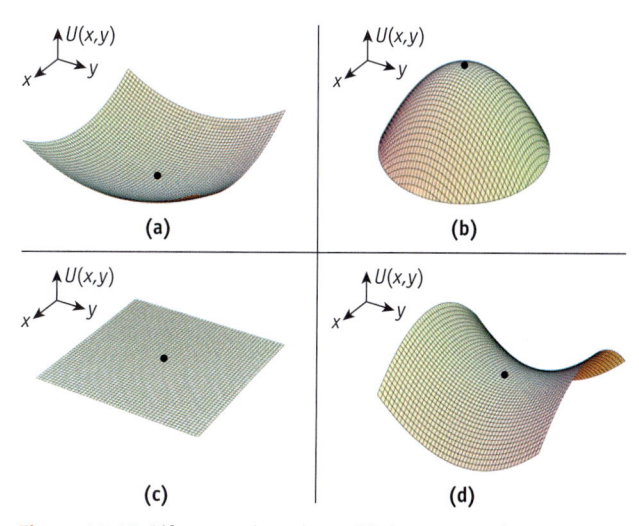

Figura 11.16 Diferentes tipos de equilíbrio para uma função energia potencial em três dimensões.

11.3 Exercícios de sala de aula

Na Figura 11.16, qual superfície contém outros pontos de equilíbrio além daquele marcado com o ponto preto?

a)   c)
b)   d)

EXEMPLO 11.5 | Empurrando uma caixa

PROBLEMA 1
Qual é a força requerida para manter a caixa da Figura 11.14 em equilíbrio em um dado ângulo de inclinação?

SOLUÇÃO 1
Antes de o dedo empurrar a caixa, ela está em repouso ao nível da superfície. As únicas duas forças atuando sobre ela são a força da gravidade e uma força normal equilibrante. Não há força resultante e nem torque resultante; a caixa está em equilíbrio (Figura 11.17a).

Uma vez que o dedo começa a empurrar a borda superior da caixa, na direção horizontal, e ela começa a inclinar-se, o vetor força normal atua no ponto de contato (Figura 11.17b). A força de atrito estático atua no mesmo ponto, mas na direção horizontal. Visto que a caixa não desliza, o vetor força de atrito tem exatamente o mesmo módulo do vetor força externa, devido ao empurrão do dedo, mas atua na direção oposta.

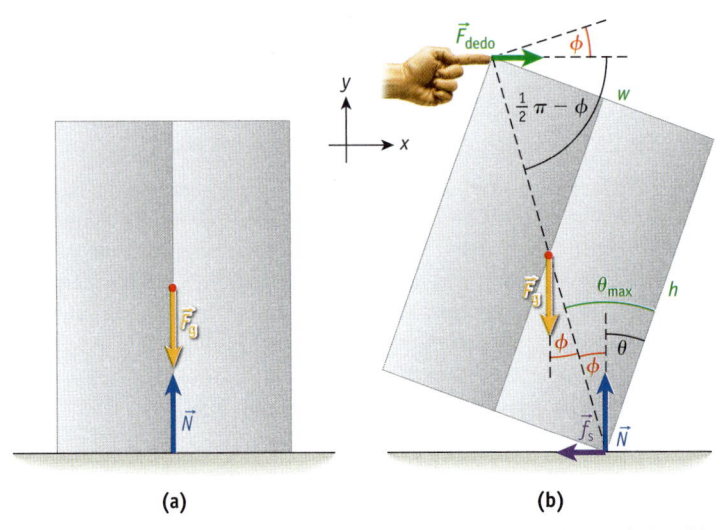

Figura 11.17 Diagrama de queda livre para a caixa (a) repousando ao nível da superfície e (b) sendo inclinada pelo dedo empurrando na direção horizontal.

Podemos calcular, agora, os torques decorrente dessas forças e achar a condição para equilíbrio, isto é, que força o dedo faz para manter a caixa em um ângulo θ em relação à vertical. A Figura 11.17b também indica o ângulo θ_{max}, que é uma propriedade geométrica da caixa que pode ser calculada pela razão entre a largura w e altura h: $\theta_{max} = \text{tg}^{-1}(w/h)$. De crucial importância é o ângulo ϕ, que é a diferença entre esses dois ângulos (veja a Figura 11.17b): $\phi = \theta_{max} - \theta$. O ângulo ϕ decresce com o aumento de θ até $\theta = \theta_{max} \Rightarrow \phi = 0$, vez, na qual, a caixa cai na posição horizontal.

Usando a equação 11.7, podemos calcular o torque resultante. O ponto de pivô natural nessa situação é o ponto de contato entre a caixa e a superfície de apoio. A força de atrito e a força normal têm, então, braços de alavanca de comprimento zero e, assim, não contribuem para o torque resultante. O único torque no sentido horário deve-se à força do dedo, e o único torque no sentido anti-horário vem da força da gravidade. O comprimento do braço de alavanca da força do dedo é (veja a Figura 11.17b) $\ell = \sqrt{h^2 + w^2}$, e o comprimento do braço de alavanca da força da gravidade é metade deste valor, ou $\ell/2$. Isso significa que a equação 11.7 torna-se

$$(F_g)(\tfrac{1}{2}\ell)\,\text{sen}\,\phi - (F_{dedo})(\ell)\,\text{sen}\,(\tfrac{1}{2}\pi - \phi) = 0.$$

Podemos usar $\text{sen}(\tfrac{1}{2}\pi - \phi) = \cos\phi$ e $F_g = mg$ e, então, resolver para a força que o dedo deve produzir para manter a caixa em equilíbrio em um dado ângulo:

$$F_{dedo}(\theta) = \tfrac{1}{2}mg\,\text{tg}\left[\text{tg}^{-1}\left(\frac{w}{h}\right) - \theta\right]. \tag{i}$$

A Figura 11.18 mostra um gráfico referente à força do dedo necessária para manter a caixa em equilíbrio em um dado ângulo, da equação (i), para diferentes razões entre a largura e a altura da caixa. As curvas refletem valores do ângulo θ entre zero e θ_{max}, que é o ponto onde a força requerida do dedo é zero e onde a caixa tomba.

PROBLEMA 2
Esboce a função energia potencial para essa caixa.

SOLUÇÃO 2
Encontrar a solução para essa parte do exemplo é muito mais direto do que para a primeira parte. A energia potencial é a energia potencial gravitacional, $U = mgy$, na qual y é a coordenada vertical do centro de massa da caixa. A Figura 11.19 mostra (curva vermelha) a localização do centro de massa da caixa para diferentes ângulos de inclinação. A curva acompanha um segmento de um círculo com centro na borda direita inferior da caixa. A linha vermelha tracejada mostra a mesma curva, mas para ângulos $\theta > \theta_{max}$, para os quais a caixa tomba na posição horizontal sem que o dedo exerça força sobre ela. Você pode claramente ver que essa função energia potencial tem um máximo no ponto onde a caixa se apoia sobre a borda e que seu centro de massa está exatamente acima do ponto de contato com a superfície. A curva para a localização do centro de massa, quando a caixa está inclinada à esquerda, é mostrada na Figura 11.19. Você pode ver que a função energia potencial tem um mínimo quando a caixa repousa horizontalmente sobre a mesa. Observe: Nesse ponto de equilíbrio, a derivada primeira não existe no sentido matemático, mas é aparente, pela figura, que a função tem um mínimo, que é suficiente para o equilíbrio estático.

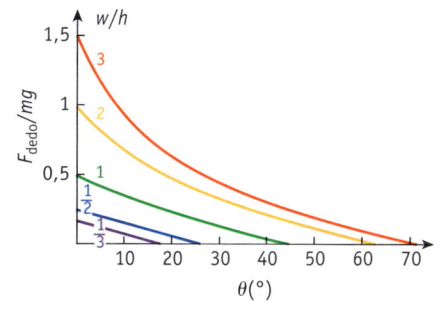

Figura 11.18 Razão entre a força do dedo e o peso da caixa necessária para manter a caixa em equilíbrio, como uma função do ângulo, colocados no gráfico para diferentes valores representativos da razão entre a largura e a altura da caixa.

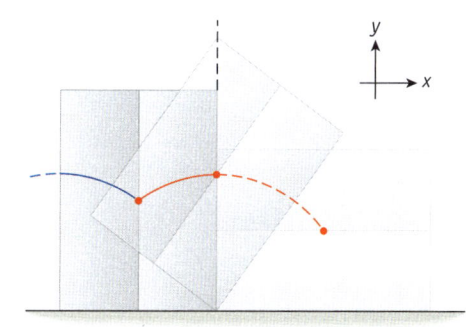

Figura 11.19 Localização do centro de massa da caixa como uma função do ângulo de inclinação.

Ajustes dinâmicos para estabilidade

Como o amortecedor de massa na torre Taipei 101 prové estabilidade para a estrutura? Para respondermos a essa questão, vamos primeiro olhar como os seres humanos ficam de pé, eretos. Quando você fica de pé, seu centro de massa está localizado diretamente acima de seus pés. A força gravitacional, então, não exerce torque e você pode permanecer de pé. Se outras forças atuam sobre você (um vento soprando forte, por exemplo, ou uma carga que você tenha que levantar) e fornecem torques adicionais, seu cérebro sente isso por meio de nervos acoplados a fluidos, no interior dos ouvidos, e providencia ação corretiva por leves mudanças na distribuição de massa do corpo. Você pode ter uma demonstração dessa impressionante habilidade de seu cérebro em fazer esses ajustes dinâmicos de estabilidade segurando sua mochila (carregada com livros, *laptop*, etc.) com os braços estendidos à frente de seu corpo. Essa ação não faz você cair. Contudo, se você ficar de pé, ereto, contra uma parede, com seus calcanhares tocando a base da parede, a mesma tentativa para erguer sua mochila lhe causará uma queda para frente. Por quê? Porque a parede atrás de você impede seu cérebro de mudar a distribuição de massa do corpo, a fim de compensar o torque resultante do peso da mochila.

11.4 Pausa para teste
Qual é o valor mínimo que o coeficiente de atrito estático pode ter, se a caixa do exemplo 11.1 está para tombar e a razão da largura para a altura da caixa é 0,4?

Os mesmos princípios do ajuste dinâmico para estabilidade são incorporados no transporte Segway (Figura 11.20), um novo sistema sobre duas rodas, alimentado por eletricidade, e que pode alcançar velocidade acima de 12 mph. Exatamente como seu cérebro, o Segway sente sua orientação relativa à vertical. Mas ele usa giroscópios em vez de fluidos no interior dos ouvidos. E, exatamente como o cérebro, ele contrabalança um torque resultante, providenciando um torque compensativo na direção oposta. O Segway executa isso girando levemente suas rodas na direção horária ou anti-horária.

Finalmente, o amortecedor de massa da torre Taipei 101 é usado de maneira similar, para prover uma sutil mudança na distribuição de massa do prédio, contribuindo, assim, para a estabilidade na presença de torques externos resultantes das forças dos ventos fortes. Mas ele também amortece a oscilação do prédio dessas forças.

Figura 11.20 O Segway fornece ajustes dinâmicos para estabilidade.

O QUE JÁ APRENDEMOS | GUIA DE ESTUDO PARA EXERCÍCIOS

- Equilíbrio estático é equilíbrio mecânico para o caso especial em que o corpo em equilíbrio está em repouso.

- Um corpo (ou um conjunto de corpos) pode estar em equilíbrio estático somente se a força resultante externa for zero e o torque externo resultante for zero:

$$\vec{F}_{res} = \sum_{i=1}^{n} \vec{F}_i = \vec{F}_1 + \vec{F}_2 + \cdots + \vec{F}_n = 0$$

$$\vec{\tau}_{res} = \sum_i \vec{\tau}_i = 0$$

- A condição para equilíbrio estático pode também ser expressa como $\vec{\nabla} U(\vec{r})\big|_{\vec{r}_0} = 0$; isto é, a primeira derivada do gradiente da função energia potencial em relação ao vetor posição é zero, no ponto de equilíbrio.

- A condição para equilíbrio estável é que a função energia potencial tenha um mínimo naquele ponto. Uma condição suficiente para estabilidade é que a segunda derivada da função potencial, em relação à coordenada no ponto de equilíbrio, seja positiva.

- A condição para equilíbrio instável é que a função energia potencial tenha um máximo naquele ponto. Uma condição suficiente para instabilidade é que a segunda derivada da função potencial, em relação à coordenada no ponto de equilíbrio, seja negativa.

- Se a segunda derivada da função energia potencial em relação à coordenada for zero, esse tipo de equilíbrio é chamado neutro (ou indiferente, ou marginalmente estável).

TERMOS-CHAVE

equilíbrio estático, p. 355
equilíbrio estável, p. 366
equilíbrio instável, p. 367
equilíbrio neutro, p. 367
estabilidade, p. 366

NOVOS SÍMBOLOS E EQUAÇÕES

$\vec{F}_{res} = 0$, primeira condição para equilíbrio estático

$\vec{\tau}_{res} = 0$, segunda condição para equilíbrio estático

RESPOSTAS DOS TESTES

11.1 Escolha o ponto de pivô na localização de m_2

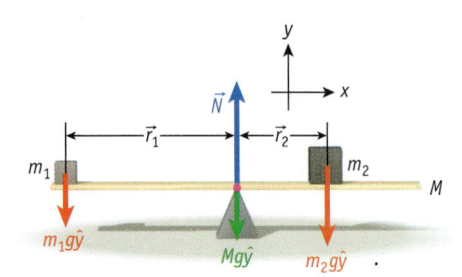

$$F_{res,y} = \sum_i F_{i,y} = -m_1 g - m_2 g - Mg + N = 0$$

$$\Rightarrow N = g(m_1 + m_2 + M) = m_1 g + m_2 g + Mg$$

$$\tau_{res} = \sum_i \tau_{horário,i} - \sum_j \tau_{anti-horário,j}$$

$$\tau_{res} = Nr_2 \operatorname{sen} 90° - m_1 g(r_1 + r_2) \operatorname{sen} 90° - Mgr_2 \operatorname{sen} 90° = 0$$

$$Nr_2 = m_1 g r_1 + m_1 g r_2 + Mgr_2$$

$$(m_1 g + m_2 g + Mg)r_2 = m_1 g r_2 + m_2 g r_2 + Mgr_2 = m_1 g r_1 + m_1 g r_2 + Mgr_2$$

$$\cancel{m_1 g r_2} + m_2 g r_2 + \cancel{Mgr_2} = m_1 g r_1 + \cancel{m_1 g r_2} + \cancel{Mgr_2}$$

$m_2 \cancel{g} r_2 = m_1 \cancel{g} r_1$

$m_2 r_2 = m_1 r_1$.

11.2 O bíceps ainda tem um braço de alavanca diferente de zero, mesmo quando o braço está totalmente estendido, porque o tendão deve envolver a junta do cotovelo e, assim, nunca estar paralelo ao osso rádio.

11.3 A pilha deveria ter $(10.000)(4 \text{ cm}) = 400$ m de altura, comparável aos mais altos arranha-céus. E a borda direita do bloco do topo deveria projetar-se

$$\tfrac{1}{2}(15 \text{ cm}) \sum_{i=1}^{10.000} \frac{1}{i} = \tfrac{1}{2}(15 \text{ cm})(9{,}78761) = 73{,}4 \text{ cm}.$$

11.4 Da Figura 11.18, podemos ver que a força requerida é maior no início, para $\theta = 0$. Se fizermos $\theta = 0$ na equação (i) do Exemplo 11.5, achamos a força inicial que o dedo precisa aplicar para deslocar a caixa do equilíbrio:

$$F_{\text{dedo}}(0) = \tfrac{1}{2} mg \, \text{tg}\left[\text{tg}^{-1}\left(\frac{w}{h}\right) - 0\right] = \tfrac{1}{2} mg \left(\frac{w}{h}\right).$$

Um coeficiente de atrito de, ao menos, $\mu_s = \tfrac{1}{2}(w/h)$ é necessário para fornecer uma força de atrito igual que impeça a caixa de deslizar ao longo da superfície de apoio: $\mu_s = \tfrac{1}{2}(0{,}4) = 0{,}2$.

GUIA DE RESOLUÇÃO DE PROBLEMAS

1 Quase todos os problemas de equilíbrio estático envolvem somar forças, nas direções coordenadas, somar torques e montar as somas iguais a zero. Entretanto, a correta escolha dos eixos coordenados e do ponto de pivô, para os torques, pode fazer a diferença entre uma solução difícil ou uma fácil. Geralmente, escolher um ponto de pivô que elimine o braço de alavanca de uma força desconhecida (e frequentemente mais que uma força!) simplificará as equações de modo que você possa resolver para algumas componentes de força.

2 O passo-chave para escrever as corretas equações para situações de equilíbrio estático é desenhar corretamente um diagrama de queda livre. Seja cuidadoso com as localizações onde as forças atuam; devido ao envolvimento dos torques, você deve representar os objetos como corpos extensos, não como partículas pontuais, e o ponto de aplicação de uma força faz diferença. Verifique cada força para ter certeza de que ela é exercida *sobre* o corpo em equilíbrio e não *pelo* corpo.

PROBLEMA RESOLVIDO 11.2 | Sustentando uma placa de loja

É comum no comércio pendurar uma placa sobre a calçada, suspensa da parede frontal de um prédio. Geralmente, uma barra é fixada na parede, por uma dobradiça, e sustentada na horizontal por um cabo, que também é preso à parede. A placa, então, é suspensa pela barra. Suponha que a massa da placa, na Figura 11.21a, seja $M = 33{,}1$ kg e que a massa da barra seja $m = 19{,}7$ kg. O comprimento da barra é $l = 2{,}40$ m e a placa está fixada à barra, como mostrado, à distância $r = 1{,}95$ m da parede. O cabo é preso à parede a uma distância $d = 1{,}14$ m acima da barra.

PROBLEMA
Qual é a tensão no cabo que sustenta a barra? Quais são o módulo e a direção da força, $\vec{F}$, que a parede exerce sobre a barra?

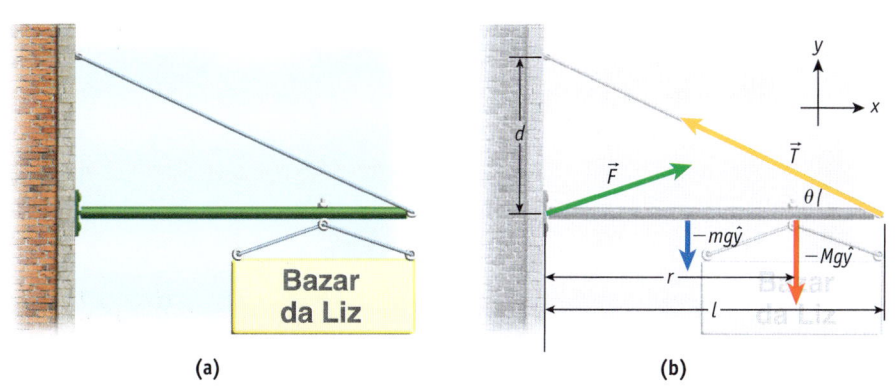

Figura 11.21 (a) Sustentando uma placa de loja; (b) diagrama de queda livre para a barra.

Continua →

SOLUÇÃO

PENSE

Este problema envolve equilíbrio estático, braços de alavanca e torques. Equilíbrio estático significa uma força resultante externa e um torque, ambos tendendo a zero. A fim de determinarmos os torques, temos que escolher o ponto de pivô. Parece natural escolher o ponto de pivô onde a dobradiça fixa a barra à parede. Devido à dobradiça, a barra pode girar sobre esse ponto. Escolher esse ponto também tem a vantagem de não precisarmos prestar atenção na força que a parede exerce sobre a barra, porque força atuará no ponto de contato (dobradiça) e, assim, terá um braço de alavanca igual a zero e, consequentemente, sem contribuição para o torque.

DESENHE

Para calcularmos o torque resultante, começamos com o diagrama de queda livre que mostra todas as forças atuantes sobre a barra (Figura 11.21b). Sabemos que o peso da placa (seta vermelha) atua no ponto onde ela está suspensa pela barra. A força gravitacional (seta azul) atuante sobre a barra está exatamente no seu centro de massa e aponta para baixo. Finalmente, sabemos que a tensão, $\vec{T}$ (seta amarela) está atuando ao longo da direção do cabo.

PESQUISE

O ângulo θ, entre o cabo e a barra (veja a Figura 11.21b), pode ser achado a partir dos dados do problema:

$$\theta = \mathrm{tg}^{-1}\left(\frac{d}{l}\right).$$

A equação para os torques sobre o ponto onde a barra toca a parede é, então

$$mg\frac{l}{2}\,\mathrm{sen}\,90° + Mgr\,\mathrm{sen}\,90° - Tl\,\mathrm{sen}\,\theta = 0. \qquad (i)$$

A Figura 11.21b também mostra uma seta verde para a força, $\vec{F}$, que a parede exerce sobre a barra, mas a direção e módulo deste vetor força ainda precisam ser determinados. A equação (i) não pode ser utilizada para encontrar essa força, porque o ponto onde ela atua é o ponto de pivô e, desse modo, o correspondente braço de alavanca tem comprimento zero.

De outro modo, uma vez que tenhamos achado a tensão no cabo, teremos que determinar todas as forças envolvidas na situação desse problema e sabemos, da condição de equilíbrio estático, que a força resultante deve ser zero. Podemos, assim, escrever equações separadas para as componentes horizontal e vertical da força. Na direção horizontal, temos somente duas componentes da força: a tensão e a força da parede.

$$F_x - T\cos\theta = 0 \Rightarrow F_x = T\cos\theta$$

Na direção vertical, temos os pesos da barra e da placa, além das componentes verticais da tensão e da força da parede:

$$F_y + T\,\mathrm{sen}\,\theta - mg - Mg = 0 \Rightarrow F_y = (m+M)g - T\,\mathrm{sen}\,\theta$$

SIMPLIFIQUE

Resolvemos a equação (i) para a tensão:

$$T = \frac{(ml + 2Mr)g}{2l\,\mathrm{sen}\,\theta}. \qquad (ii)$$

Para o módulo da força que a parede exerce sobre a barra, achamos

$$F = \sqrt{F_x^2 + F_y^2}.$$

A direção dessa força é dada por

$$\theta_F = \mathrm{tg}^{-1}\left(\frac{F_y}{F_x}\right).$$

CALCULE

Inserindo os números dados no enunciado do problema, encontramos o ângulo θ:

$$\theta = \mathrm{tg}^{-1}\left(\frac{1{,}14\text{ m}}{2{,}40\text{ m}}\right) = 25{,}4°.$$

Obtemos a tensão no cabo da equação (ii):

$$T = \frac{[(19{,}7 \text{ kg})(2{,}40 \text{ m}) + 2(33{,}1 \text{ kg})(1{,}95 \text{ m})](9{,}81 \text{ m/s}^2)}{2(2{,}40 \text{ m})(\text{sen } 25{,}4°)} = 840{,}351 \text{ N}.$$

Os módulos das componentes da força que a parede exerce sobre a barra são

$$F_x = (840{,}351 \text{ N})(\cos 25{,}4°) = 759{,}119 \text{ N}$$

$$F_y = (19{,}7 \text{ kg} + 33{,}1 \text{ kg})(9{,}81 \text{ m/s}^2) - (840{,}351 \text{ N})(\text{sen } 25{,}4°) = 157{,}512 \text{ N}.$$

Logo, o módulo e direção dessa força são dados por

$$F = \sqrt{(157{,}512 \text{ N})^2 + (759{,}119 \text{ N})^2} = 775{,}288 \text{ N}$$

$$\theta_F = \text{tg}^{-1}\left(\frac{759{,}119}{157{,}512}\right) = 11{,}7°.$$

ARREDONDE
Todas as quantidades dadas foram especificadas com três algarismos significativos. Então, arredondamos nossas repostas finais para três dígitos: $T = 840$ N e $F = 775$ N.

SOLUÇÃO ALTERNATIVA
As duas forças que calculamos têm, mais precisamente, módulos grandes, considerando que o peso combinado da barra e da placa fixa é somente

$$F_g = (m + M)g = (19{,}7 \text{ kg} + 33{,}1 \text{ kg})(9{,}81 \text{ m/s}^2) = 518 \text{ N}.$$

De fato, a soma dos módulos da força do cabo sobre a barra, T, com a força da parede sobre a barra, F, é maior do que o peso combinado da barra e da placa por um fator maior de que 3. Isso faz sentido? Sim, porque os dois vetores força, $\vec{T}$ e $\vec{F}$, têm grandes componentes horizontais que devem se cancelar reciprocamente. Quando calculamos os módulos dessas forças, suas componentes horizontais também foram incluídas. À medida que o ângulo θ entre o cabo e a barra se aproxima de zero, as componentes horizontais de $\vec{T}$ e $\vec{F}$ tornam-se cada vez maiores. Assim, você pode ver que a seleção de uma distância d, na Figura 11.21b, que é tão pequena em relação ao comprimento da barra, resultará em um cabo e em um sistema de suspensão sob grande tensão.

11.4 Exercícios de sala de aula

Se todos os parâmetros no Problema Resolvido 11.2 permanecerem inalterados, mas a placa for movida para mais longe da parede, em direção à extremidade da barra, o que acontece à tensão, T?

a) Ela diminui.

b) Ela permanece a mesma.

c) Ela aumenta.

11.5 Exercícios de sala de aula

Se todos os parâmetros no Problema Resolvido 11.2 permanecerem inalterados, mas o ângulo θ entre o cabo e a barra for aumentado, o que acontece à tensão, T?

a) Ela diminui.

b) Ela permanece a mesma.

c) Ela aumenta.

QUESTÕES DE MÚLTIPLA ESCOLHA

11.1 Uma vassoura de 3,0 kg está encostada numa mesa de café. Uma mulher levanta o cabo da vassoura com seu braço totalmente estendido, de maneira que sua mão esteja a 0,45 m de distância de seu ombro. Que torque é produzido em seu ombro, se seu braço está em um ângulo de 50° abaixo da horizontal?

a) 7,0 N m
b) 5,8 N m
c) 8,5 N m
d) 10,1 N m

11.2 Uma barra uniforme, de massa M e comprimento L, é mantida em equilíbrio estático e o valor do torque resultante sobre seu centro de massa é zero. O valor do torque resultante nessa barra em uma de suas extremidades, a uma distância $L/2$ do centro de massa, é

a) MgL
b) $MgL/2$
c) zero
d) $2MgL$

11.3 Um bastão rígido e muito leve está pivotado no ponto A, e os pesos m_1 e m_2 estão pendurados nele, como mostrado na figura. A razão do peso m_1 para o peso m_2 é 1:2. Qual é a razão de L_1 para L_2, as distâncias do ponto de pivô de m_1 e m_2, respectivamente?

a) 1:2
b) 2:1
c) 1:1
d) sem informação suficiente para determinar

11.4 Quais das seguintes situações estão em equilíbrio estático?

a) Um pêndulo no topo de seu balanço.
b) Um carrossel girando à velocidade angular constante.
c) Um projétil no topo de sua trajetória (com velocidade zero).
d) Todas anteriores.
e) Nenhuma anterior.

11.5 O corpo na figura a seguir está suspenso pelo seu centro de massa – assim, está em equilíbrio. Se o corpo é cortado, em seu centro de massa, em duas peças, qual é a relação entre as duas massas resultantes?

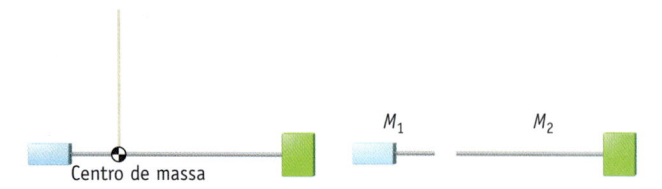

a) As massas são iguais.
b) M_1 é menor do que M_2.
c) M_2 é menor do que M_1.
d) É impossível dizer.

11.6 Como mostrado na figura, dois pesos estão pendurados numa barra de madeira uniforme, que tem 60 cm de comprimento e massa de 100 g. Esse sistema está em equilíbrio?

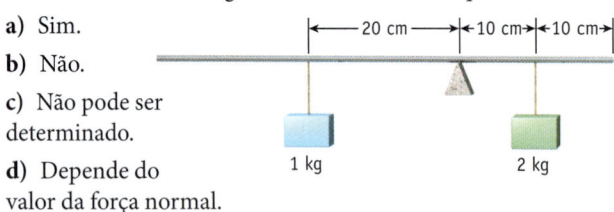

a) Sim.
b) Não.
c) Não pode ser determinado.
d) Depende do valor da força normal.

11.7 Uma criança de 15 kg está sentada numa gangorra, a 2,0 m do pivô. Uma segunda criança, localizada a 1,0 m no outro lado do pivô, teria que ter uma massa _____ para levantar a primeira criança do chão.

a) maior do que 30 kg
b) menor do que 30 kg
c) igual a 30 kg

11.8 Um móbile é construído com uma barra de metal e dois blocos de madeira, como mostrado na figura abaixo. A barra de metal tem massa de 1 kg e comprimento de 10 cm. A barra de metal tem um bloco de madeira de 3 kg pendurado em sua extremidade esquerda e uma corda é amarrada à barra a 3 cm da extremidade esquerda. Que massa deveria ter o bloco de madeira pendurado na extremidade direita da barra, para mantê-la em equilíbrio?

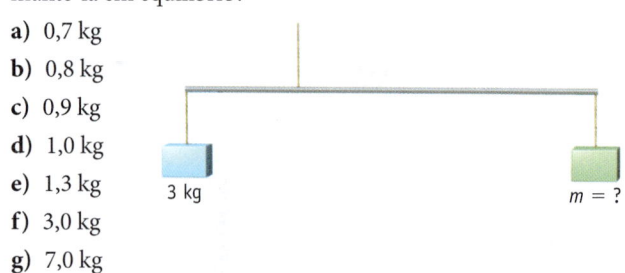

a) 0,7 kg
b) 0,8 kg
c) 0,9 kg
d) 1,0 kg
e) 1,3 kg
f) 3,0 kg
g) 7,0 kg

QUESTÕES

11.9 Existem três conjuntos de mecanismos de aterrissagem num avião. O conjunto principal está localizado sob a linha central de cada asa e o terceiro conjunto está localizado embaixo do nariz do avião. Cada conjunto do mecanismo principal de aterrissagem tem quatro pneus e o mecanismo de aterrissagem do nariz tem dois. Se a carga sobre todos os pneus é a mesma quando o avião está em repouso, ache seu centro de massa. Expresse seu resultado como uma fração da distância perpendicular entre o mecanismo da linha central das asas e o mecanismo do nariz do avião. (Considere que os suportes dos mecanismos de aterrissagem estão na vertical, quando o avião está em repouso, e que suas dimensões são desprezíveis comparadas às dimensões do avião.)

11.10 Um arco semicircular de raio a está de pé sobre o nível do solo, como mostrado na figura. O arco é uniforme em densidade e em seção transversal e tem peso total W. Por simetria, pelo topo do arco, cada uma das pernas exerce somente forças horizontais uma sobre a outra; idealmente, a tensão nesse ponto é de compressão uniforme sobre a seção transversal do arco. Quais são as componentes horizontal e vertical da força que devem ser fornecidas na base de cada perna para suportar o arco?

11.11 Na ausência de qualquer simetria ou outras restrições sobre as forças envolvidas, quantas componentes desconhecidas da força podem ser determinadas numa situação de equilíbrio estático em cada um dos seguintes casos?

a) Todas as forças e corpos ficam no plano.
b) Forças e corpos estão em três dimensões.
c) Forças atuam em n dimensões espaciais.

11.12 Você tem uma régua que se equilibra na marca de 55 cm. Sua régua é homogênea?

11.13 Você tem uma régua que se equilibra na marca de 50 cm. É possível que sua régua seja homogênea?

11.14 Por que um helicóptero com um único rotor principal geralmente necessita de um segundo rotor na cauda?

11.15 O sistema mostrado na figura consiste em uma tábua retangular uniforme (homogênea), que está repousando sobre dois cilindros giratórios. Os dois cilindros giram com velocidade angular igual, em direções opostas. Inicialmente, a tábua está perfeita e simetricamente colocada relativa ao ponto central entre os dois cilindros. Essa é uma posição de equilíbrio para a tábua? Se sim, o equilíbrio é estável ou instável? O que acontece se a tábua recebe um leve deslocamento de sua posição inicial?

11.16 Se o vento está soprando fortemente do leste, o equilíbrio estável para um guarda-chuva aberto é atingido se sua haste aponta para oeste. Por que é relativamente fácil segurar o guarda-chuva diretamente no vento (nesse caso, do leste), mas muito difícil segurá-lo perpendicularmente, ao vento?

11.17 Um escultor e seu assistente estão carregando uma laje de mármore, no formato de cunha, acima de um lance de escadas, como mostrado na figura ao lado. A densidade do mármore é uniforme. Ambos estão levantando reto, à medida que seguram a laje completamente imóvel por um momento. O escultor deve exercer mais força do que o assistente para manter a laje imóvel? Explique.

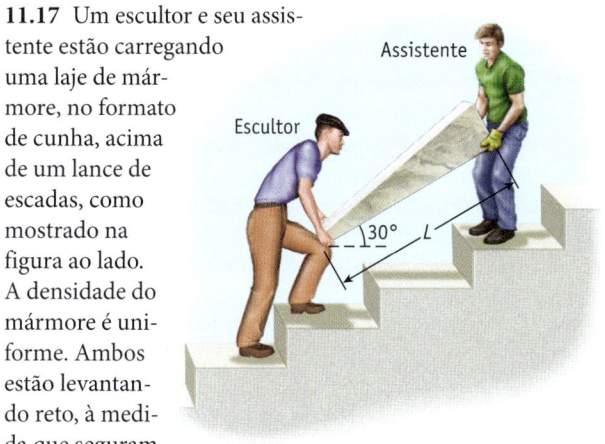

11.18 Como mostrado na figura abaixo, um bastão fino de massa M e comprimento L está suspenso por dois fios – um na extremidade esquerda e outro a dois terços da distância da extremidade esquerda à extremidade direita.

a) Qual é a tensão em cada fio?

b) Determine a massa que um corpo seguro por uma corda fixada à extremidade direita mais afastada do bastão deveria ter, para que a tensão no lado esquerdo do fio fosse zero.

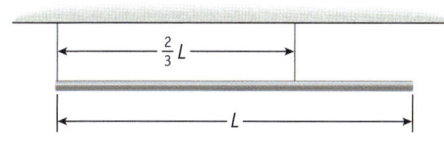

11.19 Um disco uniforme de massa M_1 e raio R_1 tem um furo circular de raio R_2, como mostrado na figura a cima a direita.

a) Ache o centro de massa do corpo resultante.

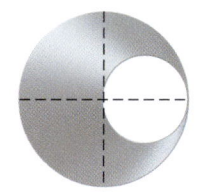

b) Quantas posições de equilíbrio esse corpo tem quando repousando sobre sua borda? Quais delas são estáveis, quais são neutras e quais são instáveis?

11.20 Considere o sistema mostrado na figura abaixo. Se um ponto de pivô é colocado na distância $L/2$ das extremidades do bastão de comprimento L e massa $5M$, o sistema irá girar no sentido horário. Assim, para o sistema não girar, o ponto de pivô deveria estar longe do centro do bastão. Em qual direção do centro do bastão o ponto de pivô deveria ser posto? A que distância do centro do bastão o ponto de pivô deveria ser colocado para o sistema não girar? (Trate as massas M e $2M$ como massas pontuais.)

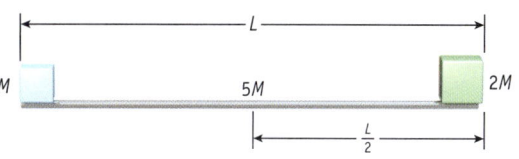

11.21 Uma criança tem um conjunto de blocos feitos do mesmo tipo de madeira. Os blocos vêm em três formas: cubos de lado L, peças do tamanho de dois cubos e peças equivalentes ao tamanho de três cubos, colocadas face a face. A criança empilha três blocos, como mostrado na figura: o cubo na base, o bloco maior na horizontal em cima do cubo e o bloco de tamanho médio colocado verticalmente em cima do segundo. Os centros de cada bloco estão inicialmente sobre uma linha vertical. A que distância o bloco do topo pode ser deslizado ao longo do bloco do meio antes que tombe?

11.22 Por que os antigos egípcios não construíram suas pirâmides de cabeça para baixo? Em outras palavras, use os princípios de força e centro de massa para explicar por que é mais vantajoso construir edificações com as bases largas e os topos estreitos do que ao contrário.

PROBLEMAS

Um • e dois •• indicam um crescente nível de dificuldade dos problemas.

Seção 11.1

11.23 Um caixote com 1.000 N repousa sobre um solo horizontal. Ele está sendo puxado para cima por duas cordas. A corda esquerda tem uma tensão de 400 N. Assumindo que o caixote não sai do chão, o que você pode dizer sobre a tensão na corda direita?

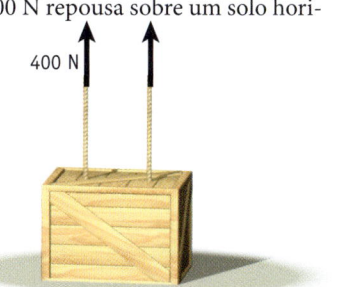

11.24 Em preparação para uma demonstração sobre conservação de energia, um professor prende uma bola de boliche de 5 kg a uma corda de 4,0 m de comprimento. Ele puxa a bola a 20° da vertical e a mantém assim enquanto discute os princípios da física envolvidos. Assumindo que a força que ele exerce sobre a bola é inteiramente na direção horizontal, ache a tensão na corda e a força que o professor está exercendo sobre a bola.

11.25 Um escultor e seu assistente param para uma pausa à medida que sobem os degraus, carregando uma laje de mármore de comprimento L = 2,00 m e massa 75,0 kg, como mostrado na figura. A massa da laje é uniformemente distribuída ao longo de seu comprimento. Conforme descansam, o escultor e seu assistente estão puxando *diretamente para cima* cada extremidade da laje, que está em um ângulo de 30º em relação à horizontal. Quais são os módulos das forças que o escultor e seu assistente devem exercer sobre a laje de mármore para mantê-la imóvel durante a pausa?

11.26 Durante um piquenique, você e dois de seus amigos decidem fazer um cabo de guerra triplo, com três cordas amarradas no meio, por um nó. Roberta puxa para oeste com força 420 N; Michael puxa para o sul com força 610 N. Em qual direção e com que valor de força você deveria puxar para manter o nó parado?

11.27 A figura mostra uma foto de um típico carrossel, encontrado em muitos playgrounds, e um diagrama mostrando uma visão de cima. Quatro crianças estão em pé e puxando o carrossel, conforme indicado pelas setas das forças. As quatro forças têm valores $F_1 = 104{,}9$ N, $F_2 = 89{,}1$ N, $F_3 = 62{,}8$ N e $F_4 = 120{,}7$ N. Todas as forças atuam na direção tangencial. Com que força, F, também na direção tangencial e atuando no ponto preto, uma quinta criança deve puxar, a fim de impedir o movimento do carrossel? Especifique a força e afirme se ela está atuando no sentido horário ou anti-horário.

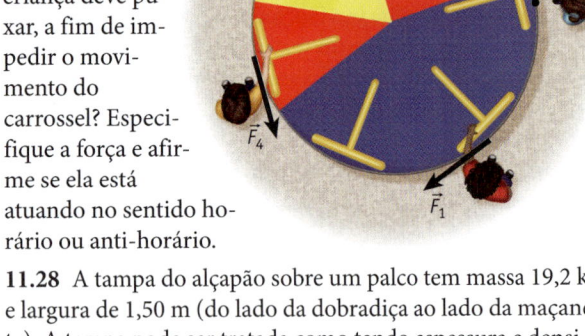

11.28 A tampa do alçapão sobre um palco tem massa 19,2 kg e largura de 1,50 m (do lado da dobradiça ao lado da maçaneta). A tampa pode ser tratada como tendo espessura e densidade uniformes. Uma pequena maçaneta na tampa está a 1,41 m distante do lado da dobradiça. Uma corda é atada à maçaneta e usada para levantar a tampa. Em um instante, a corda está horizontal e a tampa foi parcialmente aberta, de maneira que a maçaneta está a 1,13 m acima do chão. Qual é a tensão, T, na corda neste instante?

•**11.29** Um bastão rígido de massa m_3 está pivotado no ponto A e as massas m_1 e m_2 estão penduradas nele, como mostradas na figura.

a) Qual é a força normal atuando sobre o ponto de pivô?

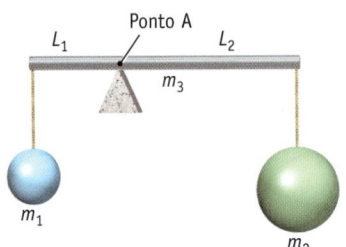

b) Qual é a razão de L_1 para L_2, onde essas são as distâncias ao ponto de pivô para m_1 e m_2, respectivamente? A razão dos pesos de m_1, m_2 e m_3 é 1:2:3.

•**11.30** Quando somente as rodas da frente de um automóvel estão sobre uma plataforma de balança, a balança equilibra-se em 8,0 kN; quando somente as rodas traseiras estão sobre a balança, ela se equilibra em 6,0 kN. Qual é o peso do automóvel e qual é a distância do seu centro de massa ao eixo dianteiro? A distância entre eixos é de 2,8 m.

•**11.31** Considerando o torque sobre seu ombro, estime a força que seus músculos deltoides (aqueles músculos em cima de seus ombros) devem exercer sobre o osso do braço, a fim de manter seus braços estendidos para frente ao nível dos ombros. Então, estime a força que os músculos devem exercer para segurar um peso de 10 lb no comprimento dos braços. Você precisará estimar a distância de seu ponto de pivô ombro ao ponto onde seus músculos deltoides se conectam ao osso de seu braço, a fim de determinar as forças necessárias. Assuma que os deltoides são os únicos músculos contribuintes.

••**11.32** Um triângulo equilátero uniforme de lado 2,00 m e peso $4{,}00 \cdot 10^3$ N é colocado sobre uma abertura. Um ponto está sobre a extremidade norte da abertura e o lado oposto está sobre a extremidade sul. Ache a força sobre cada lado.

Seção 11.2

11.33 Um pedreiro com 600,0 N está a 1,5 m de uma extremidade de um andaime, que tem 7,0 m de comprimento e 800,0 N de peso. Uma pilha de tijolos, pesando 500,0 N, está a 3,0 m da mesma extremidade do andaime. Se o andaime é sustentado em ambas as extremidades, calcule a força em cada extremidade.

11.34 O bastão uniforme da figura é sustentado por duas cordas. A corda fixada à parede é horizontal, e a fixada ao teto faz um ângulo de ϕ em relação à vertical. O próprio bastão está inclinado em um ângulo θ da vertical. Se $\phi = 30°$, qual o valor de θ?

11.35 Um supervisor de construção, massa $M = 92{,}1$ kg, está em pé sobre uma tábua de massa 27,5 kg. Dois cavaletes, separados a uma distância $l = 3{,}70$ m, apoiam a tábua. Se o homem está de pé a uma distância $x_1 = 1{,}07$ m do cavalete da esquerda, como mostra a figura, qual é a força que a tábua exerce sobre este cavalete?

11.36 Em um açougue, uma barra de aço horizontal de massa 4,00 kg e comprimento 1,20 m é sustentada por dois fios fixados às suas extremidades. O açougueiro pendura uma linguiça de massa 2,40 kg em um gancho, o qual está distante 0,20 m da extremidade esquerda da barra. Quais são as tensões nos dois fios?

• **11.37** Duas tábuas, cada uma de massa m e comprimento L, estão conectadas por uma dobradiça no alto e por uma corrente, de massa desprezível, em seus centros, como mostrado na figura. O conjunto ficará em pé verticalmente, na forma de um A, sobre uma supefície sem atrito e sem cair. Como uma função do comprimento da corrente, ache cada um dos seguintes itens:

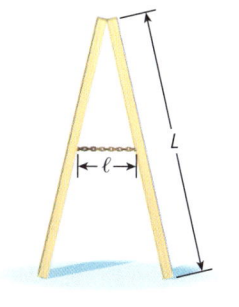

a) a tensão na corrente

b) a força sobre a dobradiça de cada tábua

c) a força do solo sobre cada tábua

• **11.38** Três cordas estão amarradas juntas. Elas ficam em cima de uma mesa circular e o nó está exatamente no centro da mesa, como mostrado na figura (vista de cima). Cada corda estende-se até a borda da mesa, com pesos sustentados por elas. As massas $m_1 = 4{,}30$ kg e $m_2 = 5{,}40$ kg são conhecidas. O ângulo $\alpha = 74°$ entre as cordas 1 e 2 é também conhecido. Qual é o ângulo β entre as cordas 1 e 3?

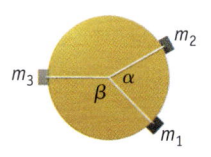

• **11.39** Uma escada uniforme de 10,0 m de comprimento está inclinada sobre uma parede em um ângulo de 60,0° acima da horizontal. O peso da escada é 20,0 lb. Um garoto de 61,0 lb sobe 4,00 m na escada. Qual é o valor da força de atrito exercida sobre a escada pelo chão?

• **11.40** Robin está fazendo um móbile para pairar sobre o berço de sua pequena irmã. Ela comprou quatro bichinhos de pelúcia: um urso (16 g), um carneiro (18 g), um pequeno pônei (22 g) e um passarinho (15 g). Ela também comprou três pequenas hastes de madeira, com 15 cm de comprimento e massa de 5 g, e linha de massa desprezível. Ela quer pendurar o urso e o pônei nas extremidades de uma haste, e nas extremidades da segunda haste, o carneiro e o passarinho. Então, ela quer suspender as duas hastes pelas extremidades da terceira haste e pendurar todo o conjunto no teto. Explique onde a linha deveria ser amarrada em cada haste, de maneira que o conjunto inteiro pendesse nivelado.

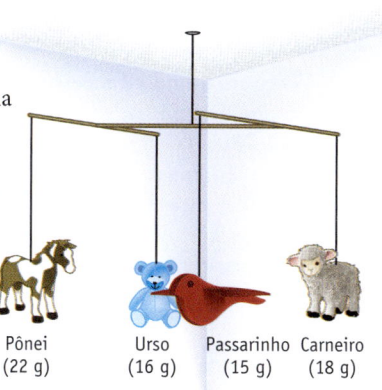

• **11.41** Uma porta, essencialmente um retângulo uniforme de altura 2,00 m, largura 0,80 m e peso 100,0 N, é suportada, em uma borda, por duas dobradiças, uma a 30,0 cm e outra a 170,0 cm acima da base da porta. Calcule as componentes horizontais das forças sobre as duas dobradiças.

•• **11.42** A figura mostra uma escada uniforme, massa 20,0 kg e comprimento L, articulada a uma plataforma horizontal no ponto P_1 e ancorada com um cabo de aço de mesmo tamanho da escada, fixado no ponto médio desta. Calcule a tensão no cabo e as forças na dobradiça, quando uma pessoa de 80 kg está de pé a três quartos da base da escada.

•• **11.43** Uma barra, de comprimento 8 m e massa 100 kg, está fixada por um grande pino ao suporte a 3 m de distância de uma extremidade. A barra faz um ângulo $\theta = 30°$ com a horizontal, como mostrado na figura. Uma massa $M = 500$ kg é amarrada com uma corda a uma extremidade da barra e uma segunda corda é amarrada em ângulo reto à outra extremidade. Ache a tensão, T, na segunda corda, e a força exercida sobre a barra pelo pino.

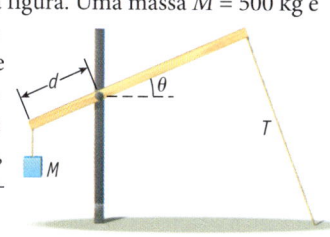

•• **11.44** Uma bola de massa 15,49 kg repousa sobre uma mesa de altura 0,72 m. O tampo da mesa é uma placa de vidro retangular de massa 12,13 kg, que é suportada nos cantos por finas pernas, como mostrado na figura. A largura do tampo é $w = 138{,}0$ cm e sua profundidade $d = 63{,}8$ cm. Se a bola toca o tampo no ponto $(x,y) = (69{,}0$ cm; $16{,}6$ cm), relativo ao canto 1, qual é a força que o tampo exerce em cada perna?

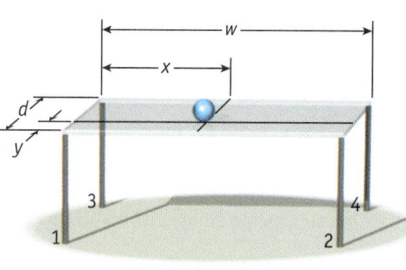

•• **11.45** Uma ponte de madeira sobre uma ravina consiste de uma tábua com densidade de comprimento $\lambda = 2$ kg/m, suspensa a $h = 10{,}0$ m abaixo de um galho de árvore por duas cordas de comprimento $L = 2h$ e com tensão máxima avaliada em 2.000 N, que está fixada às extremidades da tábua, como mostrado na figura. Um caminhante andando sobre a ponte, vindo do lado esquerdo, causa uma inclinação de 25° nesta em relação à horizontal. Qual é a massa do caminhante?

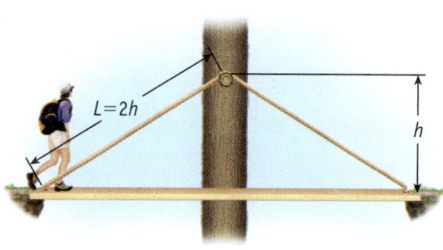

•• **11.46** O famoso Gateway Arch em St. Louis, Missouri, é aproximadamente uma *catenária invertida*. Um exemplo simples de tal curva é dado por $y(x) = 2a - a \cosh(x/a)$, onde y é a altura vertical e x é a distância horizontal, medidos diretamente do topo da curva; assim, x varia de $-a \cosh^{-1} 2$ à $+a \cosh^{-1} 2$, com a sendo a altura do topo da curva (veja a figura). Suponha que um arco de seção transversal e densidade uniformes, com peso total W, tenha essa forma. As duas pernas do arco exercem somente forças horizontais, no topo, uma sobre

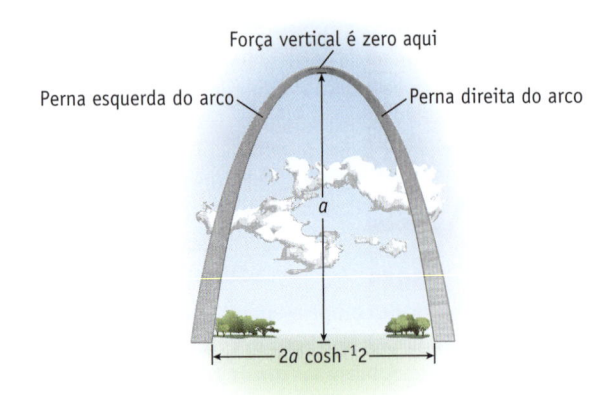

378 Física para Universitários: Mecânica

Força vertical é zero aqui
Perna esquerda do arco
Perna direita do arco
a
$2a \cosh^{-1} 2$

a outra; idealmente, a tensão lá deveria ser de compressão uniforme sobre a seção transversal.

a) Calcule as componentes vertical e horizontal da força que estão atuando na base de cada perna desse arco.

b) Em que ângulo a face da base das pernas deveria estar orientado?

Seção 11.3

11.47 Uma estante retangular e uniforme, de altura H e largura $W = H/2$, está sendo empurrada, com velocidade constante, pelo chão. A estante é empurrada horizontalmente pela sua borda superior, à distância H acima do chão. Qual é o valor máximo do coeficiente de atrito cinético entre a estante e o chão, se a estante não está tombando enquanto está sendo empurrada?

11.48 O sistema mostrado na figura está em equilíbrio. O bastão, de comprimento L e massa M, é mantido em posição reta. O topo do bastão está amarrado a uma superfície fixa vertical por uma corda, e uma força F é aplicada no ponto médio do bastão. O coeficiente de atrito estático entre o bastão e a superfície horizontal é μ_s. Qual é a força F máxima que pode ser aplicada, enquanto o bastão permanece em equilíbrio estático?

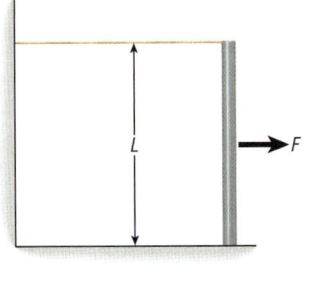

11.49 Uma escada, de massa 37,7 kg e comprimento 3,07 m, está encostada numa parede e forma com ela um ângulo θ. O ceoficiente de atrito estático entre a escada e o chão é 0,313; assuma que a força de atrito entre a escada e a parede é zero. Qual é o valor máximo que θ pode ter antes que a escada comece a escorregar?

• **11.50** Uma haste uniforme, de comprimento L e massa M, é sustentada por uma parede vertical na posição horizontal, como mostrado na figura. A haste não está diretamente fixada à parede, então, o coeficiente de atrito estático, μ_s, entre a parede e a haste fornece somente a força vertical sobre uma extremidade da haste. A outra extremidade da haste é sustentada por uma corda leve, que está fixada à parede no ponto a distância D acima do ponto de contato entre a haste e a parede. Determine o valor mínimo de μ_s, como uma função de L e D, que mantenha a haste na horizontal e que não permita que sua extremidade escorregue parede abaixo.

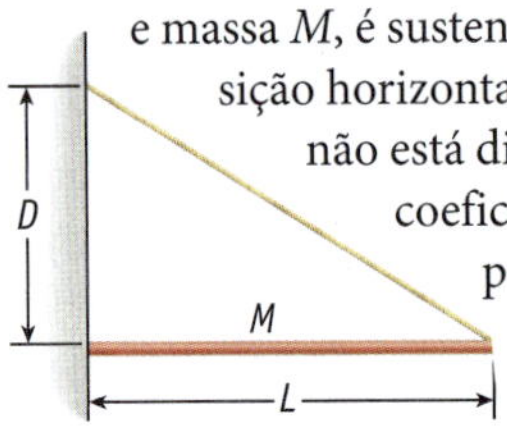

• **11.51** Um garoto, pesando 60,0 lb, está brincando sobre uma tábua. A tábua pesa 30,0 lb, é uniforme, mede 8,00 pés de comprimento e está sobre dois suportes, um, a 2,00 pés da extremidade esquerda e outro, a 2,00 pés da extremidade direita.

a) Se o garoto está 3,00 pés da extremidade esquerda, qual é a força exercida por cada suporte?

b) O garoto se move em direção à extremidade direita. A que distância ele pode ir antes que a tábua incline?

• **11.52** Um trilho tem uma altura que é função da posição horizontal x, dada por $h(x) = x^3 + 3x^2 - 24x + 16$. Ache todas as posições sobre o trilho, onde uma bola de gude permanecerá onde for colocada. Que tipo de equilíbrio existe em cada uma dessas posições?

• **11.53** A figura mostra uma pilha de sete blocos idênticos de alumínio, cada um com comprimento $l = 15,9$ cm e espessura $d = 2,2$ cm, empilhados sobre uma mesa.

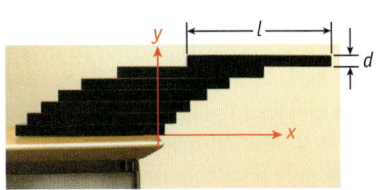

a) A que distância, para a direita da borda da mesa, é possível para a borda direita do bloco do topo (sétimo) estender-se?

b) Qual é a altura mínima de uma pilha desses blocos, para a qual a borda esquerda do bloco do topo esteja à direita da borda direita da mesa?

• **11.54** Você está usando uma escada de 5 m de comprimento para pintar o lado de fora de sua casa. O ponto de contato entre a escada e a lateral da casa está 4 m acima do chão. A escada tem massa 20 kg. Se você pesa 60 kg e está parado na escada, a três quartos de distância em relação à base da escada, determine (a) as forças exercidas pela parede lateral e pelo chão sobre a escada e (b) o coeficiente de atrito estático entre o chão e a base da escada necessário para manter a escada estável.

• **11.55** Uma escada de massa M e comprimento $L = 4,0$ m está ao nível do solo, encostada em uma parede vertical. O coeficiente de atrito estático entre a escada e o solo é $\mu_s = 0,60$, enquanto o atrito entre a escada e a parede é desprezível. A escada está em um ângulo de $\theta = 50°$ acima da horizontal, e um homem de massa $3M$ começa a subi-la. Para qual distância para cima, ao longo da escada, pode o homem subir antes que a escada comece a escorregar sobre o solo?

• **11.56** Um mecânico faz a peça mostrada na figura. O cilindro de maior diâmetro é feito de bronze (densidade de 8,6 g/cm³); o cilindro de menor diâmetro é feito de alumínio (densidade de 2,7 g/cm³). As dimensões são: $r_1 = 2$ cm, $r_2 = 4$ cm, $d_1 = 20$ cm e $d_2 = 4$ cm.

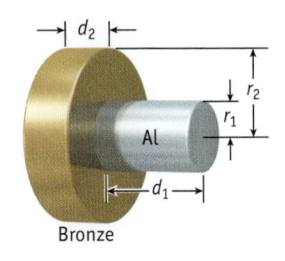

a) Ache a localização do centro de massa.

b) Se a peça está sobre seu lado, como mostra na figura, ela está em equilíbrio? Se sim, ela está em equilíbrio estável?

• **11.57** Um corpo tem seu movimento restrito em uma dimensão. Sua posição é especificada ao longo do eixo x. A energia potencial do corpo, como uma função de sua posição, é dada por $U(x) = a(x^4 - 2b^2x^2)$, em que a e b representam números positivos. Determine as localizações de quaisquer pontos de equilíbrio e classifique o equilíbrio em cada um dos pontos como estável, instável ou neutro.

• **11.58** Um corpo bidimensional com densidade de massa uniforme tem a geometria de um quadrado delgado de massa 2,00 kg. Os lados do quadrado medem 20,0 cm. O sistema coordenado tem sua origem no centro do quadrado. Uma massa pontual $m = 2,00 \cdot 10^2$ g é colocada em um canto do corpo quadrado e o conjunto é mantido em equilíbrio, posicionando o suporte na posição (x,y), como mostrado na figura. Encontre a localização para o suporte.

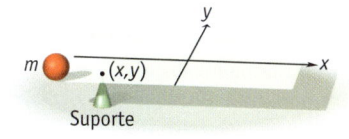

• **11.59** As pessoas A e B estão de pé sobre uma tábua de densidade linear uniforme que está equilibrada sobre dois suportes, como mostrado na figura. Qual é a distância máxima x da extremidade direita da tábua, na qual a pessoa A pode ficar de pé sem incliná-la? Trate as pessoas A e B como massas pontuais. A massa da pessoa B é duas vezes a massa da pessoa A, e a massa da tábua é metade da massa da pessoa A. Dê sua resposta em termos de L, o comprimento da tábua.

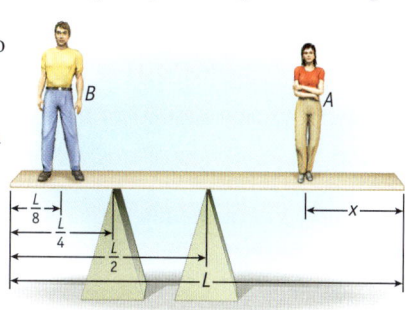

•• **11.60** Um utilitário tem altura h e distância entre eixos b. Seu centro de massa está a meio caminho entre as rodas e a distância αh acima do solo, onde $0 < \alpha < 1$. O carro entra numa curva perigosamente em alta velocidade, v. O raio da curva é R ($R \gg b$) e a estrada é plana. O coeficiente de atrito estático entre a estrada e os pneus devidamente calibrados é μ_s. Após entrar na curva, ou o carro derrapará para fora da curva ou começará a inclinar.

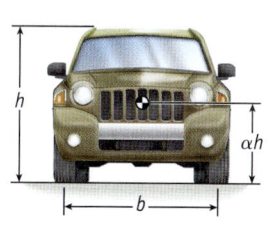

a) O carro derrapará para fora da curva se a força de atrito alcança seu máximo valor, $F \to \mu_s N$. Determine a velocidade, v_d, para a qual isso ocorrerá. Assuma que a inclinação não ocorra.

b) O torque que mantém o carro sem inclinar atua sobre o lado de fora da roda. O maior valor que essa força pode ter é igual à força normal inteira. Determine a velocidade, v_i, na qual isso ocorrerá. Assuma que a derrapagem não ocorra.

c) É mais seguro se o carro derrapar antes de inclinar. Isso ocorrerá enquanto $v_d < v_i$. Aplique essa condição e determine o valor máximo para α, em termos de b, h e μ_s.

Problemas adicionais

11.61 Uma prancha de madeira, comprimento $L = 8,0$ m e massa $M = 100$ kg, está centrada sobre um cubo de granito de lado $S = 2,0$ m. Uma pessoa de massa $m = 65$ kg começa a caminhar do centro para fora da prancha, como mostrado na figura. A que distância do centro da prancha a pessoa fica, antes que a inclinação da prancha se inicie?

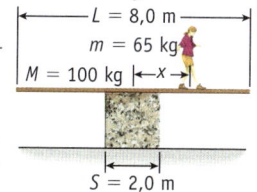

11.62 Uma tábua, com peso $mg = 120$ N e comprimento 5 m, está suspensa por duas cordas, como mostrado na figura. A corda A está conectada a uma extremidade da tábua e a corda B está conectada à distância $d = 1$ m da outra extremidade. Uma caixa de peso $Mg = 20$ N é colocada sobre a tábua, com seu centro de massa a $d = 1$ m da corda A. Qual a tensão nas duas cordas?

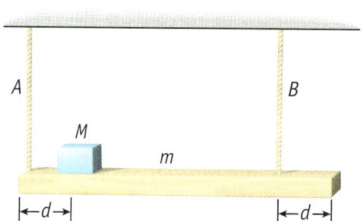

11.63 Em um carro, que está acelerando a 5,00 m/s^2, um renovador de ar está pendurado no espelho retrovisor interno, com a corda mantendo um ângulo constante em relação à vertical. Qual é esse ângulo?

11.64 Típicos conjuntos de peso usados para halterofilismo consistem em pesos na forma de discos com furos no centro, que podem deslizar sobre halteres de 2,2 m de comprimento. Um haltere é sustentado por dois apoios localizados a um quinto do seu comprimento de cada extremidade, como mostrado na figura. Qual é a mínima massa m do haltere, se um halterofilista está colocando um peso com $M = 22$ kg na extremidade sem que o haltere se incline para fora do apoio? Assuma que o haltere é um bastão uniforme.

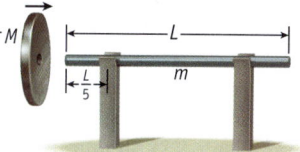

11.65 Uma tábua, comprimento 5 m e massa 50 kg, é usada como uma gangorra. Sobre a extremidade esquerda da gangorra senta uma garota de 45 kg e, sobre a direita, senta um garoto de 60 kg. Determine a posição do ponto de pivô para equilíbrio estático.

11.66 Um móbile consiste em dois bastões muito leves, de comprimento $l = 0,400$ m, conectados um ao outro e ao teto por cordas verticais. (Despreze as massas dos bastões e das cordas.) Três corpos são suspensos por cordas dos bastões. As massas dos corpos 1 e 3 são $m_1 = 6,40$ kg e $m_3 = 3,20$ kg. A distância x mostrada na figura tem 0,160 m. Qual é a massa de m_2?

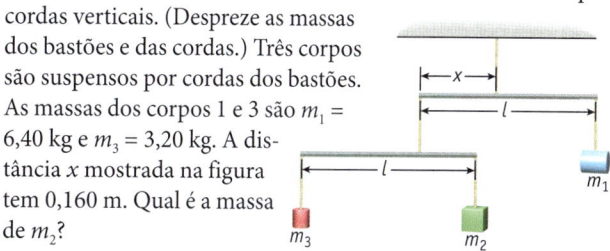

• **11.67** Na montagem experimental, mostrada na figura, uma barra, B_1, de massa desconhecida M_1 e comprimento $L_1 = 1$ m, está pivotada sobre seu ponto inferior P_1. Uma segunda barra, B_2, de massa $M_2 = 0{,}200$ kg e comprimento $L_2 = 0{,}200$ m, está suspensa (pivotada) de B_1 no ponto P_2, que está a uma distância horizontal $d = 0{,}550$ m de P_1. Para manter o sistema em equilíbrio, uma massa $m = 0{,}500$ kg deve ser suspensa por uma corda sem massa, que se estende horizontalmente de P_3, no topo da barra B_1, e passa por uma polia sem atrito. A corda se estende a uma distância vertical $y = 0{,}707$ m acima do ponto de pivô P_1. Calcule a massa da barra B_1.

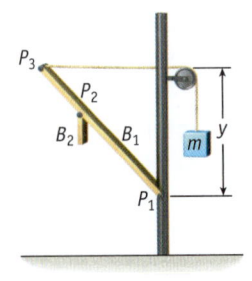

• **11.68** Uma importante característica da condição de equilíbrio e o fato de que o torque resultante deve ser zero independente da escolha do ponto de pivô. Para a montagem do Problema 11.67, prove que o torque é, de fato, zero em relação a um ponto de pivô em P_1, P_2 e P_3.

• **11.69** Uma extremidade de uma pesada barra, massa $M = 50{,}0$ kg, está articulada com uma parede vertical e a outra extremidade está amarrada a um cabo de aço, de comprimento 3,0 m, como mostrado na figura. A outra extremidade do cabo também está fixada à parede a distância de 4,0 m acima da dobradiça. Uma massa $m = 20{,}0$ kg está pendurada em uma extremidade da barra por uma corda.

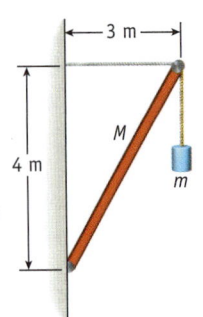

a) Determine a tensão no cabo e na corda.

b) Encontre a força que a dobradiça exerce sobre a barra.

• **11.70** Uma barra uniforme, massa 100 kg e comprimento $L = 5$ m, está fixada a uma parede por uma dobradiça, no ponto A, e sustentada na posição horizontal por um cabo leve preso a sua outra extremidade. O cabo é preso à parede no ponto B, a uma distância $D = 2$ m acima do ponto A. Encontre: a) a tensão T, sobre o cabo, e b) as componentes horizontal e vertical da força atuando sobre a barra no ponto A.

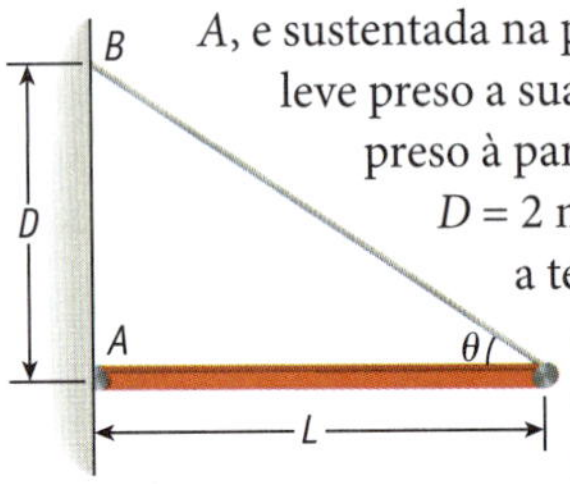

• **11.71** Um móbile sobre um berço de bebê mostra pequenas formas coloridas. Que valores para m_1, m_2 e m_3 são necessários para manter o móbile equilibrado (com todos os bastões na horizontal)?

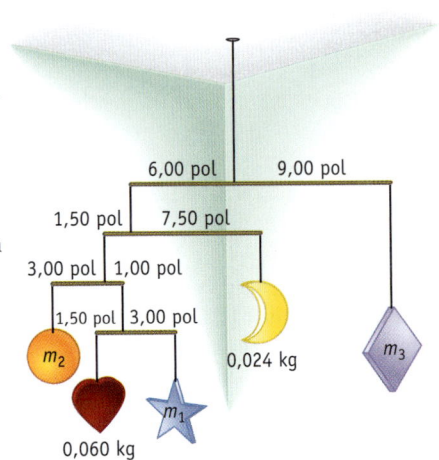

• **11.72** Considere o bastão de comprimento L, mostrado na figura. A massa do bastão é $m = 2{,}00$ kg e o ponto de pivô está localizado na extremidade esquerda (em $x = 0$). A fim de evitar que o bastão gire, uma força variável dada por $F(x) = (15{,}0 \text{ N})(x/L)^4$ é aplicada ao bastão. Em que ponto x, sobre o bastão, uma força deveria ser aplicada a fim de mantê-lo sem rotação?

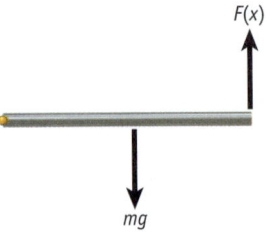

• **11.73** Um tubo, de comprimento 2,20 m e massa 8,13 kg, está suspenso sobre um palco por duas correntes, cada uma localizada a 0,20 m de cada extremidade do tubo. Dois refletores, de 7,89 kg cada, são presos sobre o tubo, um a 0,65 m da extremidade esquerda o outro a 1,14 m da extremidade direita. Calcule a tensão em cada corrente.

• **11.74** Um trampolim, comprimento 2,00 m e massa 12,0 kg, está a 3,00 m acima da água e duas fixações o seguram no lugar. Uma está localizada bem atrás na extremidade da tábua do trampolim e a outra está a 25,0 cm à frente daquela extremidade.

a) Assumindo que a tábua do trampolim tem densidade uniforme, ache as forças atuantes sobre cada fixação (tome a direção para baixo como positiva).

b) Se um mergulhador de massa 65,0 kg está de pé sobre a extremidade da frente, quais são as forças atuantes sobre as duas fixações?

• **11.75** Uma caixa, de 20,0 kg, com altura de 80,0 cm e largura de 30,0 cm tem uma alça sobre o lado que está a 50,0 cm acima do chão. A caixa está em repouso e o coeficiente de atrito estático entre a caixa e o chão é 0,28.

a) Qual é a força mínima, F, que pode ser aplicada à alça, de modo que a caixa tombe sem escorregar?

b) Em que direção essa força seria aplicada?

•• **11.76** O deslocamenteo angular de uma mola de torsão é proporcional ao torque aplicado; isto é $\tau = \kappa\theta$, onde κ é uma constante. Suponha que tal mola seja montada em um braço que se move no plano vertical. A massa do braço é 45 g e tem comprimento 12 cm. O sistema braço-mola está em equilíbrio com o braço num ângulo de 17° em relação à horizontal. Se uma massa de 0,42 kg está pendurada no braço a 9 cm do eixo, qual será o deslocamento angular na nova posição de equilíbrio (relativa àquela com a mola descarregada)?

Gravitação 12

Figura 12.1 A Terra poente, fotografada em 7 de novembro de 2007 pelo satélite japonês Kaguya orbitando a Lua. A Terra e a Lua orbitam uma ao redor da outra e são mantidas juntas por suas interações gravitacionais.

O QUE APRENDEREMOS	**382**
12.1 Lei da Gravitação de Newton	382
Superposição das forças gravitacionais	383
O Sistema Solar	385
Exemplo 12.1 Influência dos corpos celestes	386
12.2 Gravitação próximo à superfície da Terra	387
Exemplo 12.2 Ruptura gravitacional de um buraco negro	389
12.3 Gravitação dentro da Terra	389
12.4 Energia potencial gravitacional	391
Velocidade de escape	392
Exemplo 12.3 Impacto de um asteroide	394
Potencial gravitacional	395
12.5 Leis do movimento planetário de Kepler	395
Adendo matemático: Elipses	396
Problema resolvido 12.1 Período orbital de Sedna	398
Exemplo 12.4 Buraco negro no centro da Via Láctea	399
A Segunda Lei de Kepler e a conservação do momento angular	400
12.6 Órbitas de satélites	400
Problema resolvido 12.2 Satélite em órbita	401
Energia de um satélite	402
Órbita de satélites geoestacionários	402
Problema resolvido 12.3 Antena parabólica	403
12.7 Matéria escura	405
O QUE JÁ APRENDEMOS / GUIA DE ESTUDO PARA EXERCÍCIOS	**407**
Guia de resolução de problemas	408
Problema resolvido 12.4 Astronauta sobre uma pequena lua	408
Questões de múltipla escolha	410
Questões	411
Problemas	412

O QUE APRENDEREMOS

- A interação gravitacional entre duas massas pontuais é proporcional ao produto de suas massas e inversamente proporcional ao quadrado da distância que as separa.

- A força gravitacional sobre um corpo dentro de uma esfera sólida e homogênea cresce linearmente com a distância que o corpo está do centro da esfera sólida.

- Na superfície da Terra, é uma aproximação muito boa usar um valor constante para a aceleração devido à gravidade (g). O valor de g usado para situações de queda-livre pode ser verificado da lei mais geral da força gravitacional.

- Uma expressão mais geral para energia potencial gravitacional indica que ela é inversamente proporcional à distância entre dois corpos.

- Velocidade de escape é a mínima velocidade com a qual um projétil pode ser lançado de modo a escapar para o infinito.

- As três leis de Kepler do movimento planetário afirmam que os planetas se movem em órbitas elípticas, com o Sol em um ponto focal; que o vetor raio conectando o Sol e um planeta varre áreas iguais em tempos iguais; e que o período de órbita para qualquer planeta é proporcional ao cubo de seu semieixo maior.

- As energias cinética, potencial e total de satélites em órbita têm uma relação fixa entre si.

- Há evidência para uma grande quantidade de matéria escura e energia escura no universo.

A Figura 12.1 mostra a Terra se pondo no horizonte da Lua, fotografada por um satélite orbitando-a. Estamos tão acostumados a ver a Lua no céu que é algo surpreendente ver a Terra no céu. De fato, astronautas na Lua não veem o nascer ou o ocaso da Terra, porque a Lua sempre mantém a mesma face virada para a Terra. Somente astronautas orbitando a Lua podem ver a Terra parecendo mudar de posição, nascendo ou se pondo. Entretanto, a imagem nos lembra que, como todas as forças, a força gravitacional é uma atração mútua entre dois corpos – a Terra puxa a Lua, mas a Lua também puxa a Terra.

Examinamos forças em termos gerais em capítulos anteriores, mas neste capítulo vamos trabalhar com uma força particular: a força gravitacional, uma das quatro forças fundamentais da natureza, sendo a mais fraca delas (dentro dos átomos, por exemplo, a gravidade é desprezível em relação às forças eletromagnéticas). No entanto, ela opera sobre todas as distâncias e é sempre a força de atração entre corpos com massa (em oposição à interação eletromagnética, para a qual as cargas assumem valores positivo e negativo que resultam em forças que podem ser atrativas ou repulsivas e tendem a somar zero para a maioria dos corpos macroscópicos). Como resultado, a força gravitacional é de importância fundamental sobre as vastas distâncias e para as enormes massas dos estudos astronômicos.

A Figura 12.2 é uma imagem do centro de nossa galáxia obtida com o telescópio espacial infravermelho Spitzer. O centro galático contém um supermaciço buraco negro e o conhecimento da interação gravitacional permite aos astrônomos calcular a massa desse buraco negro como sendo de aproximadamente um trilhão de vezes a massa da Terra, ou perto de 3,7 milhões de vezes a massa do Sol. (O Exemplo 12.4 mostra como os cientistas chegaram a essa conclusão. Um buraco negro é um corpo tão maciço e denso, que nada pode escapar de sua superfície, nem mesmo a luz.)

Figura 12.2 Centro de nossa galáxia, a Via Láctea, que contém um supermaciço buraco negro. O tamanho da região mostrada aqui é de 890 por 640 anos-luz. O Sitema Solar está a 26.000 anos-luz afastado do centro da galáxia.

12.1 Lei da Gravitação de Newton

Até agora, encontramos a força gravitacional somente na forma de uma aceleração gravitacional constante, $g = 9{,}81$ m/s^2, multiplicada pela massa do corpo sobre o qual a força atua. Contudo, a partir dos vídeos de astronautas correndo e pulando na Lua (Figura 12.3), sabemos que a força gravitacional é diferente lá. Logo, a aproximação que temos usado, de uma força gravitacional constante dependente somente da massa do corpo onde a força atua, não pode estar correta longe da superfície da Terra.

A expressão geral para a intensidade da interação gravitacional entre duas massas pontuais, m_1 e m_2, à distância $r = |\vec{r}_2 - \vec{r}_1|$ uma da outra (Figura 12.4) é

$$F(r) = G\frac{m_1 m_2}{r^2}. \tag{12.1}$$

Essa relação, conhecida com a **Lei da Gravitação de Newton**, é uma lei empírica, deduzida de experimentos e verificada extensivamente. A constante de proporcionalidade G é chamada de **constante gravitacional universal** e tem o valor (para quatro algarismos significativos)

$$G = 6{,}674 \cdot 10^{-11} \text{ N m}^2/\text{kg}^2. \tag{12.2}$$

Uma vez que $1 \text{ N} = 1 \text{ kg m/s}^2$, podemos também escrever esse valor como $G = 6{,}674 \cdot 10^{-11}$ $\text{m}^3\text{kg}^{-1}\text{s}^{-2}$. A equação 12.1 diz que a intensidade da interação gravitacional é proporcional a cada uma das duas massas envolvidas na interação e inversamente proporcional ao quadrado da distância entre elas. Por exemplo, dobrando uma das massas, dobrará a intensidade da interação, enquanto que dobrar a distância reduzirá a intensidade da interação por um fator de 4.

Em virtude da força ser um vetor, a orientação da força gravitacional deve ser especificada. A força gravitacional $\vec{F}_{2\to 1}$, atuante do corpo 2 sobre o corpo 1, sempre aponta em direção ao corpo 2. Podemos expressar esse conceito na forma de uma equação:

$$\vec{F}_{2\to 1} = F(r)\hat{r}_{21} = F(r)\frac{\vec{r}_2 - \vec{r}_1}{|\vec{r}_2 - \vec{r}_1|}.$$

Combinar esse resultado com a equação 12.1 resulta em

$$\vec{F}_{2\to 1} = G\frac{m_1 m_2}{|\vec{r}_2 - \vec{r}_1|^3}(\vec{r}_2 - \vec{r}_1). \tag{12.3}$$

A equação 12.3 é a forma geral para a força gravitacional atuando no corpo 1 devido ao corpo 2. É rigorosamente válida para partículas pontuais, bem como para corpos extensos esfericamente simétricos, no caso em que o vetor posição é a posição do centro de massa. É, também, uma aproximação muito boa para corpos extensos não esféricos, representados pela suas coordenadas do centro de massa, contanto que a separação entre os corpos seja grande em relação aos seus tamanhos individuais. Note que o centro de gravidade é idêntico ao centro de massa para corpos esfericamente simétricos.

O Capítulo 4 introduziu a Terceira Lei de Newton: a força $\vec{F}_{1\to 2}$ exercida sobre o corpo 2 pelo corpo 1 deve ser de mesma intensidade e na direção oposta da força $\vec{F}_{1\to 2}$ exercida sobre o corpo 1 pelo corpo 2:

$$\vec{F}_{1\to 2} = -\vec{F}_{2\to 1}$$

Você pode ver que a força descrita pela equação 12.3 preenche os requisitos da Terceira Lei de Newton pela troca dos índices 1 e 2 em todas as variáveis (F, m e r) e observando que a intensidade da força permanece a mesma, mas o sinal muda. Essa equação rege o movimento dos planetas ao redor do Sol, assim como dos corpos em queda livre próximos à superfície da Terra.

Superposição das forças gravitacionais

Se mais de um corpo tem uma interação gravitacional com o corpo 1, podemos calcular a força gravitacional total sobre o corpo 1 pelo uso do **princípio da superposição**, o qual afirma que o vetor soma de todas as forças gravitacionais sobre um corpo específico perfaz a força gravitacional total sobre aquele corpo. Isto é, para encontrar a força gravitacional total atuante sobre um corpo, simplesmente adicionamos as contribuições de todos os outros corpos:

$$\vec{F}_1 = \vec{F}_{2\to 1} + \vec{F}_{3\to 1} + \cdots + \vec{F}_{n\to 1} = \sum_{i=2}^{n} \vec{F}_{i\to 1}. \tag{12.4}$$

As forças individuais $\vec{F}_{i\to 1}$ podem ser achadas a partir da equação 12.3:

$$\vec{F}_{i\to 1} = G\frac{m_i m_1}{|\vec{r}_i - \vec{r}_1|^3}(\vec{r}_i - \vec{r}_1).$$

Inversamente, a força gravitacional total sobre qualquer um de n corpos experimentando interação gravitacional mútua pode ser escrito como

$$\vec{F}_j = \sum_{i=1, i\neq j}^{n} \vec{F}_{i\to j} = G \sum_{i=1, i\neq j}^{n} \frac{m_i m_j}{|\vec{r}_i - \vec{r}_j|^3}(\vec{r}_i - \vec{r}_j). \tag{12.5}$$

Figura 12.3 O comandante da *Apollo 16*, John Young, pula sobre a superfície da Lua e saúda a bandeira dos EUA, em 20 de abril de 1972.

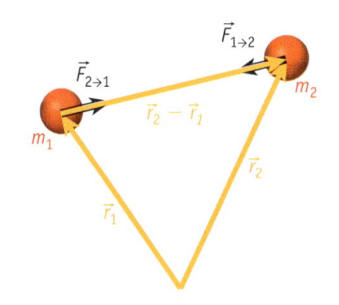

Figura 12.4 A interação gravitacional de duas massas pontuais.

A notação "$i \neq j$", abaixo do símbolo de somatório, indica que a soma das forças não inclui qualquer interação dos corpos com eles próprios.

A idealização da superposição de forças é simples, mas a solução das equações resultantes do movimento podem se tornar complicadas. Mesmo em um sistema de três massas aproximadamente iguais que interajam entre si, algumas condições iniciais podem levar a trajetórias regulares, enquanto que outras levam a movimentos caóticos. A investigação numérica desse tipo de sistema começou a ser possível somente com o advento dos computadores. Nos últimos 10 anos, o estudo da física de muitos-corpos desenvolveu-se como um dos mais interessantes de toda a Física, e esforços intrigantes são muitos promissores para serem empreendidos, tal como estudar a origem das galáxias devido às pequenas flutuações iniciais na densidade do universo.

DEMONSTRAÇÃO 12.1 — Força gravitacional de uma esfera

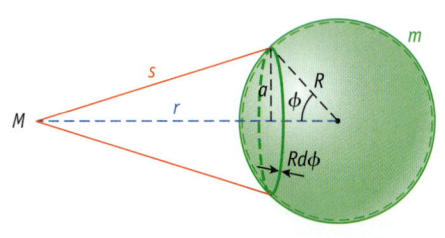

Figura 12.5 Força gravitacional sobre uma partícula de massa M exercida por uma casca esférica (esfera oca) de massa m.

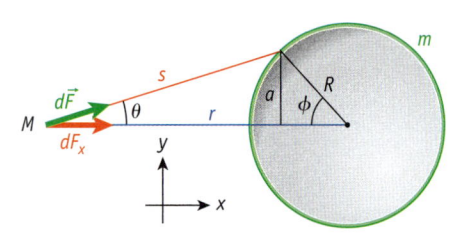

Figura 12.6 Seção transversal através do centro da casca esférica da Figura 12.5.

Antes, foi afirmado que a interação gravitacional de um corpo extenso esfericamente simétrico poderia ser tratada como aquela de uma partícula pontual com a mesma massa localizada no centro de massa de uma esfera extensa. Podemos provar essa afirmação com ajuda do cálculo e um pouco de geometria elementar.

Para começar, tratamos a esfera como um conjunto de delgadas cascas esféricas concêntricas. Se pudermos provar que uma casca esférica delgada tem a mesma interação gravitacional de uma partícula pontual em seu centro, então, pelo princípio da superposição, uma esfera sólida tem, também, a mesma interação gravitacional.

A Figura 12.5 mostra uma partícula pontual de massa M, localizada fora de uma casca esférica de massa m à distância r do centro da casca. Queremos achar a componente x da força sobre a massa M, em função do anel de largura angular $d\phi$. Este anel tem um raio $a = R \,\text{sen}\, \phi$ e, assim, uma circunferência de $2\pi R \,\text{sen}\, \phi$. Ele tem uma largura de $Rd\phi$, como mostrado na Figura 12.5, e uma área total de $2\pi R^2 \,\text{sen}\, \phi \, d\phi$. Em virtude da massa m ser homogeneamente distribuída sobre a casca esférica de área $4\pi R^2$, a massa diferencial do anel é

$$dm = m \frac{2\pi R^2 \,\text{sen}\,\phi \, d\phi}{4\pi R^2} = \tfrac{1}{2} m \,\text{sen}\,\phi \, d\phi.$$

Como o anel está posicionado simetricamente ao redor do eixo horizontal, não há força resultante que atue na orientação vertical do anel sobre a massa M. A componente horizontal da força é (Figura 12.6)

$$dF_x = \cos\theta \left(G \frac{M \, dm}{s^2} \right) = \cos\theta \left(G \frac{Mm \,\text{sen}\,\phi \, d\phi}{2s^2} \right). \quad \text{(i)}$$

Agora, podemos relacionar $\cos\theta$ a s, r e R pela lei dos cossenos:

$$\cos\theta = \frac{s^2 + r^2 - R^2}{2sr}.$$

Do mesmo modo,

$$\cos\phi = \frac{R^2 + r^2 - s^2}{2Rr}. \quad \text{(ii)}$$

Se diferenciarmos ambos os lados da equação (ii), obtemos

$$-\text{sen}\,\phi \, d\phi = -\frac{s}{Rr} ds.$$

Inserindo as expressões para $\phi \, d\phi$ e $\cos\theta$ na equação (i) para a componente diferencial da força, temos

$$dF_x = \frac{s^2 + r^2 - R^2}{2sr} \left(G \frac{Mm}{2s^2} \right) \frac{s}{Rr} ds$$

$$= G \frac{Mm}{r^2} \left(\frac{s^2 + r^2 - R^2}{4s^2 R} \right) ds.$$

Agora, podemos integrar sobre ds o valor mínimo $s = r - R$ ao valor máximo $s = r + R$:

$$F_x = \int_{r-R}^{r+R} G \frac{Mm}{r^2} \frac{(s^2 + r^2 - R^2)}{4s^2 R} ds = G \frac{Mm}{r^2} \underbrace{\int_{r-R}^{r+R} \frac{s^2 + r^2 - R^2}{4s^2 R} ds}_{\text{Igual a 1}} = G \frac{Mm}{r^2}.$$

(Não é óbvio que o valor da integral seja 1, mas você pode comprovar isso em uma tabela de integrais.) Assim, uma casca esférica (e pelo princípio da superposição de uma esfera sólida também) exerce a mesma força sobre a massa M como uma massa pontual localizada no centro de massa da esfera, o que queríamos para provar.

12.1 Pausa para teste

A Derivação 12.1 assume que $r > R$, implicando que a massa M está localizada fora da casca esférica. O que muda se $r < R$?

O Sistema Solar

O Sistema Solar consiste no Sol, que contém a maior parte da massa total desse sistema, nos quatro planetas interiores semelhantes à Terra (Mercúrio, Vênus, Marte e a própria Terra), no cinturão de asteroides entre as órbitas de Marte e Júpiter, nos quatro gigantes gasosos (Júpiter, Saturno, Urano e Netuno), em um número de planetas anões (incluindo Ceres, Éris, Haumea, Makemake e Plutão) e em muitos outros corpos menores encontrados no Cinturão de Kuiper. A Tabela 12.1 fornece alguns dados físicos para os planetas e o Sol.

Plutão não é listado como um planeta, e essa omissão merece uma explicação. O planeta Netuno foi descoberto em 1846. Essa descoberta foi prevista baseada em pequenas irregularidades na órbita de Urano, que sugeriam que outra interação gravitacional planetária era a causa. Observações cuidadosas da órbita de Netuno revelaram mais irregularidades, que apontavam em direção à existência de outro planeta, e Plutão (massa = 1,3 · 10²² kg) foi descoberto em 1930. Depois disso, foi ensinado aos alunos que o Sistema Solar tinha nove planetas. Entretanto, Sedna em 2003, (massa = ~5 · 10²¹ kg), e Éris em 2005, (massa = ~2 · 10²²) foram descobertos no Cinturão de Kuiper, região na qual vários corpos orbitam o Sol a distâncias entre 30 e 40 UA. A descoberta da lua de Éris, Dysnomia, em 2006, permitiu aos astrônomos calcular que Éris possuía mais massa do que Plutão, o que iniciou a discussão sobre o que define um planeta. A escolha era ou dar a Sedna, Éris, Ceres (um asteroide que foi, de fato, classificado como planeta entre 1801 até cerca de 1850), e muitos outros corpos semelhantes a Plutão, no Cinturão de Kuiper, o *status* de planetas, ou reclassificar Plutão como um planeta anão. Em agosto de 2006, a União Astronômica Internacional votou por remover totalmente o *status* planetário de Plutão.

Figura 12.7 O Sistema Solar. Nesta escala, os tamanhos dos planetas seriam muito pequenos para serem vistos. O pequeno ponto amarelo na origem do eixo representa o Sol, mas se ele fosse desenhado em escala, seria 30 vezes maior do que deveria parecer. As imagens dos planetas e do Sol (parte mais baixa da figura) estão todas aumentadas por um fator de 30.000 relativo à escala, para as órbitas.

Tabela 12.1 — Dados físicos selecionados para o Sistema Solar

Planeta	Raio (km)	Massa (10^{24} kg)	g (m/s²)	Velocidade de escape (km/s)	Raio da órbita média (10^6 km)	Excentricidade	Período orbital (anos)
Mercúrio	2.400	0,330	3,7	4,3	57,9	0,205	0,241
Vênus	6.050	4,87	8,9	10,4	108,2	0,007	0,615
Terra	6.370	5,97	9,8	11,2	149,6	0,017	1
Marte	3.400	0,642	3,7	5,0	227,9	0,094	1,88
Júpiter	7.500	1.890	23,1	59,5	778,6	0,049	11,9
Saturno	60.300	568	9,0	35,5	1.433	0,057	29,4
Urano	25.600	86,8	8,7	21,3	2.872	0,046	83,8
Netuno	24.800	102	11,0	23,5	4.495	0,009	164
Sol	696.000	1.990.000	274	618,0	–	–	–

Como o caso de Plutão mostra, o Sistema Solar ainda mantém potencial para muitas descobertas. Por exemplo: quase 400 mil asteroides já foram identificados e cerca de 5 mil são descobertos a cada mês. No cinturão de asteroides, a massa total de todos eles é menor do que 5% da massa da Lua. Entretanto, mais de 200 dos asteroides conhecidos têm diâmetros maiores do que 100 km! Rastreá-los é muito importante, considerando o dano que apenas um deles poderia causar se atingisse a Terra. Outra área de pesquisa em andamento é a investigação dos corpos no Cinturão de Kuiper, onde alguns modelos postulam que a massa combinada de todos os corpos é superior 30 vezes à massa da Terra. Porém, a massa observada até agora é menor que esse valor em um fator próximo de 1.000.

EXEMPLO 12.1 — Influência dos corpos celestes

A Astronomia é a ciência que abrange o estudo dos planetas, das estrelas, das galáxias e o do universo como um todo. O campo semelhantemente nomeado de astrologia não tem bases científicas, sejam elas quais forem. Pode ser engraçado ler o horóscopo diário, mas constelações de estrelas e/ou alinhamentos de planetas não têm influência em nossas vidas. O único modo que estrelas e planetas podem interagir conosco é por meio da força gravitacional. Vamos calcular a força da gravidade exercida sobre uma pessoa pela Lua, Marte e as estrelas na Constelação de Gêmeos.

PROBLEMA 1

Suponha que você está no centro-oeste dos Estados Unidos. Você sai às 21 horas, em 16 de fevereiro de 2008, e olha para o céu. Você vê a Lua, o planeta Marte e a constelação de Gêmeos, como mostrado na Figura 12.8. Sua massa é $m = 85$ kg. Qual é a força da gravidade sobre você devido a esses corpos celestes?

SOLUÇÃO 1

Vamos começar com a Lua. A massa da Lua é $7,36 \cdot 10^{22}$ kg e a distância da Lua até você é $3,84 \cdot 10^8$ m. A força gravitacional que a Lua exerce sobre você é, então,

$$F_{\text{Lua}} = G \frac{M_{\text{Lua}} m}{r_{\text{Lua}}^2} = \left(6,67 \cdot 10^{-11} \text{ N m}^2/\text{kg}^2\right) \frac{\left(7,36 \cdot 10^{22} \text{ kg}\right)\left(85 \text{ kg}\right)}{\left(3,84 \cdot 10^8 \text{ m}\right)^2} = 0,0028 \text{ N.}$$

A distância entre Marte e a Terra, em 16 de fevereiro de 2008, era de 136 milhões de quilômetros. A massa de Marte é $M_{\text{Marte}} = 6,4 \cdot 10^{23}$ kg e a força gravitacional que ele exerce sobre você é

$$F_{\text{Marte}} = G \frac{M_{\text{Marte}} m}{r_{\text{Marte}}^2} = \left(6,67 \cdot 10^{-11} \text{ N m}^2/\text{kg}^2\right) \frac{\left(6,4 \cdot 10^{23} \text{ kg}\right)\left(85 \text{ kg}\right)}{\left(1,36 \cdot 10^{11} \text{ m}\right)^2} = 2,0 \cdot 10^{-7} \text{ N.}$$

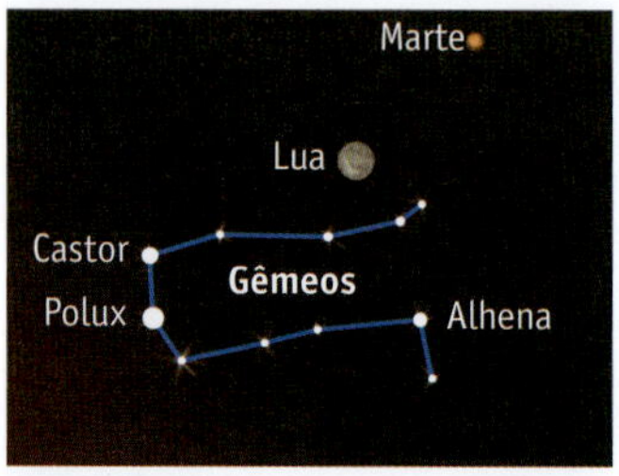

Figura 12.8 Posições relativas da Lua, de Marte e da constelação de Gêmeos no céu sobre o centro-oeste dos Estados Unidos em 16 de fevereiro de 2008.

Podemos estimar a força gravitacional exercida pela constelação de Gêmeos pelo cálculo da força exercida pelos seus mais brilhantes corpos: Castor, Polux e Alhena (veja Figura 12.8). Castor é um sistema estelar triplo binário, com massa 6,7 vezes a massa do Sol e localizado à distância de 51,5 anos-luz de você. Polux é uma estrela com massa 1,7 vez a massa do Sol, localizada a 33,7 anos-luz distante. Alhena é um sistema estelar binário com massa 3,0 vezes superior à do Sol e está a 105 anos-luz distante. A massa do Sol é $2{,}0 \cdot 10^{30}$ kg e um ano-luz corresponde a $9{,}5 \cdot 10^{15}$ m. A força gravitacional exercida sobre você pela constelação de Gêmeos é, então,

$$F_{\text{gêmeos}} = G\frac{M_{\text{Castor}}m}{r_{\text{Castor}}^2} + G\frac{M_{\text{Polux}}m}{r_{\text{Polux}}^2} + G\frac{M_{\text{Alhena}}m}{r_{\text{Alhena}}^2} = Gm\left(\frac{M_{\text{Castor}}}{r_{\text{Castor}}^2} + \frac{M_{\text{Polux}}}{r_{\text{Polux}}^2} + \frac{M_{\text{Alhena}}}{r_{\text{Alhena}}^2}\right)$$

$$= \left(6{,}67\cdot10^{-11}\text{ N m}^2/\text{kg}^2\right)(85\text{ kg})\frac{2{,}0\cdot10^{30}\text{ kg}}{\left(9{,}5\cdot10^{15}\text{ m}\right)^2}\left[\frac{6{,}7}{(51{,}5)^2} + \frac{1{,}7}{(33{,}7)^2} + \frac{3{,}8}{(105)^2}\right]$$

$$= 5{,}5\cdot10^{-13}\text{ N}.$$

A Lua exerce uma mensurável força sobre você, mas Marte e Gêmeos exercem forças insignificantes.

PROBLEMA 2
Quando Marte e a Terra estão a uma distância mínima de separação, eles estão $r_M = 5{,}6\cdot10^{10}$ m afastados. A que distância de você um caminhão de massa 16.000 kg deve estar para ter a mesma interação gravitacional com seu corpo, como Marte tem, nesta distância mínima de separação?

SOLUÇÃO
Se as duas forças gravitacionais são iguais em intensidade, podemos escrever

$$G\frac{M_M m}{r_M^2} = G\frac{m_T m}{r_T^2},$$

onde m é a sua massa, m_C é a massa do caminhão e r_C é distância que queremos achar. Cancelando a massa m e a constante gravitacional universal, temos

$$r_T = r_M\sqrt{\frac{m_T}{M_M}}.$$

Inserindo os valores numéricos dados, temos:

$$r_T = (5{,}6\cdot10^{10}\text{ m})\sqrt{\frac{1{,}6\cdot10^4\text{ kg}}{6{,}4\cdot10^{23}\text{ kg}}} = 8{,}8\text{ m}.$$

Esse resultado significa que se você ficar mais perto do caminhão do que 8,8 m, ele exerce um puxão gravitacional sobre você maior do que Marte em sua maior aproximação.

12.2 Gravitação próximo à superfície da Terra

Agora, podemos usar a expressão geral para a interação gravitacional entre duas massas para reconsiderar a força gravitacional devido à Terra sobre um corpo próximo à sua superfície. Podemos desprezar a interação gravitacional desse corpo com qualquer outro, porque a intensidade da interação gravitacional com a Terra é muitas ordens de grandeza maior, em virtude da grande massa da Terra. Já que podemos representar um corpo extenso por uma partícula pontual de mesma massa localizada no centro de gravidade do corpo, qualquer corpo sobre a superfície da Terra está experimentando uma força gravitacional orientada para o centro da Terra, ou seja, corresponde a diretamente para baixo em qualquer lugar da superfície da Terra, o que está de acordo com as evidências empíricas.

É mais interessante determinar a intensidade da força gravitacional que um corpo experimenta próximo à superfície da Terra. Inserindo a massa da Terra, M_T, como a massa do corpo na equação 12.1 e expressando a altitude h acima da superfície da Terra com $h + R_T$, onde R_T é o raio da Terra, achamos, para esse caso especial, que

$$F = G\frac{M_T m}{(R_T + h)^2}. \tag{12.6}$$

Devido ao raio $R_T = 6.370$ km, a altitude, h, do corpo acima do chão pode ser desprezada para muitas aplicações. Se fizermos essa suposição, achamos que $F = mg$, com

$$g = \frac{GM_T}{R_T^2} = \frac{\left(6{,}67 \cdot 10^{-11} \text{ m}^3\text{kg}^{-1}\text{s}^{-2}\right)\left(5{,}97 \cdot 10^{24} \text{ kg}\right)}{\left(6{,}37 \cdot 10^6 \text{ m}\right)^2} = 9{,}81 \text{ m/s}^2. \tag{12.7}$$

Como esperado, próximo à superfície da Terra, a aceleração resultante da gravidade pode ser aproximada pela constante g que foi introduzida no Capítulo 2. Podemos inserir a massa e o raio de outros planetas (veja Tabela 12.1), luas ou estrelas na equação 12.7 para encontrarmos a gravidade na superfície desses corpos também. Por exemplo, a aceleração gravitacional na superfície do Sol é aproximadamente 28 vezes maior do que aquela na superfície da Terra.

Se quisermos encontrar g para altitudes onde não podemos seguramente desprezar h, iniciamos com a equação 12.6 dividida pela massa m para acharmos a aceleração daquela massa,

$$g(h) = \frac{GM_T}{(R_T + h)^2} = \frac{GM_T}{R_T^2}\left(1 + \frac{h}{R_T}\right)^{-2} = g\left(1 + \frac{h}{R_T}\right)^{-2},$$

e então expandi-la em potências de h/R_T para obter, em primeira ordem,

$$g(h) \approx g\left(1 - 2\frac{h}{R_T} + \cdots\right). \tag{12.8}$$

A equação 12.8 mantém todos os valores da altitude h, que são pequenos comparados ao raio da Terra, indicando que a aceleração gravitacional diminui aproximadamente de forma linear como uma função da altitude acima do chão. No topo do Monte Everest, o mais alto pico da Terra, a uma altitude de 8.850 m, a aceleração gravitacional é reduzida em 0,27%, ou menos do que 0,03 m/s². A Estação Espacial Internacional está a 365 km de altitude, onde a aceleração gravitacional é reduzida em 11,4%, ou 8,7 m/s². Para altitudes maiores, a aproximação linear da equação 12.8 deveria, definitivamente, não ser usada.

Entretanto, para obter uma determinação mais precisa da aceleração gravitacional, necessitamos considerar outros efeitos. Primeiro: a Terra não é exatamente uma esfera, pois seu raio no Equador é ligeiramente maior do que nos polos. (O valor na Tabela 12.1 é o raio médio da Terra. O raio varia de 6.357 km, nos polos, a 6.378 km, no Equador.) Segundo: a densidade da Terra não é uniforme e, para uma precisa determinação da aceleração gravitacional, a densidade do solo bem embaixo da medição faz diferença. Terceiro: há uma variação sistemática (como uma função do ângulo polar θ – veja Figura 12.9) da aparente aceleração gravitacional devido à rotação da Terra e a associada aceleração centrípeta, o que, talvez, seja o mais importante efeito a considerar. Do Capítulo 9, sobre o movimento circular, sabemos que a aceleração centrípeta é dada por $a_c = \omega^2 r$, onde r é o raio do movimento circular. Para a rotação da Terra, esse raio é a distância perpendicular ao eixo de rotação. Nos polos, essa distância é zero e não há contribuição na aceleração centrípeta. No Equador, $r = R_E$, e o máximo valor para a_C

$$a_{c,\max} = \omega^2 R_E = (7{,}29 \cdot 10^{-5} \text{ s}^{-1})^2 (6.378 \text{ km}) = 0{,}034 \text{ m/s}^2.$$

Assim, achamos que a redução da aparente aceleração gravitacional no Equador, devido à rotação da Terra, é aproximadamente igual à redução no topo do Monte Everest.

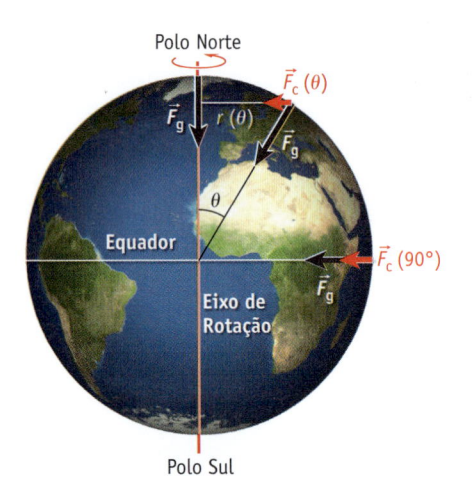

Figura 12.9 Variação da efetiva força gravitacional devido à rotação da Terra. (Os comprimentos das setas vermelhas, representando a força centrípeta, estão em escala acima de um fator de 200 relativo às setas pretas, que representam a força gravitacional.)

12.2 Pausa para teste

Qual é a aceleração devido à gravidade da Terra, à distância $d = 3R_T$ do centro da Terra, onde R_T é o raio da Terra?

EXEMPLO 12.2 — Ruptura gravitacional de um buraco negro

Um buraco negro é um corpo muito maciço, extremamente compacto e tão denso que a luz emitida de sua superfície não pode escapar. (Por isso ele parece negro.)

PROBLEMA
Suponha um buraco negro de massa $6,0 \cdot 10^{30}$ kg, ou três vezes a massa do Sol. Uma espaçonave de comprimento $h = 85$ m aproxima-se do buraco negro até que a frente da nave esteja à distância $R = 13.500$ km do mesmo. Qual é a diferença na aceleração, devido à gravidade, entre a frente e a traseira da nave?

SOLUÇÃO
Podemos determinar a aceleração gravitacional na frente da espaçonave em função do buraco negro por

$$g_{bn} = \frac{GM_{bn}}{R^2} = \frac{(6{,}67 \cdot 10^{-11}\ \text{m}^3\text{kg}^{-1}\text{s}^{-2})(6{,}0 \cdot 10^{30}\ \text{kg})}{(1{,}35 \cdot 10^7\ \text{m})^2} = 2{,}2 \cdot 10^6\ \text{m/s}^2.$$

Agora, podemos usar a aproximação linear da equação 12.8 para obter

$$g_{bn}(h) - g_{bn}(0) = g_{bn}\left(1 - 2\frac{h}{R}\right) - g_{bn}(0) = -2g_{bn}\frac{h}{R},$$

onde h é o comprimento da espaçonave. Inserindo os valores numéricos, achamos a diferença na aceleração gravitacional na frente e na traseira:

$$g_{bn}(h) - g_{bn}(0) = -2(2{,}2 \cdot 10^6\ \text{m/s}^2)\frac{85\ \text{m}}{1{,}35 \cdot 10^7\ \text{m}} = -27{,}7\ \text{m/s}^2.$$

Você pode ver que nas vizinhanças do buraco negro, a aceleração diferencial entre a frente e a traseira é tão grande, que a nave deveria ter uma enorme resistência estrutural para evitar ser rompida! (Perto de um buraco negro, a Lei da Gravidade de Newton precisa ser modificada, mas esse exemplo ignorou esta mudança.)

12.3 Gravitação dentro da Terra

A Demonstração 12.1 mostrou que a interação gravitacional de uma massa m com uma distribuição de massa esfericamente simétrica (onde m está localizada fora da esfera) não é afetada se a esfera for substituída por uma partícula pontual com a mesma massa total localizada no seu centro de massa (ou centro de gravidade). A Demonstração 12.2 mostra, agora, que no interior de uma casca esférica de densidade uniforme, a força gravitacional é zero.

DEMONSTRAÇÃO 12.2 — Força da gravidade no interior de uma esfera oca

Queremos mostrar que a força gravitacional atuando sobre uma massa pontual no interior de uma esfera homogênea oca é zero em todo o interior da casca. Para isso, deveríamos usar o cálculo e a lei matemática conhecida com a Lei de Gauss. (A Lei de Gauss aplica-se à interação elestrostática e à Lei de Coulomb, que é outra força que decai com $1/r^2$.) Contudo, como substituto, usaremos um argumento geométrico que foi apresentado por Newton em 1687 em seu livro *Philosophiae Naturalis Principia Mathematica*, conhecido como *Principia*.

Considere a (infinitesimalmente delgada) casca esférica, mostrada na Figura 12.10, na próxima página. Marcamos um ponto P em um local arbitrário dentro da casca e, então, desenhamos uma linha reta através desse ponto. Esta linha reta intersecciona a casca em dois pontos e as distâncias entre esses dois pontos de intersecção e P são os raios r_1 e r_2. Desenhamos, agora, cones com vértices em P e, com pequena abertura, o ângulo θ ao redor da linha reta. As áreas onde os

Continua →

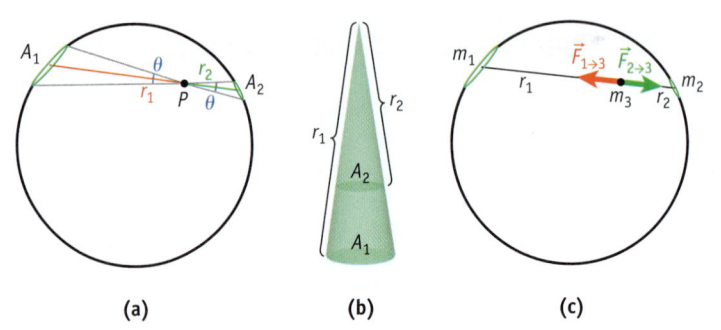

Figura 12.10 A interação gravitacional de um ponto com a superfície de uma esfera oca: (a) cones do ponto P, dentro da esfera, à superfície da esfera; (b) detalhes dos cones de P à superfície; (c) o equilíbrio das forças gravitacionais atuando sobre P devido às áreas opostas da casca esferica.)

dois cones interseccionam a casca são chamados de A_1 e A_2. Essas áreas são proporcionais ao ângulo θ, que é o mesmo para ambas. A área A_1 é também proporcional a r_1^2 e A_2 é proporcional a r_2^2 (veja a Figura 12.10b). Além disso, já que a casca é homogênea, a massa de qualquer segmento dela é proporcional ao segmento de área. Logo, $m_1 = ar_1^2$ e $m_2 = ar_2^2$, com a mesma constante de proporcionalidade a.

A força gravitacional $\vec{F}_{1\to3}$ que a massa m_1, da área A_1, exerce sobre a massa m_3 no ponto P aponta, então, ao longo de r_1 em direção ao centro de A_1. A força gravitacional $\vec{F}_{2\to3}$ atuando sobre m_3 aponta exatamente na direção oposta ao longo de r_2. Podemos, também, achar as intensidades dessas duas forças:

$$F_{1\to3} = \frac{Gm_1m_3}{r_1^2} = \frac{G(ar_1^2)m_3}{r_1^2} = Gam_3$$

$$F_{2\to3} = \frac{Gm_2m_3}{r_2^2} = \frac{G(ar_2^2)m_3}{r_2^2} = Gam_3.$$

Visto que a dependência da distância se cancela, as intensidades das duas forças são as mesmas. E, já que suas intensidades são iguais e suas orientações opostas, as forças $\vec{F}_{1\to3}$ e $\vec{F}_{2\to3}$ cancelam uma à outra (veja a Figura 12.10c).

Considerando que a localização do ponto e a orientação da linha desenhada através dele foram arbitrárias, o resultado é verdadeiro para qualquer ponto dentro da casca esférica. A força resultante da gravidade atuando sobre a massa pontual dentro dessa casca esférica é, de fato, zero.

Podemos, agora, ter uma compreensão física da força gravitacional atuando no interior da Terra. Pense que o Planeta é composto de muitas cascas esféricas delgadas e concêntricas. Então, a força gravitacional no ponto P dentro da Terra, a uma distância r do centro, é devido às cascas esféricas com raio menor do que r. Ademais, a massa, $M(r)$, de todas as cascas contribuintes podem ser imaginadas concentradas no centro, em uma distância r longe de P. A força gravitacional atuando sobre um corpo de massa m em uma distância r do centro da Terra é, então

$$F(r) = G\frac{M(r)m}{r^2}. \tag{12.9}$$

Essa é a Lei da Gravitação de Newton (equação 12.1), com a massa das cascas contribuintes a ser determinada. A fim de determinar esta massa, fazemos a simplificadora suposição de que a densidade é constante, ρ_T, dentro da Terra. Então, obtemos

$$M(r) = \rho_T V(r) = \rho_T \tfrac{4}{3}\pi r^3. \tag{12.10}$$

Podemos calcular a densidade de massa da Terra por meio de sua massa e de seu raio:

$$\rho_T = \frac{M_T}{V_T} = \frac{M_T}{\tfrac{4}{3}\pi R_T^3} = \frac{(5{,}97\cdot 10^{24}\text{ kg})}{\tfrac{4}{3}\pi(6{,}37\cdot 10^6\text{ m})^3} = 5{,}5\cdot 10^3\text{ kg/m}^3.$$

Substituindo a expressão para a massa da equação 12.10 na equação 12.9, obtemos uma equação para a dependência radial da força gravitacional dentro da Terra:

$$F(r) = G\frac{M(r)m}{r^2} = G\frac{\rho_T \frac{4}{3}\pi r^3 m}{r^2} = \frac{4}{3}\pi G \rho_T mr. \qquad (12.11)$$

A equação 12.11 afirma que a força gravitacional aumenta linearmente com a distância do centro da Terra. Em particular, se o ponto estiver localizado exatamente no centro da Terra, nenhuma força gravitacional atuará sobre ele.

Agora, podemos comparar a dependência radial da aceleração gravitacional dividida por g (para um corpo que sofre ação apenas da força devido à Terra) dentro e fora da Terra. A Figura 12.11 mostra o crescimento linear dessa quantidade dentro da Terra e a diminuição, na forma de quadrado inverso, fora da Terra. Na superfície da Terra, essas curvas interseccionam-se, e a aceleração gravitacional tem o valor de g. Também mostrada na figura, está a aproximação linear (equação 12.8) para a dependência da aceleração gravitacional como uma função da altura acima da superfície da Terra: $g(h) \approx g(1 - 2h/R_T + ...) \Rightarrow g(r) \approx g(3 - 2r/R_T + ...)$, porque $r \approx h + R_T$. Você pode ver claramente que essa aproximação é válida para um pequeno percentual de pontos em altitudes de algumas centenas de quilômetros acima da superfície da Terra.

Note que a forma funcional da força na equação 12.11 é aquela da força da mola, com uma força restauradora que aumenta linearmente como uma função do deslocamento do equilíbrio em $r = 0$. A equação 12.11 especifica a intensidade da força gravitacional. Já que a força sempre aponta em direção ao centro da Terra, podemos escrever a equação 12.11 como uma equação do vetor em uma dimensão em termos de x, o deslocamento do equilíbrio:

$$F_x(x) = -\tfrac{4}{3}\pi G \rho_T mx = -\frac{mg}{R_T}x = -kx.$$

Esse resultado é a Lei de Hook para uma mola, que encontramos no Capítulo 5. Logo, a "constante da mola" da força gravitacional é

$$k = \tfrac{4}{3}\pi G \rho_T m = \frac{mg}{R_T}.$$

Considerações similares também se aplicam à força gravitacional no interior de outras distribuições de massa esfericamente simétricas, como planetas ou estrelas.

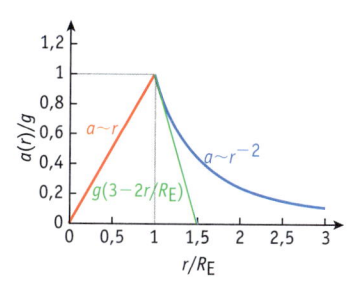

Figura 12.11 Dependência da aceleração gravitacional sobre a distância radial do centro da Terra.

12.1 Exercícios de sala de aula

A Lua pode ser considerada como uma esfera de densidade uniforme, com massa M_L e raio R_L. No centro da Lua, a intensidade da força gravitacional atuando sobre a massa m, em virtude da massa da Lua é

a) mGM_L/R_L^2 d) zero

b) $\tfrac{1}{2} mGM_L/R_L^2$ e) $2\, mGM_L/R_L^2$

c) $\tfrac{3}{5} mGM_L/R_L^2$

12.4 Energia potencial gravitacional

No Capítulo 6, vimos que a energia potencial gravitacional é dada por $U = mgh$, onde h é a distância na direção y, desde que a força gravitacional seja escrita $\vec{F} = -mg\hat{y}$ (com a convenção de que o sinal positivo é para cima.) Usando a Lei da Gravitação de Newton, podemos obter uma expressão mais geral para a energia potencial gravitacional. Integrando a equação 12.1, produzimos uma expressão para a energia potencial gravitacional de um sistema de duas massas m_1 e m_2 separadas pela distância r:

$$U(r) - U(\infty) = -\int_\infty^r \vec{F}(\vec{r}\,')\bullet d\vec{r}\,' = \int_\infty^r F(r')dr' = \int_\infty^r G\frac{m_1 m_2}{r'^2}dr'$$

$$= Gm_1 m_2 \int_\infty^r \frac{1}{r'^2}dr' = -Gm_1 m_2 \frac{1}{r'}\bigg|_\infty^r = -G\frac{m_1 m_2}{r}.$$

A primeira parte dessa equação é a relação geral entre força e energia potencial. Para a interação gravitacional, a força depende somente da separação radial e aponta na direção externa: $\vec{F}(\vec{r}) = \vec{F}(r)$. A integração é equivalente a trazer as duas massas juntas, na direção radial, de uma separação inicial infinita até uma separação final r. Assim, $d\vec{r}$ aponta opostamente à força $\vec{F}(\vec{r})$, e, então, $F(\vec{r}) \bullet d\vec{r} = F(r)\,dr(\cos 180°) = -F(r)\,dr$.

Note que a equação descrevendo a energia potencial gravitacional nos fala somente da *diferença* entre a energia potencial gravitacional na separação r e na separação infinita. Vamos considerar $U(\infty) = 0$, o que implica na energia potencial gravitacional tendendo a zero entre dois corpos que estão separados por uma distância infinita. Essa escolha nos dá a seguinte

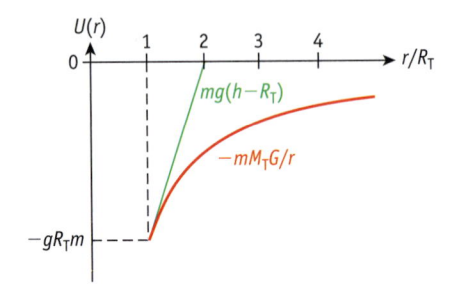

Figura 12.12 Dependência da energia potencial gravitacional em relação à distância ao centro da Terra, para distâncias maiores que seu raio. A curva vermelha representa a exata expressão; a linha verde representa a aproximação linear para valores de r não muito maiores do que o raio da Terra, R_T.

expressão para a **energia potencial gravitacional,** como uma função da separação de duas massas:

$$U(r) = -G\frac{m_1 m_2}{r}. \qquad (12.12)$$

Observe que a energia potencial gravitacional é sempre menor do que zero com $U(\infty) = 0$. Essa dependência da energia potencial gravitacional de $1/r$ é ilustrada pela curva vermelha na Figura 12.12 para uma massa arbitrária próxima à superfície da Terra.

Para a interação entre mais de dois corpos, podemos escrever todas as interações pareadas entre eles e integrar. As energias potenciais gravitacionais dessas interações são simplesmente adicionadas para dar a energia potencial gravitacional total. Para três partículas pontuais, achamos, por exemplo:

$$U = U_{12} + U_{13} + U_{23} = -G\frac{m_1 m_2}{|\vec{r}_1 - \vec{r}_2|} - G\frac{m_1 m_3}{|\vec{r}_1 - \vec{r}_3|} - G\frac{m_2 m_3}{|\vec{r}_2 - \vec{r}_3|}.$$

Um caso especial importante ocorre quando um dos dois corpos interagindo é a Terra. Para altitudes h pequenas, comparadas ao raio da Terra, esperamos repetir o resultado prévio da energia potencial gravitacional, ou mgh. Em virtude da Terra ser muitas ordens de grandeza mais maciça do que qualquer corpo sobre sua superfície, para o qual poderíamos querer calcular a energia potencial gravitacional, o centro de massa combinado da Terra e do corpo é praticamente idêntico ao centro de massa da Terra, que, então, selecionamos com a origem do sistema coordenado. O uso da equação 12.12 resulta em

$$U(h) = -G\frac{M_T m}{R_T + h} = -G\frac{M_T m}{R_T}\left(1 + \frac{h}{R_T}\right)^{-1}$$

$$\approx -\frac{GM_T m}{R_T} + \frac{GM_T m}{R_T^2}h = -gmR_T + mgh.$$

No segundo passo, usamos o fato de que $h \ll R_T$ e expandimos. Esse resultado (a linha verde na Figura 12.12) parece quase como a expressão $U = mgh$, do Capítulo 6, exceto pela adição do termo constante $-gmR_T$. Este termo constante é o resultado da escolha da constante de integração na equação 12.12. Entretanto, como foi enfatizado no Capítulo 6, podemos somar qualquer constante aditiva à expressão da energia potencial sem mudar os resultados físicos para o movimento dos corpos. A única quantidade fisicamente relevante é a diferença na energia potencial entre duas diferentes localizações. Tomando a diferença entre a altitude h e a altitude zero, temos

$$\Delta U = U(h) - U(0) = (-gmR_E + mgh) - (-gmR_E) = mgh.$$

Como esperado, a constante aditiva $-gmR_T$ se cancela e obtemos o mesmo resultado para baixas altitudes, h, que tínhamos previamente derivado: $\Delta U = mgh$.

Velocidade de escape

Com uma expressão para a energia potencial gravitacional, podemos determinar a energia mecânica total para um sistema consistindo em um corpo de massa m_1 e velocidade v_1, que tem uma interação gravitacional com outro corpo de massa m_2 e velocidade v_2, se os dois corpos estiverem separados por uma distância $r = |\vec{r}_1 - \vec{r}_2|$:

$$E = K + U = \tfrac{1}{2}m_1 v_1^2 + \tfrac{1}{2}m_1 v_2^2 - \frac{Gm_1 m_2}{|\vec{r}_1 - \vec{r}_2|}. \qquad (12.13)$$

De interesse particular é o caso em que um dos corpos é a Terra ($m_1 \equiv M_E$). Se considerarmos a Terra como sistema de referência ($v_1 = 0$), ela não tem energia cinética nesse sistema. Outra vez, colocamos a origem do sistema coordenado no centro da Terra. Então, a expressão para a energia total do sistema é apenas a energia cinética do corpo 2 (mas omitimos o subíndice 2) mais a energia potencial gravitacional:

$$E = \tfrac{1}{2}mv^2 - \frac{GM_T m}{R_T + h},$$

onde, como antes, h é a altitude acima da superfície da Terra do corpo com massa m.

Se quisermos descobrir qual a velocidade inicial que um projétil deve ter para escapar para uma distância infinita da Terra, chamada de **velocidade de escape**, v_T (onde T representa Terra), podemos usar a conservação de energia. Na separação infinita, a energia potencial gravitacional é zero e a energia cinética mínima é também zero. Assim, a energia total com a qual o projétil pode simplesmente escapar para o infinito do puxão gravitacional da Terra é zero. A conservação de energia implica, então, iniciar da superfície da Terra:

$$E(h=0) = \tfrac{1}{2}mv_T^2 - \frac{GM_T m}{R_T} = 0.$$

Resolvendo para v_T, obtemos uma expressão para a velocidade de escape mínima:

$$v_T = \sqrt{\frac{2GM_T}{R_T}}. \tag{12.14}$$

Inserindo os valores numéricos dessas constantes, temos:

$$v_E = \sqrt{\frac{2(6{,}67 \cdot 10^{-11}\ \text{m}^3\text{kg}^{-1}\text{s}^{-2})(5{,}97 \cdot 10^{24}\ \text{kg})}{6{,}37 \cdot 10^6\ \text{m}}} = 11{,}2\ \text{km/s}.$$

O mesmo cálculo pode ser feito para outros planetas, luas e estrelas, pela inserção das constantes relevantes (veja a Tabela 12.1).

Note que o ângulo no qual o projétil é lançado ao espaço não entra na expressão da velocidade de escape. Logo, não importa se o projétil é disparado diretamente para cima ou quase na orientação horizontal. Contudo, desprezamos a resistência do ar, e o ângulo de lançamento faria diferença se considerássemos seu efeito. Um efeito maior ainda resulta da rotação da Terra. Visto que a Terra gira uma vez ao redor de seu eixo a cada dia, um ponto sobre sua superfície localizado no Equador tem velocidade $v = 2\pi R_E/(1\ \text{dia}) = 0{,}46\ \text{km/s}$, que diminui até zero nos polos. A orientação do vetor velocidade correspondente aponta para leste, tangencialmente à superfície da Terra. Logo, o ângulo de lançamento é mais importante no Equador. Para um projétil disparado na direção leste em qualquer localização sobre o Equador, a velocidade de escape é reduzida para aproximadamente 10,7 km/s.

Um projétil lançado da superfície da Terra com velocidade 11,2 km/s pode escapar do Sistema Solar? A energia potencial gravitacional do projétil devido à sua interação com o Sol não desempenha um papel? À primeira vista, pareceria que não. Afinal, a força gravitacional que o Sol exerce sobre um corpo localizado próximo à superfície da Terra é desprezível comparada à força que a Terra exerce sobre este corpo. Como prova, considere um pulo que você dá no ar. Você cai no mesmo lugar, independentemente de que hora do dia você o faz, isto é, de onde o Sol está no céu. Assim, podemos, de fato, desprezar a força gravitacional do Sol perto da superfície da Terra.

Todavia, a força gravitacional é muito diferente da energia potencial gravitacional. Em contraste à força, que diminui de r^{-2}, a energia potencial diminui muito mais vagarosamente, proporcional à r^{-1}. É simples a generalização da equação 12.14 para a velocidade de escape de qualquer planeta ou estrela com massa M, se o corpo está inicialmente separado da distância R do centro daquele planeta ou estrela:

$$v = \sqrt{\frac{2GM}{R}}. \tag{12.15}$$

Inserindo a massa do Sol e o tamanho da órbita da Terra achamos v_S, a velocidade necessária para um corpo escapar da influência gravitacional do Sol se ele está inicialmente a uma distância do Sol igual ao raio da órbita da Terra:

$$v_S = \sqrt{\frac{2(6{,}67 \cdot 10^{-11}\ \text{m}^3\text{kg}^{-1}\text{s}^{-2})(1{,}99 \cdot 10^{30}\ \text{kg})}{1{,}49 \cdot 10^{11}\ \text{m}}} = 42\ \text{km/s}.$$

É um resultado realmente assombroso: a velocidade de escape necessária para deixar o Sistema Solar partindo da órbita da Terra é quase quatro vezes maior do que a velocidade de escape necessária para ficar longe da atração gravitacional da Terra.

> **12.2 Exercícios de sala de aula**
>
> A velocidade de escape da superfície da Lua (massa = $7{,}35 \cdot 10^{22}$ kg e diâmetro = 3.476 km) é
>
> a) 2,38 km/s   c) 11,2 km/s
> b) 1,68 km/s   d) 5,42 km/s

Lançar um projétil da superfície da Terra com velocidade suficiente para deixar o Sistema Solar requer sobrepujar a energia potencial gravitacional combinada da Terra e do Sol. Visto que as energias potenciais se somam, a velocidade de escape combinada é

$$v_{TS} = \sqrt{v_T^2 + v_S^2} = 43{,}5 \text{ km/s}.$$

Encontramos que a rotação da Terra tem um efeito não desprezível, ainda que pequeno, sobre a velocidade de escape. Entretanto, um efeito muito maior aparece do movimento orbital da Terra ao redor do Sol. A Terra orbita o Sol com uma velocidade orbital de $v_O = 2\pi R_{TS}/(1 \text{ ano})$ = 30 km/s, onde R_{TS} é a distância entre a Terra e o Sol (149,6 ou 150 milhões de quilômetros, de acordo com a Tabela 12.1). Um projétil lançado na direção desse vetor velocidade orbital precisa de uma velocidade de lançamento de somente $v_{TS,min}$ = (43,5 − 30) km/s = 13,5 km/s, enquanto um lançamento na direção oposta deve ter $v_{TS,max}$ = (43,5 + 30) km/s = 73,5 km/s. Outros ângulos de lançamento produzem todos os valores entre estes dois extremos.

Quando a NASA lança uma sonda para explorar os planetas exteriores ou para deixar o Sistema Solar – por exemplo, *Voyager 2* – a técnica da gravidade assistida é usada para diminuir a velocidade de lançamento requerida. Esta técnica é ilustrada na Figura 12.13. A parte (a) é um esboço de uma passagem por Júpiter, como vista por um observador em repouso relativo a Júpiter. Note que o vetor velocidade da espaçonave muda a direção, mas tem o mesmo comprimento na mesma distância de Júpiter, conforme a espaçonave se aproxima e se afasta dele. Isso é uma consequência da conservação de energia. A Figura 12.13b é um esboço da trajetória da espaçonave, como vista por um observador em repouso relativo ao Sol. Nesse sistema de referência, Júpiter se move com velocidade orbital de aproximadamente 13 km/s. Para transformar do sistema de referência de Júpiter para o sistema de referência do Sol, temos que adicionar a velocidade de Júpiter às velocidades observadas no sistema de Júpiter (setas vermelhas) para obtermos as velocidades no sistema do Sol (setas azuis). Como você pode ver na figura, no sistema do Sol, o comprimento do vetor velocidade final é significativamente maior do que o vetor velocidade inicial. Isso quer dizer que a nave adquiriu significante energia cinética adicional (e Júpiter perdeu esta energia cinética) durante a passagem, permitindo que continue escapando do puxão gravitacional do Sol.

Figura 12.13 Técnica da gravidade assistida: (a) trajetória de uma espaçonave passando Júpiter, como visto no sistema de referência de Júpiter; (b) a mesma trajetória, vista no sistema de referência do Sol, na qual Júpiter se move com a velocidade de aproximadamente 13 km/s.

EXEMPLO 12.3 | Impacto de um asteroide

Uma das mais prováveis causas da extinção dos dinossauros no fim do período Cretáceo, cerca de 65 milhões de anos atrás, foi um grande asteroide atingindo a Terra. Vamos estudar a energia liberada durante um impacto de asteroide.

PROBLEMA
Suponha que um asteroide esférico, com raio de 1,00 km e densidade de massa de 4.750 kg/m³, adentre o Sistema Solar com pequena velocidade e colida com a Terra de tal maneira que ele a atinja em uma orientação radial em relação ao Sol. Que energia cinética esse asteroide terá, no sistema de referência da Terra, exatamente antes de seu impacto sobre a Terra?

SOLUÇÃO
Primeiro, calculamos a massa do asteroide:

$$m_a = V_a \rho_a = \tfrac{4}{3}\pi r_a^3 \rho_a = \tfrac{4}{3}\pi(1{,}00 \cdot 10^3 \text{ m})^3 (4.750 \text{ kg/m}^3) = 1{,}99 \cdot 10^{13} \text{ kg}.$$

Se o asteroide atinge a Terra na orientação radial em relação ao Sol, o vetor velocidade da Terra será perpendicular àquele do asteroide no impacto, porque a Terra se move tangencialmente ao redor do Sol. Assim, existem três contribuições à energia cinética do asteroide, conforme medidas no sistema de referência da Terra: (1) conservação da energia potencial gravitacional entre a Terra e o asteroide, (2) conservação da energia potencial gravitacional entre o Sol e o asteroide; e (3) a energia cinética do movimento da Terra relativo àquele do asteroide.

Por já termos calculado as velocidades de escape correspondentes aos dois termos da energia potencial gravitacional e devido ao asteroide que começará com energia cinética correspondente àquelas velocidades de escape, podemos simplesmente escrever

$$K = \tfrac{1}{2}m_a(v_T^2 + v_S^2 + v_O^2).$$

Agora, inserimos os valores numéricos:

$$K = 0,5(1,99 \cdot 10^{13} \text{ kg})[(1,1 \cdot 10^4 \text{ m/s})^2 + (4,2 \cdot 10^4 \text{ m/s})^2 + (3,0 \cdot 10^4 \text{ m/s})^2]$$
$$= 2,8 \cdot 10^{22} \text{ J}.$$

Esse valor é equivalente à energia liberada por aproximadamente 300 milhões de armas nucleares de mesma grandeza daquelas usadas para destruir Hiroshima e Nagasaki na Segunda Guerra Mundial. Você pode começar a entender o poder destrutivo do impacto de um asteroide desta grandeza – um evento como este poderia exterminar a vida humana na Terra. Um asteroide algo maior, com um diâmetro de 6 a 10 km, atingiu a Terra próximo à extremidade da península de Yucatan, no Golfo do México, há aproximadamente 65 milhões de anos. Acredita-se ser ele responsável pela extinção do Cretáceo Terciário (K-T), que matou os dinossauros.

DISCUSSÃO

A Figura 12.14 mostra aproximadamente 1,5 km de diâmetro e quase 200 m de profundidade da cratera de impacto Barringer, que foi formada cerca de 50.000 anos atrás, quando um meteorito com diâmetro próximo a 50 m, com massa de quase 300.000 ton ($3 \cdot 10^8$ kg), atingiu a Terra com velocidade perto de 12 km/s. Esse era um corpo muito menor do que o asteroide descrito neste exemplo, mas o impacto ainda tinha um poder destrutivo de 150 bombas atômicas como as lançadas em Hiroshima e Nagasaki.

Figura 12.14 Cratera de impacto Barringer no Arizona central.

Potencial gravitacional

A equação 12.12 afirma que a energia potencial gravitacional de qualquer corpo é proporcional à massa do corpo. Quando empregamos a conservação de energia para calcular a velocidade de escape, notamos que a massa do corpo se cancela devido às energias potencial gravitacional e cinética serem proporcionais à massa do corpo. Assim, as cinemáticas são independentes da massa do corpo. Por exemplo: vamos considerar a energia potencial gravitacional de uma massa m interagindo com a Terra, $U_E(r) = -GM_T m/r$. O potencial gravitacional da Terra $V_T(r)$ é definido pela razão da energia potencial gravitacional para a massa do corpo, $V_T(r) = U_T(r)/m$, ou

$$V_T(r) = -\frac{GM_T}{r}. \tag{12.16}$$

Essa definição tem a vantagem de dar informação sobre a interação gravitacional com a Terra, independentemente de outras massas envolvidas.

12.5 Leis do movimento planetário de Kepler

Johannes Kepler (1571-1630) usou observações empíricas, principalmente de dados coletados por Tycho Brahe, e sofisticados cálculos para chegar às famosas **leis do movimento planetário de Kepler**, publicadas em 1609 e 1619. Essas leis foram publicadas décadas antes do nascimento de Isaac Newton, em 1643, cuja lei da gravidade mostraria *por que* as leis de Kepler eram verdadeiras. O que é particularmente significante nas leis de Kepler é que elas desafiaram a predominante visão do mundo daquele tempo: a Terra no centro do universo (uma teoria geocêntrica), o Sol e todos os planetas e estrelas orbitando ao seu redor, exatamente como a Lua faz. Kepler e outros pioneiros, particularmente Nicolau Copérnico e Galileu Galilei, mudaram essa visão geocêntrica para uma cosmologia heliocêntrica (o Sol no centro). Hoje, sondas espaciais têm fornecido observações diretas pela vantagem de estarem em pontos fora da atmosfera da Terra e verificaram que Copérnico, Kepler e Galileu estavam corretos. Entretanto, a simplicidade com a qual o modelo heliocêntrico foi capaz de explicar as observações astronômicas tirou as pessoas inteligentes de suas antigas considerações antes mesmo que possíveis observações pudessem ser feitas.

Primeira Lei de Kepler: Órbitas

Todos os planetas se movem em órbitas elípticas com o Sol em um ponto focal.

Adendo matemático: elipses

Uma *elipse* é uma curva fechada em um plano bidimensional. Tem dois pontos focais, f_1 e f_2, separados por uma distância $2c$ (Figura 12.15). Para cada ponto sobre a elipse, a soma das distâncias aos dois pontos focais é uma constante:

$$r_1 + r_2 = 2a.$$

O comprimento a é chamado de semieixo maior da elipse (veja Figura 12.15). (Note: infelizmente, a notação padrão para semieixo maior de uma elipse usa a mesma letra a, como é convencionalmente usada para simbolizar aceleração. Você deve ser cuidadoso para evitar confusão.) O semieixo menor, b, está relacionado a a e a c por

$$b^2 \equiv a^2 - c^2.$$

Em termos de coordenadas cartesianas x e y, os pontos sobre a elipse satisfazem a equação

$$\frac{x^2}{a^2} + \frac{y^2}{b^2} = 1,$$

onde a origem do sistema coordenado está no centro da elipse. Se $a = b$, resulta um círculo (um caso especial de elipse).

É útil introduzir a excentricidade, e, de uma elipse, definida como

$$e = \frac{c}{a} = \sqrt{1 - \frac{b^2}{a^2}}.$$

Uma excentricidade zero, o menor valor possível, caracteriza um círculo. A elipse mostrada na Figura 12.15 tem excentricidade 0,6.

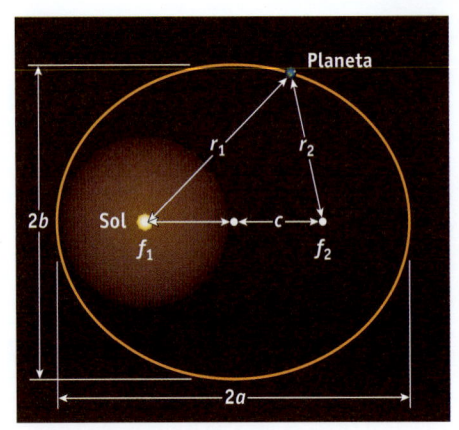

Figura 12.15 Parâmetros usados na descrição de elipses e de órbitas elípticas.

A excentricidade da órbita da Terra ao redor do Sol é somente 0,017. Se você fosse desenhar uma elipse com esse valor de e, você poderia não distingui-la visualmente, de um círculo. O comprimento do semieixo menor da órbita da Terra é aproximadamente 99,98% do comprimento do semieixo maior. Em sua maior aproximação do Sol, chamada de *periélio*, a Terra está 147,1 milhões de quilômetros afastada do Sol. No *afélio*, o ponto mais distante do Sol na órbita da Terra, está a 152,6 milhões de quilômteros.

É importante notar que a mudança de estações *não* é causada primariamente pela excentricidade da órbita da Terra. (O ponto de maior aproximação do Sol é alcançado próximo a janeiro de cada ano, no meio da estação fria no hemisfério norte.) Em vez disso, as estações são causadas pelo fato de o eixo de rotação da Terra estar inclinado em um ângulo de 23,4° em relação ao plano da elipse orbital. Esta inclinação expõe o hemisfério norte aos raios do Sol por períodos mais longos e em um ângulo mais direto nos meses de verão.

Entre as outras órbitas planetárias, a de Mercúrio tem a maior excentricidade: 0,205. (A excentricidade orbital de Plutão é ainda maior: 0,249, mas Plutão foi desclassificado como um planeta em agosto de 2006.) A órbita de Vênus tem a menor excentricidade, 0,007, seguida de Netuno, com 0,009.

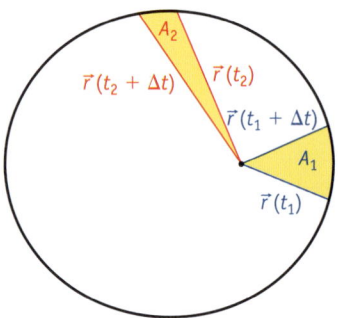

Figura 12.16 A Segunda Lei de Kepler afirma que áreas iguais são varridas em iguais períodos de tempo, ou $A_1 = A_2$.

Segunda Lei de Kepler: Áreas

Uma linha reta conectando o centro do Sol ao centro de qualquer planeta (Figura 11.6) varre uma área igual em qualquer intervalo de tempo dado:

$$\frac{dA}{dt} = \text{constante}. \tag{12.17}$$

Terceira Lei de Kepler: Períodos

O quadrado do período da órbita de um planeta é proporcional ao cubo do semieixo maior da órbita:

$$\frac{T^2}{a^3} = \text{constante}. \tag{12.18}$$

Essa proporcionalidade constante pode ser expressa em termos da massa do Sol e da constante gravitacional universal

$$\frac{T^2}{a^3} = \frac{4\pi^2}{GM}. \tag{12.19}$$

DEMONSTRAÇÃO 12.3 | Leis de Kepler

A prova geral das leis de Kepler usa a Lei da Gravitação de Newton, equação 12.1, e a lei da conservação do momento angular. Com um pouco de álgebra e cálculo é possível provar as três leis de Kepler. Aqui, derivaremos a Segunda e a Terceira Leis para órbitas circulares com o Sol no centro, permitindo-nos colocar o Sol na origem do sistema coordenado e desprezar o movimento do Sol ao redor do centro comum de massa do sistema Sol-planeta.

Primeiro, mostramos que o movimento circular é, de fato, possível. Do Capítulo 9, sabemos que, para obtermos uma órbita circular fechada, a força centrípeta precisa ser igual à força gravitacional:

$$m\frac{v^2}{r} = G\frac{Mm}{r^2} \Rightarrow v = \sqrt{\frac{GM}{r}}.$$

Esse resultado estabelece dois importantes fatos. Primeiro: a massa de corpos orbitando se cancelou, então, todos os corpos podem ter a mesma óbita, contanto que suas massas sejam pequenas comparadas ao Sol. Segundo: qualquer raio r orbital dado, r, tem uma única velocidade orbital correspondente a ele. Também, para um raio orbital dado, obtemos um valor constante da velocidade angular:

$$\omega = \frac{v}{r} = \sqrt{\frac{GM}{r^3}}. \tag{i}$$

Seguindo, examinaremos a área varrida pelo vetor radial conectando o Sol e o planeta. Como indicado na Figura 12.17, a área de varredura é $dA = \frac{1}{2}rs = \frac{1}{2}d\theta$. Tomando a derivada em relação ao tempo, vem

$$\frac{dA}{dt} = \frac{1}{2}r^2\frac{d\theta}{dt} = \frac{1}{2}r^2\omega.$$

Em virtude de ω e r, para uma dada órbita, serem constantes, derivamos a Segunda Lei de Kepler, a qual afirma que dA/dt = constante.

Finalmente, para a Terceira Lei de Kepler, usamos $T = 2\pi/\omega$ e substituímos a expressão para a velocidade angular da equação (i). Isso resulta em

$$T = 2\pi\sqrt{\frac{r^3}{GM}}.$$

Podemos rearranjar essa equação e obter

$$\frac{T^2}{r^3} = \frac{4\pi^2}{GM}.$$

Isso prova a Terceira Lei de Kepler e dá o valor para a constante de proporcionalidade entre o quadrado do período da órbita e o cubo do raio orbital.

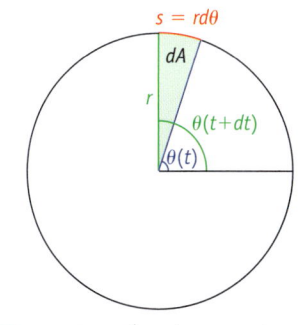

Figura 12.17 Ângulo, comprimento de arco e área como uma função do tempo.

Mais uma vez, tenha em mente que as leis de Kepler são válidas para órbitas elípticas em geral, não apenas para órbitas circulares. Em vez de fazemos referência ao raio do círculo, r, temos que tomar o semieixo maior da elipse para esses corpos. Talvez uma formulação ainda mais útil da Terceira Lei de Kepler possa ser escrita como

$$\frac{T_1^2}{a_1^3} = \frac{T_2^2}{a_2^3}. \tag{12.20}$$

Com essa fórmula, podemos facilmente achar os períodos orbitais e radiais para dois diferentes corpos orbitando.

PROBLEMA RESOLVIDO 12.1 | Período orbital de Sedna

PROBLEMA
Em 14 de novembro de 2003, astrônomos descobriram um corpo previamente desconhecido na parte do Cinturão de Kuiper além da órbita de Netuno. Eles deram-lhe o nome de Sedna, em referência à deusa do mar do povo inuit. A distância média de Sedna ao Sol é $78{,}7 \cdot 10^9$ km. Quanto tempo Sedna leva para completar uma órbita ao redor do Sol?

SOLUÇÃO
PENSE
Podemos usar as leis de Kepler para relacionar a distância de Sedna até o Sol ao período da órbita de Sedna ao redor do Sol.

DESENHE
Um desenho comparando a distância média de Sedna ao Sol com a distância média de Plutão ao Sol é mostrado na Figura 12.18.

Figura 12.18 A distância de Sedna ao Sol comparada à distância de Plutão ao Sol.

PESQUISE
Podemos relacionar a órbita de Sedna à conhecida órbita da Terra, usando a equação 12.20 (uma forma da Terceira Lei de Kepler):

$$\frac{T_{\text{Terra}}^2}{a_{\text{Terra}}^3} = \frac{T_{\text{Sedna}}^2}{a_{\text{Sedna}}^3}, \tag{i}$$

onde T_{Terra} é o período de órbita da Terra, a_{Terra} é o raio da órbita da Terra, T_{Sedna} é o período da órbita de Sedna e a_{Sedna} é o raio da órbita de Senda.

SIMPLIFIQUE
Podemos resolver a equação (i) para o período da órbita de Sedna:

$$T_{\text{Sedna}} = T_{\text{Terra}} \left(\frac{a_{\text{Sedna}}}{a_{\text{Terra}}} \right)^{3/2}. \tag{ii}$$

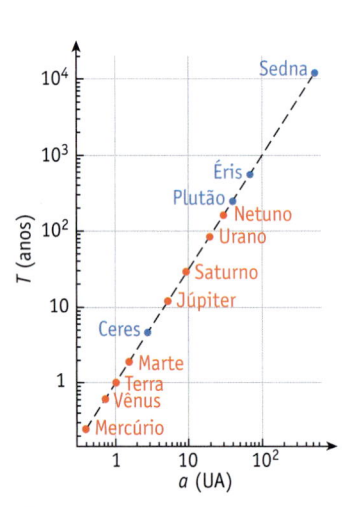

CALCULE
Colocando os valores numéricos, temos

$$T_{\text{Sedna}} = (1 \text{ ano}) \left(\frac{78{,}7 \cdot 10^9 \text{ km}}{0{,}150 \cdot 10^9 \text{ km}} \right)^{3/2} = 12.018 \text{ anos}.$$

ARREDONDE
Reportamos nosso resultado com dois algarismos significativos:

$$T_{\text{Sedna}} = 1{,}21 \cdot 10^4 \text{ anos}.$$

SOLUÇÃO ALTERNATIVA
Podemos comparar nosso resultado para Sedna com os valores medidos para os semieixos maiores das órbitas e períodos orbitais dos planetas e vários planetas anões. Como a Figura 12.19 mostra, nosso resultado calculado (a linha tracejada representando a Terceira Lei de Kepler) preenche bem a extrapolação dos dados dos planetas (pontos vermelhos) e dos planetas anões (pontos azuis).

Figura 12.19 Período orbital *versus* comprimento do semieixo maior das órbitas dos corpos no Sistema Solar.

Podemos também usar a Terceira Lei de Kepler para determinar a massa do Sol. Obtemos esse resultado pela resolução da equação 12.19,

$$M = \frac{4\pi^2 a^3}{GT^2}. \qquad (12.21)$$

Inserindo os dados para o período orbital da Terra e o raio, temos:

$$M = \frac{4\pi^2 (1{,}496 \cdot 10^{11} \text{ m})^3}{(6{,}67 \cdot 10^{-11} \text{ m}^3\text{kg}^{-1}\text{s}^{-2})(3{,}15 \cdot 10^7 \text{ s})^2} = 1{,}99 \cdot 10^{30} \text{ kg.}$$

É também possível usar a Terceira Lei de Kepler para determinar a massa da Terra em relação ao período e ao raio da órbita da Lua ao redor da Terra. De fato, astrônomos podem usar esta lei para determinar a massa de qualquer corpo que tenha um satélite orbitando-o, se souberem o raio e o período da órbita.

12.3 Pausa para teste

Use o fato de que a interação gravitacional entre a Terra e o Sol fornece a força centrípeta que mantém a Terra em sua órbita, para provar a equação 12.21. (Assuma uma órbita circular.)

EXEMPLO 12.4 | Buraco negro no centro da Via Láctea

PROBLEMA

Há um buraco negro supermaciço no centro da Via Láctea. Qual é sua massa?

SOLUÇÃO

Em junho de 2007, astrônomos mediram a massa do centro da Via Láctea. Sete estrelas orbitando próximas ao centro galático foram rastreadas por 9 anos, como mostrado na Figura 12.20. Os períodos e semieixos maiores extraídos pelos astrônomos são mostrados na Tabela 12.2. Usando esses dados e a Terceira Lei de Kepler (equação 12.21), podemos calcular a massa do centro galático, indicado simbolicamente por uma estrela amarela na Figura 12.20. A massa resultante do centro galático é mostrada na Tabela 12.2, para cada conjunto de medições estelares. A massa média do centro galático é $3{,}7 \times 10^6$ vezes a massa do Sol. Assim, astrônomos inferem que há um supermaciço buraco negro no centro da galáxia, porque nenhuma estrela é visível naquele ponto.

DISCUSSÃO

Se há um buraco negro supermaciço no centro da Via Láctea, você pode perguntar a si mesmo por que a Terra não está sendo puxada em sua direção? A resposta é a mesma, à pergunta "por que a Terra não cai no Sol": a Terra orbita o Sol e o Sol orbita o centro galático, que dista 26.000 anos-luz do Sistema Solar.

Figura 12.20 As órbitas de sete estrelas próximas ao centro da Via Láctea, conforme rastreadas pelos astrônomos do Keck/UCLA Galactic Center Group (Grupo Centro Galático Keck/UCLA) de 1995 até 2004. As posições medidas, representadas pelos pontos coloridos, estão superpostas à figura das estrelas, tomadas no início do rastreamento. As linhas representam os preenchimentos para as medições que foram usadas para extrair os períodos e semieixos maiores das órbitas das estrelas. O lado da imagem representa uma distância de aproximadamente 1/15 de ano-luz.

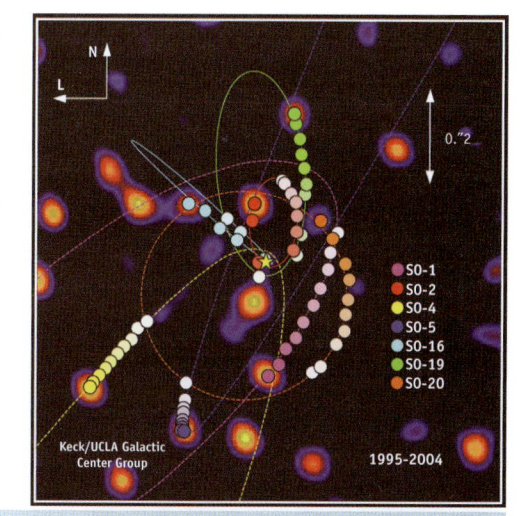

Tabela 12.2 Períodos e semieixos maiores das estrelas orbitando o centro da Via Láctea

Estrela	Período (anos)	Semieixo maior (UA)	Período (10^8 s)	Semieixo maior (10^4 m)	Massa do centro galático (10^{36} kg)	Equivalente em massas solares (10^6)
S0-2	14,43	919	4,55	1,37	7,44	3,74
S0-16	36	1.680	113	2,51	7,31	3,67
S0-19	37,2	1.720	117	2,57	7,34	3,69
S0-20	43	1.900	135	2,84	7,41	3,72
S0-1	190	5.100	599	7,63	7,34	3,69
S0-4	2.600	30.000	819	44,9	7,98	4,01
S0-5	9.900	70.000	3.120	105	6,99	3,51
		Média			7,40	3,72

12.3 Exercícios de sala de aula

A melhor estimativa do período do Sistema Solar ao redor do centro da Via Láctea está entre 220 e 250 milhões de anos. Que quantidade de massa (em termos de massas solares) está contida nos 26.000 anos-luz ($1{,}7 \cdot 10^9$ UA) do raio da órbita do Sistema Solar? (Dica: um período orbital de 1 ano para um raio de 1 UA corresponde a 1 massa solar.)

a) 90 bilhões de massas solares

b) 7,2 bilhões de massas solares

c) 52 milhões de massas solares

d) 3,7 milhões de massas solares

e) 432.000 massas solares

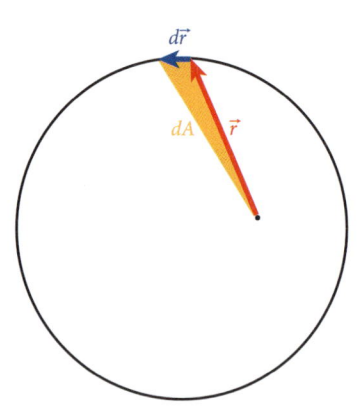

Figura 12.21 Área varrida pelo vetor raio.

A Segunda Lei de Kepler e a conservação do momento angular

O Capítulo 10 (sobre rotação) deu ênfase à importância do conceito de momento angular, em particular, à importância da conservação do momento angular. É bastante direto provar a lei da conservação do momento angular para o movimento planetário e, como uma consequência, também derivar a Segunda Lei de Kepler. Vamos trabalhar por meio dessa prova.

Primeiro, mostramos que o momento angular, $\vec{L} = \vec{r} \times \vec{p}$, de uma partícula pontual é conservado se a partícula se mover sob influência de uma força central. Uma **força central** é a força que atua somente na orientação radial, $\vec{F}_{central} = F\hat{r}$. Para provar essa afirmação, tomamos a derivada relativa ao tempo do momento angular:

$$\frac{d\vec{L}}{dt} = \frac{d}{dt}(\vec{r} \times \vec{p}) = \frac{d\vec{r}}{dt} \times \vec{p} + \vec{r} \times \frac{d\vec{p}}{dt}.$$

Para uma partícula pontual, o vetor velocidade, $\vec{v} = d\vec{r}/dt$, e o vetor momento, $\vec{p}$, são paralelos; logo, o produto vetorial deles é $(d\vec{r}/dt) \times \vec{p} = 0$. Isso deixa somente o termo $\vec{r} \times (d\vec{p}/dt)$ na precedente equação. Usando a Segunda Lei de Newton, achamos (veja Capítulo 7 sobre momento) $d\vec{p}/dt = \vec{F}$. Se essa força é uma força central, então ela é paralela (ou antiparalela) ao vetor $\vec{r}$. Assim, para uma força central, o produto vetorial $\vec{r} \times (d\vec{p}/dt)$ também resulta em zero:

$$\frac{d\vec{L}}{dt} = \vec{r} \times \frac{d\vec{p}}{dt} = \vec{r} \times \vec{F}_{central} = \vec{r} \times F\hat{r} = 0.$$

Visto que $d\vec{L}/dt = 0$, mostramos que o momento angular é conservado para uma força central. A força da gravidade é a tal força central e, por conseguinte, o momento angular é conservado para qualquer planeta movendo-se em uma órbita.

Como esse resultado geral ajuda na derivação da Segunda Lei de Kepler? Se pudermos mostrar que a área dA é varrida pelo vetor radial, $\vec{r}$, durante um tempo infinitesimal, dt, é proporcional ao valor absoluto do momento angular, então, conseguimos, porque o momento angular é conservado.

Como você pode ver na Figura 12.21, a área infinitesimal dA varrida pelo vetor $\vec{r}$ é o triângulo formado por este vetor e a variação diferencial dele, $d\vec{r}$:

$$dA = \tfrac{1}{2}\left|\vec{r} \times d\vec{r}\right| = \tfrac{1}{2}\left|\vec{r} \times \frac{d\vec{r}}{dt} dt\right| = \tfrac{1}{2}\left|\vec{r} \times \frac{1}{m} m \frac{d\vec{r}}{dt} dt\right| = \frac{dt}{2m}\left|\vec{r} \times \vec{p}\right| = \frac{dt}{2m}\left|\vec{L}\right|.$$

Portanto, a área varrida em cada intervalo de tempo, dt, é

$$\frac{dA}{dt} = \frac{|\vec{L}|}{2m} = \text{constante},$$

que é exatamente o que a Segunda Lei de Kepler afirma.

12.6 Órbitas de satélites

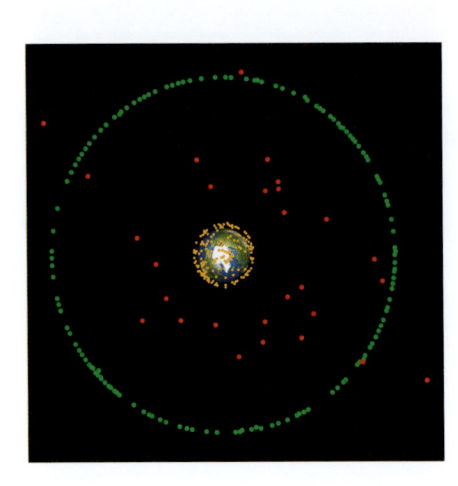

A Figura 12.22 mostra as posições de muitos das várias centenas de satélites em órbita ao redor da Terra. Cada ponto representa a posição de um satélite na tarde de 23 de junho de 2004. Em órbitas baixas, somente poucas centenas de quilômetros acima do nível do mar, estão os satélites de comunicação para sistemas de telefonia, a Estação Espacial Internacional, o telescópio espacial Hubble e outras aplicações (pontos amarelos). O círculo perfeito de satélites numa distância de aproximadamente 5,6 raios da Terra acima da superfície (pontos verdes) é composto de **satélites geoestacionários**, que orbitam na mesma velocidade angular da Terra e permanecem acima do mesmo local na superfície. Os satélites entre os geoestacionários e os de baixa órbita (pontos vermelhos) são, principalmente, aqueles usados pelo Global Positioning System – GPS – e também os que carregam instrumentos de pesquisa.

Figura 12.22 Posições de alguns dos satélites em órbita ao redor da Terra, em 23 de junho de 2004, olhando-se para baixo, sobre o polo Norte. Esta ilustração foi produzida com dados disponíveis da NASA.

PROBLEMA RESOLVIDO 12.2 | Satélite em órbita

PROBLEMA
Um satélite está em órbita circular ao redor da Terra. A órbita tem um raio 3,75 vezes o raio da Terra. Qual é a velocidade tangencial do satélite?

SOLUÇÃO

PENSE
A força da gravidade oferece a força centrípeta que mantém o satélite em sua órbita circular ao redor da Terra. Podemos obter a velocidade tangencial do satélite pelo equacionamento da força centrípeta expressa em termos de velocidade tangencial com a força da gravidade entre o satélite e a Terra.

DESENHE
Um desenho da situação do problema é apresentado na Figura 12.23.

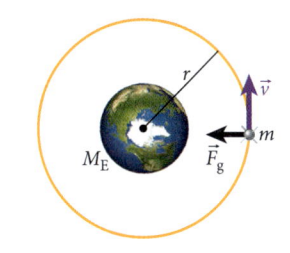

Figura 12.23 Satélite em órbita circular ao redor da Terra.

PESQUISE
Para um satélite com massa m movendo-se com velocidade tangencial v, a força centrípeta requerida para mantê-lo em movimento circular com raio r é

$$F_c = \frac{mv^2}{r}. \quad \text{(i)}$$

A força gravitacional, F_g, entre o satélite e a Terra é

$$F_g = G\frac{M_T m}{r^2}, \quad \text{(ii)}$$

onde G é a constante gravitacional universal e M_T é a massa da Terra. Equacionando as forças descritas pelas equações (i) e (ii), temos

$$F_c = F_g \Rightarrow$$

$$\frac{mv^2}{r} = G\frac{M_T m}{r^2}.$$

SIMPLIFIQUE
A massa do satélite se cancela; assim, a velocidade orbital de um satélite não depende de sua massa. Obtemos

$$v^2 = G\frac{M_T}{r} \Rightarrow$$

$$v = \sqrt{\frac{GM_T}{r}}. \quad \text{(iii)}$$

CALCULE
O problema afirma especificamente que o raio da órbita do satélite é $r = 3,75 R_T$, onde R_T é o raio da Terra. Substituindo r na equação (iii) e inserindo os valores numéricos conhecidos, temos

$$v = \sqrt{\frac{GM_T}{3,75 R_T}} = \sqrt{\frac{\left(6,67 \cdot 10^{-11} \text{ m}^3\text{kg}^{-1}\text{s}^{-2}\right)\left(5,97 \cdot 10^{24} \text{ kg}\right)}{3,75(6,37 \cdot 10^6 \text{ m})}} = 4.082,86 \text{ m/s}.$$

ARREDONDE
Expressando nosso resultado com três algarismos significativos, temos

$$v = 4.080 \text{ m/s} = 4,08 \text{ km/s}.$$

Continua →

SOLUÇÃO ALTERNATIVA

O tempo que esse satélite leva para completar uma órbita é

$$T = \frac{2\pi r}{v} = \frac{2\pi(3{,}75 R_T)}{v} = \frac{2\pi\left[3{,}75(6{,}37 \cdot 10^6 \text{ m})\right]}{4.080 \text{ m/s}} = 36.800 \text{ s} = 10{,}2 \text{ h},$$

o que parece razoável – satélites de comunicações levam 24 h, mas estão em altitudes maiores; o telescópio espacial Hubble leva 1,6 h em altitude mais baixa.

12.4 Exercícios de sala de aula

A órbita elíptica de um pequeno satélite orbitando um planeta esférico é mostrada na figura. Em que ponto, ao longo da órbita, a velocidade linear do satélite é máxima?

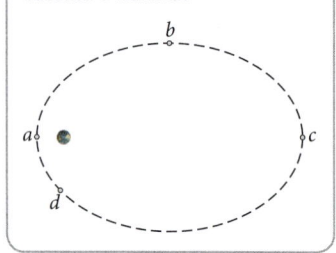

Combinando a expressão para a velocidade orbital do Problema Resolvido 12.2, $v = \sqrt{GM_T/r}$, com a equação 12.15 para a velocidade de escape, $v_{esc} = \sqrt{2GM_T/r}$, achamos que a velocidade orbital do satélite é sempre

$$v(r) = \frac{1}{\sqrt{2}} v_{esc}(r). \tag{12.22}$$

A Terra é um satélite do Sol e, como determinamos na Seção 12.4, a velocidade de escape do Sol, iniciando do raio orbital da Terra, é 42 km/s. Usando a equação 12.22, podemos prever que a velocidade orbital da Terra movendo-se em volta do Sol é $42/\sqrt{2}$ km/s, ou aproximadamente 30 km/s, o que concorda com o valor da velocidade orbital que achamos no Capítulo 9.

Energia de um satélite

Tendo solucionado o Problema Resolvido 12.2, podemos facilmente obter uma expressão para a energia cinética de um satélite em órbita ao redor da Terra. Multiplicando ambos os lados de $mv^2/r = GM_T m/r^2$, a qual achamos pelo equacionamento das forças centrípeta e gravitacional, por $r/2$, produz

$$\tfrac{1}{2}mv^2 = \tfrac{1}{2}G\frac{M_T m}{r}.$$

O lado esquerdo da equação é a energia cinética do satélite. Comparando o lado direito à expressão para a energia potencial gravitacional, $U = -GM_T m/r$, vemos que esse lado é equivalente a $-\tfrac{1}{2}U$. Assim, conseguimos a energia cinética do satélite em órbita circular:

$$K = -\tfrac{1}{2}U. \tag{12.23}$$

A energia mecânica total do satélite é, então

$$E = K + U = -\tfrac{1}{2}U + U = \tfrac{1}{2}U = -\tfrac{1}{2}G\frac{M_T m}{r}. \tag{12.24}$$

Consequentemente, a energia total é exatamente a energia cinética negativa do satélite:

$$E = -K \tag{12.25}$$

É importante notar que as equações 12.23 até 12.25 são todas válidas para qualquer raio orbital.

Para uma órbita elíptica com semieixo maior a, obter a energia do satélite requer um pouco mais de matemática. O resultado é muito similar à equação 12.24, com o raio r da órbita circular substituída pelo semieixo maior a da órbita elíptica:

$$E = -\tfrac{1}{2}G\frac{M_T m}{a}.$$

Órbita de satélites geoestacionários

Para muitas aplicações, um satélite precisa permanecer no mesmo ponto do céu. Por exemplo: os pratos das antenas de TV por satélite apontam sempre para o mesmo lugar no céu e, assim, precisamos que um satélite esteja localizado lá para termos certeza de receber seu sinal. Esses satélites que estão continuamente no mesmo ponto do céu são chamados geoestacionários.

Quais são as condições que um satélite deve cumprir para ser geoestacionário? Primeira: ele deve se mover em um círculo, porque essa é a única órbita que possui aceleração angular constante. Segunda: o período de rotação deve combinar com o da Terra, ou seja, exatamente 1 dia. E, terceira: o eixo de rotação da órbita do satélite deve estar exatamente alinhado com a rotação da Terra. Devido à necessidade do centro da Terra estar no centro de uma órbita circular para qualquer satélite, a única órbita geoestacionária possível é aquela exatamente acima do Equador. Essas condições deixam somente o raio da órbita para ser determinado.

Para encontrar o raio, usamos a Terceira Lei de Kepler na forma da equação 12.19 e resolvemos, para r:

$$\frac{T^2}{r^3} = \frac{4\pi^2}{GM} \Rightarrow r = \left(\frac{GMT^2}{4\pi^2}\right)^{1/3}. \quad (12.26)$$

A massa M, nesse caso, é a da Terra. Inserindo os valores numéricos, achamos

$$r = \left(\frac{(6{,}674 \cdot 10^{-11} \text{ m}^3\text{kg}^{-1}\text{s}^{-2})(5{,}9742 \cdot 10^{24} \text{ kg})(86.164 \text{ s})^2}{4\pi^2}\right)^{1/3} = 42.168 \text{ km}.$$

Note que usamos o melhor valor disponível para a massa da Terra e o dia sideral como o correto período de rotação da Terra (veja o Capítulo 9). A distância de um satélite geoestacionário acima do nível do mar no Equador é, então, 42.168 km-R_T. Levando em conta que a Terra não é uma esfera perfeita, mas levemente achatada nos polos, essa distância é

$$d = r - R_T = 35.790 \text{ km}.$$

Essa distância é 5,61 vezes o raio da Terra e corresponde ao porquê dos satélites geoestacionários formarem um círculo quase perfeito com um raio de 6,61R_T na Figura 12.22.

A Figura 12.24 mostra uma seção transversal através da Terra e a localização de um satélite geoestacionário, com o raio de sua órbita desenhado em escala. Dessa figura, o ângulo ξ relativo à horizontal é o ângulo no qual o prato do satélite deve ser orientado para uma melhor recepção de TV. Em função de qualquer satélite geoestacionário estar localizado no plano do Equador, um prato no hemisfério norte deveria apontar na direção sul.

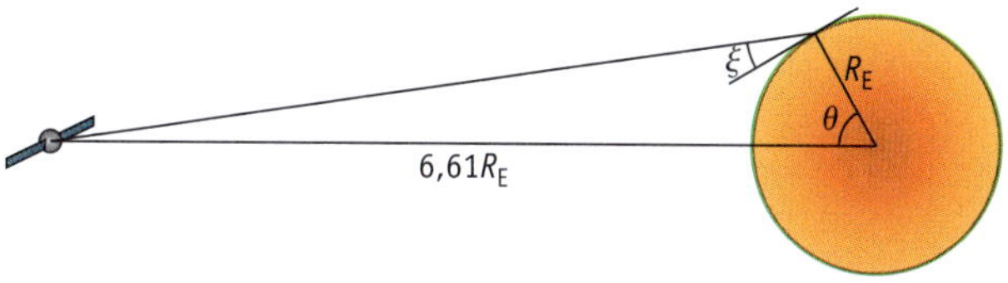

Existem, também, satélites geossíncronos em órbita ao redor da Terra. Um satélite geossíncrono tem, também, um período orbital de 1 dia, mas não precisa permanecer no mesmo ponto do céu, conforme visto da superfície da Terra. O Solar Dynamics Observatory da Nasa (agendado para lançamento em janeiro de 2010), por exemplo, terá uma órbita geossíncrona inclinada, a qual traçará um número 8 no céu, conforme visto do solo. Uma órbita geoestacionária é um caso especial das órbitas geossíncronas.

Figura 12.24 Ângulo do prato de um satélite, ξ, relativo ao local horizontal, como uma função do ângulo de latitude, θ.

PROBLEMA RESOLVIDO 12.3 | Antena parabólica

Você acabou de receber seu novo sistema de televisão, mas a companhia não pôde vir instalar a antena parabólica para você imediatamente. Você quer assistir o grande jogo hoje à noite e, então, decide montar a antena por conta própria.

PROBLEMA
Assumindo que você viva na latitude 42,75° N e que a companhia de TV por satélite tem um satélite alinhado com sua longitude, em qual direção você deveria apontar a antena parabólica?

SOLUÇÃO
PENSE
As companhias de TV por satélite usam satélites geoestacionários para transmissão de sinais. Assim, sabemos que você precisa apontar a antena parabólica para o sul, em direção ao Equador,

Continua →

mas você também precisa saber o ângulo de inclinação da antena em relação à horizontal. Na Figura 12.24, esse é o ângulo ξ. Para determiná-lo, podemos usar a lei dos cossenos, incorporando a distância de um satélite em órbita geoestacionária, o raio da Terra e a latitude da localização da antena parabólica.

DESENHE

A Figura 12.25 é um desenho da geometria da localização do satélite geoestacionário e do ponto da superfície da Terra, onde a antena está sendo montada. Neste desenho, R_T é o raio da Terra, R_S é a distância do satélite ao centro da Terra, d_S é a distância do satélite ao ponto sobre a superfície da Terra onde a antena está localizada, θ é o ângulo da latitude da superfície nesta localização e ϕ é o ângulo entre d_S e R_T.

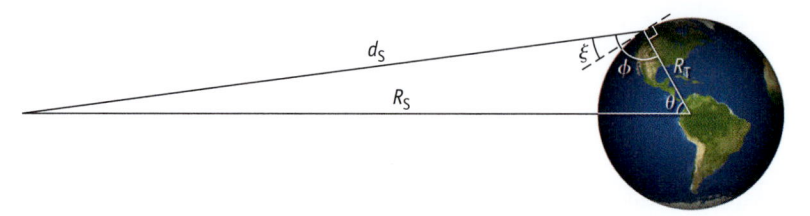

Figura 12.25 Geometria de um satélite geoestacionário em órbita o redor da Terra.

PESQUISE

Para determinar o ângulo ξ, primeiramente precisamos determinar o ângulo ϕ. Podemos ver, da Figura 12.25, que $\xi = \phi - 90°$, porque a linha tracejada é tangente à superfície da Terra e, asim, é perpendicular à linha do ponto do centro da Terra. Para deteminar ϕ, podemos aplicar a lei dos cossenos para o triângulo definido por d_S, R_T e R_S, e precisaremos aplicá-la duas vezes. Para usarmos a lei dos cossenos para determinar ϕ, necessitamos saber os comprimentos dos lados d_S e R_T. Conhecemos R_T, mas não d_S. Podemos calcular o comprimento d_S usando a lei dos cossenos, o ângulo θ e os comprimentos dos lados conhecidos R_T e R_S:

$$d_S^2 = R_S^2 + R_T^2 - 2R_S R_T \cos\theta. \qquad (i)$$

Agora, podemos obter uma equação para o ângulo ϕ, usando a lei dos cossenos com o ângulo ϕ e os dois comprimentos conhecidos d_S e R_T:

$$R_S^2 = d_S^2 + R_T^2 - 2d_S R_T \cos\phi. \qquad (ii)$$

SIMPLIFIQUE

Sabemos que $R_S = 6{,}61 R_T$ para satélites geoestacionários. O ângulo θ corresponde à latitude, $\theta = 42{,}75°$. Substituímos essas quantidades na equação (i):

$$d_S^2 = \left(6{,}61 R_T\right)^2 + R_T^2 - 2\left(6{,}61 R_T\right) R_T \left(\cos 42{,}75°\right).$$

Escrevemos, agora, uma expresão para d_S em termos de R_T:

$$d_S^2 = R_T^2 \left[6{,}61^2 + 1 - 2\left(6{,}61\right)\left(\cos 42{,}75°\right)\right] = 34{,}984 R_T^2,$$

ou

$$d_S = 5{,}915 R_E.$$

Resolvemos a equação (ii) para ϕ:

$$\phi = \cos^{-1}\left(\frac{d_S^2 + R_T^2 - R_S^2}{2 d_S R_T}\right). \qquad (iii)$$

CALCULE

Substituindo os valores que temos para d_S e R_S na equação (iii), temos

$$\phi = \cos^{-1}\left(\frac{34{,}984R_T^2 + R_T^2 - (6{,}61R_T)^2}{2(5{,}915R_T)R_T}\right) = 130{,}66°.$$

O ângulo no qual você precisa apontar a antena em relação à horizontal é, dessa maneira,

$$\xi = \phi - 90° = 130{,}66° - 90° = 40{,}66.$$

ARREDONDE

Expressando nosso resultado com três algarismos significativos, temos

$$\xi = 40{,}7°.$$

SOLUÇÃO ALTERNATIVA

Se o satélite estivesse muito longe, as linhas d_S e R_S seriam paralelas uma a outra e o desenho da geometria da situação teria que ser refeito, como mostrado na Figura 12.26. Desse desenho, vemos que $\phi = 180° - \theta$. Relembrando que $\xi = \phi - 90°$, escrevemos

$$\xi = (180° - \theta) - 90° = 90° - \theta.$$

Nessa situação, $\theta = 42{,}75°$, o ângulo estimado, então, seria $\xi = 90° - 42{,}75° = 47{,}25°$, que é próximo ao nosso resultado de $\xi = 40{,}7°$, mas, definitivamente, maior, como requerido. Assim, nossa resposta parece razoável.

12.5 Exercícios de sala de aula

Se uma base permanente está estabelecida em Marte, seria necessáro ter satélites "Marte-estacionários" em órbita ao redor de Marte para facilitar as comunicações. Um dia em Marte dura 24 h:39 min:35 s. Qual é o raio da órbita para um satélite "Marte-estacionário"?

a) 12.560 km   c) 29.320 km
b) 15.230 km   d) 43.350 km
c) 20.450 km

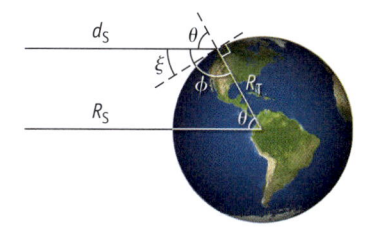

Figura 12.26 Geometria para um satélite que está muito longe.

12.7 Matéria escura

No Sistema Solar, quase toda a matéria está concentrada no Sol. A massa do Sol é, aproximadamente, 750 vezes maior do que a massa de todos os planetas juntos (refira-se à Tabela 12.1). A Via Láctea, nossa "galáxia-lar", contém nuvens gigantes de gás e poeira, mas suas massas combinadas somente são um décimo da massa contida nas estrelas da galáxia. Extrapolando esses fatos, você deveria concluir que o universo inteiro é composto quase que exclusivamente de matéria luminosa – isto é, estrelas. Matéria não luminosa na forma de poeira, asteroides, luas e planetas deveriam contribuir somente com uma pequena fração da massa do universo.

Os astrônomos conhecem as típicas massas de estrelas e podem estimar suas quantidades nas galáxias. Assim, eles obtiveram estimativas razoavelmente acuradas das massas das galáxias e aglomerados de galáxias. Ademais, eles usam modernos telescópios de raios X, como o Chandra, para capturar imagens de gases quentes interestelares presos dentro de aglomerados de galáxias e podem deduzir a temperatura desses gases pelas emissões de raios X. Também podem determinar a força da gravidade que atua sobre esses gases quentes e os mantêm, sem escapar, nos aglomerados de galáxias. A surpresa que emergiu dessa pesquisa é que a massa contida na matéria luminosa é muito pequena, por um fator entre aproximadamente 3 e 5, para fornecer essa força gravitacional. Essa análise conduz à conclusão de que deve haver outra matéria, referida como *matéria escura*, que fornece a força gravitacional que falta.

Algumas das evidências observacionais da matéria escura surgiram de medições das velocidades orbitais das estrelas ao redor do centro de suas galáxias, como função de suas distâncias ao centro, como mostrado na Figura 12.27, para a galáxia M 31, Andrômeda. Mesmo se assumíssemos a existência de um buraco negro supermaciço, que obviamente não é luminoso, no centro da galáxia, deveríamos esperar que a velocidade estelar decaísse até zero para grandes distâncias em relação ao centro. As evidências experimentais, entretanto, indicam que esse não é o caso. Assim, é provável que grandes quantidades de matéria escura, com uma extensão radial muito grande, estejam presentes.

Outra evidência de matéria escura veio das observações das lentes gravitacionais. Na Figura 12.28a, a luz azul sombreada representa a distribuição de matéria escura em volta de um aglomerado de galáxias, como calculado da lente gravitacional observada. Na Figura 12.28b,

12.4 Pausa para teste

Uma das peças de evidência da matéria escura é a curva de velocidade das estrelas em galáxias giratórias (veja, por exemplo, a Figura 12.27). Astrônomos observaram que a velocidade das estrelas em tais galáxias primeiro aumenta e, então, permanece constante como uma função da distância ao centro da galáxia. Qual seria a velocidade das estrelas, como uma função da distância ao centro da galáxia, que você esperaria se a galáxia fosse constituída de estrelas com massas iguais distribuídas uniformemente por todo o disco e sem que a matéria escura estivesse presente?

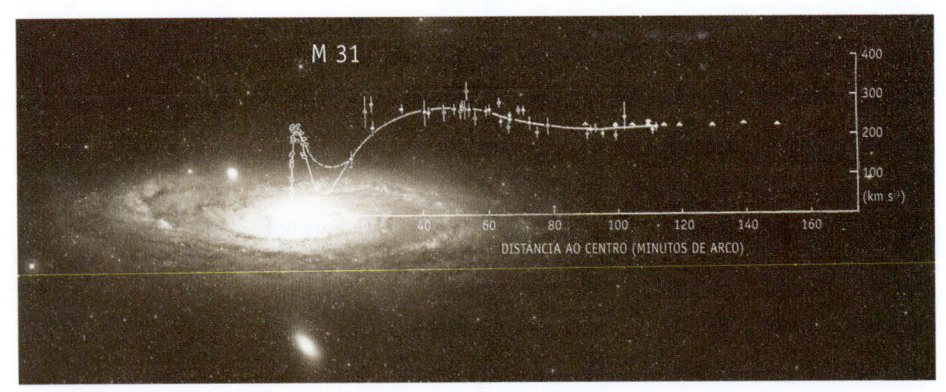

Figura 12.27 Imagem da galáxia de Andrômeda, com dados sobre as velocidades orbitais das estrelas sobrepostos. (Os triângulos representam os dados de radiotelescópios de 1975, e os outros símbolos mostram observações no comprimento de ondas ópticas de 1970; a linha sólida e a tracejada são simples ajustes para guiar os olhos.) A principal atração de interesse aqui é que as velocidades orbitais permanecem aproximadamente constantes bem do lado externo da porção luminosa de Andrômeda, indicando a presença de matéria escura.

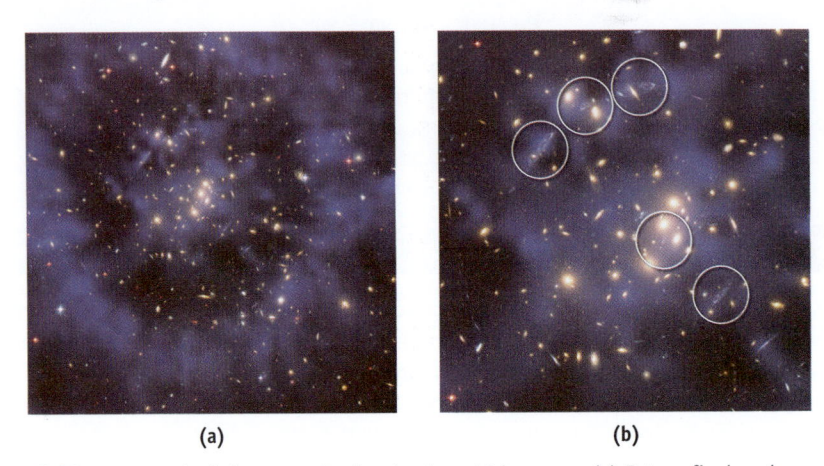

Figura 12.28 Um exemplo de lente gravitacional pela matéria escura. (a) Fotografia do aglomerado de galáxias Cl 00224+17 feita pelo telescópio espacial Hubble. A linha azul sombreada representa a distribuição da matéria escura baseada na lente gravitacional observada. (b) Seção expandida do centro da fotografia da parte (a), com cinco imagens da mesma galáxia produzidas pela lente gravitacional marcada pelos círculos.

Figura 12.29 Superposição de raios X e imagens ópticas do "bullet cluster", aglomerado de galáxias 1E 0657-56, que contém prova empírica direta da existência de matéria escura.

os círculos brancos marcam as posições de cinco imagens da mesma galáxia produzidas pela lente gravitacional da matéria escura invisível. (Lentes gravitacionais serão explicadas pela Relatividade. Por agora, essa observação é apresentada simplesmente como um fato mais empírico apontando na direção da existência da matéria escura.)

Dados de apoio também vieram da missão WMAP (Wilkinson Microwave Anisotropy Probe), que mediu a radiação cósmica de fundo deixada pelo Big Bang. A melhor estimativa, baseada nesses dados, é que 23% do universo é composto de matéria escura. Além disso, a combinação de imagens do telescópio espacial Hubble, do Observatório Chandra de Raios X, e do telescópio Megellan, produziram uma prova empírica direta da existência da matéria escura no "bullet cluster" (Figura 12.29). A temperatura medida do gás intergalático nesse aglomerado de galáxias é muito grande para que o gás esteja contido dentro do aglomerado sem a presença de matéria escura.

Houve intensa especulação e investigações teóricas extensas no que diz respeito à natureza dessa matéria escura nos últimos anos, e teorias sobre ela ainda estão sendo modificadas, à medida que novas observações aparecem. Contudo, todas as teorias propostas requerem uma fundamental mudança no modelo padrão de universo e, muito possivelmente, nos modelos fundamentais das interações de partículas. Nomes extravagantes foram sugeridos para os possíveis constituintes da matéria escura, como WIMP (Weakly Interacting Massive Particle) ou MACHO (Massive Astrophysical Compact Halo Object). (As propriedades físicas desses constituintes postulados estão sendo ativamente investigadas.)

Nos últimos anos, um fenômeno mais estranho ainda foi descoberto: parece que, além da matéria escura, há também a *energia escura*, que seria responsável por uma crescente aceleração na expansão do universo. Estonteantes 73% da massa-energia do universo são estimados como energia escura e, com os 23% estimados como matéria escura, deixam somente 4% do universo para as estrelas, planetas, luas, gases e todos os outros corpos feitos de matéria convencional.

Estas são novas áreas muito excitantes para pesquisa, as quais certamente mudarão nossa imagem do universo nas próximas décadas.

O QUE JÁ APRENDEMOS | GUIA DE ESTUDO PARA EXERCÍCIOS

- A força gravitacional entre duas massas pontuais é proporcional ao produto de suas massas e inversamente proporcional à distância entre elas, $F(r) = G\frac{m_1 m_2}{r^2}$, com a constante de proporcionalidade $G = 6{,}674 \cdot 10^{-11}$ m³kg⁻¹s⁻², conhecida como constante gravitacional universal.

- Em forma de vetor, a equação para a força gravitacional pode ser escrita como $\vec{F}_{2\to 1} = G\frac{m_1 m_2}{|\vec{r}_2 - \vec{r}_1|^3}(\vec{r}_2 - \vec{r}_1)$. Esta é a Lei da Gravitação de Newton.

- Se mais de dois corpos interagem gravitacionalmente, a força resultante sobre um corpo é dada pelo vetor soma das forças atuando sobre ele em função dos outros corpos.

- Próximo à superfície da Terra, a aceleração gravitacional pode ser aproximada pela função $g(h) = g\left(1 - 2\frac{h}{R_E} + \cdots\right)$, isso é, ela diminui linearmente com a altura acima da superfície.

- A aceleração gravitacional ao nível do mar pode ser derivada da Lei da Gravitação de Newton: $g = \frac{GM_T}{R_T^2}$.

- Nenhuma força gravitacional atua sobre um corpo dentro de uma casca esférica maciça. Por isso, a força gravitacional no interior de uma esfera uniforme aumenta linearmente com o raio: $F(r) = \frac{4}{3}\pi G\rho m r$.

- A energia potencial gravitacional entre dois corpos é dada por $U(r) = -G\frac{m_1 m_2}{r}$.

- A velocidade de escape da superfície da Terra é $v_T = \sqrt{\frac{2GM_T}{R_T}}$.

- As leis do movimento planetário de Kepler são como segue:
  - Todos os planetas se movem em órbitas elípticas com o Sol em um dos pontos focais.
  - Uma linha reta conectando o centro do Sol e o centro de qualquer planeta varre uma área igual em qualquer intervalo de tempo dado: $\frac{dA}{dt}$ = constante.
  - O quadrado do período da órbita de um planeta é proporcional ao cubo do semieixo maior da órbita: $\frac{T^2}{r^3}$ = constante.

- As relações entre as energias cinética, potencial e total de um satélite numa órbita circular são $K = -\frac{1}{2}U$, $E = K + U = -\frac{1}{2}U + U = \frac{1}{2}U = -\frac{1}{2}G\frac{Mm}{r}$, $E = -K$.

- Satélites geoestacionários têm órbitas circulares, acima do Equador e com raio de 42.168 km.

- Evidências apontam fortemente para a existência de matéria escura e de energia escura, que compõem a vasta maioria do universo.

TERMOS-CHAVE

constante gravitacional universal, p. 383
energia potencial gravitacional, p. 392
lei da Gravitação de Newton, p. 383
leis do movimento planetário de Kepler, p. 395
princípio da superposição, p. 383
satélites geoestacionários, p. 400
velocidade de escape, p. 393

NOVOS SÍMBOLOS E EQUAÇÕES

$F(r) = G\dfrac{m_1 m_2}{r^2}$, Lei da Gravitação de Newton

$G = 6{,}674 \cdot 10^{-11}\ \text{m}^3 \text{kg}^{-1} \text{s}^{-2}$, constante gravitacional universal

$U(r) = -G\dfrac{m_1 m_2}{r}$, Potencial gravitacional da Terra

$V_T(r) = -\dfrac{GM_T}{r}$, energia potencial gravitacional

$v_T = \sqrt{\dfrac{2GM_T}{R_T}}$, velocidade de escape da Terra

RESPOSTAS DOS TESTES

12.1 A derivação é quase idêntica, mas a integração de $R - r$ a $R + r$ produz força zero. Outra prova é dada na Demonstração 12.2, baseada na geometria.

12.2 $g_d = g/9 = 1{,}09\ \text{m/s}^2$

12.3 A atração gravitacional entre o Sol e a Terra fornece a força centrípeta para manter a Terra em órbita ao redor do Sol.

$$\dfrac{m_T v^2}{r} = G\dfrac{m_T M}{r^2}$$

Agora use $v = \dfrac{2\pi r}{T}$ e insira, depois, resolva para M:

$$\dfrac{\left(\dfrac{2\pi r}{T}\right)^2}{r} = G\dfrac{M}{r^2}$$

$$M = \dfrac{(2\pi)^2 r^3}{GT^2}.$$

12.4 A velocidade aumentaria linearmente desde que a distância da estrela do centro da galáxia, r, fosse igual ao raio da galáxia em forma de disco. Para estrelas fora do raio da galáxia, a velocidade diminuiria proporcional a $1/\sqrt{r}$.

GUIA DE RESOLUÇÃO DE PROBLEMAS

1 Este capítulo introduziu a forma geral da equação da força gravitacional, e a aproximação $F = mg$ não é mais válida, em geral. Tenha em mente que, em geral, a aceleração em função da gravidade não é constante também. E isso significa que você não é capaz de usar as equações cinemáticas dos Capítulos 2 e 3 para resolver problemas.

2 A conservação de energia é essencial para muitos problemas dinâmicos envolvendo gravitação. Lembre-se que a energia potencial gravitacional não é simplesmente dado por $U = mgh$, como apresentado no Capítulo 6.

3 O princípio da superposição de forças é importante para situações que envolvam interações com mais de dois corpos. Isso permite a você calcular as forças em pares e, então, adicioná-las apropriadamente.

4 Para órbitas planetárias e de satélites, as leis de Kepler são ferramentas computacionais muito úteis, habilitando você a conectar períodos orbitais e raios orbitais.

PROBLEMA RESOLVIDO 12.4 | Astronauta sobre uma pequena lua

PROBLEMA
Uma pequena lua esférica tem raio de $6{,}30 \cdot 10^4$ m e massa de $8{,}00 \cdot 10^{18}$ kg. Um astronauta, em pé sobre a superfície da lua, lança uma pedra, em linha reta, para cima. A pedra atinge a altura máxima de 2,20 km acima da superfície da lua antes de retornar à superfície. Qual era a velocidade inicial da pedra, à medida que ela deixava a mão do astronauta? (Essa lua é muito pequena para ter uma atmosfera.)

SOLUÇÃO
PENSE
Sabemos a massa e o raio da lua e isso nos permite calcular o potencial gravitacional. Conhecendo a altura que a pedra alcança, podemos usar a conservação de energia para calcular a velocidade inicial da pedra.

DESENHE
A Figura 12.30 é um desenho mostrando a pedra no seu ponto mais alto.

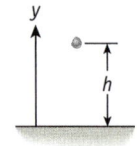

Figura 12.30 A pedra no ponto mais alto na sua trajetória em linha reta.

PESQUISE

Denotamos a massa da pedra por m, a massa da lua por m_{lua} e o raio da lua por R_{lua}. A energia potencial da pedra sobre a superfície da lua é, então

$$U(R_{lua}) = -G\frac{m_{lua}}{R_{lua}}m. \qquad (i)$$

A energia potencial no topo da trajetória da pedra é

$$U(R_{lua}+h) = -G\frac{m_{lua}}{R_{lua}+h}m. \qquad (ii)$$

A energia cinética da pedra conforme ela deixa a mão do astronauta depende de sua massa e da velocidade inicial v:

$$K(R_{lua}) = \tfrac{1}{2}mv^2. \qquad (iii)$$

No topo da trajetória da pedra, $K(R_{lua}+h) = 0$. A conservação da energia total agora nos ajuda a resolver o problema:

$$U(R_{lua}) + K(R_{lua}) = U(R_{lua}+h) + K(R_{lua}+h). \qquad (iv)$$

SIMPLIFIQUE

Substituímos as expressões das equações (i) até (iii) pela (iv):

$$-G\frac{m_{lua}}{R_{lua}}m + \tfrac{1}{2}mv^2 = -G\frac{m_{lua}}{R_{lua}+h}m + 0 \Rightarrow$$

$$-G\frac{m_{lua}}{R_{lua}} + \tfrac{1}{2}v^2 = -G\frac{m_{lua}}{R_{lua}+h} \Rightarrow$$

$$v = \sqrt{2Gm_{lua}\left(\frac{1}{R_{lua}} - \frac{1}{R_{lua}+h}\right)}.$$

CALCULE

Colocando os valores numéricos, temos

$$v = \sqrt{2(6{,}67\cdot 10^{-11}\text{ N m}^2/\text{kg}^2)(8{,}00\cdot 10^{18}\text{ kg})\left(\frac{1}{6{,}30\cdot 10^4\text{ m}} - \frac{1}{(6{,}30\cdot 10^4\text{ m}) + (2{,}20\cdot 10^3\text{ m})}\right)}$$

$$= 23{,}9078 \text{ m/s}.$$

ARREDONDE

Arredondando para três algarismos significativos, nos dá

$$v = 23{,}9 \text{ m/s}$$

SOLUÇÃO ALTERNATIVA

Para avaliarmos nosso resultado, vamos fazer a suposição simplificada de que a força da gravidade sobre uma pequena lua não varia com a altitude. Podemos encontrar a velocidade inicial da pedra usando a conservação de energia:

$$mg_{lua}h = \tfrac{1}{2}mv^2, \qquad (v)$$

onde h é a altura atingida pela pedra, v a velocidade inicial, m a massa da pedra e g_{lua} a aceleração da gravidade na superfície da pequena lua. A aceleração da gravidade é

$$g_{lua} = G\frac{m_{lua}}{R_{lua}^2} = \left(6{,}67\cdot 10^{-11}\text{ N m}^2/\text{kg}^2\right)\frac{8{,}00\cdot 10^{18}\text{ kg}}{\left(6{,}30\cdot 10^4\text{ m}\right)^2} = 0{,}134 \text{ m/s}^2.$$

Continua →

Resolvendo a equação (v) para a velocidade inicial da pedra, temos:

$$v = \sqrt{2g_{lua}h}.$$

Colocando os valores numéricos, obtemos

$$v = \sqrt{2(0{,}134 \text{ m/s}^2)(2.200 \text{ m})} = 24{,}3 \text{ m/s}.$$

Esse resultado é próximo, mas maior do que nossa resposta, 23,9 m/s. O fato de a simples suposição de uma força gravitacional constante levar a uma maior velocidade inicial do que para o caso real, em que a força diminui com a altitude, faz sentido. A concordância próxima dos dois resultados também faz sentido, porque a altitude alcançada (2,20 km) não é muito grande se comparada ao raio da pequena lua (63,0 km). Assim, nossa resposta parece razoável.

QUESTÕES DE MÚLTIPLA ESCOLHA

12.1 Um planeta está em órbita circular ao redor de uma estrela remota, longe de qualquer outro corpo no universo. Qual das seguintes afirmações é verdadeira?

a) Há somente uma força atuando no planeta.

b) Existem duas forças atuando no planeta e a resultante delas é zero.

c) Existem duas forças atuando no planeta e a resultante delas não é zero.

d) Nenhuma das afirmações acima é verdadeira.

12.2 Duas massas de 30,0 kg são mantidas em cantos opostos de um quadrado de lado 20,0 cm. Se uma das massas é liberada e permitida cair em direção a outra massa, qual é a aceleração da primeira massa exatamente no instante em que foi liberada? Assuma que a única força atuando na massa é a força gravitacional da outra massa.

a) $1{,}5 \cdot 10^{-8}$ m/s²   c) $7{,}5 \cdot 10^{-8}$ m/s²

b) $2{,}5 \cdot 10^{-8}$ m/s²   d) $3{,}7 \cdot 10^{-8}$ m/s²

12.3 Com a usual suposição de que a energia potencial gravitacional vai a zero na distância infinita, a energia potencial gravitacional devido à Terra no centro da Terra é

a) positiva.   c) zero.

b) negativa.   d) indeterminada.

12.4 Um homem dentro de uma caixa resistente é disparado de um canhão. Qual das seguintes afirmações, com respeito à sensação de ausência de peso para o homem, está correta?

a) O homem sente a ausência de peso somente quando ele e a caixa estão viajando para cima.

b) O homem sente a ausência de peso somente quando ele e a caixa estão viajando para baixo.

c) O homem sente a ausência de peso somente quando ele e a caixa estão ambos viajando para cima e para baixo.

d) O homem não sente a ausência de peso em qualquer instante do voo.

12.5 Em um sistema binário, consistindo de duas estrelas de igual massa, onde o potencial gravitacional é zero?

a) exatamente no meio do caminho entre as estrelas.

b) ao longo de uma linha que bissecciona a linha de conexão das estrelas.

c) infinitamente longe das estrelas.

d) nenhuma das anteriores.

12.6 Dois planetas têm a mesma massa, M, mas um deles é mais denso do que o outro. Corpos idênticos de massa m são postos sobre as superfícies dos planetas. Qual dos corpos terá energia potencial gravitacional de maior intensidade?

a) Ambos os corpos terão a mesma energia potencial gravitacional.

b) O corpo sobre a superfície do planeta mais denso terá maior energia potencial gravitacional.

c) O corpo sobre a superfície do planeta de menor densidade terá maior energia potencial gravitacional.

d) É impossível dizer.

12.7 Dois planetas têm mesma massa, M. Cada planeta tem uma densidade constante, mas a densidade do planeta 2 é duas vezes maior do que a do planeta 1. Corpos idênticos de massa m são postos sobre as superfícies dos planetas. Qual é a relação entre a energia potencial gravitacional, U_1, do planeta 1, e a U_2, do planeta 2?

a) $U_1 = U_2$ d) $U_1 = 8U_2$

b) $U_1 = \frac{1}{2} U_2$ e) $U_1 = 0{,}794 U_2$

c) $U_1 = 2U_2$

12.8 Para dois satélites idênticos em movimento circular ao redor da Terra, qual afirmativa é verdadeira?

a) Aquela em órbita mais baixa tem menor energia.

b) Aquela em órbita mais alta tem mais energia cinética.

c) Aquela em órbita mais baixa tem mais energia total.

d) Ambos têm a mesma energia total.

12.9 Qual condição todos os satélites geoestacionários orbitando a Terra devem cumprir?

a) Eles devem orbitar acima do Equador.

b) Eles devem orbitar acima dos polos.

c) Eles devem ter um raio orbital que os localizem a menos de 30.000 km acima da superfície.

d) Eles devem ter um raio orbital que os localizem a mais de 42.000 km acima da superfície.

12.10 Um corpo está colocado entre a Terra e a Lua, ao longo de uma linha reta que os une. Assuma que a massa da Lua é um sexto da massa da Terra. A respeito da distância, em relação à Terra, onde um corpo poderia ser colocado de maneira que a força gravitacional resultante da Terra e da Lua sobre o corpo fosse zero? Esse ponto é conhecido com o *Ponto L1*, sendo o L de Lagrange, um famoso matemático francês.

a) na metade do caminho para Lua.

b) a 60% do caminho para Lua.

c) a 70% do caminho para Lua.

d) a 80% do caminho para Lua.

e) a 90% do caminho para Lua.

12.11 Um homem de massa 100 kg sente a força gravitacional, F_h, de uma mulher de massa 50 kg, sentada a 1 m de distância. A força gravitacional, F_m, experimentada pela mulher será _____ aquela experimentada pelo homem.

a) maior do que

b) menor do que

c) a mesma que

d) sem dados suficientes

QUESTÕES

12.12 A expressão para a energia potencial gravitacional pode ser usada para analisar movimentos em altas altitudes? Por que sim ou por que não?

12.13 Mesmo que a Lua não tenha uma atmosfera, a trajetória de um projétil perto de sua superfície aproxima-se a de uma parábola. A razão é que a aceleração, devido à gravidade perto da superfície da Lua, é quase constante. Descreva, da forma mais precisa que puder, a *atual* forma das trajetórias de projéteis sobre a Lua, mesmo aquele que percorra uma longa distância sobre a superfície da Lua.

12.14 Um cientista, trabalhando para uma agência espacial, observou que um satélite russo, de massa 250 kg, está em rota de colisão com um satélite norte-americano, de massa 600 kg, orbitando a 1.000 km acima da superfície. Ambos os satélites movem-se em órbitas circulares, mas em direções opostas. Se os dois satélites colidem e permanecem juntos, eles continuarão a orbitar ou cairão na Terra? Explique.

12.15 Três asteroides, localizados nos pontos P_1, P_2 e P_3, que não estão em linha, com massas conhecidas m_1, m_2 e m_3, interagem por meio de suas forças gravitacionais mútuas, somente. Eles estão isolados no espaço e não interagem com quaisquer outros corpos. Faça σ denotar eixo que atravessa o centro de massa dos três asteroides, perpendicular ao triângulo $P_1P_2P_3$. Que condições a velocidade angular ω do sistema (ao redor do eixo σ) e as distâncias

$$P_1P_2 = a_{12}, \quad P_2P_3 = a_{23}, \quad P_1P_3 = a_{13}$$

deveriam preencher para permitir que a forma e o tamanho do triângulo $P_1P_2P_3$ permanecesse inalterada durante o movimento do sistema? Isso é, sob que condições o sistema gira ao redor do eixo σ como um corpo rígido?

12.16 Quanto mais poderosa a força gravitacional de um planeta, maior é sua velocidade de escape, v, e maior é aceleração gravitacional, g, na sua superfície. Entretando, na Tabela 12.1, o valor para v é muito maior para Urano do que para a Terra – mas g é menor em Urano do que na Terra! Como isso é possível?

12.17 A velocidade orbital da Terra quando está mais próxima ao Sol é maior, menor ou igual à velocidade orbital quando ela está mais longe do Sol? Explique.

12.18 Mostre qualquer falha na seguinte afirmação da prova de física: "... *a primeira lei de Kepler afirma que todos os planetas se movem em órbitas elípticas com o Sol em um ponto focal. Portanto, durante uma revolução completa em volta do Sol (1 ano), a Terra passará por um ponto mais próximo ao Sol – o periélio – assim como por um ponto mais afastado do Sol – o afélio. Essa é a principal causa das estações (verão e inverno) na Terra.*"

12.19 Um cometa orbitando o Sol se move em órbita elíptica. Onde sua energia cinética e, consequentemente, sua velocidade são máximas, no periélio ou no afélio? Onde sua energia potencial gravitacional é máxima?

12.20 Onde a Estação Espacial Internacional orbita, a aceleração gravitacional é apenas 11,4% menor do que o valor na superfície da Terra. No entanto, os astronautas na estação flutuam. Por que é assim?

12.21 Satélites em baixa órbita ao redor da Terra perdem energia pelas colisões com os gases na alta atmosfera, fazendo-os cair em espiral vagarosamente. O que acontece com suas energias cinéticas à medida que caem?

12.22 Compare a intensidade da força gravitacional que a Terra exerce sobre a Lua com a da força gravitacional que a Lua exerce sobre a Terra. Qual é maior?

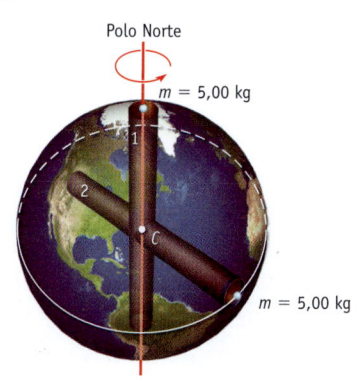

12.23 Imagine que dois túneis são cavados na Terra e passam pelo seu centro. O túnel 1 está ao longo do eixo de rotação da Terra e o túnel 2 está no plano equatorial, com ambas as extremidades no Equador. Duas bolas idênticas, cada uma com massa de 5,00 kg, são simultaneamente largadas nos túneis. Despreze a resistência do ar e o atrito com as paredes dos túneis. As bolas alcançam o centro da Terra (ponto C) ao mesmo tempo? Se não, qual bola atinge o centro primeiro?

12.24 Imagine que um túnel é escavado no plano equatorial da Terra, passando completamente pelo centro da Terra, com suas extremidades no Equador. Uma massa de 5,00 kg é deixada cair em uma extremidade, como mostrado na figura. O túnel tem um raio que é levemente maior do que sua massa. A massa é deixada cair no centro do túnel. Despreze a resistência do ar e o atrito com a parede do túnel. A massa nunca toca a parede do túnel enquanto cai? Se sim, qual lado ela toca primeiro, norte, leste, sul ou oeste? (*Dica*: o momento angular da massa é conservado se as únicas forças atuando sobre ela forem radiais.)

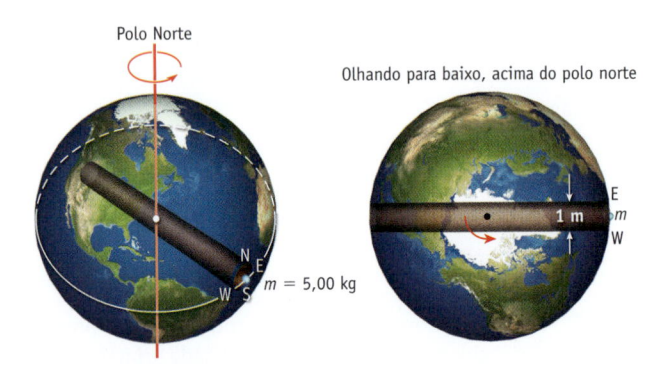

12.25 Um prumo, localizado na latitude 55.0° N, pende sem movimento em relação ao chão abaixo dele. Uma linha reta traçada da corda que sustenta o prumo não atravessa exatamente o centro da Terra. Essa linha intersecciona o eixo de rotação da Terra ao sul ou ao norte do centro da Terra?

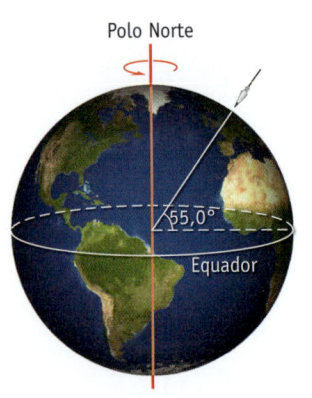

PROBLEMAS

Um • e dois •• indicam um crescente nível de dificuldade dos problemas.

Seção 12.1

12.26 A Lua causa as marés porque a força gravitacional que ela exerce é diferente entre o lado da Terra mais próximo a ela e o lado mais afastado dela. Ache a diferença nas acelerações em direção à Lua de corpos sobre os lados próximos e afastados da Terra.

12.27 Após uma caminhada espacial, uma ferramenta de 1 kg é deixada a 50 m do centro de gravidade de uma estação espacial de 20 toneladas métricas, orbitando junto a ela. Em uma hora, a que distância da estação espacial estará a ferramenta atraída pela força gravitacional da estação espacial?

• **12.28** a) Qual é a força total sobre m_1 devido a m_2, m_3 e m_4, se todas as quatro massas estão localizadas nos cantos de um quadrado de lado a? Faça $m_1 = m_2 = m_3 = m_4$. b) Desenhe todas as forças atuando sobre m_1.

• **12.29** Uma nave espacial de massa m está localizada entre dois planetas de massas M_1 e M_2; a distância entre eles é L, como mostrado na figura. Assuma que L é muito maior do que os raios dos planetas. Qual é a posição da nave (dada em função de L, M_1 e M_2) se a força resultante sobre ela é zero?

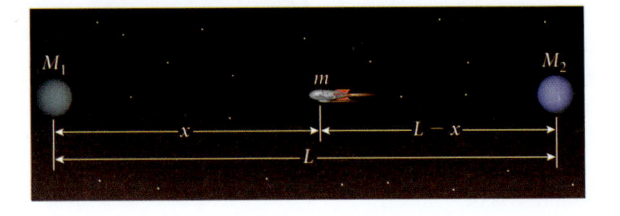

• **12.30** Um experimento cuidadosamente projetado pode medir a força gravitacional entre massas de 1 kg. Dado que a densidade do ferro é 7860 kg/m³, qual é a força gravitacional entre duas esferas de ferro com 1 kg que estão se tocando?

•• **12.31** Um bastão uniforme de massa 333 kg tem a forma de um semicírculo de raio 5 m. Calcule a intensidade da força sobre uma massa pontual de 77 kg, colocada no cento do semicírculo, como mostrado na figura.

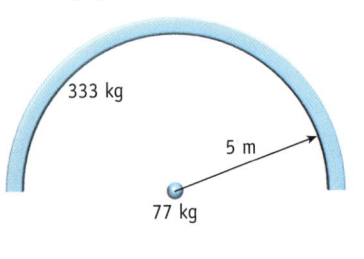

•• **12.32** A figura mostra um sistema de quatro massas. A distância centro a centro entre duas massas adjacentes quaisquer é de 10 cm. A base da pirâmide está no plano xz e a massa de 20 kg está sobre o eixo y. Qual é o módulo e a orientação da força gravitacional atuando sobre a massa de 10 kg? Dê a orientação da força resultante em relação às coordenadas xyz mostradas.

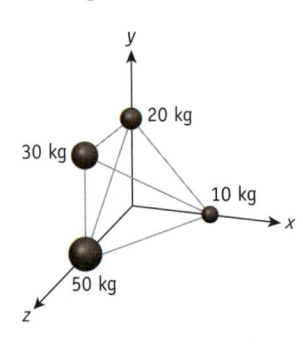

Seção 12.2 e 12.3

12.33 Suponha que um novo planeta extrassolar foi descoberto. Sua massa é o dobro da massa da Terra, mas ele tem a mesma densidade e forma esférica da Terra. Qual seria a diferença entre o peso de um corpo sobre a superfície do novo planeta e seu peso sobre a superfície da Terra?

12.34 Qual é a intensidade da aceleração de queda livre de uma bola (massa m), devido à gravidade da Terra numa altitude de $2R$, onde R é o raio da Terra?

12.35 Algumas das minas mais profundas do mundo estão na África do Sul e estão a cerca de 3,5 km de profundidade. Considere que a Terra é uma esfera uniforme de raio 6370 km.

a) A que profundidade o poço da mina deve estar para que a aceleração gravitacional, no fundo, seja reduzida por um fator de 2 em relação a seu valor na superfície da Terra?

b) Qual é a diferença percentual na aceleração gravitacional no fundo do poço de 3,5 km de profundidade em relação àquela no raio médio da Terra? Isso é, qual é o valor de $(a_{sup} - a_{3,5km})/a_{sup}$?

• **12.36** Num experimento realizado no fundo de um poço de mina de grande profundidade vertical, uma bola é lançada verticalmente no ar com uma velocidade inicial conhecida de 10,0 m/s e a máxima altura que a bola atinge (medida do ponto de lançamento) é 5,113 m. Sabendo que o raio da Terra, R_T = 6.370 km, e a aceleração gravitacional na superfície da Terra é $g(0)$ = 9,81 m/s^2, calcule a profundidade do poço.

•• **12.37** Cuidadosas medições de variações locais na aceleração devido à gravidade podem revelar as localizações de depósitos de petróleo. Assuma que a Terra é uma esfera uniforme de raio 6.370 km e densidade 5.500 kg/m^3, exceto numa região esférica de raio 1,0 km e densidade 900 kg/m^3, cujo centro está a uma profundidade de 2,0 km. Suponha que você está de pé sobre a superfície da Terra, diretamente em cima da anomalia, com um instrumento capaz de medir a aceleração devido à gravidade com grande precisão. Qual é a razão da aceleração em virtude da gravidade que você mede comparada àquela que você teria medido se a densidade fosse 5.500 kg/m^3 em todo o lugar? (*Dica*: pense como um problema de superposição envolvendo duas massas esféricas uniformes, uma com densidade negativa.)

Seção 12.4

12.38 Uma nave espacial é lançada da superfície da Terra com uma velocidade v. O raio da Terra é R. Qual será sua velocidade quando ela estiver muito longe da Terra?

12.39 Qual é a razão da velocidade de escape para a velocidade orbital de um satélite na superfície da Lua, onde a aceleração gravitacional é cerca de um sexto a da Terra?

12.40 De pé sobre a superfície de um pequena lua esférica, cujo raio é $6,30 \cdot 10^4$ m e cuja massa é $8,00 \cdot 10^{18}$ kg, um astronauta atira uma pedra de massa 2,00 kg reto para cima, com velocidade inicial de 40,0 m/s. (A lua é muito pequena para ter uma atmosfera.) Qual a máxima altura acima da superfície da lua a pedra atingirá?

12.41 Um corpo de massa m é lançado da superfície da Terra. Mostre que a velocidade mínima requerida para mandar o projétil a uma altura de $4R_T$ acima da superfície da Terra é $v_{min} = \sqrt{8GM_E/5R_E}$. M_T é a massa da Terra e R_T é o raio da Terra. Despreze a resistência do ar.

12.42 Para o satélite do Problema Resolvido 12.2, orbitando a Terra a distância de $3,75R_T$ com velocidade de 4,08 km/s, com que velocidade o satélite atingiria a Terra se de alguma forma ele subitamente parasse e caísse na Terra? Ignore a resistência do ar.

• **12.43** Estime o raio do maior asteroide do qual você pudesse escapar pulando. Assuma uma geometria esférica e uma densidade uniforme igual à densidade média da Terra.

• **12.44** Éris, o maior planeta anão conhecido no Sistema Solar, tem um raio de R = 1.200 km e uma aceleração devido à gravidade sobre sua superfície de g = 0,77 m/s^2.

a) Use esses números para calcular a velocidade de escape da superfície de Éris.

b) Se um corpo é disparado diretamente para cima da superfície de Éris com metade da velocidade de escape, que altura máxima ele atingirá? (Assuma que Éris não tem atmosfera e despreze a rotação.)

• **12.45** Duas esferas idênticas de massa 20,0 kg e raio 10 cm estão 30 cm separadas (distância centro a centro).

a) Se elas são soltas do repouso de forma a caírem uma em direção a outra, qual é a velocidade quando elas fazem contato?

b) Se as esferas estão inicialmente em repouso e apenas se tocando, qual a energia requerida para separá-las de uma distância de 1,00 m? Assuma que a única força atuando sobre cada massa é a força gravitacional devido a outra massa.

•• **12.46** Imagine que um túnel é escavado completamente através da Terra ao longo de seu eixo de rotação. Uma bola com massa de 5,00 kg é deixada cair, do repouso, dentro do túnel no polo norte, como mostrado na figura. Despreze a resistência do ar e o atrito da parede do túnel. Calcule a energia potencial da bola em função de sua distância do centro da Terra. Qual é a velocidade da bola quando ela chega ao centro da Terra (ponto C)?

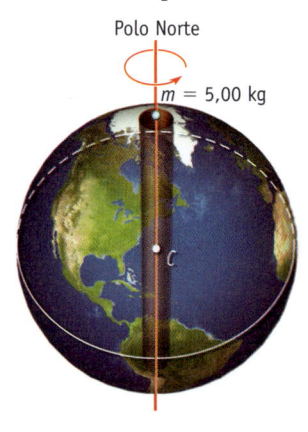

Seção 12.5

12.47 A missão da Apollo 8, em 1968, incluía uma órbita circular a uma altitude de 111 km acima da superfície da Lua. Qual era o período dessa órbita? (Você precisa procurar a massa e o raio da Lua para responder essa questão!)

• **12.48** O cometa de Halley orbita o Sol num período de 76,2 anos.

a) Ache o semieixo maior da órbita do cometa de Halley em unidades astronômicas (1 UA é igual ao semieixo maior da órbita da Terra).

b) Se o cometa de Halley está a 0,56 UA do Sol, no periélio, qual é sua máxima distância do Sol e qual é sua excentricidade?

••12.49 Um satélite de massa m está em órbita elíptica (que satisfaça às leis de Kepler) em volta de um corpo de massa M, com m desprezível em relação a M.

a) Ache a energia total do satélite em função de sua velocidade v e distância r do corpo que está orbitando.

b) Na distância máxima e na mínima entre o satélite e o corpo, e somente lá, o momento angular está simplesmente relacionado à velocidade e à distância. Use essa relação e o resultado da parte (a) para obter uma relação entre as distâncias extremas e entre a energia do satélite e o momento angular.

c) Resolva o resultado da parte (b) para os raios máximo e mínimo da órbita em termos de energia e momento angular por unidade de massa do satélite.

d) Transforme os resultados da parte (c) em expressões para o semieixo maior a e a excentricidade e da órbita, em termos de energia e momento angular por unidade de massa do satélite.

••12.50 Considere o Sol como a origem de um sistema coordenado xy. Um telescópio avista um asteroide no plano xy na posição dada por $(2,0 \cdot 10^{11}$ m; $3,0 \cdot 10^{11}$ m$)$, com velocidade dada por $(-9,0 \cdot 10^3$ m/s; $-7,0 \cdot 10^3$ m/s$)$. Quais serão a velocidade e a distância do asteroide na sua aproximação máxima do Sol?

Seção 12.6

12.51 Um satélite espião foi lançado dentro de uma órbita circular, com altura de 700 km acima da superfície da Terra. Determine sua velocidade orbital e período.

12.52 Expresse algebricamente a razão da força gravitacional sobre a Lua devido à Terra para a força gravitacional sobre a Lua devido ao Sol. Por que, uma vez que a razão é tão pequena, o Sol não puxa a Lua para longe da Terra?

12.53 Um ônibus espacial está inicialmente em órbita circular de raio $r = 6,60 \cdot 10^6$ m em relação ao centro da Terra. Um retrofoguete é disparado da frente, reduzindo a energia total do ônibus espacial em 10% (isto é, aumentando a intensidade da energia total negativa em 10%) e ele se move em nova órbita circular com raio menor que r. Ache a velocidade do ônibus espacial (a) antes e (b) depois do disparo do retrofoguete.

•12.54 Um satélite, massa 200 kg, está em órbita circular ao redor da Terra e movendo-se com velocidade de 5,00 km/s. Quanto trabalho deve ser feito para mover o satélite para outra órbita circular que seja duas vezes mais alta acima da superfície da Terra?

•12.55 O raio de um buraco negro é a distância de seu centro, no qual a velocidade de escape é a da luz.

a) Qual é o raio de um buraco negro com massa 2 vezes a massa do Sol?

b) Em que raio, em relação ao centro do buraco negro, na parte (a), a velocidade orbital seria igual à velocidade da luz?

c) Qual é o raio de um buraco negro com a mesma massa da Terra?

•12.56 Um satélite está em órbita circular ao redor de um planeta. A razão da energia cinética do satélite para sua energia potencial gravitacional, K/U_g, é uma constante cujo valor é independente da massa do satélite, da massa do planeta, do raio de órbita e da velocidade orbital. Ache o valor dessa constante. (A energia potencial é tomada como zero à infinita separação.)

•12.57 Determine a mínima quantidade de energia que um projétil de massa 100 kg deve ganhar para alcançar uma órbita circular de 10,00 km acima da superfície da Terra, se lançado (a) do polo norte ou (b) do Equador (mantenha as respostas com quatro algarismos significativos). Não fique preocupado com as direções de lançamento ou a órbita final. Há uma vantagem, ou desvantagem, em lançar do Equador? Se sim, quanto a diferença é significante? Não despreze a rotação da Terra quando calcular as energias iniciais.

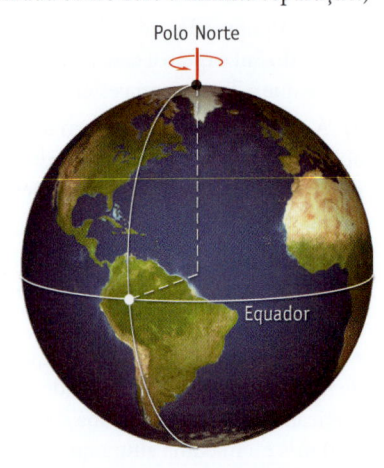

••12.58 Um foguete de massa $M = 12$ toneladas métricas move-se ao redor da Lua em órbita circular na altura $h = 100$ km. O freio-motor é ativado por curto tempo para baixar a altura orbital, de modo que o foguete possa fazer uma alunissagem. A velocidade de ejeção dos gases é $u = 10^4$ m/s. O raio da Lua é $R_L = 1,7 \cdot 10^2$ km e a aceleração da gravidade perto da superfície da Lua é $g_L = 1,7$ m/s^2.

a) Que quantidade de combustível será usada pelo freio-motor se for ativado no ponto A da órbita e o foguete alunissar no ponto B (veja a parte esquerda da figura)?

b) Suponha que, no ponto A, um impulso dirigido ao centro da Lua seja dado ao foguete, para colocá-lo sobre uma trajetória que encontre a superfície da Lua no ponto C (veja a parte direita da figura). Qual quantidade de combustível é necessária nesse caso?

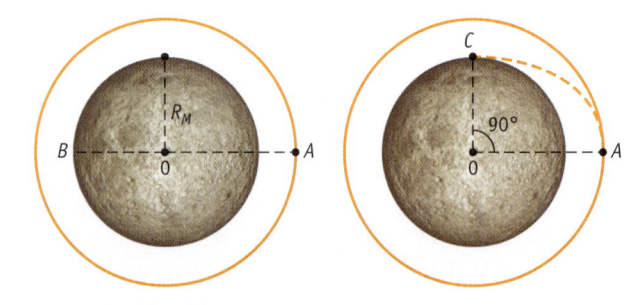

Problemas adicionais

12.59 Calcule as intensidades das forças gravitacionais exercidas sobre a Lua pelo Sol e pela Terra, quando as duas forças estão em competição direta, isso é, quando o Sol, a Lua e a Terra estão alinhados e a Lua está entre o Sol e a Terra. (Esse alinhamento corresponde ao eclipse solar.) A órbita da Lua sempre, de fato, se curva para longe do Sol em direção à Terra?

12.60 Um projétil é disparado da superfície da Terra por meio de um canhão muito poderoso. Se o projétil alcança uma altura de 55,0 km acima da superfície da Terra, qual era a velocidade do projétil quando deixou o canhão?

12.61 A Lei da Gravitação de Newton especifica que a intensidade da força de interação entre duas massas pontuais, m_1 e m_2, separadas pela distância r, é $F(r) = Gm_1m_2/r^2$. A constante gravitacional G pode ser determinada pela medição direta da força de interação (atração gravitacional) entre dois conjuntos de esferas, pelo uso de um aparato construído no fim do século XVIII pelo cientista inglês Henry Cavendish. Esse aparato era uma balança de torção, consistindo em um bastão de madeira de 6 pés, suspenso por um fio de torção, com uma esfera de chumbo de diâmetro 2 pol e um peso de 1,61 lb fixado em cada extremidade. Duas bolas de chumbo, de 12 pol e 348 lb, foram colocadas próximas às bolas menores a aproximadamente 9 pol distantes, e mantidas no lugar por um sistema de suspensão separado. O valor aceito hoje para G é $6,674 \cdot 10^{-11}$ m³kg⁻¹s⁻². Determine a força de atração, entre as maiores e as menores bolas, que tinha que ser medida por essa balança. Compare essa força ao peso das bolas pequenas.

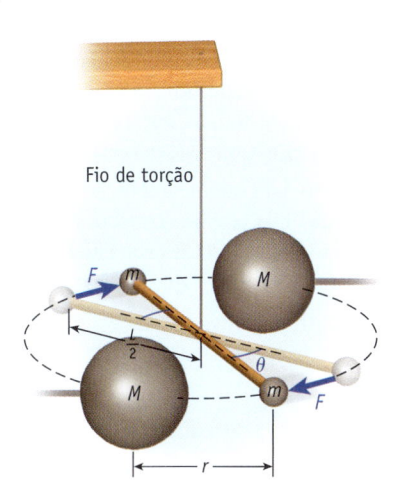

12.62 Newton estava segurando uma maçã de massa 100 g e pensando sobre as forças gravitacionais exercidas sobre a maçã por ele mesmo e pelo Sol. Calcule a intensidade da força gravitacional atuando sobre a maçã em função de (a) Newton, (b) do Sol e (c) da Terra, assumido que a distância da maçã ao centro de massa de Newton era de 50 cm e a massa de Newton era de 80 kg.

12.63 Um satélite de comunicações de 1.000 kg é liberado de um ônibus espacial para orbitar inicialmente a Terra num raio de $7 \cdot 10^6$ m. Após ser desembarcado, os foguetes do satélite são disparados para colocá-lo numa órbita de maior altitude de raio $5 \cdot 10^7$ m. Qual é a energia mecânica mínima suprida pelos foguetes para efetuar essa mudança de órbita?

12.64 Considere uma maçã de 0,3 kg (a) presa à árvore e (b) caindo. A maçã exerce força gravitacional sobre a Terra? Se sim, qual a intensidade dessa força?

12.65 A que altura h acima da Terra um satélite movendo-se em órbita circular terá metade do período de rotação da Terra ao redor de seu próprio eixo?

•12.66 No sistema Terra-Lua há um ponto onde as forças gravitacionais se equilibram. Esse ponto é conhecido como o ponto L1, onde L siginifica Lagrange, um famoso matemático francês. Assuma que a massa da Lua é 1/18 da massa da Terra.

a) Em que ponto, sobre uma linha entre a Terra e a Lua, a força gravitacional exercida sobre um corpo pela Terra é equilibrada exatamente pela força gravitacional exercida sobre o corpo pela Lua?

b) É um ponto de equilíbrio estável ou instável?

c) Calcule a razão da força da gravidade devido ao Sol, atuando sobre um corpo nesse ponto, para a força da gravidade devido à Terra e, separadamente, para a força da gravidade devido à Lua.

•12.67 Considere uma partícula sobre a superfície da Terra, na posição com ângulo de latitude de $\lambda = 30°$ N, como mostrado na figura. Encontre (a) a intensidade e (b) a orientação da efetiva força gravitacional atuando sobre a partícula, tomando em consideração a rotação da Terra. (c) Qual ângulo λ causa o máximo desvio da aceleração gravitacional?

•12.68 Foi descoberto um asteroide que tem uma pequena lua que o orbita numa trajetória circular, a distância de 100 km, e com um período de 40 h. O asteroide é aproximadamente esférico (incomum para tal pequeno corpo) com raio de 20 km.

a) Ache a aceleração da gravidade na superfície do asteroide.

b) Ache a velocidade de escape do asteroide.

•12.69 a) Por qual porcentagem a energia potencial gravitacional da Terra varia entre o periélio e o afélio? (Assuma que a energia potencial da Terra severia ser zero, se ela se movesse a uma distância muito longa do Sol.)

b) Por qual porcentagem a energia cinética da Terra varia entre o periélio e o afélio?

•12.70 Um planeta com massa de $7 \cdot 10^{21}$ kg está em órbita circular ao redor de uma estrela de massa $2 \cdot 10^{30}$ kg. O planeta tem um raio orbital de $3 \cdot 10^8$ m.

a) Qual é a velocidade orbital linear do planeta?

b) Qual é o período da órbita do planeta?

c) Qual é a energia mecânica total do planeta?

•12.71 A unidade astronômica (UA, igual ao raio médio da órbita da Terra) tem $1,4960 \cdot 10^{11}$ m e um ano tem $3,1557 \cdot 10^7$ s. A constante gravitacional de Newton é $G = 6,674 \cdot 10^{-11}$ m³kg⁻¹s⁻². Calcule a massa do Sol em quilogramas. (Lembre, ou procure, que a massa do Sol não constitui uma solução para esse problema.)

•12.72 As distâncias em relação ao Sol no periélio e no afélio para Plutão são, respectivamente, $4,410 \cdot 10^6$ km e $7,360 \cdot 10^6$ km. Qual é a razão da velocidade orbital de Plutão ao redor do Sol para aquela do afélio?

•12.73 O peso de uma estrela é geralmente equilibrado por duas forças: a gravitacional, atuando para dentro, e a criada pelas reações nucleares, atuando para fora. Após um longo período de tempo, a força em virtude das reações nucleares fica mais fraca, causando um colapso gravitacional da estrela e destruindo os átomos. Sob tal condição extrema, prótons e elétrons são comprimidos para formar nêutrons, fazendo nascer uma estrela de nêutrons. Estrelas de nêutrons são maciçamente pesadas – uma colher de chá da substância de uma estrela de nêutrons pesaria 100 milhões de toneladas métricas sobre a Terra.

a) Considere uma estrela de nêutrons cuja massa é duas vezes a massa do Sol e cujo raio tem 10 km. Se ela rotaciona com um período de 1 s, qual é a velocidade de um ponto no Equador dessa estrela? Compare essa velocidade com a velocidade de um ponto no Equador da Terra.

b) Qual é o valor de g na superfície dessa estrela?

c) Compare o peso de uma massa de 1 kg sobre a Terra com o peso dessa massa sobre a estrela de nêutrons.

d) Se um satélite circula a 10 km acima da superfície de tal estrela de nêutrons, quantas revoluções por minuto ele fará?

e) Qual é o raio da órbita geoestacionária para essa estrela de nêutrons?

•• **12.74** Você foi mandado em uma pequena nave espacial para encontrar-se com uma estação espacial que está em órbita circular de raio $2,5000 \cdot 10^4$ km do centro da Terra. Em função de uma manipulação errada das unidades por um técnico, você se achou na mesma órbita da estação, mas exatamente na metade do caminho ao redor da órbita dela! Você não aplica empuxo para frente na tentativa de persegui-la, o que seria uma insensatez fatal. Em vez disso, você aplica uma breve força de freio contra a direção de seu movimento, para colocá-lo numa órbita elíptica, cujo ponto mais alto é a sua presente posição e cujo período é metade daquele de sua presente órbita. Assim, você retornará para sua presente posição quando a estação espacial chegar a meio caminho ao redor do círculo para encontrar você. O raio mínimo em relação ao centro da Terra – o ponto baixo – de sua nova órbita elíptica é maior que o raio da Terra (6.370 km), ou você mal fez seu último problema de física?

•• **12.75** Se você e a estação espacial estão inicialmente em uma baixa órbita da Terra – ou seja, com um raio de 6.270 km, aproximadamente o mesmo da Estação Espacial Internacional – a manobra do Problema 12.74 irá falhar desagradavelmente. Mantendo em mente que a capacidade do suporte de vida de sua pequena nave é limitada e, assim, tempo é essencial, você pode realizar uma manobra similar que permitirá a você encontrar-se com a estação? Ache o raio e o período da órbita de passagem que você deveria usar.

•• **12.76** Um satélite é colocado entre a Terra e a Lua, ao longo de uma linha reta que conecta seus centros de massa. O satélite tem um período de órbita ao redor da Terra que é o mesmo da Lua, 27,3 dias. A que distância da Terra esse satélite deveria ser posto?

Apêndice A

Resumo Matemático

1. **Álgebra** A-1
   - 1.1 Elementos A-1
   - 1.2 Expoentes A-2
   - 1.3 Logaritmos A-2
   - 1.4 Equações lineares A-3
2. **Geometria** A-3
   - 2.1 Formas geométricas bidimensionais A-3
   - 2.2 Formas geométricas tridimensionais A-3
3. **Trigonometria** A-3
   - 3.1 Triângulos retângulos A-3
   - 3.2 Triângulos gerais A-5
4. **Cálculo** A-6
   - 4.1 Derivadas A-6
   - 4.2 Integrais A-6
5. **Números complexos** A-7
   - **Exemplo A.1** Conjuntos de Madelbrot A-8

Notação:

As letras a, b, c, x e y representam números reais.
As letras i, j, m e n representam números inteiros.
As letras gregas α, β e γ representam ângulos, expressos em radianos.

1. Álgebra

1.1 Elementos

Fatoração:

$$ax + bx + cx = (a+b+c)x \qquad (A.1)$$

$$(a+b)^2 = a^2 + 2ab + b^2 \qquad (A.2)$$

$$(a-b)^2 = a^2 - 2ab + b^2 \qquad (A.3)$$

$$(a+b)(a-b) = a^2 - b^2 \qquad (A.4)$$

Equação quadrática:
Toda equação da forma

$$ax^2 + bx + c = 0 \qquad (A.5)$$

Para valores dados de a, b e c, existem duas soluções:

$$x = \frac{-b + \sqrt{b^2 - 4ac}}{2a}$$

e $\qquad (A.6)$

$$x = \frac{-b - \sqrt{b^2 - 4ac}}{2a}$$

As soluções desta equação são denominadas *raízes*. Elas serão números reais se $b^2 \geq 4ac$.

1.2 Expoentes

Se a for um número, a^n será o produto de a por si mesmo efetuado n vezes:

$$a^n = \underbrace{a \times a \times a \times \cdots \times a}_{n \text{ fatores}} \tag{A.7}$$

O número n é denominado expoente. Entretanto, um expoente não precisa ser um número positivo ou inteiro. Qualquer número real x pode ser usado como expoente.

$$a^{-x} = \frac{1}{a^x} \tag{A.8}$$

$$a^0 = 1 \tag{A.9}$$

$$a^1 = a \tag{A.10}$$

Raízes:

$$a^{1/2} = \sqrt{a} \tag{A.11}$$

$$a^{1/n} = \sqrt[n]{a} \tag{A.12}$$

Multiplicação e divisão:

$$a^x a^y = a^{x+y} \tag{A.13}$$

$$\frac{a^x}{a^y} = a^{x-y} \tag{A.14}$$

$$\left(a^x\right)^y = a^{xy} \tag{A.15}$$

1.3 Logaritmos

O logaritmo é a função inversa da função exponencial da seção anterior:

$$y = a^x \Leftrightarrow x = \log_a y \tag{A.16}$$

A notação $\log_a y$ representa o logaritmo de y na base a. Uma vez que a exponencial e o logaritmo são inversas uma da outra, podemos escrever a identidade:

$$x = \log_a(a^x) = a^{\log_a x} \quad \text{(para uma base } a \text{ qualquer)} \tag{A.17}$$

As duas bases mais comumente usadas são o 10, a base do chamado logaritmo comum, e a base e, a base do logaritmo natural. O valor numérico de e é

$$e = 2{,}718281828\ldots \tag{A.18}$$

Base 10:

$$y = 10^x \Leftrightarrow x = \log_{10} y \tag{A.19}$$

Base e:

$$y = e^x \Leftrightarrow x = \ln y \tag{A.20}$$

Neste livro, adotamos a convenção de usar o símbolo ln para denotar o logaritmo de um número na base e.

As regras para cálculos com logaritmos derivam das regras para se calcular expoentes:

$$\log(ab) = \log a + \log b \tag{A.21}$$

$$\log\left(\frac{a}{b}\right) = \log a - \log b \tag{A.22}$$

$$\log(a^x) = x \log a \qquad (A.23)$$
$$\log 1 = 0 \qquad (A.24)$$

Uma vez que essas regras são válidas para uma base qualquer, o subscrito indicando a base foi omitido aqui.

1.4 Equações lineares

A forma geral de uma equação linear é

$$y = ax + b \qquad (A.25)$$

em que a e b são constantes. O gráfico de y versus x é uma linha reta; a é a declividade ou coeficiente angular da reta, e b é a interseção com o eixo y. Veja a Figura A.1.

A declividade da reta pode ser calculada inserindo-se dois valores diferentes de x, x_1 e x_2, na equação linear e calculando-se os valores correspondentes, y_1 e y_2:

$$a = \frac{y_2 - y_1}{x_2 - x_1} = \frac{\Delta y}{\Delta x} \qquad (A.26)$$

Se $a = 0$, a reta será horizontal; se $a > 0$, ela se elevará com o aumento de x, como mostra o exemplo da Figura A.1; e se $a < 0$, a reta decresce com o aumento de x.

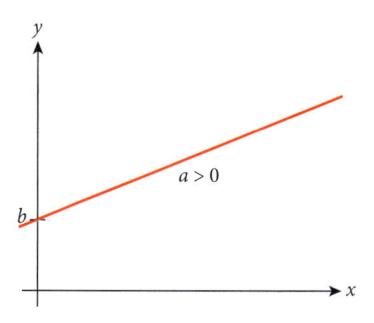

Figura A.1 Representação gráfica de uma equação linear.

2. Geometria

2.1 Formas geométricas bidimensionais

A Figura A.2 lista a área, A, e o comprimento do perímetro ou circunferência, C, de objetos geométricos bidimensionais comuns.

Quadrado
$A = a^2$
$C = 4a$

Retângulo
$A = ab$
$C = 2(a + b)$

Círculo
$A = \pi r^2$
$C = 2\pi r$

Triângulo
$A = \frac{1}{2}ch$
$C = a + b + c$

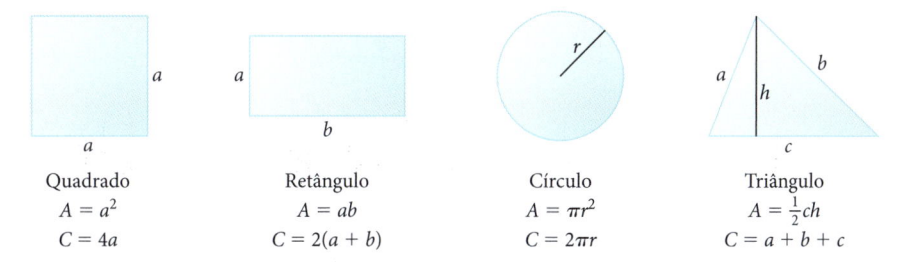

Figura A.2 Área, A, e comprimento do perímetro, C, de um quadrado, um retângulo, um círculo e um triângulo.

2.2 Formas geométricas tridimensionais

A Figura A.3 lista o volume, V, e a área superficial, A, de objetos geométricos tridimensionais.

Cubo
$V = a^3$
$A = 6a^2$

Retângulo
$V = abc$
$A = 2(ab + ac + bc)$

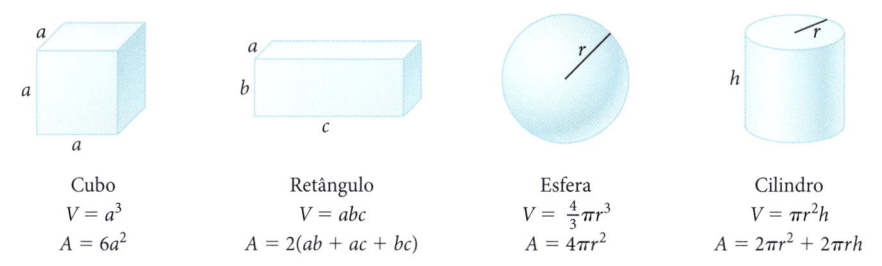

Esfera
$V = \frac{4}{3}\pi r^3$
$A = 4\pi r^2$

Cilindro
$V = \pi r^2 h$
$A = 2\pi r^2 + 2\pi rh$

Figura A.3 Volume, V, e área superficial, A, de um cubo, uma caixa retangular, uma esfera e um cilindro.

3. Trigonometria

É importante notar que, no que segue, todos os ângulos são expressos em radianos.

3.1 Triângulos retângulos

Um triângulo retângulo é todo aquele no qual um dos ângulos é um ângulo reto, isto é, um ângulo que mede exatamente 90° ($\pi/2$ rad), denotado pelo pequeno quadrado da Figura A.4.

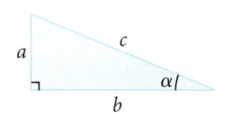

Figura A.4 Definição dos comprimentos dos lados, a, b e c, e dos ângulos de um triângulo retângulo.

A hipotenusa é o lado oposto ao ângulo de 90°. Por convenção, usa-se a letra c para denotar a hipotenusa. Os dois outros lados chamam-se catetos.

Teorema de Pitágoras:

$$a^2 + b^2 = c^2 \qquad (A.27)$$

Definições das funções trigonométricas (veja a Figura A.5)

$$\operatorname{sen}\alpha = \frac{a}{c} = \frac{\text{lado oposto}}{\text{hipotenusa}} \qquad (A.28)$$

$$\cos\alpha = \frac{b}{c} = \frac{\text{lado cateto adjacente}}{\text{hipotenusa}} \qquad (A.29)$$

$$\operatorname{tg}\alpha = \frac{\operatorname{sen}\alpha}{\cos\alpha} = \frac{a}{b} \qquad (A.30)$$

$$\operatorname{cotg}\alpha = \frac{\cos\alpha}{\operatorname{sen}\alpha} = \frac{1}{\operatorname{tg}\alpha} = \frac{b}{a} \qquad (A.31)$$

$$\operatorname{cosec}\alpha = \frac{1}{\operatorname{sen}\alpha} = \frac{c}{a} \qquad (A.32)$$

$$\sec\alpha = \frac{1}{\cos\alpha} = \frac{c}{b} \qquad (A.33)$$

As funções trigonométricas inversas (neste livro se usará a notação sen^{-1}; $\cos^{-1}$ etc.) são:

$$\operatorname{sen}^{-1}\frac{a}{c} \equiv \operatorname{arcsen}\frac{a}{c} = \alpha \qquad (A.34)$$

$$\cos^{-1}\frac{b}{c} \equiv \operatorname{arccos}\frac{b}{c} = \alpha \qquad (A.35)$$

Figura A.5 As funções trigonométricas sen, cos, tg e cotg.

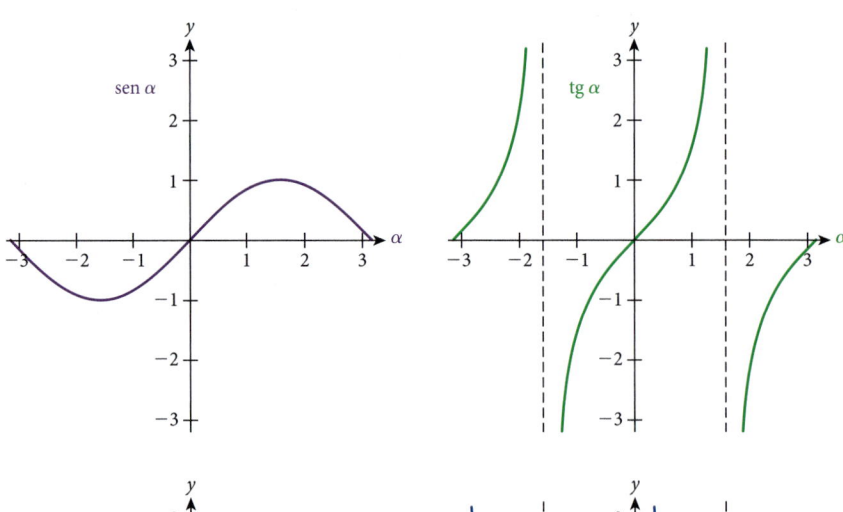

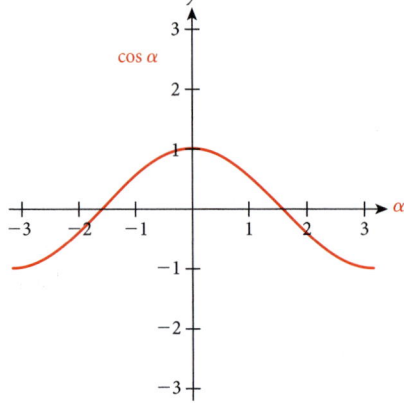

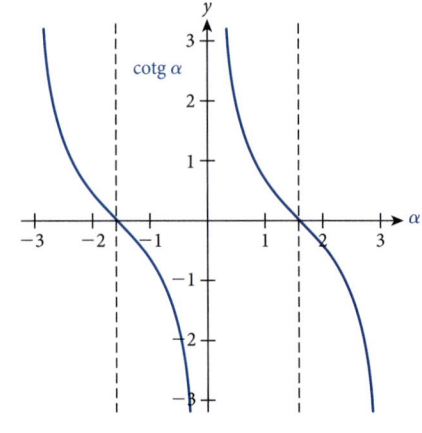

$$\operatorname{tg}^{-1}\frac{a}{b} \equiv \operatorname{arctg}\frac{a}{b} = \alpha \tag{A.36}$$

$$\operatorname{cotg}^{-1}\frac{b}{a} \equiv \operatorname{arccotg}\frac{b}{a} = \alpha \tag{A.37}$$

$$\operatorname{cosec}^{-1}\frac{c}{a} \equiv \operatorname{arcsec}\frac{c}{a} = \alpha \tag{A.38}$$

$$\sec^{-1}\frac{c}{b} \equiv \operatorname{arcsec}\frac{c}{b} = \alpha \tag{A.39}$$

Todas as funções trigonométricas são periódicas:

$$\operatorname{sen}(\alpha + 2\pi) = \operatorname{sen}\alpha \tag{A.40}$$

$$\cos(\alpha + 2\pi) = \cos\alpha \tag{A.41}$$

$$\operatorname{tg}(\alpha + \pi) = \operatorname{tg}\alpha \tag{A.42}$$

$$\operatorname{cotg}(\alpha + \pi) = \operatorname{cotg}\alpha \tag{A.43}$$

Outras relações entre as funções trigonométricas são:

$$\operatorname{sen}^2\alpha + \cos^2\alpha = 1 \tag{A.44}$$

$$\operatorname{sen}(-\alpha) = -\operatorname{sen}\alpha \tag{A.45}$$

$$\cos(-\alpha) = \cos\alpha \tag{A.46}$$

$$\operatorname{sen}(\alpha \pm \pi/2) = \pm\cos\alpha \tag{A.47}$$

$$\operatorname{sen}(\alpha \pm \pi) = -\operatorname{sen}\alpha \tag{A.48}$$

$$\cos(\alpha \pm \pi/2) = \mp\operatorname{sen}\alpha \tag{A.49}$$

$$\cos(\alpha \pm \pi) = -\cos\alpha \tag{A.50}$$

Algumas fórmulas adicionais:

$$\operatorname{sen}(\alpha \pm \beta) = \operatorname{sen}\alpha\cos\beta \pm \cos\alpha\operatorname{sen}\beta \tag{A.51}$$

$$\cos(\alpha \pm \beta) = \cos\alpha\cos\beta \mp \operatorname{sen}\alpha\operatorname{sen}\beta \tag{A.52}$$

Aproximações para ângulos pequenos:

$$\operatorname{sen}\alpha \approx \alpha - \tfrac{1}{6}\alpha^3 + \cdots \quad (\text{para } |\alpha| \ll 1) \tag{A.53}$$

$$\cos\alpha \approx 1 - \tfrac{1}{2}\alpha^2 + \cdots \quad (\text{para } |\alpha| \ll 1) \tag{A.54}$$

Para ângulos pequenos, ou seja, $|\alpha| \ll 1$, normalmente é aceitável usar as aproximações para ângulos pequenos na forma $\cos\alpha = 1$ e $\operatorname{sen}\alpha = \operatorname{tg}\alpha = \alpha$.

3.2 Triângulos gerais

A soma dos três ângulos internos de qualquer triângulo vale π (veja a Figura A.6):

$$\alpha + \beta + \gamma = \pi \tag{A.55}$$

Lei dos cossenos:

$$c^2 = a^2 + b^2 - 2ab\cos\gamma \tag{A.56}$$

(Esta é a generalização do teorema de Pitágoras para o caso em que o ângulo γ tem um valor diferente de 90°, ou $\pi/2$ rad.)

$$\frac{\operatorname{sen}\alpha}{a} = \frac{\operatorname{sen}\beta}{b} = \frac{\operatorname{sen}\gamma}{c} \tag{A.57}$$

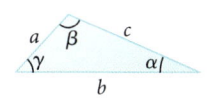

Figura A.6 Definição dos lados e dos ângulos de um triângulo qualquer.

4. Cálculo
4.1 Derivadas
Polinômios:

$$\frac{d}{dx}x^n = nx^{n-1} \quad (A.58)$$

Funções trigonométricas:

$$\frac{d}{dx}\operatorname{sen}(ax) = a\cos(ax) \quad (A.59)$$

$$\frac{d}{dx}\cos(ax) = -a\operatorname{sen}(ax) \quad (A.60)$$

$$\frac{d}{dx}\operatorname{tg}(ax) = \frac{a}{\cos^2(ax)} \quad (A.61)$$

$$\frac{d}{dx}\operatorname{cotg}(ax) = -\frac{a}{\operatorname{sen}^2(ax)} \quad (A.62)$$

Exponenciais e logaritmos:

$$\frac{d}{dx}e^{ax} = ae^{ax} \quad (A.63)$$

$$\frac{d}{dx}\ln(ax) = \frac{1}{x} \quad (A.64)$$

$$\frac{d}{dx}a^x = a^x \ln a \quad (A.65)$$

Regra do produto:

$$\frac{d}{dx}\big(f(x)g(x)\big) = \left(\frac{df(x)}{dx}\right)g(x) + f(x)\left(\frac{dg(x)}{dx}\right) \quad (A.66)$$

Regra da cadeia:

$$\frac{dy}{dx} = \frac{dy}{du}\frac{du}{dx} \quad (A.67)$$

4.2 Integrais
Todas as integrais indefinidas possuem uma constante de integração, c.
Polinômios:

$$\int x^n dx = \frac{1}{n+1}x^{n+1} + c \quad (\text{para } n \neq -1) \quad (A.68)$$

$$\int x^{-1} dx = \ln|x| + c \quad (A.69)$$

$$\int \frac{1}{a^2 + x^2} dx = \frac{1}{a}\operatorname{tg}^{-1}\frac{x}{a} + c \quad (A.70)$$

$$\int \frac{1}{\sqrt{a^2 + x^2}} dx = \ln\left|x + \sqrt{a^2 + x^2}\right| + c \quad (A.71)$$

$$\int \frac{1}{\sqrt{a^2 - x^2}} dx = \operatorname{sen}^{-1}\frac{x}{|a|} + c \quad \operatorname{tg}^{-1}\frac{x}{\sqrt{a^2 - x^2}} + c \quad (A.72)$$

$$\int \frac{1}{\left(a^2+x^2\right)^{3/2}}dx = \frac{1}{a^2}\frac{x}{\sqrt{a^2+x^2}} + c \qquad \text{(A.73)}$$

$$\int \frac{x}{\left(a^2+x^2\right)^{3/2}}dx = -\frac{1}{\sqrt{a^2+x^2}} + c \qquad \text{(A.74)}$$

Funções trigonométricas:

$$\int \text{sen}(ax)dx = -\frac{1}{a}\cos(ax) + c \qquad \text{(A.75)}$$

$$\int \cos(ax)dx = \frac{1}{a}\text{sen}(ax) + c \qquad \text{(A.76)}$$

Exponenciais:

$$\int e^{ax}dx = \frac{1}{a}e^{ax} + c \qquad \text{(A.77)}$$

5. Números complexos

Todos estamos familiarizados com os números reais, que podem ser dispostos ao longo de uma linha de números em ordem crescente, desde $-\infty$ a $+\infty$. Os números reais são rodeados por um conjunto muito maior de números, denominados *números complexos*. Estes números são definidos em termos de suas partes real e imaginária. O espaço dos números complexos é um plano, no qual os números reais formam um dos eixos, denotado por $\mathfrak{R}_{(Z)}$ na Figura A.7. A parte imaginária forma o outro eixo, denotado por na $\mathfrak{I}_{(Z)}$ Figura A.7. (É convencional usar as letras góticas correspondentes ao R e ao I para representar, respectivamente, as partes real e imaginária dos números complexos.)

Qualquer número complexo z é definido em termos de sua parte real, x, de sua parte imaginária, y, e da constante de Euler, i:

$$z = x + iy \qquad \text{(A.78)}$$

A constante de Euler é definida por:

$$i^2 = -1 \qquad \text{(A.79)}$$

Tanto a parte real, $x = \mathfrak{R}(z)$, quanto a parte imaginária, $y = \mathfrak{I}(z)$, de um número complexo qualquer são números reais. A soma, a subtração a multiplicação e a divisão de números complexos são definidas em analogia com as correspondentes operações com números reais, sendo $i^2 = -1$:

$$(a+ib)+(c+id) = (a+c)+i(b+d) \qquad \text{(A.80)}$$

$$(a+ib)-(c+id) = (a-c)+i(b-d) \qquad \text{(A.81)}$$

$$(a+ib)(c+id) = (ac-bd)+i(ad+bc) \qquad \text{(A.82)}$$

$$\frac{a+ib}{c+id} = \frac{(cd+bd)+i(bc-ad)}{c^2+d^2}. \qquad \text{(A.83)}$$

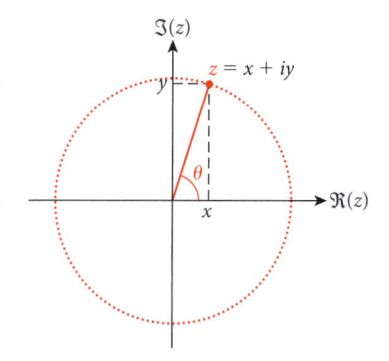

Figura A.7 O plano complexo. O eixo horizontal é formado pela parte real dos números complexos, e o eixo vertical, pela correspondente parte imaginária.

Para cada número complexo z, existe um conjugado complexo z^*, que possui a mesma parte real de z, mas com a parte imaginária de sinal contrário:

$$z = x + iy \Leftrightarrow z^* = x - iy \qquad \text{(A.84)}$$

Podemos, então, expressar as partes real e imaginária de um número complexo em termos do próprio número complexo e de seu conjugado complexo:

$$\mathfrak{R}(z) = \tfrac{1}{2}(z + z^*) \qquad \text{(A.85)}$$

$$\mathfrak{I}(z) = \tfrac{1}{2}i(z^* - z). \qquad \text{(A.86)}$$

Exatamente da mesma forma como um vetor bidimensional, qualquer número complexo, $z = x + iy$, possui um módulo $|z|$ bem como um ângulo θ com relação ao semieixo real positivo, como ilustrado na Figura A.7:

$$|z|^2 = zz^* \tag{A.87}$$

$$\theta = \operatorname{tg}^{-1}\frac{\Im(z)}{\Re(z)} = \operatorname{tg}^{-1}\frac{i(z^*-z)}{(z^*+z)} \tag{A.88}$$

Assim, podemos escrever o número complexo $z = x + iy$ em termos do módulo e de seu "ângulo de fase":

$$z = |z|(\cos\theta + i\operatorname{sen}\theta) \tag{A.89}$$

Uma identidade importante e muito útil é a chamada *fórmula de Euler*:

$$e^{i\theta} = \cos\theta + i\operatorname{sen}\theta \tag{A.90}$$

Com a ajuda desta identidade, podemos escrever, para um número complexo z qualquer:

$$z = |z|e^{i\theta} \tag{A.91}$$

Dessa forma, podemos elevar o número complexo z a um expoente n qualquer:

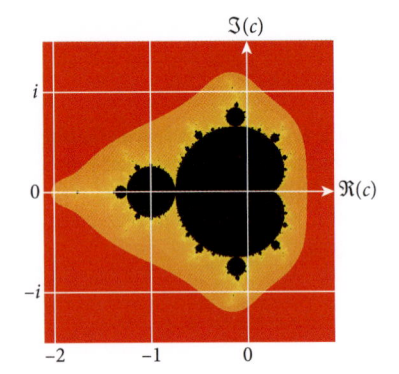

$$z^n = |z|^n e^{in\theta} \tag{A.92}$$

Figura A.8 Conjunto de Mandelbrot no plano complexo.

EXEMPLO A.1 — Conjunto de Mandelbrot

Um bom uso de nosso conhecimento sobre os números complexos e sua multiplicação é o exame do *conjunto de Mandelbrot*, definido como o conjunto de todos os pontos c do plano complexo para os quais a série de interações (substituições em sequência)

$$z_{n+1} = z_n^2 + c, \text{ em que } z_0 = c$$

não diverge para infinito; ou seja, aqueles pontos para os quais $|z_n|$ se mantém finito após um número qualquer de interações.

Esta regra para substituições em sequência é aparentemente simples. Por exemplo, podemos verificar que qualquer número para o qual $|c| > 2$ não pode fazer parte do conjunto de Mandelbrot. Entretanto, se plotarmos no plano complexo os pontos todos do conjunto de Mandelbrot, um objeto estranhamente belo emerge. Na Figura A.8, os pontos negros fazem parte do conjunto de Mandelbrot, enquanto os restantes pontos foram representados com um código de acordo à rapidez com que eles divergem para infinito.

Apêndice B

Massas de Isótopos, Energias de Ligação e Meias-vidas

Somente aqueles isótopos com meias-vidas maiores do que 1 h foram listados.

Z	N	Símbolo	m (u)	B (MeV)	Spin	%	τ(s)	Z	N	Símbolo	m (u)	B (MeV)	Spin	%	τ(s)
1	0	H	1,007825032	0,000	1/2+	99,985	estável	14	16	Si	29,9737702	8,521	0+	3,0872	estável
1	1	H	2,014101778	1,112	1+	0,0115	estável	14	17	Si	30,97536323	8,458	3/2+		9,44E+03
1	2	H	3,016049278	2,827	1/2+		3,89E+08	14	18	Si	31,97414808	8,482	0+		5,42E+09
2	1	He	3,016029319	2,573	1/2+	0,0001	estável	15	16	P	30,9737615	8,481	1/2+	100	estável
2	2	He	4,002603254	7,074	0+	100	estável	15	17	P	31,9739072	8,464	1+		1,23E+06
3	3	Li	6,0151223	5,332	1+	7,5	estável	15	18	P	32,9717253	8,514	1/2+		2,19E+06
3	4	Li	7,0160040	5,606	3/2−	92,41	estável	16	16	S	31,9720707	8,493	0+	94,93	estável
4	3	Be	7,0169292	5,371	3/2−		4,59E+06	16	17	S	32,97145876	8,498	3/2+	0,76	estável
4	5	Be	9,0121821	6,463	3/2−	100	estável	16	18	S	33,9678668	8,583	0+	4,29	estável
4	6	Be	10,0135337	6,498	0+		4,76E+13	16	19	S	34,9690322	8,538	3/2+		7,56E+06
5	5	B	10,01293699	6,475	3+	19,9	estável	16	20	S	35,96708076	8,575	0+	0,02	estável
5	6	B	11,00930541	6,928	3/2−	80,1	estável	16	22	S	37,9711634	8,449	0+		1,02E+04
6	6	C	12	7,680	0+	98,89	estável	17	18	Cl	34,9688527	8,520	3/2+	75,78	estável
6	7	C	13,00335484	7,470	1/2−	1,11	estável	17	19	Cl	35,9683069	8,522	2+		9,49E+12
6	8	C	14,0032420	7,520	0+		1,81E+11	17	20	Cl	36,9659026	8,570	3/2+	24,22	estável
7	7	N	14,003074	7,476	1+	99,632	estável	18	18	Ar	35,96754511	8,520	0+	0,3365	estável
7	8	N	15,0001089	7,699	1/2−	0,368	estável	18	19	Ar	36,966776	8,527	3/2+		3,02E+06
8	8	O	15,99491463	7,976	0+	99,757	estável	18	20	Ar	37,96273239	8,614	0+	0,0632	estável
8	9	O	16,999131	7,751	5/2+	0,038	estável	18	21	Ar	38,9643134	8,563	7/2−		8,48E+09
8	10	O	17,999163	7,767	0+	0,205	estável	18	22	Ar	39,9623831	8,595	0+	99,6	estável
9	9	F	18,0009377	7,632	1+		6,59E+03	18	23	Ar	40,9645008	8,534	7/2−		6,56E+03
9	10	F	18,99840322	7,779	1/2+	100	estável	18	24	Ar	41,963046	8,556	0+		1,04E+09
10	10	Ne	19,99244018	8,032	0+	90,48	estável	19	20	K	38,9637069	8,557	3/2+	93,258	estável
10	11	Ne	20,99384668	7,972	3/2+	0,27	estável	19	21	K	39,9639987	8,538	4−	0,0117	4,03E+16
10	12	Ne	21,9913855	8,080	0+	9,25	estável	19	22	K	40,9618254	8,576	3/2+	6,7302	estável
11	11	Na	21,9944368	7,916	3+		8,21E+07	19	23	K	41,962403	8,551	2−		4,45E+04
11	12	Na	22,9897697	8,111	3/2+	100	estável	19	24	K	42,960716	8,577	3/2+		8,03E+04
11	13	Na	23,9909633	8,063	4+		5,39E+04	20	20	Ca	39,96259098	8,551	0+	96,941	estável
12	12	Mg	23,9850419	8,261	0+	78,99	estável	20	21	Ca	40,9622783	8,547	7/2−		3,25E+12
12	13	Mg	24,9858370	8,223	5/2+	10	estável	20	22	Ca	41,9586183	8,617	0+	0,647	estável
12	14	Mg	25,9825930	8,334	0+	11,01	estável	20	23	Ca	42,95876663	8,601	7/2−	0,135	estável
12	16	Mg	27,9838767	8,272	0+		7,53E+04	20	24	Ca	43,9554811	8,658	0+	2,086	estável
13	13	Al	25,98689169	8,150	5+		2,33E+13	20	25	Ca	44,956186	8,631	7/2−		1,40E+07
13	14	Al	26,9815384	8,332	5/2+	100	estável	20	26	Ca	45,9536928	8,669	0+	0,004	estável
14	14	Si	27,97692653	8,448	0+	92,23	estável	20	27	Ca	46,9545465	8,639	7/2−		3,92E+05
14	15	Si	28,9764947	8,449	1/2+	4,6832	estável	20	28	Ca	47,9525335	8,666	0+	0,187	1,89E+26

(continua)

Z	N	Símbolo	m (u)	B (MeV)	Spin	%	τ(s)	Z	N	Símbolo	m (u)	B (MeV)	Spin	%	τ(s)
21	22	Sc	42,9611507	8,531	7/2−		1,40E+04	28	31	Ni	58,9343516	8,737	3/2−		2,40E+12
21	23	Sc	43,9594030	8,557	2+		1,41E+04	28	32	Ni	59,93078637	8,781	0+	26,223	estável
21	24	Sc	44,9559102	8,619	7/2−	100	estável	28	33	Ni	60,93105603	8,765	3/2−	1,1399	estável
21	25	Sc	45,9551703	8,622	4+		7,24E+06	28	34	Ni	61,92834512	8,795	0+	3,6345	estável
21	26	Sc	46,9524080	8,665	7/2−		2,89E+05	28	35	Ni	62,9296729	8,763	1/2−		3,19E+09
21	27	Sc	47,952231	8,656	6+		1,57E+05	28	36	Ni	63,92796596	8,777	0+	0,9256	estável
22	22	Ti	43,9596902	8,533	0+		1,89E+09	28	37	Ni	64,9300880	8,736	5/2−		9,06E+03
22	23	Ti	44,9581243	8,556	7/2−		1,11E+04	28	38	Ni	65,92913933	8,739	0+		1,97E+05
22	24	Ti	45,9526295	8,656	0+	8,25	estável	29	32	Cu	60,9334622	8,715	3/2−		1,20E+04
22	25	Ti	46,9517638	8,661	5/2−	7,44	estável	29	34	Cu	62,92959747	8,752	3/2−	69,17	estável
22	26	Ti	47,9479471	8,723	0+	73,72	estável	29	35	Cu	63,9297679	8,739	1+		4,57E+04
22	27	Ti	48,9478700	8,711	7/2−	5,41	estável	29	36	Cu	64,9277929	8,757	3/2−	30,83	estável
22	28	Ti	49,9447921	8,756	0+	5,18	estável	29	38	Cu	66,9277503	8,737	3/2−		2,23E+05
23	25	V	47,9522545	8,623	4+		1,38E+06	30	32	Zn	61,93432976	8,679	0+		3,31E+04
23	26	V	48,9485161	8,683	7/2−		2,85E+07	30	34	Zn	63,9291466	8,736	0+	48,63	estável
23	27	V	49,9471609	8,696	6+	0,25	4,42E+24	30	35	Zn	64,929245	8,724	5/2−		2,11E+07
23	28	V	50,9439617	8,742	7/2−	99,75	estável	30	36	Zn	65,92603342	8,760	0+	27,9	estável
24	24	Cr	47,95403032	8,572	0+		7,76E+04	30	37	Zn	66,92712730	8,734	5/2−	4,1	estável
24	26	Cr	49,94604462	8,701	0+	4,345	4,10E+25	30	38	Zn	67,92484949	8,756	0+	18,75	estável
24	27	Cr	50,9447718	8,712	7/2−		2,39E+06	30	40	Zn	69,9253193	8,730	0+	0,62	estável
24	28	Cr	51,9405119	8,776	0+	83,789	estável	30	42	Zn	71,926858	8,692	0+		1,68E+05
24	29	Cr	52,9406513	8,760	3/2−	9,501	estável	31	35	Ga	65,93158901	8,669	0+		3,42E+04
24	30	Cr	53,9388804	8,778	0+	2,365	estável	31	36	Ga	66,9282049	8,708	3/2−		2,82E+05
25	27	Mn	51,9455655	8,670	6+		4,83E+05	31	37	Ga	67,92798008	8,701	1+		4,06E+03
25	28	Mn	52,9412947	8,734	7/2−		1,18E+14	31	38	Ga	68,9255736	8,725	3/2−	60,108	estável
25	29	Mn	53,9403589	8,738	3+		2,70E+07	31	40	Ga	70,9247013	8,718	3/2−	39,892	estável
25	30	Mn	54,9380471	8,765	5/2−	100	estável	31	41	Ga	71,9263663	8,687	3−		5,08E+04
25	31	Mn	55,9389094	8,738	3+		9,28E+03	31	42	Ga	72,92517468	8,694	3/2−		1,75E+04
26	26	Fe	51,948114	8,610	0+		2,98E+04	32	34	Ge	65,93384345	8,626	0+		8,14E+03
26	28	Fe	53,9396127	8,736	0+	5,845	estável	32	36	Ge	67,92809424	8,688	0+		2,34E+07
26	29	Fe	54,9382980	8,747	3/2−		8,61E+07	32	37	Ge	68,927972	8,681	5/2−		1,41E+05
26	30	Fe	55,93493748	8,790	0+	91,754	estável	32	38	Ge	69,92424	8,722	0+	20,84	estável
26	31	Fe	56,93539397	8,770	1/2−	2,119	estável	32	39	Ge	70,9249540	8,703	1/2−		9,88E+05
26	32	Fe	57,93327556	8,792	0+	0,282	estável	32	40	Ge	71,92207582	8,732	0+	27,54	estável
26	33	Fe	58,9348880	8,755	3/2−		3,85E+06	32	41	Ge	72,92345895	8,705	9/2+	7,73	estável
26	34	Fe	59,934072	8,756	0+		4,73E+13	32	42	Ge	73,92117777	8,725	0+	36,28	estável
27	28	Co	54,942003	8,670	7/2−		6,31E+04	32	43	Ge	74,92285895	8,696	1/2−		4,97E+03
27	29	Co	55,9398439	8,695	4+		6,68E+06	32	44	Ge	75,91140256	8,705	0+	7,61	estável
27	30	Co	56,936296	8,742	7/2−		2,35E+07	32	45	Ge	76,92354859	8,671	7/2+		4,07E+04
27	31	Co	57,935757	8,739	2+		6,12E+06	32	46	Ge	77,922853	8,672	0+		5,29E+03
27	32	Co	58,93319505	8,768	7/2−	100	estável	33	38	As	70,92711243	8,664	5/2−		2,35E+05
27	33	Co	59,9338222	8,747	5+		1,66E+08	33	39	As	71,92675228	8,660	2−		9,33E+04
27	34	Co	60,9324758	8,756	7/2−		5,94E+03	33	40	As	72,92382484	8,690	3/2−		6,94E+06
28	28	Ni	55,94213202	8,643	0+		5,25E+05	33	41	As	73,92392869	8,680	2−		1,54E+06
28	29	Ni	56,939800	8,671	3/2−		1,28E+05	33	42	As	74,92159648	8,701	3/2−	100	estável
28	30	Ni	57,9353462	8,732	0+	68,077	estável	33	43	As	75,92239402	8,683	2−		9,31E+04

Z	N	Símbolo	m (u)	B (MeV)	Spin	%	τ(s)	Z	N	Símbolo	m (u)	B (MeV)	Spin	%	τ(s)
33	44	As	76,92064729	8,696	3/2−		1,40E+05	38	50	Sr	87,9056143	8,733	0+	82,58	estável
33	45	As	77,92182728	8,674	2−		5,44E+03	38	51	Sr	88,9074529	8,706	5/2+		4,37E+06
34	38	Se	71,92711235	8,645	0+		7,26E+05	38	52	Sr	89,907738	8,696	0+		9,08E+08
34	39	Se	72,92676535	8,641	9/2+		2,57E+04	38	53	Sr	90,9102031	8,664	5/2+		3,47E+04
34	40	Se	73,92247644	8,688	0+	0,89	estável	38	54	Sr	91,9110299	8,649	0+		9,76E+03
34	41	Se	74,92252337	8,679	5/2+		1,03E+07	39	46	Y	84,91643304	8,628	(1/2)−		9,65E+03
34	42	Se	75,9192141	8,711	0+	9,37	estável	39	47	Y	85,914886	8,638	4−		5,31E+04
34	43	Se	76,91991404	8,695	1/2−	7,63	estável	39	48	Y	86,9108778	8,675	1/2−		2,88E+05
34	44	Se	77,91730909	8,718	0+	23,77	estável	39	49	Y	87,9095034	8,683	4−		9,21E+06
34	45	Se	78,9184998	8,696	7/2+		2,05E+13	39	50	Y	88,9058483	8,714	1/2−	100	estável
34	46	Se	79,9165213	8,711	0+	49,61	estável	39	51	Y	89,90715189	8,693	2−		2,31E+05
34	48	Se	81,9166994	8,693	0+	8,73	2,62E+27	39	52	Y	90,907305	8,685	1/2−		5,06E+06
35	40	Br	74,92577621	8,628	3/2−		5,80E+03	39	53	Y	91,9089468	8,662	2−		1,27E+04
35	41	Br	75,924541	8,636	1−		5,83E+04	39	54	Y	92,909583	8,649	1/2−		3,66E+04
35	42	Br	76,92137908	8,667	3/2−		2,06E+05	40	46	Zr	85,91647359	8,612	0+		5,94E+04
35	44	Br	78,91833709	8,688	3/2−	50,69	estável	40	47	Zr	86,91481625	8,624	(9/2)+		6,05E+03
35	46	Br	80,9162906	8,696	3/2−	49,31	estável	40	48	Zr	87,9102269	8,666	0+		7,21E+06
35	47	Br	81,9168047	8,682	5−		1,27E+05	40	49	Zr	88,908889	8,673	9/2+		2,83E+05
35	48	Br	82,915180	8,693	3/2−		8,64E+03	40	50	Zr	89,9047037	8,710	0+	51,45	estável
36	40	Kr	75,9259483	8,609	0+		5,33E+04	40	51	Zr	90,90564577	8,693	5/2+	11,22	estável
36	41	Kr	76,92467	8,617	5/2+		4,46E+03	40	52	Zr	91,9050401	8,693	0+	17,15	estável
36	42	Kr	77,9203948	8,661	0+	0,35	6,31E+28	40	53	Zr	92,9064756	8,672	5/2+		4,83E+13
36	43	Kr	78,920083	8,657	1/2−		1,26E+05	40	54	Zr	93,90631519	8,667	0+	17,38	estável
36	44	Kr	79,9163790	8,693	0+	2,25	estável	40	55	Zr	94,9080426	8,644	5/2+		5,53E+06
36	45	Kr	80,9165923	8,683	7/2+		7,22E+12	40	56	Zr	95,9082757	8,635	0+	2,8	1,23E+27
36	46	Kr	81,9134836	8,711	0+	11,58	estável	40	57	Zr	96,9109507	8,604	1/2+		6,08E+04
36	47	Kr	82,9141361	8,696	9/2+	11,49	estável	41	48	Nb			(9/2+)		6,84E+03
36	48	Kr	83,911507	8,717	0+	57	estável	41	48	Nb	88,9134955	8,617	(1/2)−		4,25E+03
36	49	Kr	84,9125270	8,699	9/2+		3,40E+08	41	49	Nb	89,911265	8,633	8+		5,26E+04
36	50	Kr	85,91061073	8,712	0+	17,3	estável	41	50	Nb	90,9069905	8,671	9/2+		2,14E+10
36	51	Kr	86,9133543	8,675	5/2+		4,57E+03	41	51	Nb	91,9071924	8,662	7+		1,09E+15
36	52	Kr	87,914447	8,657	0+		1,02E+04	41	52	Nb	92,90637806	8,664	9/2+	100	estável
37	44	Rb	80,918996	8,645	3/2−		1,65E+04	41	53	Nb	93,9072839	8,649	6+		6,40E+11
37	46	Rb	82,915110	8,675	5/2−		7,45E+06	41	54	Nb	94,9068352	8,647	9/2+		3,02E+06
37	47	Rb	83,91438482	8,676	2−		2,83E+06	41	55	Nb	95,9081001	8,629	6+		8,41E+04
37	48	Rb	84,9117893	8,697	5/2−	72,17	estável	41	56	Nb	96,9080971	8,623	9/2+		4,32E+03
37	49	Rb	85,91116742	8,697	2−		1,61E+06	42	48	Mo	89,9139369	8,597	0+		2,04E+04
37	50	Rb	86,9091835	8,711	3/2−	27,83	1,50E+18	42	50	Mo	91,9068105	8,658	0+	14,84	estável
38	42	Sr	79,92452101	8,579	0+		6,38E+03	42	51	Mo	92,90681261	8,651	5/2+		1,26E+11
38	44	Sr	81,918402	8,636	0+		2,21E+06	42	52	Mo	93,9050876	8,662	0+	9,25	estável
38	45	Sr	82,9175567	8,638	7/2+		1,17E+05	42	53	Mo	94,9058415	8,649	5/2+	15,92	estável
38	46	Sr	83,91342528	8,677	0+	0,56	estável	42	54	Mo	95,90467890	8,654	0+	16,68	estável
38	47	Sr	84,9129328	8,676	9/2+		5,60E+06	42	55	Mo	96,90602147	8,635	5/2+	9,55	estável
38	48	Sr	85,9092602	8,708	0+	9,86	estável	42	56	Mo	97,9054078	8,635	0+	24,13	estável
38	49	Sr	86,9088793	8,705	9/2+	7	estável	42	57	Mo	98,90771187	8,608	1/2+		2,37E+05

(continua)

Z	N	Símbolo	m (u)	B (MeV)	Spin	%	τ(s)	Z	N	Símbolo	m (u)	B (MeV)	Spin	%	τ(s)
42	58	Mo	99,90747734	8,605	0+	9,63	3,78E+26	48	58	Cd	105,9064594	8,539	0+	1,25	estável
43	50	Tc	92,91024898	8,609	9/2+		9,90E+03	48	59	Cd	106,9066179	8,533	5/2+		2,34E+04
43	51	Tc	93,9096563	8,609	7+		1,76E+04	48	60	Cd	107,9041837	8,550	0+	0,89	estável
43	52	Tc	94,90765708	8,623	9/2+		7,20E+04	48	61	Cd	108,904982	8,539	5/2+		4,00E+07
43	53	Tc	95,907871	8,615	7+		3,70E+05	48	62	Cd	109,9030056	8,551	0+	12,49	estável
43	54	Tc	96,90636536	8,624	9/2+		1,33E+14	48	63	Cd	110,9041781	8,537	1/2+	12,8	estável
43	55	Tc	97,90721597	8,610	(6)+		1,32E+14	48	64	Cd	111,9027578	8,545	0+	24,13	estável
43	56	Tc	98,90625475	8,614	9/2+		6,65E+12	48	65	Cd	112,9044017	8,527	1/2+	12,22	2,93E+23
44	51	Ru	94,91041293	8,587	5/2+		5,91E+03	48	66	Cd	113,9033585	8,532	0+	28,73	estável
44	52	Ru	95,90759784	8,609	0+	5,54	estável	48	67	Cd	114,905431	8,511	1/2+		1,93E+05
44	53	Ru	96,9075547	8,604	5/2+		2,51E+05	48	68	Cd	115,9047558	8,512	0+	7,49	9,15E+26
44	54	Ru	97,90528713	8,620	0+	1,87	estável	48	69	Cd	116,9072186	8,489	1/2+		8,96E+03
44	55	Ru	98,9059393	8,609	5/2+	12,76	estável	49	60	In	108,9071505	8,513	9/2+		1,51E+04
44	56	Ru	99,90421948	8,619	0+	12,6	estável	49	61	In	109,9071653	8,509	7+		1,76E+04
44	57	Ru	100,9055821	8,601	5/2+	17,06	estável	49	62	In	110,90511	8,522	9/2+		2,42E+05
44	58	Ru	101,9043493	8,607	0+	31,55	estável	49	64	In	112,904061	8,523	9/2+	4,29	estável
44	59	Ru	102,9063238	8,584	3/2+		3,39E+06	49	66	In	114,9038785	8,517	9/2+	95,71	1,39E+22
44	60	Ru	103,9054301	8,587	0+	18,62	estável	50	60	Sn	109,9078428	8,496	0+		1,48E+04
44	61	Ru	104,9077503	8,562	3/2+		1,60E+04	50	62	Sn	111,9048208	8,514	0+	0,97	estável
44	62	Ru	105,9073269	8,561	0+		3,23E+07	50	63	Sn	112,9051734	8,507	1/2+		9,94E+06
45	54	Rh	98,9081321	8,580	1/2-		1,39E+06	50	64	Sn	113,9027818	8,523	0+	0,66	estável
45	55	Rh	99,90812155	8,575	1-		7,49E+04	50	65	Sn	114,9033424	8,514	1/2+	0,34	estável
45	56	Rh	100,9061636	8,588	1/2-		1,04E+08	50	66	Sn	115,9017441	8,523	0+	14,54	estável
45	57	Rh	101,9068432	8,577	2-		1,79E+07	50	67	Sn	116,9029517	8,510	1/2+	7,68	estável
45	58	Rh	102,9055043	8,584	1/2-	100	estável	50	68	Sn	117,9016063	8,517	0+	24,22	estável
45	60	Rh	104,9056938	8,573	7/2+		1,27E+05	50	69	Sn	118,9033076	8,499	1/2+	8,59	estável
46	54	Pd	99,90850589	8,564	0+		3,14E+05	50	70	Sn	119,9021966	8,505	0+	32,58	estável
46	55	Pd	100,9082892	8,561	(5/2+)		3,05E+04	50	71	Sn	120,9042369	8,485	3/2+		9,76E+04
46	56	Pd	101,9056077	8,580	0+	1,02	estável	50	72	Sn	121,9034401	8,488	0+	4,63	estável
46	57	Pd	102,9060873	8,571	5/2+		1,47E+06	50	73	Sn	122,9057208	8,467	11/2-		1,12E+07
46	58	Pd	103,9040358	8,585	0+	11,14	estável	50	74	Sn	123,9052739	8,467	0+	5,79	estável
46	59	Pd	104,5050840	8,571	5/2+	22,33	estável	50	75	Sn	124,907785	8,446	11/2-		8,33E+05
46	60	Pd	105,9034857	8,580	0+	27,33	estável	50	76	Sn	125,9076533	8,444	0+		3,15E+12
46	61	Pd	106,9051285	8,561	5/2+		2,05E+14	50	77	Sn	126,9103510	8,421	(11/2-)		7,56E+03
46	62	Pd	107,9038945	8,567	0+	26,46	estável	51	66	Sb	116,9048359	8,488	5/2+		1,01E+04
46	63	Pd	108,9059535	8,545	5/2+		4,93E+04	51	68	Sb	118,9039465	8,488	5/2+		1,37E+05
46	64	Pd	109,9051533	8,547	0+	11,72	estável	51	69	Sb	119,905072	8,476	8-		4,98E+05
46	66	Pd	111,9073141	8,521	0+		7,57E+04	51	70	Sb	120,9038180	8,482	5/2+	57,21	estável
47	56	Ag	102,9089727	8,538	7/2+		3,96E+03	51	71	Sb	121,9051754	8,468	2-		2,35E+05
47	57	Ag	103,9086282	8,536	5+		4,14E+03	51	72	Sb	122,9042157	8,472	7/2+	42,79	estável
47	58	Ag	104,9065287	8,550	1/2-		3,57E+06	51	73	Sb	123,9059375	8,456	3-		5,20E+06
47	60	Ag	106,905093	8,554	1/2-	51,839	estável	51	74	Sb	124,9052478	8,458	7/2+		8,70E+07
47	62	Ag	108,9047555	8,548	1/2-	48,161	estável	51	75	Sb	125,9072482	8,440	(8-)		1,08E+06
47	64	Ag	110,5052947	8,535	1/2-		6,44E+05	51	76	Sb	126,9069146	8,440	7/2+		3,33E+05
47	65	Ag	111,9070048	8,516	2(-)		1,13E+04	51	77	Sb	127,9091673	8,421	8-		3,24E+04
47	66	Ag	112,9065666	8,516	1/2-		1,93E+04	51	78	Sb	128,9091501	8,418	7/2+		1,58E+04

Z	N	Símbolo	m (u)	B (MeV)	Spin	%	τ(s)	Z	N	Símbolo	m (u)	B (MeV)	Spin	%	τ(s)
52	64	Te	115,9084203	8,456	0+		8,96E+03	55	74	Cs	128,9060634	8,416	1/2+		1,15E+05
52	65	Te	116,90864	8,451	1/2+		3,72E+03	55	76	Cs	130,9054639	8,415	5/2+		8,37E+05
52	66	Te	117,9058276	8,470	0+		5,18E+05	55	77	Cs	131,906430	8,406	2+		5,60E+05
52	67	Te	118,9064081	8,462	1/2+		5,77E+04	55	78	Cs	132,9054469	8,410	7/2+	100	estável
52	68	Te	119,9040202	8,477	0+	0,09	estável	55	79	Cs	133,9067134	8,399	4+		6,51E+07
52	69	Te	120,9049364	8,467	1/2+		1,45E+06	55	80	Cs	134,905972	8,401	7/2+		7,25E+13
52	70	Te	121,9030471	8,478	0+	2,55	estável	55	81	Cs	135,907307	8,390	5+		1,14E+06
52	71	Te	122,9042730	8,466	1/2+	0,89	1,89E+22	55	82	Cs	136,9070895	8,389	7/2+		9,48E+08
52	72	Te	123,9028180	8,473	0+	4,74	estável	56	70	Ba	125,9112502	8,380	0+		6,01E+03
52	73	Te	124,9044285	8,458	1/2+	7,07	estável	56	72	Ba	127,90831	8,396	0+		2,10E+05
52	74	Te	125,9033095	8,463	0+	18,84	estável	56	73	Ba	128,9086794	8,391	1/2+		8,03E+03
52	75	Te	126,905217	8,446	3/2+		3,37E+04	56	74	Ba	129,9063105	8,406	0+	0,106	estável
52	76	Te	127,9044631	8,449	0+	31,74	2,43E+32	56	75	Ba	130,9069308	8,399	1/2+		9,94E+05
52	77	Te	128,906596	8,430	3/2+		4,18E+03	56	76	Ba	131,9050562	8,409	0+	0,101	estável
52	78	Te	129,9062244	8,430	0+	34,08	8,51E+28	56	77	Ba	132,9060024	8,400	1/2+		3,32E+08
52	80	Te	131,9085238	8,408	0+		2,77E+05	56	78	Ba	133,9045033	8,408	0+	2,417	estável
53	67	I	119,9100482	8,424	2−		4,86E+03	56	79	Ba	134,9056827	8,397	3/2+	6,592	estável
53	68	I	120,9073668	8,442	5/2+		7,63E+03	56	80	Ba	135,9045701	8,403	0+	7,854	estável
53	70	I	122,9055979	8,449	5/2+		4,78E+04	56	81	Ba	136,905824	8,392	3/2+	11,232	estável
53	71	I	123,9062114	8,441	2−		3,61E+05	56	82	Ba	137,9052413	8,393	0+	71,698	estável
53	72	I	124,9046242	8,450	5/2+		5,13E+06	56	83	Ba	138,908836	8,367	7/2−		4,98E+03
53	73	I	125,9056242	8,440	2−		1,13E+06	56	84	Ba	139,91060	8,353	0+		1,10E+06
53	74	I	126,9044727	8,445	5/2+	100	estável	57	75	La	131,910110	8,368	2−		1,73E+04
53	76	I	128,9049877	8,436	7/2+		4,95E+14	57	76	La	132,908218	8,379	5/2+		1,41E+04
53	77	I	129,9066742	8,421	5+		4,45E+04	57	78	La	134,9069768	8,383	5/2+		7,02E+04
53	78	I	130,9061246	8,422	7/2+		6,93E+05	57	80	La	136,90647	8,382	7/2+		1,89E+12
53	79	I	131,9079945	8,406	4+		8,26E+03	57	81	La	137,9071068	8,375	5+	0,09	3,31E+18
53	80	I	132,9078065	8,405	7/2+		7,49E+04	57	82	La	138,9063482	8,378	7/2+	99,91	estável
53	82	I	134,91005	8,385	7/2+		2,37E+04	57	83	La	139,9094726	8,355	3−		1,45E+05
54	68	Xe	121,9085484	8,425	0+		7,24E+04	57	84	La	140,910958	8,343	(7/2+)		1,41E+04
54	69	Xe	122,908480	8,421	(1/2)+		7,49E+03	57	85	La	141,9140791	8,321	2−		5,46E+03
54	70	Xe	123,9058942	8,438	0+	0,09	estável	58	74	Ce	131,9114605	8,352	0+		1,26E+04
54	71	Xe	124,906398	8,431	(1/2)+		6,08E+04	58	75	Ce	132,911515	8,350	9/2−		1,76E+04
54	72	Xe	125,9042736	8,444	0+	0,09	estável	58	75	Ce	132,9115515	8,350	1/2+		5,83E+03
54	73	Xe	126,905184	8,434	1/2+		3,14E+06	58	76	Ce	133,9089248	8,366	0+		2,73E+05
54	74	Xe	127,9035313	8,443	0+	1,92	estável	58	77	Ce	134,9091514	8,362	1/2(+)		6,37E+04
54	75	Xe	128,9047794	8,431	1/2+	26,44	estável	58	78	Ce	135,907172	8,373	0+	0,185	estável
54	76	Xe	129,903508	8,438	0+	4,08	estável	58	79	Ce	136,9078056	8,367	3/2+		3,24E+04
54	77	Xe	130,9050824	8,424	3/2+	21,18	estável	58	80	Ce	137,9059913	8,377	0+	0,251	estável
54	78	Xe	131,9041535	8,428	0+	26,89	estável	58	81	Ce	138,9066466	8,370	3/2+		1,19E+07
54	79	Xe	132,905906	8,413	3/2+		4,53E+05	58	82	Ce	139,905434	8,376	0+	88,45	estável
54	80	Xe	133,9053945	8,414	0+	10,44	estável	58	83	Ce	140,908271	8,355	7/2−		2,81E+06
54	81	Xe	134,90721	8,398	3/2+		3,29E+04	58	84	Ce	141,909241	8,347	0+	11,114	1,58E+24
54	82	Xe	135,9072188	8,396	0+	8,87	2,93E+27	58	85	Ce	142,9123812	8,325	3/2−		1,19E+05
55	72	Cs	126,9074175	8,412	1/2+		2,25E+04	58	86	Ce	143,913643	8,315	0+		2,46E+07

(continua)

Z	N	Símbolo	m (u)	B (MeV)	Spin	%	τ(s)	Z	N	Símbolo	m (u)	B (MeV)	Spin	%	τ(s)
59	78	Pr	136,910687	8,341	5/2+		4,61E+03	63	88	Eu	150,919848	8,239	5/2+	47,81	estável
59	80	Pr	138,9089384	8,349	5/2+		1,59E+04	63	89	Eu	151,921744	8,227	3−		4,27E+08
59	82	Pr	140,9076477	8,354	5/2+	100	estável	63	90	Eu	152,921229	8,229	5/2+	52,19	estável
59	83	Pr	141,910041	8,336	2−		6,88E+04	63	91	Eu	153,922976	8,217	3−		2,71E+08
59	84	Pr	142,9108122	8,329	7/2+		1,17E+06	63	92	Eu	154,92289	8,217	5/2+		1,50E+08
59	86	Pr	144,9145069	8,302	7/2+		2,15E+04	63	93	Eu	155,9247522	8,205	0+		1,31E+06
60	78	Nd	137,91195	8,325	0+		1,81E+04	63	94	Eu	156,9254236	8,200	5/2+		5,46E+04
60	80	Nd	139,90931	8,338	0+		2,91E+05	64	82	Gd	145,9183106	8,250	0+		4,17E+06
60	81	Nd	140,9096099	8,336	3/2+		8,96E+03	64	83	Gd	146,919090	8,243	7/2−		1,37E+05
60	82	Nd	141,907719	8,346	0+	27,2	estável	64	84	Gd	147,918110	8,248	0+		2,35E+09
60	83	Nd	142,90981	8,330	7/2−	12,2	estável	64	85	Gd	148,919339	8,239	7/2−		8,02E+05
60	84	Nd	143,910083	8,327	0+	23,8	7,22E+22	64	86	Gd	149,9186589	8,243	0+		5,64E+13
60	85	Nd	144,91257	8,309	7/2−	8,3	estável	64	87	Gd	150,9203485	8,231	7/2−		1,07E+07
60	86	Nd	145,913116	8,304	0+	17,2	estável	64	88	Gd	151,919789	8,233	0+	0,2	3,41E+21
60	87	Nd	146,916096	8,284	5/2−		9,49E+05	64	89	Gd	152,9217495	8,220	3/2−		2,09E+07
60	88	Nd	147,916889	8,277	0+	5,7	estável	64	90	Gd	153,9208623	8,225	0+	2,18	estável
60	89	Nd	148,920145	8,255	5/2−		6,22E+03	64	91	Gd	154,922619	8,213	3/2−	14,8	estável
60	90	Nd	149,920887	8,250	0+	5,6	3,47E+26	64	92	Gd	155,922122	8,215	0+	20,47	estável
61	82	Pm	142,9109276	8,318	5/2+		2,29E+07	64	93	Gd	156,9239567	8,204	3/2−	15,65	estável
61	83	Pm	143,912586	8,305	5−		3,14E+07	64	94	Gd	157,924103	8,202	0+	24,84	estável
61	84	Pm	144,9127439	8,303	5/2+		5,58E+08	64	95	Gd	158,9263861	8,188	3/2−		6,65E+04
61	85	Pm	145,914696	8,289	3−		1,74E+08	64	96	Gd	159,9270541	8,183	0+	21,86	estável
61	86	Pm	146,9151339	8,284	7/2+		8,27E+07	65	82	Tb	146,9240446	8,207	(1/2+)		6,12E+03
61	87	Pm	147,9174746	8,268	1−		4,64E+05	65	83	Tb	147,9242717	8,204	2−		3,60E+03
61	88	Pm	148,91833	8,262	7/2+		1,91E+05	65	84	Tb	148,9232459	8,210	1/2+		1,48E+04
61	89	Pm	149,92098	8,244	(1−)		9,65E+03	65	85	Tb	149,9236597	8,206	(2)−		1,25E+04
61	90	Pm	150,921207	8,241	5/2+		1,02E+05	65	86	Tb	150,9230982	8,209	1/2(+)		6,34E+04
62	80	Sm	141,9151976	8,286	0+		4,35E+03	65	87	Tb	151,9240744	8,202	2−		6,30E+04
62	82	Sm	143,911998	8,304	0+	3,07	estável	65	88	Tb	152,9234346	8,205	5/2+		2,02E+05
62	83	Sm	144,913407	8,293	7/2−		2,94E+07	65	89	Tb	153,9246862	8,197	0(+)		7,74E+04
62	84	Sm	145,913038	8,294	0+		3,25E+15	65	90	Tb	154,9235052	8,203	3/2+		4,60E+05
62	85	Sm	146,914894	8,281	7/2−	14,99	3,34E+18	65	91	Tb	155,924744	8,195	3−		4,62E+05
62	86	Sm	147,914819	8,280	0+	11,24	2,21E+23	65	92	Tb	156,9240212	8,198	3/2+		2,24E+09
62	87	Sm	148,91718	8,263	7/2−	13,82	6,31E+22	65	93	Tb	157,9254103	8,189	3−		5,68E+09
62	88	Sm	149,9172730	8,262	0+	7,38	estável	65	94	Tb	158,9253431	8,189	3/2+	100	estável
62	89	Sm	150,919929	8,244	5/2−		2,84E+09	65	95	Tb	159,9271640	8,177	3−		6,25E+06
62	90	Sm	151,9197282	8,244	0+	26,75	estável	65	96	Tb	160,9275663	8,174	3/2+		5,94E+05
62	91	Sm	152,922097	8,229	3/2+		1,67E+05	66	86	Dy	151,9247140	8,193	0+		8,57E+03
62	92	Sm	153,9222053	8,227	0+	22,75	estável	66	87	Dy	152,9257647	8,186	7/2(−)		2,30E+04
62	94	Sm	155,9255279	8,205	0+		3,38E+04	66	88	Dy	153,9244220	8,193	0+		9,46E+13
63	82	Eu	144,9162652	8,269	5/2+		5,12E+05	66	89	Dy	154,9257538	8,184	3/2−		3,56E+04
63	83	Eu	145,91720	8,262	4−		3,97E+05	66	90	Dy	155,9242783	8,192	0+	0,06	estável
63	84	Eu	146,916742	8,264	5/2+		2,08E+06	66	91	Dy	156,9254661	8,185	3/2−		2,93E+04
63	85	Eu	147,91815	8,254	5−		4,71E+06	66	92	Dy	157,924405	8,190	0+	0,1	estável
63	86	Eu	148,917930	8,254	5/2+		8,04E+06	66	93	Dy	158,925736	8,182	3/2−		1,25E+07
63	87	Eu	149,9197018	8,241	5(−)		1,16E+09	66	94	Dy	159,925194	8,184	0+	2,34	estável

Z	N	Símbolo	m (u)	B (MeV)	Spin	%	τ(s)	Z	N	Símbolo	m (u)	B (MeV)	Spin	%	τ(s)
66	95	Dy	160,926930	8,173	5/2+	18,91	estável	70	106	Yb	175,942571	8,064	0+	12,76	estável
66	96	Dy	161,926795	8,173	0+	25,51	estável	70	107	Yb	176,9452571	8,050	9/2+		6,88E+03
66	97	Dy	162,928728	8,162	5/2−	24,9	estável	70	108	Yb	177,9466467	8,043	0+		4,43E+03
66	98	Dy	163,9291712	8,159	0+	28,18	estável	71	98	Lu	168,937649	8,086	7/2+		1,23E+05
66	99	Dy	164,93170	8,144	7/2+		8,40E+03	71	99	Lu	169,9384722	8,082	0+		1,74E+05
66	100	Dy	165,9328032	8,137	0+		2,94E+05	71	100	Lu	170,93791	8,085	7/2+		7,12E+05
67	94	Ho	160,9278548	8,163	7/2−		8,93E+03	71	101	Lu	171,9390822	8,078	4−		5,79E+05
67	96	Ho	162,9287303	8,157	7/2−		1,44E+11	71	102	Lu	172,938927	8,079	7/2+		4,32E+07
67	98	Ho	164,9303221	8,147	7/2−	100	estável	71	103	Lu	173,940334	8,071	(1)−		1,04E+08
67	99	Ho	165,9322842	8,135	0−		9,63E+04	71	104	Lu	174,94077	8,069	7/2+	97,41	estável
67	100	Ho	166,933127	8,130	7/2−		1,12E+04	71	105	Lu	175,9426824	8,059	7−	2,59	1,29E+18
68	90	Er	157,9298935	8,148	0+		8,24E+03	71	106	Lu	176,9437550	8,053	7/2+		5,82E+05
68	92	Er	159,92908	8,152	0+		1,03E+05	71	108	Lu	178,9473274	8,035	7/2(+)		1,65E+04
68	93	Er	160,93	8,146	3/2−		1,16E+04	72	98	Hf	169,939609	8,071	0+		5,76E+04
68	94	Er	161,928775	8,152	0+	0,14	estável	72	99	Hf	170,940492	8,066	7/2+		4,36E+04
68	95	Er	162,9300327	8,145	5/2−		4,50E+03	72	100	Hf	171,9394483	8,072	0+		5,90E+07
68	96	Er	163,929198	8,149	0+	1,61	estável	72	101	Hf	172,940513	8,066	1/2−		8,50E+04
68	97	Er	164,930726	8,140	5/2−		3,73E+04	72	102	Hf	173,940044	8,069	0+	0,16	6,31E+22
68	98	Er	165,9302900	8,142	0+	33,61	estável	72	103	Hf	174,9415024	8,061	5/2−		6,05E+06
68	99	Er	166,932046	8,132	7/2+	22,93	estável	72	104	Hf	175,941406	8,061	0+	5,26	estável
68	100	Er	167,9323702	8,130	0+	26,78	estável	72	105	Hf	176,9432207	8,052	7/2−	18,6	estável
68	101	Er	168,9345881	8,117	1/2−		8,12E+05	72	106	Hf	177,9436988	8,049	0+	27,28	estável
68	102	Er	169,935461	8,112	0+	14,93	estável	72	107	Hf	178,9458161	8,039	9/2+	13,62	estável
68	103	Er	170,938026	8,098	5/2−		2,71E+04	72	108	Hf	179,94655	8,035	0+	35,08	estável
68	104	Er	171,9393521	8,090	0+		1,77E+05	72	109	Hf	180,9490991	8,022	1/2−		3,66E+06
69	94	Tm	162,9326500	8,125	1/2+		6,52E+03	72	110	Hf	181,9505541	8,015	0+		2,84E+14
69	96	Tm	164,932433	8,126	1/2+		1,08E+05	72	111	Hf	182,9535304	8,000	(3/2−)		3,84E+03
69	97	Tm	165,9335541	8,119	2+		2,77E+04	72	112	Hf	183,9554465	7,991	0+		1,48E+04
69	98	Tm	166,9328516	8,123	1/2+		7,99E+05	73	100	Ta	172,94354	8,044	5/2−		1,13E+04
69	99	Tm	167,9341728	8,115	3+		8,04E+06	73	101	Ta	173,944256	8,040	3(+)		3,78E+03
69	100	Tm	168,934212	8,114	1/2+	100	estável	73	102	Ta	174,9437	8,044	7/2+		3,78E+04
69	101	Tm	169,9358014	8,106	1−		1,11E+07	73	103	Ta	175,944857	8,039	1−		2,91E+04
69	102	Tm	170,936426	8,102	1/2+		6,05E+07	73	104	Ta	176,9444724	8,041	7/2+		2,04E+05
69	103	Tm	171,9384	8,091	2−		2,29E+05	73	105	Ta	177,9457782	8,034	7−		8,50E+03
69	104	Tm	172,9396036	8,084	1/2+		2,97E+04	73	106	Ta	178,94593	8,034	7/2+		5,74E+07
70	94	Yb	163,9344894	8,109	0+		4,54E+03	73	107	Ta	179,9474648	8,026	1+	0,012	2,93E+04
70	96	Yb	165,9338796	8,112	0+		2,04E+05	73	108	Ta	180,9479958	8,023	7/2+	99,988	estável
70	98	Yb	167,9338969	8,112	0+	0,13	estável	73	109	Ta	181,9501518	8,013	3−		9,89E+06
70	99	Yb	168,9351871	8,104	7/2+		2,77E+06	73	110	Ta	182,9513726	8,007	7/2+		4,41E+05
70	100	Yb	169,934759	8,107	0+	3,04	estável	73	111	Ta	183,954008	7,994	(5−)		3,13E+04
70	101	Yb	170,936323	8,098	1/2−	14,28	estável	74	102	W	175,945634	8,030	0+		9,00E+03
70	102	Yb	171,9363777	8,097	0+	21,83	estável	74	103	W	176,946643	8,025	(1/2−)		8,10E+03
70	103	Yb	172,938208	8,087	5/2−	16,13	estável	74	104	W	177,9458762	8,029	0+		1,87E+06
70	104	Yb	173,9388621	8,084	0+	31,83	estável	74	106	W	179,9467045	8,025	0+	0,12	estável
70	105	Yb	174,941273	8,071	7/2−		3,62E+05	74	107	W	180,9481972	8,018	9/2+		1,05E+07

(continua)

Z	N	Símbolo	m (u)	B (MeV)	Spin	%	τ(s)	Z	N	Símbolo	m (u)	B (MeV)	Spin	%	τ(s)
74	108	W	181,9482042	8,018	0+	26,5	estável	78	109	Pt	186,960587	7,941	3/2–		8,46E+03
74	109	W	182,950223	8,008	1/2–	14,31	estável	78	110	Pt	187,9593954	7,948	0+		8,81E+05
74	110	W	183,9509312	8,005	0+	30,64	estável	78	111	Pt	188,9608337	7,941	3/2–		3,91E+04
74	111	W	184,9534193	7,993	3/2–		6,49E+06	78	112	Pt	189,9599317	7,947	0+	0,014	2,05E+19
74	112	W	185,9543641	7,989	0+	28,43	estável	78	113	Pt	190,9616767	7,939	3/2–		2,47E+05
74	113	W	186,9571605	7,975	3/2–		8,54E+04	78	114	Pt	191,961038	7,942	0+	0,782	estável
74	114	W	187,9584891	7,969	0+		6,00E+06	78	115	Pt	192,9629874	7,934	1/2–		1,58E+09
75	106	Re	180,9500679	8,004	5/2+		7,16E+04	78	116	Pt	193,9626803	7,936	0+	32,967	estável
75	107	Re	181,9512101	7,999	7+		2,31E+05	78	117	Pt	194,9647911	7,927	1/2–	33,832	estável
75	107	Re			2+		4,57E+04	78	118	Pt	195,9649515	7,927	0+	25,242	estável
75	108	Re	182,9508198	8,001	5/2+		6,05E+06	78	119	Pt	196,9673402	7,916	1/2–		7,16E+04
75	109	Re	183,9525208	7,993	3–		3,28E+06	78	120	Pt	197,9678928	7,914	0+		7,163
75	110	Re	184,952955	7,991	5/2+	37,4	estável	78	122	Pt	199,9714407	7,899	0+		4,50E+04
75	111	Re	185,9549861	7,981	1–		3,21E+05	78	124	Pt	201,97574	7,881	0+		1,56E+05
75	112	Re	186,9557531	7,978	5/2+	62,6	1,37E+18	79	112	Au	190,9637042	7,925	3/2+		1,14E+04
75	113	Re	187,9581144	7,967	1–		6,13E+04	79	113	Au	191,964813	7,920	1–		1,78E+04
75	114	Re	188,959229	7,962	5/2+		8,75E+04	79	114	Au	192,9641497	7,924	3/2+		6,35E+04
76	105	Os	180,953244	7,983	1/2–		6,30E+03	79	115	Au	193,9653653	7,919	1–		1,37E+05
76	106	Os	181,9521102	7,990	0+		7,96E+04	79	116	Au	194,9650346	7,921	3/2+		1,61E+07
76	107	Os	182,9531261	7,985	9/2+		4,68E+04	79	117	Au	195,9665698	7,915	2–		5,33E+05
76	108	Os	183,9524891	7,989	0+	0,02	estável	79	118	Au	196,9665687	7,916	3/2+	100	estável
76	109	Os	184,9540423	7,981	1/2–		8,09E+06	79	119	Au	197,9682423	7,909	2–		2,33E+05
76	110	Os	185,9538382	7,983	0+	1,59	6,31E+22	79	120	Au	198,9687652	7,907	3/2+		2,71E+05
76	111	Os	186,9557505	7,974	1/2–	1,96	estável	80	112	Hg	191,9656343	7,912	0+		1,75E+04
76	112	Os	187,9558382	7,974	0+	13,24	estável	80	113	Hg	192,9666654	7,908	3/2–		1,37E+04
76	113	Os	188,9581475	7,963	3/2–	16,15	estável	80	114	Hg	193,9654394	7,915	0+		1,64E+10
76	114	Os	189,958447	7,962	0+	26,26	estável	80	115	Hg	194,9667201	7,909	1/2–		3,79E+04
76	115	Os	190,9609297	7,951	9/2–		1,33E+06	80	116	Hg	195,9658326	7,914	0+	0,15	estável
76	116	Os	191,9614807	7,948	0+	40,78	estável	80	117	Hg	196,9672129	7,909	1/2–		2,34E+05
76	117	Os	192,9641516	7,936	3/2–		1,08E+05	80	118	Hg	197,966769	7,912	0+	9,97	estável
76	118	Os	193,9651821	7,932	0+		1,89E+08	80	119	Hg	198,9682799	7,905	1/2–	16,87	estável
77	107	Ir	183,957476	7,959	5–		1,11E+04	80	120	Hg	199,968326	7,906	0+	23,1	estável
77	108	Ir	184,956698	7,964	5/2–		5,18E+04	80	121	Hg	200,9703023	7,898	3/2–	13,18	estável
77	109	Ir	185,9579461	7,958	5+		5,99E+04	80	122	Hg	201,970643	7,897	0+	29,86	estável
77	109	Ir			2–		7,20E+03	80	123	Hg	202,9728725	7,887	5/2–		4,03E+06
77	110	Ir	186,9573634	7,962	3/2+		3,78E+04	80	124	Hg	203,9734939	7,886	0+	6,87	estável
77	111	Ir	187,9588531	7,955	1–		1,49E+05	81	114	Tl	194,9697743	7,891	1/2+		4,18E+03
77	112	Ir	188,9587189	7,956	3/2+		1,14E+06	81	115	Tl	195,9704812	7,888	2–		6,62E+03
77	113	Ir	189,960546	7,948	(4)+		1,02E+06	81	116	Tl	196,9695745	7,893	1/2+		1,02E+04
77	114	Ir	190,960594	7,948	3/2+	37,3	estável	81	117	Tl	197,9704835	7,890	2–		1,91E+04
77	115	Ir	191,962605	7,939	4(+)		6,38E+06	81	118	Tl	198,969877	7,894	1/2+		2,67E+04
77	116	Ir	192,9629264	7,938	3/2+	62,7	estável	81	119	Tl	199,9709627	7,890	2–		9,42E+04
77	117	Ir	193,9650784	7,928	1–		6,89E+04	81	120	Tl	200,9708189	7,891	1/2+		2,62E+05
77	118	Ir	194,9659796	7,925	3/2+		9,00E+03	81	121	Tl	201,9721058	7,886	2–		1,06E+06
78	107	Pt	184,960619	7,940	9/2+		4,25E+03	81	122	Tl	202,9723442	7,886	1/2+	29,524	estável
78	108	Pt	185,9593508	7,947	0+		7,20E+03	81	123	Tl	203,9738635	7,880	2–		1,19E+08

Z	N	Símbolo	m (u)	B (MeV)	Spin	%	τ(s)	Z	N	Símbolo	m (u)	B (MeV)	Spin	%	τ(s)
81	124	Tl	204,9744275	7,878	1/2+	70,476	estável	88	138	Ra	226,0254098	7,662	0+		5,05E+10
82	116	Pb	197,972034	7,879	0+		8,64E+03	88	140	Ra	228,0310703	7,642	0+		1,81E+08
82	117	Pb	198,9729167	7,876	3/2−		5,40E+03	88	142	Ra	230,0370564	7,622	0+		5,58E+03
82	118	Pb	199,9718267	7,882	0+		7,74E+04	89	135	Ac	224,0217229	7,670	0−		1,04E+04
82	119	Pb	200,9728845	7,878	5/2−		3,36E+04	89	136	Ac	225,0232296	7,666	(3/2−)		8,64E+05
82	120	Pb	201,9721591	7,882	0+		1,66E+12	89	137	Ac	226,0260981	7,656	(1−)		1,06E+05
82	121	Pb	202,9733905	7,877	5/2−		1,87E+05	89	138	Ac	227,0277521	7,651	3/2−		6,87E+08
82	122	Pb	203,9730436	7,880	0+	1,4	4,42E+24	89	139	Ac	228,0310211	7,639	3(+)		2,21E+04
82	123	Pb	204,9744818	7,874	5/2−		4,83E+14	89	140	Ac	229,0330152	7,633	(3/2+)		3,78E+03
82	124	Pb	205,9744653	7,875	0+	24,1	estável	90	137	Th	227,0277041	7,647	3/2+		1,62E+06
82	125	Pb	206,9758969	7,870	1/2−	22,1	estável	90	138	Th	228,0287411	7,645	0+		6,03E+07
82	126	Pb	207,9766521	7,867	0+	52,4	estável	90	139	Th	229,0317624	7,635	5/2+		2,49E+11
82	127	Pb	208,9810901	7,849	9/2+		1,17E+04	90	140	Th	230,0331338	7,631	0+		2,38E+12
82	128	Pb	209,9841885	7,836	0+		7,03E+08	90	141	Th	231,0363043	7,620	5/2+		9,18E+04
82	130	Pb	211,9918975	7,804	0+		3,83E+04	90	142	Th	232,0380553	7,615	0+	100	4,43E+17
83	118	Bi	200,977009	7,855	9/2−		6,48E+03	90	144	Th	234,0436012	7,597	0+		2,08E+06
83	119	Bi	201,9777423	7,852	5+		6,19E+03	91	137	Pa	228,0310514	7,632	(3+)		7,92E+04
83	120	Bi	202,976876	7,858	9/2−		4,23E+04	91	138	Pa	229,0320968	7,630	(5/2+)		1,30E+05
83	121	Bi	203,9778127	7,854	6+		4,04E+04	91	139	Pa	230,0345408	7,622	(2−)		1,50E+06
83	122	Bi	204,9773894	7,857	9/2−		1,32E+06	91	140	Pa	231,035884	7,618	3/2−	100	1,03E+12
83	123	Bi	205,9784991	7,853	6+		5,39E+05	91	141	Pa	232,0385916	7,609	(2−)		1,13E+05
83	124	Bi	206,9784707	7,854	9/2−		9,95E+08	91	142	Pa	233,0402473	7,605	3/2−		2,33E+06
83	125	Bi	207,9797422	7,850	(5)+		1,16E+13	91	143	Pa	234,0433081	7,595	4+		2,41E+04
83	126	Bi	208,9803987	7,848	9/2−	100	estável	91	148	Pa	239,05726	7,550	(3/2)(−)		6,37E+03
83	127	Bi	209,9841204	7,833	1−		4,33E+05	92	138	U	230,0339398	7,621	0+		1,80E+06
83	129	Bi	211,9912857	7,803	1(−)		3,63E+03	92	139	U	231,0362937	7,613	(5/2)		3,63E+05
84	120	Po	203,9803181	7,839	0+		1,27E+04	92	140	U	232,0371562	7,612	0+		2,17E+09
84	121	Po	204,9812033	7,836	5/2−		5,98E+03	92	141	U	233,0396352	7,604	5/2+		5,01E+12
84	122	Po	205,9804811	7,841	0+		7,60E+05	92	142	U	234,0409521	7,601	0+	0,0055	7,74E+12
84	123	Po	206,9815932	7,837	5/2−		2,09E+04	92	143	U	235,0439299	7,591	7/2−	0,72	2,22E+16
84	124	Po	207,9812457	7,839	0+		9,14E+07	92	144	U	236,045568	7,586	0+		7,38E+14
84	125	Po	208,9824304	7,835	1/2−		3,22E+09	92	145	U	237,0487302	7,576	1/2+		5,83E+05
84	126	Po	209,9828737	7,834	0+		1,20E+07	92	146	U	238,0507882	7,570	0+	99,275	1,41E+17
85	122	At	206,9857835	7,814	9/2−		6,48E+03	92	148	U	240,056592	7,552	0+		5,08E+04
85	123	At	207,98659	7,812	6+		5,87E+03	93	141	Np	234,042895	7,590	(0+)		3,80E+05
85	124	At	208,9861731	7,815	9/2−		1,95E+04	93	142	Np	235,0440633	7,587	5/2+		3,42E+07
85	125	At	209,9871477	7,812	5+		2,92E+04	93	143	Np	236,0465696	7,579	(6−)		4,86E+12
85	126	At	210,9874963	7,811	9/2−		2,60E+04	93	143	Np			1(−)		8,10E+04
86	124	Rn	209,9896962	7,797	0+		8,71E+03	93	144	Np	237,0481734	7,575	5/2+		7,38E+14
86	125	Rn	210,9906005	7,794	1/2−		5,26E+04	93	145	Np	238,0509464	7,566	2+		5,83E+05
86	136	Rn	222,0175777	7,694	0+		3,30E+05	93	146	Np	239,052939	7,561	5/2+		2,04E+05
86	138	Rn	224,02409	7,671	0+		6,41E+03	93	147	Np	240,0561622	7,550	(5+)		3,72E+03
88	135	Ra	223,0185022	7,685	3/2+		9,88E+05	94	140	Pu	234,0433171	7,585	0+		3,17E+04
88	136	Ra	224,0202118	7,680	0+		3,16E+05	94	142	Pu	236,046058	7,578	0+		9,01E+07
88	137	Ra	225,0236116	7,668	1/2+		1,29E+06	94	143	Pu	237,0484097	7,571	7/2−		3,91E+06

(continua)

Z	N	Símbolo	m (u)	B (MeV)	Spin	%	τ(s)	Z	N	Símbolo	m (u)	B (MeV)	Spin	%	τ(s)
94	144	Pu	238,0495599	7,568	0+		2,77E+09	97	151	Bk	248,073086	7,491	(6+)		2,84E+08
94	145	Pu	239,0521634	7,560	1/2+		7,60E+11	97	151	Bk			1(−)		8,53E+04
94	146	Pu	240,0538135	7,556	0+		2,07E+11	97	152	Bk	249,0749867	7,486	7/2+		2,76E+07
94	147	Pu	241,0568515	7,546	5/2+		4,53E+08	97	153	Bk	250,0783165	7,476	2−		1,16E+04
94	148	Pu	242,0587426	7,541	0+		1,18E+13	98	148	Cf	246,0688053	7,499	0+		1,29E+05
94	149	Pu	243,0620031	7,531	7/2+		1,78E+04	98	149	Cf	247,0710006	7,493	(7/2+)		1,12E+04
94	150	Pu	244,0642039	7,525	0+		2,55E+15	98	150	Cf	248,0721849	7,491	0+		2,88E+07
94	151	Pu	245,0677472	7,514	(9/2−)		3,78E+04	98	151	Cf	249,0748535	7,483	9/2−		1,11E+10
94	152	Pu	246,0702046	7,507	0+		9,37E+05	98	152	Cf	250,0764061	7,480	0+		4,12E+08
94	153	Pu	247,07407	7,494	1/2+		1,96E+05	98	153	Cf	251,0795868	7,470	1/2+		2,83E+10
95	142	Am	237,049996	7,561	5/2(−)		4,39E+03	98	154	Cf	252,0816258	7,465	0+		8,34E+07
95	143	Am	238,0519843	7,556	1+		5,87E+03	98	155	Cf	253,0851331	7,455	(7/2+)		1,54E+06
95	144	Am	239,0530245	7,554	5/2−		4,28E+04	98	156	Cf	254,0873229	7,449	0+		5,23E+06
95	145	Am	240,0553002	7,547	(3−)		1,83E+05	98	157	Cf	255,091046	7,438	(9/2+)		5,04E+03
95	146	Am	241,0568291	7,543	5/2−		1,36E+10	99	150	Es	249,076411	7,474	7/2(+)		6,12E+03
95	147	Am	242,0595492	7,535	1−		5,77E+04	99	151	Es	250,078612	7,469	(6+)		3,10E+04
95	148	Am	243,0613811	7,530	5/2−		2,32E+11	99	151	Es			1(−)		7,99E+03
95	149	Am	244,0642848	7,521	(6−)		3,64E+04	99	152	Es	251,0799921	7,466	(3/2−)		1,19E+05
95	150	Am	245,0664521	7,515	(5/2)+		7,38E+03	99	153	Es	252,0829785	7,457	(5−)		4,07E+07
96	142	Cm	238,0530287	7,548	0+		8,64E+03	99	154	Es	253,0848247	7,453	7/2+		1,77E+06
96	143	Cm	239,054957	7,543	(7/2−)		1,04E+04	99	155	Es	254,088022	7,444	(7+)		2,38E+07
96	144	Cm	240,0555295	7,543	0+		2,33E+06	99	156	Es	255,0902731	7,438	(7/2+)		3,44E+06
96	145	Cm	241,057653	7,537	1/2+		2,83E+06	99	157	Es			(8+)		2,74E+04
96	146	Cm	242,0588358	7,534	0+		1,41E+07	100	151	Fm	251,081575	7,457	(9/2−)		1,91E+04
96	147	Cm	243,0613891	7,527	5/2+		9,18E+08	100	152	Fm	252,0824669	7,456	0+		9,14E+04
96	148	Cm	244,0627526	7,524	0+		5,71E+08	100	153	Fm	253,0851852	7,448	1/2+		2,59E+05
96	149	Cm	245,0654912	7,516	7/2+		2,68E+11	100	154	Fm	254,0868542	7,445	0+		1,17E+04
96	150	Cm	246,0672237	7,511	0+		1,49E+11	100	155	Fm	255,0899622	7,436	7/2+		7,23E+04
96	151	Cm	247,0703535	7,502	9/2−		4,92E+14	100	156	Fm	256,0917731	7,432	0+		9,46E+03
96	152	Cm	248,0723485	7,497	0+		1,07E+13	100	157	Fm	257,0951047	7,422	(9/2+)		8,68E+06
96	153	Cm	249,0759534	7,486	1/2+		3,85E+03	101	155	Md	256,094059	7,420	(0−,1−)		4,69E+03
96	154	Cm	250,078357	7,479	0+		3,06E+11	101	156	Md	257,0955414	7,418	(7/2−)		1,99E+04
97	146	Bk	243,0630076	7,517	(3/2−)		1,62E+04	101	157	Md	258,0984313	7,410	(8−)		4,45E+06
97	147	Bk	244,0651808	7,511	(1−)		1,57E+04	101	157	Md	256,09360		(1−)		3,60E+03
97	148	Bk	245,0663616	7,509	3/2−		4,27E+05	101	158	Md	259,100509	7,405	(7/2−)		5,76E+03
97	149	Bk	246,0686729	7,503	2(−)		1,56E+05	101	159	Md	260,103652	7,396			2,40E+06
97	150	Bk	247,0703071	7,499	(3/2−)		4,35E+10	103	159	Lr	262,109634	7,374			1,30E+04

Apêndice C

Propriedades dos Elementos

Z — Número de carga (número de prótons no núcleo = número de elétrons)

ρ — Massa específica à temperatura ambiente (20°C = 293,15 K) e pressão normal (1 atmosfera)

m — Peso atômico padrão (massa média ponderada de um átomo, ponderada de acordo com a abundância de cada isótopo)

$T_{fusão}$ — Temperatura do ponto de fusão (ponto de transição entre a fase sólida e a fase líquida)

$T_{ebulição}$ — Temperatura de ebulição (ponto de transição entre a fase líquida e a fase gasosa)

L_f — Calor latente de fusão ou derretimento

L_v — Calor latente de vaporização

E_1 — Energia de ionização (energia necessária para remover o elétron menos ligado de um átomo)

Z	Símbolo	Nome	Configuração eletrônica	ρ(g/cm³)	m(g/mol)	$T_{fusão}$ (K)	$T_{ebulição}$ (K)	L_f (kJ/mol)	L_v (kJ/mol)	E_1(eV)
1	H	Hidrogênio$_{gas}$	$1s^1$	$8,988 \cdot 10^{-5}$	1,00794	14,01	20,28	0,117	0,904	13,5984
2	He	Hélio$_{gas}$	$1s^2$	$1,786 \cdot 10^{-4}$	4,002602	—	4,22	—	0,0829	24,5874
3	Li	Lítio	[He]$2s^1$	0,534	6,941	453,69	1615	3,00	147,1	5,3917
4	Be	Berílio	[He]$2s^2$	1,85	9,012182	1560	2742	7,895	297	9,3227
5	B	Boro	[He]$2s^2 2p^1$	2,34	10,811	2349	4200	50,2	480	8,2980
6	C	Carbono$_{grafite}$	[He]$2s^2 2p^2$	2,267	12,0107	3800	4300	117	710,9	11,2603
7	N	Nitrogênio$_{gas}$	[He]$2s^2 2p^3$	$1,251 \cdot 10^{-3}$	14,0067	63,1526	77,36	0,72	5,56	14,5341
8	O	Oxigênio$_{gas}$	[He]$2s^2 2p^4$	$1,429 \cdot 10^{-3}$	15,9994	54,36	90,20	0,444	6,82	13,6181
9	F	Flúor$_{gas}$	[He]$2s^2 2p^5$	$1,7 \cdot 10^{-3}$	18,998403	53,53	85,03	0,510	6,62	17,4228
10	Ne	Neônio$_{gas}$	[He]$2s^2 2p^6$	$9,002 \cdot 10^{-4}$	20,1797	24,56	27,07	0,335	1,71	21,5645
11	Na	Sódio	[Ne]$3s^1$	0,968	22,989770	370,87	1156	2,60	97,42	5,1391
12	Mg	Magnésio	[Ne]$3s^2$	1,738	24,3050	923	1363	8,48	128	7,6462
13	Al	Alumínio	[Ne]$3s^2 3p^1$	2,70	26,981538	933,47	2792	10,71	294,0	5,9858
14	Si	Silício	[Ne]$3s^2 3p^2$	2,3290	28,0855	1687	3538	50,21	359	8,1517
15	P	Fósforo branco	[Ne]$3s^2 3p^3$	1,823	30,973761	317,3	550	0,66	12,4	10,4867
16	S	Enxofre	[Ne]$3s^2 3p^4$	1,92–2,07	32,065	388,36	717,8	1,727	45	10,3600
17	Cl	Cloro	[Ne]$3s^2 3p^5$	$3,2 \cdot 10^{-3}$	35,453	171,6	239,11	6,406	20,41	12,9676
18	Ar	Argônio	[Ne]$3s^2 3p^6$	$1,784 \cdot 10^{-3}$	39,948	83,80	87,30	1,18	6,43	15,7596
19	K	Potássio	[Ar]$4s^1$	0,89	39,0983	336,53	1032	2,4	79,1	4,3407

(continua)

Z	Símbolo	Nome	Configuração eletrônica	ρ(g/cm³)	m(g/mol)	$T_{fusão}$ (K)	$T_{ebulição}$ (K)	L_f (kJ/mol)	L_v (kJ/mol)	E_1(eV)
20	Ca	Cálcio	[Ar]$4s^2$	1,55	40,078	1115	1757	8,54	154,7	6,1132
21	Sc	Escândio	[Ar]$3d^1 4s^2$	2,985	44,955910	1814	3109	14,1	332,7	6,5615
22	Ti	Titânio	[Ar]$3d^2 4s^2$	4,506	47,867	1941	3560	14,15	425	6,8281
23	V	Vanádio	[Ar]$3d^3 4s^2$	6,0	50,9415	2183	3680	21,5	459	6,7462
24	Cr	Cromo	[Ar]$3d^5 4s^1$	7,19	51,9961	2180	2944	21,0	339,5	6,7665
25	Mn	Manganês	[Ar]$3d^5 4s^2$	7,21	54,938049	1519	2334	12,91	221	7,4340
26	Fe	Ferro	[Ar]$3d^6 4s^2$	7,874	55,845	1811	3134	13,81	340	7,9024
27	Co	Cobalto	[Ar]$3d^7 4s^2$	8,90	58,933200	1768	3200	16,06	377	7,8810
28	Ni	Níquel	[Ar]$3d^8 4s^2$	8,908	58,6934	1728	3186	17,48	377,5	7,6398
29	Cu	Cobre	[Ar]$3d^{10} 4s^1$	8,94	63,546	1357,77	2835	13,26	300,4	7,7264
30	Zn	Zinco	[Ar]$3d^{10} 4s^2$	7,14	65,409	692,68	1180	7,32	123,6	9,3942
31	Ga	Gálio	[Ar]$3d^{10} 4s^2 4p^1$	5,91	69,723	302,9146	2477	5,59	254	5,9993
32	Ge	Germânio	[Ar]$3d^{10} 4s^2 4p^2$	5,323	72,64	1211,40	3106	36,94	334	7,8994
33	As	Arsênico	[Ar]$3d^{10} 4s^2 4p^3$	5,727	74,92160	1090	887	24,44	34,76	9,7886
34	Se	Selênio	[Ar]$3d^{10} 4s^2 4p^4$	4,28–4,81	78,96	494	958	6,69	95,48	9,7524
35	Br	Estrôncio	[Ar]$3d^{10} 4s^2 4p^5$	3,1028	79,904	265,8	332,0	10,571	29,96	11,8138
36	Kr	Criptônio$_{gas}$	[Ar]$3d^{10} 4s^2 4p^6$	$3,749 \cdot 10^{-3}$	83,798	115,79	119,93	1,64	9,08	13,9996
37	Rb	Rubídio	[Kr]$5s^1$	1,532	85,4678	312,46	961	2,19	75,77	4,1771
38	Sr	Bromo$_{liquido}$	[Kr]$5s^2$	2,64	87,62	1050	1655	7,43	136,9	5,6949
39	Y	Ítrio	[Kr]$4d^1 5s^2$	4,472	88,90585	1799	3609	11,42	365	6,2173
40	Zr	Zircônio	[Kr]$4d^2 5s^2$	6,52	91,224	2128	4682	14	573	6,6339
41	Nb	Nióbio	[Kr]$4d^4 5s^1$	8,57	92,90638	2750	5017	30	689,9	6,7589
42	Mo	Molibdênio	[Kr]$4d^5 5s^1$	10,28	95,94	2896	4912	37,48	617	7,0924
43	Tc	Tecnécio	[Kr]$4d^5 5s^2$	11	(98)	2430	4538	33,29	585,2	7,28
44	Ru	Rutênio	[Kr]$4d^7 5s^1$	12,45	101,07	2607	4423	38,59	591,6	7,3605
45	Rh	Ródio	[Kr]$4d^8 5s^1$	12,41	102,90550	2237	3968	26,59	494	7,4589
46	Pd	Paládio	[Kr]$4d^{10}$	12,023	106,42	1828,05	3236	16,74	362	8,3369
47	Ag	Prata	[Kr]$4d^{10} 5s^1$	10,49	107,8682	1234,93	2435	11,28	250,58	7,5762
48	Cd	Cádmio	[Kr]$4d^{10} 5s^2$	8,65	112,411	594,22	1040	6,21	99,87	8,9938
49	In	Índio	[Kr]$4d^{10} 5s^2 5p^1$	7,31	114,818	429,7485	2345	3,281	231,8	5,7864
50	Sn	Estanho	[Kr]$4d^{10} 5s^2 5p^2$	7,365	118,710	505,08	2875	7,03	296,1	7,3439
51	Sb	Antimônio	[Kr]$4d^{10} 5s^2 5p^3$	6,697	121,760	903,78	1860	19,79	193,43	8,6084
52	Te	Telúrio	[Kr]$4d^{10} 5s^2 5p^4$	6,24	127,60	722,66	1261	17,49	114,1	9,0096
53	I	Iodo	[Kr]$4d^{10} 5s^2 5p^5$	4,933	126,90447	386,85	457,4	15,52	41,57	10,4513
54	Xe	Xenônio$_{gas}$	[Kr]$4d^{10} 5s^2 5p^6$	$5,894 \cdot 10^{-3}$	131,293	161,4	165,03	2,27	12,64	12,1298
55	Cs	Césio	[Xe]$6s^1$	1,93	132,90545	301,59	944	2,09	63,9	3,8939
56	Ba	Bário	[Xe]$6s^2$	3,51	137,327	1000	2170	7,12	140,3	5,2117
57	La	Lantânio	[Xe]$5d^1 6s^2$	6,162	138,9055	1193	3737	6,20	402,1	5,5769
58	Ce	Cério	[Xe]$4f^1 5d^1 6s^2$	6,770	140,116	1068	3716	5,46	398	5,5387
59	Pr	Praseodímio	[Xe]$4f^3 6s^2$	6,77	140,90765	1208	3793	6,89	331	5,473
60	Nd	Neodímio	[Xe]$4f^4 6s^2$	7,01	144,24	1297	3347	7,14	289	5,5250
61	Pm	Promécio	[Xe]$4f^5 6s^2$	7,26	(145)	1315	3273	7,13	289	5,582

Z	Símbolo	Nome	Configuração eletrônica	ρ(g/cm^3)	m(g/mol)	$T_{fusão}$ (K)	$T_{ebulição}$ (K)	L_f (kJ/mol)	L_v (kJ/mol)	E_1(eV)
62	Sm	Samário	[Xe]$4f^6 6s^2$	7,52	150,36	1345	2067	8,62	165	5,6437
63	Eu	Európio	[Xe]$4f^7 6s^2$	5,264	151,964	1099	1802	9,21	176	5,6704
64	Gd	Gadolíneo	[Xe]$4f^7 5d^1 6s^2$	7,90	157,25	1585	3546	10,05	301,3	6,1498
65	Tb	Térbio	[Xe]$4f^9 6s^2$	8,23	158,92534	1629	3503	10,15	293	5,8638
66	Dy	Disprósio	[Xe]$4f^{10} 6s^2$	8,540	162,500	1680	2840	11,06	280	5,9389
67	Ho	Hólfio	[Xe]$4f^{11} 6s^2$	8,79	164,93032	1734	2993	17,0	265	6,0215
68	Er	Érbio	[Xe]$4f^{12} 6s^2$	9,066	167,259	1802	3141	19,90	280	6,1077
69	Tm	Túlio	[Xe]$4f^{13} 6s^2$	9,32	168,93421	1818	2223	16,84	247	6,1843
70	Yb	Itérbio	[Xe]$4f^{14} 6s^2$	6,90	173,04	1097	1469	7,66	159	6,2542
71	Lu	Lutércio	[Xe]$4f^{14} 5d^1 6s^2$	9,841	174,967	1925	3675	22	414	5,4259
72	Hf	Háfnio	[Xe]$4f^{14} 5d^2 6s^2$	13,31	178,49	2506	4876	27,2	571	6,8251
73	Ta	Tântalo	[Xe]$4f^{14} 5d^3 6s^2$	16,69	180,9479	3290	5731	36,57	732,8	7,5496
74	W	Tungstênio	[Xe]$4f^{14} 5d^4 6s^2$	19,25	183,84	3695	5828	52,31	806,7	7,8640
75	Re	Rênio	[Xe]$4f^{14} 5d^5 6s^2$	21,02	186,207	3459	5869	60,3	704	7,8335
76	Os	Ósmio	[Xe]$4f^{14} 5d^6 6s^2$	22,61	190,23	3306	5285	57,85	738	8,4382
77	Ir	Irídio	[Xe]$4f^{14} 5d^7 6s^2$	22,56	192,217	2739	4701	41,12	563	8,9670
78	Pt	Platina	[Xe]$4f^{14} 5d^9 6s^1$	21,45	195,078	2041,4	4098	22,17	469	8,9588
79	Au	Ouro	[Xe]$4f^{14} 5d^{10} 6s^1$	19,3	196,96655	1337,33	3129	12,55	324	9,2255
80	Hg	Mercúrio	[Xe]$4f^{14} 5d^{10} 6s^2$	13,534	200,59	234,32	629,88	2,29	59,11	10,4375
81	Tl	Tálio	[Xe]$4f^{14} 5d^{10} 6s^2 6p^1$	11,85	204,3833	577	1746	4,14	165	6,1082
82	Pb	Chumbo	[Xe]$4f^{14} 5d^{10} 6s^2 6p^2$	11,34	207,2	600,61	2022	4,77	179,5	7,4167
83	Bi	Bismuto	[Xe]$4f^{14} 5d^{10} 6s^2 6p^3$	9,78	208,98038	544,7	1837	11,30	151	7,2855
84	Po	Polônio	[Xe]$4f^{14} 5d^{10} 6s^2 6p^4$	9,320	(209)	527	1235	13	102,91	8,414
85	At	Astato	[Xe]$4f^{14} 5d^{10} 6s^2 6p^5$	?	(210)	?	?	?	?	?
86	Rn	Radônio	[Xe]$4f^{14} 5d^{10} 6s^2 6p^6$	$9,73 \cdot 10^{-3}$	(222)	202	211,3	3,247	18,10	10,7485
87	Fr	Frâncio	[Rn]$7s^1$	1,87	(223)	~300	~950	~2	~65	4,0727
88	Ra	Rádio	[Rn]$7s^2$	5,5	(226)	973	2010	8,5	113	5,2784
89	Ac	Actínio	[Rn]$6d^1 7s^2$	10	(227)	1323	3471	14	400	5,17
90	Th	Tório	[Rn]$6d^2 7s^2$	11,7	232,0381	2115	5061	13,81	514	6,3067
91	Pa	Protactínio	[Rn]$5f^2 6d^1 7s^2$	15,37	231,03588	1841	~4300	12,34	481	5,89
92	U	Urânio	[Rn]$5f^3 6d^1 7s^2$	19,1	238,02891	1405,3	4404	9,14	417,1	6,1941
93	Np	Netúnio	[Rn]$5f^4 6d^1 7s^2$	20,45	(237)	910	4273	3,20	336	6,2657
94	Pu	Plutônio	[Rn]$5f^6 7s^2$	19,816	(244)	912,5	3505	2,82	333,5	6,0260
95	Am	Américio	[Rn]$5f^7 7s^2$	12	(243)	1449	2880	14,39	238,5	5,9738
96	Cm	Cúrio	[Rn]$5f^7 6d^1 7s^2$	13,51	(247)	1613	3383	~15	?	5,9914
97	Bk	Berquélio	[Rn]$5f^9 7s^2$	~14	(247)	1259	?	?	?	6,1979
98	Cf	Califórnio	[Rn]$5f^{10} 7s^2$	15,1	(251)	1173	1743	?	?	6,2817
99	Es	Einsteínio	[Rn]$5f^{11} 7s^2$	8,84	(252)	1133	?	?	?	6,42
100	Fm	Férmio	[Rn]$5f^{12} 7s^2$	?	(257)	1800	?	?	?	6,50
101	Md	Mendelévio	[Rn]$5f^{13} 7s^2$	?	(258)	1100	?	?	?	6,58
102	No	Nobélio	[Rn]$5f^{14} 7s^2$	?	(259)	?	?	?	?	6,65

(continua)

Z	Símbolo	Nome	Configuração eletrônica	ρ(g/cm^3)	m(g/mol)	$T_{fusão}$ (K)	$T_{ebulição}$ (K)	L_f (kJ/mol)	L_v (kJ/mol)	E_1(eV)
103	Lr	Laurêncio	[Rn]$5f^{14}7s^27p^1$	?	(262)	?	?	?	?	4,9
104	Rf	Rutherfódio	[Rn]$5f^{14}6d^27s^2$	?	(261)	?	?	?	?	6
105	Db	Dúbnio	[Rn]$5f^{14}6d^37s^2$	?	(262)	?	?	?	?	?
106	Sg	Seabórgio	[Rn]$5f^{14}6d^47s^2$	?	(266)	?	?	?	?	?
107	Bh	Bório	[Rn]$5f^{14}6d^57s^2$	?	(264)	?	?	?	?	?
108	Hs	Hássio	[Rn]$5f^{14}6d^67s^2$	?	(277)	?	?	?	?	?
109	Mt	Meitnério	[Rn]$5f^{14}6d^77s^2$	?	(276)	?	?	?	?	?
110	Ds	Darmstádio	*[Rn]$5f^{14}6d^97s^1$	?	(281)	?	?	?	?	?
111	Rg	Roentgênio	*[Rn]$5f^{14}6d^97s^2$	?	(280)	?	?	?	?	?
112			*[Rn]$5f^{14}6d^{10}7s^2$	?	(285)	?	?	?	?	?
113			*[Rn]$5f^{14}6d^{10}7s^27p^1$	?	(284)	?	?	?	?	?
114			*[Rn]$5f^{14}6d^{10}7s^27p^2$	?	(289)	?	?	?	?	?
115			*[Rn]$5f^{14}6d^{10}7s^27p^3$	?	(288)	?	?	?	?	?
116			*[Rn]$5f^{14}6d^{10}7s^27p^4$	?	(293)	?	?	?	?	?
118			*[Rn]$5f^{14}6d^{10}7s^27p^6$	?	(294)	?	?	?	?	?

*Previsto

(Isótopo de vida mais longa)

Respostas das Questões e dos Problemas Selecionados

Capítulo 1: Visão Geral

Múltipla escolha
1.1 c. 1.3 d. 1.5 a. 1.7 b. 1.9 c.

Problemas
1.29 (a) Três. (b) Quatro. (c) Um. (d) Seis. (e) Um. (f) Dois. (g) Três. 1.31 6,34. 1.33 $1 \cdot 10^{-7}$ cm. 1.35 $1{,}94822 \cdot 10^6$ polegadas. 1.37 $1 \cdot 10^6$ mm. 1.39 1 μPa. 1.41 2420 cm². 1.43 356,000 km = 221000 milhas; 407,000 km = 25.3000 milhas. 1.45 $x_{\text{total}} = 5 \cdot 10^{-1}$ m; $x_{\text{med}} = 9 \cdot 10^{-2}$ m.
1.47 120 millifurlongs/microfortnight. 1.49 76 vezes a área da superfície da Terra. 1.51 1,56 barril é equivalente a $1{,}10 \cdot 10^4$ polegadas cúbicas. 1.53 (a) $V_S = 1{,}41 \times 10^{27}$ m³. (b) $V_E = 1{,}08 \times 10^{21}$ m³. (c) $\rho_S = 1{,}41 \times 10^3$ kg/m³. (d) $\rho_E = 5{,}52 \times 10^3$ kg/m³.
1.55 100 cm. 1.57 $\Delta x = 20$ m e $\Delta y = 30$ m.
1.59 $\vec{A} = 2{,}5\hat{x} + 1{,}5\hat{y}$
$\vec{B} = 5{,}5\hat{x} - 1{,}5\hat{y}$
$\vec{C} = -6\hat{x} - 3\hat{y}$
1.61 (2,–3). 1.63 $\vec{D} = 2\hat{x} - 3\hat{y}$
1.65 $\vec{A} = 65\hat{x} + 38\hat{y}$, $\vec{B} = -57\hat{x} + 20\hat{y}$, $\vec{C} = -15\hat{x} - 20\hat{y}$, $\vec{D} = 80\hat{x} - 41\hat{y}$.
1.67 3,27 km. 1.69 $-20\hat{x} + 50\hat{y} - 3\hat{z}$, comprimento de 60 passos.
1.71 $f = 16°$, $\alpha = 41°$ e $\theta = 140°$.

Problemas adicionais
1.73 $2 \cdot 10^8$. 1.75 $|\vec{A}| = 58{,}3$ m, $|\vec{B}| = 58{,}3$ m.
1.77

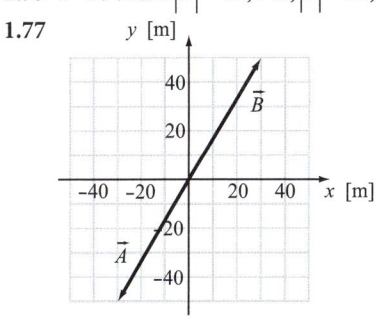

$|\vec{A}| = 58{,}3$ m, $|\vec{B}| = 58{,}3$ m.
1.79 63,7 m a –57,1° ou 303° (ângulos equivalentes). 1.81 $\vec{A}$ = 63,3 a 68,7°; $\vec{B}$ = 175 a –59,0°. 1.83 446 a 267°. 1.85 (a) $1{,}70 \cdot 10^3$ a 295,9°. (b) $1{,}61 \cdot 10^3$ a 292°. 1.87 1000 N. 1.89 (a) 125 milhas. (b) 240° ou –120° (a partir do eixo x positivo ou E). (c) 167 milhas. 1.91 4 km a 20° noroeste. 1.93 $5{,}62 \cdot 10^7$ km. 1.95 9629 polegadas. 1.97 $1{,}4 \cdot 10^{11}$ m, 18° a partir do Sol.

Capítulo 2: Movimento em Linha Reta

Múltipla escolha
2.1 e. 2.3 c. 2.5 e. 2.7 d. 2.9 a.

Problemas
2.25 distância = $7 \cdot 10^4$ m; deslocamento = $3 \cdot 10^4$ metros para o sul. 2.27 0 m/s. 2.29 (a) 4 m/s. (b) –0,2 m/s. (c) 1 m/s. (d) 2 : 1. (e) [–5,–4], [1,2] e [4,5]. 2.31 4,0 m/s. 2.33 velocidade escalar média: 40 m/s; velocidade média: 30 m/s. 2.35 2,4 m/s² no sentido oposto. 2.37 10,0 m/s². 2.39 $-1{,}0 \cdot 10^2$ m/s². 2.41 (a) 650 m/s. (b) 0,66 s e –0,98 s. (c) 8,3 m/s².
(d)

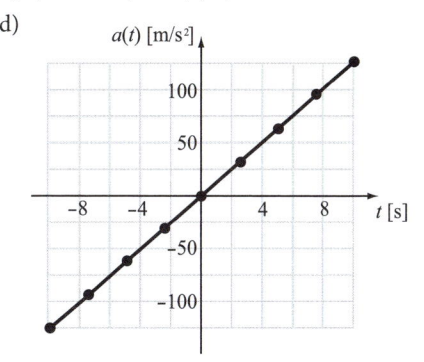

2.43 –1200 cm. 2.45 $x = 23$ m. 2.47 $x = 18$ m. 2.49 (a) Em 4,00 s, o deslocamento é 20. m/s. Em 14,0 s, o deslocamento é 12 m/s. (b) 230 m. 2.51 (a) 17,7 s. (b) –1,08 m/s². 2.53 33,3 m/s. 2.55 20,0 m. 2.57 (a) 2,50 m/s. (b) 10,0 m. 2.59 (a) 5,1 m/s. (b) 3,8 m. 2.61 2,33 s. 2.63 $v_{\frac{1}{2}y} = \sqrt{gy}$. 2.65 (a) 20 s. (b) 0,8 m/s².
2.67 (a) 60 m. (b) 8 s. 2.69 (a) 0,97 s. (b) $t_M = 1{,}6 t_E$. (c) 4,6 m.
2.71 29 m/s. 2.73 (a) 3,52 s. (b) 0,515 s.

Problemas adicionais
2.75 395 m. 2.77 2,85 s. 2.79 40 m. 2.81 (a) 30 m. (b) –4 m/s. 2.83 Os trens colidem. 2.85 570 m. 2.87 290 m/s. 2.89 (a) 2,46 m/s². (b) 273 m. 2.91 (a) $v = 1{,}7 \cos(0{,}46t/\text{s} - 0{,}31)$ m/s $- 0{,}2$ m/s, $a = (-0{,}80 \sin(0{,}46t/\text{s} - 0{,}31)$ m/s². (b) 0,67 s, 7,5 s, 14 s, 21 s e 28 s. 2.93 (a) 18 horas.

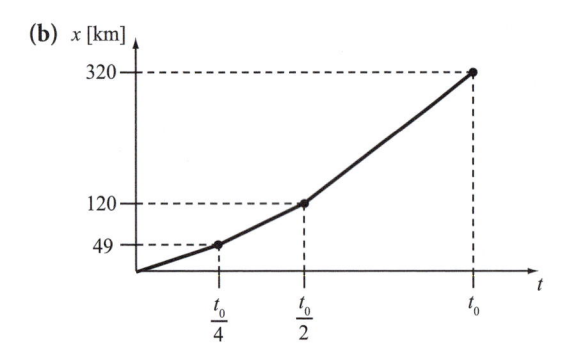

(b) [graph: x [km] vs t, with points at (t₀/4, 49), (t₀/2, 120), (t₀, 320)]

2.95 (a) 37,9 m/s. (b) –26,8 m/s. (c) 1,13 s. **2.97** 692 m.

Capítulo 3: Movimento em Duas e Três Dimensões

Múltipla escolha
3.1 c. **3.3** d. **3.5** c. **3.7** a. **3.9** a. **3.11** a. **3.13** a.

Problemas
3.33 2,8 m/s. **3.35** 3 km 68° noroeste. **3.37** (a) 174 m. (b) 21,8 m/s, 44,6° nordeste. **3.39** 30 m/s horizontalmente e 20 m/s verticalmente. **3.41** 4,69 s. **3.43** 4:1. **3.45** (a) 7,3 m. (b) 9,1 m/s. **3.47** 7 m. **3.49** (a) 60 m. (b) 75°. (c) 31 m. **3.51** inicial: 20 m/s a 50°; final: 20 m/s a 30°. **3.53** 81 m/s. **3.55** 3 m/s. **3.57** 5. **3.59** (a) 60 m/s. (b) 60 m/s. **3.61** 14,3 s. **3.63** 3,94 m/s. **3.65** (a) 17,7°. (b) 7,62 s. (c) 0°. (d) 7,26 s. (e) $(0,0001\hat{x} + 5,33\hat{y})$ m/s. **3.67** 95,4 m/s.

Problemas adicionais
3.69 26,0 m/s. **3.71** 25° abaixo da horizontal. **3.73** helicóptero: 10 m/s; caixa: 100 m/s. **3.75** 40 m/s a 80° acima da horizontal. **3.77** 7. **3.79** 9,07 s. **3.81** 1 m/s². **3.83** 2,7 s. **3.85** (a) 19 m. (b) 2,0 s. **3.87** Não. Assim que o ladrão atingir um deslocamento horizontal de 5,5 m, ele terá caído 8,4 m a partir do primeiro terraço e não conseguirá atingir o segundo. **3.89** (a) Sim. (b) 49,0 m/s a 57,8° acima da horizontal. **3.91** 9,2 m/s. **3.93** 9 km antes do alvo; a janela de oportunidade é 0,2 s. **3.95** (a) 80 m/s a 50° abaixo da horizontal. (b) 200 m. (c) 60 m/s a 40° abaixo da horizontal.

Capítulo 4: Força

Múltipla escolha
4.1 d. **4.3** d. **4.5** a. **4.7** c. **4.9** a. **4.11** b.

Problemas
4.23 (a) 0,167 N. (b) 0,102 kg. **4.25** 229 lb. **4.27** 4,32 m/s². **4.29** (a) 21,8 N. (b) 14,0 N. (c) 7,84 N. **4.31** 183 N. **4.33** (a) 1,1 m/s². (b) 4,4 N. **4.35** m_3 = 0,050 kg; θ = 220°. **4.37** (a) 400 N. (b) 500 N. **4.39** (a) 3 m/s². (b) 0,3 N. **4.41** 49,2°. **4.43** (a) 500 N. (b) 400 N. **4.45** Esquerda: 44 N; direita: 57 N. **4.47** 0,69 m/s² para baixo. **4.49** 280 N. **4.51** 807 N. **4.53** 80 m. **4.55** 5,84 m/s. **4.57** (a) 300 N. (b) 500 N. (c) Inicialmente, a força de atrito é 506 N. Após o refrigerador estar em movimento, a força de fricção é a força de atrito cinético, 407 N. **4.59** 18 m/s. **4.61** 2,30 m/s². **4.63** 4,56 m/s².

Problemas adicionais
4.65 (a) 4,22 m/s². (b) 26,7 m. **4.67** (a) 59 N. (b) 77 N. **4.69** 2,45 m/s². **4.71** (a) 243 N. (b) 46,4 N. (c) 3,05 m/s. **4.73** 1,40 m/s². **4.75** 6800 N. **4.77** (a) 30 N. (b) 0,75. **4.79** 9,2°. **4.81** (a) 1,69 · 10^{-5} kg/m. (b) 0,0274 N. **4.83** (a) 19 N. (b) a_1 = 6,1 m/s²; a_2 = 2,5 m/s². **4.85** 1,72 m/s². **4.87** (a) a_1 = 5,2 m/s²; a_2 = 3,4 m/s². (b) 35 N. **4.89** (a) 32,6°. (b) 243 N. **4.91** (a) 3,34 m/s². (b) 6,57 m/s².

Capítulo 5: Energia Cinética, Trabalho e Potência

Múltipla escolha
5.1 c. **5.3** b. **5.5** e. **5.7** c. **5.9** b.

Problemas
5.15 (a) 4,50 · 10^3 J. (b) 1,80 · 10^2 J. (c) 9,00 · 10^2 J. **5.17** 4 · 10^6 J. **5.19** 10 m/s. **5.21** 3,50 · 10^3 J. **5.23** –9,52 m/s. **5.25** 8 J. **5.27** 5 · 10^2 J. **5.29** 1,25 J. **5.31** 0,1. **5.33** 44 m/s. **5.35** 16 J. **5.37** (a) 2000 J. (b) 60 m/s. **5.39** 2,40 · 10^4 N/m. **5.41** 17,6 m/s. **5.43** 3,43 m/s. **5.45** 2,00 · 10^6 W; A potência gasta pelo carro. **5.47** 450 W. **5.49** 3 · 10^4 J.

Problemas adicionais
5.51 9,12 kJ. **5.53** 42 kW = 56 hp. **5.55** 63 hp. **5.57** 44 m/s. **5.59** 5,1 m/s. **5.61** 25 N. **5.63** 366 kJ. **5.65** 20 m/s. **5.67** 35,3°.

Capítulo 6: Energia Potencial e Conservação de Energia

Múltipla escolha
6.1 a. **6.3** e. **6.5** d. **6.7** d. **6.9** a.

Problemas
6.27 29 J. **6.29** 0,0869 J. **6.31** 2 · 10^6 J. **6.33** 12 J. **6.35** (a) $F(y) = 2by - 3ay^2$. (b) $F(y) = -cU_0\cos(cy)$. **6.37** 10 m/s. **6.39** 19 m/s. **6.41** (a) 8,7 J. (b) 18 m/s. **6.43** 30 m/s. **6.45** (a) 1 J. (b) 0 J. **6.47** (a) 4 J. (b) 3 m/s. **6.49** 5 m/s. **6.51** 16,9 kJ. **6.53** 39 kJ. **6.55** 8 J. **6.57** (a) 8,9 m/s. (b) 4,1 m/s. (c) –8,9 J. **6.59** x = 40 m, y = 24 m. **6.61** (a) 16 m/s. (b) 12 m/s. (c) 2,0 · 10^{-1} m; 6,7 m.

Problemas adicionais
6.63 41,0 · 10^4 J. **6.65** 2,0 · 10^8 J. **6.67** 500 J. **6.69** 1,6 m. **6.71** 3,8 m/s. **6.73** 8,85 m/s. **6.75** 1,27 · 10^2 m. **6.77** 2,21 kJ. **6.79** (a) –1 · 10^{-1} J (perdido por atrito). (b) 1 · 10^2 N/m. **6.81** (a) 12 J. (b) 9,4 J. (c) 12 J. (d) por um fator de 1/4. (e) por um fator de 1/4. **6.83** (a) 2,5 J. (b) 2,2 m/s. (c) 22 cm. **6.85** (a) $\dfrac{v}{\mu_k g}$ (b) $\dfrac{v^2}{2\mu_k g}$ (c) $mv^2/2$. (d) $-mv^2/2$. **6.87** (a) 700 J. (b) 700 J. (c) 700 J. (d) 0 J. (e) 0 J.

Capítulo 7: Momento e Colisões

Múltipla escolha
7.1 b. **7.3** b, d. **7.5** e. **7.7** c. **7.9** c.

Problemas

7.21 (a) 1,5. (b) 1,0. **7.23** $p_x = 3{,}51$ kg m/s, $p_y = 5{,}61$ kg m/s.
7.25 $3 \cdot 10^4$ N, 0,87 s. **7.27** (a) 700 N s oposto a v. (b) 700 N s oposto a v. (c) 100 kg m/s oposto a v. **7.29** 0,01 m/s; 2 m/s; 10 m/s; 800 meses. **7.31** (a) $3{,}2 \cdot 10^9$ m/s. (b) $5{,}5 \cdot 10^7$ m/s. **7.33** (a) −810. m/s. (b) 43,0 km. **7.35** 4,77 m/s. **7.37** −0,22 m/s. **7.39** 1 m/s. **7.41** 20 m/s um ângulo de 40° acima da horizontal. **7.43** −34,5 km/s. **7.45** $v_B = 0{,}4$ m/s, $v_A = -1$ m/s.

7.47 Posição-Tempo:

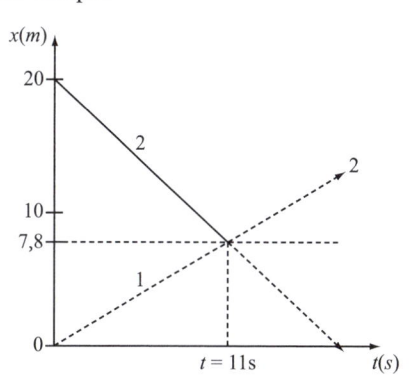

Velocidade-Tempo

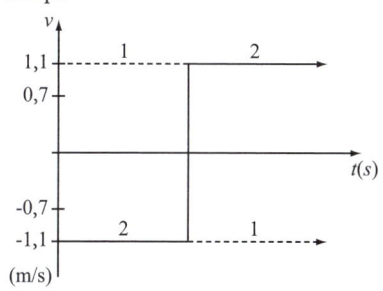

Força-Tempo

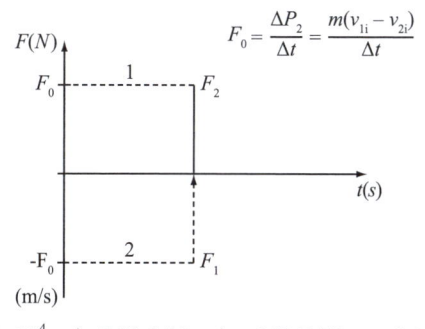

$$F_0 = \frac{\Delta P_2}{\Delta t} = \frac{m(v_{1i} - v_{2i})}{\Delta t}$$

7.49 $3{,}94 \cdot 10^4$ m/s. **7.51** 0,93 m/s; −24°. **7.53** $v_{1f} = 5{,}8 \cdot 10^2$ m/s na direção y positiva e $v_{2f} = 4{,}2 \cdot 10^2$ m/s a 36° abaixo do eixo x positivo. **7.55** Betty: 206 J; Sally: 121 J; A razão K_f/K_i não é igual a um, então a colisão é inelástica. **7.57** 6,0 m/s. **7.59** carro pequeno: −48g; carro grande: 16g. **7.61** 42 m/s. **7.63** 7 m/s.

7.65

Objeto	h_i [cm]	h_f [cm]	ϵ
Bola de golfe	85,0	62,6	0,858
Bola de tênis	85,0	43,1	0,712
Bola de bilhar	85,0	54,9	0,804
Bola de handebol	85,0	48,1	0,752
Bola de madeira	85,0	30,9	0,603
Rolimã de aço	85,0	30,3	0,597
Bola de gude	85,0	36,8	0,658
Bola de borracha	85,0	58,3	0,828
Bola de plástico dura e oca	85,0	40,2	0,688

7.67 40,7°. **7.69** 0,7 m. **7.71** $\epsilon = 0{,}69$, $K_f/K_i = 0{,}61$.

Problemas adicionais

7.73 (a) 0,63 m/s. (b) No. **7.75** 2 s. **7.77** $2{,}99 \cdot 10^5$ m/s. **7.79** −0,190 m/s. **7.81** 52400 N; 97.0g. **7.83** 30 kg m/s. **7.85** O vetor momento da formação é 0,09 kg m/s $\hat{x}$ + 3 kg m/s $\hat{y}$. O pássaro de 115 g teria uma velocidade de a 2° nordeste. **7.87** (a) A distância entre a primeira bola e o bolim é 2,0 m e a distância entre a segunda bola e o bolim é 1,7 m. (b) A distância entre a primeira bola e o bolim é 0,98 m e a distância entre a segunda bola e o bolim é 0,76 m. **7.89** A velocidade é na direção 10° abaixo da horizontal. **7.91** 15,9°.

7.93

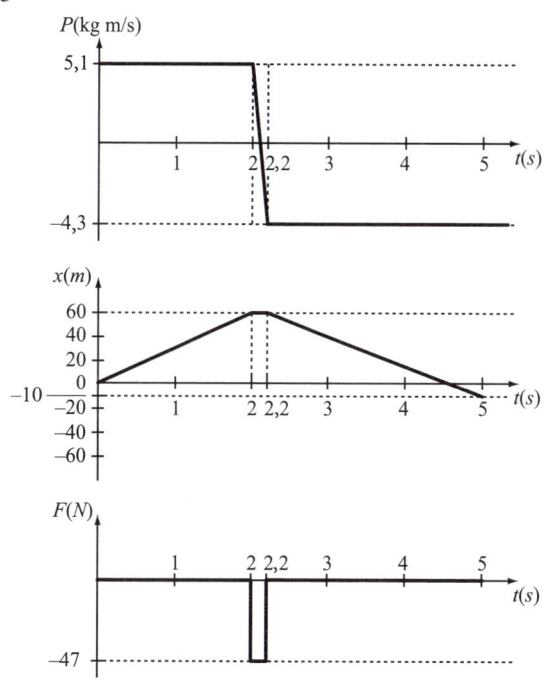

7.95 Pelo menos quatro chaves. Chaveiro: 0,12 m/s; telefone: 0,92 m/s. **7.97** 22 m/s a 0,22° à direita da direção inicial. **7.99** 1,37 N; 0,20 s. **7.101** (a) −(14.9 m/s) $\hat{x}$. (b) $E_{mec,f} = E_{mec,i} = 14{,}1$ kJ. **7.103** (a) 1,7 m/s. (b) 100°. **7.105** $1{,}16 \cdot 10^{-25}$ kg.

Capítulo 8: Sistemas de Partículas e Corpos Extensos

Múltipla escolha

8.1 c. **8.3** d. **8.5** e. **8.7** b. **8.9** b. **8.11** a.

Problemas

8.25 (a) 4670 km. (b) 742.200 km. **8.27** (−0,5 m, −2 m). **8.29** (a) $2{,}5\hat{x}$ m/s. (b) Antes da colisão, $\vec{v}'_t = 1{,}5\hat{x}$ m/s e $\vec{v}'_c = -2{,}5\hat{x}$ m/s. Após a colisão, $\vec{v}'_t = -1{,}5\hat{x}$ m/s e $\vec{v}'_c = 2{,}5\hat{x}$ m/s e em relação ao centro de massa. **8.31** (a) −1 m/s (para a esquerda). (b) 1 m/s (para a direita). (c) −1 m/s (para a esquerda). (d) 2 m/s (para a direita). **8.33** 0,006c. **8.35** 100 N na direção da velocidade da água. **8.37** (a) $J_{spec, mod}$ = 80 s. (b) $J_{spec, qui}$ = 408 s, $J_{spec, mod}$ = 0,2$J_{spec, qui}$. **8.39** 5,52 h. **8.41** (a) 11100 kg/s. (b) 1,63 · 10^4 m/s. (c) 88,4 m/s². **8.43** (20 cm,20 cm). **8.45** (6,67 cm, 11,5 cm). **8.47** (0,26 $\hat{x}$ + 0,12 $\hat{y}$) m. **8.49** $\frac{11x_0}{9}$.

Problemas adicionais

8.51 6,5 · 10^{-11} m. **8.53** 0,14 ft/s no sentido contrário aos disparos dos canhões. **8.55** (a) 0,87 m/s. (b) 55 J. **8.57** 9 m/s horizontalmente. **8.59** 4,1 km/s. **8.61** (a) 2 m/s². (b) 30 m/s². (c) 3000 m/s. **8.63** (12 cm,5 cm).

8.65 $\left(\frac{6a}{8+\pi}, \frac{(4+3\pi)a}{8+\pi} \right)$.

8.67 69,3 s. **8.69** (a) $(-5,0\hat{i} + 12\hat{j})$ kg m/s. (b) $(4,0\hat{i} + 6,0\hat{j})$ kg m/s. (c) $(-9,0\hat{i} + 6,0\hat{j})$ kg m/s. **8.71** 88,2 N.

Capítulo 9: Movimento Circular

Múltipla escolha

9.1 d. **9.3** b. **9.5** c. **9.7** c. **9.9** a. **9.11** a.

Problemas

9.27 $\frac{\pi}{2}$ rad ≈ 1,57 rad. **9.29** 3,07 · 10^6 m a 13,94° abaixo da superfície da Terra. **9.31** (a) 0,7 rad/s². (b) 9 rad. **9.33** Δd_{12} = 4,8 m, Δd_{23} = 3,6 m. **9.35** (a) v_A = 266,44277 m/s, v_B = 266,44396 m/s, na direção da rotação da Terra para leste. Δv = 1,19 mm/s. (b) 1,19 · 10^{-4} rad/s. (c) 14,6 horas. (d) No Equador, não há diferença entre as velocidades em A e B, então o período é $T_R = \infty$. Isto significa que o pêndulo não gira. **9.37** −6,5 rad/s². **9.39** −4,8 rad/s². **9.41** (a) 2,1 · 10^{-1} rad/s. (b) 2,0 · 10^{-2} m/s. (c) ω_1 = 2,0 rad/s²; ω_2 = 4,0 · 10^{-1} rad/s. (d) α_2 = 2,0 · 10^{-2} rad/s²; α_3 = 1,0 · 10^{-2} rad/s². **9.43** (a) 7,0 rad/s. (b) 2,5 rad/s. (c) −2,5 · 10^{-3} rad/s². **9.45** (a) 3 rad. (b) a = 3 m/s², v = 9 m/s, x = 1 m a partir do centro a um ângulo de 3 rad, na direção da aceleração. **9.47** 3,43 · 10^3 N.

9.49 $\Delta t = \sqrt{\frac{d}{2\mu g}}$. **9.51** 9,4 m/s. **9.53** 15°.

9.55 (a) $v = \sqrt{rg\cos\theta\mathrm{sen}\theta}$. (b) $v = \sqrt{rg\cos\theta(\mathrm{sen}\theta + \mu_s \cos\theta)}$. (c) v_{min} = 24,3 m/s, v_{max} = 57,8 m/s.

Problemas adicionais

9.57 (a) 0,52 rad/s. (b) −0,17 rad/s². (c) 1,6 rad m/s². **9.59** (a) 54,3 revoluções. (b) 12,1 rev/s. **9.61** −0,1 rad/s², 2 · 10^4 rad. **9.63** 4,2 rotações. **9.65** 5,93 · 10^{-3} m/s². **9.67** (a) 32,6 s^{-1}. (b) −2,10 s^{-2}. (c) 278 m. **9.69** −80 N. **9.71** (a) 60 m/s², 5 · 10^3 N. (b) 6000 N. **9.73** 51 m. **9.75** (a) 0,5 rad/s². (b) 40 m/s², 0,5 rad/s². (c) 40 m/s² a 2°. **9.77** (a) 5,1 m/s. (b) 740 N.

Capítulo 10: Rotação

Múltipla escolha

10.1 b. **10.3** b. **10.5** c. **10.7** c. **10.9** b. **10.11** b. **10.13** e. **10.15** c.

Problemas

10.35 1,1 · 10^3 kg m². **10.37** (a) A esfera maciça chega à base primeiro. (b) O cubo de gelo se move mais rápido que a esfera maciça na base da inclinação. (c) 5 m/s. **10.41** 5 m. **10.43** 8 m/s². **10.45** (a) 2 N m. (b) 50 rad/s. (c) 200 J. **10.47** (a) 7 · 10^{-2} kg m². (b) 2 s. **10.49** (a) $t_{arremesso}$ = 7,7 s. (b) 5,4 m/s. (c) $t_{arremesso}$ = 7,7 s, 5,4 m/s. **10.51** 3 rad/s². **10.53** (a) 0,577 m. (b) 0,184 m. **10.55** (a) 6,0 rad/s². (b) 150 N m. (c) 1900 rad. (d) 280 kJ. (e) 280 kJ. **10.57** (a) 9,704 · 10^{37} kg m². (b) 3,7 · 10^{24} kg m². (c) 1,2 · 10^{18} kg m². (d) 1,2 · 10^{-20}.

10.59 $\omega = \frac{5J(R-h)^2}{2MR^3}$. (b) $h_0 = \left(\frac{8-\sqrt{44}}{10} \right) R$.

10.61 (a) 0,2 rad/s. (b) 0,9 m/s **10.63** 0,2 rad/s.

Problemas adicionais

10.65 E = 1,01 · 10^7 J, τ = 20000 N m. **10.67** (a) 1,95 · 10^{-46} kg m². (b) 2,06 · 10^{-21} J. **10.69** 29 rad/s. **10.71** 10 m/s. **10.73** 0,34 kg m². **10.75** 4 · 10^4 s. **10.77** (a) 260 kg. (b) −15 N m. (c) 3,6 revoluções. **10.79** c = 0,38.

Capítulo 11: Equilíbrio Estático

Múltipla escolha

11.1 c. **11.3** b. **11.5** a. **11.7** c.

Problemas

11.23 $\frac{1000L - 800x_1}{2x_2}$ N.

11.25 368 N cada. **11.27** 42,1 N sentido horário. **11.29** (a) $6m_1g$. (b) 7/5. **11.31** 300 N; 900 N. **11.33** As forças são: 740 N na extremidade mais longe dos tijolos, 1200 N na extremidade mais perto dos tijolos. As duas forças são para cima. **11.35** 777 N para baixo.

11.37 (a) $\frac{mgl^2}{L\sqrt{L^2+l^2}}$. (b) T. (c) $\frac{T\sqrt{L^2+l^2}}{l}$.

11.39 88,5 N. **11.41** 29 N. **11.43** T = 2000 N; (1000 N,8000 N). **11.45** 30 kg. **11.47** 0,25. **11.49** 32,0°. **11.51** (a) O suporte à direita aplica uma força para cima de 132 N. O suporte à esquerda aplica uma força para cima de 279 N. (b) 2,14 m a partir da extremidade esquerda da tábua. **11.53** (a) 0,206 m. (b) 0,088 m. **11.55** 3 m. **11.57** instável: x_0 = 0; estável: x = ±b. **11.59** A pessoa A pode ficar de pé na extremidade oposta da tábua sem inclíná-la.

Problemas adicionais

11.61 2,5 m. **11.63** 27,0°. **11.65** 3 m. **11.67** 0,7 kg. **11.69** (a) corda: 200 N, cabo: 330 N. (b) f = 690 N. **11.71** m_1 = 0,030 kg, m_2 = 0,030 kg, m_3 = 0,096 kg. **11.73** 99,6 N na corrente direita e 135 N na corrente esquerda. **11.75** (a) 61 N. (b) 13° acima da horizontal.

Capítulo 12: Gravitação

Múltipla escolha
12.1 a. **12.3** c. **12.5** c. **12.7** e. **12.9** a. **12.11** c.

Problemas
12.27 3 mm.

12.29 $x = \dfrac{L}{1+\sqrt{\dfrac{M_2}{M_1}}}$.

12.31 $4 \cdot 10^{-8}$ N na direção y positiva. **12.33** Este peso do objeto no novo planeta é $\sqrt[3]{2}$ o peso do objeto na superfície da Terra. **12.35** (a) 3190 km. (b) 0,055%. **12.37** 1. **12.39** $\sqrt{2}$. **12.43** 2,5 km. **12.45** (a) $4{,}72 \cdot 10^{-5}$ m/s. (b) $1{,}07 \cdot 10^{-7}$ J. **12.47** 7140 s = 1,98 horas.

12.49 (a) $E = \dfrac{1}{2}mv^2 - \dfrac{GMm}{r}$. (b) $E = \dfrac{L^2}{2mr^2} - \dfrac{GMm}{r}$.

(c) $r_{\min} = \dfrac{-GMm + \sqrt{G^2M^2m^2 + \dfrac{2L^2E}{m}}}{2E}$;

$r_{\max} = \dfrac{-GMm - \sqrt{G^2M^2m^2 + \dfrac{2L^2E}{m}}}{2E}$.

(d) $a = -\dfrac{GMm}{2E}$ e $e = \sqrt{1 + \dfrac{2L^2E}{G^2M^2m^3}}$.

12.51 8 km/s, 2 horas. **12.53** antes: 7770 m/s, depois: 8150 m/s. **12.55** (a) 5,908 km. (b) 2,954 km. (c) 8,872 mm. **12.57** (a) $3{,}132 \cdot 10^9$ J. (b) $3{,}121 \cdot 10^9$ J.

Problemas adicionais

12.59 A força sobre a Lua devido ao Sol é $4{,}38 \cdot 10^{20}$ N na direção do Sol. A força sobre a Lua devido à Terra é $1{,}98 \cdot 10^{20}$ N na direção da Lua. A força total sobre a Lua é $2{,}40 \cdot 10^{20}$ N na direção do Sol. **12.61** $3 \cdot 10^{-7}$ N. A razão entre as forças das bolas e o peso das bolas pequenas é $4 \cdot 10^{-8}$:1. **12.63** $2 \cdot 10^{10}$ J. **12.65** $2{,}02 \cdot 10^7$ m. **12.67** (a) $9{,}78m$ N. (b) 30,1° acima da horizontal. (c) $45{,}0° = \dfrac{\pi}{4}$ radianos. **12.69** (a) aumenta em 3,287%. (b) diminui em 3,287%. **12.71** $1{,}9890 \cdot 10^{30}$ kg. **12.73** (a) $6 \cdot 10^4$ m/s, que é muito rápido. A velocidade no Equador da Terra é 120 vezes menor. (b) $3 \cdot 10^{12}$ m/s^2. (c) $3 \cdot 10^{11}$ vezes maior do que a Terra. (d) $3 \cdot 10^6$. (e) $2 \cdot 10^6$ m. **12.75** Para a nova órbita, a distância no periélio é $6{,}72 \cdot 10^3$ km, a distância no afélio é $1{,}09 \cdot 10^4$ km, e o período orbital é $8{,}23 \cdot 10^3$ s = 2,28 horas.

Créditos das Fotos

Panorama

Figura 1: © M. F. Crommie, C. P. Lutz, and D. M. Eigler, IBM Almaden Research Center Visualization Lab, http://www.almaden.ibm.com/vis/stm/images/ stm15.jpg. Image reproduced by permission of IBM Research, Almaden Research Center. Unauthorized use not permitted; **2:** © M. Feig, Michigan State University; **3a-b:** STAR collaboration, Brookhaven National Laboratory; **4:** © CERN; **5:** © Vol. 54 PhotoDisc/Getty Images RF; **6:** Andrew Fruchter (STScI) et al., WFPC2, HST, NASA.

Capítulo 1

Figura 1.1: NASA/JPL-Caltech/L. Allen (Harvard Smithsonian CfA); **1.3:** © Digital Vision/Getty Images RF; **1.4:** © Photograph reproduced with permission of the BIPM; **1.5:** Courtesy NASA/ JPL-Caltech; **1.6:** Courtesy National Institute of Standards and Technology; **1.7a:** © Gemini Observatory-GMOS Team; **1.7b:** © BananaStock/ PunchStock RF; **1.7c:** Dr. Fred Murphy, 1975, Centers for Disease Control and Prevention; **1.8c:** © Hans Gelderblom/Stone/Getty Images; **1.8d:** © Wolfgang Bauer; **1.8e:** © Edmond Van Hoorick/ Getty Images RF; **1.8f:** © Digital Vision/Getty Images RF; **1.8g:** © Gemini Observatory-GMOS Team; **1.8h:** NASA, ESA, and The Hubble Heritage Team (STScI/AURA); Hubble Space Telescope ACS; STScI-PRC05-20; **p. 23:** © Stockbyte/ PunchStock RF; **p. 34:** NASA.

Capítulo 2

Figura 2.1: © Royalty-Free/Corbis; **2.2a-b:** © W. Bauer and G. D. Westfall; **2.8:** © Ted Foxx/Alamy RF; **2.9:** © Ryan McVay/Getty Images RF; **2.17:** © Larry Caruso/WireImage/Getty Images; **2.18, 2.20:** © W. Bauer and G. D. Westfall; **2.21:** © Royalty-Free/Corbis; **2.31-p. 65:** © W. Bauer and G. D. Westfall.

Capítulo 3

Figura 3.1: © Terry Oakley/The Picture Source; **3.3a-c:** © W. Bauer and G. D. Westfall; **3.6:** © David Madison/Photographer's Choice/Getty Images; **3.7, 3.9:** © W. Bauer and G. D. Westfall; **3.13:** © Rim Light/PhotoLink/Getty Images RF; **3.15, 3.18, 3.19:** © W. Bauer and G. D. Westfall; **3.21-3.22:** © Edmond Van Hoorick/Getty Images RF.

Capítulo 4

Figura 4.1: NASA; **4.2a:** © Dex Image/Corbis RF; **4.2b:** © Richard McDowell/Alamy; **4.2c:** Photo by Lynn Betts, USDA Natural Resources Conservation Service; **4.3a:** © PhotoDisc/Getty Images RF; **4.3b:** © W. Cody/Corbis; **4.3c:** © Boston Globe/David L. Ryan/Landov; **4.4:** © W. Bauer and G. D. Westfall; **4.5a:** © Radius Images/Alamy RF; **4.5c:** © The McGraw-Hill Companies, Inc./Joe DeGrandis, photographer; **4.5d:** © W. Bauer and G. D. Westfall; **4.5e:** © Brand X Pictures/PunchStock RF; **4.5f:** © W. Bauer and G. D. Westfall; **4.5g:** R. Stockli, A. Nelson, F. Hasler, NASA/GSFC/NOAA/USGS; **4.6-4.8:** © W. Bauer and G. D. Westfall; **4.9:** © Tim Graham/Getty Images; **4.11a-b:** © Ryan McVay/ Getty Images RF; **4.15a, 4.16a-d, 4.20:** © W. Bauer and G. D. Westfall; **4.21a:** © Digital Vision/ Getty Images RF; **4.21b:** © Brand X Pictures/ JupiterImages RF; **4.22:** Used with permission by D. J. Spaanderman, precision engineer. FOM Institute for Atomic and Molecular Physics, Kruislaan 407, 1098 SJ Amsterdam, the Netherlands.

Capítulo 5

Figura 5.1: NASA/Goddard Space Flight Center Scientific Visualization Studio; **5.2:** © Malcolm Fife/Getty Images RF; **5.3a:** © Bettmann/Corbis; **5.3b:** © Mike Goldwater/Alamy; **5.4a:** © RoyaltyFree/Corbis; **5.4b:** © Geostock/Getty Images RF; **5.5b:** © Cre8tive Studios/Alamy RF; **5.5c:** © Creatas/PunchStock RF; **5.5d:** © Royalty-Free/ Corbis; **5.5e:** © General Motors Corp. Used with permission, GM Media Archives; **5.5f:** Courtesy National Nuclear Security Administration, Nevada Site Office; **5.5g:** © Royalty-Free/Corbis; **5.5h:** NASA, ESA, J. Hester and A. Loll (Arizona State University); **5.16a-c:** © W. Bauer and G. D. Westfall.

Capítulo 6

Figura 6.1, 6.10, 6.11, 6.13a-d, 6.16: © W. Bauer and G. D. Westfall; **6.20:** © Royalty-Free/Corbis; **6.22:** © W. Bauer and G. D. Westfall; **p. 203:** © The Texas Collection, Baylor University, Waco, Texas.

Capítulo 7

Figura 7.1: © Getty Images RF; **7.2a-d:** © Sandia National Laboratories/Getty Images RF; **7.5:** Reproduced by permission of the News-Gazette, Inc. Permission does not imply endorsement; **7.6:** © Photron; **7.7:** © W. Bauer and G. D. Westfall; **p. 215:** © Photron; **7.9a-c, 7.13a-b:** © W. Bauer and G. D. Westfall; **7.19:** © Delacroix/The Bridgeman Art Library/Getty Images; **p. 240 (bola de golfe):** © Stockdisc/PunchStock RF; **p. 240 (bola de basquete):** © PhotoLink/Getty Images RF.

Capítulo 8

Figura 8.1: NASA; **8.9:** © AP Photo; **8.10a-b:** © W. Bauer and G. D. Westfall; **8.11:** © Boeing; **8.14, 8.22a:** © W. Bauer and G. D. Westfall; **8.22b:** © Comstock Images/Alamy RF; **p. 274:** © W. Bauer and G. D. Westfall.

Capítulo 9

Figura 9.1: © EAA Photo by Craig VanderKolk; **9.2:** © Royalty-Free/Corbis; **9.7a-b:** © Baokang Bi, Michigan State University; **9.8:** © The McGraw-Hill Companies, Inc./Mark Dierker, photographer; **9.9:** © W. Bauer and G. D. Westfall; **9.13:** © Andrew Meehan; **9.14a-d, 9.15:** © W.

Bauer and G. D. Westfall; **9.17:** © RoyaltyFree/Corbis; **9.25:** © Patrick Reddy/Getty Images.

Capítulo 10

Figura 10.1: © DreamPictures/Stone/Getty Images; **10.2a:** © Stock Trek/Getty Images RF; **10.2b:** © Gemini Observatory-GMOS Team; **10.13, 10.14, 10.16a-d:** © W. Bauer and G. D. Westfall; **10.17 10.18:** © The McGraw-Hill Companies, Inc./Mark Dierker, photographer; **10.23-10.24:** © W. Bauer and G. D. Westfall; **10.26, 10.28a-b:** © The McGraw-Hill Companies, Inc./Mark Dierker, photographer; **10.29:** © Don Farrall/Getty Images RF; **10.30a-c:** © Otto Greule Jr./Allsport/Getty Images; **10.31:** © T. Bollenbach; **p. 341 (em cima):** © Mark Thompson/Getty Images; **10.33:** © Royalty-Free/Corbis; **10.35:** © W. Bauer and G. D. Westfall.

Capítulo 11

Figura 11.1a: © Digital Vision/Alamy RF; **11.1b:** © Guillaume Paumier/Wikimedia Commons; **11.1c:** © Skyscraper Source Media Inc. http://SkyscraperPage.com; **11.2-11.6a, 11.8a, 11.12a-b:** © W. Bauer and G. D. Westfall; **11.13:** © Scott Olson/Getty Images; **11.14a-b:** © W. Bauer and G. D. Westfall; **11.20:** © Segway, Inc.; **p. 376 (em cima):** © W. Bauer and G. D. Westfall; **p. 376 (embaixo):** © Creatas Images/ JupiterImages RF; **p. 378 (left)-(right):** © W. Bauer and G. D. Westfall.

Capítulo 12

Figura 12.1: © JAXA/NHK; **12.2:** © NASA/JPLCaltech/S. Stolovy (SSC/Caltech); **12.3, 12.7, 12.13a-b:** NASA; **12.14:** U.S. Geological Survey; **12.20:** Courtesy of Prof. Andrea Ghez (UCLA); **12.22:** NASA; **12.27:** © Vera Rubin; **12.28a-b:** Courtesy of NASA, ESA, M. J. Jee and H. Ford (Johns Hopkins University); **12.29:** X-ray: NASA/ CXC/CfA/M.Markevitch et al.; Optical: NASA/ STScI, Magellan/U. Arizona/D.Clowe et al.; Lensing Map: NASA/ STScI; ESO WFI, Magellan/U. Arizona/D. Clowe et al.

Arte

Capítulo 4

Figura 4.22: Figura used with permission by D. J. Spaanderman, precision engineer. FOM Institute for Atomic and Molecular Physics, Kruislaan 407, 1098 SJ Amsterdam, the Netherlands.

Capítulo 7

Figura 7.16: Based on information from DZero collaboration and Fermi National Accelerator Laboratory, Education Office.

Apêndice B

Fonte: David R. Lide (ed.), Norman E. Holden in CRC Handbook of Chemistry and Physics 85th Edition, online version. CRC Press. Boca Raton, Florida (2005). Section 11, Table of the Isotopes.

Apêndice C

Fontes: http://physics.nist.gov/PhysRefData/PerTable/periodic-table.pdf http://www.wikipedia.org/ and Generalic, Eni. "EniG. Periodic Table of the Elements." 31 Mar. 2008. KTF-Split. <http://www.periodni.com/>.

Guardas

Fundamental Constants from National Institute of Standards and Technology, http://physics.nist.gov/ constants. Other Useful Constants from National Institute of Standards and Technology, http://physics.nist.gov/constants.

Índice

Referências a páginas seguidas de f e t remetem a figuras e tabelas, respectivamente.

A

A liberdade guiando o povo (Delacroix), 229, 229f
Aceleração
  angular constante, 294-295
  de um ioiô, 331
  de um praticante de *snowboard*, 113-115, 120-121
  dois blocos conectados por uma corda, 115-116
  em um avião, 73-74
  encontrando deslocamento e velocidade a partir da, 46
  instantânea, 43
  máquina de Atwood, 116-117
  média, 43
  problemas sobre movimento com aceleração constante, 47-55
  radial, 286-287
  segunda lei de Newton e, 108
  soluções por computador e fórmulas de diferenças, 44-45
  tangencial, 286-287
  unidades para, 12
Aceleração angular, 286-287
  arremesso de martelo, 295-296, 296f
  constante, 294-295
  definição, 286
  instantânea, 286
Aceleração centrípeta
  CD *player*, 289
  definição, 287
  devido à rotação da Terra, 289
  ultracentrífuga, 288, 288f
Aceleração constante, 47-55
  aceleração de um carro de corrida de dragster, 50-51
  arremesso de bola direto para cima, 52-53
  decolagem de avião, 48-50
  derivação de equações, 47-48
  equações para, 48
  queda de melão e lançamento de flecha, 54-55
  queda livre, 51-53
  tempo de reação, 53
Aceleração gravitacional
  arremesso de bola direto pra cima, 52-53
  constante, 103, 382-383
  definição, 51
  queda de melão e lançamento de flecha, 54-55
  teste do tempo de reação, 53
  visão geral, 51-52
Acres, 13-14
Aeroporto Metropolitano de Detroit Wayne County (DTW), 77f
Afélio, 396
Aglomerado projétil, 406, 406f
Air bags, 210, 210f
Algarismos significativos, 10-11
Alhena, 386-387
Amontons, Guillaume, 123
Amortecimento como uma força não conservativa, 173
Ampère, abreviação, 11t
Amplitude, molas, 181
Aquathlon, 56-58
Área
  segunda lei de Kepler, 396
Área
  em acres, 13-14
  em hectares, 13-14
  unidades de área de terra, 13-14
  unidades para, 12
Argolas, 110-111
Aristóteles, 107-108
Arremesso de martelo, 295-296, 296f
Asteroides, impacto, 394-395, 395f
Atire no macaco, 75-76, 75f
Átomos
  escala de comprimento para, 15
  massa de, 15
  potencial de Lennard-Jones, 175-177

Atrito cinético
  coeficiente de, 118, 119t
  definição, 118
  snowboard com atrito, 120-121
  visão geral de, 118
Atrito estático
  coeficiente de, 119, 119t
  definição, 119
  visão geral, 118-120
Automóveis
  aceleração de um carro de corrida de dragster, 50-51
  atrito e pneus de carros de corrida, 118, 123
  cintos de segurança/*air bags* e momento, 210, 210f
  coeficiente de arrasto e projeto de, 122
  colisão de dois, 117, 221
  colisão frontal, 221
  colisão múltipla de, 223-224
  corrida da NASCAR, 298-300
  corrida de Fórmula 1, 296-298
  dirigindo na chuva, 87
  flybrid, 340-341
  lubrificantes e motores de carros de corrida, 123
  médias de massa, potência e eficiência de combustível de carros vendidos nos Estados Unidos, 159
  potência para um carro acelerando, 158-159
Aviões
  decolagem de avião (aceleração constante), 48-50
  em vento transversal, 86-87, 86f

B

Becquerel, 12t
Beisebol
  arremessando uma bola de, 79-81
  impulso e *home run* no beisebol, 209
  rebatendo uma bola de, 81
  resistência do ar e, 83-84, 84f
  rotação e, 84

Bíceps, problema de equilíbrio estático, 359-360
Bilhar
  como colisão em três dimensões, 217
  de Sinai, 228
  movimento caótico e, 228-229
Biomassa, 141, 142
Bola, momento angular e, 337-338
Bola de canhão humana, 181-183
Bolas de tênis, rotação e, 83-84
Braço de alavanca, 327
Brahe, Tycho, 395
Bungee jumping, comprimento da corda de, 184
Buraco negro
  no centro da Via Láctea, 382, 399
  ruptura gravitacional de um, 389

C

Calder, Alexander, 355f
Caloria, 144
Candela, 11t
Canhão de recuo, 253-254
Capacitância, símbolo/equivalente/expressão para, 12t
Carga elétrica, símbolo/equivalente/expressão para, 12t
Castor, 386-387
Catapultas, energia mecânica e, 178-180
Cataratas do Niágara, 168f, 169
Cataratas Horseshoe, 168f, 169
Cavalo-vapor, 158
CD
  comprimento da trilha, 282-283
  player, aceleração centrípeta, 289
Células fotovoltaicas, 142
Centrífuga
  a gás, 288
  ultracentrífuga, 288, 288f
Centro de massa, 36
  calculando, 259-266
  combinado para dois corpos, 248-249
  combinado para vários corpos (sistema de partículas), 250-251
  comparado ao centro de gravidade, 248
  coordenadas cilíndricas, 260
  coordenadas esféricas, 260
  de um bastão fino e longo, 265-266
  definição, 247
  do sistema Terra-Lua, 248-249
  movimento de foguetes, 256-259
  movimento geral do, 255-256
  para corpos de uma e de duas dimensões, 264-265
  para uma meia esfera, 263-264
  rotação de um eixo em torno do, 315-316
  visão geral do, 247-248
Ceres, 385

Cilindro
  momento de inércia de um, 315-316, 319-320
  mudança de volume, 22
  volume de um, 17-19, 261-262
Cinemática, 36
Cintos de segurança, 210, 210f
Cinturão de asteroides, 385f, 386
Cinturão de Kuiper, 385, 385f, 386, 400
Coeficiente de arrasto, 122
Colisões
  bilhar e caos, 228-229
  coeficiente de restituição, 227-228
  com paredes, 216, 228
  curling, 218-220
  de dois veículos e leis de Newton, 117
  energia cinética e, 212, 216, 218-220, 222-223
  explosões, 224-225
  física de partículas, 226
  força média sobre uma bola de golfe, 215
  frontais, 221
  massas iguais, 213-214
  momento do centro de massa, 252-253
  pêndulo balístico, 221-222
  um objeto inicialmente em repouso, 214
Colisões elásticas, 210
  coeficiente de restituição, 227-228
  colisão com paredes, 216
  curling, 218-220
  definição, 212
  em duas ou três dimensões, 216-220
  força média sobre uma bola de golfe, 215
  massas iguais, 213-214
  um objeto inicialmente em repouso, 214
  unidimensional, 212-215
Colisões inelásticas
  coeficiente de restituição, 227-228
  explosões, 224-225
  frontais, 221
  parcialmente inelásticas, 227-228
  pêndulo balístico, 221-222
  perfeitamente inelásticas, 210, 220-227
  visão geral de, 220
Colisões perfeitamente inelásticas, 210
  ciência forense e, 222-223
  coeficiente de restituição, 227-228
  decaimento do Radônio, 225-226
  explosões, 224-225
  física de partículas, 226
  frontais, 221
  pêndulo balístico, 221-222
  perda de energia cinética em, 222-223
Competição de cabo de guerra, 109-110
Componentes, de vetores, 25
  adição usando, 26
Compressão, definição, 101
Comprimento de arco, 282
Constante de Planck, 343

Constante elástica
  da força gravitacional, 391
  definição, 154
  determinando, 154-155
Constante gravitacional universal, 383
Conversão
  sistema britânico e, 12-13
  sistema de unidades SI, 12-13
Coordenadas cilíndricas
  definição, 260
  integrais de volume, 261
  volume do cilindro em, 262
Coordenadas esféricas
  definição, 260
  integral de volume, 261
Coordenadas polares
  definição, 280-281
  localizando um ponto com coordenadas cartesianas e polares, 282
  relação com coordenadas cartesianas, 280-281
Copérnico, Nicolau, 395
Cordas e polias, 109-112
  argolas, 110-111
  competição de cabo de guerra, 109-110
  dois blocos conectados por corda, 115-116, 123-124
  máquina de Atwood, 116-117
  multiplicador de força, 112
  tensão, 109
  trabalho e, 151
  visão geral, 109
Corpo humano
  escala de comprimento para o, 15
  expectativa de vida, 16
  massa de uma única célula, 16
  número de átomos no, 9
  peso, 104
Corpos de duas dimensões, centro de massa, 264-265
Corrida da NASCAR, 298-300
Corrida de Fórmula 1, 296-298
Coulomb, 12t
Coulomb, Charles Augustin de, 123
Curling, 218-220
Curvas balísticas, 83
Curvas de energia potencial
  pontos de equilíbrio, 190
  pontos de inflexão, 191

D

Delacroix, Eugène, 229, 229f
Delta II, foguete, 256f
Demônio de Laplace, 229
Densidade de massa, 12
Desaceleração, 44
Deslocamento
  encontrando a partir da aceleração, 46
  força elástica, 153-154

Deslocamento angular, 281
Diagrama de corpo livre
  argolas, 110f
  bloco empurrado para fora da mesa por uma mola, 188
  corrida da NASCAR, 299f
  corrida de Fórmula 1, 297f
  definição, 106
  dois blocos conectados por uma corda, 115f, 124f
  dois livros sobre uma mesa, 113f
  gangorra, 358f
  ioiô, 330f
  máquina de Atwood, 116f
  mola comprimida, 156f
  montanha-russa, 292
  multiplicador de força: duas polias e massa, 112f
  pêndulo cônico, 290f
  pessoa em pé sobre uma escada, 364f
  puxando um trenó, 125f
  rolo de papel higiênico, 329f
  snowboard, 114f
  snowboard com atrito, 120f
Dinâmica, 101
Distância
  comparada ao deslocamento, 38-40
  definição, 38
  problema de segmentos de viagem, 38-40
Dysnomia, 385

E

Eixos de rotação, 314
Elétrons, massa dos, 15
Elétron-volt, 144
Elipse, 396
Empuxo de um foguete, 258
Energia
  conceito de, 142-143
  escura, 407
  iluminação à noite, 140f, 141
  na vida diária, 141-143, 142f
  represas hidroelétricas, 169, 170
  símbolo/equivalente/expressão para, 12t
  total, 187
  trabalho e, 145-153
  unidades de, 158
Energia cinética
  características da, 143
  catapulta, 178-180
  colisões e, 212, 216, 222-223
  conservação de energia mecânica e, 177-181
  de rotação, 313-314
  decaimento de radônio, 225-226
  definição, 143
  energia cinética rotacional da Terra, 320
  exemplos de objetos com diversas energias, 143, 143f
  momento e, 208
  objetos em rolamento, 322
  perda em colisões perfeitamente inelásticas, 222-223
  queda de um vaso, 144-145
  teorema do trabalho e energia cinética, 149
  trabalho e, 145-146
Energia mecânica, 177-181
  bola de canhão humana, 181-183
  catapulta, 178-180
  definição, 177
  força elástica, 181
  lei da conservação, 177-181
Energia potencial, 169-192
  bloco empurrado para fora da mesa por uma mola, 187-189
  bola de canhão humana, 181-183
  catapulta, 178-180
  conservação de energia mecânica, 177-181
  definição, 169
  força e, 174-177
  força elástica, 174, 181-186
  forças conservativas e, 171-173, 173-174
  forças não conservativas e, 171-173, 186-189
  gravitacional, 169-170, 174
  montanha-russa e, 190-192
  objeto pendurado em uma mola, 185-186
  potencial de Lennard-Jones, 175-177
  praticante de *bungee jumping*, 184
  represas hidroelétricas, 169, 170
  teorema trabalho e energia e, 186
  trabalho e, 173-174
Energia potencial gravitacional
  fórmula para, 174, 392
  impacto de asteroide, 394-395, 395f
  praticante de *bungee jumping*, 184
  velocidade de escape, 392-394
  visão geral da, 169-170, 391-392
Energia química, 141
Energia solar
  problemas com, 142
  visão geral da, 141-142, 142f
Energia térmica, 141
Energia total, 187
Equilíbrio
  dinâmico, 107
  estável, 366-367
  instável, 367
  neutro, 367
  superfícies multidimensionais e pontos em sela, 367
Equilíbrio estático, 355-366
  condições para, 355-357
  definição, 107, 355
  empilhando blocos, 360-361
  equações, 357
  escolha de ponto pivô, 356, 359
  escultura abstrata, 362-364
  estabilidade de estruturas e, 366-370
  exemplos envolvendo, 357-366
  força sobre o bíceps, 359-360
  gangorra, 357-359
  localizando experimentalmente o centro de massa, 356-357
  pessoa em pé sobre uma escada, 364-366
  torque resultante e, 355
Erguendo um objeto. *Ver também* Cordas e polial; Halterofilismo, 150-151
Éris, 385
Escada, pessoa em pé sobre uma, como um problema de equilíbrio estático, 364-366
Escalar
  definição, 23
  exemplos de, 23
  multiplicação de um vetor com um, 27
Escalas de comprimento, 14-15
Escalas de massa, 15-16
Escalas de tempo, 15
Escultura abstrata como um problema de equilíbrio estático, 362-364
Esfera
  corrida sobre uma inclinação, 324
  esfera rolando através de um *loop*, 324-326
  força da gravidade dentro de esfera oca, 389-390
  força gravitacional de uma, 384-385
  momento de inércia de uma, 317-320
  rolando sobre um plano inclinado, 322-323
Estabilidade
  ajustes dinâmicos para, 369-370
  condição quantitativa para, 366-367
  empurrando uma caixa, 368-369
  pontos em sela, 367
  superfícies multidimensionais e, 367
Estação Espacial Internacional (ISS), 246f, 247
Estações, 396
Estados ligados, 191-192
Esteira rolante, 85, 85f
Esterradiano, 12t
Estimativas
  como guia de solução de problemas, 22-23
  exemplo dos dentistas, 23
  Fermi e, 22-23
  notação científica e, 9-10
Estratégia de resolução de problemas, 16-23
  dicas gerais para, 17
  estimativas e, 22-23
  examinando limites de uma equação, 21
  exemplo da Torre Willis, 20-21

exemplo do volume de um cilindro, 17-19
razões, 21-22
Estrelas
morte de, 339-340
Estrelas de nêutrons, 339-340
Exa-, 13t
Expectativa de vida, humana, 16
Explosão de uma supernova, 339-340
Explosões, como colisões perfeitamente inelásticas, 224-225

F

Farad, 12t
Fazendas eólicas, 141, 141f
Fermi, Enrico, 22-23
Fermilab, 225-226
Física atômica, 191-192
Física de partículas, 226.
Fissão nuclear, 142, 191-192
Flechas, atirando em queda de melão, 54-55
Fluxo magnético
símbolo/equivalente/expressão para, 12t
Flybrid, 340-341
Força, 100-126
central, 400
centrífuga, 293
conservativa, 171-173
cordas e polias, 109-112
de arrasto, 121
de atrito, 102, 118-126
de contato, 101
eletromagnética, 102
energia potencial e, 174-177
fundamental, 102
leis de Newton e, 106-109
magnitudes comuns para diferentes forças, 104-105, 105t
mola, 102, 153-157
momento e, 207
multiplicador de força, 112
não conservativa, 171-173
normal, 101-102, 105-106, 106f
nuclear, 102
ponte e, 102-103, 103f
restauradora, 154
símbolo/equivalente/expressão para, 12t
trabalho e, 145-153
variável, 152-153
visão geral dos tipos de, 101-103
Força centrípeta
definição, 289-290
montanha-russa e, 291-293
Força constante
potência para uma, 158-159
produto escalar do trabalho realizado por uma, 148
trabalho realizado por uma, 145-151

Força de atrito, 102f, 118-126
aplicações da, 123-126
características da, 118
cinético, 118
como uma força não conservativa, 172-173, 186-187
definição, 102
dissipação de energia mecânica em energia de excitação interna, 173, 186-187
dois blocos conectados por uma corda, 123-124
em um meio viscoso, 122
estática, 118-120
lubrificantes e motores de carros de corrida, 123
paraquedismo, 122
pneus para carros de corrida, 118, 123
puxando um trenó, 124-126
resistência do ar, 121-122
snowboard realista, 120-121
tribologia, 123
Força elástica, 102f
bola de canhão humana, 181-183
como uma força conservativa, 172
como uma força restauradora, 154
definição, 102, 153
energia mecânica, 181
energia potencial de um objeto pendurado em uma mola, 185-186
lei de Hooke, 154
praticante de *bungee jumping*, 184
trabalho e, 155-157, 181-186
visão geral, 153, 153f
Força eletromagnética, definição, 102
Força gravitacional
como uma força conservativa, 172
constante da mola da, 391
de uma esfera, 384-385
definição, 102
peso e, 103-104
superposição da, 383-385
teorema do trabalho e energia cinética e, 149-150
trabalho realizado pela, 149-150
Força não conservativa, 171-173
definição, 171
força de amortecimento como uma, 173
força de atrito como uma, 172-173, 186-187
resistência do ar como uma, 173
teorema trabalho e energia e, 186-189
Força normal
colisões com paredes, 216
definição, 101-102, 105-106, 106f
Força nuclear forte, definição, 102
Força nuclear fraca, definição, 102
Força resultante
definição, 105

equilíbrio estático e, 355
força normal e, 105-106
primeira lei de Newton e, 107-108
Força variável, trabalho e, 152-153
Forças conservativas
conservação de energia mecânica e, 177-178
definição, 171
energia potencial e, 173-174
força elástica como uma, 172
força gravitacional como uma, 172
visão geral de, 171-172
Forças fundamentais da natureza
definição, 102
gravidade como, 102
Fórmulas de diferenças, 44-45
Fosbury, Dick, 255, 255f
Fótons, massa dos, 16
Frequência, símbolo/equivalente/ expressão para, 12t
Frequência angular
definição, 284
revolução e rotação da Terra, 285-286
velocidade angular e, 284
Fulereno, 123
Fusão nuclear, visão geral da, 142
Futebol
rotação e, 83-84
tempo suspenso, 82-83

G

Galáxia de Andrômeda, 15, 405, 406f
Galáxia espiral M74, 313f
Galileu Galilei, 108, 324, 395
Gangorra, como um problema de equilíbrio estático, 357-359
Gêmeos, força da gravidade devido a, 386-387
Giroscópios, 338, 338f
Golfe, força média sobre uma bola de golfe, 215
Gráficos de posição, 37
Grau Celsius, 12t
Graus, conversão para radianos, 281
Gravidade. *Ver também* Gravitação
centro de, 248
Gravitação, 381-407
constante gravitacional universal, 383
dentro da Terra, 389-391
influência dos corpos celestes, 386-387
lei de Newton da, 382-387
leis de Kepler e movimento planetário, 395-400
matéria escura e, 405-407
órbitas de satélites, 400-405
próximo à superfície da Terra, 387-388
ruptura gravitacional de um buraco negro, 389

superposição das forças gravitacionais, 383-385
visão geral da, 382
Gray, 12t

H

Halterofilismo
    energia potencial gravitacional e, 169-170
    trabalho realizado por, 150-151
Hectares, 13-14
Henry, 12t
Hertz, 12t, 284
Hertz, Heinrich Rudolf, 284
Higgs, Peter, 105
Hooke, Robert, 154

I

Iluminação à noite, 140f, 141
Impulso
    cintos de segurança/*air bags* e, 210, 210f
    definição, 208
    home run no beisebol, 209
    momento e, 208-210
Indutância, símbolo/equivalente/ expressão para, 12t
Inércia, lei da, 108
Inércia rotacional, 314
Instituto Nacional de Padrões e Tecnologia (NIST), 14
Integrais de volume, 260-261
Ioiô, 330-331

J

Joule, 12t
    definição, 143
    exemplos de objetos com diversas energias, 143, 143f
Júpiter
    dados físicos para, 386t
    órbita e tamanho relativo de, 385f

K

Katal, 12t
Kepler, Johannes, 395
Kilowatt-hora, 158

L

Laplace, Marquês de Pierre-Simon, 229
Lei da Gravitação de Newton, 382-387
    constante gravitacional universal, 383
    gravitação no interior da Terra, 390-391
    influência de corpos celestes, 386-387
    superposição de forças gravitacionais, 383-385
Lei de Gauss, 389
Lei de Hooke, 154

Lei de Snell, 59
Lei do movimento planetário de Kepler, 395-400
    buraco negro no centro da Via Láctea, 399
    elipses, 396
    período orbital de Sedna, 398
    primeira lei: órbitas, 396
    segunda lei: áreas, 396
    segunda lei: conservação de momento angular, 400
    terceira lei: períodos, 397
    visão geral, 395
Leibniz, Gottfried, 106
Leis de conservação
    da energia mecânica, 177-181
    de momento, 210-211
    do momento angular, 338-339
Lente gravitacional, 405-406
Lewis, Carl, 44-45
Litvinov, Sergey, 295
Localização do ponto material de um objeto, 36
Lua, 381f
    centro de massa do sistema Terra-Lua, 248-249
    força da gravidade devido à, 386-387
Lubrificantes
    automobilismo e, 123
    fulerenos, 123
Lumen, 12t
Lux, 12t

M

Mantissa
    algarismos significativos e, 10
    definição, 9
Máquina de Atwood, 334-335
    aceleração e, 116-117
    diagrama de corpo livre, 116
    torque e, 331-332
    visão geral, 116-117
Marte
    dados físicos para, 386t
    força da gravidade devido a, 386-387
    lançamento de foguete para, 257-258
    órbita e tamanho relativo de, 385f
Massa
    definição, 104
    gravitacional, 104
    inercial, 104
    partícula de Higgs e, 105
    unidades para, 104
    variação de escalas de massa, 15-16
    versus peso, 104
Matéria escura, 405-407
Mecânica, 36
Megaton, 144
Meia esfera, centro de massa de uma, 263-264

Mercúrio
    dados físicos para, 386t
    órbita e tamanho relativo de, 385f
Mergulho, momento angular, 338-339, 339f
Metrologia, 14
Microscópio atômico e de força de atrito, 123
Missão WMAP (Sonda de Anisotropia de Micro-ondas de Wilkinson), 406
Modelo heliocêntrico, 395
Mol, abreviação para, 11t
Molas
    amplitude, 181
    bloco empurrado pra fora da mesa por, 187-189
    compressão, 155-157
    constante elástica, 154-155
    deformação máxima, 154
Moléculas, potencial de Lennard-Jones, 175-177
Momento, 327
Momento angular, 335-341
    conservação de, 338-339
    constante de Planck, 343
    de um corpo rígido, 337
    de um sistema de partículas, 336-337
    de uma bola de golfe, 337-338
    de uma partícula pontual, 335-336
    direção do, 336
    flybrid, 340-341
    giroscópios, 338, 338f
    mergulho, 339, 339f
    morte de uma estrela, 339-340
    precessão, 341-342
    quantizado, 343
    segunda lei de Kepler e conservação de, 400
Momento de inércia, 314-320
    cilindros, 315-316, 319-320
    constantes para vários objetos, 319-320
    definição, 314
    massa de um objeto, 319
    para um bloco retangular, 317, 319-320
    para um objeto com densidade de massa constante, 315
    para uma esfera, 317-320
    para uma roda, 316-317
    teorema do eixo paralelo, 320-321
Momento do centro de massa, 251-256
    colisões de dois corpos, 252-253
    recuo, 253-255
Momento linear, 206-211
    centro de massa, 251-256
    cinto de segurança/*air bags* e, 210
    colisões elásticas em duas ou três dimensões, 216-220
    colisões elásticas unidimensionais, 212-215

colisões parcialmente inelásticas, 227-228
colisões perfeitamente inelásticas, 220-227
conservação de, 210-211, 217
de vários corpos, 207t
definição, 206
energia cinética e, 208
força e, 207
impulso e, 208-210
movimento de foguete, 256-257
visão geral de, 206-207
Montanha-russa
energia potencial e, 190-192
velocidade linear no topo do *loop*, 291-293
Movimento caótico, 228-229
Movimento circular, 279-300
aceleração angular, 286-287
aceleração angular constante, 294-295
aceleração centrípeta, 287-289
aceleração radial, 286-287
aceleração tangencial, 286-287
arremesso de martelo, 295-296, 296f
comprimento de arco, 282
coordenadas polares, 280-281
corrida da NASCAR, 298-300
corrida de Fórmula 1, 296-298
definição, 280
deslocamento angular, 281
força centrífuga, 293
força centrípeta, 289-290
frequência angular, 284
montanha-russa e, 291-293
partícula pontual em, 313-314
pêndulo cônico, 290-291, 290f
resumo do, 293-294
revolução e rotação da Terra, 285-286
trilha de CD, 282-283
velocidade angular, 283-285, 293-294
Movimento com rolamento
corrida sobre uma inclinação, 324
esfera rolando através de um *loop*, 324-326
esfera rolando sobre um plano inclinado, 322-323
sem deslizamento, 322-326
Movimento de foguete, 256-259
empuxo, 258
lançamento de foguete para Marte, 257-258
Movimento de projétil
alcance de um projétil, 78-83
altura máxima de um projétil, 78-83
arremessando uma bola de beisebol, 79-81
atire no macaco, 75-76, 75f
catapulta, 178-180
definição, 72
forma da trajetória de um projétil, 76-77

movimento ideal de projéteis, 74-78
movimento realista, 83-84
movimento relativo, 84-88
pêndulo balístico, 221-222
rebatendo uma bola de beisebol, 81
resistência do ar e, 83
rotação, 83-84
tempo suspenso no futebol americano, 82-83
velocidade de escape, 392-394
Movimento de rotação, em equilíbrio estático, 355
Movimento em duas e três dimensões
aeronave em um vento transversal, 86-87, 86f
alcance de um projétil, 78-83
altura máxima de um projétil, 78-83
arremessando uma bola de beisebol, 79-81
definição, 72
dependência do tempo em relação ao vetor velocidade, 77-78
dirigindo na chuva, 87
forma da trajetória de um projétil, 76-77
movimento ideal de projéteis, 74-78
movimento realista de projéteis, 83-84
movimento relativo, 84-88
rebatendo uma bola de beisebol, 81
resistência do ar, 83
rotação, 83-84
sistema de coordenadas tridimensional, 72-73
tempo suspenso no futebol americano, 82-83
Movimento em linha reta
definição de deslocamento, 37-38
distância, 38-40
encontrando deslocamento e velocidade a partir da aceleração, 46
gráficos de posição, 37
problemas sobre movimento com aceleração constante, 47-55
queda livre, 51-52
redução de movimento em mais de uma dimensão para uma dimensão, 56-59
soluções por computador e fórmulas de diferenças, 44-45
velocidade escalar, 42-43
velocidade instantânea, 40
velocidade média, 40-41
vetor aceleração, 43-44
vetor posição, 36-37
vetor velocidade, 40-43
Movimento ideal de projéteis, 74-78
atire no macaco, 75-76, 75f
definição, 74-78
dependência do tempo em relação ao vetor velocidade, 77-78

equações para os componentes x e y do, 75
forma da trajetória de um projétil, 76-77
Movimento relativo, 84-88
aeronave em vento transversal, 86-87, 86f
dirigindo na chuva, 87
esteira rolante, 85, 85f
transformação de Galileu, 85
velocidade relativa, 84-86
Movimento translacional no equilíbrio estático, 355
Multiplicador de força, 112

N

National Ignition Facility (NIF), 142
Netuno
dados físicos para, 386t
órbita e tamanho relativo de, 385f
Newton, Isaac, 12t, 101, 102, 104, 106
Notação científica, 9-10

O

Ohm, 12t
Ônibus espacial Columbia, 100f, 101
aceleração inicial do, 258
Oshkosh, Wisconsin, 279f, 280

P

Papel higiênico, desenrolando, 329-330
Parafuso, apertando, 333-334
Paraquedismo, 122
Partícula de Higgs, 105
Pascal, 12t
Pé-libra-força por segundo, 158
Pêndulo balístico, 221-222
Pêndulo cônico, 290-291, 290f
Periélio, 396
Período de rotação, 284
Peso
definido, 103
força gravitacional e, 103-104
unidades para, 104
versus massa, 104
Philosophiae Naturalis Principia Mathematica (Newton), 389
Pião girando, precessão e, 341-342
Planetas
dados físicos para, 386t
leis do movimento planetário de Kepler, 395-400
órbitas e tamanhos relativos dos, 385f
Plutão, 385
Poço de potencial, 191
Polux, 386-387
Ponte da Interstate 35W, 366, 366f
Pontes
arco, 102, 103f
estaiada, 103, 103f
pênsil, 102-103, 103f

Pontos de equilíbrio estável, 190
Pontos de equilíbrio instável, 190
Pontos de inflexão, 191
Pontos em sela, 367
Potência, 157-159
  definição, 157
  média, 157
  para acelerar um carro, 158-159
  para uma força constante, 158-159
  símbolo/equivalente/expressão para, 12t
  unidades para, 158
Potência hidroelétrica, 169
Potência média, 157
Potencial de Lennard-Jones, 175-177
Potencial elétrico
  símbolo/equivalente/expressão para, 12t
Precessão, 341-342
Pressão
  símbolo/equivalente/expressão para, 12t
Primeira lei de Newton
  atrito cinético, 118
  como lei da inércia, 108
  competição de cabo de guerra e, 110
  definição, 107
  dois livros sobre a mesa, 113
  equilíbrio dinâmico, 107
  equilíbrio estático, 107
  para rotação, 329
  visão geral da, 107-108
Principia (Newton), 389
Princípio da superposição, 383-385
Problemas de plano inclinado
  corrida sobre uma inclinação, 324
  esfera rolando através de um *loop*, 324-326
  esfera rolando sobre um plano inclinado, 322-323
  snowboard, 113-115
Problemas Fermi, 23
Produto escalar, 146-148, 327
  ângulo entre dois vetores posição, 147
  definição, 146
  interpretação geométrica do, 148
  para vetores unitários, 147
  produto do ponto, 146
  propriedade comutativa, 146
  propriedade distributiva, 147
  trabalho realizado por uma força constante, 148
Produto vetorial (cruzado), 327-328
Projeto Avogadro, 14
Prótons, massa dos, 15
Pulsares, 340

Q

Queda de objetos
  energia cinética na, 144-145
  queda de um vaso, 144-145

Queda livre
  arremesso de bola direto para cima, 52-53
  atire no macaco em, 75-76
  definição, 51
  queda de melão e lançamento de flecha, 54-55
  teste do tempo de reação, 53
  visão geral, 51-52
Quilogramas
  abreviação para, 11t
  conversão para libras, 104
  definição, 11, 14

R

Radiação eletromagnética, 141
Radianos, 12t
  conversão de graus para, 281
Radônio, 225-226
Reação endotérmica, energia química e, 141
Reator de fusão nuclear internacional (ITER), 142
Recuo, 253-255
  canhão, 253-254
  mangueira de incêndio, 255
  movimento de foguete, 256-259
Relação de recursão, 257
Relógio
  atômico de césio, 14
  o relógio mais preciso, 14
Represa de Itaipu, 142f
Represa Grand Coulee, 142
Represa Hoover, 105, 105f
Represas, 141, 142f
Represas hidroelétricas, 169, 170
Resistência do ar
  coeficiente de arrasto, 122
  como uma força não conservativa, 173
  força de arrasto, 121
  movimento de projétil, 83
  paraquedismo, 122
  velocidade terminal e, 121-122
  visão geral da, 121-122
Resistência elétrica, símbolo/equivalente/expressão para, 12t
Rodas, momento de inércia para, 316-317
Rotação, 312-343
  apertando um parafuso, 333-334
  atarraxando um parafuso, 333
  cálculo do momento de inércia, 314-320
  da Terra, 285-286
  de um eixo em torno do centro de massa, 315-316
  eixos de, 314
  energia cinética de, 313-314
  energia cinética rotacional da Terra, 320
  ioiô, 330-331
  máquina de Atwood, 331-332, 334-335
  momento angular, 335-341, 343

  movimento com rolamento sem deslizamento, 322-326
  papel higiênico, desenrolando, 329-330
  precessão, 341-342
  primeira lei de Newton para a, 329
  segunda lei de Newton para a, 328-329
  teorema do eixo paralelo, 320-321
  torque e, 327-328
  trabalho realizado por um torque, 332-335

S

Satélite(s), 400-405
  antena de TV parabólica, 403-405
  em órbita, 401-402
  energia de um, 402
  geoestacionário, 400, 402-403
  geossíncrono, 403
Saturno
  dados físicos para, 386t
  órbita e tamanho relativo de, 385f
Sedna, 385, 398
Segunda Lei de Newton
  centro de massa, 251
  colisão de dois veículos, 117
  definição, 107
  dois blocos conectados por uma corda, 116, 123-124
  momento e, 207
  para rotação, 328-329
  pêndulo cônico e, 291
  snowboard, 113-115, 120
  teorema trabalho e energia cinética e, 149
  visão geral da, 108
Segundo, 11, 11t
Segway, 370, 370f
Siemens, 12t
Sievert, 12t
Sinai, Yakov, 228
Sistema britânico de unidades, 11, 12-13
  conversão e, 12-13
Sistema de coordenadas cartesianas
  adição e subtração gráfica de vetores, 25, 26f
  definição, 24
  integrais de volume, 261
  localizando um ponto com coordenadas cartesianas e polares, 282
  relação com coordenadas polares, 280-281
  representação de vetores em, 25
  tridimensional, 72-73
  visão geral do, 24
Sistema de coordenadas tridimensional, 72-73
Sistema de Posicionamento Global (GPS)
  relógios atômicos e, 14
Sistema de unidades SI, 11-14
  convenção de notação, 11

conversão e, 12-13
definição, 11
duas unidades adimensionais, 12t
nomes das unidades de base/
 abreviações, 11t
pesquisa de medidas e padrões, 14
prefixos padrão do, 12, 13
unidades comuns derivadas, 12t
unidades de área de terra, 13-14
Sistema isolado, 178
definição, 177
energia total e, 187
Sistema MKS, 11
Sistema solar
dados físicos para, 386t
escalas de comprimento e, 15
órbitas e tamanho relativo dos planetas, 385f
velocidade de escape, 393-394
visão geral do, 385-386
Sistemas de partículas, centro de massa, 250-251
Skatista, potencial de Lennard-Jones, 176-177
Snowboard
com atrito, 120-121
segunda lei de Newton e, 113-115, 120
Sol
dados físicos para, 386t
massa do, 16, 399
órbita e tamanho relativo do, 385f
Sonda Mars Climate Orbiter, 13
Spin, 343
movimento de projéteis e rotação, 83-84
Superfícies multidimensionais,
 estabilidade e, 367
Superpetroleiro, 205f, 206

T

Tacômetro, 284, 284f
Telescópio Espacial Hubble
giroscópios, 338
Telescópio espacial Spitzer, 7f, 8
Temperatura, símbolo/equivalente/
 expressão para, 12t
Tempo
definido, 16
dependência do tempo em relação à velocidade, 41
dependência do tempo em relação ao vetor velocidade em um movimento ideal de projétil, 77-78
escalas de tempo, 16
NIST e registro do tempo 14
tempo suspenso no futebol americano, 82-83
Tempo de reação, determinando, 52
Tensão
cordas e polias, 109
definição, 101

Teorema do eixo paralelo, 320-321
Teorema trabalho e energia
energia potencial e, 186
forças não conservativas e, 186-189
Teorema trabalho e energia cinética
definição, 149
força gravitacional e, 149-150
segunda lei de Newton e, 149
torque constante, 333
Terceira lei de Newton
centro de massa, 252
colisão de dois veículos, 117, 211, 220, 221
competição de cabo de guerra, 109-110
definição, 107
dois livros sobre a mesa, 113
máquina de Atwood, 116-117
recuo, 253
visão geral da, 108-109
Terra, 381f
aceleração centrípeta devido à rotação da Terra, 289
área de superfície da, 10
centro de massa do sistema Terra-Lua, 248-249
dados físicos para a, 386t
energia cinética rotacional da, 320
escala de comprimento para a, 15
força eletromagnética e, 102
gravitação no interior, 389-391
gravitação próximo à superfície da, 387-388
impacto de um asteroide, 394-395, 395f
massa da, 16
órbita e tamanho relativo da, 385f
potencial gravitacional, 395
revolução e rotação da, 285-286
velocidade de escape, 393-394
Tesla, 12t
Tevatron, 226
Torque
apertando um parafuso, 333-334
atarraxando um parafuso, 333
definição, 327, 328
ioiô, 331
máquina de Atwood, 331-332, 334-335
papel higiênico, desenrolando, 330
resultante, 328
teorema trabalho e energia cinética, 333
trabalho realizado por um, 332-335
unidades para, 327
Torque resultante
definição, 328
equilíbrio estático e, 355
Torre Taipei 101, 354f, 355, 370
Torre Willis, visão da, 20-21
Trabalho
caso unidimensional, 149
definição, 145
energia cinética e, 145-146

energia potencial e, 173-174
força conservativa e, 171-173
força constante e, 145-151
força elástica, 155-157, 181-186
força variável e, 152-153
halterofilismo, 150-151
pela força gravitacional, 149-150
potência e, 157-159
produto escalar, 148
realizado para erguer e abaixar um objeto, 150-151
realizado por um torque, 332-335
teorema trabalho e energia cinética, 149
uso de polias para o levantamento, 151
Trajetória, forma da, em duas dimensões, 76-77
Transformação de Galileu, 85
Tribologia, 123
Tunelamento, 192

U

Ultracentrífuga, 288, 288f
Unidade astronômica, 15
Unidades de medida
algarismos significativos, 10-11
convenção de notação, 11-12
de área de terra, 13-14
escalas de comprimento, 14-15
escalas de massa, 15-16
escalas de tempo, 15
notação científica, 9-10
pesquisa de medidas e padrões, 14
prefixos, 13t
sistema de unidades SI, 11-13
unidades comuns derivadas, 11-12
Universo, idade do, 16
Urânio, centrífugas a gás e, 288
Urano
dados físicos para, 386t
órbita e tamanho relativo de, 385f

V

Velocidade
angular, 283-285
catapulta, 178-180
comparada à velocidade escalar, 40, 42
definição, 40
dependência do tempo em relação à, 41
em um plano, 73-74
encontrando a partir da aceleração, 46
instantânea, 40
média, 40-41, 42-43
movimento com rolamento, 323-324
movimento de um foguete, 256-257
paraquedismo e, 122
relativa, 84-86
soluções por computador e fórmulas de diferenças, 44-45

transformação de Galileu, 85
unidades para, 12
Velocidade angular, 40-41, 283-285
   definição, 40, 283
   frequência angular e, 284
   relação com a velocidade linear, 284-285, 293-294
   revolução e rotação da Terra, 285-286
   soluções por computador e fórmulas de diferenças, 44-45
Velocidade de escape, 392-394
Velocidade escalar
   comparada ao vetor velocidade, 40, 42
   de rotação da Terra, 285-286
   definição, 42
   média, 42-43
   paraquedismo e, 122
   terminal, 121-122
Velocidade instantânea, 40
Velocidade linear
   movimento com rolamento e, 323-324
   relação com a velocidade angular, 284-285, 293-294
   revolução e rotação da Terra, 285-286
Vetor deslocamento, 23-24
   características do, 37
   comparado à distância, 38-40

   definição, 37
   distância, 38-40
Vetor força gravitacional, 103-104, 103f
Vetor posição
   características do, 37
   definição, 37
   símbolo para, 37
Vetor resultante, 25
Vetor velocidade, 40-43
   movimento ideal de projéteis, 77-78
Vetores, 23-28
   aceleração, 43-44, 73
   axiais, 327
   componentes de, 25
   comprimento e direção dos, 27-28
   definição, 23
   gráficos, 25, 26f
   método dos componentes, 26
   movimento circular e, 281
   multiplicação, com um escalar, 27
   posição, 37
   produto (cruzado) de, 327-328
   produto escalar de, 146-148
   representação cartesiana de, 25
   subtração, método gráfico, 25
   velocidade, 40-43
   vetor deslocamento, 23-24, 37-40

   vetor força gravitacional, 103-104, 105f
Vetores unitários
   definição, 27
   produto escalar para, 147
Via Láctea, 382, 382f
   buraco negro no centro da, 382, 399
   massa da, 16
Volt, 12t
Volume
   do cilindro, 17-19, 261-262
   integrais de volume, 260-261
   mudança de, 22
   unidades para, 12
Voyager 2, 394

W

Watt, 12t, 158
Wave Swinger, 290-291, 290f
Weber, 12t
Weller, Ronny, 150
Wilkinson, Laura, 339f

Y

Yotta-, 13t
Young, John, 383f

Constantes numéricas

Constantes fundamentais

Nome	Símbolo	Valor
Velocidade da luz no vácuo	c	$2{,}99792458 \cdot 10^8$ m s^{-1}
Unidade fundamental de carga	e	$1{,}602176487(40) \cdot 10^{-19}$ C
Constante gravitacional universal	G	$6{,}67428(67) \cdot 10^{-11}$ m^3 kg^{-1} s^{-1}
Constante de Planck	h	$6{,}62606896(33) \cdot 10^{-34}$ J s
Constante de Boltzmann	k_B	$1{,}3806504(24) \cdot 10^{-23}$ J K^{-1}
Número de Avogadro	N_A	$6{,}02214179(30) \cdot 10^{23}$ mol^{-1}
Constante universal dos gases	R	$8{,}314472(15)$ J mol^{-1} K^{-1}
Massa do elétron	m_e	$9{,}10938215(45) \cdot 10^{-31}$ kg
Massa do próton	m_p	$1{,}672621637(83) \cdot 10^{-27}$ kg
Massa do nêutron	m_n	$1{,}674927211(84) \cdot 10^{-27}$ kg
Permeabilidade magnética do vácuo	μ_0	$4\pi \cdot 10^{-7}$ N A^{-2}
Permissividade elétrica do vácuo	$\epsilon_0 = 1/(\mu_0 c^2)$	$8{,}854187817\ldots \cdot 10^{-12}$ N A^{-2}
Constante de Stefan-Botzmann	σ	$5{,}760400(40) \cdot 10^{-8}$ W m^{-2} K^{-4}

Fonte: National Institute of Standards and Technology, http://physics.nist.gov/constants. Os números entre parênteses indicam incerteza nos dígitos finais do número. Por exemplo, 6,67428(67) significa 6,67428 $\pm$ 0,00067. Os valores mostrados sem a indicação de incerteza são valores exatos.

Outras constantes úteis

Nome	Símbolo	Valor
Aceleração padrão devido à gravidade	g	$9{,}81$ m s^{-2}
Pressão atmosférica padrão a 20°C	atm	$1{,}01325 \cdot 10^5$ Pa
Volume de um gás ideal a 0°C e 1 atm		$22{,}413996(39)$ liter/mol
Equivalente mecânica do calor		$4{,}186$ J/cal
Unidade atômica de massa	u	$1{,}660538782(83)$ kg
Elétron-volt	eV	$1{,}602176487(40) \cdot 10^{-19}$ J
Energia equivalente à unidade de massa atômica	uc^2	$931{,}494028(23)$ MeV
Equivalência massa-energia do elétron	$m_e c^2$	$0{,}510998910(13)$ MeV
Equivalência massa-energia do próton	$m_p c^2$	$938{,}272013(23)$ MeV
Energia equivalente à massa do nêutron	$m_n c^2$	$939{,}565346(23)$ MeV
Constante de Planck dividida por 2π	$\hbar$	$1{,}054571628(53) \cdot 10^{-34}$ J s
Constante de Planck dividida por 2π vezes c	$\hbar c$	$197{,}3269631(49)$ MeV fm
Raio de Bohr	a_0	$0{,}52917720859(36) \cdot 10^{-10}$ m

Fonte: National Institute of Standards and Technology, http://physics.nist.gov/constants. Os números entre parênteses indicam incerteza nos dígitos finais do número. Por exemplo, 6,67428(67) significa 6,67428 $\pm$ 0,00067. Os valores mostrados sem a indicação de incerteza são valores exatos.

Fatores de conversão de unidade

Comprimento
1 m = 100 cm = 1000 mm = 10^6 μm = 10^9 nm
1 km = 1000m = 0,6214 mi
1 m = 3,281 ft = 39,37 in
1 cm = 0,3937 in
1 in = 2,54 cm (exatamente)
1 ft = 30,48 cm (exatamente)
1 yd = 91,44 cm (exatamente)
1 mi = 5280 ft = 1,609344 km (exatamente)
1 Angstrom = 10^{-10} m = 10^{-8} cm = 0,1 nm
1 milha náutica = 6080 ft = 1,152 mi
1 ano-luz = 9,461 $\cdot$ 10^{15} m

Área
1 m^2 = 10^4 cm^2 = 10,76 ft^2
1 cm^2 = 0,155 in^2
1 in^2 = 6,452 cm^2
1 ft^2 = 144 in^2 = 0,0929 m^2
1 hectare = 2,471 acres = 10000 m^2
1 acre = 0,4047 hectare = 43560 ft^2
1 mi^2 = 640 acres
1 yd^2 = 0,8361 m^2

Volume
1 litro = 1000 cm^3 = $10^{-3}m^3$ = 0,03531 ft^3 = 61,02 in^3 = 33,81 onça líquida
1 ft^3 = 0,02832 m^3 = 28,32 litro = 7,477 galões
1 galão = 3,788 litros
1 quarto = 0,9463 litro

Tempo
1 min = 60 s
1 h = 3,600 s
1 dia = 86,400 s
1 semana = 604,800 s
1 ano = 3,156 $\cdot$ 10^7 s

Ângulo
1 rad = 57,30° = 180°/π
1° = 0,01745 rad = (π/180) rad
1 rot = 360° = 2π rad
1 rot/min (rpm) = 0,1047 rad/s = 6°/s

Velocidade
1 milha por hora (mph) = 0,4470 m/s = 1,466 ft/s = 1,609 km/h
1 m/s = 2,237 mph = 3,281 ft/s
1 km/h = 0,2778 m/s = 0,6214 mph
1 ft/s = 0,3048 m/s
1 nó = 1,151 mph = 0,5144 m/s

Aceleração
1 m/s^2 = 100 cm/s^2 = 3,281 ft/s^2
1 cm/s^2 = 0,01 m/s^2 = 0,03281 ft/s^2
1 ft/s^2 = 0,3048 m/s^2 = 30,48 cm/s^2

Massa
1 kg = 1000 g = 0,0685 slug
1 slug = 14,95 kg
1 kg tem peso de 2,205 lb quando g = 9,807 m/s^2
1 lb tem massa de 0,4546 kg quando g = 9,807 m/s^2

Força
1 N = 0,2248 lb
1 lb = 4,448 N
1 stone = 14 lb = 62,27 N

Pressão
1 Pa = 1 N/m^2 = 1,450 $\cdot$ 10^{-4} lb/in^2 = 0,209 lb/ft^2
1 atm = 1,013 $\cdot$ 10^5 Pa = 101,3 kPa = 14,7 lb/in^2 = 2117 lb/ft^2 = 760 mm Hg = 29,92 in Hg
1 lb/in^2 = 6895 Pa
1 lb/ft^2 = 47,88 Pa
1 mm Hg = 1 torr = 133,3 Pa
1 bar = 10^5 Pa = 100 kPa

Energia
1 J = 0,239 cal
1 cal = 4,186 J
1 Btu = 1055 J = 252 cal
1 kW $\cdot$ h = 3,600 $\cdot$ 10^6 J
1 ft $\cdot$ lb = 1,356 J
1 eV = 1,602 $\cdot$ 10^{-19} J

Potência
1 W = 1 J s
1 hp = 746 W = 0,746 kW = 550 ft $\cdot$ lb/s
1 Btu/h = 0,293 W
1 GW = 1000 MW = 1,0 $\cdot$ 10^9 W
1 kW = 1,34 hp

Temperatura
Fahrenheit para Celsius: $T_C = \frac{5}{9}(T_F - 32°F)$
Celsius para Fahrenheit: $T_F = \frac{9}{5}T_C + 32°C$
Celsius para Kelvin: $T_K = T_C + 273,15°C$
Kelvin para Celsius: $T_C = T_K - 273,15 K$